KB276224

수학의 바이블

유형 ON

1권

이투스북

2022개정 교육과정

미적분 I

| STAFF |

발행인 정선욱
퍼블리싱 총괄 남형주
개발 김태원 김한길 이유미 김윤희 권오은
기획·디자인·마케팅 조비호 김정인 강윤정
유통·제작 서준성 신성철

수학의 바이블 유형 ON 미적분 I | 202409 초판 1쇄
펴낸곳 이투스에듀㈜ 서울시 서초구 남부순환로 2547
고객센터 1599-3225 **등록번호** 제2007-000035호 **ISBN** 979-11-389-2393-4 [53410]

서정환 아이디수학	**윤지영** 의정부수학공부방	**이지영** GS112 수학 공부방	**정지영** SJ대치수학학원
서지은 지은쌤수학	**윤채린** 전문과외	**이지예** 대치명인 이매캠퍼스	**정지훈** 수지최상위권수학영어학원
서효언 아이콘수학	**윤혜원** 고수학전문학원	**이지은** 리쌤앤탑경시수학학원	**정진욱** 수원메가스터디학원
서희원 함께하는수학 학원	**윤 희** 희쌤수학과학학원	**이지혜** 이자경수학원 권선관	**정하준** 2H수학학원
설성환 설샘수학학원	**윤희용** 매트릭스 수학학원	**이진주** 분당 원수학학원	**정한울** 경기도 포천
설성희 설쌤수학	**이건도** 아론에듀학원	**이창수** 와이즈만 영재교육 일산화정 센터	**정해도** 목동혜윰수학교습소
성기주 이젠수학과학학원	**이경민** 차앤국수학국어전문학원	**이창훈** 나인에듀학원	**정현주** 삼성영어쎈수학은계학원
성인영 정석 공부방	**이광후** 수학이 아침 광교 캠퍼스 특목 자사관	**이채열** 하제입시학원	**정혜정** JM수학
성지희 snt 수학학원		**이철호** 파스칼수학	**조기민** 일산동고등학교
손동학 자호수학학원	**이규상** 유클리드 수학	**이태희** 펜타수학학원 청계관	**조민석** 마이엠수학학원 철산관
손정현 참교육	**이근표** 정진학원	**이한솔** 더바른수학전문학원	**조병욱** PK독학재수학원 미금
손지아 엠베스트에스이프라임학원	**이나래** 토리103수학학원	**이현이** 함께하는수학	**조상숙** 수학의 아침
손진아 포스엠수학학원	**이나현** 엠브릿지 수학	**이현희** 폴리아에듀	**조성철** 매트릭스수학학원
송빛나 원수학학원	**이다정** 능수능란 수학전문학원	**이형강** HK수학학원	**조성화** SH수학
송치호 대치명인학원	**이대훈** 밀알두레학교	**이혜민** 대감학원	**조연주** YJ수학학원
송태원 송태원1프로수학학원	**이동희** 이쌤 최상위수학교습소	**이혜수** 송산고등학교	**조 은** 전문과외
송혜빈 인재와고수 학원	**이명환** 다산 더원 수학학원	**이혜진** S4국영수학원고덕국제점	**조은정** 최강수학
송호석 수학세상	**이무송** 유투엠수학학원주엽점	**이화원** 탑수학학원	**조의상** 메가스터디
신경성 한수학전문학원	**이민아** 민수학학원	**이희연** 이엠원학원	**조이정** 필탑학원
신수연 동탄 신수연 수학과학	**이민영** 목동 엘리엔학원	**임길홍** 셀파우등생학원	**조현웅** 추담교육컨설팅
신일호 바른수학교육 한 학원	**이민하** 보듬교육학원	**임동철** S4 고덕국제점학원	**조현정** 깨단수학
신정임 정수학학원	**이보형** 매쓰코드1학원	**임명진** 서연고학원	**주소연** 알고리즘 수학 연구소
신정화 SnP수학학원	**이봉주** 분당성지수학	**임소미** Sem 영수학원	**주정례** 청운학원
신준효 열정과의지 수학보습학원	**이상윤** 엘에스수학전문학원	**임율인** 탑수학교습소	**주태빈** 수학을 권하다
심은지 고수학학원	**이상일** 캔디학원	**임은정** 마테마티카 수학학원	**지슬기** 지수학학원
심재현 웨이메이커 수학학원	**이상준** E&T수학전문학원	**임재현** 임수학교습소	**진동준** 지트에듀케이션 중등관
안대호 독강수학학원	**이상철** G1230 옥길	**임정혁** 하이엔드 수학	**진민하** 인스카이학원
안하성 안쌤수학	**이상형** 수학의이상형	**임지원** 누나수학	**차동희** 수학전문공감학원
안현경 전문과외	**이서령** 더바른수학전문학원	**임찬혁** 차수학동삭캠퍼스	**차무근** 차원이다른수학학원
안효자 진수학	**이서윤** 곰수학 학원 (동탄)	**임현주** 온수학교습소	**차일훈** 대치엠에스학원
안효정 수학상상수학교습소	**이성희** 피타고라스 셀파수학교실	**임현지** 위너스 하이	**채준혁** 인재의 창
안희애 에이엔 수학학원	**이세복** 퍼스널수학	**임형석** 전문과외	**천기분** 이지(EZ)수학교습소
양병철 우리수학학원	**이수동** 부천 E&T수학전문학원	**장미선** 하우투스터디학원	**최경희** 최강수학학원
양유열 고수학전문학원	**이수정** 매쓰투미수학학원	**장민수** 신미주수학	**최근정** SKY영수학원
양은진 수플러스 수학교습소	**이슬기** 대치깊은생각	**장종민** 열정수학학원	**최다혜** 싹수학학원
어성웅 어쌤수학학원	**이승진** 안중 호연수학	**장찬수** 전문과외	**최동훈** 고수학 전문학원
엄은희 엄은희스터디	**이승환** 우리들의 수학원	**장혜련** 푸른나비수학 공부방	**최명길** 우리학원
염승호 전문과외	**이승훈** 알찬교육학원	**장혜민** 수학의 아침	**최문채** 문산 열린학원
염철호 하비투스학원	**이아현** 전문과외	**전경진** M&S 아카데미	**최범균** 유투엠수학학원 부천옥길점
오종숙 함께하는 수학	**이애경** M4더메타학원	**전미영** 영재수학	**최보람** 꿈꾸는수학연구소
용다혜 에듀플렉스 동백점	**이연숙** 최상위권수학영어 수지관	**전 일** 생각하는수학공간학원	**최서현** 이룸수학
우선혜 HSP수학학원	**이연주** 수학연주수학교습소	**전지원** 원프로교육	**최소영** 키움수학
원준희 수학의 아침	**이영현** 대치명인학원	**전진우** 플랜지에듀	**최수지** 싹수학학원
유기정 STUDYTOWN 수학의신	**이영훈** 펜타수학학원	**전희나** 대치명인학원 이매캠퍼스	**최수진** 재밌는수학
유남기 의치한학원	**이예빈** 아이콘수학	**정금재** 혜윰수학전문학원	**최승권** 스터디올킬학원
유대호 플랜지 에듀	**이우선** 효성고등학교	**정다해** 에픽수학	**최영성** 에이블수학영어학원
유소현 웨이메이커수학학원	**이원녕** 대치명인학원	**정미숙** 쑥쑥수학교실	**최영식** 수학의신학원
유현종 SMT수학전문학원	**이유림** 수학의 아침	**정미윤** 함께하는수학 학원	**최영철** 고밀도학원
유혜리 유혜리수학	**이은미** 봄수학교습소	**정민경** 정쌤수학 과외방	**최용희** 대치명인학원
유호애 지윤 수학	**이은아** 이은아 수학학원	**정승호** 이프수학	**최웅용** 유타스 수학학원
윤고은 윤고은수학	**이은지** 수학대가 수지캠퍼스	**정양진** 올림피아드학원	**최유미** 분당파인만교육
윤덕환 여주비상에듀기숙학원	**이재욱** KAMI	**정연순** 탑클래스 영수학원	**최윤형** 청운수학전문학원
윤도형 PST CAMP 입시학원	**이재환** 칼수학학원	**정영진** 공부의자신감학원	**최은혜** 전문과외
윤명희 사랑셈교실	**이정은** 이루다영수전문학원	**정예철** 수이학원	**최재원** 하이탑에듀 고등대입전문관
윤문성 평촌 수학의 봄날 입시학원	**이정화** JH영어수학학원	**정용석** 수학마녀학원	**최재원** 이지수학
윤미영 수주고등학교	**이종익** 분당파인만 고등부	**정유정** 수학VS영어학원	**최정아** 딱풀리는수학 다산하늘초점
윤여태 103수학	**이주혁** 수학의아침(플로우교육)	**정은선** 아이원수학	**최종찬** 초당필탑학원
윤재은 놀이터수학교실	**이 준** 준수학고등관학원	**정장선** 생각하는 황소 동탄점	**최주영** 옥쌤 영어수학 독서논술 전문학원
윤재현 윤수학학원	**이지연** 브레인리그	**정재경** 산돌수학학원	

최지윤	와이즈만 분당영재입시센터
최한나	수학의아침
최호순	관찰과추론
표광수	풀무질 수학전문학원
하정훈	하쌤학원
하창형	오늘부터수학학원
한경태	한경태수학전문학원
한규욱	대치메이드학원
한기언	한스수학학원
한동훈	고밀도학원
한문수	성빈학원
한미정	한쌤수학
한상훈	동탄수학과학학원
한성필	더프라임학원
한세은	이지수학
한수민	SM수학학원
한유호	에듀셀파 독학 기숙학원
한은기	참선생 수학 동탄호수
한지희	이음수학학원
한혜숙	창의수학 플레이팩토
함민호	에듀매쓰수학학원
함영호	함영호고등전문수학클럽
허지현	최상위권수학학원
홍성미	부천옥길홍수학
홍성민	해법영어 셀파우등생 일월 메디 학원
홍세정	인투엠수학과학학원
홍유진	평촌 지수학학원
홍의찬	원수학
홍재욱	켈리윙즈학원
홍재화	아론에듀학원
홍정욱	광교 김샘수학 3.14고등수학
홍지윤	HONGSSAM창의수학
홍훈희	MAX 수학학원
황두연	전문과외
황민지	수학하는날 입시학원
황선아	서나수학
황애리	애리수학학원
황영미	오산일신학원
황은지	멘토수학과학학원
황인영	더올림수학학원
황지훈	명문JS입시학원

◇ 경남 ◇

강경희	TOP Edu
강도윤	강도윤수학컨설팅학원
강지혜	강선생수학학원
고병옥	옥쌤수학과학학원
고성대	math911
고은정	수학은고쌤학원
권영애	권쌤수학
김가령	킴스아카데미
김경문	참진학원
김미양	오렌지클래스학원
김민석	한수위 수학학원
김민정	창원스키마수학
김선희	책벌레국영수학원
김송은	은쌤 수학

김수진	수학의봄수학교습소
김양준	이룸학원
김연지	하이퍼영수학원
김옥경	다온수학전문학원
김재현	타임영수학원
김정두	해성고등학교
김진형	수풀림 수학학원
김치남	수나무학원
김해성	AHHA수학(아하수학)
김형균	칠원채움수학
김형신	대치스터디 수학학원
김혜영	프라임수학
김혜인	조이매쓰
김혜정	올림수학 교습소
노현석	비코즈수학전문학원
문소영	문소영수학관리학원
문주란	장유 올바른수학
민동록	민쌤수학
박규태	에듀탑영수학원
박소현	오름수학전문학원
박영진	대치스터디수학학원
박우열	앤즈스터디메이트 학원
박임수	고탑(GO TOP)수학학원
박정길	아쿰수학학원
박주연	마산무학여자고등학교
박진현	박쌤과외
박혜진	참좋은학원
배미나	경남진주시
배종우	매쓰팩토리 수학학원
백은애	매쓰플랜수학학원
성민지	베스트수학교습소
송상윤	비상한수학학원
신동훈	수과람학원
신욱희	창익학원
안성휘	매쓰팩토리 수학학원
안지연	모두의수학학원
어다혜	전문과외
유인영	마산중앙고등학교
유준성	시퀀스영수학원
윤영진	유클리드수학과학학원
이근영	매스마스터수학전문학원
이나영	TOP Edu
이선미	삼성영수학원
이아름	애시앙 수학맛집
이유진	멘토수학교습소
이진우	전문과외
이현주	즐거운 수학 교습소
장초향	이룸플러스수학학원
전창근	수과원학원
정승엽	해냄학원
정주영	다시봄이룸수학학원
조소현	in수학전문학원
조윤호	조윤호수학학원
주기호	비상한수학국어학원
차민성	율하차쌤수학
최소현	펠릭스 수학학원
하윤석	거제 정금학원
황진호	타임수학학원
황혜숙	합포고등학교

◇ 경북 ◇

강경훈	예천여자고등학교
강혜연	BK 영수전문학원
권오준	필수학영어학원
권호준	위너스터디학원
김대훈	이상렬입시단과학원
김동수	문화고등학교
김동욱	구미정보고등학교
김명훈	김민재수학
김보아	매쓰킹공부방
김수현	꿈꾸는 I
김윤정	더채움영수학원
김은미	매쓰그로우 수학학원
김재경	필즈수학영어학원
김태웅	에듀플렉스
김형진	닥터박수학전문학원
남영준	아르베수학전문학원
문소연	조쌤보습학원
박다현	최상위해법수학학원
박명훈	수학행수학학원
박우혁	예천연세학원
박유건	닥터박 수학학원
박은영	esh수학의달인
박진성	포항제철중학교
방성훈	매쓰그로우 수학학원
배재현	수학만영어도학원
백기남	수학만영어도학원
성세현	이투스수학두호장량학원
손나래	이든샘영수학원
손주희	이루다수학과학
송미경	이로지오 학원
송종진	김천고등학교
신광섭	광 수학학원
신승규	영남삼육고등학교
신승용	유신수학전문학원
신지헌	문영수 학원
신채윤	포항제철고등학교
안지훈	강한수학
염성군	근화여자고등학교
예보경	피타고라스학원
오선민	수학만영어도학원
윤장영	윤쌤아카데미
이경하	안동 풍산고등학교
이다례	문매쓰달쌤수학
이상원	전문가집단 영수학원
이상현	인투학원
이성국	포스카이학원
이송제	다올입시학원
이영성	영주여자고등학교
이재광	생존학원
이준호	이준호수학교습소
이혜민	영남삼육중학교
이혜은	김천고등학교
장아름	아름수학학원
정은미	수학의봄학원
정재훈	현일고등학교
조진우	늘품수학학원
조현정	올댓수학
진성은	전문과외

천경훈	천강수학전문학원
최수영	수학만영어도학원
최진영	구미시 금오고등학교
추민지	닥터박수학학원
추호성	필즈수학영어학원
표현석	안동 풍산고등학교
하흥민	홍수학
홍영준	하이맵수학학원

◇ 광주 ◇

강민결	광주수피아여자중학교
강승완	블루마인드아카데미
곽웅수	카르페영수학원
권용식	와이엠 수학전문학원
김국진	김국진짜학원
김국철	풍암필즈수학학원
김대균	김대균수학학원
김동희	김동희수학학원
김미경	임팩트학원
김성기	원픽 영수학원
김안나	풍암필즈수학학원
김원진	메이블수학전문학원
김은석	만문제수학전문학원
김재광	디투엠 영수학학원
김종민	퍼스트수학학원
김태성	일곡지구 김태성 수학
김현진	에이블수학학원
나혜경	고수학학원
마채연	마채연 수학 전문학원
박서정	더강한수학전문학원
박용우	광주 더샘수학학원
박주홍	KS수학
박충현	본수학과학전문학원
박현영	KS수학
변석주	153유클리드수학 학원
빈선욱	빈선욱수학전문학원
선승연	MATHTOOL수학교습소
소병효	새움수학전문학원
손광일	송원고등학교
손동규	툴즈수학교습소
송승용	송승용수학학원
신성호	신성호수학공화국
신예준	JS영재학원
신현석	프라임 아카데미
심여주	웅진 공부방
양동식	A+수리수학학원
어흥범	매쓰피아
위광복	우산해라클래스학원
이만재	매쓰로드수학
이상혁	감성수학
이승현	본(本)영수학원
이창현	알파수학학원
이채연	알파수학학원
이충현	전문과외
이헌기	보문고등학교
임태관	매쓰멘토수학전문학원
장광현	장쌤수학
장민경	일대일코칭수학학원

김성민 직관수학학원
김승호 과사람학원
김애랑 채움수학교습소
김원진 수성초등학교
김지연 김지연수학교습소
김초록 수날다수학교습소
김태영 뉴스터디학원
김태진 한빛단과학원
김효상 코스터디학원
나기열 프로매스수학교습소
노지연 수학공간학원
노향희 노쌤수학학원
류형수 연산 한샘학원
박대성 키움수학교습소
박성찬 프라임학원
박연주 매쓰메이트수학학원
박재용 해운대영수전문y-study
박주형 삼성에듀학원
배철우 명지 명성학원
백용일 과사람학원
부종민 부종민수학
서유진 다올수학
서은지 ESM영수전문학원
서자현 과사람학원
서평승 신의학원
손희옥 매쓰폴수학학원
송다슬 전문과외
심현섭 과사람학원
심혜정 명품수학
안남희 명지 실력을키움수학
안애경 오메가 수학 학원
안찬종 전문과외
양인희 에센셜수학교습소
오인혜 하단초등학교
오희영
옥승길 옥승길수학학원
이가연 엠오엠수학학원
이경덕 수학으로 물들어 가다
이경수 경:수학
이명희 조이수학학원
이아름누리 청어람학원
이정화 수학의 힘 가야캠퍼스
이지영 오늘도,영어그리고수학
이지은 한수연하이매쓰
이 철 과사람학원
이효정 해 수학
장지원 해신수학학원
장진권 오메가수학
전경훈 대치명인학원
전완재 강앤전 수학학원
전우빈 과사람학원
전찬용 다이나믹학원
정운용 정쌤수학교습소
정의진 남천다수인
정휘수 제이매쓰수학방
정희정 정쌤수학
조아영 플레이팩토 오션시티교육원
조우영 위드유수학학원
조은영 MIT수학교습소

조 훈 캔필학원
주유미 엠투수학공부방
채송화 채송화수학
천현민 키움스터디
최광은 럭스 (Lux) 수학학원
최수정 이루다수학
최운교 삼성영어수학전문학원
최준승 주감학원
하 현 하현수학교습소
한주환 으뜸나무수학학원
한혜경 한수학 교습소
허영재 자하연 학원
허윤정 올림수학전문학원
허정은 전문과외
황영찬 수피움 수학
황진영 진심수학
황하남 과학수학의봄날학원

◇ 서울 ◇
강동은 반포 세정학원
강성철 목동 일타수학학원
강수진 블루플랜
강영미 슬로비매쓰수학학원
강은녕 탑수학학원
강종철 쿠메수학교습소
강주석 염광고등학교
강태윤 미래탐구 대치 중등센터
강현숙 유니크학원
계훈범 MathK 공부방
고수환 상승곡선학원
고재일 대치 토브(TOV)수학
고지영 황금열쇠학원
고 현 네오 수학학원
공정현 대공수학학원
곽슬기 목동매쓰원수학학원
구나영 셀프스터디수학하원
구순모 세진학원
권가영 커스텀(CUSTOM)수학
권경아 청담해법수학학원
권민경 전문과외
권상호 수학은권상호 수학학원
권용만 은광여자고등학교
권은진 참수학뿌리국어학원
김가회 에이원수학학원
김강현 구주이배수학학원 송파점
김경진 덕성여자중학교
김경희 전문과외
김규보 메리트수학원
김규연 수력발전소학원
김금화 그루터기 수학학원
김기덕 메가 매쓰 수학학원
김나래 전문과외
김나영 대치 새움학원
김도규 김도규수학학원
김동균 더채움 수학학원
김명후 김명후 수학학원
김미란 퍼펙트수학
김미아 일등수학교습소
김미애 스카이맥에듀

김미영 명수학교습소
김미영 정일품 수학학원
김미진 채움수학
김미희 행복한수학쌤
김민수 대치 원수학
김민정 전문과외
김민지 강북 메가스터디학원
김민창 김민창 수학
김병수 중계 학림학원
김병호 국선수학학원
김보민 이투스수학학원 상도점
김부환 압구정정보강북수학학원
김상철 미래탐구마포
김상호 압구정 파인만 이촌특별관
김선정 이룸학원
김성숙 써큘러스리더 러닝센터
김성현 하이탑수학학원
김성호 개념상상(서초관)
김수민 통수학학원
김수정 유니크 수학
김수진 싸인매쓰수학학원
김수진 깊은수학학원
김수원 솔(sol)수학학원
김승훈 하이스트 염창관
김양식 송파영재센터GTG
김여옥 매쓰홀릭학원
김연정 전문과외
김연주 목동쌤올림수학
김영란 일심수학학원
김영미 제로미수학교습소
김영숙 수 플러스학원
김영재 한그루수학
김영준 강남매쓰탑학원
김영진 세움수학학원
김 유 전문과외
김유신 선분과외
김윤태 두각학원, 김종철 국어수학 전문학원
김윤희 유니수학교습소
김은숙 전문과외
김은영 선우수학
김은영 와이즈만은평
김은영 휘경여자고등학교
김은찬 엑시엄수학학원
김은현 김쌤깨알수학
김의진 서울 성북구 채움수학
김이슬 전문과외
김이현 에듀플렉스 고덕지점
김인기 중계 학림학원
김재산 목동 일타수학학원
김재성 티포인트에듀학원
김재연 규연 수학 학원
김재헌 Creverse 고등관
김정민 청어람 수학학원
김정민
김정아 지올수학
김지선 수학전문 순수
김지숙 김쌤수학의숲
김지영 구주이배수학학원

김지은 티포인트 에듀
김지은 수학대장
김지은 분석수학 선두학원
김지훈 드림에듀학원
김지훈 형설학원
김지훈 마타수학
김진규 서울바움수학(역삼럭키)
김진영 이대부속고등학교
김찬열 라엘수학
김창재 중계세일학원
김창주 고등부관 스카이학원
김태현 SMC 세곡관
김태훈 성북 페르마
김하늘 역경패도 수학전문
김하민 서강학원
김하연 전문과외
김항기 동대문중학교
김현미 김현미수학학원
김현욱 리마인드수학
김현유 혜성여자고등학교
김현정 미래탐구 중계
김현주 숙명여자고등학교
김현지 전문과외
김형진 소자수학학원
김혜연 수학작가
김호영 장학학원
김홍수 김홍학원
김효선 토이300컴퓨터교습소
김효정 블루스카이학원 반포점
김후광 압구정파인만
김희연 이룸공부방
김희원 대일외국어고등학교
김희진 엑시엄 수학학원
나은영 메가스터리 러셀중계
나태산 중계 학림학원
남식훈 수학만
남호성 퍼씰수학전문학원
노동일 형설학원
류도현 서초구 방배동
류정민 사사모플러스수학학원
목영훈 목동 일타수학학원
목지아 수리티수학학원
문근실 시리우스수학
문성호 차원이다른수학학원
문소정 대치명인학원
문용근 올림 고등수학
문지훈 문지훈수학
박경보 최고수챌린지에듀학원
박경원 대치메이드 반포관
박광남 올마이티캠퍼스
박교국 백인대장
박근백 대치멘토스학원
박동진 더힐링수학 교습소
박리안 CMS서초고등부
박명훈 김샘학원 성북캠퍼스
박미라 매쓰몽
박민정 목동 깡수학과학학원
박상길 대길수학
박상후 강북 메가스터디학원

김성혁	S수학전문학원
김수연	전선생수학학원
김윤빈	쿼크수학영어전문학원
김재순	김재순수학학원
김준형	성영재 수학학원
나승현	나승현전유나 수학전문학원
노기한	포스 수학과학학원
박광수	박선생수학학원
박미숙	전문과외
박미화	엄쌤수학전문학원
박선미	박선생수학학원
박세희	멘토이젠수학
박소영	황규종수학전문학원
박은미	박은미수학교습소
박재성	올림수학학원
박재홍	예섬학원
박지유	박지유수학전문학원
박철우	익산 청운학원
배태익	스키마아카데미 수학교실
서영우	서영우수학교실
성영재	성영재수학전문학원
송지연	아이비리그데칼트학원
신영진	유나이츠학원
심우성	오늘은수학학원
양은지	군산중앙고등학교
양재호	양재호카이스트학원
양형준	대들보 수학
오혜진	YMS부송
유현수	수학당
윤병오	이투스247익산
이가영	마루수학국어학원
이보근	미라클입시학원
이송심	와이엠에스입시전문학원
이인성	우림중학교
이지원	긱매쓰
이한나	전문과외
이혜상	S수학전문학원
임승진	이터널수학영어학원
장재은	YMS입시학원
정두리	전문과외
정용재	성영재수학전문학원
정혜승	샤인학원
정환희	릿지수학학원
조세진	수학의길
조영신	성영재 수학전문학원
채승희	채승희수학전문학원
최성훈	최성훈수학학원
최영준	최영준수학학원
최 윤	엠투엠수학학원
최형진	수학본부
황규종	황규종수학전문학원

◇─ 제주 ─◇

강경혜	강경혜수학
강나래	전문과외
김기한	원탑학원
김대환	The원 수학
김보라	라딕스수학

김연희	whyplus 수학교습소
김장훈	프로젝트M수학학원
류혜선	진정성영어수학노형학원
박 찬	찬수학학원
박대희	실전수학
박승우	남녕고등학교
박재현	위더스입시학원
박진석	진리수
백민지	가우스수학학원
양은석	신성여자중학교
여원구	피드백수학전문학원
오가영	메타수학학원
오재일	터닝포인트영어수학학원
이민경	공부의마침표
이상민	서이현아카데미학원
이선혜	STEADY MATH
이영주	전문과외
이현우	전문과외
장영환	제로링수학교실
편미경	편쌤수학
하혜림	제일아카데미
허은지	Hmath학원
현수진	학고제입시학원

◇─ 충남 ─◇

최소영	빛나는수학
강민주	수학하다 수학교습소
강범수	전문과외
강 석	에이커리어
고영지	전문과외
권순필	권쌤수학
권오운	광풍중학교
김경원	한일학원
김명은	더하다 수학학원
김미경	시티자이수학
김태화	김태화수학학원
김한빛	한빛수학학원
김현영	마루공부방
남기용	전문과외
박유진	제이홈스쿨
박재혁	명성수학학원
박지화	MATH1022
박혜정	전문과외
서봉원	서산SM수학교습소
서승우	담다수학
서유리	더배움영수학원
서정기	시너지S클래스 불당
송은선	전문과외
신경미	Honeytip
신유미	무한수학학원
유정수	천안고등학교
유창훈	시그마학원
윤보희	충남삼성고등학교
은재운	베테랑수학전문학원
이봉이	더수학교습소
이아람	퍼펙트브레인학원
이연지	하크니스 수학학원
이예진	명성학원

이은아	한다수학학원
이재장	깊은수학학원
이하나	에메트수학
이현주	수학다방
장다희	개인과외교습소
전혜영	타임수학학원
정광수	혜윰국영수단과학원
최원석	명사특강학원
최지원	청수303수학
추교현	더웨이학원
한호선	두드림영어수학학원
허유미	전문과외

◇─ 충북 ─◇

고정균	엠스터디수학학원
구강서	상류수학 전문학원
김가흔	루트 수학학원
김경희	점프업수학학원
김대호	온수학전문학원
김미화	참수학공간학원
김병용	동남수학하는사람들학원
김영은	연세고려E&M
김재광	노블가온수학학원
김정호	생생수학
김주희	매쓰프라임수학학원
김하나	하나수학
김현주	루트수학학원
문지혁	수학의 문 학원
박연경	전문과외
안진아	전문과외
윤성길	엑스클래스 수학학원
윤성희	윤성수학
윤정화	페르마수학교습소
이경미	행복한수학공부방
이연수	오창로뎀학원
이예나	수학여우정철어학원
주니어	옥산캠퍼스
이예찬	입실론수학학원
이윤성	블랙수학 교습소
이지수	일신여자고등학교
전병호	이루다 수학 학원
정수연	모두의수학
조병교	에르매쓰수학학원
조원미	원쌤수학과학교실
조형우	와이파이수학학원
최윤아	피티엠수학학원

수학의 바이블 유형ON

1권

미적분 I

유형 ON

모든 유형을 싹 담은

수학의 바이블 유형 ON

단계별 수준별 학습 시스템

1. 꼭 풀어봐야 할 문제를 딱 알맞게 구성하여 학교시험 완벽 대비

- 내신 시험을 완벽히 준비할 수 있도록 시험에 나오는 모든 문제를 한 권에 담았습니다.
- 1권의 PART A의 문제를 한 번 더 풀고 싶다면 2권의 PART A′의 문제로 유형 집중 훈련을 할 수 있습니다.

2. 유형 집중 학습 구성으로 수학의 자신감 up!

- 최신 기출 문제를 철저히 분석 / 유형별, 난이도별로 세분화하여 체계적으로 수학 실력을 키울 수 있습니다.
- 부족한 부분의 파악이 쉽고 집중 학습하기 편리한 구성으로 효과적인 학습이 가능합니다.

3. 수능을 담은 문제로 문제 해결 능력 강화

- 사고력을 요하는 문제를 통해 문제 해결 능력을 강화하여 상위권으로 도약할 수 있습니다.
- 최신 출제 경향을 담은 기출 문제, 기출변형 문제로 수능은 물론 변별력 높은 내신 문제들에 대비할 수 있습니다.

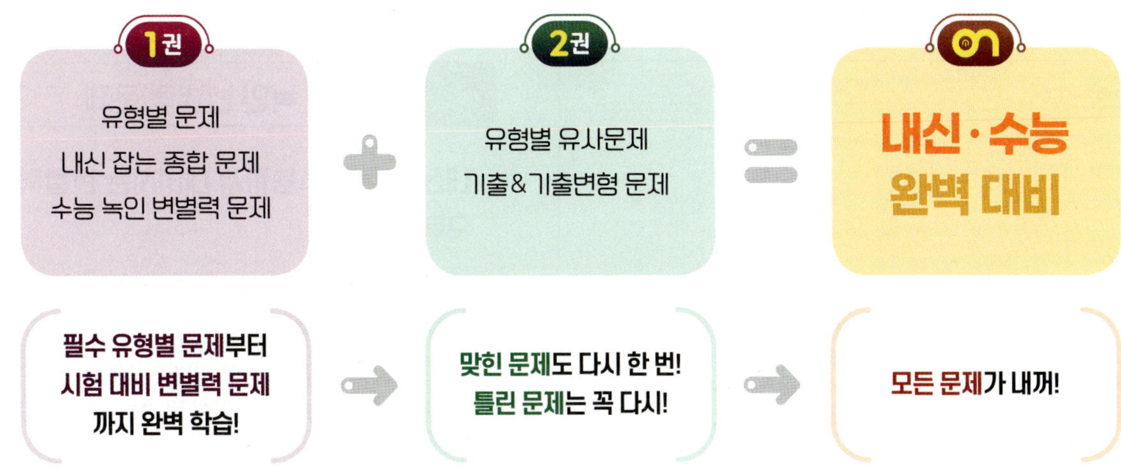

이 책의 구성과 특장

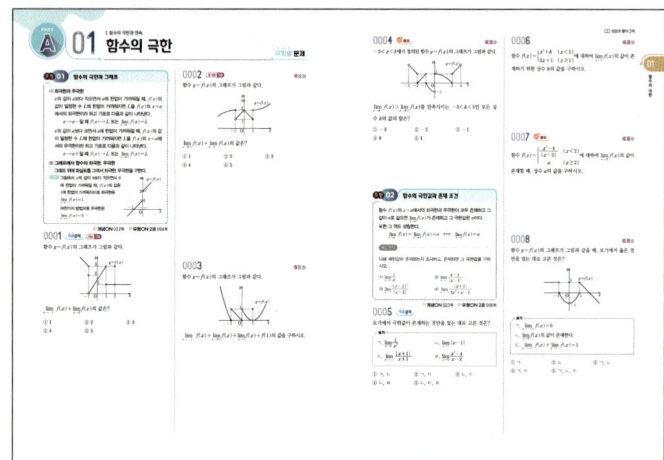

PART A 유형별 문제

» 학교 시험에서 자주 출제되는 핵심 기출 유형

- 교과서 및 각종 시험 기출 문제와 출제 가능성 높은 예상 문제를 싹 쓸어 담아 개념, 풀이 방법에 따라 유형화하였습니다.
- 학교 시험에서 출제되는 수능형 문제를 대비할 수 있도록 수능 기출, 평가원 기출, 교육청 기출 문제를 엄선하여 수록하였습니다.
- 확인 문제 각 유형의 기본 개념 익힘 문제
- 대표문제 유형을 대표하는 필수 문제
- 중요 중요 빈출 문제, 서술형 서술형 문제
- 난이도 하, 중, 상

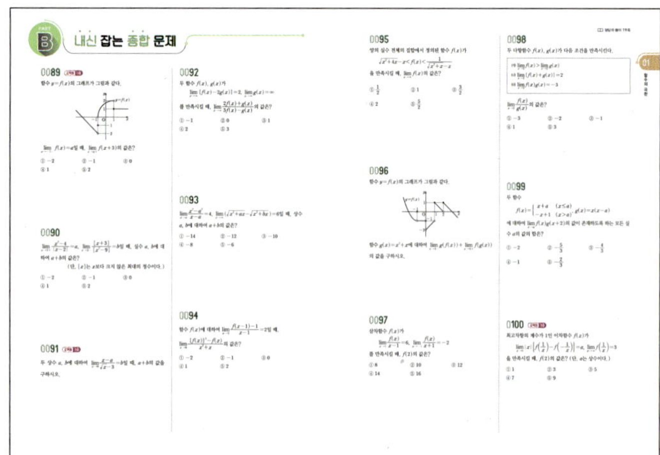

PART B 내신 잡는 종합 문제

» 핵심 기출 유형을 잘 익혔는지 확인할 수 있는 중단원별 내신 대비 종합 문제

- 각 중단원별로 반드시 풀어야 하는 문제를 수록하여 학교 시험에 대비할 수 있도록 하였습니다.
- 중단원 학습을 마무리하고 자신의 실력을 점검할 수 있습니다.

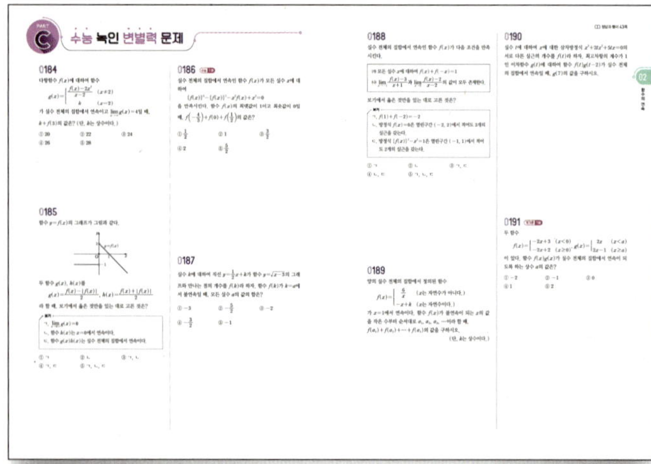

PART C 수능 녹인 변별력 문제

» 내신은 물론 수능까지 대비하는 변별력 높은 수능형 문제

- 문제 해결 능력을 강화할 수 있도록 복합 개념을 사용한 다양한 문제들로 구성하였습니다.
- 고난도 수능형 문제들을 통해 변별력 높은 내신 문제와 수능을 모두 대비하여 내신 고득점 달성 및 수능 고득점을 위한 실력을 쌓을 수 있습니다.

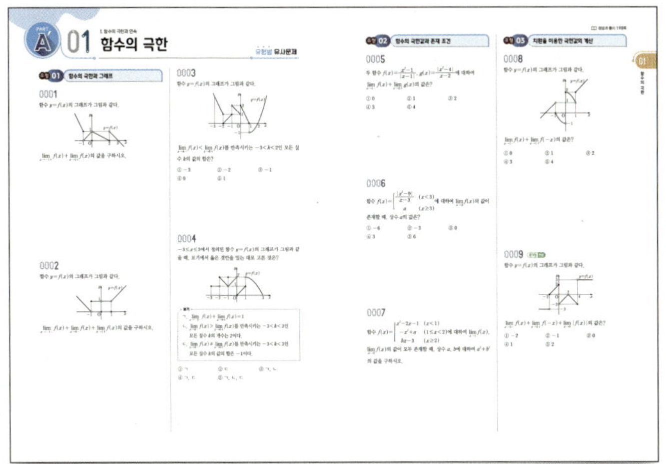

핵심 기출 유형을 완벽히 내 것으로 만드는 유형별 연습 문제

- 1권 PART A의 동일한 유형을 기준으로 각 문제의 유사, 변형 문제로 구성하여 충분한 유제를 통해 유형별 완전 학습이 가능하도록 하였습니다. 맞힌 문제는 더 완벽하게 학습하고, 틀린 문제는 반복 학습으로 약점을 줄여나갈 수 있습니다.

- 수능 변형 , 평가원 변형 , 교육청 변형 문제로 기출 문제를 이해하고 비슷한 유형이 출제되는 경우에 대비할 수 있습니다.

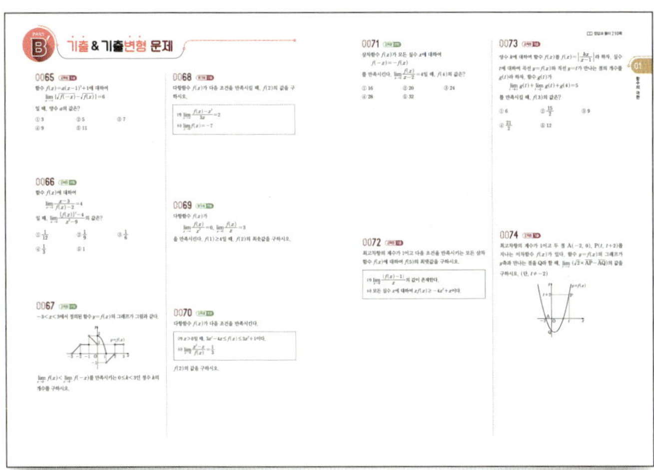

PART B′ 기출 & 기출변형 문제

최신 출제 경향을 담은 기출 문제와 우수 기출 문제의 변형 문제

- 기출 문제를 통해 최신 출제 경향을 파악하고 우수 기출 문제의 변형 문제를 풀어 보면서 수능 실전 감각을 키울 수 있습니다.

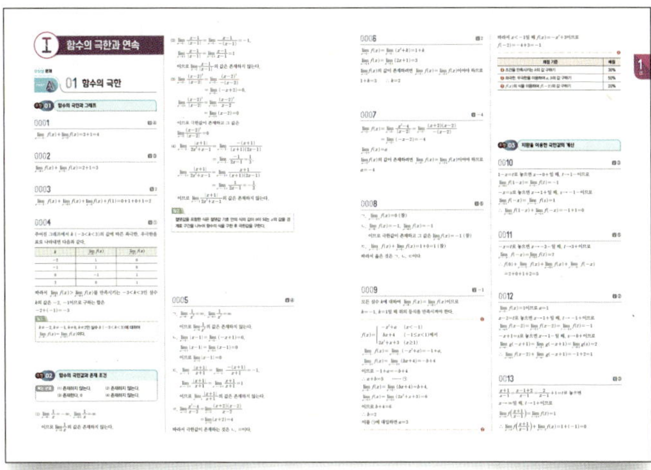

해설 정답과 풀이

완벽한 이해를 돕는 친절하고 명쾌한 풀이

- 문제 해결 과정을 꼼꼼하게 체크하고 이해할 수 있도록 친절하고 자세한 풀이를 실었습니다.

- Bible Says 문제 해결에 도움이 되는 학습 비법, 반드시 알아야 할 필수 개념, 공식, 원리

- 참고 해설 이해를 돕기 위한 부가적 설명

이 책의 차례

함수의 극한

함수의 극한

유형 **01** 함수의 극한과 그래프

(1) 좌극한과 우극한

x의 값이 a보다 작으면서 a에 한없이 가까워질 때, $f(x)$의 값이 일정한 수 L에 한없이 가까워지면 L을 $f(x)$의 $x=a$에서의 좌극한이라 하고 기호로 다음과 같이 나타낸다.

$x \to a-$ 일 때 $f(x) \to L$ 또는 $\lim\limits_{x \to a-} f(x) = L$

x의 값이 a보다 크면서 a에 한없이 가까워질 때, $f(x)$의 값이 일정한 수 L에 한없이 가까워지면 L을 $f(x)$의 $x=a$에서의 우극한이라 하고 기호로 다음과 같이 나타낸다.

$x \to a+$ 일 때 $f(x) \to L$ 또는 $\lim\limits_{x \to a+} f(x) = L$

(2) 그래프에서 함수의 좌극한, 우극한

그래프 위에 화살표를 그려서 좌극한, 우극한을 구한다.

예 그림에서 x의 값이 0보다 작으면서 0에 한없이 가까워질 때, $f(x)$의 값은 1에 한없이 가까워지므로 좌극한은

$\lim\limits_{x \to 0-} f(x) = 1$

마찬가지 방법으로 우극한은

$\lim\limits_{x \to 0+} f(x) = 2$

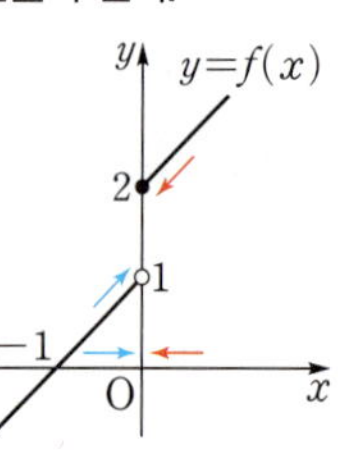

⋒ 개념ON 022쪽 ⋒ 유형ON 2권 004쪽

0001 대표문제 수능 기출

함수 $y=f(x)$의 그래프가 그림과 같다.

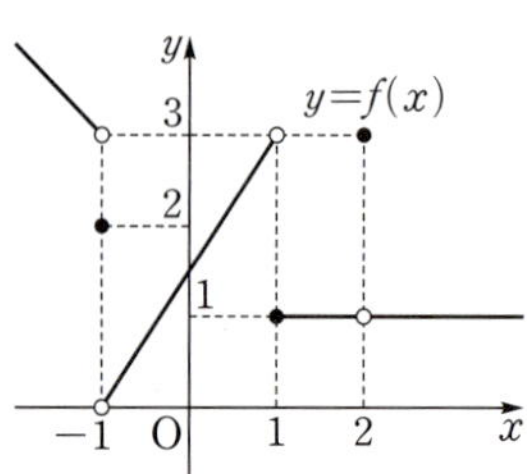

$\lim\limits_{x \to -1-} f(x) + \lim\limits_{x \to 2} f(x)$의 값은?

① 1 　　② 2 　　③ 3

④ 4 　　⑤ 5

0002 평가원 기출

함수 $y=f(x)$의 그래프가 그림과 같다.

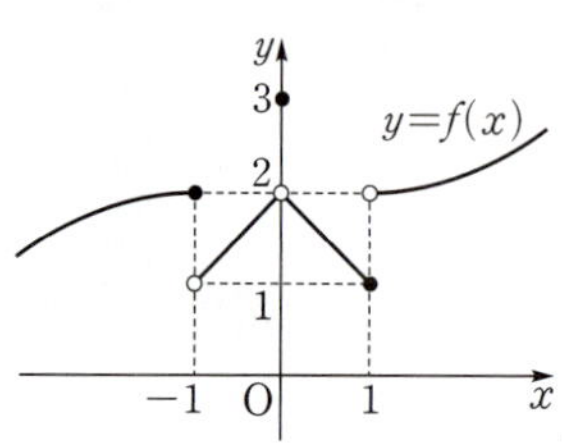

$\lim\limits_{x \to 0+} f(x) + \lim\limits_{x \to 1-} f(x)$의 값은?

① 1 　　② 2 　　③ 3

④ 4 　　⑤ 5

0003

함수 $y=f(x)$의 그래프가 그림과 같다.

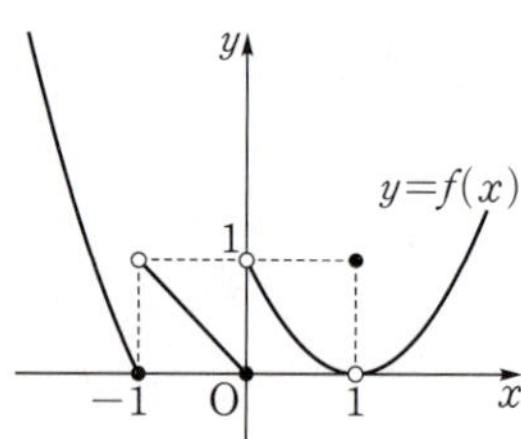

$\lim\limits_{x \to -1-} f(x) + \lim\limits_{x \to 0+} f(x) + \lim\limits_{x \to 1} f(x) + f(1)$의 값을 구하시오.

0004 ✅중요

$-3<x<3$에서 정의된 함수 $y=f(x)$의 그래프가 그림과 같다.

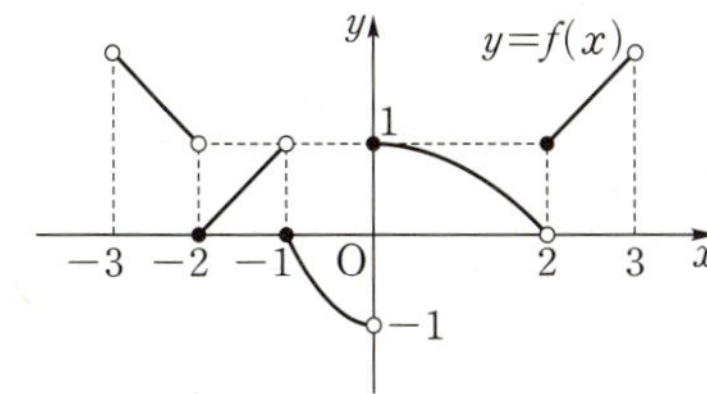

$\lim\limits_{x\to k-}f(x)>\lim\limits_{x\to k+}f(x)$를 만족시키는 $-3<k<3$인 모든 실수 k의 값의 합은?

① -3 ② -2 ③ -1

④ 0 ⑤ 1

유형 02 함수의 극한값과 존재 조건

함수 $f(x)$의 $x=a$에서의 좌극한과 우극한이 모두 존재하고 그 값이 α로 같으면 $\lim\limits_{x\to a}f(x)$가 존재하고 그 극한값은 α이다. 또한 그 역도 성립한다.

$$\lim_{x\to a-}f(x)=\lim_{x\to a+}f(x)=a \iff \lim_{x\to a}f(x)=\alpha$$

확인 문제

다음 극한값이 존재하는지 조사하고, 존재하면 그 극한값을 구하시오.

(1) $\lim\limits_{x\to 0}\dfrac{1}{x}$ 　　(2) $\lim\limits_{x\to 1}\dfrac{x-1}{|x-1|}$

(3) $\lim\limits_{x\to 2}\dfrac{(x-2)^2}{|x-2|}$ 　　(4) $\lim\limits_{x\to -1}\dfrac{|x+1|}{2x^2+x-1}$

🔘 개념ON 022쪽　🔘 유형ON 2권 005쪽

0005 대표문제

보기에서 극한값이 존재하는 것만을 있는 대로 고른 것은?

보기

ㄱ. $\lim\limits_{x\to 0}\dfrac{1}{x^2}$ 　　ㄴ. $\lim\limits_{x\to 1}|x-1|$

ㄷ. $\lim\limits_{x\to -1}\dfrac{|x+1|}{x+1}$ 　　ㄹ. $\lim\limits_{x\to 2}\dfrac{x^2-4}{x-2}$

① ㄱ, ㄴ ② ㄱ, ㄷ ③ ㄴ, ㄷ

④ ㄴ, ㄹ ⑤ ㄴ, ㄷ, ㄹ

0006

함수 $f(x)=\begin{cases}x^2+k & (x<1)\\2x+1 & (x\geq1)\end{cases}$에 대하여 $\lim\limits_{x\to 1}f(x)$의 값이 존재하기 위한 상수 k의 값을 구하시오.

0007 ✅중요

함수 $f(x)=\begin{cases}\dfrac{x^2-4}{|x-2|} & (x<2)\\ a & (x\geq2)\end{cases}$에 대하여 $\lim\limits_{x\to 2}f(x)$의 값이 존재할 때, 상수 a의 값을 구하시오.

0008

함수 $y=f(x)$의 그래프가 그림과 같을 때, 보기에서 옳은 것만을 있는 대로 고른 것은?

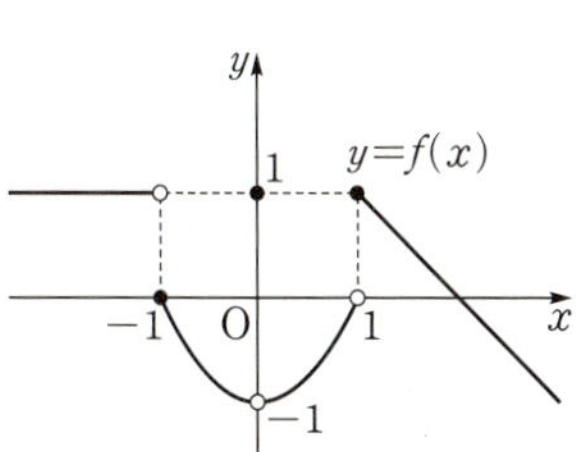

보기

ㄱ. $\lim\limits_{x\to -1+}f(x)=0$

ㄴ. $\lim\limits_{x\to 0}f(x)$의 값이 존재한다.

ㄷ. $\lim\limits_{x\to -1-}f(x)+\lim\limits_{x\to 1-}f(x)=1$

① ㄱ ② ㄴ ③ ㄱ, ㄴ

④ ㄱ, ㄷ ⑤ ㄱ, ㄴ, ㄷ

0009

함수 $f(x)=\begin{cases} -x^2+a & (x<-1) \\ bx+4 & (-1\le x<1) \\ 2x^2+x+3 & (x\ge 1) \end{cases}$ 이 모든 실수 k에

대하여 $\displaystyle\lim_{x\to k-}f(x)=\lim_{x\to k+}f(x)$일 때, $f(-2)$의 값을 구하시오. (단, a, b는 상수이다.)

유형 03 치환을 이용한 극한값의 계산

(1) $\displaystyle\lim_{x\to a+}f(-x)$에서 $-x=t$로 놓으면

$x\to a+$일 때, $t\to -a-$이므로 $\displaystyle\lim_{x\to a+}f(-x)=\lim_{t\to -a-}f(t)$

(2) $\displaystyle\lim_{x\to a+}f(a-x)$에서 $a-x=t$로 놓으면

$x\to a+$일 때, $t\to 0-$이므로 $\displaystyle\lim_{x\to a+}f(a-x)=\lim_{t\to 0-}f(t)$

(3) $\displaystyle\lim_{x\to a+}f(x-a)$에서 $x-a=t$로 놓으면

$x\to a+$일 때, $t\to 0+$이므로 $\displaystyle\lim_{x\to a+}f(x-a)=\lim_{t\to 0+}f(t)$

개념ON 020, 021쪽   유형ON 2권 005쪽

0010 대표문제

함수 $y=f(x)$의 그래프가 그림과 같다.

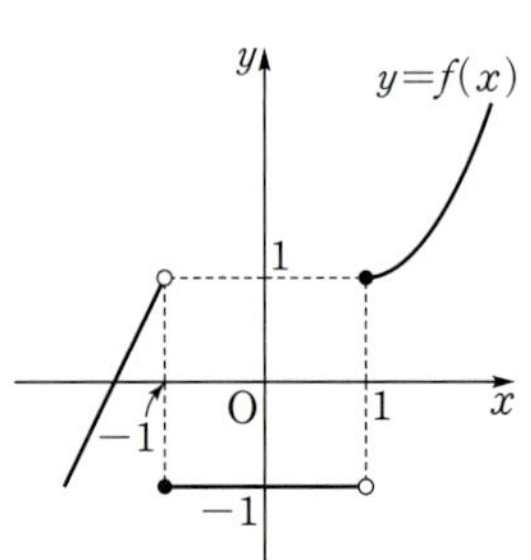

$\displaystyle\lim_{x\to 0+}f(1-x)+\lim_{x\to 1+}f(-x)$의 값은?

① -2 ② -1 ③ 0

④ 1 ⑤ 2

0011

함수 $y=f(x)$의 그래프가 그림과 같다.

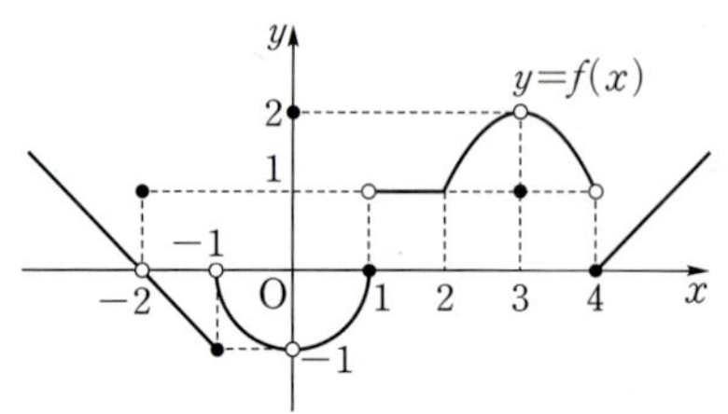

$f(0)+\displaystyle\lim_{x\to -2-}f(x)+\lim_{x\to 2+}f(x)+\lim_{x\to -3-}f(-x)$의 값은?

① -5 ② -2 ③ 0

④ 2 ⑤ 5

0012

두 함수 $y=f(x)$, $y=g(x)$의 그래프가 그림과 같다.

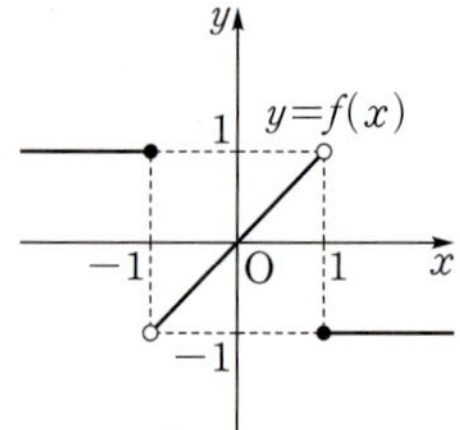 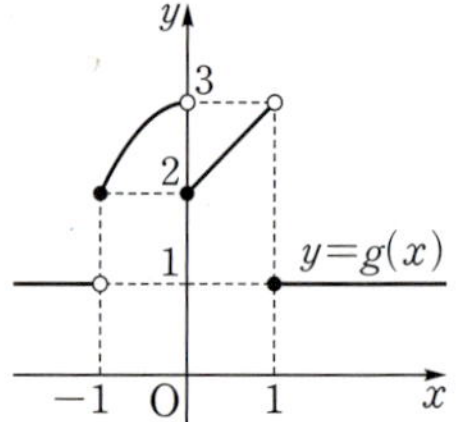

$\displaystyle\lim_{x\to 1-}f(x)=a$일 때, $\displaystyle\lim_{x\to a+}f(x-2)+\lim_{x\to a-}g(-x+1)$의 값은?

① 0 ② 1 ③ 2

④ 3 ⑤ 4

0013 ✅중요

함수 $y=f(x)$의 그래프가 그림과 같다.

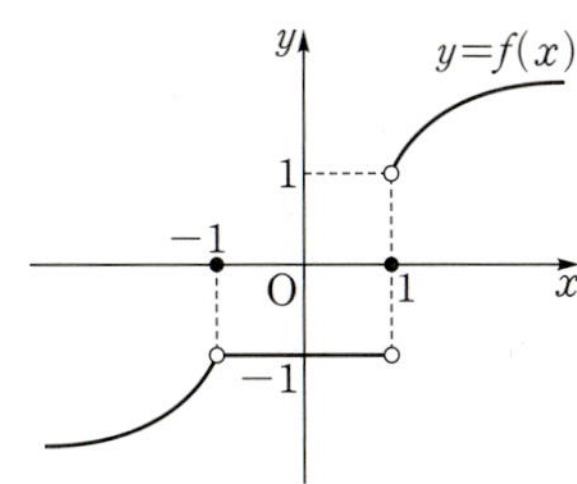

$$\lim_{x\to\infty} f\left(\frac{x+1}{x-1}\right) + \lim_{x\to-1} f(x)$$의 값은?

① -2　　　　② -1　　　　③ 0

④ 1　　　　⑤ 2

0014

$-2\le x\le 2$에서 정의된 함수 $y=f(x)$의 그래프가 그림과 같을 때, 보기에서 옳은 것만을 있는 대로 고른 것은?

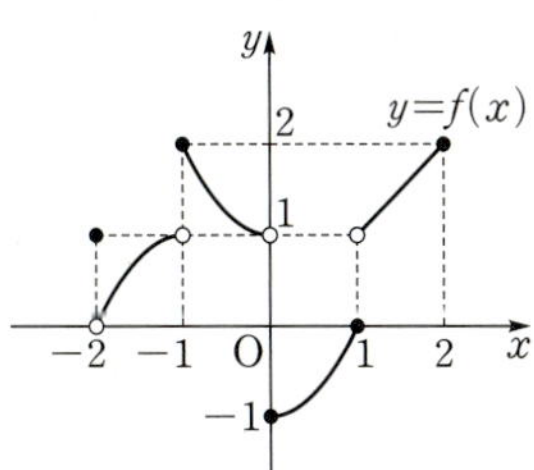

보기

ㄱ. $\lim_{x\to-2+} f(x) + \lim_{x\to 2-} f(x) = 2$

ㄴ. $\lim_{x\to-1+} f(x) + \lim_{x\to 2-} f(x-1) = 3$

ㄷ. $\lim_{x\to k-} f(x) < \lim_{x\to k+} f(x)$를 만족시키는 $-2<k<2$인 모든 실수 k의 개수는 2이다.

① ㄱ　　　　② ㄷ　　　　③ ㄱ, ㄴ

④ ㄱ, ㄷ　　　　⑤ ㄱ, ㄴ, ㄷ

유형 04 합성함수의 극한

두 함수 $f(x)$, $g(x)$에 대하여 $\lim_{x\to a+} g(f(x))$의 값은 $f(x)=t$로 놓고 경우에 따라 다음과 같이 구한다.

(1) $x\to a+$일 때, $t\to k+$이면
$$\lim_{x\to a+} g(f(x)) = \lim_{t\to k+} g(t)$$

(2) $x\to a+$일 때, $t\to k-$이면
$$\lim_{x\to a+} g(f(x)) = \lim_{t\to k-} g(t)$$

(3) $x\to a+$일 때, $t=k$이면
$$\lim_{x\to a+} g(f(x)) = g(k)$$

🔓개념ON 020. 021쪽　🔓유형ON 2권 006쪽

0015 대표문제

함수 $y=f(x)$의 그래프가 그림과 같을 때, $\lim_{x\to-1-} f(x) + \lim_{x\to 2+} f(f(x))$의 값은?

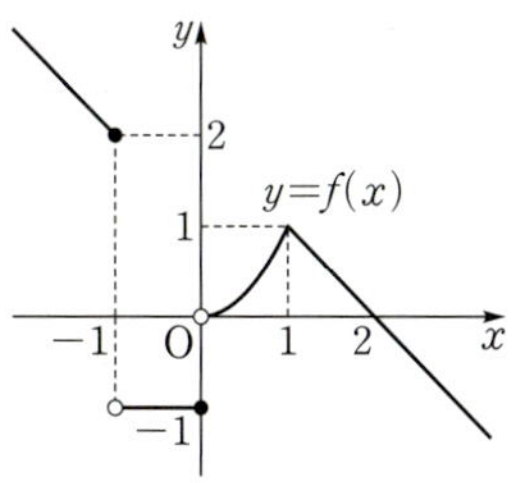

① -1　　　　② 0　　　　③ 1

④ 2　　　　⑤ 3

0016

함수 $f(x)=\begin{cases} 1 & (x<0) \\ 2x-1 & (x\ge 0) \end{cases}$에 대하여

$$\lim_{x\to 0-} f(f(x)) + \lim_{x\to 0+} f(f(x))$$의 값을 구하시오.

함수 $y=f(x)$의 그래프가 그림과 같다.

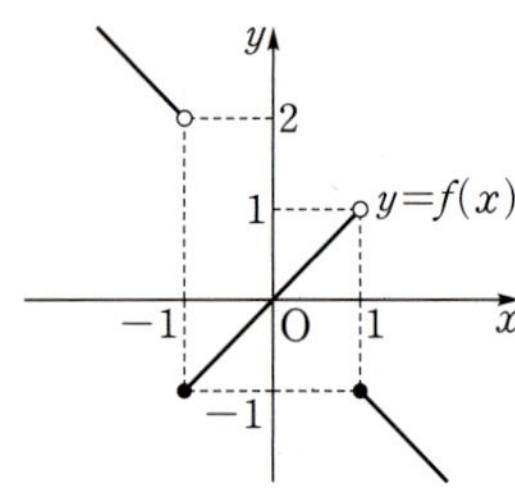

$\displaystyle\lim_{x\to0+}f(x-1)+\lim_{x\to1+}f(f(x))$의 값은?

① -2 ② -1 ③ 0

④ 1 ⑤ 2

0018

함수 $y=f(x)$의 그래프가 그림과 같을 때,
$\displaystyle\lim_{x\to0+}f(f(x))+\lim_{x\to1-}f(f(x))$의 값은?

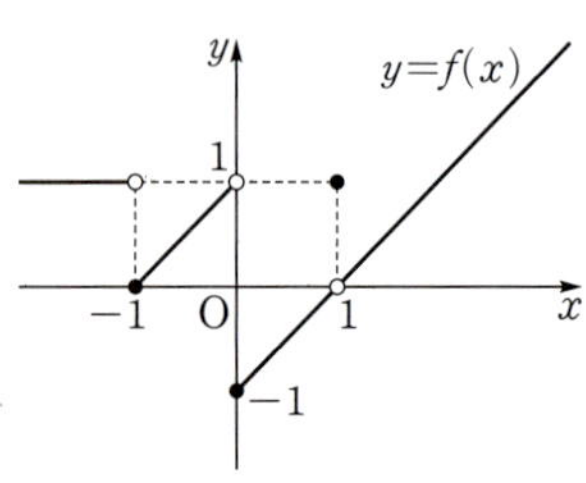

① -2 ② -1 ③ 0

④ 1 ⑤ 2

0019 중요

두 함수 $y=f(x)$, $y=g(x)$의 그래프가 그림과 같을 때,
$\displaystyle\lim_{x\to1+}g(f(x))+\lim_{x\to0-}f(g(x))$의 값을 구하시오.

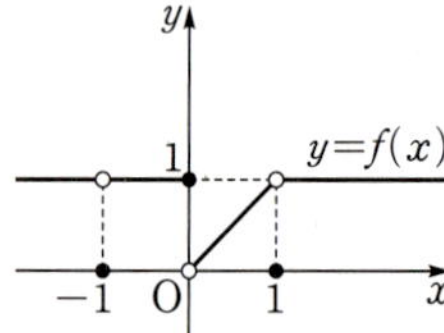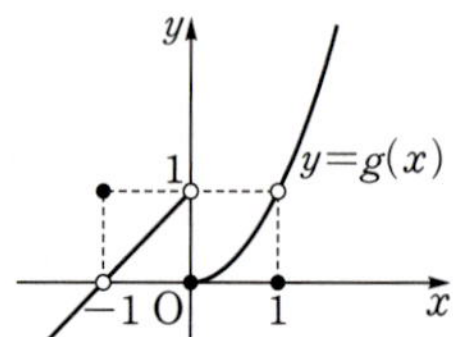

0020

두 함수 $y=f(x)$, $y=g(x)$의 그래프가 그림과 같을 때, 보기에서 극한값이 존재하는 것만을 있는 대로 고른 것은?

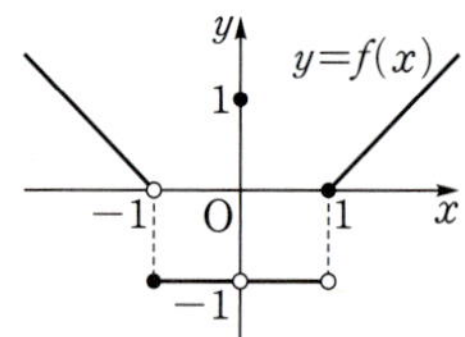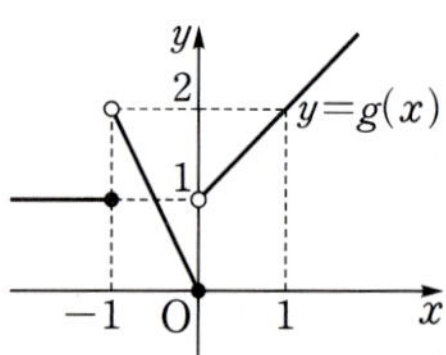

보기

ㄱ. $\displaystyle\lim_{x\to1}f(1-x)$ ㄴ. $\displaystyle\lim_{x\to0}f(g(x))$

ㄷ. $\displaystyle\lim_{x\to1}g(f(x))$

① ㄱ   ② ㄴ   ③ ㄱ, ㄴ

④ ㄱ, ㄷ   ⑤ ㄱ, ㄴ, ㄷ

유형 05 [x] 꼴을 포함한 함수의 극한

[x]가 x보다 크지 않은 최대의 정수일 때, 정수 n에 대하여

(1) $x \to n+$일 때, $[x]=n$이므로 $\lim\limits_{x \to n+} [x]=n$

(2) $x \to n-$일 때, $[x]=n-1$이므로 $\lim\limits_{x \to n-} [x]=n-1$

Tip [x] 꼴을 포함한 함수의 극한은 정수 n을 기준으로 좌극한과 우극한이 다르다.

🎧 유형ON 2권 007쪽

0021 대표문제

$\lim\limits_{x \to 2+} \dfrac{[x]^2+2x}{[x]} + \lim\limits_{x \to 2-} \dfrac{[x]^2-x}{2[x]}$의 값은?

(단, [x]는 x보다 크지 않은 최대의 정수이다.)

① $\dfrac{7}{2}$ ② 4 ③ $\dfrac{9}{2}$

④ 5 ⑤ $\dfrac{11}{2}$

0022

함수 $f(x)=[x]^2+a[x]$에 대하여 등식

$$\lim\limits_{x \to 3-} f(x) = \lim\limits_{x \to 3+} f(x)$$

가 성립할 때, 상수 a의 값은?

(단, [x]는 x보다 크지 않은 최대의 정수이다.)

① -5 ② -3 ③ -1

④ 1 ⑤ 3

0023 중요 서술형

함수 $f(x)=2[x]^3-a[x]$에 대하여 $\lim\limits_{x \to 2} f(x)$의 값이 존재하기 위한 상수 a의 값을 구하시오.

(단, [x]는 x보다 크지 않은 최대의 정수이다.)

0024

$\lim\limits_{x \to n} \dfrac{[x]^2+3x}{[x]}$의 값이 존재하도록 하는 정수 n의 값은?

(단, [x]는 x보다 크지 않은 최대의 정수이다.)

① 1 ② 2 ③ 3

④ 4 ⑤ 5

0025

함수 $y=f(x)$의 그래프가 그림과 같을 때, $\lim\limits_{x \to 1+} f([x]) + \lim\limits_{x \to 1-} [f(x+1)]$의 값은?

(단, [x]는 x보다 크지 않은 최대의 정수이다.)

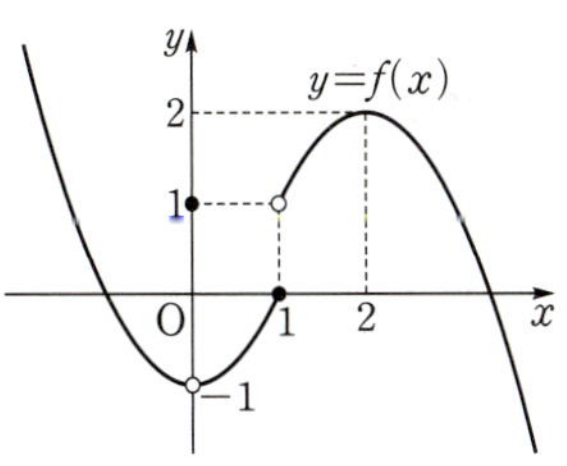

① -2 ② -1 ③ 0

④ 1 ⑤ 2

두 함수 $f(x)$, $g(x)$에 대하여
$\lim\limits_{x \to a} f(x) = \alpha$, $\lim\limits_{x \to a} g(x) = \beta$ (α, β는 실수)일 때

(1) $\lim\limits_{x \to a} \{f(x) \pm g(x)\} = \lim\limits_{x \to a} f(x) \pm \lim\limits_{x \to a} g(x) = \alpha \pm \beta$

(2) $\lim\limits_{x \to a} cf(x) = c \lim\limits_{x \to a} f(x) = c\alpha$ (단, c는 상수)

(3) $\lim\limits_{x \to a} f(x)g(x) = \lim\limits_{x \to a} f(x) \times \lim\limits_{x \to a} g(x) = \alpha\beta$

(4) $\lim\limits_{x \to a} \dfrac{f(x)}{g(x)} = \dfrac{\lim\limits_{x \to a} f(x)}{\lim\limits_{x \to a} g(x)} = \dfrac{\alpha}{\beta}$ (단, $g(x) \neq 0$, $\beta \neq 0$)

🔵 개념ON 030쪽   🔵 유형ON 2권 008쪽

0026 대표문제

두 함수 $f(x)$, $g(x)$가
$$\lim\limits_{x \to 1} f(x) = 4, \quad \lim\limits_{x \to 1} g(x) = 3$$
을 만족시킬 때, $\lim\limits_{x \to 1} \{3f(x) - 2g(x)\}$의 값을 구하시오.

0027

두 함수 $f(x)$, $g(x)$에 대하여
$$\lim\limits_{x \to 2} f(x) = 10, \quad \lim\limits_{x \to 2} \{f(x) - 2g(x)\} = 4$$
일 때, $\lim\limits_{x \to 2} g(x)$의 값은?

① -3 ② -1 ③ 0

④ 1 ⑤ 3

0028

함수 $f(x)$가 $\lim\limits_{x \to -1} (x+1)f(x) = 1$을 만족시킬 때,

$\lim\limits_{x \to -1} \dfrac{(x^2 + 4x + 3)f(x)}{x^2 + 1}$의 값은?

① -1 ② 0 ③ $\dfrac{1}{2}$

④ 1 ⑤ 2

0029 중요

두 함수 $f(x)$, $g(x)$가
$$\lim\limits_{x \to 0} \dfrac{f(x)}{x} = 3, \quad \lim\limits_{x \to 0} \dfrac{g(x)}{x^2} = 2$$
를 만족시킬 때, $\lim\limits_{x \to 0} \dfrac{g(x) + x}{f(x) - 2x}$의 값은?

① -2 ② -1 ③ 0

④ 1 ⑤ 2

0030

함수 $f(x)$에 대하여 $\lim\limits_{x \to \infty} \dfrac{1}{x^2} \{f(x) + 3x^2\} = 0$일 때,

$\lim\limits_{x \to \infty} \dfrac{3x^2 - 4f(x)}{2f(x) - 5x}$의 값은?

① $-\dfrac{5}{2}$ ② -1 ③ 0

④ 1 ⑤ $\dfrac{5}{2}$

0031 교육청 기출

두 함수 $f(x)$, $g(x)$가
$$\lim\limits_{x \to \infty} \{2f(x) - 3g(x)\} = 1, \quad \lim\limits_{x \to \infty} g(x) = \infty$$
를 만족시킬 때, $\lim\limits_{x \to \infty} \dfrac{4f(x) + g(x)}{3f(x) - g(x)}$의 값은?

① 1 ② 2 ③ 3

④ 4 ⑤ 5

유형 07 $\dfrac{0}{0}$ 꼴 극한값의 계산

(1) 유리식인 경우

분모, 분자를 인수분해한 후 분모의 식을 0으로 만드는 인수를 약분한다.

(2) 무리식인 경우

분모, 분자에 근호가 있는 쪽을 유리화한 후 극한값을 구한다.

확인 문제

다음 극한값을 구하시오.

(1) $\displaystyle\lim_{x\to 1}\dfrac{2x^2-x-1}{x-1}$

(2) $\displaystyle\lim_{x\to 4}\dfrac{\sqrt{x}-2}{x-4}$

(3) $\displaystyle\lim_{x\to 2}\dfrac{2x-4}{\sqrt{x+2}-2}$

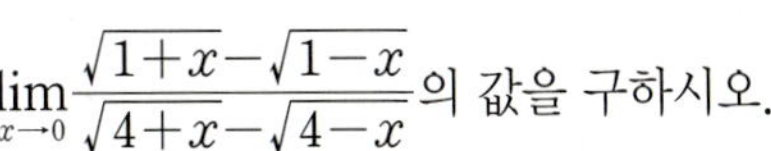

0032 대표문제

$\displaystyle\lim_{x\to 2}\dfrac{x^2-3x+2}{x^2-2x}+\lim_{x\to 1}\dfrac{x^3+x^2-2x}{x^2-1}$ 의 값을 구하시오.

0033

$\displaystyle\lim_{x\to -1}\dfrac{x^2-2x-3}{x+1}+\lim_{x\to 3}\dfrac{x-3}{\sqrt{x+1}-2}$ 의 값은?

① -2 ② -1 ③ 0

④ 1 ⑤ 2

0034

$\displaystyle\lim_{x\to 0}\dfrac{\sqrt{1+x}-\sqrt{1-x}}{\sqrt{4+x}-\sqrt{4-x}}$ 의 값을 구하시오.

0035

함수 $f(x)$에 대하여 $\displaystyle\lim_{x\to 3}f(x)=3$일 때, $\displaystyle\lim_{x\to 3}\dfrac{(x-3)f(x)}{x^2-9}$ 의 값은?

① $\dfrac{1}{6}$ ② $\dfrac{1}{3}$ ③ $\dfrac{1}{2}$

④ $\dfrac{2}{3}$ ⑤ $\dfrac{5}{6}$

0036 중요

함수 $f(x)$에 대하여 $\displaystyle\lim_{x\to 4}f(x)=3$일 때, $\displaystyle\lim_{x\to 4}\dfrac{(x-4)f(x)}{\sqrt{x}-2}$ 의 값을 구하시오.

0037

다항함수 $f(x)$에 대하여

$$\lim_{x\to 3}\dfrac{x^3-27}{(x^2-9)f(x)}=\dfrac{1}{2}$$

일 때, 다항식 $f(x)$를 $x-3$으로 나누었을 때의 나머지를 구하시오.

분모의 최고차항으로 분모, 분자를 각각 나눈다.

(1) (분자의 차수)>(분모의 차수)인 경우

　➡ ∞ 또는 $-\infty$로 발산

(2) (분자의 차수)=(분모의 차수)인 경우

　➡ 최고차항의 계수의 비로 수렴

(3) (분자의 차수)<(분모의 차수)인 경우

　➡ 0으로 수렴

Tip $x \to -\infty$일 때의 극한값은 $-x=t$로 치환하여

$x \to -\infty$일 때 $t \to \infty$임을 이용한다.

확인 문제

다음 극한값을 구하시오.

(1) $\displaystyle\lim_{x \to \infty} \dfrac{4x^2-2x}{2x^2+6x+3}$
(2) $\displaystyle\lim_{x \to -\infty} \dfrac{5x-3}{3x+2}$

(3) $\displaystyle\lim_{x \to \infty} \dfrac{2x}{\sqrt{x^2+1}+2}$

🔆 개념ON 034쪽　🔆 유형ON 2권 009쪽

0038 대표문제

$\displaystyle\lim_{x \to \infty} \dfrac{2x^2-2x-3}{x^2+3x} + \lim_{x \to \infty} \dfrac{\sqrt{4x^2+1}-3}{x-1}$ 의 값을 구하시오.

0039

$\displaystyle\lim_{x \to -\infty} \dfrac{\sqrt{x^2+3}-4}{x+2}$ 의 값을 구하시오.

0040 중요

함수 $f(x)$에 대하여 $\displaystyle\lim_{x \to \infty} \dfrac{f(x)}{x}=3$일 때, $\displaystyle\lim_{x \to \infty} \dfrac{3x+2f(x)}{4x-f(x)}$
의 값을 구하시오.

0041

$\displaystyle\lim_{x \to -\infty} \dfrac{\sqrt{x^2+3}+2x}{\sqrt{4x^2+x+2}-x}$ 의 값은?

① -1　　② $-\dfrac{2}{3}$　　③ $-\dfrac{1}{3}$

④ $\dfrac{1}{3}$　　⑤ $\dfrac{2}{3}$

0042

함수 $f(x)=2x^2+ax$에 대하여 $\displaystyle\lim_{x \to 0} \dfrac{f(x)}{x}=2$일 때,

$\displaystyle\lim_{x \to 0} \dfrac{x^3+af(x)}{axf(x)}$의 값은? (단, a는 상수이다.)

① $\dfrac{1}{8}$　　② $\dfrac{1}{4}$　　③ $\dfrac{1}{2}$

④ 1　　⑤ 2

0043 서술형

$\displaystyle\lim_{x \to 1} \dfrac{2x^2-3x+1}{x^2-3x+2}=a$일 때, $\displaystyle\lim_{x \to -\infty} \dfrac{3ax}{\sqrt{x^2-2ax}+\sqrt{4x^2-a}}$의
값을 구하시오.

유형 09 ∞−∞ 꼴 극한값의 계산

(1) 다항식인 경우

➡ 최고차항으로 묶은 후 극한값을 구한다.

(2) 무리식인 경우

➡ 근호가 있는 쪽을 유리화하여 $\dfrac{\infty}{\infty}$ 꼴로 변형한다.

확인 문제

다음 극한값을 구하시오.

(1) $\lim\limits_{x \to \infty}(\sqrt{x^2+3}-x)$ (2) $\lim\limits_{x \to \infty}(\sqrt{x^2-2x}-\sqrt{x^2+2x})$

🔵 개념ON 036쪽 🟢 유형ON 2권 010쪽

0044 대표문제

$\lim\limits_{x \to \infty}(\sqrt{9x^2+2}-3x)+\lim\limits_{x \to \infty}(\sqrt{x^2+4x}-\sqrt{x^2-4x})$의 값을 구하시오.

0045

$\lim\limits_{x \to \infty}\dfrac{1}{x-\sqrt{x^2-4x+5}}$의 값은?

① $\dfrac{1}{4}$ ② $\dfrac{1}{2}$ ③ 1

④ 2 ⑤ 4

0046

$\lim\limits_{x \to -\infty}\dfrac{1}{\sqrt{x^2+2x}+x}$의 값은?

① -2 ② -1 ③ $-\dfrac{1}{2}$

④ $\dfrac{1}{2}$ ⑤ 1

0047

함수 $f(x)=x^2+x+1$에 대하여 $\lim\limits_{x \to -\infty}\left\{\sqrt{f(-x)}-\sqrt{f(x)}\right\}$의 값은?

① -2 ② -1 ③ 1

④ 2 ⑤ 3

0048 중요

$\lim\limits_{x \to 3}\dfrac{2\sqrt{x+1}-4}{x-3}=a$, $\lim\limits_{x \to -\infty}(\sqrt{x^2-6x+1}-\sqrt{x^2+6x})=b$

라 할 때, 실수 a, b에 대하여 ab의 값을 구하시오.

0049

$\lim\limits_{x \to \infty}(\sqrt{x^2+5x+1}-\sqrt{x^2-3x})=a$,

$\lim\limits_{x \to \infty}\dfrac{1}{\sqrt{4x^2+4x+5}-2x}=b$라 할 때, 실수 a, b에 대하여 $a+b$의 값은?

① 3 ② 4 ③ 5

④ 6 ⑤ 7

∞×0 꼴의 극한은 $\dfrac{0}{0}$, $\dfrac{\infty}{\infty}$ 꼴로 변형하여 구한다.

(1) 분모, 분자가 모두 다항식인 경우
  ➡ 통분하여 인수분해한다.

(2) 분모, 분자에 무리식이 있는 경우
  ➡ 근호가 있는 쪽을 유리화한다.

확인 문제

다음 극한값을 구하시오.

(1) $\displaystyle\lim_{x\to 0}\dfrac{1}{x}\left(\dfrac{1}{x-2}+\dfrac{1}{2}\right)$
(2) $\displaystyle\lim_{x\to 1}(\sqrt{x}-1)\left(2-\dfrac{2}{x-1}\right)$

🔵 개념ON 038쪽   🔵 유형ON 2권 010쪽

0050 대표문제

$\displaystyle\lim_{x\to -2}\dfrac{1}{x+2}\left(\dfrac{x^2}{x-2}+1\right)$의 값은?

① $\dfrac{1}{4}$ ② $\dfrac{1}{2}$ ③ $\dfrac{3}{4}$

④ 1 ⑤ $\dfrac{5}{4}$

0051

다음 중에서 옳지 <u>않은</u> 것은?

① $\displaystyle\lim_{x\to -3}\dfrac{x^2+4x+3}{x+3}=-2$

② $\displaystyle\lim_{x\to\infty}(\sqrt{x^2+3x}-\sqrt{x^2-3x})=3$

③ $\displaystyle\lim_{x\to -\infty}\dfrac{\sqrt{x^2+2x}+1}{x+3}=-1$

④ $\displaystyle\lim_{x\to 2}(x-2)\left(1+\dfrac{3x}{x-2}\right)=6$

⑤ $\displaystyle\lim_{x\to 1}\dfrac{1}{\sqrt{x}-1}\left(\dfrac{1}{x-3}+\dfrac{1}{2}\right)=\dfrac{1}{2}$

0052

$\displaystyle\lim_{x\to 1}\dfrac{16x}{x^2-1}\left(\dfrac{2}{\sqrt{x+3}}-1\right)$의 값은?

① -2 ② -1 ③ $-\dfrac{1}{4}$

④ $-\dfrac{1}{2}$ ⑤ $-\dfrac{1}{16}$

0053 중요

보기에서 옳은 것만을 있는 대로 고른 것은?

보기

ㄱ. $\displaystyle\lim_{x\to 3}\dfrac{\sqrt{x+6}-3}{x-3}=\dfrac{1}{6}$

ㄴ. $\displaystyle\lim_{x\to -\infty}(x+\sqrt{x^2-2x+3})=2$

ㄷ. $\displaystyle\lim_{x\to 4}\dfrac{2}{\sqrt{x}-2}\left(\dfrac{1}{x-1}-\dfrac{1}{3}\right)=-2$

ㄹ. $\displaystyle\lim_{x\to\infty}x^2\left(1-\dfrac{x}{\sqrt{x^2+4}}\right)=2$

① ㄱ, ㄴ ② ㄱ, ㄷ ③ ㄱ, ㄹ

④ ㄷ, ㄹ ⑤ ㄱ, ㄷ, ㄹ

0054 서술형

함수 $f(x)=x^2+1$에 대하여

$\displaystyle\lim_{x\to\infty}\left\{\sqrt{f(x)+x}-\sqrt{f(x)-x}\right\}=a$, $\displaystyle\lim_{x\to -\infty}x^2\left\{1+\dfrac{x}{\sqrt{f(x)}}\right\}=b$

라 할 때, 실수 a, b에 대하여 $a+2b$의 값을 구하시오.

유형 11 미정계수의 결정

두 함수 $f(x)$, $g(x)$에 대하여

(1) $\lim\limits_{x \to a} \dfrac{f(x)}{g(x)} = \alpha$ (α는 실수)일 때

$\lim\limits_{x \to a} g(x) = 0$이면 $\lim\limits_{x \to a} f(x) = 0$이다.

(2) $\lim\limits_{x \to a} \dfrac{f(x)}{g(x)} = \alpha$ ($\alpha \neq 0$인 실수)일 때

$\lim\limits_{x \to a} f(x) = 0$이면 $\lim\limits_{x \to a} g(x) = 0$이다.

🔵 개념ON 044쪽 🔵 유형ON 2권 011쪽

0055  

두 상수 a, b에 대하여 $\lim\limits_{x \to -1} \dfrac{x^2+4x+a}{x+1} = b$일 때, $a+b$의 값을 구하시오.

0056

$\lim\limits_{x \to 2} \dfrac{\sqrt{x+2}+a}{x-2} = b$일 때, 상수 a, b에 대하여 $\dfrac{a}{b}$의 값은?

① -8 ② -4 ③ -2

④ 4 ⑤ 8

0057

$\lim\limits_{x \to -1} \dfrac{ax^3+x+b}{x+1} = 7$일 때, 상수 a, b에 대하여 $a+b$의 값은?

① 1 ② 2 ③ 3

④ 4 ⑤ 5

0058

$\lim\limits_{x \to 1} \dfrac{x-1}{x^2+ax+b} = \dfrac{1}{5}$일 때, 상수 a, b에 대하여 $a-b$의 값은?

① 5 ② 6 ③ 7

④ 8 ⑤ 9

0059 ✅중요

$\lim\limits_{x \to -2} \dfrac{\sqrt{x+a}-b}{x+2} = \dfrac{1}{4}$일 때, 상수 a, b에 대하여 ab의 값을 구하시오.

0060

$\lim\limits_{x \to \infty} (\sqrt{x^2+2x+3}-ax) = b$를 만족시키는 상수 a, b에 대하여 $a+b$의 값을 구하시오.

0061 ✏️서술형

$\lim\limits_{x \to 1} \dfrac{1}{x-1}\left(\dfrac{1}{a}-\dfrac{1}{x+b}\right) = \dfrac{1}{4}$을 만족시키는 상수 a, b에 대하여 a^2+b^2의 값을 구하시오. (단, $a>0$)

두 다항함수 $f(x)$, $g(x)$에 대하여

(1) $\lim\limits_{x\to\infty}\dfrac{f(x)}{g(x)}=\alpha$ ($\alpha\neq0$인 실수)일 때 두 다항함수 $f(x)$, $g(x)$의 차수는 같고 최고차항의 계수의 비가 α이다.

(2) $\lim\limits_{x\to a}\dfrac{f(x)}{g(x)}=\alpha$ (α는 실수)일 때

$\lim\limits_{x\to a}g(x)=0$이면 $\lim\limits_{x\to a}f(x)=0$이다.

> **Tip** 함수 $f(x)$가 다항함수이면 모든 실수 a에 대하여
> $\lim\limits_{x\to a}f(x)=f(a)$이다.

🔵 **개념ON** 046쪽   🔵 **유형ON** 2권 012쪽

0062  

삼차함수 $f(x)$가

$$\lim_{x\to 0}\frac{f(x)}{x}=\lim_{x\to 1}\frac{f(x)}{x-1}=1$$

을 만족시킬 때, $f(2)$의 값은?

① 4   ② 6   ③ 8
④ 10   ⑤ 12

0063

다항함수 $f(x)$가

$$\lim_{x\to\infty}\frac{f(x)}{x^2+2x+3}=2,\quad \lim_{x\to 2}\frac{f(x)}{x^2-3x+2}=12$$

를 만족시킬 때, $f(3)$의 값을 구하시오.

0064   ✔️중요

다항함수 $f(x)$가

$$\lim_{x\to\infty}\frac{f(x)-2x^3}{2x^2}=2,\quad \lim_{x\to 0}\frac{f(x)}{x}=3$$

을 만족시킬 때, $f(1)$의 값을 구하시오.

0065

다항함수 $f(x)$가 $\lim\limits_{x\to\infty}\dfrac{f(x)-3x^2}{x}=2$를 만족시킬 때,

$\lim\limits_{x\to 0+}x^2 f\left(\dfrac{1}{x}\right)$의 값을 구하시오.

0066   ✔️중요

다항함수 $f(x)$가 다음 조건을 만족시킨다.

> (가) $\lim\limits_{x\to 0+}x^2 f\left(\dfrac{1}{x}\right)=1$
>
> (나) $\lim\limits_{x\to 1}\dfrac{f(x)}{x^2-1}=4$

$f(2)$의 값을 구하시오.

0067   ✏️서술형

다항함수 $f(x)$가 다음 조건을 만족시킨다.

> (가) $\lim\limits_{x\to\infty}\left\{\dfrac{f(x)}{x^2}-2\right\}=0$
>
> (나) $\lim\limits_{x\to 1}\dfrac{f(x)-x}{x-1}=2$

$f(4)$의 값을 구하시오.

유형 13 함수의 극한의 대소 관계

두 함수 $f(x)$, $g(x)$에 대하여
$$\lim_{x \to a} f(x) = \alpha, \quad \lim_{x \to a} g(x) = \beta \quad (\alpha, \beta \text{는 실수})$$
일 때, a에 가까운 모든 실수 x에 대하여
(1) $f(x) \leq g(x)$이면 $\alpha \leq \beta$
(2) 함수 $h(x)$에 대하여 $f(x) \leq h(x) \leq g(x)$이고 $\alpha = \beta$이면
$$\lim_{x \to a} h(x) = \alpha$$

주의 (1)에서 $f(x) < g(x)$이어도 $\alpha \leq \beta$가 성립하고
(2)에서 $f(x) < h(x) < g(x)$이어도 $\alpha = \beta$이면 $\lim\limits_{x \to a} h(x) = \alpha$가
성립한다.

🔵 개념ON 048쪽   🔵 유형ON 2권 013쪽

0068 대표문제

함수 $f(x)$가 모든 양의 실수 x에 대하여
$$3x - 2 < xf(x) < 3x + 1$$
을 만족시킬 때, $\lim\limits_{x \to \infty} f(x)$의 값은?

① -3 ② -1 ③ 0
④ 1 ⑤ 3

0069

함수 $f(x)$가 모든 양의 실수 x에 대하여
$$-2x^2 + 3x \leq f(x) \leq 2x^2 + 3x$$
를 만족시킬 때, $\lim\limits_{x \to 0+} \dfrac{f(x)}{x}$의 값을 구하시오.

0070

함수 $f(x)$가 모든 양의 실수 x에 대하여
$$2x^2 - 3x \leq (x^2 + 2)f(x) \leq 2x^2 + 5x$$
를 만족시킬 때, $\lim\limits_{x \to \infty} f(x)$의 값을 구하시오.

0071

함수 $f(x)$가 모든 실수 x에 대하여
$$2x^2 + 1 < f(x) < 2x^2 + 3$$
을 만족시킬 때, $\lim\limits_{x \to \infty} \dfrac{\{f(x)\}^2}{2x^4 + x^2}$의 값은?

① 1 ② 2 ③ 3
④ 4 ⑤ 5

0072 ✓중요

함수 $f(x)$가 모든 양의 실수 x에 대하여
$$\dfrac{x^2 - 2x}{3x + 5} \leq f(x) \leq \dfrac{x^2 + 2x}{3x + 2}$$
를 만족시킬 때, $\lim\limits_{x \to \infty} \dfrac{f(2x)}{x}$의 값은?

① $\dfrac{1}{2}$ ② $\dfrac{2}{3}$ ③ $\dfrac{3}{4}$
④ 1 ⑤ $\dfrac{3}{2}$

0073

함수 $f(x)$가 모든 실수 x에 대하여 $|f(x) - 3x| < 1$을 만족
시킬 때, $\lim\limits_{x \to \infty} \dfrac{\{f(x)\}^2}{x^2 - 4x + 5}$의 값을 구하시오.

함수의 극한에 대한 성질을 이용하여 주어진 보기의 참, 거짓을
판별한다. 성질을 적용할 수 없는 경우에는 반례를 찾아본다.

확인 문제

두 함수 $f(x)$, $g(x)$에 대하여 다음의 참, 거짓을 판별하시오.

(1) $\lim\limits_{x \to a} f(x)$와 $\lim\limits_{x \to a} \{f(x) - g(x)\}$의 값이 모두 존재하면
$\lim\limits_{x \to a} g(x)$의 값도 존재한다.

(2) $\lim\limits_{x \to a} f(x)$와 $\lim\limits_{x \to a} \dfrac{g(x)}{f(x)}$의 값이 모두 존재하면
$\lim\limits_{x \to a} g(x)$의 값도 존재한다.

(3) $\lim\limits_{x \to a} f(x)$와 $\lim\limits_{x \to a} f(x)g(x)$의 값이 모두 존재하면
$\lim\limits_{x \to a} g(x)$의 값도 존재한다.

(4) $\lim\limits_{x \to a} f(x)$와 $\lim\limits_{x \to a} f(x)g(x)$의 값이 모두 존재하고
$\lim\limits_{x \to a} f(x) \neq 0$이면 $\lim\limits_{x \to a} g(x)$의 값도 존재한다.

🅝 유형ON 2권 014쪽

0074 대표문제

두 함수 $f(x)$, $g(x)$에 대하여 보기에서 옳은 것만을 있는 대
로 고른 것은? (단, a는 실수이다.)

보기

ㄱ. $\lim\limits_{x \to a} \{f(x) + g(x)\}$와 $\lim\limits_{x \to a} \{f(x) - g(x)\}$의 값이 모두
존재하면 $\lim\limits_{x \to a} g(x)$의 값도 존재한다.

ㄴ. $\lim\limits_{x \to a} g(x)$와 $\lim\limits_{x \to a} \dfrac{f(x)}{g(x)}$의 값이 모두 존재하면
$\lim\limits_{x \to a} f(x)$의 값도 존재한다.

ㄷ. $\lim\limits_{x \to a} \{f(x) - g(x)\} = 0$이면 $\lim\limits_{x \to a} f(x) = \lim\limits_{x \to a} g(x)$이다.

① ㄱ   ② ㄱ, ㄴ   ③ ㄱ, ㄷ
④ ㄴ, ㄷ   ⑤ ㄱ, ㄴ, ㄷ

0075

두 함수 $f(x)$, $g(x)$에 대하여 보기에서 옳은 것만을 있는 대
로 고른 것은? (단, a는 실수이다.)

보기

ㄱ. 모든 실수 x에 대하여 $f(x) < g(x)$이고 $\lim\limits_{x \to a} f(x)$와
$\lim\limits_{x \to a} g(x)$의 값이 존재하면 $\lim\limits_{x \to a} f(x) < \lim\limits_{x \to a} g(x)$이다.

ㄴ. $\lim\limits_{x \to a} f(x) = \infty$, $\lim\limits_{x \to a} g(x) = \infty$이면 $\lim\limits_{x \to a} \dfrac{f(x)}{g(x)} = 1$이다.

ㄷ. 모든 실수 x에 대하여 $f(x) < g(x) < f(x+1)$이고
$\lim\limits_{x \to \infty} f(x) = 2$이면 $\lim\limits_{x \to \infty} \dfrac{g(x)}{x} = 0$이다.

① ㄱ   ② ㄴ   ③ ㄷ
④ ㄱ, ㄷ   ⑤ ㄴ, ㄷ

0076

함수 $f(x)$에 대하여 보기에서 옳은 것만을 있는 대로 고른
것은?

보기

ㄱ. $\lim\limits_{x \to 0} \dfrac{x}{f(x)} = 0$이면 $\lim\limits_{x \to 0} f(x) = 0$이다. (단, $f(x) \neq 0$)

ㄴ. $\lim\limits_{x \to \infty} x^2 f(x) = 2$이면 $\lim\limits_{x \to \infty} f(x) = 0$이다.

ㄷ. 함수 $f(x)$가 모든 양의 실수 x에 대하여
$3x^2 < f(x) < 3x^2 + x$이면 $\lim\limits_{x \to \infty} \dfrac{f(x)}{\sqrt{x^4 + 1}} = 3$이다.

① ㄱ   ② ㄴ   ③ ㄷ
④ ㄱ, ㄷ   ⑤ ㄴ, ㄷ

유형 15 새롭게 정의된 함수의 극한

두 함수의 그래프의 교점의 개수, 방정식의 실근의 개수 또는 조건을 만족시키는 새로운 함수의 식을 세우고 극한값을 구한다.

확인 문제

실수 t에 대하여 함수 $y=|x|$의 그래프와 직선 $y=t$가 만나는 점의 개수를 $f(t)$라 할 때, $\lim\limits_{t\to 0-} f(t) + \lim\limits_{t\to 0+} f(t)$의 값을 구하시오.

유형ON 2권 014쪽

0077 대표문제

실수 t에 대하여 함수 $y=|x^2-2|$의 그래프와 직선 $y=t$가 만나는 점의 개수를 $f(t)$라 할 때, $\lim\limits_{t\to 0-} f(t) + \lim\limits_{t\to 2+} f(t)$의 값은?

① 2   ② 3   ③ 4
④ 5   ⑤ 6

0078

0이 아닌 실수 t에 대하여 원 $x^2+y^2=t^2$과 직선 $y=2$가 만나는 점의 개수를 $f(t)$라 할 때, $\lim\limits_{t\to-2-} f(t) + \lim\limits_{t\to 2-} f(t) + f(2)$의 값은?

① 1   ② 2   ③ 3
④ 4   ⑤ 5

0079 중요

실수 k에 대하여 직선 $y=2x+k$와 중심이 점 $(2,\,3)$이고 반지름의 길이가 $\sqrt{5}$인 원이 만나는 서로 다른 점의 개수를 $f(k)$라 할 때, $\lim\limits_{k\to-6+} f(k) + \lim\limits_{k\to 4-} f(k)$의 값을 구하시오.

0080

실수 전체의 집합에서 정의된 함수 $y=f(x)$의 그래프가 그림과 같다.

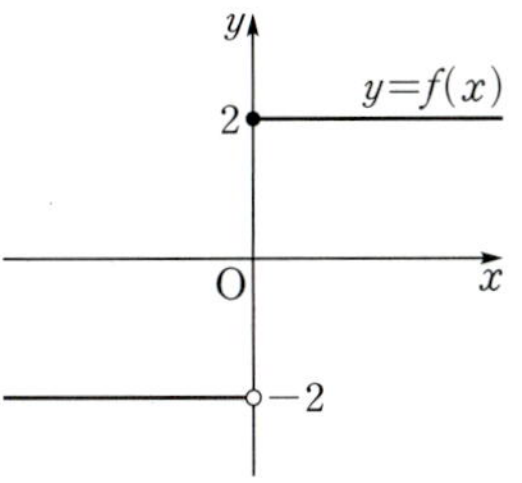

실수 t에 대하여 함수 $y=f(x)$의 그래프와 직선 $y=x+t$가 만나는 점의 개수를 $g(t)$라 할 때, $\lim\limits_{t\to-2-} g(t) + \lim\limits_{t\to 2-} g(t)$의 값을 구하시오.

0081 서술형

두 집합
$$A=\{x\,|\,(x-a)(x-a+1)=0\},$$
$$B=\{x\,|\,(x+1)(x-1)\le 0\}$$
에 대하여 $f(a)=n(A\cap B)$라 할 때,
$$\lim\limits_{a\to-1+} f(a) + \lim\limits_{a\to 1-} f(a) + f(2)$$
의 값을 구하시오.

(단, a는 실수이다.)

도형의 성질을 이용하여 좌표평면에서 선분의 길이, 점의 좌표 등을 식으로 나타내고 극한값을 구한다.

[도형의 성질]

(1) **두 점 사이의 거리**

좌표평면 위의 두 점 $A(x_1, y_1)$, $B(x_2, y_2)$ 사이의 거리는

$$\overline{AB}=\sqrt{(x_2-x_1)^2+(y_2-y_1)^2}$$

(2) **점과 직선 사이의 거리**

점 (x_1, y_1)과 직선 $ax+by+c=0$ 사이의 거리는

$$\frac{|ax_1+by_1+c|}{\sqrt{a^2+b^2}}$$

(3) **원 위의 한 점에서의 접선의 방정식**

원 $x^2+y^2=r^2$ 위의 점 (a, b)에서의 접선의 방정식은

$$ax+by=r^2$$

(4) **수직인 두 직선의 기울기**

기울기가 각각 m, m'인 두 직선이 서로 수직이면

$$mm'=-1$$

(5) **선분의 수직이등분선의 방정식**

선분 AB의 수직이등분선을 l이라 하면

① 직선 l과 직선 AB의 기울기의 곱은 -1이다.

② 직선 l은 선분 AB의 중점을 지난다.

⋒ **개념ON** 050쪽　⋒ **유형ON 2권** 015쪽

0082 대표문제

그림과 같이 제1사분면에서 두 곡선 $y=x^2$, $y=\dfrac{1}{4}x^2$이 직선 $y=k$ $(k>0)$와 만나는 점을 각각 A, B라 하자.

$4\lim\limits_{k\to\infty}(\overline{OB}-\overline{OA})$의 값을 구하시오. (단, O는 원점이다.)

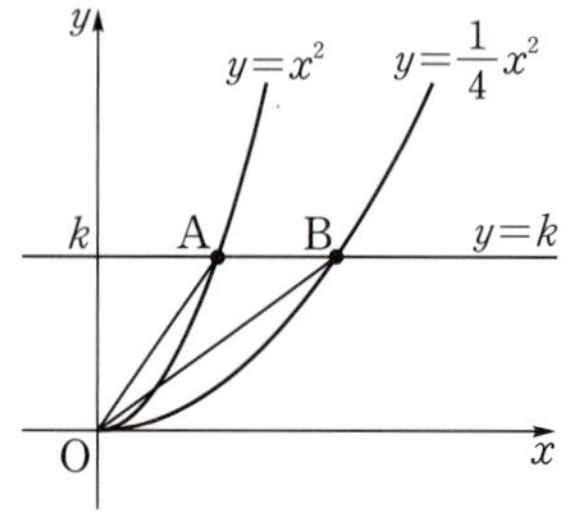

0083 중요

그림과 같이 곡선 $y=\dfrac{1}{3}x^2$ 위의 점 $P\left(t, \dfrac{1}{3}t^2\right)$과 원점 O에 대하여 선분 OP의 수직이등분선이 y축과 만나는 점의 y좌표를 $f(t)$라 할 때, $\lim\limits_{t\to 0+}f(t)$의 값은? (단, $t>0$)

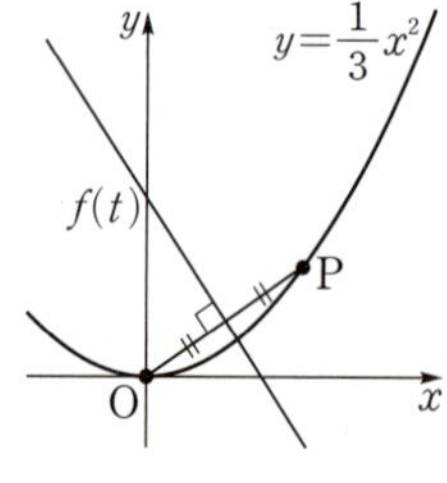

① $\dfrac{1}{2}$　　② 1　　③ $\dfrac{3}{2}$

④ 2　　⑤ $\dfrac{5}{2}$

0084 중요

그림과 같이 곡선 $y=\sqrt{2x}$ 위의 점 $P(t, \sqrt{2t})$ $(t>0)$를 지나고 선분 OP에 수직인 직선이 x축과 만나는 점을 Q라 하자. 삼각형 POQ의 넓이를 $S(t)$라 할 때, $\lim\limits_{t\to\infty}\dfrac{\{S(t)\}^2}{t^3}$의 값은?

(단, O는 원점이다.)

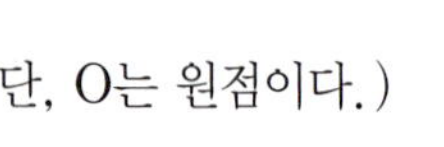

① $\dfrac{1}{4}$　　② $\dfrac{1}{2}$　　③ 1

④ 2　　⑤ 4

0085 ✏️ 서술형

그림과 같이 원 $x^2+y^2=4$ 위의 점 $P(t, \sqrt{4-t^2})$ $(0<t<2)$에서의 접선이 x축과 만나는 점을 Q, 점 P에서 x축에 내린 수선의 발을 H라 하자. 원 $x^2+y^2=4$가 x축의 양의 방향과 만나는 점을 A라 할 때, $\lim\limits_{t\to 2-}\dfrac{\overline{HQ}}{\overline{HA}}$의 값을 구하시오.

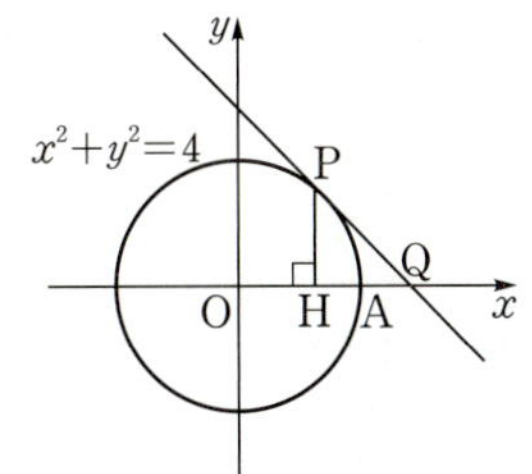

0086

그림과 같이 두 곡선 $y=x^2-2x$, $y=2\sqrt{x+1}-2$가 직선 $x=t$ $(0<t<2)$와 만나는 점을 각각 A, B라 하고 직선 $x=t$가 x축과 만나는 점을 H라 하자. 두 삼각형 OAH, OBH의 넓이를 각각 $f(t)$, $g(t)$라 할 때, $\lim\limits_{t\to 0+}\dfrac{g(t)}{f(t)}$의 값은? (단, O는 원점이다.)

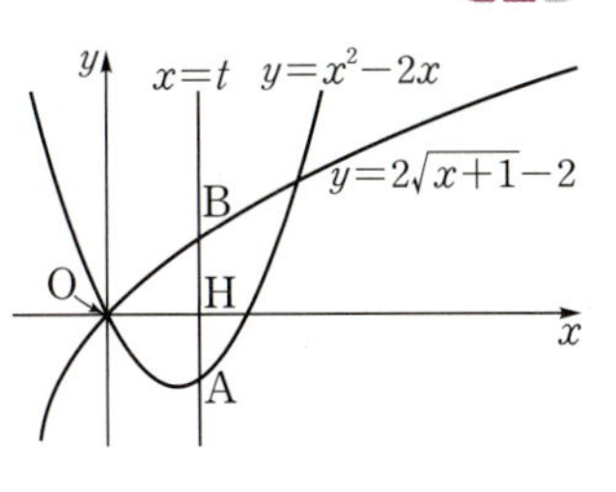

① $\dfrac{1}{4}$　　② $\dfrac{1}{2}$　　③ 1

④ 2　　⑤ 4

0087 교육청 기출

실수 t $(t>0)$에 대하여 직선 $y=tx+t+1$과 곡선 $y=x^2-tx-1$이 만나는 두 점을 A, B라 할 때, $\lim\limits_{t\to\infty}\dfrac{\overline{AB}}{t^2}$의 값은?

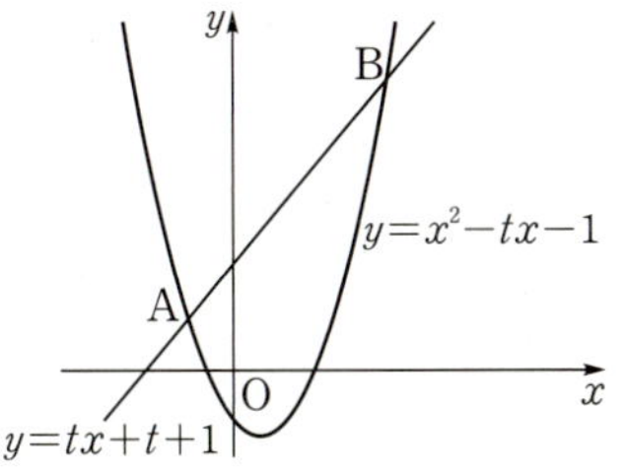

① $\dfrac{\sqrt{2}}{2}$　　② 1　　③ $\sqrt{2}$

④ 2　　⑤ $2\sqrt{2}$

0088 교육청 기출

곡선 $y=\sqrt{x}$ 위의 점 $P(t, \sqrt{t})$ $(t>4)$에서 직선 $y=\dfrac{1}{2}x$에 내린 수선의 발을 H라 하자. $\lim\limits_{t\to\infty}\dfrac{\overline{OH}^2}{\overline{OP}^2}$의 값은?

(단, O는 원점이다.)

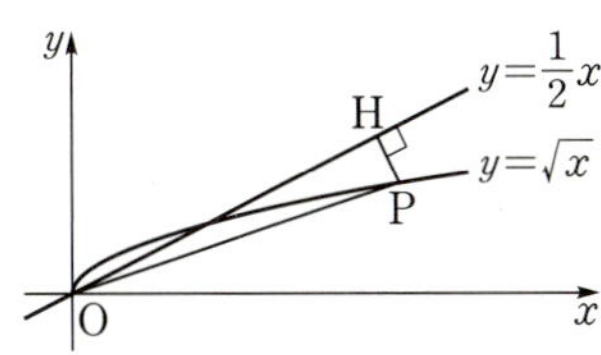

① $\dfrac{3}{5}$　　② $\dfrac{2}{3}$　　③ $\dfrac{11}{15}$

④ $\dfrac{4}{5}$　　⑤ $\dfrac{13}{15}$

0089 [교육청 기출]

함수 $y=f(x)$의 그래프가 그림과 같다.

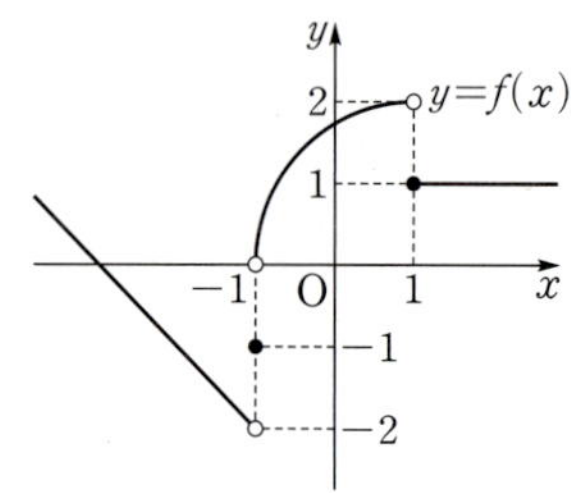

$\displaystyle\lim_{x\to-1-}f(x)=a$일 때, $\displaystyle\lim_{x\to a+}f(x+3)$의 값은?

① -2 　　　② -1 　　　③ 0
④ 1 　　　⑤ 2

0090

$\displaystyle\lim_{x\to2+}\frac{x^2-4}{|x-2|}=a$, $\displaystyle\lim_{x\to3-}\frac{[x+3]}{[x^2-9]}=b$일 때, 실수 a, b에 대하여 $a+b$의 값은?

(단, $[x]$는 x보다 크지 않은 최대의 정수이다.)

① -2 　　　② -1 　　　③ 0
④ 1 　　　⑤ 2

0091 [교육청 기출]

두 상수 a, b에 대하여 $\displaystyle\lim_{x\to9}\frac{x-a}{\sqrt{x}-3}=b$일 때, $a+b$의 값을 구하시오.

0092

두 함수 $f(x)$, $g(x)$가
$$\lim_{x\to\infty}\{f(x)-2g(x)\}=2,\quad \lim_{x\to\infty}g(x)=\infty$$
를 만족시킬 때, $\displaystyle\lim_{x\to\infty}\frac{2f(x)+g(x)}{3f(x)-g(x)}$의 값은?

① -1 　　　② 0 　　　③ 1
④ 2 　　　⑤ 3

0093

$\displaystyle\lim_{x\to a}\frac{x^2-a^2}{x-a}=4$, $\displaystyle\lim_{x\to\infty}\left(\sqrt{x^2+ax}-\sqrt{x^2+bx}\right)=6$일 때, 상수 a, b에 대하여 $a+b$의 값은?

① -14 　　　② -12 　　　③ -10
④ -8 　　　⑤ -6

0094

함수 $f(x)$에 대하여 $\displaystyle\lim_{x\to1}\frac{f(x-1)-1}{x-1}=2$일 때, $\displaystyle\lim_{x\to0}\frac{\{f(x)\}^2-f(x)}{x^2+x}$의 값은?

① -2 　　　② -1 　　　③ 0
④ 1 　　　⑤ 2

0095

양의 실수 전체의 집합에서 정의된 함수 $f(x)$가

$$\sqrt{x^2+4x}-x < f(x) < \frac{1}{\sqrt{x^2+x}-x}$$

을 만족시킬 때, $\lim\limits_{x\to\infty} f(x)$의 값은?

① $\dfrac{1}{2}$ ② 1 ③ $\dfrac{3}{2}$

④ 2 ⑤ $\dfrac{5}{2}$

0096

함수 $y=f(x)$의 그래프가 그림과 같다.

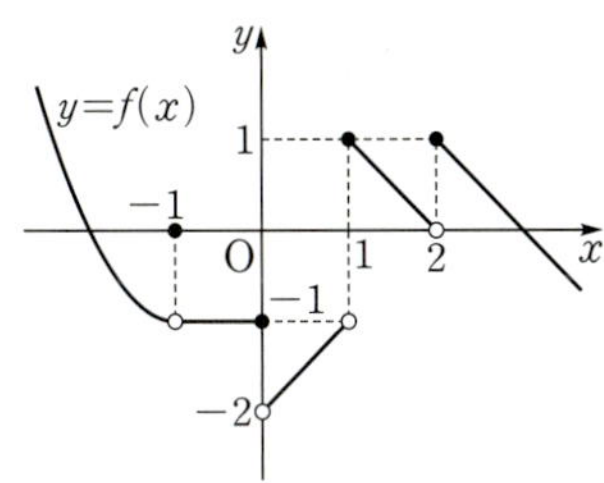

함수 $g(x)=x^2+x$에 대하여 $\lim\limits_{x\to 1-} g(f(x)) + \lim\limits_{x\to 1+} f(g(x))$
의 값을 구하시오.

0097

삼차함수 $f(x)$가

$$\lim_{x\to 1}\frac{f(x)}{x-1}=6,\quad \lim_{x\to -1}\frac{f(x)}{x+1}=-2$$

를 만족시킬 때, $f(2)$의 값은?

① 8 ② 10 ③ 12

④ 14 ⑤ 16

0098

두 다항함수 $f(x)$, $g(x)$가 다음 조건을 만족시킨다.

> (가) $\lim\limits_{x\to 2} f(x) > \lim\limits_{x\to 2} g(x)$
>
> (나) $\lim\limits_{x\to 2} \{f(x)+g(x)\}=2$
>
> (다) $\lim\limits_{x\to 2} f(x)g(x)=-3$

$\lim\limits_{x\to 2}\dfrac{f(x)}{g(x)}$의 값은?

① -3 ② -2 ③ -1

④ 1 ⑤ 3

0099

두 함수

$$f(x)=\begin{cases} x+a & (x\le a) \\ -x+1 & (x>a) \end{cases},\quad g(x)=x(x-a)$$

에 대하여 $\lim\limits_{x\to a} f(x)g(x+2)$의 값이 존재하도록 하는 모든 실수 a의 값의 합은?

① -2 ② $-\dfrac{5}{3}$ ③ $-\dfrac{4}{3}$

④ -1 ⑤ $-\dfrac{2}{3}$

0100 교육청 기출

최고차항의 계수가 1인 이차함수 $f(x)$가

$$\lim_{x\to 0}|x|\left\{f\left(\frac{1}{x}\right)-f\left(-\frac{1}{x}\right)\right\}=a,\quad \lim_{x\to\infty}f\left(\frac{1}{x}\right)=3$$

을 만족시킬 때, $f(2)$의 값은? (단, a는 상수이다.)

① 1 ② 3 ③ 5

④ 7 ⑤ 9

0101

두 집합

$$A=\{x\,|\,x^2-4x+3=0\},$$
$$B=\{x\,|\,(x-k)(x-k-3)\leq0\}$$

에 대하여 $f(k)=n(A\cap B)$라 할 때,

$$\lim_{k\to-2+}f(k)+\lim_{k\to1-}f(k)+f(3)$$의 값을 구하시오.

(단, k는 실수이다.)

0102 평가원 기출

그림과 같이 실수 $t\,(0<t<1)$에 대하여 곡선 $y=x^2$ 위의 점 중에서 직선 $y=2tx-1$과의 거리가 최소인 점을 P라 하고, 직선 OP가 직선 $y=2tx-1$과 만나는 점을 Q라 할 때,

$\lim\limits_{t\to1-}\dfrac{\overline{PQ}}{1-t}$의 값은? (단, O는 원점이다.)

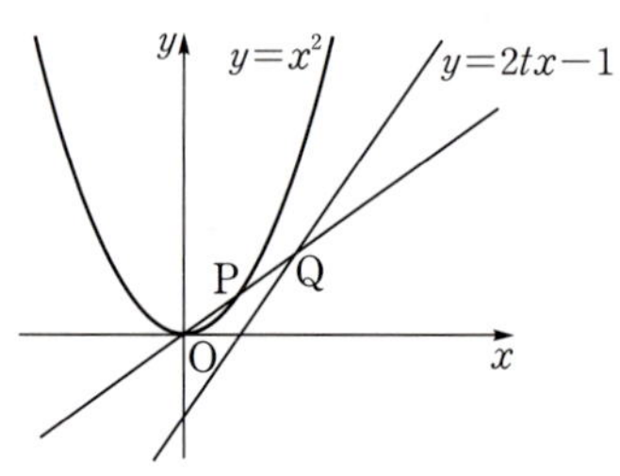

① $\sqrt{6}$ ② $\sqrt{7}$ ③ $2\sqrt{2}$

④ 3   ⑤ $\sqrt{10}$

0103

다항함수 $f(x)$가 다음 조건을 만족시킨다.

> (가) 모든 양의 실수 x에 대하여
> $$3x^3-5x^2\leq xf(x)\leq3x^3-2x^2+4x$$이다.
> (나) $\lim\limits_{x\to2}\dfrac{f(x)-8}{x-2}=8$

$f(4)$의 값을 구하시오.

0104

최고차항의 계수가 1인 삼차함수 $f(x)$가 다음 조건을 만족시킨다.

> (가) $\lim\limits_{x\to1}\dfrac{f(x)}{x-1}=2$
> (나) $f(2)\geq7$

$f(3)$의 최솟값을 구하시오.

0105

함수 $f(x)$가 $x<0$일 때,

$$4x-\frac{28}{x^2}<f(x)<\left(1+\frac{2}{x}\right)^2$$

을 만족시킨다. $\lim\limits_{x\to a}x^2f(x)=4$일 때, 음수 a의 최댓값을 구하시오.

0106

두 자연수 a, b에 대하여

$$\lim\limits_{x\to 3}\frac{x^2-9}{|x-a|-|a-3|}=b$$

일 때, $a+b$의 최댓값은?

① 5　　　　　② 7　　　　　③ 8

④ 10　　　　　⑤ 14

0107

두 함수 $f(x)$, $g(x)$가 다음 조건을 만족시킨다.

(가) $\lim\limits_{x\to\infty}f(x)=\infty$

(나) $\lim\limits_{x\to\infty}\dfrac{2f(x)+g(x)}{f(x)-g(x)}=5$ (단, $f(x)\neq g(x)$)

$\lim\limits_{x\to\infty}\dfrac{3f(x)-g(x)}{2f(x)+3g(x)}=\dfrac{q}{p}$일 때, $p+q$의 값을 구하시오.

(단, p와 q는 서로소인 자연수이다.)

0108

두 함수 $y=f(x)$, $y=g(x)$의 그래프가 그림과 같을 때, 보기에서 옳은 것만을 있는 대로 고른 것은?

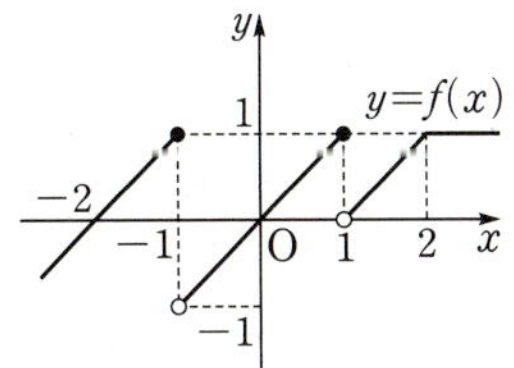
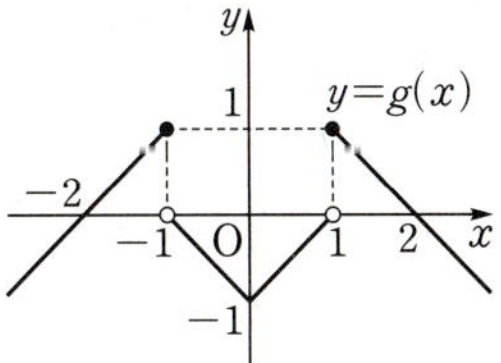

보기

ㄱ. $\lim\limits_{x\to 1+}f(f(x))=0$

ㄴ. $\lim\limits_{x\to 1}f(g(x))$의 값이 존재한다.

ㄷ. $\lim\limits_{x\to -1}g(f(x))=0$

① ㄱ　　　　　② ㄴ　　　　　③ ㄱ, ㄴ

④ ㄱ, ㄷ　　　　　⑤ ㄱ, ㄴ, ㄷ

0109

일차함수 $f(x)$와 이차함수 $g(x)$가 다음 조건을 만족시킨다.

> (가) $f(x)-g(x)=x^2+3x-4$
>
> (나) $\displaystyle\lim_{x\to 1}\dfrac{f(x)+g(x)}{x-1}=3$

$f(3)+g(2)$의 값을 구하시오.

0110

실수 t에 대하여 함수 $f(x)=\begin{cases} \dfrac{x+2}{x+1} & (x<-1) \\ x^2-2x-1 & (x\geq -1) \end{cases}$ 의 그 래프가 직선 $y=t$와 만나는 점의 개수를 $g(t)$라 할 때, $\displaystyle\lim_{t\to a-}g(t)\neq \lim_{t\to a+}g(t)$를 만족시키는 모든 실수 a의 값의 합을 구하시오.

0111 수능 기출

최고차항의 계수가 1인 이차함수 $f(x)$가

$$\lim_{x\to a}\frac{f(x)-(x-a)}{f(x)+(x-a)}=\frac{3}{5}$$

을 만족시킨다. 방정식 $f(x)=0$의 두 근을 α, β라 할 때, $|\alpha-\beta|$의 값은? (단, a는 상수이다.)

① 1 　　　② 2 　　　③ 3

④ 4 　　　⑤ 5

0112

$x\geq 1$일 때, 자연수 중에서 $[x]$보다 작은 소수의 개수를 $f(x)$라 하자. $\displaystyle\lim_{x\to k-}f(x)\neq \lim_{x\to k+}f(x)$를 만족시키는 10 이하의 자연수 k의 값의 합을 구하시오.

(단, $[x]$는 x보다 크지 않은 최대의 정수이다.)

0113

다항함수 $f(x)$가

$$\lim_{x \to 0+} \frac{x^2 f\left(\frac{1}{x}\right) - 1}{1 - x} = 1, \quad \lim_{x \to \infty} x f\left(\frac{2}{x}\right) = 2$$

를 만족시킬 때, $f(2)$의 값은?

① 6 ② 7 ③ 8
④ 9 ⑤ 10

0114 평가원 기출

실수 $t\,(t>0)$에 대하여 직선 $y=x+t$와 곡선 $y=x^2$이 만나는 두 점을 A, B라 하자. 점 A를 지나고 x축에 평행한 직선이 곡선 $y=x^2$과 만나는 점 중 A가 아닌 점을 C, 점 B에서 선분 AC에 내린 수선의 발을 H라 하자. $\lim\limits_{t \to 0+} \dfrac{\overline{\mathrm{AH}} - \overline{\mathrm{CH}}}{t}$의 값은? (단, 점 A의 x좌표는 양수이다.)

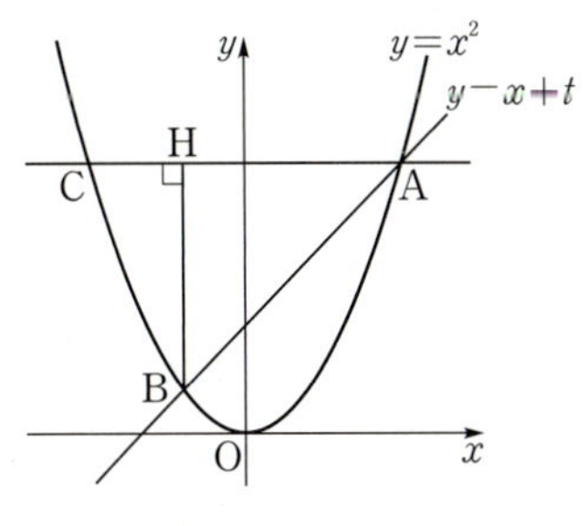

① 1 ② 2 ③ 3
④ 4 ⑤ 5

0115 수능 기출

상수항과 계수가 모두 정수인 두 다항함수 $f(x)$, $g(x)$가 다음 조건을 만족시킬 때, $f(2)$의 최댓값은?

> (가) $\lim\limits_{x \to \infty} \dfrac{f(x)g(x)}{x^3} = 2$
>
> (나) $\lim\limits_{x \to 0} \dfrac{f(x)g(x)}{x^2} = -4$

① 4 ② 6 ③ 8
④ 10 ⑤ 12

0116

함수 $f(x)$가 다음 조건을 만족시킨다.

> (가) $-1 \le x \le 1$에서 $f(x) = |x|$이다.
> (나) 모든 실수 x에 대하여 $f(x+2) = f(x)$이다.

$t>1$인 실수 t에 대하여 직선 $y = \dfrac{1}{2t}(x+1)$과 함수 $y=f(x)$의 그래프의 교점의 개수를 $g(t)$라 할 때, $3 \le \lim\limits_{t \to k-} g(t) \le 5$를 만족시키는 모든 자연수 k의 값의 합을 구하시오.

02 함수의 연속

유형 01 함수의 연속

(1) 함수의 연속

함수 $f(x)$가 다음 조건을 모두 만족시킬 때, $x=a$에서 연속이다.

(i) 함숫값 $f(a)$가 존재한다.

(ii) 극한값 $\lim\limits_{x \to a} f(x)$가 존재한다.

(iii) $\lim\limits_{x \to a} f(x) = f(a)$ → $\lim\limits_{x \to a-} f(x) = \lim\limits_{x \to a+} f(x) = a$이면 $\lim\limits_{x \to a} f(x) = a$이다.

(2) 함수의 불연속

함수 $f(x)$가 $x=a$에서 연속이 아닐 때, $f(x)$는 $x=a$에서 불연속이라 한다.

확인 문제

다음 함수가 $x=2$에서 연속인지 불연속인지 조사하시오.

(1) $f(x) = |x-2|$

(2) $f(x) = \dfrac{1}{|x-2|}$

(3) $f(x) = \begin{cases} \dfrac{x^2-4}{x-2} & (x \neq 2) \\ 3 & (x=2) \end{cases}$

(4) $f(x) = \begin{cases} x^2-2 & (x \leq 2) \\ -x+4 & (x>2) \end{cases}$

⋒ 개념ON 064쪽 ⋒ 유형ON 2권 018쪽

0117 대표문제

$x=1$에서 연속인 함수인 것만을 보기에서 있는 대로 고른 것은?

보기

ㄱ. $f(x) = \begin{cases} \dfrac{x^2-x}{x-1} & (x \neq 1) \\ 1 & (x=1) \end{cases}$

ㄴ. $g(x) = \begin{cases} \sqrt{x-1}+2 & (x \neq 1) \\ 3 & (x=1) \end{cases}$

ㄷ. $h(x) = \begin{cases} \dfrac{|x-1|}{x-1} & (x \neq 1) \\ 1 & (x=1) \end{cases}$

① ㄱ ② ㄴ ③ ㄱ, ㄴ

④ ㄱ, ㄷ ⑤ ㄴ, ㄷ

0118

다음 함수 중 $x=2$에서 불연속인 함수는?

① $f(x) = \begin{cases} x^2-3 & (x \neq 2) \\ 1 & (x=2) \end{cases}$

② $f(x) = \begin{cases} |x-2| & (x \neq 2) \\ 0 & (x=2) \end{cases}$

③ $f(x) = \begin{cases} x^2-3 & (x \geq 2) \\ 3-x & (x<2) \end{cases}$

④ $f(x) = \begin{cases} \dfrac{x^2-3x+2}{x-2} & (x \neq 2) \\ 2 & (x=2) \end{cases}$

⑤ $f(x) = \begin{cases} \dfrac{x^2-x-2}{x-2} & (x \neq 2) \\ 3 & (x=2) \end{cases}$

0119 중요

함수 $f(x) = \begin{cases} \dfrac{g(x)}{x} & (x \neq 0) \\ 2 & (x=0) \end{cases}$ 가 $x=0$에서 연속이 되도록 하는 함수 $g(x)$를 보기에서 있는 대로 고른 것은?

보기

ㄱ. $g(x) = x^2+2x$

ㄴ. $g(x) = |x^2-2x|$

ㄷ. $g(x) = |x|(x+2)$

① ㄱ ② ㄴ ③ ㄱ, ㄴ

④ ㄱ, ㄷ ⑤ ㄴ, ㄷ

유형 02 함수의 그래프와 연속

함수 $y=f(x)$의 그래프가 $x=a$에서
(1) 이어져 있으면 $f(x)$는 $x=a$에서 연속이다.
(2) 끊어져 있으면 $f(x)$는 $x=a$에서 불연속이다.

개념ON 066쪽 유형ON 2권 018쪽

0120 대표문제

함수 $y=f(x)$의 그래프가 그림과 같다.

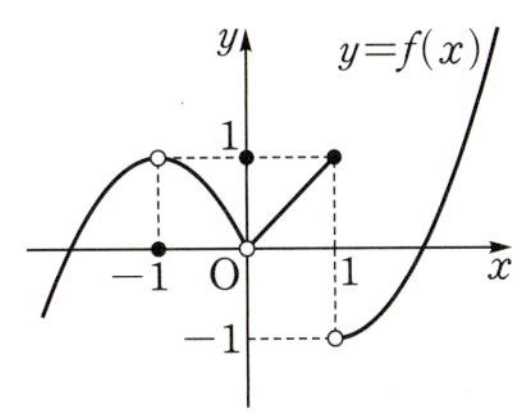

보기에서 옳은 것만을 있는 대로 고른 것은?

보기
ㄱ. $\lim\limits_{x \to -1} f(x)=1$
ㄴ. $\lim\limits_{x \to -1} f(-x)=1$
ㄷ. 함수 $f(x)f(x-1)$은 $x=0$에서 연속이다.

① ㄱ   ② ㄷ   ③ ㄱ, ㄷ
④ ㄴ, ㄷ   ⑤ ㄱ, ㄴ, ㄷ

0121 교육청 기출

두 함수 $y=f(x)$, $y=g(x)$의 그래프가 그림과 같다.

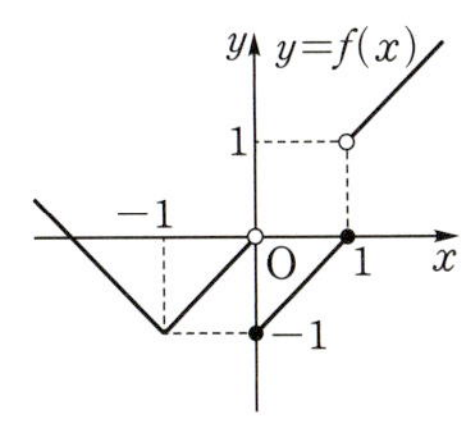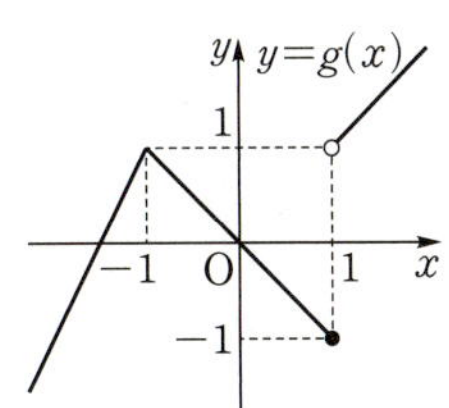

보기에서 옳은 것만을 있는 대로 고른 것은?

보기
ㄱ. $\lim\limits_{x \to -1-} f(x)g(x)=-1$
ㄴ. $f(1)g(1)=0$
ㄷ. 함수 $f(x)g(x)$는 $x=1$에서 불연속이다.

① ㄱ   ② ㄴ   ③ ㄷ
④ ㄱ, ㄴ   ⑤ ㄴ, ㄷ

0122

함수 $y=f(x)$의 그래프가 그림과 같을 때, 보기에서 옳은 것만을 있는 대로 고른 것은?

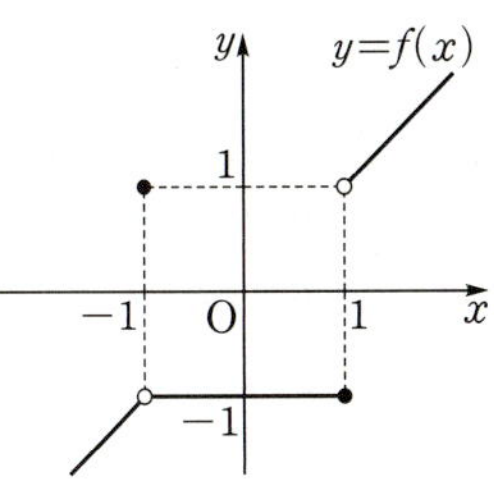

보기
ㄱ. $\lim\limits_{x \to -1} f(x)=-1$
ㄴ. 함수 $|f(x)|$는 $x=1$에서 연속이다.
ㄷ. 함수 $\{f(x)\}^2$은 $x=1$에서 연속이다.

① ㄱ   ② ㄱ, ㄴ   ③ ㄱ, ㄷ
④ ㄴ, ㄷ   ⑤ ㄱ, ㄴ, ㄷ

0123 중요

두 함수 $y=f(x)$, $y=g(x)$의 그래프가 그림과 같다.

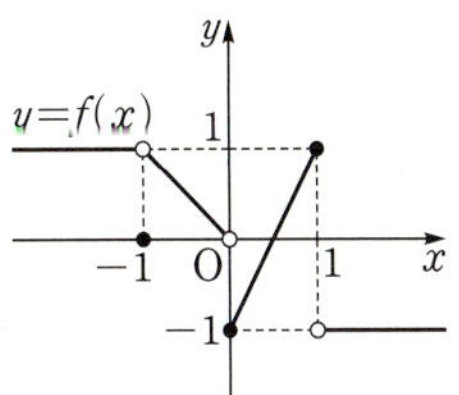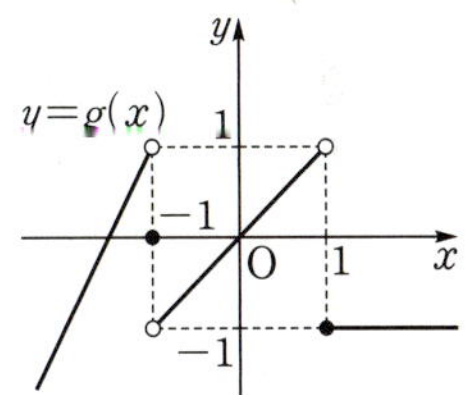

보기에서 옳은 것만을 있는 대로 고른 것은?

보기
ㄱ. $\lim\limits_{x \to -1+} f(x)g(x)=-1$
ㄴ. 함수 $f(x)g(x)$는 $x=0$에서 연속이다.
ㄷ. 함수 $f(x)g(x)$는 $x=1$에서 연속이다.

① ㄱ   ② ㄱ, ㄴ   ③ ㄱ, ㄷ
④ ㄴ, ㄷ   ⑤ ㄱ, ㄴ, ㄷ

(1) 구간

두 실수 $a, b\ (a<b)$에 대하여 집합

$\{x|a\leq x\leq b\},\ \{x|a\leq x<b\},$
$\{x|a<x\leq b\},\ \{x|a<x<b\}$

를 각각 구간이라 하며, 이것을 기호로 각각

$[a, b],\ [a, b),\ (a, b],\ (a, b)$

와 같이 나타낸다.

(2) 연속함수

함수 $f(x)$가 어떤 구간에 속하는 모든 실수에서 연속일 때, $f(x)$는 그 구간에서 연속 또는 그 구간에서 연속함수라 한다.

(3) 함수가 연속일 조건

모든 실수 x에서 연속인 함수 $g(x),\ h(x)$에 대하여

① 함수 $f(x)=\begin{cases} g(x) & (x\neq a) \\ k & (x=a) \end{cases}$ 가 모든 실수 x에서 연속

이려면 $\lim\limits_{x\to a-} g(x) = \lim\limits_{x\to a+} g(x) = k$이어야 한다.

② 함수 $f(x)=\begin{cases} g(x) & (x<a) \\ h(x) & (x\geq a) \end{cases}$ 가 모든 실수 x에서 연속

이려면 $\lim\limits_{x\to a-} g(x) = \lim\limits_{x\to a+} h(x) = h(a)$이어야 한다.

> **Tip** 다항함수는 모든 실수에서 연속이다.

🔵 **개념ON** 068쪽   🔵 **유형ON** 2권 019쪽

0124 대표문제

함수

$$f(x)=\begin{cases} 3x+4 & (x\neq 2) \\ a & (x=2) \end{cases}$$

가 실수 전체의 집합에서 연속일 때, 상수 a의 값은?

① 6   ② 7   ③ 8
④ 9   ⑤ 10

0125 평가원 기출

함수

$$f(x)=\begin{cases} 2x+a & (x\leq -1) \\ x^2-5x-a & (x>-1) \end{cases}$$

이 실수 전체의 집합에서 연속일 때, 상수 a의 값은?

① 1   ② 2   ③ 3
④ 4   ⑤ 5

0126 중요

함수

$$f(x)=\begin{cases} \dfrac{x^2+x-6}{x-2} & (x\neq 2) \\ k & (x=2) \end{cases}$$

가 실수 전체의 집합에서 연속일 때, 상수 k의 값은?

① 1   ② 2   ③ 3
④ 4   ⑤ 5

0127

함수

$$f(x)=\begin{cases} \sqrt{-x+a} & (x<1) \\ x^2+2x-1 & (x\geq 1) \end{cases}$$

이 $x=1$에서 연속일 때, 상수 a의 값은?

① 1   ② 2   ③ 3
④ 4   ⑤ 5

0128 중요

함수

$$f(x)=\begin{cases} \dfrac{a\sqrt{x+1}-2}{x-3} & (x\neq 3) \\ b & (x=3) \end{cases}$$

가 $x=3$에서 연속일 때, 상수 $a,\ b$에 대하여 $a+b$의 값은?

① 1   ② $\dfrac{5}{4}$ ③ $\dfrac{3}{2}$
④ $\dfrac{7}{4}$ ⑤ 2

0129 교육청 기출

함수

$$f(x)=\begin{cases}\dfrac{x^2+3x+a}{x-2} & (x<2)\\ -x^2+b & (x\geq 2)\end{cases}$$

가 $x=2$에서 연속일 때, $a+b$의 값은?

(단, a, b는 상수이다.)

① 1   ② 2   ③ 3

④ 4   ⑤ 5

0130 중요

함수

$$f(x)=\begin{cases}2x^2+3x & (x<2)\\ 4x-6 & (x\geq 2)\end{cases}$$

에 대하여 함수 $g(x)=f(x)\{f(x)-a\}$가 실수 전체의 집합에서 연속이 되도록 하는 상수 a의 값을 구하시오.

0131 서술형

함수

$$f(x)=\begin{cases}x-3 & (x<a)\\ x^2-9 & (x\geq a)\end{cases}$$

에 대하여 함수 $|f(x)|$가 실수 전체의 집합에서 연속이 되도록 하는 모든 실수 a의 값의 합을 구하시오.

유형 04 $(x-a)f(x)$ 꼴의 함수의 연속

연속함수 $g(x)$에 대하여 함수 $f(x)$가 $g(x)=(x-a)f(x)$를 만족시킬 때, $f(x)$가 모든 실수 x에서 연속이면

$$f(a)=\lim_{x\to a}\frac{g(x)}{x-a}$$

개념ON 068쪽   유형ON 2권 020쪽

0132 대표문제

실수 전체의 집합에서 연속인 함수 $f(x)$가

$$(x-3)f(x)=x^2-x-6$$

을 만족시킬 때, $f(3)$의 값은?

① 1   ② 2   ③ 3

④ 4   ⑤ 5

0133

$x>-6$인 모든 실수 x에서 연속인 함수 $f(x)$가

$$(x+2)f(x)=\sqrt{x+6}-2$$

를 만족시킬 때, $f(-2)$의 값은?

① $\dfrac{1}{8}$ ② $\dfrac{1}{6}$ ③ $\dfrac{1}{4}$

④ $\dfrac{1}{2}$ ⑤ 1

0134

$x\neq 1$인 모든 실수 x에서 연속인 함수 $f(x)$가

$$(x-2)f(x)=1-\frac{1}{x-1}$$

을 만족시킬 때, $f(2)$의 값을 구하시오.

0135 

실수 전체의 집합에서 연속인 함수 $f(x)$가
$$(x+1)f(x)=ax^3+bx$$
를 만족시킨다. $f(-1)=4$일 때, $f(3)$의 값을 구하시오.
(단, a, b는 상수이다.)

0136

실수 전체의 집합에서 연속인 함수 $f(x)$가
$$(x-1)f(x)=\sqrt{x^2+a}+b$$
를 만족시킨다. $f(1)=\dfrac{1}{2}$일 때, 상수 a, b에 대하여 $a+b$의
값은?

① 1   ② 2   ③ 3
④ 4   ⑤ 5

0137

실수 전체의 집합에서 연속인 함수 $f(x)$가
$$(x-a)f(x)=x^2-3x+2$$
를 만족시킨다. $f(a)=1$일 때, $a+f(5)$의 값을 구하시오.
(단, a는 상수이다.)

두 함수 $f(x)$, $g(x)$에 대하여 함수 $f(g(x))$가
$$\lim_{x \to a-} f(g(x)) = \lim_{x \to a+} f(g(x)) = f(g(a))$$
를 만족시키면 $x=a$에서 연속이다.

Tip   함수 $g(x)$가 $x=a$에서 연속이고 함수 $f(x)$가 $x=g(a)$에서 연속이면 함수 $f(g(x))$는 $x=a$에서 연속이다.

🔵 개념ON 074쪽   🔵 유형ON 2권 021쪽

0138 대표문제 평가원 기출

닫힌구간 $[-1, 4]$에서 정의된 함수 $y=f(x)$의 그래프가 그림과 같다.

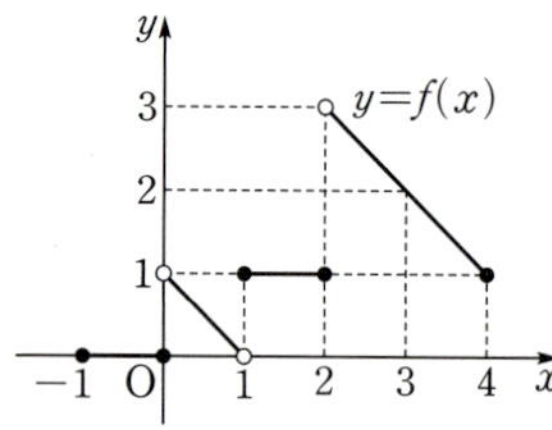

보기에서 옳은 것만을 있는 대로 고른 것은?

보기

ㄱ. $\displaystyle\lim_{x \to 1-} f(x) < \lim_{x \to 1+} f(x)$

ㄴ. $\displaystyle\lim_{t \to \infty} f\left(\dfrac{1}{t}\right) = 1$

ㄷ. 함수 $f(f(x))$는 $x=3$에서 연속이다.

① ㄱ   ② ㄷ   ③ ㄱ, ㄴ
④ ㄴ, ㄷ   ⑤ ㄱ, ㄴ, ㄷ

0139

두 함수 $f(x)=\begin{cases} 3x-2 & (x<2) \\ x^2+1 & (x\geq2) \end{cases}$, $g(x)=x^2+ax$에 대하여 함수 $g(f(x))$가 실수 전체의 집합에서 연속이 되도록 하는 상수 a의 값은?

① -10 ② -9 ③ -8
④ -7 ⑤ -6

0140 ✓중요

두 함수 $y=f(x)$, $y=g(x)$의 그래프가 그림과 같을 때, 보기에서 옳은 것만을 있는 대로 고른 것은?

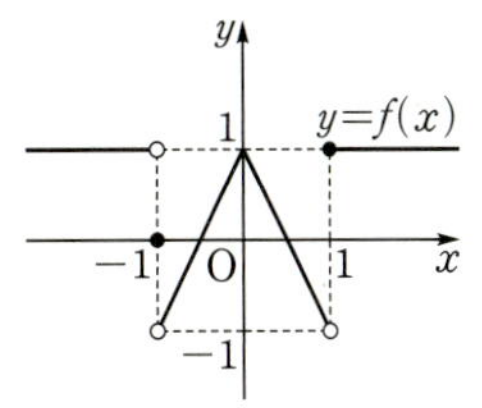 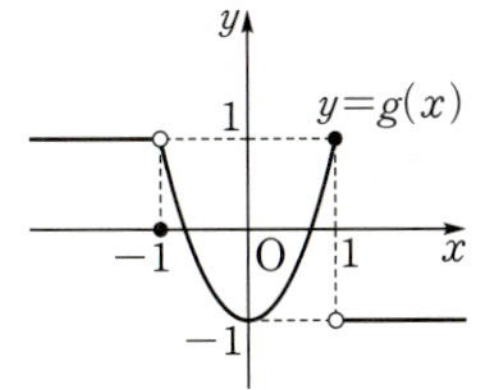

> **보기**
> ㄱ. $\lim\limits_{x \to 1} f(x)g(x) = -1$
> ㄴ. 함수 $\{f(x)\}^2$은 $x=-1$에서 연속이다.
> ㄷ. 함수 $g(f(x))$는 $x=0$에서 연속이다.

① ㄱ   ② ㄴ   ③ ㄱ, ㄴ

④ ㄱ, ㄷ   ⑤ ㄱ, ㄴ, ㄷ

0141

두 함수 $y=f(x)$, $y=g(x)$의 그래프가 그림과 같을 때, $x=1$에서 연속인 함수인 것만을 보기에서 있는 대로 고른 것은?

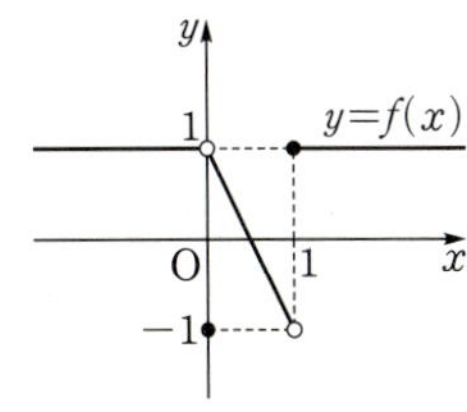 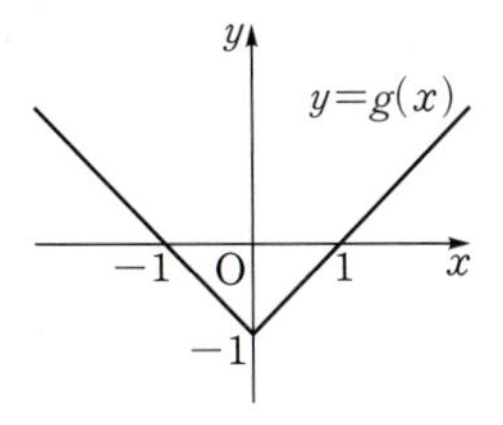

> **보기**
> ㄱ. $f(x)g(x)$ ㄴ. $f(g(x))$ ㄷ. $g(f(x))$

① ㄱ   ② ㄱ, ㄴ   ③ ㄱ, ㄷ

④ ㄴ, ㄷ   ⑤ ㄱ, ㄴ, ㄷ

유형 06 **[x] 꼴을 포함한 함수의 연속**

함수 $[f(x)]$의 연속성을 판단할 때는 $f(x)=n$ (n은 정수)을 만족시키는 x의 값에서 연속성을 조사하면 된다.

> **Tip** 정수 n에 대하여 $x \to a$일 때
> $f(x) \to n+$이면 $\lim\limits_{x \to a}[f(x)]=n$
> $f(x) \to n-$이면 $\lim\limits_{x \to a}[f(x)]=n-1$

🔵개념ON 062쪽   🟢유형ON 2권 021쪽

0142 대표문제

함수 $f(x)=[x]^2+a[x]$가 $x=3$에서 연속일 때, 상수 a의 값은? (단, $[x]$는 x보다 크지 않은 최대의 정수이다.)

① -5 ② -4 ③ -3

④ -2 ⑤ -1

0143

$x>1$에서 정의된 함수 $f(x)=\dfrac{[x]^2+2x}{[x]}$가 $x=k$에서 연속일 때, 자연수 k의 값을 구하시오.

(단, $[x]$는 x보다 크지 않은 최대의 정수이다.)

0144

함수 $f(x)=\begin{cases} [x^2-2x] & (x \neq 1) \\ k & (x=1) \end{cases}$가 $x=1$에서 연속일 때, 상수 k의 값은?

(단, $[x]$는 x보다 크지 않은 최대의 정수이다.)

① -2 ② -1 ③ 0

④ 1 ⑤ 2

두 함수 $f(x)$, $g(x)$가 $x=a$에서 연속이면 다음 함수도 $x=a$에서 연속이다.

(1) $cf(x)$ (단, c는 상수) (2) $f(x) \pm g(x)$

(3) $f(x)g(x)$ (4) $\dfrac{f(x)}{g(x)}$ (단, $g(a) \neq 0$)

🎧 개념ON 076쪽 🎧 유형ON 2권 022쪽

0145 대표문제

실수 전체의 집합에서 정의된 두 함수 $f(x)$, $g(x)$에 대하여 보기에서 옳은 것만을 있는 대로 고른 것은?

보기

ㄱ. 두 함수 $f(x)$, $f(x)+g(x)$가 $x=a$에서 연속이면 함수 $g(x)$도 $x=a$에서 연속이다.

ㄴ. 두 함수 $f(x)$, $f(x)g(x)$가 $x=a$에서 연속이면 함수 $g(x)$도 $x=a$에서 연속이다.

ㄷ. 두 함수 $f(x)$, $\dfrac{g(x)}{f(x)}$가 $x=a$에서 연속이면 함수 $g(x)$도 $x=a$에서 연속이다.

① ㄱ ② ㄷ ③ ㄱ, ㄴ

④ ㄱ, ㄷ ⑤ ㄱ, ㄴ, ㄷ

0146

두 함수

$$f(x)=x^2+4, \quad g(x)=\dfrac{1}{x-2}$$

에 대하여 다음 중 모든 실수 x에서 연속인 함수는?

① $f(x)+g(x)$ ② $f(x)g(x)$ ③ $\dfrac{g(x)}{f(x)}$

④ $f(g(x))$ ⑤ $g(f(x))$

0147 중요

실수 전체의 집합에서 정의된 두 함수 $f(x)$, $g(x)$가 $x=a$에서 연속일 때, 보기의 함수 중 $x=a$에서 항상 연속인 함수의 개수를 구하시오.

보기

ㄱ. $|f(x)|$ ㄴ. $\{g(x)\}^2$

ㄷ. $\dfrac{g(x)}{f(x)}$ ㄹ. $f(g(x))$

(1) 함수 $f(x)g(x)$가 $x=a$에서 연속이려면
$$\lim_{x \to a} f(x)g(x)=f(a)g(a)$$

(2) 함수 $\dfrac{f(x)}{g(x)}$가 $x=a$에서 연속이려면
$$\lim_{x \to a} \dfrac{f(x)}{g(x)}=\dfrac{f(a)}{g(a)} \quad (단, g(a) \neq 0)$$

(3) $x \neq a$인 모든 실수 x에서 연속인 함수 $f(x)$에 대하여 함수 $f(x)f(x+a)$가 실수 전체의 집합에서 연속이려면 $x=0$, $x=a$에서 연속이어야 한다.

🎧 개념ON 078쪽 🎧 유형ON 2권 022쪽

0148 대표문제

두 함수
$$f(x)=\begin{cases} -x+3 & (x \leq 2) \\ x+1 & (x > 2) \end{cases}, \quad g(x)=x+k$$

에 대하여 함수 $f(x)g(x)$가 $x=2$에서 연속일 때, 상수 k의 값은?

① -2 ② -1 ③ 0

④ 1 ⑤ 2

0149 교육청 기출

함수 $y=f(x)$의 그래프가 그림과 같다.

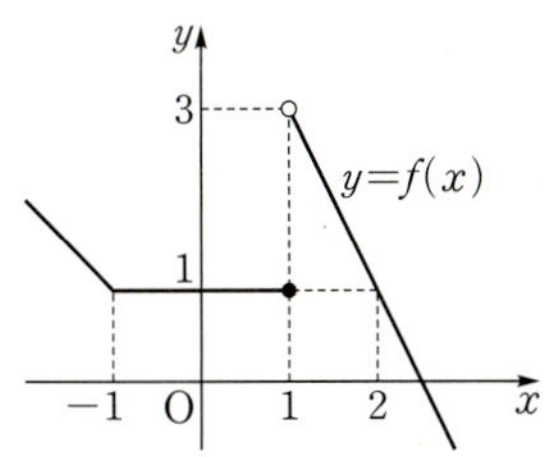

함수 $(x^2+ax+b)f(x)$가 $x=1$에서 연속일 때, $a+b$의 값은? (단, a, b는 실수이다.)

① -2 ② -1 ③ 0
④ 1 ⑤ 2

0150

함수
$$f(x)=\begin{cases} 2x & (x<1) \\ x-1 & (x\geq1) \end{cases}$$
에 대하여 함수 $g(x)=f(x)\{f(x)+k\}$가 $x=1$에서 연속이 되도록 하는 상수 k의 값은?

① -2 ② -1 ③ 0
④ 1 ⑤ 2

0151 중요

두 함수
$$f(x)=\begin{cases} x^2-2x+3 & (x<1) \\ 3 & (x\geq1) \end{cases}, g(x)=ax+1$$
에 대하여 함수 $\dfrac{g(x)}{f(x)}$가 실수 전체의 집합에서 연속일 때, 상수 a의 값은?

① -1 ② $-\dfrac{1}{2}$ ③ $-\dfrac{1}{4}$
④ $\dfrac{1}{4}$ ⑤ $\dfrac{1}{2}$

0152

두 함수
$$f(x)=\begin{cases} \dfrac{1}{x+1} & (x<-1) \\ 2 & (x\geq-1) \end{cases}, g(x)=x^2+ax+b$$
에 대하여 함수 $f(x)g(x)$가 실수 전체의 집합에서 연속일 때, $a+b$의 값을 구하시오. (단, a, b는 상수이다.)

0153 서술형

함수
$$f(x)=\begin{cases} 2x-9 & (x<a) \\ -2x+a & (x\geq a) \end{cases}$$
에 대하여 함수 $\{f(x)\}^2$이 실수 전체의 집합에서 연속이 되도록 하는 모든 실수 a의 값의 합을 구하시오.

0154 수능 기출

두 함수
$$f(x)=\begin{cases} x+3 & (x\leq a) \\ x^2-x & (x>a) \end{cases}, g(x)=x-(2a+7)$$
에 대하여 함수 $f(x)g(x)$가 실수 전체의 집합에서 연속이 되도록 하는 모든 실수 a의 값의 곱을 구하시오.

0155 중요

함수

$$f(x)=\begin{cases} x+a & (x<1) \\ 2x-3 & (x\geq 1) \end{cases}$$

에 대하여 함수 $g(x)=f(x)f(x-2)$가 실수 전체의 집합에서 연속이 되도록 하는 상수 a의 값은?

① -2　　　　② -1　　　　③ 0
④ 1　　　　　⑤ 2

유형 09 **새롭게 정의된 함수의 연속**

두 그래프의 교점의 개수, 방정식의 실근의 개수 또는 조건을 만족시키는 새로운 함수의 식을 세우고 연속성을 조사한다.

> **확인 문제**
>
> 실수 t에 대하여 함수 $y=x^2+2$의 그래프와 직선 $y=t$가 만나는 점의 개수를 $f(t)$라 할 때, $\lim\limits_{t\to 2-}f(t)+\lim\limits_{t\to 2+}f(t)$의 값을 구하시오.

유형ON 2권 023쪽

0156 대표문제

실수 t에 대하여 x에 대한 이차방정식 $x^2-2tx+2t+3=0$의 서로 다른 실근의 개수를 $f(t)$라 하자. 함수 $f(t)$가 $t=a$에서 불연속일 때, 모든 실수 a의 값의 합은?

① -2　　　　② -1　　　　③ 0
④ 1　　　　　⑤ 2

0157

실수 t에 대하여 원 $x^2+y^2=4$와 직선 $y=t$의 교점의 개수를 $f(t)$라 하자. 함수 $(t+a)f(t)$가 양의 실수 전체의 집합에서 연속이 되도록 하는 상수 a의 값은?

① -2　　　　② -1　　　　③ 0
④ 1　　　　　⑤ 2

0158 중요

실수 t에 대하여 직선 $y=t$와 함수 $y=|x^2-1|$의 그래프의 교점의 개수를 $f(t)$라 하자. 함수 $(t-a)f(t)$가 $t=0$에서만 불연속일 때, 상수 a의 값은?

① -2　　　　② -1　　　　③ 0
④ 1　　　　　⑤ 2

0159 서술형

실수 t에 대하여 직선 $x-\sqrt{3}y-t=0$과 중심이 점 $(1, 0)$이고 반지름의 길이가 2인 원의 교점의 개수를 $f(t)$라 하자. 최고차항의 계수가 1인 이차함수 $g(t)$에 대하여 함수 $f(t)g(t)$가 실수 전체의 집합에서 연속일 때, $g(10)$의 값을 구하시오.

유형 10 최대·최소 정리

함수 $f(x)$가 닫힌구간 $[a, b]$에서 연속이면 $f(x)$는 그 구간에서 반드시 최댓값과 최솟값을 갖는다.

Tip 주어진 구간에서의 최댓값과 최솟값을 구할 때는 함수의 그래프를 이용한다.

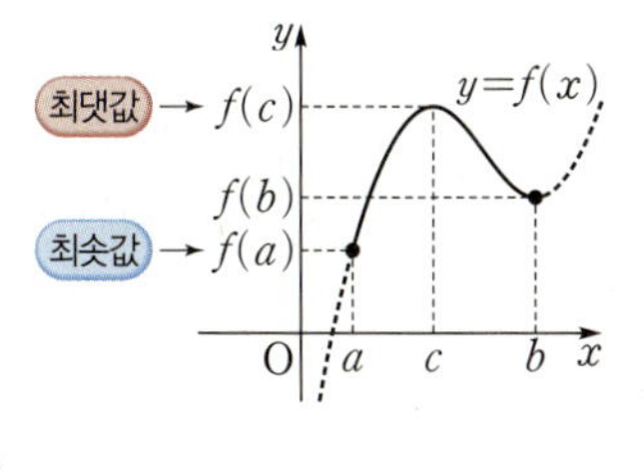

🎬 유형ON 2권 024쪽

0160 대표문제

닫힌구간 $[-2, 1]$에서 함수 $f(x)=-\dfrac{2}{x-2}$의 최댓값을 M, 함수 $g(x)=x^2+2x$의 최솟값을 m이라 할 때, $M+m$의 값은?

① -2　　　　② -1　　　　③ 0
④ 1　　　　⑤ 2

0161 중요

닫힌구간 $[-2, a]$에서 함수 $f(x)=\dfrac{1}{x^2+4x+7}$의 최댓값과 최솟값의 차가 $\dfrac{1}{4}$일 때, 양수 a의 값을 구하시오.

0162

함수 $f(x)=\begin{cases} -x+3a & (0 \le x \le 2) \\ 2x^2+a & (2 < x \le 4) \end{cases}$가 닫힌구간 $[0, 4]$에서 최솟값 $f(2)$를 가질 때, 이 구간에서 함수 $f(x)$의 최댓값을 M이라 하자. $a+M$의 최댓값은? (단, a는 상수이다.)

① 40　　　　② 41　　　　③ 42
④ 43　　　　⑤ 44

유형 11 사잇값 정리

(1) 사잇값 정리

함수 $f(x)$가 닫힌구간 $[a, b]$에서 연속이고 $f(a) \ne f(b)$일 때, $f(a)$와 $f(b)$ 사이에 있는 임의의 값 k에 대하여
$$f(c)=k$$
인 c가 열린구간 (a, b)에 적어도 하나 존재한다.

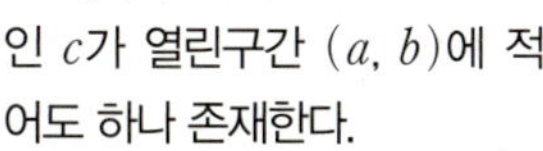

(2) 사잇값 정리의 활용

함수 $f(x)$가 닫힌구간 $[a, b]$에서 연속이고 $f(a)f(b)<0$이면 $f(c)=0$인 c가 열린구간 (a, b)에 적어도 하나 존재한다.

주의 위의 명제의 역은 성립하지 않는다.

🎬 개념ON 080쪽　🎬 유형ON 2권 024쪽

0163 대표문제

방정식 $x^3-3x^2+3x+2=0$이 오직 하나의 실근을 가질 때, 다음 중 이 방정식의 실근이 존재하는 구간은?

① $(-2, -1)$　　② $(-1, 0)$　　③ $(0, 1)$
④ $(1, 2)$　　　　⑤ $(2, 3)$

0164

방정식 $x^3-2x^2+x+k=0$이 열린구간 $(1, 2)$에서 중근이 아닌 오직 하나의 실근을 갖기 위한 실수 k의 값의 범위는?

① $-3<k<-1$　　　　② $-2<k<0$
③ $-1<k<1$　　　　④ $0<k<2$
⑤ $1<k<3$

0165

실수 전체의 집합에서 연속인 함수 $f(x)$가
$$f(-2)=2,\ f(0)=1,\ f(1)=-2,$$
$$f(2)=2,\ f(3)=-1,\ f(5)=2$$
를 만족시킬 때, 방정식 $f(x)=0$은 적어도 n개의 실근을 갖는다. 이때 n의 최댓값은?

① 1　　　　② 2　　　　③ 3
④ 4　　　　⑤ 5

0166

연속함수 $f(x)$가 $f(0)=k-3$, $f(1)=k+2$를 만족시킨다. 방정식 $f(x)=x$가 열린구간 $(0,\ 1)$에서 중근이 아닌 오직 하나의 실근을 갖도록 하는 모든 정수 k의 값의 합을 구하시오.

0167

실수 전체의 집합에서 연속인 함수 $f(x)$가 다음 조건을 만족시킨다.

> ㈎ 모든 실수 x에 대하여 $f(-x)=-f(x)$이다.
> ㈏ $f(-1)f(3)>0$

방정식 $f(x)=0$의 실근의 개수의 최솟값은?

① 2　　　　② 3　　　　③ 4
④ 5　　　　⑤ 6

0168 중요

실수 전체의 집합에서 연속인 함수 $f(x)$가
$$f(-1)=-3,\ f(1)=2$$
를 만족시킬 때, 열린구간 $(-1,\ 1)$에서 반드시 실근을 갖는 방정식을 보기에서 있는 대로 고른 것은?

> ┌ 보기 ┐
> ㄱ. $f(x)=x$
> ㄴ. $xf(x)=2x+1$
> ㄷ. $x^2f(x)=x+2$

① ㄱ　　　　② ㄴ　　　　③ ㄱ, ㄴ
④ ㄱ, ㄷ　　　⑤ ㄱ, ㄴ, ㄷ

0169

다항함수 $f(x)$가 다음 조건을 만족시킨다.

> ㈎ $\displaystyle\lim_{x\to-2}\frac{f(x)}{x+2}=3$ 　　　㈏ $\displaystyle\lim_{x\to1}\frac{f(x)}{x-1}=6$

방정식 $f(x)=0$이 열린구간 $(-3,\ 3)$에서 가질 수 있는 실근의 개수의 최솟값은?

① 1　　　　② 2　　　　③ 3
④ 4　　　　⑤ 5

PART B 내신 잡는 종합 문제

0170

이차함수 $f(x)=-x^2+5x+2$에 대하여 함수 $\dfrac{f(x)}{f(x)-k}$가 실수 전체의 집합에서 연속이 되도록 하는 정수 k의 최솟값은?

① 5   ② 6   ③ 7

④ 8   ⑤ 9

0171

함수 $f(x)=[x]^2+ax[x+1]$이 $x=2$에서 연속일 때, 상수 a의 값은? (단, $[x]$는 x보다 크지 않은 최대의 정수이다.)

① -2 ② $-\dfrac{3}{2}$ ③ -1

④ $-\dfrac{1}{2}$ ⑤ 0

0172

함수
$$f(x)=\begin{cases} x^2+3x-1 & (x<1) \\ x-3 & (x\geq1) \end{cases}$$
에 대하여 함수 $g(x)=|f(x)-k|$가 $x=1$에서 연속이 되도록 하는 실수 k의 값은?

① -1 ② $-\dfrac{1}{2}$ ③ 0

④ $\dfrac{1}{2}$ ⑤ 1

0173 수능 기출

함수
$$f(x)=\begin{cases} -3x+a & (x\leq1) \\ \dfrac{x+b}{\sqrt{x+3}-2} & (x>1) \end{cases}$$
가 실수 전체의 집합에서 연속일 때, $a+b$의 값을 구하시오. (단, a와 b는 상수이다.)

0174

실수 전체의 집합에서 연속인 함수 $f(x)$가
$$(x-a)f(x)=(x-2)|x-a|$$
를 만족시킬 때, $f(a)$의 값은? (단, a는 상수이다.)

① -2 ② -1 ③ 0

④ 1   ⑤ 2

0175

함수
$$f(x)=\begin{cases} x+2 & (x\leq a) \\ x^2+3x+2 & (x>a) \end{cases}$$
에 대하여 함수 $g(x)=(x-3)f(x)$가 $x=a$에서 연속이 되도록 하는 모든 실수 a의 값의 합은?

① -2 ② -1 ③ 0

④ 1   ⑤ 2

0176 평가원 기출

이차함수 $f(x)$가 다음 조건을 만족시킨다.

> (가) 함수 $\dfrac{x}{f(x)}$는 $x=1$, $x=2$에서 불연속이다.
>
> (나) $\displaystyle\lim_{x \to 2}\dfrac{f(x)}{x-2}=4$

$f(4)$의 값을 구하시오.

0177

최고차항의 계수가 1인 이차함수 $f(x)$와 함수
$$g(x)=\begin{cases} x-2 & (x \neq 2) \\ 1 & (x=2) \end{cases}$$
에 대하여 함수 $\dfrac{f(x)}{g(x)}$가 실수 전체의 집합에서 연속일 때, $f(4)$의 값을 구하시오.

0178

실수 전체의 집합에서 정의된 두 함수 $y=f(x)$, $y=g(x)$의 그래프가 그림과 같다.

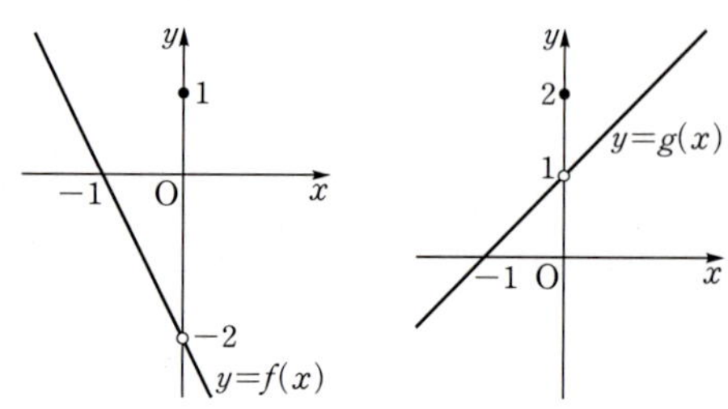

합성함수 $(f \circ g)(x)$가 $x=a$에서 불연속이 되는 모든 a의 값의 합을 구하시오.

0179 평가원 기출

실수 전체의 집합에서 정의된 두 함수 $f(x)$와 $g(x)$에 대하여
$$x<0일 \ 때, \ f(x)+g(x)=x^2+4$$
$$x>0일 \ 때, \ f(x)-g(x)=x^2+2x+8$$
이다. 함수 $f(x)$가 $x=0$에서 연속이고
$\displaystyle\lim_{x \to 0-}g(x)-\lim_{x \to 0+}g(x)=6$일 때, $f(0)$의 값은?

① -3 ② -1 ③ 0

④ 1 ⑤ 3

0180

$-10 \le x \le 10$에서 연속인 함수 $f(x)$가 다음 조건을 만족시킨다.

> (가) $-1 \le x \le 1$에서 $f(x)=2$와 $f(x)=-2$를 만족시키는 x의 값은 각각 오직 한 개씩 있다.
> (나) $-10 \le x \le 8$인 모든 실수 x에 대하여 $f(x)=f(x+2)$이다.

보기에서 옳은 것만을 있는 대로 고른 것은?

> **보기**
> ㄱ. $f(-1)=f(1)$
> ㄴ. 함수 $f(x)$의 최댓값과 최솟값의 합은 0이다.
> ㄷ. 방정식 $f(x)=0$의 서로 다른 실근은 적어도 10개이다.

① ㄱ   ② ㄴ   ③ ㄱ, ㄴ
④ ㄴ, ㄷ   ⑤ ㄱ, ㄴ, ㄷ

0181

함수 $f(x)=\begin{cases} x^2-1 & (|x| \le 1) \\ -2x+1 & (|x| > 1) \end{cases}$에 대하여 보기에서 옳은 것만을 있는 대로 고른 것은?

> **보기**
> ㄱ. 함수 $(x-1)f(x)$는 $x=1$에서 연속이다.
> ㄴ. 함수 $f(x)f(x+2)$는 $x=-1$에서 연속이다.
> ㄷ. 함수 $(f \circ f)(x)$는 $x=0$에서 연속이다.

① ㄱ   ② ㄷ   ③ ㄱ, ㄴ
④ ㄴ, ㄷ   ⑤ ㄱ, ㄴ, ㄷ

서술형 대비하기

0182

함수 $f(x)=\begin{cases} x+a & (0 \le x < 1) \\ x^2+bx+5 & (1 \le x < 2) \end{cases}$가 다음 조건을 만족시킨다.

> (가) 모든 실수 x에 대하여 $f(x)=f(x+2)$이다.
> (나) 함수 $f(x)$는 실수 전체의 집합에서 연속이다.

$f(4)+f(5)$의 값을 구하시오. (단, a, b는 상수이다.)

0183

실수 t에 대하여 x에 대한 이차방정식 $x^2-2tx-3t+4=0$의 서로 다른 실근의 개수를 $f(t)$라 하자. 최고차항의 계수가 1인 이차함수 $g(t)$에 대하여 함수 $f(t)g(t)$가 모든 실수 t에서 연속일 때, $g(4)$의 값을 구하시오.

0184

다항함수 $f(x)$에 대하여 함수

$$g(x)=\begin{cases}\dfrac{f(x)-2x^2}{x-2} & (x\neq 2)\\[2mm] k & (x=2)\end{cases}$$

가 실수 전체의 집합에서 연속이고 $\lim\limits_{x\to\infty}g(x)=4$일 때,

$k+f(3)$의 값은? (단, k는 상수이다.)

① 20 ② 22 ③ 24
④ 26 ⑤ 28

0185

함수 $y=f(x)$의 그래프가 그림과 같다.

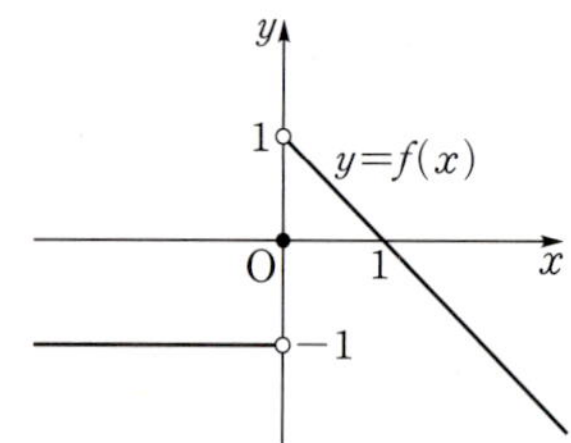

두 함수 $g(x)$, $h(x)$를

$$g(x)=\dfrac{f(x)-|f(x)|}{2},\quad h(x)=\dfrac{f(x)+|f(x)|}{2}$$

라 할 때, 보기에서 옳은 것만을 있는 대로 고른 것은?

보기
ㄱ. $\lim\limits_{x\to 0+}g(x)=0$
ㄴ. 함수 $h(x)$는 $x=0$에서 연속이다.
ㄷ. 함수 $g(x)h(x)$는 실수 전체의 집합에서 연속이다.

① ㄱ ② ㄴ ③ ㄱ, ㄴ
④ ㄱ, ㄷ ⑤ ㄱ, ㄴ, ㄷ

0186 수능 기출

실수 전체의 집합에서 연속인 함수 $f(x)$가 모든 실수 x에 대하여

$$\{f(x)\}^3-\{f(x)\}^2-x^2f(x)+x^2=0$$

을 만족시킨다. 함수 $f(x)$의 최댓값이 1이고 최솟값이 0일 때, $f\left(-\dfrac{4}{3}\right)+f(0)+f\left(\dfrac{1}{2}\right)$의 값은?

① $\dfrac{1}{2}$ ② 1 ③ $\dfrac{3}{2}$
④ 2 ⑤ $\dfrac{5}{2}$

0187

실수 k에 대하여 직선 $y=\dfrac{1}{2}x+k$가 함수 $y=\sqrt{x-3}$의 그래프와 만나는 점의 개수를 $f(k)$라 하자. 함수 $f(k)$가 $k=a$에서 불연속일 때, 모든 실수 a의 값의 합은?

① -3 ② $-\dfrac{5}{2}$ ③ -2
④ $-\dfrac{3}{2}$ ⑤ -1

0188

실수 전체의 집합에서 연속인 함수 $f(x)$가 다음 조건을 만족시킨다.

> (개) 모든 실수 x에 대하여 $f(x)+f(-x)=1$
>
> (내) $\lim\limits_{x\to-1}\dfrac{f(x)-3}{x+1}$과 $\lim\limits_{x\to2}\dfrac{f(x)-2}{x-2}$의 값이 모두 존재한다.

보기에서 옳은 것만을 있는 대로 고른 것은?

> **보기**
> ㄱ. $f(1)+f(-2)=-2$
> ㄴ. 방정식 $f(x)=0$은 열린구간 $(-2, 2)$에서 적어도 3개의 실근을 갖는다.
> ㄷ. 방정식 $\{f(x)\}^2-x^2=1$은 열린구간 $(-1, 1)$에서 적어도 2개의 실근을 갖는다.

① ㄱ   ② ㄴ   ③ ㄱ, ㄷ

④ ㄴ, ㄷ   ⑤ ㄱ, ㄴ, ㄷ

0189

양의 실수 전체의 집합에서 정의된 함수

$$f(x)=\begin{cases} \dfrac{6}{x} & (x\text{는 자연수가 아니다.}) \\ -x+k & (x\text{는 자연수이다.}) \end{cases}$$

가 $x=1$에서 연속이다. 함수 $f(x)$가 불연속이 되는 x의 값을 작은 수부터 순서대로 $a_1,\ a_2,\ a_3,\ \cdots$이라 할 때, $f(a_1)+f(a_2)+\cdots+f(a_5)$의 값을 구하시오.

(단, k는 상수이다.)

0190

실수 t에 대하여 x에 대한 삼차방정식 $x^3+2tx^2+5tx=0$의 서로 다른 실근의 개수를 $f(t)$라 하자. 최고차항의 계수가 1인 이차함수 $g(t)$에 대하여 함수 $f(t)g(t-2)$가 실수 전체의 집합에서 연속일 때, $g(7)$의 값을 구하시오.

0191 평가원 기출

두 함수

$$f(x)=\begin{cases} -2x+3 & (x<0) \\ -2x+2 & (x\geq0) \end{cases},\quad g(x)=\begin{cases} 2x & (x<a) \\ 2x-1 & (x\geq a) \end{cases}$$

이 있다. 함수 $f(x)g(x)$가 실수 전체의 집합에서 연속이 되도록 하는 상수 a의 값은?

① -2 ② -1 ③ 0

④ 1 ⑤ 2

0192 교육청 기출

최고차항의 계수가 1인 이차함수 $f(x)$와 함수

$$g(x)=\begin{cases} -|x|+2 & (|x|\leq 2) \\ 1 & (|x|>2) \end{cases}$$

에 대하여 함수 $f(x)g(x)$가 실수 전체의 집합에서 연속이다. 함수 $y=f(x-a)g(x)$의 그래프가 한 점에서만 불연속이 되도록 하는 모든 실수 a의 값의 곱은?

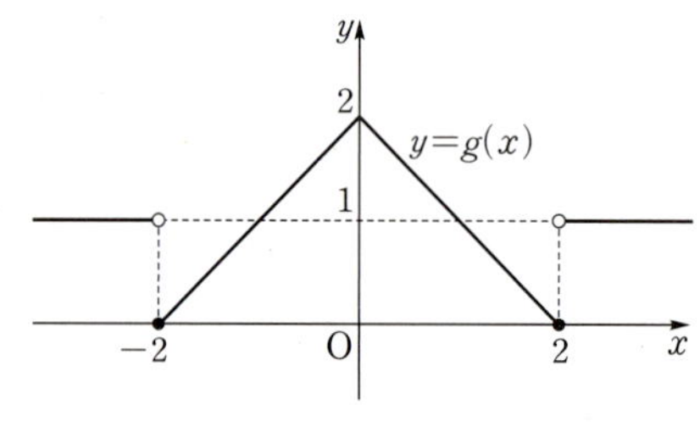

① -16 ② -12 ③ -8

④ -4 ⑤ -1

0193

실수 t에 대하여 닫힌구간 $[-1,\ 1]$에서 함수 $y=|x-t|$의 그래프와 직선 $y=1$이 만나는 점의 개수를 $f(t)$라 하자. 최고차항의 계수가 1인 이차함수 $g(t)$에 대하여 함수 $f(t)g(t)$가 불연속인 점이 1개일 때, $g(3)$의 최댓값을 구하시오.

0194

함수 $f(x)=\begin{cases} 1 & (x<-1) \\ 0 & (-1\leq x<1) \\ -1 & (x\geq 1) \end{cases}$과 최고차항의 계수가 1인

이차함수 $g(x)$가 다음 조건을 만족시킨다.

> ㈎ 함수 $f(x)g(x)$가 불연속인 점의 개수는 1이다.
> ㈏ 함수 $f(x)g(x-k)$가 실수 전체의 집합에서 연속이 되도록 하는 실수 k가 존재한다.

$g(2)<0$일 때, $g(5)$의 값을 구하시오.

0195

정의역이 실수 전체의 집합이고 치역이 집합 $\{-1,\ 1\}$인 함수 $f(x)$가 다음 조건을 만족시킨다.

> ㈎ 함수 $(x^2-3x)f(x)$는 실수 전체의 집합에서 연속이다.
> ㈏ $f(x)=-1$을 만족시키는 정수 x의 개수는 4이다.

$f(k)=1$을 만족시키는 10 이하의 모든 자연수 k의 값의 합을 구하시오.

미분

03 미분계수와 도함수

유형 01 평균변화율

함수 $y=f(x)$에서 x의 값이 a에서 b까지 변할 때의 평균변화율은

$$\frac{\Delta y}{\Delta x}=\frac{f(b)-f(a)}{b-a}=\frac{f(a+\Delta x)-f(a)}{\Delta x}$$

Tip 함수 $y=f(x)$의 평균변화율은 두 점 $(a, f(a))$, $(b, f(b))$를 지나는 직선의 기울기와 같다.

확인 문제

다음 주어진 함수에 대하여 x의 값이 -1에서 1까지 변할 때의 평균변화율을 구하시오.

(1) $f(x)=2x-1$
(2) $f(x)=-3x^2+x$
(3) $f(x)=x^3+4x+1$

🔵 개념ON 098쪽　🔵 유형ON 2권 030쪽

0196 대표문제

함수 $f(x)=x^3-x+2$에 대하여 x의 값이 1에서 a까지 변할 때의 평균변화율이 6이다. 이때 상수 a의 값은? (단, $a>1$)

① 2　　　　② 3　　　　③ 4
④ 5　　　　⑤ 6

0197

함수 $f(x)=2x^2+ax+3$에 대하여 x의 값이 -1에서 2까지 변할 때의 평균변화율이 4이다. 이때 상수 a의 값을 구하시오.

0198 중요

함수 $f(x)$에 대하여 x의 값이 2에서 5까지 변할 때의 평균변화율이 3일 때, 두 점 $A(2, f(2))$, $B(5, f(5))$를 지나는 직선 AB의 기울기를 구하시오.

0199 중요

함수 $f(x)=x^2-6x$에 대하여 x의 값이 -1에서 4까지 변할 때의 평균변화율과 x의 값이 1에서 a까지 변할 때의 평균변화율이 같을 때, 상수 a의 값을 구하시오.

0200

함수 $y=f(x)$의 그래프가 세 점 $A(-1, -1)$, $B(2, f(2))$, $C(4, 3)$을 지난다. 직선 AB의 기울기가 2일 때, 함수 $f(x)$에 대하여 x의 값이 2에서 4까지 변할 때의 평균변화율은?

① -1　　　② $-\dfrac{1}{2}$　　　③ $-\dfrac{1}{4}$
④ $\dfrac{1}{2}$　　　⑤ 1

0201

함수 $y=f(x)$의 그래프가 그림과 같다. 함수 $f(x)$의 역함수를 $g(x)$라 할 때, x의 값이 b에서 c까지 변할 때의 함수 $g(x)$의 평균변화율은?
(단, 점선은 x축 또는 y축에 평행하다.)

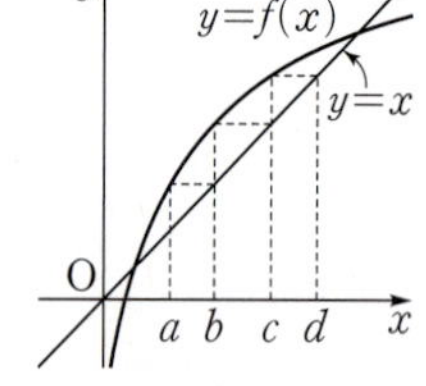

① $\dfrac{d-c}{c-b}$　　　② $\dfrac{b-a}{c-b}$　　　③ $\dfrac{b-a}{d-c}$
④ $\dfrac{c-b}{d-c}$　　　⑤ $\dfrac{c-a}{d-c}$

유형 02 미분계수

함수 $y=f(x)$의 $x=a$에서의 미분계수는

$$f'(a)=\lim_{\Delta x\to 0}\frac{f(a+\Delta x)-f(a)}{\Delta x}=\lim_{x\to a}\frac{f(x)-f(a)}{x-a}$$

Tip 주로 Δx 대신 h를 사용하여 다음과 같이 나타낸다.

$$f'(a)=\lim_{h\to 0}\frac{f(a+h)-f(a)}{h}$$

확인 문제

다음 함수의 $x=1$에서의 미분계수를 구하시오.

(1) $f(x)=-x+3$

(2) $f(x)=2x^2+3x$

(3) $f(x)=-x^3+x$

개념ON 098쪽 **유형ON** 2권 031쪽

0202 대표문제

함수 $f(x)=x^2+2x$에 대하여 x의 값이 1에서 3까지 변할 때의 평균변화율과 $x=a$에서의 미분계수가 같을 때, 상수 a의 값을 구하시오.

0203 서술형

함수 $f(x)=x^2+ax+b$에 대하여 x의 값이 -1에서 2까지 변할 때의 평균변화율이 2일 때, 함수 $f(x)$의 $x=3$에서의 미분계수를 구하시오. (단, a, b는 상수이다.)

0204 중요

함수 $f(x)=x^3+3kx^2$에 대하여 x의 값이 -2에서 2까지 변할 때의 평균변화율과 $x=a$에서의 미분계수가 같도록 하는 모든 실수 a의 값의 합이 4일 때, 상수 k의 값은?

① -2 ② -1 ③ 0

④ 1 ⑤ 2

유형 03 미분계수의 기하적 의미

함수 $y=f(x)$의 $x=a$에서의 미분계수 $f'(a)$는 곡선 $y=f(x)$ 위의 점 $(a, f(a))$에서의 접선의 기울기와 같다.

Tip $\dfrac{f(a)}{a}$는 원점과 점 $(a, f(a))$를 지나는 직선의 기울기와 같다.

개념ON 106쪽 **유형ON** 2권 031쪽

0205 대표문제

다음 보기의 함수 중에서 $0<a<b$일 때, $f'(a)>f'(b)$를 만족시키는 것만을 있는 대로 고른 것은?

보기

ㄱ. $f(x)=\dfrac{1}{x}$ ㄴ. $f(x)=\sqrt{x}$

ㄷ. $f(x)=-x^2$

① ㄱ ② ㄴ ③ ㄷ

④ ㄱ, ㄷ ⑤ ㄴ, ㄷ

0206

이차함수 $y=f(x)$의 그래프가 그림과 같고, $0<a<b$일 때, $\dfrac{f(b)-f(a)}{b-a}$, $f'(a)$, $f'(b)$의 대소 관계로 옳은 것은?

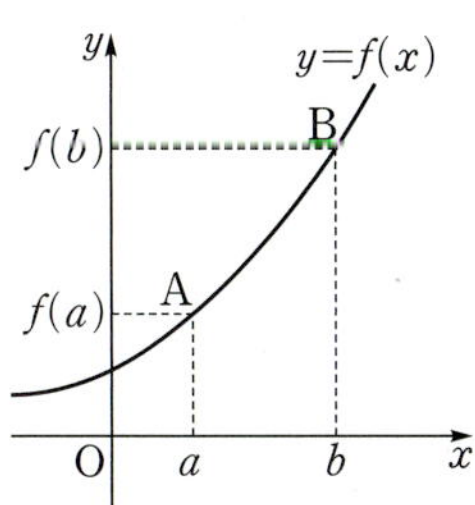

① $\dfrac{f(b)-f(a)}{b-a}<f'(b)<f'(a)$

② $\dfrac{f(b)-f(a)}{b-a}<f'(a)<f'(b)$

③ $f'(b)<f'(a)<\dfrac{f(b)-f(a)}{b-a}$

④ $f'(b)<\dfrac{f(b)-f(a)}{b-a}<f'(a)$

⑤ $f'(a)<\dfrac{f(b)-f(a)}{b-a}<f'(b)$

0207

미분가능한 함수 $f(x)$에 대하여 그림과 같이 곡선 $y=f(x)$ 와 직선 $y=2x$가 원점에서 접할 때, 보기에서 옳은 것만을 있는 대로 고른 것은? (단, $0<a<b$)

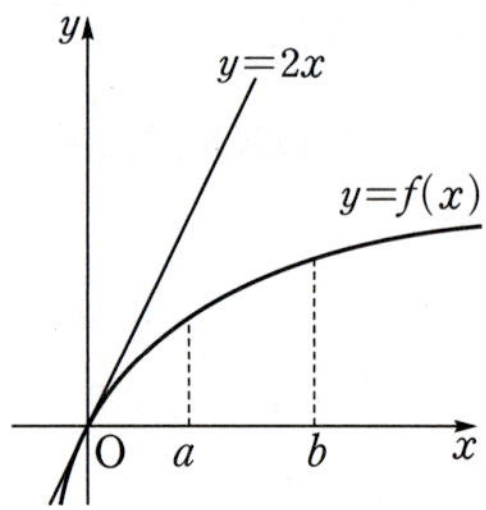

보기
ㄱ. $f'(a)<2$
ㄴ. $f'(a)>f'(b)$
ㄷ. $(b-a)f'(0)<f(b)-f(a)$

① ㄱ   ② ㄴ   ③ ㄱ, ㄴ
④ ㄴ, ㄷ   ⑤ ㄱ, ㄴ, ㄷ

0208

다항함수 $y=f(x)$의 그래프와 직선 $y=x$가 그림과 같이 원점과 점 $(1,\ 1)$에서 만날 때, 보기에서 옳은 것만을 있는 대로 고른 것은? (단, $0<a<1<b$)

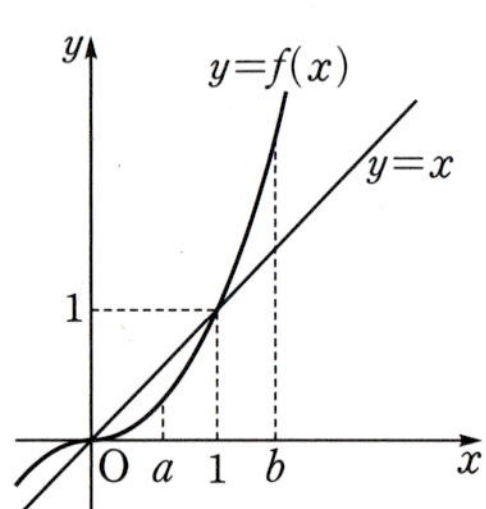

보기
ㄱ. $f(b)-f(a)>b-a$
ㄴ. $(b-a)f(a)>a\{f(b)-f(a)\}$
ㄷ. $f(b)-f(a)<(b-a)f'(b)$

① ㄱ   ② ㄴ   ③ ㄱ, ㄴ
④ ㄱ, ㄷ   ⑤ ㄱ, ㄴ, ㄷ

함수 $f(x)$에 대하여 $f'(a)$가 존재할 때

$$\lim_{\square \to 0}\frac{f(a+\square)-f(a)}{\square}=f'(a)$$

Tip (1) $\displaystyle\lim_{h\to 0}\frac{f(a+nh)-f(a)}{mh}=\frac{n}{m}f'(a)$

(2) $\displaystyle\lim_{h\to 0}\frac{f(a+mh)-f(a+nh)}{h}=(m-n)f'(a)$

(3) $\displaystyle\lim_{x\to\infty}x\left\{f\left(a+\frac{m}{x}\right)-f\left(a+\frac{n}{x}\right)\right\}=(m-n)f'(a)$

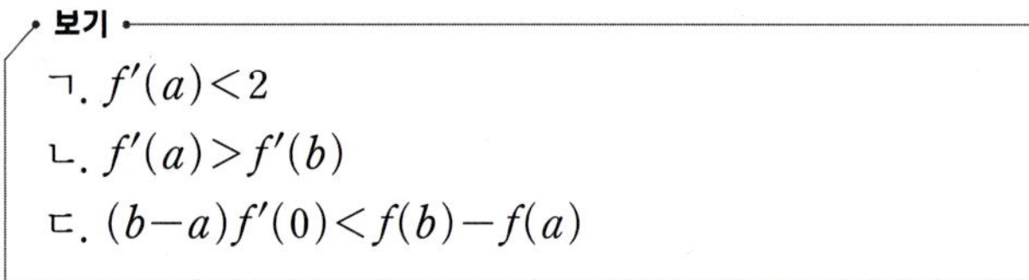

🔵 **개념ON** 100쪽   🔵 **유형ON 2권** 032쪽

0209 대표문제

다항함수 $f(x)$에 대하여 $f'(2)=3$일 때,

$$\lim_{h\to 0}\frac{f(2+3h)-f(2-2h)}{h}$$의 값을 구하시오.

0210 중요

다항함수 $f(x)$에 대하여

$$\lim_{h\to 0}\frac{f(1-2h)-f(1+h)}{6h}=4$$

일 때, $f'(1)$의 값은?

① -16 ② -8 ③ -4
④ -2 ⑤ -1

0211

다항함수 $f(x)$에 대하여

$$\lim_{h\to 0}\frac{f(1+4h)-f(1-5h)}{3h}=9$$

일 때, 곡선 $y=f(x)$ 위의 점 $(1,\ f(1))$에서의 접선의 기울기를 구하시오.

0212 ✅중요

다항함수 $f(x)$에 대하여 $f'(3)=4$일 때,

$\lim\limits_{x\to\infty} x\left\{f\left(3+\dfrac{2}{x}\right)-f(3)\right\}$의 값은?

① 4   ② 8   ③ 12

④ 16   ⑤ 20

0213

다항함수 $f(x)$에 대하여 $f(2)=2$, $f'(2)=4$일 때,

$\lim\limits_{h\to 0}\dfrac{1}{h}\left\{\dfrac{1}{f(2)}-\dfrac{1}{f(2+h)}\right\}$의 값을 구하시오.

0214 ✏️서술형

다항함수 $f(x)$에 대하여

$$\lim_{h\to 0}\dfrac{f(1+h)-f(1-h)}{h}=4$$

일 때, $\lim\limits_{x\to\infty} x\left\{f\left(1+\dfrac{2}{x}\right)-f\left(1-\dfrac{1}{x}\right)\right\}$의 값을 구하시오.

유형 05   미분계수를 이용한 극한값의 계산(2)

함수 $f(x)$에 대하여 $f'(a)$가 존재할 때

$$\lim_{\square\to a}\dfrac{f(\square)-f(a)}{\square-a}=f'(a)$$

Tip (1) $\lim\limits_{x\to a}\dfrac{f(x)-f(a)}{x-a}=f'(a)$

(2) $\lim\limits_{x\to a}\dfrac{af(x)-xf(a)}{x-a}=af'(a)-f(a)$

(3) $\lim\limits_{x\to a}\dfrac{x^2 f(a)-a^2 f(x)}{x-a}=2af(a)-a^2 f'(a)$

🔵 **개념ON** 102쪽   🟢 **유형ON** 2권 033쪽

0215 대표문제

다항함수 $f(x)$에 대하여

$$f'(3)=1,\ \lim_{x\to 3}\dfrac{9f(x)-x^2 f(3)}{x-3}=-3$$

일 때, $f(3)$의 값은?

① -3 ② -2 ③ -1

④ 1   ⑤ 2

0216

곡선 $y=f(x)$ 위의 점 $(1, f(1))$에서의 접선의 기울기가 3일 때, $\lim\limits_{x\to 1}\dfrac{f(x^2)-f(1)}{x-1}$의 값을 구하시오.

0217

다항함수 $f(x)$에 대하여

$$\lim_{x\to 2}\dfrac{f(x-2)-1}{x^2-4}=3$$

일 때, $f(0)+f'(0)$의 값을 구하시오.

0218

다항함수 $f(x)$에 대하여

$$\lim_{x \to 2} \frac{f(x) - f(2)}{x^2 - 4} = -1$$

일 때, $\displaystyle\lim_{h \to 0} \frac{f(2-h) - f(2+3h)}{h}$ 의 값을 구하시오.

0219 중요

다항함수 $f(x)$에 대하여

$$\lim_{x \to \infty} \frac{x}{2} \left\{ f\left(1 + \frac{2}{x}\right) - f\left(1 - \frac{1}{x}\right) \right\} = 3$$

일 때, $\displaystyle\lim_{x \to 1} \frac{f(x^4) - f(1)}{x - 1}$ 의 값은?

① 4 ② 6 ③ 8
④ 10 ⑤ 12

0220 서술형

다항함수 $f(x)$에 대하여 함수 $y = f(x)$의 그래프가 y축에 대하여 대칭이고 $f'(2) = -1$, $f'(4) = -3$일 때,
$\displaystyle\lim_{x \to -2} \frac{f(x^2) - f(4)}{f(x) - f(2)}$ 의 값을 구하시오.

함수 $f(x)$에 대한 관계식이 주어진 경우 미분계수는 다음과 같은 순서로 구한다.

❶ 주어진 관계식의 x, y에 적당한 수를 대입하여 $f(0)$의 값을 구한다.

❷ $f'(a) = \displaystyle\lim_{h \to 0} \frac{f(a+h) - f(a)}{h}$ 의 $f(a+h)$에 주어진 관계식을 대입하여 $f'(a)$의 값을 구한다.

🔘 개념ON 104쪽 🔘 유형ON 2권 034쪽

0221 대표문제

미분가능한 함수 $f(x)$가 모든 실수 x, y에 대하여

$$f(x+y) = f(x) + f(y)$$

를 만족시키고 $f'(0) = 3$일 때, $f'(2)$의 값을 구하시오.

0222 중요

미분가능한 함수 $f(x)$가 임의의 두 실수 x, y에 대하여

$$f(x+y) = f(x) + f(y) + 3xy - 2$$

를 만족시키고 $f'(1) = 1$일 때, $f'(4)$의 값은?

① 2 ② 4 ③ 6
④ 8 ⑤ 10

0223

미분가능한 함수 $f(x)$가 $f(x) > 0$이고, 모든 실수 x, y에 대하여

$$f(x+y) = 4f(x)f(y)$$

를 만족시킨다. $f'(0) = 2$일 때, $\dfrac{f'(3)}{f(3)}$ 의 값을 구하시오.

유형 07 미분가능성과 연속성

(1) **식이 주어진 경우**

함수 $f(x)$가 실수 a에 대하여

① $\lim\limits_{x \to a} f(x) = f(a)$이면 $x = a$에서 연속이다.

② $\lim\limits_{h \to 0} \dfrac{f(a+h) - f(a)}{h}$가 존재하면 $x = a$에서 미분가능하다.

참고 함수 $f(x)$가 $x = a$에서 미분가능하면 $x = a$에서 연속이다. 그러나 역은 성립하지 않는다.

(2) **그래프가 주어진 경우**

① 함수 $f(x)$가 $x = a$에서 불연속이면 그래프가 $x = a$에서 끊어져 있다.

② 함수 $f(x)$가 $x = a$에서 미분가능하지 않으면 그래프가 $x = a$에서 끊어져 있거나 꺾인 모양이다.

예 함수 $f(x) = |x|$는

$\lim\limits_{x \to 0} f(x) = f(0) = 0$이므로

$x = 0$에서 연속이지만

$\lim\limits_{h \to 0-} \dfrac{-h}{h} \neq \lim\limits_{h \to 0+} \dfrac{h}{h}$

이므로 $x = 0$에서 미분가능하지 않다.

또한 함수 $y = f(x)$의 그래프는 그림과 같이 $x = 0$에서 꺾인 모양이다.

🅝 개념ON 108쪽   🅝 유형ON 2권 035쪽

0224 대표문제

다음 보기의 함수 중 $x = 0$에서 연속이지만 미분가능하지 않은 함수인 것만을 있는 대로 고른 것은?

(단, $[x]$는 x보다 크지 않은 최대의 정수이다.)

보기
ㄱ. $f(x) = [x]$ ㄴ. $f(x) = x - |x|$
ㄷ. $f(x) = \sqrt{x^6}$ ㄹ. $f(x) = x|x|$

① ㄱ, ㄴ   ② ㄴ, ㄷ   ③ ㄴ, ㄹ
④ ㄷ, ㄹ   ⑤ ㄴ, ㄷ, ㄹ

0225

함수 $y = f(x)$의 그래프가 그림과 같을 때, 함수 $f(x)$가 불연속인 점은 m개, 미분가능하지 않은 점은 n개이다. 이때 $m + n$의 값을 구하시오.

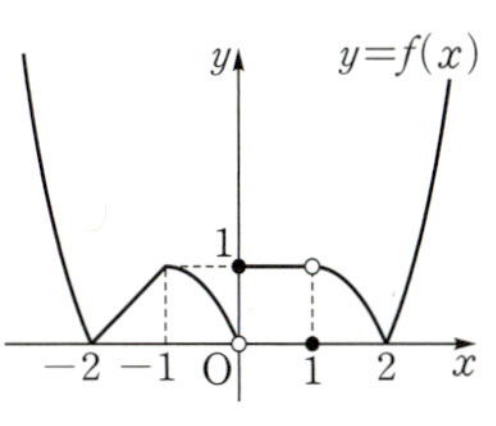

0226 ✓중요

두 함수 $f(x) = |x-1|$, $g(x) = \begin{cases} -x+1 & (x < 1) \\ 2x-2 & (x \geq 1) \end{cases}$에 대하여 $x = 1$에서 미분가능한 함수인 것만을 보기에서 있는 대로 고른 것은?

보기
ㄱ. $(x-1)f(x)$ ㄴ. $f(x)g(x)$
ㄷ. $\{g(x)\}^2$

① ㄱ   ② ㄴ   ③ ㄱ, ㄴ
④ ㄴ, ㄷ   ⑤ ㄱ, ㄴ, ㄷ

0227

함수 $y = f(x)$의 그래프가 그림과 같을 때, 보기에서 옳은 것만을 있는 대로 고른 것은?

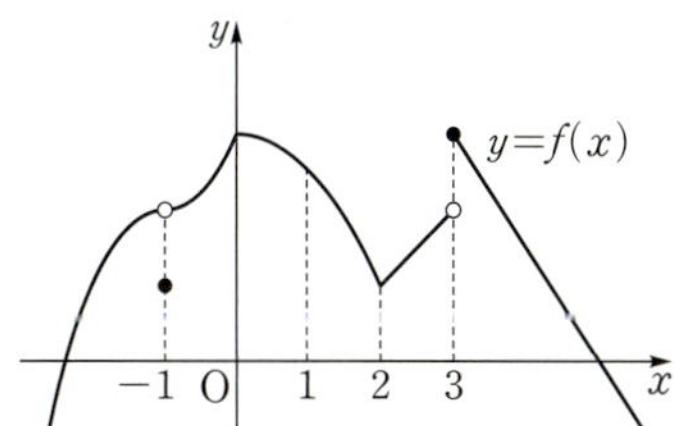

보기
ㄱ. $\lim\limits_{x \to -1} f(x)$의 값은 존재하지 않는다.
ㄴ. 함수 $f(x)$가 불연속이 되는 점의 개수는 2이다.
ㄷ. 함수 $(x^2 - 2x - 3)f(x)$는 실수 전체의 집합에서 연속이다.
ㄹ. 함수 $f(x)$가 미분가능하지 않은 점의 개수는 4이다.

① ㄱ, ㄴ   ② ㄴ, ㄷ   ③ ㄴ, ㄹ
④ ㄷ, ㄹ   ⑤ ㄴ, ㄷ, ㄹ

(1) $y=x^n$ (n은 양의 정수) $\Rightarrow y'=nx^{n-1}$
(2) $y=c$ (c는 상수) $\Rightarrow y'=0$
(3) $y=cf(x)$ (c는 상수) $\Rightarrow y'=cf'(x)$
(4) $y=f(x)\pm g(x) \Rightarrow y'=f'(x)\pm g'(x)$ (복부호동순)

확인 문제

다음 함수를 미분하시오.
(1) $y=2x^4$
(2) $y=-3x+7$
(3) $y=-x^2+6x-5$

⌂ **개념ON** 116쪽   ⌂ **유형ON 2권** 036쪽

0228 대표문제

함수 $f(x)=2x^3-ax+2$에 대하여 $f'(1)=0$일 때, $f(-1)$의 값을 구하시오. (단, a는 상수이다.)

0229 중요

함수 $f(x)=x^2+ax+b$에 대하여
$$f(1)=0,\ f'(-1)=-1$$
일 때, $f(2)$의 값은? (단, a, b는 상수이다.)

① 1　　　　② 2　　　　③ 3
④ 4　　　　⑤ 5

0230 서술형

최고차항의 계수가 1인 삼차함수 $f(x)$에 대하여
$$f(0)=2,\ f'(1)=-3,\ f'(-1)=1$$
일 때, $f(3)$의 값을 구하시오.

(1) $y=f(x)g(x) \Rightarrow y'=f'(x)g(x)+f(x)g'(x)$
(2) $y=f(x)g(x)h(x)$
$\quad \Rightarrow y'=f'(x)g(x)h(x)+f(x)g'(x)h(x)$
$\qquad\qquad\qquad\qquad\quad +f(x)g(x)h'(x)$
(3) $y=\{f(x)\}^n$ ($n\geq 2$인 자연수) $\Rightarrow y'=n\{f(x)\}^{n-1}f'(x)$

확인 문제

다음 함수를 미분하시오.
(1) $y=(x^2-3x+1)(2x-1)$
(2) $y=x(x-1)(x+2)$
(3) $y=(2x^2+x-3)^3$
(4) $y=(x+1)^2(x^2-3)$

⌂ **개념ON** 114, 116쪽   ⌂ **유형ON 2권** 036쪽

0231 대표문제

함수 $f(x)=(x^3+a)(x^2+x+1)$에 대하여 $f'(1)=6$일 때, 상수 a의 값은?

① -3　　　　② -2　　　　③ -1
④ 0　　　　⑤ 1

0232 평가원 기출

다항함수 $f(x)$에 대하여 함수 $g(x)$를
$$g(x)=(x^2+3)f(x)$$
라 하자. $f(1)=2$, $f'(1)=1$일 때, $g'(1)$의 값은?

① 6　　　　② 7　　　　③ 8
④ 9　　　　⑤ 10

0233

다항함수 $f(x)=(x^2+2)(ax+b)$에 대하여 곡선 $y=f(x)$ 위의 점 $(1, 3)$에서의 접선의 기울기가 8일 때, ab의 값은?
(단, a, b는 상수이다.)

① -2　　　　② -1　　　　③ 2
④ 4　　　　⑤ 6

유형 10 미분계수와 도함수

미분계수와 도함수의 정의를 이용하여 주어진 값을 구한다.

(1) 함수 $f(x)$에 대한 극한값 구하기

❶ 미분계수의 정의를 이용하여 주어진 식을 $f'(a)$가 포함된 식으로 변형한다.

❷ 도함수 $f'(x)$를 구한다.

❸ $f'(a)$의 값을 구하여 ❶의 식에 대입한다.

(2) 미분가능한 함수 $f(x)$에 대하여

$$\lim_{x \to a} \frac{f(x)-b}{x-a} = c \ (c는 실수)이면 \ f(a)=b, \ f'(a)=c$$

 개념ON 118, 120쪽 유형ON 2권 037쪽

0234 대표문제

함수 $f(x)=x^4-2x^3-4$에 대하여 $\displaystyle\lim_{x \to 1}\frac{\{f(x)\}^2-\{f(1)\}^2}{x-1}$ 의 값을 구하시오.

0235 교육청 기출

함수 $f(x)=x^3-2x^2+ax+1$에 대하여

$\displaystyle\lim_{h \to 0}\frac{f(2+h)-f(2)}{h}=9$일 때, 상수 a의 값은?

① 1　　　　　② 3　　　　　③ 5

④ 7　　　　　⑤ 9

0236

함수 $f(x)=x^3+ax+b$가 $\displaystyle\lim_{x \to 2}\frac{f(x)-3}{x-2}=5$를 만족시킬 때, 상수 a, b에 대하여 $a+b$의 값은?

① 1　　　　　② 2　　　　　③ 3

④ 4　　　　　⑤ 5

0237 중요

다항함수 $f(x)$가 $\displaystyle\lim_{x \to 1}\frac{f(x)-4}{x-1}=3$을 만족시킨다. 함수 $g(x)=x^2 f(x)$에 대하여 $g'(1)$의 값을 구하시오.

0238

함수 $f(x)=x^3+ax^2+bx+3$에 대하여

$$\lim_{h \to 0}\frac{f(1+h)-f(1)}{h}=5,$$

$$\lim_{h \to 0}\frac{f(-2-2h)-f(-2)}{h}=-4$$

가 성립할 때, $f(2)$의 값을 구하시오. (단, a, b는 상수이다.)

0239 중요

두 다항함수 $f(x)$, $g(x)$가

$$\lim_{x \to 2}\frac{f(x)-5}{x-2}=1, \ \lim_{x \to 2}\frac{g(x)-2}{x-2}=3$$

을 만족시킬 때, 함수 $h(x)=f(x)g(x)$에 대하여 $h'(2)$의 값은?

① 13　　　　　② 14　　　　　③ 15

④ 16　　　　　⑤ 17

0240

함수 $f(x)=(x-1)(x^2+3)$에 대하여

$\lim\limits_{x\to\infty} 3x\left\{f\left(1+\dfrac{1}{x}\right)-f\left(1-\dfrac{2}{x}\right)\right\}$의 값을 구하시오.

0241 서술형

미분가능한 두 함수 $f(x)$, $g(x)$가 다음 조건을 만족시킨다.

> (가) $\lim\limits_{x\to1}\dfrac{f(x^2)-2}{x-1}=4$
>
> (나) $\lim\limits_{h\to0}\dfrac{g(1-3h)-3}{h}=6$

함수 $i(x)=f(x)g(x)$에 대하여 $i'(1)$의 값을 구하시오.

0242 수능 기출

두 다항함수 $f(x)$, $g(x)$가

$$\lim_{x\to0}\frac{f(x)+g(x)}{x}=3,\quad \lim_{x\to0}\frac{f(x)+3}{xg(x)}=2$$

를 만족시킨다. 함수 $h(x)=f(x)g(x)$에 대하여 $h'(0)$의 값은?

① 27 ② 30 ③ 33
④ 36 ⑤ 39

$\dfrac{0}{0}$ 꼴의 극한에서 분모 또는 분자의 차수가 높으면 다음과 같은 순서로 극한값을 구한다.

❶ 차수가 높은 식의 일부를 $f(x)$로 치환한다.

❷ $\lim\limits_{x\to a}\dfrac{f(x)-f(a)}{x-a}$ 꼴로 식을 변형하여 극한값을 구한다.

유형ON 2권 038쪽

0243 대표문제

$\lim\limits_{x\to-1}\dfrac{x^5-4x-3}{x+1}$의 값은?

① -2 ② -1 ③ 0
④ 1 ⑤ 2

0244 중요

$\lim\limits_{x\to1}\dfrac{x^n-3x+2}{x-1}=10$을 만족시키는 자연수 n의 값은?

① 11 ② 13 ③ 15
④ 17 ⑤ 19

0245 서술형

$\lim\limits_{x\to2}\dfrac{x^n-2x^2+6x-20}{x-2}=\alpha$일 때, 자연수 n과 상수 α에 대하여 $n+\alpha$의 값을 구하시오.

유형 12 도함수와 항등식

$f(x)$, $f'(x)$를 포함한 항등식이 주어진 경우 다음과 같은 순서로 $f(x)$를 구한다.
❶ 조건에 맞게 $f(x)$의 식을 세운다.
❷ 도함수 $f'(x)$를 구하여 주어진 관계식에 대입한 후 항등식의 성질을 이용하여 $f(x)$를 구한다.

🔵 개념ON 124쪽 🔵 유형ON 2권 038쪽

0246 대표문제 평가원 기출

함수 $f(x)=ax^2+b$가 모든 실수 x에 대하여
$$4f(x)=\{f'(x)\}^2+x^2+4$$
를 만족시킨다. $f(2)$의 값은? (단, a, b는 상수이다.)

① 3　　　　② 4　　　　③ 5
④ 6　　　　⑤ 7

0247 중요

이차함수 $f(x)$가 모든 실수 x에 대하여
$$(x-1)f'(x)+f(x)=3x^2+4x-1$$
을 만족시킬 때, $f(-1)$의 값은?

① -4　　　② -2　　　③ 0
④ 2　　　　⑤ 4

0248

최고차항의 계수가 양수인 다항함수 $f(x)$가
$$f(x)f'(x)=2x^3+9x^2+11x+3$$
을 만족시킬 때, $f(3)$의 값을 구하시오.

유형 13 구간으로 나누어 정의된 함수의 미분가능성

미분가능한 두 함수 $f(x)$, $g(x)$에 대하여

함수 $h(x)=\begin{cases} f(x) & (x<a) \\ g(x) & (x\geq a) \end{cases}$ 가 $x=a$에서 미분가능하면

(1) 함수 $h(x)$는 $x=a$에서 연속이다.
$$\Rightarrow \lim_{x\to a-} f(x)=\lim_{x\to a+} g(x)=g(a)$$

(2) 함수 $h(x)$는 $x=a$에서 미분계수가 존재한다.
$\Rightarrow$ ($x=a$에서 좌미분계수)=($x=a$에서 우미분계수)
[방법 1] 도함수를 이용
$$h'(x)=\begin{cases} f'(x) & (x<a) \\ g'(x) & (x>a) \end{cases}$$에서
$$\lim_{x\to a-} f'(x)=\lim_{x\to a+} g'(x),\ \text{즉}\ f'(a)=g'(a)$$임을
보인다.
[방법 2] 미분계수의 정의를 이용
$$\lim_{x\to a-} \frac{f(x)-f(a)}{x-a}=\lim_{x\to a+} \frac{g(x)-g(a)}{x-a}$$
임을 보인다.

Tip 두 함수 $f(x)$, $g(x)$가 다항함수로 주어진 경우 [방법 1]을 이용하면 계산 시간을 줄일 수 있다.

🔵 개념ON 122쪽 🔵 유형ON 2권 039쪽

0249 대표문제

함수
$$f(x)=\begin{cases} ax^2+4 & (x<-1) \\ -4x+a & (x\geq -1) \end{cases}$$
가 $x=-1$에서 미분가능할 때, $f(-2)+f(0)$의 값은?
(단, a는 상수이다.)

① 10　　　　② 12　　　　③ 14
④ 16　　　　⑤ 18

0250 교육청 기출

함수
$$f(x)=\begin{cases} 3x+a & (x\leq 1) \\ 2x^3+bx+1 & (x>1) \end{cases}$$
이 $x=1$에서 미분가능할 때, $a+b$의 값은?
(단, a, b는 상수이다.)

① -8　　　② -6　　　③ -4
④ -2　　　⑤ 0

0251  중요 평가원 기출

함수
$$f(x)=\begin{cases} x^3+ax+b & (x<1) \\ bx+4 & (x\geq 1) \end{cases}$$
가 실수 전체의 집합에서 미분가능할 때, $a+b$의 값은?
(단, a, b는 상수이다.)

① 6   ② 7   ③ 8
④ 9   ⑤ 10

0252 교육청 기출

두 함수 $f(x)=|x+3|$, $g(x)=2x+a$에 대하여 함수 $f(x)g(x)$가 실수 전체의 집합에서 미분가능할 때, 상수 a의 값은?

① 2   ② 4   ③ 6
④ 8   ⑤ 10

0253 중요

두 함수 $f(x)=|x-1|$, $g(x)=\begin{cases} 2x & (x<1) \\ x+a & (x\geq 1) \end{cases}$에 대하여
함수 $h(x)=f(x)g(x)$가 실수 전체의 집합에서 미분가능할 때, $h'(3)$의 값을 구하시오. (단, a는 상수이다.)

0254

함수 $f(x)=x^3-3x^2+2$에 대하여 함수 $g(x)$를
$$g(x)=\begin{cases} b-f(x) & (x<a) \\ f(x) & (x\geq a) \end{cases}$$
라 하자. 함수 $g(x)$가 실수 전체의 집합에서 미분가능하도록 하는 두 상수 a, b에 대하여 $a+b$의 값은? (단, $a>0$)

① -4 ② -2 ③ 0
④ 2   ⑤ 4

0255 서술형

삼차함수 $f(x)$에 대하여 함수 $g(x)$를
$$g(x)=\begin{cases} 4x+4 & (x<-1) \\ f(x) & (-1\leq x<1) \\ x^2-2x+1 & (x\geq 1) \end{cases}$$
이라 하자. 함수 $g(x)$가 실수 전체의 집합에서 미분가능할 때, $f'(3)$의 값을 구하시오.

유형 14 미분법과 다항식의 나눗셈

다항식 $f(x)$가
(1) $(x-a)^2$으로 나누어떨어지는 경우
$$f(a)=0,\ f'(a)=0$$
(2) $(x-a)^2$으로 나누어떨어지지 않는 경우
다항식 $f(x)$를 $(x-a)^2$으로 나누었을 때의 몫을 $Q(x)$, 나머지를 $R(x)$라 하면
$$f(x)=(x-a)^2 Q(x)+R(x)$$
$$f'(x)=2(x-a)Q(x)+(x-a)^2 Q'(x)+R'(x)$$
Tip 다항식 $f(x)$가 $f(a)=0$, $f'(a)=0$을 만족시키면 $f(x)$는 $(x-a)^2$을 인수로 갖는다.

🎧 개념ON 126쪽 🎧 유형ON 2권 040쪽

0256 대표문제

다항식 $x^3-12x+a$가 $(x-b)^2$으로 나누어떨어질 때, 양수 a, b에 대하여 $a+b$의 값은?

① 16 ② 17 ③ 18
④ 19 ⑤ 20

0257

다항식 x^4-ax^2+b를 $(x-1)^2$으로 나누었을 때의 나머지가 $-2x+4$일 때, 상수 a, b에 대하여 $a+b$의 값은?

① 5 ② 6 ③ 7
④ 8 ⑤ 9

0258 중요 서술형

다항함수 $f(x)$가 $f(3)=2$, $f'(3)=-3$을 만족시킨다. $f(x)$를 $(x-3)^2$으로 나누었을 때의 나머지를 $R(x)$라 할 때, $R(1)$의 값을 구하시오.

0259

다항함수 $y=f(x)$의 그래프 위의 점 $(-2, 3)$에서의 접선의 기울기가 1이다. $f(x)$를 $(x+2)^2$으로 나누었을 때의 나머지를 $R(x)$라 할 때, $R(2)$의 값은?

① 5 ② 7 ③ 9
④ 11 ⑤ 13

0260 중요

최고차항의 계수가 1인 이차함수 $f(x)$가 다음 조건을 만족시킨다.

㉮ $f'(2)=0$
㉯ $f(x)$는 $f'(x)$로 나누어떨어진다.

$f(5)$의 값을 구하시오.

0261

다항함수 $f(x)$에 대하여 $f(x)$를 $(x+1)^2$으로 나누었을 때의 나머지가 $3x+5$일 때, 곡선 $y=x^2 f(x)$ 위의 점 $(-1, f(-1))$에서의 접선의 기울기는?

① -5 ② -4 ③ -3
④ -2 ⑤ -1

내신 잡는 종합 문제

0262

함수 $f(x)=x^3-2x^2+6x$에 대하여 x의 값이 0에서 a까지 변할 때의 평균변화율이 $f'(1)$의 값과 같게 되도록 하는 양수 a의 값을 구하시오.

0263

$\displaystyle\lim_{x \to 1}\dfrac{x^n-4x+3}{x-1}=8$일 때, 자연수 n의 값은?

① 8   ② 10   ③ 12

④ 14   ⑤ 16

0264

다항함수 $f(x)$에 대하여 $f'(2)=2$일 때,

$$\lim_{h \to 0}\frac{f(2+mh)-f(2-nh)}{h}=12$$

를 만족시키는 두 자연수 m, n의 모든 순서쌍 (m, n)의 개수를 구하시오.

0265

함수 $f(x)=(x+1)(x^2+a)$에 대하여

$$\lim_{x \to \infty} x\left\{f\left(1+\frac{2}{x}\right)-f(1)\right\}=12$$

일 때, $f(2)$의 값은? (단, a는 상수이다.)

① 10   ② 12   ③ 15

④ 16   ⑤ 18

0266

일차함수 $f(x)$에 대하여 $g(x)=(x^2-2)f(x)$라 하자. 곡선 $y=g(x)$ 위의 점 $(1, -2)$에서의 접선의 기울기가 3일 때, $g(2)$의 값은?

① 2   ② 4   ③ 6

④ 8   ⑤ 10

0267

다항함수 $f(x)$가 다음 조건을 만족시킨다.

> (가) $f(-x)=-f(x)$
>
> (나) $\displaystyle\lim_{h \to 0}\dfrac{f(-1+2h)+f(1)}{3h}=4$

$$\lim_{x \to -1}\frac{f(x)+f(1)-4(x+1)}{x^2-1}$$의 값은?

① -2 ② -1 ③ 1

④ 2   ⑤ 3

0268 교육청 기출

최고차항의 계수가 1인 삼차함수 $f(x)$가 있다. 양수 t에 대하여 곡선 $y=f(x)$와 x축이 만나는 서로 다른 세 점의 x좌표가 $-2t$, 0, t일 때, $f'(4)$의 최댓값을 구하시오.

0269

두 다항함수 $f(x)$, $g(x)$가
$$\lim_{x\to 0}\frac{f(x)-3}{x}=2,\ \lim_{x\to 2}\frac{g(x-2)-1}{x-2}=3$$
을 만족시킬 때, 함수 $h(x)=f(x)g(x)$의 $x=0$에서의 미분계수는?

① 11　　　　② 13　　　　③ 15
④ 17　　　　⑤ 19

0270

미분가능한 함수 $f(x)$에 대하여
$$(x-2)f(x)=x^3-2x^2-x+a$$
가 성립할 때, $a+f'(2)$의 값을 구하시오.

(단, a는 상수이다.)

0271

다항함수 $f(x)$에 대하여 $\lim\limits_{x\to 1}\dfrac{f(x)-2}{x-1}=3$이 성립한다.

$f(x)$를 $(x-1)^2$으로 나누었을 때의 나머지를 $R(x)$라 할 때, $R(5)$의 값을 구하시오.

0272

그림과 같이 곡선 $y=f(x)$와 직선 $y=x$가 점 $(a,\ a)$에서 접할 때, 보기에서 옳은 것만을 있는 대로 고른 것은?

(단, $a>0$)

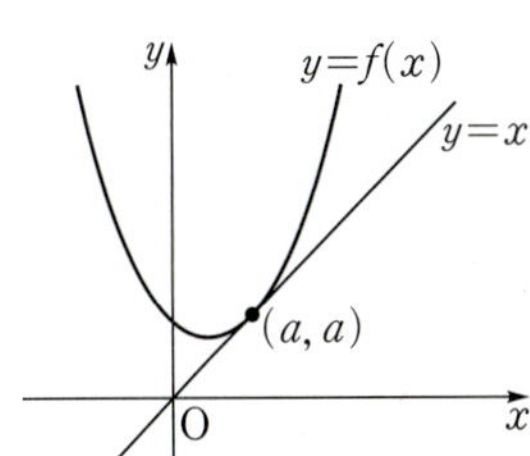

보기

ㄱ. $t>0$이면 $\dfrac{f(t)}{t}\geq 1$

ㄴ. $t>a$이면 $f'(t)>1$

ㄷ. $0<t<a$이면 $f(t)>tf'(t)$

① ㄱ　　　　② ㄴ　　　　③ ㄱ, ㄴ
④ ㄴ, ㄷ　　　　⑤ ㄱ, ㄴ, ㄷ

0273 교육청 기출

$f(1)=-2$인 다항함수 $f(x)$에 대하여 일차함수 $g(x)$가 다음 조건을 만족시킨다.

> (가) $\displaystyle\lim_{x \to 1} \frac{f(x)g(x)+4}{x-1}=8$
>
> (나) $g(0)=g'(0)$

$f'(1)$의 값은?

① 5 　　　　② 6 　　　　③ 7
④ 8 　　　　⑤ 9

0274

함수 $f(x)=x|x|+|x-1|(x+1)$에 대하여 보기에서 옳은 것만을 있는 대로 고른 것은?

> **보기**
> ㄱ. 함수 $f(x)$는 $x=0$에서 연속이다.
> ㄴ. 함수 $f(x)$는 $x=0$에서 미분가능하다.
> ㄷ. 함수 $f(x)$는 $x=1$에서 미분가능하다.

① ㄱ 　　　　② ㄴ 　　　　③ ㄱ, ㄴ
④ ㄱ, ㄷ 　　　　⑤ ㄱ, ㄴ, ㄷ

0275 수능 기출

최고차항의 계수가 1이고 $f(1)=0$인 삼차함수 $f(x)$가

$$\lim_{x \to 2} \frac{f(x)}{(x-2)\{f'(x)\}^2}=\frac{1}{4}$$

을 만족시킬 때, $f(3)$의 값은?

① 4 　　　　② 6 　　　　③ 8
④ 10 　　　　⑤ 12

✎ 서술형 대비하기

0276

미분가능한 함수 $f(x)$가 다음 조건을 만족시킨다.

> (가) $f'(0)=4$
> (나) 임의의 두 실수 x, y에 대하여
> 　　$f(x+y)=f(x)+f(y)+xy(x+y)$이다.

$f'(n) \geq 40$을 만족시키는 자연수 n의 최솟값을 구하시오.

0277

삼차함수 $f(x)$에 대하여 함수 $g(x)$를

$$g(x)=\begin{cases} x^2-4x+3 & (x<1) \\ f(x) & (1 \leq x < 3) \\ -2x+6 & (x \geq 3) \end{cases}$$

이라 하자. 함수 $g(x)$가 실수 전체의 집합에서 미분가능할 때, $f(-2)$의 값을 구하시오.

수능 녹인 변별력 문제

0278 교육청 기출

$f(3)=2$, $f'(3)=1$인 다항함수 $f(x)$와 최고차항의 계수가 1인 이차함수 $g(x)$가

$$\lim_{x \to 3}\frac{f(x)-g(x)}{x-3}=1$$

을 만족시킬 때, $g(1)$의 값은?

① 3   ② 4   ③ 5

④ 6   ⑤ 7

0279

최고차항의 계수가 양수인 다항함수 $f(x)$가 모든 실수 x에 대하여

$$f'(x)\{f'(x)+1\}=3f(x)+x^2+x-15$$

를 만족시킬 때, $f(3)$의 값을 구하시오.

0280 교육청 기출

두 다항함수 $f(x)$, $g(x)$가 다음 조건을 만족시킨다.

> (가) $\lim_{x \to 1}\dfrac{f(x)-g(x)}{x-1}=5$
>
> (나) $\lim_{x \to 1}\dfrac{f(x)+g(x)-2f(1)}{x-1}=7$

두 실수 a, b에 대하여 $\lim_{x \to 1}\dfrac{f(x)-a}{x-1}=b \times g(1)$일 때, ab의 값은?

① 4   ② 5   ③ 6

④ 7   ⑤ 8

0281

최고차항의 계수가 1인 삼차함수 $f(x)$에 대하여 함수 $g(x)$를

$$g(x)=\begin{cases} f(x+2) & (x<1) \\ f(x-2) & (x \geq 1) \end{cases}$$

라 하자. 함수 $g(x)$가 실수 전체의 집합에서 미분가능할 때, $f'(4)$의 값을 구하시오.

0282

최고차항의 계수가 1인 삼차함수 $f(x)$가 다음 조건을 만족시킨다.

> (가) $f(x)$는 $f'(x)$로 나누어떨어진다.
> (나) 함수 $y=f(x)$의 그래프는 점 $(2, 6)$을 지난다.

$f(x)$를 $f'(x)$로 나누었을 때의 몫을 $g(x)$라 할 때, 함수 $h(x)=f(x)g(x)$에 대하여 $h'(2)$의 값을 구하시오.

0283

두 함수 $f(x)=x^2-x+2$, $g(x)=x+k$에 대하여 함수 $h(x)$를

$$h(x)=\begin{cases} f(x) & (f(x) \geq g(x)) \\ g(x) & (f(x) < g(x)) \end{cases}$$

라 하자. 함수 $h(x)$가 미분가능하지 않은 점의 개수가 2일 때, 자연수 k의 최솟값을 구하시오.

0284

함수 $f(x)=x^2-2|x|$가 있다. 실수 t에 대하여 함수 $|f(x)-t|$가 미분가능하지 않은 서로 다른 실수 x의 개수를 $g(t)$라 하자. 함수 $g(t)$가 불연속이 되는 모든 실수 t의 값의 합은?

① -2 　　　② -1 　　　③ 0
④ 1 　　　⑤ 2

0285

함수 $f(x)$가

$$f(x)=\begin{cases} x|x+2| & (x<0) \\ x|x-2| & (x \geq 0) \end{cases}$$

일 때, 보기에서 옳은 것만을 있는 대로 고른 것은?

> **보기**
> ㄱ. 함수 $f(x)$는 $x=0$에서 미분가능하다.
> ㄴ. 함수 $f(x)$는 $x=2$에서 미분가능하다.
> ㄷ. 함수 $(x^2-4)f(x)$는 실수 전체의 집합에서 미분가능하다.

① ㄱ 　　　② ㄱ, ㄴ 　　　③ ㄱ, ㄷ
④ ㄴ, ㄷ 　　　⑤ ㄱ, ㄴ, ㄷ

0286

최고차항의 계수가 1인 이차함수 $f(x)$에 대하여 함수

$$g(t)=\lim_{h\to 0+}\frac{|f(t+h)|-|f(t)|}{h}$$

가 다음 조건을 만족시킨다.

> (가) $g(3)=0$
> (나) 함수 $g(t)$는 $t=2$에서 불연속이다.

$g(4)$의 값을 구하시오.

0287

양수 x에 대하여 x보다 작은 자연수 중에서 소수의 개수를 $f(x)$라 할 때, 삼차함수 $g(x)$에 대하여 함수 $h(x)=f(x)g(x)$가 다음 조건을 만족시킨다.

> (가) $\lim\limits_{x\to 2+}\dfrac{h(x)}{x-2}=5$
> (나) 함수 $h(x)$는 $x=3$에서 미분가능하다.

$g(1)$의 값을 구하시오.

0288

함수 $f(x)=\begin{cases}2-x & (x>1)\\ x & (x\le 1)\end{cases}$에 대하여

$g(x)=\dfrac{a}{2}\{|f(x)|+f(x)\}$라 하자. 함수 $g(x)$에 대하여 x의 값이 -1에서 t까지 변할 때의 평균변화율이 자연수가 되도록 하는 양수 t의 개수가 5일 때, 상수 a의 값을 구하시오.

0289 교육청 기출

정수 k와 함수

$$f(x)=\begin{cases}x+1 & (x<0)\\ x-1 & (0\le x<1)\\ 0 & (1\le x\le 3)\\ -x+4 & (x>3)\end{cases}$$

에 대하여 함수 $g(x)$를 $g(x)=|f(x-k)|$라 할 때, 보기에서 옳은 것만을 있는 대로 고른 것은?

> **보기**
>
> ㄱ. $k=-3$일 때, $\lim\limits_{x\to 0-}g(x)=g(0)$이다.
> ㄴ. 함수 $f(x)+g(x)$가 $x=0$에서 연속이 되도록 하는 정수 k가 존재한다.
> ㄷ. 함수 $f(x)g(x)$가 $x=0$에서 미분가능하도록 하는 모든 정수 k의 값의 합은 -5이다.

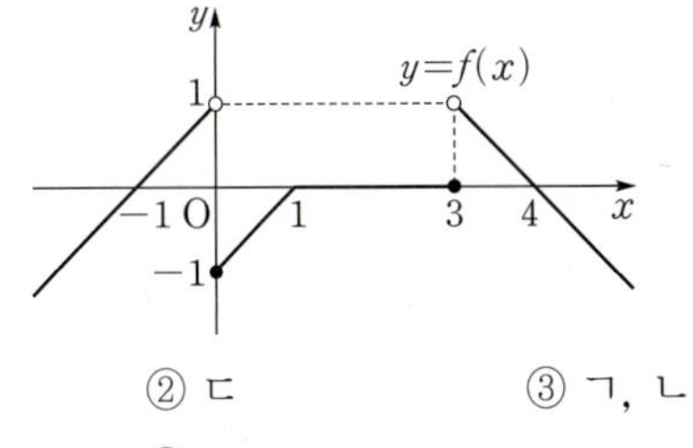

① ㄱ   ② ㄷ   ③ ㄱ, ㄴ

④ ㄱ, ㄷ   ⑤ ㄱ, ㄴ, ㄷ

04 도함수의 활용(1)

유형 01 접선의 기울기

곡선 $y=f(x)$ 위의 점 $(a, f(a))$에서의 접선의 기울기는 $f'(a)$이다.

🔵 개념ON 142쪽　🔵 유형ON 2권 044쪽

0290 대표문제

곡선 $y=x^3+ax+b$ 위의 점 $(2, 4)$에서의 접선의 기울기가 4일 때, 상수 a, b에 대하여 $a+b$의 값을 구하시오.

0291 ✅중요

함수 $f(x)=x^3+2ax^2+bx+c$에 대하여 곡선 $y=f(x)$ 위의 점 $(1, 3)$에서의 접선의 기울기가 10, x좌표가 -1인 점에서의 접선의 기울기가 2일 때, $f(2)$의 값은?

(단, a, b, c는 상수이다.)

① 16　　　　② 17　　　　③ 18
④ 19　　　　⑤ 20

0292

곡선 $y=x^3+ax^2+bx$ 위의 점 $(1, 5)$에서의 접선과 $x=-3$인 점에서의 접선이 서로 평행할 때, 상수 a, b에 대하여 a^2+b^2의 값을 구하시오.

유형 02 곡선 위의 점에서의 접선의 방정식

함수 $f(x)$가 $x=a$에서 미분가능할 때, 곡선 $y=f(x)$ 위의 점 $(a, f(a))$에서의 접선의 방정식은
$$y-f(a)=f'(a)(x-a)$$

확인 문제

다음 곡선 위의 주어진 점에서의 접선의 방정식을 구하시오.

(1) $y=2x^2+3x-1$　$(1, 4)$
(2) $y=x^3-3x^2+5$　$(-1, 1)$

🔵 개념ON 144쪽　🔵 유형ON 2권 044쪽

0293 대표문제　평가원 기출

곡선 $y=x^3-6x^2+6$ 위의 점 $(1, 1)$에서의 접선이 점 $(0, a)$를 지날 때, a의 값을 구하시오.

0294

곡선 $y=x^3+ax+4$ 위의 점 $(2, 4)$에서의 접선의 방정식이 $y=bx+c$일 때, 상수 a, b, c에 대하여 $a+b+c$의 값은?

① -12　　　② -10　　　③ -8
④ -6　　　⑤ -4

0295　교육청 기출

함수 $f(x)=x^3-2x^2+2x+a$에 대하여 곡선 $y=f(x)$ 위의 점 $(1, f(1))$에서의 접선이 x축, y축과 만나는 점을 각각 P, Q라 하자. $\overline{PQ}=6$일 때, 양수 a의 값은?

① $2\sqrt{2}$　　　② $\dfrac{5\sqrt{2}}{2}$　　　③ $3\sqrt{2}$
④ $\dfrac{7\sqrt{2}}{2}$　　　⑤ $4\sqrt{2}$

0296

곡선 $y=2x^3-4x^2+5$ 위의 두 점 $(1, 3)$, $(2, 5)$에서의 두 접선의 교점의 좌표가 (a, b)일 때, $a+b$의 값은?

① 3   ② $\dfrac{16}{5}$ ③ $\dfrac{17}{5}$

④ $\dfrac{18}{5}$ ⑤ $\dfrac{19}{5}$

0297 중요

곡선 $y=-x^3+ax+b$ 위의 점 $(1, 4)$에서의 접선이 점 $(3, 10)$을 지날 때, 상수 a, b에 대하여 a^2+b^2의 값을 구하시오.

0298 대표문제 수능 기출

곡선 $y=x^3-3x^2+2x+2$ 위의 점 $A(0, 2)$에서의 접선과 수직이고 점 A를 지나는 직선의 x절편은?

① 4   ② 6   ③ 8

④ 10   ⑤ 12

0299

곡선 $y=-2x^3+8x-4$ 위의 점 $(1, 2)$를 지나고 이 점에서의 접선과 수직인 직선의 방정식이 $ax+by-5=0$일 때, 상수 a, b에 대하여 a^2+b^2의 값을 구하시오.

0300 중요

곡선 $y=x^3-4x+4$ 위의 점 $(-1, 7)$을 지나고 이 점에서의 접선과 수직인 직선이 점 $(a, 15)$를 지날 때, a의 값은?

① 1   ② 3   ③ 5

④ 7   ⑤ 9

유형 03 접선에 수직인 직선의 방정식

곡선 $y=f(x)$ 위의 점 $(a, f(a))$를 지나고 이 점에서의 접선에 수직인 직선의 방정식은

$$y-f(a)=-\dfrac{1}{f'(a)}(x-a) \ (단, \ f'(a)\neq 0)$$

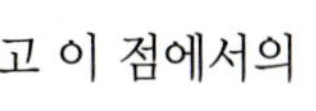

🔵 개념ON 144쪽   🟢 유형ON 2권 045쪽

유형 04 기울기가 주어진 접선의 방정식

기울기가 m이고 곡선 $y=f(x)$에 접하는 직선의 방정식은 다음과 같은 순서로 구한다.

❶ 접점의 좌표를 $(t, f(t))$로 놓는다.

❷ $f'(t)=m$임을 이용하여 t의 값을 구한다.

❸ $y-f(t)=m(x-t)$에 대입하여 접선의 방정식을 구한다.

개념ON 146쪽 유형ON 2권 045쪽

0301 대표문제

삼차함수 $f(x)=x^3+x^2+ax+1$에 대하여 곡선 $y=f(x)$ 위의 점 $(-2, f(-2))$에서의 접선의 방정식이 $y=4x+b$이다. $a+b$의 값을 구하시오. (단, a, b는 상수이다.)

0302 교육청 기출

다항함수 $f(x)$에 대하여 곡선 $y=f(x)$ 위의 점 $(0, f(0))$에서의 접선의 방정식이 $y=3x-1$이다. 함수 $g(x)=(x+2)f(x)$에 대하여 $g'(0)$의 값은?

① 5 ② 6 ③ 7 ④ 8 ⑤ 9

0303

미분가능한 함수 $f(x)$에 대하여 곡선 $y=f(x)$ 위의 점 $(-1, 2)$에서의 접선의 기울기가 3일 때, 곡선 $y=x^2f(x)$ 위의 점 $(-1, 2)$에서의 접선의 y절편을 구하시오.

0304 중요

직선 $y=4x+k$가 곡선 $y=x^3-3x^2-5x+5$에 접할 때, 양수 k의 값을 구하시오.

0305 서술형

함수 $f(x)=-x^3+3x^2-2x+3$에 대하여 곡선 $y=f(x)$ 위의 점 $(2, f(2))$에서의 접선과 기울기가 1이고 곡선 $y=f(x)$에 접하는 직선이 만나는 점의 좌표를 (a, b)라 할 때, $a+2b$의 값을 구하시오.

0306

곡선 $y=\frac{1}{3}x^3-2x^2+x+6$ 위의 서로 다른 두 점 A, B에서의 접선이 서로 평행하다. 점 A의 x좌표가 1일 때, 점 B에서의 접선의 y절편을 구하시오.

유형 05 곡선 밖의 한 점에서 그은 접선의 방정식

곡선 $y=f(x)$ 밖의 한 점 (x_1, y_1)에서 곡선 $y=f(x)$에 그은
접선의 방정식은 다음과 같은 순서로 구한다.
❶ 접점의 좌표를 $(t, f(t))$로 놓고, 접선의 방정식
  $y-f(t)=f'(t)(x-t)$를 세운다.
❷ $y-f(t)=f'(t)(x-t)$에 점 (x_1, y_1)의 좌표를 대입하여
  t의 값을 구한다.

🔵 개념ON 148쪽 🔵 유형ON 2권 047쪽

0307 대표문제

점 $(0, 2)$에서 곡선 $y=x^3+4$에 그은 접선의 방정식이
$y=ax+b$일 때, 상수 a, b에 대하여 $a+b$의 값은?

① 1　　　　② 2　　　　③ 3

④ 4　　　　⑤ 5

0308 수능 기출

점 $(0, 4)$에서 곡선 $y=x^3-x+2$에 그은 접선의 x절편은?

① $-\dfrac{1}{2}$　　　② -1　　　③ $-\dfrac{3}{2}$

④ -2　　　⑤ $-\dfrac{5}{2}$

0309 중요

점 $(-1, -2)$에서 곡선 $y=2x^2-3x+1$에 그은 두 접선의
기울기의 곱을 구하시오.

0310

점 $A(1, -4)$에서 곡선 $y=-x^3+x$에 그은 접선이 x축과
만나는 점을 B라 할 때, 선분 AB의 길이는?

① 4　　　　② $2\sqrt{5}$　　　③ $2\sqrt{6}$

④ $2\sqrt{7}$　　　⑤ $4\sqrt{2}$

0311

점 $A(2, 7)$에서 곡선 $y=x^2+3x-2$에 그은 두 접선의 접점
을 각각 B, C라 하자. 삼각형 ABC의 무게중심의 x좌표를
구하시오.

0312 중요

점 $(1, a)$에서 곡선 $y=x^2-2x$에 그은 두 접선이 서로 수직
일 때, a의 값은?

① $-\dfrac{9}{4}$　　　② -2　　　③ $-\dfrac{7}{4}$

④ $-\dfrac{3}{2}$　　　⑤ $-\dfrac{5}{4}$

이차함수의 그래프 또는 삼차함수의 그래프의 접선의 개수는
접점의 개수와 같다.

참고 곡선 밖의 점에서 그은 삼차함수의 그래프의 접선의 개수는
06. 도함수의 활용⑶에서 추가로 다룬다.

유형ON 2권 048쪽

0313 대표문제

점 $(2,\ 0)$에서 곡선 $y=x^3-x+2$에 그은 접선의 개수를 구하시오.

0314 중요

점 $(0,\ a)$에서 곡선 $y=x^2-2x+3$에 그은 접선이 2개가 되도록 하는 정수 a의 최댓값을 구하시오.

0315

곡선 $y=x^3-3x^2+4$에 접하고 기울기가 m인 접선이 2개가 되도록 하는 정수 m의 최솟값은?

① -2 ② -1 ③ 0
④ 1 ⑤ 2

곡선 $y=f(x)$ 위의 점 $(t,\ f(t))$에서의 접선 $y=g(x)$가 이
곡선과 다시 만나는 점의 x좌표는 방정식 $f(x)=g(x)$의 $x\ne t$
인 실근이다.

유형ON 2권 048쪽

0316 대표문제

곡선 $y=x^3-4x+1$ 위의 점 $A(1,\ -2)$에서의 접선이 점 A
가 아닌 점 B에서 이 곡선과 만난다. 곡선 위의 점 B에서의
접선의 y절편을 구하시오.

0317 중요 서술형

곡선 $y=x^3-2x^2+2x+2$ 위의 점 $P(1,\ 3)$에서의 접선이 이
곡선과 만나는 점 중 P가 아닌 점을 Q라 하자. 점 Q에서 이 곡
선에 접하는 직선이 점 $(2,\ a)$를 지날 때, a의 값을 구하시오.

0318

그림과 같이 곡선 $y=x^3+x^2-4x$
위의 점 $P(1,\ -2)$에서의 접선이 y
축과 만나는 점을 Q, 이 곡선과 다
시 만나는 점을 R이라 할 때,
$\overline{PQ}:\overline{QR}$은?

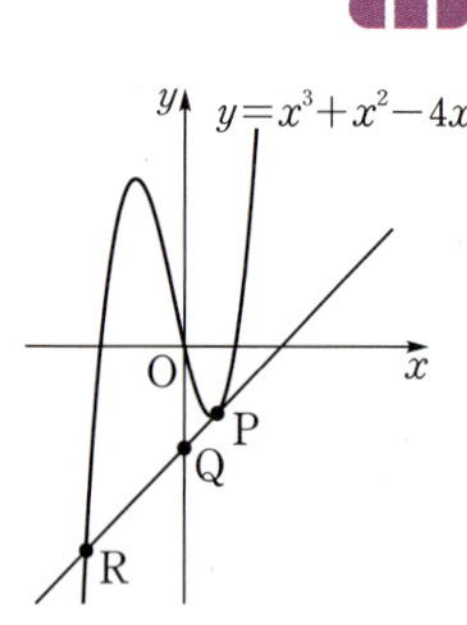

① $1:2$ ② $1:3$
③ $2:3$ ④ $2:5$
⑤ $3:4$

유형 08 접선의 기울기의 최대, 최소

> 곡선 $y=f(x)$ 위의 점에서의 접선의 기울기의 최대, 최소는
> $f'(x)$의 최대, 최소를 이용하여 구한다.

🎧 유형ON 2권 049쪽

0319 대표문제

곡선 $y=x^3-3x^2+x+1$에 접하는 직선 중에서 기울기가 최소인 직선의 방정식이 $y=ax+b$일 때, 상수 a, b에 대하여 ab의 값은?

① -4 ② -2 ③ 0
④ 2 ⑤ 4

0320

곡선 $y=-\dfrac{1}{3}x^3-x^2+2x+\dfrac{2}{3}$에 접하는 직선 중에서 기울기가 최대인 직선의 x절편은?

① -1 ② $-\dfrac{2}{3}$ ③ $-\dfrac{1}{3}$
④ $\dfrac{1}{3}$ ⑤ $\dfrac{2}{3}$

0321 중요

곡선 $y=x^3-6x^2+10x$에 접하는 직선 중에서 기울기가 최소인 직선 l이 곡선과 접하는 점을 P라 하자. 점 P를 지나고 직선 l에 수직인 직선이 점 $(4,\ a)$를 지날 때, a의 값을 구하시오.

유형 09 항등식을 이용한 접선의 방정식

> 곡선 $y=f(x)$가 a의 값에 관계없이 항상 지나는 점의 좌표는
> $f(x)$의 식을 a에 대한 내림차순으로 정리하여 구한다.

🎧 유형ON 2권 049쪽

0322 대표문제

곡선 $y=x^3+ax^2-(4a+3)x+4a$는 a의 값에 관계없이 항상 일정한 점 P를 지난다. 이 곡선 위의 점 P에서의 접선의 방정식이 $y=mx+n$일 때, 상수 m, n에 대하여 $m+n$의 값은?

① -15 ② -13 ③ -11
④ -9 ⑤ -7

0323 중요

곡선 $y=x^3+ax^2+(2a+2)x+a+3$은 a의 값에 관계없이 항상 일정한 점 P를 지난다. 점 P를 지나고 이 점에서의 접선에 수직인 직선이 점 $(k,\ 1)$을 지날 때, k의 값은?

① -7 ② -6 ③ -5
④ -4 ⑤ -3

0324 서술형

곡선 $y=x^3+ax^2-ax-3$은 a의 값에 관계없이 항상 두 점 P, Q를 지난다. 이 곡선 위의 두 점 P, Q에서의 접선이 서로 수직이 되도록 하는 모든 실수 a의 값의 합을 구하시오.

(1) 접점이 같은 경우

두 곡선 $y=f(x)$, $y=g(x)$가 점 (a, b)에서 공통인 접선을 가지면 $x=a$에서 함숫값과 미분계수가 같다.

$$f(a)=g(a)=b,$$
$$f'(a)=g'(a)$$

(2) 접점이 다른 경우

곡선 $y=f(x)$ 위의 점 $(a, f(a))$에서의 접선과 곡선 $y=g(x)$ 위의 점 $(b, g(b))$에서의 접선이 일치할 때, 두 접선

$$y=f'(a)(x-a)+f(a),$$
$$y=g'(b)(x-b)+g(b)$$

의 식이 같음을 이용한다.

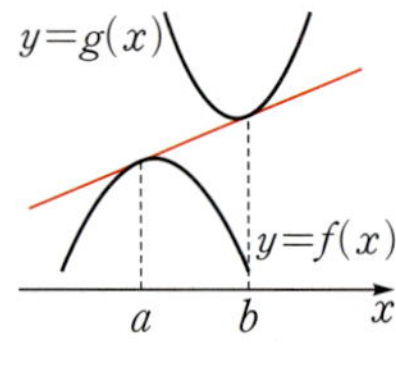

🎧 **개념ON** 150쪽 🎧 **유형ON 2권** 050쪽

0325 대표문제

두 곡선 $y=x^3+2x^2+a$, $y=x^2+bx+c$가 점 $(1, 4)$에서 공통인 접선을 가질 때, 상수 a, b, c에 대하여 $a-b+c$의 값은?

① -6 ② -4 ③ -2
④ 0 ⑤ 2

0326

두 곡선 $y=x^3+x$, $y=3x^2+x-4$는 한 점에서 접하고, 그 점에서의 접선의 방정식이 $y=ax+b$일 때, 상수 a, b에 대하여 $a+b$의 값은?

① -5 ② -4 ③ -3
④ -2 ⑤ -1

0327 ✅ 중요

두 곡선 $y=x^3+ax+2$, $y=3x^2-2$가 한 점에서 접할 때, 상수 a의 값은?

① -2 ② -1 ③ 0
④ 1 ⑤ 2

0328

곡선 $y=-x^2+3x-2$ 위의 점 $(-1, -6)$에서의 접선이 곡선 $y=x^3+ax-1$에 접할 때, 상수 a의 값은?

① 1 ② 2 ③ 3
④ 4 ⑤ 5

0329 ✏️ 서술형

곡선 $y=2x^2+x-1$ 위의 점 $(-1, 0)$에서의 접선이 곡선 $y=-x^2+ax-4$에 접할 때, 모든 실수 a의 값의 합을 구하시오.

유형 11 곡선과 원의 접선

곡선 $y=f(x)$와 원 C가 점 P에서 접할 때
(1) 원 C의 반지름의 길이는 원 C의 중심과 접점 P 사이의 거리와 같다.
(2) 원 C의 중심과 점 P를 지나는 직선은 점 P에서의 접선과 수직이다.

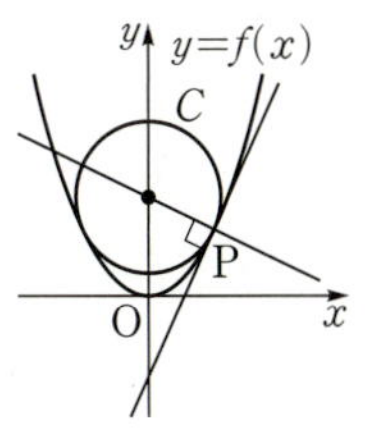

유형ON 2권 051쪽

0330 대표문제

그림과 같이 중심이 점 C(0, 3)인 원 C가 곡선 $y=\dfrac{1}{2}x^2$과 서로 다른 두 점에서 접한다. 원 C의 넓이가 $a\pi$일 때, 상수 a의 값을 구하시오.

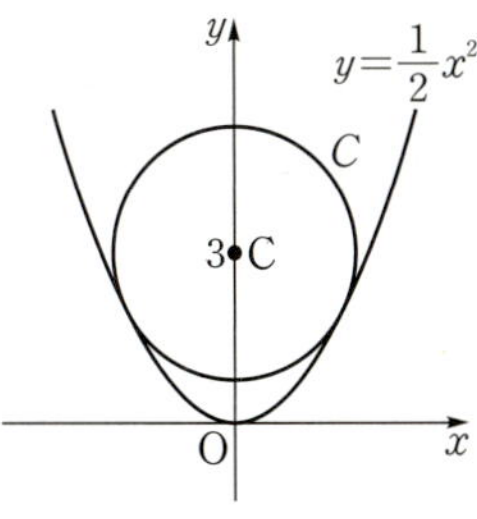

0331

곡선 $y=x^3+x$와 점 (1, 2)에서 접하고 중심이 y축 위에 있는 원의 중심의 좌표가 $(0, a)$일 때, a의 값은?

① $\dfrac{5}{4}$ ② $\dfrac{3}{2}$ ③ $\dfrac{7}{4}$

④ 2 ⑤ $\dfrac{9}{4}$

0332

곡선 $y=-\dfrac{1}{3}x^3+\dfrac{5}{3}$와 점 $(-1, 2)$에서 접하고 중심이 x축 위에 있는 원의 반지름의 길이는?

① $\sqrt{2}$ ② $\sqrt{3}$ ③ 2

④ $\sqrt{6}$ ⑤ $2\sqrt{2}$

유형 12 접선과 좌표축으로 둘러싸인 도형의 넓이

주어진 조건을 이용하여 접선의 방정식을 구한 후 이 접선과 x축 및 y축이 만나는 점의 좌표를 이용하여 도형의 넓이를 구한다.

유형ON 2권 051쪽

0333 대표문제

곡선 $y=x^3-3x^2+5$ 위의 점 (1, 3)에서의 접선과 x축 및 y축으로 둘러싸인 도형의 넓이는?

① 4 ② 6 ③ 8

④ 10 ⑤ 12

0334

곡선 $y=-x^3+6x^2-4x-8$에 접하는 직선 중에서 기울기가 최대인 직선과 x축 및 y축으로 둘러싸인 도형의 넓이를 구하시오.

0335 중요

점 (2, 0)에서 곡선 $y=x^2-3$에 그은 두 접선과 y축으로 둘러싸인 도형의 넓이를 구하시오.

0336

곡선 $y=x^3+ax^2-(2a+6)x+a$는 a의 값에 관계없이 항상 일정한 점 P를 지난다. 이 곡선 위의 점 P에서의 접선과 x축 및 y축으로 둘러싸인 도형의 넓이는?

① $\dfrac{1}{3}$ ② $\dfrac{2}{3}$ ③ 1

④ $\dfrac{4}{3}$ ⑤ $\dfrac{5}{3}$

0337 중요

곡선 $y=-x^3+x+4$ 위의 점 $A(-1, 4)$에서의 접선을 l이라 하고, 점 A를 지나고 접선 l에 수직인 직선을 m이라 하자. 두 직선 l, m 및 x축으로 둘러싸인 도형의 넓이는?

① 12 ② 16 ③ 20

④ 24 ⑤ 28

0338

점 $P(-1, -3)$에서 곡선 $y=x^2+2x+2$에 그은 두 접선의 접점과 점 P를 꼭짓점으로 하는 삼각형의 넓이를 구하시오.

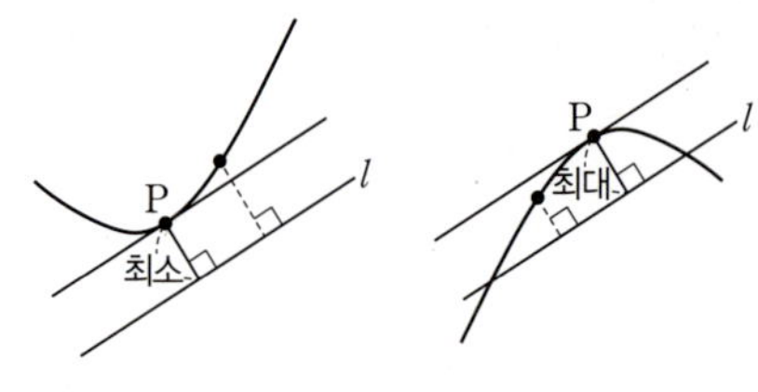

곡선 위를 움직이는 점 P와 직선 l 사이의 거리의 최대, 최소는 다음과 같은 순서로 구한다.
❶ 직선 l과 평행한 접선의 접점의 좌표를 구한다.
❷ 접점과 직선 l 사이의 거리가 구하는 거리의 최대, 최소이다.

유형ON 2권 052쪽

0339 대표문제

곡선 $y=x^2+3$ 위의 점과 직선 $y=2x-2$ 사이의 거리의 최솟값은?

① $\dfrac{\sqrt{5}}{5}$ ② $\dfrac{2\sqrt{5}}{5}$ ③ $\dfrac{3\sqrt{5}}{5}$

④ $\dfrac{4\sqrt{5}}{5}$ ⑤ $\sqrt{5}$

0340

그림과 같이 곡선 $y=x^3+2$ $(x>0)$ 위의 점 P와 직선 $y=3x-5$ 사이의 거리가 최소가 되는 점 P의 좌표를 (a, b)라 할 때, $a+b$의 값을 구하시오.

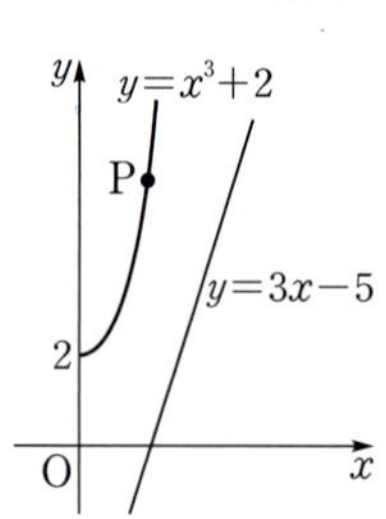

0341 중요 서술형

그림과 같이 곡선 $y=x^2-3x$ 위의 두 점 $A(-1, 4)$, $B(3, 0)$과 두 점 A, B 사이를 움직이는 곡선 위의 점 P가 있다. 삼각형 PAB의 넓이의 최댓값을 구하시오.

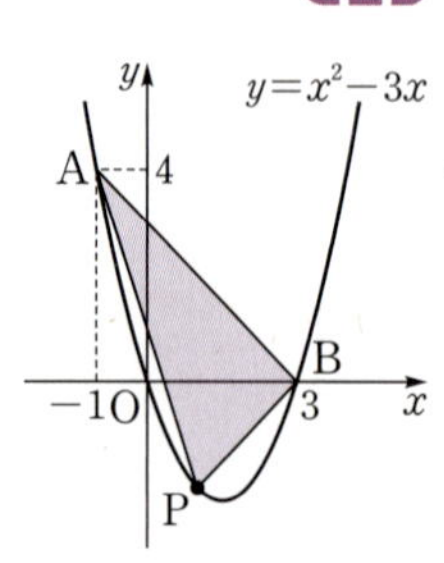

유형 14 롤의 정리

함수 $f(x)$가 닫힌구간 $[a, b]$에서 연속이고 열린구간 (a, b)에서 미분가능할 때, $f(a)=f(b)$이면
$$f'(c)=0$$
인 c가 a와 b 사이에 적어도 하나 존재한다.

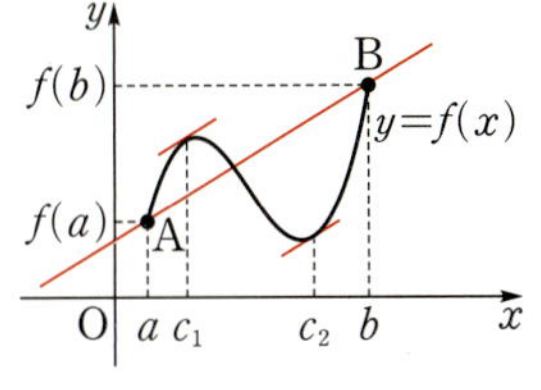

🎧 개념ON 156쪽 🎧 유형ON 2권 052쪽

0342 대표문제

함수 $f(x)=x^3-3x^2+2$에 대하여 닫힌구간 $[0, 3]$에서 롤의 정리를 만족시키는 상수 c의 값을 구하시오.

0343

함수 $f(x)=x^4-2x^2+3$에 대하여 닫힌구간 $[-2, 2]$에서 롤의 정리를 만족시키는 상수 c의 개수를 구하시오.

0344

함수 $f(x)=x^3+3x^2-9x+2$에 대하여 닫힌구간 $[-a, a]$에서 롤의 정리를 만족시키는 상수 c가 존재할 때, $a+c$의 값을 구하시오. (단, a는 자연수이다.)

유형 15 평균값 정리

(1) 평균값 정리

함수 $f(x)$가 닫힌구간 $[a, b]$에서 연속이고 열린구간 (a, b)에서 미분가능할 때,
$$\frac{f(b)-f(a)}{b-a}=f'(c)$$
인 c가 a와 b 사이에 적어도 하나 존재한다.

(2) 평균값 정리의 기하적 의미

평균값 정리는 곡선 $y=f(x)$ 위의 두 점 $A(a, f(a))$, $B(b, f(b))$를 지나는 직선 AB와 평행한 접선을 갖는 점이 열린구간 (a, b)에 적어도 하나 존재함을 의미한다.

Tip 평균값 정리에서 $f(a)=f(b)$인 경우가 롤의 정리이다.

🎧 개념ON 158쪽 🎧 유형ON 2권 053쪽

0345 대표문제

함수 $f(x)=-2x^2+x+4$에 대하여 닫힌구간 $[-1, 3]$에서 평균값 정리를 만족시키는 상수 c의 값을 구하시오.

0346

미분가능한 함수 $y=f(x)$의 그래프가 그림과 같을 때, $\dfrac{f(b)-f(a)}{b-a}=f'(c)$를 만족시키는 상수 c의 개수는?

(단, $a<c<b$)

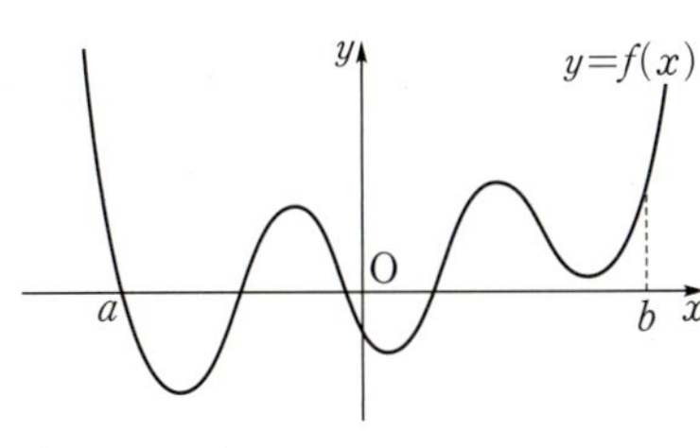

① 2　　② 3　　③ 4
④ 5　　⑤ 6

0347

함수 $f(x)=x^3-2x+5$에 대하여 닫힌구간 $[0,\ a]$에서 평균값 정리를 만족시키는 상수 c가 $\sqrt{3}$일 때, 양수 a의 값은?

① 2　　　　② $\sqrt{6}$　　　　③ 3

④ $2\sqrt{3}$　　　　⑤ 4

0348 ✅중요 ✏️서술형

함수 $f(x)=x^3-3x^2+1$에 대하여 닫힌구간 $[0,\ 3]$에서 롤의 정리를 만족시키는 상수를 c_1, 닫힌구간 $[-1,\ 5]$에서 평균값 정리를 만족시키는 상수를 c_2라 할 때, c_1+c_2의 값을 구하시오.

0349

함수 $f(x)$에 대하여

$$\frac{f(3)-f(-3)}{6}=f'(c)$$

인 c가 열린구간 $(-3,\ 3)$에 적어도 하나 존재하는 함수인 것만을 보기에서 있는 대로 고른 것은?

> **보기**
> ㄱ. $f(x)=2x^2$　　　　ㄴ. $f(x)=|x|$
> ㄷ. $f(x)=x|x|$

① ㄱ　　　　② ㄴ　　　　③ ㄱ, ㄴ

④ ㄱ, ㄷ　　　　⑤ ㄴ, ㄷ

0350

함수 $f(x)=x^2-2x+2$에 대하여 상수 $k\ (0<k<1)$가

$$\frac{f(x+h)-f(x)}{h}=f'(x+kh)$$

를 만족시킬 때, $10k$의 값을 구하시오. (단, $h>0$)

0351 ✅중요

실수 전체의 집합에서 미분가능한 함수 $f(x)$가

$$f(-1)=f(0)=-1,\ f(1)=f(3)=2$$

를 만족시킬 때, 보기에서 옳은 것만을 있는 대로 고른 것은?

> **보기**
> ㄱ. 방정식 $f(x)=0$은 열린구간 $(-1,\ 1)$에서 적어도 하나의 실근을 갖는다.
> ㄴ. 방정식 $f'(x)=0$은 열린구간 $(-1,\ 3)$에서 적어도 2개의 실근을 갖는다.
> ㄷ. 방정식 $f'(x)=3$은 열린구간 $(0,\ 1)$에서 적어도 하나의 실근을 갖는다.

① ㄱ　　　　② ㄴ　　　　③ ㄱ, ㄴ

④ ㄱ, ㄷ　　　　⑤ ㄱ, ㄴ, ㄷ

0352

실수 전체의 집합에서 미분가능한 함수 $f(x)$가

$$\lim_{x\to\infty} f'(x)=5$$

를 만족시킬 때, $\lim_{x\to\infty}\{f(x+2)-f(x-2)\}$의 값을 구하시오.

PART B 내신 잡는 종합 문제

0353

곡선 $y=2x^3+6x^2+2x-1$ 위의 점에서의 접선 중 기울기가 최소인 접선의 방정식을 $y=ax+b$라 할 때, 상수 a, b에 대하여 $a+b$의 값은?

① -10 ② -9 ③ -8
④ -7 ⑤ -6

0354 [교육청] [기출]

직선 $y=4x+5$가 곡선 $y=2x^4-4x+k$에 접할 때, 상수 k의 값을 구하시오.

0355

곡선 $y=-2x^3+4x-2$ 위의 점 (a, b)에서의 접선이 직선 $y=\dfrac{1}{2}x+3$과 수직일 때, 이 접선의 y절편은? (단, $a<0$)

① -10 ② -9 ③ -8
④ -7 ⑤ -6

0356

점 $A(1, -2)$에서 곡선 $y=x^3-2x^2+2$에 그은 접선이 y축과 만나는 점을 B라 할 때, 선분 AB의 길이는?

① $\sqrt{10}$ ② $\sqrt{13}$ ③ $\sqrt{17}$
④ $3\sqrt{2}$ ⑤ $2\sqrt{5}$

0357

두 함수 $f(x)=x^3-ax-3$, $g(x)=6x^2+b$에 대하여 두 곡선 $y=f(x)$, $y=g(x)$가 $x=1$인 점에서 공통인 접선을 가질 때, $f(2)+g(2)$의 값을 구하시오. (단, a, b는 상수이다.)

0358 [평가원] [기출]

원점을 지나고 곡선 $y=-x^3-x^2+x$에 접하는 모든 직선의 기울기의 합은?

① 2 ② $\dfrac{9}{4}$ ③ $\dfrac{5}{2}$
④ $\dfrac{11}{4}$ ⑤ 3

0359

두 다항함수 $f(x)$, $g(x)$에 대하여 두 곡선 $y=f(x)$, $y=g(x)$의 교점 $(2, 3)$에서의 접선이 서로 일치한다. 함수 $h(x)=f(x)g(x)$에 대하여 곡선 $y=h(x)$ 위의 점 $(2, h(2))$에서의 접선의 기울기가 3일 때, $f'(2)+g'(2)$의 값은?

① 1 ② 2 ③ 3
④ 4 ⑤ 5

0360

최고차항의 계수가 1인 삼차함수 $f(x)$에 대하여 곡선 $y=f(x)$ 위의 점 $(-2, f(-2))$에서의 접선과 곡선 $y=f(x)$ 위의 점 $(2, 3)$에서의 접선이 점 $(1, 3)$에서 만날 때, $f(0)$의 값은?

① 31 ② 33 ③ 35
④ 37 ⑤ 39

0361

서로 다른 두 점에서 만나는 두 곡선
$$C_1 : y=x^2-2x+2, \quad C_2 : y=-x^2+ax+b$$
의 한 교점을 P라 하고, 점 P에서 두 곡선 C_1, C_2에 접하는 직선을 각각 l, m이라 하자. 두 접선 l, m이 서로 수직일 때, 곡선 C_2는 두 실수 a, b의 값에 관계없이 일정한 점 Q를 지난다. 다음은 점 Q의 좌표를 구하는 과정이다.

$f(x)=x^2-2x+2$, $g(x)=-x^2+ax+b$라 하고, 두 곡선 C_1, C_2의 한 교점 P의 x좌표를 t라 하자.

두 접선 l, m이 서로 수직이므로

$f'(t)g'(t)=-1$에서
$$4t^2-2(a+2)t+\boxed{(\text{가})}=0 \quad \cdots\cdots\ \text{㉠}$$

$f(t)=g(t)$에서
$$2t^2-(a+2)t+2-b=0 \quad \cdots\cdots\ \text{㉡}$$

㉠, ㉡에서 $b=\boxed{(\text{나})}-a$를 $y=-x^2+ax+b$에 대입하고 a에 관하여 정리하면,
$$a(x-1)-x^2-y+\boxed{(\text{나})}=0 \quad \cdots\cdots\ \text{㉢}$$

㉢에서 $x-1=0$, $-x^2-y+\boxed{(\text{나})}=0$을 만족시키는 x와 y의 값을 구하면 점 Q의 좌표는 $(1,\ \boxed{(\text{다})})$이다.

위의 (가)에 알맞은 식을 $h(a)$라 하고, (나)와 (다)에 알맞은 수를 각각 α, β라 할 때, $h(\alpha)\times h(\beta)$의 값은?

① 4 ② 8 ③ 12
④ 16 ⑤ 20

0362

곡선 $y=x^3+(a+2)x^2+2ax+4$에 접하는 직선 중 직선 $4x+y+3=0$에 평행한 직선이 존재하지 않도록 하는 정수 a의 개수는?

① 3 ② 4 ③ 5
④ 6 ⑤ 7

0363 평가원 기출

곡선 $y=\dfrac{1}{3}x^3+\dfrac{11}{3}$ $(x>0)$ 위를 움직이는 점 P와 직선

$x-y-10=0$ 사이의 거리를 최소가 되게 하는 곡선 위의 점

P의 좌표를 $(a,\ b)$라 할 때, $a+b$의 값을 구하시오.

0364

실수 전체의 집합에서 미분가능한 함수 $f(x)$가

$f(1)=f(3)=3$이고 모든 실수 x에 대하여

$\quad f(-x)+f(x)=2$

를 만족시킬 때, 보기에서 옳은 것만을 있는 대로 고른 것은?

> **보기**
> ㄱ. 방정식 $f(x)=0$은 열린구간 $(-1,\ 0)$에서 적어도 하나
>   의 실근을 갖는다.
> ㄴ. 방정식 $f'(x)=0$은 열린구간 $(-3,\ 3)$에서 적어도 2개
>   의 실근을 갖는다.
> ㄷ. 방정식 $f'(x)=2$는 열린구간 $(-1,\ 1)$에서 적어도 2개
>   의 실근을 갖는다.

① ㄱ   ② ㄴ   ③ ㄱ, ㄴ

④ ㄱ, ㄷ   ⑤ ㄱ, ㄴ, ㄷ

✏️ 서술형 대비하기

0365

점 $(a,\ 0)$에서 곡선 $y=x^3-2x^2$에 그은 접선이 오직 하나만

존재하도록 하는 정수 a의 값을 구하시오.

0366

닫힌구간 $[0,\ 4]$에서 정의된 함수 $f(x)=\dfrac{1}{3}x^3-4x^2+6x$가

있다. 닫힌구간 $[0,\ 4]$에 속하는 서로 다른 임의의 두 실수 a,

b에 대하여 $\dfrac{f(b)-f(a)}{b-a}=k$일 때, 가능한 모든 자연수 k의

값의 합을 구하시오.

0367

실수 전체의 집합에서 미분가능한 함수 $f(x)$가 다음 조건을 만족시킨다.

> (가) $f(1)=3$
> (나) 모든 실수 x에 대하여 $|f'(x)|\leq4$

$f(4)$의 최댓값과 최솟값의 합을 구하시오.

0368

최고차항의 계수가 1인 삼차함수 $f(x)$에 대하여 곡선 $y=f(x)$ 위의 점 $(0,1)$에서의 접선과 곡선 $y=xf(x)$ 위의 점 $(2,6)$에서의 접선이 평행할 때, $f(3)$의 값을 구하시오.

0369

닫힌구간 $[0,4]$에서 정의된 함수 $f(x)=x^2(4-x)$와 일차함수 $g(x)$가 다음 조건을 만족시킨다.

> (가) $g(6)=0$
> (나) $0\leq x\leq4$일 때, $f(x)\leq g(x)$

$g(0)$의 최솟값을 구하시오.

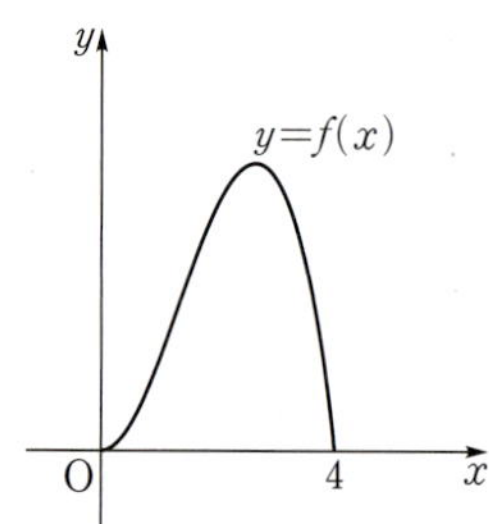

0370

최고차항의 계수가 1인 이차함수 $f(x)$에 대하여 곡선 $y=f(x)$ 위의 점 $(t,f(t))$에서의 접선의 y절편을 $g(t)$라 하자. 함수 $|g(t)|$가 $t=2$에서 미분가능하지 않을 때, $g(3)$의 값은?

① -7 ② -6 ③ -5

④ -4 ⑤ -3

0371

중심이 곡선 $y=x^3+2x+1$ $(x>0)$ 위의 점이고, 직선 $y=5x-6$과 접하는 원의 넓이의 최솟값은 $\dfrac{q}{p}\pi$이다. $p+q$의 값을 구하시오. (단, p와 q는 서로소인 자연수이다.)

0372 수능 기출

$a>\sqrt{2}$인 실수 a에 대하여 함수 $f(x)$를
$$f(x)=-x^3+ax^2+2x$$
라 하자. 곡선 $y=f(x)$ 위의 점 $O(0, 0)$에서의 접선이 곡선 $y=f(x)$와 만나는 점 중 O가 아닌 점을 A라 하고, 곡선 $y=f(x)$ 위의 점 A에서의 접선이 x축과 만나는 점을 B라 하자. 점 A가 선분 OB를 지름으로 하는 원 위의 점일 때, $\overline{OA}\times\overline{AB}$의 값을 구하시오.

0373

미분가능한 함수 $f(x)$에 대하여 그림과 같이 원점에서 곡선 $y=f(x)$에 그은 접선이 곡선 $y=f(x)$와 점 $A(1, 2)$에서 접하고 점 B에서 만난다.

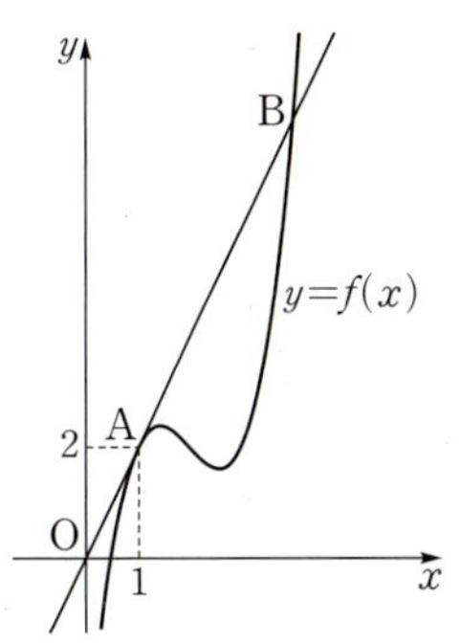

$f'(1)(t-1)+f(1)\geq f(t)$를 만족시키는 자연수 t의 개수가 4일 때, 선분 AB의 길이의 최솟값은?

① $2\sqrt{5}$ ② $3\sqrt{5}$ ③ $4\sqrt{5}$
④ $5\sqrt{5}$ ⑤ $6\sqrt{5}$

0374 평가원 기출

최고차항의 계수가 a인 이차함수 $f(x)$가 모든 실수 x에 대하여
$$|f'(x)|\leq 4x^2+5$$
를 만족시킨다. 함수 $y=f(x)$의 그래프의 대칭축이 직선 $x=1$일 때, 실수 a의 최댓값은?

① $\dfrac{3}{2}$ ② 2 ③ $\dfrac{5}{2}$
④ 3 ⑤ $\dfrac{7}{2}$

05 도함수의 활용 (2)

Ⅱ. 미분

---

(1) 함수의 증가, 감소

함수 $f(x)$가 어떤 구간에 속하는 임의의 두 실수 x_1, x_2에 대하여

① $x_1 < x_2$일 때 $f(x_1) < f(x_2)$이면 $f(x)$는 이 구간에서 증가한다고 한다.

② $x_1 < x_2$일 때 $f(x_1) > f(x_2)$이면 $f(x)$는 이 구간에서 감소한다고 한다.

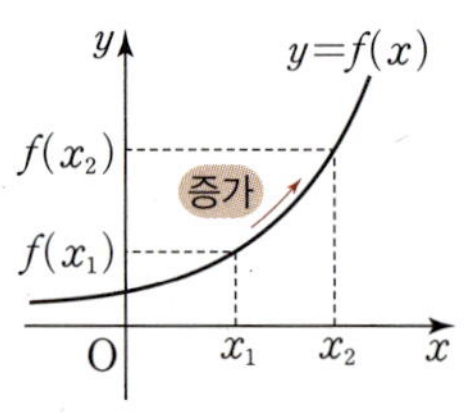
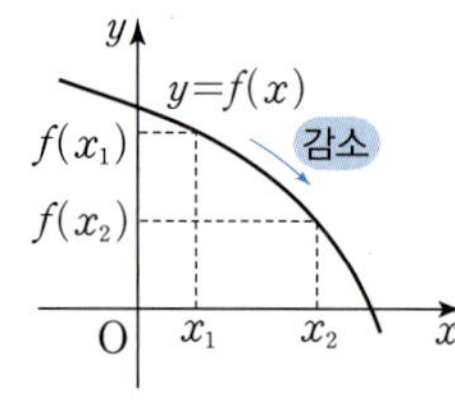

(2) 함수의 증가, 감소의 판정

함수 $f(x)$가 어떤 열린구간에서 미분가능할 때, 그 구간의 모든 x에 대하여

① $f'(x) > 0$이면 $f(x)$는 그 구간에서 증가한다.

② $f'(x) < 0$이면 $f(x)$는 그 구간에서 감소한다.

Tip 일반적으로 위의 명제의 역은 성립하지 않는다.

예 함수 $f(x) = x^3$은 구간 $(-\infty, \infty)$에서 증가하지만 $f'(x) = 3x^2$에서 $f'(0) = 0$이다.

확인 문제

주어진 구간에서 다음 함수의 증가와 감소를 조사하시오.

(1) $f(x) = -x^2$ $[0, \infty)$

(2) $f(x) = x^2 - 4x$ $[2, \infty)$

(3) $f(x) = x^3 + 1$ $(-\infty, \infty)$

개념ON 172쪽 유형ON 2권 056쪽

0375 대표문제

함수 $f(x) = -x^3 + 3x^2 + 9x + 5$가 증가하는 구간이 $[a, b]$일 때, $a + b$의 값은?

① -2 ② -1 ③ 0

④ 1 ⑤ 2

0376

함수 $f(x) = x^3 - 6x^2 - 15x + 2$가 감소하는 x의 값의 범위가 $a \leq x \leq b$일 때, $a + b$의 값을 구하시오.

0377 교육청 기출

함수 $f(x) = \dfrac{1}{3}x^3 - 2x^2 - 5x + 1$이 닫힌구간 $[a, b]$에서 감소할 때, $b - a$의 최댓값은? (단, a, b는 $a < b$인 실수이다.)

① 6 ② 7 ③ 8

④ 9 ⑤ 10

0378 중요

함수 $f(x) = 2x^3 + ax^2 + bx + 1$이 $x \leq -2$, $x \geq 1$에서 증가하고, $-2 \leq x \leq 1$에서 감소할 때, 상수 a, b에 대하여 $a - b$의 값을 구하시오.

0379

함수 $f(x) = x^3 + 6x^2 + ax + 4$가 감소하는 x의 값의 범위가 $-3 \leq x \leq b$일 때, 상수 a, b에 대하여 $a + b$의 값을 구하시오.

유형 02 삼차함수가 실수 전체의 집합에서 증가 또는 감소할 조건

삼차함수 $f(x)$가 실수 전체의 집합에서
(1) 증가 ➡ 모든 실수 x에 대하여 $f'(x) \geq 0$
(2) 감소 ➡ 모든 실수 x에 대하여 $f'(x) \leq 0$

🎵 개념ON 174쪽 🎵 유형ON 2권 056쪽

0380 대표문제

함수 $f(x) = -x^3 + ax^2 + (a^2 - 4a)x + 4$가 실수 전체의 집합에서 감소하도록 하는 정수 a의 개수는?

① 2 ② 3 ③ 4
④ 5 ⑤ 6

0381 수능 기출

함수 $f(x) = x^3 + ax^2 - (a^2 - 8a)x + 3$이 실수 전체의 집합에서 증가하도록 하는 실수 a의 최댓값을 구하시오.

0382

함수 $f(x) = ax^3 + 2x^2 - 2x$가 구간 $(-\infty, \infty)$에서 감소하도록 하는 실수 a의 값의 범위는?

① $a \leq -\dfrac{2}{3}$ ② $-\dfrac{2}{3} \leq a < 0$ ③ $-\dfrac{2}{3} \leq a < \dfrac{2}{3}$
④ $0 < a \leq \dfrac{2}{3}$ ⑤ $a \geq \dfrac{2}{3}$

0383

함수 $f(x) = x^3 + ax^2 + 5ax + 3$이 $x_1 < x_2$인 임의의 두 실수 x_1, x_2에 대하여 $f(x_1) < f(x_2)$가 성립하도록 하는 실수 a의 최댓값을 M, 최솟값을 m이라 할 때, $M - m$의 값을 구하시오.

0384

실수 전체의 집합에서 정의된 함수
$$f(x) = -x^3 - (a+2)x^2 - 3ax + 1$$
이 임의의 두 실수 x_1, x_2에 대하여
$$x_1 \neq x_2 \text{이면} f(x_1) \neq f(x_2)$$
가 성립하도록 하는 모든 정수 a의 값의 합을 구하시오.

0385 ✅중요

실수 전체의 집합에서 정의된 함수
$$f(x) = \dfrac{2}{3}x^3 + ax^2 + (3a+8)x - 2$$
의 역함수가 존재하도록 하는 정수 a의 개수를 구하시오.

삼차함수가 주어진 구간에서 증가 또는 감소할 조건

삼차함수 $f(x)$가 주어진 구간에서
(1) 증가 ➡ 그 구간의 모든 x에 대하여 $f'(x) \geq 0$
(2) 감소 ➡ 그 구간의 모든 x에 대하여 $f'(x) \leq 0$

ⓝ 개념ON 174쪽　ⓝ 유형ON 2권 057쪽

0386 대표문제

함수 $f(x) = -x^3 + \dfrac{3}{2}x^2 + ax + 1$이 $1 < x < 2$에서 증가하도록 하는 실수 a의 최솟값은?

① 5　　　　② 6　　　　③ 7
④ 8　　　　⑤ 9

0387

함수 $f(x) = x^3 + ax^2 - 15x + 3$이 구간 $(-1, 3)$에서 감소하도록 하는 정수 a의 개수는?

① 4　　　　② 5　　　　③ 6
④ 7　　　　⑤ 8

0388 중요

함수 $f(x) = x^3 - \dfrac{9}{2}x^2 + (a-5)x + 5$가 구간 $(1, 2)$에서 감소하고, 구간 $(3, \infty)$에서 증가하도록 하는 실수 a의 최댓값을 M, 최솟값을 m이라 할 때, $M+m$의 값을 구하시오.

함수의 그래프와 증가, 감소

함수 $f(x)$의 도함수 $y = f'(x)$의 그래프가 어떤 구간에서
(1) x축보다 위쪽에 있으면 그 구간에서 $f(x)$는 증가한다.
(2) x축보다 아래쪽에 있으면 그 구간에서 $f(x)$는 감소한다.

ⓝ 개념ON 172쪽　ⓝ 유형ON 2권 057쪽

0389 대표문제

함수 $f(x)$의 도함수 $y = f'(x)$의 그래프가 그림과 같을 때, 다음 중 옳은 것은?

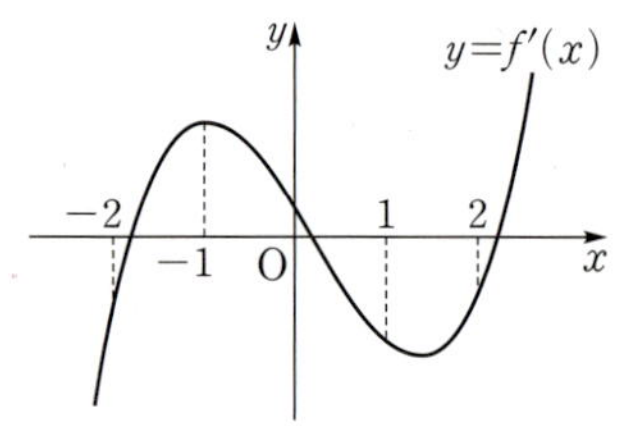

① 함수 $f(x)$는 구간 $(-\infty, -2)$에서 증가한다.
② 함수 $f(x)$는 구간 $(-2, -1)$에서 증가한다.
③ 함수 $f(x)$는 구간 $(-1, 0)$에서 감소한다.
④ 함수 $f(x)$는 구간 $(0, 1)$에서 감소한다.
⑤ 함수 $f(x)$는 구간 $(1, 2)$에서 감소한다.

0390

삼차함수 $f(x)$의 도함수 $y = f'(x)$의 그래프가 그림과 같을 때, 다음 중 함수 $f(x)$가 감소하는 구간은?

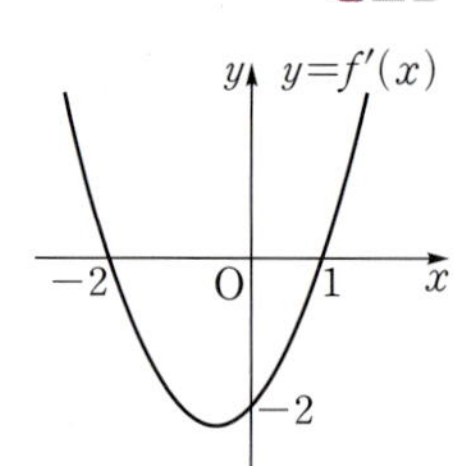

① $(-\infty, -2]$
② $(-\infty, 0]$
③ $[-2, 0]$
④ $[-1, 2]$
⑤ $[1, \infty)$

0391

구간 $[0, c]$에서 정의된 함수 $y = f(x)$의 그래프가 그림과 같다. 다음 중 함수 $\{f(x)\}^2$이 증가하는 구간에 속하는 x의 값은? (단, $f'(p) = f'(q) = f'(r) = 0$)

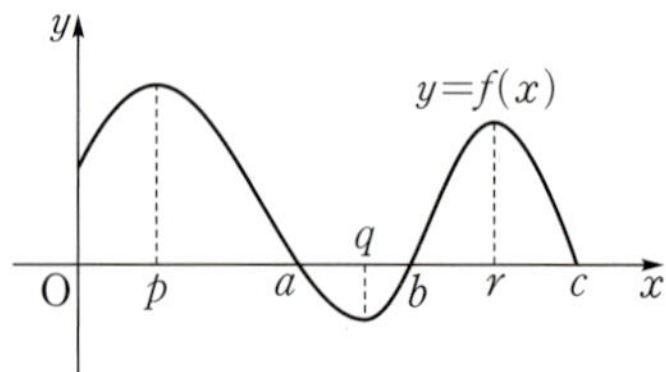

① $\dfrac{a+2p}{3}$　　② $\dfrac{a+p}{2}$　　③ $\dfrac{a+q}{2}$
④ $\dfrac{b+q}{2}$　　⑤ $\dfrac{c+r}{2}$

유형 05 함수의 극대, 극소

(1) **함수의 극대, 극소**

함수 $f(x)$에서 $x=a$를 포함하는 어떤 열린구간에 속하는 모든 x에 대하여

① $f(x) \leq f(a)$일 때, $f(x)$는 $x=a$에서 극대이고 극댓값은 $f(a)$이다.

② $f(x) \geq f(a)$일 때, $f(x)$는 $x=a$에서 극소이고 극솟값은 $f(a)$이다.

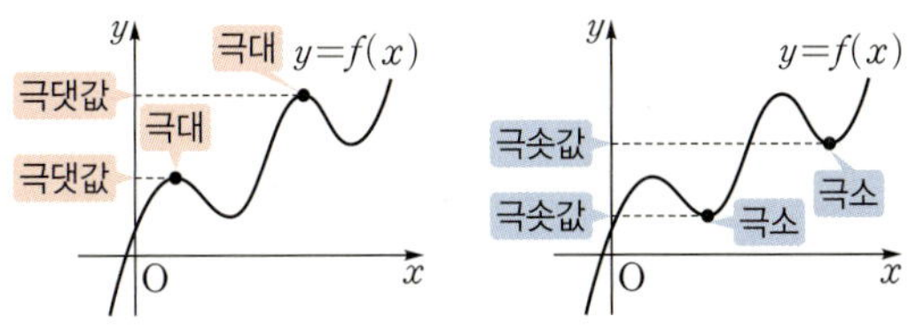

주의 극값은 여러 개 존재할 수 있고, 극댓값이 극솟값보다 반드시 큰 것은 아니다.

(2) **함수의 극대, 극소의 판정**

미분가능한 함수 $f(x)$에 대하여 $f'(a)=0$일 때 $x=a$의 좌우에서

① $f'(x)$의 부호가 양에서 음으로 바뀌면 $f(x)$는 $x=a$에서 극대이고, 극댓값은 $f(a)$이다.

② $f'(x)$의 부호가 음에서 양으로 바뀌면 $f(x)$는 $x=a$에서 극소이고, 극솟값은 $f(a)$이다.

확인 문제

함수 $y=f(x)$의 그래프가 그림과 같을 때, 다음을 구하시오.

(1) 함수 $f(x)$의 극댓값
(2) 함수 $f(x)$의 극솟값

⌂ 개념ON 180쪽 ⌂ 유형ON 2권 058쪽

0392 대표문제 평가원 기출

함수 $f(x)=2x^3+3x^2-12x+1$의 극댓값과 극솟값을 각각 M, m이라 할 때, $M+m$의 값은?

① 13 ② 14 ③ 15
④ 16 ⑤ 17

0393

함수 $f(x)=-x^3+6x^2-9x+6$이 $x=a$에서 극솟값 b를 가질 때, $a+b$의 값을 구하시오. (단, a는 상수이다.)

0394 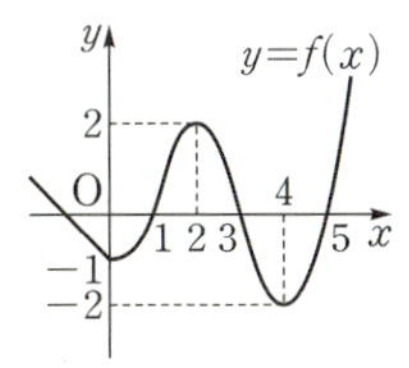 중요

함수 $f(x)=2x^3-9x^2+12x+a$가 극댓값 8을 가질 때, 함수 $f(x)$의 극솟값을 구하시오. (단, a는 상수이다.)

0395

함수 $f(x)=3x^4-4x^3-12x^2+10$의 모든 극값의 합은?

① -9 ② -7 ③ -5
④ -3 ⑤ -1

0396

함수 $f(x)=x^3+3x^2+a^2$의 모든 극값의 곱이 117이 되도록 하는 모든 실수 a의 값의 곱은?

① -13 ② -9 ③ 9
④ $3\sqrt{13}$ ⑤ 13

미분가능한 함수 $f(x)$가 $x=a$에서 극값 b를 가지면
$$f'(a)=0,\ f(a)=b$$
주의 $f'(a)=0$이라고 해서 함수 $f(x)$가 $x=a$에서 반드시 극값을 가지는 것은 아니다.

🔵 개념ON 182쪽   🔵 유형ON 2권 058쪽

0397 대표문제

함수 $f(x)=x^3-3x^2+ax+b$가 $x=-1$에서 극댓값 7을 가질 때, 함수 $f(x)$의 극솟값은? (단, a, b는 상수이다.)

① -31 ② -25 ③ -19
④ -13 ⑤ -7

0398 평가원 기출

함수 $f(x)=-\dfrac{1}{3}x^3+2x^2+mx+1$이 $x=3$에서 극대일 때, 상수 m의 값은?

① -3 ② -1 ③ 1
④ 3 ⑤ 5

0399 중요

함수 $f(x)=x^3+ax^2+bx+c$가 $x=3$에서 극솟값 5를 갖고 $x=1$에서 극댓값을 가질 때, 함수 $f(x)$의 극댓값을 구하시오. (단, a, b, c는 상수이다.)

0400 수능 기출

함수 $f(x)=-x^4+8a^2x^2-1$이 $x=b$와 $x=2-2b$에서 극대일 때, $a+b$의 값은? (단, a, b는 $a>0$, $b>1$인 상수이다.)

① 3 ② 5 ③ 7
④ 9 ⑤ 11

0401 중요

최고차항의 계수가 1인 삼차함수 $f(x)$가 $x=1$에서 극솟값 2를 갖는다. $f(0)=4$일 때, $f(2)$의 값은?

① 6 ② 7 ③ 8
④ 9 ⑤ 10

0402 평가원 기출

두 상수 a, b에 대하여 삼차함수 $f(x)=ax^3+bx+a$는 $x=1$에서 극소이다. 함수 $f(x)$의 극솟값이 -2일 때, 함수 $f(x)$의 극댓값을 구하시오.

0403 ✏️서술형

최고차항의 계수가 1인 삼차함수 $f(x)$가 다음 조건을 만족시킨다.

> (가) $\displaystyle\lim_{x\to 1}\dfrac{f(x)+1}{x-1}=-9$
> (나) 함수 $f(x)$는 $x=-2$에서 극댓값을 갖는다.

함수 $f(x)$의 극솟값을 구하시오.

유형 07 함수의 극대, 극소의 활용

증감표를 이용하여 극댓값, 극솟값을 구하고 곱의 미분법, 도형의 성질, 함수의 대칭성 등을 적절히 이용하여 문제를 해결한다.

🎧 유형ON 2권 059쪽

0404 대표문제 수능 기출

두 다항함수 $f(x)$와 $g(x)$가 모든 실수 x에 대하여
$$g(x)=(x^3+2)f(x)$$
를 만족시킨다. $g(x)$가 $x=1$에서 극솟값 24를 가질 때, $f(1)-f'(1)$의 값을 구하시오.

0405 ✅중요

미분가능한 함수 $f(x)$에 대하여 함수 $g(x)=(2x-1)f(x)$가 $x=2$에서 극댓값 9를 가질 때, 곡선 $y=f(x)$ 위의 점 $(2,\ f(2))$에서의 접선의 y절편은?

① 6   ② 7   ③ 8
④ 9   ⑤ 10

0406

함수 $f(x)=x^3+(a+2)x^2-3x$에 대하여 함수 $y=f(x)$의 그래프에서 극대가 되는 점과 극소가 되는 점이 원점에 대하여 대칭일 때, 상수 a의 값은?

① -2 ② -1 ③ 0
④ 1 ⑤ 2

0407

함수 $f(x)=x^3+3x^2+2$에 대하여 함수 $y=f(x)$의 그래프에서 극대가 되는 점을 A, 극소가 되는 점을 B라 하자. 선분 AB를 $2:1$로 내분하는 점의 좌표를 $(a,\ b)$라 할 때, $a+b$의 값은?

① $\dfrac{5}{3}$ ② 2 ③ $\dfrac{7}{3}$
④ $\dfrac{8}{3}$ ⑤ 3

0408

함수 $f(x)=x^3-ax^2+3$에 대하여 곡선 $y=f(x)$ 위의 점 $(t,\ f(t))$에서의 접선의 y절편을 $g(t)$라 하자. 함수 $g(t)$가 $t=2$에서 극대일 때, $g'(1)$의 값을 구하시오.

(단, a는 상수이다.)

0409

함수 $f(x)=-x^3+6x^2-9x+a$에 대하여 곡선 $y=f(x)$가 극값을 갖는 점을 각각 A, B라 하자. 직선 AB와 x축 및 y축으로 둘러싸인 도형의 넓이가 4가 되도록 하는 모든 실수 a의 값의 합을 구하시오.

0411 중요

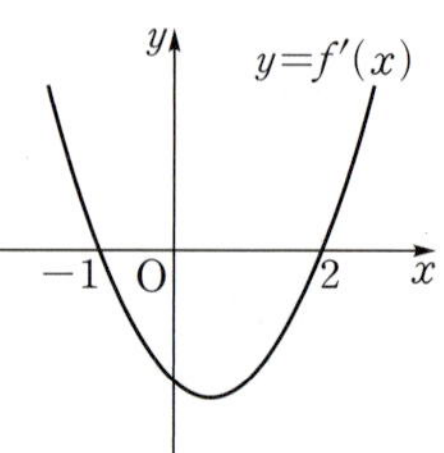

최고차항의 계수가 2인 삼차함수 $f(x)$의 도함수 $y=f'(x)$의 그래프가 그림과 같다. 함수 $f(x)$가 극솟값 -4를 가질 때, 함수 $f(x)$의 극댓값은?

① 20   ② 21

③ 22   ④ 23

⑤ 24

유형 08 도함수의 그래프와 극대, 극소

미분가능한 함수 $f(x)$의 도함수 $y=f'(x)$의 그래프와 x축의 교점의 x좌표가 a일 때, $x=a$의 좌우에서 $f'(x)$의 부호가

(1) 양에서 음으로 바뀌면 $f(x)$는 $x=a$에서 극대이다.

(2) 음에서 양으로 바뀌면 $f(x)$는 $x=a$에서 극소이다.

개념ON 184쪽   **유형ON 2권** 060쪽

0410 대표문제

미분가능한 함수 $f(x)$의 도함수 $y=f'(x)$의 그래프가 그림과 같다. 함수 $f(x)$가 극대인 x의 개수를 m, 극소인 x의 개수를 n이라 할 때, $m-n$의 값은?

① -2 ② -1 ③ 0

④ 1   ⑤ 2

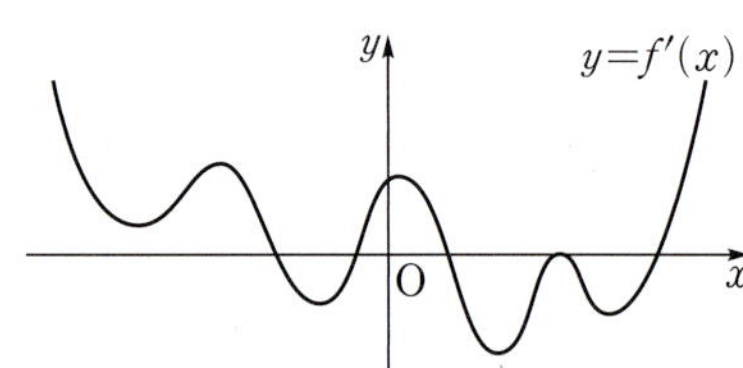

0412

미분가능한 함수 $f(x)$의 도함수 $y=f'(x)$의 그래프가 그림과 같을 때, 보기에서 옳은 것만을 있는 대로 고른 것은?

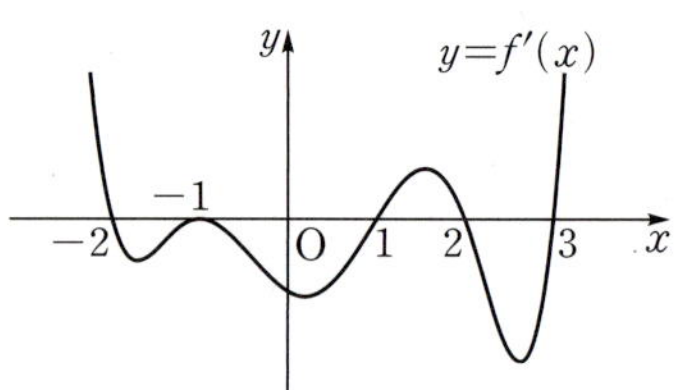

보기

ㄱ. 함수 $f(x)$는 구간 $(-2, -1)$에서 감소한다.

ㄴ. 함수 $f(x)$는 $x=-1$에서 극값을 갖는다.

ㄷ. 함수 $f(x)$가 극값을 갖는 x의 개수는 4이다.

① ㄱ   ② ㄱ, ㄴ   ③ ㄱ, ㄷ

④ ㄴ, ㄷ   ⑤ ㄱ, ㄴ, ㄷ

0413

미분가능한 함수 $f(x)$의 도함수 $y=f'(x)$의 그래프가 그림과 같을 때, 보기에서 옳은 것만을 있는 대로 고른 것은?

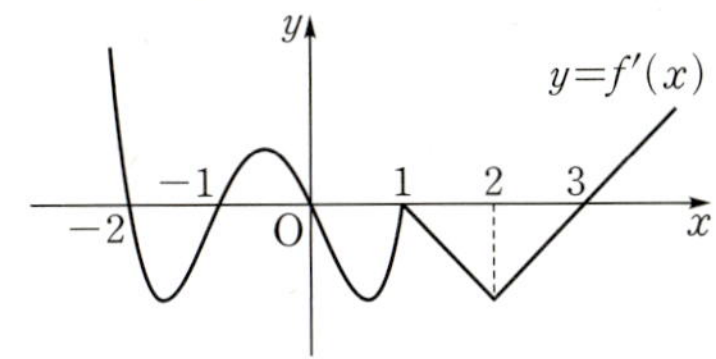

> **보기**
> ㄱ. 함수 $f(x)$는 $x=1$에서 미분가능하다.
> ㄴ. 함수 $f(x)$는 $x=2$에서 극솟값을 갖는다.
> ㄷ. 함수 $f(x)$가 극값을 갖는 x의 개수는 4이다.

① ㄱ　　　　② ㄱ, ㄴ　　　　③ ㄱ, ㄷ
④ ㄴ, ㄷ　　　⑤ ㄱ, ㄴ, ㄷ

0414

두 다항함수 $f(x)$, $g(x)$의 도함수 $y=f'(x)$, $y=g'(x)$의 그래프가 그림과 같을 때, 함수 $h(x)=f(x)-g(x)$가 극소인 x의 값은?

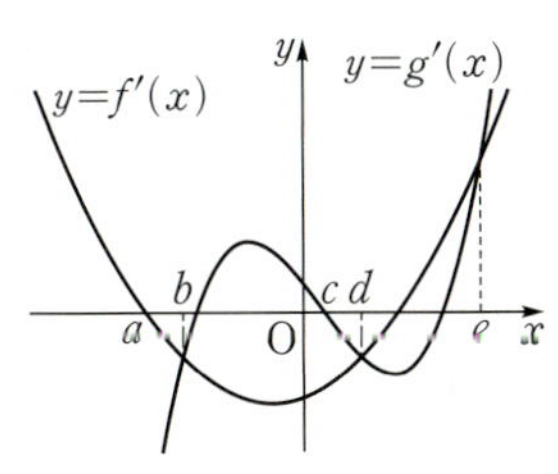

① a　　　　② b　　　　③ c
④ d　　　　⑤ e

유형 09　함수의 그래프

함수 $y=f(x)$의 그래프는 다음과 같은 순서로 그린다.
❶ $f'(x)$를 구하고 $f'(x)=0$인 x의 값을 구한다.
❷ ❶에서 구한 x의 값의 좌우에서 $f'(x)$의 부호를 조사하여 함수 $f(x)$의 증가, 감소를 표로 나타낸다.
❸ 함수 $f(x)$의 극값, $y=f(x)$의 그래프와 좌표축의 교점의 좌표를 구한다.
❹ 위에서 구한 값들을 이용하여 함수 $y=f(x)$의 그래프를 그린다.

🔵 **개념ON** 192쪽　🔵 **유형ON 2권** 060쪽

0415　대표문제

다항함수 $f(x)$의 도함수 $y=f'(x)$의 그래프가 그림과 같을 때, 다음 중 함수 $y=f(x)$의 그래프의 개형이 될 수 있는 것은?

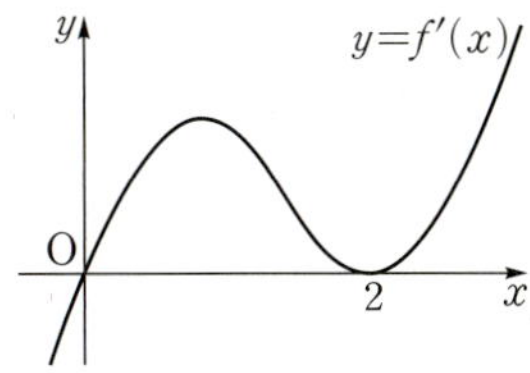

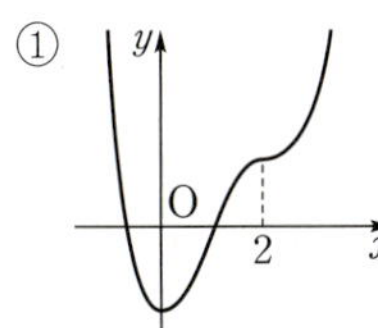 ①
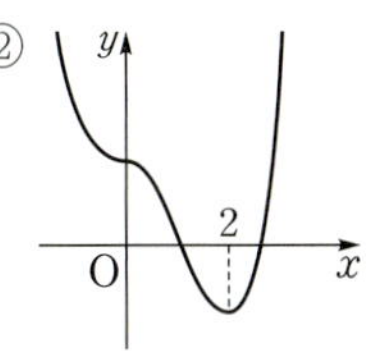 ②
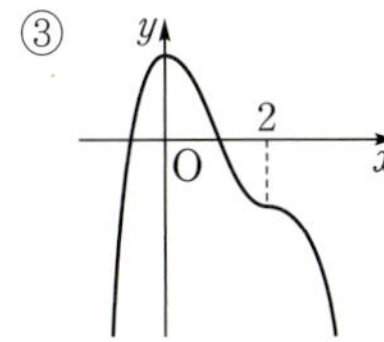 ③
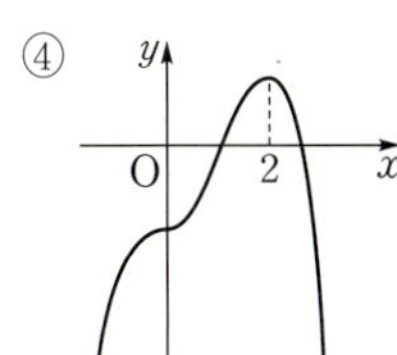 ④
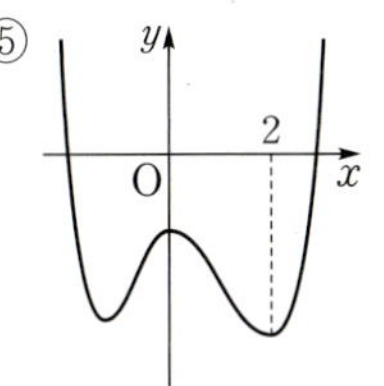 ⑤

0416　중요

삼차함수 $f(x)$의 도함수 $y=f'(x)$의 그래프가 그림과 같다. $f(-2)=0$일 때, 함수 $y=f(x)$의 그래프와 x축이 만나는 점의 개수를 구하시오.

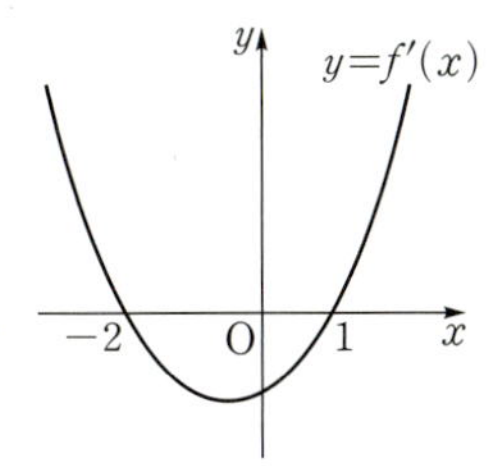

0417

실수 전체의 집합에서 미분가능한 함수 $f(x)$가 다음 조건을 만족시킨다.

> (가) $f'(-1)=f'(1)=0$
> (나) $|x|<1$일 때 $f'(x)>0$, $|x|>1$일 때 $f'(x)<0$이다.

$f(0)>0$일 때, 함수 $y=f(x)$의 그래프의 개형이 될 수 있는 것은?

① 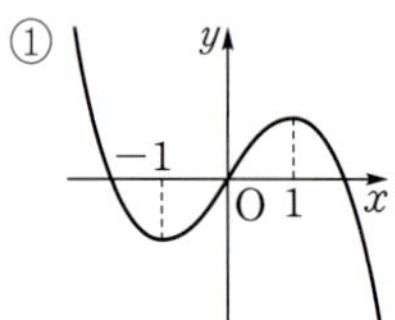　② 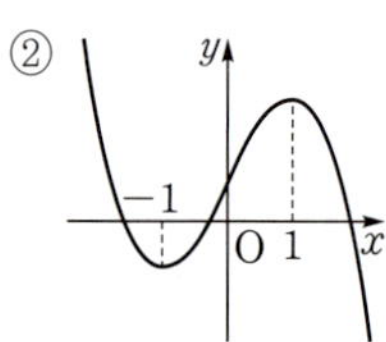

③ 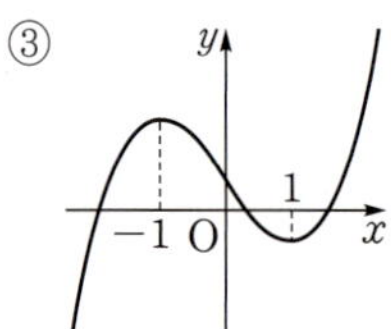　④ 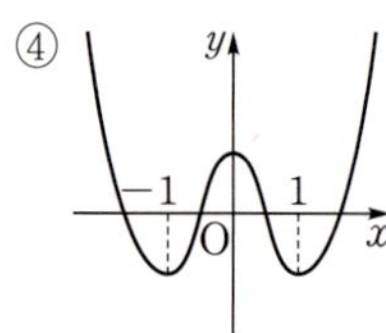

⑤ 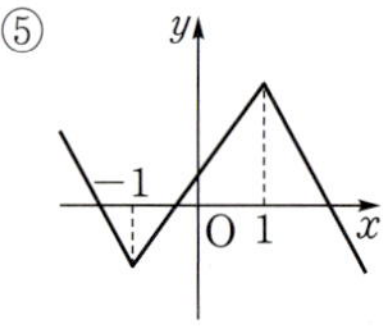

0418 중요

함수 $f(x)=2x^3-3x^2-12x+5$에 대하여 보기에서 옳은 것만을 있는 대로 고른 것은?

> **보기**
> ㄱ. 함수 $f(x)$는 극댓값 12를 갖는다.
> ㄴ. 함수 $f(x)$는 구간 $(-\infty, -1)$, $(2, \infty)$에서 증가한다.
> ㄷ. 함수 $y=f(x)$의 그래프와 x축의 교점은 3개이다.

① ㄱ　　② ㄱ, ㄴ　　③ ㄱ, ㄷ
④ ㄴ, ㄷ　　⑤ ㄱ, ㄴ, ㄷ

0419

함수 $f(x)=-3x^4+4x^3+1$에 대하여 보기에서 옳은 것만을 있는 대로 고른 것은?

> **보기**
> ㄱ. 함수 $f(x)$는 구간 $(0, 1)$에서 증가한다.
> ㄴ. 함수 $f(x)$의 극대 또는 극소인 점은 1개이다.
> ㄷ. 어떤 실수 x에 대하여 $f(x)>2$이다.

① ㄱ　　② ㄱ, ㄴ　　③ ㄱ, ㄷ
④ ㄴ, ㄷ　　⑤ ㄱ, ㄴ, ㄷ

0420

실수 전체의 집합에서 미분가능한 함수 $f(x)$의 도함수 $y=f'(x)$의 그래프가 그림과 같다.

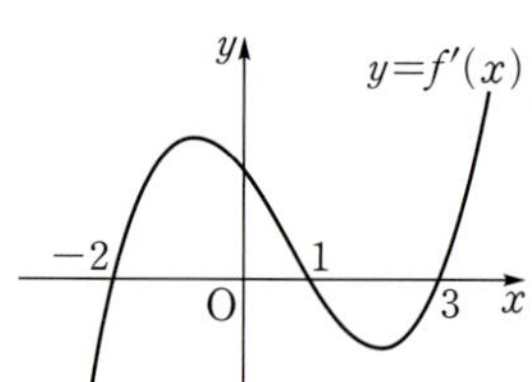

$0<f(-2)<f(3)$일 때, 보기에서 옳은 것만을 있는 대로 고른 것은?

> **보기**
> ㄱ. $f(1)>f(0)$
> ㄴ. 함수 $f(x)$의 극대 또는 극소인 점은 3개이다.
> ㄷ. 함수 $y=f(x)$의 그래프와 x축의 교점은 2개이다.

① ㄱ　　② ㄱ, ㄴ　　③ ㄱ, ㄷ
④ ㄴ, ㄷ　　⑤ ㄱ, ㄴ, ㄷ

0421

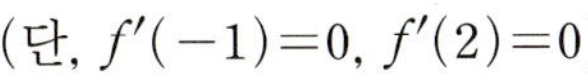

실수 전체의 집합에서 미분가능한 함수 $f(x)$의 도함수 $y=f'(x)$의 그래프가 그림과 같다.

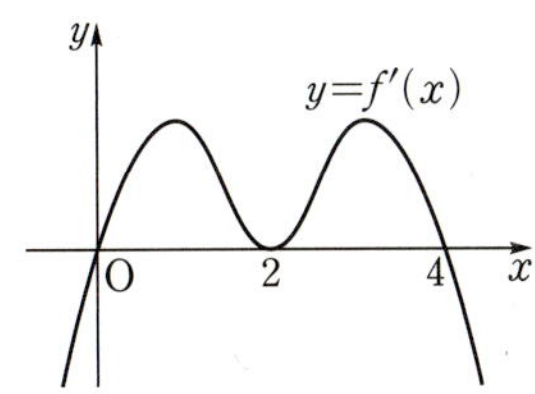

$f(0)=0$일 때, 보기에서 옳은 것만을 있는 대로 고른 것은?

> **보기**
> ㄱ. $0<f(1)<f(2)$
> ㄴ. 함수 $f(x)$의 극대 또는 극소인 점은 3개이다.
> ㄷ. 함수 $y=f(x)$의 그래프와 x축의 교점은 2개이다.

① ㄱ ② ㄱ, ㄴ ③ ㄱ, ㄷ
④ ㄴ, ㄷ ⑤ ㄱ, ㄴ, ㄷ

유형 10 그래프를 이용한 삼차함수의 계수의 부호 결정

> 삼차함수 $f(x)=ax^3+bx^2+cx+d$의 그래프가
> (1) $x \to \infty$일 때, $f(x) \to \infty$이면 $a>0$
> $x \to \infty$일 때, $f(x) \to -\infty$이면 $a<0$
> (2) y축의 양의 부분과 만나면 $d>0$
> y축의 음의 부분과 만나면 $d<0$
> (3) $x=\alpha$, $x=\beta$에서 극값을 가지면 이차방정식 $f'(x)=0$의 두 실근이 α, β임을 이용하여 b, c의 부호를 결정한다.

🔗 개념ON 192쪽 🔗 유형ON 2권 061쪽

0422 대표문제

삼차함수 $f(x)=ax^3+bx^2+cx+d$에 대하여 함수 $y=f(x)$의 그래프가 그림과 같을 때, 다음 중 상수 a, b, c, d의 부호로 옳은 것은?

(단, $f'(\alpha)=0$, $f'(\beta)=0$)

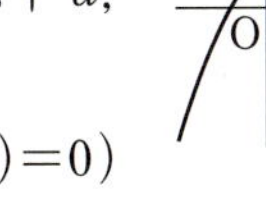

① $a>0$, $b>0$, $c<0$, $d<0$
② $a>0$, $b<0$, $c>0$, $d>0$
③ $a>0$, $b<0$, $c<0$, $d>0$
④ $a<0$, $b>0$, $c>0$, $d<0$
⑤ $a<0$, $b<0$, $c>0$, $d>0$

0423

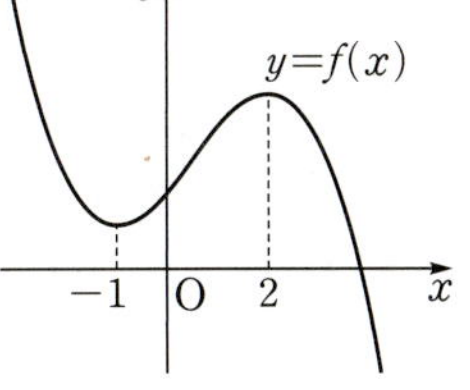

삼차함수 $f(x)=ax^3+bx^2+cx+d$에 대하여 함수 $y=f(x)$의 그래프가 그림과 같을 때, 상수 a, b, c, d에 대하여 다음 중 옳은 것은?

(단, $f'(-1)=0$, $f'(2)=0$)

① $ab>0$ ② $ac<0$ ③ $ad>0$
④ $bc<0$ ⑤ $bd<0$

0424 ✅중요

삼차함수 $f(x)=x^3+ax^2+bx+c$가 $x=\alpha$에서 극대, $x=\beta$에서 극소일 때, 보기에서 옳은 것만을 있는 대로 고른 것은?

(단, a, b, c는 상수이다.)

> **보기**
> ㄱ. $\alpha<\beta$
> ㄴ. $\alpha<0<\beta$이고 $f(\beta)=0$이면 $c>0$이다.
> ㄷ. $\alpha<0<\beta$이고 $|\alpha|<|\beta|$이면 $ab>0$이다.

① ㄱ ② ㄱ, ㄴ ③ ㄱ, ㄷ
④ ㄴ, ㄷ ⑤ ㄱ, ㄴ, ㄷ

05 도함수의 활용 (2)

(1) **삼차함수 $f(x)$가 극값을 가질 조건**
  ➡ 이차방정식 $f'(x)=0$이 서로 다른 두 실근을 갖는다.
  ➡ 이차방정식 $f'(x)=0$의 판별식 $D>0$
(2) **삼차함수 $f(x)$가 극값을 갖지 않을 조건**
  ➡ 이차방정식 $f'(x)=0$이 중근 또는 허근을 갖는다.
  ➡ 이차방정식 $f'(x)=0$의 판별식 $D\leq0$

🔘 **개념ON** 194쪽 🔘 **유형ON** 2권 062쪽

0425  

함수 $f(x)=x^3+ax^2+(a^2-4a)x+3$이 극값을 갖도록 하는 모든 정수 a의 개수는?

① 5 ② 6 ③ 7
④ 8 ⑤ 9

0426 

함수 $f(x)=x^3+3x^2+kx+3$이 극값을 갖지 않도록 하는 실수 k의 최솟값을 구하시오.

0427 

함수 $f(x)=-x^3+ax^2-(a^2+6a)x+1$이 극값을 갖도록 하는 정수 a의 최댓값과 최솟값의 합을 구하시오.

삼차함수 $f(x)$가 구간 (a, b)에서 극댓값과 극솟값을 모두 가지면 이 구간에서 이차방정식 $f'(x)=0$이 서로 다른 두 실근을 갖는다.
따라서 다음 세 가지를 조사한다.
(1) 이차방정식 $f'(x)=0$의 판별식 ➡ $D>0$
(2) $f'(a)$, $f'(b)$의 값의 부호
(3) 함수 $y=f'(x)$의 그래프의 축의 방정식이 $x=m$일 때
  ➡ $a<m<b$

🔘 **개념ON** 196쪽 🔘 **유형ON** 2권 063쪽

0428 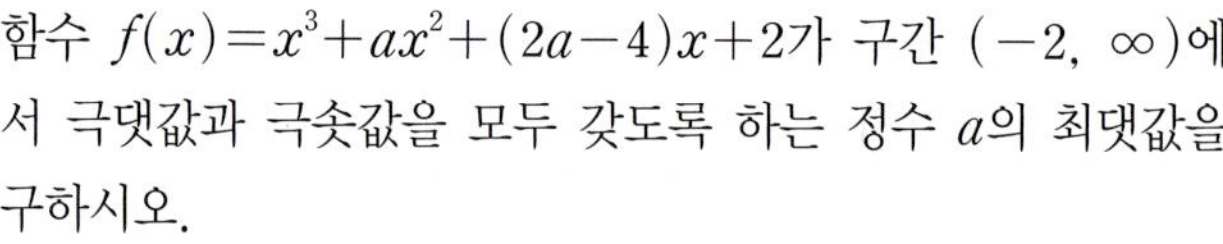

함수 $f(x)=\dfrac{1}{3}x^3-2x^2+ax+1$이 구간 $(1, 4)$에서 극댓값과 극솟값을 모두 갖도록 하는 실수 a의 값의 범위는?

① $-1<a<0$ ② $0<a<1$ ③ $1<a<2$
④ $2<a<3$ ⑤ $3<a<4$

0429 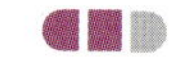

함수 $f(x)=x^3+ax^2+(2a-4)x+2$가 구간 $(-2, \infty)$에서 극댓값과 극솟값을 모두 갖도록 하는 정수 a의 최댓값을 구하시오.

0430 중요

함수 $f(x)=-x^3-2ax^2+4a^2x+1$이 $-1<x<1$에서 극솟값을 갖고 $x>1$에서 극댓값을 갖도록 하는 실수 a의 값의 범위는?

① $-\dfrac{5}{2}<a<-\dfrac{3}{2}$ ② $-\dfrac{3}{2}<a<-\dfrac{1}{2}$

③ $-\dfrac{1}{2}<a<\dfrac{1}{2}$ ④ $\dfrac{1}{2}<a<\dfrac{3}{2}$

⑤ $\dfrac{3}{2}<a<\dfrac{5}{2}$

유형 13 사차함수가 극값을 가질 조건

(1) 사차함수 $f(x)$가 극댓값과 극솟값을 모두 가지면
삼차방정식 $f'(x)=0$이 서로 다른 세 실근을 갖는다.
(2) 사차함수 $f(x)$가 극댓값 또는 극솟값을 갖지 않으면
삼차방정식 $f'(x)=0$이 중근 또는 허근을 갖는다.

Tip 사차함수가 극값을 갖는 x의 값의 개수는 1 또는 3이다.

🎧 개념ON 198쪽 🎧 유형ON 2권 063쪽

0431 대표문제

함수 $f(x)=\dfrac{3}{4}x^4+4x^3+3ax^2$이 극댓값을 갖도록 하는 실수
a의 값의 범위가 $a<\alpha$ 또는 $\beta<a<\gamma$일 때, $\alpha+\beta+\gamma$의 값을
구하시오.

0432

함수 $f(x)=-x^4-8x^3-3ax^2$이 극솟값을 갖도록 하는 정수
a의 최댓값을 구하시오.

0433

함수 $f(x)=\dfrac{1}{4}x^4+\dfrac{2}{3}ax^3+3x^2$이 극댓값을 갖지 않도록 하
는 실수 a의 최댓값을 M, 최솟값을 m이라 할 때, Mm의
값을 구하시오.

유형 14 함수의 그래프와 다항함수의 추론

함수의 그래프와 x축이 만나는 점, 대칭성, 극대와 극소 등 주어
진 조건을 이용하여 그래프의 개형을 그리거나 함수식을 추론
한다.

(1) 그래프가 x축과 접할 때
다항함수 $y=f(x)$의 그래프가 $x=a$에서 x축에 접한다.
➡ $f(a)=f'(a)=0$
➡ $f(x)$는 $(x-a)^2$을 인수로 갖는다.

(2) 다항함수의 대칭성
다항함수 $f(x)$가 모든 실수 x에 대하여
① $f(x)=f(-x)$인 경우
함수 $y=f(x)$의 그래프는 y축에 대하여 대칭이고 $f(x)$
의 식은 차수가 짝수인 항 또는 상수항으로만 이루어진다.
② $f(x)=-f(-x)$인 경우
함수 $y=f(x)$의 그래프는 원점에 대하여 대칭이고 $f(x)$
의 식은 차수가 홀수인 항으로만 이루어진다.

(3) 함수가 극값을 가질 때
다항함수 $f(x)$가 $x=a$에서 극값 b를 갖는다.
➡ $f(a)=b$, $f'(a)=0$
➡ $x=a$의 좌우에서 $f'(x)$의 부호가 바뀐다.

(4) 함수 $y=|f(x)|$의 그래프
다항함수 $f(x)$에 대하여 함수 $y=|f(x)|$의 그래프는 함수
$y=f(x)$의 그래프에서 $y<0$인 부분을 x축에 대하여 대칭
이동하여 그린다.

(5) 함수 $|f(x)|$의 미분가능성
다항함수 $f(x)$에 대하여
① $f(a)=0$, $f'(a)=0$이면 함수 $|f(x)|$는 $x=a$에서 미
분가능하다.
② $f(a)=0$, $f'(a)\neq0$이면 함수 $|f(x)|$는 $x=a$에서 미
분가능하지 않다.

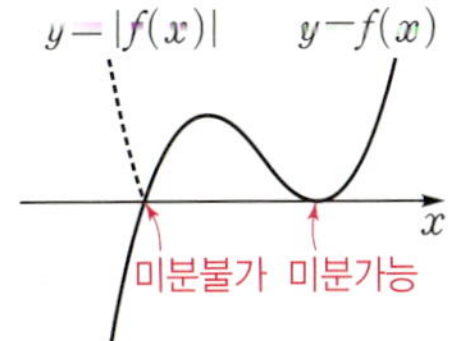

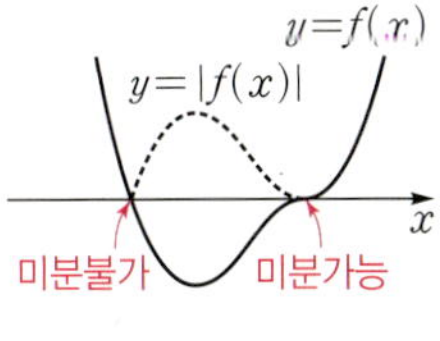

🎧 유형ON 2권 064쪽

0434 대표문제

최고차항의 계수가 1인 삼차함수 $f(x)$가 다음 조건을 만족시
킨다.

> (가) $f(1)=f(4)=0$
> (나) 함수 $f(x)$는 $x=1$에서 극값을 갖는다.

함수 $f(x)$의 모든 극값의 합을 구하시오.

0435

함수 $f(x)=|x^3+3x^2|$이 극값을 갖는 모든 실수 x의 값의 합은?

① -5 ② -4 ③ -3

④ -2 ⑤ -1

0436

함수 $f(x)=\left|\dfrac{1}{4}x^4-2x^2\right|$이 극값을 갖는 실수 x의 개수는?

① 1   ② 2   ③ 3

④ 4   ⑤ 5

0437

역함수가 존재하는 삼차함수 $f(x)$가

$$f'(1)=f(1)=0$$

을 만족시킬 때, $\dfrac{f(3)}{f(2)}$의 값을 구하시오.

0438 ✅중요

최고차항의 계수가 음수인 사차함수 $f(x)$가

$$f(-1)=f'(-1)=0,\ f(3)=f'(3)=0$$

을 만족시킨다. 함수 $f(x)$의 극솟값이 -8일 때, $f(0)$의 값은?

① -6 ② $-\dfrac{11}{2}$ ③ -5

④ $-\dfrac{9}{2}$ ⑤ -4

0439 ✐서술형

삼차함수 $f(x)$가 다음 조건을 만족시킨다.

> ㈎ 모든 실수 x에 대하여 $f(-x)=-f(x)$이다.
> ㈏ 함수 $f(x)$는 $x=1$에서 극솟값 -6을 갖는다.

함수 $f(x)$의 극댓값을 구하시오.

0440

최고차항의 계수가 양수인 삼차함수 $f(x)$가

$$f(a)=f'(a)=0,\ f(b)=0$$

을 만족시킬 때, 보기에서 옳은 것만을 있는 대로 고른 것은?

(단, $a>b$)

> **보기**
> ㄱ. 구간 $(b,\ a)$에서 함수 $f(x)$는 증가한다.
> ㄴ. $x<b$일 때, $f(x)<0$이다.
> ㄷ. 함수 $f(x)$는 $x=a$에서 극솟값 0을 갖는다.

① ㄱ   ② ㄴ   ③ ㄱ, ㄴ

④ ㄴ, ㄷ   ⑤ ㄱ, ㄴ, ㄷ

0441 ✅중요

$f(0)=f(3)=0$이고 최고차항의 계수가 양수인 삼차함수 $f(x)$에 대하여 함수 $|f(x)|$가 $x=3$에서 미분가능할 때, $\dfrac{f(6)}{f(2)}$의 값을 구하시오.

0442

$f(0)=6$인 삼차함수 $f(x)$가 다음 조건을 만족시킨다.

> (개) 모든 실수 x에 대하여 $f'(x)=f'(-x)$이다.
> (내) 함수 $f(x)$는 $x=2$에서 극댓값 14를 갖는다.

함수 $f(x)$의 극솟값은?

① -10 ② -8 ③ -6
④ -4 ⑤ -2

0443 ✏️서술형

함수 $f(x)=|-2x^3+9x^2-12x+a|$가 $x=2$에서 극솟값 3을 가질 때, 함수 $f(x)$의 극댓값을 구하시오.

(단, a는 상수이다.)

유형 15 함수의 최대, 최소

함수 $f(x)$가 구간 $[a, b]$에서 연속이면 극댓값, 극솟값, $f(a)$, $f(b)$ 중에서 가장 큰 값이 최댓값, 가장 작은 값이 최솟값이다.

Tip 극댓값, 극솟값이 반드시 최댓값, 최솟값이 되는 것은 아니다.

🎧 개념ON 200, 202쪽   🎧 유형ON 2권 065쪽

0444 대표문제

구간 $[-2, 0]$에서 함수
$$f(x)=x^3-3x^2-9x+6$$
의 최댓값을 M, 최솟값을 m이라 할 때, $M+m$의 값은?

① 13 ② 14 ③ 15
④ 16 ⑤ 17

0445

구간 $[\;2, 3]$에서 함수
$$f(x)=-2x^3+6x^2+a$$
의 최솟값이 -10일 때, 함수 $f(x)$의 최댓값은?

(단, a는 상수이다.)

① 15 ② 20 ③ 25
④ 30 ⑤ 35

0446

구간 $[-1, 2]$에서 함수 $f(x)=2x^4-8x^3+8x^2+a$의 최댓값을 M, 최솟값을 m이라 하자. $Mm=-81$일 때, 상수 a의 값은?

① -11 ② -10 ③ -9
④ -8 ⑤ -7

0447

삼차함수 $f(x)=ax^3-3ax+b$가 구간 $[0, 3]$에서 최댓값 21, 최솟값 1을 가질 때, 상수 a, b에 대하여 $a+b$의 값은?

(단, $a>0$)

① 4 ② 6 ③ 8
④ 10 ⑤ 12

0448 ✅중요

함수 $f(x)=x^3+ax^2+b$가 구간 $[-1, 2]$에서 최댓값 5를 갖는다. $f'(2)=0$일 때, 상수 a, b에 대하여 $a+b$의 값은?

① 1 ② 2 ③ 3
④ 4 ⑤ 5

0449

구간 $[2, 4]$에서 함수
$$f(x)=(x^2-4x+1)^3-12(x^2-4x+1)+3$$
의 최댓값과 최솟값의 합은?

① 9 ② 11 ③ 13
④ 15 ⑤ 17

0450

두 함수 $f(x)$, $g(x)$가
$$f(x)=-x^3+3x^2+7, \quad g(x)=x^2-2x-1$$
일 때, 함수 $f(g(x))$의 최댓값을 구하시오.

0451

최고차항의 계수가 1인 삼차함수 $f(x)$의 도함수 $y=f'(x)$의 그래프가 그림과 같다. 함수 $f(x)$의 극댓값이 12일 때, 구간 $[-1, 4]$에서 함수 $f(x)$의 최솟값을 구하시오.

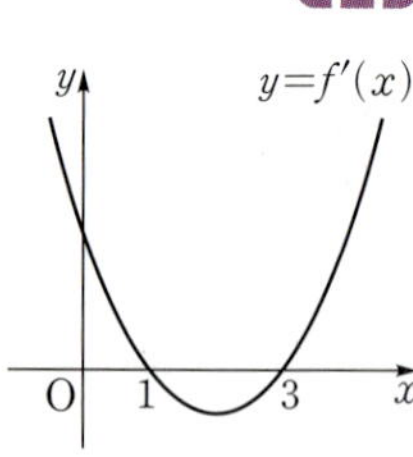

유형 16 함수의 최대, 최소의 활용

도형의 길이, 넓이, 부피를 한 문자에 대한 함수로 나타낸 후 최 댓값 또는 최솟값을 구한다.

🔵 개념ON 204쪽 🔵 유형ON 2권 066쪽

0452 대표문제

곡선 $y=x^2$ 위를 움직이는 점 P와 점 $(-3, 0)$ 사이의 거리의 최솟값은?

① 2 ② $\sqrt{5}$ ③ $\sqrt{6}$

④ $\sqrt{7}$ ⑤ $2\sqrt{2}$

0453

그림과 같이 곡선 $y=-x^2+6$과 x축 으로 둘러싸인 부분에 내접하고 한 변 이 x축 위에 있는 직사각형 ABCD의 넓이의 최댓값은?

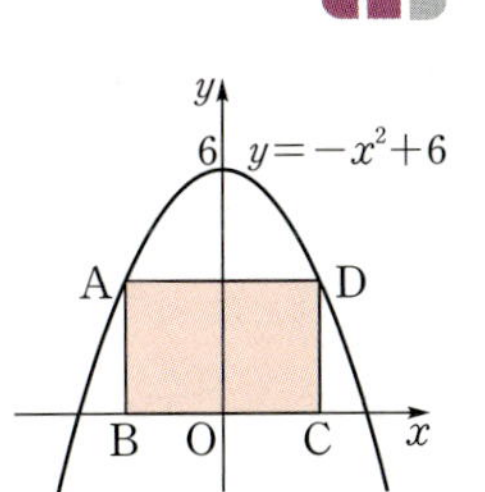

① 8 ② 10

③ $8\sqrt{2}$ ④ 12

⑤ $12\sqrt{2}$

0454

그림과 같이 가로의 길이가 24, 세로 의 길이가 15인 직사각형 모양의 종 이의 네 귀퉁이에서 크기가 같은 정 사각형을 잘라내고 남은 부분을 접 어서 뚜껑이 없는 직육면체 모양의 상자를 만들려고 한다. 이 상자의 부피의 최댓값을 구하시오.

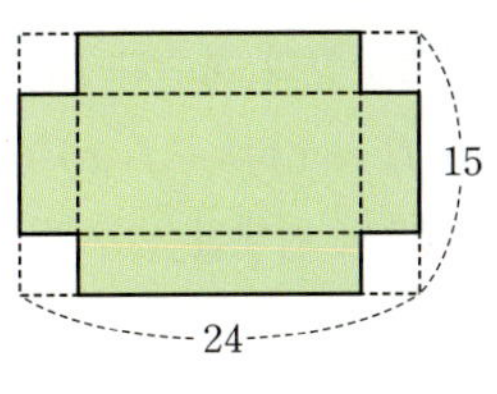

0455

두 점 A$(1, 2)$, B$(5, 2)$에 대하여 점 P가 곡선 $y=-x^2+2$ 위를 움직일 때, $\overline{\mathrm{AP}}^2+\overline{\mathrm{BP}}^2$의 최솟값을 구하시오.

0456 ✅중요

곡선 $y=-2x^2+6x$ $(0<x<3)$ 위의 점 P에서 x축에 내린 수선의 발을 H라 할 때, 삼각형 OHP의 넓이의 최댓값은?

(단, O는 원점이다.)

① 1 ② 2 ③ 4

④ 8 ⑤ 16

0457

밑면의 반지름의 길이가 3, 높이가 9인 원뿔에 내접하는 원기 둥의 부피의 최댓값은?

① 6π ② 8π ③ 10π

④ 12π ⑤ 14π

0458

미분가능한 함수 $f(x)$의 도함수 $y=f'(x)$의 그래프가 그림과 같을 때, 함수 $f(x)$가 극댓값을 갖는 모든 x의 값의 합을 구하시오.

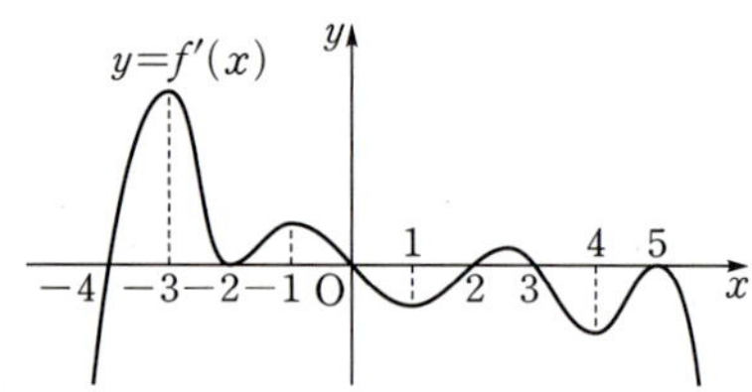

0459

다항함수 $f(x)$에 대하여 함수 $g(x)=(x^2-2x)f(x)$가 $x=3$에서 극솟값 -9를 가질 때, $f'(3)$의 값은?

① 2   ② 4   ③ 6

④ 8   ⑤ 10

0460

함수 $f(x)=\begin{cases} 2x^2-4x+3 & (x\leq 1) \\ -x^2+6x-4 & (x>1) \end{cases}$가 $x=a$에서 극대, $x=b$에서 극소일 때, 상수 a, b에 대하여 $a+b$의 값을 구하시오.

0461

함수 $f(x)=(x+1)^2(x-2)$에 대하여 함수 $y=f(x)$의 그래프에서 극대 또는 극소가 되는 두 점을 A, B라 할 때, 선분 AB의 길이는?

① $\sqrt{5}$ ② $2\sqrt{2}$ ③ $\sqrt{10}$

④ 4   ⑤ $2\sqrt{5}$

0462

함수 $f(x)=x^3+ax^2+3x+5$가 감소하는 구간이 존재하도록 하는 자연수 a의 최솟값을 구하시오.

0463

최고차항의 계수가 1인 삼차함수 $f(x)$가 모든 실수 x에 대하여 $f(-x)=-f(x)$이고 구간 $(-1, 1)$에서 감소할 때, $f(3)$의 최댓값을 구하시오.

0464 교육청 기출

이차함수 $y=f(x)$의 그래프와 직선 $y=2$가 그림과 같다.

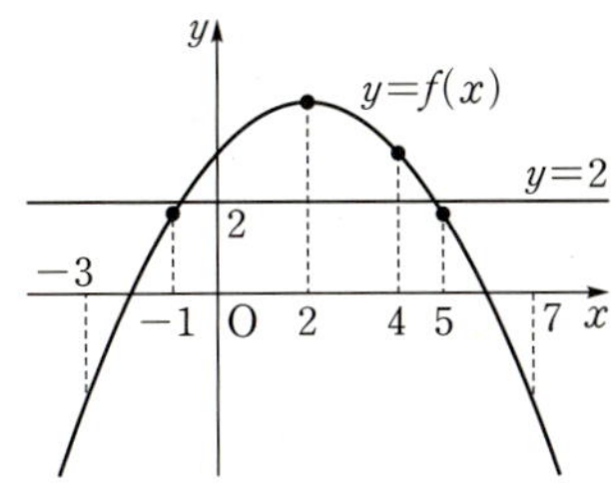

열린구간 $(-3,\ 7)$에서 부등식 $f'(x)\{f(x)-2\}\le0$을 만족
시키는 정수 x의 개수는? (단, $f'(2)=0$)

① 4   ② 5   ③ 6

④ 7   ⑤ 8

0465

함수 $f(x)=\dfrac{2}{3}x^3-ax^2+(a+4)x$가 $x>-1$에서 극댓값과
극솟값을 모두 갖도록 하는 정수 a의 최솟값은?

① 1   ② 2   ③ 3

④ 4   ⑤ 5

0466

함수 $f(x)=x^3-(2a+1)x^2+(4a-1)x$가 $x=1$에서 극댓
값을 갖도록 하는 정수 a의 최솟값은?

① 1   ② 2   ③ 3

④ 4   ⑤ 5

0467 평가원 기출

양수 a에 대하여 함수 $f(x)=x^3+ax^2-a^2x+2$가 닫힌구간
$[-a,\ a]$에서 최댓값 M, 최솟값 $\dfrac{14}{27}$를 갖는다. $a+M$의 값
을 구하시오.

0468

함수 $f(x)=-\dfrac{1}{2}x^4+\dfrac{4}{3}(a+1)x^3-9x^2$이 극솟값을 갖지 않도록 하는 정수 a의 개수는?

① 3   ② 5   ③ 7

④ 9   ⑤ 11

0469

함수 $f(x)$의 도함수 $y=f'(x)$의 그래프가 그림과 같다. $f(0)=f(4)$일 때, 보기에서 옳은 것만을 있는 대로 고른 것은?

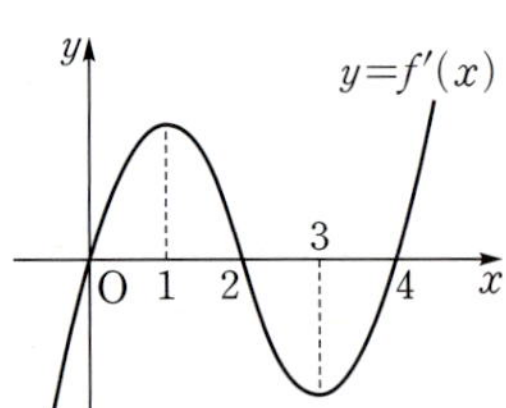

┌ 보기 ┐

ㄱ. 함수 $f(x)$가 극값을 갖는 x의 개수는 3이다.

ㄴ. $f(0)=2$이면 함수 $f(x)$의 최솟값은 2이다.

ㄷ. $f(2)<0$이면 함수 $|f(x)|$가 미분가능하지 않은 점의 개수는 4이다.

① ㄱ   ② ㄴ   ③ ㄱ, ㄴ

④ ㄴ, ㄷ   ⑤ ㄱ, ㄴ, ㄷ

0470   평가원 기출

함수 $f(x)=x^3-3ax^2+3(a^2-1)x$의 극댓값이 4이고 $f(-2)>0$일 때, $f(-1)$의 값은? (단, a는 상수이다.)

① 1   ② 2   ③ 3

④ 4   ⑤ 5

0471

$t>-1$인 실수 t에 대하여 구간 $[-1,\ t]$에서 함수 $f(x)=x^3-3x+1$의 최댓값을 $g(t)$라 할 때, $g(1)+g(2)+g(3)$의 값은?

① 21   ② 23   ③ 25

④ 27   ⑤ 29

0472

최고차항의 계수가 2인 삼차함수 $f(x)$가 다음 조건을 만족시
킨다.

> (가) $f(0)=0$
> (나) 함수 $|f(x)|$는 $x=3$에서만 미분가능하지 않다.

함수 $f(x)$의 극솟값은?

① -10 ② -8 ③ -6
④ -4 ⑤ -2

0473

삼차함수 $f(x)=ax^3+bx^2+cx+d$가 $x=\alpha$에서 극대,
$x=\beta$에서 극소일 때, 보기에서 옳은 것만을 있는 대로 고른
것은? (단, a, b, c, d는 상수이다.)

> **보기**
> ㄱ. $\alpha<\beta$이면 $a>0$이다.
> ㄴ. $\beta<0<\alpha$이고 $f(\beta)=0$이면 $d>0$이다.
> ㄷ. $\alpha<0<\beta$이고 $|\alpha|<|\beta|$이면 $bc<0$이다.

① ㄱ ② ㄱ, ㄴ ③ ㄱ, ㄷ
④ ㄴ, ㄷ ⑤ ㄱ, ㄴ, ㄷ

✏️ 서술형 대비하기

0474

한 변의 길이가 12인 정삼각형 모양의
종이가 있다. 그림과 같이 세 꼭짓점
주위에서 합동인 사각형을 잘라내고
남은 부분으로 뚜껑이 없는 삼각기둥
모양의 상자를 만들려고 한다. 상자의
부피의 최댓값을 구하시오.

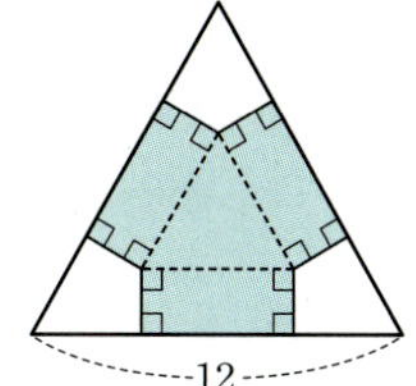

0475

최고차항의 계수가 1인 사차함수 $f(x)$가 다음 조건을 만족시
킨다.

> (가) 모든 실수 x에 대하여 $f(-x)=f(x)$이다.
> (나) 함수 $f(x)$는 $x=1$에서 최솟값 3을 갖는다.

함수 $f(x)$의 극댓값을 구하시오.

0476

구간 $[-1, 2]$에서 함수 $f(x)=x^3-3|x|+3$의 극댓값을
M, 극솟값을 m이라 할 때, $M+m$의 값은?

① 3　　　　② 4　　　　③ 5

④ 6　　　　⑤ 7

0477

역함수를 갖는 삼차함수

$$f(x)=\frac{1}{3}x^3+(a-3)x^2+(a-1)x+a-6$$

에 대하여 방정식 $f(x)=0$이 구간 $(0, 3)$에서 적어도 하나
의 실근을 가지도록 하는 모든 정수 a의 값의 합을 구하시오.

0478

함수 $f(x)=3x^4-8x^3-6x^2+24x+2a$에 대하여 함수
$|f(x)|$가 실수 전체의 집합에서 미분가능하도록 하는 정수
a의 최솟값을 구하시오.

0479 교육청 기출

$0<a<6$인 실수 a에 대하여 원점에서 곡선
$y=x(x-a)(x-6)$에 그은 두 접선의 기울기의 곱의 최솟
값은?

① -54　　　　② -51　　　　③ -48

④ -45　　　　⑤ -42

0480 평가원 기출

삼차함수 $y=f(x)$와 일차함수 $y=g(x)$의 그래프가 그림과 같고, $f'(b)=f'(d)=0$이다.

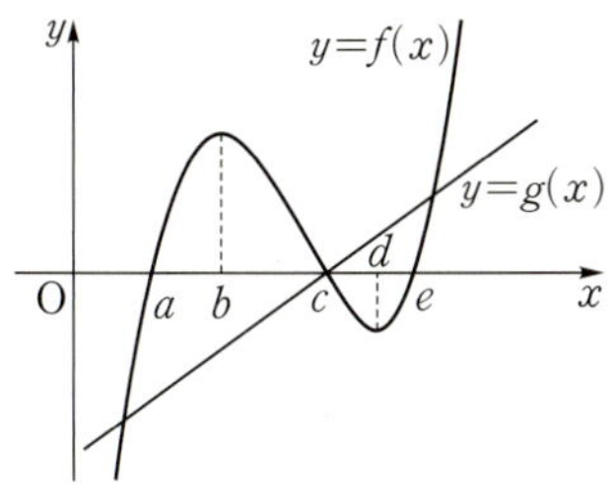

함수 $y=f(x)g(x)$는 $x=p$와 $x=q$에서 극소이다. 다음 중 옳은 것은? (단, $p<q$)

① $a<p<b$이고 $c<q<d$
② $a<p<b$이고 $d<q<e$
③ $b<p<c$이고 $c<q<d$
④ $b<p<c$이고 $d<q<e$
⑤ $c<p<d$이고 $d<q<e$

0481

최고차항의 계수가 1인 삼차함수 $f(x)$가
$$f(-1)=f(2)=0$$
을 만족시킨다. 함수 $f(x)$의 극솟값이 0일 때, $f(3)$의 값을 구하시오.

0482

최고차항의 계수가 양수인 사차함수 $f(x)$가
$$f(a)=f'(a)=0,\ f(b)=0$$
을 만족시킬 때, 보기에서 옳은 것만을 있는 대로 고른 것은?

(단, $a>b$)

┌ 보기 ┐

ㄱ. $f'(b)>0$이면 함수 $f(x)$는 극댓값을 갖는다.
ㄴ. $f'(b)=0$이면 함수 $f(x)$가 극값을 갖는 x의 개수는 3이다.
ㄷ. $f'(b)\neq0$이면 함수 $y=f(x)$의 그래프는 x축과 서로 다른 세 점에서 만난다.

① ㄱ   ② ㄱ, ㄴ   ③ ㄱ, ㄷ
④ ㄴ, ㄷ   ⑤ ㄱ, ㄴ, ㄷ

0483

실수 t에 대하여 $x\leq t$에서 함수 $f(x)=x^3+3x^2+2$의 최댓값을 $g(t)$라 하자. 함수 $g(t)$가 $t=a$에서만 미분가능하지 않을 때, 상수 a의 값을 구하시오.

 교육청 기출

두 함수

$$f(x)=x^2+2x+k,$$
$$g(x)=2x^3-9x^2+12x-2$$

에 대하여 함수 $(g \circ f)(x)$의 최솟값이 2가 되도록 하는 실수 k의 최솟값은?

① 1
② $\dfrac{9}{8}$
③ $\dfrac{5}{4}$

④ $\dfrac{11}{8}$
⑤ $\dfrac{3}{2}$

0485

역함수가 존재하는 삼차함수 $f(x)$가 다음 조건을 만족시킨다.

> ㈎ $f'(3)=0$
> ㈏ 함수 $|f(x)-4|$는 $x=2$에서 미분가능하지 않다.

$f(4)=6$일 때, $f'(1)$의 값을 구하시오.

0486

최고차항의 계수가 1이고 모든 실수 x에 대하여 $f(-x)=f(x)$인 사차함수 $f(x)$가 다음 조건을 만족시킬 때, $f(3)$의 값을 구하시오.

> ㈎ 함수 $f(x)$는 $x=2$에서 극솟값을 갖는다.
> ㈏ 함수 $|f(x)|$는 $x=1$에서 극솟값을 갖는다.

0487

최고차항의 계수가 양수인 다항함수 $f(x)$와 그 도함수 $f'(x)$가 모든 실수 x에 대하여

$$f(x)f'(x)=12x^3(x-2)(x-3)$$

을 만족시킨다. 함수 $f(x)$가 $x=0$에서 극값을 가질 때, $f(1)+f'(1)$의 값은?

① -14
② -12
③ -10

④ -8
⑤ -6

0488

최고차항의 계수가 1인 삼차함수 $f(x)$에 대하여 함수 $|f(x)|$가 $x=0$에서 극솟값 16을 갖는다. $f(4)=0$일 때, 함수 $f(x)$의 극솟값은?

① -32 ② -28 ③ -24
④ -20 ⑤ -16

0489

실수 t에 대하여 구간 $(-\infty,\ t]$에서 최고차항의 계수가 1인 삼차함수 $f(x)$의 최댓값을 $g(t)$라 하자. 두 함수 $f(x)$와 $g(t)$가 다음 조건을 만족시킨다.

> ㈎ 함수 $f(x)$는 $x=-1$에서 극댓값 4를 갖는다.
> ㈏ $g(t)=4$를 만족시키는 실수 t의 최댓값은 3이다.

$f(5)$의 값을 구하시오.

0490 교육청 기출

$a>0$인 상수 a에 대하여 함수 $f(x)=|(x^2-9)(x+a)|$가 오직 한 개의 x 값에서만 미분가능하지 않을 때, 함수 $f(x)$의 극댓값은?

① 32   ② 34   ③ 36
④ 38   ⑤ 40

0491 교육청 기출

함수 $f(x)=|x^3-3x+8|$과 실수 t에 대하여 닫힌구간 $[t,\ t+2]$에서의 $f(x)$의 최댓값을 $g(t)$라 하자. 서로 다른 두 실수 α, β에 대하여 함수 $g(t)$는 $t=\alpha$와 $t=\beta$에서만 미분가능하지 않다. $\alpha\beta=m+n\sqrt{6}$일 때, $m+n$의 값을 구하시오. (단, m, n은 정수이다.)

06 Ⅱ. 미분
도함수의 활용(3)

유형 01 방정식 $f(x)=k$의 실근의 개수

(1) **방정식 $f(x)=0$의 서로 다른 실근의 개수**
➡ 함수 $y=f(x)$의 그래프와 x축의 교점의 개수
(2) **방정식 $f(x)=k$의 서로 다른 실근의 개수**
➡ 함수 $y=f(x)$의 그래프와 직선 $y=k$의 교점의 개수
Tip $f(x)=k$ 꼴의 방정식은 $f(x)-k=0$으로 변형하여 풀어도 된다.

확인 문제

다음 방정식의 서로 다른 실근의 개수를 구하시오.
(1) $x^3-3x^2+2=0$ (2) $x^4-2x^2=2$

⌂ **개념ON** 220쪽   ⌂ **유형ON 2권** 070쪽

0492 대표문제

방정식 $2x^3-3x^2-k=0$이 서로 다른 세 실근을 갖도록 하는 실수 k의 값의 범위는?

① $-2<k<-1$ ② $-1<k<0$
③ $0<k<1$ ④ $1<k<2$
⑤ $2<k<3$

0493 중요

방정식 $3x^4+4x^3-12x^2+k=0$이 서로 다른 세 실근을 갖도록 하는 모든 실수 k의 값의 합을 구하시오.

0494 평가원 기출

방정식 $x^3-x^2-8x+k=0$의 서로 다른 실근의 개수가 2일 때, 양수 k의 값을 구하시오.

0495

방정식 $x^4-4x^3-2x^2+12x-k=0$이 서로 다른 두 실근을 가질 때, 음수 k의 값은?

① -10 ② -9 ③ -8
④ -7 ⑤ -6

0496 중요

미분가능한 함수 $f(x)$의 도함수 $y=f'(x)$의 그래프가 그림과 같다. $f(1)=4$, $f(3)=-3$일 때, 방정식 $3f(x)+k=0$이 서로 다른 세 실근을 갖도록 하는 정수 k의 개수를 구하시오.

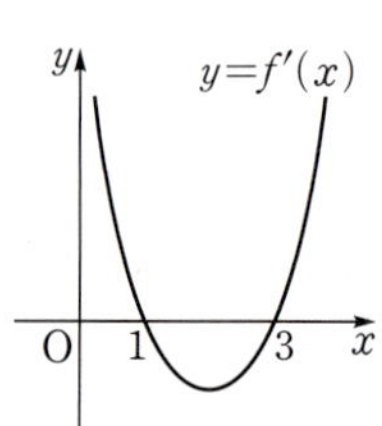

0497

방정식 $|x^3-3x+1|=2$의 서로 다른 실근의 개수를 구하시오.

0498

방정식 $|x^4-2x^2-2|=3$의 서로 다른 실근의 개수를 구하시오.

0499

최고차항의 계수가 1인 사차함수 $f(x)$가 $f(-2)=f(4)=0$, $f'(-2)=f'(4)=0$을 만족시킬 때, 방정식 $f(x)=k$의 서로 다른 실근의 개수가 3이 되도록 하는 정수 k의 값을 구하시오.

0500 ✅중요 ✏서술형

함수 $f(x)=x^3-3x^2+3$에 대하여 방정식 $|f(x)|=k$가 서로 다른 네 실근을 갖도록 하는 정수 k의 값을 구하시오.

유형 02 방정식의 실근의 부호

방정식 $f(x)=k$의 실근의 부호는 함수 $y=f(x)$의 그래프와 직선 $y=k$의 교점의 x좌표의 부호와 같다.

🔘개념ON 224쪽 🔘유형ON 2권 071쪽

0501 대표문제

방정식 $x^3-3x+k=0$이 한 개의 양의 실근과 서로 다른 두 개의 음의 실근을 갖도록 하는 실수 k의 값의 범위가 $\alpha<k<\beta$일 때, $\alpha+\beta$의 값은?

① -2 ② -1 ③ 0

④ 1 ⑤ 2

0502 수능 기출

방정식 $2x^3-6x^2+k=0$의 서로 다른 양의 실근의 개수가 2가 되도록 하는 정수 k의 개수를 구하시오.

0503 ✅중요

방정식 $3x^4+8x^3-6x^2-24x-k=0$이 한 개의 양의 실근과 서로 다른 두 개의 음의 실근을 갖도록 하는 모든 실수 k의 값의 합을 구하시오.

극값을 갖는 삼차함수 $f(x)$에 대하여 삼차방정식 $f(x)=0$의 실근의 개수는 다음과 같다.
(1) (극댓값)$\times$(극솟값)<0 $\Longleftrightarrow$ 서로 다른 세 실근
(2) (극댓값)$\times$(극솟값)$=0$ $\Longleftrightarrow$ 서로 다른 두 실근
(중근과 다른 한 실근)
(3) (극댓값)$\times$(극솟값)>0 $\Longleftrightarrow$ 단 하나의 실근
(한 실근과 두 허근)

 개념ON 222쪽 유형ON 2권 071쪽

0504 대표문제

방정식 $x^3+3x^2-9x+k=0$이 서로 다른 세 실근을 갖도록 하는 정수 k의 개수를 구하시오.

0505

방정식 $x^3-6x^2+9x-k=0$이 서로 다른 두 실근을 갖도록 하는 모든 실수 k의 값의 합은?

① 2 ② 3 ③ 4
④ 5 ⑤ 6

0506

방정식 $x^3+\dfrac{3}{2}x^2-6x-k=0$이 한 실근과 두 허근을 갖도록 하는 자연수 k의 최솟값을 구하시오.

0507 중요

방정식 $2x^3-3ax^2+1=0$이 서로 다른 세 실근을 갖도록 하는 실수 a의 값의 범위는? (단, $a\neq0$)

① $0<a<1$ ② $a>1$ ③ $a<-1$
④ $-1<a<0$ ⑤ $a>0$

0508

함수 $y=2x^3-9x^2+5$의 그래프를 y축의 방향으로 a만큼 평행이동하였더니 함수 $y=f(x)$의 그래프와 일치하였다. 방정식 $f(x)=0$이 서로 다른 두 실근을 갖도록 하는 모든 실수 a의 값의 합을 구하시오.

0509 중요 서술형

극값을 갖는 삼차함수 $f(x)=\dfrac{1}{3}x^3-ax+2a$에 대하여 방정식 $f(x)=0$이 오직 한 개의 실근을 갖도록 하는 정수 a의 개수를 구하시오.

유형 04 두 곡선의 교점의 개수

두 곡선 $y=f(x)$와 $y=g(x)$의 교점의 개수는 방정식 $f(x)=g(x)$, 즉 $f(x)-g(x)=0$의 서로 다른 실근의 개수와 같다.

유형ON 2권 072쪽

0510 대표문제 평가원 기출

곡선 $y=x^3-3x^2+2x-3$과 직선 $y=2x+k$가 서로 다른 두 점에서만 만나도록 하는 모든 실수 k의 값의 곱을 구하시오.

0511 교육청 기출

곡선 $y=x^3-3x^2-9x$와 직선 $y=k$가 서로 다른 세 점에서 만나도록 하는 정수 k의 최댓값을 M, 최솟값을 m이라 할 때, $M-m$의 값은?

① 27   ② 28   ③ 29
④ 30   ⑤ 31

0512 중요

두 곡선 $y=x^3-5x+3$, $y=3x^2+4x+k$가 오직 한 점에서 만나도록 하는 자연수 k의 최솟값을 구하시오.

유형 05 곡선 밖의 점에서 그은 접선의 개수

곡선 밖의 한 점에서 곡선에 그을 수 있는 접선의 개수는 접점의 개수와 같다.

주의 사차함수와 같이 공통접선이 존재할 수 있는 경우에는 접선의 개수와 접점의 개수가 다를 수도 있음에 주의한다.

유형ON 2권 072쪽

0513 대표문제

점 $(2, a)$에서 곡선 $y=x^3+2$에 서로 다른 세 개의 접선을 그을 수 있도록 하는 정수 a의 개수는?

① 5   ② 6   ③ 7
④ 8   ⑤ 9

0514

점 $(1, a)$에서 곡선 $y=x^3+2x+1$에 서로 다른 세 개의 접선을 그을 수 있도록 하는 실수 a의 값의 범위가 $\alpha<a<\beta$일 때, $\alpha+\beta$의 값을 구하시오.

0515 중요

점 $(0, 1)$에서 곡선 $y=x^3+3ax^2$에 단 하나의 접선을 그을 수 있도록 하는 음수 a의 값의 범위는?

① $-3<a<-1$ ② $-3<a<0$ ③ $-2<a<-1$
④ $-2<a<0$ ⑤ $-1<a<0$

모든 실수 x에 대하여 부등식 $f(x) \geq 0$이 성립하려면
(함수 $f(x)$의 최솟값) ≥ 0이어야 한다.

개념ON 226쪽   유형ON 2권 073쪽

0516 대표문제 교육청 기출

모든 실수 x에 대하여 부등식

$$x^4 - 4x^3 + 16x + a \geq 0$$

이 항상 성립하도록 하는 실수 a의 최솟값을 구하시오.

0517 교육청 기출

모든 실수 x에 대하여 부등식 $x^4 - 4x - a^2 + a + 9 \geq 0$이 항상 성립하도록 하는 정수 a의 개수는?

① 6 　　　　② 7 　　　　③ 8
④ 9 　　　　⑤ 10

0518 서술형

모든 실수 x에 대하여 부등식 $x^4 - 4a^3x + 12 \geq 0$이 항상 성립하도록 하는 실수 a의 최댓값을 M, 최솟값을 m이라 할 때, Mm의 값을 구하시오.

(1) 어떤 구간에서 부등식 $f(x) \geq 0$이 성립하려면 그 구간에서 (함수 $f(x)$의 최솟값) ≥ 0이어야 한다.
(2) 어떤 구간에서 부등식 $f(x) \leq 0$이 성립하려면 그 구간에서 (함수 $f(x)$의 최댓값) ≤ 0이어야 한다.

개념ON 228쪽   유형ON 2권 073쪽

0519 대표문제

$0 \leq x \leq 4$에서 부등식 $x^3 - 3x^2 + a \geq 0$이 항상 성립하도록 하는 실수 a의 최솟값을 구하시오.

0520

$x > 1$에서 부등식 $x^3 - 6x^2 + 9x - a > 0$이 항상 성립하도록 하는 실수 a의 값의 범위는?

① $a < 0$ 　　　② $a < 1$ 　　　③ $0 < a < 1$
④ $a > 0$ 　　　⑤ $a > 1$

0521 중요

$-2 \leq x \leq 3$에서 부등식 $x^3 + 7x^2 - 9x + k \leq 4x^2 + 12$가 항상 성립하도록 하는 실수 k의 최댓값은?

① -16 　　　② -15 　　　③ -14
④ -13 　　　⑤ -12

주어진 구간에서 성립하는 부등식 – 증가, 감소를 이용

(1) 구간 (a, b)에서 증가하는 함수 $f(x)$에 대하여 이 구간에서 $f(x) > 0$이 성립하려면 $f(a) \geq 0$이어야 한다.

(2) 구간 (a, b)에서 감소하는 함수 $f(x)$에 대하여 이 구간에서 $f(x) < 0$이 성립하려면 $f(a) \leq 0$이어야 한다.

개념ON 228쪽　유형ON 2권 074쪽

0522 대표문제

$x > 2$에서 부등식 $x^3 - 12x + a > 0$이 항상 성립하도록 하는 실수 a의 최솟값을 구하시오.

0523 중요

$x < -1$에서 부등식 $2x^3 - 3x^2 - 12x + a < 0$이 항상 성립하도록 하는 실수 a의 최댓값을 구하시오.

0524

$2 < x < 3$에서 부등식 $x^3 - x^2 + 3x < x^2 + 2x + a$가 항상 성립하도록 하는 실수 a의 최솟값을 구하시오.

부등식 $f(x) > g(x)$ 꼴의 활용

(1) 어떤 구간에서 곡선 $y = f(x)$가 곡선 $y = g(x)$보다 위쪽에 있으면 그 구간에서 $f(x) > g(x)$이다.

(2) 어떤 구간에서 곡선 $y = f(x)$가 곡선 $y = g(x)$보다 아래쪽에 있으면 그 구간에서 $f(x) < g(x)$이다.

Tip $f(x) > g(x)$ 꼴의 부등식은 $h(x) = f(x) - g(x)$라 하고 주어진 구간에서 $h(x) > 0$이 성립하는지 확인한다.

개념ON 228쪽　유형ON 2권 074쪽

0525 대표문제

두 함수 $f(x) = x^3 + 3x^2 - 6x$, $g(x) = 3x - a$에 대하여 $x > 0$에서 곡선 $y = f(x)$가 곡선 $y = g(x)$보다 위쪽에 있도록 하는 자연수 a의 최솟값을 구하시오.

0526 중요

두 함수 $f(x) = -x^4 + 2x^3$, $g(x) = -2x^3 - a$에 대하여 곡선 $y = f(x)$가 곡선 $y = g(x)$보다 항상 아래쪽에 있도록 하는 정수 a의 최댓값은?

① -30　　② -29　　③ -28
④ -27　　⑤ -26

0527

두 함수 $f(x) = 5x^3 - 10x^2 + 1$, $g(x) = 5x^2 - a$에 대하여 $0 < x < 3$에서 부등식 $f(x) \geq g(x)$가 항상 성립하도록 하는 실수 a의 최솟값은?

① 18　　② 19　　③ 20
④ 21　　⑤ 22

수직선 위를 움직이는 점 P의 시각 t에서의 위치 x가 $x=f(t)$
일 때, 시각 t에서의 점 P의 속도 v와 가속도 a는

(1) $v=\dfrac{dx}{dt}=f'(t)$ (2) $a=\dfrac{dv}{dt}=v'(t)$

Tip 속도의 절댓값 $|v(t)|$를 시각 t에서의 점 P의 속력이라 한다.

확인 문제

수직선 위를 움직이는 점 P의 시각 t에서의 위치 x가
$x=2t^2-3t+3$일 때, 다음을 구하시오.

(1) $t=1$에서의 점 P의 속도

(2) $t=2$에서의 점 P의 가속도

개념ON 234쪽   **유형ON 2권** 075쪽

0528 대표문제 평가원 기출

수직선 위를 움직이는 점 P의 시각 t에서의 위치 x가
$$x=-t^2+4t$$
이다. $t=a$에서 점 P의 속도가 0일 때, 상수 a의 값은?

① 1   ② 2   ③ 3

④ 4   ⑤ 5

0529 교육청 기출

수직선 위를 움직이는 점 P의 시각 t $(t\geq0)$에서의 속도
$v(t)$가
$$v(t)=-t^2+10t$$
이다. $t=a$에서의 점 P의 가속도가 0일 때, 상수 a의 값은?

① 4   ② 5   ③ 6

④ 7   ⑤ 8

0530 중요

원점을 출발하여 수직선 위를 움직이는 점 P의 시각 t $(t\geq0)$
에서의 위치 x가
$$x=t^3-6t^2+9t$$
일 때, 점 P가 출발 후 다시 원점을 지나는 순간의 가속도를
구하시오.

0531

수직선 위를 움직이는 점 P의 시각 t에서의 위치 x가
$$x=\frac{2}{3}t^3-2t^2-5t$$
일 때, $0\leq t\leq3$에서 점 P의 속력의 최댓값을 구하시오.

0532

수직선 위를 움직이는 점 P의 시각 t에서의 위치 x가
$$x=-2t^3+12t^2+k$$
이다. 점 P의 가속도가 0일 때, 점 P의 위치는 20이다. 상수
k의 값을 구하시오.

0533 중요 서술형

수직선 위를 움직이는 두 점 P, Q의 시각 t에서의 위치가 각각
$$P(t)=\frac{1}{3}t^3+6t+1,$$
$$Q(t)=3t^2-3t-8$$
이다. 두 점 P, Q의 속도가 같아지는 순간 두 점 P, Q 사이
의 거리를 구하시오.

(1) 수직선 위를 움직이는 점 P가 운동 방향을 바꾸는 순간의 속도는 0이다.

(2) 수직선 위를 움직이는 두 점 P, Q가 서로 반대 방향으로 움직이면 (점 P의 속도)×(점 Q의 속도)<0이다.

🔵 개념ON 234쪽 🟢 유형ON 2권 076쪽

0534 대표문제 교육청 기출

수직선 위를 움직이는 점 P의 시각 t $(t>0)$에서의 위치 $x(t)$가

$$x(t)=\frac{3}{2}t^4-8t^3+15t^2-12t$$

이다. 점 P의 운동 방향이 바뀌는 순간 점 P의 가속도를 구하시오.

0535

수직선 위를 움직이는 점 P의 시각 t에서의 위치 x가

$$x=t^3-9t^2+24t$$

이다. 점 P가 출발 후 운동 방향을 두 번 바꾸고 운동 방향을 바꾸는 순간의 위치를 각각 A, B라 할 때, 두 점 A, B 사이의 거리를 구하시오.

0536 중요

수직선 위를 움직이는 두 점 P, Q의 시각 t에서의 위치가 각각

$$x_P=t^2-2t+3,$$
$$x_Q=t^2-6t-1$$

일 때, 다음 중 두 점 P, Q가 서로 반대 방향으로 움직이는 시각 t의 값의 범위는?

① $0<t<2$ ② $1<t<3$
③ $2<t<4$ ④ $1<t<2$ 또는 $t>3$
⑤ $1<t<3$ 또는 $t>4$

0537 중요

수직선 위를 움직이는 두 점 P, Q의 시각 t $(t \geq 0)$에서의 위치가 각각

$$P(t)=\frac{1}{3}t^3-2t^2+6t, \quad Q(t)=t^3-5t^2+4t$$

이다. 선분 PQ의 중점을 M이라 할 때, 점 M이 출발 후 운동 방향을 바꾸는 횟수를 구하시오.

0538

수직선 위를 움직이는 점 P의 시각 t $(t \geq 0)$에서의 위치 x가

$$x=t^3-6t^2+a \ (a는 상수)$$

이다. 점 P가 출발 후 운동 방향이 원점에서 바뀔 때, a의 값을 구하시오.

0539 평가원 기출

수직선 위를 움직이는 점 P의 시각 t $(t \geq 0)$에서의 위치 x가

$$x=t^3+at^2+bt \ (a, \ b는 상수)$$

이다. 시각 $t=1$에서 점 P가 운동 방향을 바꾸고, 시각 $t=2$에서 점 P의 가속도는 0이다. $a+b$의 값은?

① 3   ② 4   ③ 5
④ 6   ⑤ 7

움직이는 물체가 제동을 건 후 t초 동안 움직인 거리를 xm라 할 때

(1) 제동을 건 지 t초 후의 속도는 $\dfrac{dx}{dt}$이다.

(2) 물체가 정지할 때의 속도는 0이다.

개념ON 238쪽 유형ON 2권 077쪽

0540 대표문제

직선 선로를 달리는 열차가 제동을 건 후 t초 동안 움직인 거리를 xm라 하면 $x=24t-0.6t^2$이다. 열차가 제동을 건 후 멈출 때까지 움직인 거리는 몇 m인지 구하시오.

0541

직선 도로를 달리는 자동차가 브레이크를 밟은 후 t초 동안 달린 거리를 xm라 하면 $x=32t-4t^2$이다. 이 자동차가 브레이크를 밟은 후 정지할 때까지 걸린 시간은?

① 2초   ② 3초   ③ 4초
④ 5초   ⑤ 6초

0542 중요

직선 선로를 달리는 열차가 제동을 건 후 t초 동안 움직인 거리를 xm라 하면 $x=30t-5t^2$이다. 이 열차가 목적지에 정확히 도착하려면 목적지로부터 전방 몇 m 지점에서 제동을 걸어야 하는지 구하시오.

지면에 수직으로 쏘아 올린 물체의 t초 후의 높이를 hm라 할 때

(1) t초 후의 물체의 속도는 $\dfrac{dh}{dt}$이다.

(2) 물체가 최고 높이에 도달할 때의 속도는 0이다.

개념ON 238쪽 유형ON 2권 077쪽

0543 대표문제

지면에서 40m/s의 속도로 지면에 수직으로 쏘아 올린 공의 t초 후의 높이를 hm라 하면 $h=40t-5t^2$이다. 이 공이 최고 지점에 도달했을 때 지면으로부터의 높이는?

① 64m   ② 68m   ③ 72m
④ 76m   ⑤ 80m

0544 중요 서술형

지면으로부터 45m의 위치에서 40m/s의 속도로 지면에 수직하게 위로 던진 물체의 t초 후의 높이를 hm라 하면 $h=45+40t-5t^2$이다. 이 물체가 지면에 떨어지는 순간의 속력은 몇 m/s인지 구하시오.

0545

지면에서 am/s의 속도로 지면에 수직하게 위로 던진 물체의 t초 후의 높이를 hm라 하면 $h=at-5t^2$이다. 물체가 지면으로부터의 높이가 최소 180m인 지점까지 도달하기 위한 양수 a의 최솟값을 구하시오.

유형 14 속도, 가속도와 그래프

수직선 위를 움직이는 점 P의 시각 t에서의 속도 $v(t)$의 그래프에서

(1) $v(t)>0$인 구간에서 점 P는 양의 방향으로 움직인다.

(2) $v(t)<0$인 구간에서 점 P는 음의 방향으로 움직인다.

(3) $v(t)=0$인 시각 t에서 점 P는 정지하거나 운동 방향을 바꾼다.

(4) 점 P의 가속도는 $v(t)$가 증가하는 구간에서 양의 값을 갖고, $v(t)$가 감소하는 구간에서 음의 값을 갖는다.

🎧 개념ON 236쪽 🎧 유형ON 2권 078쪽

0546 대표문제

원점을 출발하여 수직선 위를 움직이는 점 P의 시각 t에서의 속도 $v(t)$의 그래프가 그림과 같을 때, 보기에서 옳은 것만을 있는 대로 고른 것은?

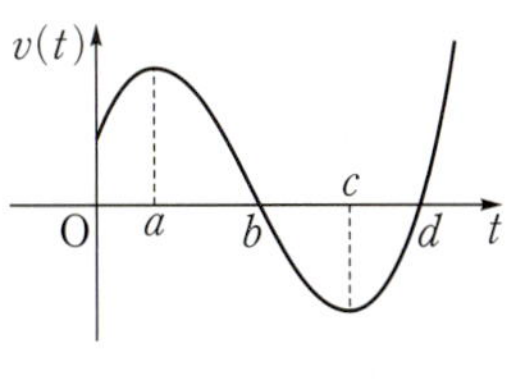

보기

ㄱ. $t=a$일 때, 점 P의 가속도는 0이다.

ㄴ. $t=b$일 때, 점 P는 운동 방향을 바꾼다.

ㄷ. $t=a$일 때와 $t=c$일 때, 점 P의 운동 방향은 서로 같다.

ㄹ. $b<t<d$일 때, 점 P의 속도는 감소한다.

① ㄱ, ㄴ   ② ㄱ, ㄷ   ③ ㄴ, ㄷ

④ ㄴ, ㄹ   ⑤ ㄱ, ㄴ, ㄹ

0547 중요

수직선 위를 움직이는 점 P의 시각 t에서의 위치 x가 $x=f(t)$이다. 함수 $x=f(t)$의 그래프가 그림과 같을 때, 보기에서 옳은 것만을 있는 대로 고른 것은?

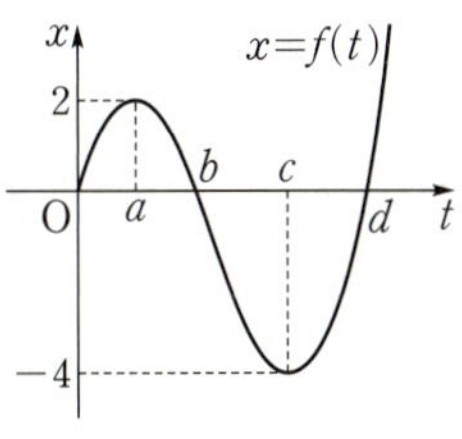

보기

ㄱ. $t=b$일 때, 점 P는 운동 방향을 바꾼다.

ㄴ. $t=c$일 때, 점 P의 속도는 0이다.

ㄷ. $0<t<d$에서 점 P는 $t=c$일 때 원점에서 가장 멀리 떨어져 있다.

① ㄱ   ② ㄴ   ③ ㄱ, ㄴ

④ ㄴ, ㄷ   ⑤ ㄱ, ㄴ, ㄷ

0548

원점을 출발하여 수직선 위를 움직이는 점 P의 시각 t $(0\leq t\leq 6)$에서의 속도 $v(t)$의 그래프가 그림과 같을 때, 보기에서 옳은 것만을 있는 대로 고른 것은?

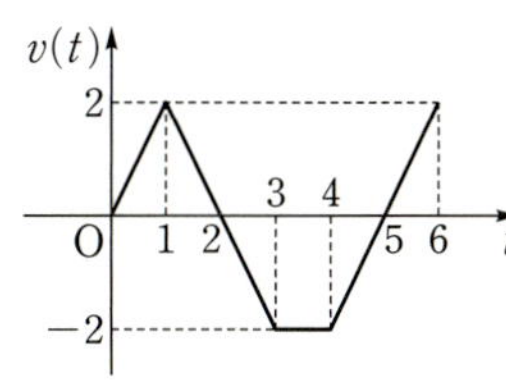

보기

ㄱ. $0<t<6$에서 점 P는 운동 방향을 두 번 바꾼다.

ㄴ. $0\leq t\leq 6$에서 점 P의 속력의 최댓값은 2이다.

ㄷ. $1<t<3$에서 점 P의 가속도는 일정하다.

① ㄱ   ② ㄴ   ③ ㄱ, ㄴ

④ ㄴ, ㄷ   ⑤ ㄱ, ㄴ, ㄷ

0549

수직선 위를 움직이는 점 P의 시각 t에서의 위치를 $x=f(t)$라 할 때, $f(t)$는 t에 대한 삼차함수이고 함수 $x=f(t)$의 그래프는 그림과 같다. 점 P의 가속도가 0이 되는 시각은?

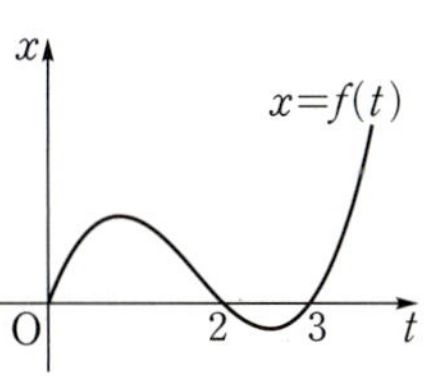

① 1   ② $\dfrac{4}{3}$ ③ $\dfrac{5}{3}$

④ 2   ⑤ $\dfrac{7}{3}$

유형 15 시각에 대한 변화율

어떤 물체의 시각 t에서의 길이가 l, 넓이가 S, 부피가 V일 때, 시각 t에서의 변화율은 다음과 같다.

(1) **길이의 변화율** : $\dfrac{dl}{dt}$

(2) **넓이의 변화율** : $\dfrac{dS}{dt}$

(3) **부피의 변화율** : $\dfrac{dV}{dt}$

🟠 개념ON 240쪽   🟢 유형ON 2권 078쪽

0550 대표문제

잔잔한 호수에 돌을 던지면 동심원 모양의 원이 생긴다. 이 원의 반지름의 길이가 매초 2 m씩 늘어날 때, 돌을 던진 지 3초 후의 원의 넓이의 변화율을 $a\pi\,\text{m}^2/\text{s}$라 하자. 이때 상수 a의 값을 구하시오.

0551

수직선 위를 움직이는 두 점 A, B의 시각 t ($t \ge 0$)에서의 위치가 각각
$$x_\text{A} = t^2 - t, \ x_\text{B} = t^3 + 2t^2 - t + 1$$
일 때, $t = 3$이 되는 순간의 선분 AB의 길이의 변화율을 구하시오.

0552

밑면의 반지름의 길이가 2 cm, 높이가 7 cm인 원기둥이 있다. 이 원기둥의 밑면의 반지름의 길이는 매초 1 cm씩 길어지고 높이는 매초 1 cm씩 짧아진다. 이 원기둥의 부피의 변화율이 0이 될 때, 원기둥의 부피는?

① $100\pi\,\text{cm}^3$ ② $102\pi\,\text{cm}^3$ ③ $104\pi\,\text{cm}^3$

④ $106\pi\,\text{cm}^3$ ⑤ $108\pi\,\text{cm}^3$

0553

가로, 세로의 길이가 각각 6 cm, 14 cm인 직사각형이 있다. 가로의 길이는 매초 3 cm씩 증가하고, 세로의 길이는 매초 1 cm씩 증가할 때, 직사각형이 정사각형이 되는 순간의 넓이의 변화율은?

① $70\,\text{cm}^2/\text{s}$ ② $72\,\text{cm}^2/\text{s}$ ③ $74\,\text{cm}^2/\text{s}$

④ $76\,\text{cm}^2/\text{s}$ ⑤ $78\,\text{cm}^2/\text{s}$

0554

그림과 같이 키가 1.6 m인 사람이 높이 4 m의 가로등 바로 밑에서 출발하여 일직선으로 매초 1.5 m의 일정한 속도로 걸어갈 때, 이 사람의 그림자의 길이의 변화율은?

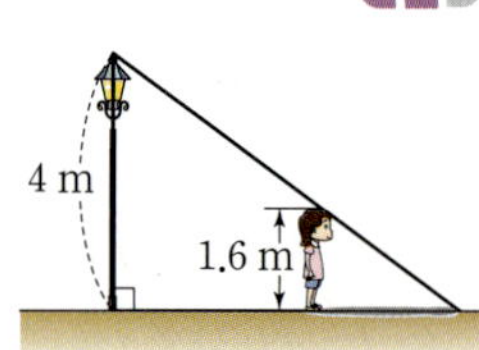

① $0.6\,\text{m}/\text{s}$ ② $1\,\text{m}/\text{s}$ ③ $1.4\,\text{m}/\text{s}$

④ $1.8\,\text{m}/\text{s}$ ⑤ $2.2\,\text{m}/\text{s}$

0555 ✅중요 ✏️서술형

그림과 같이 밑면의 반지름의 길이가 12 cm, 깊이가 18 cm인 직원뿔 모양의 그릇이 있다. 이 그릇에 수면의 높이가 매초 3 cm씩 올라가도록 물을 넣을 때, 물을 넣기 시작한 지 2초 후의 물의 부피의 변화율은 몇 cm^3/s인지 구하시오.

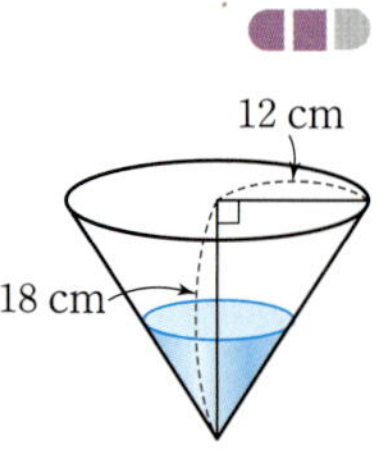

내신 잡는 종합 문제

0556 수능 기출

곡선 $y=4x^3-12x+7$과 직선 $y=k$가 만나는 점의 개수가 2가 되도록 하는 양수 k의 값을 구하시오.

0557

$x>0$에서 부등식 $x^3-3x^2-9x-k>0$이 항상 성립하도록 하는 정수 k의 최댓값을 구하시오.

0558

밑면이 한 변의 길이가 $2\,\text{cm}$인 정사각형이고 높이가 $10\,\text{cm}$인 사각기둥이 있다. 이 사각기둥의 밑면의 한 변의 길이는 매초 $1\,\text{cm}$의 비율로 길어지고 높이는 매초 $1\,\text{cm}$의 비율로 짧아질 때, 5초 후의 사각기둥의 부피의 변화율은?

① $12\,\text{cm}^3/\text{s}$ ② $15\,\text{cm}^3/\text{s}$ ③ $18\,\text{cm}^3/\text{s}$
④ $21\,\text{cm}^3/\text{s}$ ⑤ $24\,\text{cm}^3/\text{s}$

0559 평가원 기출

수직선 위를 움직이는 점 P의 시각 $t\ (t\geq0)$에서의 위치 x가
$$x=t^3-5t^2+at+5$$
이다. 점 P가 움직이는 방향이 바뀌지 않도록 하는 자연수 a의 최솟값은?

① 9 ② 10 ③ 11
④ 12 ⑤ 13

0560

직선 선로를 달리는 열차가 제동을 건 후 t초 동안 움직인 거리를 $x\,\text{m}$라 하면 $x=20t-at^2$이다. 기관사가 $100\,\text{m}$ 앞에 있는 정지선을 발견하고 열차를 멈추기 위해 제동을 걸었더니 열차가 정지선을 넘지 않고 멈추었다. 이때 양수 a의 최솟값은?

① 1 ② 2 ③ 3
④ 4 ⑤ 5

0561

삼차함수 $f(x)$가 다음 조건을 만족시킬 때, 방정식 $f(x)f'(x)=0$의 서로 다른 실근의 개수는?

㈎ $f'(-1)=f'(3)=0$
㈏ $f(-1)f(3)<0$

① 1 ② 2 ③ 3
④ 4 ⑤ 5

0562

수직선 위를 움직이는 점 P의 시각 t $(t \geq 0)$에서의 위치 x가

$$x = \frac{1}{3}t^3 - \frac{5}{2}t^2 + 4t$$

일 때, 보기에서 옳은 것만을 있는 대로 고른 것은?

> **보기**
>
> ㄱ. $t=1$일 때, 점 P의 속도는 0이다.
> ㄴ. $t=2$일 때, 점 P의 가속도는 -1이다.
> ㄷ. 점 P는 출발 후 운동 방향을 두 번 바꾼다.

① ㄱ   ② ㄴ   ③ ㄱ, ㄴ

④ ㄴ, ㄷ   ⑤ ㄱ, ㄴ, ㄷ

0563 평가원 기출

두 함수

$$f(x) = 3x^3 - x^2 - 3x, \ g(x) = x^3 - 4x^2 + 9x + a$$

에 대하여 방정식 $f(x) = g(x)$가 서로 다른 두 개의 양의 실근과 한 개의 음의 실근을 갖도록 하는 모든 정수 a의 개수는?

① 6   ② 7   ③ 8

④ 9   ⑤ 10

0564

수직선 위를 움직이는 두 점 P, Q의 시각 t $(t \geq 0)$에서의 위치는 각각

$$P(t) = t^3 - t^2 + 2t + 1, \ Q(t) = -t^3 + 2t^2 + 2t - 1$$

이다. 두 점 P, Q가 출발한 후 두 점 사이의 거리가 최소가 되는 순간의 점 P의 속도를 구하시오.

0565 평가원 기출

방정식 $2x^3 + 6x^2 + a = 0$이 $-2 \leq x \leq 2$에서 서로 다른 두 실근을 갖도록 하는 정수 a의 개수는?

① 4   ② 6   ③ 8

④ 10   ⑤ 12

0566 평가원 기출

두 함수

$$f(x) = x^3 - x + 6, \ g(x) = x^2 + a$$

가 있다. $x \geq 0$인 모든 실수 x에 대하여 부등식

$$f(x) \geq g(x)$$

가 성립할 때, 실수 a의 최댓값은?

① 1   ② 2   ③ 3

④ 4   ⑤ 5

0567

수직선 위를 움직이는 두 점 P, Q의 시각 t에서의 위치를 각각 $f(t)$, $g(t)$라 할 때, 함수 $x=f(t)$, $x=g(t)$의 그래프가 그림과 같다. 보기에서 옳은 것만을 있는 대로 고른 것은?

(단, $f'(t_1)=f'(t_4)=g'(t_3)=0$)

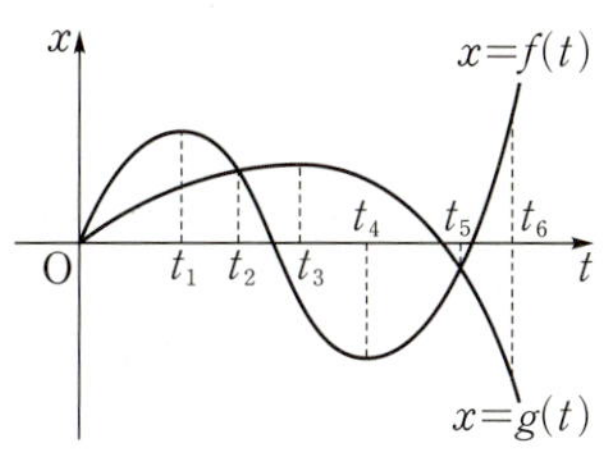

> **보기**
>
> ㄱ. $t_1<t<t_3$에서 점 P의 속도는 양수이다.
> ㄴ. $0<t<t_6$에서 두 점 P, Q는 두 번 만난다.
> ㄷ. $0<t<t_6$에서 점 P는 운동 방향을 두 번 바꾼다.
> ㄹ. $t_4<t<t_5$에서 두 점 P, Q의 운동 방향은 서로 반대이다.

① ㄱ, ㄴ ② ㄴ, ㄷ ③ ㄷ, ㄹ

④ ㄱ, ㄴ, ㄹ ⑤ ㄴ, ㄷ, ㄹ

0568

최고차항의 계수가 1인 삼차함수 $f(x)$가 다음 조건을 만족시킬 때, $f(6)$의 값을 구하시오.

> ㈎ 함수 $f(x)$는 $x=2$에서 극댓값 7을 갖는다.
> ㈏ 방정식 $f(x)=3$은 서로 다른 두 실근을 갖는다.

✏️ 서술형 대비하기

0569

점 $(1,\ 0)$에서 곡선 $y=x^3+ax-1$에 서로 다른 두 개의 접선을 그을 수 있도록 하는 실수 a의 값을 구하시오.

(단, $a \neq 0$)

0570

방정식 $|2x^3-3x^2-12x+3|=k$가 서로 다른 네 실근을 갖도록 하는 정수 k의 최댓값과 최솟값의 합을 구하시오.

0571

사차함수 $f(x)=-\dfrac{1}{2}x^4+12x^2+4ax$가 극솟값을 갖도록 하는 정수 a의 개수를 구하시오.

0572

원점을 출발하여 수직선 위를 움직이는 두 점 P, Q의 시각 t ($t\geq0$)에서의 위치를 각각 $f(t)$, $g(t)$라 하자. 함수 $h(t)=f(t)-g(t)$에 대하여 함수 $y=h(t)$의 그래프가 그림과 같을 때, 보기에서 옳은 것만을 있는 대로 고른 것은?

(단, $h'(a)=h'(c)=0$)

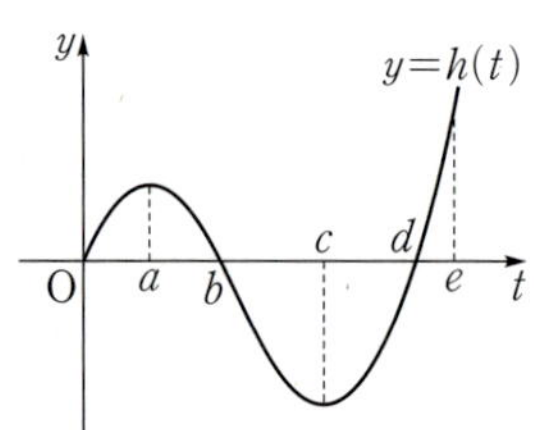

보기
ㄱ. $0<t<e$에서 두 점 P, Q는 두 번 만난다.
ㄴ. $0<t<e$에서 두 점 P, Q의 속도가 같은 순간이 두 번 있다.
ㄷ. $b<t<d$에서 점 Q가 점 P보다 원점에서 멀리 떨어져 있다.

① ㄱ 　　② ㄴ 　　③ ㄱ, ㄴ
④ ㄱ, ㄷ 　　⑤ ㄱ, ㄴ, ㄷ

0573

사차방정식 $3x^4-4x^3-12x^2=a$가 허근을 갖지 않도록 하는 모든 정수 a의 개수는?

① 5 　　② 6 　　③ 7
④ 8 　　⑤ 9

0574

두 함수 $f(x)=x^3-3x^2+8$, $g(x)=-2x^2+8x+k$가 1 이상의 임의의 두 실수 x_1, x_2에 대하여 $f(x_1)\geq g(x_2)$를 만족시킬 때, 실수 k의 최댓값은?

① -5 　　② -4 　　③ -3
④ -2 　　⑤ -1

0575

수직선 위를 움직이는 두 점 P, Q의 시각 t $(t \geq 0)$에서의 위치가 각각

$$x_{\mathrm{P}} = t^4 - 8t^3 + 18t^2 - 2t, \quad x_{\mathrm{Q}} = kt$$

이다. 두 점 P, Q가 출발한 후 속도가 같아지는 순간이 세 번 있다고 할 때, 0이 아닌 정수 k의 개수를 구하시오.

0576

$-2 \leq x \leq 1$에서 부등식 $|2x^3 - 3x^2 + k| < 16$이 항상 성립하도록 하는 정수 k의 최댓값을 M, 최솟값을 m이라 할 때, $M + m$의 값을 구하시오.

0577 교육청 기출

자연수 a에 대하여 두 함수

$$f(x) = -x^4 - 2x^3 - x^2, \quad g(x) = 3x^2 + a$$

가 있다. 다음을 만족시키는 a의 값을 구하시오.

모든 실수 x에 대하여 부등식
$$f(x) \leq 12x + k \leq g(x)$$
를 만족시키는 자연수 k의 개수는 3이다.

0578 교육청 기출

최고차항의 계수가 1이고 $f(0) = \dfrac{1}{2}$인 삼차함수 $f(x)$에 대하여 함수 $g(x)$를

$$g(x) = \begin{cases} f(x) & (x < -2) \\ f(x) + 8 & (x \geq -2) \end{cases}$$

라 하자. 방정식 $g(x) = f(-2)$의 실근이 2뿐일 때, 함수 $f(x)$의 극댓값은?

① 3　　　　② $\dfrac{7}{2}$　　　　③ 4

④ $\dfrac{9}{2}$　　　　⑤ 5

0579

$f(0)=2$이고 최고차항의 계수가 1인 사차함수 $f(x)$가 다음 조건을 만족시킬 때, $f(3)$의 값을 구하시오.

> (개) 모든 실수 x에 대하여 $f(-x)=f(x)$이다.
> (내) 방정식 $|f(x)|=2$의 서로 다른 실근의 개수는 5이다.

0580 수능 기출

다음 조건을 만족시키는 모든 삼차함수 $f(x)$에 대하여 $\dfrac{f'(0)}{f(0)}$의 최댓값을 M, 최솟값을 m이라 하자. Mm의 값은?

> (개) 함수 $|f(x)|$는 $x=-1$에서만 미분가능하지 않다.
> (내) 방정식 $f(x)=0$은 닫힌구간 $[3, 5]$에서 적어도 하나의 실근을 갖는다.

① $\dfrac{1}{15}$　　② $\dfrac{1}{10}$　　③ $\dfrac{2}{15}$

④ $\dfrac{1}{6}$　　⑤ $\dfrac{1}{5}$

0581

함수 $f(x)=x^3-3x-2+a$에 대하여 방정식 $f(f(x))=a$가 서로 다른 세 실근을 갖도록 하는 모든 실수 a의 값의 합을 구하시오.

0582 평가원 기출

삼차함수 $f(x)$의 도함수 $y=f'(x)$의 그래프가 그림과 같을 때, 보기에서 옳은 것만을 있는 대로 고른 것은?

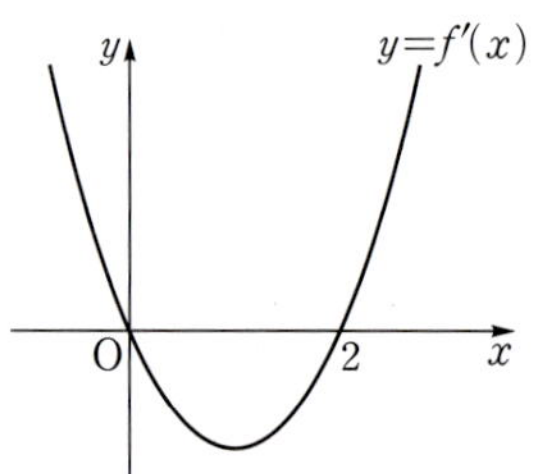

> ▪ 보기 ▪
> ㄱ. $f(0)<0$이면 $|f(0)|<|f(2)|$이다.
> ㄴ. $f(0)f(2)\geq0$이면 함수 $|f(x)|$가 $x=a$에서 극소인 a의 값의 개수는 2이다.
> ㄷ. $f(0)+f(2)=0$이면 방정식 $|f(x)|=f(0)$의 서로 다른 실근의 개수는 4이다.

① ㄱ　　② ㄱ, ㄴ　　③ ㄱ, ㄷ

④ ㄴ, ㄷ　　⑤ ㄱ, ㄴ, ㄷ

적분

07 부정적분
Ⅲ. 적분

유형 01 부정적분의 정의

(1) 부정적분의 정의
함수 $F(x)$의 도함수가 $f(x)$일 때, 즉
$$F'(x)=f(x)$$
일 때, $F(x)$를 함수 $f(x)$의 부정적분이라 한다.

(2) 부정적분
함수 $f(x)$의 한 부정적분을 $F(x)$라 하면 $f(x)$의 모든 부정적분을
$$F(x)+C \ (C는 상수)$$
꼴로 나타낼 수 있고, 이것을 기호로 $\displaystyle\int f(x)dx$와 같이 나타낸다. 즉, $F'(x)=f(x)$일 때,
$$\int f(x)dx=F(x)+C \ (C는 상수)$$
이때 C를 적분상수라 한다.

> 확인 문제
>
> 다음 부정적분을 구하시오.
>
> (1) $\displaystyle\int 2dx$ (2) $\displaystyle\int 3x^2 dx$

◉ 개념ON 252쪽 ◉ 유형ON 2권 082쪽

0583 대표문제

함수 $f(x)$에 대하여
$$\int f(x)dx=x^3-3x^2+2x+C$$
가 성립할 때, $f(2)$의 값을 구하시오.
(단, C는 적분상수이다.)

0584

함수 $f(x)$의 부정적분 중 하나가 $6x^2+2x+1$일 때, $f(-1)$의 값은?

① -10 ② -9 ③ -8
④ -7 ⑤ -6

0585 

함수 $F(x)=x^3+ax^2+4x$가 함수 $f(x)$의 부정적분 중 하나이고 $f'(1)=10$일 때, $F(2)$의 값을 구하시오.
(단, a는 상수이다.)

0586

함수 $f(x)$의 한 부정적분 $F(x)$와 또 다른 부정적분 $G(x)$에 대하여
$$F(x)=x^3-2x^2-4x+3, \ G(1)=1$$
일 때, $G(-1)$의 값을 구하시오.

0587 

다항함수 $f(x)$에 대하여
$$\int \{2x^2-f(x)\}dx=\frac{2}{3}x^3-4x^2+2x+C$$
가 성립할 때, 방정식 $f(x)=x^2$의 모든 근의 합을 구하시오.
(단, C는 적분상수이다.)

유형 02 부정적분과 미분의 관계

> (1) $\dfrac{d}{dx}\displaystyle\int f(x)dx = f(x)$
>
> (2) $\displaystyle\int \left\{ \dfrac{d}{dx}f(x) \right\}dx = f(x)+C$ (C는 적분상수)
>
> Tip $\dfrac{d}{dx}\displaystyle\int f(x)dx \neq \displaystyle\int \left\{ \dfrac{d}{dx}f(x) \right\}dx$

🎧 개념ON 252쪽 🎧 유형ON 2권 082쪽

0588 대표문제

함수 $f(x)=2x^2-5x$에 대하여

$$F(x)=\frac{d}{dx}\int xf(x)dx$$

일 때, $F(3)$의 값은?

① 5　　　　　② 7　　　　　③ 9

④ 11　　　　⑤ 13

0589

함수 $F(x)=\displaystyle\int \left\{ \dfrac{d}{dx}(x^3+2x) \right\}dx$에 대하여 $F(0)=3$일 때, $F(2)$의 값은?

① 13　　　　② 15　　　　③ 17

④ 19　　　　⑤ 21

0590

모든 실수 x에 대하여

$$\frac{d}{dx}\int (ax^2+2x+6)dx = 3x^2+bx+c$$

가 성립할 때, 상수 a, b, c에 대하여 $a+b+c$의 값을 구하시오.

0591

함수 $f(x)$가 모든 실수 x에 대하여

$$\frac{d}{dx}\int (x-1)f(x)dx = x^3-2x^2+a$$

를 만족시킬 때, $f(2)$의 값을 구하시오. (단, a는 상수이다.)

0592 중요

함수 $f(x)=x^2-3x$에 대하여 두 함수 $g(x)$, $h(x)$를

$$g(x)=\frac{d}{dx}\int f(x)dx,$$
$$h(x)=\int \left\{ \frac{d}{dx}f(x) \right\}dx$$

라 하자. $h(-1)=5$일 때, $g(2)+h(1)$의 값을 구하시오.

0593

함수 $f(x)=\displaystyle\int \left\{ \dfrac{d}{dx}(4x-x^2) \right\}dx$의 최댓값이 8일 때, $f(3)$의 값을 구하시오.

0594

함수 $f(x)=\int\left\{\dfrac{d}{dx}(x^3+ax)\right\}dx$에 대하여 $f(2)=13$, $f'(1)=5$일 때, $f(4)$의 값을 구하시오. (단, a는 상수이다.)

0595 중요

두 다항함수 $f(x)$, $g(x)$가 다음 조건을 만족시킨다.

(가) $f(x)+g(x)=\dfrac{d}{dx}\displaystyle\int (x^3+x^2+4)dx$

(나) $\dfrac{d}{dx}\displaystyle\int \{f(x)-g(x)\}dx=x^3-x^2-4x$

$f(1)+g(2)$의 값을 구하시오.

0596

함수 $f(x)=x^{10}+x^9+x^8+\cdots+x^2+x$에 대하여 함수 $g(x)$는

$$g(x)=\int\left[\dfrac{d}{dx}\int\left\{\dfrac{d}{dx}f(x)\right\}dx\right]dx$$

이다. $g(0)=4$일 때, $g(1)$의 값을 구하시오.

유형 03   부정적분의 계산

(1) n이 양의 정수일 때

$$\int x^n dx=\dfrac{1}{n+1}x^{n+1}+C \ (C는 \ 적분상수)$$

$$\int 1dx=x+C \ (C는 \ 적분상수)$$

(2) $\displaystyle\int kf(x)dx=k\int f(x)dx \ (k는 \ 0이 \ 아닌 \ 실수)$

$$\int \{f(x)+g(x)\}dx=\int f(x)dx+\int g(x)dx$$

$$\int \{f(x)-g(x)\}dx=\int f(x)dx-\int g(x)dx$$

개념ON 258쪽   유형ON 2권 083쪽

0597 대표문제

함수 $f(x)$에 대하여

$$f(x)=\int (4x^3+3x^2+2x+1)dx$$

이고 $f(0)=-5$일 때, $f(2)$의 값을 구하시오.

0598

함수 $f(x)$에 대하여

$$f(x)=\int \dfrac{x^3}{x+2}dx+\int \dfrac{8}{x+2}dx$$

이고 $f(0)=2$일 때, $f(3)$의 값을 구하시오.

0599 중요

함수 $f(x)$에 대하여

$$f(x)=\int (4x-8)dx$$

이다. 모든 실수 x에 대하여 $f(x)\geq 0$일 때, $f(1)$의 최솟값을 구하시오.

유형 04 도함수가 주어졌을 때 함수 구하기

함수 $f(x)$의 도함수 $f'(x)$가 주어지면 다음과 같은 순서로 $f(x)$를 구한다.

❶ $f(x)=\displaystyle\int f'(x)dx$임을 이용하여 $f(x)$를 적분상수를 포함한 식으로 나타낸다.

❷ 주어진 함숫값을 이용하여 적분상수를 구한다.

❸ 적분상수를 ❶의 식에 대입하여 $f(x)$를 구한다.

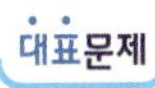 개념ON 260쪽  유형ON 2권 083쪽

0600 대표문제 수능 기출

함수 $f(x)$에 대하여 $f'(x)=3x^2+2x$이고 $f(0)=2$일 때, $f(1)$의 값을 구하시오.

0601

함수 $f(x)$를 적분해야 할 것을 잘못하여 미분하였더니 $12x^2-18x$이었다. $f(1)=-1$일 때, $f(-1)$의 값을 구하시오.

0602

함수 $f(x)$의 도함수 $f'(x)$가 $f'(x)=6x^2-2x+1$이고 곡선 $y=f(x)$가 두 점 $(1, 3)$, $(2, k)$를 지날 때, 상수 k의 값을 구하시오.

0603

함수 $f(x)$에 대하여 $f'(x)=6x+a$이고 $f(1)=6$이다. 방정식 $f(x)=0$의 모든 근의 합이 -3일 때, 방정식 $f(x)=0$의 모든 근의 곱을 구하시오. (단, a는 상수이다.)

0604

함수 $f(x)$의 도함수 $f'(x)$가 $f'(x)=3x^2-6x+a$이고 $f(x)$가 이차식 x^2+x-2로 나누어떨어질 때, $f(-1)$의 값을 구하시오. (단, a는 상수이다.)

0605 중요 서술형

두 일차함수 $f(x)$, $g(x)$에 대하여
$$\frac{d}{dx}\{f(x)+g(x)\}=6, \quad \frac{d}{dx}\{f(x)g(x)\}=18x$$
이고 $f(0)=2$, $g(0)=-2$일 때, $f(4)-g(4)$의 값을 구하시오.

곡선 $y=f(x)$ 위의 임의의 점 $(x, f(x))$에서의 접선의 기울기는 $f'(x)$이므로

$$f(x)=\int f'(x)dx$$

⋒ 개념ON 264쪽   ⋒ 유형ON 2권 084쪽

0606 대표문제

점 $(0, 1)$을 지나는 곡선 $y=f(x)$ 위의 임의의 점 $(x, f(x))$에서의 접선의 기울기가 $3x^2+8x+2$일 때, $f(2)$의 값을 구하시오.

0607 서술형

곡선 $y=f(x)$는 점 $(0, 3)$을 지나고, 이 곡선 위의 임의의 점 $(x, f(x))$에서의 접선의 기울기는 $-4x+a$이다. 방정식 $f(x)=0$의 모든 근의 합이 3일 때, 상수 a의 값을 구하시오.

0608 중요

곡선 $y=f(x)$ 위의 임의의 점 $(x, f(x))$에서의 접선의 기울기가 $4x-12$이고 함수 $f(x)$의 최솟값이 -6일 때, 구간 $[-1, 4]$에서 $f(x)$의 최댓값을 구하시오.

미분가능한 함수 $f(x)$와 그 부정적분 $F(x)$ 사이의 관계식이 주어지면 다음과 같은 순서로 함수 $f(x)$를 구한다.

❶ 주어진 등식의 양변을 x에 대하여 미분한다.

❷ $F'(x)=f(x)$임을 이용하여 $f'(x)$를 구한다.

❸ $f(x)=\int f'(x)dx$임을 이용하여 $f(x)$를 적분상수를 포함한 식으로 나타내고 함숫값을 이용하여 적분상수를 구한다.

❹ ❸의 식에 적분상수를 대입하여 $f(x)$를 구한다.

⋒ 개념ON 262쪽   ⋒ 유형ON 2권 085쪽

0609 대표문제

다항함수 $f(x)$의 한 부정적분 $F(x)$에 대하여

$$F(x)=xf(x)-3x^4+2x^3-x^2$$

이 성립한다. $f(1)=5$일 때, $f(x)$를 $x+1$로 나누었을 때의 나머지는?

① -10 ② -9 ③ -8

④ -7 ⑤ -6

0610

미분가능한 함수 $f(x)$에 대하여 $f(2)=2$, $f'(2)=-1$이고

$$\int g(x)dx=2x^2f(x)+C$$

가 성립할 때, $g(2)$의 값을 구하시오.

(단, C는 적분상수이다.)

0611

다항함수 $f(x)$에 대하여

$$xf(x)=\int f(x)dx+4x^3-6x^2$$

이 성립한다. $f(1)=-2$일 때, 방정식 $f(x)=0$의 모든 근의 곱은?

① $\dfrac{1}{3}$ ② $\dfrac{1}{2}$ ③ $\dfrac{2}{3}$

④ 1 ⑤ $\dfrac{3}{2}$

0612

일차함수 $f(x)$에 대하여

$$2\int f(x)dx=(x+1)f(x)-4x-1$$

이 성립한다. $f(2)=5$일 때, $f(3)$의 값을 구하시오.

0613 ✅중요

다항함수 $f(x)$에 대하여

$$f(x)+\int xf(x)dx=\frac{1}{2}x^4-x^3+4x^2-3x$$

가 성립할 때, $f(1)$의 값은?

① 1 ② 2 ③ 3
④ 4 ⑤ 5

0614 ✏️서술형

다항함수 $f(x)$가

$$f(x)+\int f(x)dx=\int(4x^2+5)dx$$

를 만족시킬 때, $f(-1)$의 값을 구하시오.

유형 07 부정적분과 함수의 연속성

함수 $f(x)$에 대하여 $f'(x)=\begin{cases} g(x) & (x<a) \\ h(x) & (x>a) \end{cases}$ 이고

$f(x)$가 $x=a$에서 연속이면

$$f(x)=\begin{cases} \displaystyle\int g(x)dx & (x<a) \\ \displaystyle\int h(x)dx & (x>a) \end{cases} \text{에서}$$

$$f(a)=\lim_{x\to a-}\int g(x)dx=\lim_{x\to a+}\int h(x)dx$$

🔵개념ON 266쪽 🔵유형ON 2권 085쪽

0615 대표문제

실수 전체의 집합에서 연속인 함수 $f(x)$의 도함수가

$$f'(x)=\begin{cases} 4x-2 & (x<0) \\ 3x^2+1 & (x>0) \end{cases}$$

이고 $f(-1)=3$일 때, $f(2)$의 값을 구하시오.

0616 ✅중요

실수 전체의 집합에서 연속인 함수 $f(x)$의 도함수가

$$f'(x)=2x+|x+1|$$

이고 $f(0)=2$일 때, $f(-2)+f(2)$의 값은?

① 9 ② 11 ③ 13
④ 15 ⑤ 17

0617

연속함수 $f(x)$의 도함수 $y=f'(x)$의 그래프가 그림과 같다. 함수 $y=f(x)$의 그래프가 원점을 지날 때, $f(-3)+f(3)$의 값을 구하시오.

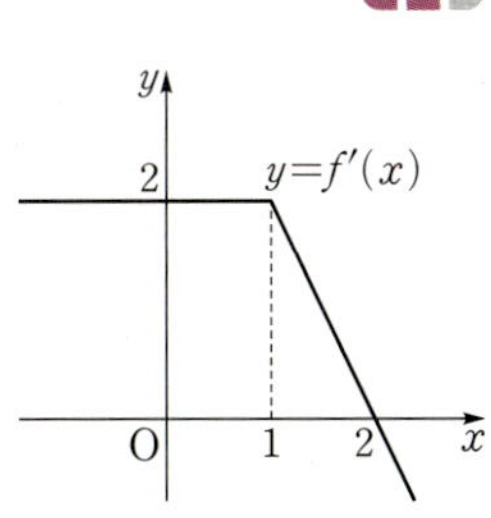

부정적분과 미분계수의 정의를 이용하여 $f(x)$ 또는 $f'(x)$의 식을 구한다.

🔵 개념ON 268쪽　🔵 유형ON 2권 086쪽

0618 대표문제

함수 $f(x)=4x^3-6x^2+4$의 한 부정적분을 $F(x)$라 할 때, $\lim\limits_{x\to 3}\dfrac{F(x)-F(3)}{2x-6}$의 값을 구하시오.

0619

다항함수 $f(x)$에 대하여
$$\lim_{h\to 0}\frac{f(x+h)-f(x-h)}{h}=6x^2-8x+4$$
가 성립하고 $f(1)=5$일 때, $f(2)$의 값은?

① 2　　　② 4　　　③ 6
④ 8　　　⑤ 10

0620 중요

함수 $f(x)=\displaystyle\int (x^2+ax+1)dx$에 대하여
$\lim\limits_{h\to 0}\dfrac{f(2+h)-f(2-2h)}{h}=3$일 때, 상수 a의 값을 구하시오.

$f(x+y)=f(x)+f(y)+k$ 꼴의 등식이 주어지면 다음과 같은 순서로 함수 $f(x)$를 구한다.
❶ 주어진 등식의 양변에 $x=0$, $y=0$을 대입하여 $f(0)$의 값을 구한다.
❷ $f'(x)=\lim\limits_{h\to 0}\dfrac{f(x+h)-f(x)}{h}$임을 이용하여 $f'(x)$를 구한다.
❸ $f(x)=\displaystyle\int f'(x)dx$임을 이용하여 $f(x)$를 구하고, $f(0)$을 이용하여 적분상수를 구한다.

🔵 유형ON 2권 086쪽

0621 대표문제

미분가능한 함수 $f(x)$가 임의의 실수 x, y에 대하여
$$f(x+y)=f(x)+f(y)$$
를 만족시키고 $f'(0)=4$일 때, $f(7)$의 값을 구하시오.

0622

미분가능한 함수 $f(x)$가 임의의 실수 x, y에 대하여
$$f(x+y)=f(x)+f(y)-2xy$$
를 만족시키고 $f'(1)=1$일 때, $f(4)$의 값을 구하시오.

0623 중요 서술형

미분가능한 함수 $f(x)$가 임의의 실수 x, y에 대하여
$$f(x+y)=f(x)+f(y)-xy(x+y)$$
를 만족시키고 $f'(2)=2$일 때, $f(3)$의 값을 구하시오.

유형 10 부정적분과 극대, 극소

함수 $f(x)$의 극값과 도함수 $f'(x)$가 주어지면 다음과 같은 순서로 $f(x)$를 구한다.

❶ $f(x)=\displaystyle\int f'(x)\,dx$임을 이용하여 $f(x)$를 적분상수를 포함한 식으로 나타낸다.

❷ 극값을 이용하여 적분상수를 구한다.

❸ ❶의 식에 적분상수를 대입하여 $f(x)$를 구한다.

Tip 미분가능한 함수 $f(x)$가 $x=a$에서 극값 b를 가지면
$$f'(a)=0,\ f(a)=b$$

🔵 개념ON 264쪽　🔵 유형ON 2권 087쪽

0624 대표문제

함수 $f(x)$에 대하여 $f'(x)=3x^2-6x$이고 함수 $f(x)$의 극솟값이 -2일 때, $f(x)$의 극댓값을 구하시오.

0625 중요

삼차함수 $f(x)$의 도함수 $f'(x)$에 대하여 $y=f'(x)$의 그래프가 그림과 같다. 함수 $f(x)$의 극댓값과 극솟값이 각각 5, -3일 때, $f(-1)$의 값을 구하시오.

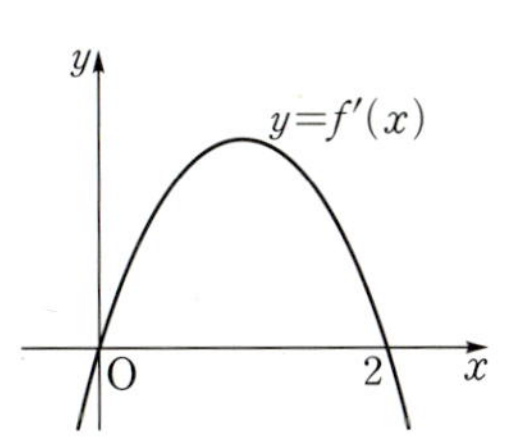

0626

함수 $f(x)=\displaystyle\int (x^2+ax-3)\,dx$가 $x=-1$에서 극댓값 $\dfrac{2}{3}$를 가질 때, $f(x)$의 극솟값은 m이다. $a+m$의 값을 구하시오.
　　　　　　　　　　　　　(단, a는 상수이다.)

0627 중요

최고차항의 계수가 1인 삼차함수 $f(x)$가 $f'(-1)=f'(3)=0$을 만족시킨다. 함수 $f(x)$의 극댓값이 12일 때, $f(x)$의 극솟값을 구하시오.

0628

최고차항의 계수가 1인 삼차함수 $f(x)$의 도함수 $f'(x)$는 $x=2$에서 최솟값 -3을 갖는다. 함수 $f(x)$의 극솟값이 6일 때, $f(x)$의 극댓값은?

① 6　　　　② 8　　　　③ 10

④ 12　　　　⑤ 14

0629

사차함수 $f(x)$의 도함수 $f'(x)$에 대하여 $y=f'(x)$의 그래프가 그림과 같다. 함수 $f(x)$의 극댓값이 4이고, 극솟값이 1일 때, $f(2)$의 값을 구하시오.

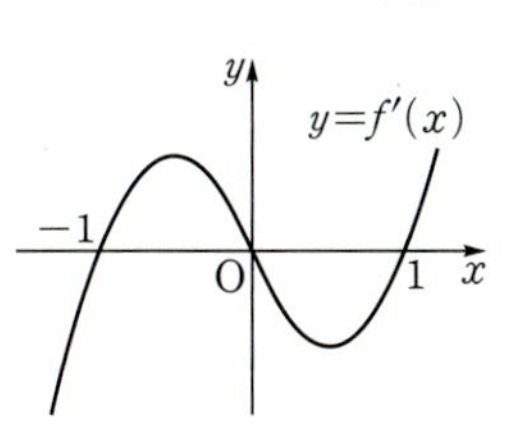

0630

두 함수 $F(x)$, $G(x)$는 함수 $f(x)$의 한 부정적분이고
$F(0)=3$, $G(0)=-1$일 때, $F(3)-G(3)$의 값은?

① -4 ② -2 ③ 0
④ 2 ⑤ 4

0631 [평가원 기출]

다항함수 $f(x)$가
$$f'(x)=3x^2-kx+1,\ f(0)=f(2)=1$$
을 만족시킬 때, 상수 k의 값은?

① 5 ② 6 ③ 7
④ 8 ⑤ 9

0632

다항함수 $f(x)$의 도함수 $f'(x)$에 대하여
$$\int (2x-1)f'(x)dx=\frac{4}{3}x^3+3x^2-4x+C$$
이고 $f(2)=10$일 때, $f(-3)$의 값을 구하시오.
(단, C는 적분상수이다.)

0633

함수 $f(x)=\int (2x^3-ax^2+3)dx$에 대하여
$$\lim_{x\to 2}\frac{f(x)-f(2)}{x^2-5x+6}=5$$일 때, $f'(1)$의 값을 구하시오.
(단, a는 상수이다.)

0634 [평가원 기출]

함수 $f(x)$가
$$f(x)=\int \left(\frac{1}{2}x^3+2x+1\right)dx-\int \left(\frac{1}{2}x^3+x\right)dx$$
이고 $f(0)=1$일 때, $f(4)$의 값은?

① $\dfrac{23}{2}$ ② 12 ③ $\dfrac{25}{2}$
④ 13 ⑤ $\dfrac{27}{2}$

0635

곡선 $y=f(x)$ 위의 임의의 점 $(x,\ f(x))$에서의 접선의 기울기가 $-2x+6$이고 함수 $f(x)$의 최댓값이 12일 때, 구간 $[1,\ 4]$에서 $f(x)$의 최솟값을 구하시오.

0636

함수 $f(x)=3x^3-5x$에 대하여 두 함수 $g(x)$, $h(x)$를

$$g(x)=\frac{d}{dx}\int f(x)dx,$$

$$h(x)=\int\left\{\frac{d}{dx}f(x)\right\}dx$$

라 하자. $h(1)=3$일 때, $g(-1)+h(2)$의 값을 구하시오.

0637

함수 $f(x)$의 도함수 $f'(x)$가 $f'(x)=3x^2-6x+4$이고 함수 $y=f(x)$의 그래프가 직선 $y=x-1$에 접할 때, $f(2)$의 값을 구하시오.

0638 교육청 기출

다항함수 $f(x)$가 실수 전체의 집합에서 증가하고

$$f'(x)=\{3x-f(1)\}(x-1)$$

을 만족시킬 때, $f(2)$의 값은?

① 3   ② 4   ③ 5

④ 6   ⑤ 7

0639

다항함수 $f(x)$에 대하여

$$f(x)+\int 2xf(x)dx=\frac{1}{2}x^4-2x^3-x^2-3x$$

가 성립할 때, $f(5)$의 값은?

① 6   ② 7   ③ 8

④ 9   ⑤ 10

0640

함수 $f(x)$가 다음 조건을 만족시킨다.

(가) $f(x)=\int(4x^3+4x^2-8x)dx$

(나) 모든 실수 x에 대하여 $f(x)\geq 0$이다.

$f(0)$의 최솟값을 $\frac{q}{p}$라 할 때, $p+q$의 값을 구하시오.

(단, p와 q는 서로소인 자연수이다.)

0641

실수 전체의 집합에서 연속인 함수 $f(x)$의 도함수가
$$f'(x)=3x^2+|2x-4|$$
이고 $f(1)=3$일 때, $f(0)+f(3)$의 값을 구하시오.

0642

삼차함수 $f(x)$의 도함수 $f'(x)$는 $x=1$에서 최솟값 -12를 갖는다. 함수 $f(x)$가 $x=-1$에서 극댓값 8을 가질 때, $f(x)$의 극솟값은?

① -30 ② -27 ③ -24
④ -21 ⑤ -18

0643

다항함수 $f(x)$에 대하여
$$\lim_{x\to\infty}\frac{f'(x)}{x}=2,\ \lim_{x\to 1}\frac{f(x)-3}{x^2-1}=4$$
일 때, 방정식 $f(x)=0$의 모든 근의 곱을 구하시오.

0644

다항함수 $f(x)$가 임의의 실수 x, y에 대하여
$$f(x+y)=f(x)+f(y)-2xy+1$$
을 만족시킨다. $f'(1)=2$일 때, $\displaystyle\lim_{x\to 1}\frac{f(x)-f'(x)}{x-1}$의 값을 구하시오.

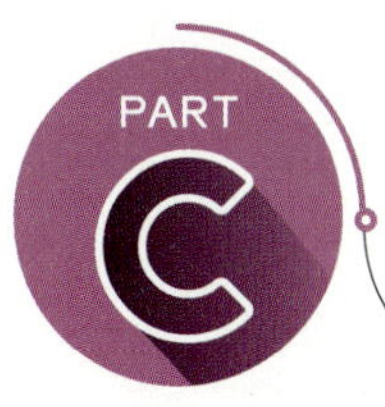

PART C 수능 녹인 변별력 문제

0645 교육청 기출

다항함수 $f(x)$의 한 부정적분 $F(x)$가 모든 실수 x에 대하여
$$F(x)=(x+2)f(x)-x^3+12x$$
를 만족시킨다. $F(0)=30$일 때, $f(2)$의 값을 구하시오.

0646

두 다항함수 $f(x)$, $g(x)$에 대하여
$$\frac{d}{dx}\{f(x)+g(x)\}=3, \quad \frac{d}{dx}\{f(x)g(x)\}=4x+4$$
가 성립하고 $f(0)=1$, $g(0)=2$이다. 함수
$h(x)=\displaystyle\int[\{f(x)\}^2+\{g(x)\}^2]dx$에 대하여 $h(0)=-5$일
때, $h(3)$의 값을 구하시오.

0647

모든 실수 x에 대하여 미분가능한 함수 $f(x)$의 도함수가
$$f'(x)=\begin{cases}3x^2-3x+a & (x<0) \\ 2x-6 & (x>0)\end{cases}$$
일 때, 함수 $f(x)$의 극댓값과 극솟값의 차는?

(단, a는 상수이다.)

① 11 ② $\dfrac{25}{2}$ ③ 14

④ $\dfrac{31}{2}$ ⑤ 17

0648

다항함수 $f(x)$가 모든 실수 x, y에 대하여
$$f(x+y)=f(x)+f(y)-3xy(x+y)+1$$
을 만족시키고 $f'(2)=0$이다. 함수 $f(x)$의 극댓값을 M, 극
솟값을 m이라 할 때, $M-m$의 값을 구하시오.

0649

일차함수 $f(x)$의 한 부정적분 $F(x)$에 대하여

$$x^2 f(x) + F(x) = \int (6x^2 - 4x - 3)\,dx$$

가 성립한다. $F(0) = -9$일 때, 닫힌구간 $[-2, 1]$에서 함수 $xF(x)$의 최댓값은?

① 3   ② 5   ③ 7
④ 9   ⑤ 11

0650

함수 $f(x)$의 도함수 $f'(x)$가 $f'(x) = 6x^2 - 2x + a$이고 함수

$$g(x) = \begin{cases} -f(x) & (x \le 0) \\ \dfrac{f(x)}{x} & (x > 0) \end{cases}$$

가 실수 전체의 집합에서 연속일 때, $f(3)$의 값을 구하시오.
(단, a는 상수이다.)

0651

함수 $f(x)$가 실수 전체의 집합에서 연속이고, $|x| \ne 2$인 모든 실수 x에 대하여 도함수 $f'(x)$가

$$f'(x) = \begin{cases} -x^2 & (|x| < 2) \\ 4 & (|x| > 2) \end{cases}$$

일 때, 보기에서 옳은 것만을 있는 대로 고른 것은?

┌ 보기 ─────────────────────────────
│ ㄱ. 함수 $f(x)$는 $x = -2$에서 극댓값을 갖는다.
│ ㄴ. 모든 실수 x에 대하여 $f(x) = f(-x)$이다.
│ ㄷ. $f(0) = 0$이면 $f(2) < 0$이다.
└──────────────────────────────────

① ㄱ   ② ㄴ   ③ ㄷ
④ ㄱ, ㄷ   ⑤ ㄱ, ㄴ, ㄷ

0652

최고차항의 계수가 양수인 다항함수 $f(x)$가 다음 조건을 만족시킨다.

┌──────────────────────────────────
│ (개) 모든 실수 x에 대하여 $f(x) = -f(-x)$이다.
│ (내) $\displaystyle\int \{f(x) + f(x)f'(x)\}\,dx = 2x^6 + \dfrac{5}{2}x^4 + ax^2 + C$
│   (단, a는 상수이고, C는 적분상수이다.)
└──────────────────────────────────

$f(3)$의 값을 구하시오.

0653

두 다항함수 $f(x)$, $g(x)$가 다음 조건을 만족시킨다.

> (가) $\dfrac{d}{dx}\{f(x)-g(x)\}=4$
>
> (나) $\dfrac{d}{dx}[\{f(x)\}^2+\{g(x)\}^2]=20x-28$

$f(1)=-1$, $g(1)=1$일 때, $f'(2)g(2)+f(2)g'(2)$의 값은?

① -4 ② -2 ③ 0

④ 2 ⑤ 4

0654 [교육청 기출]

최고차항의 계수가 1인 삼차함수 $f(x)$가 $f(0)=0$, $f(\alpha)=0$, $f'(\alpha)=0$이고 함수 $g(x)$가 다음 두 조건을 만족시킬 때, $g\left(\dfrac{\alpha}{3}\right)$의 값은? (단, α는 양수이다.)

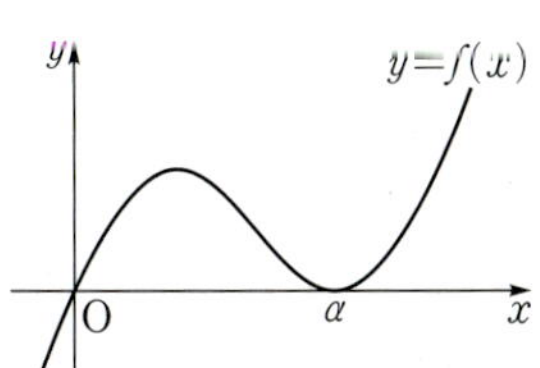

> (가) $g'(x)=f(x)+xf'(x)$
>
> (나) $g(x)$의 극댓값이 81이고 극솟값이 0이다.

① 56 ② 58 ③ 60

④ 62 ⑤ 64

0655

최고차항의 계수가 양수인 사차함수 $f(x)$의 도함수 $f'(x)$가 다음 조건을 만족시킨다.

> (가) 방정식 $f'(x)=0$의 근은 $x=0$ 또는 $x=3$이다.
>
> (나) $f'(2)=-4$

함수 $f(x)$의 극솟값이 1일 때, $f(1)$의 값을 구하시오.

0656 [교육청 기출]

최고차항의 계수가 1인 삼차함수 $f(x)$가 다음 조건을 만족시킨다.

> (가) $f'\left(\dfrac{11}{3}\right)<0$
>
> (나) 함수 $f(x)$는 $x=2$에서 극댓값 35를 갖는다.
>
> (다) 방정식 $f(x)=f(4)$는 서로 다른 두 실근을 갖는다.

$f(0)$의 값은?

① 12 ② 13 ③ 14

④ 15 ⑤ 16

08 정적분

유형 01 정적분의 정의

함수 $f(x)$가 닫힌구간 $[a, b]$에서 연속이고 $f(x) \geq 0$일 때, 곡선 $y=f(x)$와 x축 및 두 직선 $x=a$, $x=b$로 둘러싸인 도형의 넓이 S를 '함수 $f(x)$의 a에서 b까지의 정적분'이라 하고 기호로 $\int_a^b f(x)\,dx$와 같이 나타낸다.

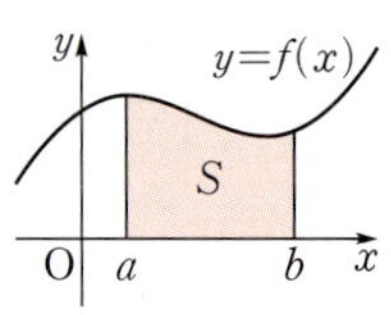

또한 함수 $f(x)$가 닫힌구간 $[a, b]$에서 연속이고 $f(x) \leq 0$일 때, 곡선 $y=f(x)$와 x축 및 두 직선 $x=a$, $x=b$로 둘러싸인 도형의 넓이를 S라 하면

$$\int_a^b f(x)\,dx = -S$$

이고,

함수 $f(x)$가 닫힌구간 $[a, b]$에서 연속이고 양의 값과 음의 값을 모두 가질 때, $f(x) \geq 0$인 부분의 넓이를 S_1, $f(x) \leq 0$인 부분의 넓이를 S_2라 하면

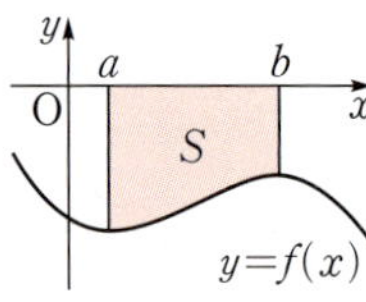

$$\int_a^b f(x)\,dx = S_1 - S_2$$

이다.

이때 함수 $f(x)$의 한 부정적분을 $F(x)$라 하면

$$\int_a^b f(x)\,dx = F(b) - F(a)$$

로 계산할 수 있고, $F(b) - F(a) = \left[F(x) \right]_a^b$와 같이 나타낸다.

즉,

$$\int_a^b f(x)\,dx = \left[F(x) \right]_a^b = F(b) - F(a)$$

또한 정적분의 정의로부터 다음이 성립한다.

$$\int_a^a f(x)\,dx = 0, \quad \int_b^a f(x)\,dx = -\int_a^b f(x)\,dx$$

확인 문제

다음 정적분의 값을 구하시오.

(1) $\int_0^3 x^2\,dx$ (2) $\int_4^4 (x+1)\,dx$ (3) $-\int_2^1 (3x^2-2)\,dx$

🔗 개념ON 284쪽 🔗 유형ON 2권 090쪽

0657 대표문제

$\int_3^3 (x^2+1)\,dx + \int_{-1}^2 (4x^3-6x)\,dx$의 값은?

① 6 ② 7 ③ 8
④ 9 ⑤ 10

0658

$\int_{-2}^1 (x+1)(x^2-x+1)\,dx$의 값은?

① $-\dfrac{5}{4}$ ② -1 ③ $-\dfrac{3}{4}$
④ $-\dfrac{1}{2}$ ⑤ $-\dfrac{1}{4}$

0659

$\int_1^a (2x-5)\,dx = -2$를 만족시키는 모든 실수 a의 값의 합을 구하시오.

0660 중요

함수 $f(x)=6x^2-2a^2x+1$이 $\int_0^1 f(x)\,dx = -a+1$을 만족시킬 때, $f(1)$의 값은? (단, $a>0$)

① -2 ② -1 ③ 0
④ 1 ⑤ 2

0661

함수 $f(x)$의 도함수가 $f'(x)=3x^2-6x+4$이고 $\int_0^2 f(x)\,dx = 6$일 때, $f(3)$의 값을 구하시오.

0662

함수 $f(x)=3x-2$가
$$\int_0^1 \{f(x)\}^2\,dx=k\left\{\int_0^1 f(x)\,dx\right\}^2$$
을 만족시킬 때, 상수 k의 값을 구하시오.

0663

$\int_{-1}^{k}(4-2x)\,dx$의 값이 최대가 되도록 하는 상수 k의 값을 a, 그때의 정적분 값을 b라 할 때, $a+b$의 값을 구하시오.

0664 🖊 서술형

1보다 큰 자연수 n에 대하여
$$\int_0^1\left(x+\frac{x^2}{2}+\frac{x^3}{3}+\cdots+\frac{x^n}{n}\right)dx=\frac{99}{100}$$
일 때, n의 값을 구하시오.

유형 02 정적분의 계산 – 적분 구간이 같은 경우

두 함수 $f(x),\,g(x)$가 실수 $a,\,b$를 포함하는 구간에서 연속일 때,

(1) $\displaystyle\int_a^b kf(x)\,dx=k\int_a^b f(x)\,dx$ (단, k는 실수)

(2) $\displaystyle\int_a^b \{f(x)+g(x)\}\,dx=\int_a^b f(x)\,dx+\int_a^b g(x)\,dx$

(3) $\displaystyle\int_a^b \{f(x)-g(x)\}\,dx=\int_a^b f(x)\,dx-\int_a^b g(x)\,dx$

Tip 변수 x 대신 다른 문자로 나타내어도 그 값은 같다.
$$\int_a^b f(x)\,dx=\int_a^b f(y)\,dy=\int_a^b f(z)\,dz$$

확인 문제

다음 정적분의 값을 구하시오.

(1) $\displaystyle\int_0^3 (x^2-x)\,dx+\int_3^0 (-x^2+x)\,dx$

(2) $\displaystyle\int_2^4 (x^2-2x)\,dx-\int_4^2 (-y^2+2y-1)\,dy$

🎧 개념ON 284쪽 🎧 유형ON 2권 091쪽

0665 대표문제

$\displaystyle\int_1^2 (x^3-2x^2+3)\,dx+2\int_1^2\left(-\frac{1}{2}t^3+t^2+t\right)dt$의 값은?

① 4　　　　② 5　　　　③ 6
④ 7　　　　⑤ 8

0666

$\displaystyle\int_0^1 \frac{x^3}{x+1}\,dx-\int_1^0 \frac{1}{t+1}\,dt$의 값은?

① $\dfrac{1}{3}$　　　② $\dfrac{1}{2}$　　　③ $\dfrac{2}{3}$
④ $\dfrac{5}{6}$　　　⑤ 1

0667 ✅ 중요

연속함수 $f(x)$에 대하여
$$\int_0^2 \{f(x)\}^2\,dx=6,\quad \int_0^2 xf(x)\,dx=4$$
일 때, $\displaystyle\int_0^2 \{f(x)-3x\}^2\,dx$의 값을 구하시오.

0668

두 연속함수 $f(x)$, $g(x)$가 다음 조건을 만족시킨다.

> (가) $\displaystyle\int_{-1}^{3} \{f(x)-g(x)\}\,dx=12$
>
> (나) $\displaystyle\int_{-1}^{3} \{f(x)+g(x)\}\,dx=4$

$\displaystyle\int_{-1}^{3} \{2f(x)-3g(x)\}\,dx$의 값을 구하시오.

유형 **03** **정적분의 계산 – 피적분함수가 같은 경우**

함수 $f(x)$가 실수 a, b, c를 포함하는 구간에서 연속일 때,

$$\int_{a}^{c} f(x)\,dx+\int_{c}^{b} f(x)\,dx=\int_{a}^{b} f(x)\,dx$$

확인 문제

$\displaystyle\int_{-2}^{3} (4x^3-2x+1)\,dx+\int_{3}^{1} (4x^3-2x+1)\,dx$의 값을 구하시오.

개념ON 284쪽 유형ON 2권 091쪽

0669 대표문제

$\displaystyle\int_{-1}^{2} (3x^2-2x-3)\,dx-\int_{3}^{2} (3x^2-2x-3)\,dx$의 값은?

① 8 　　　　② 9 　　　　③ 10

④ 11 　　　　⑤ 12

0670 중요

함수 $f(x)=-4x^3+6x+a$에 대하여

$$\int_{1}^{2} f(x)\,dx-\int_{-1}^{-3} f(x)\,dx+\int_{-1}^{1} f(x)\,dx=10$$

일 때, 상수 a의 값은?

① -10 　　　　② -9 　　　　③ -8

④ -7 　　　　⑤ -6

0671

함수 $f(x)=2x+a$에 대하여

$$\int_{1}^{a} f(x)\,dx-\int_{1}^{3} f(x)\,dx=a^2+a-4$$

일 때, 양수 a의 값을 구하시오.

0672

닫힌구간 $[-2,\ 5]$에서 연속인 함수 $f(x)$가

$$\int_{0}^{2} 6f(x)\,dx=\int_{-2}^{2} 3f(x)\,dx=\int_{0}^{5} f(x)\,dx=18$$

을 만족시킬 때, $\displaystyle\int_{-2}^{5} f(x)\,dx$의 값은?

① 21 　　　　② 22 　　　　③ 23

④ 24 　　　　⑤ 25

0673 교육청 기출

최고차항의 계수가 3인 이차함수 $f(x)$가 모든 실수 x에 대하여

$$\int_{0}^{x} f(t)\,dt=2x^3+\int_{0}^{-x} f(t)\,dt$$

를 만족시킨다. $f(1)=5$일 때, $f(2)$의 값을 구하시오.

🎧 개념ON 286쪽 🎧 유형ON 2권 092쪽

0674 대표문제

함수

$$f(x)=\begin{cases} x^2+2x-1 & (x\leq1) \\ 4x-2 & (x>1) \end{cases}$$

에 대하여 $\int_0^3 f(x)\,dx$의 값은?

① 12　　　② $\dfrac{37}{3}$　　　③ $\dfrac{38}{3}$

④ 13　　　⑤ $\dfrac{40}{3}$

0675

함수

$$f(x)=\begin{cases} 3x-2 & (x\leq-1) \\ 4x^2+3x-6 & (x>-1) \end{cases}$$

에 대하여 $\int_{-2}^1 xf(x)\,dx$의 값은?

① 10　　　② 11　　　③ 12

④ 13　　　⑤ 14

0676 서술형

함수

$$f(x)=\begin{cases} 6x+k & (x<2) \\ 3x^2-4x & (x\geq2) \end{cases}$$

가 실수 전체의 집합에서 연속일 때, $\int_1^3 f(x)\,dx$의 값을 구하시오. (단, k는 상수이다.)

0677 ✓중요

함수 $y=f(x)$의 그래프가 그림과 같을 때, $\int_{-2}^2 f(x)\,dx$의 값은?

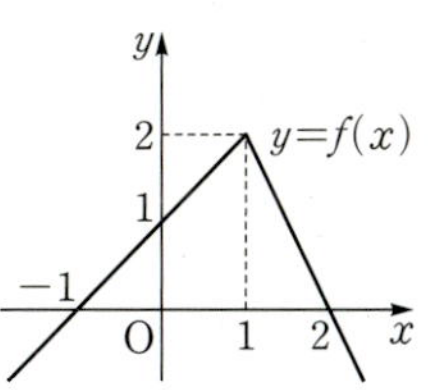

① 2　　　② $\dfrac{9}{4}$

③ $\dfrac{5}{2}$　　　④ $\dfrac{11}{4}$

⑤ 3

0678

미분가능한 함수 $f(x)$의 도함수가

$$f'(x)=\begin{cases} -6x+2 & (x<0) \\ 2x+2 & (x\geq0) \end{cases}$$

이다. $f(1)=3$일 때, $\int_{-1}^1 f(x)\,dx$의 값은?

① -2　　　② $-\dfrac{5}{3}$　　　③ $-\dfrac{4}{3}$

④ -1　　　⑤ $-\dfrac{2}{3}$

0679

함수

$$f(x)=\begin{cases} 2x+2 & (x<1) \\ 3x^2-2x+3 & (x\geq1) \end{cases}$$

에 대하여 $\int_0^a f(x-1)\,dx=4$를 만족시키는 모든 실수 a의 값의 합을 구하시오.

유형 05 정적분의 계산 – 절댓값 기호를 포함한 함수

절댓값 기호를 포함한 함수의 정적분은 다음과 같은 순서로 구한다.

❶ 절댓값 기호 안의 식의 값이 0이 되는 x의 값을 구한다.

❷ ❶에서 구한 x의 값을 경계로 적분 구간을 나누어 정적분의 값을 구한다.

Tip 절댓값 기호를 포함한 함수는 절댓값 기호 안의 식의 값이 0이 되는 x의 값을 경계로 구간을 나누어 식을 정리하면, 각 구간에서 식이 다르게 정의된 함수와 같다.

따라서 **유형 04**와 같은 방법으로 정적분의 값을 구한다.

🔵 개념ON 288쪽　🔵 유형ON 2권 093쪽

0680  

$\displaystyle\int_{1}^{4}(x+|x-3|)\,dx$의 값을 구하시오.

0681

$\displaystyle\int_{-1}^{2}(4|x|^{3}-4|x|-1)\,dx$의 값을 구하시오.

0682 ✅중요

등식 $\displaystyle\int_{0}^{a}|3x^2+6x-9|\,dx=12$를 만족시키는 실수 a의 값을 구하시오. (단, $a>1$)

0683

$0<a<6$일 때, $\displaystyle\int_{0}^{6}|x-a|\,dx$의 최솟값은?

① 6　　② 7　　③ 8

④ 9　　⑤ 10

0684

두 함수 $f(x)=|x|+x$, $g(x)=3x^2-6x$에 대하여 $\displaystyle\int_{-2}^{3}f(g(x))\,dx$의 값은?

① 42　　② 44　　③ 46

④ 48　　⑤ 50

0685

최고차항의 계수가 양수인 이차함수 $f(x)$가

$$f(-3)=f(1)=0$$

을 만족시킨다. $\displaystyle\int_{0}^{2}|f(x)|\,dx=12$일 때, $f(2)$의 값은?

① 13　　② 14　　③ 15

④ 16　　⑤ 17

유형 06 우함수, 기함수의 정적분

닫힌구간 $[-a, a]$에서 함수 $f(x)$가

(1) 우함수, 즉 $f(-x)=f(x)$이면
$$\int_{-a}^{a} f(x)\,dx = 2\int_{0}^{a} f(x)\,dx$$

(2) 기함수, 즉 $f(-x)=-f(x)$이면
$$\int_{-a}^{a} f(x)\,dx = 0$$

참고 (1) n이 0 또는 짝수일 때, $\int_{-a}^{a} x^n\,dx = 2\int_{0}^{a} x^n\,dx$

(2) n이 홀수일 때, $\int_{-a}^{a} x^n\,dx = 0$

🔵 개념ON 296쪽 🟢 유형ON 2권 093쪽

0686 대표문제

$\int_{-3}^{1}(2x^3-x+1)\,dx + \int_{1}^{3}(2x^3-x+1)\,dx$의 값은?

① 2　　　　② 4　　　　③ 6

④ 8　　　　⑤ 10

0687

함수 $f(x)=5x^4-x^3-3ax^2+x+a$에 대하여
$$\int_{-2}^{4} f(x)\,dx - \int_{0}^{4} f(x)\,dx + \int_{0}^{2} f(x)\,dx = 16$$
일 때, 상수 a의 값을 구하시오.

0688 중요

다항함수 $f(x)$가 모든 실수 x에 대하여
$$f(-x)=f(x), \quad \int_{0}^{1} f(x)\,dx = 2$$
를 만족시킬 때, $\int_{-1}^{1}(-x^3+5x+3)f(x)\,dx$의 값을 구하시오.

0689

일차함수 $f(x)$에 대하여
$$\int_{-2}^{2} xf(x)\,dx = -8, \quad \int_{-2}^{2} x^2 f(x)\,dx = 16$$
일 때, $f(-2)$의 값을 구하시오.

0690

$\int_{-2}^{2} |x|(x^2+4x-3)\,dx$의 값은?

① -6　　　　② -4　　　　③ -2

④ 2　　　　⑤ 4

0691

두 다항함수 $f(x)$, $g(x)$가 모든 실수 x에 대하여
$$f(x)-f(-x)=0, \quad g(x)+g(-x)=0$$
을 만족시킨다. $\int_{-2}^{0} f(x)\,dx = 3$, $\int_{0}^{2} g(x)\,dx = 2$일 때,
$$\int_{-2}^{2}\{4f(x)-3g(x)\}\,dx$$의 값은?

① 21　　　　② 22　　　　③ 23

④ 24　　　　⑤ 25

0692 ✔중요

함수 $f(x)$가 다음 조건을 만족시킨다.

> (개) 모든 실수 x에 대하여 $f(-x)=f(x)$이다.
> (내) $\displaystyle\int_{-10}^{5} f(x)\,dx=8$, $\displaystyle\int_{5}^{10} f(x)\,dx=2$

$\displaystyle\int_{0}^{5} f(x)\,dx$의 값은?

① 1 ② 2 ③ 3
④ 4 ⑤ 5

0693

다항함수 $f(x)$가 모든 실수 x에 대하여 $f(x)=-f(-x)$를 만족시킨다.

$$\int_{-4}^{7} f(x)\,dx=2\int_{0}^{7} f(x)\,dx-1, \quad \int_{0}^{4} f(x)\,dx=3$$

일 때, $\displaystyle\int_{0}^{7} f(x)\,dx$의 값은?

① -4 ② -2 ③ 0
④ 2 ⑤ 4

0694 ✎서술형

최고차항의 계수가 1인 삼차함수 $f(x)$가 다음 조건을 만족시킨다.

> (개) 함수 $y=f(x)$의 그래프는 원점에 대하여 대칭이다.
> (내) $\displaystyle\int_{-1}^{1} xf(x)\,dx=\dfrac{26}{15}$

$f(2)$의 값을 구하시오.

유형 07 주기함수의 정적분

> 연속함수 $f(x)$가 주기가 k $(k\neq0)$인 주기함수이면 정의역에 속하는 모든 실수 x에 대하여 $f(x+k)=f(x)$이므로
>
> (1) $\displaystyle\int_{a}^{b} f(x)\,dx=\int_{a+nk}^{b+nk} f(x)\,dx$ (단, n은 정수)
>
> (2) $\displaystyle\int_{a}^{a+nk} f(x)\,dx=\int_{b}^{b+nk} f(x)\,dx$ (단, n은 정수)

🎯 개념ON 298쪽 🎯 유형ON 2권 094쪽

0695 대표문제

연속함수 $f(x)$가 모든 실수 x에 대하여

$$f(x+3)=f(x), \quad \int_{-1}^{2} f(x)\,dx=2$$

를 만족시킬 때, $\displaystyle\int_{-1}^{8} f(x)\,dx$의 값은?

① 2 ② 4 ③ 6
④ 8 ⑤ 10

0696

연속함수 $f(x)$가 모든 실수 x에 대하여 $f(x)=f(x-2)$를 만족시킨다. $\displaystyle\int_{-1}^{3} f(x)\,dx=-1$, $\displaystyle\int_{0}^{5} f(x)\,dx=3$일 때,

$\displaystyle\int_{-2}^{7} f(x)\,dx$의 값을 구하시오.

0697

연속함수 $f(x)$가 다음 조건을 만족시킨다.

> (개) 모든 실수 x에 대하여 $f(x)=f(x+2)$이다.
> (내) $-1\le x\le1$에서 $f(x)=3x^2-2$이다.

$\displaystyle\int_{1}^{10} f(x)\,dx$의 값은?

① -10 ② -9 ③ -8
④ -7 ⑤ -6

유형 08 정적분을 포함한 등식
– 위끝, 아래끝이 상수인 경우

$f(x)=g(x)+\displaystyle\int_a^b f(t)\,dt$와 같이 적분 구간이 상수인 정적분을 포함한 등식이 주어졌을 때, $f(x)$는 다음과 같은 순서로 구한다.

❶ $\displaystyle\int_a^b f(t)\,dt=k\,(k$는 상수$)$로 놓는다.

❷ $f(x)=g(x)+k$를 ❶의 식에 대입하여 k의 값을 구한다.

❸ k의 값을 $f(x)=g(x)+k$에 대입하여 $f(x)$를 구한다.

🔵 개념ON 304쪽 🟢 유형ON 2권 095쪽

0698 대표문제

다항함수 $f(x)$가

$$f(x)=3x^2-4x+2\int_0^1 f(t)\,dt$$

를 만족시킬 때, $f(2)$의 값은?

① 3 ② 4 ③ 5
④ 6 ⑤ 7

0699

함수 $f(x)$가

$$f(x)=|x-1|-\int_0^2 f(t)\,dt$$

를 만족시킬 때, $f(-1)$의 값은?

① $\dfrac{1}{3}$ ② $\dfrac{2}{3}$ ③ 1
④ $\dfrac{4}{3}$ ⑤ $\dfrac{5}{3}$

0700 서술형

다항함수 $f(x)$가

$$f(x)=-3x^2+6x+\int_0^1 t\,f'(t)\,dt$$

를 만족시킬 때, 함수 $f(x)$의 최댓값을 구하시오.

0701 중요

다항함수 $f(x)$가

$$f(x)=3x^2+\int_0^1 (-2x+6)f(t)\,dt$$

를 만족시킬 때, $f(1)$의 값을 구하시오.

0702

다항함수 $f(x)$가

$$f(x)=4x-\int_0^1 f(t)\,dt+\int_0^3 f(t)\,dt$$

를 만족시킬 때, $\displaystyle\int_0^2 f(x)\,dx$의 값은?

① -30 ② -28 ③ -26
④ -24 ⑤ -22

유형 09 정적분을 포함한 등식
– 위끝 또는 아래끝에 변수가 있는 경우

$\displaystyle\int_a^x f(t)\,dt=g(x)$와 같이 적분 구간에 변수 x가 있는 정적분을 포함한 등식이 모든 실수 x에 대하여 성립할 때, 다음 두 가지가 성립함을 이용하여 $f(x)$ 또는 $g(x)$를 구한다.

(1) 등식의 양변에 $x=a$를 대입하면 $g(a)=0$이다.

(2) 등식의 양변을 x에 대하여 미분하면 $f(x)=g'(x)$이다.

🔵 개념ON 306쪽 🟢 유형ON 2권 096쪽

0703 대표문제

다항함수 $f(x)$가 모든 실수 x에 대하여

$$\int_1^x t\,f(t)\,dt=2x^3-ax^2-4$$

를 만족시킬 때, $f(2)$의 값은? (단, a는 상수이다.)

① 12 ② 14 ③ 16
④ 18 ⑤ 20

다항함수 $f(x)$가 모든 실수 x에 대하여

$$\int_0^x f(t)\,dt = x^3 + 4x$$

를 만족시킬 때, $f(10)$의 값을 구하시오.

다항함수 $f(x)$가 모든 실수 x에 대하여

$$\int_2^x f(t)\,dt = 2x^3 - 3x^2 + \int_0^1 \frac{2}{3}xf(t)\,dt$$

를 만족시킬 때, $f(1)$의 값은?

① -2 ② -1 ③ 0
④ 1 ⑤ 2

다항함수 $f(x)$가 모든 실수 x에 대하여

$$\int_{-1}^x f(t)\,dt = x^3 + ax^2 - (a+2)x + 5$$

를 만족시킬 때, $\displaystyle\lim_{h \to 0} \frac{f(-1+h) - f(-1-h)}{h}$의 값은?

(단, a는 상수이다.)

① -30 ② -28 ③ -26
④ -24 ⑤ -22

다항함수 $f(x)$가 모든 실수 x에 대하여

$$xf(x) = \frac{2}{3}x^3 - x^2 + \int_1^x f(t)\,dt$$

를 만족시킨다. 방정식 $f(k) = \frac{2}{3}$를 만족시키는 모든 실수 k의 값의 합을 구하시오.

다항함수 $f(x)$가 모든 실수 x에 대하여

$$\int_1^x \left\{ \frac{d}{dt} f(t) \right\} dt = -3x^2 + ax + 1$$

을 만족시킨다. $f(1) = 3$일 때, $\int_0^1 f(x)\,dx$의 값을 구하시오.

(단, a는 상수이다.)

다항함수 $f(x)$가 모든 실수 x에 대하여

$$\int_1^x f(t)\,dt = 2x^3 - 3x^2 + xf(x)$$

를 만족시킬 때, $f(-1)$의 값은?

① -12 ② -11 ③ -10
④ -9 ⑤ -8

$\displaystyle\int_a^x (x-t)f(t)\,dt=g(x)$와 같이 적분 구간에 변수 x가 있는 정적분을 포함한 등식이 모든 실수 x에 대하여 성립할 때, 다음 두 가지가 성립함을 이용하여 $f(x)$ 또는 $g(x)$를 구한다.

(1) 등식의 양변에 $x=a$를 대입하면 $g(a)=0$이다.

(2) 등식의 좌변을

$$\int_a^x (x-t)f(t)\,dt=x\int_a^x f(t)\,dt-\int_a^x tf(t)\,dt$$

로 변형한 후 양변을 x에 대하여 미분하여 정리하면

$$\int_a^x f(t)\,dt=g'(x)$$

🎧 개념ON 308쪽 🎧 유형ON 2권 097쪽

0710 대표문제

미분가능한 함수 $f(x)$에 대하여

$$\int_1^x (x-t)f(t)\,dt=2x^3-ax^2+1$$

이 성립할 때, $\displaystyle\int_1^a f(x)\,dx$의 값은? (단, a는 상수이다.)

① 32　　　　② 33　　　　③ 34
④ 35　　　　⑤ 36

0711

다항함수 $f(x)$가 모든 실수 x에 대하여

$$\int_0^x (x-t)f'(t)\,dt=x^4-2x^3$$

을 만족시키고 $f(0)=2$일 때, $f(2)$의 값을 구하시오.

0712 서술형

다항함수 $f(x)$가 모든 실수 x에 대하여

$$\int_{-1}^x (t-x)f(t)\,dt=x^3+ax^2-9x-5$$

를 만족시킬 때, $f(1)$의 값을 구하시오. (단, a는 상수이다.)

0713 중요

다항함수 $f(x)$가 모든 실수 x에 대하여

$$\int_a^x (x-t)f(t)\,dt=x^3-ax^2+2ax-8$$

을 만족시킬 때, $f(a)$의 값은? (단, a는 상수이다.)

① -10　　　　② -9　　　　③ -8
④ -7　　　　⑤ -6

0714

미분가능한 함수 $f(x)$가 모든 실수 x에 대하여

$$f(x)=x^2-2x+\int_0^x (x-t)f'(t)\,dt$$

를 만족시킬 때, $f'(5)-f(5)$의 값을 구하시오.

0715

다항함수 $f(x)$가 모든 실수 x에 대하여

$$\int_0^x (x-2t)f(t)\,dt=\frac{1}{5}x^5-\frac{1}{2}x^4+ax^3$$

을 만족시킨다. $f(-1)=\dfrac{4}{3}$, $f(0)=0$일 때, $f(3)$의 값은?

(단, a는 상수이다.)

① -6　　　　② -3　　　　③ 0
④ 3　　　　⑤ 6

정적분으로 정의된 함수 $F(x)$를 x에 대하여 미분하여 $F'(x)$를 구한 후 증감표를 이용하여 극댓값과 극솟값을 구한다.

Tip 극값을 갖는 x는 $F'(x)=0$인 x의 값의 좌우에서 $F'(x)$의 부호를 조사하여 판정한다.

🎧 개념ON 310쪽　🎧 유형ON 2권 097쪽

0716 대표문제

함수 $f(x)=\displaystyle\int_0^x (t^2-t-2)\,dt$의 극댓값을 a, 극솟값을 b라 할 때, $a+b$의 값은?

① $-\dfrac{5}{2}$　　② $-\dfrac{7}{3}$　　③ $-\dfrac{13}{6}$

④ -2　　⑤ $-\dfrac{11}{6}$

0717 중요

함수 $f(x)=\displaystyle\int_0^x (-3t^2+at+b)\,dt$가 $x=3$에서 극댓값 27을 가질 때, $f(x)$의 극솟값을 구하시오.

(단, a, b는 상수이다.)

0718

다항함수 $f(x)$가 다음 조건을 만족시킨다.

(가) 모든 실수 x에 대하여 $\displaystyle\int_0^x tf'(t)\,dt=\dfrac{2}{3}x^3+kx^2$이다.

(나) 함수 $f(x)$는 $x=-1$에서 극솟값 4를 갖는다.

$f(1)$의 값을 구하시오. (단, k는 상수이다.)

0719 중요

이차함수 $f(x)=x^2+2kx+4$에 대하여 함수 $F(x)$를

$$F(x)=\int_0^x f(t)\,dt$$

라 할 때, 함수 $F(x)$가 극값을 갖지 않도록 하는 정수 k의 개수를 구하시오.

0720

삼차함수 $f(x)=\dfrac{1}{3}x^3-9x+k$에 대하여 함수 $F(x)=\displaystyle\int_0^x f(t)\,dt$가 극댓값을 갖도록 하는 자연수 k의 최댓값을 구하시오.

유형 12 정적분으로 정의된 함수의 최대, 최소

정적분으로 정의된 함수 $F(x)$를 x에 대하여 미분하여 $F'(x)$를 구한 후 증감표를 이용하여 최댓값과 최솟값을 구한다.

Tip 구간 $[a,b]$에서 연속인 함수 $f(x)$의 최댓값과 최솟값은 각각 주어진 구간에서의 극값, $f(a)$, $f(b)$ 중 가장 큰 값과 가장 작은 값이다.

🎧 개념ON 310쪽　🎧 유형ON 2권 098쪽

0721 대표문제

닫힌구간 $[0, 5]$에서 정의된 함수

$$f(x)=\int_1^x (t^2-8t+12)\,dt$$

의 최댓값은?

① 2　　② $\dfrac{7}{3}$　　③ $\dfrac{8}{3}$

④ 3　　⑤ $\dfrac{10}{3}$

0722

함수 $f(x)$가 모든 실수 x에 대하여

$$\int_0^x (x-t)f(t)\,dt = \frac{1}{2}x^4 + 2x^3$$

을 만족시킬 때, $f(x)$의 최솟값을 구하시오.

0723 ✓중요

$0 \leq x \leq a$에서 함수

$$f(x) = \int_0^x (t^2 - 2t - 3)\,dt$$

의 최댓값과 최솟값의 차가 $\dfrac{32}{3}$일 때, a의 값은? (단, $a>3$)

① 4   ② 5   ③ 6

④ 7   ⑤ 8

0724

함수 $f(x) = -x^2 + 2x - 2$에 대하여 함수 $g(x)$를

$$g(x) = \int_0^x (x-t)f'(t)\,dt$$

라 할 때, $x \geq 0$에서 함수 $g(x)$의 최댓값은?

① $\dfrac{1}{3}$ ② $\dfrac{2}{3}$ ③ 1

④ $\dfrac{4}{3}$ ⑤ $\dfrac{5}{3}$

유형 13   정적분으로 정의된 함수의 그래프

다항함수 $f(x)$에 대하여 $F(x) = \displaystyle\int_a^x f(t)\,dt$일 때

함수 $y=f(x)$ 또는 $y=F(x)$의 그래프가 주어지면 그래프를 이용하여 함수 $f(x)$ 또는 $F(x)$의 식을 구한 후 $F'(x)=f(x)$임을 이용한다.

🎧 유형ON 2권 099쪽

0725 대표문제

다항함수 $f(x)$에 대하여 함수 $F(x)$를

$$F(x) = \int_1^x f(t)\,dt$$

라 하면 함수 $F(x)$는 이차함수이고 $y=F(x)$의 그래프는 그림과 같다. 함수 $y=f(x)$의 그래프가 점 $(3, 6)$을 지날 때, $f(5)$의 값은?

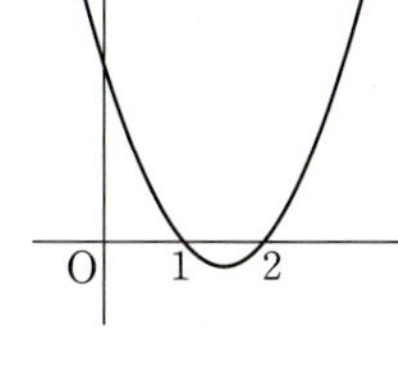

① 12   ② 14   ③ 16

④ 18   ⑤ 20

0726

이차함수 $y=f(x)$의 그래프가 그림과 같다. 함수 $F(x) = \displaystyle\int_x^{x+1} f(t)\,dt$가 $x=k$에서 최댓값을 가질 때, 상수 k의 값을 구하시오.

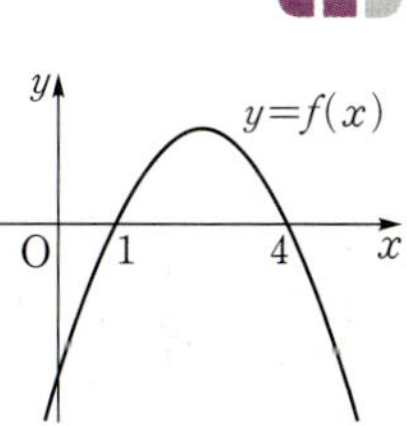

0727 ✓중요 ✏서술형

이차함수 $y=f(x)$의 그래프가 그림과 같다. 함수 $F(x) = \displaystyle\int_1^x f(t)\,dt$의 극댓값을 M, 극솟값을 m이라 할 때, $M-3m$의 값을 구하시오.

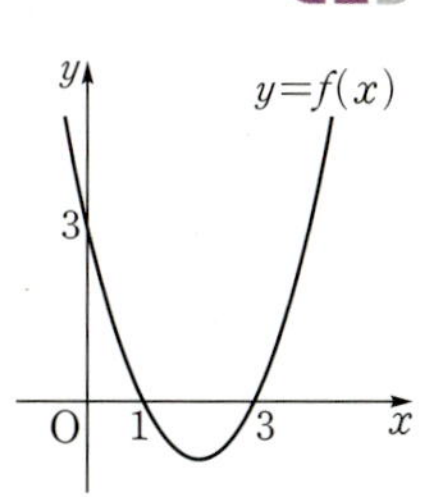

0728 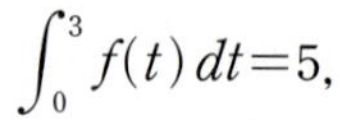

실수 전체의 집합에서 미분가능한 함수 $y=f(x)$의 그래프가 그림과 같고

$$\int_0^3 f(t)\,dt=5,$$

$$\int_3^5 f(t)\,dt=-9$$

이다. 함수 $g(x)$가

$$g(x)=\int_0^x f(t)\,dt$$

일 때, 닫힌구간 $[0,\,5]$에서 함수 $g(x)$의 최댓값과 최솟값의 합은?

① 1   ② 2   ③ 3

④ 4   ⑤ 5

0729

다항함수 $f(x)$에 대하여 함수 $F(x)$를

$$F(x)=\int_2^x f(t)\,dt$$

라 하자. 함수 $y=F(x)$의 그래프가 그림과 같을 때, 보기에서 옳은 것만을 있는 대로 고른 것은?

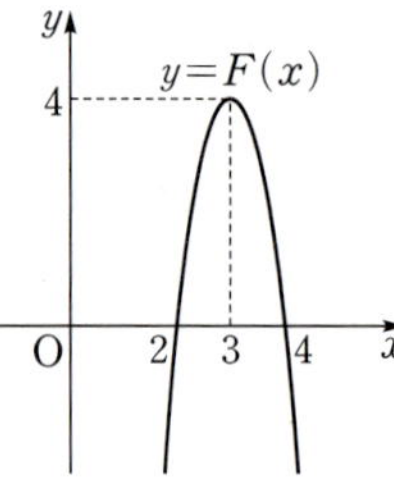

> **보기**
>
> ㄱ. $f(2)=0$
> ㄴ. $F(3)+f(3)=4$
> ㄷ. 함수 $f(x)$의 부정적분 중 하나를 $G(x)$라 하면
> $G(2)=G(4)$이다.

① ㄱ   ② ㄴ   ③ ㄱ, ㄴ

④ ㄴ, ㄷ   ⑤ ㄱ, ㄴ, ㄷ

유형 14 정적분으로 정의된 함수의 극한

함수 $f(x)$의 한 부정적분이 $F(x)$일 때,

(1) $\displaystyle\lim_{x\to0}\frac{1}{x}\int_a^{x+a}f(t)\,dt=\lim_{x\to0}\frac{F(x+a)-F(a)}{x}$
$$=F'(a)=f(a)$$

(2) $\displaystyle\lim_{x\to a}\frac{1}{x-a}\int_a^{x}f(t)\,dt=\lim_{x\to a}\frac{F(x)-F(a)}{x-a}$
$$=F'(a)=f(a)$$

🔲 개념ON 312쪽   🔲 유형ON 2권 099쪽

0730 대표문제

함수 $f(x)=\displaystyle\int_0^x (6t^2-4t+3)\,dt$에 대하여

$$\lim_{x\to0}\frac{1}{x}\int_0^x f'(t)\,dt$$

의 값은?

① 2   ② 3   ③ 4

④ 5   ⑤ 6

0731

$\displaystyle\lim_{h\to0}\frac{1}{h}\int_2^{2+3h}(x^3-2x+2)\,dx$의 값은?

① 16   ② 17   ③ 18

④ 19   ⑤ 20

0732

함수 $f(x)=x^2-3x+5$에 대하여

$$\lim_{x\to1}\frac{1}{x^3-1}\int_1^x f(t)\,dt$$

의 값은?

① -5 ② -3 ③ -1

④ 1   ⑤ 3

0733

다항함수 $f(x)$가

$$\lim_{x \to a} \frac{1}{x-a} \int_a^x f(t)\,dt = a^3 - 2a + 1$$

을 만족시킬 때, $f(1)$의 값은?

① -2 ② -1 ③ 0
④ 1 ⑤ 2

0734 중요

함수 $f(x) = x^3 - 2x^2 + 4x + 1$에 대하여

$$\lim_{x \to 1} \frac{1}{x-1} \int_1^x f(t)\,dt$$

의 값은?

① 3 ② 6 ③ 9
④ 12 ⑤ 15

0735 서술형

등식 $\displaystyle \lim_{x \to 0} \frac{1}{x} \int_0^x |t - 4a|\,dt = 2a^2 + a - 2$를 만족시키는 양수 a의 값을 구하시오.

0736

실수 전체의 집합에서 미분가능한 함수 $f(x)$에 대하여 $f(1) = 2$, $f'(1) = 3$일 때, $\displaystyle \lim_{x \to 1} \frac{1}{x-1} \int_{f(1)}^{f(x)} 3t^2\,dt$의 값을 구하시오.

0737

다항함수 $f(x)$가

$$f'(x) = 3x^2 + 2x - 2, \quad f(0) = 1$$

을 만족시킬 때, $\displaystyle \lim_{x \to -2} \frac{1}{x+2} \int_{-2}^x (t+1)f(t)\,dt$의 값은?

① -5 ② -4 ③ -3
④ -2 ⑤ -1

0738

함수 $f(x) = 2x - 6$에 대하여 미분가능한 함수 $g(x)$가

$$g'(x) = \lim_{h \to 0} \frac{1}{h} \int_x^{x+h} f(t)\,dt$$

를 만족시킨다. $g(2) = -6$일 때, $g(-2)$의 값을 구하시오.

0739 교육청 기출

최고차항의 계수가 1인 삼차함수 $f(x)$가
$$\int_0^1 f'(x)\,dx = \int_0^2 f'(x)\,dx = 0$$
을 만족시킬 때, $f'(1)$의 값은?

① -4 ② -3 ③ -2

④ -1 ⑤ 0

0740 교육청 기출

함수 $y=4x^3-12x^2$의 그래프를 y축의 방향으로 k만큼 평행 이동한 그래프를 나타내는 함수를 $y=f(x)$라 하자.
$$\int_0^3 f(x)\,dx=0$$
을 만족시키는 상수 k의 값을 구하시오.

0741

다항함수 $f(x)$가
$$\int_0^2 x^2 f'(x)\,dx + 2\int_0^2 x f(x)\,dx = 20$$
을 만족시킬 때, $f(2)$의 값은?

① 1 ② 2 ③ 3

④ 4 ⑤ 5

0742

실수 전체의 집합에서 연속인 함수 $f(x)$에 대하여
$$f'(x) = \begin{cases} 3x^2-6x+4 & (x<1) \\ 6x-5 & (x\geq 1) \end{cases}, \ f(0)=0$$
일 때, $\int_0^2 f(x)\,dx$의 값은?

① 4 ② $\dfrac{17}{4}$ ③ $\dfrac{9}{2}$

④ $\dfrac{19}{4}$ ⑤ 5

0743

미분가능한 함수 $f(x)$가 모든 실수 x에 대하여 $f'(x)>0$이고
$$f(3)=0, \ \int_{-2}^3 |f(x)|\,dx=2, \ \int_3^5 |f(x)|\,dx=5$$
를 만족시킬 때, $\int_{-2}^5 f(x)\,dx$의 값을 구하시오.

0744 교육청 기출

함수 $f(x)$에 대하여 $f'(x)=3x^2-4x+1$이고
$$\lim_{x\to 0}\frac{1}{x}\int_0^x f(t)\,dt=1$$ 일 때, $f(2)$의 값은?

① 3 ② 4 ③ 5

④ 6 ⑤ 7

0745

다항함수 $f(x)$가 다음 조건을 만족시킨다.

> (가) 모든 실수 x에 대하여 $f(x)+f(-x)=0$이다.
> (나) $\displaystyle\int_{-3}^{2} f(x)\,dx=2,\ \int_{-2}^{5} f(x)\,dx=10$

$\displaystyle\int_{3}^{5} f(x)\,dx$의 값은?

① 8   ② 9   ③ 10
④ 11   ⑤ 12

0746 수능 기출

다항함수 $f(x)$가 모든 실수 x에 대하여

$$\int_{1}^{x} \left\{ \frac{d}{dt} f(t) \right\} dt = x^3 + ax^2 - 2$$

를 만족시킬 때, $f'(a)$의 값은? (단, a는 상수이다.)

① 1   ② 2   ③ 3
④ 4   ⑤ 5

0747

다항함수 $f(x)$에 대하여

$$\int_{1}^{x} \left[\frac{d}{dt} \{(t+1)f(t)\} \right] dt = x^3 - 2ax^2 + 5$$

가 성립할 때, $a+f(0)$의 값은? (단, a는 상수이다.)

① 6   ② 7   ③ 8
④ 9   ⑤ 10

0748

이차함수 $f(x)$가 다음 조건을 만족시킨다.

> (가) $\displaystyle\lim_{x \to 0} \frac{f(x)}{x} = 2$
> (나) $\displaystyle\int_{0}^{3} f(x)\,dx = 18$

$f(4)$의 값을 구하시오.

 평가원 기출

함수 $f(x)=-x^2-4x+a$에 대하여 함수

$$g(x)=\int_0^x f(t)\,dt$$

가 닫힌구간 $[0,\ 1]$에서 증가하도록 하는 실수 a의 최솟값을 구하시오.

0750

두 함수 $f(x),\ g(x)$에 대하여

$$f(x)=3x^2+\int_0^1 \{2f(t)+g(t)\}\,dt,$$

$$g(x)=2x+\int_0^1 \{f(t)-2g(t)\}\,dt$$

일 때, $\int_0^1 \{f(x)+g(x)\}\,dx$의 값은?

① -2 ② -1 ③ 0

④ 1 ⑤ 2

0751

다항함수 $f(x)$의 한 부정적분 $F(x)$에 대하여

$$F(x)-xf(x)=x^3-4x^2+5$$

가 성립한다. $f(0)=1$일 때, $\displaystyle\lim_{x\to-2}\frac{1}{x+2}\int_4^{x^2} f(t)\,dt$의 값은?

① -40 ② -38 ③ -36

④ -34 ⑤ -32

0752

연속함수 $f(x)$가 다음 조건을 만족시킨다.

> (가) 모든 실수 x에 대하여 $f(x+2)=f(x)$이다.
> (나) 모든 실수 x에 대하여 $f(1+x)=f(1-x)$이다.
> (다) $\displaystyle\int_5^8 f(x)\,dx=6$

$\displaystyle\int_0^{100} f(x)\,dx$의 값을 구하시오.

0753

임의의 실수 x, y에 대하여 다항함수 $f(x)$가 다음 조건을 만족시킨다.

> (가) $f(x+y)=f(x)+f(y)-4xy$
> (나) $f'(1)=0$

함수 $F(x)=\displaystyle\int_0^x tf'(t)\,dt$일 때, $F(x)$의 극댓값은?

① $\dfrac{1}{3}$ ② $\dfrac{2}{3}$ ③ 1

④ $\dfrac{4}{3}$ ⑤ $\dfrac{5}{3}$

0754

다항함수 $f(x)$와 양수 a에 대하여 함수 $F(x)$를

$$F(x)=\int_a^x f(t)\,dt$$

라 하면 함수 $F(x)$는 삼차함수이고, $y=F(x)$의 그래프는 그림과 같다. 함수 $f(x)$의 극값이 -4일 때, 함수 $F(x)$의 극댓값은?

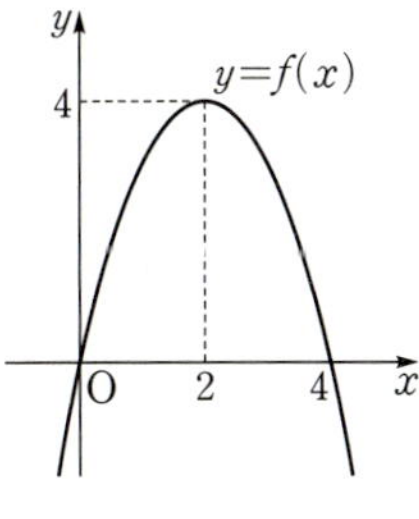

① $\dfrac{31}{3}$ ② $\dfrac{32}{3}$ ③ 11

④ $\dfrac{34}{3}$ ⑤ $\dfrac{35}{3}$

 ### 서술형 대비하기

0755

최고차항의 계수가 1인 이차함수 $f(x)$가

$$\int_0^2 f(x)\,dx=\int_0^1 f(x)\,dx=\int_1^2 f(x)\,dx$$

를 만족시킬 때, $\displaystyle\int_{-1}^3 f(x)\,dx$의 값을 구하시오.

0756

이차함수 $y=f(x)$의 그래프가 그림과 같다. 함수 $g(x)$를

$$g(x)=\int_1^{x+2} f(t)\,dt$$

라 할 때, $g(x)$의 극댓값을 M, 극솟값을 m이라 하자. $M-3m$의 값을 구하시오.

0757

실수 전체의 집합에서 연속인 함수 $f(x)$가 다음 조건을 만족시킨다.

> (가) $\displaystyle\int_0^3 f(x)\,dx=0$
>
> (나) $\displaystyle\int_n^{n+5} f(x)\,dx=\int_n^{n+1} 2x\,dx$ (단, $n=0,\ 1,\ 2,\ \cdots$)

$\displaystyle\int_{13}^{15} f(x)\,dx$의 값을 구하시오.

0758

삼차함수 $y=f(x)$의 그래프와 일차함수 $y=g(x)$의 그래프가 그림과 같다. 함수 $h(x)=\displaystyle\int_0^x f(t)g(t)\,dt$에 대하여 보기에서 옳은 것만을 있는 대로 고른 것은?

$$(\text{단},\ f(\alpha)=f(\beta)=f(\gamma)=0,\ g(\beta)=0)$$

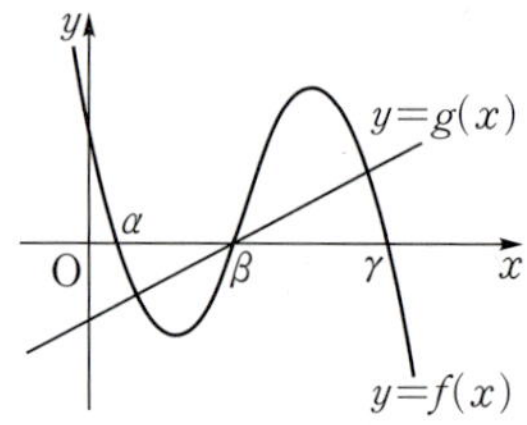

보기

> ㄱ. 함수 $h(x)$는 열린구간 $(\alpha,\ \beta)$에서 증가한다.
> ㄴ. 함수 $h(x)$는 $x=\beta$에서 극대이다.
> ㄷ. $h(\gamma)=0$이면 방정식 $h(x)=0$은 서로 다른 두 실근을 갖는다.

① ㄱ　　　② ㄴ　　　③ ㄱ, ㄴ
④ ㄱ, ㄷ　　　⑤ ㄱ, ㄴ, ㄷ

0759

최고차항의 계수가 1인 이차함수 $f(x)$에 대하여 함수 $g(x)$를

$$g(x)=\int_0^x (t+1)(t-2)f(t)\,dt$$

라 하자. 함수 $|g'(x)|$가 실수 전체의 집합에서 미분가능할 때, $\displaystyle\int_{-1}^2 f(x)\,dx$의 값은?

① -6　　　② $-\dfrac{11}{2}$　　　③ -5

④ $-\dfrac{9}{2}$　　　⑤ -4

0760

최고차항의 계수가 1인 삼차함수 $f(x)$에 대하여 함수 $g(x)$를 $g(x)=\displaystyle\int_{-1}^x f(t)\,dt$라 할 때, 함수 $g(x)$가 다음 조건을 만족시킨다.

> (가) 함수 $g(x)$는 $x=1$에서 극댓값 4를 갖는다.
> (나) 함수 $g(x)$의 최솟값은 0이다.

$f(4)$의 값을 구하시오.

0761

실수 t에 대하여 $0 \le x \le 1$에서 함수 $f(x) = x^2 - 2tx + 2$의 최솟값을 $g(t)$라 할 때, $\int_{-2}^{2} g(t)\,dt$의 값은?

① 5 ② $\dfrac{16}{3}$ ③ $\dfrac{17}{3}$

④ 6 ⑤ $\dfrac{19}{3}$

0762

삼차함수 $y=f(x)$의 그래프가 그림과 같다. 함수 $F(x)$를

$$F(x) = \int_{b}^{x} f(t)\,dt$$

라 할 때, 보기에서 옳은 것만을 있는 대로 고른 것은?

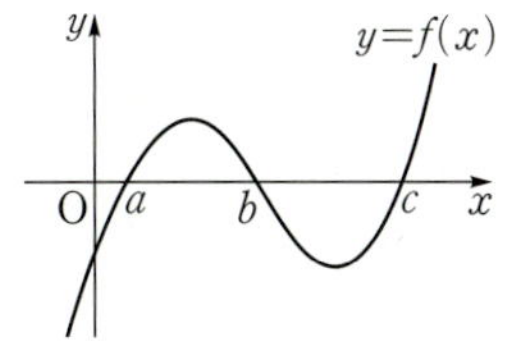

> **보기**
>
> ㄱ. $F(a) < 0$
> ㄴ. 함수 $F(x)$는 $x=b$에서 극댓값을 갖는다.
> ㄷ. 방정식 $F(x)=0$은 서로 다른 세 실근을 갖는다.

① ㄱ ② ㄴ ③ ㄱ, ㄴ

④ ㄱ, ㄷ ⑤ ㄱ, ㄴ, ㄷ

0763

이차함수 $f(x)$가 다음 조건을 만족시킨다.

> ㈎ $f(0) = 2$
> ㈏ $\displaystyle \lim_{x \to 2} \frac{1}{x-2} \int_{0}^{x} f(t)\,dt = 6$

$f(3)$의 값을 구하시오.

0764

실수 전체의 집합에서 미분가능한 함수 $f(x)$의 도함수가

$$f'(x) = |x+1| + |x-1|$$

이다. $f(0)=0$일 때, $\int_{-2}^{3} f(x)\,dx$의 값은?

① 6 ② $\dfrac{20}{3}$ ③ $\dfrac{22}{3}$

④ 8 ⑤ $\dfrac{26}{3}$

0765 교육청 기출

최고차항의 계수가 1인 삼차함수 $f(x)$에 대하여 함수 $g(x)$를

$$g(x)=\int_0^x f(t)\,dt+f(x)$$

라 할 때, 함수 $g(x)$는 다음 조건을 만족시킨다.

> (가) 함수 $g(x)$는 $x=0$에서 극댓값 0을 갖는다.
> (나) 함수 $g(x)$의 도함수 $y=g'(x)$의 그래프는 원점에 대하여 대칭이다.

$f(2)$의 값은?

① -5 ② -4 ③ -3
④ -2 ⑤ -1

0766

함수 $y=f(x)$의 그래프가 그림과 같고 다음 조건을 만족시킨다.

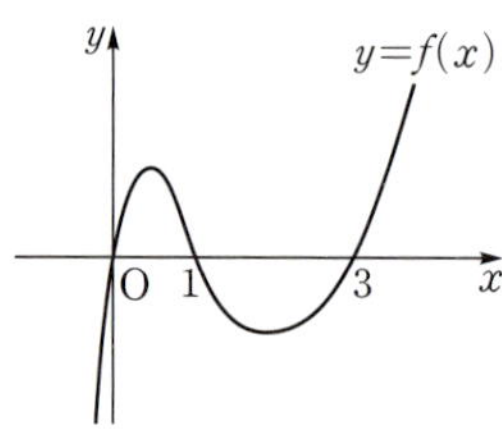

> (가) $\displaystyle\int_0^1 2f(x)\,dx=6$
> (나) $\displaystyle\int_0^3 |f(x)|\,dx=7$

함수 $g(x)$를 $g(x)=\displaystyle\int_0^x f(t)\,dt$라 할 때, 닫힌구간 $[0,\ 3]$에서 함수 $g(x)$의 최댓값과 최솟값의 합을 구하시오.

0767

다항함수 $f(x)$가 모든 실수 x에 대하여

$$\{f(x)\}^2-2\int_0^x f(t)\,dt=x^4-\frac{8}{3}x^3+2x^2$$

을 만족시킬 때, $f(5)$의 값을 구하시오.

0768

일차함수 $f(x)$에 대하여 실수 전체의 집합에서 미분가능한 함수 $g(x)$는

$$g(x)=\int_0^x (x-t)f(t)\,dt+\int_0^1 f(t)\,dt$$

이고 다음 조건을 만족시킨다.

> (가) 함수 $g(x)$는 $x=2$에서 극값을 갖는다.
> (나) $\displaystyle\lim_{x\to 3}\frac{1}{x-3}\int_3^x g'(t)\,dt=6$

$f(10)$의 값을 구하시오.

0769 수능 기출

실수 전체의 집합에서 미분가능한 함수 $f(x)$가 다음 조건을 만족시킨다.

> (가) 닫힌구간 $[0, 1]$에서 $f(x)=x$이다.
> (나) 어떤 상수 a, b에 대하여 구간 $[0, \infty)$에서
> $f(x+1)-xf(x)=ax+b$이다.

$60 \times \displaystyle\int_1^2 f(x)dx$의 값을 구하시오.

0770

최고차항의 계수가 양수인 삼차함수 $f(x)$에 대하여 함수 $g(x)$를

$$g(x)=\int_1^x (t-1)f'(t)\,dt$$

라 할 때, 함수 $g(x)$가 다음 조건을 만족시킨다.

> (가) $g(0)=-1$
> (나) 함수 $g(x)$는 $x=0$에서 극솟값을 갖는다.
> (다) 방정식 $g(x)=0$이 서로 다른 두 실근을 갖는다.

$g(2)$의 값을 구하시오.

0771 평가원 기출

최고차항의 계수가 2인 이차함수 $f(x)$에 대하여 함수
$g(x)=\displaystyle\int_x^{x+1} |\,f(t)\,|\,dt$는 $x=1$과 $x=4$에서 극소이다. $f(0)$의 값을 구하시오.

0772 평가원 기출

최고차항의 계수가 1인 삼차함수 $f(x)$와 상수 k $(k \geq 0)$에 대하여 함수

$$g(x)=\begin{cases} 2x-k & (x \leq k) \\ f(x) & (x > k) \end{cases}$$

가 다음 조건을 만족시킨다.

> (가) 함수 $g(x)$는 실수 전체의 집합에서 증가하고 미분가능하다.
> (나) 모든 실수 x에 대하여
> $\displaystyle\int_0^x g(t)\{\,|\,t(t-1)\,|+t(t-1)\,\}\,dt \geq 0$이고
> $\displaystyle\int_3^x g(t)\{\,|\,(t-1)(t+2)\,|-(t-1)(t+2)\,\}\,dt \geq 0$이다.

$g(k+1)$의 최솟값은?

① $4-\sqrt{6}$ ② $5-\sqrt{6}$ ③ $6-\sqrt{6}$

④ $7-\sqrt{6}$ ⑤ $8-\sqrt{6}$

PART A 09 정적분의 활용

유형 01 곡선과 x축 사이의 넓이

함수 $f(x)$가 닫힌구간 $[a, b]$에서 연속일 때, 곡선 $y=f(x)$와 x축 및 두 직선 $x=a$, $x=b$로 둘러싸인 도형의 넓이 S는

$$S=\int_a^b |f(x)|\,dx$$

(1) $f(x)\geq 0$일 때, $S=\int_a^b f(x)\,dx$

(2) $f(x)\leq 0$일 때, $S=\int_a^b \{-f(x)\}\,dx$

Tip 구간 $[a, b]$에서 함수 $f(x)$가 양, 음의 값을 모두 가질 때에는 $f(x)$의 값이 양수인 구간과 음수인 구간으로 나누어 넓이를 구한다.

개념ON 328쪽 유형ON 2권 104쪽

0773 대표문제 평가원 기출

곡선 $y=6x^2-12x$와 x축으로 둘러싸인 부분의 넓이를 구하시오.

0774

곡선 $y=4x^3-4x$와 x축으로 둘러싸인 도형의 넓이를 구하시오.

0775 중요

곡선 $y=-x^2+4$와 x축 및 두 직선 $x=1$, $x=3$으로 둘러싸인 도형의 넓이를 구하시오.

0776

곡선 $y=-x^2+ax$와 x축으로 둘러싸인 도형의 넓이가 $\dfrac{9}{2}$일 때, 양수 a의 값을 구하시오.

0777

실수 전체의 집합에서 미분가능한 함수 $f(x)$가
$$f'(x)=6x^2-12x+4,\ f(1)=0$$
을 만족시킬 때, 곡선 $y=f(x)$와 x축으로 둘러싸인 도형의 넓이를 구하시오.

0778 중요 서술형

삼차함수 $y=f(x)$의 그래프가 그림과 같다. 곡선 $y=f(x)$와 x축으로 둘러싸인 도형의 넓이가 4일 때, $f'(2)$의 값을 구하시오.

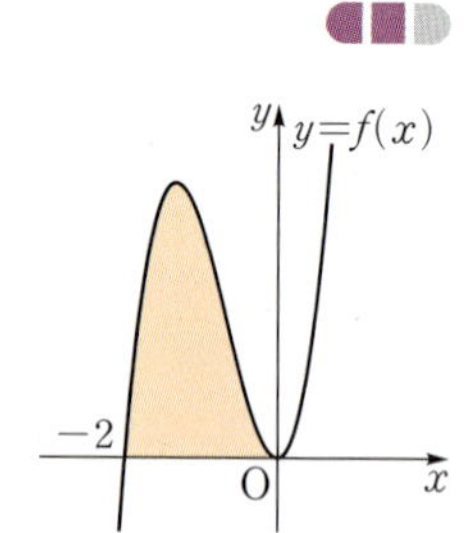

0779

곡선 $y=-2x^3$과 x축 및 두 직선 $x=-2$, $x=a$로 둘러싸인 도형의 넓이가 $\dfrac{17}{2}$일 때, 양수 a의 값을 구하시오.

0780

다항함수 $f(x)$가 모든 실수 x에 대하여

$$xf(x)=\int_0^x tf'(t)dt+\frac{2}{3}x^3-5x^2+8x$$

를 만족시킬 때, 함수 $y=f(x)$의 그래프와 x축으로 둘러싸인 도형의 넓이를 구하시오.

0781 교육청 기출

두 양수 a, b $(a<b)$에 대하여 함수 $f(x)$를
$f(x)=(x-a)(x-b)$라 하자.

$$\int_0^a f(x)dx=\frac{11}{6}, \quad \int_0^b f(x)dx=-\frac{8}{3}$$

일 때, 곡선 $y=f(x)$와 x축으로 둘러싸인 부분의 넓이는?

① 4
② $\dfrac{9}{2}$
③ 5
④ $\dfrac{11}{2}$
⑤ 6

유형 02 곡선과 직선 사이의 넓이

곡선 $y=f(x)$와 직선 $y=mx+n$의 교점의 x좌표가 α, β $(\alpha<\beta)$일 때, 곡선과 직선 사이의 넓이 S는

$$S=\int_\alpha^\beta |mx+n-f(x)|\,dx$$

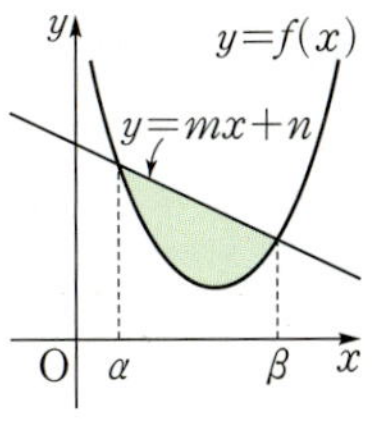

Tip 방정식 $f(x)=mx+n$을 풀어 곡선과 직선의 교점의 x좌표를 구하고 적분 구간을 정한 다음 곡선과 직선의 위치 관계를 파악하여 넓이를 나타내는 정적분 값을 구한다.

유형ON 2권 105쪽

0782 대표문제

곡선 $y=3x^2-4x$와 직선 $y=2x$로 둘러싸인 도형의 넓이는?

① 1
② 2
③ 3
④ 4
⑤ 5

0783 중요

곡선 $y=x^3-2x+1$과 직선 $y=2x+1$로 둘러싸인 도형의 넓이를 구하시오.

0784

곡선 $y=x^2-ax$와 직선 $y=4x$로 둘러싸인 도형의 넓이가 36일 때, 양수 a의 값을 구하시오.

0785

함수 $y=|x^2-x|$의 그래프와 직선 $y=x$로 둘러싸인 도형의 넓이를 구하시오.

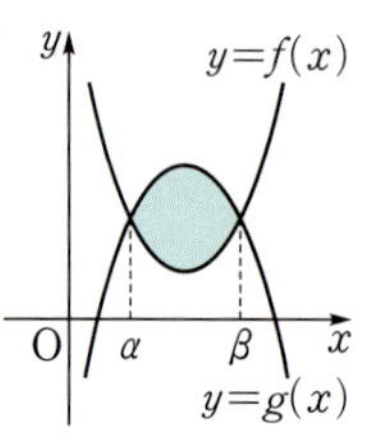

두 곡선 $y=f(x)$, $y=g(x)$의 교점의 x좌표가 α, β $(\alpha<\beta)$일 때, 두 곡선 사이의 넓이 S는

$$S=\int_{\alpha}^{\beta}|f(x)-g(x)|\,dx$$

🔵 **개념ON** 330쪽　🟢 **유형ON 2권** 105쪽

0786 대표문제

두 곡선 $y=x^2-4x+3$, $y=-x^2+6x-5$로 둘러싸인 도형의 넓이를 구하시오.

0787

두 곡선 $y=x^3+2x^2-1$, $y=-x^2+3$으로 둘러싸인 도형의 넓이는?

① $\dfrac{25}{4}$　　② $\dfrac{13}{2}$　　③ $\dfrac{27}{4}$

④ 7　　⑤ $\dfrac{29}{4}$

0788 ✅ 중요

그림과 같이 두 이차함수 $y=f(x)$, $y=g(x)$의 그래프가 x좌표가 0, 3인 점에서 만난다. 두 곡선 $y=f(x)$, $y=g(x)$로 둘러싸인 도형의 넓이가 9일 때, $g(2)-f(2)$의 값을 구하시오.

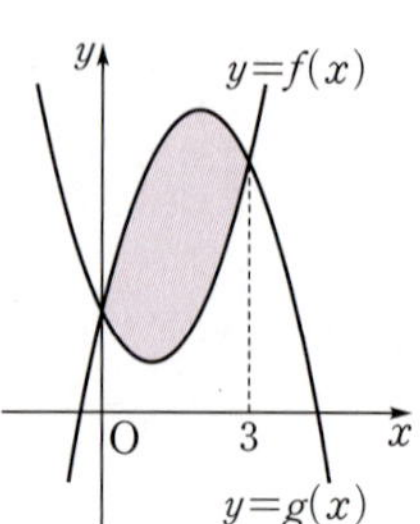

0789

함수 $f(x)=x^3+4$에 대하여 두 곡선 $y=f(x)$, $y=f'(x)$로 둘러싸인 도형의 넓이를 S라 할 때, $4S$의 값을 구하시오.

0790 평가원 기출

함수 $f(x)=x^2-2x$에 대하여 두 곡선 $y=f(x)$, $y=-f(x-1)-1$로 둘러싸인 부분의 넓이는?

① $\dfrac{1}{6}$　　② $\dfrac{1}{4}$　　③ $\dfrac{1}{3}$

④ $\dfrac{5}{12}$　　⑤ $\dfrac{1}{2}$

유형 04 곡선과 접선으로 둘러싸인 도형의 넓이

곡선과 접선으로 둘러싸인 도형의 넓이는 다음과 같은 순서로
구한다.
❶ 접선의 방정식을 구한다.
❷ 접점과 접점이 아닌 교점의 x좌표를 구하고 곡선과 접선을
  그린다.
❸ 정적분을 이용하여 도형의 넓이를 구한다.

◐ 개념ON 332쪽   ◐ 유형ON 2권 106쪽

0791 대표문제

곡선 $y=x^2+1$과 이 곡선 위의 점 $(1,\ 2)$에서의 접선 및 y축
으로 둘러싸인 도형의 넓이를 S라 할 때, $6S$의 값을 구하
시오.

0792 중요

곡선 $y=x^3-3x^2+2x+2$와 이 곡선 위의 점 $(0,\ 2)$에서의
접선으로 둘러싸인 도형의 넓이는?

① $\dfrac{15}{4}$　　② $\dfrac{9}{2}$　　③ $\dfrac{21}{4}$

④ 6　　⑤ $\dfrac{27}{4}$

0793 서술형

그림과 같이 곡선 $y=x^2-2x+3$과
기울기가 2인 이 곡선의 접선 및 y축
으로 둘러싸인 도형의 넓이를 $\dfrac{q}{p}$라 할
때, $p+q$의 값을 구하시오.
(단, p와 q는 서로소인 자연수이다.)

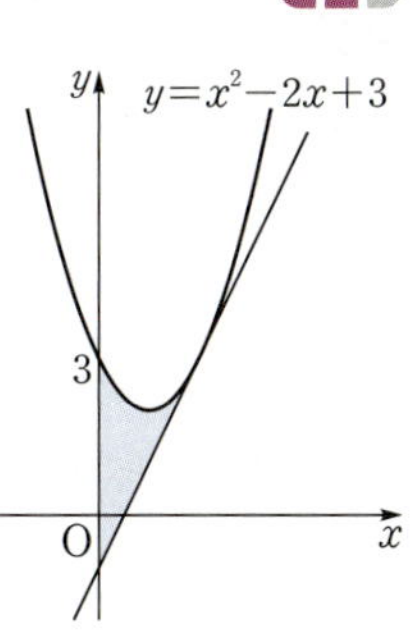

0794

점 $(0,\ -1)$에서 곡선 $y=x^2$에 그은
두 접선과 이 곡선으로 둘러싸인 도형
의 넓이는?

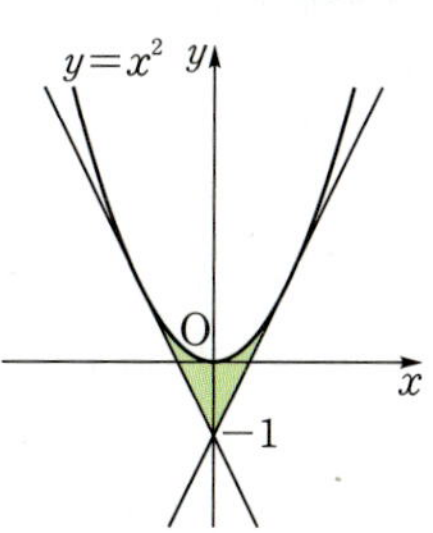

① $\dfrac{1}{3}$　　② $\dfrac{2}{3}$

③ 1　　④ $\dfrac{4}{3}$

⑤ $\dfrac{5}{3}$

0795 교육청 기출

최고차항의 계수가 -3인 삼차함수 $y=f(x)$의 그래프 위의
점 $(2,\ f(2))$에서의 접선 $y=g(x)$가 곡선 $y=f(x)$와 원점
에서 만난다. 곡선 $y=f(x)$와 직선 $y=g(x)$로 둘러싸인 도
형의 넓이는?

① $\dfrac{7}{2}$　　② $\dfrac{15}{4}$　　③ 4

④ $\dfrac{17}{4}$　　⑤ $\dfrac{9}{2}$

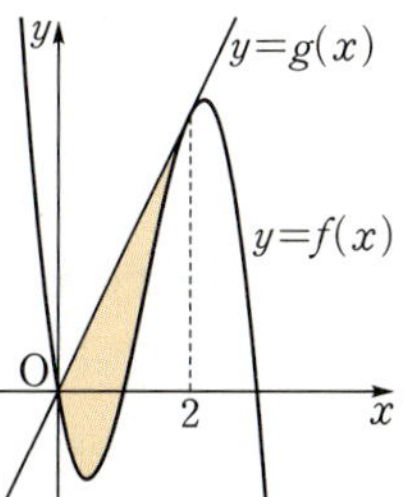

(1) 곡선 $y=f(x)$와 x축으로 둘러싸인 두 도형의 넓이를 S_1, S_2라 할 때, $S_1=S_2$이면
$$\int_a^b f(x)\,dx=0$$

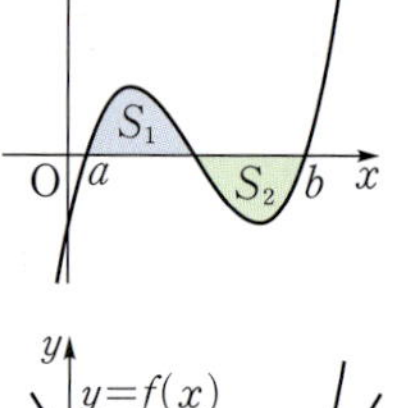

(2) 두 곡선 $y=f(x)$, $y=g(x)$로 둘러싸인 두 도형의 넓이를 S_1, S_2라 할 때, $S_1=S_2$이면
$$\int_a^b \{f(x)-g(x)\}\,dx=0$$

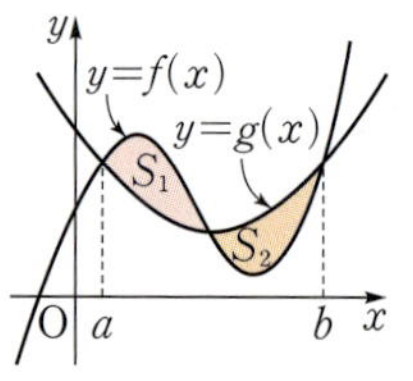

🎧 개념ON 334쪽　🎧 유형ON 2권 106쪽

0796 대표문제

그림과 같이 곡선 $y=x(x-1)(x-k)$와 x축으로 둘러싸인 두 도형의 넓이가 서로 같을 때, 상수 k의 값을 구하시오.
(단, $k>1$)

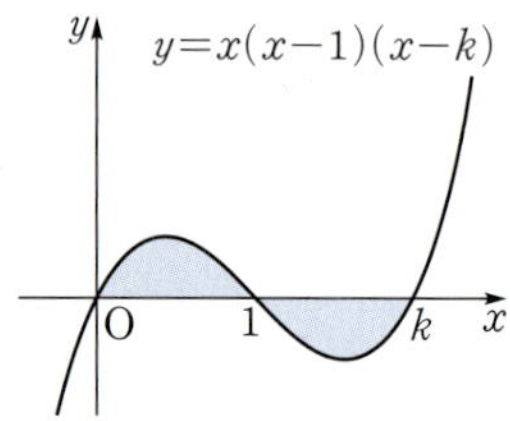

0797

그림과 같이 곡선 $y=-x^2+6x+k$와 x축, y축 및 직선 $x=3$으로 둘러싸인 두 도형의 넓이가 서로 같을 때, 상수 k의 값을 구하시오.
(단, $-9<k<0$)

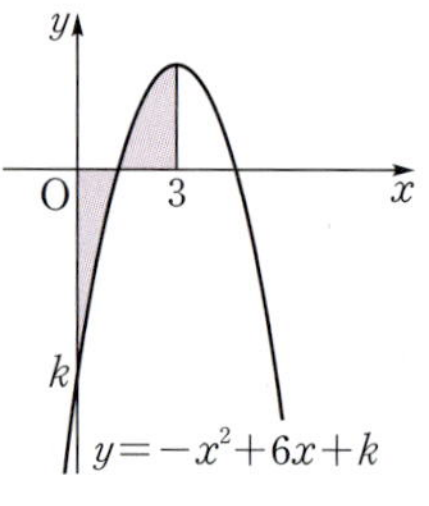

0798

곡선 $y=x^3-ax^2$과 x축으로 둘러싸인 도형의 넓이를 A, 곡선 $y=x^3-ax^2$과 x축 및 두 직선 $x=a$, $x=1$로 둘러싸인 도형의 넓이를 B라 하자. $A=B$일 때, 상수 a의 값은?
(단, $0<a<1$)

① $\dfrac{1}{4}$　　② $\dfrac{3}{8}$　　③ $\dfrac{1}{2}$

④ $\dfrac{5}{8}$　　⑤ $\dfrac{3}{4}$

0799 중요

그림과 같이 두 곡선 $y=-2x^2+2x$, $y=k(x-1)^2$으로 둘러싸인 도형의 넓이를 A, 두 곡선과 y축으로 둘러싸인 도형의 넓이를 B라 하자. $A=B$일 때, 상수 k의 값을 구하시오. (단, $k>0$)

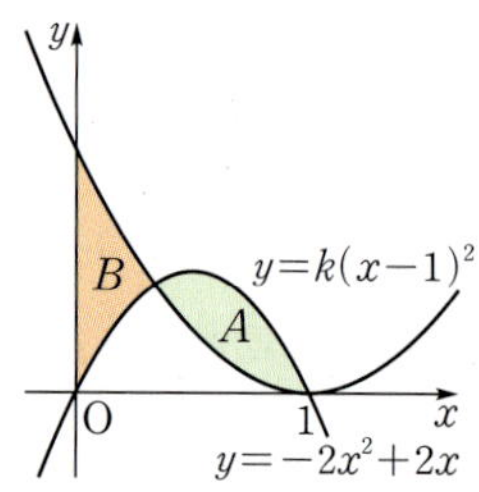

0800 서술형

그림과 같이 곡선 $y=3x^2-12x+k$와 x축 및 y축으로 둘러싸인 도형의 넓이를 S_1, 곡선 $y=3x^2-12x+k$와 x축으로 둘러싸인 도형의 넓이를 S_2라 하자. $2S_1=S_2$일 때, 상수 k의 값을 구하시오. (단, $0<k<12$)

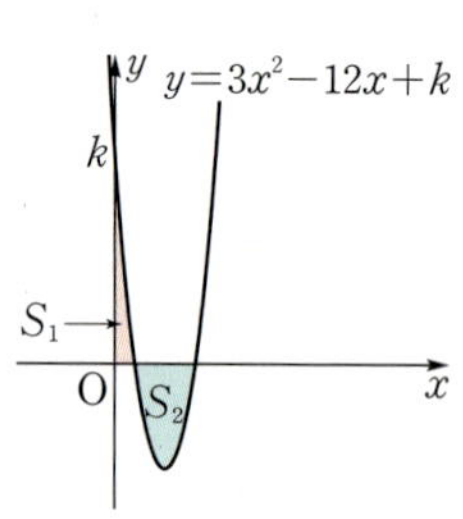

유형 06 도형의 넓이의 활용 – 이등분

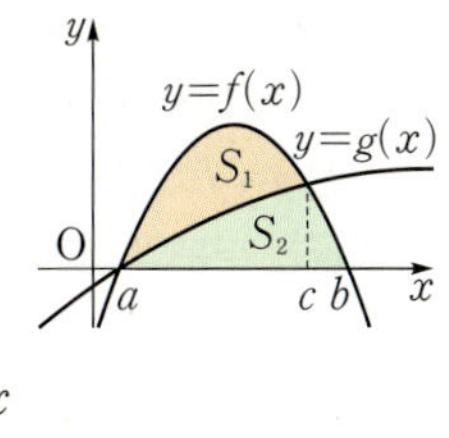

곡선 $y=f(x)$와 x축으로 둘러싸인 도형의 넓이 S를 곡선 $y=g(x)$가 이등분하면

$$\int_a^b f(x)dx=S=S_1+S_2=2S_1$$
$$=2\int_a^c \{f(x)-g(x)\}dx$$

🔘 개념ON 336쪽 🔘 유형ON 2권 107쪽

0801 대표문제

곡선 $y=x^2-3x$와 x축으로 둘러싸인 도형의 넓이를 직선 $y=mx$가 이등분할 때, 상수 m에 대하여 $2(m+3)^3$의 값을 구하시오.

0802

곡선 $y=-x^2+2x$와 직선 $y=mx$로 둘러싸인 도형의 넓이가 x축에 의하여 이등분될 때, 상수 m에 대하여 $(2-m)^3$의 값을 구하시오.

0803

곡선 $y=x^2-2x$와 직선 $y=2x$로 둘러싸인 도형의 넓이를 직선 $x=a$가 이등분할 때, 상수 a의 값은?

① 1 ② $\dfrac{3}{2}$ ③ 2

④ $\dfrac{5}{2}$ ⑤ 3

0804 ✅중요

그림과 같이 두 다항함수 $y=f(x)$, $y=g(x)$의 그래프가 직선 $y=x$와 x좌표가 0, 2인 점에서 만난다. $0 \le x \le 2$에서 두 곡선 $y=f(x)$, $y=g(x)$로 둘러싸인 도형의 넓이가 직선 $y=x$에 의하여 이등분되고 $\int_0^2 f(x)dx=3$일 때, $\int_0^2 g(x)dx$의 값을 구하시오.

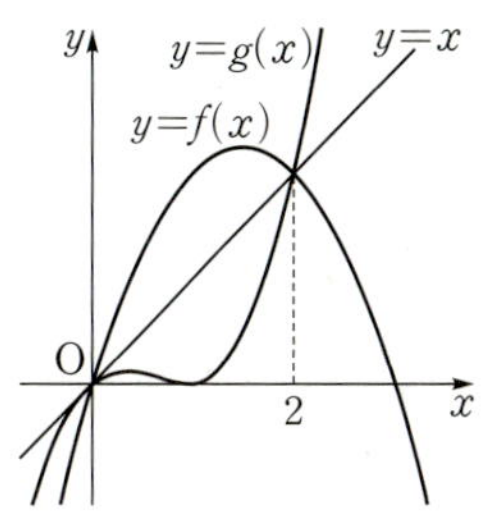

0805 평가원 기출

두 곡선 $y=x^4-x^3$, $y=-x^4+x$로 둘러싸인 도형의 넓이가 곡선 $y=ax(1-x)$에 의하여 이등분될 때, 상수 a의 값은?

(단, $0<a<1$)

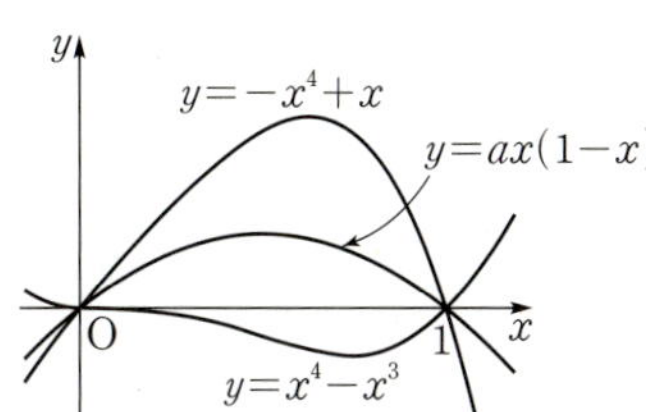

① $\dfrac{1}{4}$ ② $\dfrac{3}{8}$ ③ $\dfrac{5}{8}$

④ $\dfrac{3}{4}$ ⑤ $\dfrac{7}{8}$

두 곡선 사이의 넓이를 정적분을 이용하여 나타내고 산술평균과 기하평균의 관계, 증감표 등을 이용하여 넓이의 최댓값, 최솟값을 구한다.

⋒ 개념ON 336쪽   ⋒ 유형ON 2권 107쪽

0806 대표문제

그림과 같이 곡선 $y=x(x-k)$와 x축 및 직선 $x=2$로 둘러싸인 도형의 넓이가 최소가 되도록 하는 상수 k에 대하여 k^2의 값을 구하시오.

(단, $0<k<2$)

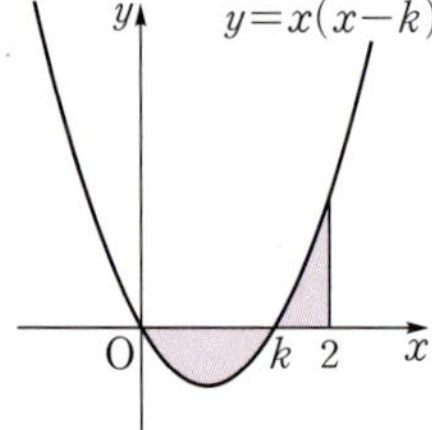

0807

두 곡선 $y=kx^3$, $y=-\dfrac{1}{k}x^3$과 직선 $x=1$로 둘러싸인 도형의 넓이의 최솟값은? (단, $k>0$)

① $\dfrac{1}{4}$ ② $\dfrac{1}{3}$ ③ $\dfrac{1}{2}$

④ 1 ⑤ 2

0808

곡선 $y=(x^2-1)(x-k)$와 x축으로 둘러싸인 도형의 넓이가 최소가 되도록 하는 상수 k의 값을 구하시오.

(단, $-1<k<1$)

함수 $y=f(x)$의 그래프와 그 역함수 $y=g(x)$의 그래프는 직선 $y=x$에 대하여 대칭임을 이용한다.

(1) **곡선 $y=f(x)$가 곡선 $y=g(x)$와 만나지 않는 경우**
빗금친 부분의 넓이가 서로 같음을 이용하여 정적분 값을 구하면

$$\int_0^a g(x)dx = ac - \int_b^c f(x)dx$$

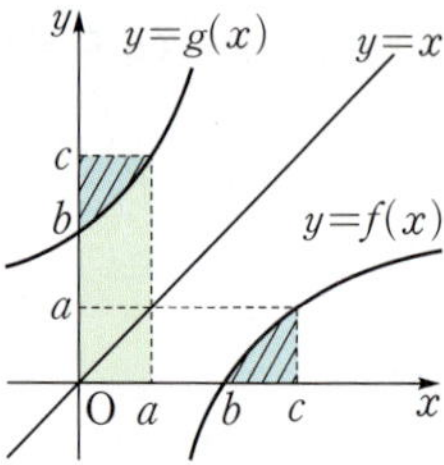

(2) **곡선 $y=f(x)$가 곡선 $y=g(x)$와 만나는 경우**
함수 $y=f(x)$의 그래프와 그 역함수 $y=g(x)$의 그래프의 두 교점의 x좌표가 a, b $(a<b)$일 때

$$\int_a^b |f(x)-g(x)|dx = 2\int_a^b |f(x)-x|dx$$

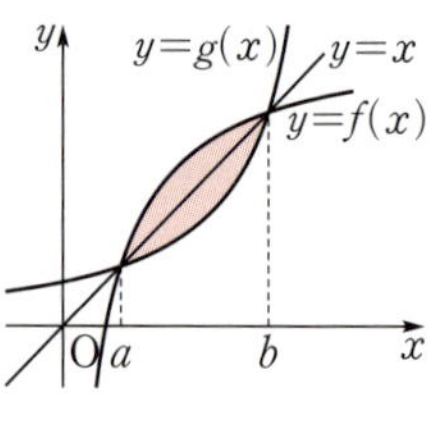

Tip 역함수를 이용한 정적분 값은 곡선 $y=f(x)$와 직선 $y=x$의 교점이 존재하는지 확인하고 이를 이용하여 그래프의 개형을 그린 후 넓이가 같은 부분을 찾아 구한다.

⋒ 개념ON 338쪽   ⋒ 유형ON 2권 108쪽

0809 대표문제

함수 $y=f(x)$와 그 역함수 $y=g(x)$의 그래프가 그림과 같다. $f(3)=0$, $f(9)=3$이고 $\displaystyle\int_3^9 f(x)dx=10$을 만족시킬 때, 곡선 $y=g(x)$와 x축 및 두 직선 $x=0$, $x=3$으로 둘러싸인 도형의 넓이는?

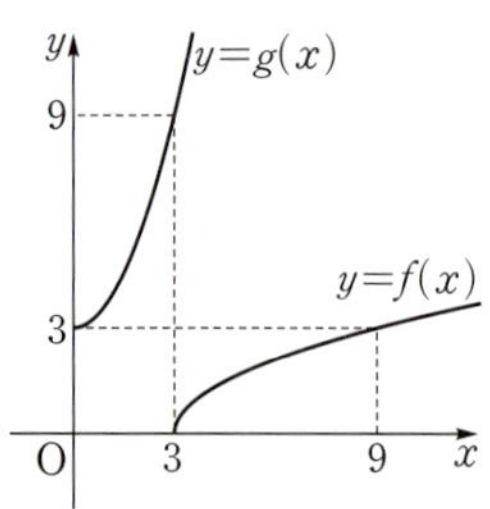

① 15   ② 17   ③ 19

④ 21   ⑤ 23

0810

함수 $f(x)=\sqrt{x-2}$의 역함수를 $g(x)$라 할 때,
$\displaystyle\int_2^6 f(x)dx+\int_0^2 g(x)dx$의 값을 구하시오.

0811

그림과 같이 함수 $y=f(x)$의 그래프
와 그 역함수 $y=g(x)$의 그래프가 두
점 $(1,\ 1)$, $(3,\ 3)$에서 만나고
$\displaystyle\int_1^3 f(x)dx=5$일 때, 두 곡선
$y=f(x)$, $y=g(x)$로 둘러싸인 도형
의 넓이를 구하시오.

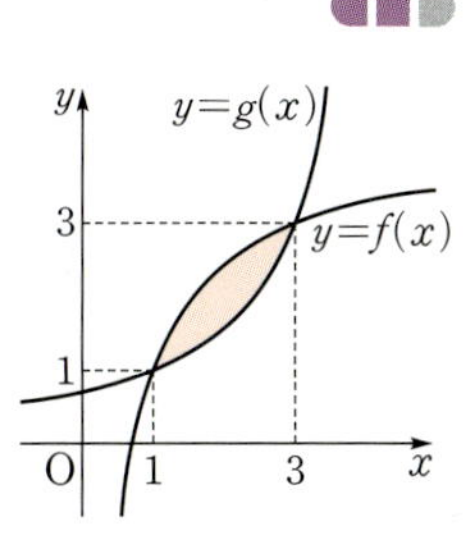

0812 중요

실수 전체의 집합에서 연속인 함수 $f(x)$의 역함수를 $g(x)$라
하자. $f(1)=1$, $f(5)=5$이고 $\displaystyle\int_1^5 f(x)dx=10$일 때,
$\displaystyle\int_1^5 g(x)dx$의 값을 구하시오.

(단, $1\le x\le 5$에서 $f(x)\le g(x)$이다.)

0813 서술형

함수 $f(x)=x^3\ (x\ge 0)$의 역함수를 $g(x)$라 하자. 두 곡선
$y=f(x)$, $y=g(x)$로 둘러싸인 도형의 넓이를 S라 할 때,
$10S$의 값을 구하시오.

0814 중요

함수 $f(x)=x^3+x$의 역함수를 $g(x)$라 할 때, $\displaystyle\int_2^{10} g(x)dx$의
값은?

① $\dfrac{25}{2}$ ② $\dfrac{51}{4}$ ③ 13

④ $\dfrac{53}{4}$ ⑤ $\dfrac{27}{2}$

0815

삼차함수 $f(x)=x^3+3x^2+3x$의 역함수를 $g(x)$라 할 때, 두
곡선 $y=f(x)$, $y=g(x)$로 둘러싸인 도형의 넓이를 구하시오.

(1) **우함수, 기함수의 정적분**
닫힌구간 $[-a, a]$에서 함수 $f(x)$가
① 우함수, 즉 $f(-x)=f(x)$이면
$$\int_{-a}^{a} f(x)dx = 2\int_{0}^{a} f(x)dx$$
② 기함수, 즉 $f(-x)=-f(x)$이면
$$\int_{-a}^{a} f(x)dx = 0$$

(2) **주기함수의 정적분**
모든 실수 x에 대하여 $f(x+p)=f(x)$를 만족시키는 함수 $f(x)$는 주기가 p인 주기함수이고, 이 함수 $f(x)$에 대하여 적분 구간의 길이가 p인 정적분 값은 적분 구간에 관계없이 항상 같다.

Tip 함수의 그래프가 다각형 모양으로 주어진 경우 도형의 넓이를 이용하여 정적분 값을 구하는 것이 편리하다.

예 그림과 같이 함수 $f(x)$는 주기가 2인 주기함수이므로

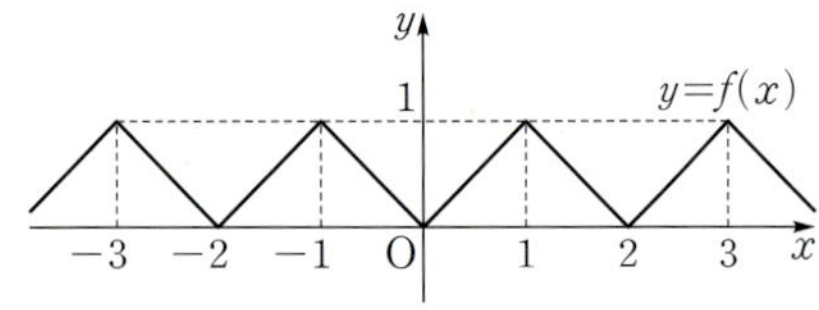

(1) $\int_{0}^{2} f(x)dx = \int_{2}^{4} f(x)dx = \int_{4}^{6} f(x)dx = \cdots$

(2) 임의의 실수 a에 대하여 $\int_{a}^{a+2} f(x)dx = \int_{0}^{2} f(x)dx$

🎧 유형ON 2권 109쪽

0816 대표문제

함수 $f(x)$가 다음 조건을 만족시킨다.

> (가) $-1 \le x \le 1$일 때, $f(x)=|x|-1$
> (나) 모든 실수 x에 대하여 $f(x)=f(x+2)$이다.

$\int_{-5}^{5} f(x)dx$의 값은?

① -8 ② -7 ③ -6
④ -5 ⑤ -4

0817 교육청 기출

그림은 모든 실수 x에 대하여 $f(-x)=-f(x)$인 연속함수 $y=f(x)$의 그래프와 함수 $y=f(x)$의 그래프를 x축의 방향으로 1만큼, y축의 방향으로 1만큼 평행이동시킨 함수 $y=g(x)$의 그래프이다. $\int_{0}^{2} g(x)dx$의 값은?

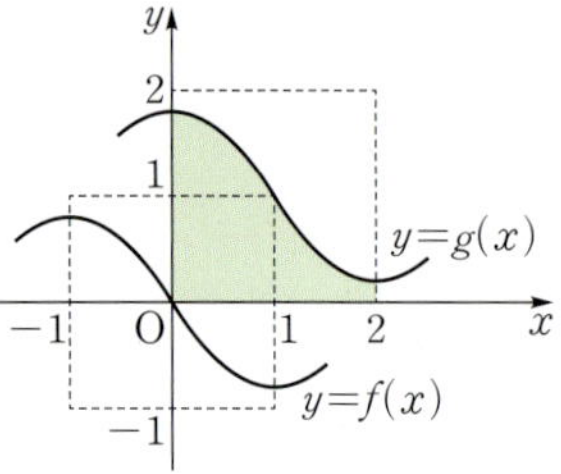

① $\dfrac{7}{4}$ ② 2 ③ $\dfrac{9}{4}$
④ $\dfrac{5}{2}$ ⑤ $\dfrac{11}{4}$

0818 중요

실수 전체의 집합에서 정의된 함수 $f(x)$가 다음 조건을 만족시킨다.

> (가) $-2 \le x \le 2$일 때, $f(x)=4-x^2$
> (나) 모든 실수 x에 대하여 $f(x)=f(x+4)$이다.

함수 $y=f(x)$의 그래프와 x축 및 두 직선 $x=0$, $x=20$으로 둘러싸인 도형의 넓이는?

① 50 ② $\dfrac{160}{3}$ ③ $\dfrac{170}{3}$
④ 60 ⑤ $\dfrac{190}{3}$

0819

$f(0)=0$이고 실수 전체의 집합에서 증가하는 연속함수 $f(x)$가 다음 조건을 만족시킨다.

> (가) 모든 실수 x에 대하여 $f(x)=f(x-3)+2$이다.
>
> (나) $\displaystyle\int_0^3 f(x)dx=4$

함수 $y=f(x)$의 그래프와 x축 및 직선 $x=6$으로 둘러싸인 도형의 넓이를 구하시오.

0820 수능기출

함수 $f(x)$는 모든 실수 x에 대하여 $f(x+3)=f(x)$를 만족시키고,

$$f(x)=\begin{cases} x & (0\leq x<1) \\ 1 & (1\leq x<2) \\ -x+3 & (2\leq x<3) \end{cases}$$

이다. $\displaystyle\int_{-a}^{a} f(x)dx=13$일 때, 상수 a의 값은?

① 10   ② 12   ③ 14

④ 16   ⑤ 18

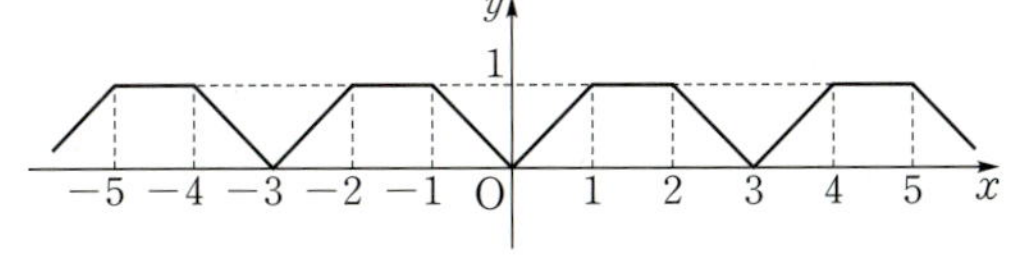

유형 10 위치와 위치의 변화량

수직선 위를 움직이는 점 P의 시각 t에서의 속도가 $v(t)$이고, 시각 $t=0$에서의 위치가 x_0일 때

(1) 시각 t에서 점 P의 위치 x는

$$x=x_0+\int_0^t v(t)dt$$

(2) 시각 $t=a$에서 $t=b$까지 점 P의 위치의 변화량은

$$\int_a^b v(t)dt$$

Tip   수직선 위를 움직이는 물체가 정지하거나 운동 방향을 바꿀 때의 속도는 0이다.

확인 문제

원점을 출발하여 수직선 위를 움직이는 점 P의 시각 t ($t\geq0$)에서의 속도가 $v(t)=2t-4$일 때, 다음을 구하시오.

(1) $t=3$에서 점 P의 위치

(2) $t=1$에서 $t=2$까지 점 P의 위치의 변화량

🎧 개념ON 344쪽   🎧 유형ON 2권 109쪽

0821 대표문제

좌표가 4인 점을 출발하여 수직선 위를 움직이는 점 P의 시각 t ($t\geq0$)에서의 속도가 $v(t)=8-2t$일 때, $t=4$에서 점 P의 위치를 구하시오.

0822

원점을 출발하여 수직선 위를 움직이는 점 P의 시각 t ($t\geq0$)에서의 속도가 $v(t)=-2t^2+6t$일 때, 점 P의 운동 방향이 바뀌는 시각에서의 점 P의 위치를 구하시오.

0823 중요

원점을 출발하여 수직선 위를 움직이는 점 P의 시각 t ($t\geq0$)에서의 속도가 $v(t)=3t^2-2t-2$일 때, 점 P가 다시 원점을 통과하는 시각을 구하시오.

0824

시각 $t=0$일 때 원점을 출발하여 수직선 위를 움직이는 점 P의 시각 t $(t\geq0)$에서의 속도 $v(t)$가
$$v(t)=3t^2+6t-a$$
이다. 시각 $t=3$에서의 점 P의 위치가 6일 때, 상수 a의 값을 구하시오.

0825 서술형

지면에서 출발하여 지면과 수직으로 움직이는 열기구의 t분 후의 속도 $v(t)$ $(\mathrm{m/min})$이
$$v(t)=\begin{cases} t & (0\leq t<20) \\ 60-2t & (20\leq t\leq40) \end{cases}$$
이다. 열기구가 최고 높이에 도달했을 때 지면으로부터의 높이는 몇 m인지 구하시오.

0826 중요

원점을 출발하여 수직선 위를 움직이는 두 점 P, Q의 시각 t $(t\geq0)$에서의 속도가 각각
$$v_1(t)=t^2-8t+3,\ v_2(t)=-2t^2+4t-6$$
이다. 두 점 P, Q가 원점을 출발한 후 다시 만나는 시각은?

① 2   ② 3   ③ 4
④ 5   ⑤ 6

유형 11 움직인 거리

> 수직선 위를 움직이는 점 P의 시각 t에서의 속도가 $v(t)$일 때, 시각 $t=a$에서 $t=b$까지 점 P가 움직인 거리는
> $$\int_a^b |v(t)|\,dt$$

개념ON 346쪽   유형ON 2권 110쪽

0827 대표문제

수직선 위를 움직이는 점 P의 시각 t $(t\geq0)$에서의 속도 $v(t)$가
$$v(t)=-2t+4$$
일 때, $t=0$에서 $t=3$까지 점 P가 움직인 거리는?

① 4   ② 5   ③ 6
④ 7   ⑤ 8

0828

지면에서 $40\ \mathrm{m/s}$의 속도로 지면과 수직인 방향으로 쏘아 올린 물체의 t초 후의 속도 $v(t)\ \mathrm{m/s}$가 $v(t)=-10t+40$이다. 이 물체가 최고 높이에 도달한 후 2초 동안 움직인 거리는 몇 m인지 구하시오.

0829

양수 a에 대하여 수직선 위를 움직이는 점 P의 시각 t $(t\geq0)$에서의 속도 $v(t)$가
$$v(t)=3t(a-t)$$
이다. 시각 $t=0$에서 점 P의 위치는 16이고, 시각 $t=2a$에서 점 P의 위치는 0이다. 시각 $t=0$에서 $t=5$까지 점 P가 움직인 거리는?

① 54   ② 58   ③ 62
④ 66   ⑤ 70

0830 교육청 기출

수직선 위를 움직이는 점 P의 시각 t $(t \geq 0)$에서의 속도 $v(t)$가

$$v(t) = t^2 - 4t + 3$$

이다. 점 P가 시각 $t = 1$, $t = a$ $(a > 1)$에서 운동 방향을 바꿀 때, 점 P가 시각 $t = 0$에서 $t = a$까지 움직인 거리는?

① $\dfrac{7}{3}$ ② $\dfrac{8}{3}$ ③ 3

④ $\dfrac{10}{3}$ ⑤ $\dfrac{11}{3}$

0831 중요

원점을 출발하여 수직선 위를 움직이는 점 P의 시각 t $(t \geq 0)$에서의 속도 $v(t)$가 $v(t) = -t^2 + 5t - 4$일 때, 점 P가 원점을 출발할 때의 운동 방향과 반대 방향으로 움직인 거리는?

① 4   ② $\dfrac{9}{2}$ ③ 5

④ $\dfrac{11}{2}$ ⑤ 6

0832 서술형

고속 열차가 출발하여 2 km를 달리는 동안 t분 후의 속도 $v(t)$는 $v(t) = 3t^2 + 2t$ (km/min)이고 그 이후로 속도는 일정하다. 이 열차가 출발한 후 5분 동안 달린 거리를 a km라 할 때, a의 값을 구하시오.

유형 12 그래프에서의 위치와 움직인 거리

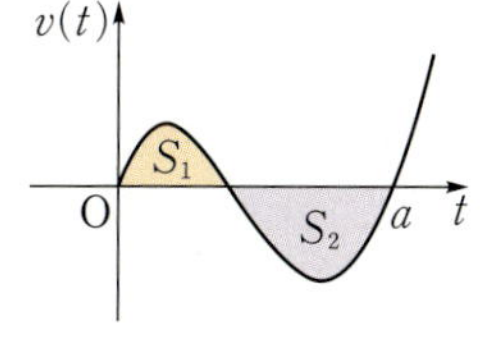

수직선 위를 움직이는 점 P의 시각 t에서의 속도 $v(t)$의 그래프가 그림과 같을 때

(1) 시각 $t = 0$에서 $t = a$까지 점 P의 위치의 변화량은
$$\int_0^a v(t)\,dt = S_1 - S_2$$

(2) 시각 $t = 0$에서 $t = a$까지 점 P가 움직인 거리는
$$\int_0^a |v(t)|\,dt = S_1 + S_2$$

🔵 개념ON 348쪽   🔵 유형ON 2권 111쪽

0833 대표문제

원점을 출발하여 수직선 위를 움직이는 점 P의 시각 t $(0 \leq t \leq 8)$에서의 속도 $v(t)$의 그래프가 그림과 같을 때, 보기에서 옳은 것만을 있는 대로 고른 것은?

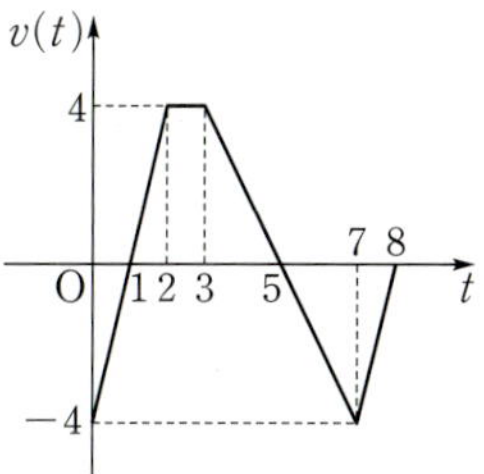

보기

ㄱ. 점 P는 출발 후 $t = 8$일 때까지 운동 방향을 두 번 바꾼다.

ㄴ. $t = 2$일 때, 점 P는 원점을 지난다.

ㄷ. 출발 후 8초 동안 점 P가 움직인 거리는 18이다.

① ㄱ   ② ㄴ   ③ ㄱ, ㄴ

④ ㄴ, ㄷ   ⑤ ㄱ, ㄴ, ㄷ

0834

원점을 출발하여 수직선 위를 움직이는 점 P의 시각 t $(0 \leq t \leq 9)$에서의 속도 $v(t)$의 그래프가 그림과 같을 때, 점 P가 출발 후 운동 방향을 두 번째로 바꿀 때까지 움직인 거리를 구하시오.

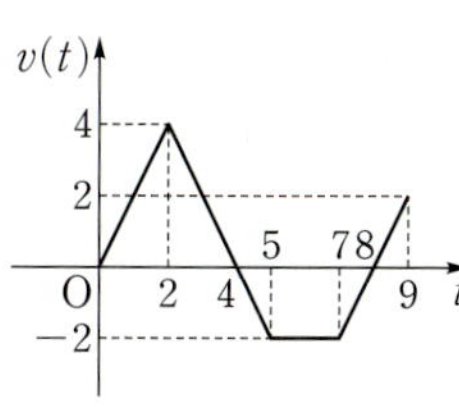

0835

좌표가 -4인 점을 출발하여 수직선 위를 움직이는 점 P의 시각 t $(0 \leq t \leq 7)$에서의 속도 $v(t)$의 그래프가 그림과 같다. $t=5$에서 점 P가 원점을 지날 때, $t=0$에서 $t=7$까지 점 P가 움직인 거리를 구하시오. (단, $a>0$)

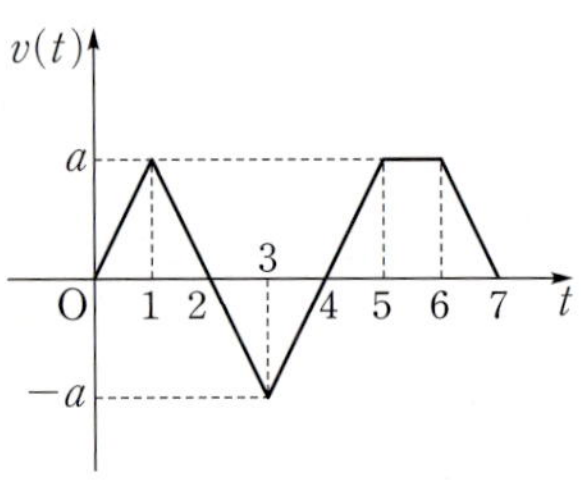

0836

원점을 출발하여 수직선 위를 움직이는 점 P의 시각 t $(0 \leq t \leq c)$에서의 속도 $v(t)=t^2-4t+k$의 그래프가 그림과 같다. 점 P가 $t=c$에서 다시 원점을 지날 때, 상수 k의 값은?

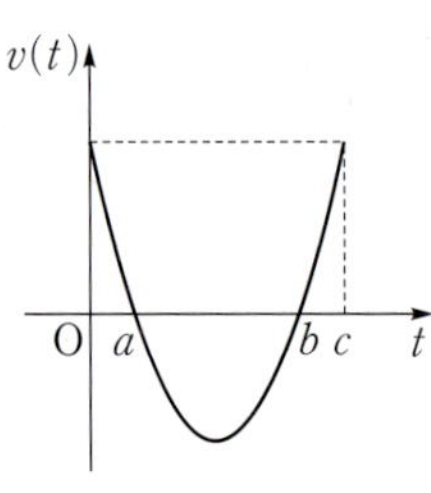

① 2
② $\dfrac{7}{3}$
③ $\dfrac{8}{3}$
④ 3
⑤ $\dfrac{10}{3}$

0837 중요

원점을 출발하여 수직선 위를 움직이는 점 P의 시각 t $(t \geq 0)$에서의 속도 $v(t)$의 그래프가 그림과 같다. $\displaystyle\int_0^2 v(t)dt=2$, $\displaystyle\int_2^6 v(t)dt=0$이고 $t=5$에서의 점 P의 위치가 -2일 때, $t=2$에서 $t=6$까지 점 P가 움직인 거리를 구하시오.

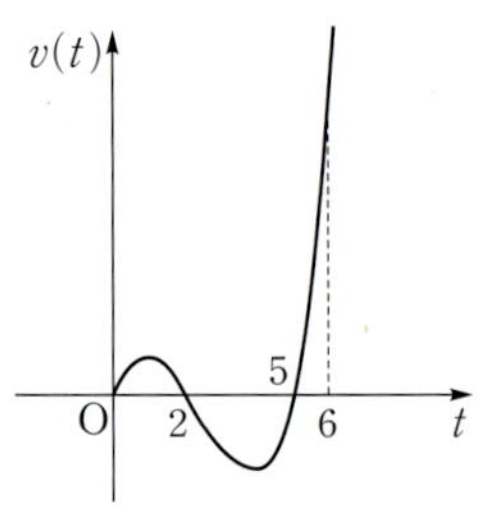

0838 교육청 기출

원점을 출발하여 수직선 위를 움직이는 점 P의 시각 t $(t \geq 0)$에서의 속도 $v(t)$의 그래프가 그림과 같다.

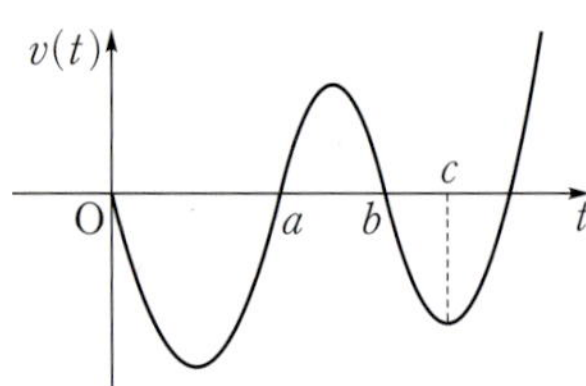

점 P가 출발한 후 처음으로 운동 방향을 바꿀 때의 위치는 -8이고 점 P의 시각 $t=c$에서의 위치는 -6이다. $\displaystyle\int_0^b v(t)dt=\int_b^c v(t)dt$일 때, 점 P가 $t=a$부터 $t=b$까지 움직인 거리는?

① 3
② 4
③ 5
④ 6
⑤ 7

PART B 내신 잡는 종합 문제

0839 교육청 기출

함수 $y=|x^2-2x|+1$의 그래프와 x축, y축 및 직선 $x=2$로 둘러싸인 부분의 넓이는?

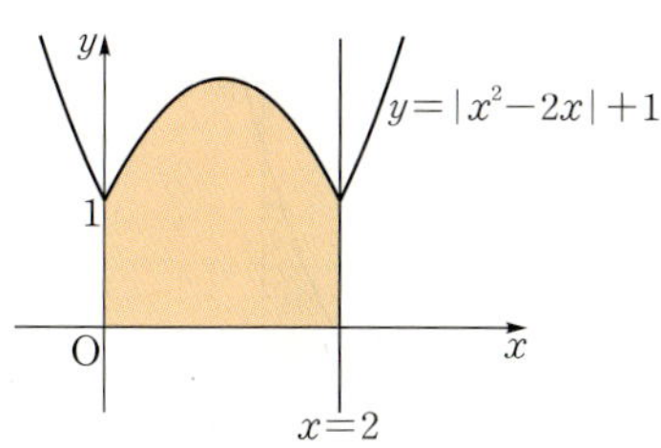

① $\dfrac{8}{3}$ ② 3 ③ $\dfrac{10}{3}$

④ $\dfrac{11}{3}$ ⑤ 4

0840

원점을 출발하여 수직선 위를 움직이는 점 P의 시각 t $(t\geq0)$에서의 속도 $v(t)$가

$$v(t)=2t^3-6t^2$$

이다. 점 P가 출발한 후 다시 원점으로 돌아올 때까지 움직인 거리를 구하시오.

0841

점 $(1,0)$에서 곡선 $y=3x^2$에 그은 두 접선과 이 곡선으로 둘러싸인 도형의 넓이를 구하시오.

0842

두 다항함수 $f(x)$, $g(x)$가 다음 조건을 만족시킨다.

> (가) $\dfrac{d}{dx}\displaystyle\int f(x)dx=\int\left\{\dfrac{d}{dx}g(x)\right\}dx$
> (나) $f(1)=4$, $g(1)=12$

두 곡선 $y=f(x)$, $y=g(x)$와 두 직선 $x=2$, $x=5$로 둘러싸인 도형의 넓이를 구하시오.

0843

원점을 출발하여 수직선 위를 움직이는 두 점 P, Q의 시각 t $(t\geq0)$에서의 속도가 각각

$$v_1(t)=t^2+at, \quad v_2(t)=2at$$

이다. 시각 $t=2$에서 두 점 P, Q가 만날 때, 상수 a의 값은?

① 1 ② $\dfrac{4}{3}$ ③ $\dfrac{5}{3}$

④ 2 ⑤ $\dfrac{7}{3}$

0844

원점을 출발하여 수직선 위를 움직이는 점 P의 시각 t $(t\geq0)$에서의 속도 $v(t)$의 그래프가 그림과 같다.

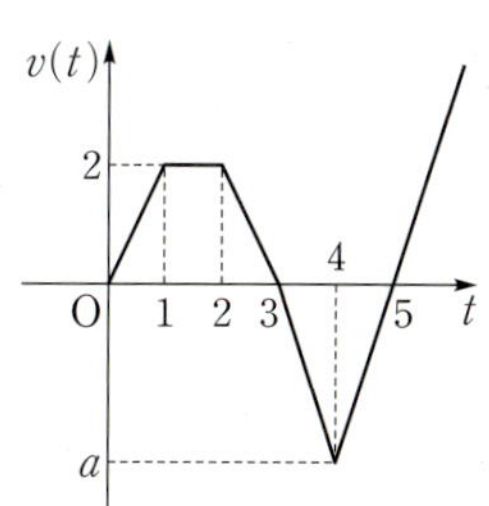

점 P가 출발 후 운동 방향을 두 번째로 바꿀 때까지 움직인 거리가 7일 때, 상수 a의 값을 구하시오. (단, $a<0$)

0845 교육청 기출

두 함수
$$f(x)=x^2-4x, \quad g(x)=\begin{cases} -x^2+2x & (x<2) \\ -x^2+6x-8 & (x\geq2) \end{cases}$$
의 그래프로 둘러싸인 부분의 넓이는?

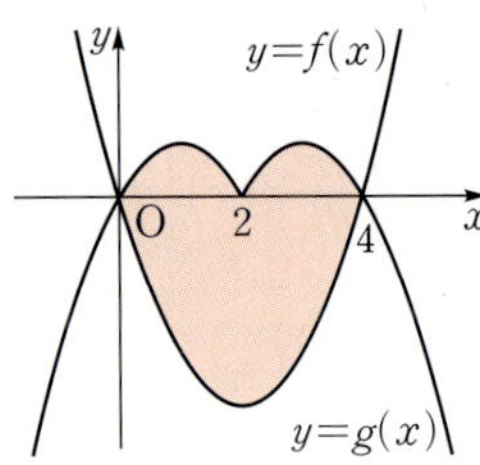

① $\dfrac{40}{3}$ 　　② 14 　　③ $\dfrac{44}{3}$

④ $\dfrac{46}{3}$ 　　⑤ 16

0846

함수 $f(x)=x^2-ax$에 대하여 곡선 $y=f(x)$를 x축에 대하여 대칭이동한 곡선을 $y=g(x)$라 하자. 두 곡선 $y=f(x)$, $y=g(x)$로 둘러싸인 도형의 넓이가 9일 때, 양수 a의 값은?

① 2 　　② 3 　　③ 4

④ 5 　　⑤ 6

0847

그림과 같이 곡선 $y=-x^2+3x$와 두 직선 $y=2x$, $y=x$로 둘러싸인 색칠한 도형의 넓이는?

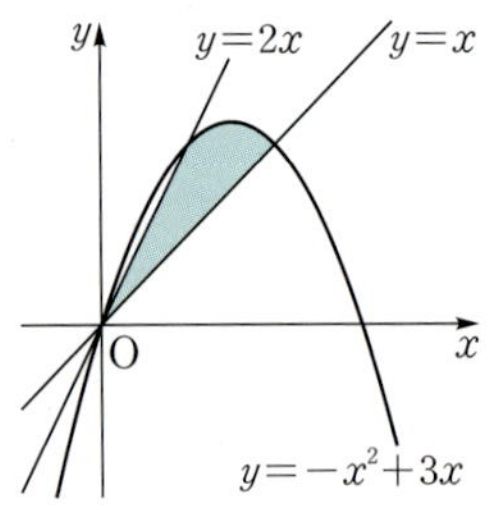

① 1 　　② $\dfrac{7}{6}$ 　　③ $\dfrac{4}{3}$

④ $\dfrac{3}{2}$ 　　⑤ $\dfrac{5}{3}$

0848 평가원 기출

곡선 $y=\dfrac{1}{4}x^3+\dfrac{1}{2}x$와 직선 $y=mx+2$ 및 y축으로 둘러싸인 부분의 넓이를 A, 곡선 $y=\dfrac{1}{4}x^3+\dfrac{1}{2}x$와 두 직선 $y=mx+2$, $x=2$로 둘러싸인 부분의 넓이를 B라 하자. $B-A=\dfrac{2}{3}$일 때, 상수 m의 값은? (단, $m<-1$)

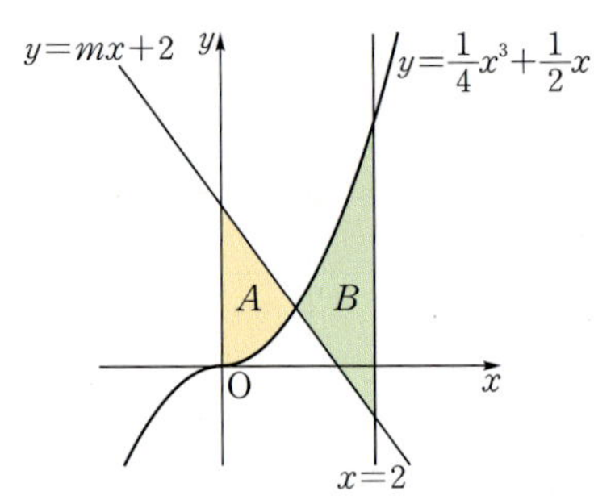

① $-\dfrac{3}{2}$ 　　② $-\dfrac{17}{12}$ 　　③ $-\dfrac{4}{3}$

④ $-\dfrac{5}{4}$ 　　⑤ $-\dfrac{7}{6}$

0849 교육청 기출

최고차항의 계수가 1인 사차함수 $f(x)$에 대하여 곡선 $y=f(x)$와 직선 $y=\dfrac{1}{2}x$가 원점 O에서 접하고 x좌표가 양수인 두 점 A, B $(\overline{OA}<\overline{OB})$에서 만난다. 곡선 $y=f(x)$와 선분 OA로 둘러싸인 영역의 넓이를 S_1, 곡선 $y=f(x)$와 선분 AB로 둘러싸인 영역의 넓이를 S_2라 하자. $\overline{AB}=\sqrt{5}$이고 $S_1=S_2$일 때, $f(1)$의 값은?

① $\dfrac{9}{2}$ 　　② $\dfrac{11}{2}$ 　　③ $\dfrac{13}{2}$

④ $\dfrac{15}{2}$ 　　⑤ $\dfrac{17}{2}$

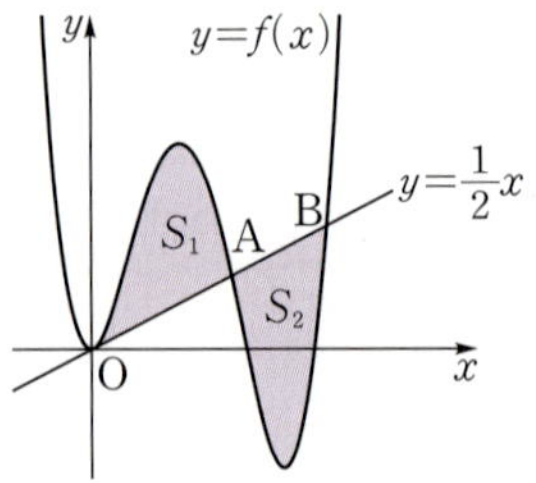

0850 평가원 기출

수직선 위의 점 $A(6)$과 시각 $t=0$일 때 원점을 출발하여 이 수직선 위를 움직이는 점 P가 있다. 시각 $t\ (t\geq0)$에서의 점 P의 속도 $v(t)$를

$$v(t)=3t^2+at\ (a>0)$$

이라 하자. 시각 $t=2$에서 점 P와 점 A 사이의 거리가 10일 때, 상수 a의 값은?

① 1   ② 2   ③ 3

④ 4   ⑤ 5

0851

함수 $f(x)=x^2(x-3)(x-k)$에 대하여 곡선 $y=f(x)$와 x축으로 둘러싸인 두 도형의 넓이가 서로 같을 때, $f(2)$의 값을 구하시오. (단, $k>3$)

0852

함수 $f(x)=x^3-x^2+x$의 역함수를 $g(x)$라 할 때,

$\displaystyle\int_1^2 f(x)dx+\int_1^6 g(x)dx$의 값은?

① 7   ② 8   ③ 9

④ 10   ⑤ 11

0853 교육청 기출

그림과 같이 두 함수 $y=ax^2+2$와 $y=2|x|$의 그래프가 두 점 A, B에서 각각 접한다. 두 함수 $y=ax^2+2$와 $y=2|x|$의 그래프로 둘러싸인 부분의 넓이는? (단, a는 상수이다.)

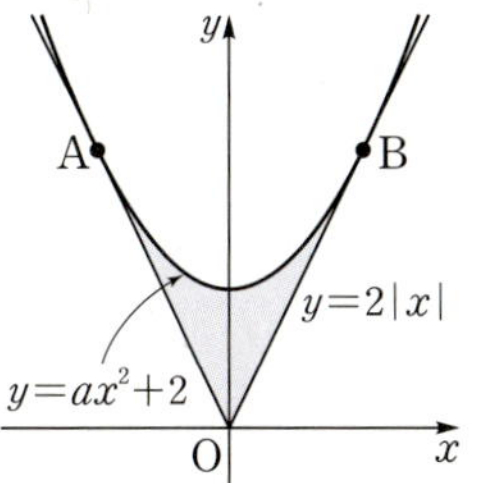

① $\dfrac{13}{6}$ ② $\dfrac{7}{3}$ ③ $\dfrac{5}{2}$

④ $\dfrac{8}{3}$ ⑤ $\dfrac{17}{6}$

0854

그림과 같이 곡선 $y=f(x)$와 x축으로 둘러싸인 두 도형의 넓이를 각각 S_1, S_2라 할 때, 보기에서 옳은 것만을 있는 대로 고른 것은?

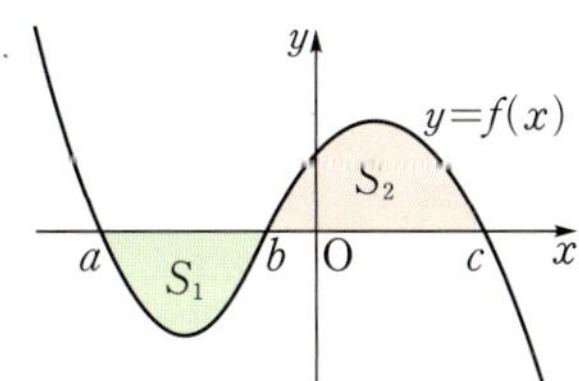

보기

ㄱ. $\displaystyle\int_b^a f(x)dx=S_1$

ㄴ. $\displaystyle\int_a^c f(x)dx>0$이면 $S_1<S_2$이다.

ㄷ. $\displaystyle\int_a^c |f(x)|dx<2S_1$이면 $\displaystyle\int_a^c f(x)dx>0$이다.

① ㄱ   ② ㄴ   ③ ㄱ, ㄴ

④ ㄱ, ㄷ   ⑤ ㄱ, ㄴ, ㄷ

0855 교육청 기출

모든 실수 x에 대하여 함수 $f(x)$는 다음 조건을 만족시킨다.

> (가) $f(x+2)=f(x)$
> (나) $f(x)=|x|$ $(-1\leq x<1)$

함수 $g(x)=\displaystyle\int_{-2}^{x} f(t)dt$라 할 때, 실수 a에 대하여 $g(a+4)-g(a)$의 값은?

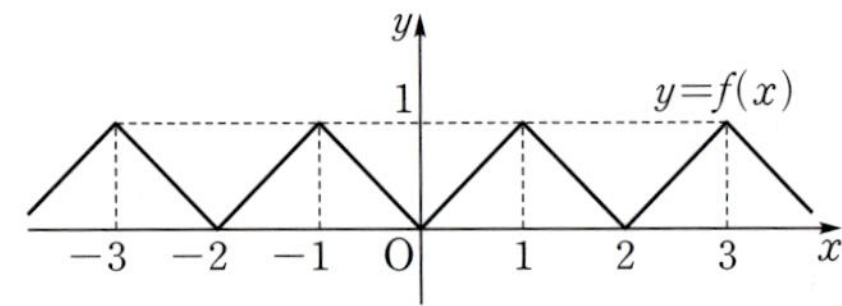

① 1   ② 2   ③ 3
④ 4   ⑤ 5

0856

곡선 $y=x^2-2x-1$과 직선 $y=mx$로 둘러싸인 도형의 넓이의 최솟값은? (단, m은 상수이다.)

① 1   ② $\dfrac{4}{3}$ ③ $\dfrac{5}{3}$
④ 2   ⑤ $\dfrac{7}{3}$

✏️ 서술형 대비하기

0857

그림과 같이 곡선 $y=6-x^2$과 x축 사이에 직사각형이 내접할 때, 색칠한 도형의 넓이의 최솟값은 $m\sqrt{6}+n\sqrt{2}$이다. m^2+n^2의 값을 구하시오.

(단, m, n은 유리수이다.)

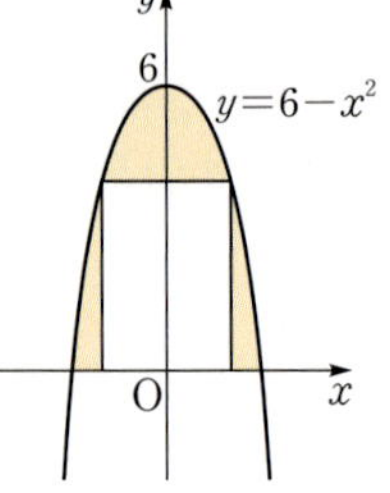

0858

이차함수 $y=f(x)$의 그래프와 삼차함수 $y=g(x)$의 그래프가 그림과 같다. $0\leq x\leq 1$에서 두 곡선 $y=f(x)$, $y=g(x)$로 둘러싸인 도형의 넓이가 x축에 의하여 이등분될 때, $\dfrac{g(2)}{f(2)}$의 값을 구하시오.

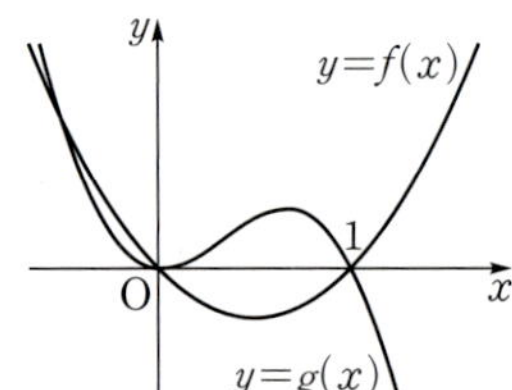

PART C 수능 녹인 변별력 문제

0859

원점을 동시에 출발하여 수직선 위를 움직이는 두 점 P, Q의 시각 t $(t \geq 0)$에서의 속도를 각각 $v_P(t)$, $v_Q(t)$라 하면

$$v_P(t) = 3t^2 + 4t - 2, \quad v_Q(t) = 4t + k$$

이다. 두 점 P, Q가 출발한 후 한 번만 만나도록 하는 정수 k의 최솟값은?

① -2 ② -1 ③ 0
④ 1 ⑤ 2

0860 수능 기출

두 함수

$$f(x) = \frac{1}{3}x(4-x), \quad g(x) = |x-1| - 1$$

의 그래프로 둘러싸인 부분의 넓이를 S라 할 때, $4S$의 값을 구하시오.

0861

최고차항의 계수가 양수인 이차함수 $f(x)$가 다음 조건을 만족시킨다.

> ㈎ 모든 실수 t에 대하여 $\displaystyle\int_0^t f(x)dx = \int_{2-t}^2 f(x)dx$이다.
>
> ㈏ $f(2) = 0$

곡선 $y = f(x)$와 x축 및 직선 $x = 3$으로 둘러싸인 두 도형의 넓이의 합이 16일 때, $f(4)$의 값을 구하시오.

0862

함수 $f(x) = x^2 + x$ $(x \geq 0)$의 역함수를 $g(x)$라 할 때,

$$\int_a^{a+1} f(x)dx + \int_{f(a)}^{f(a+1)} g(x)dx = 24$$

를 만족시키는 양수 a의 값은?

① 1 ② 2 ③ 3
④ 4 ⑤ 5

0863

함수 $f(x)=\dfrac{1}{9}x(x-6)(x-9)$와 실수 $t\,(0<t<6)$에 대하여
함수 $g(x)$는
$$g(x)=\begin{cases} f(x) & (x<t) \\ -(x-t)+f(t) & (x\geq t) \end{cases}$$
이다. 함수 $y=g(x)$의 그래프와 x축으로 둘러싸인 영역의
넓이의 최댓값은?

① $\dfrac{125}{4}$ ② $\dfrac{127}{4}$ ③ $\dfrac{129}{4}$

④ $\dfrac{131}{4}$ ⑤ $\dfrac{133}{4}$

0864

실수 t에 대하여 $x\leq t$에서 함수 $f(x)=x^3-6x^2+9x$의 최댓
값을 $g(t)$라 하자. 함수 $y=g(x)$의 그래프와 x축 및 직선
$x=4$로 둘러싸인 도형의 넓이를 S라 할 때, $4S$의 값을 구하
시오.

0865

원점을 동시에 출발하여 수직선 위를 움직이는 두 점 P, Q의
시각 $t\,(t\geq0)$에서의 속도는 각각
$$v_1(t)=6t^2+2t,\ v_2(t)=3t^2+8t$$
이고, 시각 t에서의 두 점 P, Q 사이의 거리를 $f(t)$라 하자.
두 점 P, Q가 출발 후 시각 $t=a$에서 처음으로 만난다고 할
때, 구간 $[0,\,a]$에서 함수 $f(t)$의 최댓값을 구하시오.

0866

최고차항의 계수가 1이고 극댓값을 갖는 사차함수 $f(x)$가 다
음 조건을 만족시킨다.

(개) 모든 실수 x에 대하여 $f(-x)=f(x)$이다.

(내) 함수 $f(x)$는 극솟값 0을 갖는다.

곡선 $y=f'(x)$와 x축으로 둘러싸인 도형의 넓이가 8일 때,
$f(0)$의 값을 구하시오.

0867

실수 전체의 집합에서 증가하고 연속인 함수 $f(x)$가 다음 조건을 만족시킨다.

(가) $f(0)=1$
(나) 모든 실수 x에 대하여 $f(x+1)=f(x)+1$이다.

함수 $y=f(x)$의 그래프와 y축 및 두 직선 $y=2$, $y=6$으로 둘러싸인 도형의 넓이가 13일 때, $\int_0^1 f(x)dx$의 값은?

① $\dfrac{1}{2}$ ② $\dfrac{3}{4}$ ③ 1

④ $\dfrac{5}{4}$ ⑤ $\dfrac{3}{2}$

0868 평가원 기출

닫힌구간 $[0,1]$에서 연속인 함수 $f(x)$가

$$f(0)=0,\ f(1)=1,\ \int_0^1 f(x)dx=\frac{1}{6}$$

을 만족시킨다. 실수 전체의 집합에서 정의된 함수 $g(x)$가 다음 조건을 만족시킬 때, $\int_{-3}^2 g(x)dx$의 값은?

(가) $g(x)=\begin{cases} -f(x+1)+1 & (-1<x<0) \\ f(x) & (0\leq x\leq 1) \end{cases}$
(나) 모든 실수 x에 대하여 $g(x+2)=g(x)$이다.

① $\dfrac{5}{2}$ ② $\dfrac{17}{6}$ ③ $\dfrac{19}{6}$

④ $\dfrac{7}{2}$ ⑤ $\dfrac{23}{6}$

0869

실수 전체의 집합에서 연속인 함수 $f(x)$가

$$\{f(x)\}^2-f(x)=x^2\{f(x)-1\}$$

을 만족시킨다. $\int_{-2}^2 f(x)dx$의 최댓값을 M, 최솟값을 m이라 할 때, $\dfrac{M}{m}$의 값은?

① $\dfrac{3}{2}$ ② 2 ③ $\dfrac{5}{2}$

④ 3 ⑤ $\dfrac{7}{2}$

0870 평가원 기출

수직선 위를 움직이는 점 P의 시각 t에서의 가속도가

$$a(t)=3t^2-12t+9 \ (t\geq 0)$$

이고, 시각 $t=0$에서의 속도가 k일 때, 보기에서 옳은 것만을 있는 대로 고른 것은?

> **보기**
> ㄱ. 구간 $(3,\infty)$에서 점 P의 속도는 증가한다.
> ㄴ. $k=-4$이면 구간 $(0,\infty)$에서 점 P의 운동 방향이 두 번 바뀐다.
> ㄷ. 시각 $t=0$에서 시각 $t=5$까지 점 P의 위치의 변화량과 점 P가 움직인 거리가 같도록 하는 k의 최솟값은 0이다.

① ㄱ   ② ㄴ   ③ ㄱ, ㄴ

④ ㄱ, ㄷ   ⑤ ㄱ, ㄴ, ㄷ

MEMO

Ⅰ 함수의 극한

01 함수의 극한

확인 문제

유형 02
(1) 존재하지 않는다. (2) 존재하지 않는다.
(3) 존재한다, 0 (4) 존재하지 않는다.

유형 07 (1) 3 (2) $\dfrac{1}{4}$ (3) 8

유형 08 (1) 2 (2) $\dfrac{5}{3}$ (3) 2

유형 09 (1) 0 (2) -2

유형 10 (1) $-\dfrac{1}{4}$ (2) -1

유형 14 (1) 참 (2) 참 (3) 거짓 (4) 참

유형 15 2

PART A 유형별 문제

0001 ④	0002 ③	0003 2	0004 ①
0005 ④	0006 2	0007 -4	0008 ⑤
0009 -1	0010 ③	0011 ⑤	0012 ②
0013 ③	0014 ④	0015 ③	0016 2
0017 ④	0018 ④	0019 1	0020 ④
0021 ①	0022 ①	0023 14	0024 ④
0025 ④	0026 6	0027 ⑤	0028 ④
0029 ④	0030 ①	0031 ②	0032 2
0033 ③	0034 2	0035 ③	0036 12
0037 9	0038 4	0039 -1	0040 9
0041 ③	0042 ②	0043 1	0044 4
0045 ②	0046 ②	0047 ③	0048 3
0049 ③	0050 ③	0051 ⑤	0052 ②
0053 ③	0054 2	0055 5	0056 ①
0057 ⑤	0058 ③	0059 12	0060 2
0061 5	0062 ②	0063 14	0064 9
0065 3	0066 9	0067 28	0068 ⑤
0069 3	0070 2	0071 ②	0072 ②
0073 9	0074 ②	0075 ③	0076 ⑤
0077 ①	0078 ③	0079 4	0080 3
0081 4	0082 6	0083 ③	0084 ②
0085 2	0086 ②	0087 ④	0088 ④

PART B 내신 잡는 종합 문제

0089 ④	0090 ②	0091 15	0092 ③
0093 ④	0094 ⑤	0095 ④	0096 1
0097 ③	0098 ①	0099 ②	0100 ④
0101 4	0102 ③	0103 36	0104 28

PART C 수능 녹인 변별력 문제

0105 -4	0106 ③	0107 12	0108 ④
0109 6	0110 1	0111 ④	0112 21
0113 ⑤	0114 ②	0115 ③	0116 5

02 함수의 연속

확인 문제

유형 01 (1) 연속 (2) 불연속 (3) 불연속 (4) 연속

유형 09 2

PART A 유형별 문제

0117 ①	0118 ④	0119 ①	0120 ③
0121 ⑤	0122 ⑤	0123 ②	0124 ④
0125 ④	0126 ⑤	0127 ⑤	0128 ②
0129 ①	0130 16	0131 -3	0132 ⑤
0133 ③	0134 1	0135 12	0136 ①
0137 6	0138 ③	0139 ②	0140 ④
0141 ③	0142 ①	0143 3	0144 ②
0145 ②	0146 ③	0147 2	0148 ①
0149 ②	0150 ①	0151 ①	0152 3
0153 12	0154 21	0155 ①	0156 ⑤
0157 ①	0158 ②	0159 65	0160 ④
0161 1	0162 ②	0163 ②	0164 ②
0165 ④	0166 3	0167 ②	0168 ①
0169 ③			

PART B 내신 잡는 종합 문제

0170 ⑤	0171 ②	0172 ④	0173 6
0174 ③	0175 ④	0176 24	0177 4
0178 -1	0179 ⑤	0180 ③	0181 ⑤
0182 3	0183 24		

PART C 수능 녹인 변별력 문제

0184 ④	0185 ④	0186 ③	0187 ②
0188 ④	0189 14	0190 36	0191 ④
0192 ①	0193 15	0194 8	0195 49

II 미분

03 미분계수와 도함수

확인 문제

- 유형 01 (1) 2　　(2) 1　　(3) 5
- 유형 02 (1) -1　　(2) 7　　(3) -2
- 유형 08 (1) $y'=8x^3$　　(2) $y'=-3$　　(3) $y'=-2x+6$
- 유형 09 (1) $y'=6x^2-14x+5$
  (2) $y'=3x^2+2x-2$
  (3) $y'=3(2x^2+x-3)^2(4x+1)$
  (4) $y'=2(x+1)(2x^2+x-3)$

PART A 유형별 문제

0196 ①	0197 2	0198 3	0199 2
0200 ①	0201 ②	0202 2	0203 7
0204 ①	0205 ⑤	0206 ⑤	0207 ③
0208 ④	0209 15	0210 ②	0211 3
0212 ②	0213 1	0214 6	0215 ⑤
0216 6	0217 13	0218 16	0219 ③
0220 12	0221 3	0222 ⑤	0223 8
0224 ②	0225 7	0226 ⑤	0227 ④
0228 6	0229 ④	0230 8	0231 ②
0232 ③	0233 ①	0234 20	0235 ③
0236 ②	0237 11	0238 15	0239 ⑤
0240 36	0241 2	0242 ①	0243 ④
0244 ②	0245 34	0246 ①	0247 ③
0248 19	0249 ③	0250 ②	0251 ④
0252 ③	0253 2	0254 ②	0255 20
0256 ③	0257 ③	0258 8	0259 ②
0260 9	0261 ⑤		

PART B 내신 잡는 종합 문제

0262 1	0263 ③	0264 5	0265 ③
0266 ③	0267 ②	0268 56	0269 ①
0270 6	0271 14	0272 ⑤	0273 ①
0274 ③	0275 ④	0276 6	0277 60

PART C 수능 녹인 변별력 문제

0278 ④	0279 11	0280 ③	0281 23
0282 8	0283 2	0284 ②	0285 ③
0286 2	0287 -20	0288 6	0289 ④

04 도함수의 활용(1)

확인 문제

- 유형 02 (1) $y=7x-3$　　(2) $y=9x+10$

PART A 유형별 문제

0290 4	0291 ④	0292 10	0293 10
0294 ③	0295 ③	0296 ③	0297 37
0298 ①	0299 5	0300 ④	0301 9
0302 ①	0303 1	0304 10	0305 9
0306 6	0307 ⑤	0308 ④	0309 -15
0310 ②	0311 2	0312 ⑤	0313 2
0314 2	0315 ①	0316 17	0317 6
0318 ②	0319 ①	0320 ③	0321 5
0322 ⑤	0323 ②	0324 -3	0325 ①
0326 ③	0327 ③	0328 ⑤	0329 -6
0330 5	0331 ⑤	0332 ②	0333 ②
0334 16	0335 8	0336 ②	0337 ③
0338 16	0339 ④	0340 4	0341 8
0342 2	0343 3	0344 4	0345 1
0346 ④	0347 ③	0348 5	0349 ④
0350 5	0351 ⑤	0352 20	

PART B 내신 잡는 종합 문제

0353 ④	0354 11	0355 ⑤	0356 ③
0357 48	0358 ②	0359 ①	0360 ③
0361 ②	0362 ③	0363 5	0364 ⑤
0365 1	0366 15		

PART C 수능 녹인 변별력 문제

0367 6	0368 7	0369 18	0370 ③
0371 51	0372 25	0373 ②	0374 ②

05 도함수의 활용(2)

확인 문제

| 유형 01 | (1) 감소 | (2) 증가 | (3) 증가 |
| 유형 05 | (1) 2 | (2) $-2, -1$ | |

PART A 유형별 문제

0375 ⑤	0376 4	0377 ①	0378 15
0379 8	0380 ③	0381 6	0382 ①
0383 15	0384 10	0385 11	0386 ②
0387 ②	0388 16	0389 ⑤	0390 ③
0391 ③	0392 ③	0393 3	0394 7
0395 ②	0396 ②	0397 ②	0398 ①
0399 9	0400 ①	0401 ①	0402 6
0403 -6	0404 16	0405 ②	0406 ①
0407 ④	0408 6	0409 12	0410 ①
0411 ④	0412 ③	0413 ④	0414 ④
0415 ①	0416 2	0417 ②	0418 ⑤
0419 ②	0420 ④	0421 ③	0422 ②
0423 ②	0424 ⑤	0425 ①	0426 3
0427 -9	0428 ⑤	0429 3	0430 ②
0431 2	0432 5	0433 -6	0434 -4
0435 ①	0436 ⑤	0437 8	0438 ④
0439 6	0440 ④	0441 27	0442 ⑤
0443 4	0444 ④	0445 ④	0446 ③
0447 ①	0448 ②	0449 ②	0450 27
0451 -8	0452 ②	0453 ③	0454 486
0455 18	0456 ③	0457 ④	

PART B 내신 잡는 종합 문제

0458 3	0459 ②	0460 4	0461 ⑤
0462 4	0463 18	0464 ②	0465 ⑤
0466 ②	0467 12	0468 ③	0469 ③
0470 ②	0471 ③	0472 ②	0473 ②
0474 32	0475 4		

PART C 수능 녹인 변별력 문제

0476 ②	0477 12	0478 10	0479 ③
0480 ②	0481 4	0482 ②	0483 1
0484 ⑤	0485 12	0486 16	0487 ③
0488 ④	0489 76	0490 ①	0491 2

06 도함수의 활용(3)

확인 문제

| 유형 01 | (1) 3 | (2) 2 |
| 유형 10 | (1) 1 | (2) 4 |

PART A 유형별 문제

0492 ②	0493 5	0494 12	0495 ②
0496 20	0497 4	0498 4	0499 81
0500 2	0501 ①	0502 7	0503 21
0504 31	0505 ③	0506 11	0507 ②
0508 17	0509 8	0510 21	0511 ④
0512 9	0513 ③	0514 7	0515 ⑤
0516 11	0517 ①	0518 -2	0519 4
0520 ①	0521 ②	0522 16	0523 -7
0524 12	0525 6	0526 ③	0527 ②
0528 ②	0529 ②	0530 6	0531 7
0532 -12	0533 18	0534 6	0535 4
0536 ②	0537 2	0538 32	0539 ①
0540 240m	0541 ③	0542 45m	0543 ⑤
0544 50m/s	0545 60	0546 ①	0547 ④
0548 ⑤	0549 ③	0550 24	0551 33
0552 ⑤	0553 ②	0554 ②	0555 $48\pi\,\mathrm{cm^3/s}$

PART B 내신 잡는 종합 문제

0556 15	0557 -28	0558 ④	0559 ①
0560 ①	0561 ⑤	0562 ⑤	0563 ①
0564 3	0565 ③	0566 ⑤	0567 ⑤
0568 23	0569 1	0570 27	

PART C 수능 녹인 변별력 문제

0571 15	0572 ③	0573 ②	0574 ②
0575 14	0576 28	0577 34	0578 ③
0579 47	0580 ⑤	0581 5	0582 ⑤

07 부정적분

확인 문제

유형 01 (1) $2x+C$　　　(2) x^3+C

PART A 유형별 문제

0583 2	0584 ①	0585 24	0586 7
0587 8	0588 ③	0589 ②	0590 11
0591 1	0592 -3	0593 7	0594 73
0595 11	0596 14	0597 25	0598 14
0599 2	0600 4	0601 -9	0602 15
0603 -2	0604 10	0605 4	0606 29
0607 6	0608 26	0609 ④	0610 8
0611 ③	0612 8	0613 ③	0614 25
0615 9	0616 ④	0617 -4	0618 29
0619 ④	0620 -2	0621 28	0622 -4
0623 9	0624 2	0625 5	0626 -12
0627 -20	0628 ③	0629 28	

PART B 내신 잡는 종합 문제

0630 ⑤	0631 ①	0632 -5	0633 -1
0634 ④	0635 8	0636 21	0637 2
0638 ②	0639 ③	0640 35	0641 30
0642 ③	0643 -4	0644 4	

PART C 수능 녹인 변별력 문제

0645 9	0646 100	0647 ②	0648 32
0649 ②	0650 45	0651 ④	0652 57
0653 ②	0654 ⑤	0655 7	0656 ④

08 정적분

확인 문제

유형 01 (1) 9　　　(2) 0　　　(3) 5
유형 02 (1) 9　　　(2) -2
유형 03 -9

PART A 유형별 문제

0657 ①	0658 ③	0659 5	0660 ②
0661 13	0662 4	0663 11	0664 99
0665 ③	0666 ④	0667 6	0668 28
0669 ①	0670 ③	0671 5	0672 ①
0673 16	0674 ②	0675 ③	0676 10
0677 ④	0678 ⑤	0679 0	0680 10
0681 4	0682 2	0683 ④	0684 ④
0685 ③	0686 ②	0687 4	0688 12
0689 6	0690 ②	0691 ④	0692 ③
0693 ②	0694 12	0695 ③	0696 2
0697 ②	0698 ④	0699 ⑤	0700 4
0701 2	0702 ④	0703 ③	0704 304
0705 ①	0706 ④	0707 2	0708 4
0709 ②	0710 ⑤	0711 10	0712 0
0713 ③	0714 8	0715 ③	0716 ③
0717 -5	0718 8	0719 5	0720 17
0721 ②	0722 -6	0723 ②	0724 ④
0725 ②	0726 2	0727 4	0728 ①
0729 ④	0730 ②	0731 ③	0732 ④
0733 ④	0734 ④	0735 2	0736 36
0737 ⑤	0738 18		

PART B 내신 잡는 종합 문제

0739 ④	0740 9	0741 ⑤	0742 ④
0743 3	0744 ①	0745 ⑤	0746 ⑤
0747 ⑤	0748 24	0749 5	0750 ②
0751 ③	0752 200	0753 ②	0754 ②
0755 4	0756 14		

PART C 수능 녹인 변별력 문제

0757 9	0758 ④	0759 ④	0760 15
0761 ③	0762 ⑤	0763 26	0764 ③
0765 ②	0766 2	0767 20	0768 36
0769 110	0770 7	0771 13	0772 ②

09 정적분의 활용

유형 10 (1) -3　　　　　　(2) -1

PART A 유형별 문제

0773 8	0774 2	0775 4	0776 3
0777 1	0778 60	0779 1	0780 9
0781 ②	0782 ④	0783 8	0784 2
0785 1	0786 9	0787 ③	0788 4
0789 27	0790 ③	0791 2	0792 ⑤
0793 11	0794 ②	0795 ③	0796 2
0797 -6	0798 ⑤	0799 1	0800 8
0801 27	0802 16	0803 ③	0804 1
0805 ④	0806 2	0807 ③	0808 0
0809 ②	0810 12	0811 2	0812 14
0813 5	0814 ②	0815 1	0816 ④
0817 ②	0818 ②	0819 14	0820 ①
0821 20	0822 9	0823 2	0824 16
0825 300 m	0826 ②	0827 ②	0828 20 m
0829 ②	0830 ②	0831 ②	0832 22
0833 ⑤	0834 14	0835 32	0836 ③
0837 8	0838 ③		

PART B 내신 잡는 종합 문제

0839 ③	0840 27	0841 2	0842 24
0843 ②	0844 -3	0845 ①	0846 ②
0847 ②	0848 ③	0849 ⑤	0850 ④
0851 12	0852 ⑤	0853 ④	0854 ③
0855 ②	0856 ②	0857 128	0858 -4

PART C 수능 녹인 변별력 문제

0859 ②	0860 14	0861 48	0862 ②
0863 ③	0864 59	0865 4	0866 4
0867 ④	0868 ②	0869 ③	0870 ④

MEMO

MEMO

양만 많은 문제집 푸느라 부족한 시간과
수능 D-100
눈 뜨고 있어요

오?
20XX 입시 전략
매번 바뀌는 출제 경향에 생기는 혼란

험난한 수능 코스
1등급
난 늘 제자리걸음..

이렇게 된 이상 아삽에 모든 걸 건다!!!

최신 수능 경향 매년 ASAP 반영

3/6/9 모의고사 & 수능 대비 전략적 시즌제 콘텐츠

오답률 높은 문항으로 취약 유형 대비

코칭 선생님께 학습 관리 받는 느낌이 들 정도로 체계적이라 대만족이었습니다!

깔끔한 구성에 좋은 문항들이네요!

핵심만 뽑은 효율 甲 모의고사

수험생 무사 입시 완봉 기원!
아삽부흥회

수능 대박

수능 1등급

가보자고

아삽 Lite
고1/고2
수능 패턴 파악
국어 | 수학 | 영어

아삽
고3/N수
수능 실전 연습
국어 | 수학 | 영어
사탐 | 과탐

아삽

수학의 바이블 유형 ON 특장점

- ◆ 학습 부담은 줄이고 휴대성은 높인 1권, 2권 구조
- ◆ 고등 수학의 모든 유형을 담은 유형 문제집
- ◆ 내신 만점을 위한 내신 빈출, 서술형 대비 문항 수록
- ◆ 수능, 평가원, 교육청 기출, 기출 변형 문항 수록
- ◆ 중단원별 종합 문제로 유형별 학습의 단점 극복 및 내신 대비
- ◆ 1권과 2권의 A PART 유사 변형 문항으로 복습, 오답노트 가능

가르치기 쉽고 빠르게 배울 수 있는 **이투스북**

www.etoosbook.com

○ **도서 내용 문의**
홈페이지 > 이투스북 고객센터 > 1:1 문의
○ **도서 정답 및 해설**
홈페이지 > 도서자료실 > 정답/해설
○ **도서 정오표**
홈페이지 > 도서자료실 > 정오표
○ **선생님을 위한 강의 지원 서비스 T폴더**
홈페이지 > 교강사 T폴더

학교 시험에
자주 나오는
123유형
1451제 수록

1권 유형편
870제로
완벽한
필수 유형 학습

2권 변형편
581제로
복습 및 학교 시험
완벽 대비

수학의
바이블
유형 ON
2 권

2022개정 교육과정
미적분 I

이투스북

수학의 바이블

유형 ON

2권

미적분 I

이 책의 차례

함수의 극한

함수의 극한

유형 01 함수의 극한과 그래프

0001

함수 $y=f(x)$의 그래프가 그림과 같다.

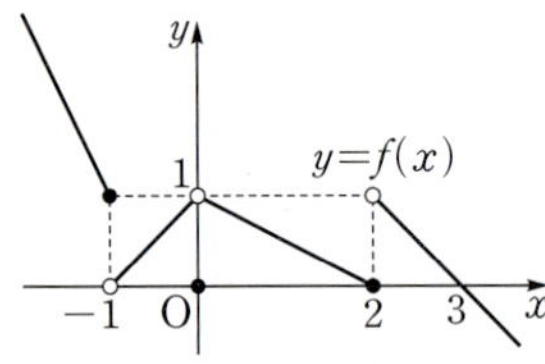

$\displaystyle\lim_{x\to-1+}f(x)+\lim_{x\to2+}f(x)$의 값을 구하시오.

0002

함수 $y=f(x)$의 그래프가 그림과 같다.

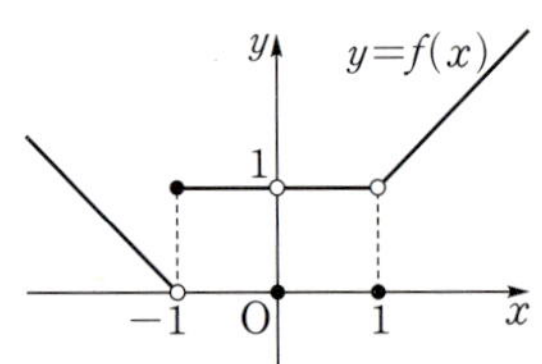

$\displaystyle\lim_{x\to-1-}f(x)+\lim_{x\to0-}f(x)+\lim_{x\to1+}f(x)$의 값을 구하시오.

0003

함수 $y=f(x)$의 그래프가 그림과 같다.

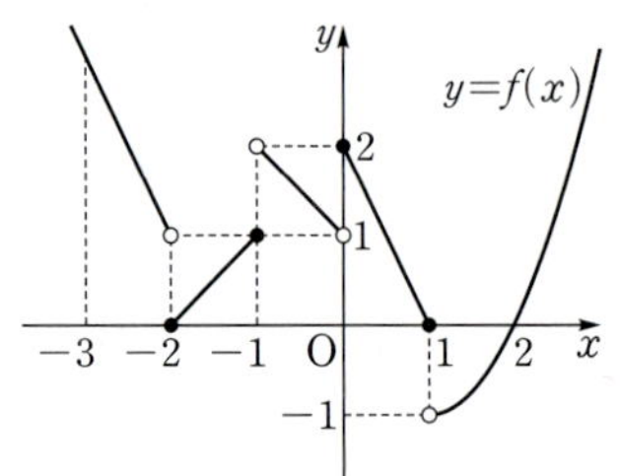

$\displaystyle\lim_{x\to k-}f(x)<\lim_{x\to k+}f(x)$를 만족시키는 $-3<k<2$인 모든 실수 k의 값의 합은?

① -3 ② -2 ③ -1
④ 0 ⑤ 1

0004

$-3\le x\le3$에서 정의된 함수 $y=f(x)$의 그래프가 그림과 같을 때, 보기에서 옳은 것만을 있는 대로 고른 것은?

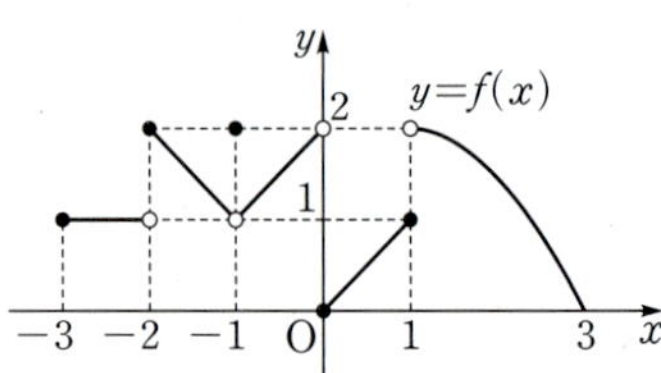

> **보기**
>
> ㄱ. $\displaystyle\lim_{x\to-2-}f(x)+\lim_{x\to0+}f(x)=1$
>
> ㄴ. $\displaystyle\lim_{x\to k-}f(x)>\lim_{x\to k+}f(x)$를 만족시키는 $-3<k<3$인 모든 실수 k의 개수는 2이다.
>
> ㄷ. $\displaystyle\lim_{x\to k-}f(x)\ne\lim_{x\to k+}f(x)$를 만족시키는 $-3<k<3$인 모든 실수 k의 값의 합은 -1이다.

① ㄱ ② ㄷ ③ ㄱ, ㄴ
④ ㄱ, ㄷ ⑤ ㄱ, ㄴ, ㄷ

유형 02 함수의 극한값과 존재 조건

0005

두 함수 $f(x)=\dfrac{x^2-1}{|x-1|}$, $g(x)=\dfrac{|x^2-4|}{x-2}$에 대하여

$\displaystyle\lim_{x\to 1-}f(x)+\lim_{x\to 2+}g(x)$의 값은?

① 0   ② 1   ③ 2

④ 3   ⑤ 4

0006

함수 $f(x)=\begin{cases}\dfrac{|x^2-9|}{x-3} & (x<3)\\ a & (x\geq 3)\end{cases}$에 대하여 $\displaystyle\lim_{x\to 3}f(x)$의 값이

존재할 때, 상수 a의 값은?

① -6 ② -3 ③ 0

④ 3   ⑤ 6

0007

함수 $f(x)=\begin{cases}x^2-2x-1 & (x<1)\\ -x^2+a & (1\leq x<2)\\ bx-3 & (x\geq 2)\end{cases}$에 대하여 $\displaystyle\lim_{x\to 1}f(x)$,

$\displaystyle\lim_{x\to 2}f(x)$의 값이 모두 존재할 때, 상수 a, b에 대하여 a^2+b^2

의 값을 구하시오.

유형 03 치환을 이용한 극한값의 계산

0008

함수 $y=f(x)$의 그래프가 그림과 같다.

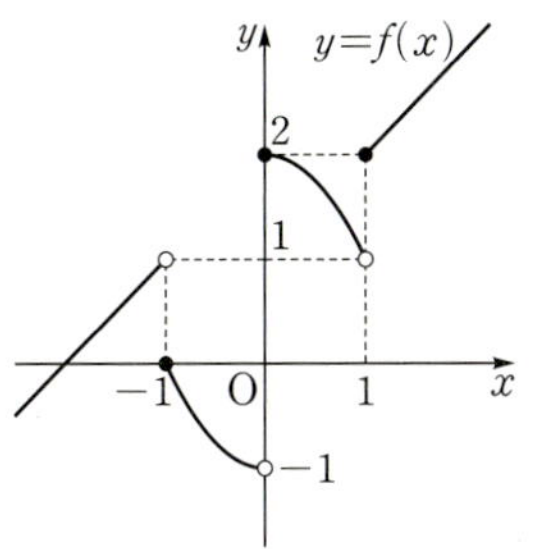

$\displaystyle\lim_{x\to 1-}f(x)+\lim_{x\to 1+}f(-x)$의 값은?

① 0   ② 1   ③ 2

④ 3   ⑤ 4

0009 평가원 변형

함수 $y=f(x)$의 그래프가 그림과 같다.

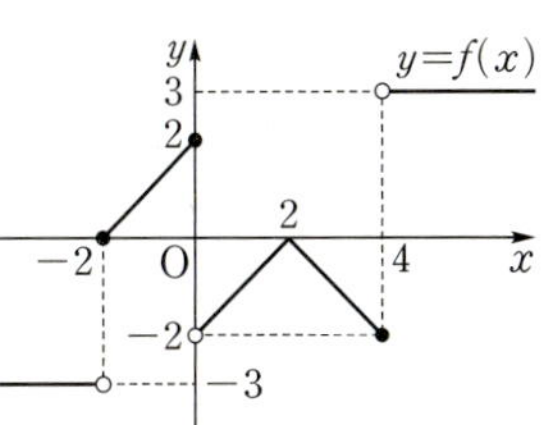

$\displaystyle\lim_{x\to 2-}f(x)+\lim_{x\to 2+}f(-x)+\lim_{x\to 0}|f(x)|$의 값은?

① -2 ② -1 ③ 0

④ 1   ⑤ 2

0010

함수 $y=f(x)$의 그래프가 그림과 같다.

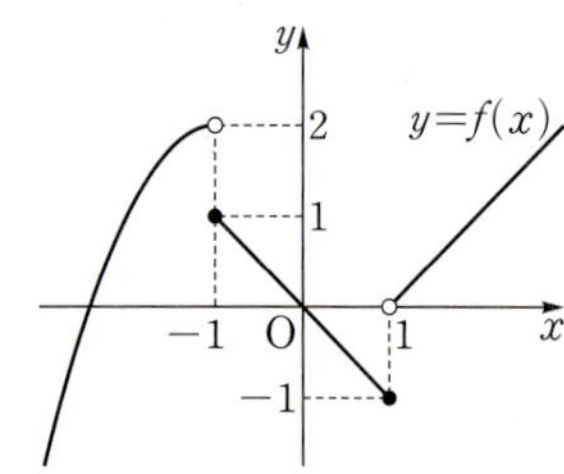

$\displaystyle\lim_{x\to 2+} f(1-x)+\lim_{x\to 2-} f(x-1)$의 값은?

① -1 ② 0 ③ 1

④ 2 ⑤ 3

0011

함수 $y=f(x)$의 그래프가 그림과 같다.

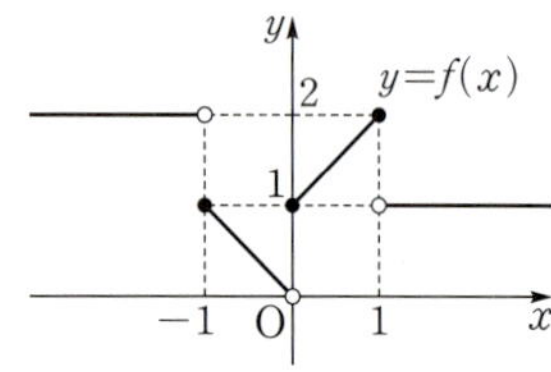

$\displaystyle\lim_{x\to\infty} f\!\left(\frac{2-x}{x-1}\right)+\lim_{x\to 2-} f(x-1)+f(1)$의 값은?

① 1 ② 2 ③ 3

④ 4 ⑤ 5

0012 　교육청 변형

함수 $y=f(x)$의 그래프가 그림과 같다.

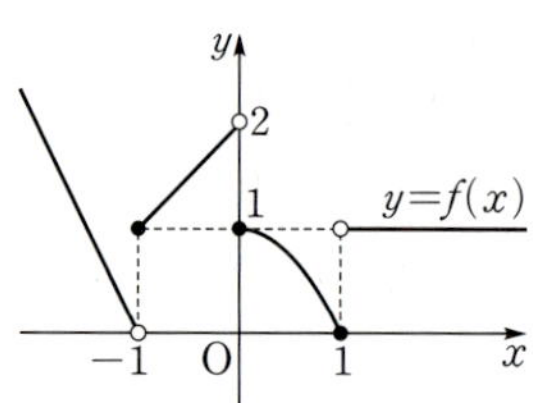

$\displaystyle\lim_{x\to 1+} f(x-2)+\lim_{x\to 1-} f(f(x))$의 값은?

① 0 ② 1 ③ 2

④ 3 ⑤ 4

0013

함수 $f(x)=\begin{cases} -1 & (x<1) \\ -x+2 & (x\ge 1) \end{cases}$에 대하여

$\displaystyle\lim_{x\to 1-} f(f(x))+\lim_{x\to 1+} f(f(x))$의 값은?

① -2 ② -1 ③ 0

④ 1 ⑤ 2

0014

함수 $y=f(x)$의 그래프가 그림과 같다.

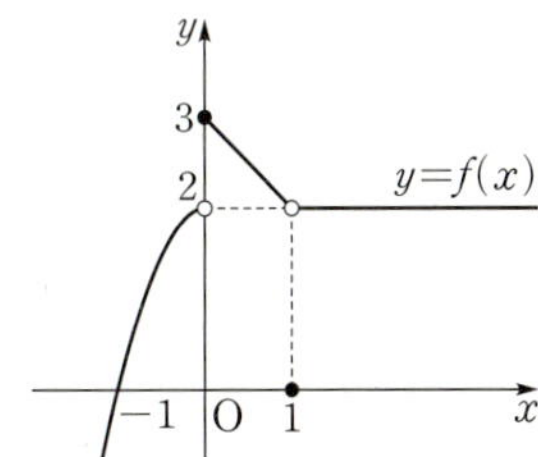

함수 $g(x)=\begin{cases} \dfrac{|x-2|}{x-2} & (x\neq 2) \\ 2 & (x=2) \end{cases}$에 대하여

$\displaystyle\lim_{x\to 0-}g(f(x))+\lim_{x\to 1+}g(f(x))+\lim_{x\to 2+}f(g(x))$의 값을 구하시오.

0015

두 함수 $y=f(x)$, $y=g(x)$의 그래프가 그림과 같을 때, 보기에서 옳은 것만을 있는 대로 고른 것은?

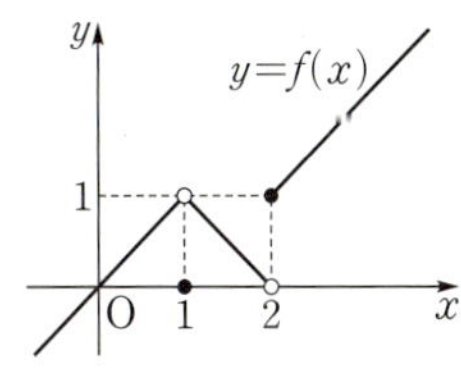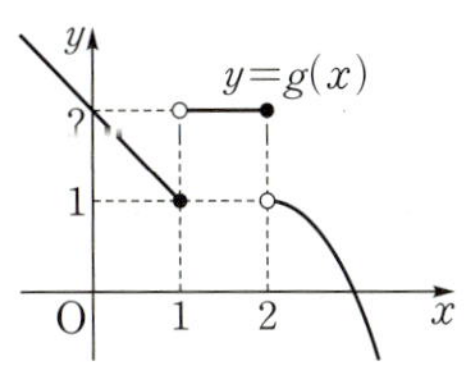

> **보기**
>
> ㄱ. $\displaystyle\lim_{x\to 1}f(x)=1$
>
> ㄴ. $\displaystyle\lim_{x\to 2}f(f(x))=0$
>
> ㄷ. $\displaystyle\lim_{x\to 1}f(g(x))=1$

① ㄱ   ② ㄴ   ③ ㄷ

④ ㄱ, ㄷ   ⑤ ㄱ, ㄴ, ㄷ

0016

$\displaystyle\lim_{x\to 3+}\frac{[x]^2+3x}{[x]}+\lim_{x\to 3-}\frac{[x]^2-2x}{[x]}$의 값을 구하시오.

(단, $[x]$는 x보다 크지 않은 최대의 정수이다.)

0017

함수 $f(x)=[x]^2+a[x]+b$가 다음 조건을 만족시킨다.

> ⑦ $f\left(\dfrac{5}{3}\right)=5$
>
> ⑷ $\displaystyle\lim_{x\to 2}f(x)$의 값이 존재한다.

상수 a, b에 대하여 $a-b$의 값은?

(단, $[x]$는 x보다 크지 않은 최대의 정수이다.)

① -12 ② -10 ③ -8

④ -6 ⑤ -4

0018

함수 $y=f(x)$의 그래프가 그림과 같을 때,
$\displaystyle\lim_{x\to 0-}[f(x-1)]+\lim_{x\to 1-}f([1-x])$의 값을 구하시오.

(단, $[x]$는 x보다 크지 않은 최대의 정수이다.)

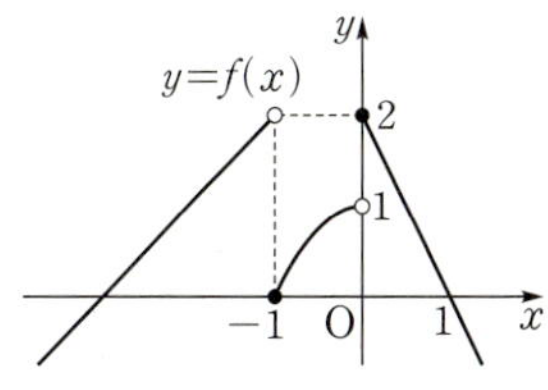

01
함수의 극한

0019

두 함수 $f(x)$, $g(x)$가
$$\lim_{x \to \infty} f(x) = 4, \quad \lim_{x \to \infty} g(x) = 2$$
를 만족시킬 때, $\lim_{x \to \infty} \dfrac{3f(x) - g(x)}{2f(x) - 3g(x)}$ 의 값을 구하시오.

0020

두 함수 $f(x)$, $g(x)$에 대하여
$$\lim_{x \to 3} f(x) = 16, \quad \lim_{x \to 3} \{f(x) - 4g(x)\} = 8$$
일 때, $\lim_{x \to 3} g(x)$의 값을 구하시오.

0021

두 함수 $f(x)$, $g(x)$가
$$\lim_{x \to \infty} \{f(x) - 3g(x)\} = 3, \quad \lim_{x \to \infty} g(x) = \infty$$
를 만족시킬 때, $\lim_{x \to \infty} \dfrac{3f(x) + g(x)}{2f(x) - g(x)}$ 의 값은?

① -1 ② 0 ③ 1
④ 2 ⑤ 3

0022 평가원 변형

함수 $f(x)$에 대하여
$$\lim_{x \to 1} \frac{f(x-1)}{x^2 - 1} = 2$$
일 때, $\lim_{x \to 0} \dfrac{f(x) - x^2 + 2x}{f(x) + x^2 - x}$ 의 값은?

① -1 ② 0 ③ 1
④ 2 ⑤ 4

0023

$\lim\limits_{x \to 3} \dfrac{2x^2 - 8x + 6}{x^2 - 3x} + \lim\limits_{x \to 2} \dfrac{x^2 - 4}{x^2 - x - 2}$ 의 값은?

① 2 ② $\dfrac{7}{3}$ ③ $\dfrac{8}{3}$
④ 3 ⑤ $\dfrac{10}{3}$

0024

$\lim\limits_{x \to 3} \dfrac{x^3 - 3x^2 + 3x - 9}{x^2 - 3x} + \lim\limits_{x \to 1} \dfrac{x-1}{\sqrt{x+3} - 2}$ 의 값은?

① 2 ② 4 ③ 6
④ 8 ⑤ 10

0025

$$\lim_{x \to 3} \frac{\sqrt{3+x}-\sqrt{9-x}}{\sqrt{x}-\sqrt{6-x}}$$ 의 값은?

① -1 ② $-\dfrac{\sqrt{2}}{2}$ ③ $-\dfrac{1}{2}$

④ $\dfrac{1}{2}$ ⑤ $\dfrac{\sqrt{2}}{2}$

0026

함수 $f(x)$에 대하여 $\lim\limits_{x \to 1} f(x)=2$일 때,

$$\lim_{x \to 1} \frac{(x^2+x-2)f(x)}{\sqrt{x}-1}$$ 의 값을 구하시오.

0027

일차함수 $f(x)$가 $\lim\limits_{x \to 2} \dfrac{x^2-2x}{(x^2-4)f(x)}=\dfrac{1}{4}$을 만족시킨다.

$f(1)=5$일 때, $f(3)$의 값은? (단, $\lim\limits_{x \to 2} f(x) \neq 0$)

① -2 ② -1 ③ 0

④ 1 ⑤ 2

유형 **08** $\dfrac{\infty}{\infty}$ 꼴 극한값의 계산

0028

$$\lim_{x \to \infty} \frac{3x^2-4x-1}{x^2-2x} + \lim_{x \to \infty} \frac{\sqrt{x^2+4}-2}{x+1}$$ 의 값은?

① 3 ② 4 ③ 5

④ 6 ⑤ 7

0029

$$\lim_{x \to -\infty} \frac{\sqrt{4x^2+1}+x}{\sqrt{x^2+2x+3}-x}$$ 의 값은?

① -1 ② $-\dfrac{1}{2}$ ③ $-\dfrac{1}{3}$

④ $\dfrac{1}{3}$ ⑤ $\dfrac{1}{2}$

0030

함수 $f(x)=(x+1)^2$에 대하여 $\lim\limits_{x \to \infty} \dfrac{f(x+1)-f(-x)}{x-1}$의

값을 구하시오.

0031

함수 $f(x)$에 대하여 $\lim\limits_{x\to\infty}\dfrac{f(x)-2x}{x+1}=2$일 때,

$\lim\limits_{x\to\infty}\dfrac{5x-f(x)}{f(x)-x}$의 값은?

① $\dfrac{1}{3}$ ② $\dfrac{2}{3}$ ③ 1

④ $\dfrac{4}{3}$ ⑤ $\dfrac{5}{3}$

0032

두 함수 $f(x)$, $g(x)$에 대하여

$$\lim_{x\to\infty}\frac{f(x)}{2x+3}=4,\ \lim_{x\to\infty}\frac{g(x)}{x^2+1}=2$$

일 때, $\lim\limits_{x\to\infty}\dfrac{2g(x)}{xf(x)}$의 값은?

① $\dfrac{1}{8}$ ② $\dfrac{1}{4}$ ③ $\dfrac{1}{2}$

④ 1 ⑤ 2

0033

$\lim\limits_{x\to\infty}\dfrac{1}{x-\sqrt{x^2-6x+10}}$의 값은?

① $\dfrac{1}{6}$ ② $\dfrac{1}{3}$ ③ $\dfrac{1}{2}$

④ 1 ⑤ 2

0034

$\lim\limits_{x\to-\infty}(\sqrt{x^2-6x}+x)$의 값을 구하시오.

0035

$\lim\limits_{x\to-\infty}\dfrac{2}{\sqrt{4x^2-2x}+2x}$의 값을 구하시오.

0036

$\lim\limits_{x\to a}\dfrac{x^2-a^2}{x-a}=2,\ \lim\limits_{x\to\infty}(\sqrt{x^2+ax}-\sqrt{x^2+bx})=3$일 때, 상수 a, b에 대하여 $a+b$의 값을 구하시오.

0037

$\lim\limits_{x\to 2}\dfrac{1}{x-2}\left(\dfrac{x^2}{2x-6}+2\right)$의 값은?

① -8 ② -4 ③ -2

④ 2 ⑤ 4

0038

$\displaystyle\lim_{x \to 2} \frac{x-10}{x^2-2x}\left(\frac{4}{\sqrt{x+2}}-2\right)$의 값을 구하시오.

0039

보기에서 옳은 것만을 있는 대로 고른 것은?

> **보기**
>
> ㄱ. $\displaystyle\lim_{x \to 0} \frac{1}{x}\left\{\frac{1}{(x-1)^2}-1\right\}=-2$
>
> ㄴ. $\displaystyle\lim_{x \to \infty} x\left(\frac{\sqrt{x}}{\sqrt{x+3}}-1\right)=-\frac{3}{2}$
>
> ㄷ. $\displaystyle\lim_{x \to 1} \frac{1}{x-1}\left\{\frac{1}{(x+1)^2}-\frac{1}{4}\right\}=\frac{1}{4}$
>
> ㄹ. $\displaystyle\lim_{x \to \infty} x^2\left(\frac{2x}{\sqrt{4x^2+1}}-1\right)=-\frac{1}{8}$

① ㄱ, ㄴ   ② ㄱ, ㄷ   ③ ㄴ, ㄷ

④ ㄴ, ㄹ   ⑤ ㄷ, ㄹ

0040

$\displaystyle\lim_{x \to -\infty} x\left(\frac{2x}{\sqrt{x^2-2x}}+2\right)$의 값은?

① -2 ② -1 ③ 0

④ 1 ⑤ 2

0041

함수 $f(x)=x^2+x+1$에 대하여

$\displaystyle\lim_{n \to \infty} (n+1)^2\left\{f\left(\frac{2}{n+1}+1\right)-f(1)\right\}^2$의 값은?

① 32 ② 34 ③ 36

④ 38 ⑤ 40

유형 11 **미정계수의 결정**

0042

$\displaystyle\lim_{x \to -2} \frac{x^2+5x+a}{x+2}=b$일 때, 상수 a, b에 대하여 $a+b$의 값을 구하시오.

0043

$\displaystyle\lim_{x \to -1} \frac{a\sqrt{x+2}-a}{x-b}=2$일 때, 상수 a, b에 대하여 $a+b$의 값을 구하시오.

0044

$\lim\limits_{x \to 1} \dfrac{x-1}{\sqrt{2x+a}-\sqrt{3a}}=b \ (b \neq 0)$일 때, ab의 값은?

(단, a, b는 상수이다.)

① 1   ② $\sqrt{3}$ ③ 2

④ $\sqrt{5}$ ⑤ 3

0045

$\lim\limits_{x \to \infty}(\sqrt{x^2+ax+3}+bx)=2$일 때, 상수 a, b에 대하여 $a+b$의 값을 구하시오.

0046

$\lim\limits_{x \to 2} \dfrac{1}{x-2}\left\{a-\dfrac{b}{(x+1)^2}\right\}=1$을 만족시키는 상수 a, b에 대하여 $a+b$의 값을 구하시오.

0047

삼차함수 $f(x)$가

$$\lim_{x \to 1}\frac{f(x)}{x-1}=\lim_{x \to -2}\frac{f(x)}{x+2}=9$$

를 만족시킬 때, $f(2)$의 값을 구하시오.

0048

다항함수 $f(x)$가

$$\lim_{x \to \infty}\frac{f(x)-x^3}{3x^2}=1, \ \lim_{x \to 0}\frac{f(x)}{x}=2$$

를 만족시킬 때, $f(2)$의 값을 구하시오.

0049 교육청 변형

다항함수 $f(x)$가 다음 조건을 만족시킨다.

> ㈎ $f(0)=3$, $f(1)=6$
> ㈏ $\lim\limits_{x \to \infty}\dfrac{xf(x)+4x^3+3}{x^3}=2$

$f(2)$의 값은?

① 3   ② 5   ③ 7

④ 9   ⑤ 11

0050

다항함수 $f(x)$가
$$\lim_{x \to \infty} \frac{f(x)-x^2}{2x}=1, \quad \lim_{x \to 2} \frac{x^2-4}{(x-2)f(x)}=2$$
를 만족시킬 때, $f(3)$의 값은?

① 8   ② 9   ③ 10

④ 11   ⑤ 12

0051 평가원 변형

최고차항의 계수가 1인 삼차함수 $f(x)$가 $\lim\limits_{x \to 2} \dfrac{f(x)}{x-2}=5$를 만족시킨다. $f(3) \geq 12$일 때, $f(4)$의 최솟값을 구하시오.

유형 13 · 함수의 극한의 대소 관계

0052

함수 $f(x)$가 모든 양의 실수 x에 대하여
$$3x^3-x^2 \leq (x^3+1)f(x) \leq 3x^3+5x^2$$
을 만족시킬 때, $\lim\limits_{x \to \infty} f(x)$의 값을 구하시오.

0053

함수 $f(x)$가 모든 양의 실수 x에 대하여
$$\frac{x^2-x}{2x+7} \leq f(x) \leq \frac{x^2+x}{2x+3}$$
를 만족시킬 때, $\lim\limits_{x \to \infty} \dfrac{f(3x)}{x}$의 값은?

① $\dfrac{1}{2}$ ② $\dfrac{2}{3}$ ③ $\dfrac{3}{4}$

④ 1   ⑤ $\dfrac{3}{2}$

0054

함수 $f(x)$가 모든 양의 실수 x에 대하여
$$\sqrt{x^2+4x+5} < f(x) < \sqrt{x^2+4x+7}$$
을 만족시킬 때, $\lim\limits_{x \to \infty} \{f(2x)-2x\}$의 값을 구하시오.

0055

함수 $f(x)$가 모든 실수 x에 대하여 $|f(x)-2x|<3$을 만족시킬 때, $\lim\limits_{x \to \infty} \dfrac{\{f(x)\}^2}{x^2-2x+50}$의 값은?

① 1   ② 2   ③ 3

④ 4   ⑤ 5

0056

세 함수 $f(x)$, $g(x)$, $h(x)$에 대하여 보기에서 옳은 것만을 있는 대로 고른 것은? (단, a는 실수이다.)

보기
ㄱ. $\lim\limits_{x\to a} f(x)$와 $\lim\limits_{x\to a}\{3f(x)+g(x)\}$의 값이 모두 존재하면 $\lim\limits_{x\to a} g(x)$의 값도 존재한다.

ㄴ. $\lim\limits_{x\to a} f(x)$, $\lim\limits_{x\to a} g(x)$의 값이 모두 존재하지 않으면 $\lim\limits_{x\to a}\{f(x)+g(x)\}$의 값도 존재하지 않는다.

ㄷ. $f(x)<g(x)<h(x)$이고 $\lim\limits_{x\to\infty}\{h(x)-f(x)\}=0$이면 $\lim\limits_{x\to\infty} g(x)$의 값이 존재한다.

① ㄱ   ② ㄱ, ㄴ   ③ ㄱ, ㄷ
④ ㄴ, ㄷ   ⑤ ㄱ, ㄴ, ㄷ

0057

두 함수 $f(x)$, $g(x)$에 대하여 보기에서 옳은 것만을 있는 대로 고른 것은?

보기
ㄱ. $\lim\limits_{x\to 0}\dfrac{f(x)}{x}$와 $\lim\limits_{x\to 0}\dfrac{g(x)}{x}$의 값이 모두 존재하면 $\lim\limits_{x\to 0}\{f(x)+g(x)\}$의 값도 존재한다.

ㄴ. $\lim\limits_{x\to 0}\dfrac{x}{g(x)}$와 $\lim\limits_{x\to 0}\dfrac{f(x)}{g(x)}$의 값이 모두 존재하면 $\lim\limits_{x\to 0} f(x)$의 값도 존재한다.

ㄷ. $\lim\limits_{x\to 0}\dfrac{f(x)}{x}$와 $\lim\limits_{x\to 0} f(x)g(x)$의 값이 모두 존재하면 $\lim\limits_{x\to 0} g(x)$의 값도 존재한다.

① ㄱ   ② ㄱ, ㄴ   ③ ㄱ, ㄷ
④ ㄴ, ㄷ   ⑤ ㄱ, ㄴ, ㄷ

0058

실수 t에 대하여 원 $x^2+y^2=9$와 직선 $y=t$가 만나는 점의 개수를 $f(t)$라 할 때, $\lim\limits_{t\to 3-} f(t)+\lim\limits_{t\to 3-} f(t)+f(3)$의 값은?

① 1   ② 2   ③ 3
④ 4   ⑤ 5

0059

실수 t에 대하여 x에 대한 이차방정식 $x^2-4tx+6t-2=0$의 서로 다른 실근의 개수를 $f(t)$라 하자. $\lim\limits_{t\to a-} f(t)\neq\lim\limits_{t\to a+} f(t)$를 만족시키는 모든 실수 a의 값의 합은?

① 0   ② $\dfrac{1}{2}$ ③ 1
④ $\dfrac{3}{2}$ ⑤ 2

0060

연립부등식 $\begin{cases} x^2-5x+4<0 \\ x^2+(1-a)x-a\le 0 \end{cases}$ 을 만족시키는 정수 x의 개수를 $f(a)$라 할 때, $\lim\limits_{a\to k-} f(a)\neq\lim\limits_{a\to k+} f(a)$를 만족시키는 실수 k의 개수를 구하시오. (단, a는 실수이다.)

0061

그림과 같이 곡선 $y=\sqrt{2x}$ 위에 점 $P(t, \sqrt{2t})$ $(t>0)$가 있다. 선분 OP의 중점을 M, 점 M을 지나고 직선 OP에 수직인 직선이 x축과 만나는 점을 Q라 할 때, $\lim\limits_{t\to\infty}\dfrac{\overline{PQ}^2}{t^2}$의 값은?

(단, O는 원점이다.)

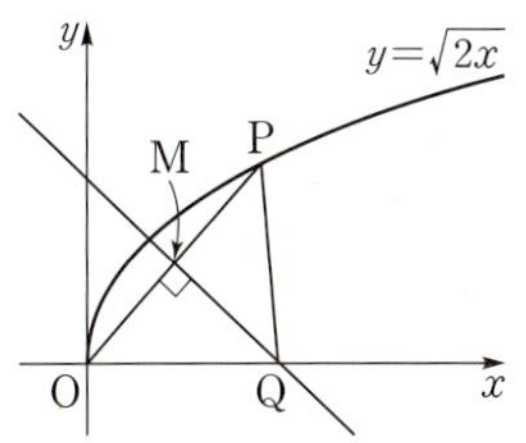

① $\dfrac{1}{4}$ 　② $\dfrac{1}{2}$ 　③ 1

④ 2 　⑤ 4

0062

그림과 같이 원 $x^2+y^2=1$ 위의 점 $P(t, \sqrt{1-t^2})$ $(0<t<1)$에서의 접선이 x축과 만나는 점을 Q라 하자. 점 $A(-1, 0)$에 대하여 삼각형 AQP의 넓이를 $S(t)$라 할 때, $\lim\limits_{t\to 1-}\dfrac{S(t)}{\sqrt{1-t}}$의 값은?

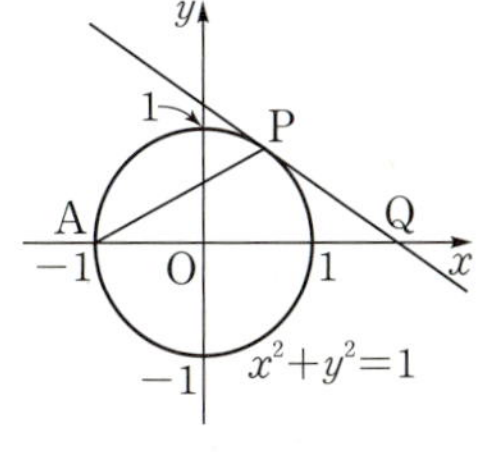

① $\dfrac{1}{2}$ 　② $\dfrac{\sqrt{2}}{2}$ 　③ 1

④ $\sqrt{2}$ 　⑤ 2

0063

그림과 같이 좌표평면 위에 중심이 점 $(0, 1)$이고 x축에 접하는 원이 있다. 양수 t에 대하여 점 $P(t, 0)$과 원의 중심을 지나는 직선이 원과 제2사분면에서 만나는 점을 Q라 하자. 삼각형 OPQ의 넓이를 $S(t)$라 할 때, $\lim\limits_{t\to\infty}\dfrac{S(t)}{t}$의 값은?

(단, O는 원점이다.)

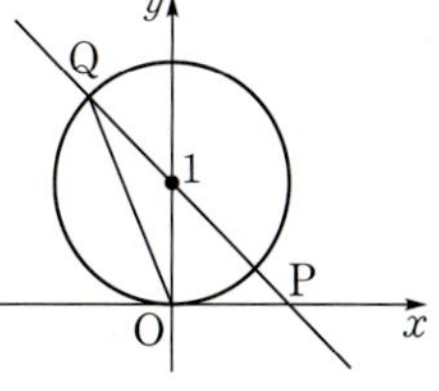

① $\dfrac{1}{4}$ 　② $\dfrac{1}{2}$ 　③ 1

④ 2 　⑤ 4

0064

그림과 같이 곡선 $y=2x^2$ 위의 점 $P(t, 2t^2)$ $(t>0)$과 x축 위의 점 $Q(2t, 0)$에 대하여 선분 PQ의 중점을 M, 점 M을 지나고 선분 PQ에 수직인 직선이 직선 $x=2t$와 만나는 점을 H라 하자. $\lim\limits_{t\to\infty}\dfrac{\overline{HQ}+\overline{MQ}}{t^2}$의 값을 구하시오.

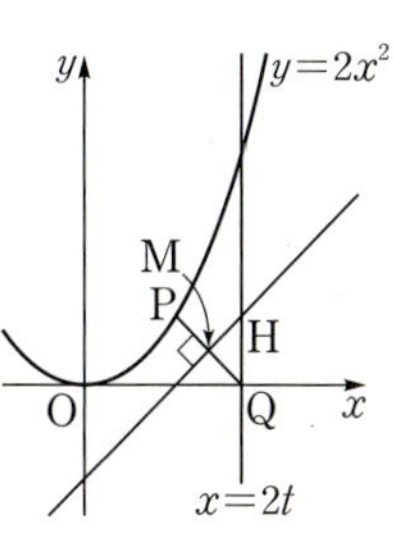

0065 교육청 기출

함수 $f(x)=a(x-1)^2+1$에 대하여
$$\lim_{x \to \infty} \{\sqrt{f(-x)}-\sqrt{f(x)}\}=6$$
일 때, 양수 a의 값은?

① 3   ② 5   ③ 7

④ 9   ⑤ 11

0066 교육청 변형

함수 $f(x)$에 대하여
$$\lim_{x \to 3}\frac{x-3}{f(x)-2}=4$$
일 때, $\lim_{x \to 3}\dfrac{\{f(x)\}^2-4}{x^2-9}$의 값은?

① $\dfrac{1}{12}$ ② $\dfrac{1}{9}$ ③ $\dfrac{1}{6}$

④ $\dfrac{1}{3}$ ⑤ 1

0067 교육청 변형

$-3<x<3$에서 정의된 함수 $y=f(x)$의 그래프가 그림과 같다.

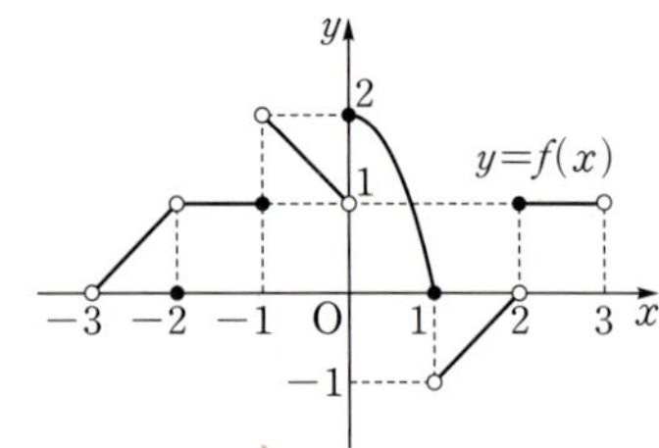

$\lim\limits_{x \to k-} f(x) < \lim\limits_{x \to k-} f(-x)$를 만족시키는 $0 \le k < 3$인 정수 k의 개수를 구하시오.

0068 평가원 기출

다항함수 $f(x)$가 다음 조건을 만족시킬 때, $f(2)$의 값을 구하시오.

> (가) $\lim\limits_{x \to \infty}\dfrac{f(x)-x^3}{3x}=2$
>
> (나) $\lim\limits_{x \to 0}f(x)=-7$

0069 평가원 변형

다항함수 $f(x)$가
$$\lim_{x \to \infty}\frac{f(x)}{x^3}=0, \quad \lim_{x \to 0}\frac{f(x)}{x}=3$$
을 만족시킨다. $f(1) \ge 4$일 때, $f(2)$의 최솟값을 구하시오.

0070 교육청 변형

다항함수 $f(x)$가 다음 조건을 만족시킨다.

> (가) $x>0$일 때, $3x^2-4x \le f(x) \le 3x^2+1$이다.
>
> (나) $\lim\limits_{x \to 0}\dfrac{x^3-x}{f(x)}=\dfrac{1}{3}$

$f(2)$의 값을 구하시오.

0071 교육청 변형

삼차함수 $f(x)$가 모든 실수 x에 대하여
$$f(-x)=-f(x)$$
를 만족시킨다. $\lim\limits_{x\to2}\dfrac{f(x)}{x-2}=4$일 때, $f(4)$의 값은?

① 16 ② 20 ③ 24

④ 28 ⑤ 32

0072 교육청 기출

최고차항의 계수가 1이고 다음 조건을 만족시키는 모든 삼차
함수 $f(x)$에 대하여 $f(5)$의 최댓값을 구하시오.

> (개) $\lim\limits_{x\to0}\dfrac{|f(x)-1|}{x}$의 값이 존재한다.
> (내) 모든 실수 x에 대하여 $xf(x)\geq-4x^2+x$이다.

0073 교육청 기출

양수 k에 대하여 함수 $f(x)$를 $f(x)=\left|\dfrac{kx}{x-1}\right|$라 하자. 실수
t에 대하여 곡선 $y=f(x)$와 직선 $y=t$가 만나는 점의 개수를
$g(t)$라 하자. 함수 $g(t)$가
$$\lim_{t\to0+}g(t)+\lim_{t\to2-}g(t)+g(4)=5$$
를 만족시킬 때, $f(3)$의 값은?

① 6 ② $\dfrac{15}{2}$ ③ 9

④ $\dfrac{21}{2}$ ⑤ 12

0074 교육청 기출

최고차항의 계수가 1이고 두 점 $A(-2,\ 0)$, $P(t,\ t+2)$를
지나는 이차함수 $f(x)$가 있다. 함수 $y=f(x)$의 그래프가
y축과 만나는 점을 Q라 할 때, $\lim\limits_{t\to\infty}(\sqrt{2}\times\overline{AP}-\overline{AQ})$의 값을
구하시오. (단, $t\neq-2$)

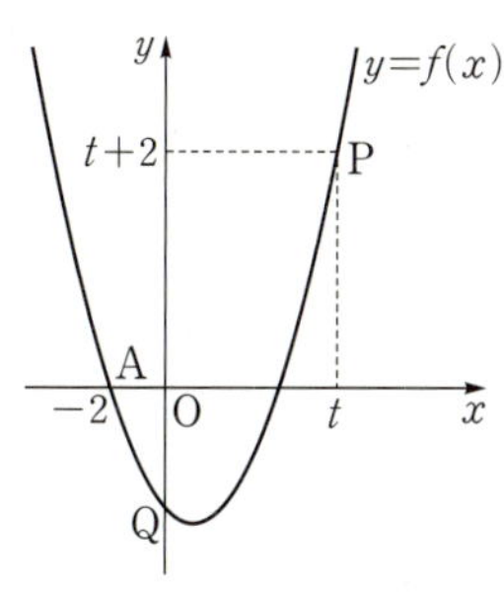

PART A′

02 함수의 연속

유형 01 함수의 연속

0075

$x=2$에서 연속인 함수인 것만을 보기에서 있는 대로 고른 것은?

> **보기**
>
> ㄱ. $f(x)=\begin{cases}\sqrt{x-2}+3 & (x\neq 2) \\ 3 & (x=2)\end{cases}$
>
> ㄴ. $g(x)=\begin{cases}\dfrac{x^2-2x}{|x-2|} & (x\neq 2) \\ 2 & (x=2)\end{cases}$
>
> ㄷ. $h(x)=\begin{cases}\dfrac{\sqrt{x-1}-1}{x-2} & (x\neq 2) \\ \dfrac{1}{2} & (x=2)\end{cases}$

① ㄱ   ② ㄴ   ③ ㄱ, ㄴ

④ ㄱ, ㄷ   ⑤ ㄴ, ㄷ

0076

모든 실수 x에서 연속인 함수인 것만을 보기에서 있는 대로 고른 것은?

> **보기**
>
> ㄱ. $f(x)=\dfrac{3x^2-5x-2}{x+2}$
>
> ㄴ. $g(x)=\dfrac{x|x|}{2}$
>
> ㄷ. $h(x)=\begin{cases}\dfrac{2x^2-7x-4}{x-4} & (x\neq 4) \\ 9 & (x=4)\end{cases}$

① ㄱ   ② ㄴ   ③ ㄱ, ㄴ

④ ㄴ, ㄷ   ⑤ ㄱ, ㄴ, ㄷ

0077

함수 $f(x)=\dfrac{1}{x-\dfrac{9}{x}}$ 이 불연속이 되는 x의 값의 개수는?

① 1   ② 2   ③ 3

④ 4   ⑤ 5

유형 02 함수의 그래프와 연속

0078

닫힌구간 $[-2,\ 4]$에서 함수 $y=f(x)$의 그래프가 그림과 같을 때, 보기에서 옳은 것만을 있는 대로 고른 것은?

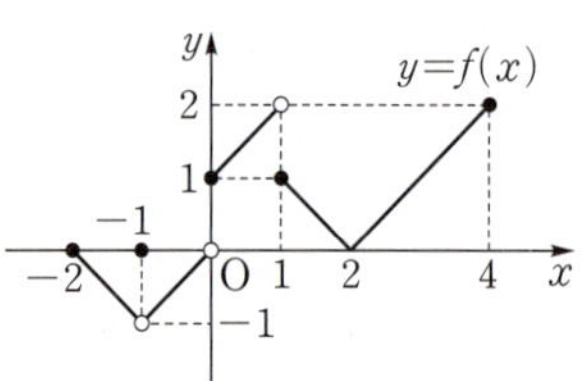

> **보기**
>
> ㄱ. $\displaystyle\lim_{x\to-1+}f(x)+\lim_{x\to2+}f(x)+\lim_{x\to4-}f(x)<2$
>
> ㄴ. $1<k<4$인 실수 k에 대하여 $\displaystyle\lim_{x\to k}f(x)=f(k)$이다.
>
> ㄷ. 함수 $f(x)$가 불연속이 되는 x의 값의 개수는 2이다.

① ㄱ   ② ㄴ   ③ ㄱ, ㄴ

④ ㄱ, ㄷ   ⑤ ㄱ, ㄴ, ㄷ

0079

두 함수 $y=f(x)$, $y=g(x)$의 그래프가 그림과 같다.

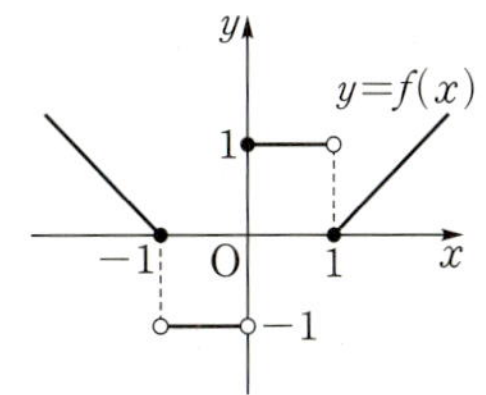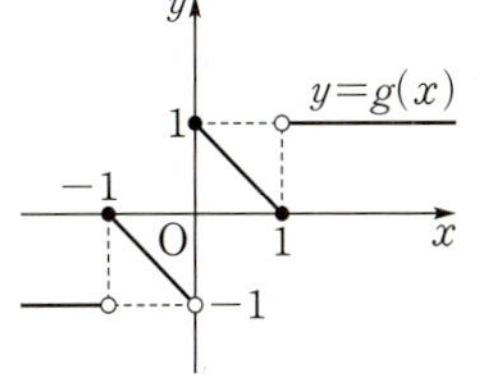

보기에서 옳은 것만을 있는 대로 고른 것은?

> **보기**
>
> ㄱ. $\lim\limits_{x \to 0} \dfrac{f(x)}{g(x)} = 1$
>
> ㄴ. 함수 $f(x)+g(x)$는 $x=-1$에서 연속이다.
>
> ㄷ. 함수 $f(x)g(x)$는 $x=1$에서 연속이다.

① ㄱ   ② ㄱ, ㄴ   ③ ㄱ, ㄷ

④ ㄴ, ㄷ   ⑤ ㄱ, ㄴ, ㄷ

0080 평가원 변형

함수 $y=f(x)$의 그래프가 그림과 같을 때, 보기에서 옳은 것만을 있는 대로 고른 것은?

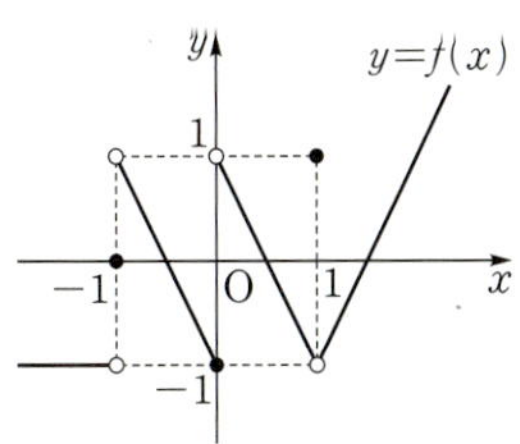

> **보기**
>
> ㄱ. $\lim\limits_{x \to -1} |f(x)| = 1$
>
> ㄴ. 함수 $\{f(x)\}^2$은 $x=0$에서 연속이다.
>
> ㄷ. 함수 $f(x)f(x-1)$은 $x=1$에서 연속이다.

① ㄱ   ② ㄱ, ㄴ   ③ ㄱ, ㄷ

④ ㄴ, ㄷ   ⑤ ㄱ, ㄴ, ㄷ

유형 03 **함수가 연속일 조건**

0081

함수

$$f(x) = \begin{cases} 2x+a & (x \leq 3) \\ ax+4 & (x > 3) \end{cases}$$

가 실수 전체의 집합에서 연속일 때, $f(4)$의 값은?

(단, a는 상수이다.)

① 6   ② 7   ③ 8

④ 9   ⑤ 10

0082

함수 $f(x) = \begin{cases} 3x & (x \leq a) \\ x^2+x+1 & (x > a) \end{cases}$ 이 $x=a$에서 연속이 되도록 하는 실수 a의 값은?

① 1   ② 2   ③ 3

④ 4   ⑤ 5

0083

함수 $f(x) = \begin{cases} \dfrac{x^2+ax-3}{x-3} & (x \neq 3) \\ b & (x = 3) \end{cases}$ 가 실수 전체의 집합에

서 연속이 되도록 하는 상수 a, b에 대하여 $a+b$의 값은?

① 1   ② 2   ③ 3

④ 4   ⑤ 5

0084

함수 $f(x)=\begin{cases} x-1 & (x<2) \\ x+a & (x\geq2) \end{cases}$ 에 대하여 함수 $|f(x)|$가 실수 전체의 집합에서 연속이 되도록 하는 모든 실수 a의 값의 합은?

① -5 ② -4 ③ -3
④ -2 ⑤ -1

0085

함수 $f(x)=\begin{cases} \dfrac{a\sqrt{x+3}+b}{x-1} & (x\neq1) \\ -1 & (x=1) \end{cases}$ 이 $x=1$에서 연속일 때, 상수 a, b에 대하여 $a+b$의 값은?

① 1 ② 2 ③ 3
④ 4 ⑤ 5

0086

함수 $f(x)=\begin{cases} x^2-3x-4 & (x<1) \\ x+1 & (x\geq1) \end{cases}$ 에 대하여 함수 $g(x)=|f(x)-a|$가 실수 전체의 집합에서 연속이 되도록 하는 상수 a의 값은?

① -2 ② -1 ③ 0
④ 1 ⑤ 2

0087

실수 전체의 집합에서 연속인 함수 $f(x)$가
$$(x+1)f(x)=x^2-3x-4$$
를 만족시킬 때, $f(-1)$의 값은?

① -5 ② -4 ③ -3
④ -2 ⑤ -1

0088

실수 전체의 집합에서 연속인 함수 $f(x)$가
$$(x-2)f(x)=\sqrt{x^2+a}-3$$
을 만족시킬 때, $9f(2)$의 값은? (단, a는 상수이다.)

① 3 ② 6 ③ 9
④ 12 ⑤ 15

0089

실수 전체의 집합에서 연속인 함수 $f(x)$가
$$(x^2-1)f(x)=x^4+ax+b$$
를 만족시킬 때, $f(-1)+f(1)$의 값을 구하시오.
(단, a, b는 상수이다.)

0090

실수 전체의 집합에서 연속인 함수 $f(x)$가
$$(x-a)f(x)=x^3-3x^2+2x$$
를 만족시킨다. $f(a)<0$일 때, $a+f(4)$의 값을 구하시오.
(단, a는 상수이다.)

유형 05 합성함수의 연속

0091

함수 $y=f(x)$의 그래프가 그림과 같다.

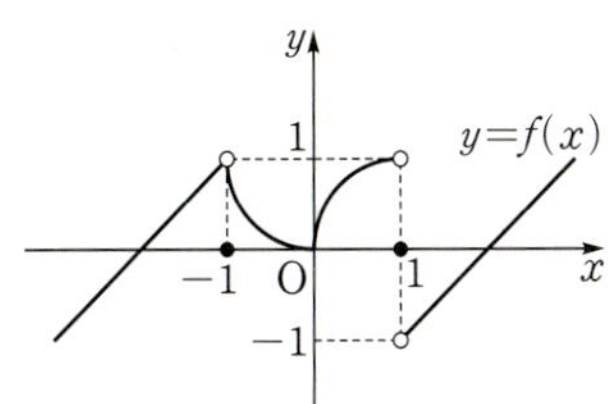

보기에서 옳은 것만을 있는 대로 고른 것은?

보기
ㄱ. $\lim\limits_{x\to-1-}f(x)=1$
ㄴ. $\lim\limits_{x\to1+}\{f(2-x)+f(x)\}=0$
ㄷ. 함수 $(f\circ f)(x)$는 $x=-1$에서 연속이다.

① ㄱ   ② ㄷ   ③ ㄱ, ㄴ
④ ㄴ, ㄷ   ⑤ ㄱ, ㄴ, ㄷ

0092

두 함수 $y=f(x)$, $y=g(x)$의 그래프가 그림과 같을 때, 보기에서 옳은 것만을 있는 대로 고른 것은?

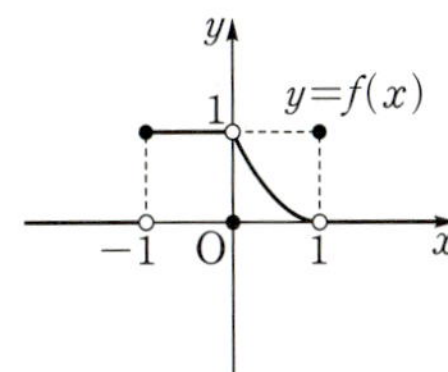 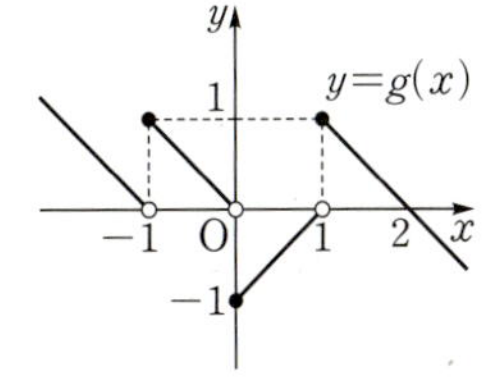

보기
ㄱ. $\lim\limits_{x\to1}g(f(x))=-1$
ㄴ. 함수 $f(x)-g(x)$는 $x=-1$에서 연속이다.
ㄷ. 함수 $f(g(x))$는 $x=0$에서 연속이다.

① ㄱ   ② ㄱ, ㄴ   ③ ㄱ, ㄷ
④ ㄴ, ㄷ   ⑤ ㄱ, ㄴ, ㄷ

0093

두 함수
$$f(x)=\begin{cases}x^2-1 & (|x|\le1)\\x+1 & (|x|>1)\end{cases},\ g(x)=\begin{cases}|x| & (|x|\le1)\\-1 & (|x|>1)\end{cases}$$
에 대하여 보기에서 옳은 것만을 있는 대로 고른 것은?

보기
ㄱ. $\lim\limits_{x\to0}g(f(x))=1$
ㄴ. 함수 $f(x)g(x)$는 $x=1$에서 연속이다.
ㄷ. 함수 $f(g(x))$는 $x=1$에서 연속이다.

① ㄱ   ② ㄱ, ㄴ   ③ ㄱ, ㄷ
④ ㄴ, ㄷ   ⑤ ㄱ, ㄴ, ㄷ

유형 06 $[x]$ 꼴을 포함한 함수의 연속

0094

함수 $f(x)=[x]^2+(ax+2)[x]$가 $x=2$에서 연속일 때, 상수 a의 값은? (단, $[x]$는 x보다 크지 않은 최대의 정수이다.)

① -3 ② $-\dfrac{5}{2}$ ③ -2
④ $-\dfrac{3}{2}$ ⑤ -1

0095

함수 $f(x)=x^2-2x+3$에 대하여
$$g(x)=\begin{cases}[f(x)] & (x\ne1)\\k & (x=1)\end{cases}$$
라 하자. 함수 $g(x)$가 $x=1$에서 연속일 때, 상수 k의 값을 구하시오. (단, $[x]$는 x보다 크지 않은 최대의 정수이다.)

0096

실수 전체의 집합에서 정의된 두 함수 $f(x)$, $g(x)$에 대하여 보기에서 옳은 것만을 있는 대로 고른 것은?

보기

ㄱ. 두 함수 $f(x)$, $g(x)$가 $x=2$에서 연속이면 함수 $f(x)g(4-x)$도 $x=2$에서 연속이다.

ㄴ. $\lim\limits_{x \to 3}f(x)=f(3)$, $\lim\limits_{x \to 3}g(x)=g(3)$이면 함수 $f(x)\{f(x)+g(x)\}$는 $x=3$에서 연속이다.

ㄷ. 실수 a에 대하여 $\lim\limits_{x \to a}f(x)=f(a)$, $\lim\limits_{x \to a}g(x)=g(a)$이면 함수 $\dfrac{f(x)}{g(x)}$는 $x=a$에서 연속이다.

① ㄱ　　　　② ㄴ　　　　③ ㄱ, ㄴ
④ ㄴ, ㄷ　　　⑤ ㄱ, ㄴ, ㄷ

0097

두 함수 $f(x)$, $g(x)$에 대하여 보기에서 옳은 것만을 있는 대로 고른 것은?

보기

ㄱ. 두 함수 $2f(x)$, $f(x)+2g(x)$가 모두 $x=0$에서 연속이면 함수 $g(x)$도 $x=0$에서 연속이다.

ㄴ. 두 함수 $f(x)$, $g(x)$가 모두 $x=0$에서 불연속이면 함수 $f(x)g(x)$도 $x=0$에서 불연속이다.

ㄷ. 함수 $f(x)$가 $x=0$에서 연속이면 함수 $\dfrac{1}{|f(x)|}$도 $x=0$에서 연속이다.

① ㄱ　　　　② ㄴ　　　　③ ㄱ, ㄷ
④ ㄴ, ㄷ　　　⑤ ㄱ, ㄴ, ㄷ

0098

두 함수 $f(x)=2x^2+x$, $g(x)=x^2+4x-5$에 대하여 보기의 함수 중 모든 실수 x에서 연속인 함수의 개수를 구하시오.

보기

ㄱ. $\dfrac{1}{\{f(x)\}^2}$　　　ㄴ. $\dfrac{|f(x)|}{g(x)}$　　　ㄷ. $\dfrac{g(x)}{f(x)-g(x)}$

0099

두 함수

$$f(x)=\begin{cases} 2x-3 & (x \le 3) \\ -x+2 & (x>3) \end{cases}, \quad g(x)=x-a$$

에 대하여 함수 $f(x)g(x)$가 $x=3$에서 연속일 때, 상수 a의 값을 구하시오.

0100

함수

$$f(x)=\begin{cases} x^2-2x+3 & (x<1) \\ 3x & (x \ge 1) \end{cases}$$

에 대하여 함수 $f(x)\{f(x)+k\}$가 $x=1$에서 연속이 되도록 하는 상수 k의 값을 구하시오.

0101

두 함수 $f(x)=\begin{cases} x^2+1 & (x\neq 2) \\ 3 & (x=2) \end{cases}$, $g(x)=ax-2$에 대하여

함수 $\dfrac{g(x)}{f(x)}$가 실수 전체의 집합에서 연속일 때, 상수 a의 값은?

① $-\dfrac{1}{2}$ ② $-\dfrac{1}{4}$ ③ $\dfrac{1}{4}$

④ $\dfrac{1}{2}$ ⑤ 1

0102 교육청 변형

함수 $y=f(x)$의 그래프가 그림과 같다.

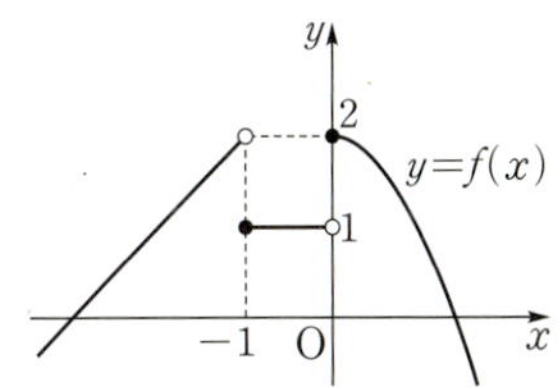

최고차항의 계수가 1인 이차함수 $g(x)$에 대하여 함수 $f(x)g(x)$가 실수 전체의 집합에서 연속일 때, $g(5)$의 값은?

① 10 ② 15 ③ 20

④ 25 ⑤ 30

0103

두 함수

$$f(x)=\begin{cases} 2x^2+x & (x<a) \\ x^2+5x-3 & (x\geq a) \end{cases}, \quad g(x)=2x-(a+5)$$

에 대하여 함수 $f(x)g(x)$가 실수 전체의 집합에서 연속이 되도록 하는 모든 실수 a의 값의 합을 구하시오.

0104

함수

$$f(x)=\begin{cases} 2x+a & (x<0) \\ x-a & (x\geq 0) \end{cases}$$

에 대하여 함수 $g(x)=f(x+1)f(x-1)$이 실수 전체의 집합에서 연속이 되도록 하는 상수 a의 값은?

① -2 ② -1 ③ 0

④ 1 ⑤ 2

유형 09 새롭게 정의된 함수의 연속

0105

실수 t에 대하여 x에 대한 이차방정식 $x^2-6tx+9t+18=0$의 서로 다른 실근의 개수를 $f(t)$라 하자. 함수 $f(t)$가 불연속이 되는 모든 실수 t의 값의 합을 구하시오.

0106

실수 t에 대하여 직선 $y=t$와 함수 $y=x^2-2|x|$의 그래프의 교점의 개수를 $f(t)$라 하자. 최고차항의 계수가 1인 이차함수 $g(t)$에 대하여 함수 $f(t)g(t)$가 실수 전체의 집합에서 연속일 때, $g(3)$의 값을 구하시오.

0107

실수 t에 대하여 직선 $x-2y+t=0$과 중심이 점 $(1, 1)$이고 반지름의 길이가 $\sqrt{5}$인 원의 교점의 개수를 $f(t)$라 하자. 함수 $(t-a)f(t)$가 한 점에서만 불연속이 되도록 하는 모든 실수 a의 값의 합을 구하시오.

0108

실수 a에 대하여 연립부등식 $\begin{cases} x^2+x-2<0 \\ x^2-(a+2)x+2a\le0 \end{cases}$ 을 만족시키는 정수 x의 개수를 $f(a)$라 하자. 함수 $f(a)$가 불연속이 되는 실수 a의 개수를 구하시오.

유형 10 최대·최소 정리

0109

닫힌구간 $[-1, 2]$에서 함수 $f(x)=\begin{cases} -x^2+2x & (x\le1) \\ -2x+3 & (x>1) \end{cases}$ 의 최댓값을 M, 최솟값을 m이라 할 때, $M+m$의 값을 구하시오.

0110

닫힌구간 $[0, 2]$에서 함수 $f(x)=-\sqrt{3-x}+1$의 최댓값을 M, 함수 $g(x)=\dfrac{x+4}{x+1}$의 최솟값을 m이라 할 때, $M+m$의 값은?

① 1 ② 2 ③ 3
④ 4 ⑤ 5

0111

닫힌구간 $[1, 4]$에서 함수 $f(x)=\sqrt{\dfrac{1}{x^2-4x+5}}$의 최댓값을 M, 최솟값을 m이라 할 때, $\dfrac{M^2}{m^2}$의 값은?

① 1 ② 2 ③ 3
④ 4 ⑤ 5

유형 11 사잇값 정리

0112

방정식 $x^3-x^2+4x+k=0$이 열린구간 $(-1, 1)$에서 중근이 아닌 오직 하나의 실근을 갖기 위한 정수 k의 최댓값을 M, 최솟값을 m이라 할 때, $M+m$의 값은?

① 1 ② 2 ③ 3
④ 4 ⑤ 5

0113

실수 전체의 집합에서 연속인 함수 $f(x)$가

$$f(-3)=1, \ f(-1)=-1, \ f(1)=2,$$
$$f(2)=1, \ f(3)=-3, \ f(4)=3$$

을 만족시킬 때, 방정식 $f(x)=0$은 적어도 n개의 실근을 갖는다. 이때 n의 최댓값은?

① 1 ② 2 ③ 3
④ 4 ⑤ 5

0114

방정식 $x^3+4x=a$가 오직 하나의 실근을 가질 때, 이 실근이 열린구간 $(-1, 2)$에 존재하도록 하는 정수 a의 개수는?

① 18 ② 20 ③ 22
④ 24 ⑤ 26

0115

연속함수 $f(x)$가

$$f(-2)=1, \ f(-1)=-1, \ f(0)=2,$$
$$f(1)=1, \ f(2)=-2$$

를 만족시킨다. 방정식 $\{f(x)\}^2-2f(x)-1=0$이 적어도 하나의 실근을 갖는 구간을 보기에서 있는 대로 고른 것은?

보기
ㄱ. $(-2, -1)$ ㄴ. $(-1, 0)$
ㄷ. $(0, 1)$ ㄹ. $(1, 2)$

① ㄱ, ㄴ ② ㄱ, ㄹ ③ ㄴ, ㄷ
④ ㄱ, ㄴ, ㄹ ⑤ ㄱ, ㄷ, ㄹ

0116

실수 전체의 집합에서 연속인 함수 $f(x)$가

$$f(-2)=-1, \ f(2)=1$$

을 만족시킬 때, 열린구간 $(-2, 2)$에서 반드시 실근을 갖는 방정식을 보기에서 있는 대로 고른 것은?

보기
ㄱ. $f(x)+x^2=4$
ㄴ. $xf(x)=f(-x)$
ㄷ. $\{f(x)\}^2=x^2f(-x)+1$

① ㄱ ② ㄷ ③ ㄱ, ㄴ
④ ㄱ, ㄷ ⑤ ㄱ, ㄴ, ㄷ

0117

다항함수 $f(x)$가 다음 조건을 만족시킨다.

$$\text{(가)} \ \lim_{x \to -1} \frac{f(x)}{x+1}=-6 \qquad \text{(나)} \ \lim_{x \to 2} \frac{f(r)}{x-2}=-3$$

방정식 $f(x)=0$이 열린구간 $(-2, 3)$에서 가질 수 있는 실근의 개수의 최솟값은?

① 1 ② 2 ③ 3
④ 4 ⑤ 5

0118 교육청 기출

두 자연수 m, n에 대하여 함수 $f(x)=x(x-m)(x-n)$이

$$f(1)f(3)<0, \ f(3)f(5)<0$$

을 만족시킬 때, $f(6)$의 값은?

① 30   ② 36   ③ 42

④ 48   ⑤ 54

0119 평가원 기출

두 양수 a, b에 대하여 함수 $f(x)$가

$$f(x)=\begin{cases} x+a & (x<-1) \\ x & (-1 \le x < 3) \\ bx-2 & (x \ge 3) \end{cases}$$

이다. 함수 $|f(x)|$가 실수 전체의 집합에서 연속일 때, $a+b$의 값은?

① $\dfrac{7}{3}$ ② $\dfrac{8}{3}$ ③ 3

④ $\dfrac{10}{3}$ ⑤ $\dfrac{11}{3}$

0120 교육청 기출

두 함수

$$f(x)=\begin{cases} \dfrac{1}{x-1} & (x<1) \\ \dfrac{1}{2x+1} & (x \ge 1) \end{cases}, \quad g(x)=2x^3+ax+b$$

에 대하여 함수 $f(x)g(x)$가 실수 전체의 집합에서 연속일 때, $b-a$의 값은? (단, a, b는 상수이다.)

① 10   ② 9   ③ 8

④ 7   ⑤ 6

0121 평가원 변형

최고차항의 계수가 1인 이차함수 $f(x)$에 대하여 함수

$$g(x)=\begin{cases} \dfrac{f(x)}{x-2} & (x \ne 2) \\ 2 & (x=2) \end{cases}$$

가 실수 전체의 집합에서 연속일 때, $g(5)$의 값을 구하시오.

0122 교육청 변형

함수 $f(x) = \begin{cases} -x+2 & (x < -1) \\ 2x+3 & (-1 \le x < 2) \\ 3x-1 & (x \ge 2) \end{cases}$ 과 최고차항의 계수가

1인 이차함수 $g(x)$에 대하여 함수 $f(x)g(x)$가 실수 전체의 집합에서 연속일 때, $g(5)$의 값을 구하시오.

0123 교육청 변형

다항함수 $f(x)$에 대하여 함수

$$g(x) = \begin{cases} \dfrac{f(x)-2x^2}{x-2} & (x \ne 2) \\ 4 & (x = 2) \end{cases}$$

가 실수 전체의 집합에서 연속이다. $\lim\limits_{x \to \infty} \dfrac{g(x)}{x} = 1$일 때,
$f(4)$의 값을 구하시오.

0124 평가원 변형

실수 전체의 집합에서 정의된 두 함수 $f(x)$, $g(x)$에 대하여

$$\frac{g(x)}{f(x)} = \begin{cases} x^2-2x+3 & (x < 1) \\ 2x^2-x+2 & (x \ge 1) \end{cases}$$

이다. 함수 $f(x)$가 $x=1$에서 연속이고
$\lim\limits_{x \to 1-} g(x) + \lim\limits_{x \to 1+} g(x) = 10$일 때, $f(1)$의 값은?

① $\dfrac{1}{2}$ ② 1 ③ $\dfrac{3}{2}$

④ 2 ⑤ $\dfrac{5}{2}$

0125 수능 변형

최고차항의 계수가 1인 삼차함수 $f(x)$와 함수

$$g(x) = \begin{cases} x-1 & (x \ne 1) \\ 1 & (x = 1) \end{cases}$$

에 대하여 함수 $\dfrac{f(x)}{g(x)}$가 실수 전체의 집합에서 연속이다.
$f(2) = 2$일 때, $f(4)$의 값을 구하시오.

0126 교육청 기출

$a>2$인 상수 a에 대하여 함수 $f(x)$를

$$f(x)=\begin{cases} x^2-4x+3 & (x\leq 2) \\ -x^2+ax & (x>2) \end{cases}$$

라 하자. 최고차항의 계수가 1인 삼차함수 $g(x)$에 대하여 실수 전체의 집합에서 연속인 함수 $h(x)$가 다음 조건을 만족시킬 때, $h(1)+h(3)$의 값은?

> (가) $x\neq 1$, $x\neq a$일 때, $h(x)=\dfrac{g(x)}{f(x)}$이다.
> (나) $h(1)=h(a)$

① $-\dfrac{15}{6}$ ② $-\dfrac{7}{3}$ ③ $-\dfrac{13}{6}$

④ -2 ⑤ $-\dfrac{11}{6}$

0127 교육청 기출

두 정수 a, b에 대하여 실수 전체의 집합에서 연속인 함수 $f(x)$가 다음 조건을 만족시킨다.

> (가) $0\leq x<4$에서 $f(x)=ax^2+bx-24$이다.
> (나) 모든 실수 x에 대하여 $f(x+4)=f(x)$이다.

$1<x<10$일 때, 방정식 $f(x)=0$의 서로 다른 실근의 개수가 5이다. $a+b$의 값은?

① 18 ② 19 ③ 20

④ 21 ⑤ 22

0128 수능 변형

실수 전체의 집합에서 연속인 함수 $f(x)$가 모든 실수 x에 대하여

$$\{f(x)\}^2-4f(x)=x^2f(x)-4x^2$$

을 만족시킨다. 함수 $f(x)$의 최댓값과 최솟값이 각각 존재하고 그 값이 서로 다를 때, $f(1)+f(3)$의 값을 구하시오.

0129 평가원 변형

실수 전체의 집합에서 정의된 함수 $f(x)$가 다음 조건을 만족시킨다.

> (가) $x\geq 0$일 때, $f(x)=x^2-4x$이다.
> (나) 모든 실수 x에 대하여 $f(x)=f(-x)$이다.

실수 t에 대하여 직선 $y=t$가 함수 $y=|f(x)|$의 그래프와 만나는 점의 개수를 $g(t)$라 하자. 최고차항의 계수가 1인 이차함수 $h(t)$에 대하여 함수 $h(t)g(t)$가 모든 실수 t에서 연속일 때, $h(6)$의 값을 구하시오.

Ⅱ

미분

03 미분계수와 도함수

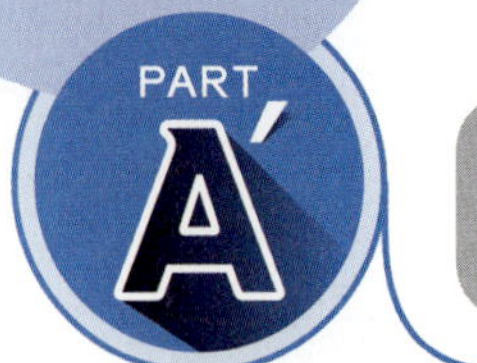

유형 01 평균변화율

0130

함수 $f(x)=2x^3-3x^2+1$에 대하여 x의 값이 -1에서 a까지 변할 때의 평균변화율이 8이다. 이때 양수 a의 값은?

① 1 ② 2 ③ 3
④ 4 ⑤ 5

0131

함수 $y=f(x)$의 그래프가 두 점 $(1, -3)$, $(3, 5)$를 지난다. 함수 $f(x)$에 대하여 x의 값이 1에서 3까지 변할 때의 평균변화율은?

① 2 ② 3 ③ 4
④ 5 ⑤ 6

0132

함수 $f(x)=x^2+3x+1$에 대하여 x의 값이 a에서 $a+1$까지 변할 때의 평균변화율이 6일 때, 상수 a의 값은?

① 1 ② 2 ③ 3
④ 4 ⑤ 5

0133

함수 $f(x)=-x^2+4x$에 대하여 x의 값이 0에서 3까지 변할 때의 평균변화율과 x의 값이 1에서 a까지 변할 때의 평균변화율이 같을 때, 상수 a의 값을 구하시오.

0134

함수 $f(x)$의 역함수를 $g(x)$라 하자. $a<b$인 두 실수 a, b에 대하여 $f(a)=1$, $f(b)=5$이다. x의 값이 a에서 b까지 변할 때의 함수 $f(x)$의 평균변화율이 $\dfrac{1}{2}$일 때, x의 값이 1에서 5까지 변할 때의 함수 $g(x)$의 평균변화율을 구하시오.

0135

함수 $y=f(x)$의 그래프가 그림과 같다. x의 값이 a에서 b까지, b에서 c까지, c에서 d까지 변할 때의 함수 $f(x)$의 평균변화율을 각각 α, β, γ라 할 때, α, β, γ의 대소 관계는?

(단, $a<b<c<d$, $f(d)<f(a)=f(b)<f(c)$)

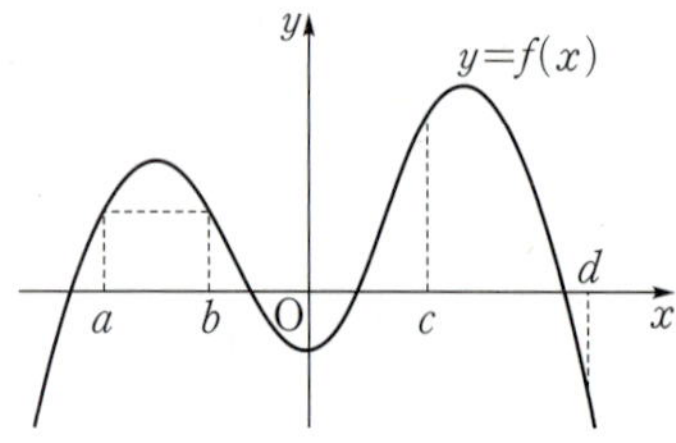

① $\alpha<\beta<\gamma$ ② $\alpha\leq\beta<\gamma$ ③ $\beta<\alpha<\gamma$
④ $\beta<\alpha\leq\gamma$ ⑤ $\gamma<\alpha<\beta$

0136 교육청 변형

함수 $f(x)=x^3+ax$에 대하여 x의 값이 -1에서 2까지 변할 때의 평균변화율과 $f'(-a)$의 값이 같도록 하는 모든 실수 a의 값의 곱은?

① -4 　② -2 　③ -1

④ 1 　⑤ 2

0137

함수 $f(x)=x^2+4x+5$에 대하여 x의 값이 a에서 b까지 변할 때의 평균변화율과 $x=1$에서의 순간변화율이 같을 때, 상수 a, b에 대하여 $a+b$의 값을 구하시오. (단, $a<b$)

0138

미분가능한 함수 $f(x)$에 대하여 x의 값이 2에서 $2+2h$까지 변할 때의 평균변화율이 $\dfrac{\sqrt{2+h}-\sqrt{2-h}}{h}$일 때, 함수 $f(x)$의 $x=2$에서의 미분계수는? (단, $0<h<2$)

① $-\sqrt{2}$ 　② $-\dfrac{\sqrt{2}}{2}$ 　③ $\dfrac{\sqrt{2}}{2}$

④ 1 　⑤ $\sqrt{2}$

0139

그림과 같이 곡선 $y=f(x)$ 위의 점 $(2, 5)$에서의 접선이 점 $(0, 1)$을 지날 때, $\displaystyle\lim_{h\to0}\dfrac{f(2+h)-f(2)}{h}$의 값은?

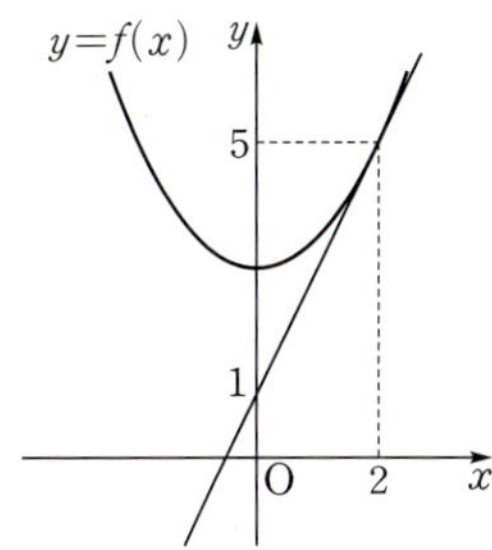

① 1 　② 2 　③ 3

④ 4 　⑤ 5

0140

미분가능한 함수 $y=f(x)$의 그래프가 그림과 같을 때, 보기에서 옳은 것만을 있는 대로 고른 것은? (단, $0<a<b$)

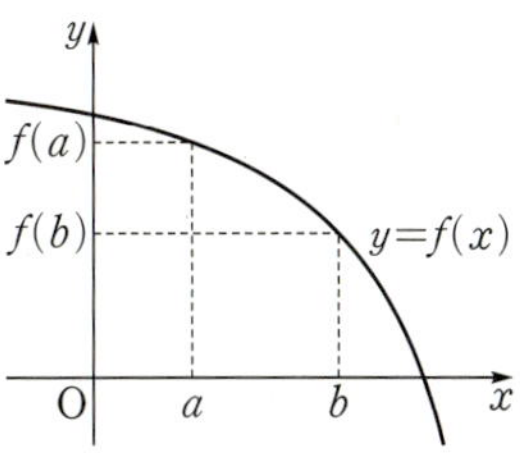

보기

ㄱ. $f'(a)<f'(b)$

ㄴ. $bf(a)>af(b)$

ㄷ. $f(b)-f(a)<(b-a)f'(a)$

① ㄱ 　② ㄴ 　③ ㄱ, ㄴ

④ ㄴ, ㄷ 　⑤ ㄱ, ㄴ, ㄷ

0141

미분가능한 두 함수 $y=f(x)$, $y=g(x)$의 그래프가 그림과 같을 때, 보기에서 옳은 것만을 있는 대로 고른 것은?

(단, $0<a<b$)

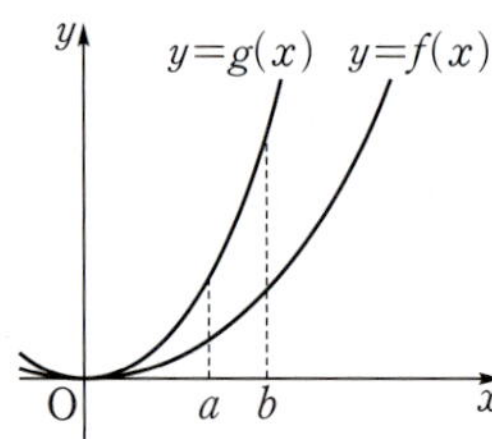

보기

ㄱ. $f'(a)<g'(a)$

ㄴ. $\dfrac{g(a)}{a}<\dfrac{g(b)}{b}$

ㄷ. $g(b)-g(a)>(b-a)f'(a)$

① ㄱ
② ㄴ
③ ㄱ, ㄴ
④ ㄴ, ㄷ
⑤ ㄱ, ㄴ, ㄷ

0142

함수 $y=g(x)$의 그래프가 그림과 같을 때, 보기에서 옳은 것만을 있는 대로 고른 것은? (단, $a<b<c<d<e<f$)

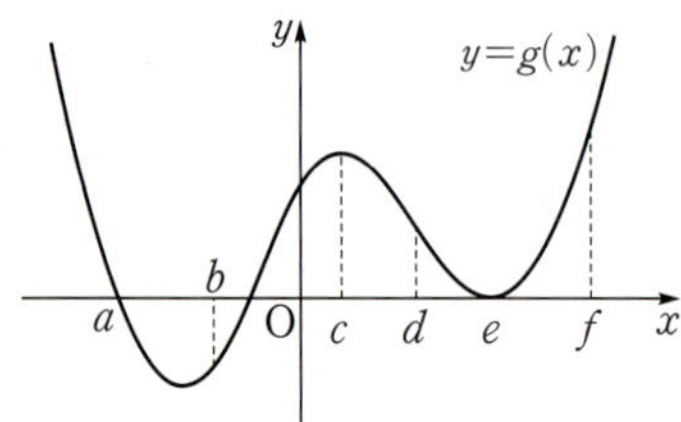

보기

ㄱ. $g'(a)<g'(c)<g'(f)$

ㄴ. $\dfrac{g(c)-g(b)}{c-b}>\dfrac{g(d)-g(c)}{d-c}$

ㄷ. $\dfrac{g(c)-g(a)}{c-a}<g'(e)$

ㄹ. $g'\!\left(\dfrac{e+f}{2}\right)>g'(f)$

① ㄱ, ㄴ
② ㄱ, ㄷ
③ ㄴ, ㄹ
④ ㄱ, ㄴ, ㄷ
⑤ ㄴ, ㄷ, ㄹ

0143

다항함수 $f(x)$에 대하여 $f'(3)=2$일 때,
$\displaystyle\lim_{h\to0}\dfrac{f(3+h)-f(3-2h)}{h}$ 의 값은?

① 2
② 4
③ 6
④ 8
⑤ 10

0144

다항함수 $f(x)$에 대하여 $f'(2)=6$일 때,
$\displaystyle\lim_{x\to\infty}\dfrac{x}{2}\left\{f\!\left(2+\dfrac{3}{x}\right)-f(2)\right\}$의 값은?

① 3
② 6
③ 9
④ 12
⑤ 15

0145

다항함수 $f(x)$에 대하여
$$\lim_{x\to\infty}x\left\{f\!\left(a+\dfrac{1}{x}\right)-f\!\left(a-\dfrac{1}{x}\right)\right\}$$
을 $f'(a)$를 이용하여 나타낸 것은?

① $-2f'(a)$
② $-f'(a)$
③ $\dfrac{f'(a)}{2}$
④ $f'(a)$
⑤ $2f'(a)$

0146

다항함수 $f(x)$에 대하여 $f(1)=2$, $f'(1)=3$일 때,

$$\lim_{h\to 0}\frac{(1+h)^3 f(1)-f(1+h)}{h}$$의 값은?

① 1   ② 2   ③ 3

④ 4   ⑤ 5

0147

다항함수 $f(x)$에 대하여

$$\lim_{h\to 0}\frac{f(2+h)-f(2-2h)}{h}=6$$

일 때, $\displaystyle\lim_{x\to\infty}x\left\{f\left(2+\frac{2}{x}\right)-f\left(2-\frac{3}{x}\right)\right\}$의 값을 구하시오.

0148

다항함수 $f(x)$가 다음 조건을 만족시킨다.

> (개) $f(1)=5$
> (내) $\displaystyle\lim_{x\to\infty}x\left\{f\left(1-\frac{1}{x}\right)-f\left(1+\frac{2}{x}\right)\right\}=9$

$$\lim_{h\to 0}\frac{(1+2h)f(1-h)-f(1-3h)}{h}$$의 값을 구하시오.

0149

함수 $f(x)$에 대하여 $f(2)=3$, $f'(2)=8$일 때,

$$\lim_{x\to 1}\frac{f(x+1)-3}{x^2-1}$$의 값은?

① 2   ② 3   ③ 4

④ 5   ⑤ 6

0150

곡선 $y=f(x)$ 위의 점 $(4,\ f(4))$에서의 접선의 기울기가 5일 때, $\displaystyle\lim_{x\to 2}\frac{f(x^2)-f(4)}{x-2}$의 값을 구하시오.

0151

미분가능한 함수 $f(x)$에 대하여

$$\lim_{x\to 9}\frac{x-9}{f(\sqrt{x})-f(3)}=3$$

일 때, $f'(3)$의 값은?

① 1   ② 2   ③ 3

④ 4   ⑤ 5

0152

다항함수 $f(x)$에 대하여
$$\lim_{x \to 3} \frac{f(x)-3}{x^2-9}=5f(3)$$
일 때, $\dfrac{f'(3)}{f(3)}$의 값은?

① 10   ② 20   ③ 30

④ 40   ⑤ 50

0153

다항함수 $f(x)$에 대하여
$$\lim_{x \to \infty} \frac{x}{3}\left\{f\left(1-\frac{1}{x}\right)-f\left(1-\frac{3}{x}\right)\right\}=2$$
일 때, $\displaystyle\lim_{x \to 1} \frac{f(x^3)-f(1)}{x-1}$의 값은?

① 6   ② 7   ③ 8

④ 9   ⑤ 10

0154

미분가능한 함수 $f(x)$가
$$\lim_{h \to 0} \frac{f(1+h)-f(1-2h)}{h}=6$$
을 만족시킨다. $f(1)=1$일 때, $\displaystyle\lim_{x \to 1} \frac{(x^2-3x)f(x)+2f(1)}{x^2-x}$
의 값은?

① -5 ② -4 ③ -3

④ -2 ⑤ -1

0155

미분가능한 함수 $f(x)$가 임의의 두 실수 x, y에 대하여
$$f(x+y)=f(x)+f(y)-3xy$$
를 만족시키고 $f'(0)=5$일 때, $f'(1)$의 값을 구하시오.

0156

미분가능한 함수 $f(x)$가 임의의 두 실수 x, y에 대하여
$$f(x+y)=f(x)+f(y)+2xy-1$$
을 만족시키고 $f'(2)=6$일 때, $f'(5)$의 값은?

① 4   ② 6   ③ 8

④ 10   ⑤ 12

0157

미분가능한 함수 $f(x)$가 모든 실수 x, y에 대하여
$$f(x+y)=f(x)f(y)$$
를 만족시키고 $f'(0)=4$일 때, $\dfrac{f'(1)}{f(1)}$의 값은?

① 1   ② 2   ③ 3

④ 4   ⑤ 5

유형 07 미분가능성과 연속성

0158

다음 보기의 함수 중 $x=2$에서 연속이지만 미분가능하지 않은 함수인 것만을 있는 대로 고른 것은?

보기

ㄱ. $f(x)=(x-2)+|x-2|$

ㄴ. $f(x)=|x^2-4|$

ㄷ. $f(x)=|x-2|(x-2)$

ㄹ. $f(x)=\begin{cases} x^2-x & (x<2) \\ 2x-2 & (x\geq2) \end{cases}$

---

① ㄱ, ㄴ　　　② ㄱ, ㄹ　　　③ ㄱ, ㄴ, ㄷ

④ ㄱ, ㄴ, ㄹ　　⑤ ㄴ, ㄷ, ㄹ

0159

함수 $y=f(x)$의 그래프가 그림과 같을 때, 함수 $f(x)$가 불연속인 점은 m개, 미분가능하지 않은 점은 n개이다. 이때 $m+n$의 값은?

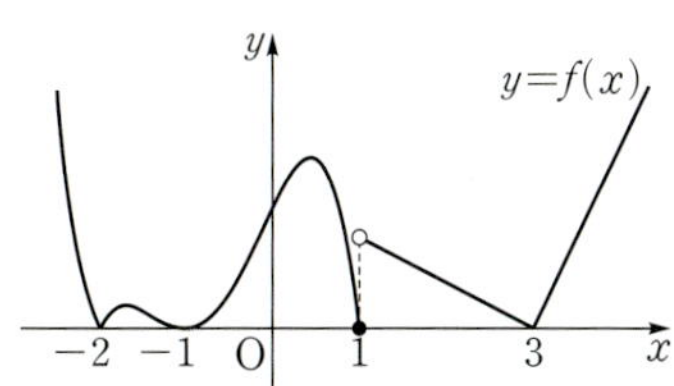

① 1　　　　② 2　　　　③ 3

④ 4　　　　⑤ 5

0160

실수 전체의 집합에서 정의된 함수 $f(x)$에 대하여 보기에서 옳은 것만을 있는 대로 고른 것은?

보기

ㄱ. $\lim\limits_{h\to0}\dfrac{f(2h)-f(0)}{2h}=0$이면 $\lim\limits_{x\to0}f(x)=f(0)$이다.

ㄴ. $f(x)=|x-3|$일 때, $\lim\limits_{h\to0}\dfrac{f(3+h)-f(3-h)}{h}=0$이다.

ㄷ. $f(x)=|x^2-1|$일 때, 함수 $f(x)$는 $x=-1$에서 미분가능하다.

ㄹ. 함수 $f(x)$가 연속함수이고 $\lim\limits_{h\to0}\dfrac{f(h)-f(-h)}{5h}=0$이면 $f'(0)=0$이다.

---

① ㄱ, ㄴ　　　② ㄱ, ㄷ　　　③ ㄴ, ㄹ

④ ㄱ, ㄴ, ㄷ　　⑤ ㄴ, ㄷ, ㄹ

0161

함수 $f(x)=\begin{cases} -x & (x<1) \\ x & (x\geq1) \end{cases}$에 대하여 보기에서 옳은 것만을 있는 대로 고른 것은?

보기

ㄱ. 함수 $g(x)=(x-1)f(x)$는 $x=1$에서 연속이다.

ㄴ. 함수 $i(x)=(x^2-x)f(x)$는 $x=1$에서 미분가능하다.

ㄷ. 함수 $j(x)=(x-1)^k f(x)$가 $x=1$에서 미분가능하도록 하는 자연수 k의 최솟값은 2이다.

---

① ㄱ　　　　② ㄱ, ㄴ　　　③ ㄱ, ㄷ

④ ㄴ, ㄷ　　　⑤ ㄱ, ㄴ, ㄷ

0162

함수 $f(x)=x^2+ax+b$에 대하여
$$f(2)=5,\ f'(1)=3$$
일 때, $f(3)$의 값은? (단, a, b는 상수이다.)

① 8 　　　　② 9 　　　　③ 10
④ 11 　　　　⑤ 12

0163

최고차항의 계수가 1인 삼차함수 $f(x)$에 대하여
$$f(0)=3,\ f'(1)=2,\ f'(2)=7$$
일 때, $f'(-1)$의 값을 구하시오.

0164

자연수 n에 대하여 함수 $f(x)=x^n+2nx+a$가 $f(0)=3$,
$f'(-1)=6$을 만족시킬 때, $f(1)$의 값은?
(단, a는 상수이다.)

① 13 　　　　② 14 　　　　③ 15
④ 16 　　　　⑤ 17

0165

함수 $f(x)=(2x^2+1)(x^2+x+a)$에 대하여 $f'(-1)=1$일
때, 상수 a의 값은?

① -2 　　　　② -1 　　　　③ 0
④ 1 　　　　⑤ 2

0166 평가원 변형

일차함수 $f(x)$에 대하여 함수 $g(x)$를
$$g(x)=(x^2+x+2)f(x)$$
라 하자. $g(1)=12$, $g'(1)=5$일 때, $f(1)+f'(1)$의 값은?

① 1 　　　　② 2 　　　　③ 3
④ 4 　　　　⑤ 5

0167

최고차항의 계수가 1인 이차함수 $y=f(x)$의 그래프가 x축에
접한다. 함수 $g(x)=(x-2)f(x)$에 대하여 곡선 $y=g(x)$
위의 점 $(3, 1)$에서의 접선의 기울기가 3일 때, $g(4)$의 값은?

① 4 　　　　② 8 　　　　③ 12
④ 16 　　　　⑤ 20

0168

함수 $f(x)=3x^3-2x^2+4x$에 대하여 $\lim\limits_{x\to 1}\dfrac{f(x)-f(1)}{x^3-1}$의 값을 구하시오.

0169

함수 $f(x)=x^3+ax+b$가 $\lim\limits_{h\to 0}\dfrac{f(1+2h)-3}{h}=4$를 만족시킬 때, $f(2)$의 값은? (단, a, b는 상수이다.)

① 6   ② 7   ③ 8
④ 9   ⑤ 10

0170

함수 $f(x)=2x^2+8x-7$에 대하여
$$\lim\limits_{h\to 0}\dfrac{f(a+2h)-f(a-2h)}{h}=8$$
을 만족시키는 상수 a의 값은?

① $-\dfrac{5}{2}$ ② $-\dfrac{3}{2}$ ③ $-\dfrac{1}{2}$
④ $\dfrac{1}{2}$ ⑤ $\dfrac{3}{2}$

0171

미분가능한 함수 $f(x)$가 $\lim\limits_{x\to 2}\dfrac{f(x)-3}{x^2-2x}=1$을 만족시킨다. 함수 $g(x)=(x^2+1)f(x)$에 대하여 $g'(2)$의 값을 구하시오.

0172

두 다항함수 $f(x)$, $g(x)$가
$$\lim\limits_{x\to 3}\dfrac{f(x)-2}{x-3}=2,\ \lim\limits_{x\to 3}\dfrac{g(x)-1}{x-3}=4$$
를 만족시킬 때, 함수 $h(x)=f(x)g(x)$에 대하여 $h'(3)$의 값은?

① 8   ② 9   ③ 10
④ 11   ⑤ 12

0173

미분가능한 두 함수 $f(x)$, $g(x)$가
$$\lim\limits_{x\to 2}\dfrac{f(x^2)-2}{x-2}=8,\ \lim\limits_{x\to 1}\dfrac{g(x+3)-1}{x^2-x}=2$$
를 만족시킬 때, 함수 $h(x)=f(x)g(x)$에 대하여 $h'(4)$의 값은?

① 6   ② 7   ③ 8
④ 9   ⑤ 10

0174 수능 변형

두 다항함수 $f(x)$, $g(x)$가
$$\lim_{x \to 1} \frac{f(x) - 2g(x)}{2x - 2} = 2, \quad \lim_{x \to 1} \frac{(x-1)f(x)}{g(x) - 3} = 4$$
를 만족시킨다. 함수 $h(x) = f(x)g(x)$에 대하여 $h'(1)$의 값을 구하시오.

유형 11 치환을 이용한 극한값의 계산

0175

$\displaystyle\lim_{x \to 1} \frac{x^{14} + x^5 + x - 3}{x - 1}$의 값은?

① 16   ② 17   ③ 18
④ 19   ⑤ 20

0176

$\displaystyle\lim_{x \to -1} \frac{x^n + 2x^2 - 3x - 4}{x + 1} = 8$을 만족시키는 자연수 n의 값을 구하시오.

0177

$\displaystyle\lim_{x \to -2} \frac{x^n + 2x^4 - 2x^3 + 4x - 8}{x + 2} = \alpha$일 때, 자연수 n과 상수 α에 대하여 $n + \alpha$의 값은?

① 1   ② 2   ③ 3
④ 4   ⑤ 5

유형 12 도함수와 항등식

0178

삼차함수 $f(x) = ax^3 + bx + c$가 모든 실수 x에 대하여
$$\{f'(x)\}^2 = x\{f(x) - 2\}$$
를 만족시킬 때, $ac + b$의 값은? (단, a, b, c는 상수이다.)

① $\dfrac{2}{9}$ ② $\dfrac{4}{9}$ ③ $\dfrac{2}{3}$
④ $\dfrac{8}{9}$ ⑤ $\dfrac{10}{9}$

0179

최고차항의 계수가 1인 이차함수 $f(x)$가 모든 실수 x에 대하여
$$3f(x) - \{f'(x)\}^2 = -x^2 + 3x$$
를 만족시킨다. $f(3)$의 값을 구하시오.

0180

다항함수 $f(x)$가 다음 조건을 만족시킨다.

> (가) $\{f'(x)\}^2 = 8f(x) + 1$
> (나) $f'(0) = 3$

$f(2)$의 값을 구하시오.

유형 13 구간으로 나누어 정의된 함수의 미분가능성

0181

함수

$$f(x) = \begin{cases} x^2 + ax & (x < 2) \\ 2x + 2a & (x \geq 2) \end{cases}$$

가 $x = 2$에서 미분가능할 때, $f(-1) + f(4)$의 값은?

(단, a는 상수이다.)

① 7 ② 8 ③ 9
④ 10 ⑤ 11

0182

함수

$$f(x) = \begin{cases} 2x^2 + ax + 3 & (x < 1) \\ 2x + b & (x \geq 1) \end{cases}$$

가 $x = 1$에서 미분가능할 때, 상수 a, b에 대하여 $a + b$의 값을 구하시오.

0183

미분가능한 함수 $f(x)$에 대하여 함수 $g(x)$를

$$g(x) = \begin{cases} (x-1)f(x) & (x < 1) \\ x^2 + ax & (x \geq 1) \end{cases}$$

라 하자. 함수 $g(x)$가 실수 전체의 집합에서 미분가능할 때, $f(1)$의 값을 구하시오. (단, a는 상수이다.)

0184

함수

$$f(x) = \begin{cases} x^2 + ax + b & (x < 2) \\ bx + 2 & (x \geq 2) \end{cases}$$

가 실수 전체의 집합에서 미분가능할 때, $f(1) + f(3)$의 값은? (단, a, b는 상수이다.)

① 26 ② 27 ③ 28
④ 29 ⑤ 30

0185

두 함수 $f(x) = |x-2|$, $g(x) = \begin{cases} 2x + a & (x < 2) \\ -x & (x \geq 2) \end{cases}$ 에 대하여

함수 $h(x) = f(x)g(x)$가 실수 전체의 집합에서 미분가능할 때, $h'(1)$의 값은? (단, a는 상수이다.)

① 1 ② 2 ③ 3
④ 4 ⑤ 5

0186

삼차함수 $f(x)$에 대하여 함수 $g(x)$를

$$g(x)=\begin{cases} 2x-2 & (x<1) \\ f(x) & (1\le x<3) \\ -x^2+8x-15 & (x\ge 3) \end{cases}$$

라 하자. 함수 $g(x)$가 실수 전체의 집합에서 미분가능할 때, $f(5)$의 값을 구하시오.

유형 **14** **미분법과 다항식의 나눗셈**

0187

다항식 $2x^3+3x^2-12x+a$가 $(x-b)^2$으로 나누어떨어질 때, 양수 a, b에 대하여 $a+b$의 값을 구하시오.

0188

다항식 $f(x)$를 $(x-2)^2$으로 나누었을 때의 나머지가 $3x+2$일 때, $f(2)+f'(2)$의 값을 구하시오.

0189

다항함수 $f(x)$에 대하여 $\lim\limits_{h\to 0}\dfrac{f(2+h)-2}{h}=5$가 성립한다. $f(x)$를 $(x-2)^2$으로 나누었을 때의 나머지를 $R(x)$라 할 때, $R(4)$의 값을 구하시오.

0190

삼차함수 $f(x)$가 다음 조건을 만족시킨다.

> ㈎ $f(x)$는 $(x-1)^2$으로 나누어떨어진다.
> ㈏ $f(x)-3$은 $x-2$로 나누어떨어진다.

$f'(2)=3$일 때, $f'(3)$의 값은?

① -15 ② -14 ③ -13
④ -12 ⑤ -11

0191

다항함수 $f(x)$에 대하여 $f(x)$를 $(x-a)^2$으로 나누었을 때의 나머지가 $x-3$이다. 곡선 $y=x^2f(x)$ 위의 점 $(a,\ a^2f(a))$에서의 접선의 기울기가 9일 때, 양수 a의 값을 구하시오.

PART B' 기출 & 기출변형 문제

0192 [평가원] [기출]

함수 $f(x)=x^3-6x^2+5x$에서 x의 값이 0에서 4까지 변할 때의 평균변화율과 $f'(a)$의 값이 같게 되도록 하는 $0<a<4$인 모든 실수 a의 값의 곱은 $\dfrac{q}{p}$이다. $p+q$의 값을 구하시오.

(단, p와 q는 서로소인 자연수이다.)

0193 [교육청] [변형]

최고차항의 계수가 1인 이차함수 $f(x)$에 대하여

$$\lim_{h\to 0}\frac{f(1+h)-4}{h}=4$$

일 때, $f(3)+f'(3)$의 값은?

① 21   ② 22   ③ 23

④ 24   ⑤ 25

0194 [교육청] [변형]

다항함수 $f(x)$가 $\lim\limits_{x\to 1}\dfrac{xf(x)-2x^3}{x-1}=3$을 만족시킨다. 함수 $g(x)=\{f(x)\}^2$에 대하여 $g'(1)$의 값을 구하시오.

0195 [평가원] [변형]

다항함수 $f(x)$가 모든 양수 x에 대하여

$$4x<f(2+x)-f(2-x)<2x^3+4x$$

를 만족시킬 때, $f'(2)$의 값은?

① -2 ② -1 ③ 0

④ 1   ⑤ 2

0196

미분가능한 함수 $f(x)$에 대하여 곡선 $y=f(x)$ 위의 점 $(1, f(1))$에서의 접선과 직선 $y=-\dfrac{1}{2}x+1$이 서로 수직일 때, $\displaystyle\lim_{x\to\infty}2x\left\{f\left(1+\dfrac{2}{x}\right)-f\left(1-\dfrac{1}{2x}\right)\right\}$의 값은?

① 6   ② 7   ③ 8
④ 9   ⑤ 10

0197

두 다항함수 $f(x)$, $g(x)$가
$$\lim_{x\to1}\frac{f(x)g(x)-4}{x-1}=4,\quad \lim_{x\to1}\frac{f(x)-g(x)}{x^2-x}=8$$
을 만족시킨다. $f(1)>0$일 때, $g'(1)$의 값은?

① -5 ② -4 ③ -3
④ -2 ⑤ -1

0198

최고차항의 계수가 1이고 $f(0)=0$인 삼차함수 $f(x)$가
$$\lim_{x\to a}\frac{f(x)-1}{x-a}=3$$
을 만족시킨다. 곡선 $y=f(x)$ 위의 점 $(a, f(a))$에서의 접선의 y절편이 4일 때, $f(1)$의 값은? (단, a는 상수이다.)

① -1 ② -2 ③ -3
④ -4 ⑤ -5

0199

두 다항함수 $f(x)$, $g(x)$가 다음 조건을 만족시킨다.

> (가) $\displaystyle\lim_{x\to\infty}\frac{f(x)}{x^3}=1$, $\displaystyle\lim_{x\to1}\frac{f(x)}{(x-1)^2}=2$
>
> (나) $\displaystyle\lim_{x\to2}\frac{f(x)g(x)-3}{x-2}=1$

$g'(2)$의 값은?

① -5 ② -4 ③ -3
④ -2 ⑤ -1

0200 교육청 기출

함수 $f(x)=\dfrac{1}{2}x^2$에 대하여 실수 전체의 집합에서 정의된 함수 $g(x)$를

$$g(x)=\begin{cases} f(x) & (f(x)\leq x) \\ x & (f(x)>x) \end{cases}$$

라 할 때, 보기에서 옳은 것만을 있는 대로 고른 것은?

> **보기**
> ㄱ. $g(1)=\dfrac{1}{2}$
> ㄴ. 모든 실수 x에 대하여 $g(x)\leq x$이다.
> ㄷ. 실수 전체의 집합에서 함수 $g(x)$가 미분가능하지 않은
>   점의 개수는 2이다.

① ㄱ ② ㄷ ③ ㄱ, ㄴ
④ ㄴ, ㄷ ⑤ ㄱ, ㄴ, ㄷ

0201 교육청 기출

최고차항의 계수가 1인 두 다항함수 $f(x)$, $g(x)$가 모든 실수 x에 대하여

$$f(-x)=-f(x),\ g(-x)=-g(x)$$

를 만족시킨다. 두 함수 $f(x)$, $g(x)$에 대하여

$$\lim_{x\to\infty}\frac{f'(x)}{x^2 g'(x)}=3,\quad \lim_{x\to 0}\frac{f(x)g(x)}{x^2}=-1$$

일 때, $f(2)+g(3)$의 값은?

① 8 ② 9 ③ 10
④ 11 ⑤ 12

0202 교육청 기출

최고차항의 계수가 1인 삼차함수 $f(x)$와 함수

$$g(x)=\begin{cases} \dfrac{1}{x-4} & (x\neq 4) \\ 2 & (x=4) \end{cases}$$

에 대하여 $h(x)=f(x)g(x)$라 할 때, 함수 $h(x)$는 실수 전체의 집합에서 미분가능하고 $h'(4)=6$이다. $f(0)$의 값을 구하시오.

0203 교육청 기출

두 자연수 a, b에 대하여 두 함수 $f(x)$, $g(x)$를

$$f(x)=\begin{cases} x+5 & (x<5) \\ |2x-a| & (x\geq 5) \end{cases},$$
$$g(x)=(x-5)(x-b)$$

라 하자. 함수 $f(x)g(x)$가 실수 전체의 집합에서 미분가능하도록 하는 a, b의 모든 순서쌍 (a, b)의 개수를 구하시오.

유형 01 접선의 기울기

0204

함수 $f(x)=x^3+ax+b$에 대하여 곡선 $y=f(x)$ 위의 점 $(-2, 5)$에서의 접선의 기울기가 6일 때, $f(1)$의 값은?

(단, a, b는 상수이다.)

① -8 ② -7 ③ -6
④ -5 ⑤ -4

0205

다항함수 $f(x)$에 대하여 곡선 $y=f(x)$ 위의 점 $(2, 4)$에서의 접선의 기울기가 3일 때, $\lim\limits_{h\to 0}\dfrac{2f(2-h)-8}{h}$의 값은?

① -10 ② -8 ③ -6
④ -4 ⑤ -2

0206

곡선 $y=x^3+ax^2+b$ 위의 점 $(1, 3)$에서의 접선과 수직인 직선의 기울기가 $-\dfrac{1}{5}$일 때, 상수 a, b에 대하여 $a-b$의 값은?

① -2 ② -1 ③ 0
④ 1 ⑤ 2

유형 02 곡선 위의 점에서의 접선의 방정식

0207

곡선 $y=x^3-2x^2+a$ 위의 점 $(2, a)$에서의 접선이 점 $(0, 3)$을 지날 때, 상수 a의 값은?

① 8 ② 9 ③ 10
④ 11 ⑤ 12

0208

함수 $f(x)=x^3-x^2+3x+2$에 대하여 곡선 $y=f(x)$ 위의 점 $(1, f(1))$에서의 접선의 방정식이 $y=ax+b$일 때, 상수 a, b에 대하여 $a-b$의 값은?

① 1 ② 2 ③ 3
④ 4 ⑤ 5

0209

곡선 $y=x^3-2x^2+x+1$ 위의 두 점 $(0, 1)$, $(2, 3)$에서의 두 접선의 교점의 좌표가 (a, b)일 때, $a+b$의 값을 구하시오.

0210

미분가능한 함수 $f(x)$에 대하여

$$\lim_{x \to 1} \frac{f(x)-3}{x-1}=5$$

일 때, 곡선 $y=f(x)$ 위의 점 $(1, f(1))$에서의 접선이 점 $(4, a)$를 지난다. a의 값은?

① 16   ② 17   ③ 18
④ 19   ⑤ 20

유형 03   접선에 수직인 직선의 방정식

0211 

곡선 $y=x^3-3x^2+2$ 위의 점 $(1, 0)$에서의 접선과 수직이고 점 $(3, 2)$를 지나는 직선의 y절편은?

① -2 ② -1 ③ 0
④ 1 ⑤ 2

0212

곡선 $y=x^3-2x^2-x+3$ 위의 점 $\mathrm{A}(1, 1)$에서의 접선과 수직이고 점 A를 지나는 직선이 점 $(3, a)$를 지날 때, a의 값은?

① -2 ② -1 ③ 0
④ 1 ⑤ 2

0213

곡선 $y=-x^3-2x^2+2x$ 위의 점 $(-2, -4)$를 지나고 이 점에서의 접선과 수직인 직선이 x축, y축과 만나는 점을 각각 A, B라 할 때, 선분 AB의 길이는?

① $2\sqrt{10}$ ② $3\sqrt{5}$ ③ 7
④ $5\sqrt{2}$ ⑤ $2\sqrt{13}$

유형 04   기울기가 주어진 접선의 방정식

0214

미분가능한 함수 $f(x)$에 대하여 곡선 $y=f(x)$ 위의 점 $(2, f(2))$에서의 접선의 방정식이 $y=3x+4$일 때, 곡선 $y=xf(x)$ 위의 점 $(2, 2f(2))$에서의 접선의 기울기는?

① 8   ② 12   ③ 16
④ 20   ⑤ 24

0215

곡선 $y=x^3-3x^2+4$에 접하고 직선 $3x+y+1=0$에 평행한 직선의 y절편은?

① 1   ② 2   ③ 3
④ 4   ⑤ 5

0216

직선 $y=5x+k$가 곡선 $y=x^3+3x^2-4x+6$에 접할 때, 모든 실수 k의 값의 합은?

① 30   ② 32   ③ 34
④ 36   ⑤ 38

0217

곡선 $y=x^3-5x+2$에 접하고 기울기가 -2인 두 직선 사이의 거리는?

① $\dfrac{2\sqrt{5}}{5}$ ② $\dfrac{4\sqrt{5}}{5}$ ③ $\dfrac{6\sqrt{5}}{5}$
④ $\dfrac{8\sqrt{5}}{5}$ ⑤ $2\sqrt{5}$

0218

직선 $y=6x-2$를 x축의 방향으로 k만큼 평행이동하면 곡선 $y=-x^3+6x^2-6x$에 접한다. 실수 k의 값은?

① 1   ② 2   ③ 3
④ 4   ⑤ 5

0219

곡선 $y=-x^3+3x^2+2x+4$ 위의 서로 다른 두 점 A, B에서의 접선이 서로 평행하다. 점 A의 x좌표가 2일 때, 점 B에서의 접선의 x절편은?

① -2 ② -1 ③ 0
④ 1   ⑤ 2

유형 05 곡선 밖의 한 점에서 그은 접선의 방정식

0220 (수능 변형)

점 $(0, 1)$에서 곡선 $y=x^3+2x-1$에 그은 접선의 x절편은?

① -1 ② $-\dfrac{3}{5}$ ③ $-\dfrac{1}{5}$

④ $\dfrac{1}{5}$ ⑤ $\dfrac{3}{5}$

0221

점 $(0, 5)$에서 곡선 $y=x^3-6x+3$에 그은 접선이 점 $(a, 8)$을 지날 때, a의 값은?

① -2 ② -1 ③ 0

④ 1 ⑤ 2

0222

점 $(0, -2)$에서 곡선 $y=x^4+1$에 그은 두 접선의 기울기의 곱은?

① -20 ② -16 ③ -12

④ -8 ⑤ -4

0223

점 $(0, 2)$에서 곡선 $y=x^3-3x^2+1$에 그은 접선 중에서 기울기가 음수인 접선의 x절편은?

① $\dfrac{1}{3}$ ② $\dfrac{2}{3}$ ③ 1

④ $\dfrac{4}{3}$ ⑤ $\dfrac{5}{3}$

0224

점 $(2, 1)$에서 곡선 $y=x^2+x+a$에 그은 두 접선이 서로 수직일 때, 상수 a의 값은?

① $\dfrac{1}{2}$ ② 1 ③ $\dfrac{3}{2}$

④ 2 ⑤ $\dfrac{5}{2}$

0225

곡선 $y=x^3-5x^2+3x+2$에 접하는 직선 중에서 직선 $y=2x+4$와 평행한 접선의 개수를 구하시오.

0226

점 $(1,\ a)$에서 곡선 $y=x^2-4x+2$에 그은 접선이 2개가 되도록 하는 정수 a의 최댓값을 구하시오.

0227

곡선 $y=\dfrac{2}{3}x^3-2x^2+5$에 접하고 기울기가 m인 접선이 2개가 되도록 하는 정수 m의 최솟값은?

① -2 ② -1 ③ 0

④ 1 ⑤ 2

0228

곡선 $y=-2x^3+4x+3$ 위의 점 $(-1,\ 1)$에서의 접선이 이 곡선과 다시 만나는 점의 좌표가 $(a,\ b)$일 때, $a+b$의 값은?

① -5 ② -4 ③ -3

④ -2 ⑤ -1

0229

그림과 같이 곡선 $y=x^3-3x^2+2x+7$ 위의 점 $\mathrm{P}(2,\ 7)$에서의 접선이 y축과 만나는 점을 Q, 이 곡선과 다시 만나는 점을 R이라 할 때, $\overline{\mathrm{PQ}}:\overline{\mathrm{QR}}$은?

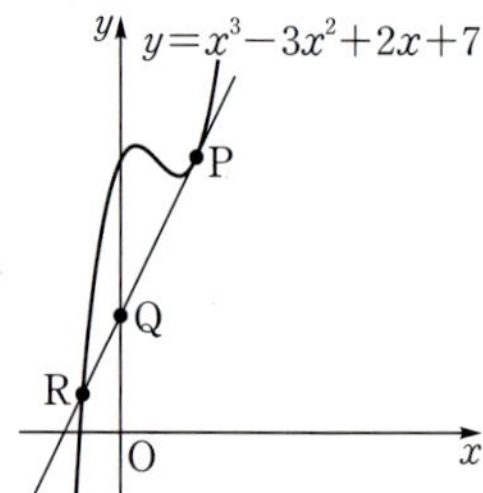

① $3:1$ ② $3:2$

③ $2:1$ ④ $5:2$

⑤ $5:3$

0230

점 $(0, 4)$에서 곡선 $y=x^3+2x^2-2x-4$에 그은 접선이 곡선과 접하는 점을 A, 곡선과 만나는 접점이 아닌 점을 B라 할 때, 선분 AB의 길이는?

① 6   ② $2\sqrt{10}$ ③ $5\sqrt{2}$

④ $4\sqrt{5}$ ⑤ 10

유형 08 접선의 기울기의 최대, 최소

0231

곡선 $y=-x^3-3x^2+ax+9$에 접하는 직선 중에서 기울기가 최대인 직선을 l이라 하자. 직선 l의 기울기가 10일 때, 상수 a의 값은?

① 5   ② 6   ③ 7

④ 8   ⑤ 9

0232

곡선 $y=\dfrac{1}{3}x^3-2x^2+3x+\dfrac{1}{3}$에 접하는 직선 중에서 기울기가 최소인 직선이 점 $(-2, a)$를 지날 때, a의 값은?

① 3   ② 4   ③ 5

④ 6   ⑤ 7

0233

곡선 $y=-x^3+3x^2-5x$에 접하는 직선 중에서 기울기가 최대인 직선 l이 곡선과 접하는 점을 P라 하자. 점 P를 지나고 직선 l에 수직인 직선의 x절편은?

① 4   ② 5   ③ 6

④ 7   ⑤ 8

유형 09 항등식을 이용한 접선의 방정식

0234

곡선 $y=x^3+\dfrac{1}{2}ax^2+(2a-8)x+2a-5$는 a의 값에 관계없이 항상 일정한 점 P를 지난다. 점 P를 지나고 이 점에서의 접선에 수직인 직선이 점 $(2, k)$를 지날 때, k의 값은?

① -2 ② -1 ③ 0

④ 1   ⑤ 2

0235

곡선 $y=x^3+(a+1)x^2-a$는 a의 값에 관계없이 항상 두 점 P, Q를 지난다. 이 곡선 위의 두 점 P, Q에서의 접선이 서로 수직이 되도록 하는 모든 실수 a의 값의 합은?

① -3 ② -2 ③ -1
④ 0 ⑤ 1

0236

곡선 $y=x^3+2ax^2+(4a-2)x+2a-6$은 a의 값에 관계없이 항상 일정한 점 P를 지난다. 점 P를 지나고 이 점에서의 접선에 수직인 직선이 x축과 만나는 점을 Q, y축과 만나는 점을 R이라 할 때, 선분 QR의 길이는?

① $4\sqrt{2}$ ② 6 ③ $4\sqrt{3}$
④ $6\sqrt{2}$ ⑤ $6\sqrt{3}$

0237

두 곡선 $y=x^3-2x^2+1$, $y=2x^2-4x+1$은 한 점에서 접하고, 그 점에서의 접선이 점 $(3, a)$를 지날 때, a의 값은?

① 1 ② 2 ③ 3
④ 4 ⑤ 5

0238

두 곡선 $y=x^3+2x^2+ax$, $y=x^2+x+1$이 한 점에서 접할 때, 상수 a의 값은?

① -2 ② -1 ③ 0
④ 1 ⑤ 2

0239

곡선 $y=3x^2+2x$ 위의 점 $(-1, 1)$에서의 접선이 곡선 $y=x^3-ax-1$에 접할 때, 상수 a의 값을 구하시오.

유형 11 곡선과 원의 접선

0240

곡선 $y=-\dfrac{1}{2}x^2+2$와 점 $(2, 0)$에서 접하고 중심이 y축 위에 있는 원의 반지름의 길이는?

① $\sqrt{2}$ ② $\sqrt{3}$ ③ 2
④ $\sqrt{5}$ ⑤ $\sqrt{6}$

0241

곡선 $y=-x^2+2$와 점 $(1, 1)$에서 접하고 중심이 x축 위에 있는 원의 둘레의 길이는?

① 2π ② $2\sqrt{2}\pi$ ③ $2\sqrt{3}\pi$
④ 4π ⑤ $2\sqrt{5}\pi$

0242

그림과 같이 곡선 $y=x^3-x^2+2$와 점 $(1, 2)$에서 접하고 중심이 x축 위에 있는 원의 넓이는?

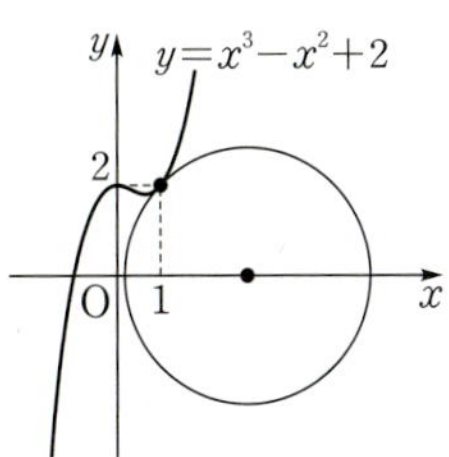

① 2π ② 4π
③ 6π ④ 8π
⑤ 10π

유형 12 접선과 좌표축으로 둘러싸인 도형의 넓이

0243

곡선 $y=2x^3+6x^2+2x-4$에 접하는 직선 중에서 기울기가 최소인 직선과 x축 및 y축으로 둘러싸인 도형의 넓이는?

① 3 ② $\dfrac{7}{2}$ ③ 4
④ $\dfrac{9}{2}$ ⑤ 5

0244

곡선 $y=ax^3\,(a>0)$ 위의 점 $(1, a)$에서의 접선과 x축 및 y축으로 둘러싸인 도형의 넓이가 2일 때, 상수 a의 값은?

① 1 ② 2 ③ 3
④ 4 ⑤ 5

0245

곡선 $y=x^3-4x+6$ 위의 점 $\mathrm{A}(1, 3)$에서의 접선을 l이라 하고, 점 A를 지나고 접선 l에 수직인 직선을 m이라 하자. 두 직선 l, m 및 x축으로 둘러싸인 도형의 넓이는?

① 6 ② 9 ③ 12
④ 15 ⑤ 18

0246

점 P$(0, -2)$에서 곡선 $y=x^4+3x^2+4$에 그은 두 접선의 접점을 A, B라 할 때, 삼각형 PAB의 넓이를 구하시오.

0247

곡선 $y=x^2-2x+3$ 위의 점과 직선 $y=-2x+1$ 사이의 거리의 최솟값은?

① $\dfrac{\sqrt{5}}{5}$ ② $\dfrac{2\sqrt{5}}{5}$ ③ $\dfrac{3\sqrt{5}}{5}$

④ $\dfrac{4\sqrt{5}}{5}$ ⑤ $\sqrt{5}$

0248

곡선 $y=\dfrac{1}{2}x^2+x+2$ 위의 점 P와 두 점 A$(1, -1)$, B$(3, 1)$에 대하여 삼각형 PAB의 넓이의 최솟값은?

① 1   ② 2   ③ 4

④ 8   ⑤ 16

0249

곡선 $y=x^2-2x+2$ 위의 두 점 A$(1, 1)$, B$(3, 5)$와 두 점 A, B 사이를 움직이는 곡선 위의 점 P가 있다. 삼각형 PAB의 넓이의 최댓값을 구하시오.

0250

함수 $f(x)=(x-a)(x-b)$에 대하여 닫힌구간 $[a, b]$에서 롤의 정리를 만족시키는 상수 c의 값은?

(단, a, b는 상수이다.)

① $\dfrac{a+b}{4}$ ② $\dfrac{a-b}{4}$ ③ $\dfrac{a+b}{2}$

④ $\dfrac{2a+b}{2}$ ⑤ $\dfrac{a-b}{2}$

0251

함수 $f(x)=x^3-3x+5$에 대하여 닫힌구간 $[-\sqrt{3}, \sqrt{3}]$에서 롤의 정리를 만족시키는 모든 상수 c의 값의 합을 구하시오.

0252

함수 $f(x)=2x^3-ax+5$에 대하여 닫힌구간 $[b,\ 2]$에서 롤의 정리를 만족시키는 상수 c가 1일 때, $a+b$의 값은?

(단, a는 상수이다.)

① 1   ② 2   ③ 3
④ 4   ⑤ 5

유형 15 평균값 정리

0253

함수 $f(x)=-x^3-5x^2+2$에 대하여 닫힌구간 $[-1,\ 2]$에서 평균값 정리를 만족시키는 상수 c의 값은?

① $-\dfrac{1}{3}$ ② 0 ③ $\dfrac{1}{3}$

④ $\dfrac{2}{3}$ ⑤ 1

0254

함수 $f(x)=x^2-4x+5$에 대하여 닫힌구간 $[a,\ b]$에서 평균값 정리를 만족시키는 상수 c가 3일 때, $a+b$의 값은?

① 4   ② 5   ③ 6
④ 7   ⑤ 8

0255

함수 $f(x)$에 대하여

$$\frac{f(2)-f(-1)}{3}=f'(c)$$

인 c가 열린구간 $(-1,\ 2)$에 적어도 하나 존재하는 함수인 것만을 보기에서 있는 대로 고른 것은?

> **보기**
> ㄱ. $f(x)=|x-1|$ ㄴ. $f(x)=x+|x|$
> ㄷ. $f(x)=(x-1)|x-1|$

① ㄱ   ② ㄴ   ③ ㄷ
④ ㄱ, ㄷ   ⑤ ㄴ, ㄷ

0256

다항함수 $f(x)$가 모든 실수 x에 대하여 $f(-x)=-f(x)$를 만족시킨다. $f(1)=f(2)=2$일 때, 보기에서 옳은 것만을 있는 대로 고른 것은?

> **보기**
> ㄱ. $f(0)=0$
> ㄴ. 방정식 $f'(x)=0$은 열린구간 $(-2,\ 2)$에서 적어도 2개의 실근을 갖는다.
> ㄷ. 방정식 $f'(x)=2$는 열린구간 $(-1,\ 1)$에서 적어도 2개의 실근을 갖는다.

① ㄱ   ② ㄴ   ③ ㄱ, ㄴ
④ ㄱ, ㄷ   ⑤ ㄱ, ㄴ, ㄷ

0257 평가원 변형

점 $(0, 1)$에서 곡선 $y=x^4-x^2+3$에 그은 모든 접선의 기울기의 곱은?

① -16 ② -8 ③ -4
④ -2 ⑤ -1

0258 수능 변형

곡선 $y=x^3+ax+b$ 위의 점 $(1, 3)$을 지나고 이 점에서의 접선에 수직인 직선이 점 $(-2, 0)$을 지날 때, 상수 a, b에 대하여 a^2+b^2의 값을 구하시오.

0259 평가원 기출

실수 전체의 집합에서 미분가능하고 다음 조건을 만족시키는 모든 함수 $f(x)$에 대하여 $f(5)$의 최솟값은?

> (가) $f(1)=3$
> (나) $1<x<5$인 모든 실수 x에 대하여 $f'(x)\geq5$이다.

① 21 ② 22 ③ 23
④ 24 ⑤ 25

0260 수능 기출

삼차함수 $f(x)$에 대하여 곡선 $y=f(x)$ 위의 점 $(0, 0)$에서의 접선과 곡선 $y=xf(x)$ 위의 점 $(1, 2)$에서의 접선이 일치할 때, $f'(2)$의 값은?

① -18 ② -17 ③ -16
④ -15 ⑤ -14

0261 수능 변형

점 $(0,\ 3)$에서 곡선 $y=x^3-2x+1$에 그은 접선이 곡선과 접하는 점을 A, 곡선과 만나는 접점이 아닌 점을 B라 할 때, 선분 AB의 길이는?

① $2\sqrt{2}$　　　② $3\sqrt{2}$　　　③ $4\sqrt{2}$

④ $5\sqrt{2}$　　　⑤ $6\sqrt{2}$

0262 교육청 기출

실수 a에 대하여 함수 $f(x)=x^3-\dfrac{5}{2}x^2+ax+2$이다. 곡선 $y=f(x)$ 위의 두 점 A$(0,\ 2)$, B$(2,\ f(2))$에서의 접선을 각각 l, m이라 하자. 두 직선 l, m이 만나는 점이 x축 위에 있을 때, $60\times|f(2)|$의 값을 구하시오.

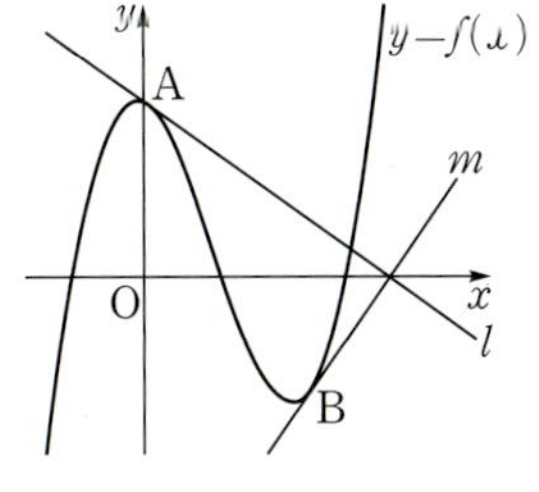

0263 평가원 변형

최고차항의 계수가 1인 삼차함수 $f(x)$에 대하여 곡선 $y=f(x)$가 두 점 A$(0,\ 4)$, B$(2,\ 4)$를 지난다. 두 점 A, B에서의 접선이 서로 평행할 때, 점 A에서의 접선과 x축 및 y축으로 둘러싸인 도형의 넓이를 구하시오.

0264 평가원 기출

함수

$$f(x)=\dfrac{1}{3}x^3-kx^2+1\ (k>0인\ 상수)$$

의 그래프 위의 서로 다른 두 점 A, B에서의 접선 l, m의 기울기가 모두 $3k^2$이다. 곡선 $y=f(x)$에 접하고 x축에 평행한 두 직선과 접선 l, m으로 둘러싸인 도형의 넓이가 24일 때, k의 값은?

① $\dfrac{1}{2}$　　　② 1　　　③ $\dfrac{3}{2}$

④ 2　　　⑤ $\dfrac{5}{2}$

05 도함수의 활용 (2)

유형별 유사문제

유형 01 함수의 증가, 감소

0265

다음 구간 중 함수 $f(x)=-x^4+2x^2+3$이 증가하는 구간은?

① $[-1, 0]$ ② $[0, 1]$ ③ $[1, 2]$

④ $[2, 3]$ ⑤ $[3, 4]$

0266

함수 $f(x)=-x^3+3ax^2+bx+5$가 $x\leq-1$, $x\geq5$에서 감소하고, $-1\leq x\leq5$에서 증가할 때, 상수 a, b에 대하여 $a+b$의 값을 구하시오.

0267

함수 $f(x)=2x^3+6x^2+(3-a)x+1$이 감소하는 x의 값의 범위가 $b\leq x\leq1$일 때, 상수 a, b에 대하여 $a+b$의 값은?

① 18   ② 20   ③ 22

④ 24   ⑤ 26

유형 02 삼차함수가 실수 전체의 집합에서 증가 또는 감소할 조건

0268

함수 $f(x)=x^3+ax^2+(a+6)x-1$이 실수 전체의 집합에서 증가하도록 하는 정수 a의 개수를 구하시오.

0269 수능 변형

함수 $f(x)=-x^3+2ax^2-(a^2+4)x+5$가 실수 전체의 집합에서 감소하도록 하는 정수 a의 최댓값을 구하시오.

0270

함수 $f(x)=-x^3+2ax^2+3ax$가 $x_1<x_2$인 임의의 두 실수 x_1, x_2에 대하여 $f(x_1)>f(x_2)$가 성립하도록 하는 모든 정수 a의 값의 합을 구하시오.

0271

함수 $f(x)=\dfrac{1}{3}x^3-ax^2+6ax+2$의 역함수가 존재하도록 하는 실수 a의 최댓값과 최솟값의 합을 구하시오.

유형 03 · 삼차함수가 주어진 구간에서 증가 또는 감소할 조건

0272

함수 $f(x) = \dfrac{2}{3}x^3 + x^2 + (a+1)x + 2$가 $0 < x < 1$에서 감소하도록 하는 실수 a의 최댓값은?

① -6　　　② -5　　　③ -4

④ -3　　　⑤ -2

0273

함수 $f(x) = -\dfrac{1}{3}x^3 + \dfrac{1}{2}ax^2 + 6x$가 구간 $(-1, 2)$에서 증가하도록 하는 정수 a의 개수는?

① 3　　　② 4　　　③ 5

④ 6　　　⑤ 7

0274

함수 $f(x) = -\dfrac{1}{3}x^3 + 2x^2 + (a-6)x + 3$이 구간 $(1, 2)$에서 증가하고, 구간 $(4, \infty)$에서 감소하도록 하는 실수 a의 최댓값을 M, 최솟값을 m이라 할 때, $M+m$의 값을 구하시오.

유형 04 · 함수의 그래프와 증가, 감소

0275

삼차함수 $f(x)$의 도함수 $y=f'(x)$의 그래프가 그림과 같을 때, 다음 중 함수 $f(x)$가 증가하는 구간은?

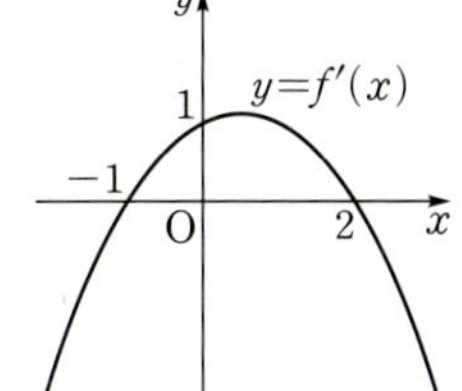

① $(-\infty, -1]$

② $(-\infty, 0]$

③ $[-2, 0]$

④ $[-1, 1]$

⑤ $[1, \infty)$

0276

함수 $f(x)$의 도함수 $y=f'(x)$의 그래프가 그림과 같을 때, 다음 중 옳지 <u>않은</u> 것은?

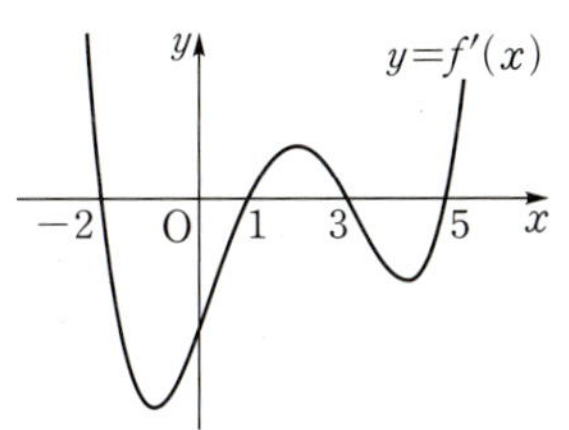

① 함수 $f(x)$는 구간 $(-\infty, -2)$에서 증가한다.

② 함수 $f(x)$는 구간 $(-2, 0)$에서 감소한다.

③ 함수 $f(x)$는 구간 $(1, 3)$에서 증가한다.

④ 함수 $f(x)$는 구간 $(3, 6)$에서 감소한다.

⑤ 함수 $f(x)$는 구간 $(6, \infty)$에서 증가한다.

0277

실수 전체의 집합에서 미분가능한 함수 $y=f(x)$의 그래프가 그림과 같다. 함수 $\{f(x)\}^2$이 감소하는 구간이 $(-\infty, a]$ 또는 $[b, c]$일 때, $a+2b+3c$의 값을 구하시오.
（단, $f'(0)=f'(1)=0$）

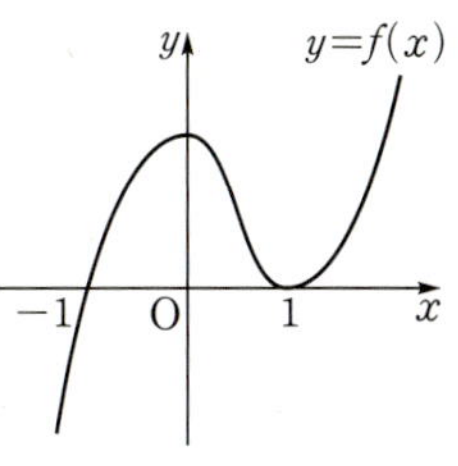

0278

함수 $f(x)=x^3-6x^2+9x+5$가 $x=a$에서 극댓값 b를 가질 때, $a+b$의 값은? (단, a는 상수이다.)

① 8   ② 9   ③ 10
④ 11   ⑤ 12

0279

함수 $f(x)=3x^4-8x^3+a$의 극솟값이 -4일 때, 상수 a의 값은?

① 8   ② 9   ③ 10
④ 11   ⑤ 12

0280

함수 $f(x)=x^3+3x^2-9x+a$의 극댓값을 M, 극솟값을 m이라 할 때, $M+m=0$이 되도록 하는 상수 a의 값은?

① -15 ② -14 ③ -13
④ -12 ⑤ -11

0281

함수 $f(x)=-x^3+3x+a$의 모든 극값의 곱이 5가 되도록 하는 양수 a의 값을 구하시오.

0282

함수 $f(x)=2x^3-3(a+2)x^2+12ax+3$이 $x=-1$에서 극 댓값을 가질 때, 함수 $f(x)$의 극솟값은? (단, a는 상수이다.)

① -20 ② -19 ③ -18
④ -17 ⑤ -16

0283

최고차항의 계수가 1인 삼차함수 $f(x)$가 $x=1$에서 극댓값 M, $x=3$에서 극솟값 m을 가질 때, $M-m$의 값을 구하시오.

0284

함수 $f(x)=x^4-2a^2x^2+4$가 $x=3b$, $x=b-4$에서 극소일 때, $a-b$의 값은? (단, a, b는 $a>0$, $b>0$인 상수이다.)

① 1　　　　② 2　　　　③ 3
④ 4　　　　⑤ 5

0285

최고차항의 계수가 2인 삼차함수 $f(x)$가 다음 조건을 만족시킨다.

> (가) $\lim\limits_{x\to 3}\dfrac{f(x)-5}{x-3}=12$
> (나) 함수 $f(x)$는 $x=2$에서 극값을 갖는다.

함수 $f(x)$의 극댓값을 구하시오.

유형 07 함수의 극대, 극소의 활용

0286 수능 변형

다항함수 $f(x)$에 대하여 곡선 $y=f(x)$ 위의 점 $(1,\ f(1))$에서의 접선의 기울기가 4이다. 함수 $g(x)=(x^2+2)f(x)$가 $x=1$에서 극값을 가질 때, $f(1)$의 값은?

① -10　　　② -9　　　③ -8
④ -7　　　⑤ -6

0287

함수 $f(x)=\dfrac{2}{3}x^3+2(2a+3)x^2-4x$에 대하여 함수 $y=f(x)$의 그래프에서 극대가 되는 점과 극소가 되는 점이 원점에 대하여 대칭일 때, 상수 a의 값은?

① -2　　　② $-\dfrac{3}{2}$　　　③ -1
④ $-\dfrac{1}{2}$　　　⑤ 0

0288

함수 $f(x)=-x^3+3x^2+9x+1$에 대하여 함수 $y=f(x)$의 그래프에서 극대가 되는 점을 A, 극소가 되는 점을 B라 할 때, 두 점 A, B를 지나는 직선의 y절편은?

① 3　　　　② 4　　　　③ 5
④ 6　　　　⑤ 7

0289

함수 $f(x)=-x^3-ax^2+5$에 대하여 곡선 $y=f(x)$ 위의 점 $(t,\ f(t))$에서의 접선의 y절편을 $g(t)$라 하자. 함수 $g(t)$가 $t=1$에서 극소일 때, 함수 $g(t)$의 극댓값은 M이다. $a+M$의 값을 구하시오. (단, a는 상수이다.)

0290

미분가능한 함수 $f(x)$의 도함수 $y=f'(x)$의 그래프가 그림과 같다. 함수 $f(x)$가 극대인 x의 개수를 m, 극소인 x의 개수를 n이라 할 때, $m-n$의 값을 구하시오.

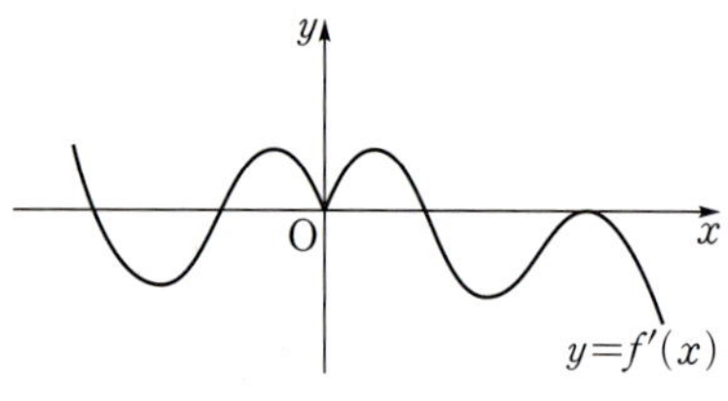

0291

최고차항의 계수가 -1인 삼차함수 $f(x)$의 도함수 $y=f'(x)$의 그래프가 그림과 같다. 함수 $f(x)$가 극댓값 8 을 가질 때, 함수 $f(x)$의 극솟값을 구하시오.

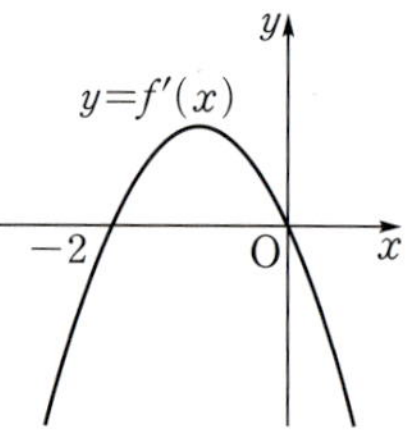

0292

다항함수 $f(x)$의 도함수 $y=f'(x)$의 그래프가 그림과 같을 때, 보기에서 옳은 것만을 있는 대로 고른 것은?

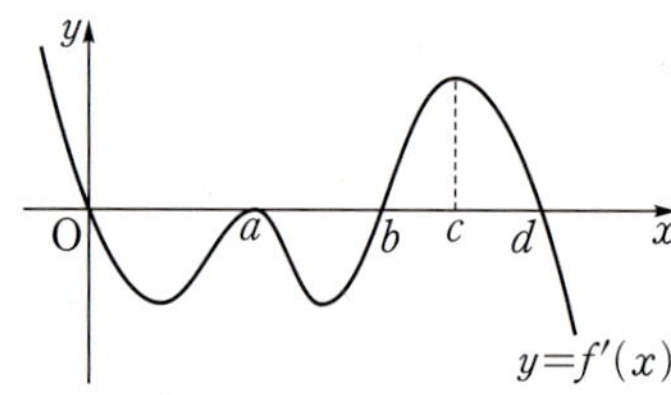

ㄱ. $f(b)<f(a)$

ㄴ. 함수 $f(x)$는 $x=c$에서 극대이다.

ㄷ. 함수 $f(x)$가 극값을 갖는 x의 개수는 3이다.

① ㄱ 　　② ㄱ, ㄴ 　　③ ㄱ, ㄷ

④ ㄴ, ㄷ 　　⑤ ㄱ, ㄴ, ㄷ

0293

함수 $f(x)$의 도함수 $y=f'(x)$의 그래프가 그림과 같을 때, 다음 중 함수 $y=f(x)$의 그래프의 개형이 될 수 있는 것은?

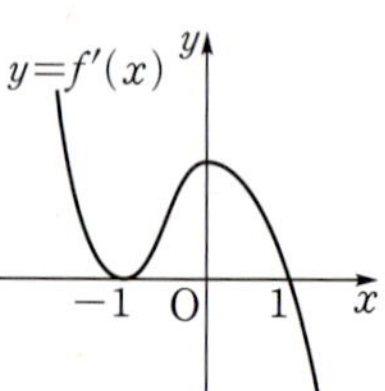

① 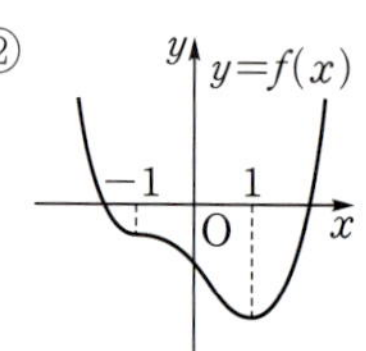　　②

③ 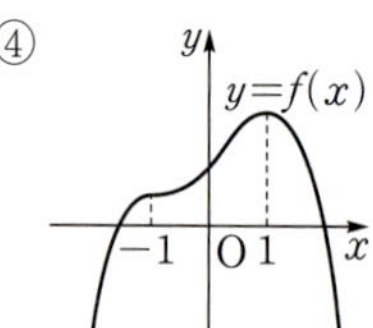　　④

⑤ 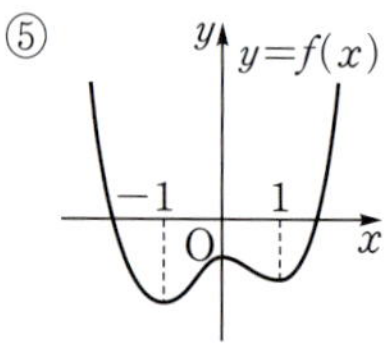

0294

삼차함수 $f(x)$의 도함수 $y=f'(x)$의 그래프가 그림과 같다. $f(-1)=-1$일 때, 함수 $y=f(x)$의 그래프와 x축이 만나는 점의 개수를 구하시오.

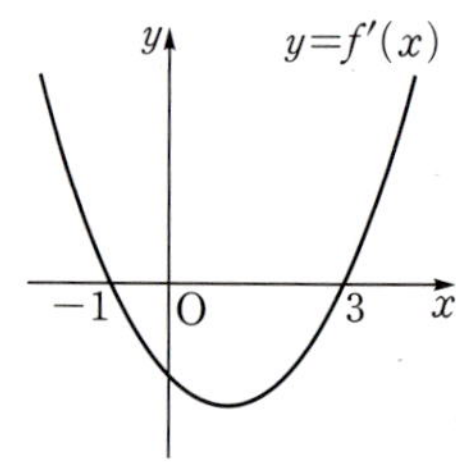

0295

삼차함수 $f(x)=-x^3+6x^2-9x+3$에 대하여 보기에서 옳은 것만을 있는 대로 고른 것은?

> **보기**
> ㄱ. 함수 $f(x)$는 극댓값 3을 갖는다.
> ㄴ. 함수 $f(x)$는 구간 $(-\infty, 1)$, $(3, \infty)$에서 감소한다.
> ㄷ. 함수 $y=f(x)$의 그래프와 x축의 교점은 2개이다.

① ㄱ   ② ㄱ, ㄴ   ③ ㄱ, ㄷ
④ ㄴ, ㄷ   ⑤ ㄱ, ㄴ, ㄷ

0296

함수 $f(x)=3x^4+8x^3+6x^2-1$에 대하여 보기에서 옳은 것만을 있는 대로 고른 것은?

> **보기**
> ㄱ. 함수 $f(x)$는 구간 $(-1, 0)$에서 감소한다.
> ㄴ. 함수 $f(x)$는 $x=0$에서 극소이다.
> ㄷ. 모든 실수 x에 대하여 $f(x) \geq -1$이다.

① ㄱ   ② ㄱ, ㄴ   ③ ㄱ, ㄷ
④ ㄴ, ㄷ   ⑤ ㄱ, ㄴ, ㄷ

0297

실수 전체의 집합에서 미분가능한 함수 $f(x)$의 도함수 $y=f'(x)$의 그래프가 그림과 같다.

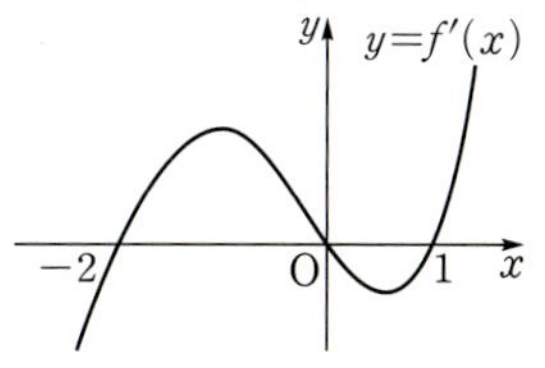

$f(-2)<0<f(1)$일 때, 보기에서 옳은 것만을 있는 대로 고른 것은?

> **보기**
> ㄱ. $f(0)>0$
> ㄴ. 함수 $f(x)$의 극대 또는 극소인 점은 3개이다.
> ㄷ. 함수 $y=f(x)$의 그래프와 x축의 교점은 2개이다.

① ㄱ   ② ㄱ, ㄴ   ③ ㄱ, ㄷ
④ ㄴ, ㄷ   ⑤ ㄱ, ㄴ, ㄷ

유형 10 그래프를 이용한 삼차함수의 계수의 부호 결정

0298

삼차함수 $f(x)=ax^3+bx^2+cx+d$에 대하여 함수 $y=f(x)$의 그래프가 그림과 같을 때, 다음 중 상수 a, b, c, d의 부호로 옳은 것은?
$$(\text{단, } f'(\alpha)=0, f'(\beta)=0)$$

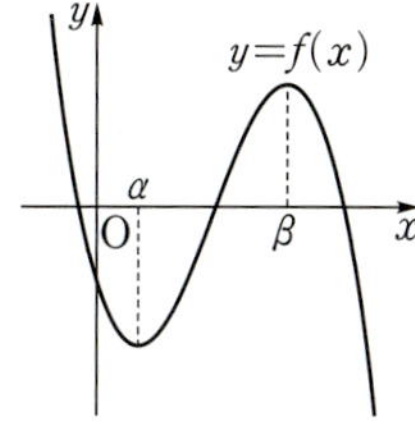

① $a>0$, $b>0$, $c>0$, $d>0$
② $a>0$, $b>0$, $c<0$, $d<0$
③ $a<0$, $b<0$, $c>0$, $d<0$
④ $a<0$, $b>0$, $c<0$, $d<0$
⑤ $a<0$, $b<0$, $c>0$, $d>0$

0299

삼차함수 $f(x)=x^3+ax^2+bx+c$가 $x=\alpha$, $x=\beta$에서 극값을 갖는다. $\alpha>\beta$일 때, 보기에서 옳은 것만을 있는 대로 고른 것은? (단, a, b, c는 상수이다.)

ㄱ. $f(\alpha)<f(\beta)$
ㄴ. $\alpha+\beta=0$이고 $f(\beta)=0$이면 $c<0$이다.
ㄷ. $\alpha>0>\beta$이고 $|\alpha|<|\beta|$이면 $ab>0$이다.

① ㄱ   ② ㄱ, ㄴ   ③ ㄱ, ㄷ
④ ㄴ, ㄷ   ⑤ ㄱ, ㄴ, ㄷ

0300

함수 $f(x)=ax^3+bx^2+cx+2$의 그래프가 그림과 같을 때, $\dfrac{|a|}{a}+\dfrac{|2b|}{b}+\dfrac{|3c|}{c}$의 값은?

(단, a, b, c는 0이 아닌 상수이다.)

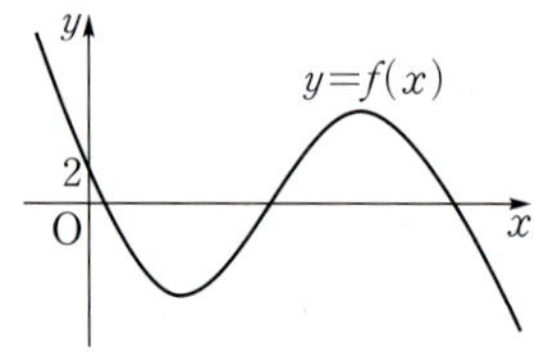

① -6 ② -2 ③ 0
④ 2 ⑤ 6

0301

함수 $f(x)=x^3+(a+2)x^2+(a^2-4)x+1$이 극값을 갖도록 하는 정수 a의 최댓값을 구하시오.

0302

함수 $f(x)=x^3+ax^2+3ax+2$가 극값을 갖지 않도록 하는 정수 a의 개수는?

① 7   ② 8   ③ 9
④ 10   ⑤ 11

0303 교육청 변형

함수 $f(x)=-\dfrac{1}{3}x^3+(a+1)x^2-(2a^2+3a-5)x+3$이 극값을 갖도록 하는 모든 정수 a의 값의 합은?

① -4 ② -3 ③ -2
④ 2 ⑤ 3

유형 12 삼차함수가 주어진 구간에서 극값을 가질 조건

0304

함수 $f(x)=x^3+ax^2+(a-2)x+3$이 구간 $(-1,\ 1)$에서 극댓값과 극솟값을 모두 갖도록 하는 실수 a의 값의 범위가 $\alpha<a<\beta$이다. $3\alpha+\beta$의 값은?

① -2 ② -1 ③ 0
④ 1 ⑤ 2

0305

함수 $f(x)=x^3-ax^2+2ax+1$이 $x>1$에서 극댓값과 극솟값을 모두 갖도록 하는 실수 a의 값의 범위는?

① $a<0$ 또는 $a>3$ ② $a>3$
③ $a<0$ 또는 $a>6$ ④ $a>6$
⑤ $0<a<6$

0306

함수 $f(x)=-\dfrac{1}{3}x^3+ax^2-(a^2-1)x+2$가 $-1<x<2$에서 극솟값을 갖고 $x>2$에서 극댓값을 갖도록 하는 정수 a의 값은?

① 1 ② 2 ③ 3
④ 4 ⑤ 5

유형 13 사차함수가 극값을 가질 조건

0307

함수 $f(x)=\dfrac{1}{2}x^4-2x^3+ax^2+4$가 극댓값을 가질 때, 다음 중 상수 a의 값이 될 수 <u>없는</u> 것은?

① -2 ② -1 ③ 1
④ 2 ⑤ 3

0308

함수 $f(x)=-\dfrac{1}{4}x^4+\dfrac{2}{3}ax^3-(2a-1)x$가 극솟값을 갖지 않도록 하는 실수 a의 최댓값을 M, 최솟값을 m이라 하자. $\dfrac{m}{M}$의 값은?

① -5 ② -4 ③ -3
④ -2 ⑤ -1

0309

함수 $f(x)=\dfrac{2}{3}x^3+2x^2-ax$는 극값을 갖고, 함수 $g(x)=-x^4+8x^3-ax^2$은 극솟값을 갖도록 하는 정수 a의 개수는?

① 12 ② 14 ③ 16
④ 18 ⑤ 20

0310

함수 $f(x)=(x-1)(x-2)(x-3)$에 대하여 함수 $|f(x)|$가 미분가능하지 않은 x의 개수를 m, 극값을 갖는 x의 개수를 n이라 할 때, $m+n$의 값은?

① 6 ② 7 ③ 8
④ 9 ⑤ 10

0311

최고차항의 계수가 1인 삼차함수 $f(x)$가 다음 조건을 만족시킨다.

> ㈎ $f(-2)=f(1)=2$
> ㈏ 함수 $f(x)$는 $x=-2$에서 극값을 갖는다.

함수 $f(x)$의 극솟값을 구하시오.

0312

모든 실수 x에 대하여 $f'(x)\geq 0$인 삼차함수 $f(x)$가
$$f'(2)=0,\ f(2)=2$$
를 만족시킨다. $f(3)=4$일 때, $f(4)$의 값을 구하시오.

0313

최고차항의 계수가 1인 사차함수 $f(x)$가
$$f(1)=f'(1)=0,\ f(5)=f'(5)=0$$
을 만족시킬 때, 함수 $f(x)$의 극댓값은?

① 16 ② 20 ③ 24
④ 28 ⑤ 32

0314

함수 $f(x)=|2x^3+3x^2-12x+a|$가 $x=1$에서 극댓값 5를 가질 때, $x=b$에서 극댓값 c를 갖는다. $a+b+c$의 값은?
(단, a, b는 상수이고, $b\neq 1$이다.)

① 20 ② 22 ③ 24
④ 26 ⑤ 28

0315

최고차항의 계수가 양수인 삼차함수 $f(x)$가
$$f(a)=f'(a)=0,\ f(b)=0$$
을 만족시킬 때, 보기에서 옳은 것만을 있는 대로 고른 것은?
(단, $a\neq b$)

> **보기**
> ㄱ. $a<b$이면 함수 $f(x)$는 극댓값 0을 갖는다.
> ㄴ. $a>b$이면 함수 $f(x)$는 $x=a$에서 극솟값을 갖는다.
> ㄷ. 함수 $|f(x)|$가 미분가능하지 않은 x는 1개이다.

① ㄱ ② ㄴ ③ ㄱ, ㄴ
④ ㄴ, ㄷ ⑤ ㄱ, ㄴ, ㄷ

0316

함수 $f(x)=|x^3-6x^2+a|$가 미분가능하지 않은 x의 개수가 3이 되도록 하는 정수 a의 개수를 구하시오.

0317

$f(1)=0$이고 최고차항의 계수가 1인 삼차함수 $f(x)$가 다음 조건을 만족시킨다.

> (가) 모든 실수 x에 대하여 $f'(x)\geq0$이다.
> (나) 함수 $|f(x)|$는 $x=1$에서 미분가능하다.

$f(5)$의 값을 구하시오.

유형 15 함수의 최대, 최소

0318

구간 $[0, 3]$에서 함수 $f(x)=x^3-6x^2+9x+8$의 최댓값을 M, 최솟값을 m이라 할 때, $M-m$의 값은?

① 3   ② 4   ③ 5
④ 6   ⑤ 7

0319

구간 $[-2, 3]$에서 함수
$$f(x)=x^4-8x^2+6$$
의 최댓값을 M, 최솟값을 m이라 할 때, $M+m$의 값은?

① 3   ② 4   ③ 5
④ 6   ⑤ 7

0320

$x\geq-1$에서 함수
$$f(x)=x^4-4x^3-2x^2+12x+k$$
의 최솟값이 7일 때, 상수 k의 값은?

① 10   ② 12   ③ 14
④ 16   ⑤ 18

0321

구간 $[-2, 2]$에서 함수 $f(x)=2x^3-6x+a$의 최댓값과 최솟값의 곱이 9일 때, 양수 a의 값은?

① 3   ② 4   ③ 5
④ 6   ⑤ 7

0322

함수 $f(x)=2x^3+ax^2-12x+b$가 구간 $[0, 3]$에서 최솟값 -10을 갖는다. $f'(-1)=0$일 때, 상수 a, b에 대하여 $a+b$의 값은?

① 5 ② 6 ③ 7
④ 8 ⑤ 9

0323

두 함수

$$f(x)=-x^2+2x+2, \quad g(x)=-x^3+3x-1$$

에 대하여 함수 $g(f(x))$의 최솟값은?

① -20 ② -19 ③ -18
④ -17 ⑤ -16

0324

$x\geq0$, $y\geq0$인 실수 x, y에 대하여 $x+y=4$일 때, x^2y^2의 최댓값은?

① 16 ② 17 ③ 18
④ 19 ⑤ 20

0325

곡선 $y=x^2$ 위의 점 중 점 $P(6, 3)$에서의 거리가 최소인 점을 $Q(a, b)$라 할 때, $2a+b$의 값은?

① 6 ② 8 ③ 10
④ 12 ⑤ 14

0326

그림과 같이 곡선 $y=-x^2+9$가 x축과 만나는 두 점을 각각 A, B라 하자. 선분 AB와 이 곡선으로 둘러싸인 부분에 내접하는 사다리꼴 ABCD의 넓이의 최댓값을 구하시오.

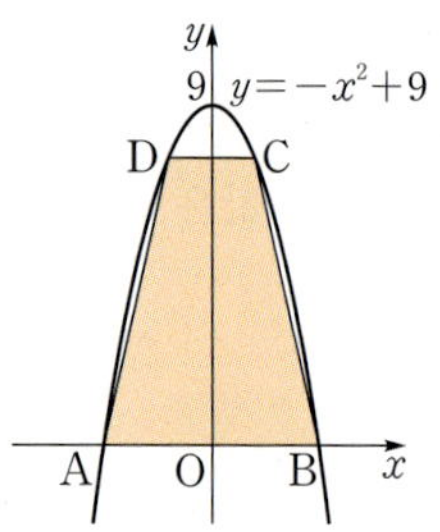

0327

그림과 같이 반지름의 길이가 6인 구에 내접하는 원뿔 중 부피가 최대인 원뿔의 높이를 구하시오.

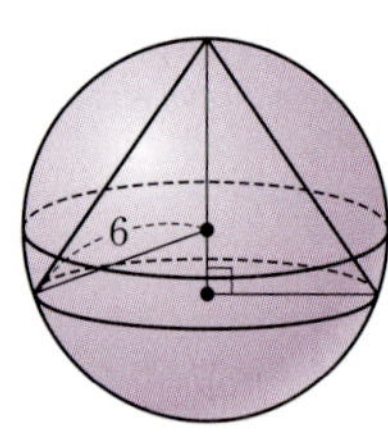

0328 평가원 변형

구간 $[0, 4]$에서 함수 $f(x)=x^4-4x^3+a$의 최댓값을 M, 최솟값을 m이라 하자. $M+m=3$일 때, 상수 a의 값은?

① 11   ② 13   ③ 15
④ 17   ⑤ 19

0329 교육청 변형

다항함수 $f(x)$가 다음 조건을 만족시킨다.

> (가) $\lim\limits_{x \to \infty} \dfrac{f(x)}{x^3} = 2$
> (나) 함수 $f(x)$는 $x=1$, $x=3$에서 극값을 갖는다.

$\lim\limits_{x \to 2} \dfrac{f(x)-f(2)}{x^2-4}$의 값은?

① -2 ② $-\dfrac{3}{2}$ ③ -1
④ 0 ⑤ 1

0330 교육청 기출

삼차함수 $f(x)$에 대하여 방정식 $f'(x)=0$의 두 실근 α, β는 다음 조건을 만족시킨다.

> (가) $|\alpha-\beta|=10$
> (나) 두 점 $(\alpha, f(\alpha))$, $(\beta, f(\beta))$ 사이의 거리는 26이다.

함수 $f(x)$의 극댓값과 극솟값의 차는?

① $12\sqrt{2}$ ② 18 ③ 24
④ 30 ⑤ $24\sqrt{2}$

0331 교육청 변형

삼차함수 $f(x)$의 도함수 $y=f'(x)$의 그래프와 이차함수 $g(x)$의 도함수 $y=g'(x)$의 그래프가 그림과 같다. 함수 $h(x)=f(x)-g(x)$가 $x=a$에서 극대일 때, 실수 a의 값은?

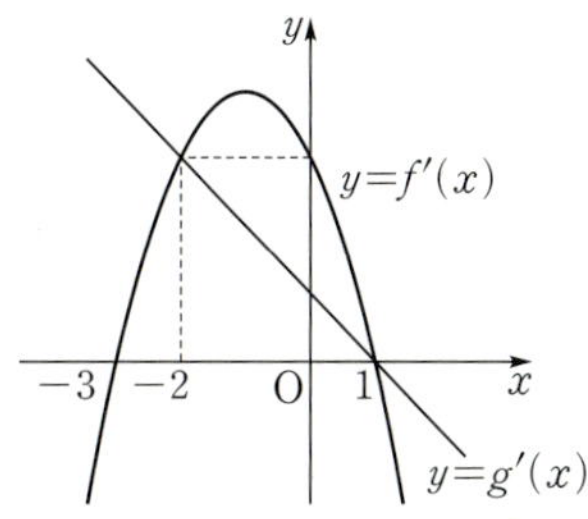

① -3 ② -2 ③ -1
④ 0 ⑤ 1

0332 교육청 기출

함수 $f(x)=|x^3-3x^2+p|$는 $x=a$와 $x=b$에서 극대이다. $f(a)=f(b)$일 때, 실수 p의 값은?

(단, a, b는 $a \neq b$인 상수이다.)

① $\dfrac{3}{2}$　　② 2　　③ $\dfrac{5}{2}$

④ 3　　⑤ $\dfrac{7}{2}$

0333 수능 변형

함수 $f(x)=x^3+3x^2-9|x-a|+2$가 실수 전체의 집합에서 증가하도록 하는 실수 a의 최솟값은?

① -5　　② -3　　③ -1

④ 1　　⑤ 3

0334 교육청 변형

구간 $[0,\ 2]$에서 함수 $f(x)=-x^3+3ax^2+4$의 최솟값이 2일 때, 함수 $f(x)$의 최댓값은? (단, $a>0$)

① 4　　② $\dfrac{17}{4}$　　③ $\dfrac{9}{2}$

④ $\dfrac{19}{4}$　　⑤ 5

0335 교육청 변형

최고차항의 계수가 1인 삼차함수 $f(x)$가 다음 조건을 만족시킨다.

㈎ 모든 실수 x에 대하여 $f'(2-x)=f'(x)$이다.

㈏ 함수 $f(x)$는 $x=3$에서 극솟값을 갖는다.

함수 $f(x)$의 극댓값과 극솟값의 차를 구하시오.

0336 교육청 기출

함수 $f(x)=x^3-6x^2+ax+10$에 대하여 함수

$$g(x)=\begin{cases}b-f(x) & (x<3) \\ f(x) & (x\geq 3)\end{cases}$$

이 실수 전체의 집합에서 미분가능할 때, 함수 $g(x)$의 극솟값을 구하시오. (단, a, b는 상수이다.)

0337 교육청 기출

실수 전체의 집합에서 정의된 함수 $f(x)$와 역함수가 존재하는 삼차함수 $g(x)=x^3+ax^2+bx+c$가 다음 조건을 만족시킨다.

> 모든 실수 x에 대하여 $2f(x)=g(x)-g(-x)$이다.

보기에서 옳은 것만을 있는 대로 고른 것은?

(단, a, b, c는 상수이다.)

보기
ㄱ. $a^2\leq 3b$
ㄴ. 방정식 $f'(x)=0$은 서로 다른 두 실근을 갖는다.
ㄷ. 방정식 $f'(x)=0$이 실근을 가지면 $g'(1)=1$이다.

① ㄱ
② ㄱ, ㄴ
③ ㄱ, ㄷ
④ ㄴ, ㄷ
⑤ ㄱ, ㄴ, ㄷ

0338 교육청 기출

사차함수 $f(x)$의 도함수 $y=f'(x)$의 그래프가 그림과 같고, $f'(-\sqrt{2})=f'(0)=f'(\sqrt{2})=0$이다.

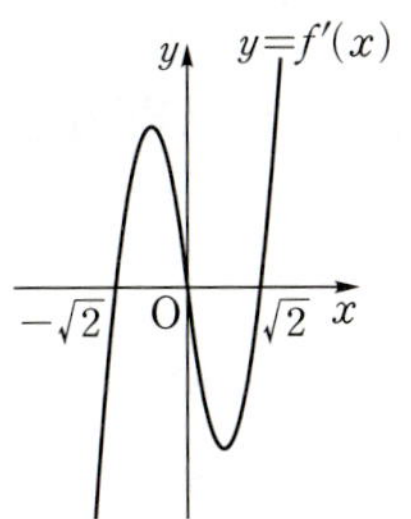

$f(0)=1$, $f(\sqrt{2})=-3$일 때, $f(m)f(m+1)<0$을 만족시키는 모든 정수 m의 값의 합은?

① -2
② -1
③ 0
④ 1
⑤ 2

0339 교육청 기출

최고차항의 계수가 1인 이차함수 $f(x)$와 3보다 작은 실수 a에 대하여 함수 $g(x)=|(x-a)f(x)|$가 $x=3$에서만 미분가능하지 않다. 함수 $g(x)$의 극댓값이 32일 때, $f(4)$의 값은?

① 7
② 9
③ 11
④ 13
⑤ 15

Ⅱ. 미분

06 도함수의 활용(3)

유형 01 방정식 $f(x)=k$의 실근의 개수

0340 평가원 변형

방정식 $2x^3-3x^2-12x-k=0$이 서로 다른 두 실근을 갖도록 하는 모든 실수 k의 값의 합은?

① -15 ② -13 ③ -11

④ -9 ⑤ -7

0341

방정식 $x^4-4x^3+4x^2+a=0$이 서로 다른 세 실근을 갖도록 하는 실수 a의 값은?

① -2 ② -1 ③ 0

④ 1 ⑤ 2

0342

삼차함수 $f(x)$의 도함수 $y=f'(x)$의 그래프가 그림과 같다. $f(0)+f(4)=0$일 때, 방정식 $|f(x)|=f(4)$의 서로 다른 실근의 개수를 구하시오.

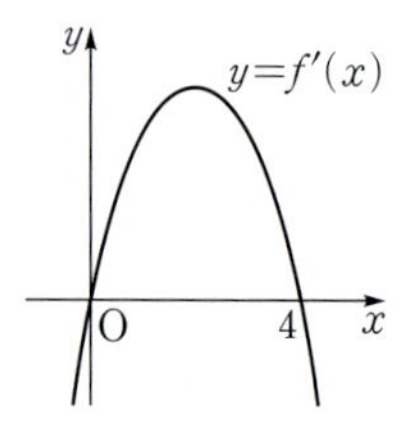

0343

방정식 $|x^3+3x^2-9x|=5$의 서로 다른 실근의 개수는?

① 1 ② 2 ③ 3

④ 4 ⑤ 5

0344

방정식 $|x^4-4x^3+5|=12$의 서로 다른 실근의 개수는?

① 2 ② 3 ③ 4

④ 5 ⑤ 6

0345

방정식 $|3x^3-9x^2+8|=k$가 서로 다른 네 실근을 갖도록 하는 모든 정수 k의 값의 합은?

① 16 ② 17 ③ 18

④ 19 ⑤ 20

유형 02 방정식의 실근의 부호

0346

방정식 $2x^3+3x^2-12x+a=0$이 서로 다른 두 개의 양의 실근과 한 개의 음의 실근을 갖도록 하는 정수 a의 개수는?

① 2 ② 3 ③ 4
④ 5 ⑤ 6

0347

방정식 $x^3-3x^2-9x-k=0$이 서로 다른 두 개의 양의 실근과 한 개의 음의 실근을 갖도록 하는 정수 k의 개수는?

① 25 ② 26 ③ 27
④ 28 ⑤ 29

0348

방정식 $3x^4+4x^3-12x^2-k=0$이 한 개의 양의 실근과 서로 다른 두 개의 음의 실근을 갖도록 하는 실수 k의 값을 구하시오.

유형 03 삼차방정식의 근의 판별

0349

방정식 $\dfrac{2}{3}x^3+x^2-12x+k=0$이 서로 다른 세 실근을 갖도록 하는 정수 k의 개수는?

① 40 ② 41 ③ 42
④ 43 ⑤ 44

0350

방정식 $x^3-3ax^2+32=0$이 서로 다른 두 실근을 갖도록 하는 양수 a의 값은?

① 1 ② 2 ③ 3
④ 4 ⑤ 5

0351

방정식 $3x^3-6x^2-5x-k=0$이 한 실근과 두 허근을 가질 때, 다음 중 실수 k의 값이 될 수 있는 것은?

① -3 ② -2 ③ -1
④ 0 ⑤ 1

0352

함수 $y=2x^3-6x^2-18x+a$의 그래프를 y축의 방향으로 7
만큼 평행이동하였더니 함수 $y=f(x)$의 그래프와 일치하였
다. 방정식 $f(x)=0$이 서로 다른 세 실근을 갖도록 하는 정
수 a의 개수는?

① 59   ② 60   ③ 61
④ 62   ⑤ 63

0353

극값을 갖는 삼차함수 $f(x)=-\dfrac{1}{3}x^3+2ax+4a$에 대하여
방정식 $f(x)=0$이 오직 한 개의 실근을 갖도록 하는 모든 정
수 a의 값의 합은?

① 6   ② 7   ③ 8
④ 9   ⑤ 10

0354

두 곡선 $y=2x^3+4x^2-12x$, $y=x^2+k$가 서로 다른 세 점에
서 만나도록 하는 정수 k의 개수는?

① 24   ② 25   ③ 26
④ 27   ⑤ 28

0355 평가원 변형

두 곡선 $y=2x^3-7x^2+3x$, $y=2x^2+3x-k$가 오직 한 점에
서 만나도록 하는 자연수 k의 최솟값은?

① 26   ② 27   ③ 28
④ 29   ⑤ 30

0356

두 삼차함수 $f(x)$, $g(x)$의 도함
수 $y=f'(x)$, $y=g'(x)$의 그래
프가 그림과 같다.
$h(x)=f(x)-g(x)$라 할 때, 다
음 중 두 곡선 $y=f(x)$, $y=g(x)$

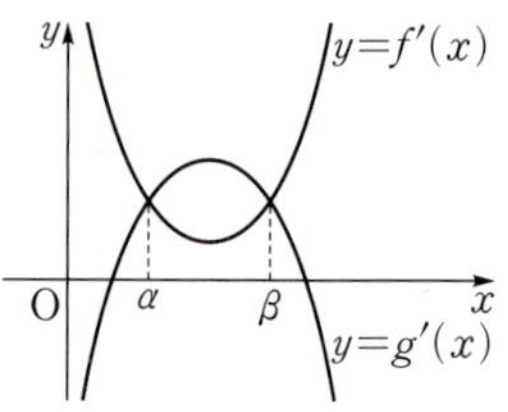

가 서로 다른 세 점에서 만나기 위한 필요충분조건은?

① $h(\alpha)>0$, $h(\beta)<0$ ② $h(\alpha)h(\beta)=0$
③ $h(\alpha)h(\beta)>0$ ④ $h(\alpha)>h(\beta)$
⑤ $h(\alpha)<h(\beta)$

0357

점 $(0,\ a)$에서 곡선 $y=x^3+3x^2+2$에 서로 다른 세 개의 접
선을 그을 수 있도록 하는 실수 a의 값의 범위는?

① $0<a<1$ ② $0<a<2$ ③ $1<a<2$
④ $2<a<3$ ⑤ $1<a<3$

0358

점 $(2, a)$에서 곡선 $y=x^3+3x$에 서로 다른 세 개의 접선을 그을 수 있도록 하는 정수 a의 최댓값은?

① 11 ② 12 ③ 13
④ 14 ⑤ 15

0359

점 $(0, 2)$에서 곡선 $y=2x^3-3ax^2$에 서로 다른 두 개의 접선을 그을 수 있도록 하는 양수 a의 값은?

① 1 ② 2 ③ 3
④ 4 ⑤ 5

유형 **06** 모든 실수 x에 대하여 성립하는 부등식

0360

모든 실수 x에 대하여 부등식 $x^4-4x^3+k\geq0$이 항상 성립하도록 하는 정수 k의 최솟값은?

① 26 ② 27 ③ 28
④ 29 ⑤ 30

0361

모든 실수 x에 대하여 부등식 $3x^4-8x^3+k^2\geq0$이 항상 성립하도록 하는 실수 k의 값의 범위가 $k\leq\alpha$ 또는 $k\geq\beta$일 때, $\alpha\beta$의 값은?

① -20 ② -18 ③ -16
④ -14 ⑤ -12

0362

모든 실수 x에 대하여 부등식 $3x^4-4x^3-12x^2+k>0$이 항상 성립하도록 하는 정수 k의 최솟값을 구하시오.

유형 **07** 주어진 구간에서 성립하는 부등식 – 최대, 최소를 이용

0363

$x\geq0$에서 부등식 $2x^3-3x^2-12x+a\geq0$이 항상 성립하도록 하는 실수 a의 최솟값은?

① 10 ② 20 ③ 30
④ 40 ⑤ 50

0364

$x \geq 0$에서 부등식 $2x^3 - 3ax^2 + 8 \geq 0$이 항상 성립하도록 하는 양수 a의 최댓값을 구하시오.

0365

$1 \leq x \leq 5$에서 부등식 $x^3 - 6x^2 + 9x - a^2 + 4 \geq 0$이 항상 성립하도록 하는 정수 a의 개수는?

① 1   ② 2   ③ 3
④ 4   ⑤ 5

유형 08 주어진 구간에서 성립하는 부등식 – 증가, 감소를 이용

0366

$x < 1$에서 부등식 $2x^3 - 9x^2 + 12x + a < 0$이 항상 성립하도록 하는 실수 a의 값의 범위는?

① $a \leq -5$ ② $a \leq -4$ ③ $a \leq -3$
④ $0 \leq a \leq 4$ ⑤ $0 \leq a \leq 3$

0367

$x > 1$에서 부등식 $x^4 - 4x + a > 0$이 항상 성립하도록 하는 실수 a의 최솟값은?

① 3   ② 4   ③ 5
④ 6   ⑤ 7

0368

$x > 2$에서 부등식 $3x^3 - 2x^2 - 2x > -x^3 + x^2 + 4x + a$가 항상 성립하도록 하는 실수 a의 최댓값을 구하시오.

유형 09 부등식 $f(x) > g(x)$ 꼴의 활용

0369

두 함수 $f(x) = x^3 + 4x^2 - 20x$, $g(x) = x^2 + 4x - a$에 대하여 $x > 0$에서 곡선 $y = f(x)$가 곡선 $y = g(x)$보다 위쪽에 있도록 하는 자연수 a의 최솟값을 구하시오.

0370

두 함수 $f(x)=2x^3+a$, $g(x)=3x^4+10x^3$에 대하여 곡선 $y=f(x)$가 곡선 $y=g(x)$보다 항상 아래쪽에 있도록 하는 정수 a의 최댓값을 구하시오.

0371

두 함수 $f(x)=x^3-4x^2+3x$, $g(x)=x^4-3x^2+a$에 대하여 모든 실수 x에서 부등식 $f(x) \leq g(x)$가 항상 성립할 때, 실수 a의 최솟값은?

① 1   ② 2   ③ 3
④ 4   ⑤ 5

유형 **10** 속도와 가속도

0372

수직선 위를 움직이는 점 P의 시각 t에서의 위치 x가
$$x=t^3-2t^2+at$$
이다. $t=3$에서 점 P의 속도가 10일 때, 상수 a의 값은?

① -5 ② -4 ③ -3
④ -2 ⑤ -1

0373

수직선 위를 움직이는 점 P의 시각 t에서의 위치 x가
$$x=t^3-3t^2+3$$
이다. 점 P의 가속도가 0인 순간의 점 P의 속도는?

① -15 ② -12 ③ -9
④ -6 ⑤ -3

0374

원점을 출발하여 수직선 위를 움직이는 점 P의 시각 t $(t \geq 0)$에서의 위치 x가
$$x=t^3-4t^2+4t$$
일 때, 점 P가 출발 후 다시 원점을 지나는 순간의 가속도를 구하시오.

0375

수직선 위를 움직이는 점 P의 시각 t에서의 위치 x가
$$x=t^4-4t^3+9t^2$$
이다. 점 P의 가속도가 최소인 시각에서의 점 P의 속도는?

① 4   ② 6   ③ 8
④ 10   ⑤ 12

0376

수직선 위를 움직이는 두 점 P, Q의 시각 t에서의 위치를 각각 $f(t)$, $g(t)$라 하면
$$f(t)-g(t)=2t^3-at^2+18t+10$$
이다. $t=1$에서 처음으로 두 점 P, Q의 속도가 같았을 때, 속도가 다시 같아지는 시각에서의 두 점 P, Q 사이의 거리는? (단, a는 상수이다.)

① 10　　　　② 11　　　　③ 12
④ 13　　　　⑤ 14

0377

수직선 위를 움직이는 점 P의 시각 t $(t \geq 0)$에서의 위치 x가
$$x=\frac{2}{3}t^3+t^2-4t$$
일 때, 점 P가 운동 방향을 바꾸는 순간의 가속도를 구하시오.

0378

수직선 위를 움직이는 두 점 P, Q의 시각 t에서의 위치가 각각
$$x_{\mathrm{P}}=t^2-4t+3,$$
$$x_{\mathrm{Q}}=t^2-8t-1$$
일 때, 다음 중 두 점 P, Q가 서로 반대 방향으로 움직이는 시각 t의 값의 범위는?

① $0<t<2$　　　　② $1<t<3$
③ $2<t<4$　　　　④ $1<t<2$ 또는 $t>3$
⑤ $1<t<3$ 또는 $t>4$

0379

수직선 위를 움직이는 점 P의 시각 t $(t \geq 0)$에서의 위치 x가
$$x=\frac{2}{3}t^3+(1-a)t^2+(4a-12)t$$
이다. 점 P의 운동 방향이 한 번만 바뀔 때, 실수 a의 최댓값은?

① 1　　　　② 2　　　　③ 3
④ 4　　　　⑤ 5

0380

수직선 위를 움직이는 두 점 P, Q의 시각 t $(t \geq 0)$에서의 위치가 각각
$$\mathrm{P}(t)=t^3-t^2-7t, \quad \mathrm{Q}(t)=t^3-2t^2-5t+2a$$
이다. 선분 PQ의 중점을 M이라 하자. 점 M의 운동 방향이 원점에서 바뀔 때, 상수 a의 값은?

① 2　　　　② 4　　　　③ 6
④ 8　　　　⑤ 10

0381 평가원 변형

수직선 위를 움직이는 점 P의 시각 t $(t \geq 0)$에서의 위치 x가
$$x=t^3+kt^2 \ (k는 \ 상수)$$
이다. $t=2$에서 점 P의 가속도가 0일 때, 점 P가 운동 방향을 바꾸는 순간의 위치를 구하시오.

유형 12 정지하는 물체의 속도와 움직인 거리

0382

직선 선로를 달리는 열차가 제동을 건 후 t초 동안 움직인 거리를 x m라 하면 $x=32t-0.2t^2$이다. 열차가 제동을 건 후 멈출 때까지 움직인 거리는?

① 1200 m   ② 1240 m   ③ 1280 m

④ 1320 m   ⑤ 1360 m

0383

직선 도로를 달리는 자동차가 브레이크를 밟은 후 t초 동안 달린 거리를 x m라 하면 $x=36t-3t^2$이다. 이 자동차가 브레이크를 밟은 후 정지할 때까지 걸린 시간은?

① 3초   ② 4초   ③ 5초

④ 6초   ⑤ 7초

0384

직선 선로를 달리는 열차가 제동을 건 후 t초 동안 움직인 거리를 x m라 하면 $x=30t-\dfrac{1}{2}at^2$이다. 기관사가 150 m 앞에 있는 정지선을 발견하고 열차를 멈추기 위해 제동을 걸었더니 열차가 정지선을 넘지 않고 멈추었다. 이때 양수 a의 최솟값은?

① 1   ② 2   ③ 3

④ 4   ⑤ 5

유형 13 위로 던진 물체의 위치와 속도

0385

지면에서 20 m/s의 속도로 지면에 수직으로 쏘아 올린 공의 t초 후의 높이를 h m라 하면 $h=20t-5t^2$이다. 이 공이 최고 지점에 도달했을 때 지면으로부터의 높이는?

① 20 m   ② 25 m   ③ 30 m

④ 35 m   ⑤ 40 m

0386

지면으로부터 35 m의 위치에서 30 m/s의 속도로 지면에 수직하게 위로 던진 물체의 t초 후의 높이를 h m라 하면 $h=35+30t-5t^2$이다. 이 물체가 지면에 떨어지는 순간의 속력은?

① 10 m/s   ② 20 m/s   ③ 30 m/s

④ 40 m/s   ⑤ 50 m/s

0387

지면에서 $2a$ m/s의 속도로 지면에 수직하게 위로 던진 물체의 t초 후의 높이를 h m라 하면 $h=2at-5t^2$이다. 물체가 지면으로부터의 높이가 최소 80 m인 지점까지 도달하기 위한 양수 a의 최솟값은?

① 10   ② 15   ③ 20

④ 25   ⑤ 30

유형 14 속도, 가속도와 그래프

0388

원점을 출발하여 수직선 위를 움직이는 점 P의 시각 t에서의 속도 $v(t)$의 그래프가 그림과 같을 때, 다음 중 옳지 <u>않은</u> 것은?

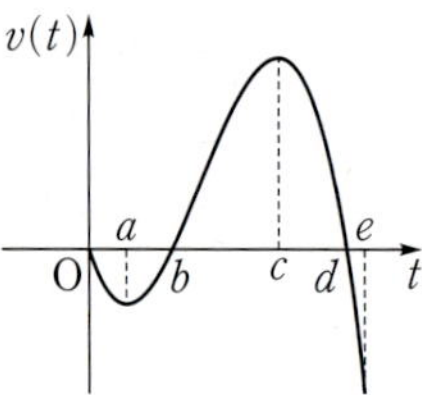

① $t=a$일 때, 점 P의 가속도는 0이다.

② $t=b$일 때, 점 P는 운동 방향을 바꾼다.

③ $c<t<d$일 때, 점 P의 속도는 감소한다.

④ $0<t<e$에서 점 P는 운동 방향을 두 번 바꾼다.

⑤ $t=c$일 때, 점 P는 정지해 있다.

0389

수직선 위를 움직이는 점 P의 시각 t에서의 위치를 $x=f(t)$라 할 때, $f(t)$는 t에 대한 사차함수이고 함수 $x=f(t)$의 그래프는 그림과 같다. 보기에서 옳은 것만을 있는 대로 고른 것은?

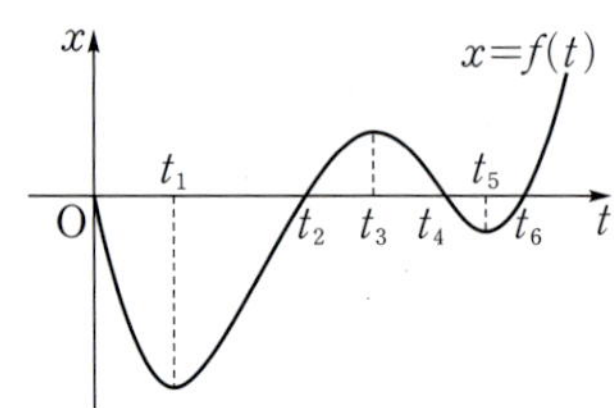

┌─ 보기 ┐
ㄱ. 점 P의 $t=t_1$에서의 속도와 $t=t_3$에서의 속도는 같다.

ㄴ. 점 P는 출발 후 원점을 세 번 지난다.

ㄷ. $0<t<t_6$에서 점 P는 운동 방향을 두 번 바꾼다.
└─────┘

① ㄱ   ② ㄴ   ③ ㄱ, ㄴ

④ ㄴ, ㄷ   ⑤ ㄱ, ㄴ, ㄷ

유형 15 시각에 대한 변화율

0390

좌표평면 위의 원점 O를 동시에 출발하여 각각 x축, y축 위를 움직이는 두 점 P, Q가 있다. 점 P는 x축의 양의 방향으로 매초 1의 속력으로 움직이고, 점 Q는 y축의 양의 방향으로 매초 2의 속력으로 움직인다고 한다. 선분 PQ의 중점을 M이라 할 때, 선분 OM의 길이의 변화율은?

① $\dfrac{\sqrt{2}}{2}$ ② $\dfrac{\sqrt{3}}{2}$ ③ 1

④ $\dfrac{\sqrt{5}}{2}$ ⑤ $\dfrac{\sqrt{6}}{2}$

0391

그림과 같이 반지름의 길이가 12 cm인 반구 모양의 그릇이 있다. 이 그릇에 수면의 높이가 매초 2 cm씩 올라가도록 물을 넣을 때, 수면의 높이가 8 cm가 되는 순간의 수면의 넓이의 변화율은?

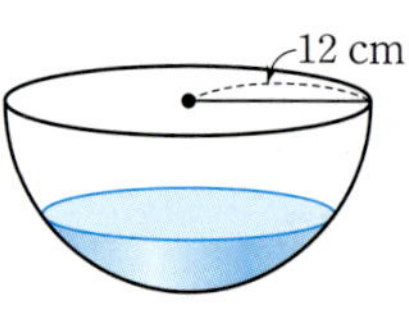

① 7π cm^2/s   ② 10π cm^2/s   ③ 13π cm^2/s

④ 16π cm^2/s   ⑤ 19π cm^2/s

0392

높이가 8 cm인 원기둥이 반지름의 길이가 8 cm인 구에 내접하고 있다. 이 원기둥이 구에 내접하면서 높이가 매초 1 cm씩 줄어들 때, 원기둥의 높이가 6 cm가 되는 순간의 원기둥의 부피의 변화율은?

① -39π cm^3/s   ② -37π cm^3/s   ③ -35π cm^3/s

④ 35π cm^3/s   ⑤ 37π cm^3/s

PART B′ 기출 & 기출변형 문제

0393 [평가원 기출]

두 곡선

$$y=2x^2-1, \quad y=x^3-x^2+k$$

가 만나는 점의 개수가 2가 되도록 하는 양수 k의 값은?

① 1 　　② 2 　　③ 3

④ 4 　　⑤ 5

0394 [수능 변형]

수직선 위를 움직이는 두 점 P, Q의 시각 t $(t \geq 0)$에서의 위치는 각각

$$P(t)=t^3-t^2, \quad Q(t)=t^2+4t+a$$

이다. 두 점 P, Q의 속도가 같아지는 순간 두 점 사이의 거리가 12일 때, 모든 실수 a의 값의 합은?

① -20 　　② -18 　　③ -16

④ -14 　　⑤ -12

0395 [평가원 변형]

수직선 위를 움직이는 두 점 P, Q의 시각 t $(t \geq 0)$에서의 위치는 각각

$$P(t)=3t^3-2t^2-8t, \quad Q(t)=-t^3-4t^2-10t+a$$

이고 선분 PQ의 중점을 M이라 하자. 두 점 P, Q가 출발한 후 점 M의 운동 방향이 원점에서 바뀔 때, 상수 a의 값은?

① 18 　　② 27 　　③ 36

④ 45 　　⑤ 54

0396 [평가원 변형]

두 함수 $f(x)=2x^3-x^2+7$, $g(x)=x^2+2x+a$에 대하여 $x>0$에서 부등식 $f(x) \geq g(x)$가 항상 성립하도록 하는 실수 a의 최댓값을 구하시오.

0397 교육청 변형

모든 실수 x에 대하여 부등식
$$-x^2 \leq 2x+k \leq x^4-x^2+5$$
가 항상 성립하도록 하는 모든 정수 k의 값의 합을 구하시오.

0398 교육청 기출

양수 k에 대하여 함수 $f(x)$를
$$f(x)=|x^3-12x+k|$$
라 하자. 함수 $y=f(x)$의 그래프와 직선 $y=a\,(a\geq 0)$가 만나는 서로 다른 점의 개수가 홀수가 되도록 하는 실수 a의 값이 오직 하나일 때, k의 값은?

① 8   ② 10   ③ 12
④ 14   ⑤ 16

0399 교육청 기출

그림과 같이 두 삼차함수 $f(x)$, $g(x)$의 도함수 $y=f'(x)$, $y=g'(x)$의 그래프가 만나는 서로 다른 두 점의 x좌표는 a, $b\,(0<a<b)$이다. 함수 $h(x)$를
$$h(x)=f(x)-g(x)$$
라 할 때, 보기에서 옳은 것만을 있는 대로 고른 것은?
$$(\text{단, } f'(0)=7,\ g'(0)=2)$$

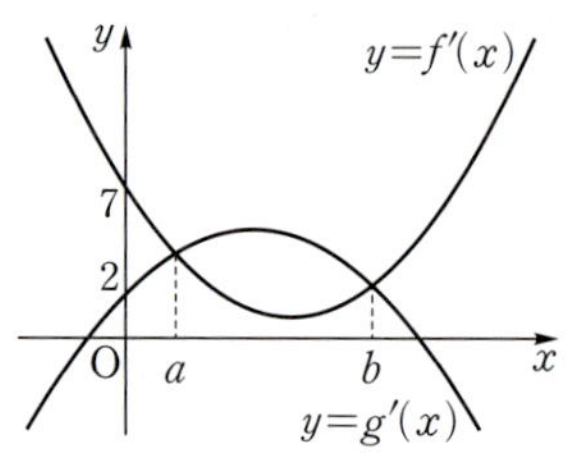

> **보기**
>
> ㄱ. 함수 $h(x)$는 $x=a$에서 극댓값을 갖는다.
> ㄴ. $h(b)=0$이면 방정식 $h(x)=0$의 서로 다른 실근의 개수는 2이다.
> ㄷ. $0<\alpha<\beta<b$인 두 실수 α, β에 대하여
> $h(\beta)-h(\alpha)<5(\beta-\alpha)$이다.

① ㄱ   ② ㄷ   ③ ㄱ, ㄴ
④ ㄴ, ㄷ   ⑤ ㄱ, ㄴ, ㄷ

0400 교육청 기출

최고차항의 계수가 1인 삼차함수 $f(x)$에 대하여 함수 $g(x)$를
$$g(x)=f(x)+|f'(x)|$$
라 할 때, 두 함수 $f(x)$, $g(x)$가 다음 조건을 만족시킨다.

> ㈎ $f(0)=g(0)=0$
> ㈏ 방정식 $f(x)=0$은 양의 실근을 갖는다.
> ㈐ 방정식 $|f(x)|=4$의 서로 다른 실근의 개수는 3이다.

$g(3)$의 값은?

① 9   ② 10   ③ 11
④ 12   ⑤ 13

Ⅲ

적분

07 부정적분

PART A′

유형 01 부정적분의 정의

0401

함수 $f(x)$에 대하여

$$\int f(x)dx=x^4-2x^3+ax^2+C$$

가 성립한다. $f(-1)=4$일 때, $f(1)$의 값을 구하시오.

(단, a는 상수이고, C는 적분상수이다.)

0402

함수 $F(x)=2x^3+ax^2+bx$가 함수 $f(x)$의 부정적분 중 하나이고 $f(1)=4$, $f'(0)=2$일 때, 상수 a, b에 대하여 a^2+b^2의 값을 구하시오.

0403

두 함수 $f(x)=2x^2+1$, $g(x)=x^3-2x+2$에 대하여

$$\int F(x)dx=f(x)g(x)$$

일 때, $F(1)$의 값은?

① 6   ② 7   ③ 8
④ 9   ⑤ 10

유형 02 부정적분과 미분의 관계

0404

함수 $f(x)=x^3-3x$에 대하여

$$F(x)=\int\left[\frac{d}{dx}\{(x+1)f(x)\}\right]dx$$

이고 $F(1)=2$일 때, $F(2)$의 값을 구하시오.

0405

함수 $f(x)$가 모든 실수 x에 대하여

$$\frac{d}{dx}\int (x-2)f(x)dx=x^3-x^2+a$$

를 만족시킬 때, $f(3)$의 값은? (단, a는 상수이다.)

① 10   ② 12   ③ 14
④ 16   ⑤ 18

0406

함수 $f(x)=x^2+x$에 대하여 두 함수 $g(x)$, $h(x)$를

$$g(x)=\frac{d}{dx}\int xf(x)dx,$$

$$h(x)=\int\left[\frac{d}{dx}\{(x-1)f(x)\}\right]dx$$

라 하자. $h(2)=4$일 때, $g(2)+h(3)$의 값을 구하시오.

0407

함수 $f(x)=\int\left\{\dfrac{d}{dx}(2x^2-4x)\right\}dx$의 최솟값이 5일 때, $f(2)$의 값을 구하시오.

0408

두 다항함수 $f(x)$, $g(x)$가 다음 조건을 만족시킨다.

> (가) $f(x)+g(x)=\dfrac{d}{dx}\displaystyle\int(2x^3+3x+2)dx$
>
> (나) $\dfrac{d}{dx}\displaystyle\int\{f(x)-2g(x)\}dx=2x^3-4$

$f(2)+g(1)$의 값을 구하시오.

0409

두 다항함수 $f(x)$, $g(x)$에 대하여 보기에서 항상 옳은 것만을 있는 대로 고른 것은?

> **보기**
>
> ㄱ. $\displaystyle\int f(x)dx=\int g(x)dx$이면 $f(x)=g(x)$이다.
>
> ㄴ. $\displaystyle\int\left\{\dfrac{d}{dx}f(x)\right\}dx=\dfrac{d}{dx}\int f(x)dx$
>
> ㄷ. $\dfrac{d}{dx}\displaystyle\int f(x)dx=\int\left\{\dfrac{d}{dx}g(x)\right\}dx$이면 $f'(x)=g'(x)$이다.

① ㄱ   ② ㄱ, ㄴ   ③ ㄱ, ㄷ
④ ㄴ, ㄷ   ⑤ ㄱ, ㄴ, ㄷ

유형 03 　**부정적분의 계산**

0410

함수 $f(x)$에 대하여
$$f(x)=\int(100x^{99}-99x^{98}+98x^{97}-\cdots+2x-1)\,dx$$
이고 $f(0)=1$일 때, $f(-1)$의 값을 구하시오.

0411

함수 $f(x)$에 대하여
$$f(x)=\int\left(\sqrt{x}+\dfrac{2}{\sqrt{x}}\right)^2dx-\int\left(\sqrt{x}-\dfrac{2}{\sqrt{x}}\right)^2dx$$
이고 $f(1)=10$일 때, $f(2)$의 값을 구하시오.

0412

함수 $f(x)$에 대하여
$$f(x)=\int(-6x+6)\,dx$$
이다. 모든 실수 x에 대하여 $f(x)\le0$일 때, $f(-1)$의 최댓값을 구하시오.

유형 04 　**도함수가 주어졌을 때 함수 구하기**

0413

다항함수 $f(x)$가
$$f'(x)=-3x^2-kx+5,\ f(0)=f(2)=5$$
를 만족시킬 때, 상수 k의 값은?

① -2 ② -1 ③ 0
④ 1 ⑤ 2

0414

함수 $f(x)$에 대하여

$$f'(x) = \frac{x^4 - a^2}{x^2 + a}$$

이고 $f(1) = -\frac{2}{3}$, $f(3) = 4$일 때, $f(2)$의 값은? (단, $a > 0$)

① $-\frac{2}{3}$ ② $-\frac{1}{3}$ ③ 0

④ $\frac{1}{3}$ ⑤ $\frac{2}{3}$

0415

함수 $f(x)$를 적분해야 할 것을 잘못하여 미분하였더니 $6x(x-2)$이었다. $f(x)$의 부정적분 중 하나를 $F(x)$라 하면 $f(0) = 2$, $F(2) = -1$이다. $F(x)$를 $x-4$로 나누었을 때의 나머지를 구하시오.

0416

두 일차함수 $f(x)$, $g(x)$에 대하여

$$\frac{d}{dx}\{f(x) - g(x)\} = -3, \quad \frac{d}{dx}\{f(x)g(x)\} = 8x - 7$$

이고 $f(1) = -1$, $g(1) = 5$일 때, $f(3) + g(2)$의 값을 구하시오.

0417 수능 변형

두 점 $(1, 3)$, $(2, 3)$을 지나는 곡선 $y = f(x)$ 위의 임의의 점 $(x, f(x))$에서의 접선의 기울기가 $3x^2 - 2ax - 1$일 때, $f(-1)$의 값은? (단, a는 상수이다.)

① 1 ② 2 ③ 3

④ 4 ⑤ 5

0418

곡선 $y = f(x)$ 위의 임의의 점 $(x, f(x))$에서의 접선의 기울기가 $2x - 6$이고 $f(2) = 5$일 때, 구간 $[0, 5]$에서 함수 $f(x)$의 최댓값과 최솟값의 합을 구하시오.

0419

곡선 $y = f(x)$는 점 $(0, 2)$를 지나고, 이 곡선 위의 임의의 점 $(x, f(x))$에서의 접선의 기울기는 $6x + a$이다. 방정식 $f(x) = 0$이 서로 다른 두 실근을 갖도록 하는 자연수 a의 최솟값을 구하시오.

유형 06 함수와 그 부정적분 사이의 관계식이 주어졌을 때 함수 구하기

0420

다항함수 $f(x)$에 대하여 $\dfrac{d}{dx}F(x)=f(x)$이고,

$$F(x)=xf(x)-3x^4+2x^3$$

이 성립한다. $f(-1)=0$일 때, $f(2)$의 값을 구하시오.

0421

다항함수 $f(x)$에 대하여

$$(x-1)f(x)=\int f(x)dx-2x^3-3x^2+12x$$

가 성립한다. 방정식 $f(x)=0$의 모든 근의 곱이 -2일 때, $f(-2)$의 값을 구하시오.

0422

일차함수 $f(x)$에 대하여

$$2\int f(x)dx=(x+2)f(x)-7x-4$$

가 성립한다. $f(-1)=6$일 때, $f(2)$의 값을 구하시오.

0423

다항함수 $f(x)$에 대하여

$$f(x)+\int xf(x)dx=\frac{1}{4}x^4-2x^3+2x^2-6x$$

가 성립할 때, $f(3)$의 값은?

① -9 ② -7 ③ -5

④ -3 ⑤ -1

유형 07 부정적분과 함수의 연속성

0424

실수 전체의 집합에서 연속인 함수 $f(x)$의 도함수가

$$f'(x)=\begin{cases} 2x-4 & (x<1) \\ 6x^2+3 & (x>1) \end{cases}$$

이고 $f(-2)=10$일 때, $f(2)$의 값을 구하시오.

0425

실수 전체의 집합에서 연속인 함수 $f(x)$의 도함수가

$$f'(x)=3x+|x+2|$$

이고 $f(1)=3$일 때, $f(-3)+f(-1)$의 값을 구하시오.

0426

연속함수 $f(x)$의 도함수 $y=f'(x)$의 그래프가 그림과 같을 때, 원점을 지나는 함수 $y=f(x)$의 그래프로 알맞은 것은?

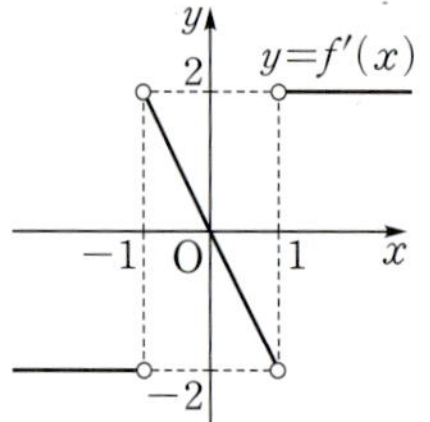

① 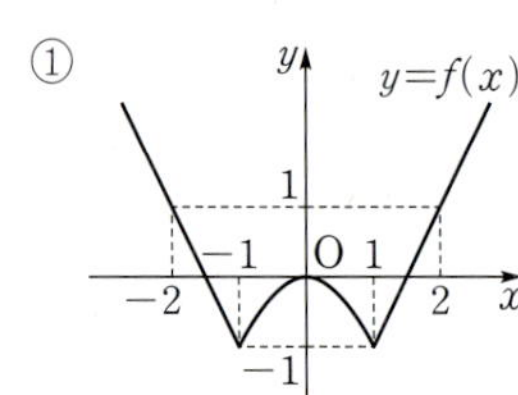 ② 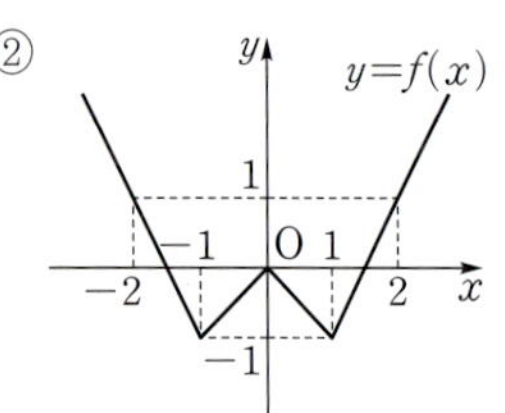

③ 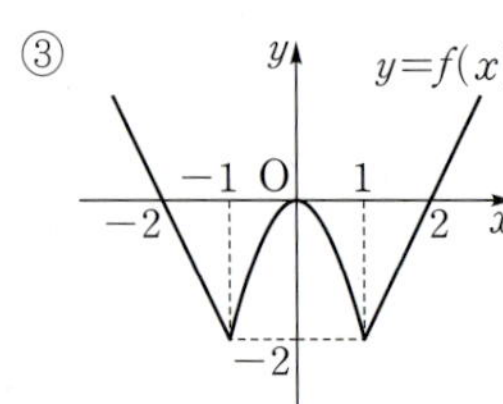 ④ 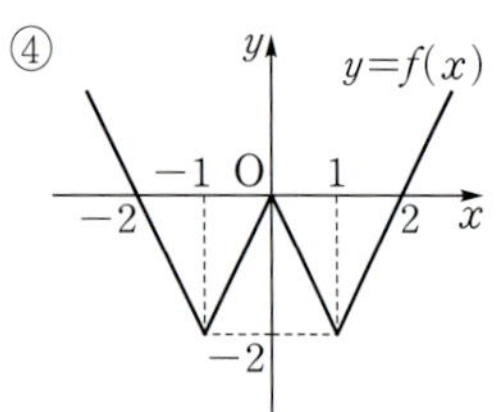

⑤ 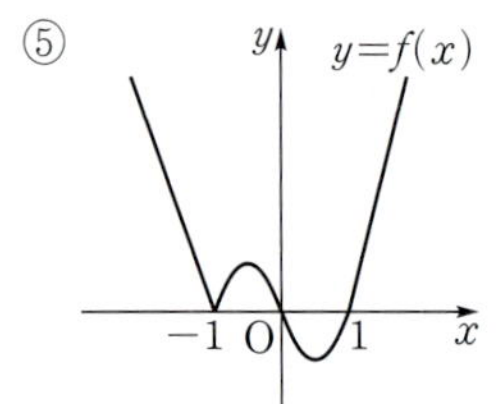

부정적분과 미분계수를 이용한 극한값의 계산

0427

함수 $f(x)=2x^3-x^2-2x$의 한 부정적분을 $F(x)$라 할 때, $\lim\limits_{x \to 2}\dfrac{F(x)-F(2)}{x^2-4}$의 값은?

① $\dfrac{1}{4}$ ② $\dfrac{1}{2}$ ③ 1

④ 2 ⑤ 4

0428

함수 $f(x)=\dfrac{d}{dx}\displaystyle\int(2x^2+ax+3)dx$에 대하여

$$\lim_{h \to 0}\frac{f(1+2h)-f(1)}{h}=6$$

일 때, 상수 a의 값을 구하시오.

0429

다항함수 $f(x)$에 대하여

$$\lim_{h \to 0}\frac{f(x+h)-f(x-2h)}{h}=9x^2-18x+12$$

가 성립하고 $f(-1)=-2$일 때, $f(1)$의 값을 구하시오.

부정적분과 도함수의 정의를 이용하여 함수 구하기

0430

미분가능한 함수 $f(x)$가 임의의 실수 x, y에 대하여

$$f(x+y)=f(x)+f(y)-2$$

를 만족시키고 $f'(0)=3$일 때, $f(5)$의 값을 구하시오.

0431

미분가능한 함수 $f(x)$가 임의의 실수 x, y에 대하여
$$f(x+y)=f(x)+f(y)+4xy$$
를 만족시키고 $f'(2)=9$일 때, $f(2)$의 값을 구하시오.

0432

미분가능한 함수 $f(x)$가 임의의 실수 x, y에 대하여
$$f(x+y)=f(x)+f(y)+2xy(x+y)$$
를 만족시키고 $f'(1)=3$일 때, $f(3)$의 값을 구하시오.

유형 10 부정적분과 극대, 극소

0433

곡선 $y=f(x)$ 위의 임의의 점 (x, y)에서의 접선의 기울기가
$6x^2+6x-12$이고 함수 $f(x)$의 극댓값이 10일 때, $f(x)$의
극솟값은?

① -19　　　② -17　　　③ -15
④ -13　　　⑤ -11

0434

다항함수 $f(x)$에 대하여
$$\int \{f(x)-6x\}dx=-\frac{1}{4}x^4+3x^2+C$$
가 성립할 때, $f(x)$의 극댓값과 극솟값의 차를 구하시오.
(단, C는 적분상수이다.)

0435

최고차항의 계수가 1인 삼차함수 $f(x)$가
$f'(-4)=f'(2)=0$을 만족시킨다. 함수 $f(x)$의 극솟값이
-20일 때, $f(x)$의 극댓값을 구하시오.

0436

사차함수 $f(x)$의 도함수 $f'(x)$에
대하여 $y=f'(x)$의 그래프가 그
림과 같다. 함수 $f(x)$의 극댓값이
3이고, 극솟값이 2일 때, $f(2)$의
값을 구하시오.

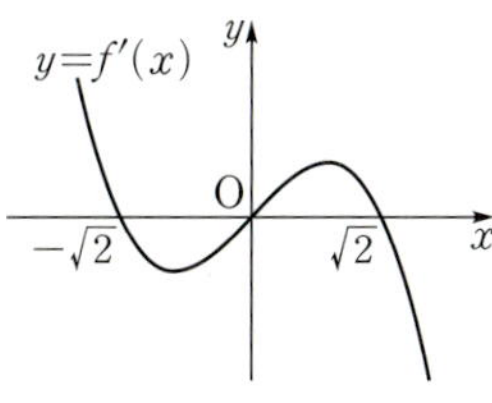

0437 수능 변형

다항함수 $f(x)$의 도함수 $f'(x)$가 $f'(x)=3x^2+a$이다. 곡선 $y=f(x)$ 위의 점 $(1, 3)$에서의 접선의 기울기가 4일 때, $f(2)$의 값을 구하시오. (단, a는 상수이다.)

0438 교육청 기출

다항함수 $f(x)$가
$$\frac{d}{dx}\int\{f(x)-x^2+4\}dx=\int\frac{d}{dx}\{2f(x)-3x+1\}dx$$
를 만족시킨다. $f(1)=3$일 때, $f(0)$의 값은?

① -2　　　② -1　　　③ 0

④ 1　　　⑤ 2

0439 평가원 변형

함수 $f(x)$가
$$f(x)=\int(2x^3-x^2+2)dx-\int(2x^3+x^2)dx$$
이다. 함수 $f(x)$의 모든 극값의 합이 0일 때, $f(-3)$의 값은?

① 4　　　② 8　　　③ 12

④ 16　　　⑤ 20

0440 교육청 변형

삼차함수 $f(x)$의 도함수 $y=f'(x)$의 그래프가 그림과 같다.

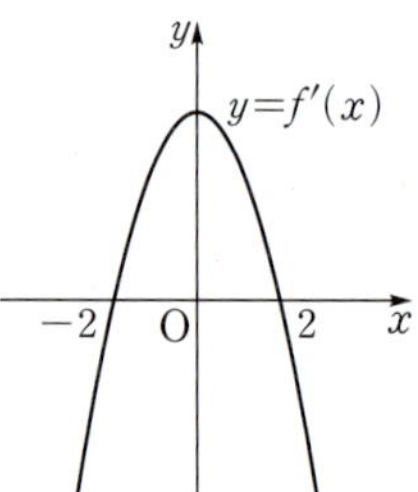

$f'(-2)=f'(2)=0$이고 함수 $f(x)$의 극댓값이 32, 극솟값이 0일 때, $f(4)$의 값은?

① -8　　　② -6　　　③ -4

④ -2　　　⑤ 0

0441 교육청 기출

두 다항함수 $f(x)$, $g(x)$가
$$f(x) = \int xg(x)\,dx, \quad \frac{d}{dx}\{f(x) - g(x)\} = 4x^3 + 2x$$
를 만족시킬 때, $g(1)$의 값은?

① 10 ② 11 ③ 12
④ 13 ⑤ 14

0442 평가원 변형

다항함수 $f(x)$에 대하여 함수 $g(x)$가
$$g(x) = \int xf'(x)\,dx, \quad f(x)g(x) = 2x^3 + 4x^2 + 4x + 8$$
을 만족시킨다. $f'(2) = 2$일 때, $f(10)$의 값을 구하시오.

0443 교육청 기출

실수 전체의 집합에서 미분가능한 함수 $F(x)$의 도함수 $f(x)$가
$$f(x) = \begin{cases} -2x & (x < 0) \\ k(2x - x^2) & (x \geq 0) \end{cases}$$
이다. $F(2) - F(-3) = 21$일 때, 상수 k의 값을 구하시오.

0444 교육청 변형

삼차함수 $f(x)$의 도함수 $y = f'(x)$의 그래프가 그림과 같다.

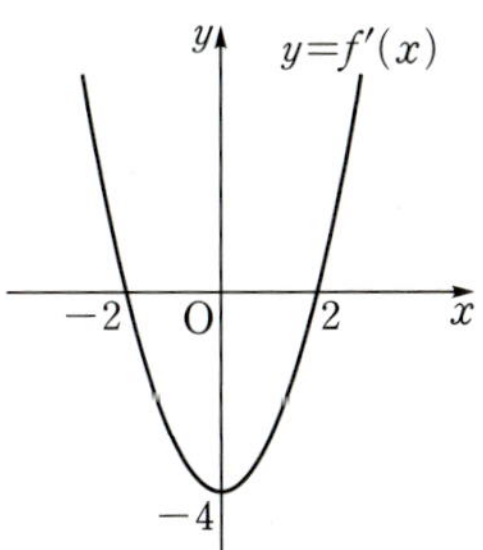

$f(0) = 0$이고 함수 $g(x) = \int \left[\dfrac{d}{dx}\{xf(x)\}\right]dx$의 극댓값이 5일 때, $g(x)$의 극솟값을 구하시오.

유형 01　정적분의 정의

0445

$\displaystyle\int_1^2\left(\dfrac{2x^2-3}{x+1}-\dfrac{x^2-2}{x+1}\right)dx$의 값은?

① -1　　　② $-\dfrac{1}{2}$　　　③ 0

④ $\dfrac{1}{2}$　　　⑤ 1

0446

$\displaystyle\int_0^1(4x^3-3ax^2+2x+a^2)\,dx=4$가 성립하도록 하는 양수 a 의 값을 구하시오.

0447

$\displaystyle\int_{-1}^3(3x^2+2kx-3)\,dx>8$을 만족시키는 정수 k의 최솟값은?

① -2　　　② -1　　　③ 0

④ 1　　　⑤ 2

0448

최고차항의 계수가 1인 삼차함수 $f(x)$에 대하여

$$f(-1)=f(0)=f(4)=3$$

일 때, $\displaystyle\int_{-2}^0 f(x)\,dx$의 값은?

① 2　　　② 4　　　③ 6

④ 8　　　⑤ 10

0449

다항함수 $f(x)$가 다음 조건을 만족시킨다.

> (개) $f(5)=6$
>
> (내) $\displaystyle\int_{-2}^5\{4f'(x)-2x\}\,dx=15$

$f(-2)$의 값은?

① -5　　　② -4　　　③ -3

④ -2　　　⑤ -1

0450

함수 $y=f(x)$의 그래프 위의 점 $(x,\ f(x))$에서의 접선의 기울기가 $8x-3$이다. $\displaystyle\int_0^1 xf(x)\,dx=\dfrac{3}{2}$일 때, $f(-1)$의 값을 구하시오.

0451

이차함수 $f(x)$가 다음 조건을 만족시킨다.

> (개) $\displaystyle\lim_{x\to0}\dfrac{f(x)}{x}=2$
>
> (내) $\displaystyle\int_{-1}^2 f(x)\,dx=9$

$f(2)$의 값을 구하시오.

0452

$\displaystyle\int_0^2 \frac{x^3}{x+2}\,dx - \int_2^0 \frac{8}{t+2}\,dt$의 값은?

① 4 　　② $\dfrac{14}{3}$ 　　③ $\dfrac{16}{3}$

④ 6 　　⑤ $\dfrac{20}{3}$

0453

두 연속함수 $f(x)$, $g(x)$에 대하여

$$\int_{-1}^3 \{f(x)\}^2\,dx = 1,\quad \int_{-1}^3 \{g(x)\}^2\,dx = 25$$

이다. $\displaystyle\int_{-1}^3 \{f(x)+g(x)\}^2\,dx = 36$일 때, $\displaystyle\int_{-1}^3 f(x)g(x)\,dx$의 값을 구하시오.

0454

두 다항함수 $f(x)$, $g(x)$가 다음 조건을 만족시킨다.

> (가) 곡선 $y=f(x)$는 두 점 $(-1, -4)$, $(1, 4)$를 지난다.
> (나) 곡선 $y=g(x)$는 두 점 $(-1, 2)$, $(1, 2)$를 지난다.

$\displaystyle\int_{-1}^1 f'(x)g(x)\,dx + \int_{-1}^1 f(x)g'(x)\,dx$의 값을 구하시오.

0455

연속함수 $f(x)$에 대하여

$$\int_{-2}^1 f(x)\,dx + 2\int_1^4 f(x)\,dx = 8,\quad \int_{-2}^4 f(x)\,dx = 5$$

일 때, $\displaystyle\int_1^4 f(x)\,dx$의 값을 구하시오.

0456

$\displaystyle\int_1^2 (x+1)^3\,dx - \int_{-2}^2 (x-1)^3\,dx + \int_{-2}^1 (x-1)^3\,dx$의 값은?

① 13 　　② 14 　　③ 15

④ 16 　　⑤ 17

0457

함수 $f(x) = 4x^3 - 3ax^2 + 2$에 대하여

$$\int_2^3 f(x)\,dx - \int_{-1}^{-2} f(x)\,dx + \int_{-1}^2 f(x)\,dx = 5$$

일 때, 상수 a의 값을 구하시오.

최고차항의 계수가 1인 이차함수 $f(x)$에 대하여

$$\int_{-2}^{1} f(x)\,dx = \int_{-1}^{2} f(x)\,dx = 0$$

일 때, $f(3)$의 값을 구하시오.

0459

다항함수 $f(x)$에 대하여

$$\int_{-1}^{2} 2f(x)\,dx + \int_{3}^{4} f(x)\,dx = 5,$$

$$\int_{-1}^{4} 2f(x)\,dx = 18,\quad \int_{2}^{3} f(x)\,dx = -1$$

일 때, $\displaystyle\int_{-1}^{2} f(x)\,dx + \int_{3}^{4} 2f(x)\,dx$의 값은?

① 20   ② 25   ③ 30
④ 35   ⑤ 40

유형 04 정적분의 계산 – 구간마다 다르게 정의된 함수

0460

함수 $f(x) = \begin{cases} 3x^2 - 2x - 3 & (x \leq 1) \\ -6x + 4 & (x > 1) \end{cases}$ 에 대하여 $\displaystyle\int_{0}^{2} f(x)\,dx$의 값은?

① -10 ② -9 ③ -8
④ -7 ⑤ -6

0461

함수 $y = f(x)$의 그래프가 그림과 같을 때, $\displaystyle\int_{-2}^{3} (x-1)f(x)\,dx$의 값은?

① $\dfrac{31}{6}$ ② $\dfrac{16}{3}$

③ $\dfrac{11}{2}$ ④ $\dfrac{17}{3}$

⑤ $\dfrac{35}{6}$

0462

실수 전체의 집합에서 연속인 함수

$$f(x) = \begin{cases} 2x + k & (x < a) \\ 6x & (x \geq a) \end{cases}$$

에 대하여 $\displaystyle\int_{1}^{3} f(x)\,dx = 26$일 때, 상수 a의 값을 구하시오.

(단, k는 상수이고, $1 < a < 3$이다.)

0463

미분가능한 함수 $f(x)$의 도함수가

$$f'(x) = \begin{cases} -2x + 4 & (x < 1) \\ 4x - 2 & (x \geq 1) \end{cases}$$

이다. $f(2) = 3$일 때, $\displaystyle\int_{0}^{2} f(x)\,dx$의 값은?

① -2 ② $-\dfrac{5}{3}$ ③ $-\dfrac{4}{3}$

④ -1 ⑤ $-\dfrac{2}{3}$

유형 05 정적분의 계산 – 절댓값 기호를 포함한 함수

0464

$\displaystyle\int_0^2 \frac{|x^2+x-2|}{x+2}\,dx$의 값은?

① $\dfrac{1}{2}$ ② 1 ③ $\dfrac{3}{2}$

④ 2 ⑤ $\dfrac{5}{2}$

0465

함수 $f(x)=-3x^2+4x+4$에 대하여

$$\int_0^a |f(x)|\,dx=13$$

을 만족시키는 상수 a의 값을 구하시오. (단, $a>2$)

0466

함수 $f(x)=|x+1|+|x-2|$의 최솟값을 k라 할 때,
$\displaystyle\int_0^k f(x)\,dx$의 값은?

① 6 ② 7 ③ 8

④ 9 ⑤ 10

0467

최고차항의 계수가 1인 삼차함수 $f(x)$에 대하여 함수 $y=f(x)$의 그래프가 그림과 같을 때, $\displaystyle\int_0^4 |f'(x)|\,dx$의 값을 구하시오.

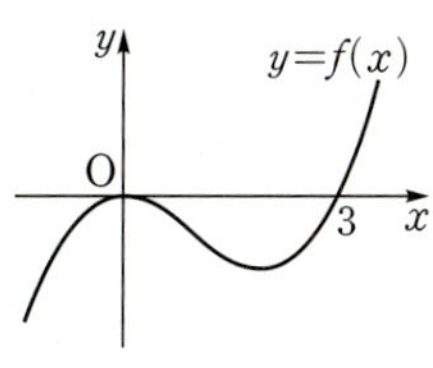

유형 06 우함수, 기함수의 정적분

0468

$\displaystyle\int_{-1}^1 (1+2x+3x^2+\cdots+50x^{49})\,dx$의 값은?

① 10 ② 20 ③ 30

④ 40 ⑤ 50

0469

$\displaystyle\int_{-a}^a \{x^3+3ax^2+(a+1)x-a\}\,dx=2-2a^2$을 만족시키는 모든 실수 a의 값의 합은?

① -2 ② -1 ③ 0

④ 1 ⑤ 2

0470

다항함수 $f(x)$가 모든 실수 x에 대하여

$$f(-x)+f(x)=0, \quad \int_0^3 xf(x)\,dx=2$$

를 만족시킬 때, $\int_{-3}^3 (2x^2+6x-3)f(x)\,dx$의 값을 구하시오.

0471

일차함수 $f(x)$가

$$\int_{-1}^1 x^2 f(x)\,dx=-2, \quad \int_{-1}^1 xf(x)\,dx=4$$

를 만족시킬 때, $\int_{-1}^1 f(x)\,dx$의 값은?

① -6 ② -3 ③ 0
④ 3 ⑤ 6

0472

$\int_{-1}^1 |x|(3x^3+4x^2-8)\,dx$의 값은?

① -6 ② -4 ③ -2
④ 2 ⑤ 4

0473

다항함수 $f(x)$가 모든 실수 x에 대하여 $f(-x)=f(x)$를 만족시키고

$$\int_{-2}^2 f(x)\,dx=4, \quad \int_{-6}^6 f(x)\,dx=10$$

일 때, $\int_2^6 f(x)\,dx$의 값을 구하시오.

0474

다항함수 $f(x)$가 다음 조건을 만족시킨다.

> (가) 모든 실수 x에 대하여 $f(-x)=-f(x)$이다.
>
> (나) $\int_{-2}^3 f(x)\,dx=5, \quad \int_{-2}^5 f(x)\,dx=12$

$\int_{-3}^5 f(x)\,dx$의 값을 구하시오.

유형 07 주기함수의 정적분

0475

연속함수 $f(x)$가 모든 실수 x에 대하여

$$f(x+4)=f(x), \quad \int_{-3}^1 f(x)\,dx=3$$

을 만족시킬 때, $\int_{-11}^9 f(x)\,dx$의 값은?

① 11 ② 12 ③ 13
④ 14 ⑤ 15

0476

실수 전체의 집합에서 연속인 함수

$$f(x)=\begin{cases}2x+2 & (0\le x<1)\\ -x+2a & (1\le x<3)\end{cases}$$

가 모든 실수 x에 대하여 $f(x+3)=f(x)$를 만족시킬 때,

$\displaystyle\int_0^{19} f(x)\,dx$의 값을 구하시오.

0477

연속함수 $f(x)$가 다음 조건을 만족시킨다.

(가) 모든 실수 x에 대하여 $f(-x)=f(x)$이다.

(나) 모든 실수 x에 대하여 $f(x-2)=f(x)$이다.

(다) $\displaystyle\int_{-1}^{1} (x^3-x+5)f(x)\,dx=10$

$\displaystyle\int_{-2}^{4} f(x)\,dx$의 값을 구하시오.

유형 08 정적분을 포함한 등식 – 위끝, 아래끝이 상수인 경우

0478

다항함수 $f(x)$가

$$f(x)=x^2-6x+\int_0^2 tf(t)\,dt$$

를 만족시킬 때, $f(3)$의 값은?

① 2   ② 3   ③ 4

④ 5   ⑤ 6

0479

다항함수 $f(x)$가

$$f(x)=3x^2-x+\frac{1}{2}\left\{\int_0^1 f(t)\,dt\right\}^2$$

을 만족시킬 때, $\displaystyle\int_{-1}^1 f(x)\,dx$의 값은?

① 1   ② 2   ③ 3

④ 4   ⑤ 5

0480

다항함수 $f(x)$가

$$f(x)=3x^2-\int_1^{-1} f(t)\,dt+\int_1^2 f(t)\,dt$$

를 만족시킬 때, 함수 $f(x)$의 최솟값은?

① -5 ② $-\dfrac{9}{2}$ ③ -4

④ $-\dfrac{7}{2}$ ⑤ -3

0481

두 다항함수 $f(x)$, $g(x)$가

$$f(x)=x^2-2+\int_0^1 xf(t)\,dt,$$

$$g(x)=2x^2+\frac{2}{3}x+t$$

일 때, 방정식 $g(x)-f(x)=0$의 실근이 존재하도록 하는 실수 t의 최댓값을 구하시오.

08 정적분

0482

다항함수 $f(x)$가 모든 실수 x에 대하여

$$\int_a^x f(t)\,dt = x^3 + ax - 2$$

를 만족시킬 때, $f(1)$의 값은? (단, a는 상수이다.)

① 1　　　　② 2　　　　③ 3
④ 4　　　　⑤ 5

0483

다항함수 $f(x)$가 모든 실수 x에 대하여

$$\int_a^x f(t)\,dt = x^2 - 2bx + b^2$$

을 만족시킬 때, $f(a)$의 값은? (단, a, b는 상수이다.)

① -2　　　　② -1　　　　③ 0
④ 1　　　　⑤ 2

0484

함수 $f(x) = \int_x^{x+1} (t^2 - 2t + 1)\,dt$에 대하여 $\int_1^2 f'(x)\,dx$의 값을 구하시오.

0485 수능 변형

함수 $f(x) = x^3 - ax^2 + 4$가

$$\frac{d}{dx}\int_2^x f(t)\,dt = \int_2^x \left\{ \frac{d}{dt} f(t) \right\} dt$$

를 만족시킬 때, $\int_0^1 f(x)\,dx$의 값은? (단, a는 상수이다.)

① $\dfrac{11}{4}$　　　　② 3　　　　③ $\dfrac{13}{4}$
④ $\dfrac{7}{2}$　　　　⑤ $\dfrac{15}{4}$

0486

다항함수 $f(x)$가 모든 실수 x에 대하여

$$2f(x) = 2x^3 - 4x + \int_1^x f'(t)\,dt$$

를 만족시킬 때, $\int_0^1 f(x)\,dx$의 값은?

① -2　　　　② $-\dfrac{3}{2}$　　　　③ -1
④ $-\dfrac{1}{2}$　　　　⑤ 0

0487

다항함수 $f(x)$가 모든 실수 x에 대하여

$$\int_1^x f(t)\,dt = 2x^3 + x^2 \int_0^1 f'(t)\,dt + xf(x)$$

를 만족시킬 때, $f(2)$의 값을 구하시오.

유형 10 정적분을 포함한 등식 – 위끝 또는 아래끝과 피적분함수에 변수가 있는 경우

0488

다항함수 $f(x)$가 모든 실수 x에 대하여

$$\int_0^x (x^2 - t^2) f(t)\, dt = \frac{1}{2} x^4 - 2x^3$$

을 만족시킬 때, $f(3)$의 값은?

① 1　　　　② 2　　　　③ 3

④ 4　　　　⑤ 5

0489

다항함수 $f(x)$가 모든 실수 x에 대하여

$$\int_a^x (t-x) f(t)\, dt = -x^3 + x^2 + ax - 1$$

을 만족시킬 때, $\int_1^3 f(x)\, dx$의 값은? (단, a는 자연수이다.)

① 15　　　　② 20　　　　③ 25

④ 30　　　　⑤ 35

0490

다항함수 $f(x)$가 모든 실수 x에 대하여

$$\int_0^x (t-x) f'(t)\, dt = -\frac{1}{2} x^4 + 5x^2$$

을 만족시키고 $f(0) = 5$일 때, $f(1)$의 값을 구하시오.

0491

다항함수 $f(x)$가 모든 실수 x에 대하여

$$\int_1^x (x-t) f(t)\, dt = -x^2 + ax + b$$

를 만족시킬 때, 상수 a, b에 대하여 $a - b + f(0)$의 값은?

① -2　　　　② -1　　　　③ 0

④ 1　　　　⑤ 2

0492

다항함수 $f(x)$가 모든 실수 x에 대하여

$$\int_{-1}^x (x-t) f'(t)\, dt = x^3 + ax^2 + 3x + 1$$

을 만족시키고 $f(-1) = 3$일 때, $f(-2)$의 값을 구하시오.
(단, a는 상수이다.)

유형 11 정적분으로 정의된 함수의 극대, 극소

0493

함수 $f(x) = \int_1^x (-t^2 + 2t + 3)\, dt$가 $x = a$에서 극댓값 b를 가질 때, $a + b$의 값은?

① 7　　　　② $\dfrac{22}{3}$　　　　③ $\dfrac{23}{3}$

④ 8　　　　⑤ $\dfrac{25}{3}$

0494

함수 $f(x)=\displaystyle\int_0^x (t+2)(t-a)\,dt$가 $x=-2$에서 극댓값

$\dfrac{10}{3}$을 가질 때, $f(x)$의 극솟값은? (단, a는 상수이다.)

① $-\dfrac{11}{6}$ ② $-\dfrac{3}{2}$ ③ $-\dfrac{7}{6}$

④ $-\dfrac{5}{6}$ ⑤ $-\dfrac{1}{2}$

0495

함수 $f(x)=\displaystyle\int_x^{x+1}(4t^3-4t)\,dt$의 극댓값과 극솟값의 차를 구하시오.

0496

삼차함수 $f(x)=x^3-12x+a$에 대하여 함수 $F(x)=\displaystyle\int_0^x f(t)\,dt$가 극댓값과 극솟값을 모두 갖도록 하는 정수 a의 개수를 구하시오.

0497

다항함수 $f(x)$가 모든 실수 x에 대하여

$$\int_0^x (x-t)f(t)\,dt=-\frac{1}{4}x^4+2x^3-4x^2$$

을 만족시킬 때, $f(x)$의 최댓값은?

① 2   ② 3   ③ 4

④ 5   ⑤ 6

0498

함수

$$f(x)=\int_0^x \{-t^2+(a+1)t-a\}\,dt$$

가 $x=3$에서 극댓값 0을 가질 때, $0\le x\le 2$에서 함수 $f(x)$의 최솟값은? (단, a는 상수이다.)

① $-\dfrac{5}{3}$ ② $-\dfrac{4}{3}$ ③ -1

④ $-\dfrac{2}{3}$ ⑤ $-\dfrac{1}{3}$

0499

$-2\le x\le 2$에서 함수 $f(x)=\displaystyle\int_{-2}^x (2-|t|-t^2)\,dt$의 최댓값은?

① -1 ② $-\dfrac{1}{2}$ ③ 0

④ $\dfrac{1}{2}$ ⑤ 1

유형 13 정적분으로 정의된 함수의 그래프

0500

최고차항의 계수가 1인 다항함수 $f(x)$
에 대하여 함수 $F(x)$를

$$F(x)=\int_0^x f(t)\,dt$$

라 하자. 이차함수 $y=F(x)$의 그래프
가 그림과 같을 때, $f(10)$의 값은?

① 7   ② 8   ③ 9

④ 10   ⑤ 11

0501

이차함수 $y=f(x)$의 그래프가 그림
과 같다. 함수 $g(x)$를

$$g(x)=\int_0^x f(t+1)\,dt$$

라 할 때, $x\geq0$에서 $g(x)$의 최댓값은?

① $\dfrac{1}{3}$ ② $\dfrac{2}{3}$ ③ 1

④ $\dfrac{4}{3}$ ⑤ $\dfrac{5}{3}$

0502

이차함수 $y=f(x)$의 그래프가 그림과
같다. 함수 $g(x)=\int_x^{x+2} f(t)\,dt$는
$x=k$에서 최솟값을 가질 때, 상수 k의
값은?

① -2 ② -1 ③ 0

④ 1   ⑤ 2

0503

다항함수 $f(x)$에 대하여 함수 $F(x)$를

$$F(x)=\int_a^x f(t)\,dt$$

라 하자. 함수 $y=F(x)$의 그래프가 그림과 같을 때, 보기에
서 옳은 것만을 있는 대로 고른 것은?

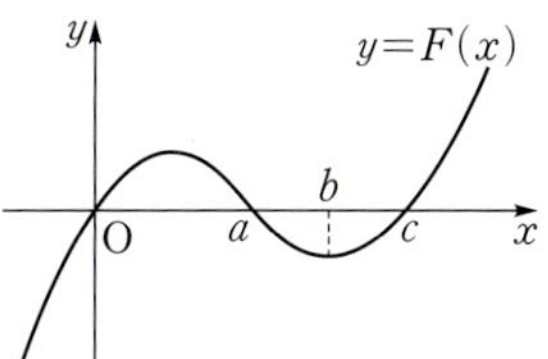

┌ 보기 ┐

ㄱ. $f(a)<0$

ㄴ. $F(b)\times f(c)<0$

ㄷ. 방정식 $f(x)=0$은 닫힌구간 $[a,\ c]$에서 적어도 1개의
　　실근을 갖는다.

① ㄱ   ② ㄴ   ③ ㄱ, ㄴ

④ ㄴ, ㄷ   ⑤ ㄱ, ㄴ, ㄷ

유형 14 정적분으로 정의된 함수의 극한

0504

함수 $f(x)=\int_0^x (2t^3-3t+7)\,dt$에 대하여

$$\lim_{x\to0}\frac{1}{x}\int_0^x f'(t)\,dt$$

의 값은?

① 6   ② 7   ③ 8

④ 9   ⑤ 10

0505

함수 $f(x)=x^2-2x-4$에 대하여

$$\lim_{x \to 2}\frac{1}{x-2}\int_4^{x^2} f(t)\,dt$$

의 값은?

① 8   ② 12   ③ 16

④ 20   ⑤ 24

0506

함수 $f(x)=x^2+ax+b$에 대하여

$$\lim_{h \to 0}\frac{1}{h}\int_{-2}^{-2+h} f(x)\,dx=11, \quad f(3)=6$$

일 때, 상수 a, b에 대하여 $a+b$의 값은?

① 1   ② 2   ③ 3

④ 4   ⑤ 5

0507

$\lim\limits_{x \to 1}\dfrac{1}{x-1}\displaystyle\int_1^x t(k-t)\,dt=10$을 만족시키는 상수 k의 값을 구하시오.

0508

다항함수 $f(x)$가

$$f'(x)=4x^3+3x^2-5, \quad f(0)=-6$$

을 만족시킬 때, $\lim\limits_{x \to 2}\dfrac{1}{x-2}\displaystyle\int_2^x (2t-1)f(t)\,dt$의 값을 구하시오.

0509

$\lim\limits_{h \to 0}\dfrac{1}{h}\displaystyle\int_{1-3h}^{1+h} (x^3+ax^2-5)\,dx=a^2-12$를 만족시키는 상수 a의 값은?

① 2   ② 4   ③ 6

④ 8   ⑤ 10

0510 교육청 변형

다항함수 $f(x)$에 대하여 $F(x)=\displaystyle\int_1^x f(t)\,dt$라 하자.

$$\lim_{x \to 1}\frac{\displaystyle\int_1^x F(t)\,dt-F(x)}{x^3-1}=2$$일 때, $f(1)$의 값은?

① -10 ② -9 ③ -8

④ -7 ⑤ -6

PART B 기출 & 기출변형 문제

0511 (수능 기출)

삼차함수 $f(x)$가 모든 실수 x에 대하여
$$xf(x)-f(x)=3x^4-3x$$
를 만족시킬 때, $\displaystyle\int_{-2}^{2} f(x)\,dx$의 값은?

① 12 　　② 16 　　③ 20
④ 24 　　⑤ 28

0512 (교육청 변형)

연속함수 $f(x)$가 모든 실수 x에 대하여 다음 조건을 만족시킨다.

> (가) $\displaystyle\int_{0}^{1} f(x)\,dx=3$
> (나) $f(-x)=f(x)$
> (다) $f(x+2)=f(x)$

$\displaystyle\int_{-1}^{6} f(x)\,dx$의 값은?

① 21 　　② 22 　　③ 23
④ 24 　　⑤ 25

0513 (수능 변형)

함수 $f(x)=ax^3-3ax^2$에 대하여 $\displaystyle\int_{-1}^{2} |f'(x)|\,dx=8$일 때, 양수 a의 값은?

① $\dfrac{1}{4}$ 　　② $\dfrac{1}{2}$ 　　③ $\dfrac{3}{4}$
④ 1 　　⑤ $\dfrac{5}{4}$

0514 (교육청 기출)

최고차항의 계수가 1인 삼차함수 $f(x)$가 다음 조건을 만족시킨다.

> (가) 모든 실수 x에 대하여 $f(1+x)+f(1-x)=0$이다.
> (나) $\displaystyle\int_{-1}^{3} f'(x)\,dx=12$

$f(4)$의 값은?

① 24 　　② 28 　　③ 32
④ 36 　　⑤ 40

0515 교육청 변형

최고차항의 계수가 1인 삼차함수 $y=f(x)$의 그래프가 그림과 같다. 함수 $S(x)$를

$$S(x)=\int_0^x f(t)\,dt$$

라 할 때, 닫힌구간 $[0, 3]$에서 $S(x)$의 최댓값은?

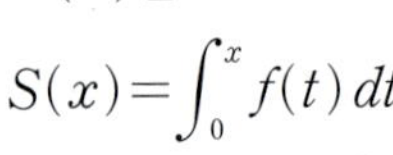

① $\dfrac{3}{2}$ ② $\dfrac{7}{4}$ ③ 2

④ $\dfrac{9}{4}$ ⑤ $\dfrac{5}{2}$

0516 교육청 기출

다항함수 $f(x)$가

$$\lim_{x\to 2}\frac{1}{x-2}\int_1^x (x-t)f(t)\,dt=3$$

을 만족시킬 때, $\displaystyle\int_1^2 (4x+1)f(x)\,dx$의 값은?

① 15 ② 18 ③ 21

④ 24 ⑤ 27

0517 교육청 기출

함수 $f(x)$가 모든 실수 x에 대하여

$$f(x)=x^3-4x\int_0^1 |f(t)|\,dt$$

를 만족시킨다. $f(1)>0$일 때, $f(2)$의 값은?

① 6 ② 7 ③ 8

④ 9 ⑤ 10

0518 교육청 변형

다항함수 $f(x)$의 한 부정적분 $g(x)$가 다음 조건을 만족시킨다.

> (가) $3x\displaystyle\int_0^1 g(t)\,dt+f(x)=-4$
>
> (나) $\displaystyle\int_0^1 g(t)\,dt-g(0)=-1$

방정식 $f(x)=g(x)$를 만족시키는 모든 실근의 합은?

① 2 ② $\dfrac{7}{3}$ ③ $\dfrac{8}{3}$

④ 3 ⑤ $\dfrac{10}{3}$

0519 평가원 기출

다항함수 $f(x)$가 모든 실수 x에 대하여

$$x f(x) = 2x^3 + ax^2 + 3a + \int_1^x f(t)\,dt$$

를 만족시킨다. $f(1) = \int_0^1 f(t)\,dt$일 때, $a + f(3)$의 값은?

(단, a는 상수이다.)

① 5   ② 6   ③ 7

④ 8   ⑤ 9

0520 평가원 변형

다항함수 $f(x)$가

$$\int_0^x f(t)\,dt = x f(x) - \frac{1}{4}x^4 + \frac{1}{2}x^2 + \int_\alpha^\beta f(t)\,dt$$

를 만족시키고, $x=\alpha$에서 극댓값을 갖고 $x=\beta$에서 극솟값을 갖는다. $f(\alpha) - f(\beta)$의 값은?

① $\dfrac{1}{3}$ ② $\dfrac{2}{3}$ ③ 1

④ $\dfrac{4}{3}$ ⑤ $\dfrac{5}{3}$

0521 교육청 변형

닫힌구간 $[0,\ 4]$에서 정의된 함수 $f(x)$가

$$f(x) = \begin{cases} (x+1)(x-2)^2 & (0 \le x < 2) \\ -2(x-2)(x-4) & (2 \le x \le 4) \end{cases}$$

이다. 실수 $a\ (0 \le a \le 2)$에 대하여 $\displaystyle\int_a^{a+2} f(x)\,dx$의 최솟값

이 $\dfrac{q}{p}$일 때, $p+q$의 값을 구하시오.

(단, p와 q는 서로소인 자연수이다.)

0522 수능 기출

실수 전체의 집합에서 연속인 함수 $f(x)$가 다음 조건을 만족시킨다.

> $n-1 \le x < n$일 때, $|f(x)| = |6(x-n+1)(x-n)|$이다.
> (단, n은 자연수이다.)

열린구간 $(0,\ 4)$에서 정의된 함수

$$g(x) = \int_0^x f(t)\,dt - \int_x^4 f(t)\,dt$$

가 $x=2$에서 최솟값 0을 가질 때, $\displaystyle\int_{\frac{1}{2}}^4 f(x)\,dx$의 값은?

① $-\dfrac{3}{2}$ ② $-\dfrac{1}{2}$ ③ $\dfrac{1}{2}$

④ $\dfrac{3}{2}$ ⑤ $\dfrac{5}{2}$

정적분의 활용

유형 01 곡선과 x축 사이의 넓이

0523

곡선 $y=x^3-3x^2+2x$와 x축으로 둘러싸인 도형의 넓이는?

① $\dfrac{1}{4}$ ② $\dfrac{1}{2}$ ③ 1

④ 2 ⑤ 4

0524

곡선 $y=-x^3+1$과 x축 및 두 직선 $x=-1$, $x=2$로 둘러싸인 도형의 넓이는?

① 4 ② $\dfrac{17}{4}$ ③ $\dfrac{9}{2}$

④ $\dfrac{19}{4}$ ⑤ 5

0525

곡선 $y=ax^3$과 x축 및 두 직선 $x=-3$, $x=3$으로 둘러싸인 도형의 넓이가 27일 때, $3a$의 값을 구하시오. (단, $a>0$)

0526 교육청 변형

그림과 같이 곡선 $y=f(x)$와 x축으로 둘러싸인 두 도형 A, B의 넓이를 각각 S_1, S_2라 하자. $\displaystyle\int_0^5 f(x)dx=-\dfrac{8}{3}$, $\displaystyle\int_0^5 |f(x)|dx=\dfrac{16}{3}$일 때, $\dfrac{S_2}{S_1}$의 값을 구하시오.

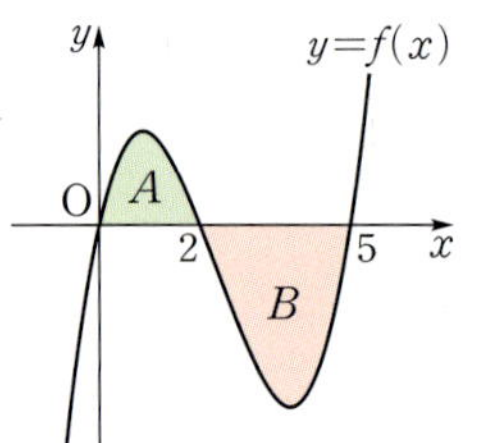

0527

함수 $f(x)$가 모든 실수 x에 대하여

$$\int_{-1}^{x} f(t)dt=\frac{2}{3}x^3-3x^2+\frac{11}{3}$$

을 만족시킬 때, 곡선 $y=f(x)$와 x축으로 둘러싸인 도형의 넓이를 구하시오.

0528

함수 $y=x^2-2|x|-3$의 그래프와 x축으로 둘러싸인 도형의 넓이를 구하시오.

0529

최고차항의 계수가 양수인 삼차함수 $f(x)$가 다음 조건을 만족시킨다.

> (가) $f(0)=f(2)=f'(2)=0$
> (나) 곡선 $y=f(x)$와 x축으로 둘러싸인 도형의 넓이는 8이다.

$f(4)$의 값을 구하시오.

유형 02 곡선과 직선 사이의 넓이

0530

곡선 $y=x^2-5x+4$와 직선 $y=x+4$로 둘러싸인 도형의 넓이는?

① 30　　　② 32　　　③ 34
④ 36　　　⑤ 38

0531

곡선 $y=x^3-ax^2+2$와 직선 $y=2$로 둘러싸인 도형의 넓이가 3일 때, 양수 a의 값은?

① 1　　　② $\sqrt{2}$　　　③ $\sqrt{3}$
④ 2　　　⑤ $\sqrt{6}$

0532

그림과 같이 곡선 $y=f(x)$와 직선 $y=x+2$로 둘러싸인 두 도형의 넓이를 각각 S_1, S_2라 하자.

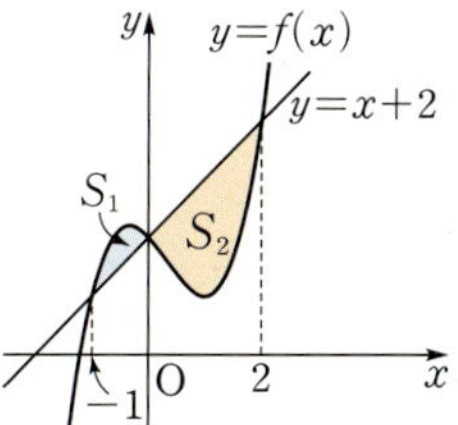

$$S_1=\frac{1}{2},\ \int_{-1}^{2}f(x)dx=4$$

일 때, S_2의 값을 구하시오.

유형 03 두 곡선 사이의 넓이

0533

두 곡선 $y=x^3+x^2+x$, $y=x^2+4x+2$로 둘러싸인 도형의 넓이는?

① 6　　　② $\dfrac{25}{4}$　　　③ $\dfrac{13}{2}$
④ $\dfrac{27}{4}$　　　⑤ 7

0534

그림과 같이 두 사차함수 $y=f(x)$, $y=g(x)$의 그래프로 둘러싸인 세 도형 A, B, C의 넓이가 각각 8, 4, 3일 때, $\displaystyle\int_{-3}^{5}\{g(x)-f(x)\}dx$의 값을 구하시오.

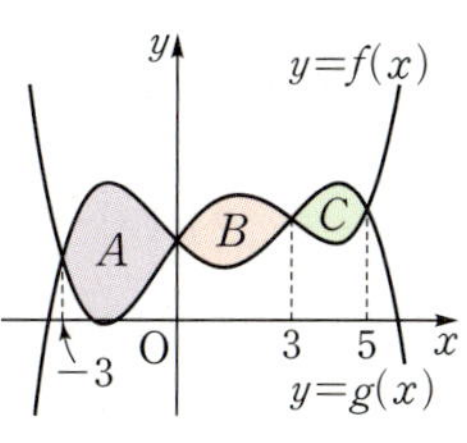

 평가원 변형

함수 $f(x)=-x^2$에 대하여 곡선 $y=f(x)$를 x축에 대하여 대칭이동한 후 x축의 방향으로 2만큼, y축의 방향으로 -10만큼 평행이동한 곡선을 $y=g(x)$라 하자. 두 곡선 $y=f(x)$, $y=g(x)$로 둘러싸인 도형의 넓이를 S라 할 때, $3S$의 값을 구하시오.

유형 **04** 곡선과 접선으로 둘러싸인 도형의 넓이

0536

곡선 $y=x^3-x^2$과 이 곡선 위의 점 $(1,\ 0)$에서의 접선으로 둘러싸인 도형의 넓이는?

① 1   ② $\dfrac{4}{3}$ ③ $\dfrac{5}{3}$

④ 2   ⑤ $\dfrac{7}{3}$

0537

점 $\left(-\dfrac{1}{2},\ 2\right)$에서 곡선 $y=-x^2$에 그은 두 접선과 이 곡선으로 둘러싸인 도형의 넓이를 S라 할 때, $4S$의 값을 구하시오.

0538 교육청 변형

최고차항의 계수가 음수인 삼차함수 $y=f(x)$의 그래프 위의 점 $(-1,\ f(-1))$에서의 접선 $y=g(x)$가 곡선 $y=f(x)$와 x좌표가 1인 점에서 만난다. 곡선 $y=f(x)$와 직선 $y=g(x)$로 둘러싸인 도형의 넓이가 8일 때, $g(2)-f(2)$의 값을 구하시오.

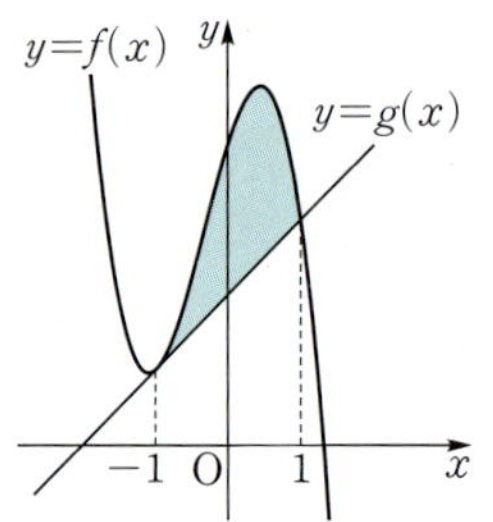

유형 **05** 두 도형의 넓이가 같을 조건

0539

곡선 $y=x^3+(1-a)x^2-ax$와 x축으로 둘러싸인 두 도형의 넓이가 서로 같을 때, 상수 a의 값을 구하시오. (단, $a<-1$)

0540

그림과 같이 점 $(1,\ 0)$을 지나는 최고차항의 계수가 1인 이차함수 $y=f(x)$의 그래프와 x축 및 y축으로 둘러싸인 두 도형의 넓이가 서로 같을 때, $f(5)$의 값을 구하시오.

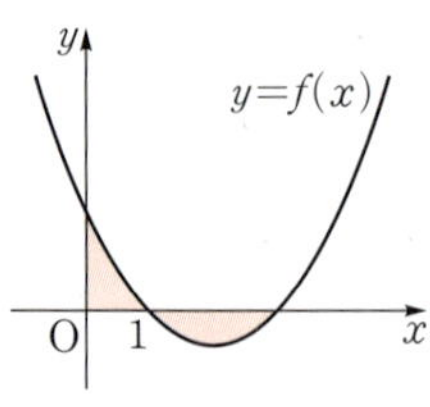

0541

그림과 같이 두 곡선
$y=-x^2(x-3)$, $y=kx(x-3)$으로
둘러싸인 두 도형의 넓이를 각각 A, B
라 하자. $A=B$일 때, 상수 k의 값은?
(단, $-3<k<0$)

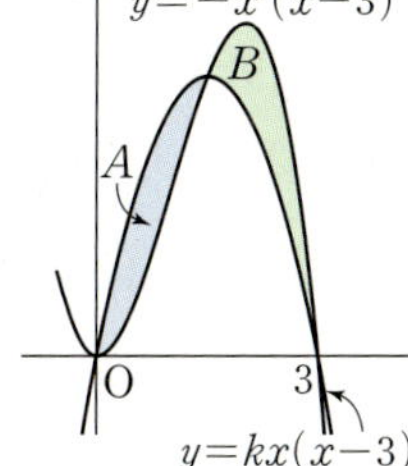

① $-\dfrac{5}{2}$ 　　② -2

③ $-\dfrac{3}{2}$ 　　④ -1

⑤ $-\dfrac{1}{2}$

유형 06 도형의 넓이의 활용 - 이등분

0542

곡선 $y=-x^2+6x$와 x축으로 둘러싸인 도형의 넓이를 직선
$y=mx$가 이등분할 때, 상수 m에 대하여 $(6-m)^3$의 값을
구하시오.

0543

곡선 $y=x^2-x$와 직선 $y=mx$로 둘러싸인 도형의 넓이가 x
축에 의하여 이등분될 때, 상수 m에 대하여 $(m+1)^3$의 값을
구하시오.

0544

그림과 같이 두 다항함수 $y=f(x)$, $y=g(x)$의 그래프가 곡
선 $y=3x^2$과 x좌표가 각각 -1, 1인 두 점에서 만난다.
$-1\leq x\leq 1$에서 두 곡선 $y=f(x)$, $y=g(x)$로 둘러싸인 도
형의 넓이가 곡선 $y=3x^2$에 의하여 이등분되고
$\displaystyle\int_{-1}^{1}g(x)dx=0$일 때, $\displaystyle\int_{-1}^{1}f(x)dx$의 값을 구하시오.

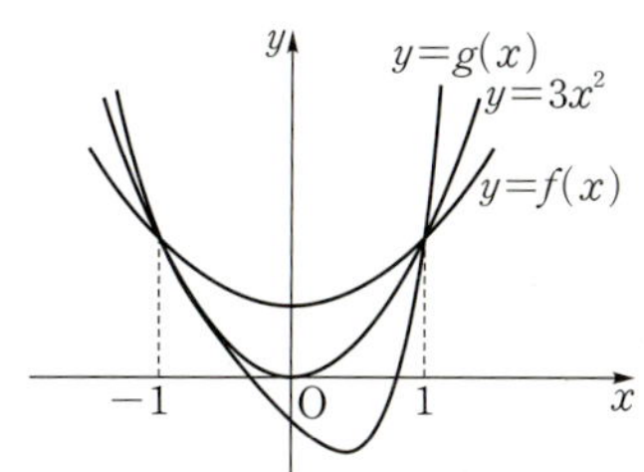

유형 07 도형의 넓이의 활용 - 최댓값, 최솟값

0545

그림과 같이 곡선 $y=x^2-a^2$과 x축,
y축 및 직선 $x=2$로 둘러싸인 도형의
넓이가 최소가 되도록 하는 상수 a의
값을 구하시오. (단, $0<a<2$)

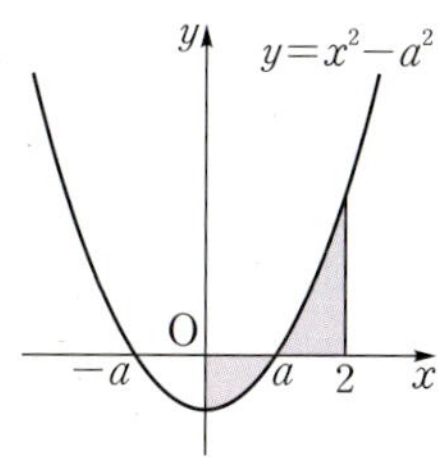

0546

곡선 $y=x^2+4$와 이 곡선 위의 점 $(t,\ t^2+4)$에서의 접선 및
y축, 직선 $x=3$으로 둘러싸인 도형의 넓이의 최솟값은?
(단, $0<t<3$)

① 2 　　② $\dfrac{9}{4}$ 　　③ $\dfrac{5}{2}$

④ $\dfrac{11}{4}$ 　　⑤ 3

0547

그림과 같이 곡선 $y=3-x^2$과 x축으로 둘러싸인 도형에 내접하는 직사각형의 넓이가 최대일 때, 색칠한 부분의 넓이는?

① 1
② $\dfrac{4}{3}$
③ $\dfrac{5}{3}$
④ 2
⑤ $\dfrac{7}{3}$

유형 **08** 함수와 그 역함수의 정적분

0548

함수 $f(x)=x^2+2 \ (x\geq0)$의 역함수를 $g(x)$라 할 때, $\displaystyle\int_0^2 f(x)dx+\int_2^6 g(x)dx$의 값은?

① 10
② 11
③ 12
④ 13
⑤ 14

0549

함수 $f(x)=\sqrt{x-1}$의 역함수를 $g(x)$라 할 때, $\displaystyle\int_1^5 f(x)dx+\int_0^2 g(x)dx$의 값을 구하시오.

0550

그림과 같이 함수 $y=f(x)$의 그래프와 그 역함수 $y=g(x)$의 그래프가 두 점 $(2,\,2)$, $(5,\,5)$에서 만나고 $\displaystyle\int_2^5 f(x)dx=12$일 때, 두 곡선 $y=f(x)$, $y=g(x)$로 둘러싸인 도형의 넓이를 구하시오.

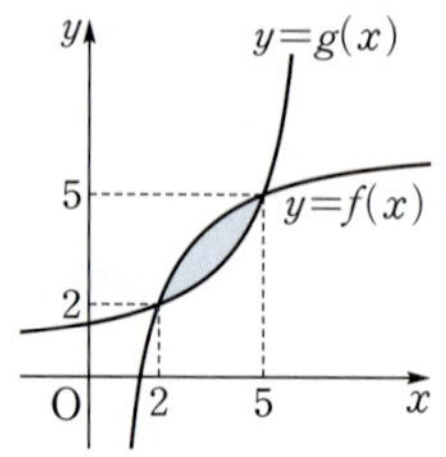

0551

함수 $f(x)=2\sqrt{x}$의 역함수를 $g(x)$라 할 때, $\displaystyle\int_0^4 f(x)dx+\int_0^4 g(x)dx$의 값을 구하시오.

0552

실수 전체의 집합에서 연속인 함수 $f(x)$의 역함수를 $g(x)$라 하자. $f(2)=2$, $f(4)=4$이고 $\displaystyle\int_2^4 g(x)dx=5$일 때, $\displaystyle\int_2^4 f(x)dx$의 값을 구하시오.

(단, $2\leq x\leq4$에서 $f(x)\geq g(x)$이다.)

0553

함수 $f(x)=(x-2)^2 \ (x\geq2)$의 역함수를 $g(x)$라 할 때, 두 곡선 $y=f(x)$, $y=g(x)$와 x축 및 y축으로 둘러싸인 도형의 넓이는?

① $\dfrac{16}{3}$
② 8
③ $\dfrac{32}{3}$
④ $\dfrac{40}{3}$
⑤ 16

09

유형 09 함수의 주기, 대칭성을 이용한 도형의 넓이

0554

함수 $f(x)$가 다음 조건을 만족시킨다.

> (가) $-1 \le x \le 1$일 때, $f(x)=x^2$
> (나) 모든 실수 x에 대하여 $f(x)=f(x+2)$이다.

함수 $y=f(x)$의 그래프와 x축 및 두 직선 $x=-3$, $x=3$으로 둘러싸인 도형의 넓이는?

① 1 　　　　② 2 　　　　③ 3
④ 4 　　　　⑤ 5

0555 교육청 변형

그림은 모든 실수 x에 대하여 $f(-x)=-f(x)$인 연속함수 $y=f(x)$의 그래프와 함수 $y=f(x)$의 그래프를 x축의 방향으로 -1만큼, y축의 방향으로 2만큼 평행이동시킨 함수 $y=g(x)$의 그래프이다. 곡선 $y=g(x)$와 x축, y축 및 직선 $x=-2$로 둘러싸인 도형의 넓이는?

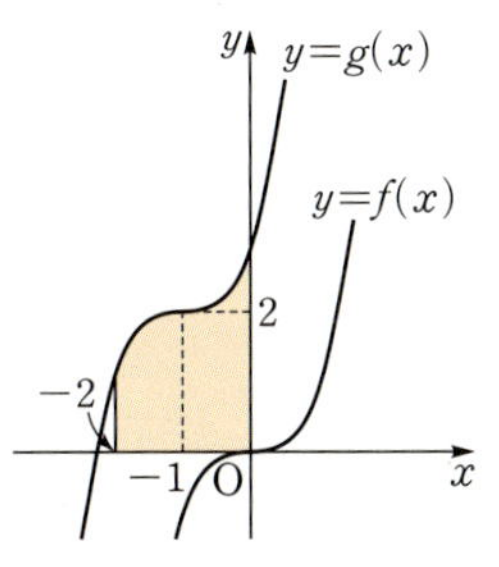

① 1 　　　　② 2 　　　　③ 3
④ 4 　　　　⑤ 5

0556

$f(0)=1$이고 실수 전체의 집합에서 증가하는 연속함수 $f(x)$가 다음 조건을 만족시킨다.

> (가) 모든 실수 x에 대하여 $f(x)=f(x-2)+3$이다.
> (나) 함수 $y=f(x)$의 그래프와 x축, y축 및 직선 $x=2$로 둘러싸인 도형의 넓이는 3이다.

$\displaystyle\int_0^6 f(x)\,dx$의 값을 구하시오.

유형 10 위치와 위치의 변화량

0557

좌표가 6인 점을 출발하여 수직선 위를 움직이는 점 P의 시각 t $(t \ge 0)$에서의 속도가 $v(t)=12-4t$일 때, 점 P의 운동 방향이 바뀌는 시각에서의 점 P의 위치는?

① 12 　　　　② 16 　　　　③ 20
④ 24 　　　　⑤ 28

0558

원점을 출발하여 수직선 위를 움직이는 점 P의 시각 t $(t \ge 0)$에서의 속도가 $v(t)=6t^2-4t-12$일 때, 점 P가 다시 원점을 통과하는 시각은?

① 1 　　　　② 2 　　　　③ 3
④ 4 　　　　⑤ 5

0559

원점을 출발하여 수직선 위를 움직이는 두 점 P, Q의 시각 $t\ (t\geq0)$에서의 속도가 각각
$$v_1(t)=-t^2+12t+1,\ v_2(t)=2t^2+4t+5$$
이다. 두 점 P, Q가 원점을 출발한 후 다시 만나는 시각은?

① 2 　　　　② 3 　　　　③ 4

④ 5 　　　　⑤ 6

0560

좌표가 -80인 점에서 출발하여 수직선 위를 움직이는 점 P의 시각 $t\ (t\geq0)$에서의 속도가 $v(t)=30-6t$이다. 점 P가 원점에 가장 가까울 때의 점 P의 위치를 구하시오.

유형 11　움직인 거리

0561

수직선 위를 움직이는 점 P의 시각 $t\ (t\geq0)$에서의 속도 $v(t)$가
$$v(t)=-3t+6$$
일 때, $t=0$에서 $t=4$까지 점 P가 움직인 거리는?

① 8 　　　　② 10 　　　　③ 12

④ 14 　　　　⑤ 16

0562

원점을 출발하여 수직선 위를 움직이는 점 P의 시각 $t\ (t\geq0)$에서의 속도 $v(t)$가 $v(t)=10-2t$일 때, 점 P가 처음으로 다시 원점으로 돌아올 때까지 움직인 거리를 구하시오.

0563

지면으로부터 30 m의 높이에서 30 m/s의 속력으로 지면과 수직인 방향으로 쏘아 올린 물체의 t초 후의 속도 $v(t)$ m/s가 $v(t)=-10t+30$일 때, 이 물체가 최고 높이에 도달할 때까지 움직인 거리는 몇 m인지 구하시오.

0564

원점을 출발하여 수직선 위를 움직이는 점 P의 시각 $t\ (t\geq0)$에서의 속도 $v(t)$가 $v(t)=t^2-6t+5$일 때, 점 P가 원점을 출발할 때의 운동 방향과 반대 방향으로 움직인 거리는?

① 10 　　　　② $\dfrac{32}{3}$ 　　　　③ $\dfrac{34}{3}$

④ 12 　　　　⑤ $\dfrac{38}{3}$

0565

직선 도로를 40 m/s의 속도로 달리는 어느 자동차에 제동을 건 지 t초 후의 속도 $v(t)$는 $v(t)=-kt+40$ (m/s)이다. 자동차가 제동을 건 지점으로부터 200 m를 미끄러진 후 완전히 정지하였을 때, 상수 k의 값을 구하시오.

0566

원점을 출발하여 수직선 위를 움직이는 점 P의 시각
$t\,(0 \le t \le 8)$에서의 속도 $v(t)$의 그래프가 그림과 같을 때,
보기에서 옳은 것만을 있는 대로 고른 것은?

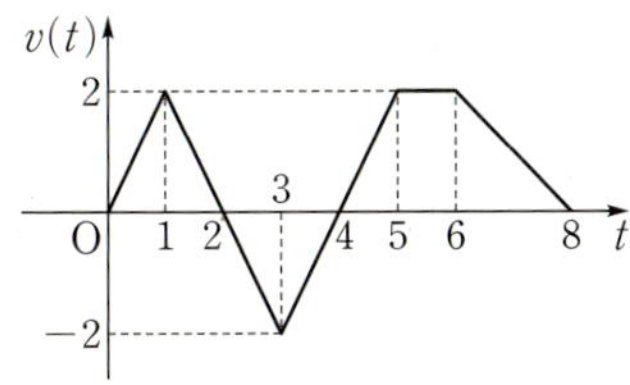

보기

ㄱ. 점 P는 출발 후 $t=8$일 때까지 운동 방향을 두 번 바꾼다.

ㄴ. $t=4$일 때, 점 P는 원점을 지난다.

ㄷ. 출발 후 8초 동안 점 P가 움직인 거리는 9이다.

① ㄱ 　　② ㄴ 　　③ ㄱ, ㄴ

④ ㄴ, ㄷ 　　⑤ ㄱ, ㄴ, ㄷ

0567

좌표가 4인 점을 출발하여 수직선 위를 움직이는 점 P의 시각
$t\,(0 \le t \le 6)$에서의 속도 $v(t)$의 그래프가 그림과 같다. 점 P
가 $t=0$에서 $t=6$까지 움직인 거리가 16일 때, 점 P의 $t=4$
에서의 위치를 구하시오. (단, a는 양수이다.)

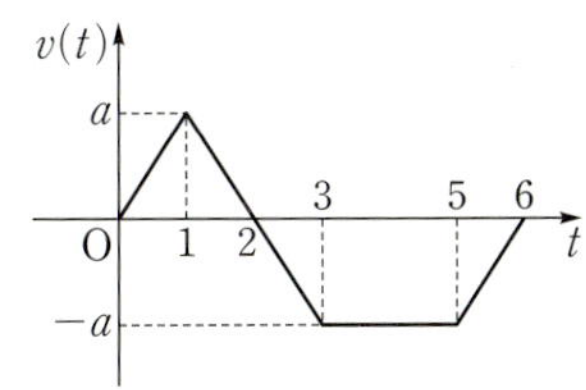

0568

원점을 출발하여 수직선 위를 움직이는 점 P의 시각
$t\,(0 \le t \le c)$에서의 속도 $v(t)$의 그래프가 그림과 같다. 점 P
가 $t=a$에서 $t=b$까지 움직인 거리가 4이고 $t=c$에서 원점을
지날 때, 점 P가 $t=0$에서 $t=c$까지 움직인 거리를 구하시오.

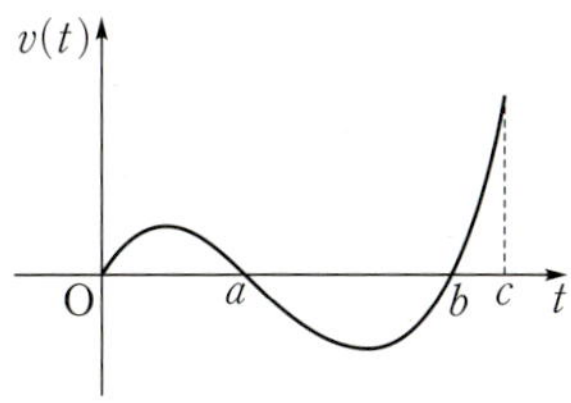

0569

원점을 출발하여 수직선 위를 움직이는 점 P의 시각
$t\,(0 \le t \le d)$에서의 속도 $v(t)$의 그래프가 그림과 같다.

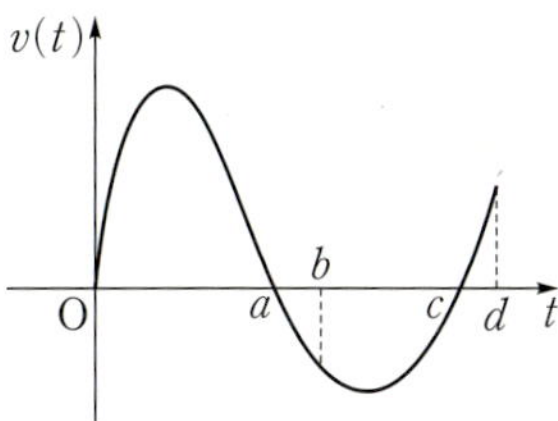

$\displaystyle\int_0^b v(t)\,dt = \int_b^d |v(t)|\,dt$일 때, 보기에서 옳은 것만을 있는
대로 고른 것은?

보기

ㄱ. $\displaystyle\int_0^c v(t)\,dt = \int_c^d v(t)\,dt$

ㄴ. $\displaystyle\int_0^a v(t)\,dt = \int_a^d |v(t)|\,dt$

ㄷ. 점 P는 $t=d$에서 원점을 지난다.

① ㄱ 　　② ㄴ 　　③ ㄱ, ㄴ

④ ㄴ, ㄷ 　　⑤ ㄱ, ㄴ, ㄷ

0570 수능 기출

곡선 $y=x^2-5x$와 직선 $y=x$로 둘러싸인 부분의 넓이를 직선 $x=k$가 이등분할 때, 상수 k의 값은?

① 3 ② $\dfrac{13}{4}$ ③ $\dfrac{7}{2}$

④ $\dfrac{15}{4}$ ⑤ 4

0571 평가원 변형

원점을 동시에 출발하여 수직선 위를 움직이는 두 점 P, Q의 시각 $t\ (t\geq0)$에서의 속도가 각각
$$v_1(t)=3t^2-2t-4,\ v_2(t)=4t+5$$
이다. 출발한 후 두 점 P, Q의 속도가 같아지는 순간 두 점 P, Q 사이의 거리를 구하시오.

0572 평가원 기출

양수 k에 대하여 함수 $f(x)$는
$$f(x)=kx(x-2)(x-3)$$
이다. 곡선 $y=f(x)$와 x축이 원점 O와 두 점 P, Q $(\overline{OP}<\overline{OQ})$에서 만난다. 곡선 $y=f(x)$와 선분 OP로 둘러싸인 영역을 A, 곡선 $y=f(x)$와 선분 PQ로 둘러싸인 영역을 B라 하자.
$$(A\text{의 넓이})-(B\text{의 넓이})=3$$
일 때, k의 값은?

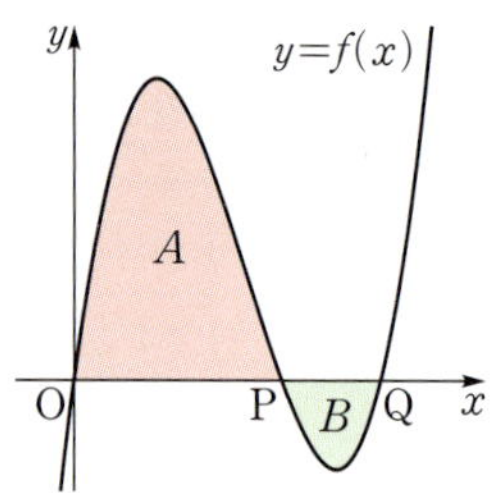

① $\dfrac{7}{6}$ ② $\dfrac{4}{3}$ ③ $\dfrac{3}{2}$

④ $\dfrac{5}{3}$ ⑤ $\dfrac{11}{6}$

0573 평가원 기출

시각 $t=0$일 때 원점을 출발하여 수직선 위를 움직이는 점 P의 시각 $t\ (t\geq0)$에서의 속도 $v(t)$가
$$v(t)=\begin{cases} -t^2+t+2 & (0\leq t\leq 3) \\ k(t-3)-4 & (t>3) \end{cases}$$
이다. 출발한 후 점 P의 운동 방향이 두 번째로 바뀌는 시각에서의 점 P의 위치가 1일 때, 양수 k의 값을 구하시오.

0574 수능 변형

그림과 같이 곡선 $y=\dfrac{1}{2}x^2$ 위의 점 P에서의 접선에 수직이고
점 P를 지나는 직선 l이 y축과 점 $(0,\ 3)$에서 만날 때, 직선
l과 곡선 $y=\dfrac{1}{2}x^2$ 및 y축으로 둘러싸인 도형 중 색칠한 도형
의 넓이는? (단, 점 P는 제1사분면 위의 점이다.)

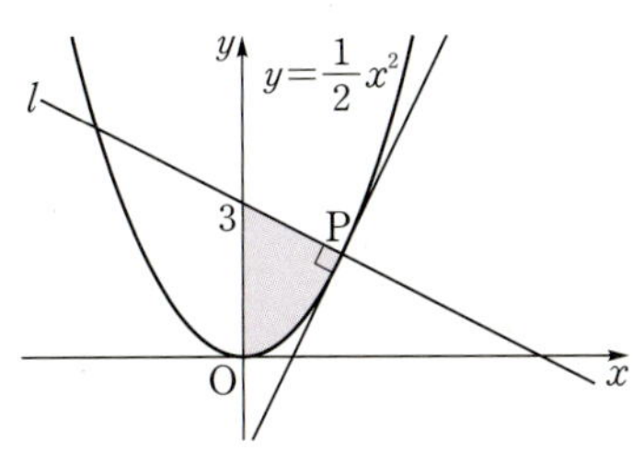

① 3　　　　② $\dfrac{10}{3}$　　　　③ $\dfrac{11}{3}$

④ 4　　　　⑤ $\dfrac{13}{3}$

0575 수능 변형

최고차항의 계수가 1인 이차함수 $f(x)$가 다음 조건을 만족시
킨다.

> (가) $f(2)=3$
>
> (나) 모든 실수 t에 대하여 $\displaystyle\int_{-2}^{t}f(x)dx=\int_{1}^{t}f(x)dx$이다.

곡선 $y=f(x)$와 x축으로 둘러싸인 도형의 넓이를 S라 할
때, $12S$의 값을 구하시오.

0576 교육청 변형

실수 전체의 집합에서 연속이고 증가하는 함수 $f(x)$의 역함
수를 $g(x)$라 할 때,

$$g(1)=0,\ g(5)=2,\ \int_{2}^{3}f(x)dx+\int_{f(2)}^{f(3)}g(x)dx=14$$

이다. $f(3)$의 값을 구하시오.

0577 교육청 기출

그림과 같이 삼차함수 $f(x)=x^3-6x^2+8x+1$의 그래프와
최고차항의 계수가 양수인 이차함수 $y=g(x)$의 그래프가 점
$A(0,\ 1)$, 점 $B(k,\ f(k))$에서 만나고, 곡선 $y=f(x)$ 위의
점 B에서의 접선이 점 A를 지난다. 곡선 $y=f(x)$와 직선
AB로 둘러싸인 부분의 넓이를 S_1, 곡선 $y=g(x)$와 직선
AB로 둘러싸인 부분의 넓이를 S_2라 하자. $S_1=S_2$일 때,

$$\int_{0}^{k}g(x)dx$$의 값은? (단, k는 양수이다.)

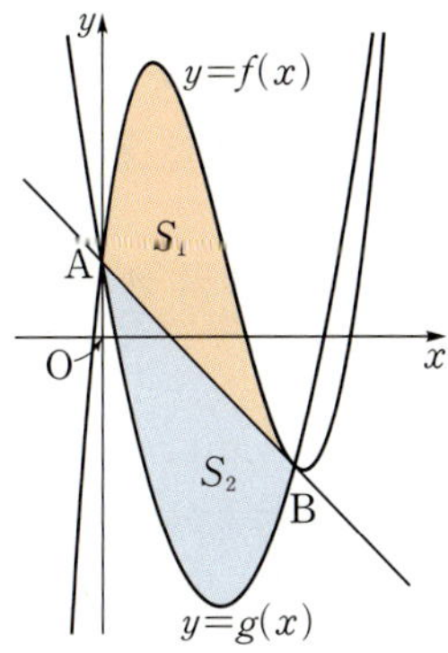

① $-\dfrac{17}{2}$　　　　② $-\dfrac{33}{4}$　　　　③ -8

④ $-\dfrac{31}{4}$　　　　⑤ $-\dfrac{15}{2}$

0578 `교육청` `기출`

최고차항의 계수가 1인 삼차함수 $f(x)$가 $f(0)=0$이고, 모든 실수 x에 대하여 $f(1-x)=-f(1+x)$를 만족시킨다. 두 곡선 $y=f(x)$와 $y=-6x^2$으로 둘러싸인 부분의 넓이를 S라 할 때, $4S$의 값을 구하시오.

0579 `교육청` `기출`

시각 $t=0$일 때 원점을 출발하여 수직선 위를 움직이는 점 P의 시각 t $(t\geq0)$에서의 속도 $v(t)$가

$$v(t)=3t^2-6t$$

일 때, 보기에서 옳은 것만을 있는 대로 고른 것은?

> **보기**
> ㄱ. 시각 $t=2$에서 점 P의 움직이는 방향이 바뀐다.
> ㄴ. 점 P가 출발한 후 움직이는 방향이 바뀔 때 점 P의 위치는 -4이다.
> ㄷ. 점 P가 시각 $t=0$일 때부터 가속도가 12가 될 때까지 움직인 거리는 8이다.

① ㄱ   ② ㄱ, ㄴ   ③ ㄱ, ㄷ
④ ㄴ, ㄷ   ⑤ ㄱ, ㄴ, ㄷ

0580 `수능` `변형`

실수 전체의 집합에서 증가하고 연속인 함수 $f(x)$가 다음 조건을 만족시킨다.

> ㈎ 모든 실수 x에 대하여 $f(x)=f(x-2)+3$이다.
> ㈏ $\displaystyle\int_0^2 f(x)dx=2$, $\displaystyle\int_0^2 |f(x)|dx=5$

함수 $y=f(x)$의 그래프와 x축, y축 및 직선 $x=4$로 둘러싸인 도형의 넓이를 구하시오.

0581 `평가원` `변형`

수직선 위를 움직이는 점 P의 시각 t에서의 가속도가

$$a(t)=3t^2-8t+4 \ (t\geq0)$$

이다. 시각 $t=0$에서의 속도가 k일 때, 보기에서 옳은 것만을 있는 대로 고른 것은?

> **보기**
> ㄱ. 구간 $(1, 2)$에서 점 P의 속도는 감소한다.
> ㄴ. $k>0$이면 점 P는 운동 방향을 한 번 바꾼다.
> ㄷ. 시각 $t=0$에서 시각 $t=3$까지 점 P의 위치의 변화량이 점 P가 움직인 거리보다 작도록 하는 정수 k의 최솟값은 1이다.

① ㄱ   ② ㄴ   ③ ㄱ, ㄴ
④ ㄱ, ㄷ   ⑤ ㄱ, ㄴ, ㄷ

MEMO

Ⅰ 함수의 극한

01 함수의 극한

PART **A** 유형별 유사문제

0001 1	0002 2	0003 ③	0004 ④
0005 ③	0006 ①	0007 2	0008 ③
0009 ②	0010 ③	0011 ⑤	0012 ③
0013 ①	0014 1	0015 ④	0016 5
0017 ②	0018 3	0019 5	0020 2
0021 ④	0022 ④	0023 ③	0024 ④
0025 ⑤	0026 12	0027 ②	0028 ②
0029 ⑤	0030 6	0031 ①	0032 ③
0033 ②	0034 3	0035 4	0036 -4
0037 ②	0038 1	0039 ④	0040 ①
0041 ③	0042 7	0043 3	0044 ②
0045 3	0046 15	0047 20	0048 24
0049 ②	0050 ②	0051 42	0052 3
0053 ⑤	0054 2	0055 ④	0056 ①
0057 ①	0058 ③	0059 ④	0060 2
0061 ①	0062 ④	0063 ②	0064 2

PART **B** 기출 & 기출변형 문제

0065 ④	0066 ③	0067 3	0068 13
0069 10	0070 6	0071 ③	0072 226
0073 ①	0074 6		

02 함수의 연속

PART **A** 유형별 유사문제

0075 ④	0076 ④	0077 ③	0078 ③
0079 ③	0080 ②	0081 ③	0082 ①
0083 ②	0084 ②	0085 ④	0086 ①
0087 ①	0088 ②	0089 4	0090 9
0091 ③	0092 ⑤	0093 ③	0094 ②
0095 2	0096 ③	0097 ①	0098 1
0099 3	0100 -5	0101 ⑤	0102 ⑤
0103 9	0104 ②	0105 1	0106 12
0107 2	0108 2	0109 -2	0110 ②
0111 ⑤	0112 ②	0113 ④	0114 ②
0115 ④	0116 ④	0117 ③	

PART **B** 기출 & 기출변형 문제

0118 ④	0119 ⑤	0120 ①	0121 5
0122 18	0123 44	0124 ④	0125 36
0126 ③	0127 ④	0128 5	0129 12

Ⅱ 미분

03 미분계수와 도함수

PART **A** 유형별 유사문제

0130 ③	0131 ③	0132 ①	0133 2
0134 2	0135 ⑤	0136 ③	0137 2
0138 ③	0139 ②	0140 ④	0141 ⑤
0142 ①	0143 ③	0144 ③	0145 ⑤
0146 ③	0147 10	0148 4	0149 ③
0150 20	0151 ②	0152 ③	0153 ④
0154 ①	0155 2	0156 ⑤	0157 ④
0158 ④	0159 ④	0160 ①	0161 ③
0162 ④	0163 10	0164 ④	0165 ②
0166 ③	0167 ②	0168 3	0169 ③
0170 ②	0171 22	0172 ③	0173 ①
0174 30	0175 ⑤	0176 15	0177 ①
0178 ①	0179 3	0180 15	0181 ①
0182 -1	0183 1	0184 ④	0185 ②
0186 24	0187 8	0188 11	0189 12
0190 ④	0191 3		

PART **B** 기출 & 기출변형 문제

0192 11	0193 ④	0194 28	0195 ⑤
0196 ⑤	0197 ③	0198 ⑤	0199 ④
0200 ⑤	0201 ②	0202 32	0203 11

04 도함수의 활용(1)

PART **A** 유형별 유사문제

0204 ⑤	0205 ③	0206 ③	0207 ④
0208 ③	0209 5	0210 ③	0211 ④
0212 ⑤	0213 ②	0214 ④	0215 ⑤
0216 ③	0217 ②	0218 ①	0219 ①
0220 ③	0221 ②	0222 ②	0223 ②

0224 ③	0225 2	0226 -2	0227 ②
0228 ③	0229 ③	0230 ④	0231 ③
0232 ③	0233 ④	0234 ⑤	0235 ②
0236 ④	0237 ⑤	0238 ③	0239 7
0240 ④	0241 ⑤	0242 ④	0243 ④
0244 ③	0245 ②	0246 10	0247 ②
0248 ③	0249 1	0250 ③	0251 0
0252 ⑤	0253 ④	0254 ③	0255 ③
0256 ⑤			

PART B · 기출 & 기출변형 문제

| 0257 ③ | 0258 52 | 0259 ③ | 0260 ⑤ |
| 0261 ② | 0262 80 | 0263 4 | 0264 ③ |

05 도함수의 활용(2)

PART A' · 유형별 유사문제

0265 ②	0266 17	0267 ①	0268 10
0269 3	0270 -3	0271 6	0272 ②
0273 ⑤	0274 9	0275 ④	0276 ④
0277 2	0278 ③	0279 ⑤	0280 ⑤
0281 3	0282 ④	0283 4	0284 ②
0285 1	0286 ⑤	0287 ②	0288 ②
0289 2	0290 1	0291 4	0292 ③
0293 ④	0294 1	0295 ②	0296 ⑤
0297 ⑤	0298 ④	0299 ②	0300 ②
0301 3	0302 ④	0303 ③	0304 ④
0305 ④	0306 ②	0307 ⑤	0308 ④
0309 ④	0310 ③	0311 -2	0312 18
0313 ①	0314 ②	0315 ⑤	0316 31
0317 64	0318 ②	0319 ③	0320 ④
0321 ③	0322 ③	0323 ②	0324 ①
0325 ②	0326 32	0327 8	

PART B · 기출 & 기출변형 문제

0328 ③	0329 ②	0330 ③	0331 ⑤
0332 ②	0333 ④	0334 ③	0335 32
0336 6	0337 ①	0338 ①	0339 ①

06 도함수의 활용(3)

PART A' · 유형별 유사문제

0340 ②	0341 ②	0342 4	0343 ⑤
0344 ③	0345 ③	0346 ⑤	0347 ②
0348 -5	0349 ②	0350 ②	0351 ⑤
0352 ⑤	0353 ⑤	0354 ③	0355 ⑤
0356 ①	0357 ③	0358 ③	0359 ②
0360 ②	0361 ③	0362 33	0363 ③
0364 2	0365 ⑤	0366 ①	0367 ①
0368 8	0369 29	0370 -17	0371 ②
0372 ①	0373 ⑤	0374 4	0375 ④
0376 ①	0377 6	0378 ③	0379 ③
0380 ⑤	0381 -32	0382 ③	0383 ③
0384 ③	0385 ①	0386 ④	0387 ③
0388 ⑤	0389 ③	0390 ④	0391 ④
0392 ②			

PART B · 기출 & 기출변형 문제

| 0393 ③ | 0394 ③ | 0395 ⑤ | 0396 5 |
| 0397 6 | 0398 ⑤ | 0399 ⑤ | 0400 ① |

Ⅲ 적분

07 부정적분

PART A' · 유형별 유사문제

0401 -16	0402 17	0403 ②	0404 12
0405 ③	0406 34	0407 7	0408 23
0409 ③	0410 101	0411 18	0412 -12
0413 ④	0414 ②	0415 11	0416 10
0417 ③	0418 17	0419 5	0420 27
0421 18	0422 45	0423 ②	0424 12
0425 9	0426 ①	0427 ④	0428 -1
0429 8	0430 17	0431 10	0432 21
0433 ②	0434 32	0435 88	0436 2

0437 11	0438 ④	0439 ③	0440 ⑤
0441 ⑤	0442 24	0443 9	0444 −7

08 정적분

PART A 유형별 유사문제

0445 ④	0446 2	0447 ③	0448 ①
0449 ③	0450 10	0451 12	0452 ⑤
0453 5	0454 16	0455 3	0456 ④
0457 2	0458 8	0459 ②	0460 ③
0461 ①	0462 2	0463 ②	0464 ②
0465 3	0466 ⑤	0467 24	0468 ⑤
0469 ③	0470 24	0471 ①	0472 ①
0473 3	0474 7	0475 ⑤	0476 57
0477 6	0478 ②	0479 ③	0480 ②
0481 2	0482 ④	0483 ③	0484 2
0485 ③	0486 ④	0487 −8	0488 ③
0489 ②	0490 −3	0491 ④	0492 6
0493 ⑤	0494 ③	0495 2	0496 31
0497 ③	0498 ②	0499 ④	0500 ③
0501 ②	0502 ③	0503 ⑤	0504 ②
0505 ③	0506 ①	0507 11	0508 24
0509 ①	0510 ⑤		

PART B 기출 & 기출변형 문제

0511 ②	0512 ①	0513 ④	0514 ①
0515 ④	0516 ⑤	0517 ②	0518 ⑤
0519 ④	0520 ④	0521 37	0522 ②

09 정적분의 활용

PART A 유형별 유사문제

0523 ②	0524 ④	0525 2	0526 3
0527 9	0528 18	0529 96	0530 ④
0531 ⑤	0532 4	0533 ④	0534 7
0535 64	0536 ②	0537 9	0538 54
0539 −2	0540 8	0541 ③	0542 108
0543 2	0544 4	0545 1	0546 ②
0547 ②	0548 ③	0549 10	0550 3

0551 16	0552 7	0553 ③	0554 ②
0555 ④	0556 27	0557 ④	0558 ③
0559 ①	0560 −5	0561 ③	0562 50
0563 45 m	0564 ②	0565 4	0566 ⑤
0567 2	0568 8	0569 ③	

PART B 기출 & 기출변형 문제

0570 ①	0571 27	0572 ②	0573 16
0574 ③	0575 16	0576 8	0577 ②
0578 2	0579 ⑤	0580 13	0581 ①

MEMO

수학의 바이블

모든 유형으로 실력을 **밝혀라!**

유형 ON
미적분 I

수학의 바이블 유형 ON 특장점

- 학습 부담은 줄이고 휴대성은 높인 1권, 2권 구조
- 고등 수학의 모든 유형을 담은 유형 문제집
- 내신 만점을 위한 내신 빈출, 서술형 대비 문항 수록
- 수능, 평가원, 교육청 기출, 기출 변형 문항 수록
- 중단원별 종합 문제로 유형별 학습의 단점 극복 및 내신 대비
- 1권과 2권의 A PART 유사 변형 문항으로 복습, 오답노트 가능

가르치기 쉽고 빠르게 배울 수 있는 **이투스북**

www.etoosbook.com

○ **도서 내용 문의**
홈페이지 > 이투스북 고객센터 > 1:1 문의

○ **도서 정답 및 해설**
홈페이지 > 도서자료실 > 정답/해설

○ **도서 정오표**
홈페이지 > 도서자료실 > 정오표

○ **선생님을 위한 강의 지원 서비스 T폴더**
홈페이지 > 교강사 T폴더

2022개정 교육과정

수학의 바이블

유형 ON

1권

정답과 풀이

미적분 Ⅰ

함수의 극한과 연속

PART A | 01 함수의 극한

유형 01 함수의 극한과 그래프

0001 답 ④

$$\lim_{x\to-1-} f(x) + \lim_{x\to2} f(x) = 3+1 = 4$$

0002 답 ③

$$\lim_{x\to0+} f(x) + \lim_{x\to1-} f(x) = 2+1 = 3$$

0003 답 2

$$\lim_{x\to-1-} f(x) + \lim_{x\to0+} f(x) + \lim_{x\to1} f(x) + f(1) = 0+1+0+1 = 2$$

0004 답 ①

주어진 그래프에서 k $(-3<k<3)$의 값에 따른 좌극한, 우극한을 표로 나타내면 다음과 같다.

k	$\lim\limits_{x\to k-} f(x)$	$\lim\limits_{x\to k+} f(x)$
-2	1	0
-1	1	0
0	-1	1
2	0	1

따라서 $\lim\limits_{x\to k-} f(x) > \lim\limits_{x\to k+} f(x)$를 만족시키는 $-3<k<3$인 실수 k의 값은 -2, -1이므로 구하는 합은
$$-2+(-1) = -3$$

> **참고**
> $k\neq-2$, $k\neq-1$, $k\neq0$, $k\neq2$인 실수 k $(-3<k<3)$에 대하여 $\lim\limits_{x\to k-} f(x) = \lim\limits_{x\to k+} f(x)$이다.

유형 02 함수의 극한값과 존재 조건

> **확인 문제**
> (1) 존재하지 않는다. (2) 존재하지 않는다.
> (3) 존재한다, 0 (4) 존재하지 않는다.

(1) $\lim\limits_{x\to0-} \dfrac{1}{x} = -\infty$, $\lim\limits_{x\to0+} \dfrac{1}{x} = \infty$

이므로 $\lim\limits_{x\to0} \dfrac{1}{x}$의 값은 존재하지 않는다.

(2) $\lim\limits_{x\to1-} \dfrac{x-1}{|x-1|} = \lim\limits_{x\to1-} \dfrac{x-1}{-(x-1)} = -1$,

$\lim\limits_{x\to1+} \dfrac{x-1}{|x-1|} = \lim\limits_{x\to1+} \dfrac{x-1}{x-1} = 1$

이므로 $\lim\limits_{x\to1} \dfrac{x-1}{|x-1|}$의 값은 존재하지 않는다.

(3) $\lim\limits_{x\to2-} \dfrac{(x-2)^2}{|x-2|} = \lim\limits_{x\to2-} \dfrac{(x-2)^2}{-(x-2)}$
$= \lim\limits_{x\to2-} (-x+2) = 0$,

$\lim\limits_{x\to2+} \dfrac{(x-2)^2}{|x-2|} = \lim\limits_{x\to2+} \dfrac{(x-2)^2}{x-2}$
$= \lim\limits_{x\to2+} (x-2) = 0$

이므로 극한값이 존재하고 그 값은
$$\lim\limits_{x\to2} \dfrac{(x-2)^2}{|x-2|} = 0$$

(4) $\lim\limits_{x\to-1-} \dfrac{|x+1|}{2x^2+x-1} = \lim\limits_{x\to-1-} \dfrac{-(x+1)}{(x+1)(2x-1)}$
$= \lim\limits_{x\to-1-} \dfrac{-1}{2x-1} = \dfrac{1}{3}$,

$\lim\limits_{x\to-1+} \dfrac{|x+1|}{2x^2+x-1} = \lim\limits_{x\to-1+} \dfrac{x+1}{(x+1)(2x-1)}$
$= \lim\limits_{x\to-1+} \dfrac{1}{2x-1} = -\dfrac{1}{3}$

이므로 $\lim\limits_{x\to-1} \dfrac{|x+1|}{2x^2+x-1}$의 값은 존재하지 않는다.

> **참고**
> 절댓값을 포함한 식은 절댓값 기호 안의 식의 값이 0이 되는 x의 값을 경계로 구간을 나누어 함수의 식을 구한 후 극한값을 구한다.

0005 답 ④

ㄱ. $\lim\limits_{x\to0-} \dfrac{1}{x^2} = \infty$, $\lim\limits_{x\to0+} \dfrac{1}{x^2} = \infty$

이므로 $\lim\limits_{x\to0} \dfrac{1}{x^2}$의 값은 존재하지 않는다.

ㄴ. $\lim\limits_{x\to1-} |x-1| = \lim\limits_{x\to1-} (-x+1) = 0$,

$\lim\limits_{x\to1+} |x-1| = \lim\limits_{x\to1+} (x-1) = 0$

이므로 $\lim\limits_{x\to1} |x-1| = 0$

ㄷ. $\lim\limits_{x\to-1-} \dfrac{|x+1|}{x+1} = \lim\limits_{x\to-1-} \dfrac{-(x+1)}{x+1} = -1$,

$\lim\limits_{x\to-1+} \dfrac{|x+1|}{x+1} = \lim\limits_{x\to-1+} \dfrac{x+1}{x+1} = 1$

이므로 $\lim\limits_{x\to-1} \dfrac{|x+1|}{x+1}$의 값은 존재하지 않는다.

ㄹ. $\lim\limits_{x\to2} \dfrac{x^2-4}{x-2} = \lim\limits_{x\to2} \dfrac{(x+2)(x-2)}{x-2}$
$= \lim\limits_{x\to2} (x+2) = 4$

따라서 극한값이 존재하는 것은 ㄴ, ㄹ이다.

0006 답 2

$$\lim_{x \to 1-} f(x) = \lim_{x \to 1-} (x^2+k) = 1+k$$

$$\lim_{x \to 1+} f(x) = \lim_{x \to 1+} (2x+1) = 3$$

$\lim_{x \to 1} f(x)$의 값이 존재하려면 $\lim_{x \to 1-} f(x) = \lim_{x \to 1+} f(x)$이어야 하므로

$$1+k=3 \qquad \therefore k=2$$

0007 답 -4

$$\lim_{x \to 2-} f(x) = \lim_{x \to 2-} \frac{x^2-4}{|x-2|} = \lim_{x \to 2-} \frac{(x+2)(x-2)}{-(x-2)}$$
$$= \lim_{x \to 2-} (-x-2) = -4$$

$$\lim_{x \to 2+} f(x) = a$$

$\lim_{x \to 2} f(x)$의 값이 존재하려면 $\lim_{x \to 2-} f(x) = \lim_{x \to 2+} f(x)$이어야 하므로

$$a=-4$$

0008 답 ⑤

ㄱ. $\lim\limits_{x \to -1+} f(x) = 0$ (참)

ㄴ. $\lim\limits_{x \to 0-} f(x) = -1$, $\lim\limits_{x \to 0+} f(x) = -1$

이므로 극한값이 존재하고 그 값은 $\lim\limits_{x \to 0} f(x) = -1$ (참)

ㄷ. $\lim\limits_{x \to -1-} f(x) + \lim\limits_{x \to 1-} f(x) = 1+0 = 1$ (참)

따라서 옳은 것은 ㄱ, ㄴ, ㄷ이다.

0009 답 -1

모든 실수 k에 대하여 $\lim\limits_{x \to k-} f(x) = \lim\limits_{x \to k+} f(x)$이므로

$k=-1$, $k=1$일 때 위의 등식을 만족시켜야 한다. ❶

$$f(x)= \begin{cases} -x^2+a & (x<-1) \\ bx+4 & (-1 \le x < 1) \\ 2x^2+x+3 & (x \ge 1) \end{cases} \text{에서}$$

$$\lim_{x \to -1-} f(x) = \lim_{x \to -1-} (-x^2+a) = -1+a,$$

$$\lim_{x \to -1+} f(x) = \lim_{x \to -1+} (bx+4) = -b+4$$

이므로 $-1+a = -b+4$

$$\therefore a+b=5 \quad \cdots\cdots \ ㉠$$

$$\lim_{x \to 1-} f(x) = \lim_{x \to 1-} (bx+4) = b+4,$$

$$\lim_{x \to 1+} f(x) = \lim_{x \to 1+} (2x^2+x+3) = 6$$

이므로 $b+4=6$

$$\therefore b=2$$

이를 ㉠에 대입하면 $a=3$ ❷

따라서 $x<-1$일 때 $f(x)=-x^2+3$이므로

$$f(-2) = -4+3 = -1$$
❸

채점 기준	배점
❶ 조건을 만족시키는 k의 값 구하기	30%
❷ 좌극한, 우극한을 이용하여 a, b의 값 구하기	50%
❸ $f(x)$의 식을 이용하여 $f(-2)$의 값 구하기	20%

유형 03 **치환을 이용한 극한값의 계산**

0010 답 ③

$1-x=t$로 놓으면 $x \to 0+$일 때, $t \to 1-$이므로

$$\lim_{x \to 0+} f(1-x) = \lim_{t \to 1-} f(t) = -1$$

$-x=s$로 놓으면 $x \to 1+$일 때, $s \to -1-$이므로

$$\lim_{x \to 1+} f(-x) = \lim_{s \to -1-} f(s) = 1$$

$$\therefore \lim_{x \to 0+} f(1-x) + \lim_{x \to 1+} f(-x) = -1+1 = 0$$

0011 답 ⑤

$-x=t$로 놓으면 $x \to -3-$일 때, $t \to 3+$이므로

$$\lim_{x \to -3-} f(-x) = \lim_{t \to 3+} f(t) = 2$$

$$\therefore f(0) + \lim_{x \to -2-} f(x) + \lim_{x \to 2+} f(x) + \lim_{x \to -3-} f(-x)$$
$$= 2+0+1+2 = 5$$

0012 답 ②

$\lim\limits_{x \to 1-} f(x) = 1$이므로 $a=1$

$x-2=t$로 놓으면 $x \to 1+$일 때, $t \to -1+$이므로

$$\lim_{x \to a+} f(x-2) = \lim_{x \to 1+} f(x-2) = \lim_{t \to -1+} f(t) = -1$$

$-x+1=s$로 놓으면 $x \to 1-$일 때, $s \to 0+$이므로

$$\lim_{x \to a-} g(-x+1) = \lim_{x \to 1-} g(-x+1) = \lim_{s \to 0+} g(s) = 2$$

$$\therefore \lim_{x \to a+} f(x-2) + \lim_{x \to a-} g(-x+1) = -1+2 = 1$$

0013 답 ③

$\dfrac{x+1}{x-1} = \dfrac{x-1+2}{x-1} = \dfrac{2}{x-1} + 1 = t$로 놓으면

$x \to \infty$일 때, $t \to 1+$이므로

$$\lim_{x \to \infty} f\left(\frac{x+1}{x-1}\right) = \lim_{t \to 1+} f(t) = 1$$

$$\therefore \lim_{x \to \infty} f\left(\frac{x+1}{x-1}\right) + \lim_{x \to 1-} f(x) = 1+(-1) = 0$$

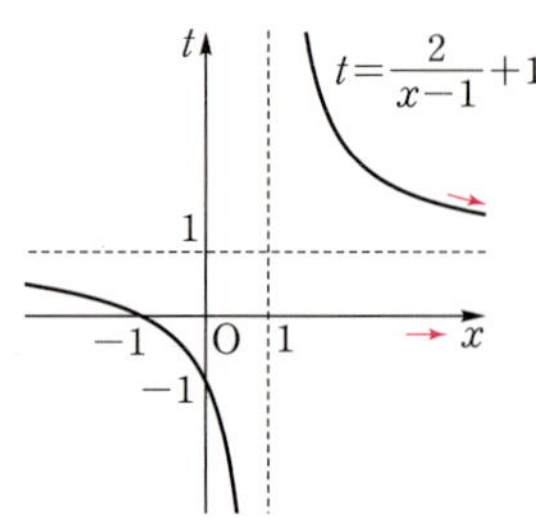

$f\left(\dfrac{x+1}{x-1}\right)$에서 $\dfrac{x+1}{x-1}=t$로 놓으면 x의 값이 한없이 커질 때, t의 값은 1 보다 큰 쪽에서 1에 한없이 가까워진다.

0014

답 ④

ㄱ. $\displaystyle\lim_{x\to-2+}f(x)+\lim_{x\to2-}f(x)=0+2=2$ (참)

ㄴ. $x-1=t$로 놓으면 $x\to2-$일 때, $t\to1-$이므로

$\displaystyle\lim_{x\to2-}f(x-1)=\lim_{t\to1-}f(t)=0$

$\therefore \displaystyle\lim_{x\to-1+}f(x)+\lim_{x\to2-}f(x-1)=2+0=2$ (거짓)

ㄷ. 주어진 그래프에서 k $(-2<k<2)$의 값에 따른 좌극한, 우극한 을 표로 나타내면 다음과 같다.

k	$\displaystyle\lim_{x\to k-}f(x)$	$\displaystyle\lim_{x\to k+}f(x)$
-1	1	2
0	1	-1
1	0	1

즉, $\displaystyle\lim_{x\to k-}f(x)<\lim_{x\to k+}f(x)$를 만족시키는 $-2<k<2$인 모든 실수 k는 -1, 1의 2개이다. (참)

따라서 옳은 것은 ㄱ, ㄷ이다.

유형 04 합성함수의 극한

0015

답 ③

$f(x)=t$로 놓으면 $x\to2+$일 때, $t\to0-$이므로

$\displaystyle\lim_{x\to2+}f(f(x))=\lim_{t\to0-}f(t)=-1$

$\therefore \displaystyle\lim_{x\to-1-}f(x)+\lim_{x\to2+}f(f(x))=2+(-1)=1$

0016

답 2

$f(x)=\begin{cases}1 & (x<0)\\ 2x-1 & (x\geq0)\end{cases}$에서 $f(x)=t$로 놓으면

$x\to0-$일 때, $t=1$이므로

$\displaystyle\lim_{x\to0-}f(f(x))=f(1)=1$

$x\to0+$일 때, $t\to-1+$이므로

$\displaystyle\lim_{x\to0+}f(f(x))=\lim_{t\to-1+}f(t)=1$

$\therefore \displaystyle\lim_{x\to0-}f(f(x))+\lim_{x\to0+}f(f(x))=1+1=2$

0017

답 ④

$x-1=t$로 놓으면 $x\to0+$일 때, $t\to-1+$이므로

$\displaystyle\lim_{x\to0+}f(x-1)=\lim_{t\to-1+}f(t)=-1$

$f(x)=s$로 놓으면 $x\to1+$일 때, $s\to-1-$이므로

$\displaystyle\lim_{x\to1+}f(f(x))=\lim_{s\to-1-}f(s)=2$

$\therefore \displaystyle\lim_{x\to0+}f(x-1)+\lim_{x\to1+}f(f(x))=-1+2=1$

0018

답 ④

$f(x)=t$로 놓으면

$x\to0+$일 때, $t\to-1+$이므로

$\displaystyle\lim_{x\to0+}f(f(x))=\lim_{t\to-1+}f(t)=0$

$x\to1-$일 때, $t\to0-$이므로

$\displaystyle\lim_{x\to1-}f(f(x))=\lim_{t\to0-}f(t)=1$

$\therefore \displaystyle\lim_{x\to0+}f(f(x))+\lim_{x\to1-}f(f(x))=0+1=1$

0019

답 1

$f(x)=t$로 놓으면 $x\to1+$일 때, $t=1$이므로

$\displaystyle\lim_{x\to1+}g(f(x))=g(1)=0$

$g(x)=s$로 놓으면 $x\to0-$일 때, $s\to1-$이므로

$\displaystyle\lim_{x\to0-}f(g(x))=\lim_{s\to1-}f(s)=1$

$\therefore \displaystyle\lim_{x\to1+}g(f(x))+\lim_{x\to0-}f(g(x))=0+1=1$

0020

답 ④

ㄱ. $1-x=t$로 놓으면

$x\to1-$일 때, $t\to0+$이므로

$\displaystyle\lim_{x\to1-}f(1-x)=\lim_{t\to0+}f(t)=-1$

$x\to1+$일 때, $t\to0-$이므로

$\displaystyle\lim_{x\to1+}f(1-x)=\lim_{t\to0-}f(t)=-1$

$\therefore \displaystyle\lim_{x\to1}f(1-x)=-1$

ㄴ. $g(x)=s$로 놓으면

$x\to0-$일 때, $s\to0+$이므로

$\displaystyle\lim_{x\to0-}f(g(x))=\lim_{s\to0+}f(s)=-1$

$x\to0+$일 때, $s\to1+$이므로

$\displaystyle\lim_{x\to0+}f(g(x))=\lim_{s\to1+}f(s)=0$

즉, $\displaystyle\lim_{x\to0-}f(g(x))\neq\lim_{x\to0+}f(g(x))$이므로 극한값은 존재하지 않는다.

ㄷ. $f(x)=u$로 놓으면

$x\to1-$일 때, $u=-1$이므로

$\displaystyle\lim_{x\to1-}g(f(x))=g(-1)=1$

$x \to 1+$일 때, $u \to 0+$이므로
$$\lim_{x \to 1+} g(f(x)) = \lim_{u \to 0+} g(u) = 1$$
$$\therefore \lim_{x \to 1} g(f(x)) = 1$$
따라서 극한값이 존재하는 것은 ㄱ, ㄷ이다.

$[x]$ 꼴을 포함한 함수의 극한

0021 답 ①

$$\lim_{x \to 2+} \frac{[x]^2 + 2x}{[x]} + \lim_{x \to 2-} \frac{[x]^2 - x}{2[x]} = \frac{2^2 + 4}{2} + \frac{1^2 - 2}{2}$$
$$= 4 + \left(-\frac{1}{2}\right) = \frac{7}{2}$$

0022 답 ①

$$\lim_{x \to 3-} f(x) = \lim_{x \to 3-} ([x]^2 + a[x]) = 2^2 + 2a = 4 + 2a,$$
$$\lim_{x \to 3+} f(x) = \lim_{x \to 3+} ([x]^2 + a[x]) = 3^2 + 3a = 9 + 3a$$
에서 $\lim_{x \to 3-} f(x) = \lim_{x \to 3+} f(x)$이므로
$$4 + 2a = 9 + 3a \qquad \therefore a = -5$$

> **참고**
>
> $x \to 3-$일 때, $2 < x < 3$이므로 $\lim_{x \to 3-} [x] = 2$
>
> $x \to 3+$일 때, $3 < x < 4$이므로 $\lim_{x \to 3+} [x] = 3$

0023 답 14

$\lim_{x \to 2} f(x)$의 값이 존재하려면 $\lim_{x \to 2-} f(x) = \lim_{x \to 2+} f(x)$이어야 한다. ❶

$$\lim_{x \to 2-} f(x) = \lim_{x \to 2-} (2[x]^3 - a[x]) = 2 \times 1^3 - a \times 1 = 2 - a,$$
$$\lim_{x \to 2+} f(x) = \lim_{x \to 2+} (2[x]^3 - a[x]) = 2 \times 2^3 - a \times 2 = 16 - 2a$$
에서 $2 - a = 16 - 2a \qquad \therefore a = 14$ ❷

채점 기준	배점
❶ $\lim_{x \to 2} f(x)$의 값이 존재할 조건 구하기	30%
❷ a의 값 구하기	70%

0024 답 ④

$$\lim_{x \to n-} \frac{[x]^2 + 3x}{[x]} = \frac{(n-1)^2 + 3n}{n-1} = \frac{n^2 + n + 1}{n-1} \quad \cdots\cdots ㉠$$
$$\lim_{x \to n+} \frac{[x]^2 + 3x}{[x]} = \frac{n^2 + 3n}{n} = n + 3 \quad \cdots\cdots ㉡$$
극한값이 존재하려면 ㉠, ㉡의 값이 같아야 하므로
$$\frac{n^2 + n + 1}{n-1} = n + 3 에서$$
$$n^2 + n + 1 = (n+3)(n-1), \quad n^2 + n + 1 = n^2 + 2n - 3$$
$$\therefore n = 4$$

0025 답 ④

$$\lim_{x \to 1+} f([x]) = f(1) = 0$$
$x + 1 = t$로 놓으면 $x \to 1-$일 때, $t \to 2-$이므로
$$\lim_{x \to 1-} [f(x+1)] = \lim_{t \to 2-} [f(t)]$$
$f(t) = s$로 놓으면 $t \to 2-$일 때, $s \to 2-$이므로
$$\lim_{t \to 2-} [f(t)] = \lim_{s \to 2-} [s] = 1$$
$$\therefore \lim_{x \to 1+} f([x]) + \lim_{x \to 1-} [f(x+1)] = 0 + 1 = 1$$

함수의 극한에 대한 성질

0026 답 6

$\lim_{x \to 1} f(x) = 4$, $\lim_{x \to 1} g(x) = 3$이므로
$$\lim_{x \to 1} \{3f(x) - 2g(x)\} = 3\lim_{x \to 1} f(x) - 2\lim_{x \to 1} g(x)$$
$$= 3 \times 4 - 2 \times 3 = 6$$

0027 답 ⑤

$f(x) - 2g(x) = h(x)$로 놓으면 $\lim_{x \to 2} h(x) = 4$이고
$$g(x) = \frac{f(x) - h(x)}{2}$$이므로
$$\lim_{x \to 2} g(x) = \lim_{x \to 2} \frac{f(x) - h(x)}{2}$$
$$= \frac{1}{2} \lim_{x \to 2} f(x) - \frac{1}{2} \lim_{x \to 2} h(x)$$
$$= \frac{1}{2} \times 10 - \frac{1}{2} \times 4 = 3$$

0028 답 ④

$$\lim_{x \to -1} \frac{(x^2 + 4x + 3)f(x)}{x^2 + 1} = \lim_{x \to -1} \frac{(x+1)(x+3)f(x)}{x^2 + 1}$$
$$= \lim_{x \to -1} (x+1)f(x) \times \lim_{x \to -1} \frac{x+3}{x^2 + 1}$$
$$= 1 \times \frac{2}{2} = 1$$

0029 답 ④

$\lim_{x \to 0} \dfrac{f(x)}{x} = 3$, $\lim_{x \to 0} \dfrac{g(x)}{x^2} = 2$이므로 주어진 식의 분모, 분자를 각각 x로 나누면
$$\lim_{x \to 0} \frac{g(x) + x}{f(x) - 2x} = \lim_{x \to 0} \frac{x \times \dfrac{g(x)}{x^2} + 1}{\dfrac{f(x)}{x} - 2} = \frac{0 \times 2 + 1}{3 - 2} = 1$$

0030

달 ①

$\lim\limits_{x\to\infty}\dfrac{1}{x^2}\{f(x)+3x^2\}=0$에서

$\lim\limits_{x\to\infty}\left\{\dfrac{f(x)}{x^2}+3\right\}=0$ $\quad\therefore\ \lim\limits_{x\to\infty}\dfrac{f(x)}{x^2}=-3$

$\therefore\ \lim\limits_{x\to\infty}\dfrac{3x^2-4f(x)}{2f(x)-5x}=\lim\limits_{x\to\infty}\dfrac{3-4\times\dfrac{f(x)}{x^2}}{2\times\dfrac{f(x)}{x^2}-\dfrac{5}{x}}$

$\qquad\qquad\qquad\qquad\quad =\dfrac{3-4\times(-3)}{2\times(-3)-0}=-\dfrac{5}{2}$

0031

달 ②

$2f(x)-3g(x)=h(x)$로 놓으면 $\lim\limits_{x\to\infty}h(x)=1$이고

$f(x)=\dfrac{1}{2}\{h(x)+3g(x)\}$이므로

$\lim\limits_{x\to\infty}\dfrac{4f(x)+g(x)}{3f(x)-g(x)}=\lim\limits_{x\to\infty}\dfrac{2\{h(x)+3g(x)\}+g(x)}{\dfrac{3}{2}\{h(x)+3g(x)\}-g(x)}$

$\qquad\qquad\qquad\quad =\lim\limits_{x\to\infty}\dfrac{4\{h(x)+3g(x)\}+2g(x)}{3\{h(x)+3g(x)\}-2g(x)}$

$\qquad\qquad\qquad\quad =\lim\limits_{x\to\infty}\dfrac{4h(x)+14g(x)}{3h(x)+7g(x)}$

이때 $\lim\limits_{x\to\infty}g(x)=\infty,\ \lim\limits_{x\to\infty}h(x)=1$에서 $\lim\limits_{x\to\infty}\dfrac{h(x)}{g(x)}=0$이므로

$\lim\limits_{x\to\infty}\dfrac{4h(x)+14g(x)}{3h(x)+7g(x)}=\lim\limits_{x\to\infty}\dfrac{4\times\dfrac{h(x)}{g(x)}+14}{3\times\dfrac{h(x)}{g(x)}+7}$

$\qquad\qquad\qquad\qquad\quad =\dfrac{4\times0+14}{3\times0+7}=2$

다른 풀이

$\lim\limits_{x\to\infty}\{2f(x)-3g(x)\}=1,\ \lim\limits_{x\to\infty}g(x)=\infty$이므로

$\lim\limits_{x\to\infty}\dfrac{2f(x)-3g(x)}{g(x)}=0$에서 $\lim\limits_{x\to\infty}\dfrac{f(x)}{g(x)}=\dfrac{3}{2}$

$\therefore\ \lim\limits_{x\to\infty}\dfrac{4f(x)+g(x)}{3f(x)-g(x)}=\lim\limits_{x\to\infty}\dfrac{4\times\dfrac{f(x)}{g(x)}+1}{3\times\dfrac{f(x)}{g(x)}-1}=\dfrac{4\times\dfrac{3}{2}+1}{3\times\dfrac{3}{2}-1}=2$

$(3)\ \lim\limits_{x\to2}\dfrac{2x-4}{\sqrt{x+2}-2}=\lim\limits_{x\to2}\dfrac{2(x-2)(\sqrt{x+2}+2)}{(\sqrt{x+2}-2)(\sqrt{x+2}+2)}$

$\qquad\qquad\qquad\quad =\lim\limits_{x\to2}\dfrac{2(x-2)(\sqrt{x+2}+2)}{x-2}$

$\qquad\qquad\qquad\quad =\lim\limits_{x\to2}2(\sqrt{x+2}+2)$

$\qquad\qquad\qquad\quad =2\times(2+2)=8$

0032

달 2

$\lim\limits_{x\to2}\dfrac{x^2-3x+2}{x^2-2x}=\lim\limits_{x\to2}\dfrac{(x-1)(x-2)}{x(x-2)}$

$\qquad\qquad\qquad =\lim\limits_{x\to2}\dfrac{x-1}{x}=\dfrac{1}{2}$

$\lim\limits_{x\to1}\dfrac{x^3+x^2-2x}{x^2-1}=\lim\limits_{x\to1}\dfrac{x(x+2)(x-1)}{(x+1)(x-1)}$

$\qquad\qquad\qquad =\lim\limits_{x\to1}\dfrac{x(x+2)}{x+1}$

$\qquad\qquad\qquad =\dfrac{1\times3}{2}=\dfrac{3}{2}$

따라서 구하는 극한값은

$\dfrac{1}{2}+\dfrac{3}{2}=2$

0033

달 ③

$\lim\limits_{x\to-1}\dfrac{x^2-2x-3}{x+1}=\lim\limits_{x\to-1}\dfrac{(x+1)(x-3)}{x+1}$

$\qquad\qquad\qquad =\lim\limits_{x\to-1}(x-3)=-4$

$\lim\limits_{x\to3}\dfrac{x-3}{\sqrt{x+1}-2}=\lim\limits_{x\to3}\dfrac{(x-3)(\sqrt{x+1}+2)}{(\sqrt{x+1}-2)(\sqrt{x+1}+2)}$

$\qquad\qquad\qquad =\lim\limits_{x\to3}\dfrac{(x-3)(\sqrt{x+1}+2)}{x-3}$

$\qquad\qquad\qquad =\lim\limits_{x\to3}(\sqrt{x+1}+2)=4$

따라서 구하는 극한값은

$-4+4=0$

0034

달 2

$\lim\limits_{x\to0}\dfrac{\sqrt{1+x}-\sqrt{1-x}}{\sqrt{4+x}-\sqrt{4-x}}$

$=\lim\limits_{x\to0}\dfrac{(\sqrt{1+x}-\sqrt{1-x})(\sqrt{1+x}+\sqrt{1-x})(\sqrt{4+x}+\sqrt{4-x})}{(\sqrt{4+x}-\sqrt{4-x})(\sqrt{4+x}+\sqrt{4-x})(\sqrt{1+x}+\sqrt{1-x})}$

$=\lim\limits_{x\to0}\dfrac{2x(\sqrt{4+x}+\sqrt{4-x})}{2x(\sqrt{1+x}+\sqrt{1-x})}=\lim\limits_{x\to0}\dfrac{\sqrt{4+x}+\sqrt{4-x}}{\sqrt{1+x}+\sqrt{1-x}}$

$=\dfrac{2+2}{1+1}=2$

0035

달 ③

$\lim\limits_{x\to3}\dfrac{(x-3)f(x)}{x^2-9}=\lim\limits_{x\to3}\dfrac{(x-3)f(x)}{(x+3)(x-3)}=\lim\limits_{x\to3}\dfrac{f(x)}{x+3}$

$\qquad\qquad\qquad =\lim\limits_{x\to3}f(x)\times\lim\limits_{x\to3}\dfrac{1}{x+3}$

$\qquad\qquad\qquad =3\times\dfrac{1}{6}=\dfrac{1}{2}$

유형 07 $\dfrac{0}{0}$ 꼴 극한값의 계산

확인 문제 $(1)\ 3\qquad (2)\ \dfrac{1}{4}\qquad (3)\ 8$

$(1)\ \lim\limits_{x\to1}\dfrac{2x^2-x-1}{x-1}=\lim\limits_{x\to1}\dfrac{(x-1)(2x+1)}{x-1}$

$\qquad\qquad\qquad =\lim\limits_{x\to1}(2x+1)=2+1=3$

$(2)\ \lim\limits_{x\to4}\dfrac{\sqrt{x}-2}{x-4}=\lim\limits_{x\to4}\dfrac{(\sqrt{x}-2)(\sqrt{x}+2)}{(x-4)(\sqrt{x}+2)}=\lim\limits_{x\to4}\dfrac{x-4}{(x-4)(\sqrt{x}+2)}$

$\qquad\qquad\quad =\lim\limits_{x\to4}\dfrac{1}{\sqrt{x}+2}=\dfrac{1}{2+2}=\dfrac{1}{4}$

0036

$$\lim_{x \to 4}\frac{(x-4)f(x)}{\sqrt{x}-2}=\lim_{x \to 4}\frac{(\sqrt{x}+2)(\sqrt{x}-2)f(x)}{\sqrt{x}-2}$$
$$=\lim_{x \to 4}(\sqrt{x}+2)f(x)$$
$$=\lim_{x \to 4}(\sqrt{x}+2)\times \lim_{x \to 4}f(x)$$
$$=(2+2)\times 3=12$$

다른 풀이

$$\lim_{x \to 4}\frac{(x-4)f(x)}{\sqrt{x}-2}=\lim_{x \to 4}\frac{(x-4)f(x)(\sqrt{x}+2)}{(\sqrt{x}-2)(\sqrt{x}+2)}$$
$$=\lim_{x \to 4}\frac{(x-4)f(x)(\sqrt{x}+2)}{x-4}$$
$$=\lim_{x \to 4}f(x)(\sqrt{x}+2)$$
$$=\lim_{x \to 4}f(x)\times \lim_{x \to 4}(\sqrt{x}+2)$$
$$=3\times(2+2)=12$$

참고

$\dfrac{0}{0}$ 꼴 극한값의 계산에서 $\dfrac{x-a}{\sqrt{x}-\sqrt{a}}$ 또는 $\dfrac{\sqrt{x}-\sqrt{a}}{x-a}$ 의 식이 포함되어 있을 때는 유리화보다는 인수분해를 이용하여 해결하는 것이 계산에 유리하다.

0037

$$\lim_{x \to 3}\frac{x^3-27}{(x^2-9)f(x)}=\lim_{x \to 3}\frac{(x-3)(x^2+3x+9)}{(x+3)(x-3)f(x)}$$
$$=\lim_{x \to 3}\frac{x^2+3x+9}{(x+3)f(x)}$$
$$=\frac{9+9+9}{6f(3)}$$
$$=\frac{9}{2f(3)}=\frac{1}{2}$$

이므로 $2f(3)=18$ $\quad \therefore f(3)=9$

따라서 다항식 $f(x)$를 $x-3$으로 나누었을 때의 나머지는

$f(3)=9$

🔊 **Bible Says** **나머지정리**

다항식 $f(x)$를 일차식 $x-a$로 나누었을 때의 나머지는 $f(a)$이다.

참고

함수 $f(x)$가 다항함수이면 모든 실수 a에 대하여 $\lim\limits_{x \to a}f(x)=f(a)$이다.

유형 08 $\dfrac{\infty}{\infty}$ 꼴 극한값의 계산

확인 문제 (1) 2 (2) $\dfrac{5}{3}$ (3) 2

(1) $\lim\limits_{x \to \infty}\dfrac{4x^2-2x}{2x^2+6x+3}=\lim\limits_{x \to \infty}\dfrac{4-\dfrac{2}{x}}{2+\dfrac{6}{x}+\dfrac{3}{x^2}}=\dfrac{4-0}{2+0+0}=2$

(2) $-x=t$로 놓으면 $x \to -\infty$일 때, $t \to \infty$이므로

$$\lim_{x \to -\infty}\frac{5x-3}{3x+2}=\lim_{t \to \infty}\frac{-5t-3}{-3t+2}=\lim_{t \to \infty}\frac{5+\dfrac{3}{t}}{3-\dfrac{2}{t}}=\frac{5+0}{3-0}=\frac{5}{3}$$

---

(3) $\lim\limits_{x \to \infty}\dfrac{2x}{\sqrt{x^2+1}+2}=\lim\limits_{x \to \infty}\dfrac{2}{\sqrt{1+\dfrac{1}{x^2}}+\dfrac{2}{x}}=\dfrac{2}{1+0}=2$

0038

$$\lim_{x \to \infty}\frac{2x^2-2x-3}{x^2+3x}=\lim_{x \to \infty}\frac{2-\dfrac{2}{x}-\dfrac{3}{x^2}}{1+\dfrac{3}{x}}=\frac{2-0-0}{1+0}=2$$

$$\lim_{x \to \infty}\frac{\sqrt{4x^2+1}-3}{x-1}=\lim_{x \to \infty}\frac{\sqrt{4+\dfrac{1}{x^2}}-\dfrac{3}{x}}{1-\dfrac{1}{x}}=\frac{2-0}{1-0}=2$$

따라서 구하는 극한값은

$2+2=4$

0039

$-x=t$로 놓으면 $x \to -\infty$일 때, $t \to \infty$이므로

$$\lim_{x \to -\infty}\frac{\sqrt{x^2+3}-4}{x+2}=\lim_{t \to \infty}\frac{\sqrt{t^2+3}-4}{-t+2}$$
$$=\lim_{t \to \infty}\frac{\sqrt{1+\dfrac{3}{t^2}}-\dfrac{4}{t}}{-1+\dfrac{2}{t}}$$
$$=\frac{1-0}{-1+0}=-1$$

0040

$$\lim_{x \to \infty}\frac{3x+2f(x)}{4x-f(x)}=\lim_{x \to \infty}\frac{3+\dfrac{2f(x)}{x}}{4-\dfrac{f(x)}{x}}=\frac{3+2\times 3}{4-3}=9$$

0041

$-x=t$로 놓으면 $x \to -\infty$일 때, $t \to \infty$이므로

$$\lim_{x \to -\infty}\frac{\sqrt{x^2+3}+2x}{\sqrt{4x^2+x+2}-x}=\lim_{t \to \infty}\frac{\sqrt{t^2+3}-2t}{\sqrt{4t^2-t+2}+t}$$
$$=\lim_{t \to \infty}\frac{\sqrt{1+\dfrac{3}{t^2}}-2}{\sqrt{4-\dfrac{1}{t}+\dfrac{2}{t^2}}+1}$$
$$=\frac{1-2}{2+1}=-\frac{1}{3}$$

0042

$$\lim_{x \to 0}\frac{f(x)}{x}=\lim_{x \to 0}\frac{2x^2+ax}{x}=\lim_{x \to 0}(2x+a)=a=2$$

$$\therefore \lim_{x \to \infty}\frac{x^3+af(x)}{axf(x)}=\lim_{x \to \infty}\frac{x^3+2(2x^2+2x)}{2x(2x^2+2x)}\ (\because a=2)$$
$$=\lim_{x \to \infty}\frac{x^3+4x^2+4x}{4x^3+4x^2}$$
$$=\lim_{x \to \infty}\frac{1+\dfrac{4}{x}+\dfrac{4}{x^2}}{4+\dfrac{4}{x}}=\frac{1}{4}$$

0043

답 1

$$\lim_{x \to 1} \frac{2x^2-3x+1}{x^2-3x+2} = \lim_{x \to 1} \frac{(2x-1)(x-1)}{(x-1)(x-2)}$$
$$= \lim_{x \to 1} \frac{2x-1}{x-2}$$
$$= \frac{2-1}{1-2} = -1 = a$$

❶

$-x=t$로 놓으면 $x \to -\infty$일 때, $t \to \infty$이므로

$$\lim_{x \to -\infty} \frac{3ax}{\sqrt{x^2-2ax}+\sqrt{4x^2-a}} = \lim_{t \to \infty} \frac{3t}{\sqrt{t^2-2t}+\sqrt{4t^2+1}} \quad (\because a=-1)$$
$$= \lim_{t \to \infty} \frac{3}{\sqrt{1-\dfrac{2}{t}}+\sqrt{4+\dfrac{1}{t^2}}}$$
$$= \frac{3}{1+2} = 1$$

❷

채점 기준	배점
❶ a의 값 구하기	40%
❷ 치환을 이용하여 $\displaystyle\lim_{x \to -\infty} \frac{3ax}{\sqrt{x^2-2ax}+\sqrt{4x^2-a}}$의 값 구하기	60%

유형 09 $\infty - \infty$ 꼴 극한값의 계산

확인 문제 (1) 0 (2) -2

(1) $\displaystyle\lim_{x \to \infty} (\sqrt{x^2+3}-x) = \lim_{x \to \infty} \frac{(\sqrt{x^2+3}-x)(\sqrt{x^2+3}+x)}{\sqrt{x^2+3}+x}$
$$= \lim_{x \to \infty} \frac{3}{\sqrt{x^2+3}+x} = 0$$

(2) $\displaystyle\lim_{x \to \infty} (\sqrt{x^2-2x}-\sqrt{x^2+2x})$
$$= \lim_{x \to \infty} \frac{(\sqrt{x^2-2x}-\sqrt{x^2+2x})(\sqrt{x^2-2x}+\sqrt{x^2+2x})}{\sqrt{x^2-2x}+\sqrt{x^2+2x}}$$
$$= \lim_{x \to \infty} \frac{-4x}{\sqrt{x^2-2x}+\sqrt{x^2+2x}} = \lim_{x \to \infty} \frac{-4}{\sqrt{1-\dfrac{2}{x}}+\sqrt{1+\dfrac{2}{x}}}$$
$$= \frac{-4}{1+1} = -2$$

0044

답 4

$$\lim_{x \to \infty} (\sqrt{9x^2+2}-3x) = \lim_{x \to \infty} \frac{(\sqrt{9x^2+2}-3x)(\sqrt{9x^2+2}+3x)}{\sqrt{9x^2+2}+3x}$$
$$= \lim_{x \to \infty} \frac{2}{\sqrt{9x^2+2}+3x} = 0$$

$\displaystyle\lim_{x \to \infty} (\sqrt{x^2+4x}-\sqrt{x^2-4x})$
$$= \lim_{x \to \infty} \frac{(\sqrt{x^2+4x}-\sqrt{x^2-4x})(\sqrt{x^2+4x}+\sqrt{x^2-4x})}{\sqrt{x^2+4x}+\sqrt{x^2-4x}}$$
$$= \lim_{x \to \infty} \frac{8x}{\sqrt{x^2+4x}+\sqrt{x^2-4x}} = \lim_{x \to \infty} \frac{8}{\sqrt{1+\dfrac{4}{x}}+\sqrt{1-\dfrac{4}{x}}}$$
$$= \frac{8}{1+1} = 4$$

따라서 구하는 극한값은
$0+4=4$

0045

답 ②

$$\lim_{x \to \infty} \frac{1}{x-\sqrt{x^2-4x+5}}$$
$$= \lim_{x \to \infty} \frac{x+\sqrt{x^2-4x+5}}{(x-\sqrt{x^2-4x+5})(x+\sqrt{x^2-4x+5})}$$
$$= \lim_{x \to \infty} \frac{x+\sqrt{x^2-4x+5}}{4x-5} = \lim_{x \to \infty} \frac{1+\sqrt{1-\dfrac{4}{x}+\dfrac{5}{x^2}}}{4-\dfrac{5}{x}}$$
$$= \frac{1+1}{4-0} = \frac{1}{2}$$

0046

답 ②

$-x=t$로 놓으면 $x \to -\infty$일 때, $t \to \infty$이므로

$$\lim_{x \to -\infty} \frac{1}{\sqrt{x^2+2x}+x} = \lim_{t \to \infty} \frac{1}{\sqrt{t^2-2t}-t}$$
$$= \lim_{t \to \infty} \frac{\sqrt{t^2-2t}+t}{(\sqrt{t^2-2t}-t)(\sqrt{t^2-2t}+t)}$$
$$= \lim_{t \to \infty} \frac{\sqrt{t^2-2t}+t}{-2t}$$
$$= \lim_{t \to \infty} \frac{\sqrt{1-\dfrac{2}{t}}+1}{-2}$$
$$= \frac{1+1}{-2} = -1$$

0047

답 ③

$-x=t$로 놓으면 $x \to -\infty$일 때, $t \to \infty$이므로

$\displaystyle\lim_{x \to -\infty} \{\sqrt{f(-x)}-\sqrt{f(x)}\}$
$$= \lim_{t \to \infty} \{\sqrt{f(t)}-\sqrt{f(-t)}\} = \lim_{t \to \infty} (\sqrt{t^2+t+1}-\sqrt{t^2-t+1})$$
$$= \lim_{t \to \infty} \frac{(\sqrt{t^2+t+1}-\sqrt{t^2-t+1})(\sqrt{t^2+t+1}+\sqrt{t^2-t+1})}{\sqrt{t^2+t+1}+\sqrt{t^2-t+1}}$$
$$= \lim_{t \to \infty} \frac{2t}{\sqrt{t^2+t+1}+\sqrt{t^2-t+1}} = \lim_{t \to \infty} \frac{2}{\sqrt{1+\dfrac{1}{t}+\dfrac{1}{t^2}}+\sqrt{1-\dfrac{1}{t}+\dfrac{1}{t^2}}}$$
$$= \frac{2}{1+1} = 1$$

0048

답 3

$$\lim_{x \to 3} \frac{2\sqrt{x+1}-4}{x-3} = \lim_{x \to 3} \frac{2(\sqrt{x+1}-2)(\sqrt{x+1}+2)}{(x-3)(\sqrt{x+1}+2)}$$
$$= \lim_{x \to 3} \frac{2(x-3)}{(x-3)(\sqrt{x+1}+2)}$$
$$= \lim_{x \to 3} \frac{2}{\sqrt{x+1}+2}$$
$$= \frac{2}{2+2} = \frac{1}{2} = a$$

$-x=t$로 놓으면 $x \to -\infty$일 때, $t \to \infty$이므로

$$\lim_{x \to -\infty}(\sqrt{x^2-6x+1}-\sqrt{x^2+6x})$$

$$=\lim_{t \to \infty}(\sqrt{t^2+6t+1}-\sqrt{t^2-6t})$$

$$=\lim_{t \to \infty}\frac{(\sqrt{t^2+6t+1}-\sqrt{t^2-6t})(\sqrt{t^2+6t+1}+\sqrt{t^2-6t})}{\sqrt{t^2+6t+1}+\sqrt{t^2-6t}}$$

$$=\lim_{t \to \infty}\frac{12t+1}{\sqrt{t^2+6t+1}+\sqrt{t^2-6t}}=\lim_{t \to \infty}\frac{12+\dfrac{1}{t}}{\sqrt{1+\dfrac{6}{t}+\dfrac{1}{t^2}}+\sqrt{1-\dfrac{6}{t}}}$$

$$=\frac{12+0}{1+1}=6=b$$

$$\therefore ab=\frac{1}{2}\times 6=3$$

0049

답 ③

$$\lim_{x \to \infty}(\sqrt{x^2+5x+1}-\sqrt{x^2-3x})$$

$$=\lim_{x \to \infty}\frac{(\sqrt{x^2+5x+1}-\sqrt{x^2-3x})(\sqrt{x^2+5x+1}+\sqrt{x^2-3x})}{\sqrt{x^2+5x+1}+\sqrt{x^2-3x}}$$

$$=\lim_{x \to \infty}\frac{8x+1}{\sqrt{x^2+5x+1}+\sqrt{x^2-3x}}$$

$$=\lim_{x \to \infty}\frac{8+\dfrac{1}{x}}{\sqrt{1+\dfrac{5}{x}+\dfrac{1}{x^2}}+\sqrt{1-\dfrac{3}{x}}}$$

$$=\frac{8+0}{1+1}=4=a$$

$$\lim_{x \to \infty}\frac{1}{\sqrt{4x^2+4x+5}-2x}$$

$$=\lim_{x \to \infty}\frac{\sqrt{4x^2+4x+5}+2x}{(\sqrt{4x^2+4x+5}-2x)(\sqrt{4x^2+4x+5}+2x)}$$

$$=\lim_{x \to \infty}\frac{\sqrt{4x^2+4x+5}+2x}{4x+5}$$

$$=\lim_{x \to \infty}\frac{\sqrt{4+\dfrac{4}{x}+\dfrac{5}{x^2}}+2}{4+\dfrac{5}{x}}$$

$$=\frac{2+2}{4+0}=1=b$$

$$\therefore a+b=4+1=5$$

유형 10 $\infty \times 0$ 꼴 극한값의 계산

확인 문제 (1) $-\dfrac{1}{4}$　　　(2) -1

(1) $\displaystyle\lim_{x \to 0}\frac{1}{x}\left(\frac{1}{x-2}+\frac{1}{2}\right)=\lim_{x \to 0}\left\{\frac{1}{x}\times\frac{2+(x-2)}{2(x-2)}\right\}$

$$=\lim_{x \to 0}\left\{\frac{1}{x}\times\frac{x}{2(x-2)}\right\}$$

$$=\lim_{x \to 0}\frac{1}{2(x-2)}=-\frac{1}{4}$$

(2) $\displaystyle\lim_{x \to 1}(\sqrt{x}-1)\left(2-\frac{2}{x-1}\right)$

$$=\lim_{x \to 1}\left\{(\sqrt{x}-1)\times\frac{2(x-1)-2}{(\sqrt{x}+1)(\sqrt{x}-1)}\right\}$$

$$=\lim_{x \to 1}\frac{2(x-2)}{\sqrt{x}+1}=\frac{2\times(-1)}{1+1}=-1$$

0050

답 ③

$$\lim_{x \to -2}\frac{1}{x+2}\left(\frac{x^2}{x-2}+1\right)=\lim_{x \to -2}\left(\frac{1}{x+2}\times\frac{x^2+x-2}{x-2}\right)$$

$$=\lim_{x \to -2}\left\{\frac{1}{x+2}\times\frac{(x+2)(x-1)}{x-2}\right\}$$

$$=\lim_{x \to -2}\frac{x-1}{x-2}=\frac{-2-1}{-2-2}=\frac{3}{4}$$

0051

답 ⑤

① $\displaystyle\lim_{x \to -3}\frac{x^2+4x+3}{x+3}=\lim_{x \to -3}\frac{(x+1)(x+3)}{x+3}$

$$=\lim_{x \to -3}(x+1)=-2 \ (참)$$

② $\displaystyle\lim_{x \to \infty}(\sqrt{x^2+3x}-\sqrt{x^2-3x})$

$$=\lim_{x \to \infty}\frac{(\sqrt{x^2+3x}-\sqrt{x^2-3x})(\sqrt{x^2+3x}+\sqrt{x^2-3x})}{\sqrt{x^2+3x}+\sqrt{x^2-3x}}$$

$$=\lim_{x \to \infty}\frac{6x}{\sqrt{x^2+3x}+\sqrt{x^2-3x}}$$

$$=\lim_{x \to \infty}\frac{6}{\sqrt{1+\dfrac{3}{x}}+\sqrt{1-\dfrac{3}{x}}}$$

$$=\frac{6}{1+1}=3 \ (참)$$

③ $-x=t$로 놓으면 $x \to -\infty$일 때, $t \to \infty$이므로

$$\lim_{x \to -\infty}\frac{\sqrt{x^2+2x}+1}{x+3}=\lim_{t \to \infty}\frac{\sqrt{t^2-2t}+1}{-t+3}$$

$$=\lim_{t \to \infty}\frac{\sqrt{1-\dfrac{2}{t}}+\dfrac{1}{t}}{-1+\dfrac{3}{t}}$$

$$=\frac{1+0}{-1+0}=-1 \ (참)$$

④ $\displaystyle\lim_{x \to 2}(x-2)\left(1+\frac{3x}{x-2}\right)=\lim_{x \to 2}\left\{(x-2)\times\frac{4x-2}{x-2}\right\}$

$$=\lim_{x \to 2}(4x-2)$$

$$=8-2=6 \ (참)$$

⑤ $\displaystyle\lim_{x \to 1}\frac{1}{\sqrt{x}-1}\left(\frac{1}{x-3}+\frac{1}{2}\right)=\lim_{x \to 1}\left\{\frac{1}{\sqrt{x}-1}\times\frac{2+(x-3)}{2(x-3)}\right\}$

$$=\lim_{x \to 1}\frac{(\sqrt{x}+1)(\sqrt{x}-1)}{2(\sqrt{x}-1)(x-3)}$$

$$=\lim_{x \to 1}\frac{\sqrt{x}+1}{2(x-3)}$$

$$=\frac{1+1}{2\times(-2)}=-\frac{1}{2} \ (거짓)$$

따라서 옳지 않은 것은 ⑤이다.

0052

답 ②

$$\lim_{x\to 1}\frac{16x}{x^2-1}\left(\frac{2}{\sqrt{x+3}}-1\right)$$

$$=\lim_{x\to 1}\left\{\frac{16x}{(x+1)(x-1)}\times\frac{2-\sqrt{x+3}}{\sqrt{x+3}}\right\}$$

$$=\lim_{x\to 1}\left\{\frac{16x}{(x+1)(x-1)}\times\frac{(2-\sqrt{x+3})(2+\sqrt{x+3})}{\sqrt{x+3}(2+\sqrt{x+3})}\right\}$$

$$=\lim_{x\to 1}\left\{\frac{16x}{(x+1)(x-1)}\times\frac{1-x}{\sqrt{x+3}(2+\sqrt{x+3})}\right\}$$

$$=\lim_{x\to 1}\left\{\frac{16x}{x+1}\times\frac{-1}{\sqrt{x+3}(2+\sqrt{x+3})}\right\}$$

$$=\frac{16}{2}\times\frac{-1}{2\times(2+2)}=-1$$

0053

답 ③

ㄱ. $\displaystyle\lim_{x\to 3}\frac{\sqrt{x+6}-3}{x-3}=\lim_{x\to 3}\frac{(\sqrt{x+6}-3)(\sqrt{x+6}+3)}{(x-3)(\sqrt{x+6}+3)}$

$$=\lim_{x\to 3}\frac{x-3}{(x-3)(\sqrt{x+6}+3)}$$

$$=\lim_{x\to 3}\frac{1}{\sqrt{x+6}+3}=\frac{1}{6}\ (참)$$

ㄴ. $-x=t$로 놓으면 $x\to-\infty$일 때, $t\to\infty$이므로

$$\lim_{x\to-\infty}(x+\sqrt{x^2-2x+3})$$

$$=\lim_{t\to\infty}(-t+\sqrt{t^2+2t+3})$$

$$=\lim_{t\to\infty}\frac{(\sqrt{t^2+2t+3}-t)(\sqrt{t^2+2t+3}+t)}{\sqrt{t^2+2t+3}+t}$$

$$=\lim_{t\to\infty}\frac{2t+3}{\sqrt{t^2+2t+3}+t}$$

$$=\lim_{t\to\infty}\frac{2+\dfrac{3}{t}}{\sqrt{1+\dfrac{2}{t}+\dfrac{3}{t^2}}+1}$$

$$=\frac{2+0}{1+1}=1\ (거짓)$$

ㄷ. $\displaystyle\lim_{x\to 4}\frac{2}{\sqrt{x}-2}\left(\frac{1}{x-1}-\frac{1}{3}\right)=\lim_{x\to 4}\left\{\frac{2}{\sqrt{x}-2}\times\frac{3-(x-1)}{3(x-1)}\right\}$

$$=\lim_{x\to 4}\frac{-2(\sqrt{x}+2)(\sqrt{x}-2)}{3(\sqrt{x}-2)(x-1)}$$

$$=\lim_{x\to 4}\frac{-2(\sqrt{x}+2)}{3(x-1)}$$

$$=\frac{-2\times 4}{3\times 3}=-\frac{8}{9}\ (거짓)$$

ㄹ. $\displaystyle\lim_{x\to\infty}x^2\left(1-\frac{x}{\sqrt{x^2+4}}\right)=\lim_{x\to\infty}\left(x^2\times\frac{\sqrt{x^2+4}-x}{\sqrt{x^2+4}}\right)$

$$=\lim_{x\to\infty}\frac{x^2(\sqrt{x^2+4}-x)(\sqrt{x^2+4}+x)}{\sqrt{x^2+4}(\sqrt{x^2+4}+x)}$$

$$=\lim_{x\to\infty}\frac{4x^2}{x^2+4+x\sqrt{x^2+4}}$$

$$=\lim_{x\to\infty}\frac{4}{1+\dfrac{4}{x^2}+\sqrt{1+\dfrac{4}{x^2}}}$$

$$=\frac{4}{1+1}=2\ (참)$$

따라서 옳은 것은 ㄱ, ㄹ이다.

0054

답 2

$f(x)=x^2+1$이므로

$$\lim_{x\to\infty}\left\{\sqrt{f(x)+x}-\sqrt{f(x)-x}\right\}$$

$$=\lim_{x\to\infty}(\sqrt{x^2+x+1}-\sqrt{x^2-x+1})$$

$$=\lim_{x\to\infty}\frac{(\sqrt{x^2+x+1}-\sqrt{x^2-x+1})(\sqrt{x^2+x+1}+\sqrt{x^2-x+1})}{\sqrt{x^2+x+1}+\sqrt{x^2-x+1}}$$

$$=\lim_{x\to\infty}\frac{2x}{\sqrt{x^2+x+1}+\sqrt{x^2-x+1}}$$

$$=\lim_{x\to\infty}\frac{2}{\sqrt{1+\dfrac{1}{x}+\dfrac{1}{x^2}}+\sqrt{1-\dfrac{1}{x}+\dfrac{1}{x^2}}}$$

$$=\frac{2}{1+1}=1=a$$

❶

$-x=t$로 놓으면 $x\to-\infty$일 때, $t\to\infty$이므로

$$\lim_{x\to-\infty}x^2\left\{1+\frac{x}{\sqrt{f(x)}}\right\}=\lim_{t\to\infty}t^2\left(1-\frac{t}{\sqrt{t^2+1}}\right)$$

$$=\lim_{t\to\infty}\left(t^2\times\frac{\sqrt{t^2+1}-t}{\sqrt{t^2+1}}\right)$$

$$=\lim_{t\to\infty}\frac{t^2(\sqrt{t^2+1}-t)(\sqrt{t^2+1}+t)}{\sqrt{t^2+1}(\sqrt{t^2+1}+t)}$$

$$=\lim_{t\to\infty}\frac{t^2}{t^2+1+t\sqrt{t^2+1}}$$

$$=\lim_{t\to\infty}\frac{1}{1+\dfrac{1}{t^2}+\sqrt{1+\dfrac{1}{t^2}}}$$

$$=\frac{1}{1+1}=\frac{1}{2}=b$$

❷

$$\therefore a+2b=1+2\times\frac{1}{2}=2$$

❸

채점 기준	배점
❶ a의 값 구하기	45%
❷ 치환을 이용하여 b의 값 구하기	45%
❸ $a+2b$의 값 구하기	10%

유형 11 미정계수의 결정

0055

답 5

$\displaystyle\lim_{x\to-1}\frac{x^2+4x+a}{x+1}=b$에서 극한값이 존재하고 $x\to-1$일 때,

(분모)$\to 0$이므로 (분자)$\to 0$이어야 한다.

즉, $\displaystyle\lim_{x\to-1}(x^2+4x+a)=0$이므로

$-3+a=0$ $\therefore a=3$

$a=3$을 주어진 식에 대입하면

$$\lim_{x \to -1} \frac{x^2+4x+a}{x+1} = \lim_{x \to -1} \frac{x^2+4x+3}{x+1}$$
$$= \lim_{x \to -1} \frac{(x+3)(x+1)}{x+1}$$
$$= \lim_{x \to -1}(x+3)=2=b$$

$$\therefore a+b=3+2=5$$

0056 답 ①

$\lim\limits_{x \to 2} \dfrac{\sqrt{x+2}+a}{x-2}=b$에서 극한값이 존재하고 $x \to 2$일 때,

(분모) $\to 0$이므로 (분자) $\to 0$이어야 한다.

즉, $\lim\limits_{x \to 2}(\sqrt{x+2}+a)=0$이므로 $2+a=0$

$\therefore a=-2$

$a=-2$를 주어진 식에 대입하면

$$\lim_{x \to 2} \frac{\sqrt{x+2}+a}{x-2} = \lim_{x \to 2} \frac{\sqrt{x+2}-2}{x-2}$$
$$= \lim_{x \to 2} \frac{(\sqrt{x+2}-2)(\sqrt{x+2}+2)}{(x-2)(\sqrt{x+2}+2)}$$
$$= \lim_{x \to 2} \frac{x-2}{(x-2)(\sqrt{x+2}+2)}$$
$$= \lim_{x \to 2} \frac{1}{\sqrt{x+2}+2} = \frac{1}{4}=b$$

$$\therefore \frac{a}{b} = \frac{-2}{\frac{1}{4}} = -8$$

0057 답 ⑤

$\lim\limits_{x \to -1} \dfrac{ax^3+x+b}{x+1}=7$에서 극한값이 존재하고 $x \to -1$일 때,

(분모) $\to 0$이므로 (분자) $\to 0$이어야 한다.

즉, $\lim\limits_{x \to -1}(ax^3+x+b)=0$이므로 $-a-1+b=0$

$\therefore b=a+1$ $\quad$ …… ㉠

㉠을 주어진 식에 대입하면

$$\lim_{x \to -1} \frac{ax^3+x+b}{x+1} = \lim_{x \to -1} \frac{ax^3+x+a+1}{x+1}$$
$$= \lim_{x \to -1} \frac{(x+1)(ax^2-ax+a+1)}{x+1}$$
$$= \lim_{x \to -1}(ax^2-ax+a+1)$$
$$=3a+1=7$$

$3a=6$ $\quad \therefore a=2$

이를 ㉠에 대입하면 $b=3$

$\therefore a+b=2+3=5$

0058 답 ③

$\lim\limits_{x \to 1} \dfrac{x-1}{x^2+ax+b}=\dfrac{1}{5}$에서 0이 아닌 극한값이 존재하고 $x \to 1$일 때,

(분자) $\to 0$이므로 (분모) $\to 0$이어야 한다.

즉, $\lim\limits_{x \to 1}(x^2+ax+b)=0$이므로 $1+a+b=0$

$\therefore b=-a-1$ $\quad$ …… ㉠

㉠을 주어진 식에 대입하면

$$\lim_{x \to 1} \frac{x-1}{x^2+ax+b} = \lim_{x \to 1} \frac{x-1}{x^2+ax-a-1}$$
$$= \lim_{x \to 1} \frac{x-1}{(x-1)(x+a+1)}$$
$$= \lim_{x \to 1} \frac{1}{x+a+1} = \frac{1}{a+2} = \frac{1}{5}$$

$\therefore a=3$

이를 ㉠에 대입하면 $b=-4$

$\therefore a-b=3-(-4)=7$

0059 답 12

$\lim\limits_{x \to -2} \dfrac{\sqrt{x+a}-b}{x+2}=\dfrac{1}{4}$에서 극한값이 존재하고 $x \to -2$일 때,

(분모) $\to 0$이므로 (분자) $\to 0$이어야 한다.

즉, $\lim\limits_{x \to -2}(\sqrt{x+a}-b)=0$이므로 $\sqrt{-2+a}-b=0$

$\therefore b=\sqrt{a-2}$ $\quad$ …… ㉠

㉠을 주어진 식에 대입하면

$$\lim_{x \to -2} \frac{\sqrt{x+a}-b}{x+2} = \lim_{x \to -2} \frac{\sqrt{x+a}-\sqrt{a-2}}{x+2}$$
$$= \lim_{x \to -2} \frac{(\sqrt{x+a}-\sqrt{a-2})(\sqrt{x+a}+\sqrt{a-2})}{(x+2)(\sqrt{x+a}+\sqrt{a-2})}$$
$$= \lim_{x \to -2} \frac{x+2}{(x+2)(\sqrt{x+a}+\sqrt{a-2})}$$
$$= \lim_{x \to -2} \frac{1}{\sqrt{x+a}+\sqrt{a-2}}$$
$$= \frac{1}{2\sqrt{a-2}} = \frac{1}{4}$$

$\sqrt{a-2}=2$, $a-2=4$

$\therefore a=6$

이를 ㉠에 대입하면 $b=\sqrt{6-2}=2$

$\therefore ab=6 \times 2=12$

0060 답 2

$a \leq 0$이면 $\lim\limits_{x \to \infty}(\sqrt{x^2+2x+3}-ax)=\infty$이므로 $a>0$

$$\lim_{x \to \infty}(\sqrt{x^2+2x+3}-ax)$$
$$= \lim_{x \to \infty} \frac{(\sqrt{x^2+2x+3}-ax)(\sqrt{x^2+2x+3}+ax)}{\sqrt{x^2+2x+3}+ax}$$
$$= \lim_{x \to \infty} \frac{(1-a^2)x^2+2x+3}{\sqrt{x^2+2x+3}+ax} = b \quad \text{…… ㉠}$$

㉠에서 극한값이 존재하므로

$1-a^2=0$, $(1+a)(1-a)=0$

$\therefore a=1 \; (\because a>0)$

이를 ㉠에 대입하면

$$\lim_{x \to \infty} \frac{(1-a^2)x^2+2x+3}{\sqrt{x^2+2x+3}+ax} = \lim_{x \to \infty} \frac{2x+3}{\sqrt{x^2+2x+3}+x}$$
$$= \lim_{x \to \infty} \frac{2+\dfrac{3}{x}}{\sqrt{1+\dfrac{2}{x}+\dfrac{3}{x^2}}+1}$$
$$= \frac{2+0}{1+1}=1=b$$

$\therefore a+b=1+1=2$

0061

답 5

$\lim\limits_{x\to 1}\dfrac{1}{x-1}\left(\dfrac{1}{a}-\dfrac{1}{x+b}\right)=\lim\limits_{x\to 1}\dfrac{\frac{1}{a}-\frac{1}{x+b}}{x-1}=\dfrac{1}{4}$에서 극한값이

존재하고 $x\to 1$일 때, (분모)$\to 0$이므로 (분자)$\to 0$이어야 한다.

즉, $\lim\limits_{x\to 1}\left(\dfrac{1}{a}-\dfrac{1}{x+b}\right)=0$이므로 $\dfrac{1}{a}-\dfrac{1}{1+b}=0$

$a=1+b$

$\therefore b=a-1 \quad\cdots\cdots\ \bigcirc$

❶

$\bigcirc$을 주어진 식에 대입하면

$\lim\limits_{x\to 1}\dfrac{1}{x-1}\left(\dfrac{1}{a}-\dfrac{1}{x+b}\right)=\lim\limits_{x\to 1}\dfrac{1}{x-1}\left(\dfrac{1}{a}-\dfrac{1}{x+a-1}\right)$

$\qquad\qquad=\lim\limits_{x\to 1}\left\{\dfrac{1}{x-1}\times\dfrac{x+a-1-a}{a(x+a-1)}\right\}$

$\qquad\qquad=\lim\limits_{x\to 1}\dfrac{1}{a(x+a-1)}=\dfrac{1}{a^2}=\dfrac{1}{4}$

$a^2=4$에서 $a=2\ (\because\ a>0)$

❷

이를 $\bigcirc$에 대입하면 $b=1$

❸

$\therefore a^2+b^2=4+1=5$

❹

채점 기준	배점
❶ 극한값이 존재함을 이용하여 a와 b 사이의 관계식 구하기	30%
❷ a의 값 구하기	50%
❸ b의 값 구하기	10%
❹ a^2+b^2의 값 구하기	10%

유형 12 다항함수의 결정

0062

답 ②

$\lim\limits_{x\to 0}\dfrac{f(x)}{x}=1$에서 극한값 존재하고 $x\to 0$일 때, (분모)$\to 0$이

므로 (분자)$\to 0$이어야 한다.

즉, $\lim\limits_{x\to 0}f(x)=0$이므로

$f(0)=0 \quad\cdots\cdots\ \bigcirc$

$\lim\limits_{x\to 1}\dfrac{f(x)}{x-1}=1$에서 극한값 존재하고 $x\to 1$일 때, (분모)$\to 0$이

므로 (분자)$\to 0$이어야 한다.

즉, $\lim\limits_{x\to 1}f(x)=0$이므로

$f(1)=0 \quad\cdots\cdots\ \bigcirc\!\!\!\bigcirc$

$\bigcirc,\ \bigcirc\!\!\!\bigcirc$에서 $f(x)$는 $x(x-1)$을 인수로 가지므로

$f(x)=x(x-1)(ax+b)\ (a,\ b$는 상수, $a\neq 0)$라 하면

$\lim\limits_{x\to 0}\dfrac{f(x)}{x}=\lim\limits_{x\to 0}\dfrac{x(x-1)(ax+b)}{x}$

$\qquad\qquad=\lim\limits_{x\to 0}(x-1)(ax+b)$

$\qquad\qquad=-b=1$

$\therefore b=-1 \quad\cdots\cdots\ \bigcirc\!\!\!\bigcirc\!\!\!\bigcirc$

$\lim\limits_{x\to 1}\dfrac{f(x)}{x-1}=\lim\limits_{x\to 1}\dfrac{x(x-1)(ax+b)}{x-1}$

$\qquad\qquad=\lim\limits_{x\to 1}(ax^2-x)\ (\because\ \bigcirc\!\!\!\bigcirc\!\!\!\bigcirc)$

$\qquad\qquad=a-1=1$

$\therefore a=2$

따라서 $f(x)=x(x-1)(2x-1)$이므로

$f(2)=2\times 1\times 3=6$

함수 $f(x)$가 다항함수이면 모든 실수 a에 대하여
$\lim\limits_{x\to a}f(x)=f(a)$이다.

0063

답 14

$\lim\limits_{x\to\infty}\dfrac{f(x)}{x^2+2x+3}=2$에서 $f(x)$는 최고차항의 계수가 2인 이차함수

이다.

$\lim\limits_{x\to 2}\dfrac{f(x)}{x^2-3x+2}=12$에서 극한값이 존재하고 $x\to 2$일 때,

(분모)$\to 0$이므로 (분자)$\to 0$이어야 한다.

즉, $\lim\limits_{x\to 2}f(x)=0$이므로 $f(2)=0$

따라서 $f(x)$는 $x-2$를 인수로 가지므로

$f(x)=2(x-2)(x+a)\ (a$는 상수)라 하면

$\lim\limits_{x\to 2}\dfrac{f(x)}{x^2-3x+2}=\lim\limits_{x\to 2}\dfrac{2(x-2)(x+a)}{(x-1)(x-2)}$

$\qquad\qquad=\lim\limits_{x\to 2}\dfrac{2(x+a)}{x-1}$

$\qquad\qquad=2(2+a)=12$

$2+a=6 \quad\therefore\ a=4$

따라서 $f(x)=2(x-2)(x+4)$이므로

$f(3)=2\times 1\times 7=14$

0064

답 9

$\lim\limits_{x\to\infty}\dfrac{f(x)-2x^3}{2x^2}=2$에서 $f(x)-2x^3$은 최고차항의 계수가 4인 이

차함수이다.

$f(x)-2x^3=4x^2+ax+b\ (a,\ b$는 상수)라 하면

$f(x)=2x^3+4x^2+ax+b$

$\lim\limits_{x\to 0}\dfrac{f(x)}{x}=3$에서 극한값이 존재하고 $x\to 0$일 때, (분모)$\to 0$이

므로 (분자)$\to 0$이어야 한다.

즉, $\lim\limits_{x\to 0}f(x)=0$이므로 $f(0)=0$

$\therefore b=0$

$\lim\limits_{x\to 0}\dfrac{f(x)}{x}=\lim\limits_{x\to 0}\dfrac{2x^3+4x^2+ax}{x}$

$\qquad\qquad=\lim\limits_{x\to 0}(2x^2+4x+a)=a=3$

따라서 $f(x)=2x^3+4x^2+3x$이므로

$f(1)=2+4+3=9$

0065

$\displaystyle\lim_{x\to\infty}\dfrac{f(x)-3x^2}{x}=2$에서 $f(x)-3x^2$은 일차항의 계수가 2인 일차

함수이므로 $f(x)-3x^2=2x+a$ (a는 상수)라 하면

$f(x)=3x^2+2x+a$

$\dfrac{1}{x}=t$로 놓으면 $x\to 0+$일 때, $t\to\infty$이므로

$$\lim_{x\to 0+}x^2 f\left(\frac{1}{x}\right)=\lim_{t\to\infty}\frac{f(t)}{t^2}$$
$$=\lim_{t\to\infty}\frac{3t^2+2t+a}{t^2}$$
$$=\lim_{t\to\infty}\frac{3+\dfrac{2}{t}+\dfrac{a}{t^2}}{1}=3$$

다른 풀이

$\displaystyle\lim_{x\to\infty}\dfrac{f(x)-3x^2}{x}=2$에서 $f(x)-3x^2$은 일차항의 계수가 2인 일차

함수이므로 $f(x)-3x^2=2x+a$ (a는 상수)라 하면

$f(x)=3x^2+2x+a$

따라서 $f\left(\dfrac{1}{x}\right)=\dfrac{3}{x^2}+\dfrac{2}{x}+a$이므로

$$\lim_{x\to 0+}x^2 f\left(\frac{1}{x}\right)=\lim_{x\to 0+}x^2\left(\frac{3}{x^2}+\frac{2}{x}+a\right)$$
$$=\lim_{x\to 0+}(3+2x+ax^2)=3$$

0066

조건 ㈎의 $\displaystyle\lim_{x\to 0+}x^2 f\left(\dfrac{1}{x}\right)=1$에서

$\dfrac{1}{x}=t$로 놓으면 $x\to 0+$일 때, $t\to\infty$이므로

$$\lim_{x\to 0+}x^2 f\left(\frac{1}{x}\right)=\lim_{t\to\infty}\frac{f(t)}{t^2}=1$$

따라서 $f(t)$는 최고차항의 계수가 1인 이차함수이므로

$f(t)=t^2+at+b$ (a, b는 상수)라 하면

$f(x)=x^2+ax+b$ ...... ㉠

한편, 조건 ㈏의 $\displaystyle\lim_{x\to 1}\dfrac{f(x)}{x^2-1}=4$에서 극한값이 존재하고 $x\to 1$일 때,

(분모)$\to 0$이므로 (분자)$\to 0$이어야 한다.

즉, $\displaystyle\lim_{x\to 1}f(x)=0$이므로 $f(1)=0$에서

$1+a+b=0$ $\therefore b=-a-1$ ...... ㉡

㉠, ㉡을 조건 ㈏의 식에 대입하면

$$\lim_{x\to 1}\frac{f(x)}{x^2-1}=\lim_{x\to 1}\frac{x^2+ax-a-1}{x^2-1}$$
$$=\lim_{x\to 1}\frac{(x-1)(x+a+1)}{(x+1)(x-1)}$$
$$=\lim_{x\to 1}\frac{x+a+1}{x+1}=\frac{2+a}{2}=4$$

$2+a=8$ $\therefore a=6$

이를 ㉡에 대입하면 $b=-7$

따라서 $f(x)=x^2+6x-7$이므로

$f(2)=4+12-7=9$

0067

조건 ㈎에서 $\displaystyle\lim_{x\to\infty}\dfrac{f(x)}{x^2}=2$이므로 $f(x)$는 최고차항의 계수가 2인

이차함수이다.

$f(x)=2x^2+ax+b$ (a, b는 상수) ...... ㉠

라 하자.

❶

조건 ㈏의 $\displaystyle\lim_{x\to 1}\dfrac{f(x)-x}{x-1}=2$에서 극한값이 존재하고 $x\to 1$일 때,

(분모)$\to 0$이므로 (분자)$\to 0$이어야 한다.

즉, $\displaystyle\lim_{x\to 1}\{f(x)-x\}=0$이므로 $f(1)-1=0$에서

$2+a+b=1$ $\therefore b=-a-1$ ...... ㉡

㉠, ㉡을 조건 ㈏의 식에 대입하면

$$\lim_{x\to 1}\frac{f(x)-x}{x-1}=\lim_{x\to 1}\frac{2x^2+(a-1)x-a-1}{x-1}$$
$$=\lim_{x\to 1}\frac{(x-1)(2x+a+1)}{x-1}$$
$$=\lim_{x\to 1}(2x+a+1)=a+3=2$$

$\therefore a=-1$

이를 ㉡에 대입하면 $b=0$

따라서 $f(x)=2x^2-x$이므로

❷

$f(4)=2\times 16-4=28$

❸

채점 기준	배점
❶ 조건 ㈎를 이용하여 함수 $f(x)$의 식 세우기	20%
❷ 조건 ㈏를 이용하여 함수 $f(x)$ 구하기	50%
❸ $f(4)$의 값 구하기	30%

유형 13 함수의 극한의 대소 관계

0068

$x>0$일 때, $3x-2<xf(x)<3x+1$에서

각 변을 x로 나누면

$$\frac{3x-2}{x}<f(x)<\frac{3x+1}{x}$$

이때 $\displaystyle\lim_{x\to\infty}\dfrac{3x-2}{x}=3$, $\displaystyle\lim_{x\to\infty}\dfrac{3x+1}{x}=3$이므로

함수의 극한의 대소 관계에 의하여

$$\lim_{x\to\infty}f(x)=3$$

0069

$x>0$일 때, $-2x^2+3x\leq f(x)\leq 2x^2+3x$에서

각 변을 x로 나누면

$$-2x+3\leq\frac{f(x)}{x}\leq 2x+3$$

이때 $\lim\limits_{x\to 0+}(-2x+3)=3$, $\lim\limits_{x\to 0+}(2x+3)=3$이므로

함수의 극한의 대소 관계에 의하여

$$\lim_{x\to 0+}\frac{f(x)}{x}=3$$

0070

답 2

$x>0$일 때, $2x^2-3x\le(x^2+2)f(x)\le 2x^2+5x$에서

각 변을 x^2+2로 나누면

$$\frac{2x^2-3x}{x^2+2}\le f(x)\le\frac{2x^2+5x}{x^2+2}$$

이때 $\lim\limits_{x\to\infty}\dfrac{2x^2-3x}{x^2+2}=2$, $\lim\limits_{x\to\infty}\dfrac{2x^2+5x}{x^2+2}=2$이므로

함수의 극한의 대소 관계에 의하여

$$\lim_{x\to\infty}f(x)=2$$

0071

답 ②

$2x^2+1<f(x)<2x^2+3$에서

모든 실수 x에 대하여 $2x^2+1>0$, $2x^2+3>0$이므로

$(2x^2+1)^2<\{f(x)\}^2<(2x^2+3)^2$

위의 부등식의 각 변을 $2x^4+x^2$으로 나누면

$$\frac{(2x^2+1)^2}{2x^4+x^2}<\frac{\{f(x)\}^2}{2x^4+x^2}<\frac{(2x^2+3)^2}{2x^4+x^2}$$

이때 $\lim\limits_{x\to\infty}\dfrac{(2x^2+1)^2}{2x^4+x^2}=2$, $\lim\limits_{x\to\infty}\dfrac{(2x^2+3)^2}{2x^4+x^2}=2$이므로

함수의 극한의 대소 관계에 의하여

$$\lim_{x\to\infty}\frac{\{f(x)\}^2}{2x^4+x^2}=2$$

참고

모든 실수 x에 대하여 $f(x)<g(x)<h(x)$가 성립할 때, $f(x)\ge 0$인 경우에만 $\{f(x)\}^2<\{g(x)\}^2<\{h(x)\}^2$이 성립함에 주의한다.

0072

답 ②

$x>0$일 때, $\dfrac{x^2-2x}{3x+5}\le f(x)\le\dfrac{x^2+2x}{3x+2}$에서

각 변을 x로 나누면

$$\frac{x^2-2x}{3x^2+5x}\le\frac{f(x)}{x}\le\frac{x^2+2x}{3x^2+2x}$$

x 대신 $2x$를 위의 부등식에 대입하면

$$\frac{4x^2-4x}{12x^2+10x}\le\frac{f(2x)}{2x}\le\frac{4x^2+4x}{12x^2+4x}$$

$$\frac{4x^2-4x}{6x^2+5x}\le\frac{f(2x)}{x}\le\frac{4x^2+4x}{6x^2+2x}$$

이때 $\lim\limits_{x\to\infty}\dfrac{4x^2-4x}{6x^2+5x}=\dfrac{2}{3}$, $\lim\limits_{x\to\infty}\dfrac{4x^2+4x}{6x^2+2x}=\dfrac{2}{3}$이므로

함수의 극한의 대소 관계에 의하여

$$\lim_{x\to\infty}\frac{f(2x)}{x}=\frac{2}{3}$$

0073

답 9

$|f(x)-3x|<1$에서 $-1<f(x)-3x<1$이므로

$3x-1<f(x)<3x+1$ ...... ㉠

$3x-1>0$, 즉 $x>\dfrac{1}{3}$일 때 ㉠의 각 변을 제곱하면

$9x^2-6x+1<\{f(x)\}^2<9x^2+6x+1$ ...... ㉡

모든 실수 x에 대하여 $x^2-4x+5=(x-2)^2+1>0$이므로

부등식 ㉡의 각 변을 x^2-4x+5로 나누면

$$\frac{9x^2-6x+1}{x^2-4x+5}<\frac{\{f(x)\}^2}{x^2-4x+5}<\frac{9x^2+6x+1}{x^2-4x+5}$$

이때 $\lim\limits_{x\to\infty}\dfrac{9x^2-6x+1}{x^2-4x+5}=9$, $\lim\limits_{x\to\infty}\dfrac{9x^2+6x+1}{x^2-4x+5}=9$이므로

함수의 극한의 대소 관계에 의하여

$$\lim_{x\to\infty}\frac{\{f(x)\}^2}{x^2-4x+5}=9$$

유형 14 함수의 극한에 대한 성질의 진위 판단

확인 문제 (1) 참 (2) 참 (3) 거짓 (4) 참

(1) $\lim\limits_{x\to a}f(x)=\alpha$, $\lim\limits_{x\to a}\{f(x)-g(x)\}=\beta$로 놓으면

$\lim\limits_{x\to a}g(x)=\lim\limits_{x\to a}f(x)-\lim\limits_{x\to a}\{f(x)-g(x)\}=\alpha-\beta$ (참)

(2) $\lim\limits_{x\to a}f(x)=\alpha$, $\lim\limits_{x\to a}\dfrac{g(x)}{f(x)}=\beta$로 놓으면

$\lim\limits_{x\to a}g(x)=\lim\limits_{x\to a}f(x)\times\lim\limits_{x\to a}\dfrac{g(x)}{f(x)}=\alpha\beta$ (참)

(3) [반례] $f(x)=x$, $g(x)=\dfrac{1}{x}$이면 $\lim\limits_{x\to 0}f(x)=0$,

$\lim\limits_{x\to 0}f(x)g(x)=1$이지만 $\lim\limits_{x\to 0}g(x)$의 값은 존재하지 않는다.

(거짓)

(4) $\lim\limits_{x\to a}f(x)=\alpha$, $\lim\limits_{x\to a}f(x)g(x)=\beta$ $(\alpha\ne 0)$로 놓으면

$\lim\limits_{x\to a}g(x)=\lim\limits_{x\to a}f(x)g(x)\times\lim\limits_{x\to a}\dfrac{1}{f(x)}=\dfrac{\beta}{\alpha}$ (참)

0074

답 ②

ㄱ. $\lim\limits_{x\to a}\{f(x)+g(x)\}=\alpha$, $\lim\limits_{x\to a}\{f(x)-g(x)\}=\beta$로 놓으면

$\lim\limits_{x\to a}\{f(x)+g(x)\}-\lim\limits_{x\to a}\{f(x)-g(x)\}=2\lim\limits_{x\to a}g(x)=\alpha-\beta$

$\therefore \lim\limits_{x\to a}g(x)=\dfrac{\alpha-\beta}{2}$ (참)

ㄴ. $\lim\limits_{x\to a}g(x)=\alpha$, $\lim\limits_{x\to a}\dfrac{f(x)}{g(x)}=\beta$로 놓으면

$\lim\limits_{x\to a}f(x)=\lim\limits_{x\to a}g(x)\times\lim\limits_{x\to a}\dfrac{f(x)}{g(x)}=\alpha\beta$ (참)

ㄷ. [반례] $f(x)=\begin{cases}x-1 & (x<0)\\ 1 & (x\ge 0)\end{cases}$, $g(x)=\begin{cases}-x-1 & (x<0)\\ 1 & (x\ge 0)\end{cases}$

이면

$\lim\limits_{x\to 0-}\{f(x)-g(x)\}=\lim\limits_{x\to 0-}2x=0$,

$\lim\limits_{x\to 0+}\{f(x)-g(x)\}=\lim\limits_{x\to 0+}0=0$

이므로 $\lim\limits_{x\to 0}\{f(x)-g(x)\}=0$이지만

$\lim\limits_{x\to 0-}f(x)=\lim\limits_{x\to 0-}(x-1)=-1$, $\lim\limits_{x\to 0+}f(x)=1$이므로

$\lim\limits_{x\to 0}f(x)$의 값은 존재하지 않는다. (거짓)

따라서 옳은 것은 ㄱ, ㄴ이다.

0075 답 ③

ㄱ. [반례] $f(x)=\begin{cases} x+1 & (x<0) \\ 0 & (x=0) \\ -x+1 & (x>0) \end{cases}$, $g(x)=1$이면 모든 실수 x

에 대하여 $f(x)<g(x)$이지만 $\lim\limits_{x\to 0}f(x)=1$, $\lim\limits_{x\to 0}g(x)=1$이

므로 $\lim\limits_{x\to 0}f(x)=\lim\limits_{x\to 0}g(x)$이다. (거짓)

ㄴ. [반례] $f(x)=\dfrac{1}{x^2}$, $g(x)=\dfrac{1}{x^4}$이면 $\lim\limits_{x\to 0}f(x)=\lim\limits_{x\to 0}\dfrac{1}{x^2}=\infty$,

$\lim\limits_{x\to 0}g(x)=\lim\limits_{x\to 0}\dfrac{1}{x^4}=\infty$이지만 $\dfrac{f(x)}{g(x)}=\dfrac{\dfrac{1}{x^2}}{\dfrac{1}{x^4}}=x^2$이므로

$\lim\limits_{x\to 0}\dfrac{f(x)}{g(x)}=\lim\limits_{x\to 0}x^2=0$이다. (거짓)

ㄷ. $f(x)<g(x)<f(x+1)$이고 $\lim\limits_{x\to\infty}f(x)=\lim\limits_{x\to\infty}f(x+1)=2$이

므로 함수의 극한의 대소 관계에 의하여 $\lim\limits_{x\to\infty}g(x)=2$이다.

이때 $\lim\limits_{x\to\infty}x=\infty$이므로 $\lim\limits_{x\to\infty}\dfrac{g(x)}{x}=0$이다. (참)

따라서 옳은 것은 ㄷ이다.

> **Bible Says** **함수의 극한의 대소 관계**
>
> $\lim\limits_{x\to a}f(x)=\alpha$, $\lim\limits_{x\to a}g(x)=\beta$ (α, β는 실수)일 때 a에 가까운 모든 실수 x에 대하여
> (1) $f(x)<g(x)$이면 $\alpha\le\beta$
> (2) $f(x)<h(x)<g(x)$이고 $\alpha=\beta$이면 $\lim\limits_{x\to a}h(x)=\alpha$

> **참고**
>
> ㄷ에서 $x+1=t$로 놓으면 $x\to\infty$일 때, $t\to\infty$이므로
> $\lim\limits_{x\to\infty}f(x+1)=\lim\limits_{t\to\infty}f(t)=2$이다.

0076 답 ⑤

ㄱ. [반례] $f(x)=x^2+1$이면 $\lim\limits_{x\to 0}\dfrac{x}{f(x)}=0$이지만 $\lim\limits_{x\to 0}f(x)=1$

이다. (거짓)

ㄴ. $\lim\limits_{x\to\infty}x^2 f(x)=2$이고 $\lim\limits_{x\to\infty}\dfrac{1}{x^2}=0$이므로

$\lim\limits_{x\to\infty}f(x)=\lim\limits_{x\to\infty}\left\{x^2 f(x)\times\dfrac{1}{x^2}\right\}$

$\qquad\qquad\quad=\lim\limits_{x\to\infty}x^2 f(x)\times\lim\limits_{x\to\infty}\dfrac{1}{x^2}$

$\qquad\qquad\quad=2\times 0=0$ (참)

ㄷ. $3x^2<f(x)<3x^2+x$에서 각 변을 $\sqrt{x^4+1}$로 나누면

$\dfrac{3x^2}{\sqrt{x^4+1}}<\dfrac{f(x)}{\sqrt{x^4+1}}<\dfrac{3x^2+x}{\sqrt{x^4+1}}$

이때

$\lim\limits_{x\to\infty}\dfrac{3x^2}{\sqrt{x^4+1}}=\lim\limits_{x\to\infty}\dfrac{3}{\sqrt{1+\dfrac{1}{x^4}}}=3$,

$\lim\limits_{x\to\infty}\dfrac{3x^2+x}{\sqrt{x^4+1}}=\lim\limits_{x\to\infty}\dfrac{3+\dfrac{1}{x}}{\sqrt{1+\dfrac{1}{x^4}}}=3$

이므로 함수의 극한의 대소 관계에 의하여

$\lim\limits_{x\to\infty}\dfrac{f(x)}{\sqrt{x^4+1}}=3$ (참)

따라서 옳은 것은 ㄴ, ㄷ이다.

유형 15 **새롭게 정의된 함수의 극한**

확인 문제 2

함수 $y=|x|$의 그래프와 직선 $y=t$의 위치 관계는 다음 그림과 같다.

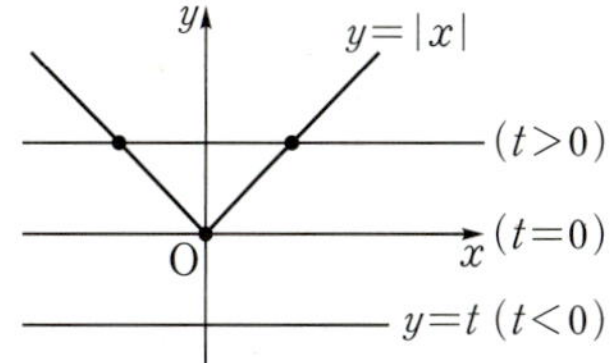

(i) $t<0$일 때

함수 $y=|x|$의 그래프와 직선 $y=t$가 만나지 않으므로

$f(t)=0$

(ii) $t=0$일 때

함수 $y=|x|$의 그래프와 직선 $y=t$가 한 점에서 만나므로

$f(t)=1$

(iii) $t>0$일 때

함수 $y=|x|$의 그래프와 직선 $y=t$가 서로 다른 두 점에서 만나므로

$f(t)=2$

(i)~(iii)에서 $f(t)=\begin{cases} 0 & (t<0) \\ 1 & (t=0) \\ 2 & (t>0) \end{cases}$

$\therefore\ \lim\limits_{t\to 0-}f(t)+\lim\limits_{t\to 0+}f(t)=0+2=2$

0077 답 ①

함수 $y=|x^2-2|=\begin{cases} x^2-2 & (x\le-\sqrt{2} \text{ 또는 } x\ge\sqrt{2}) \\ -x^2+2 & (-\sqrt{2}<x<\sqrt{2}) \end{cases}$의 그래프

와 직선 $y=t$의 위치 관계는 다음 그림과 같다.

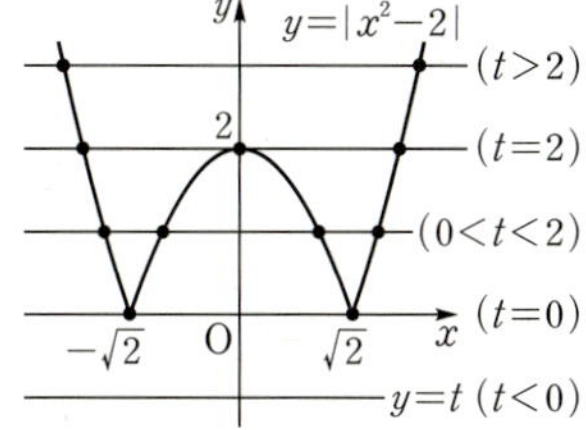

(i) $t<0$일 때

함수 $y=|x^2-2|$의 그래프와 직선 $y=t$가 만나지 않으므로

$f(t)=0$

(ii) $t=0$일 때

함수 $y=|x^2-2|$의 그래프와 직선 $y=t$가 두 점에서 만나므로

$f(t)=2$

(iii) $0<t<2$일 때

함수 $y=|x^2-2|$의 그래프와 직선 $y=t$가 네 점에서 만나므로

$f(t)=4$

(iv) $t=2$일 때

함수 $y=|x^2-2|$의 그래프와 직선 $y=t$가 세 점에서 만나므로

$f(t)=3$

(v) $t>2$일 때

함수 $y=|x^2-2|$의 그래프와 직선 $y=t$가 두 점에서 만나므로

$f(t)=2$

(i)~(v)에서 $f(t)=\begin{cases} 0 & (t<0) \\ 2 & (t=0) \\ 4 & (0<t<2) \\ 3 & (t=2) \\ 2 & (t>2) \end{cases}$

$\therefore \displaystyle\lim_{t\to 0-}f(t)+\lim_{t\to 2+}f(t)=0+2=2$

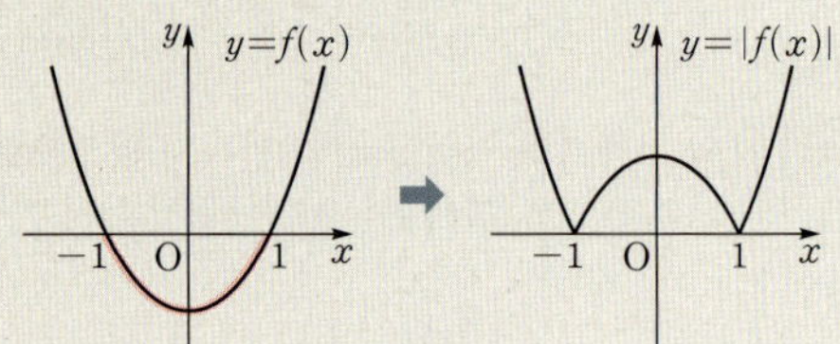

Bible Says 함수 $y=|f(x)|$의 그래프

함수 $y=|f(x)|$의 그래프는 함수 $y=f(x)$의 그래프에서 $y<0$인 부분을 x축에 대하여 대칭이동하여 그린다.

참고

함수 $y=f(t)$의 그래프는 오른쪽 그림과 같으므로

$\displaystyle\lim_{t\to 0-}f(t)=0,\ \lim_{t\to 2+}f(t)=2$

임을 알 수 있다.

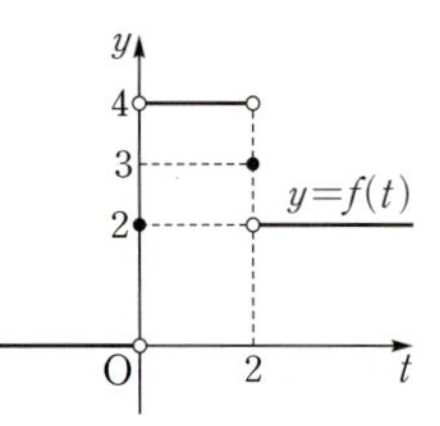

0078

답 ③

원 $x^2+y^2=t^2$의 반지름의 길이가 $|t|$이므로 t의 값의 범위에 따라 $f(t)$의 값을 나누어 구하면 다음과 같다.

(i) $|t|>2$일 때

오른쪽 그림과 같이 원 $x^2+y^2=t^2$과 직선 $y=2$가 서로 다른 두 점에서 만나므로

$f(t)=2$

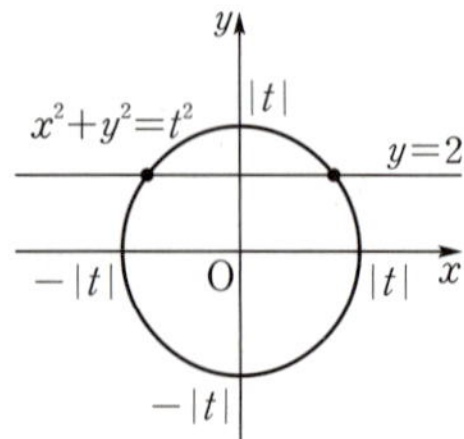

(ii) $|t|=2$일 때

오른쪽 그림과 같이 원 $x^2+y^2=t^2$과 직선 $y=2$가 한 점에서 만나므로

$f(t)=1$

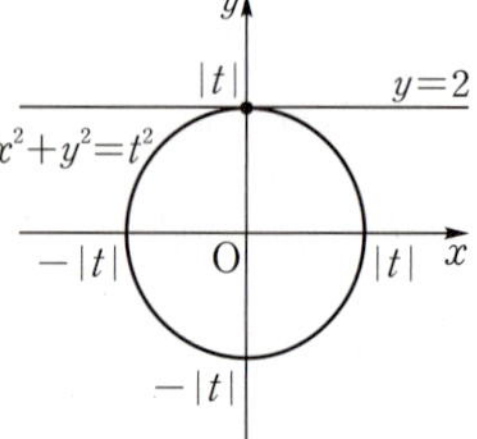

(iii) $0<|t|<2$일 때

오른쪽 그림과 같이 원 $x^2+y^2=t^2$과 직선 $y=2$가 만나지 않으므로

$f(t)=0$

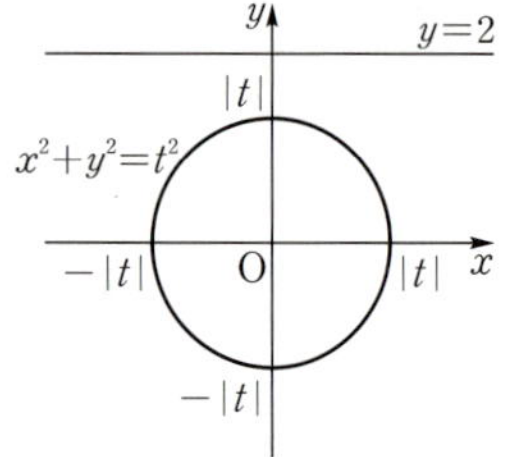

(i)~(iii)에서 $f(t)=\begin{cases} 2 & (t<-2 \text{ 또는 } t>2) \\ 1 & (t=-2 \text{ 또는 } t=2) \\ 0 & (-2<t<2,\ t\neq 0) \end{cases}$

$\therefore \displaystyle\lim_{t\to -2-}f(t)+\lim_{t\to 2-}f(t)+f(2)=2+0+1=3$

0079

답 4

직선 $y=2x+k$, 즉 $2x-y+k=0$이 원에 접할 때 직선과 원의 중심 $(2,\,3)$ 사이의 거리가 $\sqrt{5}$이므로

$\dfrac{|4-3+k|}{\sqrt{4+1}}=\sqrt{5},\ |1+k|=5$

$k+1=-5$ 또는 $k+1=5$

$\therefore k=-6$ 또는 $k=4$

따라서 k의 값의 범위에 따라 $f(k)$의 값을 나누어 구하면 다음과 같다.

(i) $k<-6$ 또는 $k>4$일 때

원과 직선이 만나지 않으므로

$f(k)=0$

(ii) $k=-6$ 또는 $k=4$일 때

원과 직선이 한 점에서 만나므로

$f(k)=1$

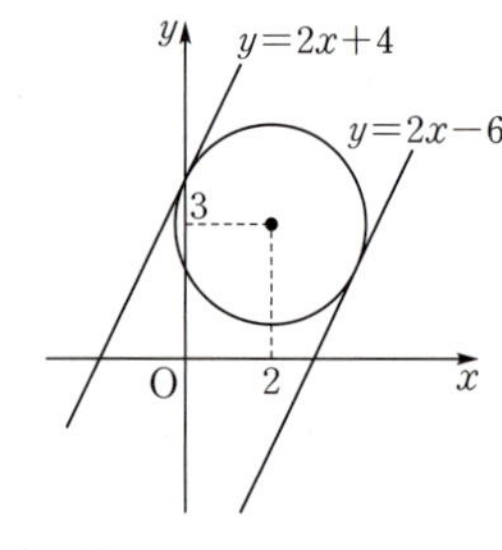

(iii) $-6<k<4$일 때

원과 직선이 서로 다른 두 점에서 만나므로

$f(k)=2$

(i)~(iii)에서 $f(k)=\begin{cases} 0 & (k<-6 \text{ 또는 } k>4) \\ 1 & (k=-6 \text{ 또는 } k=4) \\ 2 & (-6<k<4) \end{cases}$

$\therefore \displaystyle\lim_{k\to -6+}f(k)+\lim_{k\to 4-}f(k)=2+2=4$

다른 풀이

중심이 점 $(2,\,3)$이고 반지름의 길이가 $\sqrt{5}$인 원의 방정식은

$(x-2)^2+(y-3)^2=5$

위의 식에 $y=2x+k$를 대입하여 정리하면

$(x-2)^2+(2x+k-3)^2=5$

$x^2-4x+4+4x^2+4(k-3)x+k^2-6k+9=5$

$5x^2+4(k-4)x+k^2-6k+8=0$

위의 이차방정식의 판별식을 D라 하면

$$\frac{D}{4}=\{2(k-4)\}^2-5(k^2-6k+8)$$

$$=-k^2-2k+24=-(k+6)(k-4)$$

D의 값의 부호에 따라 $f(k)$의 값을 나누어 구하면 다음과 같다.

(ⅰ) $D>0$, 즉 $-6<k<4$일 때

　원과 직선이 서로 다른 두 점에서 만나므로

　　$f(k)=2$

(ⅱ) $D=0$, 즉 $k=-6$ 또는 $k=4$일 때

　원과 직선이 한 점에서 만나므로

　　$f(k)=1$

(ⅲ) $D<0$, 즉 $k<-6$ 또는 $k>4$일 때

　원과 직선이 만나지 않으므로

　　$f(k)=0$

(ⅰ)~(ⅲ)에서 $f(k)=\begin{cases} 0 & (k<-6 \text{ 또는 } k>4) \\ 1 & (k=-6 \text{ 또는 } k=4) \\ 2 & (-6<k<4) \end{cases}$

$\therefore \displaystyle\lim_{k\to-6+}f(k)+\lim_{k\to4-}f(k)=2+2=4$

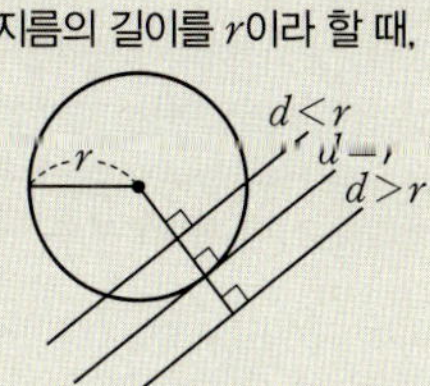

0080　답 3

t의 값의 범위에 따라 $g(t)$의 값을 나누어 구하면 다음과 같다.

(ⅰ) $t\le-2$일 때

　오른쪽 그림과 같이 함수 $y=f(x)$의 그래프가 직선 $y=x+t$와 한 점에서 만나므로

　　$g(t)=1$

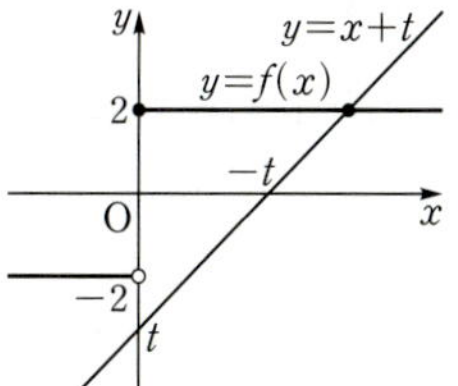

(ⅱ) $-2<t\le2$일 때

　오른쪽 그림과 같이 함수 $y=f(x)$의 그래프가 직선 $y=x+t$와 서로 다른 두 점에서 만나므로

　　$g(t)=2$

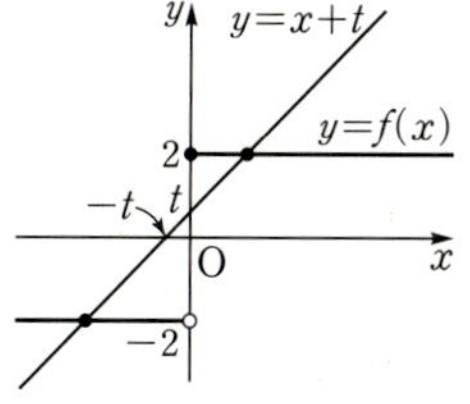

(ⅲ) $t>2$일 때

　오른쪽 그림과 같이 함수 $y=f(x)$의 그래프가 직선 $y=x+t$와 한 점에서 만나므로

　　$g(t)=1$

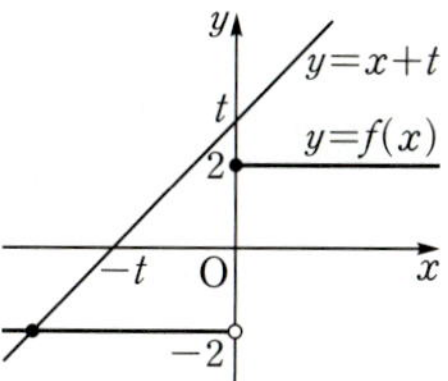

(ⅰ)~(ⅲ)에서 $g(t)=\begin{cases} 1 & (t\le-2) \\ 2 & (-2<t\le2) \\ 1 & (t>2) \end{cases}$

$\therefore \displaystyle\lim_{t\to-2-}g(t)+\lim_{t\to2-}g(t)=1+2=3$

0081　답 4

$(x-a)(x-a+1)=0$에서 $x=a-1$ 또는 $x=a$

$\therefore A=\{a-1,\ a\}$

$(x+1)(x-1)\le0$에서 $-1\le x\le1$

$\therefore B=\{x\,|\,-1\le x\le1\}$

$f(a)=n(A\cap B)$이므로 a의 값의 범위에 따라 $f(a)$의 값을 나누어 구하면 다음과 같다.

(ⅰ) $a<-1$일 때

　$a-1<-2$이므로 $A\cap B=\varnothing$

　$\therefore f(a)=0$

(ⅱ) $-1\le a<0$일 때

　$-2\le a-1<-1$이므로 $A\cap B=\{a\}$

　$\therefore f(a)=1$

(ⅲ) $0\le a\le1$일 때

　$-1\le a-1\le0$이므로 $A\cap B=\{a-1,\ a\}$

　$\therefore f(a)=2$

(ⅳ) $1<a\le2$일 때

　$0<a-1\le1$이므로 $A\cap B=\{a-1\}$

　$\therefore f(a)=1$

(ⅴ) $a>2$일 때

　$a-1>1$이므로 $A\cap B=\varnothing$

　$\therefore f(a)=0$

(ⅰ)~(ⅴ)에서 $f(a)=\begin{cases} 0 & (a<-1) \\ 1 & (-1\le a<0) \\ 2 & (0\le a\le1) \\ 1 & (1<a\le2) \\ 0 & (a>2) \end{cases}$

$$\therefore \lim_{a \to -1+} f(a) + \lim_{a \to -1-} f(a) + f(2) = 1 + 2 + 1 = 4$$

❷

채점 기준	배점
❶ a의 값의 범위에 따라 $f(a)$의 값 구하기	80%
❷ $\lim\limits_{a \to -1+} f(a) + \lim\limits_{a \to -1-} f(a) + f(2)$의 값 구하기	20%

유형 16 함수의 극한과 도형

0082
답 6

두 점 A, B의 x좌표는 $x^2 = k$, $\dfrac{1}{4}x^2 = k$에서 각각 $x = \sqrt{k}$, $x = \sqrt{4k}$

이므로

$A(\sqrt{k},\, k)$, $B(\sqrt{4k},\, k)$

따라서 $\overline{OA} = \sqrt{k^2+k}$, $\overline{OB} = \sqrt{k^2+4k}$이므로

$4 \lim\limits_{k \to \infty} (\overline{OB} - \overline{OA})$

$= 4 \lim\limits_{k \to \infty} (\sqrt{k^2+4k} - \sqrt{k^2+k})$

$= 4 \lim\limits_{k \to \infty} \dfrac{(\sqrt{k^2+4k} - \sqrt{k^2+k})(\sqrt{k^2+4k} + \sqrt{k^2+k})}{\sqrt{k^2+4k} + \sqrt{k^2+k}}$

$= 4 \lim\limits_{k \to \infty} \dfrac{3k}{\sqrt{k^2+4k} + \sqrt{k^2+k}}$

$= 4 \lim\limits_{k \to \infty} \dfrac{3}{\sqrt{1+\dfrac{4}{k}} + \sqrt{1+\dfrac{1}{k}}}$

$= 4 \times \dfrac{3}{1+1} = 6$

0083
답 ③

선분 OP의 중점을 M이라 하면

$M\left(\dfrac{1}{2}t,\, \dfrac{1}{6}t^2\right)$

직선 OP의 기울기가 $\dfrac{\dfrac{1}{3}t^2}{t} = \dfrac{1}{3}t$이므로

점 M을 지나고 직선 OP에 수직인 직선

의 방정식은

$y - \dfrac{1}{6}t^2 = -\dfrac{3}{t}\left(x - \dfrac{1}{2}t\right)$ $\therefore y = -\dfrac{3}{t}x + \dfrac{3}{2} + \dfrac{1}{6}t^2$

위의 식에 $x=0$을 대입하면 $y = \dfrac{1}{6}t^2 + \dfrac{3}{2}$이므로

$f(t) = \dfrac{1}{6}t^2 + \dfrac{3}{2}$

$\therefore \lim\limits_{t \to 0+} f(t) = \lim\limits_{t \to 0+} \left(\dfrac{1}{6}t^2 + \dfrac{3}{2}\right) = \dfrac{3}{2}$

0084
답 ②

직선 OP의 기울기가 $\dfrac{\sqrt{2t}}{t}$이므로 점 $P(t,\, \sqrt{2t})$를 지나고 선분 OP

에 수직인 직선의 방정식은

$y - \sqrt{2t} = -\dfrac{t}{\sqrt{2t}}(x - t)$

위의 식에 $y=0$을 대입하면

$-\sqrt{2t} = -\dfrac{t}{\sqrt{2t}}x + \dfrac{t^2}{\sqrt{2t}}$, $\dfrac{t}{\sqrt{2t}}x = \dfrac{t^2}{\sqrt{2t}} + \sqrt{2t}$

$\therefore x = t+2$

$\therefore Q(t+2,\, 0)$

따라서 삼각형 POQ의 넓이는

$S(t) = \dfrac{1}{2} \times (t+2) \times \sqrt{2t} = \dfrac{\sqrt{2t}(t+2)}{2}$

$\therefore \lim\limits_{t \to \infty} \dfrac{\{S(t)\}^2}{t^3} = \lim\limits_{t \to \infty} \dfrac{\dfrac{1}{2}t(t+2)^2}{t^3}$

$\qquad = \lim\limits_{t \to \infty} \dfrac{1}{2}\left(1 + \dfrac{2}{t}\right)^2 = \dfrac{1}{2}$

0085
답 2

원 $x^2 + y^2 = 4$ 위의 점 $P(t,\, \sqrt{4-t^2})$에서의 접선의 방정식은

$tx + \sqrt{4-t^2}\, y = 4$

❶

위의 식에 $y=0$을 대입하면 $x = \dfrac{4}{t}$이므로

$Q\left(\dfrac{4}{t},\, 0\right)$

따라서 $\overline{HA} = 2-t$, $\overline{HQ} = \dfrac{4}{t} - t$이므로

❷

$\lim\limits_{t \to 2-} \dfrac{\overline{HQ}}{\overline{HA}} = \lim\limits_{t \to 2-} \dfrac{\dfrac{4}{t} - t}{2-t} = \lim\limits_{t \to 2-} \dfrac{\dfrac{1}{t}(4-t^2)}{2-t}$

$\qquad = \lim\limits_{t \to 2-} \dfrac{\dfrac{1}{t}(2-t)(2+t)}{2-t}$

$\qquad = \lim\limits_{t \to 2-} \dfrac{2+t}{t} = \dfrac{2+2}{2} = 2$

❸

채점 기준	배점
❶ 원 위의 점 P에서의 접선의 방정식 구하기	30%
❷ $\overline{HA}$, $\overline{HQ}$를 t에 대한 식으로 나타내기	30%
❸ $\lim\limits_{t \to 2-} \dfrac{\overline{HQ}}{\overline{HA}}$의 값 구하기	40%

> **Bible Says** 원 위의 한 점에서의 접선의 방정식
>
> 원 $x^2 + y^2 = r^2$ 위의 점 (a, b)에서의 접선의 방정식은
> $ax + by = r^2$

0086
답 ②

두 점 A, B의 좌표가 각각 $(t,\, t^2-2t)$, $(t,\, 2\sqrt{t+1}-2)$이므로

$f(t) = \dfrac{1}{2} \times \overline{OH} \times \overline{AH} = \dfrac{1}{2} \times t \times |t^2-2t|$

$g(t) = \dfrac{1}{2} \times \overline{OH} \times \overline{BH} = \dfrac{1}{2} \times t \times (2\sqrt{t+1}-2)$

$$\therefore \lim_{t\to 0+}\frac{g(t)}{f(t)}=\lim_{t\to 0+}\frac{\dfrac{t}{2}(2\sqrt{t+1}-2)}{\dfrac{t}{2}|t^2-2t|}$$

$$=\lim_{t\to 0+}\frac{2\sqrt{t+1}-2}{t(2-t)}\ (\because 0<t<2)$$

$$=\lim_{t\to 0+}\frac{2(\sqrt{t+1}-1)(\sqrt{t+1}+1)}{t(2-t)(\sqrt{t+1}+1)}$$

$$=\lim_{t\to 0+}\frac{2t}{t(2-t)(\sqrt{t+1}+1)}$$

$$=\lim_{t\to 0+}\frac{2}{(2-t)(\sqrt{t+1}+1)}$$

$$=\frac{2}{2\times(1+1)}=\frac{1}{2}$$

0087 답 ④

두 점 A, B의 좌표를 각각 $(a,\ ta+t+1)$, $(b,\ tb+t+1)$이라 하자. (단, $a<b$)

$tx+t+1=x^2-tx-1$에서 $x^2-2tx-t-2=0$이고 이 이차방정식은 a, b를 두 실근으로 갖는다.

이차방정식의 근과 계수의 관계에 의하여

$a+b=-(-2t)=2t$, $ab=-t-2$

이므로

$$(b-a)^2=(a+b)^2-4ab$$
$$=(2t)^2-4(-t-2)=4t^2+4t+8$$
$$\therefore \overline{AB}=\sqrt{(b-a)^2+\{(tb+t+1)-(ta+t+1)\}^2}$$
$$=\sqrt{(b-a)^2+t^2(b-a)^2}$$
$$=\sqrt{(t^2+1)(b-a)^2}$$
$$=\sqrt{(t^2+1)(4t^2+4t+8)}$$
$$\therefore \lim_{t\to\infty}\frac{\overline{AB}}{t^2}=\lim_{t\to\infty}\frac{\sqrt{(t^2+1)(4t^2+4t+8)}}{t^2}$$
$$=\lim_{t\to\infty}\sqrt{\left(1+\frac{1}{t^2}\right)\left(4+\frac{4}{t}+\frac{8}{t^2}\right)}$$
$$=\sqrt{1\times 4}=2$$

0088 답 ④

점 P의 좌표가 $(t,\ \sqrt{t})$ $(t>4)$이므로

$\overline{OP}^2=t^2+(\sqrt{t})^2=t^2+t$

점 P와 직선 $y=\dfrac{1}{2}x$, 즉 $x-2y=0$ 사이의 거리는 선분 PH의 길이와 같으므로

$$\overline{PH}=\frac{|t-2\sqrt{t}|}{\sqrt{1^2+(-2)^2}}=\frac{|t-2\sqrt{t}|}{\sqrt{5}}$$

이때 삼각형 PHO는 직각삼각형이므로 피타고라스 정리에 의하여

$$\overline{OH}^2=\overline{OP}^2-\overline{PH}^2$$
$$=t^2+t-\frac{(t-2\sqrt{t})^2}{5}$$
$$=\frac{5(t^2+t)-(t^2-4t\sqrt{t}+4t)}{5}=\frac{4t^2+4t\sqrt{t}+t}{5}$$

$$\therefore \lim_{t\to\infty}\frac{\overline{OH}^2}{\overline{OP}^2}=\lim_{t\to\infty}\frac{4t^2+4t\sqrt{t}+t}{5(t^2+t)}$$

$$=\lim_{t\to\infty}\frac{4+\dfrac{4}{\sqrt{t}}+\dfrac{1}{t}}{5\left(1+\dfrac{1}{t}\right)}=\frac{4}{5}$$

$\overline{OH}^2$을 다음과 같이 구할 수도 있다.

직선 PH는 직선 $y=\dfrac{1}{2}x$와 수직이므로 기울기가 -2이고, 점 $\mathrm{P}(t,\ \sqrt{t})$를 지나므로 직선 PH의 방정식은

$y-\sqrt{t}=-2(x-t)$ $\therefore y=-2x+2t+\sqrt{t}$

직선 PH와 직선 $y=\dfrac{1}{2}x$의 교점 H의 x좌표를 구하면

$-2x+2t+\sqrt{t}=\dfrac{1}{2}x$, $-4x+4t+2\sqrt{t}=x$

$5x=4t+2\sqrt{t}$ $\therefore x=\dfrac{4t+2\sqrt{t}}{5}$

이때 점 H는 직선 $y=\dfrac{1}{2}x$ 위의 점이므로

$$\mathrm{H}\left(\frac{4t+2\sqrt{t}}{5},\ \frac{2t+\sqrt{t}}{5}\right)$$
$$\therefore \overline{OH}^2=\left(\frac{4t+2\sqrt{t}}{5}\right)^2+\left(\frac{2t+\sqrt{t}}{5}\right)^2$$
$$=\frac{16t^2+16t\sqrt{t}+4t+4t^2+4t\sqrt{t}+t}{25}$$
$$=\frac{20t^2+20t\sqrt{t}+5t}{25}=\frac{4t^2+4t\sqrt{t}+t}{5}$$

내신 잡는 종합 문제

0089 답 ④

$\lim_{x\to -1-}f(x)=-2$이므로 $a=-2$

$x+3=t$로 놓으면 $x\to -2+$일 때, $t\to 1+$이므로

$$\lim_{x\to a+}f(x+3)=\lim_{x\to -2+}f(x+3)=\lim_{t\to 1+}f(t)=1$$

0090 답 ②

$$\lim_{x\to 2+}\frac{x^2-4}{|x-2|}=\lim_{x\to 2+}\frac{(x+2)(x-2)}{x-2}$$
$$=\lim_{x\to 2+}(x+2)=4=a$$

$x\to 3-$일 때 $(x+3)\to 6-$, $(x^2-9)\to 0-$이므로

$$\lim_{x\to 3-}\frac{[x+3]}{[x^2-9]}=\frac{5}{-1}=-5=b$$

$$\therefore a+b=4+(-5)=-1$$

0091

답 15

$\lim\limits_{x \to 9} \dfrac{x-a}{\sqrt{x}-3}=b$에서 극한값이 존재하고 $x \to 9$일 때, (분모) $\to 0$

이므로 (분자) $\to 0$이어야 한다.

즉, $\lim\limits_{x \to 9}(x-a)=0$이므로 $9-a=0$

$\therefore a=9$

$a=9$를 주어진 식에 대입하면

$$\lim_{x \to 9} \frac{x-a}{\sqrt{x}-3}=\lim_{x \to 9}\frac{x-9}{\sqrt{x}-3}$$
$$=\lim_{x \to 9}\frac{(x-9)(\sqrt{x}+3)}{(\sqrt{x}-3)(\sqrt{x}+3)}$$
$$=\lim_{x \to 9}\frac{(x-9)(\sqrt{x}+3)}{x-9}$$
$$=\lim_{x \to 9}(\sqrt{x}+3)=6=b$$

$\therefore a+b=9+6=15$

0092

답 ③

$f(x)-2g(x)=h(x)$로 놓으면 $\lim\limits_{x \to \infty}h(x)=2$이고

$f(x)=h(x)+2g(x)$이므로

$$\lim_{x \to \infty}\frac{2f(x)+g(x)}{3f(x)-g(x)}=\lim_{x \to \infty}\frac{2\{h(x)+2g(x)\}+g(x)}{3\{h(x)+2g(x)\}-g(x)}$$
$$=\lim_{x \to \infty}\frac{2h(x)+5g(x)}{3h(x)+5g(x)}$$

이때 $\lim\limits_{x \to \infty}g(x)=\infty$, $\lim\limits_{x \to \infty}h(x)=2$에서 $\lim\limits_{x \to \infty}\dfrac{h(x)}{g(x)}=0$이므로

$$\lim_{x \to \infty}\frac{2h(x)+5g(x)}{3h(x)+5g(x)}=\lim_{x \to \infty}\frac{2\times\dfrac{h(x)}{g(x)}+5}{3\times\dfrac{h(x)}{g(x)}+5}$$
$$=\frac{2\times0+5}{3\times0+5}=1$$

0093

답 ④

$$\lim_{x \to a}\frac{x^2-a^2}{x-a}=\lim_{x \to a}\frac{(x+a)(x-a)}{x-a}$$
$$=\lim_{x \to a}(x+a)=2a=4$$

$\therefore a=2$

$$\lim_{x \to \infty}(\sqrt{x^2+ax}-\sqrt{x^2+bx})$$
$$=\lim_{x \to \infty}(\sqrt{x^2+2x}-\sqrt{x^2+bx})$$
$$=\lim_{x \to \infty}\frac{(\sqrt{x^2+2x}-\sqrt{x^2+bx})(\sqrt{x^2+2x}+\sqrt{x^2+bx})}{\sqrt{x^2+2x}+\sqrt{x^2+bx}}$$
$$=\lim_{x \to \infty}\frac{(2-b)x}{\sqrt{x^2+2x}+\sqrt{x^2+bx}}$$
$$=\lim_{x \to \infty}\frac{2-b}{\sqrt{1+\dfrac{2}{x}}+\sqrt{1+\dfrac{b}{x}}}$$
$$=\frac{2-b}{1+1}=6$$

$2-b=12$ $\quad \therefore b=-10$

$\therefore a+b=2+(-10)=-8$

0094

답 ⑤

$x-1=t$로 놓으면 $x \to 1$일 때, $t \to 0$이므로

$$\lim_{x \to 1}\frac{f(x-1)-1}{x-1}=\lim_{t \to 0}\frac{f(t)-1}{t}=2$$

$\lim\limits_{t \to 0}\dfrac{f(t)-1}{t}=2$에서 극한값이 존재하고 $t \to 0$일 때, (분모) $\to 0$

이므로 (분자) $\to 0$이어야 한다.

즉, $\lim\limits_{t \to 0}\{f(t)-1\}=0$이므로 $\lim\limits_{t \to 0}f(t)=1$

$$\therefore \lim_{x \to 0}\frac{\{f(x)\}^2-f(x)}{x^2+x}=\lim_{x \to 0}\frac{f(x)\{f(x)-1\}}{x^2+x}$$
$$=\lim_{x \to 0}\left\{\frac{f(x)-1}{x}\times\frac{f(x)}{x+1}\right\}$$
$$=2\times\frac{1}{1}=2$$

0095

답 ④

$x>0$일 때, $\sqrt{x^2+4x}-x<f(x)<\dfrac{1}{\sqrt{x^2+x}-x}$에서

$$\lim_{x \to \infty}(\sqrt{x^2+4x}-x)=\lim_{x \to \infty}\frac{(\sqrt{x^2+4x}-x)(\sqrt{x^2+4x}+x)}{\sqrt{x^2+4x}+x}$$
$$=\lim_{x \to \infty}\frac{4x}{\sqrt{x^2+4x}+x}$$
$$=\lim_{x \to \infty}\frac{4}{\sqrt{1+\dfrac{4}{x}}+1}$$
$$=\frac{4}{1+1}=2,$$

$$\lim_{x \to \infty}\frac{1}{\sqrt{x^2+x}-x}=\lim_{x \to \infty}\frac{\sqrt{x^2+x}+x}{(\sqrt{x^2+x}-x)(\sqrt{x^2+x}+x)}$$
$$=\lim_{x \to \infty}\frac{\sqrt{x^2+x}+x}{x}$$
$$=\lim_{x \to \infty}\left(\sqrt{1+\dfrac{1}{x}}+1\right)$$
$$=1+1=2$$

이므로 함수의 극한의 대소 관계에 의하여

$\lim\limits_{x \to \infty}f(x)=2$

0096

답 1

$f(x)=t$로 놓으면 $x \to 1-$일 때, $t \to -1-$이므로

$$\lim_{x \to 1-}g(f(x))=\lim_{t \to -1-}g(t)=\lim_{t \to -1-}(t^2+t)=0$$

$g(x)=s$로 놓으면 $x \to 1+$일 때, $s \to 2+$이므로

$$\lim_{x \to 1+}f(g(x))=\lim_{s \to 2+}f(s)=1$$

$$\therefore \lim_{x \to 1-}g(f(x))+\lim_{x \to 1+}f(g(x))=0+1=1$$

0097

답 ③

$\lim\limits_{x \to 1}\dfrac{f(x)}{x-1}=6$에서 극한값이 존재하고 $x \to 1$일 때, (분모) $\to 0$이

므로 (분자) $\to 0$이어야 한다.

즉, $\lim\limits_{x \to 1} f(x)=0$이므로 $f(1)=0$ $\cdots\cdots$ ㉠

$\lim\limits_{x \to -1} \dfrac{f(x)}{x+1}=-2$에서 극한값이 존재하고 $x \to -1$일 때,

(분모)$\to 0$이므로 (분자)$\to 0$이어야 한다.

즉, $\lim\limits_{x \to -1} f(x)=0$이므로 $f(-1)=0$ $\cdots\cdots$ ㉡

㉠, ㉡에서 $f(x)$는 $(x+1)(x-1)$을 인수로 가지므로

$f(x)=(x+1)(x-1)(ax+b)$ (a, b는 상수, $a \neq 0$)라 하면

$$\lim_{x \to 1} \dfrac{f(x)}{x-1}=\lim_{x \to 1} \dfrac{(x+1)(x-1)(ax+b)}{x-1}$$
$$=\lim_{x \to 1}(x+1)(ax+b)$$
$$=2(a+b)=6$$

$\therefore a+b=3$ $\cdots\cdots$ ㉢

$$\lim_{x \to -1} \dfrac{f(x)}{x+1}=\lim_{x \to -1} \dfrac{(x+1)(x-1)(ax+b)}{x+1}$$
$$=\lim_{x \to -1}(x-1)(ax+b)$$
$$=-2(-a+b)=-2$$

$\therefore -a+b=1$ $\cdots\cdots$ ㉣

㉢, ㉣을 연립하여 풀면 $a=1$, $b=2$

따라서 $f(x)=(x+1)(x-1)(x+2)$이므로

$f(2)=3 \times 1 \times 4=12$

0098   답 ①

$\lim\limits_{x \to 2} f(x)=\alpha$, $\lim\limits_{x \to 2} g(x)=\beta$로 놓자.

조건 ㈐에서

$\lim\limits_{x \to 2}\{f(x)+g(x)\}=\lim\limits_{x \to 2} f(x)+\lim\limits_{x \to 2} g(x)=\alpha+\beta=2$

조건 ㈐에서

$\lim\limits_{x \to 2} f(x)g(x)=\lim\limits_{x \to 2} f(x) \times \lim\limits_{x \to 2} g(x)=\alpha\beta=-3$

이때 $\alpha+\beta=2$, $\alpha\beta=-3$이므로 이차방정식의 근과 계수의 관계에 의하여 α, β를 두 근으로 하고 이차항의 계수가 1인 이차방정식은 $x^2-2x-3=0$이다.

즉, α, β는 이차방정식 $x^2-2x-3=0$의 두 근이므로

$(x+1)(x-3)=0$ $\therefore x=-1$ 또는 $x=3$

조건 ㈎에 의하여 $\alpha>\beta$이므로

$\alpha=3$, $\beta=-1$

$\therefore \lim\limits_{x \to 2} \dfrac{f(x)}{g(x)}=\dfrac{\lim\limits_{x \to 2} f(x)}{\lim\limits_{x \to 2} g(x)}=\dfrac{\alpha}{\beta}=-3$

0099   답 ②

$f(x)=\begin{cases} x+a & (x \leq a) \\ -x+1 & (x>a) \end{cases}$, $g(x)=x(x-a)$이므로

$$\lim_{x \to a-} f(x)g(x+2)=\lim_{x \to a-}(x+a)(x+2)(x+2-a)$$
$$=2a \times (a+2) \times 2$$
$$=4a(a+2)$$

$$\lim_{x \to a+} f(x)g(x+2)=\lim_{x \to a+}(-x+1)(x+2)(x+2-a)$$
$$=(-a+1) \times (a+2) \times 2$$
$$=2(-a+1)(a+2)$$

$\lim\limits_{x \to a} f(x)g(x+2)$의 값이 존재하려면

$\lim\limits_{x \to a-} f(x)g(x+2)=\lim\limits_{x \to a+} f(x)g(x+2)$이어야 하므로

$4a(a+2)=2(-a+1)(a+2)$

$2(a+2)(2a+a-1)=0$, $(a+2)(3a-1)=0$

$\therefore a=-2$ 또는 $a=\dfrac{1}{3}$

따라서 모든 실수 a의 값의 합은

$-2+\dfrac{1}{3}=-\dfrac{5}{3}$

0100   답 ④

$f(x)$는 최고차항의 계수가 1인 이차함수이므로

$f(x)=x^2+bx+c$ (b, c는 상수)라 하자.

$f\left(\dfrac{1}{x}\right)=\dfrac{1}{x^2}+\dfrac{b}{x}+c$이므로

$\lim\limits_{x \to \infty} f\left(\dfrac{1}{x}\right)=\lim\limits_{x \to \infty}\left(\dfrac{1}{x^2}+\dfrac{b}{x}+c\right)=c=3$

$\therefore f(x)=x^2+bx+3$

$f\left(\dfrac{1}{x}\right)-f\left(-\dfrac{1}{x}\right)=\left(\dfrac{1}{x^2}+\dfrac{b}{x}+3\right)-\left(\dfrac{1}{x^2}-\dfrac{b}{x}+3\right)=\dfrac{2b}{x}$이므로

$\lim\limits_{x \to 0}|x|\left\{f\left(\dfrac{1}{x}\right)-f\left(-\dfrac{1}{x}\right)\right\}=\lim\limits_{x \to 0}\dfrac{2b|x|}{x}=a$

이때 $\lim\limits_{x \to 0-}\dfrac{2b|x|}{x}=\lim\limits_{x \to 0-}\dfrac{-2bx}{x}=-2b$,

$\lim\limits_{x \to 0+}\dfrac{2b|x|}{x}=\lim\limits_{x \to 0+}\dfrac{2bx}{x}=2b$

이므로 $-2b=2b=a$

$\therefore a=0$, $b=0$

따라서 $f(x)=x^2+3$이므로

$f(2)=4+3=7$

0101   답 4

$x^2-4x+3=0$에서 $(x-1)(x-3)=0$

$\therefore x=1$ 또는 $x=3$

$\therefore A=\{1,\ 3\}$

$(x-k)(x-k-3) \leq 0$에서 $k \leq x \leq k+3$

$\therefore B=\{x|k \leq x \leq k+3\}$

$f(k)=n(A \cap B)$이므로 k의 값의 범위에 따라 $f(k)$의 값을 나누어 구하면 다음과 같다.

(i) $k<-2$일 때

   $k+3<1$이므로 $A \cap B=\varnothing$

   $\therefore f(k)=0$

(ii) $-2 \leq k < 0$일 때

$1 \leq k+3 < 3$이므로 $A \cap B = \{1\}$

$\therefore f(k) = 1$

(iii) $0 \leq k \leq 1$일 때

$3 \leq k+3 \leq 4$이므로 $A \cap B = \{1, 3\}$

$\therefore f(k) = 2$

(iv) $1 < k \leq 3$일 때

$4 < k+3 \leq 6$이므로 $A \cap B = \{3\}$

$\therefore f(k) = 1$

(v) $k > 3$일 때

$A \cap B = \varnothing$이므로 $f(k) = 0$

(i)~(v)에서 $f(k) = \begin{cases} 0 & (k < -2) \\ 1 & (-2 \leq k < 0) \\ 2 & (0 \leq k \leq 1) \\ 1 & (1 < k \leq 3) \\ 0 & (k > 3) \end{cases}$

$\therefore \lim\limits_{k \to -2+} f(k) + \lim\limits_{k \to 1-} f(k) + f(3) = 1 + 2 + 1 = 4$

0102

점 P를 지나고 직선 $y = 2tx - 1$과 평행한 직선의 방정식을 $y = 2tx + k \, (k \neq -1)$라 하면 이차방정식 $x^2 = 2tx + k$, 즉 $x^2 - 2tx - k = 0$은 중근을 갖는다.

이 이차방정식의 판별식을 D라 하면

$\dfrac{D}{4} = (-t)^2 - 1 \times (-k) = 0$에서 $k = -t^2$

따라서 이차방정식 $x^2 - 2tx + t^2 = 0$, 즉 $(x-t)^2 = 0$은 $x = t$를 중근으로 가지므로 점 P의 좌표는 (t, t^2)

또한 직선 OP의 방정식은 $y = \dfrac{t^2}{t} x$, 즉 $y = tx$

직선 OP가 직선 $y = 2tx - 1$과 만나는 점 Q의 x좌표를 구하면

$tx = 2tx - 1, \, tx = 1 \quad \therefore x = \dfrac{1}{t}$

따라서 점 Q의 좌표는 $\left(\dfrac{1}{t}, \, 1 \right)$

$\therefore \overline{PQ} = \sqrt{\left(\dfrac{1}{t} - t \right)^2 + (1 - t^2)^2}$

$= \sqrt{\dfrac{1}{t^2}(1 - t^2)^2 + (1 - t^2)^2}$

$= \sqrt{\dfrac{1 + t^2}{t^2}(1 - t^2)^2}$

$= \dfrac{(1 - t^2)\sqrt{1 + t^2}}{t} \quad (\because 0 < t < 1)$

$\therefore \lim\limits_{t \to 1-} \dfrac{\overline{PQ}}{1 - t} = \lim\limits_{t \to 1-} \dfrac{(1+t)(1-t)\sqrt{1+t^2}}{t(1-t)}$

$= \lim\limits_{t \to 1-} \dfrac{(1+t)\sqrt{1+t^2}}{t}$

$= 2\sqrt{2}$

0103

조건 (개)의 $x > 0$일 때, $3x^3 - 5x^2 \leq xf(x) \leq 3x^3 - 2x^2 + 4x$에서 각 변을 x^3으로 나누면

$\dfrac{3x^3 - 5x^2}{x^3} \leq \dfrac{f(x)}{x^2} \leq \dfrac{3x^3 - 2x^2 + 4x}{x^3}$

이때 $\lim\limits_{x \to \infty} \dfrac{3x^3 - 5x^2}{x^3} = 3$, $\lim\limits_{x \to \infty} \dfrac{3x^3 - 2x^2 + 4x}{x^3} = 3$이므로

함수의 극한의 대소 관계에 의하여

$\lim\limits_{x \to \infty} \dfrac{f(x)}{x^2} = 3$

따라서 함수 $f(x)$는 최고차항의 계수가 3인 이차함수이므로

$f(x) = 3x^2 + ax + b \, (a, b$는 상수$) \quad \cdots\cdots \, \bigcirc$

라 하자.

➊

조건 (내)의 $\lim\limits_{x \to 2} \dfrac{f(x) - 8}{x - 2} = 8$에서 극한값이 존재하고 $x \to 2$일 때, (분모) $\to 0$이므로 (분자) $\to 0$이어야 한다.

즉, $\lim\limits_{x \to 2} \{f(x) - 8\} = 0$에서 $f(2) = 8$이므로

$12 + 2a + b = 8 \quad \therefore b = -2a - 4 \quad \cdots\cdots \, \bigcirc\!\!\bigcirc$

$\bigcirc\!\!\bigcirc$을 $\bigcirc$에 대입하면 $f(x) = 3x^2 + ax - 2a - 4$이므로

$\lim\limits_{x \to 2} \dfrac{f(x) - 8}{x - 2} = \lim\limits_{x \to 2} \dfrac{3x^2 + ax - 2a - 12}{x - 2}$

$= \lim\limits_{x \to 2} \dfrac{(x-2)(3x + a + 6)}{x - 2}$

$= \lim\limits_{x \to 2} (3x + a + 6)$

$= a + 12 = 8$

$\therefore a = -4$

이를 $\bigcirc\!\!\bigcirc$에 대입하면 $b = 4$

따라서 $f(x) = 3x^2 - 4x + 4$이므로

➋

$f(4) = 48 - 16 + 4 = 36$

➌

채점 기준	배점
➊ 조건 (개)를 이용하여 함수 $f(x)$의 식 세우기	30%
➋ 조건 (내)를 이용하여 함수 $f(x)$ 구하기	60%
➌ $f(4)$의 값 구하기	10%

0104

조건 (개)의 $\lim\limits_{x \to 1} \dfrac{f(x)}{x - 1} = 2$에서 극한값이 존재하고 $x \to 1$일 때, (분모) $\to 0$이므로 (분자) $\to 0$이어야 한다.

즉, $\lim\limits_{x \to 1} f(x) = 0$이므로 $f(1) = 0$

$f(x)$는 최고차항의 계수가 1인 삼차함수이므로

$f(x) = (x-1)(x^2 + ax + b) \, (a, b$는 상수$)$라 하자.

➊

$\lim\limits_{x \to 1} \dfrac{f(x)}{x - 1} = \lim\limits_{x \to 1} \dfrac{(x-1)(x^2 + ax + b)}{x - 1}$

$= \lim\limits_{x \to 1} (x^2 + ax + b) = 1 + a + b = 2$

$$\therefore b=1-a$$
$$\therefore f(x)=(x-1)(x^2+ax+1-a)$$

❷

조건 (내의 $f(2)=4+2a+1-a=5+a\geq7$에서

$a\geq2$이므로

$$f(3)=2\times(9+3a+1-a)$$
$$=4a+20\geq4\times2+20=28$$

따라서 $f(3)$의 최솟값은 28이다.

❸

채점 기준	배점
❶ 조건 (개의 극한값이 존재함을 이용하여 함수 $f(x)$의 식 세우기	40%
❷ 조건 (개의 식에 함수 $f(x)$를 대입하여 $f(x)$의 식 구하기	30%
❸ $f(3)$의 최솟값 구하기	30%

PART C 수능 녹인 변별력 문제

0105

답 -4

$x<0$일 때, $4x-\dfrac{28}{x^2}<f(x)<\left(1+\dfrac{2}{x}\right)^2$에서

각 변에 x^2을 곱하면

$$4x^3-28<x^2f(x)<(x+2)^2$$

이때 음수 a에 대하여

$$\lim_{x\to a}(4x^3-28)=4a^3-28,\quad \lim_{x\to a}(x+2)^2=(a+2)^2$$

이므로 함수의 극한의 대소 관계에 의하여

$$4a^3-28\leq\lim_{x\to a}x^2f(x)\leq(a+2)^2$$

이 성립한다. 이때 $\lim_{x\to a}x^2f(x)=4$이므로

$4a^3-28\leq4$에서 $a^3-8\leq0$

이 부등식은 모든 음수 a에 대하여 성립하므로

$a<0$ $\qquad$ ······ ㉠

$(a+2)^2\geq4$에서 $a^2+4a\geq0$

$a(a+4)\geq0$

$\therefore a\leq-4\ (\because a<0)$ $\qquad$ ······ ㉡

㉠, ㉡을 동시에 만족시키는 a의 값의 범위는

$a\leq-4$

따라서 구하는 음수 a의 최댓값은 -4이다.

참고

a가 음수이므로 $a^3-8=(음수)-(양수)=(음수)+(음수)<0$
즉, 모든 음수 a에 대하여 부등식 $a^3-8\leq0$이 성립한다.

0106

답 ③

(i) $a<3$일 때

$$\lim_{x\to3}\frac{x^2-9}{|x-a|-|a-3|}=\lim_{x\to3}\frac{(x+3)(x-3)}{x-a+a-3}$$
$$=\lim_{x\to3}(x+3)=6$$

따라서 $b=6$이므로 가능한 경우는

$a=1$, $b=6$ 또는 $a=2$, $b=6$

(ii) $a=3$일 때

$$\lim_{x\to3}\frac{x^2-9}{|x-a|-|a-3|}=\lim_{x\to3}\frac{(x+3)(x-3)}{|x-3|}$$

이때

$$\lim_{x\to3-}\frac{(x+3)(x-3)}{|x-3|}=\lim_{x\to3-}\{-(x+3)\}=-6,$$
$$\lim_{x\to3+}\frac{(x+3)(x-3)}{|x-3|}=\lim_{x\to3+}(x+3)=6$$

이므로 극한값이 존재하지 않는다.

(iii) $a>3$일 때

$$\lim_{x\to3}\frac{x^2-9}{|x-a|-|a-3|}=\lim_{x\to3}\frac{(x+3)(x-3)}{-x+a-a+3}$$
$$=\lim_{x\to3}\{-(x+3)\}=-6$$

이때 b는 자연수이므로 조건을 만족시키지 않는다.

(i)~(iii)에서 두 자연수 a, b의 값으로 가능한 경우는

$a=1$, $b=6$ 또는 $a=2$, $b=6$이므로 $a+b$의 최댓값은

$2+6=8$

0107

답 12

조건 (내의 $\lim\limits_{x\to\infty}\dfrac{2f(x)+g(x)}{f(x)-g(x)}=5$에서 $\dfrac{2f(x)+g(x)}{f(x)-g(x)}=h(x)$로

놓으면

$$2f(x)+g(x)=h(x)\{f(x)-g(x)\}$$

$\{h(x)-2\}f(x)=\{h(x)+1\}g(x)$이므로

$$\frac{g(x)}{f(x)}=\frac{h(x)-2}{h(x)+1}$$

이때 $\lim\limits_{x\to\infty}h(x)=5$이므로

$$\lim_{x\to\infty}\frac{g(x)}{f(x)}=\lim_{x\to\infty}\frac{h(x)-2}{h(x)+1}=\frac{5-2}{5+1}=\frac{1}{2}$$

$$\therefore \lim_{x\to\infty}\frac{3f(x)-g(x)}{2f(x)+3g(x)}=\lim_{x\to\infty}\frac{3-\dfrac{g(x)}{f(x)}}{2+3\times\dfrac{g(x)}{f(x)}}\ (\because 조건\ (개)$$

$$=\frac{3-\dfrac{1}{2}}{2+\dfrac{3}{2}}=\frac{5}{7}$$

따라서 $p=7$, $q=5$이므로

$p+q=7+5=12$

0108

답 ④

ㄱ. $f(x)=t$로 놓으면 $x \to 1+$일 때, $t \to 0+$이므로

$$\lim_{x \to 1+} f(f(x)) = \lim_{t \to 0+} f(t) = 0 \ (참)$$

ㄴ. $\lim_{x \to 1} f(g(x))$의 값이 존재하려면

$$\lim_{x \to 1-} f(g(x)) = \lim_{x \to 1+} f(g(x))$$

이어야 한다.

$g(x)=s$로 놓으면

$x \to 1-$일 때, $s \to 0-$이므로

$$\lim_{x \to 1-} f(g(x)) = \lim_{s \to 0-} f(s) = 0$$

$x \to 1+$일 때, $s \to 1-$이므로

$$\lim_{x \to 1+} f(g(x)) = \lim_{s \to 1-} f(s) = 1$$

따라서 $\lim_{x \to 1-} f(g(x)) \neq \lim_{x \to 1+} f(g(x))$이므로

$\lim_{x \to 1} f(g(x))$의 값은 존재하지 않는다. (거짓)

ㄷ. $f(x)=u$로 놓으면

$x \to -1-$일 때, $u \to 1-$이므로

$$\lim_{x \to -1-} g(f(x)) = \lim_{u \to 1-} g(u) = 0$$

$x \to -1+$일 때, $u \to -1+$이므로

$$\lim_{x \to -1+} g(f(x)) = \lim_{u \to -1+} g(u) = 0$$

$$\therefore \lim_{x \to -1} g(f(x)) = 0 \ (참)$$

따라서 옳은 것은 ㄱ, ㄷ이다.

0109

답 6

조건 ㈎에서

$$f(x) - g(x) = x^2 + 3x - 4 = (x+4)(x-1) \quad \cdots\cdots \ ㉠$$

이고 $g(x)$는 최고차항의 계수가 -1인 이차함수이다.

조건 ㈏의 $\lim_{x \to 1} \dfrac{f(x)+g(x)}{x-1} = 3$에서 극한값이 존재하고 $x \to 1$일 때,

(분모) $\to 0$이므로 (분자) $\to 0$이어야 한다.

즉, $\lim_{x \to 1} \{f(x)+g(x)\} = 0$이므로 $f(1) + g(1) = 0$

함수 $f(x)+g(x)$는 $x-1$을 인수로 가지므로

$f(x)+g(x) = -(x-1)(x+a)$ (a는 상수)라 하면

$$\lim_{x \to 1} \frac{f(x)+g(x)}{x-1} = \lim_{x \to 1} \frac{-(x-1)(x+a)}{x-1}$$
$$= \lim_{x \to 1} \{-(x+a)\}$$
$$= -1 - a = 3$$

$$\therefore a = -4$$

$$\therefore f(x)+g(x) = -(x-1)(x-4)$$
$$= -x^2 + 5x - 4 \quad \cdots\cdots \ ㉡$$

㉠, ㉡을 연립하여 풀면

$f(x) = 4(x-1)$, $g(x) = -x^2 + x$이므로

$$f(3) + g(2) = 8 + (-2) = 6$$

0110

답 ①

$x < -1$일 때, $f(x) = \dfrac{x+2}{x+1} = 1 + \dfrac{1}{x+1}$

$x \geq -1$일 때, $f(x) = x^2 - 2x - 1 = (x-1)^2 - 2$

이므로 함수 $y=f(x)$의 그래프는 다음 그림과 같다.

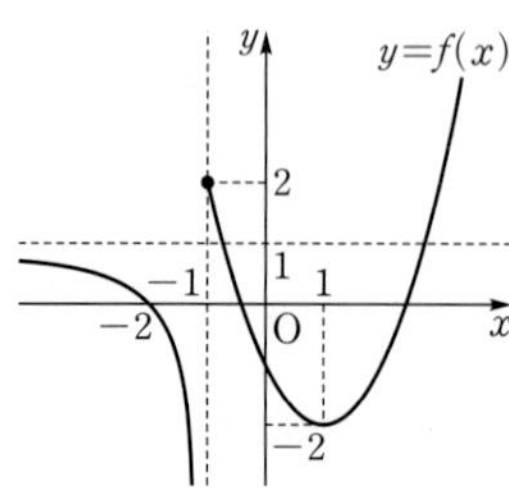

따라서 t의 값의 범위에 따라 $g(t)$의 값을 나누어 구하면 다음과 같다.

(ⅰ) $t < -2$일 때

함수 $y=f(x)$의 그래프와 직선 $y=t$가 한 점에서 만나므로

$g(t) = 1$

(ⅱ) $t = -2$일 때

함수 $y=f(x)$의 그래프와 직선 $y=t$가 서로 다른 두 점에서 만나므로

$g(t) = 2$

(ⅲ) $-2 < t < 1$일 때

함수 $y=f(x)$의 그래프와 직선 $y=t$가 서로 다른 세 점에서 만나므로

$g(t) = 3$

(ⅳ) $1 \leq t \leq 2$일 때

함수 $y=f(x)$의 그래프와 직선 $y=t$가 서로 다른 두 점에서 만나므로

$g(t) = 2$

(ⅴ) $t > 2$일 때

함수 $y=f(x)$의 그래프와 직선 $y=t$가 한 점에서 만나므로

$g(t) = 1$

(ⅰ)~(ⅴ)에서 $g(t) = \begin{cases} 1 & (t < -2) \\ 2 & (t = -2) \\ 3 & (-2 < t < 1) \\ 2 & (1 \leq t \leq 2) \\ 1 & (t > 2) \end{cases}$

이고 그 그래프는 다음 그림과 같다.

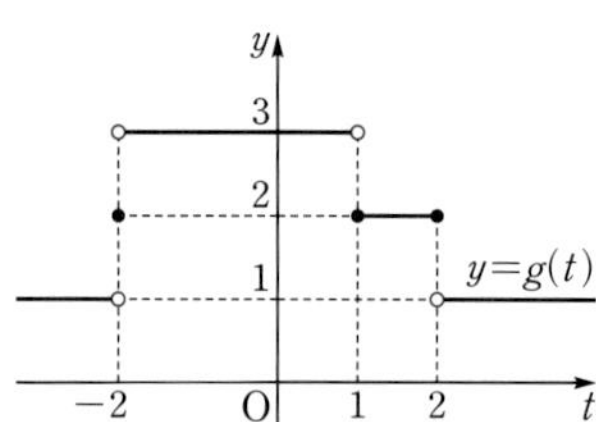

즉, $\lim_{t \to a-} g(t) \neq \lim_{t \to a+} g(t)$를 만족시키는 실수 a의 값은

-2, 1, 2이므로 구하는 합은

$$-2 + 1 + 2 = 1$$

0111

답 ④

$\lim_{x \to a} f(x) \neq 0$이면 $\lim_{x \to a} \dfrac{f(x)-(x-a)}{f(x)+(x-a)} = \dfrac{f(a)}{f(a)} = 1 \neq \dfrac{3}{5}$이므로

$\lim_{x \to a} f(x) = 0$이어야 한다.

이때 함수 $f(x)$는 다항함수이므로 $f(a) = 0$

즉, a는 이차방정식 $f(x) = 0$의 두 근 α, β 중 하나이다.

$f(x)$는 최고차항의 계수가 1인 이차함수이므로
$f(x)=(x-\alpha)(x-\beta)$
$\alpha=a$라 하면
$$\lim_{x\to a}\frac{f(x)-(x-a)}{f(x)+(x-a)}=\lim_{x\to a}\frac{(x-a)(x-\beta)-(x-a)}{(x-a)(x-\beta)+(x-a)}$$
$$=\lim_{x\to a}\frac{(x-a)(x-\beta-1)}{(x-a)(x-\beta+1)}$$
$$=\lim_{x\to a}\frac{x-\beta-1}{x-\beta+1}$$
$$=\frac{a-\beta-1}{a-\beta+1}=\frac{3}{5}$$
$5(a-\beta)-5=3(a-\beta)+3$
$2(a-\beta)=8$ $\therefore |a-\beta|=4$

0112
답 21

(i) $1\le x<3$일 때

　$1\le[x]\le2$이므로 $[x]$보다 작은 소수는 존재하지 않는다.

　$\therefore f(x)=0$

(ii) $3\le x<4$일 때

　$[x]=3$이므로 $[x]$보다 작은 소수는 2이다.

　$\therefore f(x)=1$

(iii) $4\le x<6$일 때

　$4\le[x]\le5$이므로 $[x]$보다 작은 소수는 2, 3이다.

　$\therefore f(x)=2$

(iv) $6\le x<8$일 때

　$6\le[x]\le7$이므로 $[x]$보다 작은 소수는 2, 3, 5이다.

　$\therefore f(x)=3$

(v) $8\le x<12$일 때

　$8\le[x]\le11$이므로 $[x]$보다 작은 소수는 2, 3, 5, 7이다.

　$\therefore f(x)=4$

(i)~(v)에서 $1\le x<12$일 때, $f(x)=\begin{cases}0 & (1\le x<3)\\1 & (3\le x<4)\\2 & (4\le x<6)\\3 & (6\le x<8)\\4 & (8\le x<12)\end{cases}$

이고 그 그래프는 다음 그림과 같다.

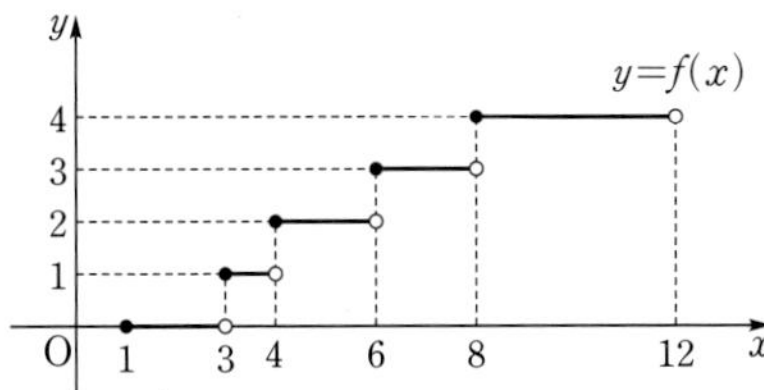

따라서 $\displaystyle\lim_{x\to k-}f(x)\ne\lim_{x\to k+}f(x)$를 만족시키는 10 이하의 자연수 k

의 값은 3, 4, 6, 8이므로 구하는 합은

　$3+4+6+8=21$

0113
답 ⑤

$\displaystyle\lim_{x\to0+}\frac{x^2f\left(\frac{1}{x}\right)-1}{1-x}=1$에서 $\dfrac{1}{x}=t$로 놓으면 $x=\dfrac{1}{t}$이고

$x\to0+$일 때, $t\to\infty$이므로

$$\lim_{x\to0+}\frac{x^2f\left(\frac{1}{x}\right)-1}{1-x}=\lim_{t\to\infty}\frac{\frac{f(t)}{t^2}-1}{1-\frac{1}{t}}=1$$

$$\lim_{t\to\infty}\left\{\frac{f(t)}{t^2}-1\right\}=1\qquad\therefore\lim_{t\to\infty}\frac{f(t)}{t^2}=2$$

따라서 $f(x)$는 최고차항의 계수가 2인 이차함수이므로

$f(x)=2x^2+ax+b$ (a, b는 상수)　……㉠

라 하자.

$\displaystyle\lim_{x\to\infty}xf\left(\frac{2}{x}\right)=2$에서 $\dfrac{2}{x}=s$로 놓으면 $x=\dfrac{2}{s}$이고

$x\to\infty$일 때, $s\to0+$이므로

$$\lim_{x\to\infty}xf\left(\frac{2}{x}\right)=\lim_{s\to0+}\frac{2f(s)}{s}=2$$

$$\therefore\lim_{s\to0+}\frac{f(s)}{s}=1\qquad\qquad……㉡$$

㉡에서 극한값이 존재하고 $s\to0+$일 때, (분모)$\to0$이므로

(분자)$\to0$이어야 한다.

즉, $\displaystyle\lim_{s\to0+}f(s)=0$이므로 $\displaystyle\lim_{s\to0+}(2s^2+as+b)=0$ ($\because$ ㉠)

$\therefore b=0$

따라서 $f(x)=2x^2+ax$이므로 이를 ㉡에 대입하면

$$\lim_{s\to0+}\frac{f(s)}{s}=\lim_{s\to0+}\frac{2s^2+as}{s}$$

$$=\lim_{s\to0+}(2s+a)=a=1$$

즉, $f(x)=2x^2+x$이므로

$f(2)=8+2=10$

0114
답 ②

직선 $y=x+t$와 곡선 $y=x^2$이 만나는 두 점 A, B의 x좌표를 각각

a, b ($b<0<a$)라 하면 a, b는 이차방정식 $x+t=x^2$, 즉

$x^2-x-t=0$의 두 실근이므로 이차방정식의 근과 계수의 관계에 의

하여

$a+b=-(-1)=1$　……㉠

$ab=-t$　……㉡

$$\overline{\text{AH}}=a-b=\sqrt{(a-b)^2}\ (\because b<0<a)$$

$$=\sqrt{(a+b)^2-4ab}$$

$$=\sqrt{1+4t}\ (\because ㉠,㉡)$$

한편, 곡선 $y=x^2$은 y축에 대하여 대칭이므로 점 C의 x좌표는 $-a$

이다. 즉, $\overline{\text{CH}}=b-(-a)=a+b=1$ ($\because$ ㉠)

$$\therefore\lim_{t\to0+}\frac{\overline{\text{AH}}-\overline{\text{CH}}}{t}=\lim_{t\to0+}\frac{\sqrt{1+4t}-1}{t}$$

$$=\lim_{t\to0+}\frac{(\sqrt{1+4t}-1)(\sqrt{1+4t}+1)}{t(\sqrt{1+4t}+1)}$$

$$=\lim_{t\to0+}\frac{4t}{t(\sqrt{1+4t}+1)}$$

$$=\lim_{t\to0+}\frac{4}{\sqrt{1+4t}+1}$$

$$=\frac{4}{1+1}=2$$

0115

답 ③

조건 ㈎에서 함수 $f(x)g(x)$는 최고차항의 계수가 2인 삼차함수이므로

$f(x)g(x)=2x^3+ax^2+bx+c$ (a, b, c는 상수)

라 하자.

조건 ㈏의 $\lim\limits_{x\to 0}\dfrac{f(x)g(x)}{x^2}=-4$에서 극한값이 존재하고 $x\to 0$일 때, (분모) $\to 0$이므로 (분자) $\to 0$이어야 한다.

즉, $\lim\limits_{x\to 0}f(x)g(x)=0$이므로 $\lim\limits_{x\to 0}(2x^3+ax^2+bx+c)=0$

따라서 $c=0$이므로

$f(x)g(x)=2x^3+ax^2+bx$ ...... ㉠

㉠을 조건 ㈏에 대입하면

$$\lim\limits_{x\to 0}\frac{f(x)g(x)}{x^2}=\lim\limits_{x\to 0}\frac{2x^3+ax^2+bx}{x^2}$$
$$=\lim\limits_{x\to 0}\frac{2x^2+ax+b}{x}=-4 \quad\cdots\cdots ㉡$$

㉡에서 극한값이 존재하고 $x\to 0$일 때, (분모) $\to 0$이므로 (분자) $\to 0$이어야 한다.

즉, $\lim\limits_{x\to 0}(2x^2+ax+b)=0$이므로 $b=0$

이를 ㉡에 대입하면

$$\lim\limits_{x\to 0}\frac{2x^2+ax+b}{x}=\lim\limits_{x\to 0}\frac{2x^2+ax}{x}$$
$$=\lim\limits_{x\to 0}(2x+a)=a=-4$$

$\therefore f(x)g(x)=2x^3-4x^2=2x^2(x-2)$

$f(x)$, $g(x)$는 상수항과 계수가 모두 정수인 다항함수이므로 $f(x)=2x^2$, $g(x)=x-2$일 때 $f(2)$는 최댓값 8을 갖는다.

0116

답 5

조건 ㈎에서 $-1\leq x\leq 1$일 때 $f(x)=|x|$이고

조건 ㈏에서 모든 실수 x에 대하여 $f(x+2)=f(x)$이므로 함수 $y=f(x)$의 그래프는 다음 그림과 같다.

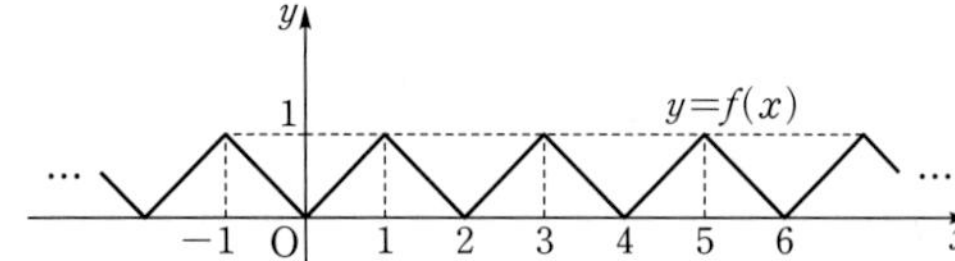

따라서 t의 값의 범위에 따라 $g(t)$의 값을 나누어 구하면 다음과 같다.

(i) $1<t<2$일 때, $\dfrac{1}{4}<\dfrac{1}{2t}<\dfrac{1}{2}$이므로

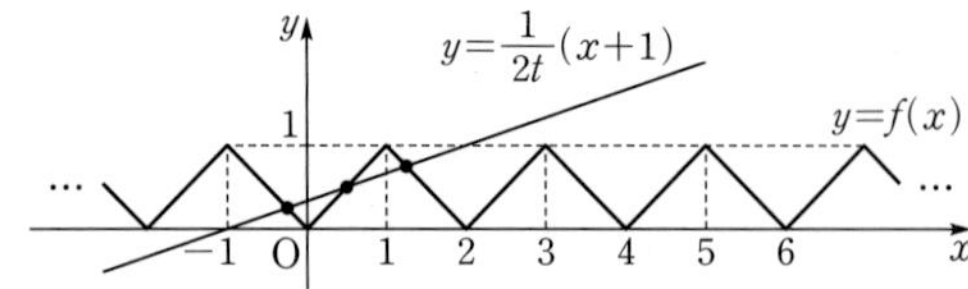

직선 $y=\dfrac{1}{2t}(x+1)$과 함수 $y=f(x)$의 그래프의 교점의 개수는

$g(t)=3$

(ii) $t=2$일 때, $\dfrac{1}{2t}=\dfrac{1}{4}$이므로

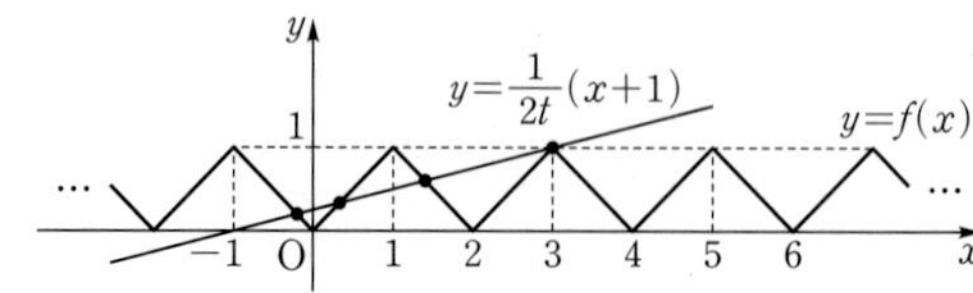

직선 $y=\dfrac{1}{2t}(x+1)$과 함수 $y=f(x)$의 그래프의 교점의 개수는

$g(t)=4$

(iii) $2<t<3$일 때, $\dfrac{1}{6}<\dfrac{1}{2t}<\dfrac{1}{4}$이므로

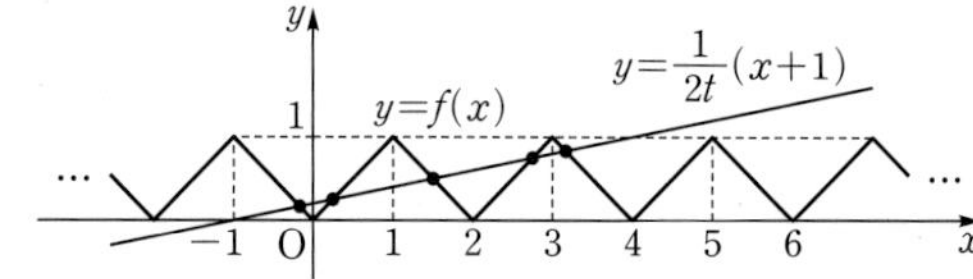

직선 $y=\dfrac{1}{2t}(x+1)$과 함수 $y=f(x)$의 그래프의 교점의 개수는

$g(t)=5$

(iv) $t=3$일 때, $\dfrac{1}{2t}=\dfrac{1}{6}$이므로

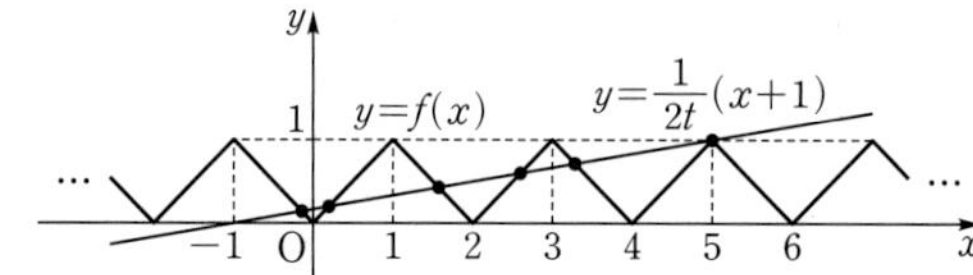

직선 $y=\dfrac{1}{2t}(x+1)$과 함수 $y=f(x)$의 그래프의 교점의 개수는

$g(t)=6$

(i)~(iv)에서 $1<t\leq 3$일 때, $g(t)=\begin{cases}3 & (1<t<2)\\ 4 & (t=2)\\ 5 & (2<t<3)\\ 6 & (t=3)\end{cases}$

따라서 $k=2$일 때, $\lim\limits_{t\to k-}g(t)=3$이고 $k=3$일 때, $\lim\limits_{t\to k-}g(t)=5$이므로 $3\leq\lim\limits_{t\to k-}g(t)\leq 5$를 만족시키는 모든 자연수 k의 값의 합은

$2+3=5$

PART **A** 02 함수의 연속

유형 01 함수의 연속

확인 문제   (1) 연속   (2) 불연속
            (3) 불연속   (4) 연속

(1) $\lim\limits_{x \to 2} f(x) = \lim\limits_{x \to 2} |x-2| = 0$, $f(2) = 0$

즉, $\lim\limits_{x \to 2} f(x) = f(2)$이므로 함수 $f(x)$는 $x=2$에서 연속이다.

(2) $f(x) = \dfrac{1}{|x-2|}$에서 $f(2)$의 값이 정의되지 않으므로 함수

$f(x)$는 $x=2$에서 불연속이다.

(3) $\lim\limits_{x \to 2} f(x) = \lim\limits_{x \to 2} \dfrac{x^2-4}{x-2} = \lim\limits_{x \to 2} \dfrac{(x+2)(x-2)}{x-2}$
$= \lim\limits_{x \to 2}(x+2) = 4$

$f(2) = 3$

즉, $\lim\limits_{x \to 2} f(x) \neq f(2)$이므로 함수 $f(x)$는 $x=2$에서 불연속이다.

(4) $\lim\limits_{x \to 2-} f(x) = \lim\limits_{x \to 2-}(x^2-2) = 2$

$\lim\limits_{x \to 2+} f(x) = \lim\limits_{x \to 2+}(-x+4) = 2$

$f(2) = 2$

즉, $\lim\limits_{x \to 2} f(x) = f(2)$이므로 함수 $f(x)$는 $x=2$에서 연속이다.

0117   **답** ①

ㄱ. $\lim\limits_{x \to 1} f(x) = \lim\limits_{x \to 1} \dfrac{x^2-x}{x-1} = \lim\limits_{x \to 1} \dfrac{x(x-1)}{x-1} = \lim\limits_{x \to 1} x = 1$

$f(1) = 1$

즉, $\lim\limits_{x \to 1} f(x) = f(1)$이므로 함수 $f(x)$는 $x=1$에서 연속이다.

ㄴ. $\lim\limits_{x \to 1} g(x) = \lim\limits_{x \to 1}(\sqrt{x-1}+2) = 2$

$g(1) = 3$

즉, $\lim\limits_{x \to 1} g(x) \neq g(1)$이므로 함수 $g(x)$는 $x=1$에서 불연속이다.

ㄷ. $\lim\limits_{x \to 1-} h(x) = \lim\limits_{x \to 1-} \dfrac{|x-1|}{x-1} = \lim\limits_{x \to 1-} \dfrac{-(x-1)}{x-1} = -1$

$\lim\limits_{x \to 1+} h(x) = \lim\limits_{x \to 1+} \dfrac{|x-1|}{x-1} = \lim\limits_{x \to 1+} \dfrac{x-1}{x-1} = 1$

$\therefore \lim\limits_{x \to 1-} h(x) \neq \lim\limits_{x \to 1+} h(x)$

즉, $\lim\limits_{x \to 1} h(x)$의 값이 존재하지 않으므로 함수 $h(x)$는 $x=1$에서 불연속이다.

따라서 $x=1$에서 연속인 함수는 ㄱ이다.

0118   **답** ④

① $\lim\limits_{x \to 2} f(x) = \lim\limits_{x \to 2}(x^2-3) = 1$, $f(2) = 1$

즉, $\lim\limits_{x \to 2} f(x) = f(2)$이므로 함수 $f(x)$는 $x=2$에서 연속이다.

② $\lim\limits_{x \to 2} f(x) = \lim\limits_{x \to 2} |x-2| = 0$, $f(2) = 0$

즉, $\lim\limits_{x \to 2} f(x) = f(2)$이므로 함수 $f(x)$는 $x=2$에서 연속이다.

③ $\lim\limits_{x \to 2-} f(x) = \lim\limits_{x \to 2-}(3-x) = 1$

$\lim\limits_{x \to 2+} f(x) = \lim\limits_{x \to 2+}(x^2-3) = 1$

$f(2) = 1$

즉, $\lim\limits_{x \to 2} f(x) = f(2)$이므로 함수 $f(x)$는 $x=2$에서 연속이다.

④ $\lim\limits_{x \to 2} f(x) = \lim\limits_{x \to 2} \dfrac{x^2-3x+2}{x-2}$
$= \lim\limits_{x \to 2} \dfrac{(x-1)(x-2)}{x-2}$
$= \lim\limits_{x \to 2}(x-1) = 1$

$f(2) = 2$

즉, $\lim\limits_{x \to 2} f(x) \neq f(2)$이므로 함수 $f(x)$는 $x=2$에서 불연속이다.

⑤ $\lim\limits_{x \to 2} f(x) = \lim\limits_{x \to 2} \dfrac{x^2-x-2}{x-2}$
$= \lim\limits_{x \to 2} \dfrac{(x+1)(x-2)}{x-2}$
$= \lim\limits_{x \to 2}(x+1) = 3$

$f(2) = 3$

즉, $\lim\limits_{x \to 2} f(x) = f(2)$이므로 함수 $f(x)$는 $x=2$에서 연속이다.

따라서 $x=2$에서 불연속인 함수는 ④이다.

0119   **답** ①

ㄱ. $\lim\limits_{x \to 0} f(x) = \lim\limits_{x \to 0} \dfrac{g(x)}{x} = \lim\limits_{x \to 0} \dfrac{x^2+2x}{x} = \lim\limits_{x \to 0} \dfrac{x(x+2)}{x}$
$= \lim\limits_{x \to 0}(x+2) = 2$

$f(0) = 2$

즉, $\lim\limits_{x \to 0} f(x) = f(0)$이므로 함수 $f(x)$는 $x=0$에서 연속이다.

ㄴ. $\lim\limits_{x \to 0-} f(x) = \lim\limits_{x \to 0-} \dfrac{g(x)}{x} = \lim\limits_{x \to 0-} \dfrac{|x^2-2x|}{x}$
$= \lim\limits_{x \to 0-} \dfrac{x(x-2)}{x} = \lim\limits_{x \to 0-}(x-2) = -2$

$\lim\limits_{x \to 0+} f(x) = \lim\limits_{x \to 0+} \dfrac{g(x)}{x} = \lim\limits_{x \to 0+} \dfrac{|x^2-2x|}{x}$
$= \lim\limits_{x \to 0+} \dfrac{-x(x-2)}{x} = \lim\limits_{x \to 0+}(-x+2) = 2$

$\therefore \lim\limits_{x \to 0-} f(x) \neq \lim\limits_{x \to 0+} f(x)$

즉, $\lim\limits_{x \to 0} f(x)$의 값이 존재하지 않으므로 함수 $f(x)$는 $x=0$에서 불연속이다.

ㄷ. $\lim\limits_{x \to 0-} f(x) = \lim\limits_{x \to 0-} \dfrac{g(x)}{x} = \lim\limits_{x \to 0-} \dfrac{|x|(x+2)}{x}$
$= \lim\limits_{x \to 0-} \dfrac{-x(x+2)}{x} = \lim\limits_{x \to 0-}(-x-2) = -2$

$\lim\limits_{x \to 0+} f(x) = \lim\limits_{x \to 0+} \dfrac{g(x)}{x} = \lim\limits_{x \to 0+} \dfrac{|x|(x+2)}{x}$
$= \lim\limits_{x \to 0+} \dfrac{x(x+2)}{x} = \lim\limits_{x \to 0+}(x+2) = 2$

$\therefore \lim\limits_{x \to 0-} f(x) \neq \lim\limits_{x \to 0+} f(x)$

즉, $\lim\limits_{x \to 0} f(x)$의 값이 존재하지 않으므로 함수 $f(x)$는 $x=0$에서 불연속이다.

따라서 함수 $f(x)$가 $x=0$에서 연속이 되도록 하는 함수 $g(x)$는 ㄱ이다.

0120

답 ③

ㄱ. $\lim\limits_{x \to -1-} f(x)=1$, $\lim\limits_{x \to -1+} f(x)=1$이므로
$\lim\limits_{x \to -1} f(x)=1$ (참)

ㄴ. $-x=t$로 놓으면
$x \to -1-$일 때, $t \to 1+$이므로
$\lim\limits_{x \to -1-} f(-x)=\lim\limits_{t \to 1+} f(t)=-1$ (거짓)

ㄷ. $x-1=t$로 놓으면
$x \to 0-$일 때, $t \to -1-$이므로
$\lim\limits_{x \to 0-} f(x)f(x-1)=\lim\limits_{x \to 0-} f(x) \times \lim\limits_{t \to -1-} f(t)=0 \times 1=0$
$x \to 0+$일 때, $t \to -1+$이므로
$\lim\limits_{x \to 0+} f(x)f(x-1)=\lim\limits_{x \to 0+} f(x) \times \lim\limits_{t \to -1+} f(t)=0 \times 1=0$
$f(0)f(-1)=1 \times 0=0$
즉, $\lim\limits_{x \to 0-} f(x)f(x-1)=\lim\limits_{x \to 0+} f(x)f(x-1)=f(0)f(-1)$
이므로 함수 $f(x)f(x-1)$은 $x=0$에서 연속이다. (참)
따라서 옳은 것은 ㄱ, ㄷ이다.

0121

답 ⑤

ㄱ. $\lim\limits_{x \to 1-} f(x)=0$, $\lim\limits_{x \to 1-} g(x)=-1$이므로
$\lim\limits_{x \to 1-} f(x)g(x)=\lim\limits_{x \to 1-} f(x) \times \lim\limits_{x \to 1-} g(x)=0 \times (-1)=0$
(거짓)

ㄴ. $f(1)=0$, $g(1)=-1$이므로 $f(1)g(1)=0 \times (-1)=0$ (참)

ㄷ. $\lim\limits_{x \to 1+} f(x)=1$, $\lim\limits_{x \to 1+} g(x)=1$이므로
$\lim\limits_{x \to 1+} f(x)g(x)=\lim\limits_{x \to 1+} f(x) \times \lim\limits_{x \to 1+} g(x)=1 \times 1=1$
ㄱ에서 $\lim\limits_{x \to 1-} f(x)g(x)=0$이므로
$\lim\limits_{x \to 1-} f(x)g(x) \neq \lim\limits_{x \to 1+} f(x)g(x)$
즉, 함수 $f(x)g(x)$는 $x=1$에서 불연속이다. (참)
따라서 옳은 것은 ㄴ, ㄷ이다.

0122

답 ⑤

ㄱ. $\lim\limits_{x \to -1-} f(x)=-1$, $\lim\limits_{x \to -1+} f(x)=-1$이므로
$\lim\limits_{x \to -1} f(x)=-1$ (참)

ㄴ. $\lim\limits_{x \to 1-} |f(x)|=|-1|=1$
$\lim\limits_{x \to 1+} |f(x)|=|1|=1$
$|f(1)|=|-1|=1$
즉, $\lim\limits_{x \to 1-} |f(x)|=\lim\limits_{x \to 1+} |f(x)|=|f(1)|$이므로 함수 $|f(x)|$는
$x=1$에서 연속이다. (참)

ㄷ. $\lim\limits_{x \to 1-} \{f(x)\}^2=(-1)^2=1$
$\lim\limits_{x \to 1+} \{f(x)\}^2=1^2=1$
$\{f(1)\}^2=(-1)^2=1$

즉, $\lim\limits_{x \to 1-} \{f(x)\}^2=\lim\limits_{x \to 1+} \{f(x)\}^2=\{f(1)\}^2$이므로 함수
$\{f(x)\}^2$은 $x=1$에서 연속이다. (참)
따라서 옳은 것은 ㄱ, ㄴ, ㄷ이다.

두 함수 $y=|f(x)|$, $y=\{f(x)\}^2$의 그래프는 다음 그림과 같다.

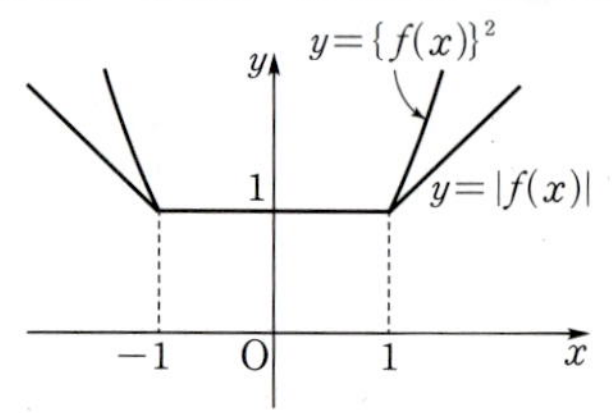

0123

답 ②

ㄱ. $\lim\limits_{x \to -1+} f(x)g(x)=1 \times (-1)=-1$ (참)

ㄴ. $\lim\limits_{x \to 0-} f(x)g(x)=0 \times 0=0$
$\lim\limits_{x \to 0+} f(x)g(x)=-1 \times 0=0$
$f(0)g(0)=-1 \times 0=0$
즉, $\lim\limits_{x \to 0-} f(x)g(x)=\lim\limits_{x \to 0+} f(x)g(x)=f(0)g(0)$이므로 함수
$f(x)g(x)$는 $x=0$에서 연속이다. (참)

ㄷ. $\lim\limits_{x \to 1-} f(x)g(x)=1 \times 1=1$
$\lim\limits_{x \to 1+} f(x)g(x)=-1 \times (-1)=1$
$f(1)g(1)=1 \times (-1)=-1$
즉, $\lim\limits_{x \to 1-} f(x)g(x)=\lim\limits_{x \to 1+} f(x)g(x) \neq f(1)g(1)$이므로 함수
$f(x)g(x)$는 $x=1$에서 불연속이다. (거짓)
따라서 옳은 것은 ㄱ, ㄴ이다.

0124

답 ⑤

함수 $f(x)$가 실수 전체의 집합에서 연속이므로 $x=2$에서 연속이다.
즉, $\lim\limits_{x \to 2} f(x)=f(2)$이어야 한다.
$\lim\limits_{x \to 2} f(x)=\lim\limits_{x \to 2} (3x+4)=6+4=10$
$f(2)=a$ $\therefore a=10$

0125

답 ④

함수 $f(x)$가 실수 전체의 집합에서 연속이므로 $x=-1$에서 연속
이다.
즉, $\lim\limits_{x \to -1-} f(x)=\lim\limits_{x \to -1+} f(x)=f(-1)$이어야 한다.
$\lim\limits_{x \to -1-} f(x)=\lim\limits_{x \to -1-} (2x+a)=-2+a$
$\lim\limits_{x \to -1+} f(x)=\lim\limits_{x \to -1+} (x^2-5x-a)=6-a$
$f(-1)=-2+a$
따라서 $-2+a=6-a$이므로
$2a=8$ $\therefore a=4$

0126

답 ⑤

함수 $f(x)$가 실수 전체의 집합에서 연속이므로 $x=2$에서 연속이다.

즉, $\lim_{x \to 2} f(x) = f(2)$이어야 한다.

$$\lim_{x \to 2} f(x) = \lim_{x \to 2} \frac{x^2 + x - 6}{x - 2}$$
$$= \lim_{x \to 2} \frac{(x+3)(x-2)}{x-2}$$
$$= \lim_{x \to 2} (x+3) = 5$$

$f(2) = k$

$\therefore k = 5$

0127

답 ⑤

함수 $f(x)$가 $x=1$에서 연속이므로 $\lim_{x \to 1-} f(x) = \lim_{x \to 1+} f(x) = f(1)$

이어야 한다.

$$\lim_{x \to 1-} f(x) = \lim_{x \to 1-} \sqrt{-x+a} = \sqrt{-1+a}$$
$$\lim_{x \to 1+} f(x) = \lim_{x \to 1+} (x^2 + 2x - 1) = 2$$

$f(1) = 1 + 2 - 1 = 2$

따라서 $\sqrt{-1+a} = 2$이므로

$-1 + a = 4 \qquad \therefore a = 5$

0128

답 ②

함수 $f(x)$가 $x=3$에서 연속이므로 $\lim_{x \to 3} f(x) = f(3)$이어야 한다.

$$\lim_{x \to 3} \frac{a\sqrt{x+1}-2}{x-3} = b \qquad \cdots\cdots \ \boxdot$$

$\boxdot$에서 극한값이 존재하고 $x \to 3$일 때, (분모) $\to 0$이므로
(분자) $\to 0$이어야 한다.

즉, $\lim_{x \to 3} (a\sqrt{x+1}-2) = 0$이므로

$2a - 2 = 0 \qquad \therefore a = 1$

$a=1$을 $\boxdot$에 대입하면

$$\lim_{x \to 3} \frac{a\sqrt{x+1}-2}{x-3} = \lim_{x \to 3} \frac{\sqrt{x+1}-2}{x-3}$$
$$= \lim_{x \to 3} \frac{(\sqrt{x+1}-2)(\sqrt{x+1}+2)}{(x-3)(\sqrt{x+1}+2)}$$
$$= \lim_{x \to 3} \frac{x-3}{(x-3)(\sqrt{x+1}+2)}$$
$$= \lim_{x \to 3} \frac{1}{\sqrt{x+1}+2}$$
$$= \frac{1}{2+2} = \frac{1}{4} = b$$

$\therefore a + b = 1 + \dfrac{1}{4} = \dfrac{5}{4}$

0129

답 ①

함수 $f(x)$가 $x=2$에서 연속이므로 $\lim_{x \to 2-} f(x) = \lim_{x \to 2+} f(x) = f(2)$

이어야 한다.

이때 $f(2) = \lim_{x \to 2+} f(x) = \lim_{x \to 2+} (-x^2 + b) = -4 + b$이므로

$$\lim_{x \to 2-} f(x) = \lim_{x \to 2-} \frac{x^2 + 3x + a}{x-2} = -4 + b \qquad \cdots\cdots \ \boxdot$$

$\boxdot$에서 극한값이 존재하고 $x \to 2-$일 때, (분모) $\to 0$이므로
(분자) $\to 0$이어야 한다.

즉, $\lim_{x \to 2-} (x^2 + 3x + a) = 0$이므로

$4 + 6 + a = 0 \qquad \therefore a = -10$

$a = -10$을 $\boxdot$에 대입하면

$$\lim_{x \to 2-} \frac{x^2 + 3x + a}{x-2} = \lim_{x \to 2-} \frac{x^2 + 3x - 10}{x-2} = \lim_{x \to 2-} \frac{(x+5)(x-2)}{x-2}$$
$$= \lim_{x \to 2-} (x+5)$$
$$= 7 = -4 + b$$

$\therefore b = 11$

$\therefore a + b = -10 + 11 = 1$

0130

답 16

함수 $g(x)$가 실수 전체의 집합에서 연속이려면 $x=2$에서 연속이
어야 한다.

즉, $\lim_{x \to 2-} g(x) = \lim_{x \to 2+} g(x) = g(2)$이어야 한다.

$$\lim_{x \to 2-} g(x) = \lim_{x \to 2-} f(x)\{f(x)-a\}$$
$$= \lim_{x \to 2-} (2x^2 + 3x)(2x^2 + 3x - a)$$
$$= \lim_{x \to 2-} (2x^2 + 3x) \times \lim_{x \to 2-} (2x^2 + 3x - a)$$
$$= 14 \times (14 - a) = 196 - 14a$$

$$\lim_{x \to 2+} g(x) = \lim_{x \to 2+} f(x)\{f(x)-a\}$$
$$= \lim_{x \to 2+} (4x-6)(4x-6-a)$$
$$= \lim_{x \to 2+} (4x-6) \times \lim_{x \to 2+} (4x-6-a)$$
$$= 2 \times (2-a) = 4 - 2a$$

$g(2) = f(2)\{f(2)-a\} = 2(2-a) = 4 - 2a$

따라서 $196 - 14a = 4 - 2a$이므로

$12a = 192$

$\therefore a = 16$

0131

답 -3

함수 $|f(x)|$가 실수 전체의 집합에서 연속이려면 $x=a$에서 연속
이어야 한다.

즉, $\lim_{x \to a-} |f(x)| = \lim_{x \to a+} |f(x)| = |f(a)|$이어야 한다.

$$\lim_{x \to a-} |f(x)| = \lim_{x \to a-} |x-3| = |a-3|$$
$$\lim_{x \to a+} |f(x)| = \lim_{x \to a+} |x^2 - 9| = |a^2 - 9|$$

$|f(a)| = |a^2 - 9|$

따라서 $|a-3| = |a^2 - 9|$이므로

$a - 3 = a^2 - 9$ 또는 $a - 3 = -a^2 + 9$

❶

(i) $a - 3 = a^2 - 9$일 때

$a^2 - a - 6 = 0$, $(a+2)(a-3) = 0$

$\therefore a = -2$ 또는 $a = 3$

(ii) $a - 3 = -a^2 + 9$일 때

$a^2 + a - 12 = 0$, $(a+4)(a-3) = 0$

$\therefore a = -4$ 또는 $a = 3$

❷

(i), (ii)에서 a의 값은 -4, -2, 3이므로 구하는 합은
$-4+(-2)+3=-3$

.... ❸

채점 기준	배점
❶ 함수 $|f(x)|$가 연속일 조건을 이용하여 식 세우기	50%
❷ a에 대한 이차방정식의 해 구하기	40%
❸ 모든 실수 a의 값의 합 구하기	10%

유형 04 $(x-a)f(x)$ 꼴의 함수의 연속

0132

답 ⑤

$x\neq3$일 때, $f(x)=\dfrac{x^2-x-6}{x-3}=\dfrac{(x+2)(x-3)}{x-3}=x+2$

함수 $f(x)$가 실수 전체의 집합에서 연속이므로 $x=3$에서 연속이다.
따라서 $\lim\limits_{x\to3}f(x)=f(3)$이므로
$f(3)=\lim\limits_{x\to3}f(x)=\lim\limits_{x\to3}(x+2)=5$

0133

답 ③

$x\neq-2$일 때, $f(x)=\dfrac{\sqrt{x+6}-2}{x+2}$

함수 $f(x)$가 $x>-6$인 모든 실수 x에서 연속이므로 $x=-2$에서 연속이다.
따라서 $\lim\limits_{x\to-2}f(x)=f(-2)$이므로
$\begin{aligned}
f(-2)&=\lim\limits_{x\to-2}f(x)=\lim\limits_{x\to-2}\dfrac{\sqrt{x+6}-2}{x+2}\\
&=\lim\limits_{x\to-2}\dfrac{(\sqrt{x+6}-2)(\sqrt{x+6}+2)}{(x+2)(\sqrt{x+6}+2)}\\
&=\lim\limits_{x\to-2}\dfrac{x+2}{(x+2)(\sqrt{x+6}+2)}\\
&=\lim\limits_{x\to-2}\dfrac{1}{\sqrt{x+6}+2}=\dfrac{1}{4}
\end{aligned}$

0134

답 1

$x\neq2$일 때, $f(x)=\dfrac{1}{x-2}\left(1-\dfrac{1}{x-1}\right)$

함수 $f(x)$가 $x\neq1$인 모든 실수 x에서 연속이므로 $x=2$에서 연속이다.
따라서 $\lim\limits_{x\to2}f(x)=f(2)$이므로
$\begin{aligned}
f(2)&=\lim\limits_{x\to2}f(x)=\lim\limits_{x\to2}\dfrac{1}{x-2}\left(1-\dfrac{1}{x-1}\right)\\
&=\lim\limits_{x\to2}\left(\dfrac{1}{x-2}\times\dfrac{x-2}{x-1}\right)\\
&=\lim\limits_{x\to2}\dfrac{1}{x-1}=1
\end{aligned}$

0135

답 12

$x\neq-1$일 때, $f(x)=\dfrac{ax^3+bx}{x+1}$

함수 $f(x)$가 실수 전체의 집합에서 연속이므로 $x=-1$에서 연속이다.
따라서 $\lim\limits_{x\to-1}f(x)=f(-1)$이므로
$\lim\limits_{x\to-1}\dfrac{ax^3+bx}{x+1}=4$ $\cdots\cdots$ ㉠

.... ❶

㉠에서 극한값이 존재하고 $x\to-1$일 때, (분모)$\to0$이므로 (분자)$\to0$이어야 한다.
즉, $\lim\limits_{x\to-1}(ax^3+bx)=0$이므로
$-a-b=0$ $\therefore b=-a$ $\cdots\cdots$ ㉡
㉡을 ㉠에 대입하면
$\begin{aligned}
\lim\limits_{x\to-1}\dfrac{ax^3+bx}{x+1}&=\lim\limits_{x\to-1}\dfrac{ax^3-ax}{x+1}\\
&=\lim\limits_{x\to-1}\dfrac{ax(x+1)(x-1)}{x+1}\\
&=\lim\limits_{x\to-1}ax(x-1)\\
&=2a=4
\end{aligned}$
$\therefore a=2$
$a=2$를 ㉡에 대입하면
$b=-2$

.... ❷

따라서 $x\neq-1$일 때, $f(x)=\dfrac{2x^3-2x}{x+1}$이므로
$f(3)=\dfrac{54-6}{4}=12$

.... ❸

채점 기준	배점
❶ 함수 $f(x)$가 연속일 조건을 이용하여 식 세우기	40%
❷ a, b의 값 구하기	40%
❸ $f(3)$의 값 구하기	20%

0136

답 ①

$x\neq1$일 때, $f(x)=\dfrac{\sqrt{x^2+a}+b}{x-1}$

함수 $f(x)$가 실수 전체의 집합에서 연속이므로 $x=1$에서 연속이다.
따라서 $\lim\limits_{x\to1}f(x)=f(1)$이므로
$\lim\limits_{x\to1}\dfrac{\sqrt{x^2+a}+b}{x-1}=\dfrac{1}{2}$ $\cdots\cdots$ ㉠

㉠에서 극한값이 존재하고 $x\to1$일 때, (분모)$\to0$이므로 (분자)$\to0$이어야 한다.
즉, $\lim\limits_{x\to1}(\sqrt{x^2+a}+b)=0$이므로
$\sqrt{1+a}+b=0$ $\therefore b=-\sqrt{1+a}$ $\cdots\cdots$ ㉡
㉡을 ㉠에 대입하면

$$\lim_{x\to 1}\frac{\sqrt{x^2+a}+b}{x-1}=\lim_{x\to 1}\frac{\sqrt{x^2+a}-\sqrt{1+a}}{x-1}$$
$$=\lim_{x\to 1}\frac{(\sqrt{x^2+a}-\sqrt{1+a})(\sqrt{x^2+a}+\sqrt{1+a})}{(x-1)(\sqrt{x^2+a}+\sqrt{1+a})}$$
$$=\lim_{x\to 1}\frac{(x+1)(x-1)}{(x-1)(\sqrt{x^2+a}+\sqrt{1+a})}$$
$$=\lim_{x\to 1}\frac{x+1}{\sqrt{x^2+a}+\sqrt{1+a}}$$
$$=\frac{2}{2\sqrt{1+a}}=\frac{1}{\sqrt{1+a}}=\frac{1}{2}$$

따라서 $\sqrt{1+a}=2$이므로 $a=3$

$a=3$을 ⓒ에 대입하면 $b=-2$

$\therefore a+b=3+(-2)=1$

0137
답 6

$x\neq a$일 때, $f(x)=\dfrac{x^2-3x+2}{x-a}$

함수 $f(x)$가 실수 전체의 집합에서 연속이므로 $x=a$에서 연속이다.

따라서 $\lim\limits_{x\to a}f(x)=f(a)$이므로

$$\lim_{x\to a}\frac{x^2-3x+2}{x-a}=1 \quad\cdots\cdots\ \unicode{x24BF}$$

㉠에서 극한값이 존재하고 $x\to a$일 때, (분모)$\to 0$이므로
(분자)$\to 0$이어야 한다.

즉, $\lim\limits_{x\to a}(x^2-3x+2)=0$이므로

$a^2-3a+2=0$, $(a-1)(a-2)=0$

$\therefore a=1$ 또는 $a=2$

(i) $a=1$일 때

$$\lim_{x\to 1}\frac{x^2-3x+2}{x-1}=\lim_{x\to 1}\frac{(x-1)(x-2)}{x-1}$$
$$=\lim_{x\to 1}(x-2)=-1\neq 1$$

이므로 ㉠에 모순이다.

(ii) $a=2$일 때

$$\lim_{x\to 2}\frac{x^2-3x+2}{x-2}=\lim_{x\to 2}\frac{(x-1)(x-2)}{x-2}$$
$$=\lim_{x\to 2}(x-1)=1$$

이므로 ㉠이 성립한다.

(i), (ii)에서 $a=2$이므로

$x\neq 2$일 때, $f(x)=\dfrac{x^2-3x+2}{x-2}=\dfrac{(x-1)(x-2)}{x-2}=x-1$

$\therefore a+f(5)=2+4=6$

0138
답 ③

ㄱ. $\lim\limits_{x\to 1-}f(x)=0$, $\lim\limits_{x\to 1+}f(x)=1$이므로

$\lim\limits_{x\to 1-}f(x)<\lim\limits_{x\to 1+}f(x)$ (참)

ㄴ. $\dfrac{1}{t}=s$로 놓으면

$t\to\infty$일 때, $s\to 0+$이므로

$\lim\limits_{t\to\infty}f\!\left(\dfrac{1}{t}\right)=\lim\limits_{s\to 0+}f(s)=1$ (참)

ㄷ. $f(x)=k$로 놓으면

$x\to 3-$일 때, $k\to 2+$이므로

$\lim\limits_{x\to 3-}f(f(x))=\lim\limits_{k\to 2+}f(k)=3$

$x\to 3+$일 때, $k\to 2-$이므로

$\lim\limits_{x\to 3+}f(f(x))=\lim\limits_{k\to 2-}f(k)=1$

$\therefore \lim\limits_{x\to 3-}f(f(x))\neq\lim\limits_{x\to 3+}f(f(x))$

즉, $\lim\limits_{x\to 3}f(f(x))$의 값이 존재하지 않으므로 함수 $f(f(x))$는

$x=3$에서 불연속이다. (거짓)

따라서 옳은 것은 ㄱ, ㄴ이다.

0139
답 ②

함수 $g(f(x))$가 실수 전체의 집합에서 연속이려면 $x=2$에서 연속
이어야 한다.

즉, $\lim\limits_{x\to 2-}g(f(x))=\lim\limits_{x\to 2+}g(f(x))=g(f(2))$이어야 한다.

$f(x)=t$로 놓으면 그래프는 다음 그림과 같다.

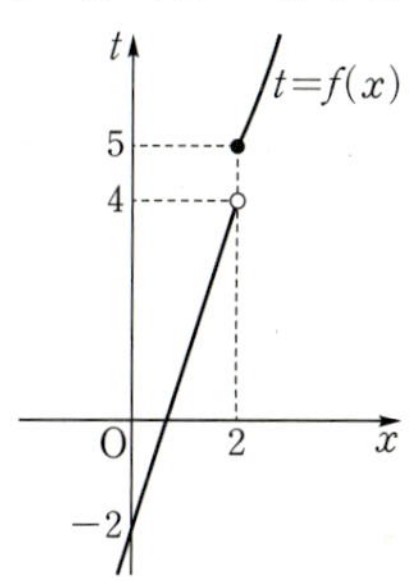

$x\to 2-$일 때, $(3x-2)\to 4-$, 즉 $t\to 4-$이므로

$$\lim_{x\to 2-}g(f(x))=\lim_{t\to 4-}g(t)=\lim_{t\to 4-}(t^2+at)=16+4a$$

$x\to 2+$일 때, $(x^2+1)\to 5+$, 즉 $t\to 5+$이므로

$$\lim_{x\to 2+}g(f(x))=\lim_{t\to 5+}g(t)=\lim_{t\to 5+}(t^2+at)=25+5a$$

$g(f(2))=g(5)=25+5a$

따라서 $16+4a=25+5a$이므로

$a=-9$

0140
답 ④

ㄱ. $\lim\limits_{x\to 1-}f(x)g(x)=-1\times 1=-1$

$\lim\limits_{x\to 1+}f(x)g(x)=1\times(-1)=-1$

$\therefore \lim\limits_{x\to 1}f(x)g(x)=-1$ (참)

ㄴ. $\lim\limits_{x\to -1-}\{f(x)\}^2=1^2=1$

$\lim\limits_{x\to -1+}\{f(x)\}^2=(-1)^2=1$

$\{f(-1)\}^2=0$

즉, $\lim\limits_{x\to -1-}\{f(x)\}^2=\lim\limits_{x\to -1+}\{f(x)\}^2\neq\{f(-1)\}^2$이므로 함수

$\{f(x)\}^2$은 $x=-1$에서 불연속이다. (거짓)

ㄷ. $f(x)=t$로 놓으면

$x\to0-$일 때, $t\to1-$이므로

$$\lim_{x\to0-}g(f(x))=\lim_{t\to1-}g(t)=1$$

$x\to0+$일 때, $t\to1-$이므로

$$\lim_{x\to0+}g(f(x))=\lim_{t\to1-}g(t)=1$$

$$g(f(0))=g(1)=1$$

즉, $\lim_{x\to0-}g(f(x))=\lim_{x\to0+}g(f(x))=g(f(0))$이므로 함수

$g(f(x))$는 $x=0$에서 연속이다. (참)

따라서 옳은 것은 ㄱ, ㄷ이다.

0141

답 ③

ㄱ. $\lim_{x\to1-}f(x)g(x)=-1\times0=0$

$\lim_{x\to1+}f(x)g(x)=1\times0=0$

$f(1)g(1)=1\times0=0$

즉, $\lim_{x\to1-}f(x)g(x)=\lim_{x\to1+}f(x)g(x)=f(1)g(1)$이므로 함수

$f(x)g(x)$는 $x=1$에서 연속이다.

ㄴ. $g(x)=t$로 놓으면

$x\to1-$일 때, $t\to0-$이므로

$$\lim_{x\to1-}f(g(x))=\lim_{t\to0-}f(t)=1$$

$x\to1+$일 때, $t\to0+$이므로

$$\lim_{x\to1+}f(g(x))=\lim_{t\to0+}f(t)=1$$

$$f(g(1))=f(0)=-1$$

즉, $\lim_{x\to1-}f(g(x))=\lim_{x\to1+}f(g(x))\neq f(g(1))$이므로 함수

$f(g(x))$는 $x=1$에서 불연속이다.

ㄷ. $f(x)=s$로 놓으면

$x\to1-$일 때, $s\to-1+$이므로

$$\lim_{x\to1-}g(f(x))=\lim_{s\to-1+}g(s)=0$$

$x\to1+$일 때, $s=1$이므로

$$\lim_{x\to1+}g(f(x))=g(1)=0$$

$$g(f(1))=g(1)=0$$

즉, $\lim_{x\to1-}g(f(x))=\lim_{x\to1+}g(f(x))=g(f(1))$이므로 함수

$g(f(x))$는 $x=1$에서 연속이다.

따라서 $x=1$에서 연속인 함수는 ㄱ, ㄷ이다.

0142

답 ①

함수 $f(x)$가 $x=3$에서 연속이므로

$\lim_{x\to3-}f(x)=\lim_{x\to3+}f(x)=f(3)$이어야 한다.

$\lim_{x\to3-}f(x)=\lim_{x\to3-}([x]^2+a[x])=4+2a$

$\lim_{x\to3+}f(x)=\lim_{x\to3+}([x]^2+a[x])=9+3a$

$f(3)=9+3a$

따라서 $4+2a=9+3a$이므로

$a=-5$

0143

답 3

자연수 k에 대하여 함수 $f(x)$가 $x=k$에서 연속이므로

$\lim_{x\to k-}f(x)=\lim_{x\to k+}f(x)=f(k)$이어야 한다.

$\lim_{x\to k-}f(x)=\lim_{x\to k-}\dfrac{[x]^2+2x}{[x]}=\dfrac{(k-1)^2+2k}{k-1}=\dfrac{k^2+1}{k-1}$

$\lim_{x\to k+}f(x)=\lim_{x\to k+}\dfrac{[x]^2+2x}{[x]}=\dfrac{k^2+2k}{k}=k+2$

$f(k)=\dfrac{k^2+2k}{k}=k+2$

따라서 $\dfrac{k^2+1}{k-1}=k+2$이므로 $(k+2)(k-1)=k^2+1$

$k^2+k-2=k^2+1$

$\therefore k=3$

0144

답 ②

함수 $f(x)$가 $x=1$에서 연속이므로

$\lim_{x\to1-}f(x)=\lim_{x\to1+}f(x)=f(1)$이어야 한다.

$x^2-2x=(x-1)^2-1=t$로 놓으면

$x\to1-$일 때, $t\to-1+$이므로

$$\lim_{x\to1-}f(x)=\lim_{t\to-1+}[t]=-1$$

$x\to1+$일 때, $t\to-1+$이므로

$$\lim_{x\to1+}f(x)=\lim_{t\to-1+}[t]=-1$$

$f(1)=k$

$\therefore k=-1$

참고

$t=x^2-2x=(x-1)^2-1$의 그래프에서

$x\to1-$일 때, $t\to-1+$,

$x\to1+$일 때, $t\to-1+$

임을 알 수 있다.

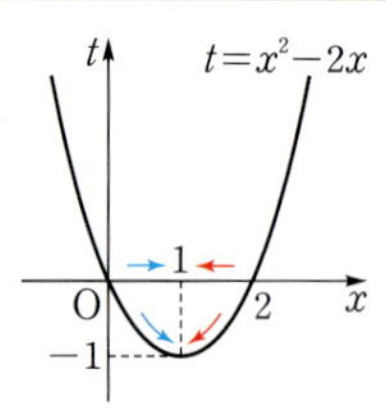

0145

답 ④

ㄱ. $f(x)+g(x)=h(x)$라 하면 $g(x)=h(x)-f(x)$이고

두 함수 $f(x)$, $h(x)$가 $x=a$에서 연속이므로 함수 $g(x)$도

$x=a$에서 연속이다. (참)

ㄴ. [반례] $f(x)=0$, $g(x)=\begin{cases}1 & (x>0)\\ -1 & (x\leq0)\end{cases}$이면 두 함수 $f(x)$,

$f(x)g(x)$는 $x=0$에서 연속이지만 함수 $g(x)$는 $x=0$에서 불연

속이다. (거짓)

ㄷ. 두 함수 $f(x)$, $\dfrac{g(x)}{f(x)}$가 $x=a$에서 연속이므로 함수

$f(x)\times\dfrac{g(x)}{f(x)}$, 즉 $g(x)$도 $x=a$에서 연속이다. (참)

따라서 옳은 것은 ㄱ, ㄷ이다.

0146

답 ⑤

① $f(x)+g(x)=x^2+4+\dfrac{1}{x-2}$은 $x=2$에서 정의되지 않으므로

$x=2$에서 불연속이다.

② $f(x)g(x)=(x^2+4)\times\dfrac{1}{x-2}=\dfrac{x^2+4}{x-2}$는 $x=2$에서 정의되지

않으므로 $x=2$에서 불연속이다.

③ $\dfrac{g(x)}{f(x)}=\dfrac{1}{(x-2)(x^2+4)}$은 $x=2$에서 정의되지 않으므로

$x=2$에서 불연속이다.

④ $f(g(x))=\left(\dfrac{1}{x-2}\right)^2+4$는 $x=2$에서 정의되지 않으므로

$x=2$에서 불연속이다.

⑤ $g(f(x))=\dfrac{1}{x^2+4-2}=\dfrac{1}{x^2+2}$은 $x^2+2>0$이므로

모든 실수 x에서 연속이다.

따라서 모든 실수 x에서 연속인 함수는 ⑤이다.

0147

답 2

ㄱ. 함수 $f(x)$가 $x=a$에서 연속이므로 함수 $|f(x)|$도 $x=a$에서
연속이다.

ㄴ. 함수 $g(x)$가 $x=a$에서 연속이므로 함수 $\{g(x)\}^2$도 $x=a$에서
연속이다.

ㄷ. $f(a)=0$이면 함수 $\dfrac{g(x)}{f(x)}$는 $x=a$에서 정의되지 않으므로
$x=a$에서 불연속이다.

ㄹ. [반례] $f(x)=\begin{cases}-1 & (x<1)\\ 1 & (x\geq1)\end{cases}$, $g(x)=x+1$이면 두 함수

$f(x)$, $g(x)$는 $x=0$에서 연속이지만

$x\to0-$일 때, $g(x)\to1-$이므로 $\displaystyle\lim_{x\to0-}f(g(x))=-1$

$x\to0+$일 때, $g(x)\to1+$이므로 $\displaystyle\lim_{x\to0+}f(g(x))=1$

즉, $\displaystyle\lim_{x\to0-}f(g(x))\neq\lim_{x\to0+}f(g(x))$이므로 함수 $f(g(x))$는
$x=0$에서 불연속이다.

따라서 $x=a$에서 항상 연속인 함수는 ㄱ, ㄴ의 2개이다.

ㄹ에서 알 수 있듯이 두 함수 $f(x)$, $g(x)$가 $x=a$에서 연속일 때, 함수
$f(g(x))$는 $x=a$에서 항상 연속인 것은 아니다.
하지만 함수 $g(x)$가 $x=a$에서 연속이고, 함수 $f(x)$가 $x=g(a)$에서 연
속이면 함수 $f(g(x))$는 $x=a$에서 항상 연속이다.

유형 08 **곱의 꼴로 나타낸 함수가 연속일 조건**

0148

답 ①

함수 $f(x)g(x)$가 $x=2$에서 연속이므로

$\displaystyle\lim_{x\to2-}f(x)g(x)=\lim_{x\to2+}f(x)g(x)=f(2)g(2)$이어야 한다.

$\displaystyle\lim_{x\to2-}f(x)g(x)=\lim_{x\to2-}(-x+3)(x+k)=2+k$

$\displaystyle\lim_{x\to2+}f(x)g(x)=\lim_{x\to2+}(x+1)(x+k)=3(2+k)=6+3k$

$f(2)g(2)=(-2+3)(2+k)=2+k$

따라서 $2+k=6+3k$이므로 $2k=-4$

$\therefore k=-2$

$x=a$에서 불연속인 함수 $f(x)$와 다항함수 $g(x)$에 대하여
함수 $f(x)g(x)$가 $x=a$에서 연속이면 $g(a)=0$이다.

0149

답 ②

함수 $(x^2+ax+b)f(x)$가 $x=1$에서 연속이므로

$\displaystyle\lim_{x\to1-}(x^2+ax+b)f(x)=\lim_{x\to1+}(x^2+ax+b)f(x)=(1+a+b)f(1)$

이어야 한다.

$\displaystyle\lim_{x\to1-}(x^2+ax+b)f(x)=(1+a+b)\times1=1+a+b$

$\displaystyle\lim_{x\to1+}(x^2+ax+b)f(x)=(1+a+b)\times3=3(1+a+b)$

$(1+a+b)f(1)=1+a+b$

따라서 $1+a+b=3(1+a+b)$이므로 $1+a+b=0$

$\therefore a+b=-1$

0150

답 ①

함수 $g(x)$가 $x=1$에서 연속이려면

$\displaystyle\lim_{x\to1-}g(x)=\lim_{x\to1+}g(x)=g(1)$이어야 한다.

$\displaystyle\lim_{x\to1-}g(x)=\lim_{x\to1-}f(x)\{f(x)+k\}$

$\qquad=\lim_{x\to1-}2x(2x+k)$

$\qquad=2(2+k)=4+2k$

$\displaystyle\lim_{x\to1+}g(x)=\lim_{x\to1+}f(x)\{f(x)+k\}$

$\qquad=\lim_{x\to1+}(x-1)(x-1+k)$

$\qquad=0\times(0+k)=0$

$g(1)=f(1)\{f(1)+k\}=0\times(0+k)=0$

따라서 $4+2k=0$이므로

$k=-2$

0151

답 ①

$x<1$일 때, $f(x)=x^2-2x+3=(x-1)^2+2>0$,

$x\geq1$일 때, $f(x)=3>0$

이므로 모든 실수 x에 대하여 $f(x)>0$이다.

그런데 함수 $f(x)$는 $x=1$에서 불연속이고 함수 $g(x)$는 실수 전체

의 집합에서 연속이므로 함수 $\dfrac{g(x)}{f(x)}$가 실수 전체의 집합에서 연속

이려면 $x=1$에서 연속이어야 한다.

즉, $\displaystyle\lim_{x\to1-}\dfrac{g(x)}{f(x)}=\lim_{x\to1+}\dfrac{g(x)}{f(x)}=\dfrac{g(1)}{f(1)}$이어야 한다.

$\displaystyle\lim_{x\to1-}\dfrac{g(x)}{f(x)}=\lim_{x\to1-}\dfrac{ax+1}{x^2-2x+3}=\dfrac{a+1}{2}$

$\displaystyle\lim_{x\to1+}\dfrac{g(x)}{f(x)}=\lim_{x\to1+}\dfrac{ax+1}{3}=\dfrac{a+1}{3}$

$$\frac{g(1)}{f(1)}=\frac{a+1}{3}$$

따라서 $\dfrac{a+1}{2}=\dfrac{a+1}{3}$이므로

$$a+1=0 \qquad \therefore a=-1$$

함수 $\dfrac{g(x)}{f(x)}$의 실수 전체의 집합에서의 연속성을 판정할 때는
먼저 $f(x)=0$을 만족시키는 x의 값이 존재하는지 확인한다.

0152

답 3

함수 $f(x)=\begin{cases}\dfrac{1}{x+1} & (x<-1)\\ 2 & (x\geq -1)\end{cases}$ 은 $x\neq -1$인 모든 실수 x에서

연속이고 함수 $g(x)$는 실수 전체의 집합에서 연속이므로 함수
$f(x)g(x)$가 실수 전체의 집합에서 연속이려면 $x=-1$에서 연속
이어야 한다.

즉, $\displaystyle\lim_{x\to -1-}f(x)g(x)=\lim_{x\to -1+}f(x)g(x)=f(-1)g(-1)$이어야
한다.

$$\lim_{x\to -1-}f(x)g(x)=\lim_{x\to -1-}\frac{x^2+ax+b}{x+1} \qquad \cdots\cdots \ \bigcirc$$

$\bigcirc$의 극한값이 존재하고 $x\to -1-$일 때, (분모)$\to 0$이므로
(분자)$\to 0$이어야 한다.

즉, $\displaystyle\lim_{x\to -1-}(x^2+ax+b)=0$이므로 $1-a+b=0$

$$\therefore b=a-1 \qquad\qquad \cdots\cdots \ \bigcirc\bigcirc$$

$\bigcirc\bigcirc$을 $\bigcirc$에 대입하면

$$\begin{aligned}
\lim_{x\to -1-}f(x)g(x)&=\lim_{x\to -1-}\frac{x^2+ax+a-1}{x+1}\\
&=\lim_{x\to -1-}\frac{(x+a-1)(x+1)}{x+1}\\
&=\lim_{x\to -1-}(x+a-1)=a-2
\end{aligned}$$

$$\begin{aligned}
\lim_{x\to -1+}f(x)g(x)&=\lim_{x\to -1+}2(x^2+ax+b)\\
&=\lim_{x\to -1+}2(x^2+ax+a-1)=0
\end{aligned}$$

$$f(-1)g(-1)=2(1-a+b)=2(1-a+a-1)=0$$

따라서 $a-2=0$이므로 $a=2$

$a=2$를 $\bigcirc\bigcirc$에 대입하면 $b=1$

$$\therefore a+b=2+1=3$$

0153

답 12

함수 $f(x)=\begin{cases}2x-9 & (x<a)\\ -2x+a & (x\geq a)\end{cases}$ 가 $x\neq a$인 모든 실수 x에서 연

속이므로 함수 $\{f(x)\}^2$이 실수 전체의 집합에서 연속이려면 $x=a$
에서 연속이어야 한다.

즉, $\displaystyle\lim_{x\to a-}\{f(x)\}^2=\lim_{x\to a+}\{f(x)\}^2=\{f(a)\}^2$이어야 한다.

$$\begin{aligned}
\lim_{x\to a-}\{f(x)\}^2&=\lim_{x\to a-}(2x-9)^2\\
&=(2a-9)^2=4a^2-36a+81
\end{aligned}$$

$$\begin{aligned}
\lim_{x\to a+}\{f(x)\}^2&=\lim_{x\to a+}(-2x+a)^2\\
&=a^2
\end{aligned}$$

$$\{f(a)\}^2=a^2$$

따라서 $4a^2-36a+81=a^2$이므로

❶

$$3a^2-36a+81=0,\ a^2-12a+27=0$$

이차방정식의 근과 계수의 관계에 의하여 모든 실수 a의 값의 합은

$$-\frac{-12}{1}=12$$

❷

채점 기준	배점
❶ 함수 $\{f(x)\}^2$이 $x=a$에서 연속일 조건을 이용하여 식 세우기	70%
❷ a에 대한 이차방정식에서 근과 계수의 관계를 이용하여 모든 실수 a의 값의 합 구하기	30%

0154

답 21

함수 $f(x)=\begin{cases}x+3 & (x\leq a)\\ x^2-x & (x>a)\end{cases}$ 는 $x\neq a$인 모든 실수 x에서 연속이

고 함수 $g(x)$는 실수 전체의 집합에서 연속이므로 함수 $f(x)g(x)$
가 실수 전체의 집합에서 연속이려면 $x=a$에서 연속이어야 한다.

즉, $\displaystyle\lim_{x\to a-}f(x)g(x)=\lim_{x\to a+}f(x)g(x)=f(a)g(a)$이어야 한다.

$$\begin{aligned}
\lim_{x\to a-}f(x)g(x)&=\lim_{x\to a-}(x+3)\{x-(2a+7)\}\\
&=(a+3)(-a-7)
\end{aligned}$$

$$\begin{aligned}
\lim_{x\to a+}f(x)g(x)&=\lim_{x\to a+}(x^2-x)\{x-(2a+7)\}\\
&=(a^2-a)(-a-7)
\end{aligned}$$

$$f(a)g(a)=(a+3)(-a-7)$$

따라서 $(a+3)(-a-7)=(a^2-a)(-a-7)$이므로

$$(-a-7)\{(a+3)-(a^2-a)\}=0$$

$$(a+7)(a^2-2a-3)=0,\ (a+7)(a+1)(a-3)=0$$

$$\therefore a=-7 \ \text{또는} \ a=-1 \ \text{또는} \ a=3$$

즉, 모든 실수 a의 값의 곱은

$$-7\times(-1)\times 3=21$$

다른 풀이

함수 $f(x)g(x)$가 실수 전체의 집합에서 연속이려면 함수 $f(x)$가
$x=a$에서 연속이거나 $g(a)=0$이어야 한다.

(i) 함수 $f(x)$가 $x=a$에서 연속일 때

$\displaystyle\lim_{x\to a-}f(x)=\lim_{x\to a+}f(x)=f(a)$이어야 한다.

$$\lim_{x\to a-}f(x)=\lim_{x\to a-}(x+3)=a+3$$

$$\lim_{x\to a+}f(x)=\lim_{x\to a+}(x^2-x)=a^2-a$$

$$f(a)=a+3$$

따라서 $a+3=a^2-a$이므로

$$a^2-2a-3=0,\ (a+1)(a-3)=0$$

$$\therefore a=-1 \ \text{또는} \ a=3$$

(ii) $g(a)=0$일 때

$a-(2a+7)=0$에서 $-a-7=0$

$$\therefore a=-7$$

(i), (ii)에서 모든 실수 a의 값의 곱은

$$-1\times 3\times(-7)=21$$

0155

답 ①

$$f(x)=\begin{cases}x+a & (x<1)\\ 2x-3 & (x\geq1)\end{cases},\ f(x-2)=\begin{cases}x-2+a & (x<3)\\ 2x-7 & (x\geq3)\end{cases}$$이므로

함수 $f(x)$는 $x\neq1$인 모든 실수 x에서 연속이고 함수 $f(x-2)$는 $x\neq3$인 모든 실수 x에서 연속이다.

따라서 함수 $g(x)$가 실수 전체의 집합에서 연속이려면 $x=1$, $x=3$에서 연속이어야 한다.

(i) 함수 $g(x)$가 $x=1$에서 연속일 때

$$\lim_{x\to1-}g(x)=\lim_{x\to1+}g(x)=g(1)$$이어야 한다.

$$\lim_{x\to1-}g(x)=\lim_{x\to1-}f(x)f(x-2)$$
$$=\lim_{x\to1-}(x+a)(x-2+a)$$
$$=(1+a)(-1+a)=a^2-1$$

$$\lim_{x\to1+}g(x)=\lim_{x\to1+}f(x)f(x-2)$$
$$=\lim_{x\to1+}(2x-3)(x-2+a)$$
$$=-(-1+a)=1-a$$

$$g(1)=f(1)f(-1)=-1\times(-1+a)=1-a$$

즉, $a^2-1=1-a$이므로

$$a^2+a-2=0,\ (a+2)(a-1)=0$$

$$\therefore a=-2\ 또는\ a=1$$

(ii) 함수 $g(x)$가 $x=3$에서 연속일 때

$$\lim_{x\to3-}g(x)=\lim_{x\to3+}g(x)=g(3)$$이어야 한다.

$$\lim_{x\to3-}g(x)=\lim_{x\to3-}f(x)f(x-2)$$
$$=\lim_{x\to3-}(2x-3)(x-2+a)$$
$$=3(1+a)=3+3a$$

$$\lim_{x\to3+}g(x)=\lim_{x\to3+}f(x)f(x-2)$$
$$=\lim_{x\to3+}(2x-3)(2x-7)$$
$$=3\times(-1)=-3$$

$$g(3)=f(3)f(1)=3\times(-1)=-3$$

즉, $3+3a=-3$이므로 $a=-2$

(i), (ii)에서 구하는 상수 a의 값은 -2이다.

확인 문제 2

함수 $y=x^2+2$의 그래프와 직선 $y=t$의 위치 관계는 다음 그림과 같다.

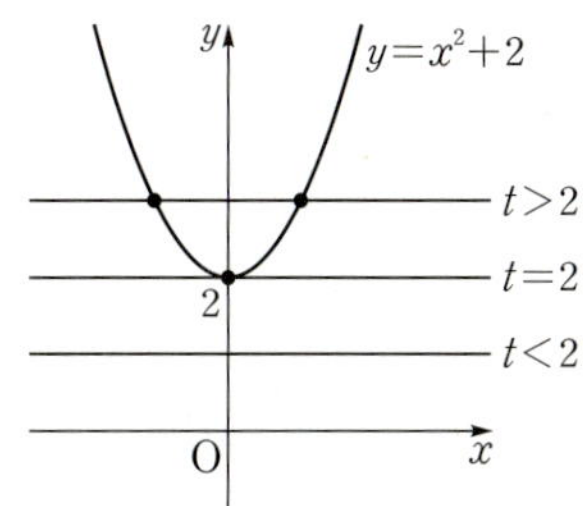

(i) $t<2$일 때

함수 $y=x^2+2$의 그래프와 직선 $y=t$가 만나지 않으므로 $f(t)=0$

(ii) $t=2$일 때

함수 $y=x^2+2$의 그래프와 직선 $y=t$가 한 점에서 만나므로 $f(t)=1$

(iii) $t>2$일 때

함수 $y=x^2+2$의 그래프와 직선 $y=t$가 서로 다른 두 점에서 만나므로 $f(t)=2$

(i)~(iii)에서 $f(t)=\begin{cases}0 & (t<2)\\ 1 & (t=2)\\ 2 & (t>2)\end{cases}$

$$\therefore \lim_{t\to2-}f(t)+\lim_{t\to2+}f(t)=0+2=2$$

0156

답 ⑤

이차방정식 $x^2-2tx+2t+3=0$의 판별식을 D라 하면

$$\frac{D}{4}=(-t)^2-(2t+3)=(t+1)(t-3)$$

(i) $\dfrac{D}{4}>0$, 즉 $t<-1$ 또는 $t>3$일 때

이차방정식이 서로 다른 두 실근을 가지므로 $f(t)=2$

(ii) $\dfrac{D}{4}=0$, 즉 $t=-1$ 또는 $t=3$일 때

이차방정식이 중근을 가지므로 $f(t)=1$

(iii) $\dfrac{D}{4}<0$, 즉 $-1<t<3$일 때

이차방정식이 실근을 갖지 않으므로 $f(t)=0$

(i)~(iii)에서 $f(t)=\begin{cases}2 & (t<-1\ 또는\ t>3)\\ 1 & (t=-1\ 또는\ t=3)\\ 0 & (-1<t<3)\end{cases}$

따라서 함수 $f(t)$는 $t=-1$, $t=3$에서 불연속이므로 구하는 모든 실수 a의 값의 합은

$$-1+3=2$$

이차방정식 $ax^2+bx+c=0$의 판별식 $D=b^2-4ac$에 대하여
(1) $D>0$이면 서로 다른 두 실근을 갖는다.
(2) $D=0$이면 중근(서로 같은 두 실근)을 갖는다.
(3) $D<0$이면 서로 다른 두 허근을 갖는다.

참고

함수 $y=f(t)$의 그래프는 오른쪽 그림과 같으므로 $t=-1$, $t=3$에서 불연속임을 알 수 있다.

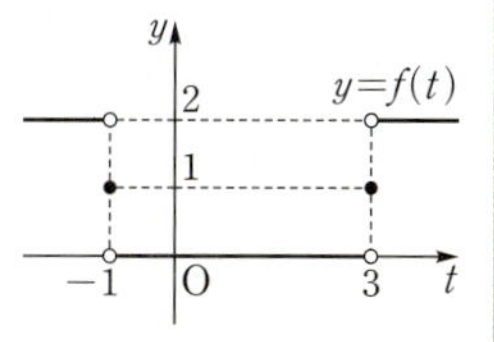

0157

답 ①

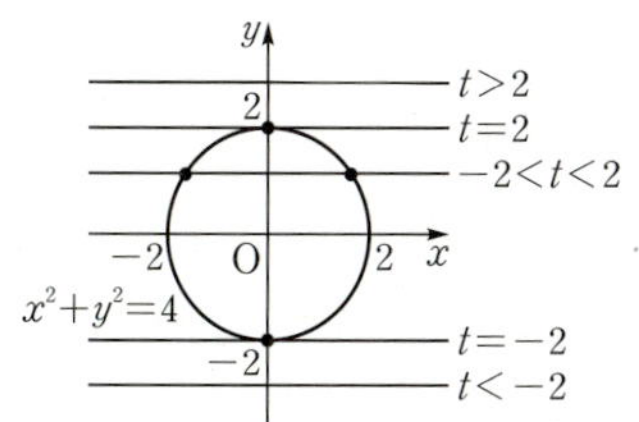

원 $x^2+y^2=4$와 직선 $y=t$의 위치 관계는 위의 그림과 같으므로

t의 값의 범위에 따라 $f(t)$의 값을 나누어 구하면 다음과 같다.

$$f(t)=\begin{cases} 0 & (t<-2 \text{ 또는 } t>2) \\ 1 & (t=-2 \text{ 또는 } t=2) \\ 2 & (-2<t<2) \end{cases}$$

따라서 함수 $f(t)$가 $t=-2$, $t=2$에서 불연속이므로 함수 $(t+a)f(t)$가 양의 실수 전체의 집합에서 연속이려면 $t=2$에서 연속이어야 한다.

즉, $\lim\limits_{t\to 2-}(t+a)f(t)=\lim\limits_{t\to 2+}(t+a)f(t)=(2+a)f(2)$이어야 한다.

$\lim\limits_{t\to 2-}(t+a)f(t)=(2+a)\times 2=4+2a$

$\lim\limits_{t\to 2+}(t+a)f(t)=(2+a)\times 0=0$

$(2+a)f(2)=(2+a)\times 1=2+a$

따라서 $4+2a=0=2+a$이므로

$a=-2$

0158

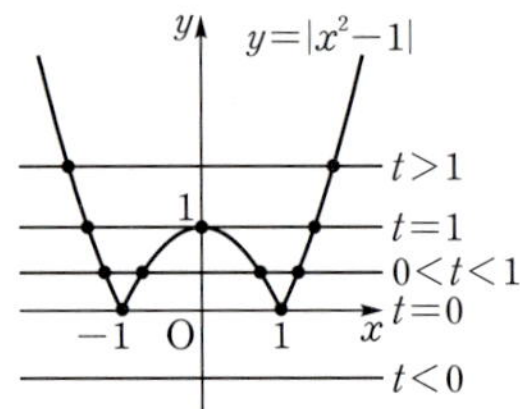

함수 $y=|x^2-1|$의 그래프와 직선 $y=t$의 위치 관계는 위의 그림과 같으므로 t의 값의 범위에 따라 $f(t)$의 값을 나누어 구하면 다음과 같다.

$$f(t)=\begin{cases} 0 & (t<0) \\ 2 & (t=0) \\ 4 & (0<t<1) \\ 3 & (t=1) \\ 2 & (t>1) \end{cases}$$

따라서 함수 $f(t)$는 $t=0$, $t=1$에서 불연속이므로 함수 $(t-a)f(t)$가 $t=0$에서만 불연속이려면 $t=1$에서 연속이어야 한다.

즉, $\lim\limits_{t\to 1-}(t-a)f(t)=\lim\limits_{t\to 1+}(t-a)f(t)=(1-a)f(1)$이어야 한다.

$\lim\limits_{t\to 1-}(t-a)f(t)=4(1-a)$

$\lim\limits_{t\to 1+}(t-a)f(t)=2(1-a)$

$(1-a)f(1)=3(1-a)$

따라서 $4(1-a)=2(1-a)=3(1-a)$이므로

$1-a=0 \qquad \therefore a=1$

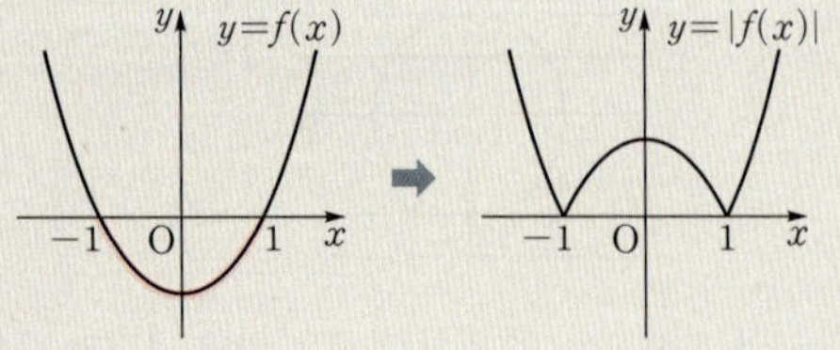

0159

직선 $x-\sqrt{3}y-t=0$이 원 $(x-1)^2+y^2=4$에 접할 때 직선과 원의 중심 $(1, 0)$ 사이의 거리가 2이므로

$\dfrac{|1-t|}{\sqrt{1+3}}=2$, $|t-1|=4$

$t-1=-4$ 또는 $t-1=4$

$\therefore t=-3$ 또는 $t=5$

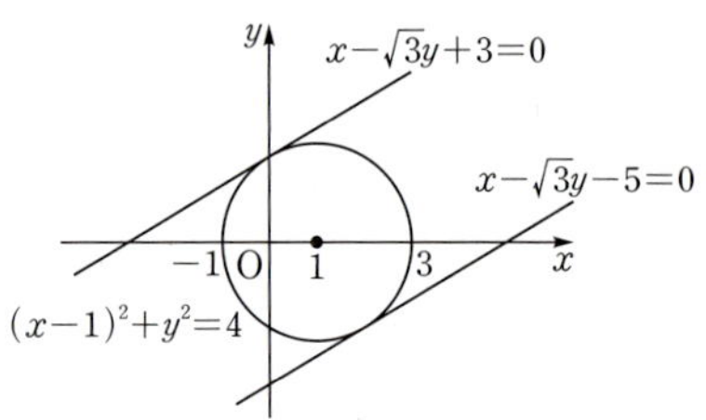

t의 값의 범위에 따라 $f(t)$의 값을 나누어 구하면 다음과 같다.

(ⅰ) $t<-3$ 또는 $t>5$일 때

원과 직선이 만나지 않으므로 $f(t)=0$

(ⅱ) $t=-3$ 또는 $t=5$일 때

원과 직선이 한 점에서 만나므로 $f(t)=1$

(ⅲ) $-3<t<5$일 때

원과 직선이 서로 다른 두 점에서 만나므로 $f(t)=2$

(ⅰ)~(ⅲ)에서 $f(t)=\begin{cases} 0 & (t<-3 \text{ 또는 } t>5) \\ 1 & (t=-3 \text{ 또는 } t=5) \\ 2 & (-3<t<5) \end{cases}$

❶

따라서 함수 $f(t)$는 $t=-3$, $t=5$에서 불연속이고 함수 $g(t)$는 실수 전체의 집합에서 연속이므로 함수 $f(t)g(t)$가 실수 전체의 집합에서 연속이려면 $t=-3$, $t=5$에서 연속이어야 한다.

ⓐ 함수 $f(t)g(t)$가 $t=-3$에서 연속일 때

$\lim\limits_{t\to -3-}f(t)g(t)=\lim\limits_{t\to -3+}f(t)g(t)=f(-3)g(-3)$이어야 한다.

$\lim\limits_{t\to -3-}f(t)g(t)=0\times g(-3)=0$

$\lim\limits_{t\to -3+}f(t)g(t)=2\times g(-3)=2g(-3)$

$f(-3)g(-3)=g(-3)$

즉, $0=2g(-3)=g(-3)$이므로

$g(-3)=0$

ⓑ 함수 $f(t)g(t)$가 $t=5$에서 연속일 때

$\lim\limits_{t\to 5-}f(t)g(t)=\lim\limits_{t\to 5+}f(t)g(t)=f(5)g(5)$이어야 한다.

$\lim\limits_{t\to 5-}f(t)g(t)=2\times g(5)=2g(5)$

$\lim\limits_{t\to 5+}f(t)g(t)=0\times g(5)=0$

$f(5)g(5)=g(5)$

즉, $2g(5)=0=g(5)$이므로

$g(5)=0$

❷

ⓐ, ⓑ에서 최고차항의 계수가 1인 이차함수 $g(t)$는 $t+3$, $t-5$를 인수로 가지므로

$g(t)=(t+3)(t-5)$

$\therefore g(10)=13\times 5=65$

❸

채점 기준	배점
❶ 원과 직선의 위치 관계를 이용하여 $f(t)$ 구하기	40%
❷ 함수 $f(t)g(t)$가 연속일 조건 구하기	40%
❸ $g(t)$의 식을 이용하여 $g(10)$의 값 구하기	20%

Bible Says 원과 직선의 위치 관계

(1) 판별식을 이용

원의 방정식과 직선의 방정식을 이용하여 만든 이차방정식의 판별식을 D라 할 때,

① $D>0$

➡ 서로 다른 두 점에서 만난다.

② $D=0$

➡ 접한다. (한 점에서 만난다.)

③ $D<0$

➡ 만나지 않는다.

(2) 원의 중심과 직선 사이의 거리를 이용

원의 중심과 직선 사이의 거리를 d, 반지름의 길이를 r라 할 때,

① $d<r$

➡ 서로 다른 두 점에서 만난다.

② $d=r$

➡ 접한다. (한 점에서 만난다.)

③ $d>r$

➡ 만나지 않는다.

다른 풀이

함수 $f(t)$가 $t=-3$, $t=5$에서 불연속이므로

$g(-3)=0$, $g(5)=0$이면

$$\lim_{t\to-3-}f(t)g(t)=\lim_{t\to-3+}f(t)g(t)=f(-3)g(-3)=0,$$

$$\lim_{t\to5-}f(t)g(t)=\lim_{t\to5+}f(t)g(t)=f(5)g(5)=0$$

이 되어 함수 $f(t)g(t)$가 $t=-3$, $t=5$에서 연속, 즉 실수 전체의 집합에서 연속이 된다.

따라서 최고차항의 계수가 1인 이차함수 $g(t)$는 $g(-3)=0$, $g(5)=0$에서 $t+3$과 $t-5$를 인수로 가지므로

$$g(t)=(t+3)(t-5)$$

$$\therefore g(10)=13\times5=65$$

참고

함수 $f(x)$가 $x=a$에서만 불연속이고 함수 $g(x)$가 실수 전체의 집합에서 연속일 때, 함수 $f(x)g(x)$가 실수 전체의 집합에서 연속이 되려면 $g(a)=0$이면 된다.

➡ 함수 $g(x)$는 실수 전체의 집합에서 연속이므로 $g(a)=0$이면

$$\lim_{x\to a-}g(x)=\lim_{x\to a+}g(x)=g(a)=0$$이다.

따라서 $\lim_{x\to a-}f(x)\underset{=0}{g(x)}=\lim_{x\to a+}f(x)\underset{=0}{g(x)}=f(a)\underset{=0}{g(a)}$가 되어

함수 $f(x)g(x)$는 $x=a$에서 연속, 즉 실수 전체의 집합에서 연속이 된다.

유형 10 최대 · 최소 정리

0160

답 ④

닫힌구간 $[-2, 1]$에서 두 함수 $f(x)=-\dfrac{2}{x-2}$,

$g(x)=x^2+2x=(x+1)^2-1$의 그래프는 다음 그림과 같다.

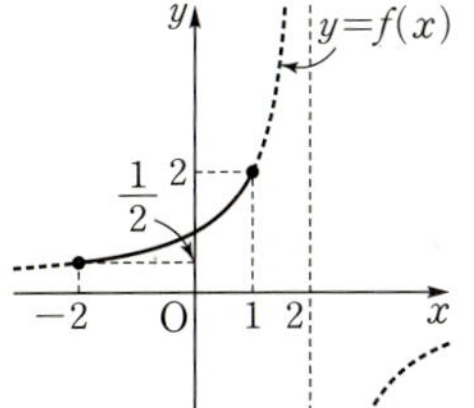
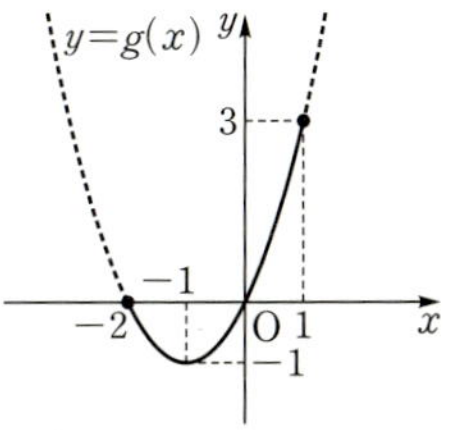

두 함수 $f(x)$, $g(x)$는 닫힌구간 $[-2, 1]$에서 연속이므로 최대 · 최소 정리에 의하여 $[-2, 1]$에서 최댓값과 최솟값을 갖는다.

함수 $f(x)$의 최댓값은

$$M=f(1)=2$$

함수 $g(x)$의 최솟값은

$$m=g(-1)=-1$$

$$\therefore M+m=2+(-1)=1$$

0161

답 1

$$f(x)=\frac{1}{x^2+4x+7}=\frac{1}{(x+2)^2+3}$$

$g(x)=x^2+4x+7$이라 하면 함수 $y=g(x)$의 그래프는 오른쪽 그림과 같다.

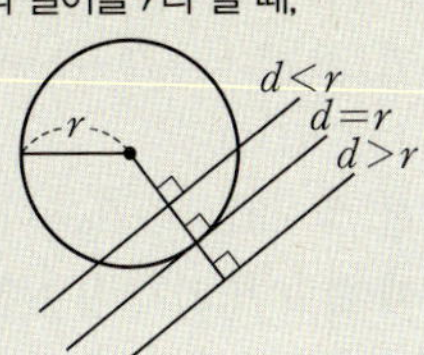

함수 $g(x)$는 닫힌구간 $[-2, a]$에서 연속이므로 최대 · 최소 정리에 의하여 $[-2, a]$에서 최댓값과 최솟값을 갖는다.

이때 구간에 속한 모든 x에 대하여 $g(x)>0$이므로 $g(x)$가 최소이면 $f(x)$는 최대이고, $g(x)$가 최대이면 $f(x)$는 최소이다.

함수 $f(x)$의 최댓값과 최솟값을 각각 M, m이라 하면

$$M=f(-2)=\frac{1}{3}$$

$$m=f(a)=\frac{1}{(a+2)^2+3}$$

$M-m=\dfrac{1}{4}$에서

$$\frac{1}{3}-\frac{1}{(a+2)^2+3}=\frac{1}{4}, \quad \frac{1}{(a+2)^2+3}=\frac{1}{12}$$

$$(a+2)^2+3=12, \quad (a+2)^2=9$$

$a+2=-3$ 또는 $a+2=3$ $\quad\therefore a=1\ (\because a>0)$

0162

답 ③

$$\lim_{x\to2-}f(x)=\lim_{x\to2-}(-x+3a)=-2+3a=f(2)$$

$$\lim_{x\to2+}f(x)=\lim_{x\to2+}(2x^2+a)=8+a$$

(i) $-2+3a>8+a$인 경우

닫힌구간 $[0, 4]$에서 함수 $f(x)$는 a의 값에 관계없이 최솟값을 갖지 않으므로 조건을 만족시키지 않는다.

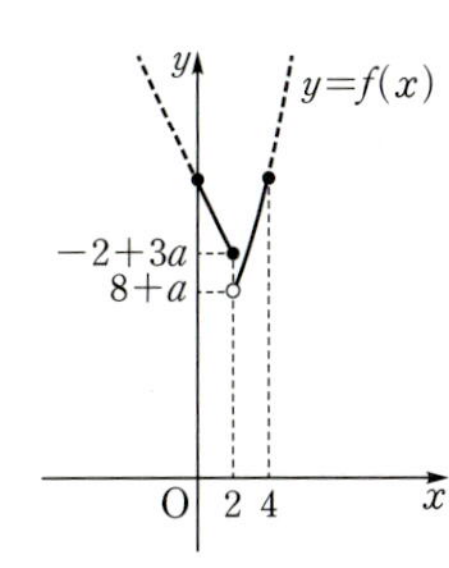

(ii) $-2+3a=8+a$인 경우

$2a=10$에서 $a=5$이므로

$$f(x)=\begin{cases} -x+15 & (0\le x\le2) \\ 2x^2+5 & (2<x\le4) \end{cases}$$

즉, $\lim\limits_{x\to2}f(x)=f(2)$이므로 함수

$f(x)$는 $x=2$에서 연속이다.

따라서 함수 $f(x)$는 닫힌구간

$[0,\ 4]$에서 연속이므로 최대 · 최

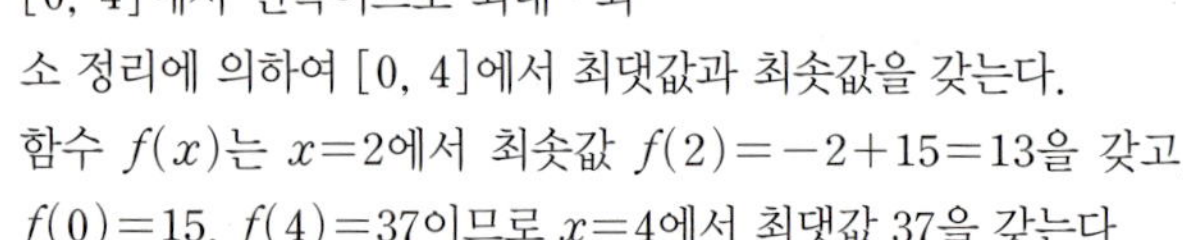

소 정리에 의하여 $[0,\ 4]$에서 최댓값과 최솟값을 갖는다.

함수 $f(x)$는 $x=2$에서 최솟값 $f(2)=-2+15=13$을 갖고,

$f(0)=15$, $f(4)=37$이므로 $x=4$에서 최댓값 37을 갖는다.

(iii) $-2+3a<8+a$인 경우

$2a<10$에서 $a<5$이므로 닫힌구간

$[0,\ 4]$에서 함수 $f(x)$는 $x=2$에서

최솟값 $f(2)=-2+3a$를 갖고,

$x=4$에서 최댓값 $f(4)=32+a<37$

을 갖는다.

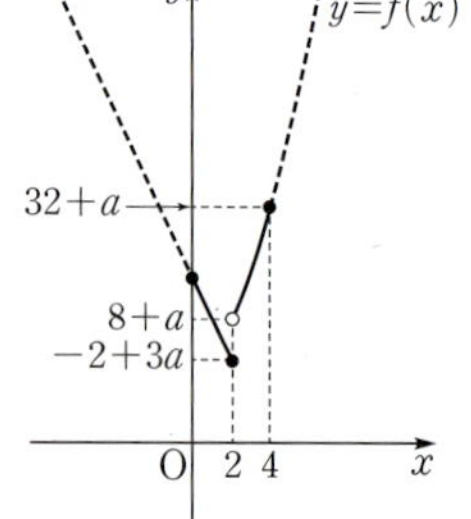

(i)~(iii)에서 $a+M$의 최댓값은

$a=5$, $M=37$일 때이므로

$a+M=5+37=42$

0163

답 ②

$f(x)=x^3-3x^2+3x+2$라 하면 $f(x)$는 모든 실수 x에서 연속이고

$f(-2)=-24<0$, $f(-1)=-5<0$, $f(0)=2>0$,

$f(1)=3>0$, $f(2)=4>0$, $f(3)=11>0$

따라서 $f(-1)f(0)<0$이므로 사잇값 정리에 의하여 방정식

$f(x)=0$의 실근이 존재하는 구간은 $(-1,\ 0)$이다.

0164

답 ②

$f(x)=x^3-2x^2+x+k$라 하면

$f(1)=k$, $f(2)=k+2$

방정식 $f(x)=0$이 열린구간 $(1,\ 2)$에서 오직 하나의 실근을 가지

려면 $f(1)f(2)<0$이어야 하므로

$k(k+2)<0$ $\qquad\therefore -2<k<0$

0165

답 ④

함수 $f(x)$가 실수 전체의 집합에서 연속이고

$f(0)f(1)=-2<0$, $f(1)f(2)=-4<0$, $f(2)f(3)=-2<0$,

$f(3)f(5)=-2<0$

이므로 사잇값 정리에 의하여 방정식 $f(x)=0$은 구간 $(0,\ 1)$,

$(1,\ 2)$, $(2,\ 3)$, $(3,\ 5)$에서 각각 적어도 하나의 실근을 갖는다.

따라서 방정식 $f(x)=0$은 적어도 4개의 실근을 가지므로 구하는

n의 최댓값은 4이다.

0166

답 3

$f(x)=x$에서 $f(x)-x=0$

$g(x)=f(x)-x$라 하면

$g(0)=f(0)=k-3$, $g(1)=f(1)-1=k+1$

방정식 $g(x)=0$이 열린구간 $(0,\ 1)$에서 중근이 아닌 오직 하나의

실근을 가지려면 $g(0)g(1)<0$이어야 하므로

$(k-3)(k+1)<0$ $\qquad\therefore -1<k<3$

따라서 이를 만족시키는 정수 k는 0, 1, 2이므로 구하는 합은

$0+1+2=3$

0167

답 ②

조건 ㈎의 $f(-x)=-f(x)$에 $x=0$을 대입하면

$f(0)=-f(0)$ $\qquad\therefore f(0)=0$ ⟶ 원점 대칭 함수

즉, 방정식 $f(x)=0$은 $x=0$을 실근으로 갖는다.

한편, $f(1)=-f(-1)$이고 조건 ㈏에서 $f(-1)f(3)>0$이므로

$f(1)f(3)<0$

또한 $f(-3)=-f(3)$이므로 $f(-3)f(-1)<0$

이때 함수 $f(x)$가 실수 전체의 집합에서 연속이므로 사잇값 정리에

의하여 방정식 $f(x)=0$은 열린구간 $(-3,\ -1)$, $(1,\ 3)$에서 각각

적어도 하나의 실근을 갖는다.

따라서 방정식 $f(x)=0$은 적어도 3개의 실근을 가지므로 구하는

최솟값은 3이다.

$f(-1)f(1)<0$이므로 사잇값 정리에 의하여 방정식 $f(x)=0$은 열린구
간 $(-1,\ 1)$에서 적어도 하나의 실근을 갖는다. 그런데 조건 ㈎에서 방정
식 $f(x)=0$이 $x=0$을 실근으로 가짐을 확인하였으므로 중복하여 계산하
지 않도록 주의한다.

0168

답 ③

ㄱ. $g(x)=f(x)-x$라 하면

$g(-1)=f(-1)+1=-3+1=-2<0$,

$g(1)=f(1)-1=2-1=1>0$

에서 $g(-1)g(1)<0$이므로 사잇값 정리에 의하여 방정식

$g(x)=0$은 열린구간 $(-1,\ 1)$에서 적어도 하나의 실근을 갖

는다.

ㄴ. $h(x)=xf(x)-2x-1$이라 하면

$h(-1)=-f(-1)+1=3+1=4>0$,

$h(1)=f(1)-3=2-3=-1<0$

에서 $h(-1)h(1)<0$이므로 사잇값 정리에 의하여 방정식

$h(x)=0$은 열린구간 $(-1,\ 1)$에서 적어도 하나의 실근을 갖

는다.

ㄷ. $i(x)=x^2f(x)-x-2$라 하면

$i(-1)=f(-1)-1=-3-1=-4<0$,

$i(0)=-2<0$,

$i(1)=f(1)-3=2-3=-1<0$

이므로 방정식 $i(x)=0$이 열린구간 $(-1,\ 1)$에서 실근을 갖는

지 알 수 없다.

따라서 열린구간 $(-1,\ 1)$에서 반드시 실근을 가지는 방정식은

ㄱ, ㄴ이다.

0169 답 ③

조건 ㈎의 $\displaystyle\lim_{x\to -2}\frac{f(x)}{x+2}=3$에서 극한값이 존재하고 $x\to -2$일 때,

(분모)$\to 0$이므로 (분자)$\to 0$이어야 한다.

즉, $\displaystyle\lim_{x\to -2}f(x)=0$이므로 $f(-2)=0$

조건 ㈏의 $\displaystyle\lim_{x\to 1}\frac{f(x)}{x-1}=6$에서 극한값이 존재하고 $x\to 1$일 때,

(분모)$\to 0$이므로 (분자)$\to 0$이어야 한다.

즉, $\displaystyle\lim_{x\to 1}f(x)=0$이므로 $f(1)=0$

따라서 방정식 $f(x)=0$은 $x=-2$, $x=1$을 실근으로 가지므로

$f(x)=(x+2)(x-1)g(x)$ ($g(x)$는 다항함수)라 하면

$$\lim_{x\to -2}\frac{f(x)}{x+2}=\lim_{x\to -2}\frac{(x+2)(x-1)g(x)}{x+2}$$
$$=\lim_{x\to -2}(x-1)g(x)=-3g(-2)=3$$

$\therefore g(-2)=-1$ $\quad\cdots\cdots\ \boxdot$

$$\lim_{x\to 1}\frac{f(x)}{x-1}=\lim_{x\to 1}\frac{(x+2)(x-1)g(x)}{x-1}$$
$$=\lim_{x\to 1}(x+2)g(x)=3g(1)=6$$

$\therefore g(1)=2$ $\quad\cdots\cdots\ \boxdot$

$g(x)$는 다항함수이므로 모든 실수 x에서 연속이고, ㉠, ㉡에서

$g(-2)g(1)=-2<0$이므로 사잇값 정리에 의하여 방정식

$g(x)=0$은 열린구간 $(-2,1)$에서 적어도 하나의 실근을 갖는다.

따라서 방정식 $f(x)=0$이 열린구간 $(-3,3)$에서 가질 수 있는 실근의 개수의 최솟값은 3이다.

내신 잡는 종합 문제

0170 답 ⑤

$\dfrac{f(x)}{f(x)-k}=\dfrac{-x^2+5x+2}{-x^2+5x+2-k}$가 실수 전체의 집합에서 연속이려면

모든 실수 x에 대하여 $-x^2+5x+2-k\neq 0$이어야 한다.

즉, 이차방정식 $-x^2+5x+2-k=0$의 판별식을 D라 하면 $D<0$

이어야 하므로

$D=5^2-4\times(-1)\times(2-k)<0$

$25+8-4k<0$ $\quad\therefore k>\dfrac{33}{4}$

따라서 정수 k의 최솟값은 9이다.

0171 답 ②

함수 $f(x)$가 $x=2$에서 연속이므로

$\displaystyle\lim_{x\to 2-}f(x)=\lim_{x\to 2+}f(x)=f(2)$이어야 한다.

$$\lim_{x\to 2-}f(x)=\lim_{x\to 2-}([x]^2+ax[x+1])$$
$$=1+2a\times 2=4a+1$$

$$\lim_{x\to 2+}f(x)=\lim_{x\to 2+}([x]^2+ax[x+1])$$
$$=4+2a\times 3=6a+4$$

$f(2)=4+2a\times 3=6a+4$

따라서 $4a+1=6a+4$이므로

$2a=-3$ $\quad\therefore a=-\dfrac{3}{2}$

$x\to 2-$일 때 $1<x<2$이므로 $2<x+1<3$ $\quad\therefore\displaystyle\lim_{x\to 2-}[x+1]=2$

$x\to 2+$일 때 $2<x<3$이므로 $3<x+1<4$ $\quad\therefore\displaystyle\lim_{x\to 2+}[x+1]=3$

0172 답 ④

함수 $g(x)=|f(x)-k|$가 $x=1$에서 연속이려면

$\displaystyle\lim_{x\to 1-}g(x)=\lim_{x\to 1+}g(x)=g(1)$이어야 한다.

$$\lim_{x\to 1-}g(x)=\lim_{x\to 1-}|f(x)-k|$$
$$=\lim_{x\to 1-}|x^2+3x-1-k|=|3-k|$$

$$\lim_{x\to 1+}g(x)=\lim_{x\to 1+}|f(x)-k|$$
$$=\lim_{x\to 1+}|x-3-k|=|-2-k|$$

$g(1)=|f(1)-k|=|-2-k|$

따라서 $|3-k|=|-2-k|$이므로

$3-k=-2-k$ 또는 $3-k=2+k$

(i) $3-k=-2-k$일 때

$\quad 3\neq -2$이므로 조건을 만족시키는 k의 값은 존재하지 않는다.

(ii) $3-k=2+k$일 때

$\quad 2k=1$ $\quad\therefore k=\dfrac{1}{2}$

(i), (ii)에서 구하는 실수 k의 값은 $\dfrac{1}{2}$이다.

0173 답 6

함수 $f(x)$가 실수 전체의 집합에서 연속이므로 $x=1$에서 연속이다.

즉, $\displaystyle\lim_{x\to 1-}f(x)=\lim_{x\to 1+}f(x)=f(1)$이어야 한다.

이때 $f(1)=\displaystyle\lim_{x\to 1-}f(x)=\lim_{x\to 1-}(-3x+a)=-3+a$이므로

$$\lim_{x\to 1+}f(x)=\lim_{x\to 1+}\frac{x+b}{\sqrt{x+3}-2}=-3+a \quad\cdots\cdots\ \boxdot$$

㉠에서 극한값이 존재하고 $x\to 1+$일 때, (분모)$\to 0$이므로

(분자)$\to 0$이어야 한다.

즉, $\displaystyle\lim_{x\to 1+}(x+b)=0$이므로 $1+b=0$ $\quad\therefore b=-1$

$b=-1$을 ㉠에 대입하면

$$\lim_{x\to 1+}f(x)=\lim_{x\to 1+}\frac{x-1}{\sqrt{x+3}-2}$$
$$=\lim_{x\to 1+}\frac{(x-1)(\sqrt{x+3}+2)}{(\sqrt{x+3}-2)(\sqrt{x+3}+2)}$$
$$=\lim_{x\to 1+}\frac{(x-1)(\sqrt{x+3}+2)}{x-1}$$
$$=\lim_{x\to 1+}(\sqrt{x+3}+2)=4=-3+a$$

따라서 $a=7$이므로

$a+b=7+(-1)=6$

0174

답 ③

$x \neq a$일 때, $f(x) = \dfrac{(x-2)|x-a|}{x-a}$

함수 $f(x)$가 실수 전체의 집합에서 연속이므로 $x=a$에서 연속이다.

즉, $\lim\limits_{x \to a-} f(x) = \lim\limits_{x \to a+} f(x) = f(a)$이어야 한다.

$$\lim_{x \to a-} f(x) = \lim_{x \to a-} \frac{(x-2)|x-a|}{x-a} = \lim_{x \to a-} \frac{-(x-2)(x-a)}{x-a}$$
$$= \lim_{x \to a-} (-x+2) = -a+2$$

$$\lim_{x \to a+} f(x) = \lim_{x \to a+} \frac{(x-2)|x-a|}{x-a} = \lim_{x \to a+} \frac{(x-2)(x-a)}{x-a}$$
$$= \lim_{x \to a+} (x-2) = a-2$$

따라서 $-a+2 = a-2 = f(a)$이므로

$a=2$

$\therefore f(a) = f(2) = 0$

0175

답 ④

함수 $g(x)$가 $x=a$에서 연속이려면

$\lim\limits_{x \to a-} g(x) = \lim\limits_{x \to a+} g(x) = g(a)$이어야 한다.

$$\lim_{x \to a-} g(x) = \lim_{x \to a-} (x-3)f(x) = \lim_{x \to a-} (x-3)(x+2)$$
$$= (a-3)(a+2)$$

$$\lim_{x \to a+} g(x) = \lim_{x \to a+} (x-3)f(x) = \lim_{x \to a+} (x-3)(x^2+3x+2)$$
$$= (a-3)(a+2)(a+1)$$

$g(a) = (a-3)f(a) = (a-3)(a+2)$

즉, $(a-3)(a+2) = (a-3)(a+2)(a+1)$이므로

$(a-3)(a+2)(a+1-1) = 0$

$a(a-3)(a+2) = 0$

$\therefore a = -2$ 또는 $a=0$ 또는 $a=3$

따라서 구하는 모든 실수 a의 값의 합은

$-2+0+3 = 1$

다른 풀이

함수 $g(x) = (x-3)f(x)$가 $x=a$에서 연속이려면

$\lim\limits_{x \to a} (x-3) = 0$ 또는 함수 $f(x)$가 $x=a$에서 연속이어야 한다.

(i) $\lim\limits_{x \to a} (x-3) = 0$일 때

$\lim\limits_{x \to a} (x-3) = a-3 = 0$

$\therefore a=3$

(ii) 함수 $f(x)$가 $x=a$에서 연속일 때

$\lim\limits_{x \to a-} f(x) = \lim\limits_{x \to a+} f(x) = f(a)$이어야 한다.

$\lim\limits_{x \to a-} f(x) = \lim\limits_{x \to a-} (x+2) = a+2$

$\lim\limits_{x \to a+} f(x) = \lim\limits_{x \to a+} (x^2+3x+2) = a^2+3a+2$

$f(a) = a+2$

즉, $a+2 = a^2+3a+2$이므로

$a^2+2a = 0$, $a(a+2) = 0$

$\therefore a=-2$ 또는 $a=0$

(i), (ii)에서 구하는 모든 실수 a의 값의 합은

$3+(-2)+0 = 1$

0176

답 24

두 함수 $y=x$, $y=f(x)$가 실수 전체의 집합에서 연속이므로

함수 $\dfrac{x}{f(x)}$는 $f(x)=0$을 만족시키는 x의 값에서만 불연속이다.

조건 ㈎에 의하여 $f(1)=0$, $f(2)=0$이므로

$f(x) = a(x-1)(x-2)$ $(a \neq 0)$라 하면 조건 ㈏에서

$$\lim_{x \to 2} \frac{f(x)}{x-2} = \lim_{x \to 2} \frac{a(x-1)(x-2)}{x-2}$$
$$= \lim_{x \to 2} a(x-1)$$
$$= a = 4$$

따라서 $f(x) = 4(x-1)(x-2)$이므로

$f(4) = 4 \times 3 \times 2 = 24$

0177

답 4

함수 $f(x)$가 실수 전체의 집합에서 연속이고 함수 $g(x)$는 $x \neq 2$인

모든 실수 x에서 연속이므로 함수 $\dfrac{f(x)}{g(x)}$가 실수 전체의 집합에서

연속이려면 $x=2$에서 연속이어야 한다.

즉, $\lim\limits_{x \to 2} \dfrac{f(x)}{g(x)} = \dfrac{f(2)}{g(2)}$이어야 하므로

$\lim\limits_{x \to 2} \dfrac{f(x)}{x-2} = f(2)$ $\qquad$ …… ㉠

㉠에서 극한값이 존재하고 $x \to 2$일 때, (분모)$\to 0$이므로

(분자)$\to 0$이어야 한다.

즉, $\lim\limits_{x \to 2} f(x) = 0$이므로 $f(2) = 0$

$f(x)$는 최고차항의 계수가 1인 이차함수이므로

$f(x) = (x-2)(x-a)$ $(a$는 상수$)$라 하면 ㉠에서

$$\lim_{x \to 2} \frac{f(x)}{x-2} = \lim_{x \to 2} \frac{(x-2)(x-a)}{x-2}$$
$$= \lim_{x \to 2} (x-a)$$
$$= 2-a = 0 \ (\because f(2)=0)$$

$\therefore a=2$

따라서 $f(x) = (x-2)^2$이므로

$f(4) = 4$

0178

답 -1

두 함수 $y=f(x)$, $y=g(x)$의 그래프에서 두 함수의 식은

$$f(x) = \begin{cases} -2x-2 & (x \neq 0) \\ 1 & (x=0) \end{cases}, \quad g(x) = \begin{cases} x+1 & (x \neq 0) \\ 2 & (x=0) \end{cases}$$

이때 합성함수 $(f \circ g)(x) = f(g(x))$의 식은 다음과 같이 나누어

구할 수 있다.

(i) $x \neq 0$이고 $g(x) \neq 0$일 때

$g(x) = x+1 \neq 0$에서 $x \neq -1$이므로

$x \neq 0$이고 $x \neq -1$일 때

$f(g(x)) = -2g(x)-2 = -2(x+1)-2 = -2x-4$

(ii) $x=0$일 때

$f(g(0)) = f(2) = -4-2 = -6$

(iii) $g(x)=0$일 때
$g(x)=x+1=0$에서 $x=-1$이므로
$f(g(-1))=f(0)=1$

(i)~(iii)에서 합성함수 $f(g(x))$의 식은 다음과 같다.

$$f(g(x))=\begin{cases} -2x-4 & (x\neq-1,\ x\neq0) \\ -6 & (x=0) \\ 1 & (x=-1) \end{cases}$$

이때 $\displaystyle\lim_{x\to-1}f(g(x))=\lim_{x\to-1}(-2x-4)=-2$, $f(g(-1))=1$이고
$\displaystyle\lim_{x\to0}f(g(x))=\lim_{x\to0}(-2x-4)=-4$, $f(g(0))=-6$이므로
합성함수 $(f\circ g)(x)$는 $x=-1$, $x=0$에서 불연속이다.
따라서 구하는 모든 a의 값의 합은
$-1+0=-1$

0179 · 답 ⑤

함수 $f(x)$가 $x=0$에서 연속이므로
$\displaystyle\lim_{x\to0-}f(x)=\lim_{x\to0+}f(x)=f(0)$이다.
$x<0$일 때, $g(x)=-f(x)+x^2+4$이므로
$\displaystyle\lim_{x\to0-}g(x)=\lim_{x\to0-}\{-f(x)+x^2+4\}=-f(0)+4$
$x>0$일 때, $g(x)=f(x)-x^2-2x-8$이므로
$\displaystyle\lim_{x\to0+}g(x)=\lim_{x\to0+}\{f(x)-x^2-2x-8\}=f(0)-8$
이때 $\displaystyle\lim_{x\to0-}g(x)-\lim_{x\to0+}g(x)=6$이므로
$\{-f(0)+4\}-\{f(0)-8\}=6$
$-2f(0)=-6$ ∴ $f(0)=3$

0180 · 답 ③

조건 ㈎에 의하여 $-1\le x\le1$에서 $f(x)=2$와 $f(x)=-2$를 만족시키는 x의 값은 각각 오직 한 개씩 있다.

조건 ㈏에 의하여 $f(x)=f(x+2)$이므로 2와 -2는 이 구간에서 각각 최댓값과 최솟값이고 이 구간에서 함수 $y=f(x)$의 그래프의 개형을 예를 들면 다음 그림과 같다.

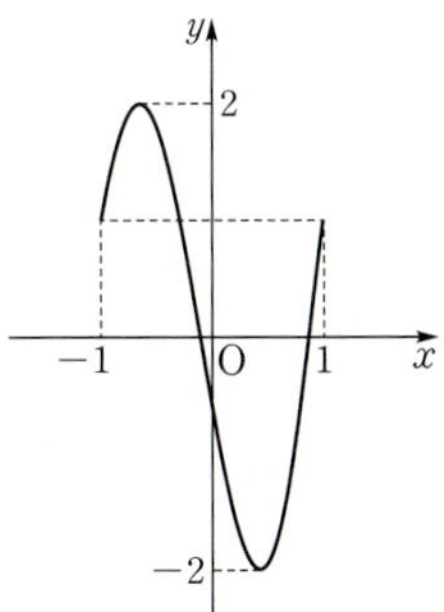

ㄱ. 조건 ㈏에서 $f(x)=f(x+2)$이므로 $f(-1)=f(1)$이다. (참)

ㄴ. 조건 ㈏에서 $f(x)=f(x+2)$이고 $-10\le x\le10$에서 함수 $f(x)$의 최댓값과 최솟값은 각각 2, -2이므로 함수 $f(x)$의 최댓값과 최솟값의 합은
$2+(-2)=0$ (참)

ㄷ. $-1\le x\le1$일 때, 사잇값 정리에 의하여 방정식 $f(x)=0$의 서로 다른 실근은 이 구간에서 적어도 2개 존재한다.
이때 $f(x)=f(x+2)$이므로 $-10\le x\le10$에서 방정식 $f(x)=0$의 서로 다른 실근은 적어도 20개 존재한다. (거짓)
따라서 옳은 것은 ㄱ, ㄴ이다.

0181 · 답 ⑤

함수 $y=f(x)$의 그래프는 다음 그림과 같다.

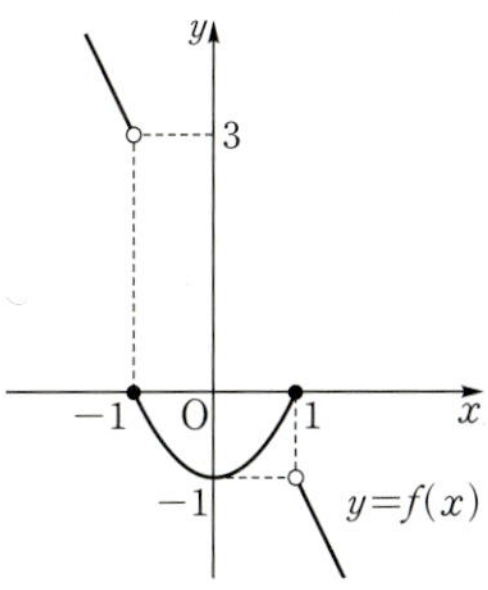

ㄱ. $\displaystyle\lim_{x\to1-}(x-1)f(x)=\lim_{x\to1-}(x-1)(x^2-1)=0$
$\displaystyle\lim_{x\to1+}(x-1)f(x)=\lim_{x\to1+}(x-1)(-2x+1)=0$
$(1-1)f(1)=0$
즉, $\displaystyle\lim_{x\to1-}(x-1)f(x)=\lim_{x\to1+}(x-1)f(x)=(1-1)f(1)$이므로 함수 $(x-1)f(x)$는 $x=1$에서 연속이다. (참)

ㄴ. $x+2=t$로 놓으면
$x\to-1-$일 때, $t\to1-$이므로
$\displaystyle\lim_{x\to-1-}f(x)f(x+2)=\lim_{x\to-1-}f(x)\times\lim_{t\to1-}f(t)$
$\displaystyle\qquad=\lim_{x\to-1-}(-2x+1)\times\lim_{t\to1-}(t^2-1)$
$\qquad=3\times0=0$
$x\to-1+$일 때, $t\to1+$이므로
$\displaystyle\lim_{x\to-1+}f(x)f(x+2)=\lim_{x\to-1+}f(x)\times\lim_{t\to1+}f(t)$
$\displaystyle\qquad=\lim_{x\to-1+}(x^2-1)\times\lim_{t\to1+}(-2t+1)$
$\qquad=0\times(-1)=0$
$f(-1)f(1)=0\times0=0$
즉, $\displaystyle\lim_{x\to-1-}f(x)f(x+2)=\lim_{x\to-1+}f(x)f(x+2)=f(-1)f(1)$
이므로 함수 $f(x)f(x+2)$는 $x=-1$에서 연속이다. (참)

ㄷ. $f(x)=t$로 놓으면
$x\to0-$일 때, $(x^2-1)\to-1+$, 즉 $t\to-1+$이므로
$\displaystyle\lim_{x\to0-}f(f(x))=\lim_{t\to-1+}f(t)$
$\displaystyle\qquad=\lim_{t\to-1+}(t^2-1)=0$
$x\to0+$일 때, $(x^2-1)\to-1+$, 즉 $t\to-1+$이므로
$\displaystyle\lim_{x\to0+}f(f(x))=\lim_{t\to-1+}f(t)$
$\displaystyle\qquad=\lim_{t\to-1+}(t^2-1)=0$
$f(f(0))=f(-1)=0$
즉, $\displaystyle\lim_{x\to0-}f(f(x))=\lim_{x\to0+}f(f(x))=f(f(0))$이므로 함수 $f(f(x))$는 $x=0$에서 연속이다. (참)
따라서 옳은 것은 ㄱ, ㄴ, ㄷ이다.

[다른 풀이]

ㄴ. $f(x)=\begin{cases} x^2-1 & (|x|\le1) \\ -2x+1 & (|x|>1) \end{cases}$

에서
$f(x+2)=\begin{cases} x^2+4x+3 & (-3\le x\le-1) \\ -2x-3 & (x<-3\ \text{또는}\ x>-1) \end{cases}$

이므로
$\displaystyle\lim_{x\to-1-}f(x)f(x+2)$
$\displaystyle=\lim_{x\to-1-}(-2x+1)\times\lim_{x\to-1-}(x^2+4x+3)=3\times0=0$

$$\lim_{x \to -1+} f(x)f(x+2)$$
$$= \lim_{x \to -1+}(x^2-1) \times \lim_{x \to -1+}(-2x-3) = 0 \times (-1) = 0$$
$$f(-1)f(1) = 0 \times 0 = 0$$

즉, $\lim_{x \to -1-} f(x)f(x+2) = \lim_{x \to -1+} f(x)f(x+2) = f(-1)f(1)$

이므로 함수 $f(x)f(x+2)$는 $x=-1$에서 연속이다. (참)

함수 $f(x)$가 $x=-1$, $x=1$에서 불연속이므로 함수 $f(f(x))$의 연속성을 조사할 때는 $f(x)=-1$ 또는 $f(x)=1$이 되는 x의 값에서의 연속성만 확인하면 된다.

0182
답 3

조건 ㈎에서 함수 $f(x)$는 주기가 2인 주기함수이고, 조건 ㈏에서 함수 $f(x)$는 실수 전체의 집합에서 연속이므로 $x=1$, $x=2$에서 연속이어야 한다.

❶

(i) 함수 $f(x)$가 $x=1$에서 연속일 때

$\lim_{x \to 1-} f(x) = \lim_{x \to 1+} f(x) = f(1)$이어야 한다.

$\lim_{x \to 1-} f(x) = \lim_{x \to 1-}(x+a) = 1+a$

$\lim_{x \to 1+} f(x) = \lim_{x \to 1+}(x^2+bx+5) = b+6$

$f(1) = b+6$

즉, $1+a = b+6$이므로

$a-b = 5$ ······ ㉠

(ii) 함수 $f(x)$가 $x=2$에서 연속일 때

$\lim_{x \to 2-} f(x) = \lim_{x \to 2+} f(x) = f(2)$이어야 한다.

$\lim_{x \to 2-} f(x) = \lim_{x \to 2-}(x^2+bx+5) = 2b+9$

$\lim_{x \to 2+} f(x) = \lim_{x \to 0+} f(x) = \lim_{x \to 0+}(x+a) = a$ ($\because$ 조건 ㈎)

$f(2) = f(0) = a$ ($\because$ 조건 ㈎)

즉, $2b+9 = a$이므로

$a-2b = 9$ ······ ㉡

❷

㉠, ㉡을 연립하여 풀면 $a=1$, $b=-4$

따라서 $f(x) = \begin{cases} x+1 & (0 \le x < 1) \\ x^2-4x+5 & (1 \le x < 2) \end{cases}$ 이므로

$f(4)+f(5) = f(0)+f(1) = 1+2 = 3$

❸

채점 기준	배점
❶ 함수 $f(x)$가 연속일 조건 구하기	30%
❷ 조건을 이용하여 a, b에 대한 식 세우기	40%
❸ $f(x)$의 식을 이용하여 $f(4)+f(5)$의 값 구하기	30%

0183
답 24

이차방정식 $x^2-2tx-3t+4=0$의 판별식을 D라 하면

$$\frac{D}{4} = (-t)^2 - (-3t+4) = (t+4)(t-1)$$

(i) $\dfrac{D}{4} > 0$, 즉 $t < -4$ 또는 $t > 1$일 때

이차방정식이 서로 다른 두 실근을 가지므로 $f(t)=2$

(ii) $\dfrac{D}{4} = 0$, 즉 $t=-4$ 또는 $t=1$일 때

이차방정식이 중근을 가지므로 $f(t)=1$

(iii) $\dfrac{D}{4} < 0$, 즉 $-4 < t < 1$일 때

이차방정식이 실근을 갖지 않으므로 $f(t)=0$

(i)~(iii)에서 $f(t) = \begin{cases} 2 & (t < -4 \text{ 또는 } t > 1) \\ 1 & (t=-4 \text{ 또는 } t=1) \\ 0 & (-4 < t < 1) \end{cases}$

❶

함수 $f(t)$는 $t=-4$, $t=1$에서 불연속이고 함수 $g(t)$는 모든 실수 t에서 연속이므로 함수 $f(t)g(t)$가 모든 실수 t에서 연속이려면 $t=-4$, $t=1$에서 연속이어야 한다.

ⓐ 함수 $f(t)g(t)$가 $t=-4$에서 연속일 때

$\lim_{t \to -4-} f(t)g(t) = \lim_{t \to -4+} f(t)g(t) = f(-4)g(-4)$이어야 한다.

$\lim_{t \to -4-} f(t)g(t) = 2 \times g(-4) = 2g(-4)$

$\lim_{t \to -4+} f(t)g(t) = 0 \times g(-4) = 0$

$f(-4)g(-4) = g(-4)$

따라서 $2g(-4) = 0 = g(-4)$이므로

$g(-4) = 0$

ⓑ 함수 $f(t)g(t)$가 $t=1$에서 연속일 때

$\lim_{t \to 1-} f(t)g(t) = \lim_{t \to 1+} f(t)g(t) = f(1)g(1)$이어야 한다.

$\lim_{t \to 1-} f(t)g(t) = 0 \times g(1) = 0$

$\lim_{t \to 1+} f(t)g(t) = 2 \times g(1) = 2g(1)$

$f(1)g(1) = g(1)$

따라서 $0 = 2g(1) = g(1)$이므로

$g(1) = 0$

❷

ⓐ, ⓑ에서 최고차항의 계수가 1인 이차함수 $g(t)$는 $t+4$, $t-1$을 인수로 가지므로

$g(t) = (t+4)(t-1)$

$\therefore g(4) = 8 \times 3 = 24$

❸

채점 기준	배점
❶ 이차방정식의 판별식을 이용하여 $f(t)$ 구하기	30%
❷ 함수 $f(t)g(t)$가 연속일 조건 구하기	40%
❸ $g(t)$의 식을 이용하여 $g(4)$의 값 구하기	30%

이차방정식 $ax^2+bx+c=0$의 판별식 $D=b^2-4ac$에 대하여

(1) $D > 0$이면 서로 다른 두 실근을 갖는다.

(2) $D = 0$이면 중근(서로 같은 두 실근)을 갖는다.

(3) $D < 0$이면 서로 다른 두 허근을 갖는다.

함수 $f(t)$가 $t=-4$, $t=1$에서 불연속이므로

$g(-4) = 0$, $g(1) = 0$이면

$$\lim_{t \to -4-} f(t)g(t) = \lim_{t \to -4+} f(t)g(t) = f(-4)g(-4) = 0,$$

$$\lim_{t \to 1-} f(t)g(t) = \lim_{t \to 1+} f(t)g(t) = f(1)g(1) = 0$$

이 되어 함수 $f(t)g(t)$가 $t=-4$, $t=1$에서 연속, 즉 모든 실수 t 에서 연속이 된다.

따라서 최고차항의 계수가 1인 이차함수 $g(t)$는 $g(-4)=0$, $g(1)=0$에서 $t+4$와 $t-1$을 인수로 가지므로

$$g(t) = (t+4)(t-1)$$

$$\therefore g(4) = 8 \times 3 = 24$$

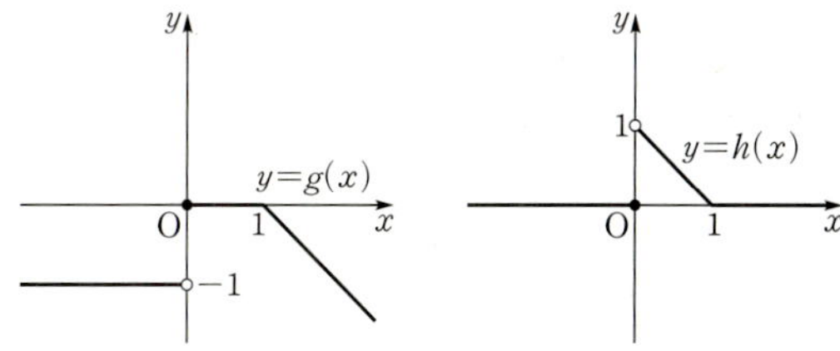

ㄱ. $\lim_{x \to 0+} g(x) = 0$ (참)

ㄴ. $\lim_{x \to 0-} h(x) = 0$, $\lim_{x \to 0+} h(x) = 1$이므로 $\lim_{x \to 0-} h(x) \neq \lim_{x \to 0+} h(x)$

즉, $\lim_{x \to 0} h(x)$의 값이 존재하지 않으므로 함수 $h(x)$는 $x=0$에서 불연속이다. (거짓)

ㄷ. 두 함수 $g(x)$, $h(x)$가 $x \neq 0$인 모든 실수 x에서 연속이므로 함수 $g(x)h(x)$가 실수 전체의 집합에서 연속이려면 $x=0$에서 연속이어야 한다.

$$\lim_{x \to 0-} g(x)h(x) = -1 \times 0 = 0$$

$$\lim_{x \to 0+} g(x)h(x) = 0 \times 1 = 0$$

$$g(0)h(0) = 0 \times 0 = 0$$

$$\therefore \lim_{x \to 0-} g(x)h(x) = \lim_{x \to 0+} g(x)h(x) = g(0)h(0)$$

즉, 함수 $g(x)h(x)$는 $x=0$에서 연속이므로 실수 전체의 집합에서 연속이다. (참)

따라서 옳은 것은 ㄱ, ㄷ이다.

0184

답 ④

$\lim_{x \to \infty} g(x) = \lim_{x \to \infty} \dfrac{f(x) - 2x^2}{x-2} = 4$이므로 함수 $f(x)$는 이차항의 계수가 2이고 일차항의 계수가 4인 이차함수이다.

즉, $f(x) = 2x^2 + 4x + a$ (a는 상수)라 하자.

한편, 함수 $g(x)$가 실수 전체의 집합에서 연속이므로 $x=2$에서 연속이다.

즉, $\lim_{x \to 2} g(x) = g(2)$이어야 하므로

$$\lim_{x \to 2} \frac{f(x) - 2x^2}{x-2} = k \quad \cdots\cdots \ \bigcirc$$

㉠에서 극한값이 존재하고 $x \to 2$일 때, (분모)$\to 0$이므로 (분자)$\to 0$이어야 한다.

즉, $\lim_{x \to 2} \{f(x) - 2x^2\} = 0$이므로 $f(2) = 8$

$8 + 8 + a = 8$

$$\therefore a = -8$$

따라서 $f(x) = 2x^2 + 4x - 8$이므로 ㉠에서

$$k = \lim_{x \to 2} \frac{f(x) - 2x^2}{x-2} = \lim_{x \to 2} \frac{4(x-2)}{x-2} = 4$$

$$\therefore k + f(3) = 4 + (18 + 12 - 8) = 26$$

0185

답 ④

$$g(x) = \frac{f(x) - |f(x)|}{2} = \begin{cases} 0 & (f(x) \geq 0) \\ f(x) & (f(x) < 0) \end{cases}$$

$$h(x) = \frac{f(x) + |f(x)|}{2} = \begin{cases} f(x) & (f(x) \geq 0) \\ 0 & (f(x) < 0) \end{cases}$$

이므로 두 함수 $y = g(x)$, $y = h(x)$의 그래프는 다음 그림과 같다.

0186

답 ③

$\{f(x)\}^3 - \{f(x)\}^2 - x^2 f(x) + x^2 = 0$에서

$\{f(x)\}^2 \{f(x) - 1\} - x^2 \{f(x) - 1\} = 0$

$\{f(x) - 1\} [\{f(x)\}^2 - x^2] = 0$

$\{f(x) - 1\} \{f(x) - x\} \{f(x) + x\} = 0$

$\therefore f(x) = 1$ 또는 $f(x) = x$ 또는 $f(x) = -x$

즉, 함수 $f(x)$는 구간에 따라 세 직선 $y = -x$ 또는 $y = x$ 또는 $y = 1$ 중 하나의 모양을 나타낸다.

이때 함수 $f(x)$는 실수 전체의 집합에서 연속이므로 그래프가 끊어진 부분이 없어야 하고, 최댓값이 1이고 최솟값이 0이므로 함수 $y = f(x)$의 그래프는 다음 그림과 같아야만 한다.

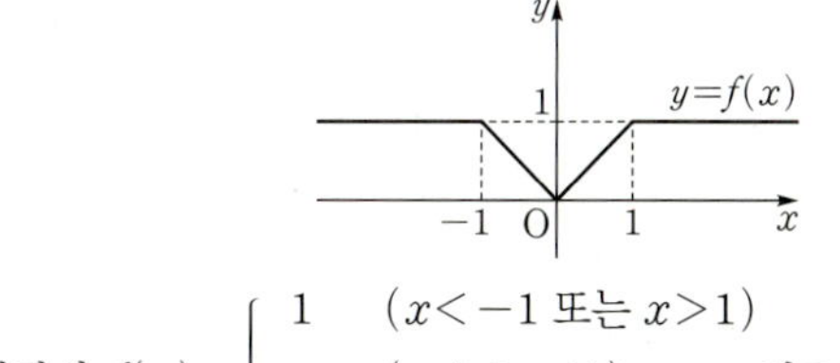

따라서 $f(x) = \begin{cases} 1 & (x < -1 \text{ 또는 } x > 1) \\ -x & (-1 \leq x < 0) \\ x & (0 \leq x \leq 1) \end{cases}$ 이므로

$$f\left(-\frac{4}{3}\right) + f(0) + f\left(\frac{1}{2}\right) = 1 + 0 + \frac{1}{2} = \frac{3}{2}$$

0187

답 ②

함수 $y = \sqrt{x-3}$의 그래프와 직선 $y = \dfrac{1}{2}x + k$가 접할 때의 k의 값을 구해 보자.

$\sqrt{x-3}=\dfrac{1}{2}x+k$에서

$2\sqrt{x-3}=x+2k$, $4(x-3)=(x+2k)^2$

$x^2+4(k-1)x+4k^2+12=0$ $\quad\cdots\cdots$ ㉠

함수 $y=\sqrt{x-3}$의 그래프와 직선 $y=\dfrac{1}{2}x+k$가 접하려면 이차방

정식 ㉠의 판별식을 D라 할 때, $D=0$이어야 한다.

$\dfrac{D}{4}=\{2(k-1)\}^2-(4k^2+12)=0$에서

$4k^2-8k+4-4k^2-12=0$, $-8k-8=0$

$\therefore k=-1$

한편, 함수 $y=\sqrt{x-3}$의 그래프가 점 $(3,\,0)$을 지나므로

$y=\dfrac{1}{2}x+k$에 $x=3$, $y=0$을 대입하면

$0=\dfrac{3}{2}+k$ $\quad\therefore k=-\dfrac{3}{2}$

이때 k의 값에 따른 함수 $y=\sqrt{x-3}$의 그래프와 직선

$y=\dfrac{1}{2}x+k$의 위치 관계는 다음 그림과 같다.

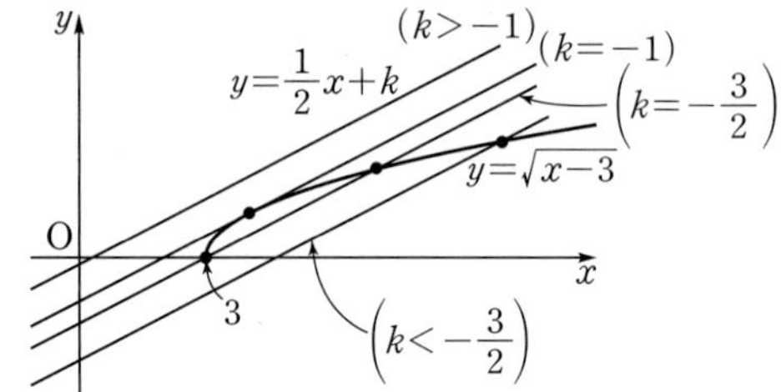

$\therefore f(k)=\begin{cases} 1 & \left(k<-\dfrac{3}{2}\right) \\ 2 & \left(-\dfrac{3}{2}\le k<-1\right) \\ 1 & (k=-1) \\ 0 & (k>-1) \end{cases}$

따라서 함수 $f(k)$는 $k=-\dfrac{3}{2}$, $k=-1$에서 불연속이므로 구하는

모든 실수 a의 값의 합은

$-\dfrac{3}{2}+(-1)=-\dfrac{5}{2}$

0188

답 ④

ㄱ. $\displaystyle\lim_{x\to-1}\dfrac{f(x)-3}{x+1}$의 값이 존재하고 $x\to-1$일 때, (분모)$\to 0$이

므로 (분자)$\to 0$이어야 한다.

즉, $\displaystyle\lim_{x\to-1}\{f(x)-3\}=0$이므로 $f(-1)=3$

$\displaystyle\lim_{x\to2}\dfrac{f(x)-2}{x-2}$의 값이 존재하고 $x\to2$일 때, (분모)$\to 0$이므

로 (분자)$\to 0$이어야 한다.

즉, $\displaystyle\lim_{x\to2}\{f(x)-2\}=0$이므로 $f(2)=2$

한편, 조건 ㈎에서

$f(x)+f(-x)=1$ $\quad\cdots\cdots$ ㉠

㉠의 양변에 $x=1$을 대입하면

$f(1)+f(-1)=1$에서

$f(1)=1-f(-1)=1-3=-2$

㉠의 양변에 $x=2$를 대입하면

$f(2)+f(-2)=1$에서

$f(-2)=1-f(2)=1-2=-1$

$\therefore f(1)+f(-2)=-2+(-1)=-3$ (거짓)

ㄴ. ㉠의 양변에 $x=0$을 대입하면

$2f(0)=1$에서 $f(0)=\dfrac{1}{2}$이고

ㄱ에서 $f(-2)=-1$, $f(-1)=3$, $f(1)=-2$, $f(2)=2$이므로

$f(-2)f(-1)=-3<0$

$f(0)f(1)=-1<0$

$f(1)f(2)=-4<0$

즉, 사잇값 정리에 의하여 방정식 $f(x)=0$은 열린구간

$(-2,\,-1)$, $(0,\,1)$, $(1,\,2)$에서 각각 적어도 하나의 실근을

가지므로 열린구간 $(-2,\,2)$에서 적어도 3개의 실근을 갖는다.

(참)

ㄷ. $g(x)=\{f(x)\}^2-x^2-1$이라 하면

$g(-1)=\{f(-1)\}^2-2=9-2=7$,

$g(0)=\{f(0)\}^2-1=\dfrac{1}{4}-1=-\dfrac{3}{4}$,

$g(1)=\{f(1)\}^2-2=4-2=2$

이므로 $g(-1)g(0)<0$, $g(0)g(1)<0$

즉, 사잇값 정리에 의하여 방정식 $g(x)=0$은 열린구간

$(-1,\,0)$, $(0,\,1)$에서 각각 적어도 하나의 실근을 가지므로 열

린구간 $(-1,\,1)$에서 적어도 2개의 실근을 갖는다. (참)

따라서 옳은 것은 ㄴ, ㄷ이다.

0189

답 14

함수 $f(x)=\begin{cases} \dfrac{6}{x} & (x\text{는 자연수가 아니다.}) \\ -x+k & (x\text{는 자연수이다.}) \end{cases}$ 가 $x=1$에서 연

속이려면 $\displaystyle\lim_{x\to1}f(x)=f(1)$이어야 한다.

$\displaystyle\lim_{x\to1}f(x)=\lim_{x\to1}\dfrac{6}{x}=6$

$f(1)=-1+k$

즉, $-1+k=6$이므로

$k=7$

따라서 함수 $y=f(x)$의 그래프는 다음 그림과 같다.

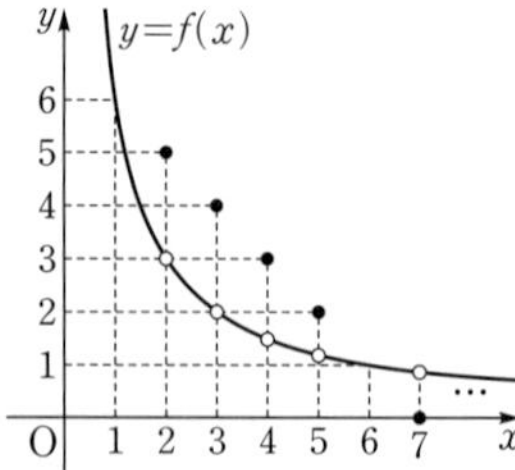

함수 $f(x)$는 $x\ne1$, $x\ne6$인 모든 자연수 x에서 불연속이므로

$a_1=2$, $a_2=3$, $a_3=4$, $a_4=5$, $a_5=7$

$\therefore f(a_1)+f(a_2)+\cdots+f(a_5)$

$=f(2)+f(3)+f(4)+f(5)+f(7)$

$=5+4+3+2+0=14$

0190

답 36

삼차방정식 $x^3+2tx^2+5tx=0$에서 $x(x^2+2tx+5t)=0$이므로
$x=0$ 또는 $x^2+2tx+5t=0$
이차방정식 $x^2+2tx+5t=0$의 판별식을 D라 하면

$$\frac{D}{4}=t^2-5t=t(t-5)$$

(i) $\dfrac{D}{4}>0$, 즉 $t<0$ 또는 $t>5$일 때

이차방정식 $x^2+2tx+5t=0$은 0이 아닌 서로 다른 두 실근을 가지므로 삼차방정식 $x^3+2tx^2+5tx=0$은 서로 다른 세 실근을 갖는다.

$\therefore f(t)=3$

(ii) $\dfrac{D}{4}=0$, 즉 $t=0$ 또는 $t=5$일 때

$t=0$일 때, 이차방정식 $x^2=0$에서 $x=0$
따라서 삼차방정식 $x^3+2tx^2+5tx=0$의 실근은 $x=0$ (삼중근)이다.

$\therefore f(0)=1$

$t=5$일 때, 이차방정식 $x^2+10x+25=0$에서
$(x+5)^2=0$ $\therefore x=-5$
따라서 삼차방정식 $x^3+2tx^2+5tx=0$의 실근은 $x=-5$ (중근), $x=0$이다.

$\therefore f(5)=2$

(iii) $\dfrac{D}{4}<0$, 즉 $0<t<5$일 때

이차방정식 $x^2+2tx+5t=0$은 실근을 갖지 않으므로 삼차방정식 $x^3+2tx^2+5tx=0$의 실근은 $x=0$이다.

$\therefore f(t)=1$

(i)~(iii)에서 $f(t)=\begin{cases} 3 & (t<0 \text{ 또는 } t>5) \\ 2 & (t=5) \\ 1 & (0\le t<5) \end{cases}$

따라서 함수 $y=f(t)$의 그래프는 다음 그림과 같다.

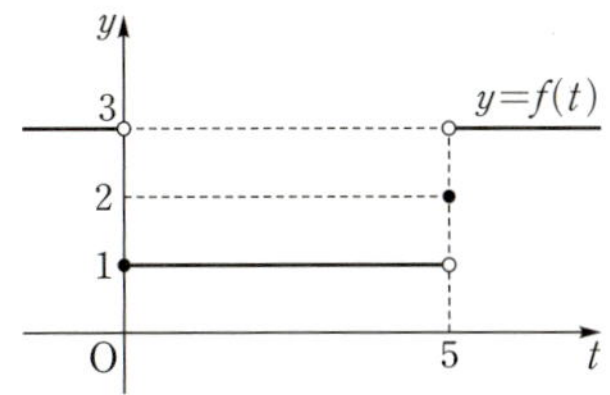

함수 $f(t)$는 $t\ne0$, $t\ne5$인 모든 실수 t에서 연속이고 함수 $g(t-2)$는 실수 전체의 집합에서 연속이므로 함수 $f(t)g(t-2)$가 실수 전체의 집합에서 연속이려면 $t=0$, $t=5$에서 연속이어야 한다.
즉, $g(-2)=0$, $g(3)=0$이어야 한다.
따라서 최고차항의 계수가 1인 이차함수 $g(t)$는 $t+2$, $t-3$을 인수로 가지므로

$g(t)=(t+2)(t-3)$
$\therefore g(7)=9\times4=36$

Bible Says — 하나의 실근이 주어진 삼차방정식

삼차방정식 $f(x)=0$이 $x=\alpha$를 하나의 실근으로 가질 때
주어진 삼차방정식을 $(x-\alpha)(ax^2+bx+c)=0$ 꼴로 변형한 후
이차방정식 $ax^2+bx+c=0$의 판별식을 D라 하면
(1) 실근만을 갖는다. ➡ $D\ge0$
(2) 중근을 갖는다. ➡ $D=0$ 또는 $a\alpha^2+b\alpha+c=0$
(3) 한 개의 실근과 두 개의 허근을 갖는다. ➡ $D<0$

$x=a$에서 불연속인 함수 $f(x)$와 다항함수 $g(x)$에 대하여
함수 $f(x)g(x)$가 $x=a$에서 연속이면 $g(a)=0$이다.

0191

답 ④

함수 $f(x)$는 $x\ne0$인 모든 실수에서 연속이고, 함수 $g(x)$는 $x\ne a$인 모든 실수에서 연속이므로 함수 $f(x)g(x)$가 실수 전체의 집합에서 연속이려면 $x=0$, $x=a$에서 연속이어야 한다.

(i) $a=0$일 때

$f(x)g(x)=\begin{cases} (-2x+3)\times2x & (x<0) \\ (-2x+2)(2x-1) & (x\ge0) \end{cases}$ 이므로

$\displaystyle\lim_{x\to0-}f(x)g(x)=3\times0=0$

$\displaystyle\lim_{x\to0+}f(x)g(x)=2\times(-1)=-2$

$\therefore \displaystyle\lim_{x\to0-}f(x)g(x)\ne\lim_{x\to0+}f(x)g(x)$

즉, $\displaystyle\lim_{x\to0}f(x)g(x)$의 값이 존재하지 않으므로 함수 $f(x)g(x)$는 $x=0$에서 불연속이다.

(ii) $a<0$일 때

$f(x)g(x)=\begin{cases} (-2x+3)\times2x & (x<a) \\ (-2x+3)(2x-1) & (a\le x<0) \\ (-2x+2)(2x-1) & (x\ge0) \end{cases}$ 이므로

$\displaystyle\lim_{x\to0-}f(x)g(x)=3\times(-1)=-3$

$\displaystyle\lim_{x\to0+}f(x)g(x)=2\times(-1)=-2$

$\therefore \displaystyle\lim_{x\to0-}f(x)g(x)\ne\lim_{x\to0+}f(x)g(x)$

즉, $\displaystyle\lim_{x\to0}f(x)g(x)$의 값이 존재하지 않으므로 함수 $f(x)g(x)$는 $x=0$에서 불연속이다.

(iii) $a>0$일 때

$f(x)g(x)=\begin{cases} (-2x+3)\times2x & (x<0) \\ (-2x+2)\times2x & (0\le x<a) \\ (-2x+2)(2x-1) & (x\ge a) \end{cases}$ 이므로

$\displaystyle\lim_{x\to0-}f(x)g(x)=3\times0=0$

$\displaystyle\lim_{x\to0+}f(x)g(x)=2\times0=0$

$f(0)g(0)=2\times0=0$

즉, $\displaystyle\lim_{x\to0-}f(x)g(x)=\lim_{x\to0+}f(x)g(x)=f(0)g(0)$이므로 함수 $f(x)g(x)$는 $x=0$에서 연속이다.

또한 함수 $f(x)g(x)$가 $x=a$에서 연속이려면

$\displaystyle\lim_{x\to a-}f(x)g(x)=\lim_{x\to a+}f(x)g(x)=f(a)g(a)$이어야 한다.

$\displaystyle\lim_{x\to a-}f(x)g(x)=(-2a+2)\times2a$

$\displaystyle\lim_{x\to a+}f(x)g(x)=(-2a+2)(2a-1)$

$f(a)g(a)=(-2a+2)(2a-1)$

즉, $(-2a+2)\times2a=(-2a+2)(2a-1)$이므로
$-2a+2=0$ $\therefore a=1$

(i)~(iii)에서 함수 $f(x)g(x)$가 실수 전체의 집합에서 연속이 되도록 하는 상수 a의 값은 1이다.

함수 $f(x)$는 이차함수이므로 실수 전체의 집합에서 연속이고,

$g(x)=\begin{cases} -|x|+2 & (-2\le x\le 2) \\ 1 & (x<-2 \text{ 또는 } x>2) \end{cases}$ 이므로 함수 $g(x)$는

$x\ne-2$, $x\ne2$인 모든 실수 x에서 연속이다.

즉, 함수 $f(x)g(x)$가 실수 전체의 집합에서 연속이려면 $x=-2$, $x=2$에서 연속이어야 한다.

(i) 함수 $f(x)g(x)$가 $x=-2$에서 연속일 때

$\displaystyle\lim_{x\to-2-}f(x)g(x)=\lim_{x\to-2+}f(x)g(x)=f(-2)g(-2)$이어야 한다.

$\displaystyle\lim_{x\to-2-}f(x)g(x)=\lim_{x\to-2-}f(x)\times1=f(-2)$

$\displaystyle\lim_{x\to-2+}f(x)g(x)=\lim_{x\to-2+}f(x)\times\lim_{x\to-2+}(-|x|+2)=0$

$f(-2)g(-2)=f(-2)\times0=0$

$\therefore f(-2)=0$

(ii) 함수 $f(x)g(x)$가 $x=2$에서 연속일 때

$\displaystyle\lim_{x\to2-}f(x)g(x)=\lim_{x\to2+}f(x)g(x)=f(2)g(2)$이어야 한다.

$\displaystyle\lim_{x\to2-}f(x)g(x)=\lim_{x\to2-}f(x)\times\lim_{x\to2-}(-|x|+2)=0$

$\displaystyle\lim_{x\to2+}f(x)g(x)=\lim_{x\to2+}f(x)\times1=f(2)$

$f(2)g(2)=f(2)\times0=0$

$\therefore f(2)=0$

(i), (ii)에서 최고차항의 계수가 1인 이차함수 $f(x)$는 $x+2$, $x-2$를 인수로 가지므로

$f(x)=(x+2)(x-2)$

한편, 함수 $y=f(x-a)$의 그래프는 함수 $y=f(x)$의 그래프를 x축의 방향으로 a만큼 평행이동한 것이므로 함수 $f(x-a)$는 실수 전체의 집합에서 연속이고, 함수 $g(x)$는 $x=-2$, $x=2$에서만 불연속이므로 함수 $f(x-a)g(x)$가 한 점에서만 불연속이 되려면 다음과 같이 두 가지 경우를 생각해 볼 수 있다.

ⓐ $x=-2$에서 불연속이고 $x=2$에서 연속인 경우

$f(-2-a)\ne0$, $f(2-a)=0$이면 되므로

$(-2-a+2)(-2-a-2)\ne0$, $(2-a+2)(2-a-2)=0$

$a(a+4)\ne0$, $a(a-4)=0$ $\quad\therefore a=4$

> $x=2$일 때 $f(x-a)=0$이면 함수 $f(x-a)g(x)$는 $x=2$에서 연속이 된다.

ⓑ $x=-2$에서 연속이고 $x=2$에서 불연속인 경우

$f(-2-a)=0$, $f(2-a)\ne0$이면 되므로

$(-2-a+2)(-2-a-2)=0$, $(2-a+2)(2-a-2)\ne0$

$a(a+4)=0$, $a(a-4)\ne0$ $\quad\therefore a=-4$

> $x=-2$일 때 $f(x-a)=0$이면 함수 $f(x-a)g(x)$는 $x=-2$에서 연속이 된다.

ⓐ, ⓑ에서 구하는 모든 실수 a의 값의 곱은

$4\times(-4)=-16$

t의 값의 범위에 따라 $f(t)$의 값을 나누어 구하면 다음과 같다.

(i) $t<-2$일 때

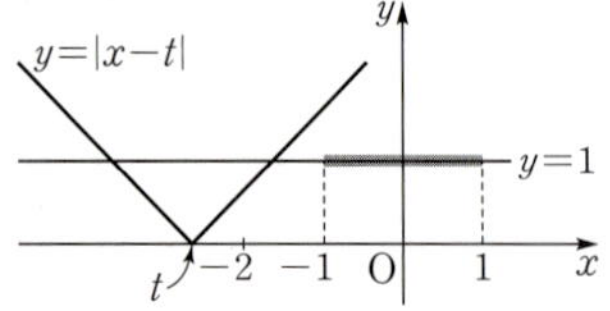

닫힌구간 $[-1, 1]$에서 함수 $y=|x-t|$의 그래프와 직선 $y=1$이 만나지 않으므로 $f(t)=0$

(ii) $-2\le t<0$일 때

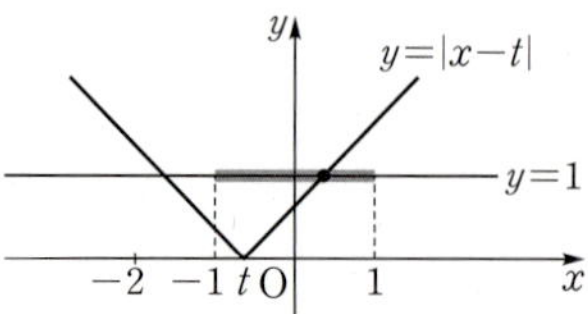

닫힌구간 $[-1, 1]$에서 함수 $y=|x-t|$의 그래프와 직선 $y=1$이 한 점에서 만나므로 $f(t)=1$

(iii) $t=0$일 때

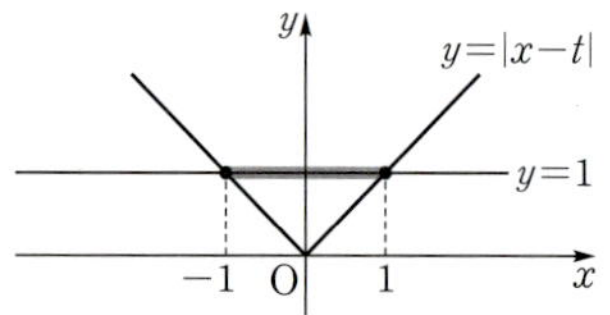

닫힌구간 $[-1, 1]$에서 함수 $y=|x-t|$의 그래프와 직선 $y=1$이 두 점에서 만나므로 $f(t)=2$

(iv) $0<t\le2$일 때

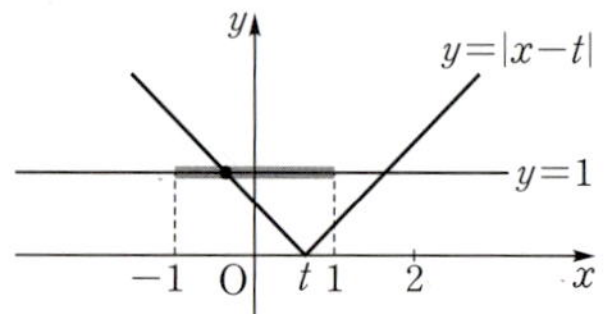

닫힌구간 $[-1, 1]$에서 함수 $y=|x-t|$의 그래프와 직선 $y=1$이 한 점에서 만나므로 $f(t)=1$

(v) $t>2$일 때

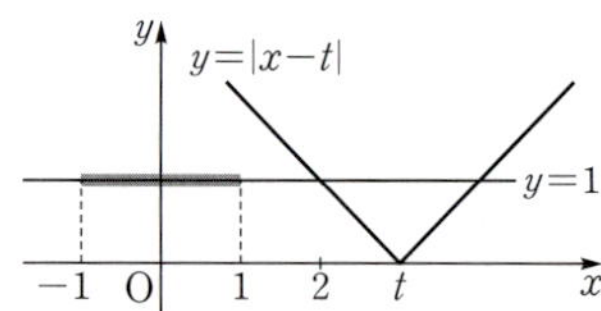

닫힌구간 $[-1, 1]$에서 함수 $y=|x-t|$의 그래프와 직선 $y=1$이 만나지 않으므로 $f(t)=0$

(i)~(v)에서 $f(t)=\begin{cases} 0 & (t<-2) \\ 1 & (-2\le t<0) \\ 2 & (t=0) \\ 1 & (0<t\le2) \\ 0 & (t>2) \end{cases}$

따라서 함수 $y=f(t)$의 그래프는 다음 그림과 같다.

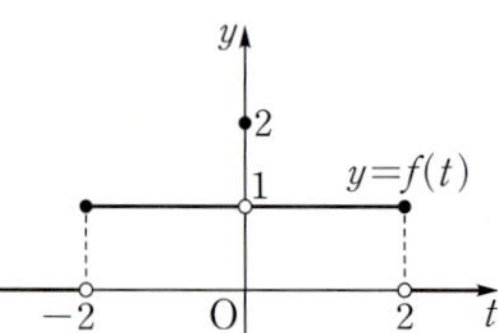

따라서 함수 $f(t)$는 $t=-2$, $t=0$, $t=2$에서 불연속이고 함수 $g(t)$는 실수 전체의 집합에서 연속이므로 함수 $f(t)g(t)$가 단 하나의 점에서만 불연속인 경우는 다음과 같이 세 가지 경우를 생각해 볼 수 있다.

ⓐ 함수 $f(t)g(t)$가 $t=-2$에서 불연속일 때

함수 $f(t)g(t)$가 $t=0$, $t=2$에서 연속이므로

$g(0)=0$, $g(2)=0$

따라서 $g(t)=t(t-2)$이므로

$g(3)=3\times1=3$

ⓑ 함수 $f(t)g(t)$가 $t=0$에서 불연속일 때

함수 $f(t)g(t)$가 $t=-2$, $t=2$에서 연속이므로

$g(-2)=0$, $g(2)=0$

따라서 $g(t)=(t+2)(t-2)$이므로

$g(3)=5\times1=5$

ⓒ 함수 $f(t)g(t)$가 $t=2$에서 불연속일 때

함수 $f(t)g(t)$가 $t=-2$, $t=0$에서 연속이므로

$g(-2)=0$, $g(0)=0$

따라서 $g(t)=t(t+2)$이므로

$g(3)=3\times5=15$

ⓐ~ⓒ에서 $g(3)$의 최댓값은 15이다.

함수 $f(t)$가 $t=-2$, $t=0$, $t=2$에서 불연속이므로 방정식 $g(t)=0$이 $t=-2$, $t=0$, $t=2$ 중에서 몇 개를 근으로 갖는지에 따라 함수 $f(t)g(t)$가 불연속인 점의 개수가 결정된다.

위의 문제에서 함수 $f(t)g(t)$가 불연속인 점이 1개이려면 방정식 $g(t)=0$이 $t=-2$, $t=0$, $t=2$ 중에서 2개를 서로 다른 두 실근으로 가져야 한다.

0194

$f(x)=\begin{cases} 1 & (x<-1) \\ 0 & (-1\le x<1) \\ -1 & (x\ge1) \end{cases}$에서 함수 $f(x)$는 $x=-1$, $x=1$에

서 불연속이고 함수 $g(x)$는 실수 전체의 집합에서 연속이므로 함수 $f(x)g(x)$가 불연속인 점이 1개이려면 $x=-1$에서만 불연속이거나 $x=1$에서만 불연속이어야 한다.

즉, $g(1)=0$, $g(-1)\ne0$ 또는 $g(-1)=0$, $g(1)\ne0$이어야 한다.

또한 조건 (나)에서 함수 $f(x)g(x-k)$가 실수 전체의 집합에서 연속이 되도록 하는 실수 k가 존재한다는 것은 함수 $f(x)g(x-k)$가 $x=-1$, $x=1$에서 연속이 되도록 하는 실수 k가 존재함을 의미한다.

따라서 $g(-1-k)=0$, $g(1-k)=0$을 만족시키는 실수 k가 존재해야 한다.

(i) $g(1)=0$, $g(-1)\ne0$인 경우

$-1-k=1$ 또는 $1-k=1$

$\therefore k=-2$ 또는 $k=0$

$k=0$이면 $g(-1)=0$이므로 모순이다.

따라서 $k=-2$이므로 $g(3)=0$

$\therefore g(x)=(x-1)(x-3)$

(ii) $g(-1)=0$, $g(1)\ne0$인 경우

$-1-k=-1$ 또는 $1-k=-1$

$\therefore k=0$ 또는 $k=2$

$k=0$이면 $g(1)=0$이므로 모순이다.

따라서 $k=2$이므로 $g(-3)=0$

$\therefore g(x)=(x+1)(x+3)$

문제의 조건에서 $g(2)<0$이므로 (i), (ii)에서

$g(x)=(x-1)(x-3)$ $\quad\therefore g(5)=4\times2=8$

0195

함수 $f(x)$의 치역이 집합 $\{-1,\ 1\}$이므로 함수 $f(x)$의 함숫값이 -1에서 1로, 또는 1에서 -1로 바뀌는 점이 반드시 존재하고 그 점에서 함수 $f(x)$는 불연속이다.

함수 $f(x)$가 불연속이 되는 x의 값을 a라 하자.

$g(x)=x^2-3x$라 하면 함수 $g(x)$는 실수 전체의 집합에서 연속이고 $g(x)=0$에서 $x^2-3x=0$, $x(x-3)=0$

$\therefore x=0$ 또는 $x=3$

조건 (가)에 의하여 함수 $(x^2-3x)f(x)$가 실수 전체의 집합에서 연속이려면 함수 $f(x)$는 세 구간 $(-\infty,\ 0)$, $(0,\ 3)$, $(3,\ \infty)$에서 연속이고 $a=0$ 또는 $a=3$이어야 한다.

이때 $x<0$ 또는 $x>3$에서 $f(x)=-1$이면 $f(x)=-1$을 만족시키는 정수 x의 개수는 무수히 많으므로 조건 (나)를 만족시키려면 $x<0$ 또는 $x>3$에서 $f(x)=1$

또한 $0<x<3$을 만족시키는 정수 x는 1, 2의 2개이므로 조건 (나)를 만족시키려면 반드시 $f(0)=f(1)=f(2)=f(3)=-1$이어야 한다.

즉, $0\le x\le3$에서 $f(x)=-1$이다.

$\therefore f(x)=\begin{cases} -1 & (0\le x\le3) \\ 1 & (x<0 \text{ 또는 } x>3) \end{cases}$

따라서 함수 $y=f(x)$의 그래프는 다음 그림과 같다.

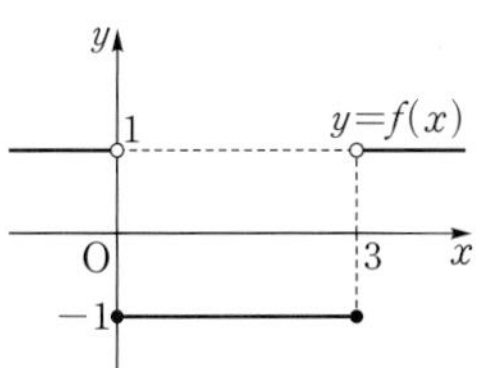

즉, $f(k)=1$을 만족시키는 10 이하의 자연수 k는 4, 5, 6, $\cdots$, 10으로 구하는 합은

$4+5+6+\cdots+10=49$

$x=a$에서 불연속인 함수 $f(x)$와 다항함수 $g(x)$에 대하여 함수 $f(x)g(x)$가 $x=a$에서 연속이면 $g(a)=0$이다.

PART A

03 미분계수와 도함수

유형 01 평균변화율

확인 문제 (1) 2 (2) 1 (3) 5

(1) $\dfrac{\Delta y}{\Delta x}=\dfrac{f(1)-f(-1)}{1-(-1)}=\dfrac{1-(-3)}{2}=2$

(2) $\dfrac{\Delta y}{\Delta x}=\dfrac{f(1)-f(-1)}{1-(-1)}=\dfrac{-2-(-4)}{2}=1$

(3) $\dfrac{\Delta y}{\Delta x}=\dfrac{f(1)-f(-1)}{1-(-1)}=\dfrac{6-(-4)}{2}=5$

0196 답 ①

함수 $f(x)=x^3-x+2$에 대하여 x의 값이 1에서 a까지 변할 때의 평균변화율은

$$\dfrac{f(a)-f(1)}{a-1}=\dfrac{(a^3-a+2)-2}{a-1}$$
$$=\dfrac{a(a+1)(a-1)}{a-1}=a(a+1)$$

따라서 $a(a+1)=6$이므로 $a^2+a-6=0$

$(a+3)(a-2)=0$

$\therefore a=2 \ (\because a>1)$

0197 답 2

함수 $f(x)=2x^2+ax+3$에 대하여 x의 값이 -1에서 2까지 변할 때의 평균변화율은

$$\dfrac{f(2)-f(-1)}{2-(-1)}=\dfrac{(8+2a+3)-(2-a+3)}{3}$$
$$=\dfrac{6+3a}{3}=a+2$$

따라서 $a+2=4$이므로

$a=2$

0198 답 3

x의 값이 2에서 5까지 변할 때의 함수 $f(x)$의 평균변화율은 두 점 $A(2,\ f(2))$, $B(5,\ f(5))$를 지나는 직선 AB의 기울기와 같다.

따라서 직선 AB의 기울기는 3이다.

0199 답 2

함수 $f(x)=x^2-6x$에 대하여 x의 값이 -1에서 4까지 변할 때의 평균변화율은

$$\dfrac{f(4)-f(-1)}{4-(-1)}=\dfrac{-8-7}{5}=-3$$

x의 값이 1에서 a까지 변할 때의 평균변화율은

$$\dfrac{f(a)-f(1)}{a-1}=\dfrac{a^2-6a+5}{a-1}=\dfrac{(a-1)(a-5)}{a-1}=a-5$$

따라서 $a-5=-3$이므로

$a=2$

0200 답 ①

두 점 $A(-1,\ -1)$, $B(2,\ f(2))$를 지나는 직선 AB의 기울기가 2이므로

$$\dfrac{f(2)-(-1)}{2-(-1)}=\dfrac{f(2)+1}{3}=2 \qquad \therefore f(2)=5$$

함수 $f(x)$에 대하여 x의 값이 2에서 4까지 변할 때의 평균변화율은 함수 $y=f(x)$의 그래프 위의 두 점 $B(2,\ f(2))$, $C(4,\ 3)$을 지나는 직선 BC의 기울기와 같으므로

$$\dfrac{3-f(2)}{4-2}=\dfrac{3-5}{2}=-1$$

0201 답 ②

함수 $g(x)$에 대하여 x의 값이 b에서 c까지 변할 때의 평균변화율은

$$\dfrac{g(c)-g(b)}{c-b}=\dfrac{f^{-1}(c)-f^{-1}(b)}{c-b}$$

오른쪽 그림에서 $f(b)=c$이므로
$f^{-1}(c)=b$

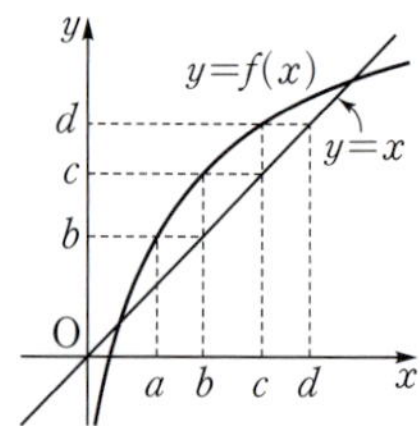

또한 $f(a)=b$이므로 $f^{-1}(b)=a$

따라서 구하는 평균변화율은

$$\dfrac{f^{-1}(c)-f^{-1}(b)}{c-b}=\dfrac{b-a}{c-b}$$

유형 02 미분계수

확인 문제 (1) -1 (2) 7 (3) -2

(1) $f'(1)=\displaystyle\lim_{h\to 0}\dfrac{f(1+h)-f(1)}{h}$

$=\displaystyle\lim_{h\to 0}\dfrac{\{-(1+h)+3\}-2}{h}$

$=\displaystyle\lim_{h\to 0}\dfrac{-h}{h}=-1$

(2) $f'(1)=\displaystyle\lim_{h\to 0}\dfrac{f(1+h)-f(1)}{h}$

$=\displaystyle\lim_{h\to 0}\dfrac{\{2(1+h)^2+3(1+h)\}-5}{h}$

$=\displaystyle\lim_{h\to 0}\dfrac{2h^2+7h}{h}$

$=\displaystyle\lim_{h\to 0}(2h+7)=7$

(3) $f'(1)=\lim\limits_{h\to 0}\dfrac{f(1+h)-f(1)}{h}$

$\qquad=\lim\limits_{h\to 0}\dfrac{-(1+h)^3+(1+h)}{h}$

$\qquad=\lim\limits_{h\to 0}\dfrac{-h^3-3h^2-2h}{h}$

$\qquad=\lim\limits_{h\to 0}(-h^2-3h-2)=-2$

0202 · 답 2

함수 $f(x)=x^2+2x$에 대하여 x의 값이 1에서 3까지 변할 때의 평균변화율은

$$\dfrac{f(3)-f(1)}{3-1}=\dfrac{15-3}{2}=6$$

함수 $f(x)$의 $x=a$에서의 미분계수는

$f'(a)=\lim\limits_{h\to 0}\dfrac{f(a+h)-f(a)}{h}$

$\qquad=\lim\limits_{h\to 0}\dfrac{\{(a+h)^2+2(a+h)\}-(a^2+2a)}{h}$

$\qquad=\lim\limits_{h\to 0}\dfrac{2ah+h^2+2h}{h}$

$\qquad=\lim\limits_{h\to 0}(2a+h+2)=2a+2$

따라서 $2a+2=6$이므로

$2a=4 \qquad \therefore a=2$

다른 풀이

도함수를 직접 구하여 $x=a$에서의 미분계수를 구할 수도 있다.

$f(x)=x^2+2x$에서 $f'(x)=2x+2$이므로

$f'(a)=2a+2$

따라서 $2a+2=6$이므로

$2a=4 \qquad \therefore a=2$

참고

이차함수 $f(x)=ax^2+bx+c\ (a\neq0)$에 대하여 x의 값이 α에서 β까지 변할 때의 평균변화율과 $x=\dfrac{\alpha+\beta}{2}$에서의 미분계수는 같다.

0203 · 답 7

함수 $f(x)=x^2+ax+b$에 대하여 x의 값이 -1에서 2까지 변할 때의 평균변화율은

$\dfrac{f(2)-f(-1)}{2-(-1)}=\dfrac{(4+2a+b)-(1-a+b)}{3}$

$\qquad\qquad=\dfrac{3+3a}{3}=1+a=2$

$\therefore a=1$ ········· ❶

따라서 $f(x)=x^2+x+b$이므로 함수 $f(x)$의 $x=3$에서의 미분계수는

$f'(3)=\lim\limits_{h\to 0}\dfrac{f(3+h)-f(3)}{h}$

$\qquad=\lim\limits_{h\to 0}\dfrac{\{(3+h)^2+(3+h)+b\}-(12+b)}{h}$

$\qquad=\lim\limits_{h\to 0}\dfrac{h^2+7h}{h}=\lim\limits_{h\to 0}(h+7)=7$ ········· ❷

채점 기준	배점
❶ a의 값 구하기	50%
❷ 함수 $f(x)$의 $x=3$에서의 미분계수 구하기	50%

0204 · 답 ①

함수 $f(x)=x^3+3kx^2$에 대하여 x의 값이 -2에서 2까지 변할 때의 평균변화율은

$\dfrac{f(2)-f(-2)}{2-(-2)}=\dfrac{(8+12k)-(-8+12k)}{4}=4$ ······ ㉠

함수 $f(x)$의 $x=a$에서의 미분계수는

$f'(a)=\lim\limits_{h\to 0}\dfrac{f(a+h)-f(a)}{h}$

$\qquad=\lim\limits_{h\to 0}\dfrac{\{(a+h)^3+3k(a+h)^2\}-(a^3+3ka^2)}{h}$

$\qquad=\lim\limits_{h\to 0}\dfrac{h^3+(3a+3k)h^2+(3a^2+6ka)h}{h}$

$\qquad=\lim\limits_{h\to 0}\{h^2+(3a+3k)h+(3a^2+6ka)\}$

$\qquad=3a^2+6ka$ ······ ㉡

㉠, ㉡의 값이 같아야 하므로

$3a^2+6ka=4 \qquad \therefore 3a^2+6ka-4=0$

위의 이차방정식을 만족시키는 모든 실수 a의 값의 합이 4이므로 이차방정식의 근과 계수의 관계에 의하여

$-\dfrac{6k}{3}=4 \qquad \therefore k=-2$

Bible Says · 이차방정식의 근과 계수의 관계

이차방정식 $ax^2+bx+c=0\ (a\neq0)$의 두 근을 α, β라 하면

$$\alpha+\beta=-\dfrac{b}{a},\ \alpha\beta=\dfrac{c}{a}$$

유형 03 · 미분계수의 기하적 의미

0205 · 답 ⑤

ㄱ. 오른쪽 그림과 같이 곡선 $y=f(x)$ 위의 점 $(a,f(a))$에서의 접선의 기울기는 곡선 $y=f(x)$ 위의 점 $(b,f(b))$에서의 접선의 기울기보다 작으므로 $0<a<b$일 때, $f'(a)<f'(b)$

ㄴ. 오른쪽 그림과 같이 곡선 $y=f(x)$ 위의 점 $(a,f(a))$에서의 접선의 기울기는 곡선 $y=f(x)$ 위의 점 $(b,f(b))$에서의 접선의 기울기보다 크므로 $0<a<b$일 때, $f'(a)>f'(b)$

ㄷ. 오른쪽 그림과 같이 곡선 $y=f(x)$ 위의 점 $(a,f(a))$에서의 접선의 기울기는 곡선 $y=f(x)$ 위의 점 $(b,f(b))$에서의 접선의 기울기보다 크므로 $0<a<b$일 때, $f'(a)>f'(b)$

따라서 조건을 만족시키는 함수는 ㄴ, ㄷ이다.

0206

답 ⑤

$\dfrac{f(b)-f(a)}{b-a}$ 는 직선 AB의 기울기,

$f'(a)$는 곡선 $y=f(x)$ 위의 점
A$(a, f(a))$에서의 접선의 기울기, $f'(b)$
는 곡선 $y=f(x)$ 위의 점 B$(b, f(b))$에
서의 접선의 기울기이므로 오른쪽 그림에
서 세 기울기의 대소 관계는

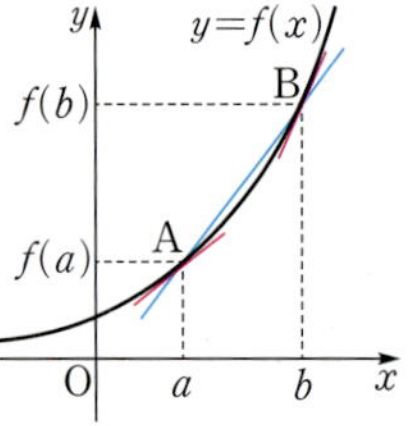

$$f'(a)<\dfrac{f(b)-f(a)}{b-a}<f'(b)$$

0207

답 ③

ㄱ. 곡선 $y=f(x)$ 위의 점 $(a, f(a))$에서의 접선의 기울기는 2보
다 작으므로
$$f'(a)<2 \ (참)$$

ㄴ. 곡선 $y=f(x)$ 위의 점 $(a, f(a))$에서의 접선의 기울기는 곡선
$y=f(x)$ 위의 점 $(b, f(b))$에서의 접선의 기울기보다 크므로
$$f'(a)>f'(b) \ (참)$$

ㄷ. 원점에서의 접선의 기울기는 $f'(0)=2$이고, 두 점 $(a, f(a))$,
$(b, f(b))$를 지나는 직선의 기울기보다 크므로
$$f'(0)>\dfrac{f(b)-f(a)}{b-a}$$
$b-a>0$이므로 위의 식의 양변에 $b-a$를 곱하면
$$(b-a)f'(0)>f(b)-f(a) \ (거짓)$$

따라서 옳은 것은 ㄱ, ㄴ이다.

0208

답 ④

ㄱ. 두 점 $(a, f(a))$, $(b, f(b))$를 지나는 직선의 기울기가 직선
$y=x$의 기울기보다 크므로
$$\dfrac{f(b)-f(a)}{b-a}>1$$
$b-a>0$이므로 위의 식의 양변에 $b-a$를 곱하면
$$f(b)-f(a)>b-a \ (참)$$

ㄴ. 원점과 점 $(a, f(a))$를 지나는 직선의 기울기가 두 점
$(a, f(a))$, $(b, f(b))$를 지나는 직선의 기울기보다 작으므로
$$\dfrac{f(a)}{a}<\dfrac{f(b)-f(a)}{b-a}$$
$a>0$, $b-a>0$이므로 위의 식의 양변에 $a(b-a)$를 곱하면
$$(b-a)f(a)<a\{f(b)-f(a)\} \ (거짓)$$

ㄷ. 두 점 $(a, f(a))$, $(b, f(b))$를 지나는 직선의 기울기는 곡선
$y=f(x)$ 위의 점 $(b, f(b))$에서의 접선의 기울기보다 작으므로
$$\dfrac{f(b)-f(a)}{b-a}<f'(b)$$
$b-a>0$이므로 위의 식의 양변에 $b-a$를 곱하면
$$f(b)-f(a)<(b-a)f'(b) \ (참)$$

따라서 옳은 것은 ㄱ, ㄷ이다.

0209

답 15

$$\lim_{h\to 0}\dfrac{f(2+3h)-f(2-2h)}{h}$$
$$=\lim_{h\to 0}\dfrac{\{f(2+3h)-f(2)\}-\{f(2-2h)-f(2)\}}{h}$$
$$=\lim_{h\to 0}\dfrac{f(2+3h)-f(2)}{3h}\times 3-\lim_{h\to 0}\dfrac{f(2-2h)-f(2)}{-2h}\times(-2)$$
$$=3f'(2)+2f'(2)=5f'(2)$$
$$=5\times 3=15$$

0210

답 ②

$$\lim_{h\to 0}\dfrac{f(1-2h)-f(1+h)}{6h}$$
$$=\lim_{h\to 0}\dfrac{\{f(1-2h)-f(1)\}-\{f(1+h)-f(1)\}}{6h}$$
$$=\lim_{h\to 0}\dfrac{f(1-2h)-f(1)}{-2h}\times\left(-\dfrac{1}{3}\right)-\lim_{h\to 0}\dfrac{f(1+h)-f(1)}{h}\times\dfrac{1}{6}$$
$$=-\dfrac{1}{3}f'(1)-\dfrac{1}{6}f'(1)=-\dfrac{1}{2}f'(1)=4$$
$$\therefore f'(1)=-8$$

0211

답 3

$$\lim_{h\to 0}\dfrac{f(1+4h)-f(1-5h)}{3h}$$
$$=\lim_{h\to 0}\dfrac{\{f(1+4h)-f(1)\}-\{f(1-5h)-f(1)\}}{3h}$$
$$=\lim_{h\to 0}\dfrac{f(1+4h)-f(1)}{4h}\times\dfrac{4}{3}-\lim_{h\to 0}\dfrac{f(1-5h)-f(1)}{-5h}\times\left(-\dfrac{5}{3}\right)$$
$$=\dfrac{4}{3}f'(1)+\dfrac{5}{3}f'(1)$$
$$=3f'(1)=9$$
$$\therefore f'(1)=3$$

따라서 곡선 $y=f(x)$ 위의 점 $(1, f(1))$에서의 접선의 기울기는
$f'(1)=3$

0212

답 ②

$\dfrac{1}{x}=h$로 놓으면 $x\to\infty$일 때, $h\to 0+$이므로

$$\lim_{x\to\infty}x\left\{f\left(3+\dfrac{2}{x}\right)-f(3)\right\}=\lim_{x\to\infty}\dfrac{f\left(3+\dfrac{2}{x}\right)-f(3)}{\dfrac{1}{x}}$$
$$=\lim_{h\to 0+}\dfrac{f(3+2h)-f(3)}{h}$$
$$=\lim_{h\to 0+}\dfrac{f(3+2h)-f(3)}{2h}\times 2$$
$$=2f'(3)$$
$$=2\times 4=8$$

0213

답 1

$$\lim_{h\to 0}\frac{1}{h}\left\{\frac{1}{f(2)}-\frac{1}{f(2+h)}\right\}$$
$$=\lim_{h\to 0}\left\{\frac{1}{h}\times\frac{f(2+h)-f(2)}{f(2)f(2+h)}\right\}$$
$$=\lim_{h\to 0}\left\{\frac{f(2+h)-f(2)}{h}\times\frac{1}{f(2)f(2+h)}\right\}$$
$$=\frac{f'(2)}{\{f(2)\}^2}=\frac{4}{2^2}=1$$

0214

답 6

$$\lim_{h\to 0}\frac{f(1+h)-f(1-h)}{h}$$
$$=\lim_{h\to 0}\frac{\{f(1+h)-f(1)\}-\{f(1-h)-f(1)\}}{h}$$
$$=\lim_{h\to 0}\frac{f(1+h)-f(1)}{h}-\lim_{h\to 0}\frac{f(1-h)-f(1)}{-h}\times(-1)$$
$$=f'(1)+f'(1)=2f'(1)=4$$
$$\therefore f'(1)=2$$

❶

한편, $\dfrac{1}{x}=h$로 놓으면 $x\to\infty$일 때, $h\to 0+$이므로

$$\lim_{x\to\infty}x\left\{f\left(1+\frac{2}{x}\right)-f\left(1-\frac{1}{x}\right)\right\}$$
$$=\lim_{x\to\infty}\frac{f\left(1+\frac{2}{x}\right)-f\left(1-\frac{1}{x}\right)}{\frac{1}{x}}$$
$$=\lim_{h\to 0+}\frac{f(1+2h)-f(1-h)}{h}$$
$$=\lim_{h\to 0+}\frac{\{f(1+2h)-f(1)\}-\{f(1-h)-f(1)\}}{h}$$
$$=\lim_{h\to 0+}\frac{f(1+2h)-f(1)}{2h}\times 2-\lim_{h\to 0+}\frac{f(1-h)-f(1)}{-h}\times(-1)$$
$$=2f'(1)+f'(1)=3f'(1)$$
$$=3\times 2=6$$

❷

채점 기준	배점
❶ $f'(1)$의 값 구하기	40%
❷ 극한값 구하기	60%

유형 05 미분계수를 이용한 극한값의 계산(2)

0215

답 ⑤

$$\lim_{x\to 3}\frac{9f(x)-x^2f(3)}{x-3}=\lim_{x\to 3}\frac{9f(x)-9f(3)+9f(3)-x^2f(3)}{x-3}$$
$$=\lim_{x\to 3}\left\{\frac{f(x)-f(3)}{x-3}\times 9-\frac{(x^2-9)f(3)}{x-3}\right\}$$
$$=9f'(3)-6f(3)$$
$$=9\times 1-6f(3)=-3$$

$6f(3)=12$
$$\therefore f(3)=2$$

0216

답 6

곡선 $y=f(x)$ 위의 점 $(1,\,f(1))$에서의 접선의 기울기가 3이므로
$f'(1)=3$

$$\therefore \lim_{x\to 1}\frac{f(x^2)-f(1)}{x-1}=\lim_{x\to 1}\left\{\frac{f(x^2)-f(1)}{x^2-1}\times(x+1)\right\}$$
$$=f'(1)\times 2=3\times 2=6$$

0217

답 13

$\displaystyle\lim_{x\to 2}\frac{f(x-2)-1}{x^2-4}=3$에서 극한값이 존재하고 $x\to 2$일 때,

(분모)$\to 0$이므로 (분자)$\to 0$이어야 한다.

즉, $\displaystyle\lim_{x\to 2}\{f(x-2)-1\}=0$이므로 $f(0)=1$

$x-2=t$로 놓으면 $x\to 2$일 때, $t\to 0$이므로

$$\lim_{x\to 2}\frac{f(x-2)-1}{x^2-4}=\lim_{t\to 0}\frac{f(t)-f(0)}{(t+2)^2-4}$$
$$=\lim_{t\to 0}\frac{f(t)-f(0)}{t(t+4)}$$
$$=\lim_{t\to 0}\left\{\frac{f(t)-f(0)}{t-0}\times\frac{1}{t+4}\right\}$$
$$=\frac{1}{4}f'(0)=3$$

$$\therefore f'(0)=12$$
$$\therefore f(0)+f'(0)=1+12=13$$

참고

다항함수 $f(x)$가 실수 전체의 집합에서 연속이므로
$\displaystyle\lim_{x\to 2}\{f(x-2)-1\}=0$에서 $\displaystyle\lim_{x\to 2}f(x-2)-\lim_{x\to 2}1=0$
$f(0)-1=0\quad\therefore f(0)=1$

0218

답 16

$$\lim_{x\to 2}\frac{f(x)-f(2)}{x^2-4}=\lim_{x\to 2}\left\{\frac{f(x)-f(2)}{x-2}\times\frac{1}{x+2}\right\}$$
$$=\frac{1}{4}f'(2)=-1$$

$$\therefore f'(2)=-4$$

$$\therefore \lim_{h\to 0}\frac{f(2-h)-f(2+3h)}{h}$$
$$=\lim_{h\to 0}\frac{\{f(2-h)-f(2)\}-\{f(2+3h)-f(2)\}}{h}$$
$$=\lim_{h\to 0}\frac{f(2-h)-f(2)}{-h}\times(-1)-\lim_{h\to 0}\frac{f(2+3h)-f(2)}{3h}\times 3$$
$$=-f'(2)-3f'(2)$$
$$=-4f'(2)=-4\times(-4)=16$$

0219

답 ③

$$\lim_{x\to\infty}\frac{x}{2}\left\{f\left(1+\frac{2}{x}\right)-f\left(1-\frac{1}{x}\right)\right\}=3\text{에서}$$

$\dfrac{1}{x}=h$로 놓으면 $x\to\infty$일 때, $h\to0+$이므로

$$\lim_{x\to\infty}\frac{x}{2}\left\{f\left(1+\frac{2}{x}\right)-f\left(1-\frac{1}{x}\right)\right\}$$

$$=\lim_{h\to0+}\frac{f(1+2h)-f(1-h)}{2h}$$

$$=\lim_{h\to0+}\frac{\{f(1+2h)-f(1)\}-\{f(1-h)-f(1)\}}{2h}$$

$$=\lim_{h\to0+}\frac{f(1+2h)-f(1)}{2h}-\lim_{h\to0+}\frac{f(1-h)-f(1)}{-h}\times\left(-\frac{1}{2}\right)$$

$$=f'(1)+\frac{1}{2}f'(1)$$

$$=\frac{3}{2}f'(1)=3$$

$$\therefore f'(1)=2$$

$$\therefore \lim_{x\to1}\frac{f(x^4)-f(1)}{x-1}=\lim_{x\to1}\left\{\frac{f(x^4)-f(1)}{x^4-1}\times(x^2+1)(x+1)\right\}$$
$$=4f'(1)=4\times2=8$$

0220

답 12

함수 $y=f(x)$의 그래프가 y축에 대하여 대칭이므로

$$f(x)=f(-x) \quad\cdots\cdots\ \text{㉠}$$

$$\therefore f'(x)=\lim_{h\to0}\frac{f(x+h)-f(x)}{h}$$

$$=\lim_{h\to0}\frac{f(-x-h)-f(-x)}{h}\ (\because\ \text{㉠})$$

$$=\lim_{h\to0}\frac{f(-x-h)-f(-x)}{-h}\times(-1)$$

$$=-f'(-x)$$

❶

즉, $f'(2)=-1$에서 $f'(-2)=1$이므로

$$\lim_{x\to-2}\frac{f(x^2)-f(4)}{f(x)-f(2)}$$

$$=\lim_{x\to-2}\frac{f(x^2)-f(4)}{f(x)-f(-2)}\ (\because\ \text{㉠})$$

$$=\lim_{x\to-2}\left\{\frac{f(x^2)-f(4)}{x^2-4}\times\frac{x-(-2)}{f(x)-f(-2)}\times(x-2)\right\}$$

$$=\lim_{x\to-2}\left\{\frac{f(x^2)-f(4)}{x^2-4}\times\frac{1}{\dfrac{f(x)-f(-2)}{x-(-2)}}\times(x-2)\right\}$$

$$=f'(4)\times\frac{1}{f'(-2)}\times(-4)$$

$$=-3\times1\times(-4)=12$$

❷

채점 기준	배점
❶ $f'(x)=-f'(-x)$임을 구하기	50%
❷ $\lim\limits_{x\to-2}\dfrac{f(x^2)-f(4)}{f(x)-f(2)}$의 값 구하기	50%

0221

답 3

$f(x+y)=f(x)+f(y)$에 $x=0,\ y=0$을 대입하면

$$f(0)=f(0)+f(0) \quad\therefore f(0)=0$$

$$\therefore f'(2)=\lim_{h\to0}\frac{f(2+h)-f(2)}{h}$$

$$=\lim_{h\to0}\frac{f(2)+f(h)-f(2)}{h}$$

$$=\lim_{h\to0}\frac{f(h)}{h}=\lim_{h\to0}\frac{f(h)-f(0)}{h}=f'(0)=3$$

0222

답 ⑤

$f(x+y)=f(x)+f(y)+3xy-2$에 $x=0,\ y=0$을 대입하면

$$f(0)=f(0)+f(0)-2 \quad\therefore f(0)=2$$

$$f'(1)=\lim_{h\to0}\frac{f(1+h)-f(1)}{h}$$

$$=\lim_{h\to0}\frac{f(1)+f(h)+3h-2-f(1)}{h}$$

$$=\lim_{h\to0}\frac{f(h)+3h-2}{h}$$

$$=\lim_{h\to0}\frac{f(h)-f(0)}{h}+3$$

$$=f'(0)+3=1$$

이므로 $f'(0)=-2$

$$\therefore f'(4)=\lim_{h\to0}\frac{f(4+h)-f(4)}{h}$$

$$=\lim_{h\to0}\frac{f(4)+f(h)+12h-2-f(4)}{h}$$

$$=\lim_{h\to0}\frac{f(h)+12h-2}{h}$$

$$=\lim_{h\to0}\frac{f(h)-f(0)}{h}+12$$

$$=f'(0)+12=-2+12=10$$

0223

답 8

$f(x+y)=4f(x)f(y)$에 $x=0,\ y=0$을 대입하면

$$f(0)=4f(0)f(0) \quad\therefore f(0)=\frac{1}{4}\ (\because\ f(0)>0)$$

$$f'(3)=\lim_{h\to0}\frac{f(3+h)-f(3)}{h}$$

$$=\lim_{h\to0}\frac{4f(3)f(h)-f(3)}{h}$$

$$=\lim_{h\to0}\frac{4f(3)\left\{f(h)-\dfrac{1}{4}\right\}}{h}$$

$$=4f(3)\times\lim_{h\to0}\frac{f(h)-f(0)}{h}$$

$$=4f(3)f'(0)$$

이므로

$$\frac{f'(3)}{f(3)}=4f'(0)=4\times2=8$$

0224
답 ②

ㄱ. $\lim\limits_{x\to 0-} f(x) = \lim\limits_{x\to 0-}[x] = -1$, $\lim\limits_{x\to 0+}f(x) = \lim\limits_{x\to 0+}[x]=0$

이므로 함수 $f(x)$는 $x=0$에서 불연속이다.

ㄴ. $\lim\limits_{x\to 0}f(x)=f(0)=0$이므로 함수 $f(x)$는 $x=0$에서 연속이다.

$$\lim\limits_{h\to 0-}\frac{f(0+h)-f(0)}{h} = \lim\limits_{h\to 0-}\frac{h-|h|-0}{h} = \lim\limits_{h\to 0-}\frac{2h}{h}=2,$$

$$\lim\limits_{h\to 0+}\frac{f(0+h)-f(0)}{h} = \lim\limits_{h\to 0+}\frac{h-|h|-0}{h} = \lim\limits_{h\to 0+}\frac{h-h}{h}=0$$

이므로 함수 $f(x)$는 $x=0$에서 미분가능하지 않다.

ㄷ. $f(x)=\sqrt{x^2}=|x|$에서 $f(x)=\begin{cases}-x & (x<0)\\ x & (x\geq 0)\end{cases}$

$\lim\limits_{x\to 0}f(x)=f(0)=0$이므로 함수 $f(x)$는 $x=0$에서 연속이다.

$$\lim\limits_{h\to 0-}\frac{f(0+h)-f(0)}{h} = \lim\limits_{h\to 0-}\frac{-h-0}{h} = \lim\limits_{h\to 0-}\frac{-h}{h}=-1,$$

$$\lim\limits_{h\to 0+}\frac{f(0+h)-f(0)}{h} = \lim\limits_{h\to 0+}\frac{h-0}{h} = \lim\limits_{h\to 0+}\frac{h}{h}=1$$

이므로 함수 $f(x)$는 $x=0$에서 미분가능하지 않다.

ㄹ. $f(x)=x|x|$에서 $f(x)=\begin{cases}-x^2 & (x<0)\\ x^2 & (x\geq 0)\end{cases}$

$\lim\limits_{x\to 0}f(x)=f(0)=0$이므로 함수 $f(x)$는 $x=0$에서 연속이다.

$$\lim\limits_{h\to 0-}\frac{f(0+h)-f(0)}{h} = \lim\limits_{h\to 0-}\frac{-h^2}{h} = \lim\limits_{h\to 0-}(-h)=0,$$

$$\lim\limits_{h\to 0+}\frac{f(0+h)-f(0)}{h} = \lim\limits_{h\to 0+}\frac{h^2}{h} = \lim\limits_{h\to 0+}h=0$$

이므로 함수 $f(x)$는 $x=0$에서 미분가능하다.

따라서 $x=0$에서 연속이지만 미분가능하지 않은 함수는 ㄴ, ㄷ이다.

0225
답 7

함수 $f(x)$는 $x=0$, $x=1$에서 불연속이므로
$m=2$
또한 함수 $f(x)$는 $x=-2$, $x=-1$, $x=0$, $x=1$, $x=2$에서 미분가능하지 않으므로 $n=5$
$\therefore m+n=2+5=7$

0226
답 ⑤

ㄱ. $(x-1)f(x)=\begin{cases}-(x-1)^2 & (x<1)\\ (x-1)^2 & (x\geq 1)\end{cases}$ 이므로

$$\lim\limits_{x\to 1-}\frac{(x-1)f(x)-(1-1)f(1)}{x-1} = \lim\limits_{x\to 1-}\frac{-(x-1)^2}{x-1}$$
$$= \lim\limits_{x\to 1-}(-x+1)=0$$

$$\lim\limits_{x\to 1+}\frac{(x-1)f(x)-(1-1)f(1)}{x-1} = \lim\limits_{x\to 1+}\frac{(x-1)^2}{x-1}$$
$$= \lim\limits_{x\to 1+}(x-1)=0$$

즉, 함수 $(x-1)f(x)$는 $x=1$에서 미분가능하다.

ㄴ. $f(x)g(x)=\begin{cases}(x-1)^2 & (x<1)\\ 2(x-1)^2 & (x\geq 1)\end{cases}$ 이므로

$$\lim\limits_{x\to 1-}\frac{f(x)g(x)-f(1)g(1)}{x-1} = \lim\limits_{x\to 1-}\frac{(x-1)^2}{x-1}$$
$$= \lim\limits_{x\to 1-}(x-1)=0$$

$$\lim\limits_{x\to 1+}\frac{f(x)g(x)-f(1)g(1)}{x-1} = \lim\limits_{x\to 1+}\frac{2(x-1)^2}{x-1}$$
$$= \lim\limits_{x\to 1+}2(x-1)=0$$

즉, 함수 $f(x)g(x)$는 $x=1$에서 미분가능하다.

ㄷ. $\{g(x)\}^2=\begin{cases}(x-1)^2 & (x<1)\\ (2x-2)^2 & (x\geq 1)\end{cases}$ 이므로

$$\lim\limits_{x\to 1-}\frac{\{g(x)\}^2-\{g(1)\}^2}{x-1} = \lim\limits_{x\to 1-}\frac{(x-1)^2}{x-1}$$
$$= \lim\limits_{x\to 1-}(x-1)=0$$

$$\lim\limits_{x\to 1+}\frac{\{g(x)\}^2-\{g(1)\}^2}{x-1} = \lim\limits_{x\to 1+}\frac{(2x-2)^2}{x-1}$$
$$= \lim\limits_{x\to 1+}4(x-1)=0$$

즉, 함수 $\{g(x)\}^2$은 $x=1$에서 미분가능하다.
따라서 $x=1$에서 미분가능한 함수는 ㄱ, ㄴ, ㄷ이다.

0227
답 ⑤

ㄱ. $\lim\limits_{x\to -1-}f(x)=\lim\limits_{x\to -1+}f(x)$이므로 $\lim\limits_{x\to -1}f(x)$의 값은 존재한다. (거짓)

ㄴ. 함수 $f(x)$는 $x=-1$, $x=3$에서 불연속이므로 불연속이 되는 점의 개수는 2이다. (참)

ㄷ. 함수 $y=x^2-2x-3$이 실수 전체의 집합에서 연속이고 함수 $f(x)$가 $x\neq -1$, $x\neq 3$인 모든 실수에서 연속이므로 함수 $(x^2-2x-3)f(x)$의 연속성은 $x=-1$, $x=3$에서만 확인하면 된다.

이때
$$\lim\limits_{x\to -1-}(x^2-2x-3)f(x)=0,$$
$$\lim\limits_{x\to -1+}(x^2-2x-3)f(x)=0,$$
$$(1+2-3)f(-1)=0$$
이므로 함수 $(x^2-2x-3)f(x)$는 $x=-1$에서 연속이다.

마찬가지로
$$\lim\limits_{x\to 3-}(x^2-2x-3)f(x)=0,$$
$$\lim\limits_{x\to 3+}(x^2-2x-3)f(x)=0,$$
$$(9-6-3)f(3)=0$$
이므로 함수 $(x^2-2x-3)f(x)$는 $x=3$에서 연속이다.

즉, 함수 $(x^2-2x-3)f(x)$는 실수 전체의 집합에서 연속이다. (참)

ㄹ. 함수 $f(x)$는 $x=-1$, $x=0$, $x=2$, $x=3$에서 미분가능하지 않으므로 미분가능하지 않은 점의 개수는 4이다. (참)

따라서 옳은 것은 ㄴ, ㄷ, ㄹ이다.

참고

문제에서 주어진 함수 $y=f(x)$의 그래프에 대하여 ㄷ에서 함수 $(x^2-2x-3)f(x)$는 $x+1$, $x-3$을 인수로 가지므로 $x=-1$과 $x=3$에서 함숫값과 극한값이 모두 0이 된다.
그러므로 함수 $f(x)$의 함숫값과 극한값이 일치하지 않아도 함수 $(x^2-2x-3)f(x)$는 $f(x)$의 연속성에 관계없이 $x=-1$, $x=3$에서 연속이다.

확인 문제 (1) $y'=8x^3$ (2) $y'=-3$
(3) $y'=-2x+6$

(1) $y'=(2x^4)'=8x^3$
(2) $y'=(-3x+7)'=(-3x)'+(7)'=-3$
(3) $y'=(-x^2+6x-5)'=(-x^2)'+(6x)'-(5)'=-2x+6$

0228
답 6

$f(x)=2x^3-ax+2$에서 $f'(x)=6x^2-a$이므로
$f'(1)=6-a=0$ $\therefore a=6$
따라서 $f(x)=2x^3-6x+2$이므로
$f(-1)=-2+6+2=6$

0229
답 ④

$f(x)=x^2+ax+b$에서 $f'(x)=2x+a$
이때 $f(1)=1+a+b=0$이므로
$a+b=-1$ $\cdots\cdots$ ㉠
또한 $f'(-1)=-2+a=-1$이므로
$a=1$
$a=1$을 ㉠에 대입하면 $b=-2$
따라서 $f(x)=x^2+x-2$이므로
$f(2)=4+2-2=4$

0230
답 8

함수 $f(x)$는 최고차항의 계수가 1인 삼차함수이고 $f(0)=2$이므로
$f(x)=x^3+ax^2+bx+2$ (a, b는 상수)라 하면

❶

$f'(x)=3x^2+2ax+b$
$f'(1)=3+2a+b=-3$이므로
$2a+b=-6$ $\cdots\cdots$ ㉠
$f'(-1)=3-2a+b=1$이므로
$-2a+b=-2$ $\cdots\cdots$ ㉡
㉠, ㉡을 연립하여 풀면 $a=-1$, $b=-4$
따라서 $f(x)=x^3-x^2-4x+2$이므로

❷

$f(3)=27-9-12+2=8$

❸

채점 기준	배점
❶ 함수 $f(x)$의 식 세우기	30%
❷ 함수 $f(x)$ 구하기	60%
❸ $f(3)$의 값 구하기	10%

확인 문제 (1) $y'=6x^2-14x+5$
(2) $y'=3x^2+2x-2$
(3) $y'=3(2x^2+x-3)^2(4x+1)$
(4) $y'=2(x+1)(2x^2+x-3)$

(1) $y'=(x^2-3x+1)'(2x-1)+(x^2-3x+1)(2x-1)'$
$=(2x-3)(2x-1)+2(x^2-3x+1)$
$=(4x^2-8x+3)+(2x^2-6x+2)$
$=6x^2-14x+5$
(2) $y'=(x)'(x-1)(x+2)+x(x-1)'(x+2)+x(x-1)(x+2)'$
$=(x-1)(x+2)+x(x+2)+x(x-1)$
$=(x^2+x-2)+(x^2+2x)+(x^2-x)$
$=3x^2+2x-2$
(3) $y'=\{(2x^2+x-3)^3\}'$
$=3(2x^2+x-3)^{3-1}(2x^2+x-3)'$
$=3(2x^2+x-3)^2(4x+1)$
(4) $y'=\{(x+1)^2\}'(x^2-3)+(x+1)^2(x^2-3)'$
$=2(x+1)(x+1)'(x^2-3)+(x+1)^2(x^2-3)'$
$=2(x+1)(x^2-3)+2x(x+1)^2$
$=2(x+1)(2x^2+x-3)$

0231
답 ②

$f(x)=(x^3+a)(x^2+x+1)$에서
$f'(x)=3x^2(x^2+x+1)+(x^3+a)(2x+1)$이므로
$f'(1)=3(1+1+1)+(1+a)(2+1)=9+3(1+a)=6$
$3(1+a)=-3$ $\therefore a=-2$

참고

두 다항함수의 곱으로 정의된 함수는 다항함수이다. 따라서 곱으로 정의된
함수는 전개하여 도함수를 구해도 되지만 전개하는 과정에서 실수할 수 있
으므로 곱의 미분법을 이용하여 도함수를 구한다.

0232
답 ③

$g(x)=(x^2+3)f(x)$에서
$g'(x)=2xf(x)+(x^2+3)f'(x)$이므로
$g'(1)=2f(1)+4f'(1)=2\times2+4\times1=8$

0233
답 ①

$f(x)=(x^2+2)(ax+b)$에서
$f'(x)=2x(ax+b)+a(x^2+2)$
곡선 $y=f(x)$ 위의 점 $(1,\ 3)$에서의 접선의 기울기가 8이므로
$f(1)=3$에서 $3(a+b)=3$
$\therefore a+b=1$ $\cdots\cdots$ ㉠
$f'(1)=8$에서 $2(a+b)+3a=8$
$\therefore 5a+2b=8$ $\cdots\cdots$ ㉡
㉠, ㉡을 연립하여 풀면 $a=2$, $b=-1$
$\therefore ab=2\times(-1)=-2$

0234

답 20

$f(x)=x^4-2x^3-4$에서 $f'(x)=4x^3-6x^2$이므로

$$\lim_{x\to1}\frac{\{f(x)\}^2-\{f(1)\}^2}{x-1}=\lim_{x\to1}\left[\frac{f(x)-f(1)}{x-1}\times\{f(x)+f(1)\}\right]$$
$$=f'(1)\times2f(1)$$
$$=-2\times2\times(-5)=20$$

0235

답 ③

$f(x)=x^3-2x^2+ax+1$에서 $f'(x)=3x^2-4x+a$이므로

$$\lim_{h\to0}\frac{f(2+h)-f(2)}{h}=f'(2)$$
$$=3\times4-4\times2+a$$
$$=a+4=9$$

$\therefore a=5$

0236

답 ②

$$\lim_{x\to2}\frac{f(x)-3}{x-2}=5$$에서 극한값이 존재하고 $x\to2$일 때,

(분모) $\to0$이므로 (분자) $\to0$이어야 한다.

즉, $\lim_{x\to2}\{f(x)-3\}=0$이므로 $f(2)=3$

$$\therefore \lim_{x\to2}\frac{f(x)-3}{x-2}=\lim_{x\to2}\frac{f(x)-f(2)}{x-2}=f'(2)=5$$

$f(x)=x^3+ax+b$에서 $f'(x)=3x^2+a$이므로

$f(2)=3$에서 $8+2a+b=3$

$\therefore 2a+b=-5$ …… ㉠

$f'(2)=5$에서 $12+a=5$ $\therefore a=-7$

$a=-7$을 ㉠에 대입하면 $b=9$

$\therefore a+b=-7+9=2$

0237

답 11

$$\lim_{x\to1}\frac{f(x)-4}{x-1}=3$$에서 극한값이 존재하고 $x\to1$일 때,

(분모) $\to0$이므로 (분자) $\to0$이어야 한다.

즉, $\lim_{x\to1}\{f(x)-4\}=0$이므로 $f(1)=4$

$$\therefore \lim_{x\to1}\frac{f(x)-4}{x-1}=\lim_{x\to1}\frac{f(x)-f(1)}{x-1}=f'(1)=3$$

$g(x)=x^2f(x)$에서 $g'(x)=2xf(x)+x^2f'(x)$이므로

$g'(1)=2f(1)+f'(1)=2\times4+3=11$

0238

답 15

$$\lim_{h\to0}\frac{f(1+h)-f(1)}{h}=f'(1)=5$$

$$\lim_{h\to0}\frac{f(-2-2h)-f(-2)}{h}$$
$$=\lim_{h\to0}\frac{f(-2-2h)-f(-2)}{-2h}\times(-2)$$
$$=-2f'(-2)=-4$$
$$\therefore f'(-2)=2$$

$f(x)=x^3+ax^2+bx+3$에서 $f'(x)=3x^2+2ax+b$이므로

$f'(1)=5$에서 $3+2a+b=5$

$\therefore 2a+b=2$ …… ㉠

$f'(-2)=2$에서 $12-4a+b=2$

$\therefore 4a-b=10$ …… ㉡

㉠, ㉡을 연립하여 풀면 $a=2$, $b=-2$

따라서 $f(x)=x^3+2x^2-2x+3$이므로

$f(2)=8+8-4+3=15$

0239

답 ⑤

$$\lim_{x\to2}\frac{f(x)-5}{x-2}=1$$에서 극한값이 존재하고 $x\to2$일 때,

(분모) $\to0$이므로 (분자) $\to0$이어야 한다.

즉, $\lim_{x\to2}\{f(x)-5\}=0$이므로 $f(2)=5$

$$\therefore \lim_{x\to2}\frac{f(x)-5}{x-2}=\lim_{x\to2}\frac{f(x)-f(2)}{x-2}=f'(2)=1$$

또한 $\lim_{x\to2}\dfrac{g(x)-2}{x-2}=3$에서 극한값이 존재하고 $x\to2$일 때,

(분모) $\to0$이므로 (분자) $\to0$이어야 한다.

즉, $\lim_{x\to2}\{g(x)-2\}=0$이므로 $g(2)=2$

$$\therefore \lim_{x\to2}\frac{g(x)-2}{x-2}=\lim_{x\to2}\frac{g(x)-g(2)}{x-2}=g'(2)=3$$

$h(x)=f(x)g(x)$에서

$h'(x)=f'(x)g(x)+f(x)g'(x)$이므로

$h'(2)=f'(2)g(2)+f(2)g'(2)$
$$=1\times2+5\times3=17$$

0240

답 36

$\dfrac{1}{x}=h$로 놓으면 $x\to\infty$일 때, $h\to0+$이므로

$$\lim_{x\to\infty}3x\left\{f\left(1+\frac{1}{x}\right)-f\left(1-\frac{2}{x}\right)\right\}$$
$$=\lim_{h\to0+}\frac{f(1+h)-f(1-2h)}{h}\times3$$
$$=\lim_{h\to0+}\frac{\{f(1+h)-f(1)\}-\{f(1-2h)-f(1)\}}{h}\times3$$
$$=\lim_{h\to0+}\frac{f(1+h)-f(1)}{h}\times3-\lim_{h\to0+}\frac{f(1-2h)-f(1)}{-2h}\times(-6)$$
$$=3f'(1)+6f'(1)=9f'(1)$$

$f(x)=(x-1)(x^2+3)$에서

$f'(x)=x^2+3+2x(x-1)=3x^2-2x+3$이므로

$f'(1)=3-2+3=4$

따라서 구하는 극한값은

$9f'(1)=9\times4=36$

0241

답 2

조건 ㈎의 $\lim\limits_{x\to 1}\dfrac{f(x^2)-2}{x-1}=4$에서 극한값이 존재하고 $x\to 1$일 때,

(분모)$\to 0$이므로 (분자)$\to 0$이어야 한다.

즉, $\lim\limits_{x\to 1}\{f(x^2)-2\}=0$이므로 $f(1)=2$

$$\lim_{x\to 1}\frac{f(x^2)-2}{x-1}=\lim_{x\to 1}\left\{\frac{f(x^2)-f(1)}{x^2-1}\times(x+1)\right\}$$
$$=2f'(1)=4$$

$\therefore f'(1)=2$ ❶

조건 ㈏의 $\lim\limits_{h\to 0}\dfrac{g(1-3h)-3}{h}=6$에서 극한값이 존재하고

$h\to 0$일 때, (분모)$\to 0$이므로 (분자)$\to 0$이어야 한다.

즉, $\lim\limits_{h\to 0}\{g(1-3h)-3\}=0$이므로 $g(1)=3$

$$\lim_{h\to 0}\frac{g(1-3h)-3}{h}=\lim_{h\to 0}\frac{g(1-3h)-g(1)}{-3h}\times(-3)$$
$$=-3g'(1)=6$$

$\therefore g'(1)=-2$ ❷

$i(x)=f(x)g(x)$에서

$i'(x)=f'(x)g(x)+f(x)g'(x)$이므로

$i'(1)=f'(1)g(1)+f(1)g'(1)$
$\qquad=2\times 3+2\times(-2)=2$ ❸

채점 기준	배점
❶ $f(1)$, $f'(1)$의 값 구하기	35%
❷ $g(1)$, $g'(1)$의 값 구하기	35%
❸ 곱의 미분법을 이용하여 $i'(1)$의 값 구하기	30%

0242

답 ①

$\lim\limits_{x\to 0}\dfrac{f(x)+g(x)}{x}=3$에서 극한값이 존재하고 $x\to 0$일 때,

(분모)$\to 0$이므로 (분자)$\to 0$이어야 한다.

즉, $\lim\limits_{x\to 0}\{f(x)+g(x)\}=f(0)+g(0)=0$이므로

$g(0)=-f(0)$ ...... ㉠

$$\lim_{x\to 0}\frac{f(x)+g(x)}{x}=\lim_{x\to 0}\frac{f(x)-f(0)+g(x)-g(0)}{x}$$
$$=\lim_{x\to 0}\frac{f(x)-f(0)}{x}+\lim_{x\to 0}\frac{g(x)-g(0)}{x}$$
$$=f'(0)+g'(0)=3 \quad\cdots\cdots ㉡$$

또한 $\lim\limits_{x\to 0}\dfrac{f(x)+3}{xg(x)}=2$에서 극한값이 존재하고 $x\to 0$일 때,

(분모)$\to 0$이므로 (분자)$\to 0$이어야 한다.

즉, $\lim\limits_{x\to 0}\{f(x)+3\}=f(0)+3=0$이므로

$f(0)=-3$, $g(0)=3$ ($\because$ ㉠)

$$\lim_{x\to 0}\frac{f(x)+3}{xg(x)}=\lim_{x\to 0}\frac{f(x)-f(0)}{xg(x)}$$
$$=\lim_{x\to 0}\left\{\frac{f(x)-f(0)}{x}\times\frac{1}{g(x)}\right\}$$
$$=f'(0)\times\frac{1}{3}=2$$

$\therefore f'(0)=6$, $g'(0)=-3$ ($\because$ ㉡)

$h(x)=f(x)g(x)$에서

$h'(x)=f'(x)g(x)+f(x)g'(x)$이므로

$h'(0)=f'(0)g(0)+f(0)g'(0)$
$\qquad=6\times 3+(-3)\times(-3)=27$

0243

답 ④

$f(x)=x^5-4x$라 하면 $f(-1)=3$이므로

$$\lim_{x\to -1}\frac{x^5-4x-3}{x+1}=\lim_{x\to -1}\frac{f(x)-f(-1)}{x-(-1)}=f'(-1)$$

$f'(x)=5x^4-4$이므로

$f'(-1)=5-4=1$

0244

답 ②

$f(x)=x^n-3x$라 하면 $f(1)=-2$이므로

$$\lim_{x\to 1}\frac{x^n-3x+2}{x-1}=\lim_{x\to 1}\frac{f(x)-f(1)}{x-1}=f'(1)$$

$f'(x)=nx^{n-1}-3$이므로 $f'(1)=n-3$

이때 $n-3=10$이므로 $n=13$

0245

답 34

$\lim\limits_{x\to 2}\dfrac{x^n-2x^2+6x-20}{x-2}=\alpha$에서 극한값이 존재하고 $x\to 2$일 때,

(분모)$\to 0$이므로 (분자)$\to 0$이어야 한다.

즉, $\lim\limits_{x\to 2}(x^n-2x^2+6x-20)=0$이므로

$2^n-2\times 4+6\times 2-20=0$에서

$2^n=16$ $\quad\therefore n=4$ ❶

$f(x)=x^4-2x^2+6x$라 하면 $f(2)=20$이므로

$$\lim_{x\to 2}\frac{x^4-2x^2+6x-20}{x-2}=\lim_{x\to 2}\frac{f(x)-f(2)}{x-2}=f'(2)$$

$f'(x)=4x^3-4x+6$이므로

$\alpha=f'(2)=4\times 8-4\times 2+6=30$ ❷

$\therefore n+\alpha=4+30=34$ ❸

채점 기준	배점
❶ n의 값 구하기	45%
❷ α의 값 구하기	45%
❸ $n+\alpha$의 값 구하기	10%

0246
답 ①

$f(x)=ax^2+b$에서 $f'(x)=2ax$이므로

$4f(x)=\{f'(x)\}^2+x^2+4$에 대입하면

$4(ax^2+b)=(2ax)^2+x^2+4$

$4ax^2+4b=(4a^2+1)x^2+4$

위의 등식이 모든 실수 x에 대하여 성립하므로

$4a=4a^2+1$, $(2a-1)^2=0$

$\therefore a=\dfrac{1}{2}$

$4b=4$ $\quad\therefore b=1$

따라서 $f(x)=\dfrac{1}{2}x^2+1$이므로

$f(2)=\dfrac{1}{2}\times4+1=3$

🔊))) **Bible Says** 항등식의 성질

(1) $ax^2+bx+c=0$이 x에 대한 항등식이면
$\qquad a=0, b=0, c=0$
(2) $ax^2+bx+c=a'x^2+b'x+c'$이 x에 대한 항등식이면
$\qquad a=a', b=b', c=c'$

0247
답 ③

$f(x)=ax^2+bx+c$ (a, b, c는 상수, $a\neq0$)라 하면

$f'(x)=2ax+b$이므로

$(x-1)f'(x)+f(x)=3x^2+4x-1$에 대입하면

$(x-1)(2ax+b)+(ax^2+bx+c)=3x^2+4x-1$

$3ax^2+2(b-a)x+c-b=3x^2+4x-1$

위의 등식이 모든 실수 x에 대하여 성립하므로

$3a=3$, $2(b-a)=4$, $c-b=-1$

$\therefore a=1, b=3, c=2$

따라서 $f(x)=x^2+3x+2$이므로

$f(-1)=1-3+2=0$

[다른 풀이]

$(x-1)f'(x)+f(x)=\{(x-1)f(x)\}'$이고

$(x-1)f(x)=\displaystyle\int\{(x-1)f(x)\}'dx$이므로

$(x-1)f'(x)+f(x)=3x^2+4x-1$의 양변을 x에 대하여 적분하면

$\displaystyle\int\{(x-1)f(x)\}'dx=\int(3x^2+4x-1)dx$

$(x-1)f(x)=x^3+2x^2-x+C$ (C는 적분상수)

위의 식의 양변에 $x=1$을 대입하면

$0=1+2-1+C$ $\quad\therefore C=-2$

즉, $(x-1)f(x)=x^3+2x^2-x-2$이므로

$(x-1)f(x)=(x-1)(x+1)(x+2)$

$\therefore f(x)=(x+1)(x+2)$

$\therefore f(-1)=0$

[참고]

다른 풀이에서 이용한 적분은 07. 부정적분에서 상세히 다룬다.

0248
답 19

함수 $f(x)$를 n차 다항함수라 하면 $f'(x)$는 $(n-1)$차 다항함수이다.

이때 주어진 등식에서 좌변의 차수는 $n+(n-1)=2n-1$이고 우변의 차수는 3이므로

$2n-1=3$, $2n=4$

$\therefore n=2$

$f(x)=ax^2+bx+c$ (a, b, c는 상수, $a>0$)라 하면

$f'(x)=2ax+b$이므로

$f(x)f'(x)=2x^3+9x^2+11x+3$에 대입하면

$(ax^2+bx+c)(2ax+b)=2x^3+9x^2+11x+3$

$2a^2x^3+3abx^2+(b^2+2ac)x+bc=2x^3+9x^2+11x+3$

위의 등식이 모든 실수 x에 대하여 성립하므로

$2a^2=2$, $3ab=9$, $b^2+2ac=11$, $bc=3$

$\therefore a=1, b=3, c=1$

따라서 $f(x)=x^2+3x+1$이므로

$f(3)=9+9+1=19$

0249
답 ③

함수 $f(x)$가 $x=-1$에서 미분가능하므로 $x=-1$에서 연속이다.

즉, $\displaystyle\lim_{x\to-1-}f(x)=\lim_{x\to-1+}f(x)=f(-1)$이어야 하므로

$\displaystyle\lim_{x\to-1-}f(x)=\lim_{x\to-1-}(ax^2+4)=a+4$

$\displaystyle\lim_{x\to-1+}f(x)=\lim_{x\to-1+}(-4x+a)=a+4$

$f(-1)=a+4$

따라서 함수 $f(x)$는 a의 값에 관계없이 $x=-1$에서 연속이다.

또한 함수 $f(x)$가 $x=-1$에서 미분가능하므로 $x=-1$에서의 좌미분계수와 우미분계수가 같아야 한다.

즉, $\displaystyle\lim_{x\to-1-}f'(x)=\lim_{x\to-1+}f'(x)$이어야 하므로

$f'(x)=\begin{cases}2ax & (x<-1)\\ -4 & (x>-1)\end{cases}$에서

$\displaystyle\lim_{x\to-1-}f'(x)=\lim_{x\to-1-}2ax=-2a$

$\displaystyle\lim_{x\to-1+}f'(x)=\lim_{x\to-1+}(-4)=-4$

따라서 $-2a=-4$이므로

$a=2$

$\therefore f(x)=\begin{cases}2x^2+4 & (x<-1)\\ -4x+2 & (x\geq-1)\end{cases}$

$\therefore f(-2)+f(0)=12+2=14$

[다른 풀이]

미분계수의 정의를 이용하여 구할 수도 있다.

함수 $f(x)$가 $x=-1$에서 미분가능하므로 $x=-1$에서의 좌미분계수와 우미분계수가 같아야 한다.

즉, $\displaystyle\lim_{x\to-1-}\frac{f(x)-f(-1)}{x-(-1)}=\lim_{x\to-1+}\frac{f(x)-f(-1)}{x-(-1)}$이어야 하므로

$$\lim_{x \to -1-} \frac{f(x)-f(-1)}{x-(-1)} = \lim_{x \to -1-} \frac{ax^2+4-(a+4)}{x+1}$$
$$= \lim_{x \to -1-} \frac{a(x^2-1)}{x+1}$$
$$= \lim_{x \to -1-} a(x-1) = -2a$$
$$\lim_{x \to -1+} \frac{f(x)-f(-1)}{x-(-1)} = \lim_{x \to -1+} \frac{(-4x+a)-(a+4)}{x+1}$$
$$= \lim_{x \to -1+} \frac{-4(x+1)}{x+1} = -4$$

따라서 $-2a=-4$이므로
$a=2$
$$\therefore f(x) = \begin{cases} 2x^2+4 & (x<-1) \\ -4x+2 & (x\geq-1) \end{cases}$$
$$\therefore f(-2)+f(0)=12+2=14$$

위와 같이 다항함수 꼴로 주어진 경우 본 풀이의 방식을 이용하는 것이 조금 더 편리하다. 하지만 다항함수가 아닌 꼴, 혹은 미분하기 복잡한 형태인 경우도 출제되므로 두 가지 방법을 모두 익혀두고 주어진 함수에 따라 적절히 선택하여 이용하도록 하자.

0250

답 ②

함수 $f(x)$가 $x=1$에서 미분가능하므로 $x=1$에서 연속이다.
즉, $\lim_{x \to 1-} f(x) = \lim_{x \to 1+} f(x) = f(1)$이어야 하므로
$$\lim_{x \to 1-} f(x) = \lim_{x \to 1-} (3x+a) = 3+a$$
$$\lim_{x \to 1+} f(x) = \lim_{x \to 1+} (2x^3+bx+1) = 3+b$$
$$f(1) = 3+a$$
따라서 $3+a=3+b$이므로
$a=b$ ……㉠
또한 함수 $f(x)$가 $x=1$에서 미분가능하므로 $x=1$에서의 좌미분계수와 우미분계수가 같아야 한다.
즉, $\lim_{x \to 1-} f'(x) = \lim_{x \to 1+} f'(x)$이어야 하므로
$$f'(x) = \begin{cases} 3 & (x<1) \\ 6x^2+b & (x>1) \end{cases} \text{에서}$$
$$\lim_{x \to 1-} f'(x) = \lim_{x \to 1-} 3 = 3$$
$$\lim_{x \to 1+} f'(x) = \lim_{x \to 1+} (6x^2+b) = 6+b$$
따라서 $3=6+b$이므로
$b=-3$
이를 ㉠에 대입하면 $a=-3$
$$\therefore a+b=-3+(-3)=-6$$

0251

답 ④

함수 $f(x)$가 실수 전체의 집합에서 미분가능하면 $x=1$에서 미분가능하므로 $x=1$에서 연속이다.
즉, $\lim_{x \to 1-} f(x) = \lim_{x \to 1+} f(x) = f(1)$이어야 하므로
$$\lim_{x \to 1-} f(x) = \lim_{x \to 1-} (x^3+ax+b) = 1+a+b$$
$$\lim_{x \to 1+} f(x) = \lim_{x \to 1+} (bx+4) = b+4$$
$$f(1) = b+4$$

따라서 $1+a+b=b+4$이므로
$a=3$
또한 함수 $f(x)$가 $x=1$에서 미분가능하므로 $x=1$에서의 좌미분계수와 우미분계수가 같아야 한다.
즉, $\lim_{x \to 1-} f'(x) = \lim_{x \to 1+} f'(x)$이어야 하므로
$$f'(x) = \begin{cases} 3x^2+3 & (x<1) \\ b & (x>1) \end{cases} \text{에서}$$
$$\lim_{x \to 1-} f'(x) = \lim_{x \to 1-} (3x^2+3) = 6$$
$$\lim_{x \to 1+} f'(x) = \lim_{x \to 1+} b = b$$
따라서 $b=6$이므로
$a+b=3+6=9$

0252

답 ③

$$f(x) = \begin{cases} -(x+3) & (x<-3) \\ x+3 & (x\geq-3) \end{cases} \text{이므로}$$
$$f(x)g(x) = \begin{cases} -(x+3)(2x+a) & (x<-3) \\ (x+3)(2x+a) & (x\geq-3) \end{cases}$$
함수 $f(x)g(x)$가 실수 전체의 집합에서 미분가능하면 $x=-3$에서 미분가능하므로 $x=-3$에서 연속이다.
즉, $\lim_{x \to -3-} f(x)g(x) = \lim_{x \to -3+} f(x)g(x) = f(-3)g(-3)$이어야 하므로
$$\lim_{x \to -3-} f(x)g(x) = \lim_{x \to -3-} \{-(x+3)(2x+a)\} = 0$$
$$\lim_{x \to -3+} f(x)g(x) = \lim_{x \to -3+} (x+3)(2x+a) = 0$$
$$f(-3)g(-3) = 0$$
따라서 함수 $f(x)g(x)$는 a의 값에 관계없이 $x=-3$에서 연속이다.
또한 함수 $f(x)g(x)$가 $x=-3$에서 미분가능하므로 $x=-3$에서의 좌미분계수와 우미분계수가 같아야 한다.
즉, $\lim_{x \to -3-} \{f(x)g(x)\}' = \lim_{x \to -3+} \{f(x)g(x)\}'$이어야 한다.
$$f(x)g(x) = \begin{cases} -2x^2-(a+6)x-3a & (x<-3) \\ 2x^2+(a+6)x+3a & (x\geq-3) \end{cases} \text{이므로}$$
$$\{f(x)g(x)\}' = \begin{cases} -4x-a-6 & (x<-3) \\ 4x+a+6 & (x>-3) \end{cases} \text{에서}$$
$$\lim_{x \to -3-} \{f(x)g(x)\}' = \lim_{x \to -3-} (-4x-a-6) = -a+6$$
$$\lim_{x \to -3+} \{f(x)g(x)\}' = \lim_{x \to -3+} (4x+a+6) = a-6$$
따라서 $-a+6=a-6$이므로
$2a=12$ $\therefore a=6$

미분계수의 정의를 이용하여 구할 수도 있다.
함수 $f(x)g(x)$가 $x=-3$에서 미분가능하므로 $x=-3$에서의 좌미분계수와 우미분계수가 같아야 한다. 즉,
$$\lim_{x \to -3-} \frac{f(x)g(x)-f(-3)g(-3)}{x-(-3)}$$
$$= \lim_{x \to -3+} \frac{f(x)g(x)-f(-3)g(-3)}{x-(-3)}$$
이어야 하므로
$$\lim_{x \to -3-} \frac{f(x)g(x)-f(-3)g(-3)}{x-(-3)} = \lim_{x \to -3-} \frac{-(x+3)(2x+a)}{x+3}$$
$$= \lim_{x \to -3-} (-2x-a) = 6-a$$

$$\lim_{x \to -3+} \frac{f(x)g(x)-f(-3)g(-3)}{x-(-3)} = \lim_{x \to -3+} \frac{(x+3)(2x+a)}{x+3}$$
$$= \lim_{x \to -3+} (2x+a) = -6+a$$

따라서 $6-a=-6+a$이므로

$2a=12 \qquad \therefore a=6$

0253

답 ②

$f(x) = \begin{cases} -(x-1) & (x<1) \\ x-1 & (x \geq 1) \end{cases}$ 이므로

$h(x)=f(x)g(x) = \begin{cases} -2x(x-1) & (x<1) \\ (x-1)(x+a) & (x \geq 1) \end{cases}$

함수 $h(x)$가 실수 전체의 집합에서 미분가능하면 $x=1$에서 미분가능하므로 $x=1$에서 연속이다.

즉, $\lim\limits_{x \to 1-} h(x) = \lim\limits_{x \to 1+} h(x) = h(1)$이어야 하므로

$\lim\limits_{x \to 1-} h(x) = \lim\limits_{x \to 1-} \{-2x(x-1)\} = 0$

$\lim\limits_{x \to 1+} h(x) = \lim\limits_{x \to 1+} (x-1)(x+a) = 0$

$h(1)=f(1)g(1)=0$

따라서 함수 $h(x)$는 a의 값에 관계없이 $x=1$에서 연속이다.

또한 함수 $h(x)$가 $x=1$에서 미분가능하므로 $x=1$에서의 좌미분계수와 우미분계수가 같아야 한다.

즉, $\lim\limits_{x \to 1-} h'(x) = \lim\limits_{x \to 1+} h'(x)$이어야 한다.

$h(x) = \begin{cases} -2x^2+2x & (x<1) \\ x^2+(a-1)x-a & (x \geq 1) \end{cases}$ 이므로

$h'(x) = \begin{cases} -4x+2 & (x<1) \\ 2x+a-1 & (x>1) \end{cases}$ 에서

$\lim\limits_{x \to 1-} h'(x) = \lim\limits_{x \to 1-} (-4x+2) = -2$

$\lim\limits_{x \to 1+} h'(x) = \lim\limits_{x \to 1+} (2x+a-1) = a+1$

따라서 $a+1=-2$이므로 $a=-3$

$\therefore h'(x) = \begin{cases} -4x+2 & (x<1) \\ 2x-4 & (x \geq 1) \end{cases}$

$\therefore h'(3) = 6-4 = 2$

0254

답 ②

함수 $g(x)$가 실수 전체의 집합에서 미분가능하면 $x=a$에서 미분가능하므로 $x=a$에서 연속이다.

즉, $\lim\limits_{x \to a-} g(x) = \lim\limits_{x \to a+} g(x) = g(a)$이어야 하므로

$\lim\limits_{x \to a-} g(x) = \lim\limits_{x \to a-} \{b-f(x)\} = b-f(a)$

$\lim\limits_{x \to a+} g(x) = \lim\limits_{x \to a+} f(x) = f(a)$

$g(a)=f(a)$

따라서 $b-f(a)=f(a)$이므로

$b=2f(a) \qquad \cdots\cdots \ \text{㉠}$

또한 함수 $g(x)$가 $x=a$에서 미분가능하므로 $x=a$에서의 좌미분계수와 우미분계수가 같아야 한다.

즉, $\lim\limits_{x \to a-} g'(x) = \lim\limits_{x \to a+} g'(x)$이어야 하므로

$g'(x) = \begin{cases} -f'(x) & (x<a) \\ f'(x) & (x>a) \end{cases}$ 에서

$\lim\limits_{x \to a-} g'(x) = \lim\limits_{x \to a-} \{-f'(x)\} = -f'(a)$

$\lim\limits_{x \to a+} g'(x) = \lim\limits_{x \to a+} f'(x) = f'(a)$

따라서 $f'(a)=-f'(a)$이므로

$f'(a)=0$

이때 $f(x)=x^3-3x^2+2$에서 $f'(x)=3x^2-6x$이므로

$f'(a)=3a^2-6a=0, \ 3a(a-2)=0$

$\therefore a=2 \ (\because a>0)$

$a=2$를 ㉠에 대입하면

$b=2f(2)=2(8-12+2)=-4$

$\therefore a+b=2+(-4)=-2$

다른 풀이

$x<a$일 때 함수 $g(x)=b-f(x)$의 그래프는 함수 $y=f(x)$의 그래프를 직선 $y=\dfrac{b}{2}$에 대하여 대칭이동시킨 그래프와 일치하므로 함수 $g(x)$가 실수 전체의 집합에서 미분가능하려면 함수 $f(x)$가 $x=a$일 때 극값 $\dfrac{b}{2}$를 가져야 한다.

$f(x)=x^3-3x^2+2$에서 $f'(x)=3x^2-6x=3x(x-2)$이므로

$f'(x)=0$에서 $x=0$ 또는 $x=2$

이때 $a>0$이므로 $a=2$

따라서 $f(2)=8-12+2=-2$이므로

$\dfrac{b}{2}=-2 \qquad \therefore b=-4$

$\therefore a+b=2+(-4)=-2$

참고

다른 풀이에서 이용한 함수의 극값은 05. 도함수의 활용⑵에서 상세히 다룬다.

0255

답 20

함수 $g(x)$가 실수 전체의 집합에서 미분가능하면 $x=-1$, $x=1$에서 미분가능하므로 $x=-1$, $x=1$에서 연속이다.

즉, $\lim\limits_{x \to -1-} g(x) = \lim\limits_{x \to -1+} g(x) = g(-1)$,

$\lim\limits_{x \to 1-} g(x) = \lim\limits_{x \to 1+} g(x) = g(1)$이어야 하므로

$\lim\limits_{x \to -1-} g(x) = \lim\limits_{x \to -1-} (4x+4) = 0$

$\lim\limits_{x \to -1+} g(x) = \lim\limits_{x \to -1+} f(x) = f(-1)$

$g(-1)=f(-1)$

$\therefore f(-1)=0$

$\lim\limits_{x \to 1-} g(x) = \lim\limits_{x \to 1-} f(x) = f(1)$

$\lim\limits_{x \to 1+} g(x) = \lim\limits_{x \to 1+} (x^2-2x+1) = 0$

$g(1)=1-2+1=0$

$\therefore f(1)=0$

❶

또한 함수 $g(x)$가 $x=-1$, $x=1$에서 미분가능하므로 $x=-1$, $x=1$에서 각각 좌미분계수와 우미분계수가 같아야 한다.

즉, $\lim\limits_{x \to -1-} g'(x) = \lim\limits_{x \to -1+} g'(x)$, $\lim\limits_{x \to 1-} g'(x) = \lim\limits_{x \to 1+} g'(x)$이어야 하므로

$g'(x) = \begin{cases} 4 & (x<-1) \\ f'(x) & (-1<x<1) \\ 2x-2 & (x>1) \end{cases}$ 에서

$$\lim_{x\to-1^-}g'(x)=\lim_{x\to-1^-}4=4$$
$$\lim_{x\to-1^+}g'(x)=\lim_{x\to-1^+}f'(x)=f'(-1)$$
$$\therefore f'(-1)=4$$
$$\lim_{x\to1^-}g'(x)=\lim_{x\to1^-}f'(x)=f'(1)$$
$$\lim_{x\to1^+}g'(x)=\lim_{x\to1^+}(2x-2)=0$$
$$\therefore f'(1)=0$$

❷

따라서 $f(-1)=0$, $f(1)=0$, $f'(1)=0$이므로
$f(x)=a(x+1)(x-1)^2$ $(a\neq0$인 상수$)$이라 하면
$f'(x)=a(x-1)^2+2a(x+1)(x-1)$
이때 $f'(-1)=4$이므로
$4a=4$ $\therefore a=1$
$\therefore f'(x)=(x-1)^2+2(x+1)(x-1)$
$\therefore f'(3)=2^2+2\times4\times2=20$

❸

채점 기준	배점
❶ 함수 $g(x)$가 $x=-1$, $x=1$에서 연속일 조건 구하기	35%
❷ 함수 $g(x)$가 $x=-1$, $x=1$에서 미분계수가 존재할 조건 구하기	35%
❸ 곱의 미분법을 이용하여 $f'(3)$의 값 구하기	30%

다항식 $f(x)$가 $f(a)=0$, $f'(a)=0$을 만족시키면 $f(x)$는 $(x-a)^2$을 인수로 갖는다.

유형 14 미분법과 다항식의 나눗셈

0256

답 ③

$f(x)=x^3-12x+a$라 하면 $f(x)$가 $(x-b)^2$으로 나누어떨어지므로 $f(b)=0$, $f'(b)=0$
$f(b)=0$에서 $b^3-12b+a=0$ $\cdots\cdots$ ㉠
$f'(x)=3x^2-12$이므로 $f'(b)=0$에서
$3b^2-12=0$, $b^2=4$
$\therefore b=2$ $(\because b>0)$
$b=2$를 ㉠에 대입하면
$8-24+a=0$ $\therefore a=16$
$\therefore a+b=16+2=18$

0257

답 ③

다항식 x^4-ax^2+b를 $(x-1)^2$으로 나누었을 때의 몫을 $Q(x)$라 하면
$x^4-ax^2+b=(x-1)^2Q(x)-2x+4$ $\cdots\cdots$ ㉠
㉠의 양변에 $x=1$을 대입하면
$1-a+b=2$ $\therefore -a+b=1$ $\cdots\cdots$ ㉡
㉠의 양변을 x에 대하여 미분하면
$4x^3-2ax=2(x-1)Q(x)+(x-1)^2Q'(x)-2$ $\cdots\cdots$ ㉢
㉢의 양변에 $x=1$을 대입하면
$4-2a=-2$ $\therefore a=3$

$a=3$을 ㉡에 대입하면 $-3+b=1$ $\therefore b=4$
$\therefore a+b=3+4=7$

 미분법과 다항식의 나눗셈

다항식 $f(x)$를 다항식 $g(x)$로 나누었을 때의 몫을 $Q(x)$, 나머지를 $R(x)$라 하면 $f(x)=g(x)Q(x)+R(x)$이므로 이 식의 양변을 x에 대하여 미분하면
$$f'(x)=g'(x)Q(x)+g(x)Q'(x)+R'(x)$$

0258

답 8

$f(x)$를 $(x-3)^2$으로 나누었을 때의 몫을 $Q(x)$,
$R(x)=ax+b$ $(a,\ b$는 상수$)$라 하면
$f(x)=(x-3)^2Q(x)+ax+b$ $\cdots\cdots$ ㉠
㉠의 양변에 $x=3$을 대입하면
$f(3)=3a+b=2$ $\cdots\cdots$ ㉡
㉠의 양변을 x에 대하여 미분하면
$f'(x)=2(x-3)Q(x)+(x-3)^2Q'(x)+a$ $\cdots\cdots$ ㉢
㉢의 양변에 $x=3$을 대입하면
$f'(3)=a=-3$
$a=-3$을 ㉡에 대입하면 $-9+b=2$
$\therefore b=11$
따라서 $R(x)=-3x+11$이므로

❶

$R(1)=-3+11=8$

❷

채점 기준	배점
❶ $R(x)=ax+b$라 하고 주어진 조건을 이용하여 $R(x)$ 구하기	90%
❷ $R(1)$의 값 구하기	10%

0259

답 ②

다항함수 $y=f(x)$의 그래프 위의 점 $(-2,\ 3)$에서의 접선의 기울기가 1이므로 $f(-2)=3$, $f'(-2)=1$
$f(x)$를 $(x+2)^2$으로 나누었을 때의 몫을 $Q(x)$,
$R(x)=ax+b$ $(a,\ b$는 상수$)$라 하면
$f(x)=(x+2)^2Q(x)+ax+b$ $\cdots\cdots$ ㉠
㉠의 양변에 $x=-2$를 대입하면
$f(-2)=-2a+b=3$ $\cdots\cdots$ ㉡
㉠의 양변을 x에 대하여 미분하면
$f'(x)=2(x+2)Q(x)+(x+2)^2Q'(x)+a$ $\cdots\cdots$ ㉢
㉢의 양변에 $x=-2$를 대입하면
$f'(-2)=a=1$
$a=1$을 ㉡에 대입하면 $-2+b=3$
$\therefore b=5$
따라서 $R(x)=x+5$이므로 $R(2)=2+5=7$

0260

답 9

$f(x)=x^2+ax+b$ $(a,\ b$는 상수$)$라 하면
$f'(x)=2x+a$

조건 ㈎에서 $f'(2)=0$이므로
$4+a=0$ $\therefore a=-4$
조건 ㈏에서 $f(x)=x^2-4x+b$가 $f'(x)=2(x-2)$로 나누어떨어지므로 $f(2)=0$에서
$4-8+b=0$ $\therefore b=4$
따라서 $f(x)=x^2-4x+4$이므로
$f(5)=25-20+4=9$

0261

답 ⑤

$f(x)$를 $(x+1)^2$으로 나누었을 때의 몫을 $Q(x)$라 하면
$f(x)=(x+1)^2Q(x)+3x+5$ $\qquad\cdots\cdots$ ㉠
㉠의 양변에 $x=-1$을 대입하면
$f(-1)=-3+5=2$
㉠의 양변을 x에 대하여 미분하면
$f'(x)=2(x+1)Q(x)+(x+1)^2Q'(x)+3$ $\qquad\cdots\cdots$ ㉡
㉡의 양변에 $x=-1$을 대입하면
$f'(-1)=3$
$g(x)=x^2f(x)$라 하면 $g'(x)=2xf(x)+x^2f'(x)$
따라서 곡선 $y=x^2f(x)$ 위의 점 $(-1, f(-1))$에서의 접선의 기울기는
$g'(-1)=-2f(-1)+f'(-1)=-2\times2+3=-1$

PART B

내신 잡는 종합 문제

0262

답 1

함수 $f(x)=x^3-2x^2+6x$에 대하여 x의 값이 0에서 a까지 변할 때의 평균변화율은
$$\frac{f(a)-f(0)}{a-0}=\frac{a^3-2a^2+6a}{a}=a^2-2a+6 \qquad\cdots\cdots ㉠$$
이때 $f'(x)=3x^2-4x+6$이므로
$$f'(1)=3-4+6=5 \qquad\cdots\cdots ㉡$$
㉠, ㉡의 값이 같아야 하므로
$a^2-2a+6=5$, $(a-1)^2=0$
$\therefore a=1$

0263

답 ③

$f(x)=x^n-4x$라 하면 $f(1)=-3$이므로
$$\lim_{x\to1}\frac{x^n-4x+3}{x-1}=\lim_{x\to1}\frac{f(x)-f(1)}{x-1}=f'(1)=8$$
$f'(x)=nx^{n-1}-4$이므로
$f'(1)=n-4$
따라서 $n-4=8$이므로 $n=12$

0264

답 5

$$\lim_{h\to0}\frac{f(2+mh)-f(2-nh)}{h}$$
$$=\lim_{h\to0}\frac{\{f(2+mh)-f(2)\}-\{f(2-nh)-f(2)\}}{h}$$
$$=\lim_{h\to0}\frac{f(2+mh)-f(2)}{mh}\times m-\lim_{h\to0}\frac{f(2-nh)-f(2)}{-nh}\times(-n)$$
$$=mf'(2)+nf'(2)$$
$$=f'(2)(m+n)$$
$$=2(m+n)=12$$
$$\therefore m+n=6$$
따라서 이를 만족시키는 두 자연수 m, n의 순서쌍은 $(1, 5)$, $(2, 4)$, $(3, 3)$, $(4, 2)$, $(5, 1)$의 5개이다.

0265

답 ③

$\dfrac{1}{x}=h$로 놓으면 $x\to\infty$일 때, $h\to0+$이므로
$$\lim_{x\to\infty}x\left\{f\left(1+\frac{2}{x}\right)-f(1)\right\}=\lim_{h\to0+}\frac{f(1+2h)-f(1)}{h}$$
$$=\lim_{h\to0+}\frac{f(1+2h)-f(1)}{2h}\times2$$
$$=2f'(1)=12$$
$$\therefore f'(1)=6$$
$f(x)=(x+1)(x^2+a)$에서
$f'(x)=x^2+a+2x(x+1)=3x^2+2x+a$이므로
$f'(1)=3+2+a=6$ $\therefore a=1$
따라서 $f(x)=(x+1)(x^2+1)$이므로
$f(2)=3\times5=15$

0266

답 ③

$f(x)=ax+b$ (a, b는 상수, $a\neq0$)라 하면
$g(x)=(x^2-2)(ax+b)$
$g'(x)=2x(ax+b)+a(x^2-2)$
곡선 $y=g(x)$ 위의 점 $(1, -2)$에서의 접선의 기울기가 3이므로
$g(1)=-2$에서 $-(a+b)=-2$
$\therefore a+b=2$ $\qquad\cdots\cdots ㉠$
$g'(1)=3$에서 $2(a+b)-a=3$
$\therefore a+2b=3$ $\qquad\cdots\cdots ㉡$
㉠, ㉡을 연립하여 풀면 $a=1$, $b=1$
따라서 $g(x)=(x^2-2)(x+1)$이므로
$g(2)=2\times3=6$

0267

답 ②

조건 ㈎의 식에 $x=1$을 대입하면 $f(-1)=-f(1)$이므로
조건 ㈏에서
$$\lim_{h\to0}\frac{f(-1+2h)+f(1)}{3h}=\lim_{h\to0}\frac{f(-1+2h)-f(-1)}{3h}$$
$$=\lim_{h\to0}\frac{f(-1+2h)-f(-1)}{2h}\times\frac{2}{3}$$
$$=\frac{2}{3}f'(-1)=4$$

$$\therefore f'(-1)=6$$

$$\begin{aligned}
&\therefore \lim_{x\to-1}\frac{f(x)+f(1)-4(x+1)}{x^2-1}\\
&=\lim_{x\to-1}\frac{f(x)+f(1)}{x^2-1}-\lim_{x\to-1}\frac{4(x+1)}{x^2-1}\\
&=\lim_{x\to-1}\left\{\frac{f(x)-f(-1)}{x-(-1)}\times\frac{1}{x-1}\right\}-\lim_{x\to-1}\frac{4}{x-1}\\
&=-\frac{1}{2}f'(-1)-(-2)\\
&=-\frac{1}{2}\times6+2=-1
\end{aligned}$$

0268 답 56

곡선 $y=f(x)$와 x축이 만나는 서로 다른 세 점의 x좌표가 $-2t$, 0, t이므로 방정식 $f(x)=0$의 세 근은 $-2t$, 0, t이다.

따라서 $f(x)=x(x+2t)(x-t)$이므로

$$f'(x)=(x+2t)(x-t)+x(x-t)+x(x+2t)$$

$$\begin{aligned}
f'(4)&=(4+2t)(4-t)+4(4-t)+4(4+2t)\\
&=-2t^2+8t+48=-2(t-2)^2+56
\end{aligned}$$

따라서 $f'(4)$의 최댓값은 $t=2$일 때 56이다.

Bible Says **이차함수의 최대 · 최소**

이차함수 $y=a(x-m)^2+n$에 대하여
(1) $a>0$ ➡ $x=m$에서 최솟값 n을 갖고, 최댓값은 없다.
(2) $a<0$ ➡ $x=m$에서 최댓값 n을 갖고, 최솟값은 없다.

0269 답 ①

$\lim\limits_{x\to0}\dfrac{f(x)-3}{x}=2$에서 극한값이 존재하고 $x\to0$일 때,

(분모)$\to0$이므로 (분자)$\to0$이어야 한다.

즉, $\lim\limits_{x\to0}\{f(x)-3\}=0$이므로 $f(0)=3$

$$\begin{aligned}
\lim_{x\to0}\frac{f(x)-3}{x}&=\lim_{x\to0}\frac{f(x)-f(0)}{x-0}\\
&=f'(0)=2
\end{aligned}$$

$\lim\limits_{x\to2}\dfrac{g(x-2)-1}{x-2}=3$에서 극한값이 존재하고 $x\to2$일 때,

(분모)$\to0$이므로 (분자)$\to0$이어야 한다.

즉, $\lim\limits_{x\to2}\{g(x-2)-1\}=0$이므로 $g(0)=1$

$x-2=t$로 놓으면 $x\to2$일 때, $t\to0$이므로

$$\begin{aligned}
\lim_{x\to2}\frac{g(x-2)-1}{x-2}&=\lim_{t\to0}\frac{g(t)-1}{t}\\
&=\lim_{t\to0}\frac{g(t)-g(0)}{t-0}\\
&=g'(0)=3
\end{aligned}$$

$h(x)=f(x)g(x)$에서 $h'(x)=f'(x)g(x)+f(x)g'(x)$이므로

함수 $h(x)$의 $x=0$에서의 미분계수는

$$\begin{aligned}
h'(0)&=f'(0)g(0)+f(0)g'(0)\\
&=2\times1+3\times3=11
\end{aligned}$$

0270 답 6

$x\neq2$일 때, $f(x)=\dfrac{x^3-2x^2-x+a}{x-2}$ ...... ㉠

함수 $f(x)$가 실수 전체의 집합에서 미분가능하면 $x=2$에서 미분가능하므로 $x=2$에서 연속이다.

$$\therefore \lim_{x\to2}f(x)=\lim_{x\to2}\frac{x^3-2x^2-x+a}{x-2}=f(2)\quad\cdots\cdots\text{㉡}$$

㉡에서 극한값이 존재하고 $x\to2$일 때, (분모)$\to0$이므로 (분자)$\to0$이어야 한다.

즉, $\lim\limits_{x\to2}(x^3-2x^2-x+a)=0$이므로

$8-8-2+a=0$ $\quad\therefore a=2$

$a=2$를 ㉠에 대입하면 $x\neq2$일 때,

$$f(x)=\frac{x^3-2x^2-x+2}{x-2}=\frac{(x-2)(x^2-1)}{x-2}=x^2-1$$

따라서 $f'(x)=2x$이므로 $f'(2)=4$

$$\therefore a+f'(2)=2+4=6$$

참고

$f(2)=\lim\limits_{x\to2}f(x)=\lim\limits_{x\to2}(x^2-1)=3$이고

함수 $f(x)$가 $x=2$에서 미분가능하므로

$$\begin{aligned}
f'(2)&=\lim_{x\to2}\frac{f(x)-f(2)}{x-2}=\lim_{x\to2}\frac{x^2-1-3}{x-2}=\lim_{x\to2}\frac{x^2-4}{x-2}\\
&=\lim_{x\to2}\frac{(x+2)(x-2)}{x-2}=\lim_{x\to2}(x+2)=4
\end{aligned}$$

0271 답 14

$\lim\limits_{x\to1}\dfrac{f(x)-2}{x-1}=3$에서 극한값이 존재하고 $x\to1$일 때,

(분모)$\to0$이므로 (분자)$\to0$이어야 한다.

즉, $\lim\limits_{x\to1}\{f(x)-2\}=0$이므로 $f(1)=2$

$$\lim_{x\to1}\frac{f(x)-2}{x-1}=\lim_{x\to1}\frac{f(x)-f(1)}{x-1}=f'(1)=3$$

$f(x)$를 $(x-1)^2$으로 나누었을 때의 몫을 $Q(x)$, $R(x)=ax+b$ (a, b는 상수)라 하면

$$f(x)=(x-1)^2Q(x)+ax+b\quad\cdots\cdots\text{㉠}$$

㉠의 양변에 $x=1$을 대입하면

$$f(1)=a+b=2\quad\cdots\cdots\text{㉡}$$

㉠의 양변을 x에 대하여 미분하면

$$f'(x)=2(x-1)Q(x)+(x-1)^2Q'(x)+a\quad\cdots\cdots\text{㉢}$$

㉢의 양변에 $x=1$을 대입하면 $f'(1)=a=3$

$a=3$을 ㉡에 대입하면 $b=-1$

따라서 $R(x)=3x-1$이므로

$$R(5)=3\times5-1=14$$

0272 답 ⑤

ㄱ. $\dfrac{f(t)}{t}=\dfrac{f(t)-0}{t-0}$은 곡선 $y=f(x)$ 위의 점 $(t, f(t))$와 원점을 지나는 직선의 기울기와 같다.

$t>0$에서 $\dfrac{f(t)}{t}$는 직선 $y=x$의 기울기보다 항상 크거나 같으므로

$$\frac{f(t)}{t}\geq1 \text{ (참)}$$

ㄴ. $t>a$일 때, 곡선 $y=f(x)$ 위의 점 $(t, f(t))$에서의 접선의 기울기 $f'(t)$는 직선 $y=x$의 기울기보다 크므로
$f'(t)>1$ (참)

ㄷ. $0<t<a$일 때, 곡선 $y=f(x)$ 위의 점 $(t, f(t))$와 원점을 지나는 직선의 기울기 $\dfrac{f(t)}{t}$는 곡선 $y=f(x)$ 위의 점 $(t, f(t))$에서의 접선의 기울기 $f'(t)$보다 크므로
$$\frac{f(t)}{t}>f'(t)$$
이때 $t>0$이므로
$f(t)>tf'(t)$ (참)

따라서 옳은 것은 ㄱ, ㄴ, ㄷ이다.

0273
답 ①

$\displaystyle\lim_{x\to 1}\dfrac{f(x)g(x)+4}{x-1}=8$에서 극한값이 존재하고 $x\to 1$일 때,

(분모) $\to 0$이므로 (분자) $\to 0$이어야 한다.

즉, $\displaystyle\lim_{x\to 1}\{f(x)g(x)+4\}=0$이므로 $f(1)g(1)=-4$

$f(1)=-2$이므로 $-2\times g(1)=-4$ $\quad\therefore g(1)=2$

$g(x)$는 일차함수이므로 $g(x)=ax+b$ (a, b는 상수, $a\neq 0$)라 하면
$g'(x)=a$

조건 ㈑에서 $g(0)=g'(0)$이므로 $b=a$ $\qquad$ …… ㉠

또한 $g(1)=2$이므로 $a+b=2$ $\qquad$ …… ㉡

㉠, ㉡을 연립하여 풀면 $a=1$, $b=1$

따라서 $g(x)=x+1$이므로 $g'(x)=1$

$h(x)=f(x)g(x)$라 하면 $h(1)=f(1)g(1)=-4$이므로 조건 ㈎에서

$$\lim_{x\to 1}\frac{f(x)g(x)+4}{x-1}=\lim_{x\to 1}\frac{h(x)-h(1)}{x-1}$$
$$=h'(1)=8$$

이때 $h'(x)=f'(x)g(x)+f(x)g'(x)$이므로

$h'(1)=f'(1)g(1)+f(1)g'(1)=8$

$f'(1)\times 2+(-2)\times 1=8$

$2f'(1)=10$ $\quad\therefore f'(1)=5$

0274
답 ③

$f(x)=x|x|+|x-1|(x+1)$에서

$$f(x)=\begin{cases}-2x^2+1 & (x<0)\\ 1 & (0\le x<1)\text{이므로}\\ 2x^2-1 & (x\ge 1)\end{cases}$$

$$f'(x)=\begin{cases}-4x & (x<0)\\ 0 & (0<x<1)\\ 4x & (x>1)\end{cases}$$

ㄱ. $\displaystyle\lim_{x\to 0-}f(x)=\lim_{x\to 0-}(-2x^2+1)=1$

$\displaystyle\lim_{x\to 0+}f(x)=\lim_{x\to 0+}1=1$

$f(0)=1$

즉, $\displaystyle\lim_{x\to 0-}f(x)=\lim_{x\to 0+}f(x)=f(0)$이므로 함수 $f(x)$는 $x=0$에서 연속이다. (참)

ㄴ. $\displaystyle\lim_{x\to 0-}f'(x)=\lim_{x\to 0-}(-4x)=0$

$\displaystyle\lim_{x\to 0+}f'(x)=\lim_{x\to 0+}0=0$

즉, $\displaystyle\lim_{x\to 0-}f'(x)=\lim_{x\to 0+}f'(x)$이므로 함수 $f(x)$는 $x=0$에서 미분가능하다. (참)

ㄷ. $\displaystyle\lim_{x\to 1-}f'(x)=\lim_{x\to 1-}0=0$

$\displaystyle\lim_{x\to 1+}f'(x)=\lim_{x\to 1+}4x=4$

즉, $\displaystyle\lim_{x\to 1-}f'(x)\neq\lim_{x\to 1+}f'(x)$이므로 함수 $f(x)$는 $x=1$에서 미분가능하지 않다. (거짓)

따라서 옳은 것은 ㄱ, ㄴ이다.

0275
답 ④

$\displaystyle\lim_{x\to 2}\dfrac{f(x)}{(x-2)\{f'(x)\}^2}=\dfrac{1}{4}$에서 극한값이 존재하고 $x\to 2$일 때,

(분모) $\to 0$이므로 (분자) $\to 0$이어야 한다.

즉, $\displaystyle\lim_{x\to 2}f(x)=0$이므로 $f(2)=0$

$f(x)$는 최고차항의 계수가 1인 삼차함수이고 $f(1)=0$, $f(2)=0$이므로

$f(x)=(x-2)(x-1)(x+a)$ (a는 상수)라 하면

$f'(x)=(x-1)(x+a)+(x-2)(x+a)+(x-2)(x-1)$

$$\lim_{x\to 2}\frac{f(x)}{(x-2)\{f'(x)\}^2}=\lim_{x\to 2}\frac{f(x)-f(2)}{(x-2)\{f'(x)\}^2}\ (\because f(2)=0)$$
$$=\lim_{x\to 2}\left[\frac{f(x)-f(2)}{x-2}\times\frac{1}{\{f'(x)\}^2}\right]$$
$$=f'(2)\times\frac{1}{\{f'(2)\}^2}$$
$$=\frac{1}{f'(2)}=\frac{1}{4}$$

즉, $f'(2)=4$이므로

$2+a=4$ $\quad\therefore a=2$

따라서 $f(x)=(x-2)(x-1)(x+2)$이므로

$f(3)=1\times 2\times 5=10$

0276
답 6

조건 ㈏의 $f(x+y)=f(x)+f(y)+xy(x+y)$에 $x=0$, $y=0$을 대입하면

$f(0)=f(0)+f(0)$

$\therefore f(0)=0$

❶

$$f'(x)=\lim_{h\to 0}\frac{f(x+h)-f(x)}{h}$$
$$=\lim_{h\to 0}\frac{f(x)+f(h)+xh(x+h)-f(x)}{h}$$
$$=\lim_{h\to 0}\frac{f(h)-f(0)+xh(x+h)}{h}$$
$$=\lim_{h\to 0}\left\{\frac{f(h)-f(0)}{h}+x(x+h)\right\}$$
$$=f'(0)+x^2$$
$$=x^2+4\ (\because \text{조건 ㈎에서 } f'(0)=4)$$

❷

$f'(n) \geq 40$에서
$n^2 + 4 \geq 40$, $n^2 \geq 36$
$\therefore n \geq 6$ ($\because n$은 자연수)
따라서 자연수 n의 최솟값은 6이다. $\cdots\cdots$ ❸

채점 기준	배점
❶ $x=0$, $y=0$을 조건 ㈏의 식에 대입하여 $f(0)$의 값 구하기	30%
❷ 조건 ㈏의 식을 변형하여 $f(x)$의 도함수 구하기	50%
❸ 자연수 n의 최솟값 구하기	20%

0277

답 60

함수 $g(x)$가 실수 전체의 집합에서 미분가능하면 $x=1$, $x=3$에서 미분가능하므로 $x=1$, $x=3$에서 연속이다.
즉, $\lim\limits_{x\to1-}g(x) = \lim\limits_{x\to1+}g(x) = g(1)$,
$\lim\limits_{x\to3-}g(x) = \lim\limits_{x\to3+}g(x) = g(3)$이어야 하므로
$\lim\limits_{x\to1-}g(x) = \lim\limits_{x\to1-}(x^2-4x+3) = 0$
$\lim\limits_{x\to1+}g(x) = \lim\limits_{x\to1+}f(x) = f(1)$
$g(1) = f(1)$
$\therefore f(1) = 0$
$\lim\limits_{x\to3-}g(x) = \lim\limits_{x\to3-}f(x) = f(3)$
$\lim\limits_{x\to3+}g(x) = \lim\limits_{x\to3+}(-2x+6) = 0$
$g(3) = -2\times3+6 = 0$
$\therefore f(3) = 0$ $\cdots\cdots$ ❶

또한 함수 $g(x)$가 $x=1$, $x=3$에서 미분가능하므로 $x=1$, $x=3$에서 각각 좌미분계수와 우미분계수가 같아야 한다.
즉, $\lim\limits_{x\to1-}g'(x) = \lim\limits_{x\to1+}g'(x)$, $\lim\limits_{x\to3-}g'(x) = \lim\limits_{x\to3+}g'(x)$이어야 하므로

$$g'(x) = \begin{cases} 2x-4 & (x<1) \\ f'(x) & (1<x<3) \\ -2 & (x>3) \end{cases}$$에서

$\lim\limits_{x\to1-}g'(x) = \lim\limits_{x\to1-}(2x-4) = -2$
$\lim\limits_{x\to1+}g'(x) = \lim\limits_{x\to1+}f'(x) = f'(1)$
$\therefore f'(1) = -2$
$\lim\limits_{x\to3-}g'(x) = \lim\limits_{x\to3-}f'(x) = f'(3)$
$\lim\limits_{x\to3+}g'(x) = \lim\limits_{x\to3+}(-2) = -2$
$\therefore f'(3) = -2$ $\cdots\cdots$ ❷

따라서 $f(1)=0$, $f(3)=0$이므로
$f(x) = (ax+b)(x-1)(x-3)$ (a, b는 상수, $a\neq0$)이라 하면
$f'(x) = a(x-1)(x-3) + (ax+b)(x-3) + (ax+b)(x-1)$
$f'(1) = -2(a+b) = -2$에서
$a+b = 1$ $\cdots\cdots$ ㉠
$f'(3) = 2(3a+b) = -2$에서
$3a+b = -1$ $\cdots\cdots$ ㉡

㉠, ㉡을 연립하여 풀면 $a=-1$, $b=2$
$\therefore f(x) = (-x+2)(x-1)(x-3)$
$\therefore f(-2) = 4\times(-3)\times(-5) = 60$ $\cdots\cdots$ ❸

채점 기준	배점
❶ 함수 $g(x)$가 $x=1$, $x=3$에서 연속일 조건 구하기	30%
❷ 함수 $g(x)$가 $x=1$, $x=3$에서 미분계수가 존재할 조건 구하기	30%
❸ 곱의 미분법을 이용하여 $f(-2)$의 값 구하기	40%

수능 녹인 변별력 문제

0278

답 ④

$\lim\limits_{x\to3}\dfrac{f(x)-g(x)}{x-3} = 1$에서 극한값이 존재하고 $x\to3$일 때, (분모) $\to 0$이므로 (분자) $\to 0$이어야 한다.
즉, $\lim\limits_{x\to3}\{f(x)-g(x)\} = 0$이므로 $f(3) = g(3)$ $\cdots\cdots$ ㉠
$\lim\limits_{x\to3}\dfrac{f(x)-g(x)}{x-3} = \lim\limits_{x\to3}\dfrac{f(x)-f(3)-\{g(x)-g(3)\}}{x-3}$ ($\because$ ㉠)
$\qquad = \lim\limits_{x\to3}\dfrac{f(x)-f(3)}{x-3} - \lim\limits_{x\to3}\dfrac{g(x)-g(3)}{x-3}$
$\qquad = f'(3) - g'(3) = 1$ $\cdots\cdots$ ㉡

㉠, ㉡에서
$g(3) = f(3) = 2$, $g'(3) = f'(3)-1 = 1-1 = 0$
이때 $g(x)$는 최고차항의 계수가 1인 이차함수이므로
$g(x) = x^2+ax+b$ (a, b는 상수)라 하면
$g'(x) = 2x+a$
$g(3) = 9+3a+b = 2$에서
$b = -3a-7$ $\cdots\cdots$ ㉢
$g'(3) = 6+a = 0$에서 $a = -6$
$a = -6$을 ㉢에 대입하면
$b = 11$
따라서 $g(x) = x^2-6x+11$이므로
$g(1) = 1-6+11 = 6$

0279

답 11

$f(x)$가 일차식 또는 상수이면 주어진 등식의 좌변은 상수이고 우변은 이차식이므로 등식이 성립하지 않는다.
$f(x)$를 n ($n\geq2$)차식이라 하면 $f'(x)$는 $(n-1)$차식이므로 주어진 등식의 좌변의 차수는 $2(n-1)$, 우변의 차수는 n이다.
따라서 $2n-2 = n$에서 $n=2$

$f(x)=ax^2+bx+c$ $(a, b, c$는 상수, $a>0)$라 하면

$f'(x)=2ax+b$이므로

$f'(x)\{f'(x)+1\}=3f(x)+x^2+x-15$에 대입하면

$(2ax+b)(2ax+b+1)=3(ax^2+bx+c)+x^2+x-15$

$4a^2x^2+2(2ab+a)x+b^2+b=(3a+1)x^2+(3b+1)x+3c-15$

위의 등식이 모든 실수 x에 대하여 성립하므로

$4a^2=3a+1$ …… ㉠

$2(2ab+a)=3b+1$ …… ㉡

$b^2+b=3c-15$ …… ㉢

㉠에서 $4a^2-3a-1=0$, $(4a+1)(a-1)=0$

$\therefore a=1 \ (\because a>0)$

$a=1$을 ㉡에 대입하면 $2(2b+1)=3b+1$

$\therefore b=-1$

$b=-1$을 ㉢에 대입하면 $0=3c-15$

$\therefore c=5$

따라서 $f(x)=x^2-x+5$이므로

$f(3)=9-3+5=11$

0280

조건 ㈎의 $\lim\limits_{x\to 1}\dfrac{f(x)-g(x)}{x-1}=5$에서 극한값이 존재하고 $x\to 1$일

때, (분모)$\to 0$이므로 (분자)$\to 0$이어야 한다.

즉, $\lim\limits_{x\to 1}\{f(x)-g(x)\}=0$이므로 $f(1)=g(1)$ …… ㉠

$\lim\limits_{x\to 1}\dfrac{f(x)-g(x)}{x-1}=\lim\limits_{x\to 1}\dfrac{\{f(x)-f(1)\}-\{g(x)-f(1)\}}{x-1}$

$=\lim\limits_{x\to 1}\dfrac{\{f(x)-f(1)\}-\{g(x)-g(1)\}}{x-1} \ (\because ㉠)$

$=\lim\limits_{x\to 1}\dfrac{f(x)-f(1)}{x-1}-\lim\limits_{x\to 1}\dfrac{g(x)-g(1)}{x-1}$

$=f'(1)-g'(1)=5$ …… ㉡

조건 ㈏에서

$\lim\limits_{x\to 1}\dfrac{f(x)+g(x)-2f(1)}{x-1}$

$=\lim\limits_{x\to 1}\dfrac{\{f(x)-f(1)\}+\{g(x)-f(1)\}}{x-1}$

$=\lim\limits_{x\to 1}\dfrac{\{f(x)-f(1)\}+\{g(x)-g(1)\}}{x-1} \ (\because ㉠)$

$=\lim\limits_{x\to 1}\dfrac{f(x)-f(1)}{x-1}+\lim\limits_{x\to 1}\dfrac{g(x)-g(1)}{x-1}$

$=f'(1)+g'(1)=7$ …… ㉢

㉡, ㉢을 연립하여 풀면 $f'(1)=6$, $g'(1)=1$ …… ㉣

한편, $\lim\limits_{x\to 1}\dfrac{f(x)-a}{x-1}=b\times g(1)$에서 극한값이 존재하고 $x\to 1$일

때, (분모)$\to 0$이므로 (분자)$\to 0$이어야 한다.

즉, $\lim\limits_{x\to 1}\{f(x)-a\}=0$이므로 $f(1)=a$ …… ㉤

$\therefore \lim\limits_{x\to 1}\dfrac{f(x)-a}{x-1}=\lim\limits_{x\to 1}\dfrac{f(x)-f(1)}{x-1}=f'(1)=6 \ (\because ㉣)$

따라서 $b\times g(1)=6$이고

$b\times g(1)=b\times f(1) \ (\because ㉠)$

$\qquad\qquad =ab \ (\because ㉤)$

이므로

$ab=6$

0281

함수 $g(x)$가 실수 전체의 집합에서 미분가능하면 $x=1$에서 미분가능하므로 $x=1$에서 연속이다.

즉, $\lim\limits_{x\to 1-}g(x)=\lim\limits_{x\to 1+}g(x)=g(1)$이어야 하므로

$\lim\limits_{x\to 1-}g(x)=\lim\limits_{x\to 1-}f(x+2)=f(3)$

$\lim\limits_{x\to 1+}g(x)=\lim\limits_{x\to 1+}f(x-2)=f(-1)$

$g(1)=f(-1)$

$\therefore f(-1)=f(3)$ …… ㉠

또한 함수 $g(x)$가 $x=1$에서 미분가능하므로 $x=1$에서의 좌미분계수와 우미분계수가 같아야 한다.

즉, $\lim\limits_{x\to 1-}\dfrac{g(x)-g(1)}{x-1}=\lim\limits_{x\to 1+}\dfrac{g(x)-g(1)}{x-1}$이어야 하므로

$\lim\limits_{x\to 1-}\dfrac{g(x)-g(1)}{x-1}=\lim\limits_{x\to 1-}\dfrac{f(x+2)-f(-1)}{x-1}$

$\qquad\qquad\qquad =\lim\limits_{x\to 1-}\dfrac{f(x+2)-f(3)}{(x+2)-3}=f'(3)$

$\lim\limits_{x\to 1+}\dfrac{g(x)-g(1)}{x-1}=\lim\limits_{x\to 1+}\dfrac{f(x-2)-f(-1)}{x-1}$

$\qquad\qquad\qquad =\lim\limits_{x\to 1+}\dfrac{f(x-2)-f(-1)}{(x-2)-(-1)}=f'(-1)$

$\therefore f'(3)=f'(-1)$ …… ㉡

㉠에서 $f(x)=(x+1)(x-3)(x+a)+b$ $(a, b$는 상수$)$라 하면

$f'(x)=(x-3)(x+a)+(x+1)(x+a)+(x+1)(x-3)$

$f'(3)=4(3+a)=12+4a$, $f'(-1)=-4(-1+a)=4-4a$

이므로 ㉡에서

$12+4a=4-4a \qquad \therefore a=-1$

따라서

$f'(x)=(x-3)(x-1)+(x+1)(x-1)+(x+1)(x-3)$이므로

$f'(4)=3+15+5=23$

함수 $g(x)=\begin{cases} f(x+2) & (x<1) \\ f(x-2) & (x\geq 1) \end{cases}$의 그래프는 함수 $y=f(x)$의 그

래프를 $x<1$일 때 x축의 방향으로 -2만큼, $x\geq 1$일 때 x축의 방향으로 2만큼 평행이동한 그래프가 $x=1$에서 만나는 형태이다.

이때 함수 $g(x)$가 실수 전체의 집합에서 미분가능하므로 $x=1$에서 미분가능하다.

함수 $y=f(x)$의 그래프와 직선 $y=f(1)$이 만나는 점의 x좌표는 $x=1$을 대칭축으로 하여 간격이 2로 동일하면 $f'(-1)=f'(3)$이며 함수 $y=g(x)$의 그래프는 다음 그림과 같다.

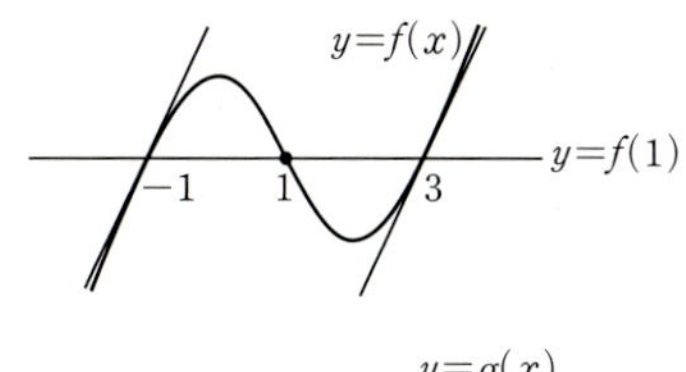

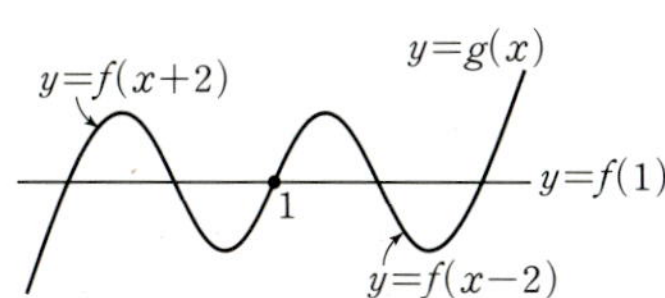

따라서 최고차항의 계수가 1인 삼차함수 $f(x)$는

$f(x)=(x+1)(x-1)(x-3)+f(1)$이므로

$f'(x)=(x-1)(x-3)+(x+1)(x-3)+(x+1)(x-1)$

$\therefore f'(4)=3+5+15=23$

다른 풀이에서 이용한 함수의 그래프의 개형을 통한 풀이 방법은
05. 도함수의 활용⑵에서 상세히 다룬다.

0282
답 8

조건 ㈎에서 $f(x)=f'(x)g(x)$

$h(x)=f(x)g(x)$에서

$h'(x)=f'(x)g(x)+f(x)g'(x)=f(x)+f(x)g'(x)$
$\qquad =f(x)\{1+g'(x)\}$

$f'(x)$의 차수는 $f(x)$의 차수보다 1만큼 작으므로

$f(x)=f'(x)g(x)$에서 $g(x)$는 일차함수이다.

이때 $f(x)$의 최고차항이 x^3이므로 $f'(x)$의 최고차항은 $3x^2$이고

$g(x)$의 최고차항은 $\dfrac{1}{3}x$이다.

$g(x)=\dfrac{1}{3}x+k$ (k는 상수)라 하면 $g'(x)=\dfrac{1}{3}$

따라서 $h'(x)=f(x)\{1+g'(x)\}=\dfrac{4}{3}f(x)$이고 조건 ㈏에서

$f(2)=6$이므로

$h'(2)=\dfrac{4}{3}f(2)=\dfrac{4}{3}\times6=8$

0283
답 2

두 함수 $y=f(x)$, $y=g(x)$의 그래프의 위치 관계에 따른 함수
$y=h(x)$의 그래프는 다음 그림과 같다.

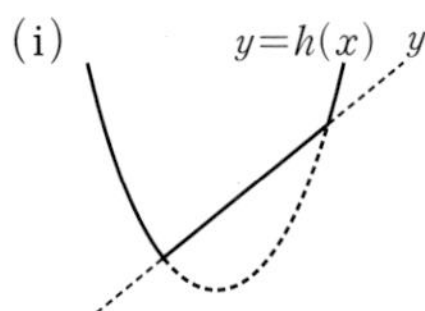
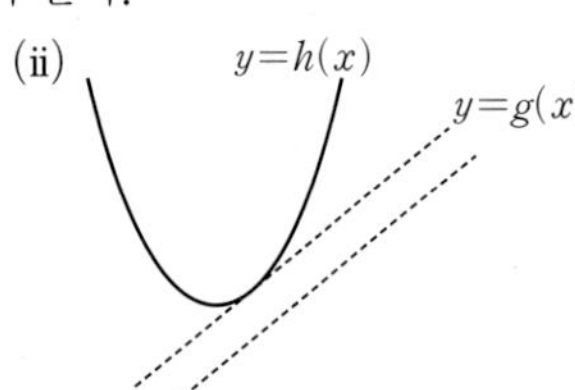

이때 함수 $h(x)$가 미분가능하지 않은 점의 개수가 2이려면 (i)과
같이 두 함수 $y=f(x)$, $y=g(x)$의 그래프가 서로 다른 두 점에서
만나야 한다.

$f(x)=g(x)$에서 $x^2-x+2=x+k$

$x^2-2x+2-k=0$

위의 이차방정식의 판별식을 D라 하면

$\dfrac{D}{4}=(-1)^2-(2-k)>0$에서

$-1+k>0$ $\qquad \therefore k>1$

따라서 자연수 k의 최솟값은 2이다.

0284
답 ②

$f(x)=x^2-2|x|=\begin{cases}x^2+2x & (x<0)\\x^2-2x & (x\geq0)\end{cases}$이므로 함수 $y=f(x)$의 그

래프는 다음 그림과 같다.

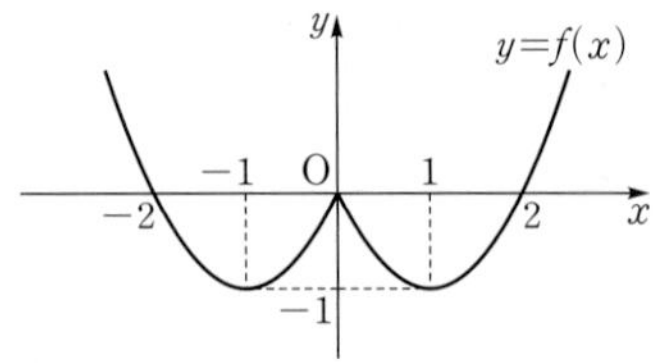

함수 $y=|f(x)-t|$의 그래프는 함수 $y=f(x)$의 그래프를 y축의
방향으로 $-t$만큼 평행이동시킨 후 x축보다 아래에 위치한 부분을
x축을 기준으로 대칭이동시킨 것이므로 다음과 같이 나누어 생각
해 볼 수 있다.

(i) $t\leq-1$일 때

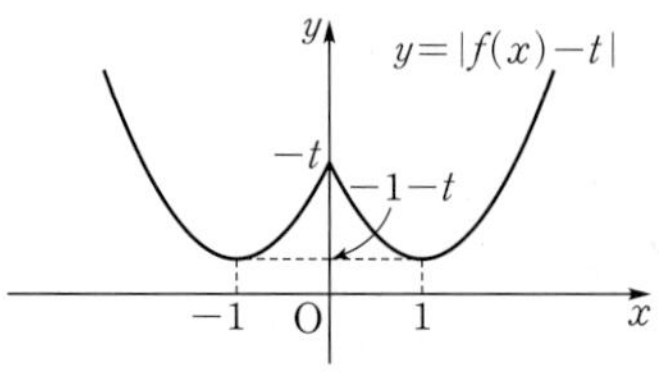

함수 $|f(x)-t|$가 미분가능하지 않은 점은 1개이므로
$\quad g(t)=1$

(ii) $-1<t<0$일 때

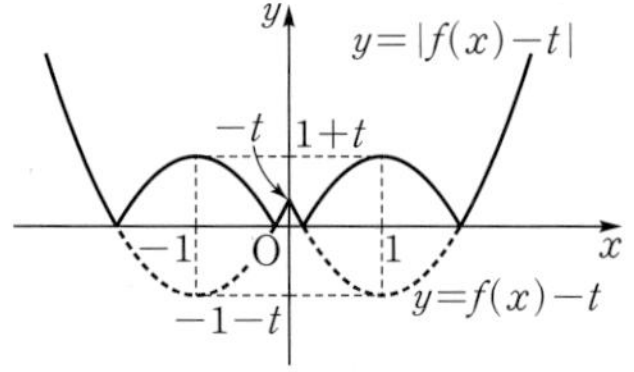

함수 $|f(x)-t|$가 미분가능하지 않은 점은 5개이므로
$\quad g(t)=5$

(iii) $t\geq0$일 때

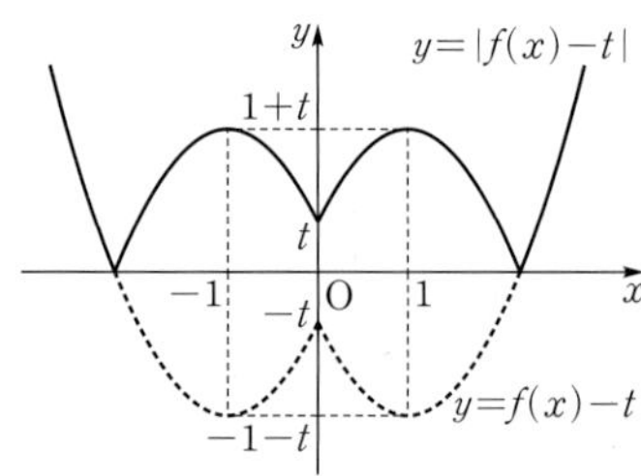

함수 $|f(x)-t|$가 미분가능하지 않은 점은 3개이므로
$\quad g(t)=3$

(i)~(iii)에서 $g(t)=\begin{cases}1 & (t\leq-1)\\5 & (-1<t<0)\\3 & (t\geq0)\end{cases}$

따라서 함수 $g(t)$가 $t=-1$, $t=0$에서 불연속이므로 구하는 실수 t
의 값의 합은 -1이다.

0285
답 ③

$f(x)=\begin{cases}x|x+2| & (x<0)\\x|x-2| & (x\geq0)\end{cases}=\begin{cases}-x(x+2) & (x<-2)\\x(x+2) & (-2\leq x<0)\\-x(x-2) & (0\leq x<2)\\x(x-2) & (x\geq2)\end{cases}$이므로

함수 $y=f(x)$의 그래프는 다음 그림과 같다.

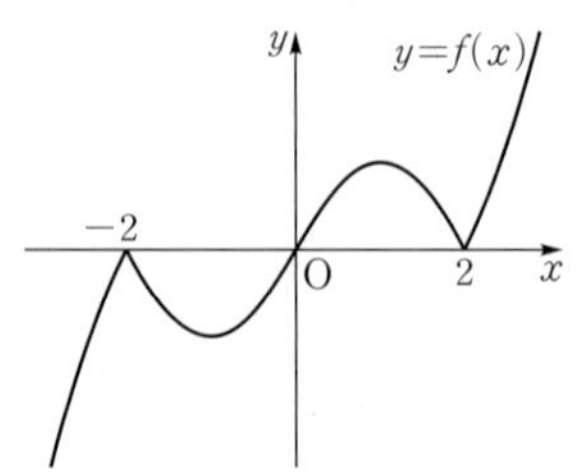

ㄱ. $\lim\limits_{x\to 0-}\dfrac{f(x)-f(0)}{x-0}=\lim\limits_{x\to 0-}\dfrac{x(x+2)}{x}$
$\qquad\qquad\qquad\qquad=\lim\limits_{x\to 0-}(x+2)=2,$

$\quad\lim\limits_{x\to 0+}\dfrac{f(x)-f(0)}{x-0}=\lim\limits_{x\to 0+}\dfrac{-x(x-2)}{x}$
$\qquad\qquad\qquad\qquad=\lim\limits_{x\to 0+}(-x+2)=2$

이므로 함수 $f(x)$는 $x=0$에서 미분가능하다. (참)

ㄴ. 그래프가 $x=2$에서 꺾여 있으므로 함수 $f(x)$는 $x=2$에서 미분가능하지 않다. (거짓)

ㄷ. 함수 $f(x)$는 $x\neq -2$, $x\neq 2$인 모든 실수 x에서 미분가능하고
함수 $y=x^2-4$는 실수 전체의 집합에서 미분가능하므로
함수 $(x^2-4)f(x)$가 실수 전체의 집합에서 미분가능하려면
$x=-2$, $x=2$에서 미분가능하면 된다.
$g(x)=(x^2-4)f(x)$라 하면

$\lim\limits_{x\to -2-}\dfrac{g(x)-g(-2)}{x-(-2)}=\lim\limits_{x\to -2-}\dfrac{-x(x^2-4)(x+2)}{x+2}$
$\qquad\qquad\qquad\qquad\qquad=\lim\limits_{x\to -2-}x(-x^2+4)=0,$

$\lim\limits_{x\to -2+}\dfrac{g(x)-g(-2)}{x-(-2)}=\lim\limits_{x\to -2+}\dfrac{x(x^2-4)(x+2)}{x+2}$
$\qquad\qquad\qquad\qquad\qquad=\lim\limits_{x\to -2+}x(x^2-4)=0$

이므로 함수 $g(x)$는 $x=-2$에서 미분가능하다.

$\lim\limits_{x\to 2-}\dfrac{g(x)-g(2)}{x-2}=\lim\limits_{x\to 2-}\dfrac{-x(x^2-4)(x-2)}{x-2}$
$\qquad\qquad\qquad\qquad=\lim\limits_{x\to 2-}x(-x^2+4)=0,$

$\lim\limits_{x\to 2+}\dfrac{g(x)-g(2)}{x-2}=\lim\limits_{x\to 2+}\dfrac{x(x^2-4)(x-2)}{x-2}$
$\qquad\qquad\qquad\qquad=\lim\limits_{x\to 2+}x(x^2-4)=0$

이므로 함수 $g(x)$는 $x=2$에서 미분가능하다.
즉, 함수 $g(x)$는 실수 전체의 집합에서 미분가능하다. (참)
따라서 옳은 것은 ㄱ, ㄷ이다.

0286

답 2

$g(t)=\lim\limits_{h\to 0+}\dfrac{|f(t+h)|-|f(t)|}{h}$ 는 함수 $|f(x)|$의 $x=t$에서의
우미분계수이다.

(i) 함수 $y=|f(x)|$의 그래프가 x축과 만나지 않거나 접하는 경우

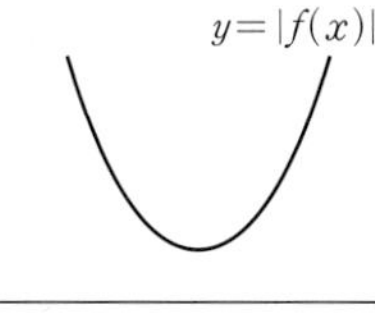

모든 실수 x에 대하여 $f(x)\geq 0$이므로
$g(t)=\lim\limits_{h\to 0+}\dfrac{|f(t+h)|-|f(t)|}{h}$
$\qquad=\lim\limits_{h\to 0+}\dfrac{f(t+h)-f(t)}{h}=f'(t)$

함수 $g(t)=f'(t)$는 일차함수이고 실수 전체의 집합에서 연속이므로 조건 ㈏를 만족시키지 않는다.

(ii) 함수 $y=|f(x)|$의 그래프가 x축과 두 점에서 만나는 경우

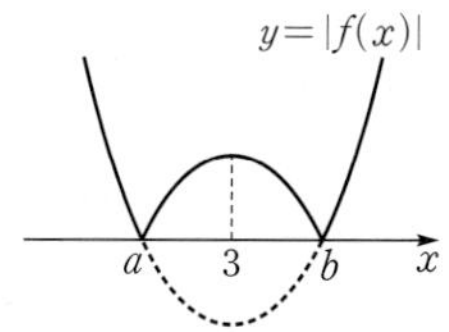

함수 $y=|f(x)|$의 그래프가 x축과 만나는 두 점의 x좌표를 a, b $(a<b)$라 하자.
$t<a$ 또는 $t\geq b$일 때,
$g(t)=\lim\limits_{h\to 0+}\dfrac{|f(t+h)|-|f(t)|}{h}$
$\qquad=\lim\limits_{h\to 0+}\dfrac{f(t+h)-f(t)}{h}=f'(t)$

$a\leq t<b$일 때,
$g(t)=\lim\limits_{h\to 0+}\dfrac{|f(t+h)|-|f(t)|}{h}$
$\qquad=\lim\limits_{h\to 0+}\dfrac{-f(t+h)+f(t)}{h}$
$\qquad=-\lim\limits_{h\to 0+}\dfrac{f(t+h)-f(t)}{h}=-f'(t)$

이때 조건 ㈎에서 $g(3)=0$이고
$g\left(\dfrac{a+b}{2}\right)=-f'\left(\dfrac{a+b}{2}\right)=0$이므로
$\dfrac{a+b}{2}=3$ $\qquad$ ...... ㉠

함수 $g(t)$가 $t=a$, $t=b$에서 불연속이고 조건 ㈏에서 함수 $g(t)$가 $t=2$에서 불연속이므로
$a=2$

$a=2$를 ㉠에 대입하면 $\dfrac{2+b}{2}=3$
$\therefore b=4$
따라서 $f(x)=(x-2)(x-4)$이므로
$f'(x)=x-4+x-2=2x-6$
$\therefore g(4)=f'(4)=8-6=2$

0287

답 -20

(i) $0<x\leq 2$일 때
x보다 작은 자연수 중에서 소수는 존재하지 않으므로
$f(x)=0$

(ii) $2<x\leq 3$일 때
x보다 작은 자연수 중에서 소수는 2의 1개이므로
$f(x)=1$

(iii) $3<x\leq 5$일 때
x보다 작은 자연수 중에서 소수는 2, 3의 2개이므로
$f(x)=2$

(iv) $5<x\leq 7$일 때
x보다 작은 자연수 중에서 소수는 2, 3, 5의 3개이므로
$f(x)=3$

$\therefore f(x)=\begin{cases}0 & (0<x\leq 2)\\ 1 & (2<x\leq 3)\\ 2 & (3<x\leq 5)\\ 3 & (5<x\leq 7)\\ \vdots \end{cases}$

조건 ㉮의 $\displaystyle\lim_{x\to 2+}\frac{h(x)}{x-2}=5$에서 극한값이 존재하고 $x\to 2+$일 때,
(분모) $\to 0$이므로 (분자) $\to 0$이어야 한다.

즉, $\displaystyle\lim_{x\to 2+}h(x)=\lim_{x\to 2+}f(x)g(x)=\lim_{x\to 2+}g(x)=0$이므로
$g(2)=0$ $\qquad$ …… ㉠

조건 ㉯에서 함수 $h(x)$가 $x=3$에서 미분가능하므로 $x=3$에서 연속이다.

따라서 $\displaystyle\lim_{x\to 3-}h(x)=\lim_{x\to 3+}h(x)=h(3)$이어야 하므로

$\displaystyle\lim_{x\to 3-}h(x)=\lim_{x\to 3-}f(x)g(x)=g(3)$

$\displaystyle\lim_{x\to 3+}h(x)=\lim_{x\to 3+}f(x)g(x)=2g(3)$

$h(3)=f(3)g(3)=g(3)$

즉, $2g(3)=g(3)$이므로
$g(3)=0$ $\qquad$ …… ㉡

㉠, ㉡에 의하여

$g(x)=(x-2)(x-3)(ax+b)$ (a, b는 상수, $a\neq 0$)라 하면

$\displaystyle\lim_{x\to 2+}\frac{h(x)}{x-2}=\lim_{x\to 2+}\frac{f(x)g(x)}{x-2}$

$\displaystyle\qquad=\lim_{x\to 2+}\frac{(x-2)(x-3)(ax+b)}{x-2}$

$\displaystyle\qquad=\lim_{x\to 2+}(x-3)(ax+b)$

$\displaystyle\qquad=-2a-b=5$

$\therefore 2a+b=-5$ $\qquad$ …… ㉢

또한 함수 $h(x)$가 $x=3$에서 미분가능하므로 $x=3$에서의 좌미분계수와 우미분계수가 같아야 한다.

따라서 $\displaystyle\lim_{x\to 3-}\frac{h(x)-h(3)}{x-3}=\lim_{x\to 3+}\frac{h(x)-h(3)}{x-3}$이어야 하므로

$\displaystyle\lim_{x\to 3-}\frac{h(x)-h(3)}{x-3}=\lim_{x\to 3-}\frac{f(x)g(x)-f(3)g(3)}{x-3}$

$\displaystyle\qquad=\lim_{x\to 3-}\frac{(x-2)(x-3)(ax+b)}{x-3}$

$\displaystyle\qquad=\lim_{x\to 3-}(x-2)(ax+b)$

$\displaystyle\qquad=3a+b$

$\displaystyle\lim_{x\to 3+}\frac{h(x)-h(3)}{x-3}=\lim_{x\to 3+}\frac{f(x)g(x)-f(3)g(3)}{x-3}$

$\displaystyle\qquad=\lim_{x\to 3+}\frac{2(x-2)(x-3)(ax+b)}{x-3}$

$\displaystyle\qquad=\lim_{x\to 3+}2(x-2)(ax+b)$

$\displaystyle\qquad=6a+2b$

즉, $3a+b=6a+2b$이므로
$b=-3a$ $\qquad$ …… ㉣

㉢, ㉣을 연립하여 풀면 $a=5$, $b=-15$
따라서 $g(x)=5(x-2)(x-3)^2$이므로
$g(1)=5\times(-1)\times 4=-20$

0288 답 6

$g(x)=\dfrac{a}{2}\{|f(x)|+f(x)\}$에서 $g(x)=\begin{cases}af(x) & (f(x)\geq 0)\\ 0 & (f(x)<0)\end{cases}$이므로 함수 $y=f(x)$의 그래프를 이용하여 함수 $y=g(x)$의 그래프를 그리면 다음 그림과 같다.

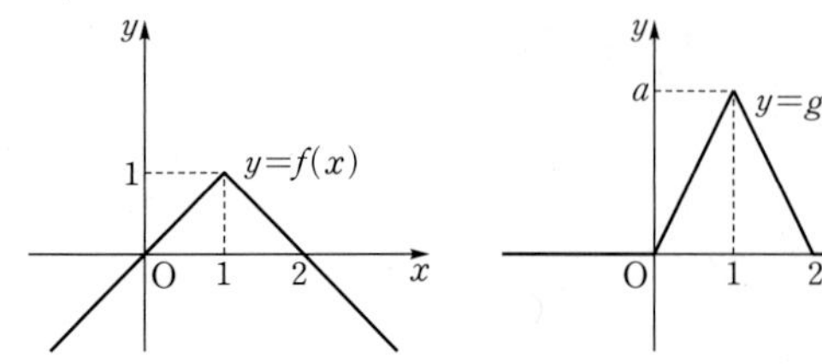

함수 $g(x)$에 대하여 x의 값이 -1에서 t까지 변할 때의 평균변화율을 $h(t)$라 하자.

$h(t)$는 두 점 $(-1,\,0)$, $(t,\,g(t))$를 지나는 직선의 기울기를 의미하므로 자연수 n에 대하여 $h(t)=n$을 만족시키는 양수 t의 개수는 $x>-1$에서 함수 $y=g(x)$의 그래프와 직선 $y=n(x+1)$이 만나는 점의 개수와 같다.

이때 어떤 자연수 n에 대하여 $h(t)=n$을 만족시키는 양수 t는 최대 2개이므로 $h(t)$의 값이 자연수가 되도록 하는 양수 t가 5개가 되려면 다음 그림과 같이 함수 $y=g(x)$의 그래프가 두 직선 $y=x+1$, $y=2(x+1)$과 각각 두 점에서 만나고 직선 $y=3(x+1)$과 한 점에서 만나야 한다.

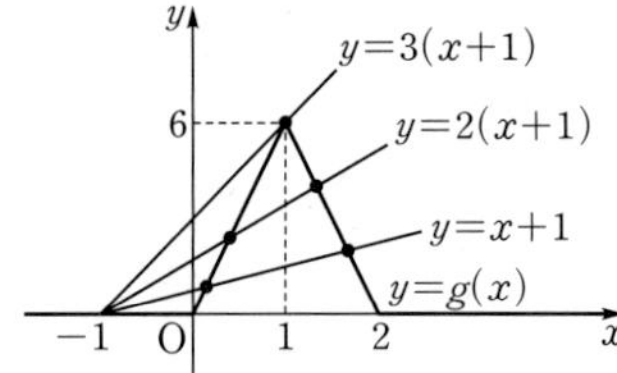

즉, 함수 $y=g(x)$의 그래프가 직선 $y=3(x+1)$과 점 $(1,\,6)$에서 만나므로
$g(1)=af(1)=a\times 1=6$
$\therefore a=6$

0289 답 ④

$f(x)=\begin{cases}x+1 & (x<0)\\ x-1 & (0\leq x<1)\\ 0 & (1\leq x\leq 3)\\ -x+4 & (x>3)\end{cases}$에서

$|f(x)|=\begin{cases}-x-1 & (x<-1)\\ x+1 & (-1\leq x<0)\\ -x+1 & (0\leq x<1)\\ 0 & (1\leq x\leq 3)\\ -x+4 & (3<x<4)\\ x-4 & (x\geq 4)\end{cases}$ 이므로

함수 $y=|f(x)|$의 그래프는 다음 그림과 같다.

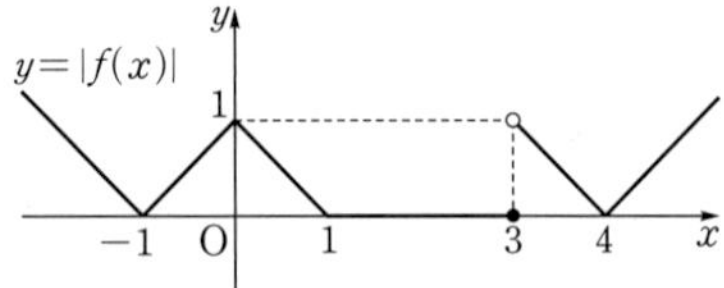

ㄱ. $k=-3$일 때,
$\displaystyle\lim_{x\to 0-}g(x)=\lim_{x\to 0-}|f(x-k)|$

$\displaystyle\qquad=\lim_{x\to 0-}|f(x+3)|=\lim_{x\to 3-}|f(x)|=0$

$g(0)=|f(-k)|=|f(3)|=0$

$\displaystyle\therefore \lim_{x\to 0-}g(x)=g(0)$ (참)

ㄴ. $h(x)=f(x)+g(x)$라 하자.

함수 $h(x)$가 $x=0$에서 연속이려면

$\lim\limits_{x\to0-}h(x)=\lim\limits_{x\to0+}h(x)=h(0)$이어야 하므로

$\lim\limits_{x\to0-}h(x)=\lim\limits_{x\to0-}f(x)+\lim\limits_{x\to0-}|f(x-k)|$

$\qquad\qquad=1+\lim\limits_{x\to-k-}|f(x)|$

$\lim\limits_{x\to0+}h(x)=\lim\limits_{x\to0+}f(x)+\lim\limits_{x\to0+}|f(x-k)|$

$\qquad\qquad=-1+\lim\limits_{x\to-k+}|f(x)|$

$h(0)=f(0)+|f(-k)|=-1+|f(-k)|$

즉, $1+\lim\limits_{x\to-k-}|f(x)|=-1+\lim\limits_{x\to-k+}|f(x)|$이므로

$2+\lim\limits_{x\to-k-}|f(x)|=\lim\limits_{x\to-k+}|f(x)|$

위의 식을 만족시키는 정수 k는 존재하지 않으므로 모든 정수 k에 대하여 함수 $f(x)+g(x)$는 $x=0$에서 불연속이다. (거짓)

ㄷ. $q(x)=f(x)g(x)$라 하자.

함수 $q(x)$가 $x=0$에서 연속이려면

$\lim\limits_{x\to0-}q(x)=\lim\limits_{x\to0+}q(x)=q(0)$이어야 하므로

$\lim\limits_{x\to0-}q(x)=\lim\limits_{x\to0-}f(x)|f(x-k)|=\lim\limits_{x\to-k-}|f(x)|$

$\lim\limits_{x\to0+}q(x)=\lim\limits_{x\to0+}f(x)|f(x-k)|=-\lim\limits_{x\to-k+}|f(x)|$

$q(0)=f(0)|f(-k)|=-|f(-k)|$

즉, $\lim\limits_{x\to-k-}|f(x)|=-\lim\limits_{x\to-k+}|f(x)|=-|f(-k)|=0$이므로 이를 만족시키는 정수 k는 $-4,\ -2,\ -1,\ 1$이다.

이 중에서 함수 $q(x)$가 $x=0$에서 미분가능하도록 하는 정수 k의 값은 다음과 같다.

(ⅰ) $k=-4$일 때

$\lim\limits_{x\to0-}\dfrac{q(x)-q(0)}{x-0}=\lim\limits_{x\to0-}\dfrac{f(x)|f(x+4)|}{x}$

$\qquad\qquad=\lim\limits_{x\to0-}\dfrac{(x+1)(-x)}{x}=-1,$

$\lim\limits_{x\to0+}\dfrac{q(x)-q(0)}{x-0}=\lim\limits_{x\to0+}\dfrac{f(x)|f(x+4)|}{x}$

$\qquad\qquad=\lim\limits_{x\to0+}\dfrac{(x-1)x}{x}=-1$

이므로 함수 $q(x)$는 $x=0$에서 미분가능하다.

(ⅱ) $k=-2$일 때

$\lim\limits_{x\to0-}\dfrac{q(x)-q(0)}{x-0}=\lim\limits_{x\to0-}\dfrac{f(x)|f(x+2)|}{x}=0,$

$\lim\limits_{x\to0+}\dfrac{q(x)-q(0)}{x-0}=\lim\limits_{x\to0+}\dfrac{f(x)|f(x+2)|}{x}=0$

이므로 함수 $q(x)$는 $x=0$에서 미분가능하다.

(ⅲ) $k=-1$일 때

$\lim\limits_{x\to0-}\dfrac{q(x)-q(0)}{x-0}=\lim\limits_{x\to0-}\dfrac{f(x)|f(x+1)|}{x}$

$\qquad\qquad=\lim\limits_{x\to0-}\dfrac{(x+1)(-x)}{x}=-1,$

$\lim\limits_{x\to0+}\dfrac{q(x)-q(0)}{x-0}=\lim\limits_{x\to0+}\dfrac{f(x)|f(x+1)|}{x}=0$

이므로 함수 $q(x)$는 $x=0$에서 미분가능하지 않다.

(ⅳ) $k=1$일 때

$\lim\limits_{x\to0-}\dfrac{q(x)-q(0)}{x-0}=\lim\limits_{x\to0-}\dfrac{f(x)|f(x-1)|}{x}$

$\qquad\qquad=\lim\limits_{x\to0-}\dfrac{(x+1)(-x)}{x}=-1,$

$\lim\limits_{x\to0+}\dfrac{q(x)-q(0)}{x-0}=\lim\limits_{x\to0+}\dfrac{f(x)|f(x-1)|}{x}$

$\qquad\qquad=\lim\limits_{x\to0+}\dfrac{(x-1)x}{x}=-1$

이므로 함수 $q(x)$는 $x=0$에서 미분가능하다.

(ⅰ)~(ⅳ)에서 함수 $f(x)g(x)$가 $x=0$에서 미분가능하도록 하는 모든 정수 k의 값은 $-4,\ -2,\ 1$이므로 그 합은

$-4+(-2)+1=-5$ (참)

따라서 옳은 것은 ㄱ, ㄷ이다.

PART A 04 도함수의 활용(1)

유형 01 접선의 기울기

0290
답 4

$f(x)=x^3+ax+b$라 하면 $f'(x)=3x^2+a$
점 $(2, 4)$가 곡선 $y=f(x)$ 위의 점이므로
$f(2)=4$에서 $8+2a+b=4$
$\therefore 2a+b=-4$ ······ ㉠
점 $(2, 4)$에서의 접선의 기울기가 4이므로
$f'(2)=4$에서 $12+a=4$
$\therefore a=-8$
$a=-8$을 ㉠에 대입하면 $b=12$
$\therefore a+b=-8+12=4$

0291
답 ④

$f(x)=x^3+2ax^2+bx+c$에서 $f'(x)=3x^2+4ax+b$
점 $(1, 3)$이 곡선 $y=f(x)$ 위의 점이므로
$f(1)=3$에서 $1+2a+b+c=3$
$\therefore 2a+b+c=2$ ······ ㉠
점 $(1, 3)$에서의 접선의 기울기가 10이므로
$f'(1)=10$에서 $3+4a+b=10$
$\therefore 4a+b=7$ ······ ㉡
x좌표가 -1인 점에서의 접선의 기울기가 2이므로
$f'(-1)=2$에서 $3-4a+b=2$
$\therefore -4a+b=-1$ ······ ㉢
㉡, ㉢을 연립하여 풀면 $a=1$, $b=3$
이를 ㉠에 대입하면 $c=-3$
따라서 $f(x)=x^3+2x^2+3x-3$이므로
$f(2)=8+8+6-3=19$

0292
답 10

$f(x)=x^3+ax^2+bx$라 하면 $f'(x)=3x^2+2ax+b$
점 $(1, 5)$가 곡선 $y=f(x)$ 위의 점이므로
$f(1)=5$에서 $1+a+b=5$
$\therefore a+b=4$ ······ ㉠
점 $(1, 5)$에서의 접선과 $x=-3$인 점에서의 접선이 서로 평행하므로 $f'(1)=f'(-3)$에서
$3+2a+b=27-6a+b$, $8a=24$
$\therefore a=3$
$a=3$을 ㉠에 대입하면 $b=1$
$\therefore a^2+b^2=9+1=10$

유형 02 곡선 위의 점에서의 접선의 방정식

(1) $y=7x-3$　　　(2) $y=9x+10$

(1) $y=2x^2+3x-1$에서 $y'=4x+3$이므로
　점 $(1, 4)$에서의 접선의 기울기는 $4+3=7$
　따라서 접선의 방정식은
　$y-4=7(x-1)$　　$\therefore y=7x-3$
(2) $y=x^3-3x^2+5$에서 $y'=3x^2-6x$이므로
　점 $(-1, 1)$에서의 접선의 기울기는 $3+6=9$
　따라서 접선의 방정식은
　$y-1=9(x+1)$　　$\therefore y=9x+10$

0293
답 10

$f(x)=x^3-6x^2+6$이라 하면 $f'(x)=3x^2-12x$
점 $(1, 1)$에서의 접선의 기울기는 $f'(1)=3-12=-9$이므로
접선의 방정식은
$y-1=-9(x-1)$　　$\therefore y=-9x+10$
이 접선이 점 $(0, a)$를 지나므로
$a=-9\times0+10=10$

다른 풀이

$f(x)=x^3-6x^2+6$이라 하면 $f'(x)=3x^2-12x$
점 $(1, 1)$에서의 접선의 기울기는 $f'(1)=3-12=-9$
이 접선이 두 점 $(1, 1)$, $(0, a)$를 지나므로
$\dfrac{a-1}{0-1}=-9$, $a-1=9$
$\therefore a=10$

0294
답 ③

$f(x)=x^3+ax+4$라 하면 $f'(x)=3x^2+a$
점 $(2, 4)$가 곡선 $y=f(x)$ 위의 점이므로
$f(2)=4$에서 $8+2a+4=4$
$2a=-8$　　$\therefore a=-4$
또한 점 $(2, 4)$에서의 접선의 기울기는 $f'(2)=12+a=8$이므로
접선의 방정식은
$y-4=8(x-2)$　　$\therefore y=8x-12$
따라서 $b=8$, $c=-12$이므로
$a+b+c=-4+8+(-12)=-8$

0295
답 ③

$f(x)=x^3-2x^2+2x+a$에서 $f'(x)=3x^2-4x+2$
점 $(1, f(1))$에서의 접선의 기울기는 $f'(1)=1$이므로 접선의 방정식은
$y-f(1)=x-1$, $y-(a+1)=x-1$
$\therefore y=x+a$
직선 $y=x+a$가 x축과 만나는 점 P의 좌표는 $(-a, 0)$, y축과 만나는 점 Q의 좌표는 $(0, a)$이고, $\overline{PQ}=6$이므로
$\overline{PQ}=\sqrt{(-a-0)^2+(0-a)^2}=6$
$\sqrt{2}a=6\ (\because a>0)$　　$\therefore a=3\sqrt{2}$

0296

답 ③

$f(x)=2x^3-4x^2+5$라 하면 $f'(x)=6x^2-8x$

점 $(1, 3)$에서의 접선의 기울기는 $f'(1)=-2$이므로 접선의 방정식은

$$y-3=-2(x-1) \quad \therefore y=-2x+5 \quad \cdots\cdots ㉠$$

점 $(2, 5)$에서의 접선의 기울기는 $f'(2)=8$이므로 접선의 방정식은

$$y-5=8(x-2) \quad \therefore y=8x-11 \quad \cdots\cdots ㉡$$

㉠, ㉡을 연립하여 풀면 $x=\dfrac{8}{5}$, $y=\dfrac{9}{5}$

따라서 두 접선의 교점의 좌표가 $\left(\dfrac{8}{5}, \dfrac{9}{5}\right)$이므로

$$a+b=\frac{8}{5}+\frac{9}{5}=\frac{17}{5}$$

0297

답 37

$f(x)=-x^3+ax+b$라 하면 $f'(x)=-3x^2+a$

점 $(1, 4)$가 곡선 $y=f(x)$ 위의 점이므로

$f(1)=4$에서 $-1+a+b=4$

$\therefore a+b=5 \quad \cdots\cdots ㉠$

접선의 기울기는 $f'(1)=-3+a$이므로 접선의 방정식은

$$y-4=(-3+a)(x-1) \quad \therefore y=(-3+a)x+7-a$$

이 접선이 점 $(3, 10)$을 지나므로

$10=(-3+a)\times3+7-a$, $12=2a$

$\therefore a=6$

$a=6$을 ㉠에 대입하면 $b=-1$

$\therefore a^2+b^2=36+1=37$

다른 풀이

$f(x)=-x^3+ax+b$라 하면 $f'(x)=-3x^2+a$

점 $(1, 4)$가 곡선 $y=f(x)$ 위의 점이므로

$f(1)=4$에서 $-1+a+b=4$

$\therefore a+b=5 \quad \cdots\cdots ㉠$

접선의 기울기는 $f'(1)=-3+a$이고

이 접선이 두 점 $(1, 4)$, $(3, 10)$을 지나므로

$$\frac{10-4}{3-1}=-3+a, \quad 3=-3+a$$

$\therefore a=6$

$a=6$을 ㉠에 대입하면 $b=-1$

$\therefore a^2+b^2=36+1=37$

유형 03 접선에 수직인 직선의 방정식

0298

답 ①

$f(x)=x^3-3x^2+2x+2$라 하면 $f'(x)=3x^2-6x+2$

곡선 $y=f(x)$ 위의 점 $A(0, 2)$에서의 접선의 기울기는

$f'(0)=2$이므로 이 접선과 수직인 직선의 기울기는 $-\dfrac{1}{2}$이다.

따라서 기울기가 $-\dfrac{1}{2}$이고 점 $A(0, 2)$를 지나는 직선의 방정식은

$$y-2=-\frac{1}{2}x \quad \therefore y=-\frac{1}{2}x+2$$

이 식에 $y=0$을 대입하면

$$-\frac{1}{2}x+2=0 \quad \therefore x=4$$

따라서 구하는 x절편은 4이다.

0299

답 5

$f(x)=-2x^3+8x-4$라 하면 $f'(x)=-6x^2+8$

곡선 $y=f(x)$ 위의 점 $(1, 2)$에서의 접선의 기울기는 $f'(1)=2$이므로 이 접선과 수직인 직선의 기울기는 $-\dfrac{1}{2}$이다.

따라서 기울기가 $-\dfrac{1}{2}$이고 점 $(1, 2)$를 지나는 직선의 방정식은

$$y-2=-\frac{1}{2}(x-1) \quad \therefore x+2y-5=0$$

이 직선이 직선 $ax+by-5=0$과 일치하므로

$$\frac{a}{1}=\frac{b}{2}=\frac{-5}{-5} \quad \therefore a=1, b=2$$

$\therefore a^2+b^2=1+4=5$

🔊 Bible Says　　**두 직선의 위치 관계**

두 직선 $ax+by+c=0$, $a'x+b'y+c'=0$ $(abc\neq0, a'b'c'\neq0)$에 대하여

(1) 두 직선이 일치한다. $\Longleftrightarrow \dfrac{a}{a'}=\dfrac{b}{b'}=\dfrac{c}{c'}$

(2) 두 직선이 평행하다. $\Longleftrightarrow \dfrac{a}{a'}=\dfrac{b}{b'}\neq\dfrac{c}{c'}$

(3) 두 직선이 수직이다. $\Longleftrightarrow aa'+bb'=0$

0300

답 ④

$f(x)=x^3-4x+4$라 하면 $f'(x)=3x^2-4$

곡선 $y=f(x)$ 위의 점 $(-1, 7)$에서의 접선의 기울기는

$f'(-1)=-1$이므로 이 접선과 수직인 직선의 기울기는 1이다.

따라서 기울기가 1이고 점 $(-1, 7)$을 지나는 직선의 방정식은

$$y-7=x+1 \quad \therefore y=x+8$$

이 직선이 점 $(a, 15)$를 지나므로

$15=a+8 \quad \therefore a=7$

유형 04 기울기가 주어진 접선의 방정식

0301

답 9

$f(x)=x^3+x^2+ax+1$에서 $f'(x)=3x^2+2x+a$

곡선 $y=f(x)$ 위의 점 $(-2, f(-2))$에서의 접선의 기울기가

$f'(-2)=4$이므로

$8+a=4 \quad \therefore a=-4$

따라서 $f(x)=x^3+x^2-4x+1$이므로

$f(-2)=-8+4+8+1=5$

직선 $y=4x+b$가 점 $(-2, 5)$를 지나므로
$5=-8+b$ $\therefore b=13$
$\therefore a+b=-4+13=9$

0302

답 ①

곡선 $y=f(x)$ 위의 점 $(0, f(0))$에서의 접선의 방정식은
$y-f(0)=f'(0)(x-0)$ $\therefore y=f'(0)x+f(0)$
이 직선이 직선 $y=3x-1$과 일치하므로
$f'(0)=3$, $f(0)=-1$
$g(x)=(x+2)f(x)$에서
$g'(x)=f(x)+(x+2)f'(x)$
$\therefore g'(0)=f(0)+2f'(0)$
$\qquad\qquad =-1+6=5$

0303
답 1

곡선 $y=f(x)$ 위의 점 $(-1, 2)$에서의 접선의 기울기가 3이므로
$f(-1)=2$, $f'(-1)=3$
$y=x^2f(x)$에서 $y'=2xf(x)+x^2f'(x)$
곡선 $y=x^2f(x)$ 위의 점 $(-1, 2)$에서의 접선의 기울기는
$-2f(-1)+f'(-1)=-4+3=-1$
이므로 접선의 방정식은
$y-2=-(x+1)$ $\therefore y=-x+1$
따라서 구하는 y절편은 1이다.

0304
답 10

$f(x)=x^3-3x^2-5x+5$라 하면 $f'(x)=3x^2-6x-5$
접점의 좌표를 (t, t^3-3t^2-5t+5)라 하면 접선의 기울기는 4이므로
$f'(t)=3t^2-6t-5=4$
$3t^2-6t-9=0$, $3(t+1)(t-3)=0$
$\therefore t=-1$ 또는 $t=3$
즉, 접점의 좌표는 $(-1, 6)$, $(3, -10)$이므로 접선의 방정식은
$y-6=4(x+1)$, $y+10=4(x-3)$
$\therefore y=4x+10$, $y=4x-22$
따라서 구하는 양수 k의 값은 10이다.

0305
답 9

$f(x)=-x^3+3x^2-2x+3$에서 $f'(x)=-3x^2+6x-2$
$f(2)=-8+12-4+3=3$, $f'(2)=-12+12-2=-2$
이므로 곡선 $y=f(x)$ 위의 점 $(2, 3)$에서의 접선의 방정식은
$y-3=-2(x-2)$ $\therefore y=-2x+7$ $\cdots\cdots\ \bigcirc$
❶

한편, 접점의 좌표를 $(t, -t^3+3t^2-2t+3)$이라 하면 접선의 기울기가 1이므로
$f'(t)=-3t^2+6t-2=1$, $3t^2-6t+3=0$
$3(t-1)^2=0$ $\therefore t=1$
즉, 접점의 좌표는 $(1, 3)$이므로 접선의 방정식은
$y-3=x-1$ $\therefore y=x+2$ $\cdots\cdots\ \bigcirc$
❷

$\bigcirc$, $\bigcirc$을 연립하여 풀면 $x=\dfrac{5}{3}$, $y=\dfrac{11}{3}$

따라서 두 직선이 만나는 점의 좌표는 $\left(\dfrac{5}{3}, \dfrac{11}{3}\right)$이므로

$a+2b=\dfrac{5}{3}+\dfrac{22}{3}=9$
❸

채점 기준	배점
❶ 곡선 $y=f(x)$ 위의 점 $(2, f(2))$에서의 접선의 방정식 구하기	30%
❷ 기울기가 1이고 곡선 $y=f(x)$에 접하는 직선의 방정식 구하기	40%
❸ $a+2b$의 값 구하기	30%

0306
답 6

$f(x)=\dfrac{1}{3}x^3-2x^2+x+6$이라 하면 $f'(x)=x^2-4x+1$
점 A의 x좌표가 1이므로 점 A에서의 접선의 기울기는
$f'(1)=1-4+1=-2$
두 점 A, B에서의 접선이 서로 평행하므로 두 접선의 기울기가 같다.
즉, 점 B의 x좌표를 a라 하면 $f'(a)=f'(1)$이므로
$a^2-4a+1=-2$, $a^2-4a+3=0$
$(a-1)(a-3)=0$
$\therefore a=3\ (\because a\neq 1)$
따라서 점 B의 x좌표는 3이고
$f(3)=9-18+3+6=0$
이므로 $B(3, 0)$
즉, 점 B에서의 접선의 기울기는 $f'(3)=-2$이므로 접선의 방정식은
$y=-2(x-3)$ $\therefore y=-2x+6$
따라서 점 B에서의 접선의 y절편은 6이다.

곡선 밖의 한 점에서 그은 접선의 방정식

0307
답 ⑤

$f(x)=x^3+4$라 하면 $f'(x)=3x^2$
접점의 좌표를 (t, t^3+4)라 하면 이 점에서의 접선의 기울기는
$f'(t)=3t^2$이므로 접선의 방정식은
$y-(t^3+4)=3t^2(x-t)$
$\therefore y=3t^2x-2t^3+4$ $\cdots\cdots\ \bigcirc$

이 직선이 점 $(0, 2)$를 지나므로
$2=-2t^3+4$, $t^3-1=0$, $(t-1)(t^2+t+1)=0$
$\therefore t=1$ $(\because t^2+t+1>0)$
$t=1$을 ㉠에 대입하면 $y=3x+2$
따라서 $a=3$, $b=2$이므로
$a+b=3+2=5$

0308 답 ④

$f(x)=x^3-x+2$라 하면 $f'(x)=3x^2-1$
접점의 좌표를 (t, t^3-t+2)라 하면 이 점에서의 접선의 기울기는
$f'(t)=3t^2-1$이므로 접선의 방정식은
$y-(t^3-t+2)=(3t^2-1)(x-t)$
$\therefore y=(3t^2-1)x-2t^3+2$ $\quad$ ······ ㉠
이 직선이 점 $(0, 4)$를 지나므로
$4=-2t^3+2$, $t^3+1=0$, $(t+1)(t^2-t+1)=0$
$\therefore t=-1$ $(\because t^2-t+1>0)$
$t=-1$을 ㉠에 대입하면 $y=2x+4$
이 식에 $y=0$을 대입하면
$2x+4=0$ $\quad \therefore x=-2$
따라서 구하는 x절편은 -2이다.

0309 답 -15

$f(x)=2x^2-3x+1$이라 하면 $f'(x)=4x-3$
접점의 좌표를 $(t, 2t^2-3t+1)$이라 하면 이 점에서의 접선의 기울기는 $f'(t)=4t-3$이므로 접선의 방정식은
$y-(2t^2-3t+1)=(4t-3)(x-t)$
$\therefore y=(4t-3)x-2t^2+1$
이 직선이 점 $(-1, -2)$를 지나므로
$-2=-4t+3-2t^2+1$, $2t^2+4t-6=0$
$2(t+3)(t-1)=0$
$\therefore t=-3$ 또는 $t=1$
따라서 두 접선의 기울기는 $f'(-3)=-15$, $f'(1)=1$이므로 구하는 곱은 $-15\times 1=-15$

0310 답 ②

$f(x)=-x^3+x$라 하면 $f'(x)=-3x^2+1$
접점의 좌표를 $(t, -t^3+t)$라 하면 이 점에서의 접선의 기울기는
$f'(t)=-3t^2+1$이므로 접선의 방정식은
$y-(-t^3+t)=(-3t^2+1)(x-t)$
$\therefore y=(-3t^2+1)x+2t^3$ $\quad$ ······ ㉠
이 직선이 점 $A(1, -4)$를 지나므로
$-4=-3t^2+1+2t^3$, $2t^3-3t^2+5=0$
$(t+1)(2t^2-5t+5)=0$
$\therefore t=-1$ $(\because 2t^2-5t+5>0)$
$t=-1$을 ㉠에 대입하면 $y=-2x-2$
이 직선이 x축과 만나는 점은 $B(-1, 0)$이므로 선분 AB의 길이는
$\overline{AB}=\sqrt{(-1-1)^2+(0+4)^2}=\sqrt{20}=2\sqrt{5}$

0311 답 2

$f(x)=x^2+3x-2$라 하면 $f'(x)=2x+3$
접점의 좌표를 (t, t^2+3t-2)라 하면 이 점에서의 접선의 기울기는 $f'(t)=2t+3$이므로 접선의 방정식은
$y-(t^2+3t-2)=(2t+3)(x-t)$
$\therefore y=(2t+3)x-t^2-2$
이 직선이 점 $A(2, 7)$을 지나므로
$7=4t+6-t^2-2$
$t^2-4t+3=0$ $\quad$ ······ ㉠
$(t-1)(t-3)=0$ $\quad \therefore t=1$ 또는 $t=3$
이차방정식 ㉠의 두 실근이 각각 점 B, C의 x좌표이므로 구하는 삼각형 ABC의 무게중심의 x좌표는
$\dfrac{2+1+3}{3}=2$

삼각형의 무게중심

좌표평면 위의 세 점 $A(x_1, y_1)$, $B(x_2, y_2)$, $C(x_3, y_3)$을 꼭짓점으로 하는 삼각형 ABC의 무게중심의 좌표는
$$\left(\frac{x_1+x_2+x_3}{3}, \frac{y_1+y_2+y_3}{3}\right)$$

0312 답 ⑤

$f(x)=x^2-2x$라 하면 $f'(x)=2x-2$
접점의 좌표를 (t, t^2-2t)라 하면 이 점에서의 접선의 기울기는
$f'(t)=2t-2$이므로 접선의 방정식은
$y-(t^2-2t)=(2t-2)(x-t)$
$\therefore y=(2t-2)x-t^2$
이 직선이 점 $(1, a)$를 지나므로
$a=2t-2-t^2$
$\therefore t^2-2t+a+2=0$
위의 이차방정식의 두 근을 α, β라 하면 이차방정식의 근과 계수의 관계에 의하여 $\alpha+\beta=2$, $\alpha\beta=a+2$ $\quad$ ······ ㉠
또한 $x=\alpha$, $x=\beta$인 점에서의 접선의 기울기는 각각
$f'(\alpha)=2\alpha-2$, $f'(\beta)=2\beta-2$이고 두 접선이 서로 수직이므로
$(2\alpha-2)(2\beta-2)=-1$
$4\alpha\beta-4(\alpha+\beta)+5=0$
$4(a+2)-4\times 2+5=0$ $(\because$ ㉠$)$
$4a+5=0$ $\quad \therefore a=-\dfrac{5}{4}$

다른 풀이

점 $(1, a)$를 지나는 직선의 기울기를 m이라 하면 직선의 방정식은
$y-a=m(x-1)$ $\quad \therefore y=mx-m+a$
이 직선이 곡선 $y=x^2-2x$에 접하려면 이차방정식
$x^2-2x=mx-m+a$, 즉 $x^2-(2+m)x+m-a=0$이 단 하나의 실근을 가져야 하므로 이 이차방정식의 판별식을 D라 하면
$D=(2+m)^2-4(m-a)=0$에서
$m^2+4m+4-4m+4a=0$
$\therefore m^2+4+4a=0$
위의 m에 대한 이차방정식의 두 실근을 m_1, m_2라 하면 m_1, m_2는 곡선에 접하는 접선의 기울기이고 두 접선이 서로 수직이므로 이차방정식의 근과 계수의 관계에 의하여

$m_1m_2=4+4a=-1$

$4a=-5$　$\therefore a=-\dfrac{5}{4}$

유형 06 접선의 개수

0313
답 2

$f(x)=x^3-x+2$라 하면 $f'(x)=3x^2-1$
접점의 좌표를 $(t,\ t^3-t+2)$라 하면 이 점에서의 접선의 기울기는
$f'(t)=3t^2-1$이므로 접선의 방정식은
$y-(t^3-t+2)=(3t^2-1)(x-t)$
$\therefore y=(3t^2-1)x-2t^3+2$
이 직선이 점 $(2,\ 0)$을 지나므로
$0=6t^2-2-2t^3+2$
$t^3-3t^2=0,\ t^2(t-3)=0$
$\therefore t=0$ 또는 $t=3$
이때 접선의 개수는 접점의 개수와 같으므로 구하는 접선의 개수는
2이다.

0314
답 2

$f(x)=x^2-2x+3$이라 하면 $f'(x)=2x-2$
접점의 좌표를 $(t,\ t^2-2t+3)$이라 하면 이 점에서의 접선의 기울기는 $f'(t)=2t-2$이므로 접선의 방정식은
$y-(t^2-2t+3)=(2t-2)(x-t)$
$\therefore y=(2t-2)x-t^2+3$
이 직선이 점 $(0,\ a)$를 지나므로
$a=-t^2+3$　$\therefore t^2=3-a$
점 $(0,\ a)$에서 곡선 $y=f(x)$에 그은 접선이 2개가 되려면
위의 이차방정식이 서로 다른 두 실근을 가져야 하므로
$3-a>0$　$\therefore a<3$
따라서 구하는 정수 a의 최댓값은 2이다.

다른 풀이

점 $(0,\ a)$를 지나는 직선의 기울기를 m이라 하면 직선의 방정식은
$y=mx+a$
이 직선이 곡선 $y=x^2-2x+3$에 접하려면 이차방정식
$x^2-2x+3=mx+a$, 즉 $x^2-(2+m)x+3-a=0$이 단 하나의
실근을 가져야 하므로 이 이차방정식의 판별식을 D_1이라 하면
$D_1=\{-(2+m)\}^2-4(3-a)=0$에서
$m^2+4m+4-12+4a=0$
$\therefore m^2+4m-8+4a=0$　$\cdots\cdots$ ㉠
이때 곡선에 그은 접선이 2개 존재하려면 m에 대한 이차방정식 ㉠
이 서로 다른 두 실근을 가져야 하므로 이 이차방정식의 판별식을
D_2라 하면
$\dfrac{D_2}{4}=2^2-(-8+4a)>0,\ 12-4a>0$
$-4a>-12$　$\therefore a<3$
따라서 구하는 정수 a의 최댓값은 2이다.

0315
답 ①

$f(x)=x^3-3x^2+4$라 하면 $f'(x)=3x^2-6x$
접점의 좌표를 $(t,\ t^3-3t^2+4)$라 하면 이 점에서의 접선의 기울기
는 $f'(t)=3t^2-6t$
곡선 $y=f(x)$에 접하고 기울기가 m인 접선이 2개이려면
$f'(t)=m$을 만족시키는 실수 t가 2개이어야 한다.
이차방정식 $3t^2-6t=m$, 즉 $3t^2-6t-m=0$의 판별식을 D라 하면
$\dfrac{D}{4}=(-3)^2-3\times(-m)>0,\ 9+3m>0$
$3m>-9$　$\therefore m>-3$
따라서 구하는 정수 m의 최솟값은 -2이다.

유형 07 접선이 곡선과 만나는 점

0316
답 17

$f(x)=x^3-4x+1$이라 하면 $f'(x)=3x^2-4$
점 $A(1,\ -2)$에서의 접선의 기울기는 $f'(1)=-1$이므로 접선의
방정식은
$y+2=-(x-1)$　$\therefore y=-x-1$
곡선 $y=f(x)$와 직선 $y=-x-1$이 만나는 점의 x좌표는
$x^3-4x+1=-x-1$에서
$x^3-3x+2=0,\ (x-1)^2(x+2)=0$
$\therefore x=-2$ 또는 $x=1$
즉, 점 $A(1,\ -2)$가 아닌 교점 B는 x좌표가 -2이고 직선
$y=-x-1$ 위의 점이므로 $B(-2,\ 1)$
이때 곡선 $y=f(x)$ 위의 점 $B(-2,\ 1)$에서의 접선의 기울기는
$f'(-2)=8$이므로 접선의 방정식은
$y-1=8(x+2)$　$\therefore y=8x+17$
따라서 구하는 y절편은 17이다.

0317
답 6

$f(x)=x^3-2x^2+2x+2$라 하면 $f'(x)=3x^2-4x+2$
곡선 $y=f(x)$ 위의 점 $P(1,\ 3)$에서의 접선의 기울기는 $f'(1)=1$
이므로 접선의 방정식은
$y-3=x-1$　$\therefore y=x+2$　　　　　❶

곡선 $y=f(x)$와 직선 $y=x+2$가 만나는 점의 x좌표는
$x^3-2x^2+2x+2=x+2$에서
$x^3-2x^2+x=0,\ x(x-1)^2=0$
$\therefore x=0$ 또는 $x=1$
즉, 점 $P(1,\ 3)$이 아닌 교점 Q는 x좌표가 0이고 직선 $y=x+2$ 위
의 점이므로 $Q(0,\ 2)$　　　　　❷

이때 곡선 $y=f(x)$ 위의 점 $Q(0,\ 2)$에서의 접선의 기울기는
$f'(0)=2$이므로 접선의 방정식은

$y=2x+2$

이 직선이 점 $(2, a)$를 지나므로

$a=2\times 2+2=6$

········· ❸

채점 기준	배점
❶ 곡선 $y=x^3-2x^2+2x+2$ 위의 점 P에서의 접선의 방정식 구하기	20%
❷ 점 Q의 좌표 구하기	50%
❸ a의 값 구하기	30%

0318 답 ②

$f(x)=x^3+x^2-4x$라 하면 $f'(x)=3x^2+2x-4$

곡선 $y=f(x)$ 위의 점 P$(1, -2)$에서의 접선의 기울기는

$f'(1)=1$이므로 접선의 방정식은

$y+2=x-1$ ∴ $y=x-3$

이 직선이 y축과 만나는 점은 Q$(0, -3)$

곡선 $y=f(x)$와 직선 $y=x-3$이 만나는 점의 x좌표는

$x^3+x^2-4x=x-3$에서

$x^3+x^2-5x+3=0,\ (x+3)(x-1)^2=0$

∴ $x=-3$ 또는 $x=1$

즉, 점 P$(1, -2)$가 아닌 교점 R은 x좌표가 -3이고 직선 $y=x-3$ 위의 점이므로 R$(-3, -6)$

$\overline{PQ}=\sqrt{(0-1)^2+(-3+2)^2}=\sqrt{2}$

$\overline{QR}=\sqrt{(-3-0)^2+(-6+3)^2}=\sqrt{18}=3\sqrt{2}$

∴ $\overline{PQ}:\overline{QR}=1:3$

0319 답 ①

$f(x)=x^3-3x^2+x+1$이라 하면

$f'(x)=3x^2-6x+1=3(x-1)^2-2$

$f'(x)$가 $x=1$에서 최솟값 -2를 가지므로 구하는 접선의 기울기는 -2이고 이 접선이 점 $(1, 0)$을 지나므로 접선의 방정식은

$y=-2(x-1)$

∴ $y=-2x+2$

따라서 $a=-2,\ b=2$이므로 $ab=-2\times 2=-4$

0320 답 ③

$f(x)=-\dfrac{1}{3}x^3-x^2+2x+\dfrac{2}{3}$라 하면

$f'(x)=-x^2-2x+2=-(x+1)^2+3$

$f'(x)$가 $x=-1$에서 최댓값 3을 가지므로 구하는 접선의 기울기는 3이고 이 접선이 점 $(-1, -2)$를 지나므로 접선의 방정식은

$y+2=3(x+1)$ ∴ $y=3x+1$

이 식에 $y=0$을 대입하면

$3x+1=0$ ∴ $x=-\dfrac{1}{3}$

따라서 구하는 x절편은 $-\dfrac{1}{3}$이다.

0321 답 5

$f(x)=x^3-6x^2+10x$라 하면

$f'(x)=3x^2-12x+10=3(x-2)^2-2$

$f'(x)$가 $x=2$에서 최솟값 -2를 가지므로 직선 l의 기울기는 -2이고 직선 l에 수직인 직선의 기울기는 $\dfrac{1}{2}$이다.

또한 $f(2)=4$이므로 P$(2, 4)$

따라서 점 P를 지나고 직선 l에 수직인 직선의 방정식은

$y-4=\dfrac{1}{2}(x-2)$ ∴ $y=\dfrac{1}{2}x+3$

이 직선이 점 $(4, a)$를 지나므로

$a=\dfrac{1}{2}\times 4+3=5$

0322 답 ⑤

$f(x)=x^3+ax^2-(4a+3)x+4a$라 하면

$f(x)=a(x^2-4x+4)+x^3-3x$
$\quad\ =a(x-2)^2+x^3-3x$

이므로 곡선 $y=f(x)$는 a의 값에 관계없이 점 P$(2, 2)$를 지난다.

$f'(x)=3x^2+2ax-4a-3$이므로

$f'(2)=12+4a-4a-3=9$

곡선 $y=f(x)$ 위의 점 P$(2, 2)$에서의 접선의 방정식은

$y-2=9(x-2)$

∴ $y=9x-16$

따라서 $m=9,\ n=-16$이므로

$m+n=9+(-16)=-7$

0323 답 ②

$f(x)=x^3+ax^2+(2a+2)x+a+3$이라 하면

$f(x)=a(x^2+2x+1)+x^3+2x+3$
$\quad\ =a(x+1)^2+x^3+2x+3$

이므로 곡선 $y=f(x)$는 a의 값에 관계없이 점 P$(-1, 0)$을 지난다.

$f'(x)=3x^2+2ax+2a+2$이므로

$f'(-1)=3-2a+2a+2=5$

따라서 곡선 $y=f(x)$ 위의 점 P$(-1, 0)$을 지나고 이 점에서의 접선에 수직인 직선의 기울기는 $-\dfrac{1}{5}$이므로 직선의 방정식은

$$y=-\frac{1}{5}(x+1) \qquad \therefore y=-\frac{1}{5}x-\frac{1}{5}$$

이 직선이 점 $(k,\ 1)$을 지나므로

$$1=-\frac{1}{5}k-\frac{1}{5},\ \frac{1}{5}k=-\frac{6}{5} \qquad \therefore k=-6$$

0324

답 -3

$f(x)=x^3+ax^2-ax-3$이라 하면

$$\begin{aligned}f(x)&=a(x^2-x)+x^3-3\\&=ax(x-1)+x^3-3\end{aligned}$$

이므로 곡선 $y=f(x)$는 a의 값에 관계없이 두 점 $\mathrm{P}(0,\ -3)$, $\mathrm{Q}(1,\ -2)$를 지난다.

❶

$f'(x)=3x^2+2ax-a$이므로

$$f'(0)=-a$$
$$f'(1)=3+2a-a=3+a$$

두 점 P, Q에서의 접선이 서로 수직이므로

$$-a(3+a)=-1$$
$$\therefore a^2+3a-1=0$$

❷

따라서 구하는 모든 실수 a의 값의 합은 이차방정식의 근과 계수의 관계에 의하여

$$-\frac{3}{1}=-3$$

❸

채점 기준	배점
❶ a의 값에 관계없이 지나는 두 점 P, Q의 좌표 구하기	30%
❷ 두 접선이 서로 수직임을 이용하여 a에 대한 이차방정식 세우기	50%
❸ 이차방정식의 근과 계수의 관계를 이용하여 모든 실수 a의 값의 합 구하기	20%

0325

답 ①

$f(x)=x^3+2x^2+a$, $g(x)=x^2+bx+c$라 하면

$$f'(x)=3x^2+4x,\ g'(x)=2x+b$$

두 곡선 $y=f(x)$, $y=g(x)$가 점 $(1,\ 4)$에서 공통인 접선을 가지므로

$f(1)=4$에서 $3+a=4$

$$\therefore a=1$$

$g(1)=4$에서 $1+b+c=4$

$$\therefore b+c=3 \quad\cdots\cdots\ \boxdot$$

$f'(1)=g'(1)$에서 $7=2+b$

$$\therefore b=5$$

$b=5$를 ㉠에 대입하면 $c=-2$

$$\therefore a-b+c=1-5+(-2)=-6$$

0326

답 ③

$f(x)=x^3+x$, $g(x)=3x^2+x-4$라 하면

$$f'(x)=3x^2+1,\ g'(x)=6x+1$$

두 곡선 $y=f(x)$, $y=g(x)$가 $x=t$인 점에서 접한다고 하면

$f(t)=g(t)$에서 $t^3+t=3t^2+t-4$

$$t^3-3t^2+4=0,\ (t+1)(t-2)^2=0$$
$$\therefore t=-1 \text{ 또는 } t=2$$

$f'(t)=g'(t)$에서 $3t^2+1=6t+1$

$$3t^2-6t=0,\ 3t(t-2)=0$$
$$\therefore t=0 \text{ 또는 } t=2$$

$t=2$일 때, 즉 점 $(2,\ 10)$에서 두 곡선 $y=f(x)$, $y=g(x)$가 접하고 이 점에서의 접선의 기울기는 $f'(2)=g'(2)=13$이므로 접선의 방정식은

$$y-10=13(x-2) \qquad \therefore y=13x-16$$

따라서 $a=13$, $b=-16$이므로

$$a+b=13+(-16)=-3$$

0327

답 ③

$f(x)=x^3+ax+2$, $g(x)=3x^2-2$라 하면

$$f'(x)=3x^2+a,\ g'(x)=6x$$

두 곡선 $y=f(x)$, $y=g(x)$가 $x=t$인 점에서 접한다고 하면

$f(t)=g(t)$에서 $t^3+at+2=3t^2-2 \quad\cdots\cdots\ \boxdot$

$f'(t)=g'(t)$에서 $3t^2+a=6t$

$$\therefore a=-3t^2+6t \quad\cdots\cdots\ \boxdot\!\boxdot$$

㉡을 ㉠에 대입하여 정리하면

$$-2t^3+6t^2+2=3t^2-2,\ 2t^3-3t^2-4=0$$
$$(t-2)(2t^2+t+2)=0$$
$$\therefore t=2\ (\because 2t^2+t+2>0)$$

$t=2$를 ㉡에 대입하면 $a=-3\times4+6\times2=0$

0328

답 ⑤

$f(x)=-x^2+3x-2$라 하면 $f'(x)=-2x+3$

점 $(-1,\ -6)$에서의 접선의 기울기는 $f'(-1)=2+3=5$이므로 접선의 방정식은

$$y+6=5(x+1)$$
$$\therefore y=5x-1 \quad\cdots\cdots\ \boxdot$$

$g(x)=x^3+ax-1$이라 하면 $g'(x)=3x^2+a$

접점의 좌표를 $(t,\ t^3+at-1)$이라 하면 이 점에서의 접선의 기울기가 $g'(t)=3t^2+a$이므로 접선의 방정식은

$$y-(t^3+at-1)=(3t^2+a)(x-t)$$
$$\therefore y=(3t^2+a)x-2t^3-1 \quad\cdots\cdots\ \boxdot\!\boxdot$$

㉠, ㉡이 일치해야 하므로

$$3t^2+a=5,\ -2t^3-1=-1$$
$$\therefore t=0,\ a=5$$

$f(x)=-x^2+3x-2$라 하면 $f'(x)=-2x+3$

점 $(-1,\ -6)$에서의 접선의 기울기는 $f'(-1)=2+3=5$

$g(x)=x^3+ax-1$이라 하면 $g'(x)=3x^2+a$
접점의 좌표를 $(t,\ t^3+at-1)$이라 하면 이 점에서의 접선의 기울기는

$g'(t)=3t^2+a=5$ …… ㉠

또한 두 점 $(-1,\ -6),\ (t,\ t^3+at-1)$을 지나는 직선의 기울기가 5이므로 $\dfrac{t^3+at-1-(-6)}{t-(-1)}=\dfrac{t^3+at+5}{t+1}=5$

$t^3+at+5=5t+5$

$t^3+(a-5)t=0$ …… ㉡

㉠에서 $a-5=-3t^2$을 ㉡에 대입하면

$t^3-3t^3=0,\ 2t^3=0$

$\therefore t=0$

$t=0$을 ㉠에 대입하면 $a=5$

0329   답 -6

$f(x)=2x^2+x-1$이라 하면 $f'(x)=4x+1$
점 $(-1,\ 0)$에서의 접선의 기울기는 $f'(-1)=-4+1=-3$이므로 접선의 방정식은 $y=-3(x+1)$

$\therefore y=-3x-3$ …… ㉠

❶

$g(x)=-x^2+ax-4$라 하면 $g'(x)=-2x+a$
접점의 좌표를 $(t,\ -t^2+at-4)$라 하면 이 점에서의 접선의 기울기가 $g'(t)=-2t+a$이므로 접선의 방정식은

$y-(-t^2+at-4)=(-2t+a)(x-t)$

$\therefore y=(-2t+a)x+t^2-4$

❷

이 접선이 ㉠과 일치해야 하므로

$-2t+a=-3,\ t^2-4=-3$

$t^2=1$에서 $t=-1$ 또는 $t=1$

$t=-1$일 때, $a=-2-3=-5$

$t=1$일 때, $a=2-3=-1$

따라서 모든 실수 a의 값의 합은 $-5+(-1)=-6$

❸

채점 기준	배점
❶ 점 $(-1, 0)$에서의 접선의 방정식 구하기	30%
❷ 곡선 $y=-x^2+ax-4$에 접하는 직선의 방정식 구하기	40%
❸ 접선이 일치함을 이용하여 모든 실수 a의 값의 합 구하기	30%

다른 풀이

$f(x)=2x^2+x-1$이라 하면 $f'(x)=4x+1$
점 $(-1,\ 0)$에서의 접선의 기울기는 $f'(-1)=-4+1=-3$이므로 접선의 방정식은

$y=-3(x+1)$

$\therefore y=-3x-3$

이 직선이 곡선 $y=-x^2+ax-4$에 접하려면 이차방정식 $-x^2+ax-4=-3x-3$, 즉 $x^2-(a+3)x+1=0$이 단 하나의 실근을 가져야 하므로 이 이차방정식의 판별식을 D라 하면

$D=(a+3)^2-4=0$에서

$a^2+6a+5=0,\ (a+5)(a+1)=0$

$\therefore a=-5$ 또는 $a=-1$

따라서 구하는 모든 실수 a의 값의 합은
$-5+(-1)=-6$

a의 값에 따른 두 곡선과 접선의 위치 관계는 다음과 같다.

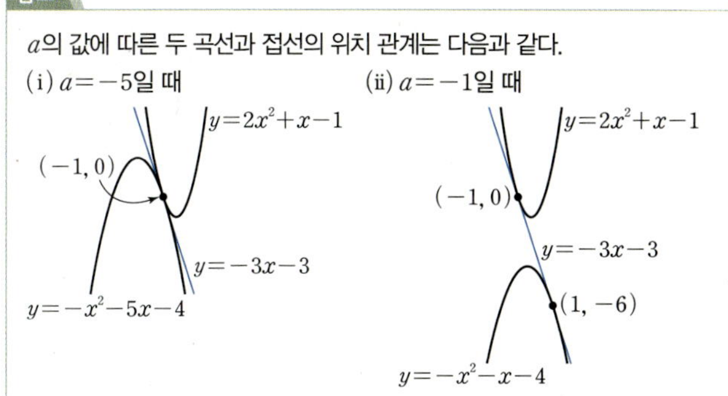

 곡선과 원의 접선

0330   답 5

$f(x)=\dfrac{1}{2}x^2$이라 하면

$f'(x)=x$

오른쪽 그림과 같이 접점을 $\mathrm{P}\!\left(t,\ \dfrac{1}{2}t^2\right)$

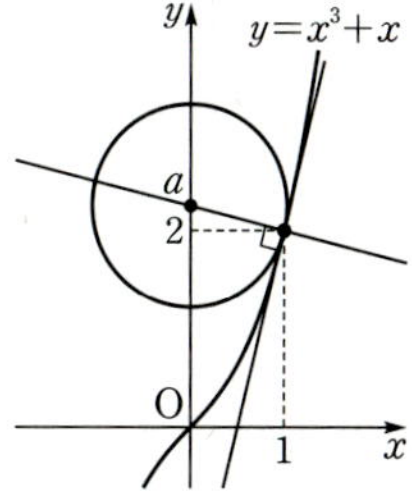

이라 하면 점 P에서의 접선의 기울기는 $f'(t)=t$이고 직선 CP의 기울기는

$\dfrac{\frac{1}{2}t^2-3}{t-0}=\dfrac{t^2-6}{2t}$

이때 점 P에서의 접선과 직선 CP는 서로 수직이므로

$t\times\dfrac{t^2-6}{2t}=-1,\ t^2-4=0$

$(t+2)(t-2)=0$ $\therefore t=-2$ 또는 $t=2$

두 접점의 좌표는 $(-2,\ 2),\ (2,\ 2)$이므로 원 C의 반지름의 길이는

$\overline{\mathrm{CP}}=\sqrt{(2-0)^2+(2-3)^2}=\sqrt{5}$

따라서 원 C의 넓이는 $\pi\times(\sqrt{5})^2=5\pi$이므로

$a=5$

0331   답 ⑤

$f(x)=x^3+x$라 하면 $f'(x)=3x^2+1$
곡선 $y=f(x)$ 위의 점 $(1,\ 2)$에서의 접선의 기울기가 $f'(1)=4$이므로 이 접선과 수직인 직선의 기울기는 $-\dfrac{1}{4}$이다.

따라서 점 $(1,\ 2)$를 지나고 기울기가 $-\dfrac{1}{4}$인 직선의 방정식은

$y-2=-\dfrac{1}{4}(x-1)$

$\therefore y=-\dfrac{1}{4}x+\dfrac{9}{4}$

이 직선이 원의 중심 $(0,\ a)$를 지나야 하므로

$a=\dfrac{9}{4}$

0332

$f(x)=-\dfrac{1}{3}x^3+\dfrac{5}{3}$라 하면

$f'(x)=-x^2$

곡선 $y=f(x)$ 위의 점 $(-1,\ 2)$에서의
접선의 기울기가 $f'(-1)=-1$이므로
이 접선과 수직인 직선의 기울기는 1이
다.

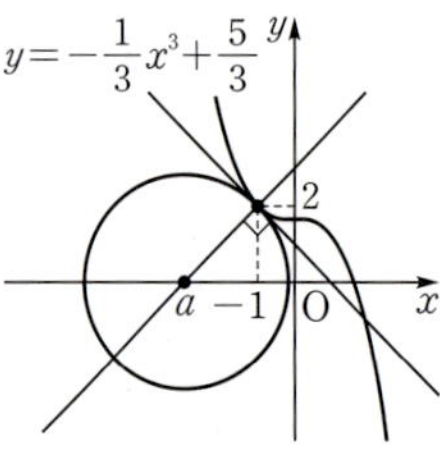

따라서 점 $(-1,\ 2)$를 지나고 기울기가 1인 직선의 방정식은

$y-2=x+1$ $\qquad \therefore y=x+3$

원의 중심의 좌표를 $(a,\ 0)$이라 하면 이 직선이 점 $(a,\ 0)$을 지나
야 하므로

$a+3=0$ $\qquad \therefore a=-3$

이때 원의 반지름의 길이는 원의 중심 $(-3,\ 0)$과 점 $(-1,\ 2)$ 사
이의 거리와 같으므로

$\sqrt{(-1+3)^2+(2-0)^2}=\sqrt{8}=2\sqrt{2}$

접선과 좌표축으로 둘러싸인 도형의 넓이

0333

$f(x)=x^3-3x^2+5$라 하면 $f'(x)=3x^2-6x$

점 $(1,\ 3)$에서의 접선의 기울기는 $f'(1)=3-6=-3$이므로 접선
의 방정식은

$y-3=-3(x-1)$ $\qquad \therefore y=-3x+6$

이 접선의 x절편은 2, y절편은 6이므로 구하는 도형의 넓이는

$\dfrac{1}{2}\times 2\times 6=6$

0334

$f(x)=-x^3+6x^2-4x-8$이라 하면

$f'(x)=-3x^2+12x-4=-3(x-2)^2+8$

$f'(x)$가 $x=2$에서 최댓값 8을 가지므로 구하는 접선의 기울기는
8이고 이 접선이 점 $(2,\ 0)$을 지나므로 접선의 방정식은

$y=8(x-2)$ $\qquad \therefore y=8x-16$

이 접선의 x절편은 2, y절편은 -16이므로 구하는 도형의 넓이는

$\dfrac{1}{2}\times 2\times 16=16$

0335

$f(x)=x^2-3$이라 하면 $f'(x)=2x$

접점의 좌표를 $(t,\ t^2-3)$이라 하면 이 점에서의 접선의 기울기는
$f'(t)=2t$이므로 접선의 방정식은

$y-(t^2-3)=2t(x-t)$

$\therefore y=2tx-t^2-3$ $\qquad \cdots\cdots\ \bigcirc$

이 접선이 점 $(2,\ 0)$을 지나므로

$0=4t-t^2-3,\ t^2-4t+3=0$

$(t-1)(t-3)=0$

$\therefore t=1$ 또는 $t=3$

$t=1,\ t=3$을 $\bigcirc$에 대입하면

$y=2x-4,\ y=6x-12$

따라서 이 두 접선과 y축으로 둘러싸인
도형의 넓이는

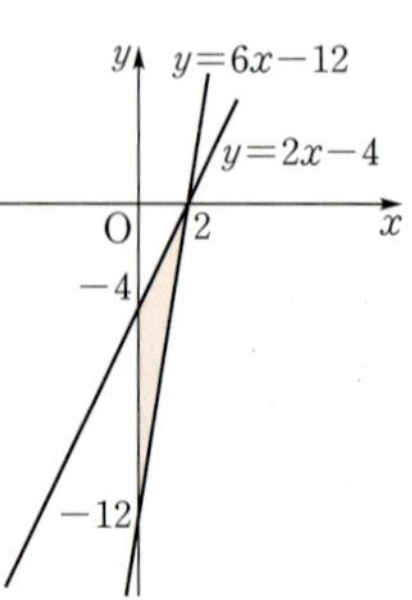

$\dfrac{1}{2}\times 8\times 2=8$

0336

$f(x)=x^3+ax^2-(2a+6)x+a$라 하면

$f(x)=a(x^2-2x+1)+x^3-6x$
$\qquad =a(x-1)^2+x^3-6x$

이므로 곡선 $y=f(x)$는 a의 값에 관계없이 점 $P(1,\ -5)$를 지난
다.

$f'(x)=3x^2+2ax-2a-6$이므로

$f'(1)=3+2a-2a-6=-3$

따라서 곡선 $y=f(x)$ 위의 점 $P(1,\ -5)$에서의 접선의 방정식은

$y+5=-3(x-1)$ $\qquad \therefore y=-3x-2$

이 접선의 x절편은 $-\dfrac{2}{3}$, y절편은 -2이므로 구하는 도형의 넓이는

$\dfrac{1}{2}\times \dfrac{2}{3}\times 2=\dfrac{2}{3}$

0337

$f(x)=-x^3+x+4$라 하면 $f'(x)=-3x^2+1$

곡선 $y=f(x)$ 위의 점 $A(-1,\ 4)$에서의 접선의 기울기는

$f'(-1)=-2$이므로 접선 l의 방정식은

$y-4=-2(x+1)$ $\qquad \therefore y=-2x+2$

직선 l과 수직인 직선의 기울기는 $\dfrac{1}{2}$이므로 점 $A(-1,\ 4)$를 지나

고 기울기가 $\dfrac{1}{2}$인 직선 m의 방정식은

$y-4=\dfrac{1}{2}(x+1)$ $\qquad \therefore y=\dfrac{1}{2}x+\dfrac{9}{2}$

따라서 두 직선 $l,\ m$ 및 x축으로 둘러
싸인 도형의 넓이는

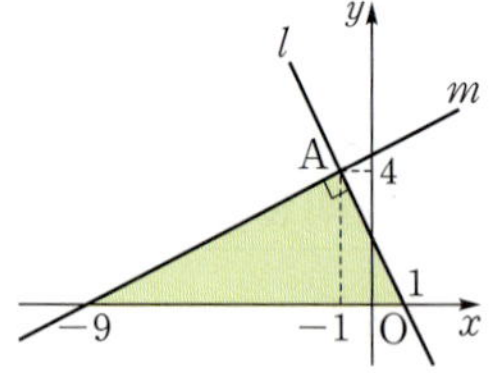

$\dfrac{1}{2}\times 10\times 4=20$

0338

$f(x)=x^2+2x+2$라 하면 $f'(x)=2x+2$

접점의 좌표를 $(t,\ t^2+2t+2)$라 하면 이 점에서의 접선의 기울기
는 $f'(t)=2t+2$이므로 접선의 방정식은

$y-(t^2+2t+2)=(2t+2)(x-t)$

$\therefore y=(2t+2)x-t^2+2$

이 직선이 점 $P(-1,\ -3)$을 지나므로

$-3=-2t-2-t^2+2,\ t^2+2t-3=0$

$(t+3)(t-1)=0$

$\therefore t=-3$ 또는 $t=1$

$f(-3)=9-6+2=5$,

$f(1)=1+2+2=5$

이므로 두 접점의 좌표는

$(-3, 5)$, $(1, 5)$

따라서 구하는 삼각형의 넓이는

$\dfrac{1}{2}\times 4\times 8=16$

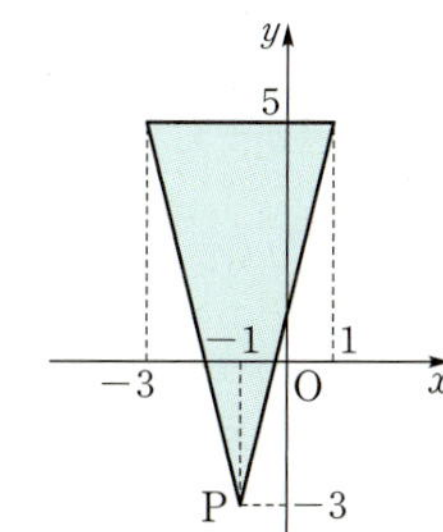

유형 13 곡선 위의 점과 직선 사이의 거리

0339

답 ④

곡선 $y=x^2+3$ 위의 점과 직선 $y=2x-2$ 사이의 거리가 최소이려면 오른쪽 그림과 같이 곡선 위의 점에서의 접선이 직선 $y=2x-2$ 와 평행해야 한다.

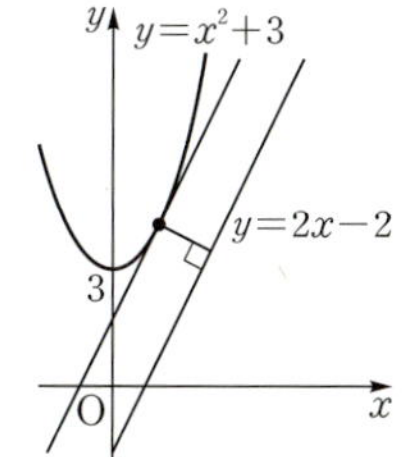

$f(x)=x^2+3$이라 하면 $f'(x)=2x$

접점의 좌표를 (t, t^2+3)이라 하면 이 점에서의 접선의 기울기가 2이므로

$f'(t)=2t=2$ $\therefore t=1$

따라서 접점의 좌표는 $(1, 4)$이므로 이 점과 직선 $y=2x-2$, 즉 $2x-y-2=0$ 사이의 거리는

$\dfrac{|2-4-2|}{\sqrt{2^2+(-1)^2}}=\dfrac{4\sqrt{5}}{5}$

Bible Says 평행한 두 직선 사이의 거리

평행한 두 직선 l, l' 사이의 거리는 직선 l 위의 임의의 한 점과 직선 l' 사이의 거리와 같다.

즉, 두 직선 $l : ax+by+c=0$, $l' : ax+by+c'=0$ 사이의 거리는

$$\dfrac{|c-c'|}{\sqrt{a^2+b^2}}$$

0340

답 4

곡선 $y=x^3+2\ (x>0)$ 위의 점 P와 직선 $y=3x-5$ 사이의 거리가 최소이려면 오른쪽 그림과 같이 점 P에서의 접선이 직선 $y=3x-5$와 평행해야 한다.

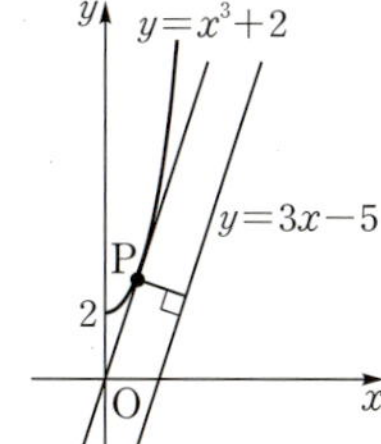

$f(x)=x^3+2$라 하면 $f'(x)=3x^2$

점 P(a, b)에서의 접선의 기울기가 3이어야 하므로

$f'(a)=3a^2=3$ $\therefore a=1\ (\because a>0)$

점 $(1, b)$가 곡선 $y=f(x)$ 위의 점이므로

$b=f(1)=3$

$\therefore a+b=1+3=4$

0341

답 8

두 점 A$(-1, 4)$, B$(3, 0)$을 지나는 직선 AB의 방정식은

$y=\dfrac{0-4}{3-(-1)}(x-3)$ $\therefore y=-x+3$

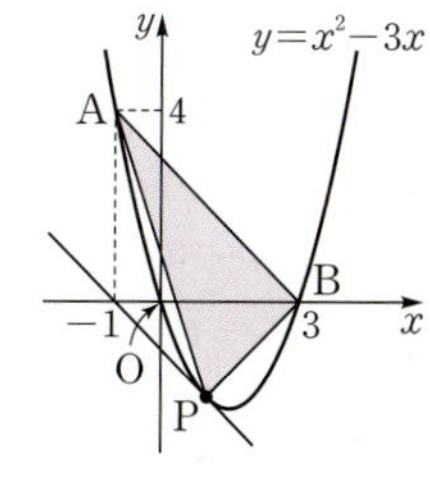

삼각형 PAB의 넓이가 최대이려면 점 P와 직선 AB 사이의 거리가 최대이어야 하므로 점 P에서의 접선이 직선 AB와 평행해야 한다.

즉, 점 P에서의 접선의 기울기가 직선 AB의 기울기 -1과 같아야 한다.

❶

$f(x)=x^2-3x$라 하면 $f'(x)=2x-3$

점 P의 좌표를 (t, t^2-3t)라 하면 이 점에서의 기울기가 -1이므로

$f'(t)=2t-3=-1$, $2t=2$ $\therefore t=1$

따라서 점 P의 좌표는 $(1, -2)$이다.

❷

점 P$(1, -2)$와 직선 $y=-x+3$, 즉 $x+y-3=0$ 사이의 거리는

$\dfrac{|1-2-3|}{\sqrt{1^2+1^2}}=2\sqrt{2}$

이때 $\overline{AB}=\sqrt{(3+1)^2+(0-4)^2}=4\sqrt{2}$이므로 구하는 삼각형 PAB 의 넓이의 최댓값은

$\dfrac{1}{2}\times 4\sqrt{2}\times 2\sqrt{2}=8$

❸

채점 기준	배점
❶ 삼각형 PAB의 넓이가 최대가 될 조건 구하기	30%
❷ 조건을 만족시키는 점 P의 좌표 구하기	30%
❸ 삼각형 PAB의 넓이의 최댓값 구하기	40%

유형 14 롤의 정리

0342

답 2

함수 $f(x)=x^3-3x^2+2$는 닫힌구간 $[0, 3]$에서 연속이고 열린구간 $(0, 3)$에서 미분가능하며 $f(0)=f(3)=2$이므로 롤의 정리에 의하여 $f'(c)=0$인 c가 열린구간 $(0, 3)$에 적어도 하나 존재한다.

이때 $f'(x)=3x^2-6x$이므로 $f'(c)=0$에서

$3c^2-6c=0$, $3c(c-2)=0$

$\therefore c=2\ (\because 0<c<3)$

0343

답 3

함수 $f(x)=x^4-2x^2+3$은 닫힌구간 $[-2, 2]$에서 연속이고 열린구간 $(-2, 2)$에서 미분가능하며 $f(-2)=f(2)=11$이므로 롤의 정리에 의하여 $f'(c)=0$인 c가 열린구간 $(-2, 2)$에 적어도 하나 존재한다.

이때 $f'(x)=4x^3-4x$이므로 $f'(c)=0$에서

$4c^3-4c=0$, $4c(c+1)(c-1)=0$

$\therefore c=-1$ 또는 $c=0$ 또는 $c=1$

따라서 상수 c의 개수는 3이다.

0344

답 4

함수 $f(x)=x^3+3x^2-9x+2$는 닫힌구간 $[-a,\ a]$에서 연속이고
열린구간 $(-a,\ a)$에서 미분가능하다.
이때 롤의 정리를 만족시키려면 $f(-a)=f(a)$이어야 하므로
$-a^3+3a^2+9a+2=a^3+3a^2-9a+2$
$2a^3-18a=0,\ 2a(a+3)(a-3)=0$
$\therefore a=3\ (\because a$는 자연수$)$
즉, $f'(c)=0$인 c가 열린구간 $(-3,\ 3)$에 적어도 하나 존재하고
$f'(x)=3x^2+6x-9$이므로
$f'(c)=3c^2+6c-9=0,\ 3(c+3)(c-1)=0$
$\therefore c=1\ (\because -3<c<3)$
$\therefore a+c=3+1=4$

유형 15 평균값 정리

0345

답 1

함수 $f(x)=-2x^2+x+4$는 닫힌구간 $[-1,\ 3]$에서 연속이고 열
린구간 $(-1,\ 3)$에서 미분가능하므로 평균값 정리에 의하여
$\dfrac{f(3)-f(-1)}{3-(-1)}=f'(c)$인 c가 열린구간 $(-1,\ 3)$에 적어도 하나
존재한다.
이때 $f'(x)=-4x+1$이므로
$\dfrac{-11-1}{4}=-4c+1,\ -3=-4c+1$
$4c=4\qquad \therefore c=1$

0346

답 ④

$\dfrac{f(b)-f(a)}{b-a}$는 곡선 $y=f(x)$ 위의 두 점 $(a,\ f(a)),\ (b,\ f(b))$
를 지나는 직선의 기울기이고 $f'(c)$는 곡선 $y=f(x)$ 위의
점 $(c,\ f(c))$에서의 접선의 기울기이다.
이때 다음 그림과 같이 열린구간 $(a,\ b)$에서 두 점 $(a,\ f(a))$,
$(b,\ f(b))$를 지나는 직선과 평행한 접선을 5개 그을 수 있으므로
주어진 조건을 만족시키는 상수 c의 개수는 5이다.

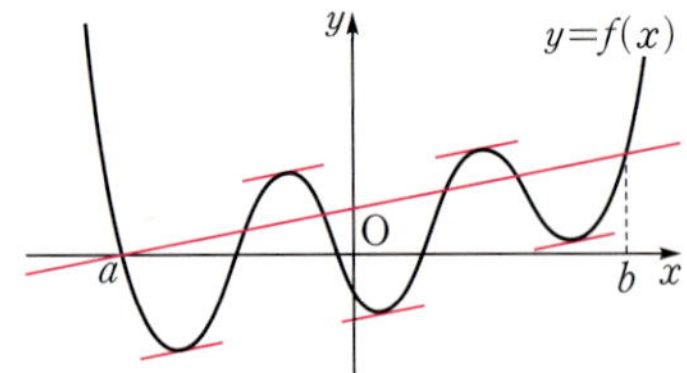

0347

답 ③

함수 $f(x)=x^3-2x+5$에 대하여 닫힌구간 $[0,\ a]$에서 평균값 정
리를 만족시키는 상수 c가 $\sqrt{3}$이므로
$\dfrac{f(a)-f(0)}{a-0}=f'(\sqrt{3})$
이때 $f'(x)=3x^2-2$이므로

$\dfrac{a^3-2a+5-5}{a}=7,\ a^2-9=0$
$(a+3)(a-3)=0\qquad \therefore a=3\ (\because a>0)$

0348

답 5

함수 $f(x)=x^3-3x^2+1$은 닫힌구간 $[0,\ 3]$에서 연속이고 열린구
간 $(0,\ 3)$에서 미분가능하며 $f(0)=f(3)=1$이므로 롤의 정리에
의하여 $f'(c_1)=0$인 c_1이 열린구간 $(0,\ 3)$에 적어도 하나 존재한다.
이때 $f'(x)=3x^2-6x$이므로 $f'(c_1)=0$에서
$3c_1{}^2-6c_1=0,\ 3c_1(c_1-2)=0$
$\therefore c_1=2\ (\because 0<c_1<3)$

❶

또한 함수 $f(x)=x^3-3x^2+1$은 닫힌구간 $[-1,\ 5]$에서 연속이고
열린구간 $(-1,\ 5)$에서 미분가능하므로 평균값 정리에 의하여
$\dfrac{f(5)-f(-1)}{5-(-1)}=f'(c_2)$인 c_2가 열린구간 $(-1,\ 5)$에 적어도 하나
존재한다.
$\dfrac{f(5)-f(-1)}{5-(-1)}=f'(c_2)$에서
$\dfrac{51-(-3)}{6}=3c_2{}^2-6c_2,\ 3c_2{}^2-6c_2-9=0$
$3(c_2+1)(c_2-3)=0$
$\therefore c_2=3\ (\because -1<c_2<5)$

❷

$\therefore c_1+c_2=2+3=5$

❸

채점 기준	배점
❶ 롤의 정리를 이용하여 c_1의 값 구하기	40%
❷ 평균값 정리를 이용하여 c_2의 값 구하기	50%
❸ c_1+c_2의 값 구하기	10%

0349

답 ④

ㄱ, ㄷ. 함수 $f(x)$는 닫힌구간 $[-3,\ 3]$에서 연속이고 열린구간
$(-3,\ 3)$에서 미분가능하므로 평균값 정리에 의하여
$\dfrac{f(3)-f(-3)}{3-(-3)}=\dfrac{f(3)-f(-3)}{6}=f'(c)$를 만족시키는 c가
열린구간 $(-3,\ 3)$에 적어도 하나 존재한다.

ㄴ. 함수 $f(x)=|x|$의 그래프가 오른쪽
그림과 같으므로
$\dfrac{f(3)-f(-3)}{3-(-3)}=\dfrac{f(3)-f(-3)}{6}$
$\qquad\qquad =f'(c)$

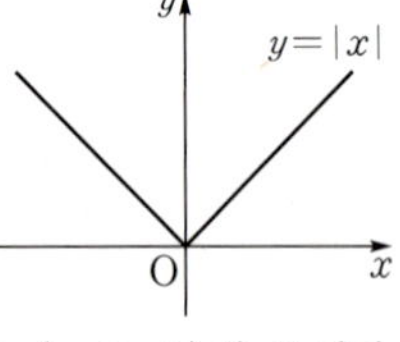

즉, $f'(c)=0$을 만족시키는 c가 열린구간 $(-3,\ 3)$에 존재하
지 않는다.
따라서 주어진 조건을 만족시키는 함수는 ㄱ, ㄷ이다.

> **참고**
>
> ㄷ에서 함수 $f(x)=x|x|$의 그래프는 오른쪽 그
> 림과 같으므로 실수 전체의 집합에서 미분가능하
> 다.
>
> 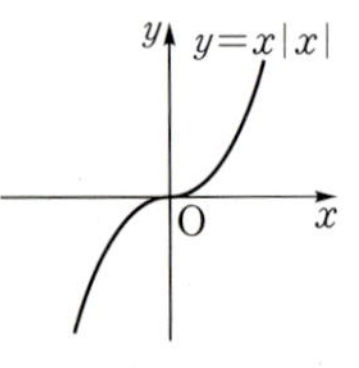
>

0350

$f(x)=x^2-2x+2$에서 $f'(x)=2x-2$

$\dfrac{f(x+h)-f(x)}{h}=f'(x+kh)$에서

$\dfrac{\{(x+h)^2-2(x+h)+2\}-(x^2-2x+2)}{h}=2(x+kh)-2$

$\dfrac{2xh+h^2-2h}{h}=2x+2kh-2$

$2x+h-2=2x+2kh-2$

$\therefore k=\dfrac{1}{2}$

$\therefore 10k=10\times\dfrac{1}{2}=5$

참고

이차함수 $f(x)$에 대하여 닫힌구간 $[a,\ b]$에서 평균값 정리를 만족시키는 상수 c의 값은 $\dfrac{a+b}{2}$이다.

즉, $\dfrac{f(b)-f(a)}{b-a}=f'\!\left(\dfrac{a+b}{2}\right)$가 성립한다.

0351

답 ⑤

ㄱ. 함수 $f(x)$가 닫힌구간 $[-1,\ 1]$에서 연속이고 $f(-1)f(1)=-2<0$이므로 사잇값 정리에 의하여 방정식 $f(x)=0$은 열린구간 $(-1,\ 1)$에서 적어도 하나의 실근을 갖는다. (참)

ㄴ. 함수 $f(x)$가 닫힌구간 $[-1,\ 0]$에서 연속이고 열린구간 $(-1,\ 0)$에서 미분가능하며 $f(-1)=f(0)$이므로 롤의 정리에 의하여 방정식 $f'(x)=0$은 열린구간 $(-1,\ 0)$에서 적어도 하나의 실근을 갖는다.

또한 함수 $f(x)$가 닫힌구간 $[1,\ 3]$에서 연속이고 열린구간 $(1,\ 3)$에서 미분가능하며 $f(1)=f(3)$이므로 롤의 정리에 의하여 방정식 $f'(x)=0$은 열린구간 $(1,\ 3)$에서 적어도 하나의 실근을 갖는다.

즉, 방정식 $f'(x)=0$은 열린구간 $(-1,\ 3)$에서 적어도 2개의 실근을 갖는다. (참)

ㄷ. 함수 $f(x)$가 닫힌구간 $[0,\ 1]$에서 연속이고 열린구간 $(0,\ 1)$에서 미분가능하므로 평균값 정리에 의하여

$\dfrac{f(1)-f(0)}{1-0}=\dfrac{2-(-1)}{1}=3=f'(c)$인 c가 열린구간 $(0,\ 1)$에 적어도 하나 존재한다.

즉, 방정식 $f'(x)=3$은 열린구간 $(0,\ 1)$에서 적어도 하나의 실근을 갖는다. (참)

따라서 옳은 것은 ㄱ, ㄴ, ㄷ이다.

Bible Says **사잇값 정리의 활용**

함수 $f(x)$가 닫힌구간 $[a,\ b]$에서 연속이고 $f(a)f(b)<0$이면 $f(c)=0$인 c가 열린구간 $(a,\ b)$에 적어도 하나 존재한다.

0352

답 20

함수 $f(x)$는 실수 전체의 집합에서 미분가능하므로 실수 전체의 집합에서 연속이다.

따라서 함수 $f(x)$는 닫힌구간 $[x-2,\ x+2]$에서 평균값 정리를 만족시키므로 $\dfrac{f(x+2)-f(x-2)}{(x+2)-(x-2)}=f'(c)$를 만족시키는 c가 열린구간 $(x-2,\ x+2)$에 적어도 하나 존재한다.

한편, $x\to\infty$일 때, $x-2<c<x+2$에서 $c\to\infty$이므로

$\lim\limits_{x\to\infty}\{f(x+2)-f(x-2)\}=4\lim\limits_{x\to\infty}\dfrac{f(x+2)-f(x-2)}{(x+2)-(x-2)}$

$\qquad\qquad=4\lim\limits_{c\to\infty}f'(c)$

$\qquad\qquad=4\times5=20$

0353

답 ④

$f(x)=2x^3+6x^2+2x-1$이라 하면

$f'(x)=6x^2+12x+2=6(x+1)^2-4$

$f'(x)$가 $x=-1$에서 최솟값 -4를 가지므로 구하는 접선의 기울기는 -4이고 이 접선이 점 $(-1,\ 1)$을 지나므로 접선의 방정식은

$y-1=-4(x+1)$ $\quad\therefore y=-4x-3$

따라서 $a=-4$, $b=-3$이므로

$a+b=-4+(-3)=-7$

0354

답 11

$f(x)=2x^4-4x+k$라 하면 $f'(x)=8x^3-4$

접점의 좌표를 $(t,\ 4t+5)$라 하면 접선의 기울기가 4이므로

$f'(t)=8t^3-4=4$

$t^3-1=0$, $(t-1)(t^2+t+1)=0$

$\therefore t=1\ (\because t^2+t+1>0)$

즉, 접점의 좌표는 $(1,\ 9)$이고, 이 점은 곡선 $y=2x^4-4x+k$ 위의 점이므로

$9=2-4+k$ $\quad\therefore k=11$

0355

답 ⑤

$f(x)=-2x^3+4x-2$라 하면 $f'(x)=-6x^2+4$

곡선 $y=f(x)$ 위의 점 $(a,\ b)$에서의 접선이 직선 $y=\dfrac{1}{2}x+3$과 수직이므로 접선의 기울기는 -2이다.

즉, $f'(a)=-2$에서 $-6a^2+4=-2$

$6a^2-6=0$, $6(a+1)(a-1)=0$

$\therefore a=-1\ (\because a<0)$

점 $(-1,\ b)$가 곡선 $y=f(x)$ 위의 점이므로

$b=f(-1)=2-4-2=-4$

점 $(-1,\ -4)$를 지나고 기울기가 -2인 접선의 방정식은

$y+4=-2(x+1)$ $\quad\therefore y=-2x-6$

따라서 구하는 접선의 y절편은 -6이다.

0356

$f(x)=x^3-2x^2+2$라 하면 $f'(x)=3x^2-4x$

접점의 좌표를 $(t,\ t^3-2t^2+2)$라 하면 이 점에서의 접선의 기울기는 $f'(t)=3t^2-4t$이므로 접선의 방정식은

$y-(t^3-2t^2+2)=(3t^2-4t)(x-t)$

$\therefore y=(3t^2-4t)x-2t^3+2t^2+2$ $\quad$ ...... ㉠

이 직선이 점 $A(1,\ -2)$를 지나므로

$-2=3t^2-4t-2t^3+2t^2+2,\ 2t^3-5t^2+4t-4=0$

$(t-2)(2t^2-t+2)=0$

$\therefore t=2\ (\because 2t^2-t+2>0)$

$t=2$를 ㉠에 대입하면 $y=4x-6$

이 직선이 y축과 만나는 점은 $B(0,\ -6)$이므로 선분 AB의 길이는

$\overline{AB}=\sqrt{(0-1)^2+(-6+2)^2}=\sqrt{17}$

0357

$f(x)=x^3-ax-3,\ g(x)=6x^2+b$에서

$f'(x)=3x^2-a,\ g'(x)=12x$

두 곡선이 $x=1$인 점에서 공통인 접선을 가지므로

$f(1)=g(1)$에서 $1-a-3=6+b$

$\therefore a+b=-8$ $\quad$ ...... ㉠

$f'(1)=g'(1)$에서 $3-a=12$

$\therefore a=-9$

$a=-9$를 ㉠에 대입하면 $b=1$

따라서 $f(x)=x^3+9x-3,\ g(x)=6x^2+1$이므로

$f(2)+g(2)=23+25=48$

0358

$f(x)=-x^3-x^2+x$라 하면 $f'(x)=-3x^2-2x+1$

접점의 좌표를 $(t,\ -t^3-t^2+t)$라 하면 이 점에서의 접선의 기울기는 $f'(t)=-3t^2-2t+1$이므로 접선의 방정식은

$y-(-t^3-t^2+t)=(-3t^2-2t+1)(x-t)$

$\therefore y=(-3t^2-2t+1)x+2t^3+t^2$

이 직선이 원점을 지나므로

$0=2t^3+t^2,\ t^2(2t+1)=0$

$\therefore t=-\dfrac{1}{2}$ 또는 $t=0$

따라서 구하는 모든 직선의 기울기의 합은

$f'\left(-\dfrac{1}{2}\right)+f'(0)=\dfrac{5}{4}+1=\dfrac{9}{4}$

0359

점 $(2,\ 3)$은 두 곡선 $y=f(x),\ y=g(x)$ 위의 점이므로

$f(2)=3,\ g(2)=3$ $\quad$ ...... ㉠

또한 두 곡선 $y=f(x),\ y=g(x)$ 위의 점 $(2,\ 3)$에서의 접선의 기울기가 같으므로

$f'(2)=g'(2)$ $\quad$ ...... ㉡

한편, $h(x)=f(x)g(x)$에서

$h'(x)=f'(x)g(x)+f(x)g'(x)$이고

곡선 $y=h(x)$ 위의 점 $(2,\ h(2))$에서의 접선의 기울기가 3이므로

$h'(2)=f'(2)g(2)+f(2)g'(2)$

$\qquad=3f'(2)+3g'(2)\ (\because ㉠)$

$\qquad=6f'(2)=3\ (\because ㉡)$

$\therefore f'(2)=g'(2)=\dfrac{1}{2}$

$\therefore f'(2)+g'(2)=2f'(2)=2\times\dfrac{1}{2}=1$

0360

곡선 $y=f(x)$ 위의 점 $(2,\ 3)$에서의 접선이 점 $(1,\ 3)$을 지나므로 접선의 방정식은 $y=3$이다. $\quad$ → 두 점의 y좌표가 3으로 같다.

즉, 곡선 $y=f(x)$와 직선 $y=3$이 점 $(2,\ 3)$에서 접하므로

$f(x)-3=(x-2)^2(x-a)$ (a는 상수)라 하면

$f(x)=(x-2)^2(x-a)+3$에서

$f(-2)=16(-2-a)+3=-16a-29$

$f'(x)=2(x-2)(x-a)+(x-2)^2$에서

$f'(-2)=-8(-2-a)+16=8a+32$

곡선 $y=f(x)$ 위의 점 $(-2,\ f(-2))$에서의 접선의 방정식은

$y-f(-2)=f'(-2)(x+2)$

$\therefore y-(-16a-29)=(8a+32)(x+2)$

이 직선이 점 $(1,\ 3)$을 지나므로

$3-(-16a-29)=3(8a+32)$

$16a+32=24a+96$

$8a=-64$ $\quad \therefore a=-8$

따라서 $f(x)=(x+8)(x-2)^2+3$이므로

$f(0)=32+3=35$

0361

$f(x)=x^2-2x+2,\ g(x)=-x^2+ax+b$라 하고 두 곡선 $C_1,\ C_2$의 한 교점 P의 x좌표를 t라 하자.

$f'(x)=2x-2,\ g'(x)=-2x+a$이므로 점 P에서의 두 접선 $l,\ m$의 기울기는 각각 $f'(t)=2t-2,\ g'(t)=-2t+a$이고 두 접선 $l,\ m$이 서로 수직이므로

$f'(t)g'(t)=-1$에서

$(2t-2)(-2t+a)=-1$

$\therefore 4t^2-2(a+2)t+\boxed{2a-1}=0$ $\quad$ ...... ㉠

또한 두 곡선 $C_1,\ C_2$의 교점이 P이므로

$f(t)=g(t)$에서

$t^2-2t+2=-t^2+at+b$

$\therefore 2t^2-(a+2)t+2-b=0$ $\quad$ ...... ㉡

㉠$-$㉡$\times2$를 하면

$2a-1-2(2-b)=0$ $\qquad \therefore b=\boxed{\dfrac{5}{2}}-a$

$b=\dfrac{5}{2}-a$를 $y=-x^2+ax+b$에 대입하면

$$y=-x^2+ax+\frac{5}{2}-a$$

이므로 a에 관하여 정리하면

$$a(x-1)-x^2-y+\boxed{\frac{5}{2}}=0 \qquad \cdots\cdots \text{©}$$

©이 a의 값에 관계없이 항상 성립하려면

$$x-1=0, \ -x^2-y+\boxed{\frac{5}{2}}=0$$

$$\therefore \ x=1, \ y=\frac{3}{2}$$

즉, 곡선 C_2는 실수 a의 값에 관계없이 점 $Q\left(1, \boxed{\frac{3}{2}}\right)$을 지난다.

따라서 $h(a)=2a-1$, $\alpha=\dfrac{5}{2}$, $\beta=\dfrac{3}{2}$이므로

$$h(\alpha)\times h(\beta)=h\left(\frac{5}{2}\right)\times h\left(\frac{3}{2}\right)=4\times 2=8$$

0362 답 ③

$f(x)=x^3+(a+2)x^2+2ax+4$라 하면
$$f'(x)=3x^2+2(a+2)x+2a$$
접점의 좌표를 $(t, f(t))$라 하면 이 점에서의 접선의 기울기는
$$f'(t)=3t^2+2(a+2)t+2a$$
이때 직선 $4x+y+3=0$, 즉 $y=-4x-3$과 평행한 직선이 존재하지 않으려면 $3t^2+2(a+2)t+2a=-4$를 만족시키는 실수 t의 값이 존재하지 않아야 한다.

즉, 이차방정식 $3t^2+2(a+2)t+2a+4=0$의 실근이 존재하지 않아야 하므로 이 이차방정식의 판별식을 D라 하면

$$\frac{D}{4}=(a+2)^2-3(2a+4)<0 \text{에서}$$

$$a^2-2a-8<0, \ (a+2)(a-4)<0$$

$$\therefore \ -2<a<4$$

따라서 정수 a는 -1, 0, 1, 2, 3의 5개이다.

0363 답 5

곡선 $y=\dfrac{1}{3}x^3+\dfrac{11}{3}\ (x>0)$ 위의 점 $\mathrm{P}(a, b)$와 직선

$x-y-10=0$, 즉 $y=x-10$ 사이의 거리가 최소이려면 다음 그림과 같이 점 P에서의 접선이 직선 $y=x-10$과 평행해야 하므로 점 P에서의 접선의 기울기가 1이어야 한다.

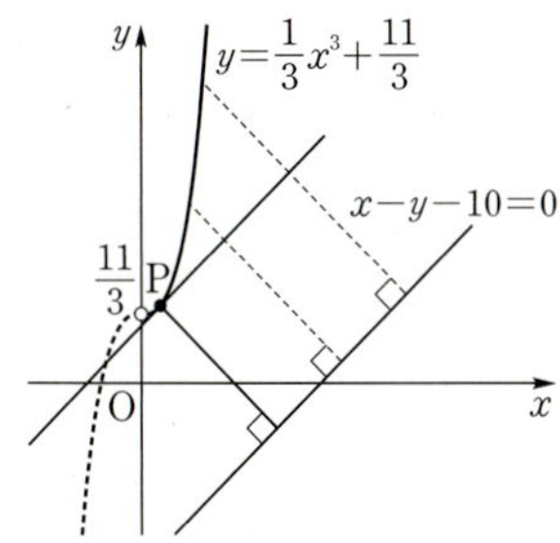

$f(x)=\dfrac{1}{3}x^3+\dfrac{11}{3}$이라 하면 $f'(x)=x^2$

점 $\mathrm{P}(a, b)$에서의 접선의 기울기는
$$f'(a)=a^2=1$$
$$(a+1)(a-1)=0 \qquad \therefore \ a=1 \ (\because \ a>0)$$
점 $\mathrm{P}(1, b)$가 곡선 $y=f(x)$ 위의 점이므로
$$b=f(1)=\frac{1}{3}+\frac{11}{3}=4$$
$$\therefore \ a+b=1+4=5$$

0364 답 ⑤

$f(-x)+f(x)=2$에 $x=0$을 대입하면
$$2f(0)=2 \qquad \therefore \ f(0)=1$$
또한 $f(1)=f(3)=3$이므로
$$f(-1)=2-f(1)=2-3=-1$$
$$f(-3)=2-f(3)=2-3=-1$$

ㄱ. 함수 $f(x)$가 닫힌구간 $[-1, 0]$에서 연속이고
  $f(-1)f(0)=-1<0$이므로 사잇값 정리에 의하여 방정식
  $f(x)=0$은 열린구간 $(-1, 0)$에서 적어도 하나의 실근을 갖는다. (참)

ㄴ. 함수 $f(x)$가 닫힌구간 $[-3, -1]$에서 연속이고 열린구간
  $(-3, -1)$에서 미분가능하며 $f(-3)=f(-1)$이므로 롤의
  정리에 의하여 방정식 $f'(x)=0$은 열린구간 $(-3, -1)$에서
  적어도 하나의 실근을 갖는다.
  또한 함수 $f(x)$가 닫힌구간 $[1, 3]$에서 연속이고 열린구간
  $(1, 3)$에서 미분가능하며 $f(1)=f(3)$이므로 롤의 정리에 의
  하여 방정식 $f'(x)=0$은 열린구간 $(1, 3)$에서 적어도 하나의
  실근을 갖는다.
  즉, 방정식 $f'(x)=0$은 열린구간 $(-3, 3)$에서 적어도 2개의
  실근을 갖는다. (참)

ㄷ. 함수 $f(x)$가 닫힌구간 $[-1, 0]$에서 연속이고 열린구간
  $(-1, 0)$에서 미분가능하므로 평균값 정리에 의하여
  $$\frac{f(0)-f(-1)}{0-(-1)}=\frac{1-(-1)}{1}=2=f'(c)\text{인 } c\text{가 열린구간}$$
  $(-1, 0)$에 적어도 하나 존재한다.
  또한 함수 $f(x)$가 닫힌구간 $[0, 1]$에서 연속이고 열린구간
  $(0, 1)$에서 미분가능하므로 평균값 정리에 의하여
  $$\frac{f(1)-f(0)}{1-0}=\frac{3-1}{1}=2=f'(c)\text{인 } c\text{가 열린구간 }(0, 1)\text{에}$$
  적어도 하나 존재한다.
  즉, 방정식 $f'(x)=2$는 열린구간 $(-1, 1)$에서 적어도 2개의
  실근을 갖는다. (참)
따라서 옳은 것은 ㄱ, ㄴ, ㄷ이다.

0365 답 ①

$f(x)=x^3-2x^2$이라 하면 $f'(x)=3x^2-4x$
접점의 좌표를 (t, t^3-2t^2)이라 하면 이 점에서의 접선의 기울기는
$f'(t)=3t^2-4t$이므로 접선의 방정식은
$$y-(t^3-2t^2)=(3t^2-4t)(x-t)$$
$$\therefore \ y=(3t^2-4t)x-2t^3+2t^2$$

이 직선이 점 $(a, 0)$을 지나므로
$$0=3at^2-4at-2t^3+2t^2$$
$$2t^3-(3a+2)t^2+4at=0,\ t\{2t^2-(3a+2)t+4a\}=0$$
$$\therefore t=0\ \text{또는}\ 2t^2-(3a+2)t+4a=0$$

———————————————————————— ❷

이때 접선이 오직 하나만 존재하려면 이차방정식
$$2t^2-(3a+2)t+4a=0\qquad\cdots\cdots\ \ominus$$
이 $t=0$을 중근으로 갖거나 실근을 갖지 않아야 한다.
(i) 이차방정식 ㉠이 $t=0$을 중근으로 갖는 경우
　　이차방정식의 근과 계수의 관계에 의하여
　　$3a+2=0,\ 4a=0$이어야 한다.
　　그런데 이를 동시에 만족시키는 a의 값은 존재하지 않으므로 이
　　차방정식 ㉠은 $t=0$을 중근으로 갖지 않는다.
(ii) 이차방정식 ㉠이 실근을 갖지 않는 경우
　　이차방정식 ㉠의 판별식을 D라 하면
　　$D=\{-(3a+2)\}^2-4\times2\times4a<0$에서
　　$9a^2-20a+4<0,\ (9a-2)(a-2)<0$
　　$\therefore \dfrac{2}{9}<a<2$

(i), (ii)에서 $\dfrac{2}{9}<a<2$이므로 구하는 정수 a는 1이다.

———————————————————————— ❸

채점 기준	배점
❶ 곡선 밖의 점에서 곡선에 그은 접선의 방정식 나타내기	30%
❷ 접선이 점 $(a, 0)$을 지남을 이용하여 이차방정식 세우기	20%
❸ 정수 a의 값 구하기	50%

0366
답 15

함수 $f(x)$는 닫힌구간 $[0, 4]$에서 연속이고 열린구간 $(0, 4)$에서
미분가능하므로 평균값 정리에 의하여 $\dfrac{f(b)-f(a)}{b-a}=f'(c)$인 c
가 열린구간 $(0, 4)$에 적어도 하나 존재한다.

———————————————————————— ❶

$f(x)=\dfrac{1}{3}x^3-4x^2+6x$에서
$f'(x)=x^2-8x+6=(x-4)^2-10$이므로
$f'(c)=(c-4)^2-10$
이때 $0<c<4$이므로 $-10<f'(c)<6$

———————————————————————— ❷

따라서 $-10<k<6$이므로 가능한 자연수 k는 1, 2, 3, 4, 5이고
그 합은
$$1+2+3+4+5=15$$

———————————————————————— ❸

채점 기준	배점
❶ 평균값 정리를 이용하여 식 세우기	30%
❷ $f'(c)$의 값의 범위 구하기	40%
❸ 조건을 만족시키는 모든 자연수 k의 값의 합 구하기	30%

수능 녹인 변별력 문제

0367
답 6

함수 $f(x)$는 닫힌구간 $[1, 4]$에서 연속이고 열린구간 $(1, 4)$에서
미분가능하므로 평균값 정리에 의하여 $\dfrac{f(4)-f(1)}{4-1}=f'(c)$인 c
가 열린구간 $(1, 4)$에 적어도 하나 존재한다.
이때 조건 ㈏에서 $|f'(c)|\leq4$이므로
$$\left|\dfrac{f(4)-f(1)}{4-1}\right|\leq4$$
조건 ㈎에서 $f(1)=3$이므로 $-12\leq f(4)-3\leq12$
$\therefore -9\leq f(4)\leq15$
따라서 $f(4)$의 최댓값은 15, 최솟값은 -9이므로 구하는 합은
$$15+(-9)=6$$

0368
답 7

$g(x)=xf(x)$로 놓으면 $g'(x)=f(x)+xf'(x)$
곡선 $y=f(x)$가 점 $(0, 1)$을 지나므로
$f(0)=1$
곡선 $y=g(x)$가 점 $(2, 6)$을 지나므로
$g(2)=2f(2)=6$　　$\therefore f(2)=3$
곡선 $y=f(x)$ 위의 점 $(0, 1)$에서의 접선과 곡선 $y=g(x)$ 위의
점 $(2, 6)$에서의 접선이 평행하므로
$f'(0)=g'(2)$에서 $f'(0)=f(2)+2f'(2)$
$\therefore f'(0)=3+2f'(2)$
$f(x)=x^3+ax^2+bx+c$ $(a, b, c$는 상수$)$라 하면
$f'(x)=3x^2+2ax+b$
$f(0)=1$에서 $c=1$
$f(2)=3$에서 $8+4a+2b+1=3$
$\therefore 2a+b=-3\qquad\cdots\cdots\ \ominus$
$f'(0)=3+2f'(2)$에서
$b=3+2(12+4a+b)$
$\therefore 8a+b=-27\qquad\cdots\cdots\ \ominus\ominus$
㉠, ㉡을 연립하여 풀면 $a=-4,\ b=5$
따라서 $f(x)=x^3-4x^2+5x+1$이므로
$$f(3)=27-36+15+1=7$$

0369
답 18

조건 ㈎에서 $g(6)=0$이고 조건 ㈏에서 $0\leq x\leq4$일 때,
$f(x)\leq g(x)$이므로 $g(0)$의 값이 최소가 되려면 다음 그림과 같이 직
선 $y=g(x)$는 점 $(6, 0)$을 지나면서 곡선 $y=f(x)$에 접해야 한다.

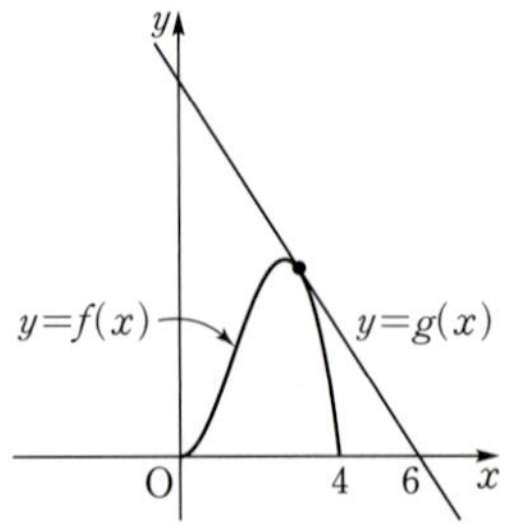

$f(x)=x^2(4-x)=-x^3+4x^2$에서 $f'(x)=-3x^2+8x$

접점의 좌표를 $(t,\,-t^3+4t^2)$이라 하면 접선의 기울기는

$f'(t)=-3t^2+8t$이므로 접선의 방정식은

$y-(-t^3+4t^2)=(-3t^2+8t)(x-t)$

$\therefore y=(-3t^2+8t)x+2t^3-4t^2 \quad\cdots\cdots$ ㉠

이 직선이 점 $(6,\,0)$을 지나므로

$0=-18t^2+48t+2t^3-4t^2,\ t^3-11t^2+24t=0$

$t(t-3)(t-8)=0$

$\therefore t=3\ (\because 0<t<4)$

$t=3$을 ㉠에 대입하면

$y=-3x+18$

따라서 $g(x)=-3x+18$이므로 $g(0)=18$

0370   답 ③

$f(x)=x^2+ax+b\ (a,\,b$는 상수$)$라 하면 $f'(x)=2x+a$

곡선 $y=f(x)$ 위의 점 $(t,\,f(t))$에서의 접선의 방정식은

$y-f(t)=f'(t)(x-t)$

$\therefore y=(2t+a)(x-t)+t^2+at+b$

이 식에 $x=0$을 대입하면 y절편은

$g(t)=-2t^2-at+t^2+at+b=-t^2+b$

이때 함수 $|g(t)|$가 $t=2$에서 미분가능하지 않으려면 다음 그림과 같이 $t=2$에서 함수 $y=|g(t)|$의 그래프가 꺾인 모양이어야 한다.

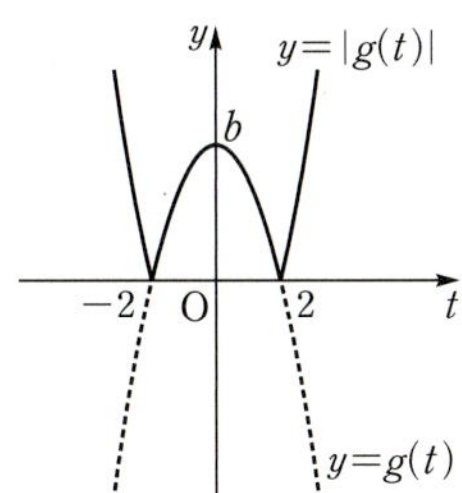

즉, $g(2)=0$이므로 $-4+b=0$

$\therefore b=4$

따라서 $g(t)=-t^2+4$이므로

$g(3)=-9+4=-5$

0371   답 51

원의 중심을 P라 하면 원이 직선 $y=5x-6$에 접하므로 점 P와 직선 $y=5x-6$ 사이의 거리가 원의 반지름의 길이이고 이 값이 최소일 때, 원의 넓이가 최소가 된다.

이때 점 P와 직선 $y=5x-6$ 사이의 거리가 최소이려면 점 P에서의 접선이 직선 $y=5x-6$과 평행해야 한다.

$f(x)=x^3+2x+1$이라 하면 $f'(x)=3x^2+2$

원의 중심 P의 좌표를 $(t,\,t^3+2t+1)$이라 하면

$f'(t)=5$에서 $3t^2+2=5$

$t^2=1 \quad\therefore t=1\ (\because t>0)$

따라서 점 $P(1,\,4)$와 직선 $y=5x-6$, 즉 $5x-y-6=0$ 사이의 거리는

$\dfrac{|5-4-6|}{\sqrt{5^2+(-1)^2}}=\dfrac{5}{\sqrt{26}}$

원의 반지름의 길이가 $\dfrac{5}{\sqrt{26}}$이므로 구하는 원의 넓이는

$\pi\times\left(\dfrac{5}{\sqrt{26}}\right)^2=\dfrac{25}{26}\pi$

따라서 $p=26,\ q=25$이므로

$p+q=26+25=51$

0372   답 25

점 A가 선분 OB를 지름으로 하는 원 위의 점이므로 $\angle \text{OAB}=\dfrac{\pi}{2}$이다.

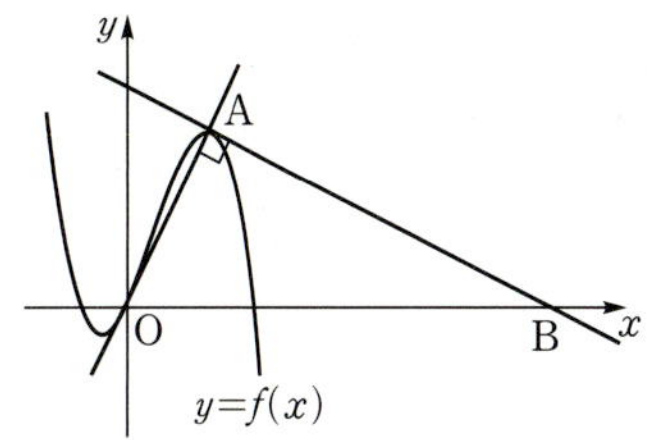

즉, 두 직선 OA, AB는 서로 수직이므로 두 직선의 기울기의 곱은 -1이다. $\quad\cdots\cdots$ ㉠

$f(x)=-x^3+ax^2+2x$에서 $f'(x)=-3x^2+2ax+2$

곡선 $y=f(x)$ 위의 점 $O(0,\,0)$에서의 접선의 방정식은

$y=f'(0)x$이므로

$y=2x \quad\cdots\cdots$ ㉡

이 접선과 곡선 $y=f(x)$가 만나는 점 중 점 O가 아닌 점 A의 x좌표는 $-x^3+ax^2+2x=2x$에서

$x^2(x-a)=0 \quad\therefore x=a\ (\because x\neq 0)$

$\therefore A(a,\,2a)$

㉠, ㉡에서 점 $A(a,\,2a)$에서의 접선의 기울기가 $-\dfrac{1}{2}$이므로 접선의 방정식은

$y-2a=-\dfrac{1}{2}(x-a) \quad\therefore y=-\dfrac{1}{2}x+\dfrac{5}{2}a$

이 접선이 x축과 만나는 점 B의 x좌표는

$0=-\dfrac{1}{2}x+\dfrac{5}{2}a \quad\therefore x=5a$

$\therefore B(5a,\,0)$

또한 $f'(a)=-\dfrac{1}{2}$에서

$-a^2+2=-\dfrac{1}{2},\ a^2=\dfrac{5}{2} \quad\therefore a=\dfrac{\sqrt{10}}{2}\ (\because a>\sqrt{2})$

따라서 점 A에서 x축에 내린 수선의 발을 H라 하면

$\overline{OA}\times\overline{AB}=\overline{OB}\times\overline{AH}=5a\times 2a=10a^2=10\times\dfrac{5}{2}=25$

$\overline{OA}\times\overline{AB}$의 값을 다음과 같이 구할 수도 있다.

$\overline{OA}=\sqrt{a^2+(2a)^2}=\sqrt{5a^2}=\sqrt{\dfrac{25}{2}}=\dfrac{5}{\sqrt{2}}$

$\overline{AB}=\sqrt{(5a-a)^2+(0-2a)^2}=\sqrt{20a^2}=\sqrt{50}=5\sqrt{2}$

$\therefore \overline{OA}\times\overline{AB}=\dfrac{5}{\sqrt{2}}\times 5\sqrt{2}=25$

0373

답 ②

원점과 점 $A(1, 2)$를 지나는 직선의 방정
식은 $y=2x$

이 직선이 곡선 $y=f(x)$와 점 $A(1, 2)$에
서 접하므로

$f(1)=2$, $f'(1)=2$

$f'(1)(t-1)+f(1) \geq f(t)$ $\qquad$ …… ㉠

에서 $2(t-1)+2 \geq f(t)$

$\therefore 2t \geq f(t)$

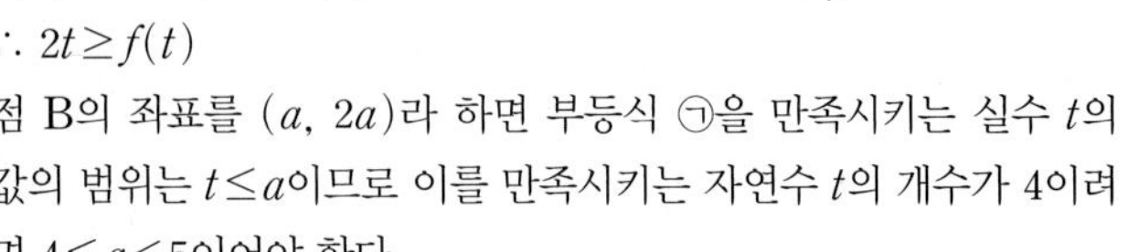

점 B의 좌표를 $(a, 2a)$라 하면 부등식 ㉠을 만족시키는 실수 t의
값의 범위는 $t \leq a$이므로 이를 만족시키는 자연수 t의 개수가 4이려
면 $4 \leq a < 5$이어야 한다.

$\overline{AB} = \sqrt{(a-1)^2 + (2a-2)^2}$

$\qquad = \sqrt{5}(a-1)$

에서 $3\sqrt{5} \leq \overline{AB} < 4\sqrt{5}$

따라서 선분 AB의 길이의 최솟값은 $3\sqrt{5}$이다.

0374

답 ②

이차함수 $y=f(x)$는 최고차항의 계수가 a이고 그래프의 대칭축이
직선 $x=1$이므로

$f(x) = a(x-1)^2 + b$ (b는 상수)

라 하자.

$f'(x) = 2a(x-1)$이므로 $|f'(x)| \leq 4x^2+5$에서

$|2a(x-1)| \leq 4x^2+5$

위의 부등식이 모든 실수 x에 대하여 성립하려면 곡선 $y=4x^2+5$가
함수 $y=|2a(x-1)|$, 즉 $y=|2a||x-1|$의 그래프와 접하거나 위
쪽에 위치해야 한다.

이때 실수 a가 최대가 되려면 다음 그림과 같이 함수
$y=-|2a|(x-1)$의 그래프가 곡선 $y=4x^2+5$에 접해야 한다.

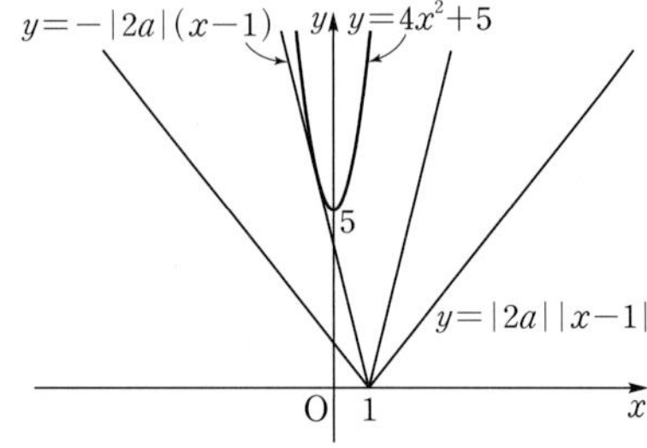

$y=4x^2+5$에서 $y'=8x$

접점의 좌표를 $(t, 4t^2+5)$라 하면 접선의 기울기는 $8t$이고,

$8t<0$이므로 $t<0$

이때 접선의 방정식은

$y-(4t^2+5)=8t(x-t)$ $\qquad \therefore y=8tx-4t^2+5$

이 접선이 점 $(1, 0)$을 지나므로

$0=8t-4t^2+5$, $4t^2-8t-5=0$

$(2t-5)(2t+1)=0$ $\qquad \therefore t=-\dfrac{1}{2}$ $(\because t<0)$

즉, 접선의 기울기는 -4이므로

$-|2a|=-4$, $|a|=2$

$\therefore a=-2$ 또는 $a=2$

따라서 구하는 실수 a의 최댓값은 2이다.

방정식 $4x^2+5=-|2a|(x-1)$, 즉 $4x^2+|2a|x+5-|2a|=0$의 판
별식을 D라 하면

$\dfrac{D}{4} = |a|^2 - 4(5-|2a|) = 0$

$|a|^2 + 8|a| - 20 = 0$, $(|a|+10)(|a|-2)=0$

$\therefore |a|=2$ $(\because |a|>0)$

따라서 구하는 실수 a의 최댓값은 2이다.

PART A 05 도함수의 활용 (2)

유형 01 함수의 증가, 감소

확인 문제 (1) 감소　(2) 증가　(3) 증가

(1) $0 \leq x_1 < x_2$인 임의의 두 실수 x_1, x_2에 대하여
$$f(x_1) - f(x_2) = -x_1^2 - (-x_2^2)$$
$$= x_2^2 - x_1^2$$
$$= (x_2 - x_1)(x_2 + x_1) > 0$$
$$\therefore f(x_1) > f(x_2)$$
따라서 함수 $f(x)$는 구간 $[0, \infty)$에서 감소한다.

(2) $2 \leq x_1 < x_2$인 임의의 두 실수 x_1, x_2에 대하여
$$f(x_1) - f(x_2) = (x_1^2 - 4x_1) - (x_2^2 - 4x_2)$$
$$= (x_1 - x_2)(x_1 + x_2) - 4(x_1 - x_2)$$
$$= (x_1 - x_2)(x_1 + x_2 - 4) < 0$$
$$\therefore f(x_1) < f(x_2)$$
따라서 함수 $f(x)$는 구간 $[2, \infty)$에서 증가한다.

(3) $x_1 < x_2$인 임의의 두 실수 x_1, x_2에 대하여
$$f(x_1) - f(x_2) = (x_1^3 + 1) - (x_2^3 + 1)$$
$$= x_1^3 - x_2^3 = (x_1 - x_2)(x_1^2 + x_1 x_2 + x_2^2)$$
이때 $x_1^2 + x_1 x_2 + x_2^2 = \left(x_1 + \dfrac{1}{2}x_2\right)^2 + \dfrac{3}{4}x_2^2 > 0$이므로
$$f(x_1) - f(x_2) < 0 \qquad \therefore f(x_1) < f(x_2)$$
따라서 함수 $f(x)$는 구간 $(-\infty, \infty)$에서 증가한다.

0375　답 ⑤

$f(x) = -x^3 + 3x^2 + 9x + 5$에서
$$f'(x) = -3x^2 + 6x + 9 = -3(x+1)(x-3)$$
$f'(x) = 0$에서 $x = -1$ 또는 $x = 3$
함수 $f(x)$의 증가와 감소를 표로 나타내면 다음과 같다.

x	$\cdots$	-1	$\cdots$	3	$\cdots$
$f'(x)$	$-$	0	$+$	0	$-$
$f(x)$	↘		↗		↘

따라서 함수 $f(x)$가 증가하는 x의 값의 범위가 $-1 \leq x \leq 3$이므로
$a = -1$, $b = 3$
$$\therefore a + b = -1 + 3 = 2$$

0376　답 4

$f(x) = x^3 - 6x^2 - 15x + 2$에서
$$f'(x) = 3x^2 - 12x - 15 = 3(x+1)(x-5)$$
$f'(x) = 0$에서 $x = -1$ 또는 $x = 5$
함수 $f(x)$의 증가와 감소를 표로 나타내면 다음과 같다.

x	$\cdots$	-1	$\cdots$	5	$\cdots$
$f'(x)$	$+$	0	$-$	0	$+$
$f(x)$	↗		↘		↗

따라서 함수 $f(x)$가 감소하는 x의 값의 범위가 $-1 \leq x \leq 5$이므로
$a = -1$, $b = 5$
$$\therefore a + b = -1 + 5 = 4$$

0377　답 ①

$f(x) = \dfrac{1}{3}x^3 - 2x^2 - 5x + 1$에서
$$f'(x) = x^2 - 4x - 5 = (x+1)(x-5)$$
$f'(x) = 0$에서 $x = -1$ 또는 $x = 5$
함수 $f(x)$의 증가와 감소를 표로 나타내면 다음과 같다.

x	$\cdots$	-1	$\cdots$	5	$\cdots$
$f'(x)$	$+$	0	$-$	0	$+$
$f(x)$	↗		↘		↗

$-1 \leq a < b \leq 5$일 때, 함수 $f(x)$는 닫힌구간 $[a, b]$에서 감소한다.
따라서 $b - a$의 최댓값은
$$5 - (-1) = 6$$

0378　답 15

$f(x) = 2x^3 + ax^2 + bx + 1$에서 $f'(x) = 6x^2 + 2ax + b$
함수 $f(x)$가 $x \leq -2$, $x \geq 1$에서 증가하고, $-2 \leq x \leq 1$에서 감소하므로 이차방정식 $f'(x) = 0$의 서로 다른 두 실근은 -2, 1이다.
따라서 이차방정식의 근과 계수의 관계에 의하여
$$-2 + 1 = -\dfrac{2a}{6}, \quad -2 \times 1 = \dfrac{b}{6}$$
즉, $a = 3$, $b = -12$이므로
$$a - b = 3 - (-12) = 15$$

0379　답 8

$f(x) = x^3 + 6x^2 + ax + 4$에서 $f'(x) = 3x^2 + 12x + a$
함수 $f(x)$가 감소하는 x의 값의 범위가 $-3 \leq x \leq b$이므로 이차방정식 $f'(x) = 0$의 서로 다른 두 실근은 -3, b이다.
따라서 이차방정식의 근과 계수의 관계에 의하여
$$-3 + b = -4, \quad -3 \times b = \dfrac{a}{3}$$
즉, $a = 9$, $b = -1$이므로
$$a + b = 9 + (-1) = 8$$

유형 02 삼차함수가 실수 전체의 집합에서 증가 또는 감소할 조건

0380　답 ③

$f(x) = -x^3 + ax^2 + (a^2 - 4a)x + 4$에서
$$f'(x) = -3x^2 + 2ax + a^2 - 4a$$

함수 $f(x)$가 실수 전체의 집합에서 감소하려면 모든 실수 x에 대하여 $f'(x)\leq0$이어야 한다.

이차방정식 $f'(x)=0$의 판별식을 D라 하면

$\dfrac{D}{4}=a^2-(-3)(a^2-4a)\leq0,\ 4a^2-12a\leq0$

$a(a-3)\leq0$ $\qquad \therefore 0\leq a\leq3$

따라서 정수 a는 0, 1, 2, 3의 4개이다.

0381   답 6

$f(x)=x^3+ax^2-(a^2-8a)x+3$에서 $f'(x)=3x^2+2ax-a^2+8a$

함수 $f(x)$가 실수 전체의 집합에서 증가하려면 모든 실수 x에 대하여 $f'(x)\geq0$이어야 한다.

이차방정식 $f'(x)=0$의 판별식을 D라 하면

$\dfrac{D}{4}=a^2-3(-a^2+8a)\leq0,\ 4a^2-24a\leq0$

$a(a-6)\leq0$ $\qquad \therefore 0\leq a\leq6$

따라서 실수 a의 최댓값은 6이다.

0382   답 ①

$f(x)=ax^3+2x^2-2x$에서 $f'(x)=3ax^2+4x-2$

함수 $f(x)$가 구간 $(-\infty,\ \infty)$에서 감소하려면 모든 실수 x에 대하여 $f'(x)\leq0$이어야 하므로

$a<0$ $\qquad\qquad \cdots\cdots \text{㉠}$

이차방정식 $f'(x)=0$의 판별식을 D라 하면

$\dfrac{D}{4}=2^2-(-6a)\leq0$에서 $6a\leq-4$

$\therefore a\leq-\dfrac{2}{3}$ $\qquad \cdots\cdots \text{㉡}$

㉠, ㉡을 동시에 만족시키는 a의 값의 범위는

$a\leq-\dfrac{2}{3}$

0383   답 15

$x_1<x_2$인 임의의 두 실수 $x_1,\ x_2$에 대하여 $f(x_1)<f(x_2)$가 성립하려면 함수 $f(x)$가 실수 전체의 집합에서 증가해야 한다.

$f(x)=x^3+ax^2+5ax+3$에서 $f'(x)=3x^2+2ax+5a$

함수 $f(x)$가 실수 전체의 집합에서 증가하려면 모든 실수 x에 대하여 $f'(x)\geq0$이어야 한다.

이차방정식 $f'(x)=0$의 판별식을 D라 하면

$\dfrac{D}{4}=a^2-15a\leq0,\ a(a-15)\leq0$

$\therefore 0\leq a\leq15$

따라서 실수 a의 최댓값 $M=15$, 최솟값 $m=0$이므로

$M-m=15-0=15$

0384   답 10

임의의 두 실수 $x_1,\ x_2$에 대하여 $x_1\neq x_2$이면 $f(x_1)\neq f(x_2)$를 만족시키는 함수는 일대일함수이고 $f(x)$의 최고차항의 계수가 음수이므로 함수 $f(x)$는 실수 전체의 집합에서 감소해야 한다.

$f(x)=-x^3-(a+2)x^2-3ax+1$에서

$f'(x)=-3x^2-2(a+2)x-3a$

함수 $f(x)$가 실수 전체의 집합에서 감소하려면 모든 실수 x에 대하여 $f'(x)\leq0$이어야 한다.

이차방정식 $f'(x)=0$의 판별식을 D라 하면

$\dfrac{D}{4}=\{-(a+2)\}^2-9a\leq0,\ a^2-5a+4\leq0$

$(a-1)(a-4)\leq0$ $\qquad \therefore 1\leq a\leq4$

따라서 정수 a는 1, 2, 3, 4이므로 구하는 합은

$1+2+3+4=10$

0385   답 11

함수 $f(x)$의 역함수가 존재하려면 $f(x)$가 일대일대응이어야 하므로 실수 전체의 집합에서 $f(x)$는 증가하거나 감소해야 한다.

그런데 함수 $f(x)$의 최고차항의 계수가 양수이므로 $f(x)$는 실수 전체의 집합에서 증가해야 한다.

$f(x)=\dfrac{2}{3}x^3+ax^2+(3a+8)x-2$에서

$f'(x)=2x^2+2ax+3a+8$

함수 $f(x)$가 실수 전체의 집합에서 증가하려면 모든 실수 x에 대하여 $f'(x)\geq0$이어야 한다.

이차방정식 $f'(x)=0$의 판별식을 D라 하면

$\dfrac{D}{4}=a^2-2(3a+8)\leq0,\ a^2-6a-16\leq0$

$(a+2)(a-8)\leq0$ $\qquad \therefore -2\leq a\leq8$

따라서 정수 a는 $-2,\ -1,\ 0,\ \cdots,\ 7,\ 8$의 11개이다.

참고

범위 안에 속하는 정수의 개수를 세는 방법은 다음과 같다.

즉, 정수 $m,\ n$에 대하여

$m<x<n$에 속하는 정수 x의 개수는 $n-m-1$

$m\leq x<n$에 속하는 정수 x의 개수는 $n-m$

$m<x\leq n$에 속하는 정수 x의 개수는 $n-m$

$m\leq x\leq n$에 속하는 정수 x의 개수는 $n-m+1$

유형 03   삼차함수가 주어진 구간에서 증가 또는 감소할 조건

0386   답 ②

$f(x)=-x^3+\dfrac{3}{2}x^2+ax+1$에서

$f'(x)=-3x^2+3x+a=-3\left(x-\dfrac{1}{2}\right)^2+a+\dfrac{3}{4}$

함수 $f(x)$가 $1<x<2$에서 증가하려면 $1<x<2$에서 $f'(x)\geq0$이어야 하므로 오른쪽 그림과 같이

$f'(2)=-12+6+a\geq0$ $\quad \therefore a\geq6$

따라서 실수 a의 최솟값은 6이다.

0387

답 ②

$f(x)=x^3+ax^2-15x+3$에서 $f'(x)=3x^2+2ax-15$

함수 $f(x)$가 구간 $(-1, 3)$에서 감소하려면 $-1<x<3$에서 $f'(x)\leq0$이어야 한다.

$f'(-1)=3-2a-15\leq0$에서 $a\geq-6$ ······ ㉠

$f'(3)=27+6a-15\leq0$에서 $a\leq-2$ ······ ㉡

㉠, ㉡을 동시에 만족시키는 a의 값의 범위는

$-6\leq a\leq-2$

따라서 정수 a는 -6, -5, -4, -3, -2의 5개이다.

> **참고**
>
> $f'(x)$는 최고차항의 계수가 양수인 이차함수이므로 다음 그림과 같이 $f'(-1)\leq0$, $f'(3)\leq0$이면 $-1<x<3$에서 $f'(x)\leq0$임을 알 수 있다.
>
> 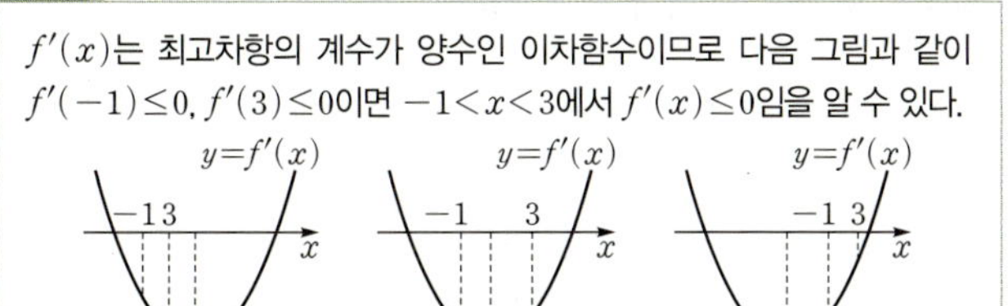

0388

답 16

$f(x)=x^3-\dfrac{9}{2}x^2+(a-5)x+5$에서

$f'(x)=3x^2-9x+a-5=3\left(x-\dfrac{3}{2}\right)^2+a-\dfrac{47}{4}$

함수 $f(x)$가 구간 $(1, 2)$에서 감소하고, 구간 $(3, \infty)$에서 증가하려면 $1<x<2$에서 $f'(x)\leq0$, $x>3$에서 $f'(x)\geq0$이어야 한다.

$f'(1)=3-9+a-5\leq0$에서

$a\leq11$ ······ ㉠

$f'(2)=12-18+a-5\leq0$에서

$a\leq11$ ······ ㉡

$f'(3)=27-27+a-5\geq0$에서

$a\geq5$ ······ ㉢

㉠, ㉡, ㉢을 동시에 만족시키는 a의 값의 범위는

$5\leq a\leq11$

따라서 실수 a의 최댓값 $M=11$, 최솟값 $m=5$이므로

$M+m=11+5=16$

유형 04 함수의 그래프와 증가, 감소

0389

답 ⑤

오른쪽 그림과 같이 함수 $y=f'(x)$의 그래프가 x축과 만나는 점의 x좌표를 작은 수부터 차례대로 a, b, c라 하면

① 구간 $(-\infty, -2)$에서 $f'(x)<0$이므로 함수 $f(x)$는 감소한다.

② 구간 $(-2, a)$에서 $f'(x)<0$이므로 함수 $f(x)$는 감소한다.

③ 구간 $(-1, 0)$에서 $f'(x)>0$이므로 함수 $f(x)$는 증가한다.

④ 구간 $(0, b)$에서 $f'(x)>0$이므로 함수 $f(x)$는 증가한다.

⑤ 구간 $(1, 2)$에서 $f'(x)<0$이므로 함수 $f(x)$는 감소한다.

따라서 옳은 것은 ⑤이다.

0390

답 ③

함수 $y=f'(x)$의 그래프에서 $f'(x)\leq0$인 구간은 $[-2, 1]$이므로 함수 $f(x)$는 구간 $[-2, 0]$에서 감소한다.

0391

답 ③

$y=\{f(x)\}^2$에서 $y'=2f(x)f'(x)$

주어진 그래프에서 $f(x)$, $f'(x)$의 부호를 이용하여 함수 $\{f(x)\}^2$의 증가와 감소를 표로 나타내면 다음과 같다.

x	0	$\cdots$	p	$\cdots$	a	$\cdots$	q	$\cdots$	b	$\cdots$	r	$\cdots$	c
$f(x)$	$+$	$+$	$+$	$+$	0	$-$	$-$		0	$+$	$+$	$+$	0
$f'(x)$		$+$	0	$-$	$-$	$-$	0	$+$	$+$	$+$	0	$-$	
$f(x)f'(x)$		$+$	0	$-$	0	$+$	0	$-$	0	$+$	0	$-$	
$\{f(x)\}^2$		↗		↘		↗		↘		↗		↘	

따라서 함수 $\{f(x)\}^2$이 증가하는 구간은 $[0, p]$, $[a, q]$, $[b, r]$이므로 이 구간에 속하는 x의 값은 ③이다.

유형 05 함수의 극대, 극소

확인 문제 (1) 2   (2) -2, -1

(1) $x=2$를 포함하는 열린구간 $(1, 3)$에 속하는 모든 x에 대하여 $f(x)\leq f(2)$이므로 함수 $f(x)$는 $x=2$에서 극댓값 $f(2)=2$를 갖는다.

(2) $x=0$, $x=4$를 각각 포함하는 열린구간 $(-1, 1)$과 $(3, 5)$에 속하는 모든 x에 대하여 $f(x)\geq f(0)$, $f(x)\geq f(4)$이므로 함수 $f(x)$는 $x=0$에서 극솟값 $f(0)=-1$, $x=4$에서 극솟값 $f(4)=-2$를 갖는다.

0392

답 ③

$f(x)=2x^3+3x^2-12x+1$에서

$f'(x)=6x^2+6x-12=6(x+2)(x-1)$

$f'(x)=0$에서 $x=-2$ 또는 $x=1$

함수 $f(x)$의 증가와 감소를 표로 나타내면 다음과 같다.

x	$\cdots$	-2	$\cdots$	1	$\cdots$
$f'(x)$	$+$	0	$-$	0	$+$
$f(x)$	↗	21	↘	-6	↗

따라서 함수 $f(x)$는 $x=-2$에서 극댓값 21, $x=1$에서 극솟값 -6을 가지므로

$M=21$, $m=-6$

$\therefore M+m=21+(-6)=15$

0393

답 3

$f(x)=-x^3+6x^2-9x+6$에서

$f'(x)=-3x^2+12x-9=-3(x-1)(x-3)$

$f'(x)=0$에서 $x=1$ 또는 $x=3$

함수 $f(x)$의 증가와 감소를 표로 나타내면 다음과 같다.

x	$\cdots$	1	$\cdots$	3	$\cdots$
$f'(x)$	$-$	0	$+$	0	$-$
$f(x)$	$\searrow$	2	$\nearrow$	6	$\searrow$

따라서 함수 $f(x)$는 $x=1$에서 극솟값 2를 가지므로

$a=1,\ b=2$

$\therefore a+b=1+2=3$

0394

답 7

$f(x)=2x^3-9x^2+12x+a$에서

$f'(x)=6x^2-18x+12=6(x-1)(x-2)$

$f'(x)=0$에서 $x=1$ 또는 $x=2$

함수 $f(x)$의 증가와 감소를 표로 나타내면 다음과 같다.

x	$\cdots$	1	$\cdots$	2	$\cdots$
$f'(x)$	$+$	0	$-$	0	$+$
$f(x)$	$\nearrow$	$a+5$	$\searrow$	$a+4$	$\nearrow$

함수 $f(x)$는 $x=1$에서 극댓값 $a+5$를 가지므로

$a+5=8$ $\therefore a=3$

따라서 함수 $f(x)$의 극솟값은

$f(2)=a+4=7$

0395

답 ②

$f(x)=3x^4-4x^3-12x^2+10$에서

$f'(x)=12x^3-12x^2-24x=12x(x+1)(x-2)$

$f'(x)=0$에서 $x=-1$ 또는 $x=0$ 또는 $x=2$

함수 $f(x)$의 증가와 감소를 표로 나타내면 다음과 같다.

x	$\cdots$	-1	$\cdots$	0	$\cdots$	2	$\cdots$
$f'(x)$	$-$	0	$+$	0	$-$	0	$+$
$f(x)$	$\searrow$	5	$\nearrow$	10	$\searrow$	-22	$\nearrow$

따라서 함수 $f(x)$는 $x=-1$에서 극솟값 5, $x=0$에서 극댓값 10, $x=2$에서 극솟값 -22를 가지므로 모든 극값의 합은

$5+10+(-22)=-7$

0396

답 ②

$f(x)=x^3+3x^2+a^2$에서

$f'(x)=3x^2+6x=3x(x+2)$

$f'(x)=0$에서 $x=-2$ 또는 $x=0$

함수 $f(x)$의 증가와 감소를 표로 나타내면 다음과 같다.

x	$\cdots$	-2	$\cdots$	0	$\cdots$
$f'(x)$	$+$	0	$-$	0	$+$
$f(x)$	$\nearrow$	a^2+4	$\searrow$	a^2	$\nearrow$

함수 $f(x)$는 $x=-2$에서 극댓값 a^2+4, $x=0$에서 극솟값 a^2을 가지므로 모든 극값의 곱이 117이려면

$a^2(a^2+4)=117,\ a^4+4a^2-117=0$

$(a^2+13)(a+3)(a-3)=0$

$\therefore a=-3$ 또는 $a=3$ ($\because a$는 실수)

따라서 구하는 모든 실수 a의 값의 곱은

$-3\times3=-9$

0397

답 ②

$f(x)=x^3-3x^2+ax+b$에서 $f'(x)=3x^2-6x+a$

함수 $f(x)$가 $x=-1$에서 극댓값 7을 가지므로

$f(-1)=7$에서 $-4-a+b=7$

$\therefore -a+b=11$ $\cdots\cdots$ ㉠

$f'(-1)=0$에서 $3+6+a=0$

$\therefore a=-9$

$a=-9$를 ㉠에 대입하면

$b=2$

즉, $f(x)=x^3-3x^2-9x+2$,

$f'(x)=3x^2-6x-9=3(x+1)(x-3)$

$f'(x)=0$에서 $x=-1$ 또는 $x=3$

함수 $f(x)$의 증가와 감소를 표로 나타내면 다음과 같다.

x	$\cdots$	-1	$\cdots$	3	$\cdots$
$f'(x)$	$+$	0	$-$	0	$+$
$f(x)$	$\nearrow$	7	$\searrow$	-25	$\nearrow$

따라서 함수 $f(x)$는 $x=3$에서 극솟값 -25를 갖는다.

0398

답 ①

$f(x)=-\dfrac{1}{3}x^3+2x^2+mx+1$에서 $f'(x)=-x^2+4x+m$

함수 $f(x)$가 $x=3$에서 극대이므로 $f'(3)=0$에서

$-9+12+m=0$ $\therefore m=-3$

0399

답 9

$f(x)=x^3+ax^2+bx+c$에서 $f'(x)=3x^2+2ax+b$

함수 $f(x)$는 $x=1,\ x=3$에서 극값을 가지므로

$f'(1)=0$에서 $3+2a+b=0$

$\therefore 2a+b=-3$ $\cdots\cdots$ ㉠

$f'(3)=0$에서 $27+6a+b=0$

$\therefore 6a+b=-27$ $\cdots\cdots$ ㉡

㉠, ㉡을 연립하여 풀면 $a=-6,\ b=9$

즉, $f(x)=x^3-6x^2+9x+c$이고

함수 $f(x)$가 $x=3$에서 극솟값 5를 가지므로

$f(3)=5$에서 $27-54+27+c=5$

$\therefore c=5$

따라서 $f(x)=x^3-6x^2+9x+5$이므로 극댓값은

$f(1)=1-6+9+5=9$

0400

답 ①

$f(x)=-x^4+8a^2x^2-1$에서

$f'(x)=-4x^3+16a^2x=-4x(x+2a)(x-2a)$

$f'(x)=0$에서 $x=-2a$ 또는 $x=0$ 또는 $x=2a$

$a>0$이므로 함수 $f(x)$의 증가와 감소를 표로 나타내면 다음과 같다.

x	$\cdots$	$-2a$	$\cdots$	0	$\cdots$	$2a$	$\cdots$
$f'(x)$	$+$	0	$-$	0	$+$	0	$-$
$f(x)$	↗	극대	↘	극소	↗	극대	↘

따라서 함수 $f(x)$는 $x=-2a$, $x=2a$에서 극대이고

$b>1$에서 $b>2-2b$이므로

$-2a=2-2b,\ 2a=b$

위의 두 식을 연립하여 풀면 $a=1,\ b=2$

$\therefore a+b=1+2=3$

0401

답 ①

$f(x)=x^3+ax^2+bx+c\ (a,\ b,\ c$는 상수$)$라 하면

$f'(x)=3x^2+2ax+b$

$f(0)=4$에서 $c=4$

함수 $f(x)$는 $x=1$에서 극솟값 2를 가지므로

$f(1)=2$에서 $1+a+b+4=2$

$\therefore a+b=-3$ $\cdots\cdots$ ㉠

$f'(1)=0$에서 $3+2a+b=0$

$\therefore 2a+b=-3$ $\cdots\cdots$ ㉡

㉠, ㉡을 연립하여 풀면 $a=0,\ b=-3$

따라서 $f(x)=x^3-3x+4$이므로

$f(2)=8-6+4=6$

0402

답 6

$f(x)=ax^3+bx+a$에서 $f'(x)=3ax^2+b$

함수 $f(x)$가 $x=1$에서 극솟값 -2를 가지므로

$f(1)=-2$에서 $a+b+a=-2$

$\therefore 2a+b=-2$ $\cdots\cdots$ ㉠

$f'(1)=0$에서 $3a+b=0$ $\cdots\cdots$ ㉡

㉠, ㉡을 연립하여 풀면 $a=2,\ b=-6$

즉, $f(x)=2x^3-6x+2$,

$f'(x)=6x^2-6=6(x+1)(x-1)$

$f'(x)=0$에서 $x=-1$ 또는 $x=1$

함수 $f(x)$의 증가와 감소를 표로 나타내면 다음과 같다.

x	$\cdots$	-1	$\cdots$	1	$\cdots$
$f'(x)$	$+$	0	$-$	0	$+$
$f(x)$	↗	6	↘	-2	↗

따라서 함수 $f(x)$는 $x=-1$에서 극댓값 6을 갖는다.

0403

답 -6

조건 ㈎의 $\displaystyle\lim_{x\to 1}\dfrac{f(x)+1}{x-1}=-9$에서 극한값이 존재하고 $x\to 1$일

때, (분모)$\to 0$이므로 (분자)$\to 0$이어야 한다.

즉, $\displaystyle\lim_{x\to 1}\{f(x)+1\}=0$이므로 $f(1)=-1$

$\therefore \displaystyle\lim_{x\to 1}\dfrac{f(x)+1}{x-1}=\lim_{x\to 1}\dfrac{f(x)-f(1)}{x-1}=f'(1)=-9$

$f(x)=x^3+ax^2+bx+c\ (a,\ b,\ c$는 상수$)$라 하면

$f'(x)=3x^2+2ax+b$

$f(1)=-1$에서 $1+a+b+c=-1$

$\therefore a+b+c=-2$ $\cdots\cdots$ ㉠

$f'(1)=-9$에서 $3+2a+b=-9$

$\therefore 2a+b=-12$ $\cdots\cdots$ ㉡

❶

조건 ㈏에서 함수 $f(x)$는 $x=-2$에서 극댓값을 가지므로

$f'(-2)=0$에서 $12-4a+b=0$

$\therefore 4a-b=12$ $\cdots\cdots$ ㉢

㉡, ㉢을 연립하여 풀면 $a=0,\ b=-12$

이를 ㉠에 대입하면 $c=10$

$\therefore f(x)=x^3-12x+10$

❷

$f'(x)=3x^2-12=3(x+2)(x-2)$

$f'(x)=0$에서 $x=-2$ 또는 $x=2$

함수 $f(x)$의 증가와 감소를 표로 나타내면 다음과 같다.

x	$\cdots$	-2	$\cdots$	2	$\cdots$
$f'(x)$	$+$	0	$-$	0	$+$
$f(x)$	↗	26	↘	-6	↗

따라서 함수 $f(x)$는 $x=2$에서 극솟값 -6을 갖는다.

❸

채점 기준	배점
❶ 조건 ㈎를 이용하여 식 세우기	30%
❷ 조건 ㈏를 이용하여 함수 $f(x)$ 구하기	30%
❸ 함수 $f(x)$의 증감표를 이용하여 극솟값 구하기	40%

유형 07 함수의 극대, 극소의 활용

0404

답 16

$g(x)=(x^3+2)f(x)$에서 $g'(x)=3x^2f(x)+(x^3+2)f'(x)$

함수 $g(x)$가 $x=1$에서 극솟값 24를 가지므로

$g(1)=24$에서 $3f(1)=24$

$\therefore f(1)=8$

$g'(1)=0$에서 $3f(1)+3f'(1)=0$

$24+3f'(1)=0$ $\therefore f'(1)=-8$

$\therefore f(1)-f'(1)=8-(-8)=16$

🔊 **Bible Says**   **곱의 미분법**

> 미분가능한 함수 $f(x)$, $g(x)$에 대하여
> $$\{f(x)g(x)\}'=f'(x)g(x)+f(x)g'(x)$$

0405

답 ②

$g(x)=(2x-1)f(x)$에서 $g'(x)=2f(x)+(2x-1)f'(x)$
함수 $g(x)$가 $x=2$에서 극댓값 9를 가지므로
$g(2)=9$에서 $3f(2)=9$
$\therefore f(2)=3$
$g'(2)=0$에서 $2f(2)+3f'(2)=0$
$6+3f'(2)=0$ $\therefore f'(2)=-2$
곡선 $y=f(x)$ 위의 점 $(2, 3)$에서의 접선의 방정식은
$y-3=-2(x-2)$ $\therefore y=-2x+7$
따라서 구하는 접선의 y절편은 7이다.

0406

답 ①

$f(x)=x^3+(a+2)x^2-3x$에서 $f'(x)=3x^2+2(a+2)x-3$
함수 $f(x)$가 $x=a$에서 극대, $x=\beta$에서 극소라 하면 a, β는 이차
방정식 $3x^2+2(a+2)x-3=0$의 서로 다른 두 실근이다.
이때 극대가 되는 점과 극소가 되는 점이 원점에 대하여 대칭이므
로 $a+\beta=0$
따라서 이차방정식의 근과 계수의 관계에 의하여
$a+\beta=-\dfrac{2(a+2)}{3}=0$ $\therefore a=-2$

> **참고**
>
> 극값을 갖는 삼차함수 $y=f(x)$의 그래프가 원점에 대하여 대칭이면 함수
> $y=f(x)$의 그래프에서 극대가 되는 점과 극소가 되는 점도 원점에 대하
> 여 대칭이다.

0407

답 ④

$f(x)=x^3+3x^2+2$에서
$f'(x)=3x^2+6x=3x(x+2)$
$f'(x)=0$에서 $x=-2$ 또는 $x=0$
함수 $f(x)$의 증가와 감소를 표로 나타내면 다음과 같다.

x	$\cdots$	-2	$\cdots$	0	$\cdots$
$f'(x)$	$+$	0	$-$	0	$+$
$f(x)$	↗	6	↘	2	↗

함수 $f(x)$는 $x=-2$에서 극댓값 6, $x=0$에서 극솟값 2를 가지므로
$A(-2, 6)$, $B(0, 2)$
따라서 선분 AB를 $2:1$로 내분하는 점의 좌표는
$\left(\dfrac{2\times0+1\times(-2)}{2+1}, \dfrac{2\times2+1\times6}{2+1}\right)$, 즉 $\left(-\dfrac{2}{3}, \dfrac{10}{3}\right)$이므로
$a=-\dfrac{2}{3}$, $b=\dfrac{10}{3}$ $\therefore a+b=-\dfrac{2}{3}+\dfrac{10}{3}=\dfrac{8}{3}$

0408

답 6

$f(x)=x^3-ax^2+3$에서 $f'(x)=3x^2-2ax$
곡선 $y=f(x)$ 위의 점 $(t, f(t))$에서의 접선의 기울기가 $3t^2-2at$
이므로 접선의 방정식은

$y-(t^3-at^2+3)=(3t^2-2at)(x-t)$
$\therefore y=(3t^2-2at)x-2t^3+at^2+3$
이 접선의 y절편은
$g(t)=-2t^3+at^2+3$이므로
$g'(t)=-6t^2+2at$
함수 $g(t)$가 $t=2$에서 극대이므로 $g'(2)=0$에서
$-24+4a=0$ $\therefore a=6$
따라서 $g'(t)=-6t^2+12t$이므로
$g'(1)=-6+12=6$

0409

답 12

$f(x)=-x^3+6x^2-9x+a$에서
$f'(x)=-3x^2+12x-9=-3(x-1)(x-3)$
$f'(x)=0$에서 $x=1$ 또는 $x=3$
함수 $f(x)$의 증가와 감소를 표로 나타내면 다음과 같다.

x	$\cdots$	1	$\cdots$	3	$\cdots$
$f'(x)$	$-$	0	$+$	0	$-$
$f(x)$	↘	$a-4$	↗	a	↘

함수 $f(x)$는 $x=1$에서 극솟값 $a-4$, $x=3$에서 극댓값 a를 가지
므로 두 점 A, B의 좌표는
$(1, a-4)$, $(3, a)$

❶

두 점 A, B를 지나는 직선의 방정식은
$y-a=\dfrac{a-(a-4)}{3-1}(x-3)$이므로
$y=2x-6+a$
이 직선의 x절편은 $\dfrac{6-a}{2}$, y절편은 $-6+a$이므로 직선 AB와 x축
및 y축으로 둘러싸인 도형의 넓이는
$\dfrac{1}{2}\times|-6+a|\times\left|\dfrac{6-a}{2}\right|=4$
$(6-a)^2=16$
$6-a=-4$ 또는 $6-a=4$
$\therefore a=10$ 또는 $a=2$
따라서 모든 실수 a의 값의 합은 $10+2=12$

❷

채점 기준	배점
❶ 증감표를 이용하여 두 점 A, B의 좌표 구하기	40%
❷ 직선 AB의 방정식을 이용하여 도형의 넓이를 a에 대한 식으로 나타내고 a의 값의 합 구하기	60%

유형 08 도함수의 그래프와 극대, 극소

0410

답 ③

다음 그림과 같이 함수 $y=f'(x)$의 그래프와 x축의 교점의 x좌표
를 작은 수부터 차례대로 x_1, x_2, x_3, x_4, x_5라 하자.

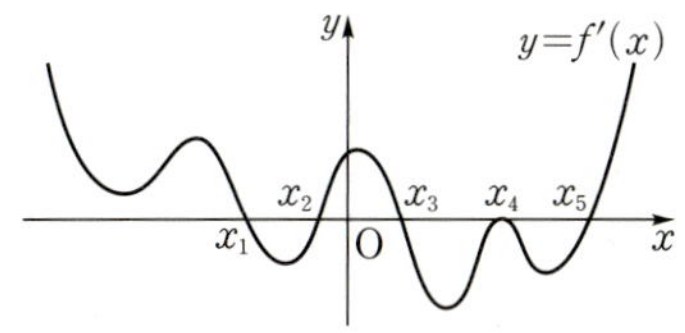

주어진 그래프에서 $f'(x)$의 부호를 조사하여 함수 $f(x)$의 증가와 감소를 표로 나타내면 다음과 같다.

x	$\cdots$	x_1	$\cdots$	x_2	$\cdots$	x_3	$\cdots$	x_4	$\cdots$	x_5	$\cdots$
$f'(x)$	$+$	0	$-$	0	$+$	0	$-$	0	$-$	0	$+$
$f(x)$	$\nearrow$	극대	$\searrow$	극소	$\nearrow$	극대	$\searrow$		$\searrow$	극소	$\nearrow$

따라서 함수 $f(x)$는 $x=x_1$, $x=x_3$에서 극대, $x=x_2$, $x=x_5$에서 극소이므로 $m=2$, $n=2$
$\therefore m-n=2-2=0$

0411

답 ④

주어진 함수 $y=f'(x)$의 그래프를 이용하여 함수 $f(x)$의 증가와 감소를 표로 나타내면 다음과 같다.

x	$\cdots$	-1	$\cdots$	2	$\cdots$
$f'(x)$	$+$	0	$-$	0	$+$
$f(x)$	$\nearrow$	극대	$\searrow$	극소	$\nearrow$

$f(x)=2x^3+ax^2+bx+c$ (a, b, c는 상수)라 하면
$f'(x)=6x^2+2ax+b$
$f'(-1)=0$에서 $6-2a+b=0$
$\therefore 2a-b=6$ $\quad\cdots\cdots$ ㉠
$f'(2)=0$에서 $24+4a+b=0$
$\therefore 4a+b=-24$ $\quad\cdots\cdots$ ㉡
㉠, ㉡을 연립하여 풀면 $a=-3$, $b=-12$
$f(x)=2x^3-3x^2-12x+c$이고 함수 $f(x)$의 극솟값이 -4이므로
$f(2)=-4$에서 $16-12-24+c=-4$
$\therefore c=16$
따라서 $f(x)=2x^3-3x^2-12x+16$이므로 구하는 극댓값은
$f(-1)=-2-3+12+16=23$

0412

답 ③

주어진 함수 $y=f'(x)$의 그래프를 이용하여 함수 $f(x)$의 증가와 감소를 표로 나타내면 다음과 같다.

x	$\cdots$	-2	$\cdots$	-1	$\cdots$	1	$\cdots$	2	$\cdots$	3	$\cdots$
$f'(x)$	$+$	0	$-$	0	$-$	0	$+$	0	$-$	0	$+$
$f(x)$	$\nearrow$	극대	$\searrow$		$\searrow$	극소	$\nearrow$	극대	$\searrow$	극소	$\nearrow$

ㄱ. 구간 $(-2, -1)$에서 $f'(x)<0$이므로 함수 $f(x)$는 주어진 구간에서 감소한다. (참)

ㄴ. $x=-1$의 좌우에서 $f'(x)$의 부호가 바뀌지 않으므로 함수 $f(x)$는 $x=-1$에서 극값을 갖지 않는다. (거짓)

ㄷ. 함수 $f(x)$는 $x=-2$, $x=2$에서 극대, $x=1$, $x=3$에서 극소이므로 극값을 갖는 x의 개수는 4이다. (참)

따라서 옳은 것은 ㄱ, ㄷ이다.

0413

답 ③

주어진 함수 $y=f'(x)$의 그래프를 이용하여 함수 $f(x)$의 증가와 감소를 표로 나타내면 다음과 같다.

x	$\cdots$	-2	$\cdots$	-1	$\cdots$	0	$\cdots$	1	$\cdots$	3	$\cdots$
$f'(x)$	$+$	0	$-$	0	$+$	0	$-$	0	$-$	0	$+$
$f(x)$	$\nearrow$	극대	$\searrow$	극소	$\nearrow$	극대	$\searrow$		$\searrow$	극소	$\nearrow$

ㄱ. $f'(1)$의 값이 존재하므로 함수 $f(x)$는 $x=1$에서 미분가능하다. (참)

ㄴ. $x=2$의 좌우에서 $f'(x)$의 부호가 바뀌지 않으므로 함수 $f(x)$는 $x=2$에서 극솟값을 갖지 않는다. (거짓)

ㄷ. 함수 $f(x)$는 $x=-2$, $x=0$에서 극대, $x=-1$, $x=3$에서 극소이므로 극값을 갖는 x의 개수는 4이다. (참)

따라서 옳은 것은 ㄱ, ㄷ이다.

0414

답 ④

$h(x)=f(x)-g(x)$에서 $h'(x)=f'(x)-g'(x)$
주어진 그래프에서 $f'(b)=g'(b)$, $f'(d)=g'(d)$, $f'(e)=g'(e)$
이므로 $h'(x)=0$에서 $x=b$ 또는 $x=d$ 또는 $x=e$
함수 $h(x)$의 증가와 감소를 표로 나타내면 다음과 같다.

x	$\cdots$	b	$\cdots$	d	$\cdots$	e	$\cdots$
$h'(x)$	$+$	0	$-$	0	$+$	0	$-$
$h(x)$	$\nearrow$	극대	$\searrow$	극소	$\nearrow$	극대	$\searrow$

따라서 함수 $h(x)$는 $x=d$에서 극소이다.

> **참고**
>
> $x<b$일 때, $f'(x)>g'(x)$이므로 $h'(x)=f'(x)-g'(x)>0$
> $b<x<d$일 때, $f'(x)<g'(x)$이므로 $h'(x)=f'(x)-g'(x)<0$
> $d<x<e$일 때, $f'(x)>g'(x)$이므로 $h'(x)=f'(x)-g'(x)>0$
> $x>e$일 때, $f'(x)<g'(x)$이므로 $h'(x)=f'(x)-g'(x)<0$

유형 09 함수의 그래프

0415

답 ①

주어진 함수 $y=f'(x)$의 그래프를 이용하여 함수 $f(x)$의 증가와 감소를 표로 나타내면 다음과 같다.

x	$\cdots$	0	$\cdots$	2	$\cdots$
$f'(x)$	$-$	0	$+$	0	$+$
$f(x)$	$\searrow$	극소	$\nearrow$		$\nearrow$

함수 $f(x)$는 $x=0$에서 극소이고 $x=2$의 좌우에서 $f'(x)$의 부호가 바뀌지 않으므로 함수 $f(x)$는 $x=2$에서 극값을 갖지 않는다.
따라서 함수 $y=f(x)$의 그래프의 개형이 될 수 있는 것은 ①이다.

0416
답 2

주어진 함수 $y=f'(x)$의 그래프를 이용하여 함수 $f(x)$의 증가와 감소를 표로 나타내면 다음과 같다.

x	$\cdots$	-2	$\cdots$	1	$\cdots$
$f'(x)$	$+$	0	$-$	0	$+$
$f(x)$	↗	극대	↘	극소	↗

이때 $f(-2)=0$이므로 함수 $y=f(x)$의 그래프의 개형은 다음 그림과 같다.

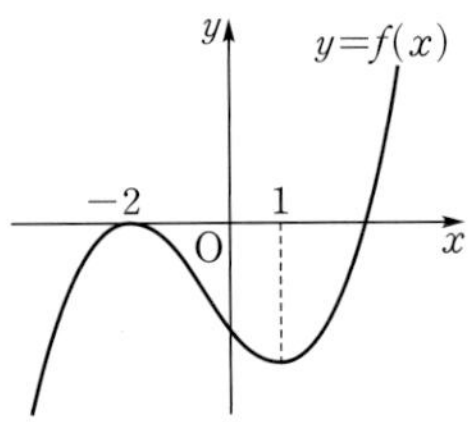

따라서 x축과 만나는 점의 개수는 2이다.

0417
답 ②

주어진 조건을 이용하여 함수 $f(x)$의 증가와 감소를 표로 나타내면 다음과 같다.

x	$\cdots$	-1	$\cdots$	1	$\cdots$
$f'(x)$	$-$	0	$+$	0	$-$
$f(x)$	↘	극소	↗	극대	↘

따라서 함수 $f(x)$는 실수 전체의 집합에서 미분가능하고 $x=-1$에서 극소, $x=1$에서 극대이다.

이때 $f(0)>0$이므로 함수 $y=f(x)$의 그래프의 개형이 될 수 있는 것은 ②이다.

참고

⑤의 경우 조건 ㈏를 만족시키지만 $x=-1$, $x=1$에서 미분가능하지 않다.

0418
답 ⑤

$f(x)=2x^3-3x^2-12x+5$에서
$f'(x)=6x^2-6x-12=6(x+1)(x-2)$
$f'(x)=0$에서 $x=-1$ 또는 $x=2$
함수 $f(x)$의 증가와 감소를 표로 나타내면 다음과 같다.

x	$\cdots$	-1	$\cdots$	2	$\cdots$
$f'(x)$	$+$	0	$-$	0	$+$
$f(x)$	↗	12	↘	-15	↗

함수 $y=f(x)$의 그래프는 다음 그림과 같다.

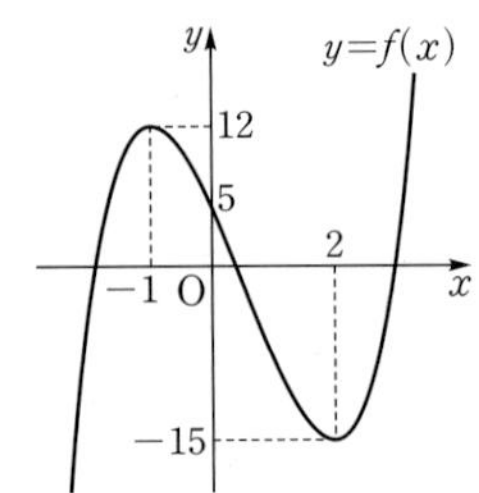

ㄱ. 함수 $f(x)$는 $x=-1$에서 극댓값 12를 갖는다. (참)

ㄴ. $x<-1$ 또는 $x>2$일 때 $f'(x)>0$이므로 함수 $f(x)$는 구간 $(-\infty, -1)$, $(2, \infty)$에서 증가한다. (참)

ㄷ. 함수 $y=f(x)$의 그래프와 x축의 교점은 3개이다. (참)

따라서 옳은 것은 ㄱ, ㄴ, ㄷ이다.

0419
답 ②

$f(x)=-3x^4+4x^3+1$에서
$f'(x)=-12x^3+12x^2=-12x^2(x-1)$
$f'(x)=0$에서 $x=0$ 또는 $x=1$
함수 $f(x)$의 증가와 감소를 표로 나타내면 다음과 같다.

x	$\cdots$	0	$\cdots$	1	$\cdots$
$f'(x)$	$+$	0	$+$	0	$-$
$f(x)$	↗	1	↗	2	↘

함수 $y=f(x)$의 그래프는 다음 그림과 같다.

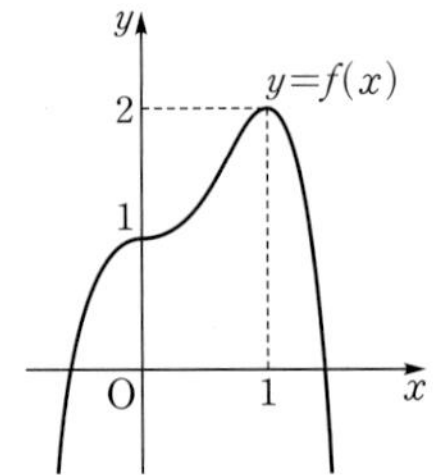

ㄱ. $0<x<1$일 때 $f'(x)>0$이므로 함수 $f(x)$는 구간 $(0, 1)$에서 증가한다. (참)

ㄴ. 함수 $f(x)$는 $x=1$에서 극대이고 극소인 점은 없으므로 함수 $f(x)$의 극대 또는 극소인 점은 1개이다. (참)

ㄷ. 함수 $y=f(x)$의 그래프에서 모든 실수 x에 대하여 $f(x)\leq 2$이므로 $f(x)>2$를 만족시키는 실수 x는 존재하지 않는다. (거짓)

따라서 옳은 것은 ㄱ, ㄴ이다.

0420
답 ②

주어진 함수 $y=f'(x)$의 그래프를 이용하여 함수 $f(x)$의 증가와 감소를 표로 나타내면 다음과 같다.

x	$\cdots$	-2	$\cdots$	1	$\cdots$	3	$\cdots$
$f'(x)$	$-$	0	$+$	0	$-$	0	$+$
$f(x)$	↘	극소	↗	극대	↘	극소	↗

이때 $0<f(-2)<f(3)$이므로 함수 $y=f(x)$의 그래프의 개형은 오른쪽 그림과 같다.

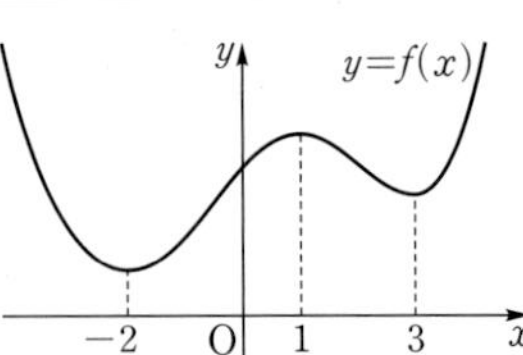

ㄱ. $f(1)>f(0)$ (참)

ㄴ. 함수 $f(x)$는 $x=1$에서 극대, $x=-2$, $x=3$에서 극소이므로 함수 $f(x)$의 극대 또는 극소인 점은 3개이다. (참)

ㄷ. 함수 $y=f(x)$의 그래프와 x축의 교점은 없다. (거짓)

따라서 옳은 것은 ㄱ, ㄴ이다.

0421

답 ③

주어진 함수 $y=f'(x)$의 그래프를 이용하여 함수 $f(x)$의 증가와 감소를 표로 나타내면 다음과 같다.

x	$\cdots$	0	$\cdots$	2	$\cdots$	4	$\cdots$
$f'(x)$	$-$	0	$+$	0	$+$	0	$-$
$f(x)$	$\searrow$	극소	$\nearrow$		$\nearrow$	극대	$\searrow$

이때 $f(0)=0$이므로 함수 $y=f(x)$의 그래프의 개형은 다음 그림과 같다.

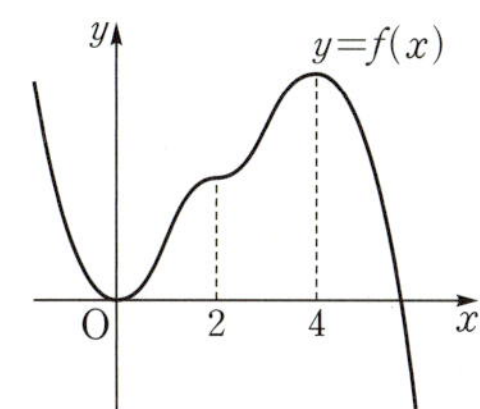

ㄱ. $0<f(1)<f(2)$ (참)

ㄴ. 함수 $f(x)$는 $x=4$에서 극대, $x=0$에서 극소이므로 함수 $f(x)$의 극대 또는 극소인 점은 2개이다. (거짓)

ㄷ. 함수 $y=f(x)$의 그래프와 x축의 교점은 2개이다. (참)

따라서 옳은 것은 ㄱ, ㄷ이다.

유형 10 그래프를 이용한 삼차함수의 계수의 부호 결정

0422

답 ②

함수 $f(x)=ax^3+bx^2+cx+d$에서 $x \to \infty$일 때, $f(x) \to \infty$이므로 $a>0$이고 $f(0)>0$이므로 $d>0$

$f(x)=ax^3+bx^2+cx+d$에서 $f'(x)=3ax^2+2bx+c$

이차방정식 $f'(x)=0$의 서로 다른 두 실근이 α, β이고 $0<\alpha<\beta$이므로 이차방정식의 근과 계수의 관계에 의하여

$$\alpha+\beta=-\frac{2b}{3a}>0 \qquad \therefore b<0 \ (\because a>0)$$

$$\alpha\beta=\frac{c}{3a}>0 \qquad \therefore c>0 \ (\because a>0)$$

따라서 $a>0$, $b<0$, $c>0$, $d>0$이므로 옳은 것은 ②이다.

0423

답 ②

함수 $f(x)=ax^3+bx^2+cx+d$에서 $x \to \infty$일 때, $f(x) \to -\infty$이므로 $a<0$이고 $f(0)>0$이므로 $d>0$

$f(x)=ax^3+bx^2+cx+d$에서 $f'(x)=3ax^2+2bx+c$

이차방정식 $f'(x)=0$의 서로 다른 두 실근이 -1, 2이므로 이차방정식의 근과 계수의 관계에 의하여

$$-\frac{2b}{3a}=-1+2=1>0 \qquad \therefore b>0 \ (\because a<0)$$

$$\frac{c}{3a}=-1\times2=-2<0 \qquad \therefore c>0 \ (\because a<0)$$

즉, $a<0$, $b>0$, $c>0$, $d>0$이므로

$ab<0$, $ac<0$, $ad<0$, $bc>0$, $bd>0$

따라서 옳은 것은 ②이다.

0424

답 ⑤

최고차항의 계수가 1인 삼차함수 $f(x)$가 $x=\alpha$에서 극대, $x=\beta$에서 극소이므로 함수 $y=f(x)$의 그래프의 개형은 다음 그림과 같다.

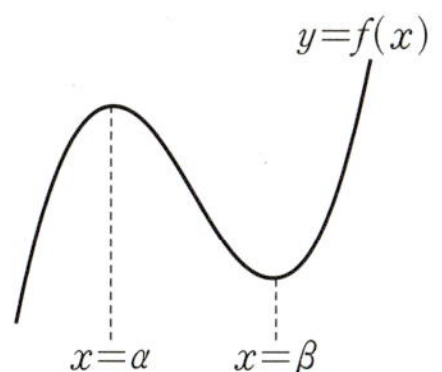

ㄱ. $\alpha<\beta$ (참)

ㄴ. $\alpha<0<\beta$이고 $f(\beta)=0$이면 함수 $y=f(x)$의 그래프의 개형은 다음 그림과 같다.

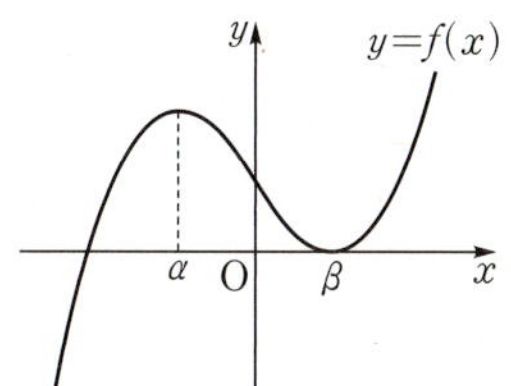

즉, $f(0)>0$이므로 $c>0$이다. (참)

ㄷ. $f(x)=x^3+ax^2+bx+c$에서 $f'(x)=3x^2+2ax+b$

이차방정식 $f'(x)=0$의 서로 다른 두 실근이 α, β이고 $\alpha<0<\beta$, $|\alpha|<|\beta|$이므로 이차방정식의 근과 계수의 관계에 의하여

$$\alpha+\beta=-\frac{2a}{3}>0 \qquad \therefore a<0$$

$$\alpha\beta=\frac{b}{3}<0 \qquad \therefore b<0$$

즉, $ab>0$이다. (참)

따라서 옳은 것은 ㄱ, ㄴ, ㄷ이다.

유형 11 삼차함수가 극값을 가질 조건

0425

답 ①

$f(x)=x^3+ax^2+(a^2-4a)x+3$에서 $f'(x)=3x^2+2ax+a^2-4a$

삼차함수 $f(x)$가 극값을 가지려면 이차방정식 $f'(x)=0$이 서로 다른 두 실근을 가져야 하므로 이차방정식 $3x^2+2ax+a^2-4a=0$의 판별식을 D라 하면

$$\frac{D}{4}=a^2-3(a^2-4a)>0$$에서

$-2a^2+12a>0$, $a(a-6)<0$

$$\therefore 0<a<6$$

따라서 함수 $f(x)$가 극값을 갖도록 하는 정수 a는 1, 2, 3, 4, 5의 5개이다.

0426

답 3

$f(x)=x^3+3x^2+kx+3$에서 $f'(x)=3x^2+6x+k$

삼차함수 $f(x)$가 극값을 갖지 않으려면 이차방정식 $f'(x)=0$이 중근 또는 허근을 가져야 하므로 이차방정식 $3x^2+6x+k=0$의 판별식을 D라 하면

$\dfrac{D}{4}=3^2-3k\leq0$에서 $k\geq3$

따라서 함수 $f(x)$가 극값을 갖지 않도록 하는 실수 k의 최솟값은 3이다.

0427

답 -9

$f(x)=-x^3+ax^2-(a^2+6a)x+1$에서

$f'(x)=-3x^2+2ax-a^2-6a$

삼차함수 $f(x)$가 극값을 가지려면 이차방정식 $f'(x)=0$이 서로 다른 두 실근을 가져야 하므로 이차방정식 $3x^2-2ax+a^2+6a=0$의 판별식을 D라 하면

$\dfrac{D}{4}=(-a)^2-3(a^2+6a)>0$에서

$-2a^2-18a>0$, $a(a+9)<0$

$\therefore -9<a<0$

따라서 함수 $f(x)$가 극값을 갖도록 하는 정수 a의 최댓값과 최솟값의 합은

$-1+(-8)=-9$

유형 **12** **삼차함수가 주어진 구간에서 극값을 가질 조건**

0428
답 ⑤

$f(x)=\dfrac{1}{3}x^3-2x^2+ax+1$에서

$f'(x)=x^2-4x+a=(x-2)^2+a-4$

삼차함수 $f(x)$가 $1<x<4$에서 극댓값과 극솟값을 모두 가지려면 이차방정식 $f'(x)=0$이 $1<x<4$에서 서로 다른 두 실근을 가져야 하므로 함수 $y=f'(x)$의 그래프는 오른쪽 그림과 같아야 한다. 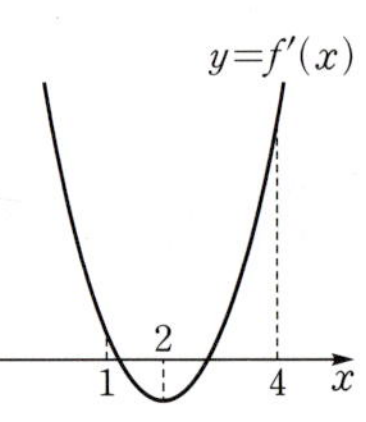

(i) 이차방정식 $x^2-4x+a=0$의 판별식을 D라 하면

$\dfrac{D}{4}=(-2)^2-a>0$ $\quad\therefore a<4$

(ii) $f'(1)=1-4+a>0$에서 $a>3$

(iii) $f'(4)=16-16+a>0$에서 $a>0$

(iv) 함수 $y=f'(x)$의 그래프의 축의 방정식은 $x=2$이고 $1<2<4$

(i)~(iv)에서 구하는 실수 a의 값의 범위는 $3<a<4$

0429
답 3

$f(x)=x^3+ax^2+(2a-4)x+2$에서

$f'(x)=3x^2+2ax+2a-4=3\left(x+\dfrac{a}{3}\right)^2-\dfrac{a^2}{3}+2a-4$

삼차함수 $f(x)$가 $x>-2$에서 극댓값과 극솟값을 모두 가지려면 이차방정식 $f'(x)=0$이 $x>-2$에서 서로 다른 두 실근을 가져야 하므로 함수 $y=f'(x)$의 그래프는 오른쪽 그림과 같아야 한다. 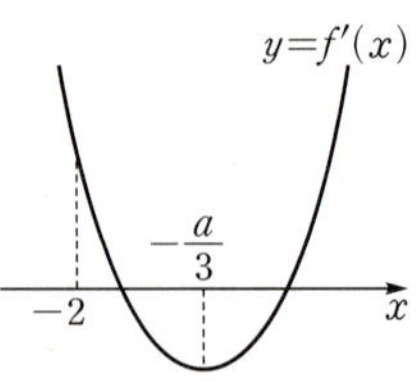

(i) 이차방정식 $3x^2+2ax+2a-4=0$의 판별식을 D라 하면

$\dfrac{D}{4}=a^2-3(2a-4)>0$에서

$a^2-6a+12=(a-3)^2+3>0$

즉, 모든 실수 a에 대하여 $\dfrac{D}{4}>0$이다.

(ii) $f'(-2)=12-4a+2a-4>0$에서 $a<4$

(iii) 함수 $y=f'(x)$의 그래프의 축의 방정식은 $x=-\dfrac{a}{3}$이므로

$-\dfrac{a}{3}>-2$ $\quad\therefore a<6$

(i)~(iii)에서 실수 a의 값의 범위는 $a<4$이므로 구하는 정수 a의 최댓값은 3이다.

0430
답 ②

$f(x)=-x^3-2ax^2+4a^2x+1$에서

$f'(x)=-3x^2-4ax+4a^2$

삼차함수 $f(x)$가 $-1<x<1$에서 극솟값을 갖고 $x>1$에서 극댓값을 가지려면 이차방정식 $f'(x)=0$이 $-1<x<1$에서 실근 1개, $x>1$에서 실근 1개를 가져야 하므로 함수 $y=f'(x)$의 그래프는 오른쪽 그림과 같아야 한다. 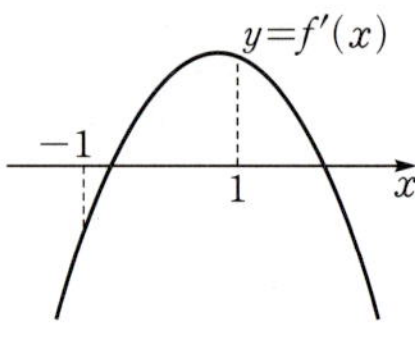

(i) $f'(-1)=-3+4a+4a^2<0$에서

$(2a+3)(2a-1)<0$ $\quad\therefore -\dfrac{3}{2}<a<\dfrac{1}{2}$

(ii) $f'(1)=-3-4a+4a^2>0$에서

$(2a+1)(2a-3)>0$ $\quad\therefore a<-\dfrac{1}{2}$ 또는 $a>\dfrac{3}{2}$

(i), (ii)에서 구하는 실수 a의 값의 범위는

$-\dfrac{3}{2}<a<-\dfrac{1}{2}$

유형 **13** **사차함수가 극값을 가질 조건**

0431
답 2

$f(x)=\dfrac{3}{4}x^4+4x^3+3ax^2$에서

$f'(x)=3x^3+12x^2+6ax=3x(x^2+4x+2a)$

최고차항의 계수가 양수인 사차함수 $f(x)$가 극댓값을 가지려면 삼차방정식 $f'(x)=0$이 서로 다른 세 실근을 가져야 한다.

이때 방정식 $f'(x)=0$의 한 실근이 $x=0$이므로 이차방정식 $x^2+4x+2a=0$이 0이 아닌 서로 다른 두 실근을 가져야 한다.

이 이차방정식의 판별식을 D라 하면

$\dfrac{D}{4}=2^2-2a>0$

$\therefore a<2$ $\quad\cdots\cdots\ \bigcirc$

또한 $x=0$이 이차방정식 $x^2+4x+2a=0$의 근이 아니어야 하므로

$a\neq0$ $\quad\cdots\cdots\ \bigcirc\hspace{-0.9em}\bigcirc$

㉠, ㉡을 동시에 만족시키는 a의 값의 범위는
$a<0$ 또는 $0<a<2$
따라서 $\alpha=0$, $\beta=0$, $\gamma=2$이므로
$\alpha+\beta+\gamma=2$

최고차항의 계수가 양수인 사차함수 $f(x)$가 극댓값을 가지려면 함수 $y=f(x)$의 그래프의 개형은 오른쪽 그림과 같아야 한다.

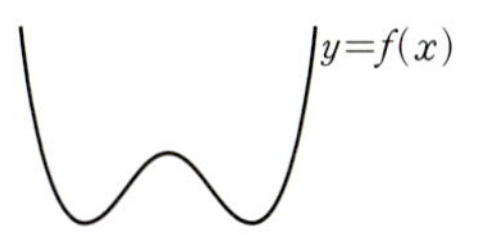

0432
답 5

$f(x)=-x^4-8x^3-3ax^2$에서
$f'(x)=-4x^3-24x^2-6ax=-2x(2x^2+12x+3a)$
최고차항의 계수가 음수인 사차함수 $f(x)$가 극솟값을 가지려면 삼차방정식 $f'(x)=0$이 서로 다른 세 실근을 가져야 한다.
이때 방정식 $f'(x)=0$의 한 실근이 $x=0$이므로 이차방정식 $2x^2+12x+3a=0$이 0이 아닌 서로 다른 두 실근을 가져야 한다.
이 이차방정식의 판별식을 D라 하면
$\dfrac{D}{4}=6^2-2\times3a>0$, $6-a>0$
$\therefore a<6$ $\cdots\cdots$ ㉠
또한 $x=0$이 이차방정식 $2x^2+12x+3a=0$의 근이 아니어야 하므로
$a\neq0$ $\cdots\cdots$ ㉡
㉠, ㉡을 동시에 만족시키는 a의 값의 범위는
$a<0$ 또는 $0<a<6$
따라서 구하는 정수 a의 최댓값은 5이다.

0433
답 -6

$f(x)=\dfrac{1}{4}x^4+\dfrac{3}{3}ax^3+3x^2$에서
$f'(x)=x^3+2ax^2+6x=x(x^2+2ax+6)$
최고차항의 계수가 양수인 사차함수 $f(x)$가 극댓값을 갖지 않으려면 삼차방정식 $f'(x)=0$이 한 실근과 두 허근을 갖거나 한 실근과 중근 또는 삼중근을 가져야 한다.
이때 방정식 $f'(x)=0$의 한 실근이 $x=0$이므로 다음과 같은 경우로 나누어 생각해 볼 수 있다.
(i) $f'(x)=0$이 한 실근과 두 허근을 갖는 경우
이차방정식 $x^2+2ax+6=0$이 허근을 가져야 하므로 판별식을 D라 하면
$\dfrac{D}{4}=a^2-6<0$, $(a+\sqrt6)(a-\sqrt6)<0$
$\therefore -\sqrt6<a<\sqrt6$
(ii) $f'(x)=0$이 한 실근과 중근 또는 삼중근을 갖는 경우
이차방정식 $x^2+2ax+6=0$이 $x=0$을 근으로 가질 수 없으므로 0이 아닌 실수를 중근으로 가져야 한다.
즉, $\dfrac{D}{4}=a^2-6=0$, $(a+\sqrt6)(a-\sqrt6)=0$
$\therefore a=-\sqrt6$ 또는 $a=\sqrt6$
(i), (ii)에서 실수 a의 값의 범위는 $-\sqrt6\leq a\leq\sqrt6$
따라서 $M=\sqrt6$, $m=-\sqrt6$이므로 $Mm=\sqrt6\times(-\sqrt6)=-6$

최고차항의 계수가 양수인 사차함수 $f(x)$에 대하여 그 도함수인 삼차함수 $y=f'(x)$의 그래프와 x축의 위치 관계에 따라 사차함수 $f(x)$의 극대, 극소인 점의 개수는 다음과 같다.

삼차함수 $y=f'(x)$의 그래프	$f(x)$의 극대, 극소인 점의 개수
	극대인 점 1개 극소인 점 2개
	극소인 점 1개

따라서 최고차항의 계수가 양수인 사차함수가 극댓값을 갖기 위한 필요충분조건은 삼차방정식 $f'(x)=0$이 서로 다른 세 실근을 갖는 것이다.
최고차항의 계수가 음수인 사차함수가 극솟값을 갖기 위한 필요충분조건도 위와 마찬가지 방법에 의하여 삼차방정식 $f'(x)=0$이 서로 다른 세 실근을 갖는 것임을 알 수 있다.
참고로 최고차항의 계수가 양수인 사차함수는 항상 극솟값을 갖고, 최고차항의 계수가 음수인 사차함수는 항상 극댓값을 갖는다.

유형 14 함수의 그래프와 다항함수의 추론

0434
답 -4

조건 ㈎에서 $f(1)=f(4)=0$
조건 ㈏에서 함수 $f(x)$가 $x=1$에서 극값을 가지므로
$f'(1)=0$
즉, $f(x)=(x-1)^2(x-4)$이므로
$f'(x)=2(x-1)(x-4)+(x-1)^2$
$\qquad=3(x-1)(x-3)$
$f'(x)=0$에서 $x=1$ 또는 $x=3$
함수 $f(x)$의 증가와 감소를 표로 나타내면 다음과 같다.

x	$\cdots$	1	$\cdots$	3	$\cdots$
$f'(x)$	$+$	0	$-$	0	$+$
$f(x)$	↗	0	↘	-4	↗

따라서 함수 $f(x)$는 $x=1$에서 극댓값 0, $x=3$에서 극솟값 -4를 가지므로 구하는 모든 극값의 합은
$0+(-4)=-4$

$f(1)=0$에서 $f(x)$가 $x-1$을 인수로 갖고, $f'(1)=0$에서 $f'(x)$가 $x-1$을 인수로 가지므로 $f(x)$는 $(x-1)^2$을 인수로 갖는다.

0435

답 ①

$g(x)=x^3+3x^2$이라 하면

$g'(x)=3x^2+6x=3x(x+2)$

$g'(x)=0$에서 $x=-2$ 또는 $x=0$

함수 $g(x)$의 증가와 감소를 표로 나타내면 다음과 같다.

x	$\cdots$	-2	$\cdots$	0	$\cdots$
$g'(x)$	$+$	0	$-$	0	$+$
$g(x)$	↗	4	↘	0	↗

함수 $y=g(x)$의 그래프와 x축의 교점의 x좌표를 구하면

$g(x)=0$에서 $x^3+3x^2=0$

$x^2(x+3)=0$

$\therefore x=-3$ 또는 $x=0$

함수 $y=g(x)$의 그래프를 이용하여 함수 $y=f(x)$의 그래프를 그리면 다음 그림과 같다.

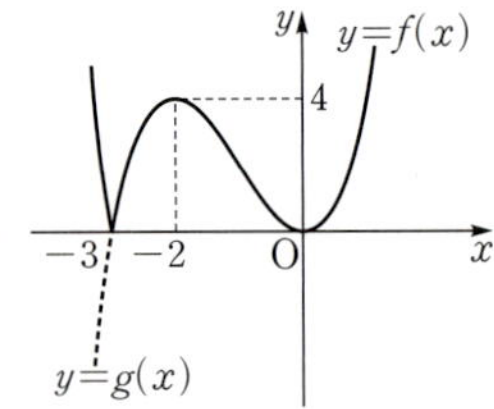

따라서 함수 $f(x)$는 $x=-2$에서 극대, $x=-3$, $x=0$에서 극소이므로 극값을 갖는 모든 실수 x의 값의 합은

$-3+(-2)+0=-5$

0436

답 ⑤

$g(x)=\dfrac{1}{4}x^4-2x^2$이라 하면

$g'(x)=x^3-4x=x(x+2)(x-2)$

$g'(x)=0$에서 $x=-2$ 또는 $x=0$ 또는 $x=2$

함수 $g(x)$의 증가와 감소를 표로 나타내면 다음과 같다.

x	$\cdots$	-2	$\cdots$	0	$\cdots$	2	$\cdots$
$g'(x)$	$-$	0	$+$	0	$-$	0	$+$
$g(x)$	↘	-4	↗	0	↘	-4	↗

함수 $y=g(x)$의 그래프와 x축의 교점의 x좌표를 구하면

$g(x)=0$에서 $\dfrac{1}{4}x^4-2x^2=0$

$x^2(x^2-8)=0$, $x^2(x+2\sqrt{2})(x-2\sqrt{2})=0$

$\therefore x=-2\sqrt{2}$ 또는 $x=0$ 또는 $x=2\sqrt{2}$

함수 $y=g(x)$의 그래프를 이용하여 함수 $y=f(x)$의 그래프를 그리면 다음 그림과 같다.

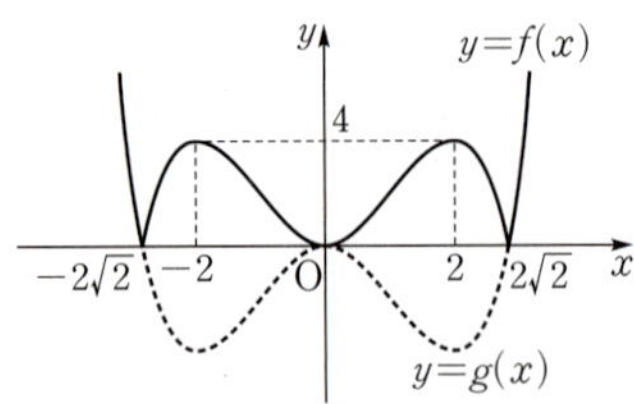

따라서 함수 $f(x)$는 $x=-2$, $x=2$에서 극대, $x=-2\sqrt{2}$, $x=0$, $x=2\sqrt{2}$에서 극소이므로 극값을 갖는 실수 x는 5개이다.

0437

답 8

함수 $f(x)$의 역함수가 존재하려면 $f(x)$가 일대일대응이어야 하므로 실수 전체의 집합에서 $f(x)$는 증가하거나 감소해야 한다.

이때 $f'(1)=f(1)=0$이므로 함수 $y=f(x)$의 그래프는 다음 그림과 같이 $x=1$에서 x축과 접해야 한다.

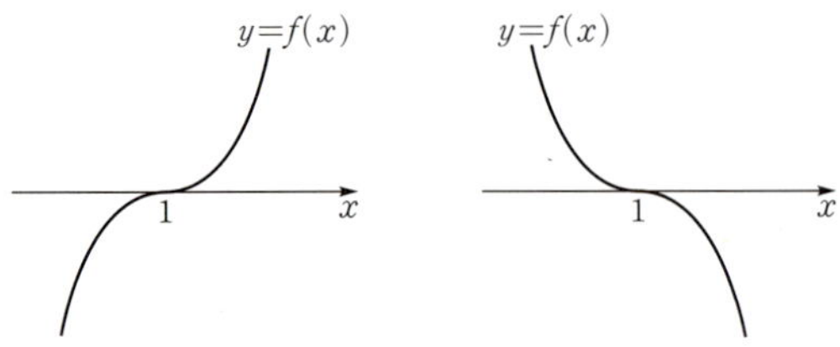

또한 $x=1$의 좌우에서 $f(x)$의 부호가 바뀌어야 하므로 함수 $f(x)$는 $(x-1)^3$을 인수로 갖는다.

$f(x)=k(x-1)^3 (k\neq 0)$이라 하면

$\dfrac{f(3)}{f(2)}=\dfrac{8k}{k}=8$

> 🔊 **Bible Says**　**증가 또는 감소하는 삼차함수의 그래프**
>
> 실수 전체의 집합에서 증가 또는 감소하는 삼차함수 $y=f(x)$의 그래프의 개형은 다음과 같다.
>
> (1) $f'(x)=0$이 중근 α를 갖는 경우
>
> 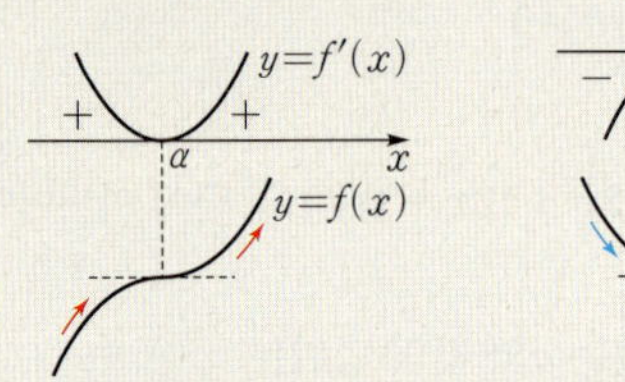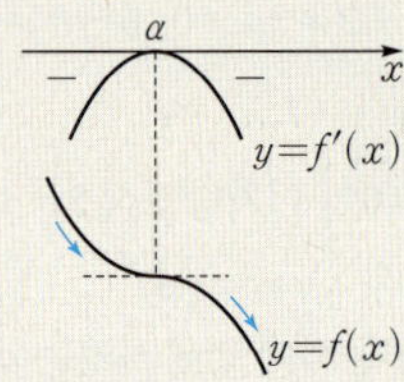
>
> 이때 $f(\alpha)=0$이면
> ① 함수 $y=f(x)$의 그래프는 x축과 $x=\alpha$에서 접한다.
> ② 방정식 $f(x)=0$은 $x=\alpha$를 삼중근으로 갖는다.
> ③ $f(x)=k(x-\alpha)^3 (k\neq 0)$과 같이 나타낼 수 있다.
>
> (2) $f'(x)=0$이 실근을 갖지 않는 경우
>
> 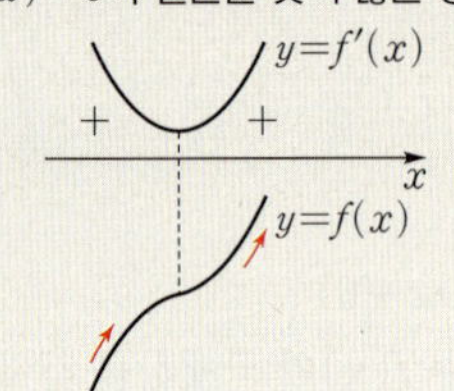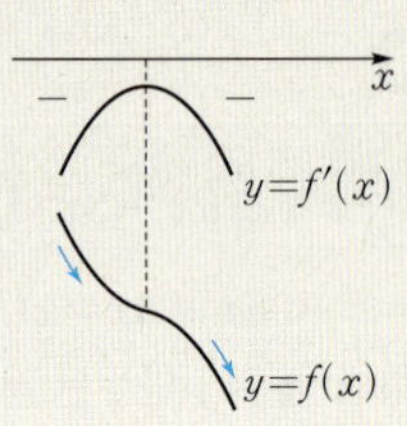

0438

답 ④

$f(-1)=f'(-1)=0$, $f(3)=f'(3)=0$이므로

$f(x)=k(x+1)^2(x-3)^2 (k<0)$이라 하면

$f'(x)=2k(x+1)(x-3)^2+2k(x+1)^2(x-3)$

$\qquad =4k(x+1)(x-1)(x-3)$

$f'(x)=0$에서 $x=-1$ 또는 $x=1$ 또는 $x=3$

함수 $f(x)$의 증가와 감소를 표로 나타내면 다음과 같다.

x	$\cdots$	-1	$\cdots$	1	$\cdots$	3	$\cdots$
$f'(x)$	$+$	0	$-$	0	$+$	0	$-$
$f(x)$	↗	0	↘	$16k$	↗	0	↘

함수 $f(x)$는 $x=1$에서 극솟값 $16k$를 가지므로

$16k=-8$　　$\therefore k=-\dfrac{1}{2}$

따라서 $f(x)=-\dfrac{1}{2}(x+1)^2(x-3)^2$이므로

$f(0)=-\dfrac{1}{2}\times1\times9=-\dfrac{9}{2}$

0439

답 6

조건 ㈎에서 함수 $y=f(x)$의 그래프는 원점에 대하여 대칭이므로
$f(x)$는 이차항의 계수와 상수항이 0인 삼차함수이다.
$f(x)=ax^3+bx$ (a, b는 상수, $a\neq0$)라 하면
$f'(x)=3ax^2+b$

❶

조건 ㈏에서 함수 $f(x)$가 $x=1$에서 극솟값 -6을 가지므로
$f(1)=-6$에서 $a+b=-6$ ······ ㉠
$f'(1)=0$에서 $3a+b=0$ ······ ㉡
㉠, ㉡을 연립하여 풀면 $a=3$, $b=-9$
즉, $f(x)=3x^3-9x$,
$f'(x)=9x^2-9=9(x+1)(x-1)$

❷

$f'(x)=0$에서 $x=-1$ 또는 $x=1$
함수 $f(x)$의 증가와 감소를 표로 나타내면 다음과 같다.

x	$\cdots$	-1	$\cdots$	1	$\cdots$
$f'(x)$	$+$	0	$-$	0	$+$
$f(x)$	$\nearrow$	6	$\searrow$	-6	$\nearrow$

따라서 함수 $f(x)$는 $x=-1$에서 극댓값 6을 갖는다.

❸

채점 기준	배점
❶ 조건 ㈎를 이용하여 함수 $f(x)$, $f'(x)$의 식 세우기	30%
❷ 조건 ㈏를 이용하여 함수 $f(x)$, $f'(x)$ 구하기	40%
❸ 함수 $f(x)$의 증감표를 이용하여 극댓값 구하기	30%

Bible Says 다항함수의 대칭성

다항함수 $f(x)$가 모든 실수 x에 대하여
(1) $f(x)=f(-x)$인 경우
    함수 $y=f(x)$의 그래프는 y축에 대하여 대칭이고 $f(x)$의 식은 차수가 짝수인 항 또는 상수항으로만 이루어진다.
(2) $f(x)=-f(-x)$인 경우
    함수 $y=f(x)$의 그래프는 원점에 대하여 대칭이고 $f(x)$의 식은 차수가 홀수인 항으로만 이루어진다.

참고

극값을 갖는 삼차함수 $f(x)$가 모든 실수 x에 대하여 $f(x)=-f(-x)$를 만족시키는 경우, 즉 함수 $y=f(x)$의 그래프가 원점에 대하여 대칭이면 함수 $f(x)$의 극댓값과 극솟값은 절댓값이 같고 부호가 반대이다.

0440

답 ④

$f(a)=f'(a)=0$, $f(b)=0$, $a>b$이고 함수 $f(x)$는 최고차항의 계수가 양수인 삼차함수이므로 함수 $y=f(x)$의 그래프의 개형은 다음 그림과 같다.

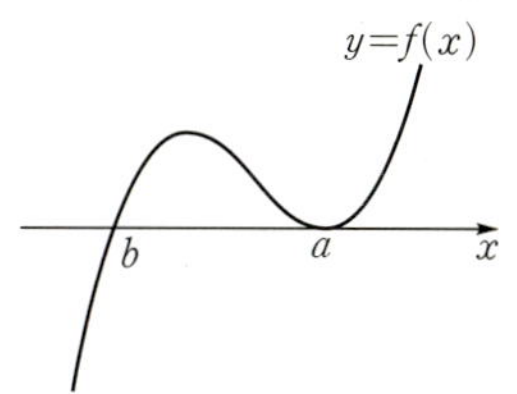

ㄱ. $b<x<a$에서 $f'(x)=0$을 만족시키는 x의 값을 c라 하면 $c<x<a$일 때 $f'(x)<0$이므로 구간 $(c,\ a)$에서 함수 $f(x)$는 감소한다. (거짓)

ㄴ. $x<b$일 때, $f(x)<0$이다. (참)

ㄷ. 함수 $f(x)$는 $x=a$에서 극솟값 0을 갖는다. (참)

따라서 옳은 것은 ㄴ, ㄷ이다.

0441

답 27

$f(0)=f(3)=0$이고 최고차항의 계수가 양수인 삼차함수 $f(x)$에 대하여 함수 $|f(x)|$가 $x=3$에서 미분가능하려면 다음 그림과 같이 함수 $y=|f(x)|$의 그래프가 $x=3$일 때 x축과 접해야 한다.

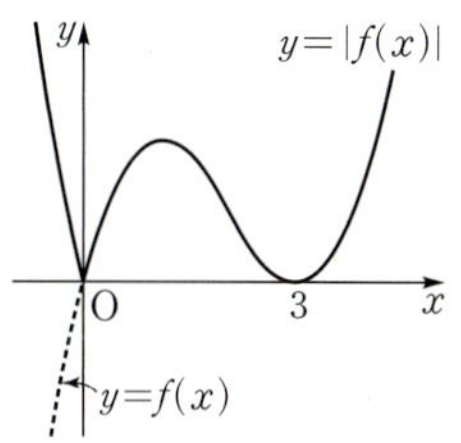

따라서 함수 $f(x)$는 x, $(x-3)^2$을 인수로 가지므로
$f(x)=kx(x-3)^2$ ($k>0$)이라 하면
$\dfrac{f(6)}{f(2)}=\dfrac{54k}{2k}=27$

0442

답 ⑤

삼차함수 $f(x)$가 $f(0)=6$이므로
$f(x)=ax^3+bx^2+cx+6$ (a, b, c는 상수, $a\neq0$)이라 하면
$f'(x)=3ax^2+2bx+c$
조건 ㈎에서 모든 실수 x에 대하여 $f'(x)=f'(-x)$이므로 함수 $y=f'(x)$의 그래프는 y축에 대하여 대칭이다.
즉, 함수 $f'(x)$의 홀수차항의 계수가 0이므로 $b=0$
조건 ㈏에서 함수 $f(x)$가 $x=2$에서 극댓값 14를 가지므로
$f(2)=14$에서 $8a+2c+6=14$
$\therefore 4a+c=4$ ······ ㉠
$f'(2)=0$에서 $12a+c=0$ ······ ㉡
㉠, ㉡을 연립하여 풀면
$a=-\dfrac{1}{2}$, $c=6$
즉, $f(x)=-\dfrac{1}{2}x^3+6x+6$,
$f'(x)=-\dfrac{3}{2}x^2+6=-\dfrac{3}{2}(x+2)(x-2)$
$f'(x)=0$에서 $x=-2$ 또는 $x=2$

함수 $f(x)$의 증가와 감소를 표로 나타내면 다음과 같다.

x	$\cdots$	-2	$\cdots$	2	$\cdots$
$f'(x)$	$-$	0	$+$	0	$-$
$f(x)$	$\searrow$	-2	$\nearrow$	14	$\searrow$

따라서 함수 $f(x)$는 $x=-2$에서 극솟값 -2를 갖는다.

0443

$g(x)=-2x^3+9x^2-12x+a$라 하면
$g'(x)=-6x^2+18x-12=-6(x-1)(x-2)$
$g'(x)=0$에서 $x=1$ 또는 $x=2$
함수 $g(x)$의 증가와 감소를 표로 나타내면 다음과 같다.

x	$\cdots$	1	$\cdots$	2	$\cdots$
$g'(x)$	$-$	0	$+$	0	$-$
$g(x)$	$\searrow$	$a-5$	$\nearrow$	$a-4$	$\searrow$

❶

함수 $g(x)$가 $x=2$에서 극댓값 $a-4$를 가지므로 함수 $f(x)$가 $x=2$에서 극솟값 3을 가지려면 두 함수 $y=f(x)$, $y=g(x)$의 그래프는 다음 그림과 같아야 한다.

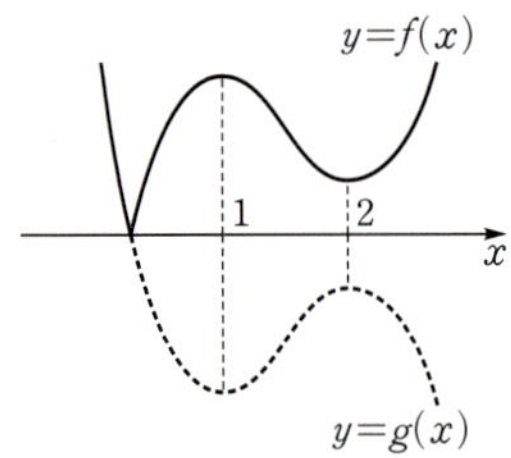

❷

즉, $-a+4=3$에서 $a=1$
따라서 함수 $f(x)$의 극댓값은
$f(1)=-a+5=4$

❸

채점 기준	배점
❶ $g(x)=-2x^3+9x^2-12x+a$로 놓고 증감표 만들기	20%
❷ 조건을 만족시키는 함수 $y=f(x)$. $y=g(x)$의 그래프의 개형 파악하기	50%
❸ 함수 $f(x)$의 극댓값 구하기	30%

 함수의 최대, 최소

0444

$f(x)=x^3-3x^2-9x+6$에서
$f'(x)=3x^2-6x-9=3(x+1)(x-3)$
$f'(x)=0$에서 $x=-1$ ($\because -2\leq x\leq0$)
구간 $[-2, 0]$에서 함수 $f(x)$의 증가와 감소를 표로 나타내면 다음과 같다.

x	-2	$\cdots$	-1	$\cdots$	0
$f'(x)$		$+$	0	$-$	
$f(x)$	4	$\nearrow$	11	$\searrow$	6

따라서 함수 $f(x)$는 $x=-1$에서 최댓값 11, $x=-2$에서 최솟값 4를 가지므로
$M=11$, $m=4$
$\therefore M+m=11+4=15$

0445

$f(x)=-2x^3+6x^2+a$에서
$f'(x)=-6x^2+12x=-6x(x-2)$
$f'(x)=0$에서 $x=0$ 또는 $x=2$
구간 $[-2, 3]$에서 함수 $f(x)$의 증가와 감소를 표로 나타내면 다음과 같다.

x	-2	$\cdots$	0	$\cdots$	2	$\cdots$	3
$f'(x)$		$-$	0	$+$	0	$-$	
$f(x)$	$a+40$	$\searrow$	a	$\nearrow$	$a+8$	$\searrow$	a

따라서 함수 $f(x)$는 $x=0$, $x=3$에서 최솟값 a, $x=-2$에서 최댓값 $a+40$을 갖는다.
이때 함수 $f(x)$의 최솟값이 $a=-10$이므로 최댓값은 $a+40=30$이다.

0446

$f(x)=2x^4-8x^3+8x^2+a$에서
$f'(x)=8x^3-24x^2+16x=8x(x-1)(x-2)$
$f'(x)=0$에서 $x=0$ 또는 $x=1$ 또는 $x=2$
구간 $[-1, 2]$에서 함수 $f(x)$의 증가와 감소를 표로 나타내면 다음과 같다.

x	-1	$\cdots$	0	$\cdots$	1	$\cdots$	2
$f'(x)$		$-$	0	$+$	0	$-$	
$f(x)$	$a+18$	$\searrow$	a	$\nearrow$	$a+2$	$\searrow$	a

따라서 함수 $f(x)$는 $x=-1$에서 최댓값 $a+18$, $x=0$, $x=2$에서 최솟값 a를 가지므로 $M=a+18$, $m=a$
$Mm=-81$에서 $a(a+18)=-81$
$a^2+18a+81=0$, $(a+9)^2=0$
$\therefore a=-9$

0447

$f(x)=ax^3-3ax+b$에서
$f'(x)=3ax^2-3a=3a(x+1)(x-1)$
$f'(x)=0$에서 $x=1$ ($\because 0\leq x\leq3$)
이때 $a>0$이므로 구간 $[0, 3]$에서 함수 $f(x)$의 증가와 감소를 표로 나타내면 다음과 같다.

x	0	$\cdots$	1	$\cdots$	3
$f'(x)$		$-$	0	$+$	
$f(x)$	b	$\searrow$	$-2a+b$	$\nearrow$	$18a+b$

따라서 함수 $f(x)$는 $x=3$에서 최댓값 $18a+b$, $x=1$에서 최솟값 $-2a+b$를 가지므로
$18a+b=21$, $-2a+b=1$
위의 두 식을 연립하여 풀면 $a=1$, $b=3$
$\therefore a+b=1+3=4$

0448

답 ②

$f(x)=x^3+ax^2+b$에서 $f'(x)=3x^2+2ax$

$f'(2)=0$에서 $12+4a=0$

$\therefore a=-3$

$f'(x)=3x^2-6x=3x(x-2)$

$f'(x)=0$에서 $x=0$ 또는 $x=2$

구간 $[-1, 2]$에서 함수 $f(x)$의 증가와 감소를 표로 나타내면 다음과 같다.

x	-1	$\cdots$	0	$\cdots$	2
$f'(x)$		$+$	0	$-$	
$f(x)$	$b-4$	$\nearrow$	b	$\searrow$	$b-4$

따라서 함수 $f(x)$는 $x=0$에서 최댓값 b를 가지므로 $b=5$

$\therefore a+b=-3+5=2$

0449

답 ②

$x^2-4x+1=t$로 놓으면

$t=x^2-4x+1=(x-2)^2-3$

$2\leq x\leq 4$에서 t의 값의 범위는 $-3\leq t\leq 1$

$g(t)=t^3-12t+3$이라 하면

$g'(t)=3t^2-12=3(t+2)(t-2)$

$g'(t)=0$에서 $t=-2$ ($\because -3\leq t\leq 1$)

구간 $[-3, 1]$에서 함수 $g(t)$의 증가와 감소를 표로 나타내면 다음과 같다.

t	-3	$\cdots$	-2	$\cdots$	1
$g'(t)$		$+$	0	$-$	
$g(t)$	12	$\nearrow$	19	$\searrow$	-8

따라서 함수 $g(t)$는 $t=-2$에서 최댓값 19, $t=1$에서 최솟값 -8을 가지므로 최댓값과 최솟값의 합은

$19+(-8)=11$

0450

답 27

$g(x)=x^2-2x-1=(x-1)^2-2$이므로

$g(x)=t$로 놓으면 $t\geq -2$이고

$f(g(x))=f(t)=-t^3+3t^2+7$

$\therefore f'(t)=-3t^2+6t=-3t(t-2)$

$f'(t)=0$에서 $t=0$ 또는 $t=2$

$t\geq -2$에서 함수 $f(t)$의 증가와 감소를 표로 나타내면 다음과 같다.

t	-2	$\cdots$	0	$\cdots$	2	$\cdots$
$f'(t)$		$-$	0	$+$	0	$-$
$f(t)$	27	$\searrow$	7	$\nearrow$	11	$\searrow$

따라서 함수 $f(t)$는 $t=-2$에서 최댓값 27을 갖는다.

0451

답 -8

$f(x)=x^3+ax^2+bx+c$ (a, b, c는 상수)라 하면

$f'(x)=3x^2+2ax+b$

주어진 그래프에서 $f'(1)=0$, $f'(3)=0$이므로

$f'(1)=3+2a+b=0$

$\therefore 2a+b=-3$ $\quad$ …… ㉠

$f'(3)=27+6a+b=0$

$\therefore 6a+b=-27$ $\quad$ …… ㉡

㉠, ㉡을 연립하여 풀면 $a=-6$, $b=9$

$\therefore f(x)=x^3-6x^2+9x+c$

한편, 주어진 그래프에서 $f'(x)$의 부호를 조사하여 구간 $[-1, 4]$에서 함수 $f(x)$의 증가와 감소를 표로 나타내면 다음과 같다.

x	-1	$\cdots$	1	$\cdots$	3	$\cdots$	4
$f'(x)$		$+$	0	$-$	0	$+$	
$f(x)$	$c-16$	$\nearrow$	$c+4$	$\searrow$	c	$\nearrow$	$c+4$

함수 $f(x)$는 $x=1$에서 극댓값 $c+4$를 가지므로

$c+4=12$ $\quad\therefore c=8$

따라서 구간 $[-1, 4]$에서 함수 $f(x)$의 최솟값은

$f(-1)=c-16=-8$

함수의 최대, 최소의 활용

0452

답 ②

점 P의 좌표를 (t, t^2)이라 하면 점 P와 점 $(-3, 0)$ 사이의 거리는

$\sqrt{(t+3)^2+t^4}=\sqrt{t^4+t^2+6t+9}$

$f(t)=t^4+t^2+6t+9$라 하면

$f'(t)=4t^3+2t+6=2(t+1)(2t^2-2t+3)$

$f'(t)=0$에서 $t=-1$ ($\because 2t^2-2t+3>0$)

함수 $f(t)$의 증가와 감소를 표로 나타내면 다음과 같다.

t	$\cdots$	-1	$\cdots$
$f'(t)$	$-$	0	$+$
$f(t)$	$\searrow$	5	$\nearrow$

따라서 함수 $f(t)$는 $t=-1$에서 극소이면서 최소이므로 구하는 거리의 최솟값은 $\sqrt{f(-1)}=\sqrt{5}$

0453

답 ③

점 D의 좌표를 $(t, -t^2+6)$ $(0<t<\sqrt{6})$이라 하면

$\overline{BC}=2t$, $\overline{CD}=-t^2+6$

직사각형 ABCD의 넓이를 $S(t)$라 하면

$S(t)=2t(-t^2+6)=-2t^3+12t$

$S'(t)=-6t^2+12=-6(t+\sqrt{2})(t-\sqrt{2})$

$S'(t)=0$에서 $t=\sqrt{2}$ ($\because 0<t<\sqrt{6}$)

$0<t<\sqrt{6}$에서 함수 $S(t)$의 증가와 감소를 표로 나타내면 다음과 같다.

t	0	$\cdots$	$\sqrt{2}$	$\cdots$	$\sqrt{6}$
$S'(t)$		$+$	0	$-$	
$S(t)$		$\nearrow$	$8\sqrt{2}$	$\searrow$	

따라서 함수 $S(t)$는 $t=\sqrt{2}$에서 극대이면서 최대이므로 직사각형 ABCD의 넓이의 최댓값은 $8\sqrt{2}$이다.

0454

잘라내는 정사각형의 한 변의 길이를 $x\ (x>0)$라 하면
상자의 밑면의 가로의 길이는 $24-2x$, 세로의 길이는 $15-2x$이다.
이때 $24-2x>0$, $15-2x>0$이어야 하므로

$$0<x<\frac{15}{2}\ (\because x>0)$$

상자의 부피를 $V(x)$라 하면

$$V(x)=x(24-2x)(15-2x)=4x^3-78x^2+360x$$
$$V'(x)=12x^2-156x+360=12(x-3)(x-10)$$
$$V'(x)=0\text{에서 } x=3\left(\because 0<x<\frac{15}{2}\right)$$

$0<x<\dfrac{15}{2}$에서 함수 $V(x)$의 증가와 감소를 표로 나타내면 다음과 같다.

x	0	$\cdots$	3	$\cdots$	$\frac{15}{2}$
$V'(x)$		$+$	0	$-$	
$V(x)$		$\nearrow$	486	$\searrow$	

따라서 함수 $V(x)$는 $x=3$에서 극대이면서 최대이므로 상자의 부피의 최댓값은 486이다.

0455

점 P의 좌표를 $(t,\ -t^2+2)$라 하면

$$\overline{\text{AP}}^2+\overline{\text{BP}}^2=(t-1)^2+t^4+(t-5)^2+t^4$$
$$=2t^4+2t^2-12t+26$$

$f(t)=2t^4+2t^2-12t+26$이라 하면

$$f'(t)=8t^3+4t-12=4(t-1)(2t^2+2t+3)$$
$$f'(t)=0\text{에서 } t=1\ (\because 2t^2+2t+3>0)$$

함수 $f(t)$의 증가와 감소를 표로 나타내면 다음과 같다.

t	$\cdots$	1	$\cdots$
$f'(t)$	$-$	0	$+$
$f(t)$	$\searrow$	18	$\nearrow$

따라서 함수 $f(t)$는 $t=1$에서 극소이면서 최소이므로 구하는 최솟값은 18이다.

0456

점 P의 좌표를 $(t,\ -2t^2+6t)\ (0<t<3)$라 하면 H$(t,\ 0)$이므로 삼각형 OHP의 넓이를 $S(t)$라 하면

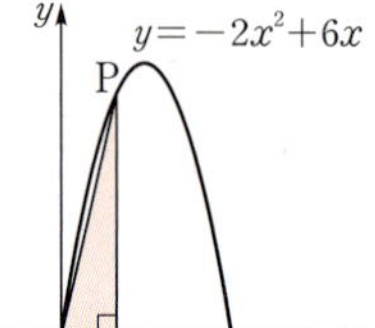

$$S(t)=\frac{1}{2}t(-2t^2+6t)=-t^3+3t^2$$
$$S'(t)=-3t^2+6t=-3t(t-2)$$
$$S'(t)=0\text{에서 } t=2\ (\because 0<t<3)$$

$0<t<3$에서 함수 $S(t)$의 증가와 감소를 표로 나타내면 다음과 같다.

t	0	$\cdots$	2	$\cdots$	3
$S'(t)$		$+$	0	$-$	
$S(t)$		$\nearrow$	4	$\searrow$	

따라서 함수 $S(t)$는 $t=2$에서 극대이면서 최대이므로 삼각형 OHP의 넓이의 최댓값은 4이다.

0457

원뿔에 내접하는 원기둥의 밑면의 반지름의 길이를 x, 높이를 y라 하면

$$3:9=x:(9-y)\qquad \therefore y=9-3x\ (0<x<3)$$

원기둥의 부피를 $V(x)$라 하면

$$V(x)=\pi x^2 y=\pi x^2(9-3x)=9\pi x^2-3\pi x^3$$
$$V'(x)=18\pi x-9\pi x^2=9\pi x(2-x)$$
$$V'(x)=0\text{에서 } x=2\ (\because 0<x<3)$$

$0<x<3$에서 함수 $V(x)$의 증가와 감소를 표로 나타내면 다음과 같다.

x	0	$\cdots$	2	$\cdots$	3
$V'(x)$		$+$	0	$-$	
$V(x)$		$\nearrow$	12π	$\searrow$	

따라서 함수 $V(x)$는 $x=2$에서 극대이면서 최대이므로 원기둥의 부피의 최댓값은 12π이다.

내신 잡는 종합 문제

0458

주어진 그래프에서 $f'(x)$의 부호가 양에서 음으로 바뀌는 점의 x좌표가 0, 3이므로 함수 $f(x)$는 $x=0$, $x=3$에서 극댓값을 갖는다.
따라서 함수 $f(x)$가 극댓값을 갖는 모든 x의 값의 합은

$$0+3=3$$

0459

$g(x)=(x^2-2x)f(x)$에서

$$g'(x)=(2x-2)f(x)+(x^2-2x)f'(x)$$

함수 $g(x)$가 $x=3$에서 극솟값 -9를 가지므로

$$g(3)=-9\text{에서 } 3f(3)=-9$$
$$\therefore f(3)=-3$$
$$g'(3)=0\text{에서 } 4f(3)+3f'(3)=0$$
$$-12+3f'(3)=0\qquad \therefore f'(3)=4$$

0460

함수 $f(x)=\begin{cases}2x^2-4x+3 & (x\le 1) \\ -x^2+6x-4 & (x>1)\end{cases}$ 에 대하여 함수 $y=f(x)$의 그래프는 다음 그림과 같다.

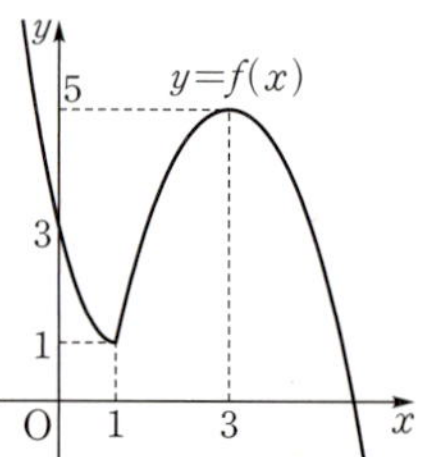

따라서 함수 $f(x)$는 $x=3$에서 극대, $x=1$에서 극소이므로
$a=3$, $b=1$
$\therefore a+b=3+1=4$

함수 $f(x)$가 미분가능하지 않은 x의 값에서도 극값을 가질 수 있다.

0461 답 ⑤

$f(x)=(x+1)^2(x-2)$에서
$f'(x)=2(x+1)(x-2)+(x+1)^2$
$\qquad=(x+1)(2x-4+x+1)=3(x+1)(x-1)$
$f'(x)=0$에서 $x=-1$ 또는 $x=1$
함수 $f(x)$의 증가와 감소를 표로 나타내면 다음과 같다.

x	$\cdots$	-1	$\cdots$	1	$\cdots$
$f'(x)$	$+$	0	$-$	0	$+$
$f(x)$	$\nearrow$	0	$\searrow$	-4	$\nearrow$

따라서 함수 $f(x)$는 $x=-1$에서 극댓값 0, $x=1$에서 극솟값 -4
를 가지므로 두 점 A, B의 좌표는 $(-1,0)$, $(1,-4)$이다.
$\therefore \overline{AB}=\sqrt{(1+1)^2+(-4-0)^2}=\sqrt{20}=2\sqrt{5}$

0462 답 4

$f(x)=x^3+ax^2+3x+5$에서 $f'(x)=3x^2+2ax+3$
함수 $f(x)$가 감소하는 구간이 반드시 존재하려면 $f'(x)<0$을 만
족시키는 x의 값이 존재해야 한다.
즉, $f'(x)$의 최솟값이 음수이어야 한다.
$f'(x)=3x^2+2ax+3=3\left(x+\dfrac{a}{3}\right)^2+3-\dfrac{a^2}{3}$에서
$3-\dfrac{a^2}{3}<0$, $9-a^2<0$
$(a+3)(a-3)>0$ $\qquad \therefore a<-3$ 또는 $a>3$
따라서 자연수 a의 최솟값은 4이다.

0463 답 18

모든 실수 x에 대하여 $f(-x)=-f(x)$이므로
$f(x)=x^3+ax$ (a는 상수)라 하면
→ 함수 $f(x)$는 원점에 대하여 대칭인 함수이다.
$f'(x)=3x^2+a$
함수 $f(x)$가 구간 $(-1,1)$에서 감소하
려면 $-1<x<1$에서 $f'(x)\le0$이어야
하므로 오른쪽 그림과 같이
$f'(-1)=3+a\le0$, $f'(1)=3+a\le0$
$\therefore a\le-3$
$\therefore f(3)=27+3a\le18$
따라서 $f(3)$의 최댓값은 18이다.

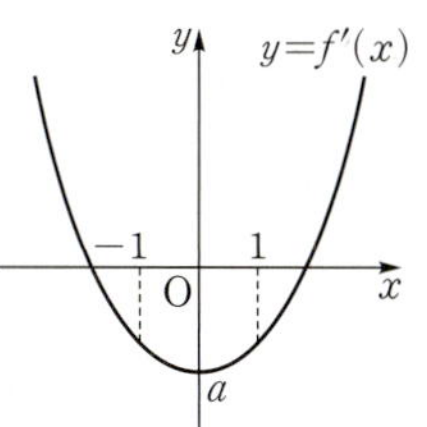

0464 답 ②

$f'(x)\{f(x)-2\}\le0$에서 $f'(x)$의 부호에 따라 다음과 같은 경우
로 나누어 생각해 볼 수 있다.

(i) $f'(x)>0$인 경우
구간 $(-3,2)$에서 $f'(x)>0$이고 이 구간에서 부등식
$f(x)-2\le0$, 즉 $f(x)\le2$를 만족시키는 정수 x는 -2, -1이
다.
(ii) $f'(x)\le0$인 경우
구간 $[2,7)$에서 $f'(x)\le0$이고 이 구간에서 부등식
$f(x)-2\ge0$, 즉 $f(x)\ge2$를 만족시키는 정수 x는 2, 3, 4이다.
(i), (ii)에서 구하는 정수 x는 -2, -1, 2, 3, 4의 5개이다.

0465 답 ⑤

$f(x)=\dfrac{2}{3}x^3-ax^2+(a+4)x$에서
$f'(x)=2x^2-2ax+a+4=2\left(x-\dfrac{a}{2}\right)^2-\dfrac{a^2}{2}+a+4$
삼차함수 $f(x)$가 $x>-1$에서 극댓값과
극솟값을 모두 가지려면 이차방정식
$f'(x)=0$이 $x>-1$에서 서로 다른 두 실
근을 가져야 하므로 함수 $y=f'(x)$의 그
래프가 오른쪽 그림과 같아야 한다.

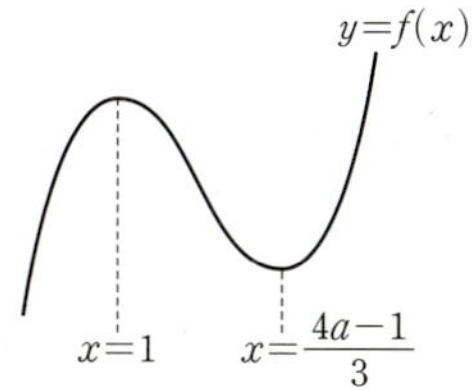

(i) 이차방정식 $2x^2-2ax+a+4=0$의 판별식을 D라 하면
$\dfrac{D}{4}=(-a)^2-2(a+4)>0$에서
$a^2-2a-8>0$, $(a+2)(a-4)>0$
$\therefore a<-2$ 또는 $a>4$
(ii) $f'(-1)=2+2a+a+4>0$에서
$3a+6>0$ $\qquad \therefore a>-2$
(iii) 함수 $y=f'(x)$의 그래프의 축의 방정식은 $x=\dfrac{a}{2}$이므로
$\dfrac{a}{2}>-1$ $\qquad \therefore a>-2$
(i)~(iii)에서 실수 a의 값의 범위는 $a>4$이므로 구하는 정수 a의
최솟값은 5이다.

0466 답 ②

$f(x)=x^3-(2a+1)x^2+(4a-1)x$에서
$f'(x)=3x^2-2(2a+1)x+4a-1=(x-1)(3x-4a+1)$
$f'(x)=0$에서 $x=1$ 또는 $x=\dfrac{4a-1}{3}$
최고차항의 계수가 양수인 삼차함수 $f(x)$가 $x=1$에서 극댓값을
가지므로 $f(x)$는 $x=\dfrac{4a-1}{3}$에서 극솟값을 갖는다.
따라서 함수 $y=f(x)$의 그래프의 개형은 다음 그림과 같다.

즉, $\dfrac{4a-1}{3}>1$이어야 하므로 $4a-1>3$
$\therefore a>1$
따라서 정수 a의 최솟값은 2이다.

0467

$f(x)=x^3+ax^2-a^2x+2$에서

$f'(x)=3x^2+2ax-a^2=(x+a)(3x-a)$

$f'(x)=0$에서 $x=-a$ 또는 $x=\dfrac{a}{3}$

$a>0$이므로 구간 $[-a,\ a]$에서 함수 $f(x)$의 증가와 감소를 표로
나타내면 다음과 같다.

x	$-a$	$\cdots$	$\dfrac{a}{3}$	$\cdots$	a
$f'(x)$		$-$	0	$+$	
$f(x)$	a^3+2	$\searrow$	$-\dfrac{5}{27}a^3+2$	$\nearrow$	a^3+2

따라서 함수 $f(x)$는 $x=-a$, $x=a$에서 최댓값 a^3+2, $x=\dfrac{a}{3}$에서

최솟값 $-\dfrac{5}{27}a^3+2$를 갖는다.

이때 함수 $f(x)$의 최솟값이 $\dfrac{14}{27}$이므로

$-\dfrac{5}{27}a^3+2=\dfrac{14}{27}$, $a^3=8$

$\therefore a=2$

즉, 함수 $f(x)$의 최댓값은

$M=a^3+2=8+2=10$

$\therefore a+M=2+10=12$

0468

$f(x)=-\dfrac{1}{2}x^4+\dfrac{4}{3}(a+1)x^3-9x^2$에서

$f'(x)=-2x^3+4(a+1)x^2-18x=-2x\{x^2-2(a+1)x+9\}$

최고차항의 계수가 음수인 사차함수 $f(x)$가 극솟값을 갖지 않으려
면 삼차방정식 $f'(x)=0$이 한 실근과 두 허근을 갖거나 한 실근과
중근 또는 삼중근을 가져야 한다.

이때 방정식 $f'(x)=0$의 한 실근이 $x=0$이므로 다음과 같은 경우
로 나누어 생각해 볼 수 있다.

(ⅰ) $f'(x)=0$이 한 실근과 두 허근을 갖는 경우

이차방정식 $x^2-2(a+1)x+9=0$이 허근을 가져야 하므로 판
별식을 D라 하면

$\dfrac{D}{4}=\{-(a+1)\}^2-9<0$, $a^2+2a-8<0$

$(a+4)(a-2)<0$

$\therefore -4<a<2$

(ⅱ) $f'(x)=0$이 한 실근과 중근 또는 삼중근을 갖는 경우

이차방정식 $x^2-2(a+1)x+9=0$이 $x=0$을 근으로 가질 수 없
으므로 0이 아닌 실수를 중근으로 가져야 한다.

즉, 판별식을 D라 하면

$\dfrac{D}{4}=\{-(a+1)\}^2-9=0$, $a^2+2a-8=0$

$(a+4)(a-2)=0$

$\therefore a=-4$ 또는 $a=2$

(ⅰ), (ⅱ)에서 실수 a의 값의 범위는 $-4\le a\le 2$

따라서 구하는 정수 a는 -4, -3, -2, $\cdots$, 1, 2의 7개이다.

0469

주어진 함수 $y=f'(x)$의 그래프를 이용하여 함수 $f(x)$의 증가와
감소를 표로 나타내면 다음과 같다.

x	$\cdots$	0	$\cdots$	2	$\cdots$	4	$\cdots$
$f'(x)$	$-$	0	$+$	0	$-$	0	$+$
$f(x)$	$\searrow$	극소	$\nearrow$	극대	$\searrow$	극소	$\nearrow$

ㄱ. 함수 $f(x)$는 $x=2$에서 극대, $x=0$, $x=4$에서 극소이므로 극
  값을 갖는 x의 개수는 3이다. (참)

ㄴ. $f(0)=f(4)$이므로 함수 $f(x)$는 $x=0$, $x=4$에서 극소이면서
  최소이다.

  즉, $f(0)=2$이면 함수 $f(x)$의 최솟값은 2이다. (참)

ㄷ. $f(2)<0$일 때, 함수 $y=|f(x)|$의 그래프의 개형은 다음 그림
  과 같다.

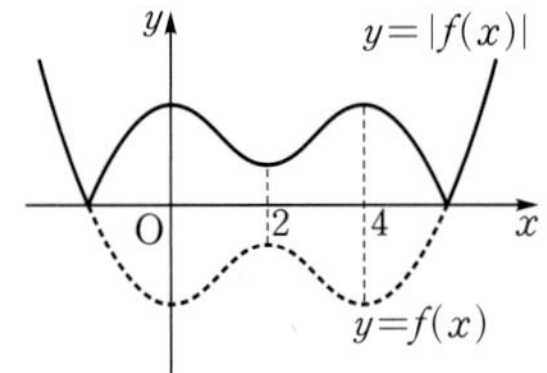

  즉, 함수 $|f(x)|$가 미분가능하지 않은 점의 개수는 2이다.

(거짓)

따라서 옳은 것은 ㄱ, ㄴ이다.

0470

$f(x)=x^3-3ax^2+3(a^2-1)x$에서 $f'(x)=3x^2-6ax+3(a^2-1)$

$f'(x)=0$에서 $3x^2-6ax+3(a^2-1)=0$

$3\{x^2-2ax+(a+1)(a-1)\}=0$

$3\{x-(a+1)\}\{x-(a-1)\}=0$

$\therefore x=a+1$ 또는 $x=a-1$

$a-1<a+1$이므로 함수 $f(x)$의 증가와 감소를 표로 나타내면 다
음과 같다.

x	$\cdots$	$a-1$	$\cdots$	$a+1$	$\cdots$
$f'(x)$	$+$	0	$-$	0	$+$
$f(x)$	$\nearrow$	극대	$\searrow$	극소	$\nearrow$

따라서 함수 $f(x)$는 $x=a-1$에서 극대이고, 극댓값이 4이므로

$f(a-1)=(a-1)^3-3a(a-1)^2+3(a^2-1)(a-1)=4$

$a^3-3a-2=0$, $(a+1)^2(a-2)=0$

$\therefore a=-1$ 또는 $a=2$

(ⅰ) $a=-1$일 때

  $f(x)=x^3+3x^2$이므로

  $f(-2)=-8+12=4>0$

  즉, 주어진 조건을 만족시킨다.

(ⅱ) $a=2$일 때

  $f(x)=x^3-6x^2+9x$이므로

  $f(-2)=-8-24-18=-50<0$

  즉, 주어진 조건을 만족시키지 않는다.

(ⅰ), (ⅱ)에서 $a=-1$이므로 $f(x)=x^3+3x^2$

$\therefore f(-1)=-1+3=2$

0471

$f(x)=x^3-3x+1$에서

$f'(x)=3x^2-3=3(x+1)(x-1)$

$f'(x)=0$에서 $x=-1$ 또는 $x=1$

함수 $f(x)$의 증가와 감소를 표로 나타내면 다음과 같다.

x	$\cdots$	-1	$\cdots$	1	$\cdots$
$f'(x)$	$+$	0	$-$	0	$+$
$f(x)$	$\nearrow$	3	$\searrow$	-1	$\nearrow$

이때 함수 $y=f(x)$의 그래프와 직선 $y=3$이 만나는 점의 x좌표는

$x^3-3x+1=3$에서 $x^3-3x-2=0$

$(x+1)^2(x-2)=0$ $\therefore$ $x=-1$ 또는 $x=2$

즉, 함수 $y=f(x)$의 그래프는 다음 그림과 같다.

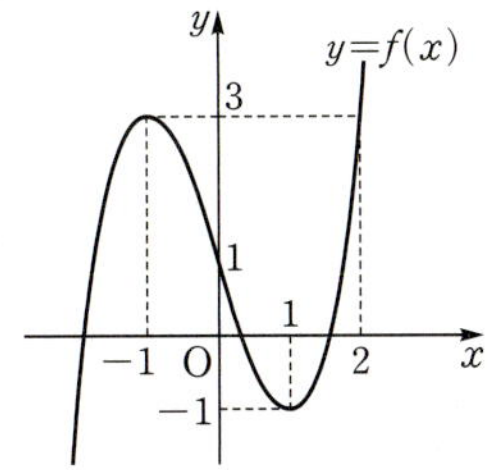

따라서 $g(t)=\begin{cases} 3 & (-1<t\leq 2) \\ f(t) & (t>2) \end{cases}$ 이므로

$g(1)+g(2)+g(3)=3+3+f(3)=6+19=25$

0472

$f(0)=0$이고 최고차항의 계수가 2인 삼차함수 $f(x)$에 대하여 함수 $|f(x)|$가 $x=3$에서만 미분가능하지 않으려면 다음 그림과 같이 함수 $y=|f(x)|$의 그래프가 $x=0$일 때 x축과 접하고 $x=3$에서 x축과 만나고 그래프가 꺾인 모양이어야 한다.

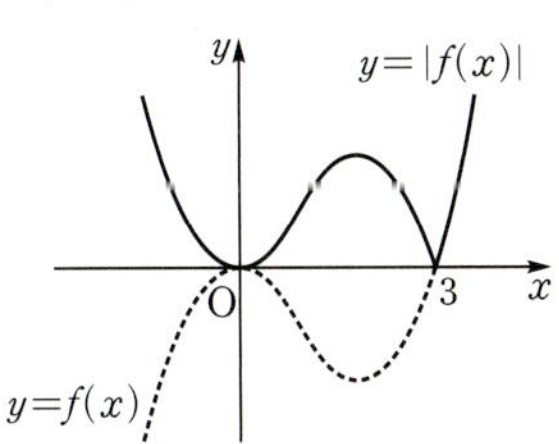

즉, $f(x)=2x^2(x-3)=2x^3-6x^2$이므로

$f'(x)=6x^2-12x=6x(x-2)$

$f'(x)=0$에서 $x=0$ 또는 $x=2$

함수 $f(x)$의 증가와 감소를 표로 나타내면 다음과 같다.

x	$\cdots$	0	$\cdots$	2	$\cdots$
$f'(x)$	$+$	0	$-$	0	$+$
$f(x)$	$\nearrow$	0	$\searrow$	-8	$\nearrow$

따라서 함수 $f(x)$는 $x=2$에서 극솟값 -8을 갖는다.

0473

ㄱ. $\alpha<\beta$이면 함수 $y=f(x)$의 그래프의 개형은 다음 그림과 같다.

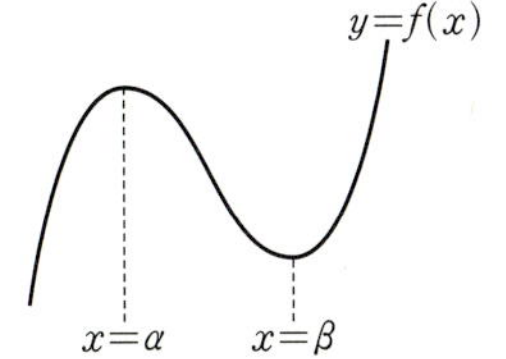

즉, $x\rightarrow\infty$일 때, $f(x)\rightarrow\infty$이므로 $a>0$이다. (참)

ㄴ. $\beta<0<\alpha$이고 $f(\beta)=0$이면 함수 $y=f(x)$의 그래프의 개형은 다음 그림과 같다.

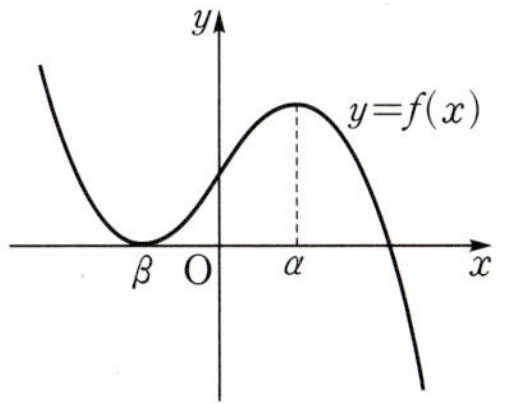

즉, $f(0)>0$이므로 $d>0$이다. (참)

ㄷ. ㄱ에서 $\alpha<0<\beta$이면 $a>0$

$f(x)=ax^3+bx^2+cx+d$에서 $f'(x)=3ax^2+2bx+c$

이차방정식 $f'(x)=0$의 서로 다른 두 실근이 α, β이고 $\alpha<0<\beta$, $|\alpha|<|\beta|$이므로 이차방정식의 근과 계수의 관계에 의하여

$\alpha+\beta=-\dfrac{2b}{3a}>0$에서 $b<0$ ($\because$ $a>0$)

$\alpha\beta=\dfrac{c}{3a}<0$에서 $c<0$ ($\because$ $a>0$)

즉, $bc>0$이다. (거짓)

따라서 옳은 것은 ㄱ, ㄴ이다.

0474

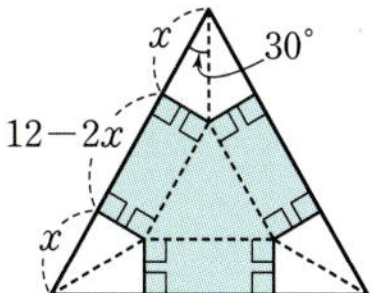

오른쪽 그림과 같이 정삼각형의 꼭짓점으로부터의 거리가 x인 부분까지 자른다고 하면 뚜껑이 없는 삼각기둥의 밑면의 한 변의 길이가 $12-2x$이므로 x의 값의 범위는

$0<12-2x<12$ $\therefore$ $0<x<6$ ❶

이때 뚜껑이 없는 삼각기둥의 밑넓이는 $\dfrac{\sqrt{3}}{4}(12-2x)^2$,

높이는 $x\tan 30°=\dfrac{x}{\sqrt{3}}$이므로 상자의 부피를 $V(x)$라 하면

$V(x)=\dfrac{\sqrt{3}}{4}(12-2x)^2\times\dfrac{x}{\sqrt{3}}=x^3-12x^2+36x$ ❷

$V'(x)=3x^2-24x+36=3(x-2)(x-6)$

$V'(x)=0$에서 $x=2$ ($\because$ $0<x<6$)

$0<x<6$에서 함수 $V(x)$의 증가와 감소를 표로 나타내면 다음과 같다.

x	0	$\cdots$	2	$\cdots$	6
$V'(x)$		$+$	0	$-$	
$V(x)$		$\nearrow$	32	$\searrow$	

따라서 함수 $V(x)$는 $x=2$에서 극대이면서 최대이므로 구하는 부피의 최댓값은 32이다. ❸

채점 기준	배점
❶ 변수 x를 설정하고 x의 값의 범위 구하기	30%
❷ 상자의 부피 $V(x)$를 식으로 나타내기	30%
❸ 증감표를 이용하여 $V(x)$의 최댓값 구하기	40%

0475

답 4

조건 ⑴에서 모든 실수 x에 대하여 $f(-x)=f(x)$이므로 함수 $y=f(x)$의 그래프는 y축에 대하여 대칭이다.

따라서 $f(x)$는 최고차항의 계수가 1이고 홀수차항의 계수가 0인 사차함수이다.

$f(x)=x^4+ax^2+b$ (a, b는 상수)라 하면

$f'(x)=4x^3+2ax$

❶

조건 ⑵에서 함수 $f(x)$가 $x=1$에서 최솟값 3을 가지므로

$f'(1)=0$에서 $4+2a=0$

$\therefore a=-2$

$f(1)=3$에서 $1-2+b=3$

$\therefore b=4$

즉, $f(x)=x^4-2x^2+4$,

$f'(x)=4x^3-4x=4x(x+1)(x-1)$

❷

$f'(x)=0$에서 $x=-1$ 또는 $x=0$ 또는 $x=1$

함수 $f(x)$의 증가와 감소를 표로 나타내면 다음과 같다.

x	$\cdots$	-1	$\cdots$	0	$\cdots$	1	$\cdots$
$f'(x)$	$-$	0	$+$	0	$-$	0	$+$
$f(x)$	$\searrow$	3	$\nearrow$	4	$\searrow$	3	$\nearrow$

따라서 함수 $f(x)$는 $x=0$에서 극댓값 4를 갖는다.

❸

채점 기준	배점
❶ 조건 ⑴를 이용하여 함수 $f(x)$, $f'(x)$의 식 세우기	30%
❷ 조건 ⑵를 이용하여 함수 $f(x)$, $f'(x)$ 구하기	40%
❸ 함수 $f(x)$의 증감표를 이용하여 극댓값 구하기	30%

0476

답 ②

(i) $-1 \le x < 0$일 때

$f(x)=x^3+3x+3$에서

$f'(x)=3x^2+3>0$

따라서 함수 $f(x)$는 구간 $[-1, 0)$에서 증가한다.

(ii) $0 \le x \le 2$일 때

$f(x)=x^3-3x+3$에서

$f'(x)=3x^2-3=3(x+1)(x-1)$

$f'(x)=0$에서 $x=1$ ($\because 0 \le x \le 2$)

$0 \le x \le 2$에서 함수 $f(x)$의 증가와 감소를 표로 나타내면 다음과 같다.

x	0	$\cdots$	1	$\cdots$	2
$f'(x)$		$-$	0	$+$	
$f(x)$	3	$\searrow$	1	$\nearrow$	5

(i), (ii)에서 $-1 \le x \le 2$일 때 함수 $y=f(x)$의 그래프는 다음 그림과 같다.

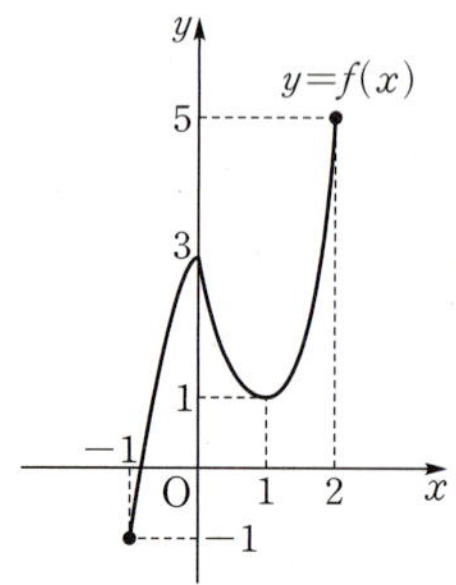

따라서 함수 $f(x)$는 $x=0$에서 극댓값 3, $x=1$에서 극솟값 1을 가지므로

$M=3$, $m=1$ $\therefore M+m=3+1=4$

0477

답 12

함수 $f(x)$의 역함수가 존재하려면 $f(x)$가 일대일대응이어야 하므로 실수 전체의 집합에서 $f(x)$는 증가하거나 감소해야 한다. 그런데 함수 $f(x)$의 최고차항의 계수가 양수이므로 $f(x)$는 증가해야 한다.

$f(x)=\dfrac{1}{3}x^3+(a-3)x^2+(a-1)x+a-6$에서

$f'(x)=x^2+2(a-3)x+a-1$

함수 $f(x)$가 실수 전체의 집합에서 증가하려면 모든 실수 x에 대하여 $f'(x) \ge 0$이어야 하므로 이차방정식 $f'(x)=0$의 판별식을 D라 하면

$\dfrac{D}{4}=(a-3)^2-(a-1) \le 0$, $a^2-7a+10 \le 0$

$(a-2)(a-5) \le 0$ $\therefore 2 \le a \le 5$ $\quad \cdots\cdots$ ㉠

한편, 방정식 $f(x)=0$이 구간 $(0, 3)$에서 적어도 하나의 실근을 가지려면 $f(0)f(3)<0$이어야 하므로

$(a-6)(13a-27)<0$ $\therefore \dfrac{27}{13}<a<6$ $\quad \cdots\cdots$ ㉡

㉠, ㉡을 동시에 만족시키는 a의 값의 범위는

$\dfrac{27}{13}<a \le 5$

따라서 정수 a는 3, 4, 5이므로 구하는 합은

$3+4+5=12$

함수 $f(x)$가 닫힌구간 $[a, b]$에서 연속이고 $f(a)f(b)<0$이면 $f(c)=0$인 c가 열린구간 (a, b)에 적어도 하나 존재한다.

0478

답 10

$f(x)=3x^4-8x^3-6x^2+24x+2a$에서

$f'(x)=12x^3-24x^2-12x+24=12(x+1)(x-1)(x-2)$

$f'(x)=0$에서 $x=-1$ 또는 $x=1$ 또는 $x=2$

함수 $f(x)$의 증가와 감소를 표로 나타내면 다음과 같다.

x	$\cdots$	-1	$\cdots$	1	$\cdots$	2	$\cdots$
$f'(x)$	$-$	0	$+$	0	$-$	0	$+$
$f(x)$	$\searrow$	$2a-19$	$\nearrow$	$2a+13$	$\searrow$	$2a+8$	$\nearrow$

함수 $y=f(x)$의 그래프의 개형은 다음 그림과 같다.

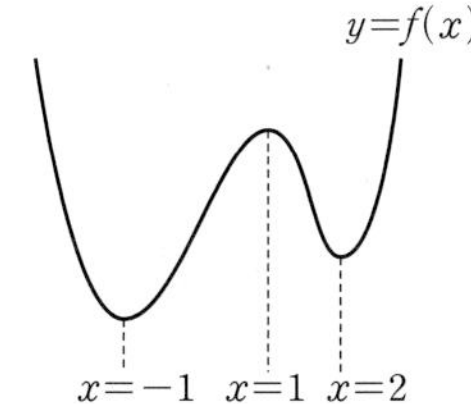

이때 함수 $|f(x)|$가 실수 전체의 집합에서 미분가능하려면 함수 $f(x)$의 최솟값 $f(-1)\geq0$이어야 하므로
$$2a-19\geq0 \qquad \therefore a\geq\frac{19}{2}$$
따라서 정수 a의 최솟값은 10이다.

0479   답 ③

$f(x)=x(x-a)(x-6)=x^3-(a+6)x^2+6ax$라 하면
$f'(x)=3x^2-2(a+6)x+6a$
$f(0)=0$이므로 원점에서 접하는 접선의 기울기는
$$f'(0)=6a \qquad \cdots\cdots\ \text{㉠}$$
원점이 아닌 점 $(t,\ f(t))$에서의 접선의 방정식은
$$y-\{t^3-(a+6)t^2+6at\}=\{3t^2-2(a+6)t+6a\}(x-t)$$
$$\therefore y=\{3t^2-2(a+6)t+6a\}x-2t^3+(a+6)t^2$$
이 직선이 원점을 지나므로
$$0=-2t^3+(a+6)t^2,\ -t^2\{2t-(a+6)\}=0$$
그런데 $t\neq0$이므로 $t=\dfrac{a+6}{2}$
이때 접선의 기울기는
$$f'\left(\frac{a+6}{2}\right)=\frac{3}{4}(a+6)^2-(a+6)^2+6a$$
$$=-\frac{1}{4}(a^2-12a+36) \qquad \cdots\cdots\ \text{㉡}$$
㉠, ㉡에서 두 접선의 기울기의 곱을 $g(a)$라 하면
$$g(a)=-\frac{3}{2}(a^3-12a^2+36a)$$
$$\therefore g'(a)=-\frac{3}{2}(3a^2-24a+36)=-\frac{9}{2}(a-2)(a-6)$$
$g'(a)=0$에서 $a=2\ (\because 0<a<6)$
$0<a<6$에서 함수 $g(a)$의 증가와 감소를 표로 나타내면 다음과 같다.

a	0	$\cdots$	2	$\cdots$	6
$g'(a)$		$-$	0	$+$	
$g(a)$		↘	극소	↗	

따라서 함수 $g(a)$는 $a=2$에서 극소이면서 최소이므로 두 접선의 기울기의 곱의 최솟값은
$$g(2)=-\frac{3}{2}\times(8-48+72)=-48$$

0480   답 ②

함수 $y=f(x)$의 그래프를 이용하여 도함수 $y=f'(x)$의 그래프를 그려 보면 다음 그림과 같다.

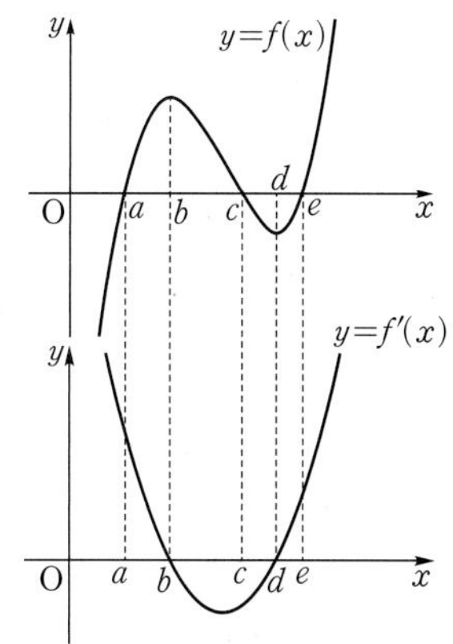

즉, 함수 $f'(x)$는 $x=b$, $x=d$일 때를 기준으로 부호가 바뀐다.
또한 함수 $g(x)$는 기울기가 양수인 일차함수이므로 모든 실수 x에 대하여 $g'(x)>0$이다.
$h(x)=f(x)g(x)$로 놓으면 $h'(x)=f'(x)g(x)+f(x)g'(x)$이므로 x의 값의 범위에 따른 $h'(x)$의 값의 부호를 조사하면 다음 표와 같다.

x	$\cdots$	a	$\cdots$	b	$\cdots$	c	$\cdots$	d	$\cdots$	e	$\cdots$
$f(x)$	$-$	0	$+$	$+$	$+$	0	$-$	$-$	$-$	0	$+$
$f'(x)$	$+$	$+$	$+$	0	$-$	$-$	$-$	0	$+$	$+$	$+$
$g(x)$	$-$	$-$	$-$	$-$	0	$+$	$+$	$+$	$+$	$+$	$+$
$g'(x)$	$+$	$+$	$+$	$+$	$+$	$+$	$+$	$+$	$+$	$+$	$+$
$f'(x)g(x)$	$-$	$-$	$-$	0	$+$	0	$-$	0	$+$	$+$	$+$
$f(x)g'(x)$	$-$	0	$+$	$+$	$+$	0	$-$	$-$	$-$	0	$+$
$h'(x)$	$-$	극소	$+$	$+$	극대	$-$	$-$	극소	$+$	$+$

따라서 함수 $f(x)g(x)$는 $x=c$에서 극대이고 $a<x<b$, $d<x<e$에서 각각 극솟값을 갖는다.
이때 $p<q$이므로 $a<p<b$이고 $d<q<e$이다.

0481   답 ④

$f(-1)=f(2)=0$이므로
$f(x)=(x+1)(x-2)(x-a)\ (a$는 상수$)$라 하자.
(i) $a\neq-1$, $a\neq2$인 경우

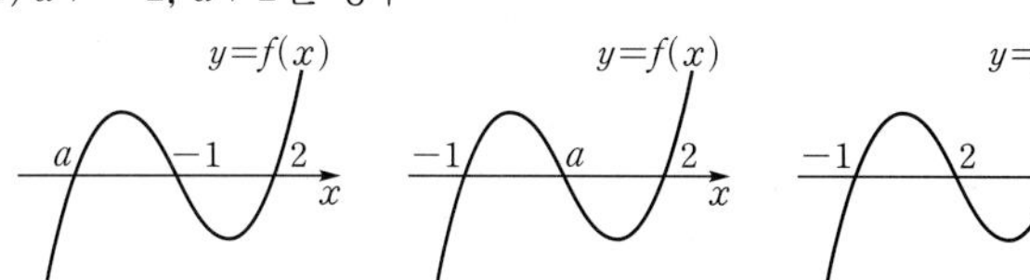

함수 $f(x)$의 극솟값이 음수이므로 조건을 만족시키지 않는다.
(ii) $a=-1$인 경우

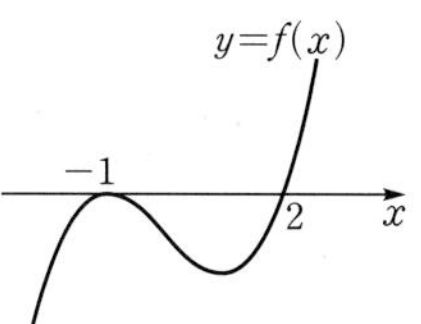

함수 $f(x)$의 극솟값이 음수이므로 조건을 만족시키지 않는다.
(iii) $a=2$인 경우

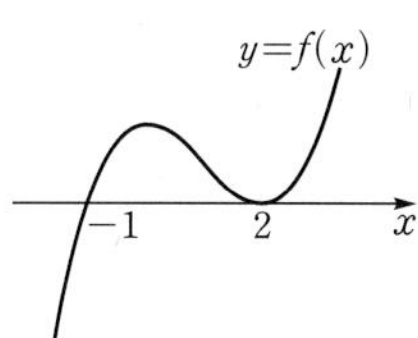

함수 $f(x)$의 극솟값이 0이므로 조건을 만족시킨다.
(i)~(iii)에서 $f(x)=(x+1)(x-2)^2$이므로
$$f(3)=4\times1=4$$

0482

답 ②

$f(a)=f'(a)=0$, $f(b)=0$이므로
$$f(x)=k(x-a)^2(x-b)(x-c)\ (k, c\text{는 상수, } k>0)$$
라 하면 함수 $y=f(x)$의 그래프의 개형은 다음과 같은 경우로 나
누어 생각해 볼 수 있다.

(i) $c\neq b$, $c\neq a$일 때

다음 그림과 같이 함수 $y=f(x)$의 그래프가 x축과 $x=a$,
$x=b$, $x=c$에서 만난다.

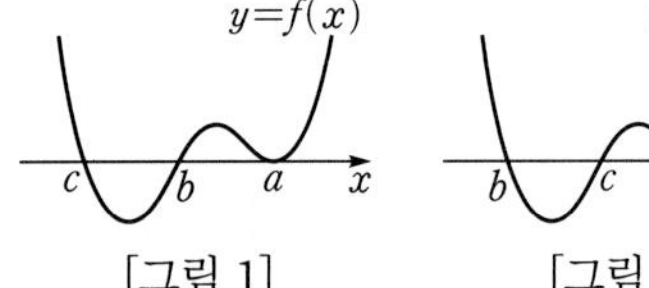 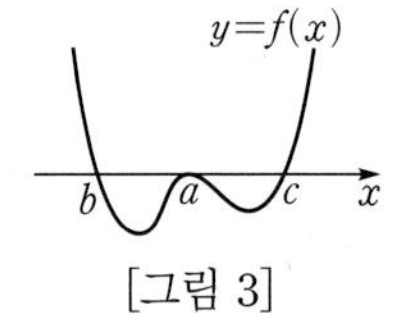

[그림 1]　　　[그림 2]　　　[그림 3]

(ii) $c=b$일 때

$f(x)=k(x-a)^2(x-b)^2$이므로 다음 그림과 같이 함수
$y=f(x)$의 그래프가 x축과 $x=a$, $x=b$에서 접한다.

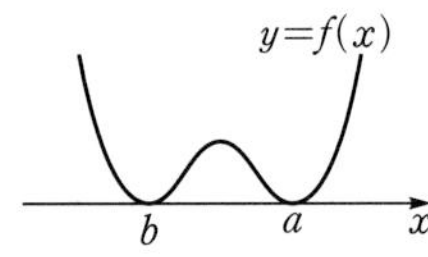

(iii) $c=a$일 때

$f(x)=k(x-a)^3(x-b)$이므로 다음 그림과 같이 함수
$y=f(x)$의 그래프가 x축과 $x=a$에서 접하고 $x=b$에서 만난다.

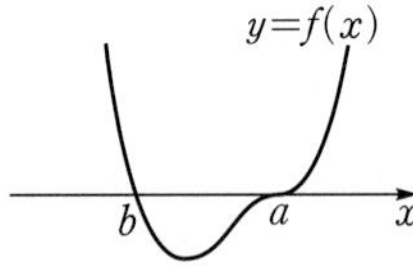

ㄱ. $f'(b)>0$이면 함수 $y=f(x)$의 그래프의 개형은 (i)의 [그림 1]
과 같으므로 함수 $f(x)$는 극댓값을 갖는다. (참)

ㄴ. $f'(b)=0$이면 함수 $y=f(x)$의 그래프의 개형은 (ii)의 그림과
같으므로 함수 $f(x)$가 극값을 갖는 x의 개수는 3이다. (참)

ㄷ. $f'(b)\neq0$이면 함수 $y=f(x)$의 그래프의 개형은 (i), (iii)의 그
림과 같다. 이때 (iii)의 경우 함수 $y=f(x)$의 그래프는 x축과
서로 다른 두 점에서 만난다. (거짓)

따라서 옳은 것은 ㄱ, ㄴ이다.

0483

답 1

$f(x)=x^3+3x^2+2$에서
$$f'(x)=3x^2+6x=3x(x+2)$$
$f'(x)=0$에서 $x=-2$ 또는 $x=0$
함수 $f(x)$의 증가와 감소를 표로 나타내면 다음과 같다.

x	$\cdots$	-2	$\cdots$	0	$\cdots$
$f'(x)$	$+$	0	$-$	0	$+$
$f(x)$	$\nearrow$	6	$\searrow$	2	$\nearrow$

이때 함수 $y=f(x)$의 그래프와 직선 $y=6$이 만나는 점의 x좌표는
$x^3+3x^2+2=6$에서 $x^3+3x^2-4=0$
$(x+2)^2(x-1)=0$　∴ $x=-2$ 또는 $x=1$
즉, 함수 $y=f(x)$의 그래프는 다음 그림과 같다.

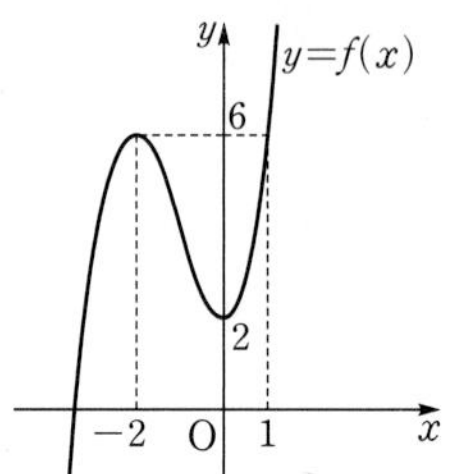

$$g(t)=\begin{cases} f(t) & (t<-2) \\ 6 & (-2\leq t<1) \\ f(t) & (t\geq1) \end{cases}$$
이므로 함수 $y=g(t)$의 그래프는 다
음 그림과 같다.

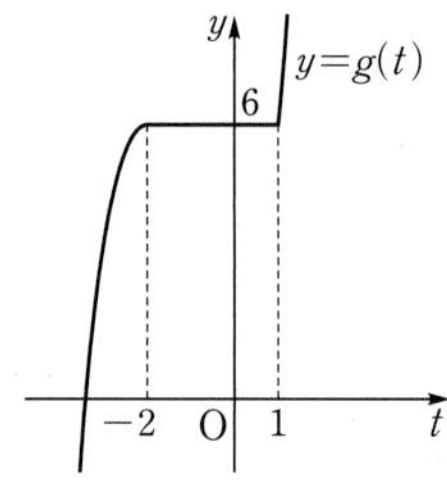

따라서 함수 $g(t)$는 $t=1$에서만 미분가능하지 않으므로
$$a=1$$

0484

답 ⑤

$f(x)=x^2+2x+k=(x+1)^2+k-1$
이므로 함수 $f(x)$는 모든 실수 x에 대하여
$$f(x)\geq k-1\quad\cdots\cdots\ \text{㉠}$$
$g(x)=2x^3-9x^2+12x-2$에서
$$g'(x)=6x^2-18x+12=6(x-1)(x-2)$$
$g'(x)=0$에서 $x=1$ 또는 $x=2$
함수 $g(x)$의 증가와 감소를 표로 나타내면 다음과 같다.

x	$\cdots$	1	$\cdots$	2	$\cdots$
$g'(x)$	$+$	0	$-$	0	$+$
$g(x)$	$\nearrow$	3	$\searrow$	2	$\nearrow$

함수 $g(x)$는 $x=1$에서 극댓값 3, $x=2$에서 극솟값 2를 갖는다.
한편, 방정식 $g(x)=2$, 즉 $2x^3-9x^2+12x-2=2$에서
$$2x^3-9x^2+12x-4=0$$
$$(2x-1)(x-2)^2=0$$
∴ $x=\dfrac{1}{2}$ 또는 $x=2$
함수 $y=g(x)$의 그래프와 직선 $y=2$는 다음 그림과 같다.

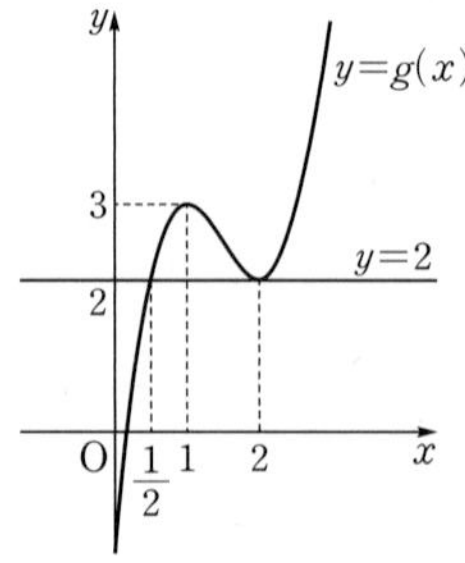

함수 $(g \circ f)(x) = g(f(x))$에서 $f(x) = t$로 놓으면
㉠에 의하여 $t \geq k-1$이므로 함수 $g(t)$는 $t \geq k-1$에서 정의된 함수이다.
즉, 함수 $g(t)$의 최솟값이 2가 되려면
$$\frac{1}{2} \leq k-1 \leq 2 \qquad \therefore \frac{3}{2} \leq k \leq 3$$
따라서 구하는 실수 k의 최솟값은 $\frac{3}{2}$이다.

0485

함수 $f(x)$의 역함수가 존재하려면 $f(x)$가 일대일대응이어야 하므로 $f(x)$는 실수 전체의 집합에서 증가하거나 감소해야 한다.
조건 ㈎에서 $f'(3) = 0$이므로 함수 $y = f(x)$의 그래프의 개형은 다음 그림과 같다.

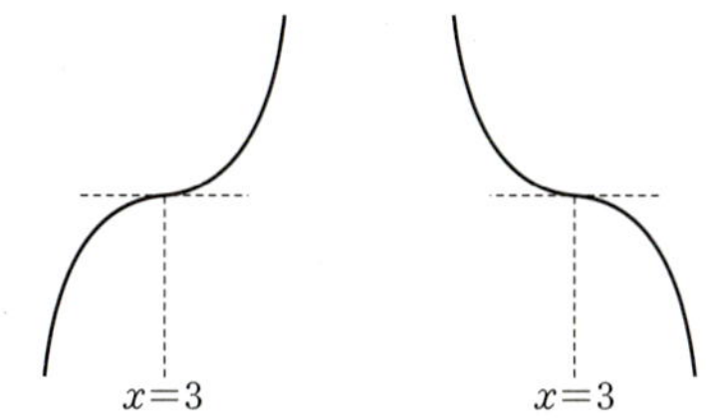

이때 $g(x) = f(x) - 4$로 놓으면 조건 ㈏에서 함수 $|g(x)|$가 $x=2$에서 미분가능하지 않으므로 함수 $y = |g(x)|$의 그래프가 다음 그림과 같이 $x=2$에서 x축과 만나고 그래프가 꺾인 모양이어야 한다.

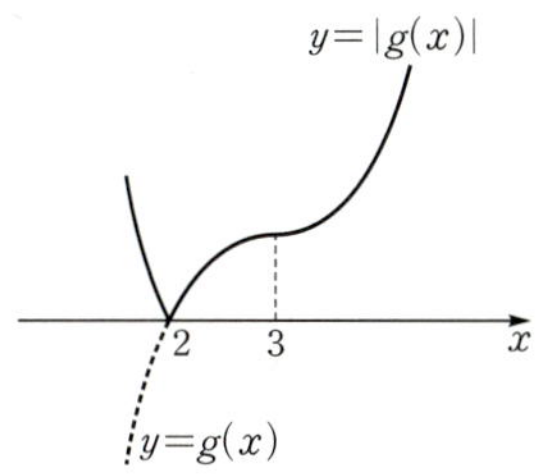

$g(x) = a(x-3)^3 + b$ (a, b는 상수, $a \neq 0$)라 하면
$g(2) = 0$이므로 $-a+b=0$ ...... ㉢
또한 $f(4) = 6$에서 $g(4) = 2$이므로
$a+b=2$ ...... ㉣
㉢, ㉣을 연립하여 풀면 $a=1$, $b=1$
따라서 $g(x) = (x-3)^3 + 1$이므로
$f(x) = (x-3)^3 + 5$
$f'(x) = 3(x-3)^2$
$\therefore f'(1) = 3 \times 4 = 12$

🔊 **Bible Says**   **증가 또는 감소하는 삼차함수의 그래프**

실수 전체의 집합에서 증가 또는 감소하는 삼차함수 $y = f(x)$의 그래프의 개형은 다음과 같다.
(1) $f'(x) = 0$이 중근 α를 갖는 경우

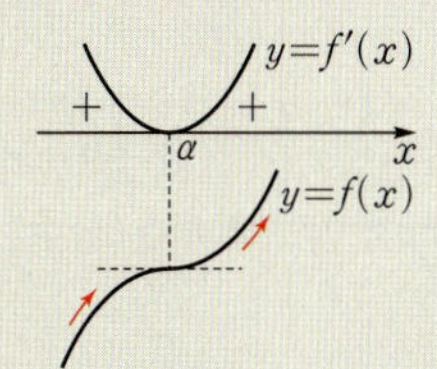 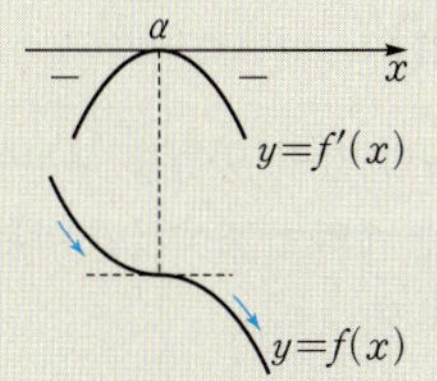

이때 $f(\alpha) = 0$이면
① 함수 $y = f(x)$의 그래프는 x축과 $x = \alpha$에서 접한다.
② 방정식 $f(x) = 0$은 $x = \alpha$를 삼중근으로 갖는다.
③ $f(x) = k(x-\alpha)^3$ ($k \neq 0$)과 같이 나타낼 수 있다.

(2) $f'(x) = 0$이 실근을 갖지 않는 경우

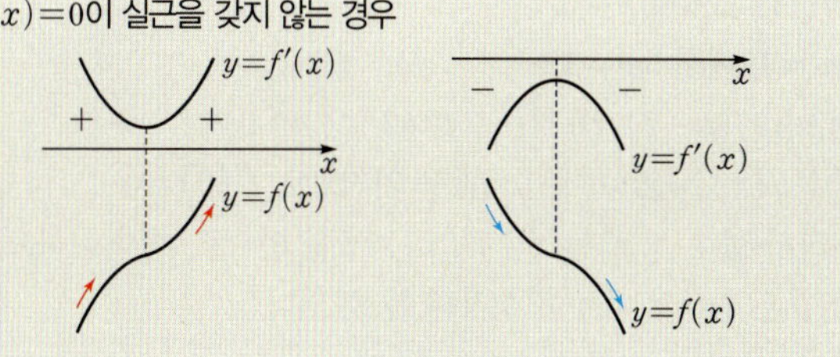

0486

모든 실수 x에 대하여 $f(-x) = f(x)$이므로 함수 $y = f(x)$의 그래프는 y축에 대하여 대칭이다. 즉, $f(x)$는 최고차항의 계수가 1이고 홀수차항의 계수가 0인 사차함수이다.
$f(x) = x^4 + ax^2 + b$ (a, b는 상수)라 하면
$f'(x) = 4x^3 + 2ax$
조건 ㈎에서 함수 $f(x)$는 $x=2$에서 극솟값을 가지므로
$f'(2) = 0$에서 $32 + 4a = 0$
$\therefore a = -8$
$f'(x) = 4x^3 - 16x = 4x(x+2)(x-2)$
$f'(x) = 0$에서 $x=-2$ 또는 $x=0$ 또는 $x=2$
함수 $f(x)$의 증가와 감소를 표로 나타내면 다음과 같다.

x	$\cdots$	-2	$\cdots$	0	$\cdots$	2	$\cdots$
$f'(x)$	$-$	0	$+$	0	$-$	0	$+$
$f(x)$	$\searrow$	$b-16$	$\nearrow$	b	$\searrow$	$b-16$	$\nearrow$

이때 조건 ㈏에서 함수 $|f(x)|$가 $x=1$에서 극솟값을 가지므로 다음 그림과 같이 함수 $y = |f(x)|$의 그래프가 $x=1$에서 x축과 만나고 그래프가 꺾인 모양이어야 한다.

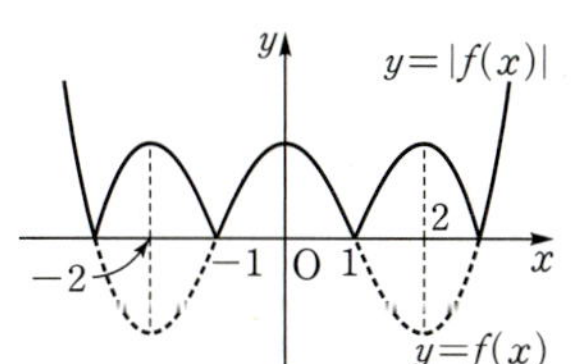

즉, $f(1) = 0$에서 $1 - 8 + b = 0$
$\therefore b = 7$
따라서 $f(x) = x^4 - 8x^2 + 7$이므로
$f(3) = 81 - 72 + 7 = 16$

🔊 **Bible Says**   **다항함수의 대칭성**

다항함수 $f(x)$가 모든 실수 x에 대하여
(1) $f(x) = f(-x)$인 경우
함수 $y = f(x)$의 그래프는 y축에 대하여 대칭이고 $f(x)$의 식은 차수가 짝수인 항 또는 상수항으로만 이루어진다.
(2) $f(x) = -f(-x)$인 경우
함수 $y = f(x)$의 그래프는 원점에 대하여 대칭이고 $f(x)$의 식은 차수가 홀수인 항으로만 이루어진다.

0487

함수 $f(x)$의 최고차항을 ax^n ($a > 0$, n은 자연수)이라 하면
$f'(x)$의 최고차항은 nax^{n-1}이므로
$f(x)f'(x) = 12x^3(x-2)(x-3)$에서
$na^2 x^{2n-1} = 12x^5$

$2n-1=5$에서 $n=3$
$na^2=12$에서 $3a^2=12$
$3(a+2)(a-2)=0$ $\quad \therefore a=2 \ (\because a>0)$
함수 $f(x)$는 $x=0$에서 극값을 가지므로 $f'(0)=0$
따라서 함수 $f(x)$는 x^2, $f'(x)$는 x를 인수로 가져야 하므로 다음과 같은 경우로 나누어 생각해 볼 수 있다.

(i) $f(x)$가 $x-2$를 인수로 가질 때
　　$f(x)=2x^2(x-2)$, $f'(x)=6x(x-3)$이어야 한다.
　　그런데 $f(x)$를 미분하면
　　$f'(x)=4x(x-2)+2x^2=6x^2-8x$
　　이므로 조건을 만족시키지 않는다.
(ii) $f(x)$가 $x-3$을 인수로 가질 때
　　$f(x)=2x^2(x-3)$, $f'(x)=6x(x-2)$이어야 한다.
　　$f(x)$를 미분하면
　　$f'(x)=4x(x-3)+2x^2=6x^2-12x$
　　이므로 조건을 만족시킨다.
(i), (ii)에서 $f(x)=2x^2(x-3)$, $f'(x)=6x^2-12x$이므로
$f(1)+f'(1)=2\times(-2)+6-12=-10$

0488

삼차함수 $f(x)$의 극값이 존재하지 않는 경우 함수 $|f(x)|$가 0이 아닌 극솟값을 가질 수 없으므로 $f(x)$는 극값을 갖는 삼차함수이다.

(i) 함수 $y=f(x)$의 그래프가 x축과 서로 다른 세 점에서 만나는 경우

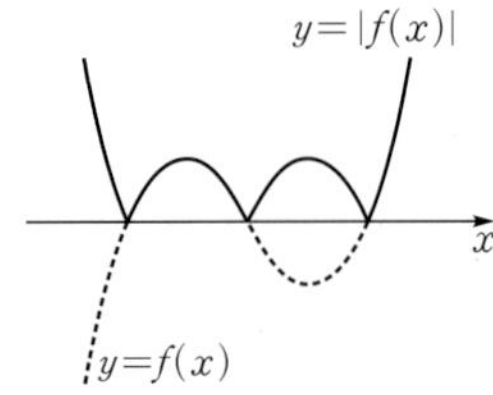

　　함수 $|f(x)|$의 극솟값이 모두 0이므로 조건을 만족시키지 않는다.
(ii) 함수 $y=f(x)$의 그래프가 x축과 서로 다른 두 점에서 만나는 경우

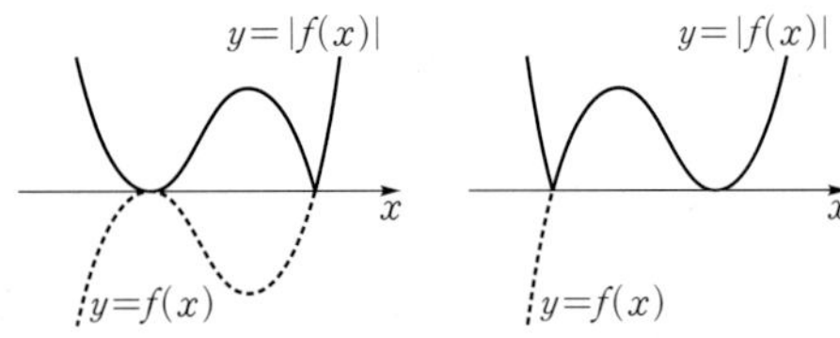

　　함수 $|f(x)|$의 극솟값이 모두 0이므로 조건을 만족시키지 않는다.
(iii) 함수 $y=f(x)$의 그래프가 x축과 한 점에서 만나는 경우

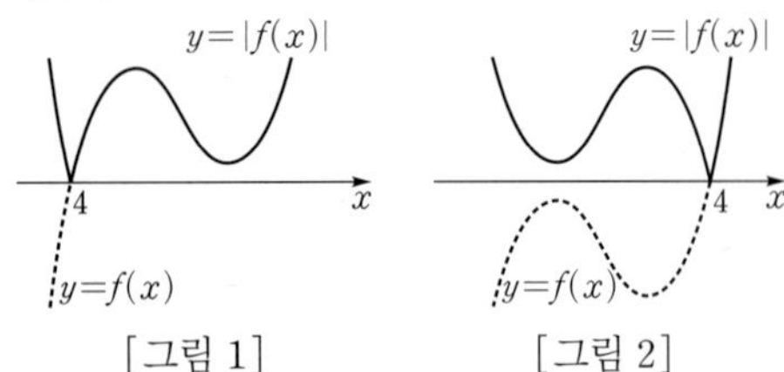

[그림 1]　　　　　[그림 2]

함수 $|f(x)|$가 $x=0$에서 극솟값 16을 가지려면 함수 $y=|f(x)|$의 그래프의 개형이 [그림 2]와 같아야 한다.

즉, 함수 $f(x)$가 $x=0$에서 극댓값 -16을 가져야 한다.
$f(x)=x^3+ax^2+bx+c$ $(a, b, c$는 상수$)$라 하면
$f'(x)=3x^2+2ax+b$
$f(0)=-16$에서 $c=-16$
$f'(0)=0$에서 $b=0$
또한 $f(4)=0$이므로 $64+16a+4b+c=0$
$48+16a=0$ $\quad \therefore a=-3$
즉, $f(x)=x^3-3x^2-16$이므로
$f'(x)=3x^2-6x=3x(x-2)$
$f'(x)=0$에서 $x=0$ 또는 $x=2$
따라서 함수 $f(x)$의 극솟값은
$f(2)=8-12-16=-20$

0489

조건 ㈎에서 최고차항의 계수가 1인 삼차함수 $f(x)$가 $x=-1$에서 극댓값 4를 가지므로 함수 $y=f(x)$의 그래프의 개형은 다음 그림과 같다.

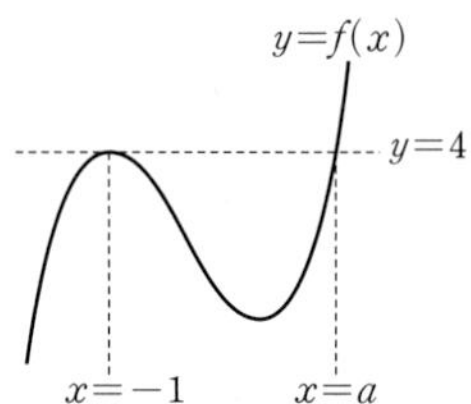

함수 $y=f(x)$의 그래프가 직선 $y=4$와 $x=a \ (a\neq-1)$에서 만난다고 하고 이를 이용하여 함수 $y=g(t)$의 그래프의 개형을 그리면 다음 그림과 같다.

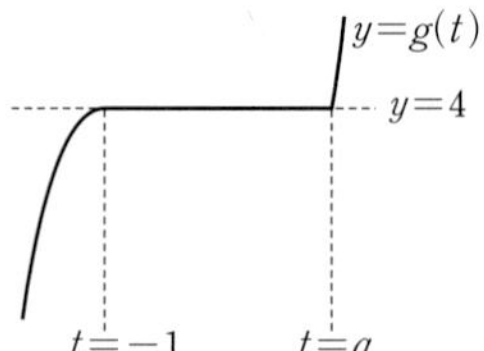

$g(t)=4$를 만족시키는 실수 t의 값의 범위는 $-1\leq t\leq a$이므로 조건 ㈏에서 $a=3$
따라서 함수 $y=f(x)$의 그래프는 직선 $y=4$와 $x=-1$에서 접하고 $x=3$에서 만나므로
$f(x)-4=(x+1)^2(x-3)$에서
$f(x)=(x+1)^2(x-3)+4$
$\therefore f(5)=6^2\times2+4=76$

0490

상수 a의 값의 범위를 나누어 함수 $f(x)=|(x^2-9)(x+a)|$가 오직 한 개의 x 값에서만 미분가능하지 않도록 하는 상수 a의 값을 구해 보자.

(i) $0<a<3$일 때
　　함수 $f(x)=|(x^2-9)(x+a)|=|(x+3)(x-3)(x+a)|$의 그래프는 x축과 세 점 $(-3, 0)$, $(-a, 0)$, $(3, 0)$에서 만나므로 함수 $y=f(x)$의 그래프의 개형은 다음 그림과 같다.

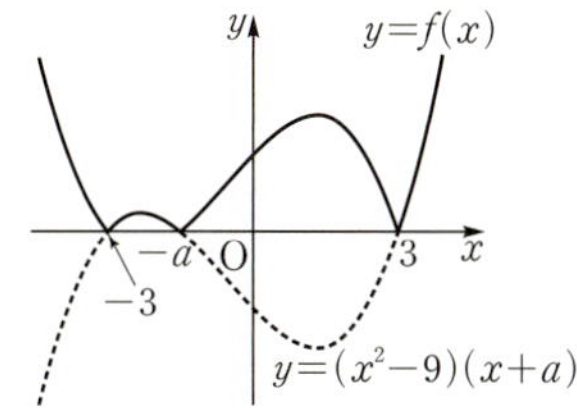

즉, 함수 $f(x)$는 $x=-3$, $x=-a$, $x=3$에서 미분가능하지 않으므로 주어진 조건을 만족시키지 않는다.

(ii) $a=3$일 때

함수 $f(x)=|(x^2-9)(x+3)|=|(x+3)^2(x-3)|$의 그래프는 x축과 두 점 $(-3, 0)$, $(3, 0)$에서 만나므로 함수 $y=f(x)$의 그래프의 개형은 다음 그림과 같다.

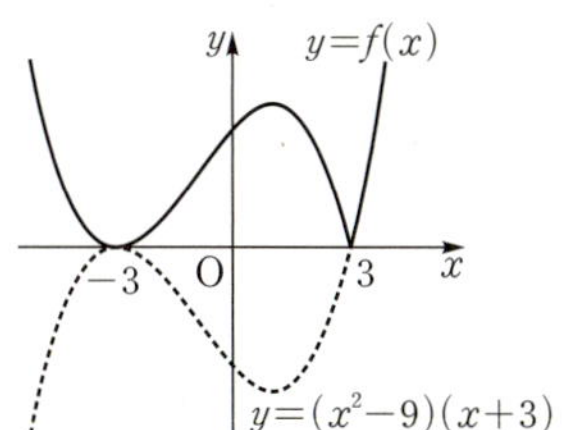

즉, 함수 $f(x)$는 $x=3$에서만 미분가능하지 않으므로 주어진 조건을 만족시킨다.

(iii) $a>3$일 때

함수 $f(x)=|(x^2-9)(x+a)|=|(x+3)(x-3)(x+a)|$의 그래프는 x축과 세 점 $(-a, 0)$, $(-3, 0)$, $(3, 0)$에서 만나므로 함수 $y=f(x)$의 그래프의 개형은 다음 그림과 같다.

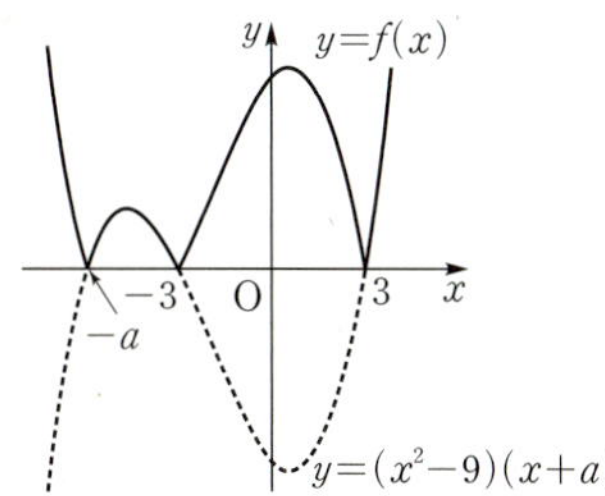

즉, 함수 $f(x)$는 $x=-a$, $x=-3$, $x=3$에서 미분가능하지 않으므로 주어진 조건을 만족시키지 않는다.

(i)~(iii)에서 $a=3$

$g(x)=(x^2-9)(x+3)$이라 하면 함수 $f(x)=|(x^2-9)(x+3)|$의 극댓값은 함수 $g(x)$의 극솟값의 절댓값과 같다. ← (ii)의 그림 참고

$g'(x)=2x(x+3)+(x^2-9)$
$\qquad =(x+3)\{2x+(x-3)\}$
$\qquad =3(x+3)(x-1)$

$g'(x)=0$에서 $x=-3$ 또는 $x=1$

함수 $g(x)$의 증가와 감소를 표로 나타내면 다음과 같다.

x	$\cdots$	-3	$\cdots$	1	$\cdots$
$g'(x)$	$+$	0	$-$	0	$+$
$g(x)$	↗	극대	↘	극소	↗

함수 $g(x)$는 $x=1$에서 극소이므로 극솟값은

$g(1)=-8\times4=-32$

따라서 함수 $f(x)$는 $x=1$에서 극댓값 32를 갖는다.

상수 a의 값의 범위를 나눌 때, $f(x)=|(x+3)(x-3)(x+a)|$에서 $a=-3$ 또는 $a=3$인 경우를 경계로 범위를 나누어야 하는데 $a>0$이므로 $0<a<3$ 또는 $a=3$ 또는 $a>3$인 경우로 나누어 생각한다.

 함수 $y=|f(x)|$의 그래프

함수 $y=|f(x)|$의 그래프는 함수 $y=f(x)$의 그래프에서 $y<0$인 부분을 x축에 대하여 대칭이동하여 그린다.

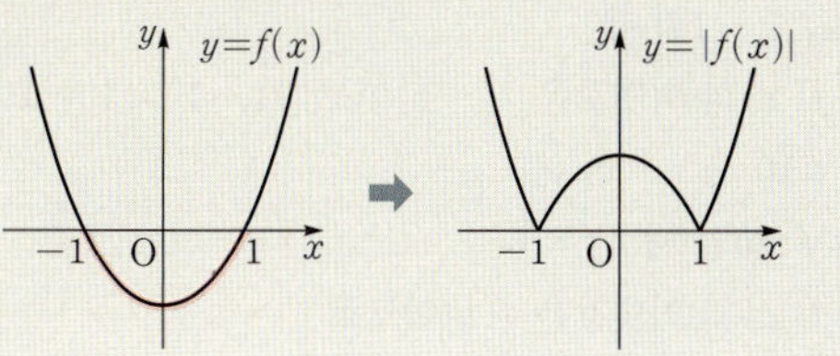

0491

답 ②

$h(x)=x^3-3x+8$이라 하면

$h'(x)=3x^2-3=3(x+1)(x-1)$

$h'(x)=0$에서 $x=-1$ 또는 $x=1$

함수 $h(x)$의 증가와 감소를 표로 나타내면 다음과 같다.

x	$\cdots$	-1	$\cdots$	1	$\cdots$
$h'(x)$	$+$	0	$-$	0	$+$
$h(x)$	↗	10	↘	6	↗

함수 $h(x)$는 $x=-1$에서 극댓값 10, $x=1$에서 극솟값 6을 갖는다.

함수 $h(x)$의 극솟값이 양수이므로 함수 $y=h(x)$의 그래프는 x축과 한 점에서 만난다.

즉, 방정식 $h(x)=0$은 한 개의 실근을 갖는다.

이때 이 실근을 $x=a$라 하면

$$f(x)=\begin{cases} -h(x) & (x<a) \\ h(x) & (x\geq a) \end{cases}$$

한편, 방정식 $f(t)=f(t+2)$의 해를 구하면

(i) $t<a-2<u$, 즉 $u<t+2<u+2$일 때

$\qquad -t^3+3t-8=(t+2)^3-3(t+2)+8$

$\qquad t^3+3t^2+3t+9=0$, $(t+3)(t^2+3)=0$

$\qquad \therefore t=-3 \; (\because t^2+3>0)$

(ii) $t\leq a-2$ 또는 $t\geq a$, 즉 $t+2\leq a$ 또는 $t+2\geq a+2$일 때

$\qquad t^3-3t+8=(t+2)^3-3(t+2)+8$

$\qquad 3t^2+6t+1=0$

$\qquad \therefore t=\dfrac{-3\pm\sqrt{6}}{3}$

$\qquad$ 이때 $b=\dfrac{-3+\sqrt{6}}{3}$이라 하면 $b>-1$

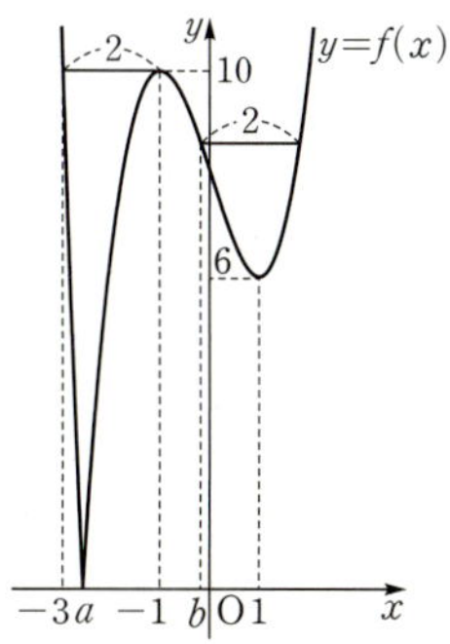

닫힌구간 $[t, t+2]$에서

ⓐ $t<-3$일 때

함수 $f(x)$의 최댓값은 $f(t)$이므로

$g(t)=f(t)$

ⓑ $-3\leq t\leq-1$일 때

함수 $f(x)$의 최댓값은 $f(-1)$이고, $f(-1)=10$이므로

$g(t)=10$

ⓒ $-1<t\leq b$일 때

함수 $f(x)$의 최댓값은 $f(t)$이므로

$g(t)=f(t)$

ⓓ $t>b$일 때

함수 $f(x)$의 최댓값은 $f(t+2)$이므로

$g(t)=f(t+2)$

ⓐ~ⓓ에서 함수 $g(t)$는

$$g(t)=\begin{cases} -t^3+3t-8 & (t<-3) \\ 10 & (-3\leq t\leq-1) \\ t^3-3t+8 & (-1<t\leq b) \\ t^3+6t^2+9t+10 & (t>b) \end{cases}$$

$\displaystyle\lim_{t\to-3-}g(t)=10=g(-3)=\lim_{t\to-3+}g(t),$

$\displaystyle\lim_{t\to-1-}g(t)=10=g(-1)=\lim_{t\to-1+}g(t),$

$\displaystyle\lim_{t\to b-}g(t)=g(b)=\lim_{t\to b+}g(t)$

이므로 함수 $g(t)$는 실수 전체의 집합에서 연속이다.

$$\lim_{t\to-3-}\frac{g(t)-g(-3)}{t-(-3)}=\lim_{t\to-3-}\frac{-t^3+3t-8-10}{t+3}$$
$$=\lim_{t\to-3-}\frac{(t+3)(-t^2+3t-6)}{t+3}$$
$$=\lim_{t\to-3-}(-t^2+3t-6)=-24,$$

$$\lim_{t\to-3+}\frac{g(t)-g(-3)}{t-(-3)}=\lim_{t\to-3+}\frac{10-10}{t+3}=0$$

이므로 함수 $g(t)$는 $t=-3$에서 미분가능하지 않다.

$$\lim_{t\to-1-}\frac{g(t)-g(-1)}{t-(-1)}=\lim_{t\to-1-}\frac{10-10}{t+1}=0,$$

$$\lim_{t\to-1+}\frac{g(t)-g(-1)}{t-(-1)}=\lim_{t\to-1+}\frac{t^3-3t+8-10}{t+1}$$
$$=\lim_{t\to-1+}\frac{(t+1)(t^2-t-2)}{t+1}$$
$$=\lim_{t\to-1+}(t^2-t-2)=0$$

이므로 함수 $g(t)$는 $t=-1$에서 미분가능하다.

$$\lim_{t\to b-}\frac{g(t)-g(b)}{t-b}=\lim_{t\to b-}\frac{t^3-3t+8-b^3+3b-8}{t-b}$$
$$=\lim_{t\to b-}\frac{(t-b)(t^2+bt+b^2-3)}{t-b}$$
$$=\lim_{t\to b-}(t^2+bt+b^2-3)=3b^2-3$$

$$\lim_{t\to b+}\frac{g(t)-g(b)}{t-b}=\lim_{t\to b+}\frac{t^3+6t^2+9t+10-b^3+3b-8}{t-b}$$
$$=\lim_{t\to b+}\frac{(t-b)\{t^2+(6+b)t+b^2+6b+9\}}{t-b}$$
$$(\because 3t^2+6t+1=0\text{에서 }6b^2+12b+2=0)$$
$$=\lim_{t\to b+}\{t^2+(6+b)t+b^2+6b+9\}$$
$$=3b^2+12b+9$$

이때 $3b^2-3\neq 3b^2+12b+9\ (\because b>-1)$이므로 함수 $g(t)$는 $t=b$에서 미분가능하지 않다.

따라서 $\alpha=-3,\ \beta=\dfrac{-3+\sqrt{6}}{3}$이므로

$$\alpha\beta=-3\times\frac{-3+\sqrt{6}}{3}=3-\sqrt{6}$$

$\therefore m=3,\ n=-1$

$\therefore m+n=3+(-1)=2$

PART A 06 도함수의 활용 (3)

유형 01 방정식 $f(x)=k$의 실근의 개수

확인 문제 (1) 3 (2) 2

(1) 방정식 $x^3-3x^2+2=0$의 서로 다른 실근의 개수는 함수
$y=x^3-3x^2+2$의 그래프와 x축의 교점의 개수와 같다.
$f(x)=x^3-3x^2+2$라 하면
$$f'(x)=3x^2-6x=3x(x-2)$$
$f'(x)=0$에서 $x=0$ 또는 $x=2$
함수 $f(x)$의 증가와 감소를 표로 나타내면 다음과 같다.

x	$\cdots$	0	$\cdots$	2	$\cdots$
$f'(x)$	$+$	0	$-$	0	$+$
$f(x)$	$\nearrow$	2	$\searrow$	-2	$\nearrow$

따라서 함수 $y=f(x)$의 그래프는 오른
쪽 그림과 같이 x축과 서로 다른 세 점
에서 만나므로 주어진 방정식은 서로
다른 세 실근을 갖는다.

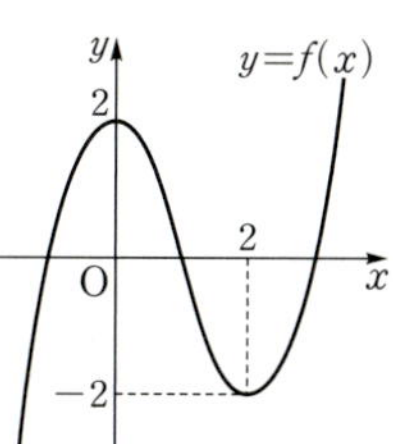

(2) $x^4-2x^2=2$에서 $x^4-2x^2-2=0$
위의 방정식의 서로 다른 실근의 개수는 함수 $y=x^4-2x^2-2$의
그래프와 x축의 교점의 개수와 같다.
$f(x)=x^4-2x^2-2$라 하면
$$f'(x)=4x^3-4x=4x(x+1)(x-1)$$
$f'(x)=0$에서 $x=-1$ 또는 $x=0$ 또는 $x=1$
함수 $f(x)$의 증가와 감소를 표로 나타내면 다음과 같다.

x	$\cdots$	-1	$\cdots$	0	$\cdots$	1	$\cdots$
$f'(x)$	$-$	0	$+$	0	$-$	0	$+$
$f(x)$	$\searrow$	-3	$\nearrow$	-2	$\searrow$	-3	$\nearrow$

따라서 함수 $y=f(x)$의 그래프는 오른
쪽 그림과 같이 x축과 서로 다른 두 점
에서 만나므로 주어진 방정식은 서로
다른 두 실근을 갖는다.

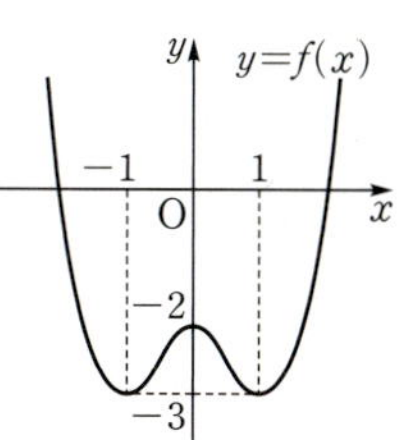

0492

답 ②

$2x^3-3x^2-k=0$에서 $2x^3-3x^2=k$
위의 방정식이 서로 다른 세 실근을 가지려면 곡선 $y=2x^3-3x^2$과
직선 $y=k$가 서로 다른 세 점에서 만나야 한다.
$f(x)=2x^3-3x^2$이라 하면
$$f'(x)=6x^2-6x=6x(x-1)$$
$f'(x)=0$에서 $x=0$ 또는 $x=1$

함수 $f(x)$의 증가와 감소를 표로 나타내면 다음과 같다.

x	$\cdots$	0	$\cdots$	1	$\cdots$
$f'(x)$	$+$	0	$-$	0	$+$
$f(x)$	$\nearrow$	0	$\searrow$	-1	$\nearrow$

따라서 함수 $y=f(x)$의 그래프는 오른쪽
그림과 같으므로 곡선 $y=f(x)$와 직선
$y=k$가 서로 다른 세 점에서 만나려면
$-1<k<0$

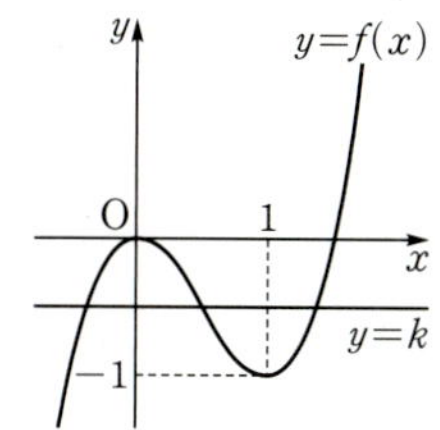

0493

답 5

$3x^4+4x^3-12x^2+k=0$에서 $3x^4+4x^3-12x^2=-k$
위의 방정식이 서로 다른 세 실근을 가지려면 곡선
$y=3x^4+4x^3-12x^2$과 직선 $y=-k$가 서로 다른 세 점에서 만나야
한다.
$f(x)=3x^4+4x^3-12x^2$이라 하면
$$f'(x)=12x^3+12x^2-24x=12x(x+2)(x-1)$$
$f'(x)=0$에서 $x=-2$ 또는 $x=0$ 또는 $x=1$
함수 $f(x)$의 증가와 감소를 표로 나타내면 다음과 같다.

x	$\cdots$	-2	$\cdots$	0	$\cdots$	1	$\cdots$
$f'(x)$	$-$	0	$+$	0	$-$	0	$+$
$f(x)$	$\searrow$	-32	$\nearrow$	0	$\searrow$	-5	$\nearrow$

함수 $y=f(x)$의 그래프는 오른쪽 그림
과 같으므로 곡선 $y=f(x)$와 직선
$y=-k$가 서로 다른 세 점에서 만나려면
$-k=-5$ 또는 $-k=0$
$\therefore$ $k=0$ 또는 $k=5$
따라서 모든 실수 k의 값의 합은
$0+5=5$

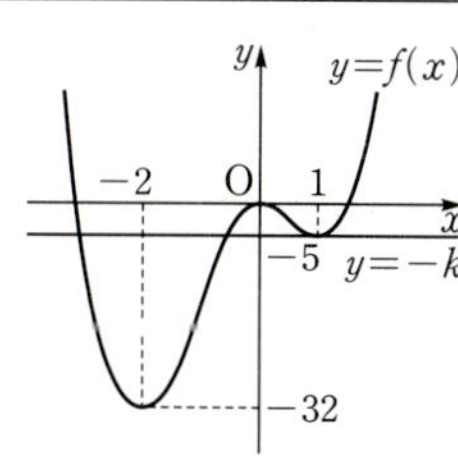

0494

답 12

$x^3-x^2-8x+k=0$에서 $x^3-x^2-8x=-k$
위의 방정식이 서로 다른 두 실근을 가지려면 곡선 $y=x^3-x^2-8x$
와 직선 $y=-k$가 서로 다른 두 점에서 만나야 한다.
$f(x)=x^3-x^2-8x$라 하면
$$f'(x)=3x^2-2x-8=(3x+4)(x-2)$$
$f'(x)=0$에서 $x=-\dfrac{4}{3}$ 또는 $x=2$

함수 $f(x)$의 증가와 감소를 표로 나타내면 다음과 같다.

x	$\cdots$	$-\dfrac{4}{3}$	$\cdots$	2	$\cdots$
$f'(x)$	$+$	0	$-$	0	$+$
$f(x)$	$\nearrow$	$\dfrac{176}{27}$	$\searrow$	-12	$\nearrow$

함수 $y=f(x)$의 그래프는 오른쪽 그림
과 같으므로 곡선 $y=f(x)$와 직선
$y=-k$가 서로 다른 두 점에서 만나려면

$-k=\dfrac{176}{27}$ 또는 $-k=-12$

$\therefore k=-\dfrac{176}{27}$ 또는 $k=12$

따라서 양수 k의 값은 12이다.

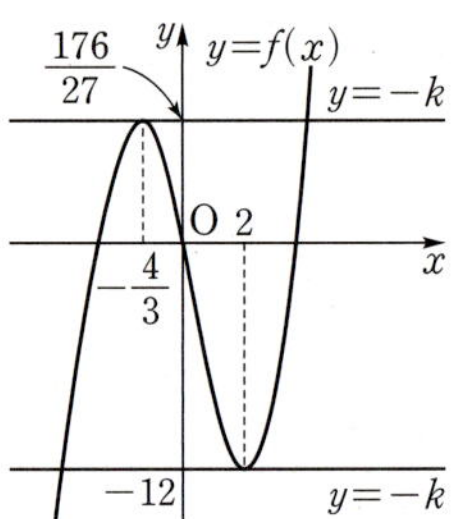

0495

답 ②

$x^4-4x^3-2x^2+12x-k=0$에서 $x^4-4x^3-2x^2+12x=k$
위의 방정식이 서로 다른 두 실근을 가지려면 곡선
$y=x^4-4x^3-2x^2+12x$와 직선 $y=k$가 서로 다른 두 점에서 만나
야 한다.
$f(x)=x^4-4x^3-2x^2+12x$라 하면
$f'(x)=4x^3-12x^2-4x+12=4(x+1)(x-1)(x-3)$
$f'(x)=0$에서 $x=-1$ 또는 $x=1$ 또는 $x=3$
함수 $f(x)$의 증가와 감소를 표로 나타내면 다음과 같다.

x	$\cdots$	-1	$\cdots$	1	$\cdots$	3	$\cdots$
$f'(x)$	$-$	0	$+$	0	$-$	0	$+$
$f(x)$	$\searrow$	-9	$\nearrow$	7	$\searrow$	-9	$\nearrow$

함수 $y=f(x)$의 그래프는 오른쪽 그림
과 같으므로 곡선 $y=f(x)$와 직선 $y=k$
가 서로 다른 두 점에서 만나려면
$k=-9$ 또는 $k>7$
따라서 음수 k의 값은 -9이다.

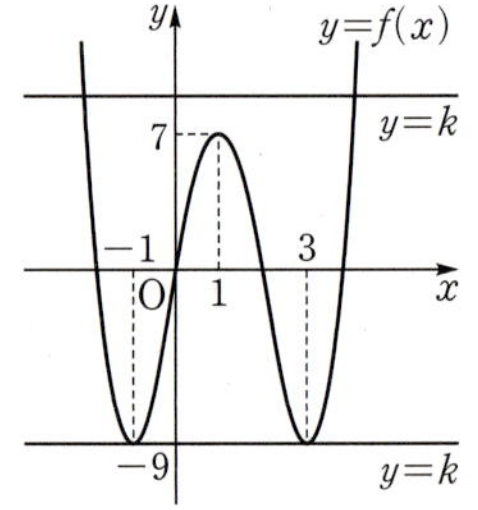

0496

답 20

$3f(x)+k=0$에서 $f(x)=-\dfrac{k}{3}$

위의 방정식이 서로 다른 세 실근을 가지려면 곡선 $y=f(x)$와 직
선 $y=-\dfrac{k}{3}$가 서로 다른 세 점에서 만나야 한다.

$f(1)=4$, $f(3)=-3$이고 $f'(x)=0$에서 $x=1$ 또는 $x=3$
주어진 함수 $y=f'(x)$의 그래프를 이용하여 함수 $f(x)$의 증가와
감소를 표로 나타내면 다음과 같다.

x	$\cdots$	1	$\cdots$	3	$\cdots$
$f'(x)$	$+$	0	$-$	0	$+$
$f(x)$	$\nearrow$	4	$\searrow$	-3	$\nearrow$

함수 $y=f(x)$의 그래프는 오른쪽 그림과
같으므로 곡선 $y=f(x)$와 직선 $y=-\dfrac{k}{3}$

가 서로 다른 세 점에서 만나려면

$-3<-\dfrac{k}{3}<4$

$\therefore -12<k<9$

따라서 정수 k는 -11, -10, -9, $\cdots$, 8의 20개이다.

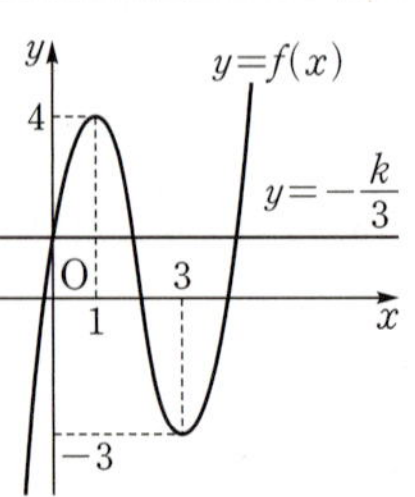

0497

답 4

방정식 $|x^3-3x+1|=2$의 서로 다른 실근의 개수는 함수
$y=|x^3-3x+1|$의 그래프와 직선 $y=2$의 교점의 개수와 같다.
$f(x)=x^3-3x+1$이라 하면
$f'(x)=3x^2-3=3(x+1)(x-1)$
$f'(x)=0$에서 $x=-1$ 또는 $x=1$
함수 $f(x)$의 증가와 감소를 표로 나타내면 다음과 같다.

x	$\cdots$	-1	$\cdots$	1	$\cdots$
$f'(x)$	$+$	0	$-$	0	$+$
$f(x)$	$\nearrow$	3	$\searrow$	-1	$\nearrow$

따라서 함수 $y=|f(x)|$의 그래프는 오른
쪽 그림과 같이 직선 $y=2$와 서로 다른 네
점에서 만나므로 주어진 방정식의 서로
다른 실근의 개수는 4이다.

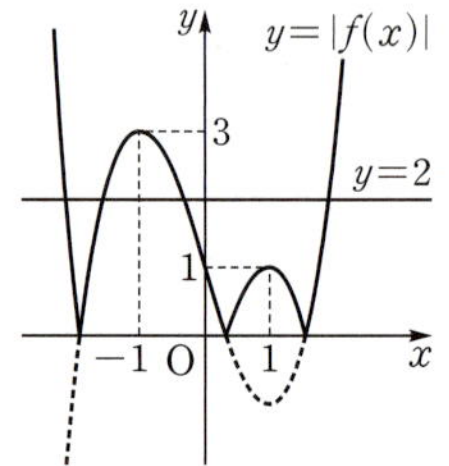

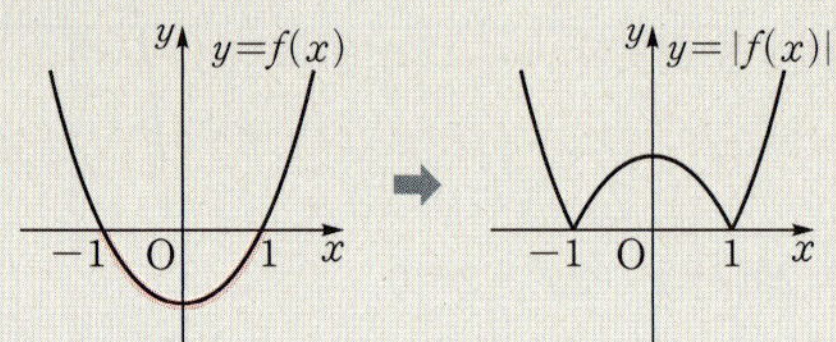

0498

답 4

방정식 $|x^4-2x^2-2|=3$의 서로 다른 실근의 개수는 함수
$y=|x^4-2x^2-2|$의 그래프와 직선 $y=3$의 교점의 개수와 같다.
$f(x)=x^4-2x^2-2$라 하면
$f'(x)=4x^3-4x=4x(x+1)(x-1)$
$f'(x)=0$에서 $x=-1$ 또는 $x=0$ 또는 $x=1$
함수 $f(x)$의 증가와 감소를 표로 나타내면 다음과 같다.

x	$\cdots$	-1	$\cdots$	0	$\cdots$	1	$\cdots$
$f'(x)$	$-$	0	$+$	0	$-$	0	$+$
$f(x)$	$\searrow$	-3	$\nearrow$	-2	$\searrow$	-3	$\nearrow$

따라서 함수 $y=|f(x)|$의 그래프는 오른
쪽 그림과 같이 직선 $y=3$과 서로 다른 네
점에서 만나므로 주어진 방정식의 서로
다른 실근의 개수는 4이다.

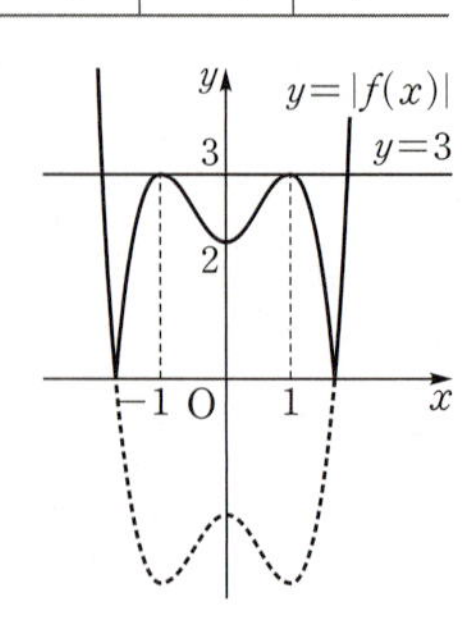

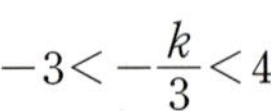

0499

답 81

방정식 $f(x)=k$가 서로 다른 세 실근을 가지려면 함수 $y=f(x)$의 그래프와 직선 $y=k$가 서로 다른 세 점에서 만나야 한다.

사차함수 $f(x)$의 최고차항의 계수가 1이고 $f(-2)=f(4)=0$, $f'(-2)=f'(4)=0$이므로

$f(x)=(x+2)^2(x-4)^2$

$f'(x)=2(x+2)(x-4)^2+2(x+2)^2(x-4)$
$\qquad =4(x+2)(x-1)(x-4)$

$f'(x)=0$에서 $x=-2$ 또는 $x=1$ 또는 $x=4$

함수 $f(x)$의 증가와 감소를 표로 나타내면 다음과 같다.

x	$\cdots$	-2	$\cdots$	1	$\cdots$	4	$\cdots$
$f'(x)$	$-$	0	$+$	0	$-$	0	$+$
$f(x)$	$\searrow$	0	$\nearrow$	81	$\searrow$	0	$\nearrow$

따라서 함수 $y=f(x)$의 그래프는 오른쪽 그림과 같으므로 곡선 $y=f(x)$와 직선 $y=k$가 서로 다른 세 점에서 만나려면

$k=81$

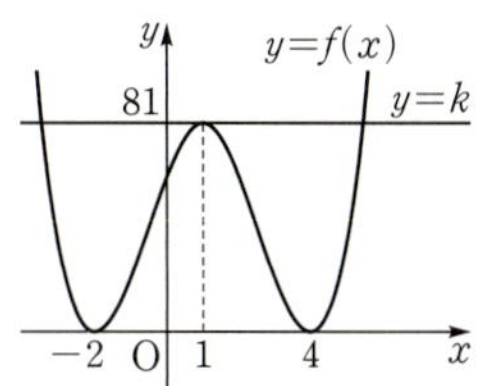

0500

답 2

방정식 $|f(x)|=k$가 서로 다른 네 실근을 가지려면 함수 $y=|f(x)|$의 그래프와 직선 $y=k$가 서로 다른 네 점에서 만나야 한다.

❶

$f(x)=x^3-3x^2+3$에서

$f'(x)=3x^2-6x=3x(x-2)$

$f'(x)=0$에서 $x=0$ 또는 $x=2$

함수 $f(x)$의 증가와 감소를 표로 나타내면 다음과 같다.

x	$\cdots$	0	$\cdots$	2	$\cdots$
$f'(x)$	$+$	0	$-$	0	$+$
$f(x)$	$\nearrow$	3	$\searrow$	-1	$\nearrow$

❷

함수 $y=|f(x)|$의 그래프는 오른쪽 그림과 같으므로 함수 $y=|f(x)|$의 그래프와 직선 $y=k$가 서로 다른 네 점에서 만나려면 $1<k<3$

따라서 정수 k의 값은 2이다.

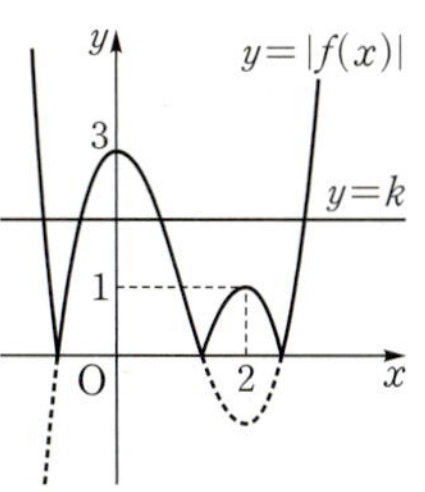

❸

채점 기준	배점
❶ 방정식이 서로 다른 네 실근을 가질 조건 해석하기	20%
❷ 함수 $f(x)$의 증감표 만들기	40%
❸ 함수 $y=|f(x)|$의 그래프를 이용하여 조건을 만족시키는 정수 k의 값 구하기	40%

0501

답 ①

$x^3-3x+k=0$에서 $x^3-3x=-k$

위의 방정식이 한 개의 양의 실근과 서로 다른 두 개의 음의 실근을 가지려면 곡선 $y=x^3-3x$와 직선 $y=-k$의 교점의 x좌표가 한 개는 양수이고 두 개는 음수이어야 한다.

$f(x)=x^3-3x$라 하면

$f'(x)=3x^2-3=3(x+1)(x-1)$

$f'(x)=0$에서 $x=-1$ 또는 $x=1$

함수 $f(x)$의 증가와 감소를 표로 나타내면 다음과 같다.

x	$\cdots$	-1	$\cdots$	1	$\cdots$
$f'(x)$	$+$	0	$-$	0	$+$
$f(x)$	$\nearrow$	2	$\searrow$	-2	$\nearrow$

함수 $y=f(x)$의 그래프는 오른쪽 그림과 같으므로 곡선 $y=f(x)$와 직선 $y=-k$의 교점의 x좌표가 한 개는 양수이고 두 개는 음수이려면

$0<-k<2$

$\therefore -2<k<0$

따라서 $\alpha=-2$, $\beta=0$이므로

$\alpha+\beta=-2$

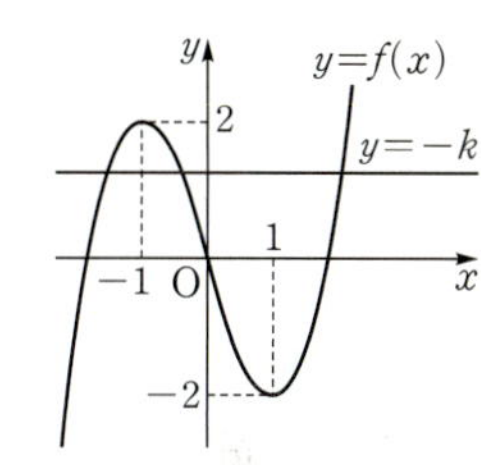

0502

답 7

$2x^3-6x^2+k=0$에서 $2x^3-6x^2=-k$

위의 방정식이 서로 다른 두 개의 양의 실근을 가지려면 곡선 $y=2x^3-6x^2$과 직선 $y=-k$의 교점의 x좌표 두 개가 양수이어야 한다.

$f(x)=2x^3-6x^2$이라 하면

$f'(x)=6x^2-12x=6x(x-2)$

$f'(x)=0$에서 $x=0$ 또는 $x=2$

함수 $f(x)$의 증가와 감소를 표로 나타내면 다음과 같다.

x	$\cdots$	0	$\cdots$	2	$\cdots$
$f'(x)$	$+$	0	$-$	0	$+$
$f(x)$	$\nearrow$	0	$\searrow$	-8	$\nearrow$

함수 $y=f(x)$의 그래프는 오른쪽 그림과 같으므로 곡선 $y=f(x)$와 직선 $y=-k$의 교점의 x좌표 두 개가 양수이려면

$-8<-k<0$

$\therefore 0<k<8$

따라서 정수 k는 1, 2, 3, $\cdots$, 6, 7의 7개이다.

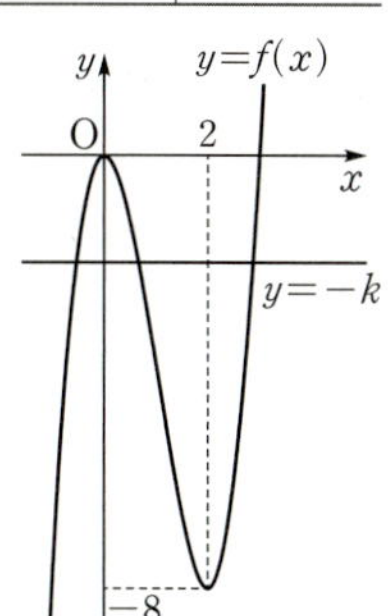

0503

답 21

$3x^4+8x^3-6x^2-24x-k=0$에서

$3x^4+8x^3-6x^2-24x=k$

위의 방정식이 한 개의 양의 실근과 서로 다른 두 개의 음의 실근을
가지려면 곡선 $y=3x^4+8x^3-6x^2-24x$와 직선 $y=k$의 교점의 x
좌표가 한 개는 양수이고 두 개는 음수이어야 한다.
$f(x)=3x^4+8x^3-6x^2-24x$라 하면
$f'(x)=12x^3+24x^2-12x-24=12(x+2)(x+1)(x-1)$
$f'(x)=0$에서 $x=-2$ 또는 $x=-1$ 또는 $x=1$
함수 $f(x)$의 증가와 감소를 표로 나타내면 다음과 같다.

x	$\cdots$	-2	$\cdots$	-1	$\cdots$	1	$\cdots$
$f'(x)$	$-$	0	$+$	0	$-$	0	$+$
$f(x)$	$\searrow$	8	$\nearrow$	13	$\searrow$	-19	$\nearrow$

함수 $y=f(x)$의 그래프는 오른쪽 그림과 같으
므로 곡선 $y=f(x)$와 직선 $y=k$의 교점의 x
좌표가 한 개는 양수이고 두 개는 음수이려면
$k=8$ 또는 $k=13$
따라서 모든 실수 k의 값의 합은
$8+13=21$

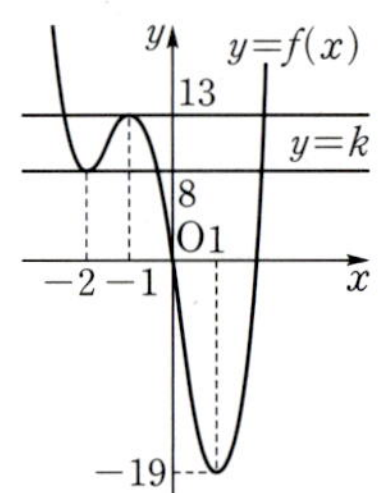

유형 03 삼차방정식의 근의 판별

0504

답 31

$f(x)=x^3+3x^2-9x+k$라 하면
$f'(x)=3x^2+6x-9=3(x+3)(x-1)$
$f'(x)=0$에서 $x=-3$ 또는 $x=1$
삼차방정식 $f(x)=0$이 서로 다른 세 실근을 가지려면
(극댓값)$\times$(극솟값)<0이어야 하므로
$f(-3)f(1)<0$에서 $(k+27)(k-5)<0$　∴ $-27<k<5$
따라서 정수 k는 -26, -25, -24, $\cdots$, 3, 4의 31개이다.

다른 풀이

$x^3+3x^2-9x+k=0$에서 $x^3+3x^2-9x=-k$
위의 방정식이 서로 다른 세 실근을 가지려면 곡선 $y=x^3+3x^2-9x$
와 직선 $y=-k$가 서로 다른 세 점에서 만나야 한다.
$f(x)=x^3+3x^2-9x$라 하면
$f'(x)=3x^2+6x-9=3(x+3)(x-1)$
$f'(x)=0$에서 $x=-3$ 또는 $x=1$
함수 $f(x)$의 증가와 감소를 표로 나타내면 다음과 같다.

x	$\cdots$	-3	$\cdots$	1	$\cdots$
$f'(x)$	$+$	0	$-$	0	$+$
$f(x)$	$\nearrow$	27	$\searrow$	-5	$\nearrow$

함수 $y=f(x)$의 그래프는 오른쪽 그림과 같으
므로 곡선 $y=f(x)$와 직선 $y=-k$가 서로 다
른 세 점에서 만나려면
$-5<-k<27$　∴ $-27<k<5$
따라서 정수 k는 -26, -25, -24, $\cdots$, 3, 4
의 31개이다.

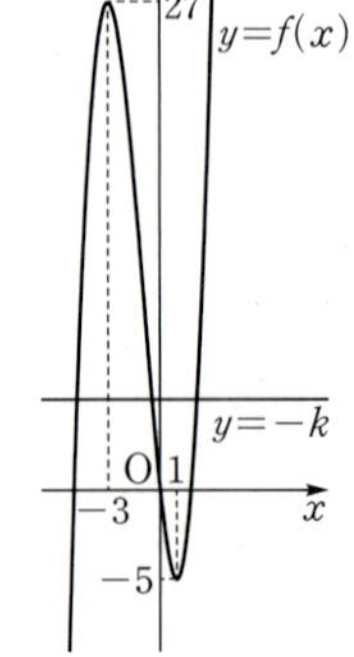

범위 안에 속하는 정수의 개수를 세는 방법은 다음과 같다.
즉, 정수 m, n에 대하여
$m<x<n$에 속하는 정수 x의 개수는 $n-m-1$
$m\le x<n$에 속하는 정수 x의 개수는 $n-m$
$m<x\le n$에 속하는 정수 x의 개수는 $n-m$
$m\le x\le n$에 속하는 정수 x의 개수는 $n-m+1$

0505

답 ③

$f(x)=x^3-6x^2+9x-k$라 하면
$f'(x)=3x^2-12x+9=3(x-1)(x-3)$
$f'(x)=0$에서 $x=1$ 또는 $x=3$
삼차방정식 $f(x)=0$이 서로 다른 두 실근을 가지려면
(극댓값)$\times$(극솟값)$=0$이어야 하므로
$f(1)f(3)=0$에서 $-k(4-k)=0$
∴ $k=0$ 또는 $k=4$
따라서 모든 실수 k의 값의 합은 $0+4=4$

0506

답 11

$f(x)=x^3+\dfrac{3}{2}x^2-6x-k$라 하면
$f'(x)=3x^2+3x-6=3(x+2)(x-1)$
$f'(x)=0$에서 $x=-2$ 또는 $x=1$
삼차방정식 $f(x)=0$이 한 실근과 두 허근을 가지려면
(극댓값)$\times$(극솟값)>0이어야 하므로
$f(-2)f(1)>0$에서 $(10-k)\left(-\dfrac{7}{2}-k\right)>0$
$\left(k+\dfrac{7}{2}\right)(k-10)>0$
∴ $k<-\dfrac{7}{2}$ 또는 $k>10$
따라서 자연수 k의 최솟값은 11이다.

0507

답 ②

$f(x)=2x^3-3ax^2+1$이라 하면
$f'(x)=6x^2-6ax=6x(x-a)$
$f'(x)=0$에서 $x=0$ 또는 $x=a$
삼차방정식 $f(x)=0$이 서로 다른 세 실근을 가지려면
(극댓값)$\times$(극솟값)<0이어야 하므로
$f(0)f(a)<0$에서 $-a^3+1<0$
$(a-1)(a^2+a+1)>0$
∴ $a>1$ $(\because a^2+a+1>0)$

0508

답 17

함수 $y=2x^3-9x^2+5$의 그래프를 y축의 방향으로 a만큼 평행이동
하면 함수 $y=f(x)$의 그래프와 일치하므로
$f(x)=2x^3-9x^2+5+a$
$f'(x)=6x^2-18x=6x(x-3)$
$f'(x)=0$에서 $x=0$ 또는 $x=3$

삼차방정식 $f(x)=0$이 서로 다른 두 실근을 가지려면
(극댓값)$\times$(극솟값)$=0$이어야 하므로
$f(0)f(3)=0$에서 $(a+5)(a-22)=0$
$\therefore a=-5$ 또는 $a=22$
따라서 모든 실수 a의 값의 합은 $-5+22=17$

0509

답 8

$f(x)=\dfrac{1}{3}x^3-ax+2a$에서 $f'(x)=x^2-a$

함수 $f(x)$가 극값을 가지려면 이차방정식 $f'(x)=0$이 서로 다른
두 실근을 가져야 하므로
$a>0$ …… ㉠

❶

따라서 $f'(x)=0$에서 $x=-\sqrt{a}$ 또는 $x=\sqrt{a}$
삼차방정식 $f(x)=0$이 오직 한 개의 실근을 가지려면
(극댓값)$\times$(극솟값)>0이어야 하므로
$f(-\sqrt{a})f(\sqrt{a})>0$에서
$\left(\dfrac{2}{3}a\sqrt{a}+2a\right)\left(-\dfrac{2}{3}a\sqrt{a}+2a\right)>0$
$\left(\dfrac{2}{3}\sqrt{a}+2\right)\left(-\dfrac{2}{3}\sqrt{a}+2\right)>0\ (\because a>0)$
$-\dfrac{4}{9}a+4>0$
$\therefore a<9$ …… ㉡

❷

㉠, ㉡을 동시에 만족시키는 a의 값의 범위는
$0<a<9$
따라서 정수 a는 1, 2, 3, $\cdots$, 8의 8개이다.

❸

채점 기준	배점
❶ 함수 $f(x)$가 극값을 가질 조건 구하기	30%
❷ 방정식이 오직 한 개의 실근을 가질 조건 구하기	30%
❸ 조건을 만족시키는 정수 a의 개수 구하기	40%

 두 곡선의 교점의 개수

0510

답 21

주어진 곡선과 직선이 서로 다른 두 점에서 만나려면 방정식
$x^3-3x^2+2x-3=2x+k$, 즉 $x^3-3x^2-3-k=0$이 서로 다른 두
실근을 가져야 한다.
$f(x)=x^3-3x^2-3-k$라 하면
$f'(x)=3x^2-6x=3x(x-2)$
$f'(x)=0$에서 $x=0$ 또는 $x=2$
삼차방정식 $f(x)=0$이 서로 다른 두 실근을 가지려면
(극댓값)$\times$(극솟값)$=0$이어야 하므로
$f(0)f(2)=0$에서 $(-3-k)(-7-k)=0$
$\therefore k=-7$ 또는 $k=-3$
따라서 모든 실수 k의 값의 곱은
$-7\times(-3)=21$

주어진 곡선과 직선이 서로 다른 두 점에서 만나려면 방정식
$x^3-3x^2+2x-3=2x+k$, 즉 $x^3-3x^2-3=k$가 서로 다른 두 실
근을 가져야 한다.
$f(x)=x^3-3x^2-3$이라 하면
$f'(x)=3x^2-6x=3x(x-2)$
$f'(x)=0$에서 $x=0$ 또는 $x=2$
함수 $f(x)$의 증가와 감소를 표로 나타내면 다음과 같다.

x	$\cdots$	0	$\cdots$	2	$\cdots$
$f'(x)$	$+$	0	$-$	0	$+$
$f(x)$	$\nearrow$	-3	$\searrow$	-7	$\nearrow$

함수 $y=f(x)$의 그래프는 오른쪽 그림과 같
으므로 곡선 $y=f(x)$와 직선 $y=k$가 서로
다른 두 점에서 만나려면
$k=-7$ 또는 $k=-3$
따라서 모든 실수 k의 값의 곱은
$-7\times(-3)=21$

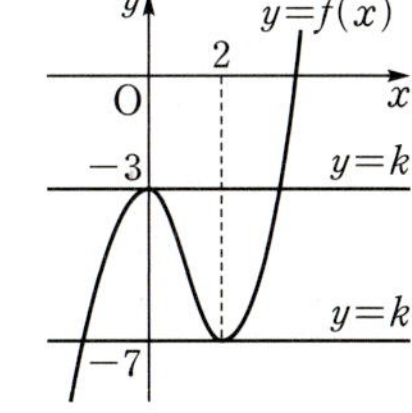

$f(x)=x^3-3x^2+2x-3$이라 하자.
함수 $y=f(x)$의 그래프와 직선 $y=2x+k$가 서로 다른 두 점에서
만나려면 직선 $y=2x+k$가 함수 $y=f(x)$의 그래프의 접선이 되
어야 한다.
접점의 좌표를 $(t,\ f(t))$라 하면 접선의 기울기가 2이므로
$f'(x)=3x^2-6x+2$에서
$f'(t)=3t^2-6t+2=2$
$3t^2-6t=0$, $3t(t-2)=0$
$\therefore t=0$ 또는 $t=2$
즉, 두 접점의 좌표는 $(0,\ -3)$,
$(2,\ -3)$이고 이 점이 직선 $y=2x+k$
위의 점이므로
$k=-3$ 또는 $k=-7$
따라서 모든 실수 k의 값의 곱은
$-7\times(-3)=21$

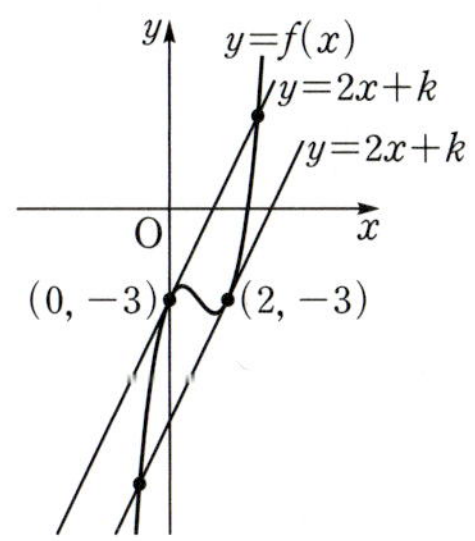

0511

답 ④

주어진 곡선과 직선이 서로 다른 세 점에서 만나려면 방정식
$x^3-3x^2-9x=k$, 즉 $x^3-3x^2-9x-k=0$이 서로 다른 세 실근을
가져야 한다.
$f(x)=x^3-3x^2-9x-k$라 하면
$f'(x)=3x^2-6x-9=3(x+1)(x-3)$
$f'(x)=0$에서 $x=-1$ 또는 $x=3$
삼차방정식 $f(x)=0$이 서로 다른 세 실근을 가지려면
(극댓값)$\times$(극솟값)<0이어야 하므로
$f(-1)f(3)<0$에서 $(5-k)(-27-k)<0$
$(k+27)(k-5)<0$ $\therefore -27<k<5$
따라서 정수 k의 최댓값은 4, 최솟값은 -26이므로
$M=4,\ m=-26$
$\therefore M-m=4-(-26)=30$

주어진 곡선과 직선이 서로 다른 세 점에서 만나려면 방정식
$x^3-3x^2-9x=k$가 서로 다른 세 실근을 가져야 한다.
$f(x)=x^3-3x^2-9x$라 하면
$f'(x)=3x^2-6x-9=3(x+1)(x-3)$
$f'(x)=0$에서 $x=-1$ 또는 $x=3$
함수 $f(x)$의 증가와 감소를 표로 나타내면 다음과 같다.

x	$\cdots$	-1	$\cdots$	3	$\cdots$
$f'(x)$	$+$	0	$-$	0	$+$
$f(x)$	$\nearrow$	5	$\searrow$	-27	$\nearrow$

함수 $y=f(x)$의 그래프는 오른쪽 그림과
같으므로 곡선 $y=f(x)$와 직선
$y=k$가 서로 다른 세 점에서 만나려면
$-27<k<5$
따라서 정수 k의 최댓값은 4,
최솟값은 -26이므로
$M=4$, $m=-26$
$\therefore M-m=4-(-26)=30$

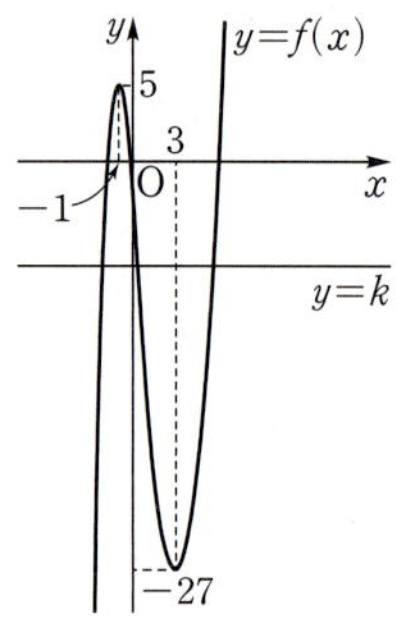

0512

주어진 두 곡선이 오직 한 점에서 만나려면 방정식
$x^3-5x+3=3x^2+4x+k$, 즉 $x^3-3x^2-9x+3-k=0$이 단 하나
의 실근을 가져야 한다.
$f(x)=x^3-3x^2-9x+3-k$라 하면
$f'(x)=3x^2-6x-9=3(x+1)(x-3)$
$f'(x)=0$에서 $x=-1$ 또는 $x=3$
삼차방정식 $f(x)=0$이 단 하나의 실근을 가지려면
(극댓값)$\times$(극솟값)>0이어야 하므로
$f(-1)f(3)>0$에서 $(8-k)(-24-k)>0$
$(k+24)(k-8)>0$
$\therefore k<-24$ 또는 $k>8$
따라서 자연수 k의 최솟값은 9이다.

 곡선 밖의 점에서 그은 접선의 개수

0513

$y=x^3+2$에서 $y'=3x^2$
점 $(2,\ a)$에서 곡선 $y=x^3+2$에 그은 접선의 접점의 좌표를
$(t,\ t^3+2)$라 하면 접선의 기울기는 $3t^2$이고 접선의 방정식은
$y-(t^3+2)=3t^2(x-t)$
$\therefore y=3t^2x-2t^3+2$
이 직선이 점 $(2,\ a)$를 지나므로 $a=6t^2-2t^3+2$
$\therefore 2t^3-6t^2+a-2=0$ ...... ㉠
점 $(2,\ a)$에서 곡선 $y=x^3+2$에 서로 다른 세 개의 접선을 그을 수 있
으려면 t에 대한 삼차방정식 ㉠이 서로 다른 세 실근을 가져야 한다.

$f(t)=2t^3-6t^2+a-2$라 하면
$f'(t)=6t^2-12t=6t(t-2)$
$f'(t)=0$에서 $t=0$ 또는 $t=2$
삼차방정식 $f(t)=0$이 서로 다른 세 실근을 가지려면
(극댓값)$\times$(극솟값)<0이어야 하므로
$f(0)f(2)<0$에서 $(a-2)(a-10)<0$
$\therefore 2<a<10$
따라서 정수 a는 3, 4, 5, $\cdots$, 8, 9의 7개이다.

위 풀이의 ㉠에서 $2t^3-6t^2-2=-a$
점 $(2,\ a)$에서 곡선 $y=x^3+2$에 서로 다른 세 개의 접선을 그을 수
있으려면 위의 t에 대한 삼차방정식이 서로 다른 세 실근을 가져야
한다. 즉, 곡선 $y=2t^3-6t^2-2$와 직선 $y=-a$가 서로 다른 세 점
에서 만나야 한다.
$f(t)=2t^3-6t^2-2$라 하면
$f'(t)=6t^2-12t=6t(t-2)$
$f'(t)=0$에서 $t=0$ 또는 $t=2$
함수 $f(t)$의 증가와 감소를 표로 나타내면 다음과 같다.

t	$\cdots$	0	$\cdots$	2	$\cdots$
$f'(t)$	$+$	0	$-$	0	$+$
$f(t)$	$\nearrow$	-2	$\searrow$	-10	$\nearrow$

함수 $y=f(t)$의 그래프가 오른쪽 그림과
같으므로 곡선 $y=f(t)$와 직선 $y=-a$가
서로 다른 세 점에서 만나려면
$-10<-a<-2$ $\therefore 2<a<10$
따라서 정수 a는 3, 4, 5, $\cdots$, 8, 9의 7개
이다.

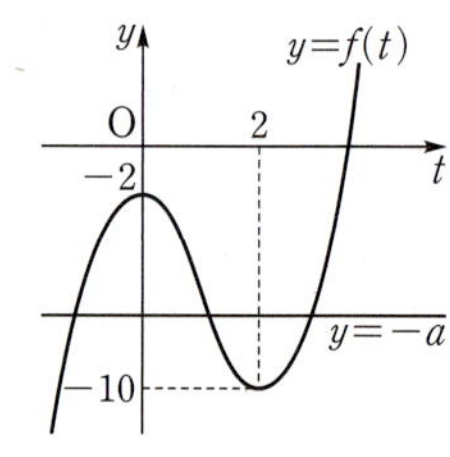

0514

$y=x^3+2x+1$에서 $y'=3x^2+2$
점 $(1,\ a)$에서 곡선 $y=x^3+2x+1$에 그은 접선의 접점의 좌표를
$(t,\ t^3+2t+1)$이라 하면 접선의 기울기는 $3t^2+2$이고 접선의 방정
식은
$y-(t^3+2t+1)=(3t^2+2)(x-t)$
$\therefore y=(3t^2+2)x-2t^3+1$
이 직선이 점 $(1,\ a)$를 지나므로 $a=-2t^3+3t^2+3$
$\therefore 2t^3-3t^2-3+a=0$ ...... ㉠
점 $(1,\ a)$에서 곡선 $y=x^3+2x+1$에 서로 다른 세 개의 접선을 그
을 수 있으려면 t에 대한 삼차방정식 ㉠이 서로 다른 세 실근을 가
져야 한다.
$f(t)=2t^3-3t^2-3+a$라 하면
$f'(t)=6t^2-6t=6t(t-1)$
$f'(t)=0$에서 $t=0$ 또는 $t=1$
삼차방정식 $f(t)=0$이 서로 다른 세 실근을 가지려면
(극댓값)$\times$(극솟값)<0이어야 하므로
$f(0)f(1)<0$에서 $(a-3)(a-4)<0$
$\therefore 3<a<4$
따라서 $\alpha=3$, $\beta=4$이므로
$\alpha+\beta=3+4=7$

0515

답 ⑤

$y=x^3+3ax^2$에서 $y'=3x^2+6ax$

점 $(0, 1)$에서 곡선 $y=x^3+3ax^2$에 그은 접선의 접점의 좌표를 (t, t^3+3at^2)이라 하면 접선의 기울기는 $3t^2+6at$이고 접선의 방정식은

$y-(t^3+3at^2)=(3t^2+6at)(x-t)$

$\therefore y=(3t^2+6at)x-2t^3-3at^2$

이 직선이 점 $(0, 1)$을 지나므로 $1=-2t^3-3at^2$

$\therefore 2t^3+3at^2+1=0$ ……… ㉠

점 $(0, 1)$에서 곡선 $y=x^3+3ax^2$에 단 하나의 접선을 그을 수 있으려면 t에 대한 삼차방정식 ㉠이 단 하나의 실근을 가져야 한다.

$f(t)=2t^3+3at^2+1$이라 하면

$f'(t)=6t^2+6at=6t(t+a)$

$f'(t)=0$에서 $t=-a$ 또는 $t=0$

삼차방정식 $f(t)=0$이 단 하나의 실근을 가지려면

(극댓값)×(극솟값)>0이어야 하므로

$f(-a)f(0)>0$에서 $a^3+1>0$

$(a+1)(a^2-a+1)>0$

$\therefore a>-1 (\because a^2-a+1>0)$

따라서 음수 a의 값의 범위는

$-1<a<0$

모든 실수 x에 대하여 성립하는 부등식

0516

답 11

$f(x)=x^4-4x^3+16x+a$라 하면

$f'(x)=4x^3-12x^2+16=4(x+1)(x-2)^2$

$f'(x)=0$에서 $x=-1$ 또는 $x=2$

함수 $f(x)$의 증가와 감소를 표로 나타내면 다음과 같다.

x	$\cdots$	-1	$\cdots$	2	$\cdots$
$f'(x)$	$-$	0	$+$	0	$+$
$f(x)$	$\searrow$	$a-11$	$\nearrow$	$a+16$	$\nearrow$

함수 $f(x)$는 $x=-1$에서 극소이면서 최소이므로 모든 실수 x에 대하여 $f(x)\geq0$이 성립하려면

$a-11\geq0$ $\therefore a\geq11$

따라서 실수 a의 최솟값은 11이다.

0517

답 ①

$f(x)=x^4-4x-a^2+a+9$라 하면

$f'(x)=4x^3-4=4(x-1)(x^2+x+1)$

$f'(x)=0$에서 $x=1 (\because x^2+x+1>0)$

함수 $f(x)$의 증가와 감소를 표로 나타내면 다음과 같다.

x	$\cdots$	1	$\cdots$
$f'(x)$	$-$	0	$+$
$f(x)$	$\searrow$	$-a^2+a+6$	$\nearrow$

함수 $f(x)$는 $x=1$에서 극소이면서 최소이므로 모든 실수 x에 대하여 $f(x)\geq0$이 성립하려면

$-a^2+a+6\geq0$, $a^2-a-6\leq0$

$(a+2)(a-3)\leq0$ $\therefore -2\leq a\leq3$

따라서 정수 a는 -2, -1, 0, 1, 2, 3의 6개이다.

0518

답 -2

(i) $a=0$일 때

$x^4+12\geq0$이므로 주어진 부등식은 항상 성립한다.

❶

(ii) $a\neq0$일 때

$f(x)=x^4-4a^3x+12$라 하면

$f'(x)=4x^3-4a^3=4(x-a)(x^2+ax+a^2)$

$f'(x)=0$에서 $x=a (\because x^2+ax+a^2>0)$

함수 $f(x)$의 증가와 감소를 표로 나타내면 다음과 같다.

x	$\cdots$	a	$\cdots$
$f'(x)$	$-$	0	$+$
$f(x)$	$\searrow$	$-3a^4+12$	$\nearrow$

따라서 함수 $f(x)$는 $x=a$에서 극소이면서 최소이므로 모든 실수 x에 대하여 $f(x)\geq0$이 성립하려면

$-3a^4+12\geq0$, $a^4-4\leq0$

$(a+\sqrt{2})(a-\sqrt{2})(a^2+2)\leq0$

$\therefore -\sqrt{2}\leq a<0$ 또는 $0<a\leq\sqrt{2} (\because a\neq0)$

❷

(i), (ii)에서 $-\sqrt{2}\leq a\leq\sqrt{2}$이므로 $M=\sqrt{2}$, $m=-\sqrt{2}$

$\therefore Mm=\sqrt{2}\times(-\sqrt{2})=-2$

❸

채점 기준	배점
❶ $a=0$일 때 부등식의 성립 여부 확인하기	20%
❷ $a\neq0$일 때 부등식이 성립할 조건 구하기	50%
❸ 조건을 만족시키는 a의 값의 범위를 이용하여 Mm의 값 구하기	30%

**주어진 구간에서 성립하는 부등식
- 최대, 최소를 이용**

0519

답 4

$f(x)=x^3-3x^2+a$라 하면

$f'(x)=3x^2-6x=3x(x-2)$

$f'(x)=0$에서 $x=0$ 또는 $x=2$

$0\leq x\leq4$에서 함수 $f(x)$의 증가와 감소를 표로 나타내면 다음과 같다.

x	0	$\cdots$	2	$\cdots$	4
$f'(x)$	0	$-$	0	$+$	
$f(x)$	a	$\searrow$	$a-4$	$\nearrow$	$a+16$

함수 $f(x)$는 $x=2$에서 극소이면서 최소이므로 $0\leq x\leq4$일 때 $f(x)\geq0$이 성립하려면

$a-4\geq0$ $\therefore a\geq4$

따라서 실수 a의 최솟값은 4이다.

0520

$f(x)=x^3-6x^2+9x-a$라 하면
$f'(x)=3x^2-12x+9=3(x-1)(x-3)$
$f'(x)=0$에서 $x=3 (\because x>1)$
$x>1$에서 함수 $f(x)$의 증가와 감소를 표로 나타내면 다음과 같다.

x	1	$\cdots$	3	$\cdots$
$f'(x)$		$-$	0	$+$
$f(x)$		$\searrow$	$-a$	$\nearrow$

따라서 함수 $f(x)$는 $x=3$에서 극소이면서 최소이므로 $x>1$일 때
$f(x)>0$이 성립하려면
$-a>0$ $\therefore a<0$

0521

답 ②

$x^3+7x^2-9x+k\leq4x^2+12$에서 $x^3+3x^2-9x+k-12\leq0$
$f(x)=x^3+3x^2-9x+k-12$라 하면
$f'(x)=3x^2+6x-9=3(x+3)(x-1)$
$f'(x)=0$에서 $x=1 (\because -2\leq x\leq3)$
$-2\leq x\leq3$에서 함수 $f(x)$의 증가와 감소를 표로 나타내면 다음과 같다.

x	-2	$\cdots$	1	$\cdots$	3
$f'(x)$		$-$	0	$+$	
$f(x)$	$k+10$	$\searrow$	$k-17$	$\nearrow$	$k+15$

함수 $f(x)$는 $x=3$에서 최대이므로 $-2\leq x\leq3$일 때
$f(x)\leq0$이 성립하려면
$k+15\leq0$ $\therefore k\leq-15$
따라서 실수 k의 최댓값은 -15이다.

주어진 구간에서 성립하는 부등식 - 증가, 감소를 이용

0522

답 16

$f(x)=x^3-12x+a$라 하면
$f'(x)=3x^2-12=3(x+2)(x-2)$
$x>2$일 때 $f'(x)>0$이므로 구간 $(2, \infty)$에서 함수 $f(x)$는 증가한다.
즉, $x>2$에서 $f(x)>0$이 성립하려면 $f(2)\geq0$이어야 하므로
$-16+a\geq0$ $\therefore a\geq16$
따라서 실수 a의 최솟값은 16이다.

0523

답 -7

$f(x)=2x^3-3x^2-12x+a$라 하면
$f'(x)=6x^2-6x-12=6(x+1)(x-2)$

$x<-1$일 때 $f'(x)>0$이므로 구간 $(-\infty, -1)$에서 함수 $f(x)$는 증가한다.
즉, $x<-1$에서 $f(x)<0$이 성립하려면 $f(-1)\leq0$이어야 하므로
$a+7\leq0$ $\therefore a\leq-7$
따라서 실수 a의 최댓값은 -7이다.

0524

답 12

$x^3-x^2+3x<x^2+2x+a$에서 $x^3-2x^2+x-a<0$
$f(x)=x^3-2x^2+x-a$라 하면
$f'(x)=3x^2-4x+1=(3x-1)(x-1)$
$2<x<3$일 때 $f'(x)>0$이므로 구간 $(2, 3)$에서 함수 $f(x)$는 증가한다.
즉, $2<x<3$에서 $f(x)<0$이 성립하려면 $f(3)\leq0$이어야 하므로
$12-a\leq0$ $\therefore a\geq12$
따라서 실수 a의 최솟값은 12이다.

부등식 $f(x)>g(x)$ 꼴의 활용

0525

답 6

$x>0$에서 곡선 $y=f(x)$가 곡선 $y=g(x)$보다 위쪽에 있으려면
$x>0$일 때 $f(x)>g(x)$, 즉 $f(x)-g(x)>0$이 성립해야 한다.
$h(x)=f(x)-g(x)$라 하면
$h(x)=x^3+3x^2-9x+a$
$h'(x)=3x^2+6x-9=3(x+3)(x-1)$
$h'(x)=0$에서 $x=1 (\because x>0)$
$x>0$에서 함수 $h(x)$의 증가와 감소를 표로 나타내면 다음과 같다.

x	0	$\cdots$	1	$\cdots$
$h'(x)$		$-$	0	$+$
$h(x)$		$\searrow$	$a-5$	$\nearrow$

함수 $h(x)$는 $x=1$에서 극소이면서 최소이므로 $x>0$일 때
$h(x)>0$이 성립하려면
$a-5>0$ $\therefore a>5$
따라서 자연수 a의 최솟값은 6이다.

0526

답 ③

곡선 $y=f(x)$가 곡선 $y=g(x)$보다 아래쪽에 있으려면 모든 실수 x에 대하여 $f(x)<g(x)$, 즉 $f(x)-g(x)<0$이 성립해야 한다.
$h(x)=f(x)-g(x)$라 하면
$h(x)=-x^4+4x^3+a$
$h'(x)=-4x^3+12x^2=-4x^2(x-3)$
$h'(x)=0$에서 $x=0$ 또는 $x=3$
함수 $h(x)$의 증가와 감소를 표로 나타내면 다음과 같다.

x	$\cdots$	0	$\cdots$	3	$\cdots$
$h'(x)$	$+$	0	$+$	0	$-$
$h(x)$	$\nearrow$	a	$\nearrow$	$a+27$	$\searrow$

함수 $h(x)$는 $x=3$에서 극대이면서 최대이므로 모든 실수 x에 대하여 $h(x)<0$이 성립하려면

$a+27<0$ $\quad\therefore a<-27$

따라서 정수 a의 최댓값은 -28이다.

0527

$f(x)\geq g(x)$에서 $f(x)-g(x)\geq 0$

$h(x)=f(x)-g(x)$라 하면

$h(x)=5x^3-15x^2+1+a$

$h'(x)=15x^2-30x=15x(x-2)$

$h'(x)=0$에서 $x=2$ $(\because 0<x<3)$

$0<x<3$에서 함수 $h(x)$의 증가와 감소를 표로 나타내면 다음과 같다.

x	0	$\cdots$	2	$\cdots$	3
$h'(x)$		$-$	0	$+$	
$h(x)$		$\searrow$	$a-19$	$\nearrow$	

함수 $h(x)$는 $x=2$에서 극소이면서 최소이므로 $0<x<3$일 때 $h(x)\geq 0$이 성립하려면

$a-19\geq 0$ $\quad\therefore a\geq 19$

따라서 실수 a의 최솟값은 19이다.

유형 10 속도와 가속도

확인 문제 (1) 1 (2) 4

(1) 점 P의 시각 t에서의 속도를 v라 하면

$$v=\frac{dx}{dt}=4t-3$$

따라서 $t=1$에서의 점 P의 속도는

$4-3=1$

(2) 점 P의 시각 t에서의 가속도를 a라 하면

$$a=\frac{dv}{dt}=4$$

따라서 $t=2$에서의 점 P의 가속도는 4이다.

0528

점 P의 시각 t에서의 속도를 v라 하면

$$v=\frac{dx}{dt}=-2t+4$$

$t=a$일 때 점 P의 속도가 0이므로

$-2a+4=0$ $\quad\therefore a=2$

0529

점 P의 시각 t에서의 가속도는

$$\frac{dv}{dt}=v'(t)=-2t+10$$

$t=a$일 때 점 P의 가속도가 0이므로

$-2a+10=0$ $\quad\therefore a=5$

0530

점 P가 원점을 지날 때는 $x=0$일 때이므로

$t^3-6t^2+9t=0$에서 $t(t-3)^2=0$

$\therefore t=0$ 또는 $t=3$

따라서 점 P가 출발 후 다시 원점을 지날 때는 $t=3$일 때이다.

점 P의 시각 t에서의 속도를 v, 가속도를 a라 하면

$$v=\frac{dx}{dt}=3t^2-12t+9$$

$$a=\frac{dv}{dt}=6t-12$$

따라서 $t=3$일 때 점 P의 가속도는 $6\times 3-12=6$

0531

점 P의 시각 t에서의 속도를 v라 하면

$$v=\frac{dx}{dt}=2t^2-4t-5=2(t-1)^2-7$$

즉, $0\leq t\leq 3$에서 $-7\leq v\leq 1$이므로 $0\leq |v|\leq 7$

따라서 점 P의 속력의 최댓값은 7이다.

> **참고**
>
> 수직선 위를 움직이는 점 P의 시각 t에서의 속도가 $v(t)$일 때, 점 P의 속력은 $|v(t)|$이다.

0532

점 P의 시각 t에서의 속도를 v, 가속도를 a라 하면

$x=-2t^3+12t^2+k$에서

$$v=\frac{dx}{dt}=-6t^2+24t$$

$$a=\frac{dv}{dt}=-12t+24$$

점 P의 가속도가 0일 때의 시각 t를 구하면

$-12t+24=0$ $\quad\therefore t=2$

따라서 $t=2$일 때 점 P의 가속도가 0이고 이때의 위치가 20이므로

$-16+48+k=20$ $\quad\therefore k=-12$

0533

$P(t)=\frac{1}{3}t^3+6t+1$, $Q(t)=3t^2-3t-8$에서

두 점 P, Q의 시각 t에서의 속도를 각각 v_P, v_Q라 하면

$v_P=P'(t)=t^2+6$, $v_Q=Q'(t)=6t-3$

❶

두 점 P, Q의 속도가 같아지는 순간의 시각 t를 구하면

$t^2+6=6t-3$, $t^2-6t+9=0$

$(t-3)^2=0$ $\quad\therefore t=3$

❷

이때 P(3)=9+18+1=28, Q(3)=27-9-8=10이므로
두 점 P, Q 사이의 거리는
28-10=18

❸

채점 기준	배점
❶ 두 점 P, Q의 시각 t에서의 속도 구하기	30%
❷ 두 점 P, Q의 속도가 같아지는 순간의 시각 구하기	40%
❸ 두 점 P, Q 사이의 거리 구하기	30%

유형 11 속도, 가속도와 운동 방향

0534
답 6

점 P의 시각 t에서의 속도를 v, 가속도를 a라 하면
$$v=\frac{dx}{dt}=6t^3-24t^2+30t-12=6(t-1)^2(t-2)$$
$$a=\frac{dv}{dt}=18t^2-48t+30$$
점 P가 운동 방향을 바꾸는 순간의 속도는 0이므로 $v=0$에서
$t=2$
따라서 $t=2$일 때 점 P의 가속도는
$18\times2^2-48\times2+30=6$

참고

$t>0$에서 함수 $x(t)$의 증가와 감소를 표로 나타내면 다음과 같다.

t	0	$\cdots$	1	$\cdots$	2	$\cdots$
$v(t)$		$-$	0	$-$	0	$+$
$x(t)$		$\searrow$	$-\dfrac{7}{2}$	$\searrow$	-4	$\nearrow$

따라서 점 P는 $0<t<2$에서 운동 방향이 음의 방향이고 $t>2$에서 운동
방향이 양의 방향이므로 점 P는 시각 $t=2$에서 운동 방향이 바뀐다.

0535
답 4

점 P의 시각 t에서의 속도를 v라 하면
$$v=\frac{dx}{dt}=3t^2-18t+24=3(t-2)(t-4)$$
점 P가 운동 방향을 바꾸는 순간의 속도는 0이므로 $v=0$에서
$t=2$ 또는 $t=4$
$t=2$, $t=4$일 때의 점 P의 위치를 각각 x_1, x_2라 하면
$x_1=8-36+48=20$
$x_2=64-144+96=16$
따라서 두 점 A, B 사이의 거리는
$|x_1-x_2|=20-16=4$

참고

일반적으로 운동 방향이 바뀌는 시각을 구할 때는 속도가 0인 시각의 좌우
에서 속도의 부호가 바뀌는지 확인해야 하지만 위의 문항의 경우 속도가
인수분해가 가능한 다항함수 형태로 속도가 0인 시각의 좌우에서 속도의
부호가 바뀌는 것을 쉽게 파악할 수 있다.

0536
답 ②

두 점 P, Q의 시각 t에서의 속도를 각각 v_P, v_Q라 하면
$v_P=2t-2$, $v_Q=2t-6$
두 점 P, Q가 서로 반대 방향으로 움직이면 $v_P v_Q<0$이므로
$(2t-2)(2t-6)<0$, $(t-1)(t-3)<0$
$\therefore 1<t<3$

0537
답 2

점 M의 시각 t에서의 위치를 M(t)라 하면
$$M(t)=\frac{P(t)+Q(t)}{2}=\frac{2}{3}t^3-\frac{7}{2}t^2+5t$$
점 M의 시각 t에서의 속도를 v라 하면
$$v=M'(t)=2t^2-7t+5=(t-1)(2t-5)$$
점 M이 운동 방향을 바꾸는 순간의 속도는 0이므로 $v=0$에서
$t=1$ 또는 $t=\dfrac{5}{2}$
따라서 점 M은 $t=1$, $t=\dfrac{5}{2}$에서 운동 방향을 두 번 바꾸므로 구하
는 횟수는 2이다.

0538
답 32

점 P의 시각 t에서의 속도를 v라 하면
$$v=\frac{dx}{dt}=3t^2-12t=3t(t-4)$$
점 P가 운동 방향을 바꾸는 순간의 속도는 0이므로 $v=0$에서
$t=4$ ($\because t>0$)
따라서 점 P는 $t=4$에서 운동 방향을 바꾸고 이때 점 P가 원점에
있어야 하므로 $64-96+a=0$ $\therefore a=32$

0539
답 ①

점 P의 시각 t에서의 속도를 v라 하면
$$v=\frac{dx}{dt}=3t^2+2at+b$$
점 P의 시각 t에서의 가속도는
$$\frac{dv}{dt}=6t+2a$$
$t=1$에서 점 P의 운동 방향이 바뀌므로 $t=1$에서의 속도가 0이다.
즉, $3+2a+b=0$ $\cdots\cdots$ ㉠
$t=2$에서 점 P의 가속도가 0이므로
$12+2a=0$ $\therefore a=-6$
$a=-6$을 ㉠에 대입하면 $b=9$
$\therefore a+b=-6+9=3$

유형 12 정지하는 물체의 속도와 움직인 거리

0540
답 240 m

열차가 제동을 건 지 t초 후의 속도를 v m/s라 하면
$$v=\frac{dx}{dt}=24-1.2t$$
열차가 멈출 때의 속도는 0이므로 $v=0$에서

$24-1.2t=0$ $\quad$ $\therefore t=20$

따라서 20초 동안 열차가 움직인 거리는

$24\times20-0.6\times20^2=240$ (m)

0541

답 ③

자동차가 브레이크를 밟은 지 t초 후의 속도를 v m/s라 하면

$$v=\frac{dx}{dt}=32-8t$$

자동차가 정지할 때의 속도는 0이므로 $v=0$에서

$32-8t=0$ $\quad$ $\therefore t=4$

따라서 자동차가 브레이크를 밟은 후 정지할 때까지 걸린 시간은 4초이다.

0542

답 45 m

열차가 제동을 건 지 t초 후의 속도를 v m/s라 하면

$$v=\frac{dx}{dt}=30-10t$$

열차가 멈출 때의 속도는 0이므로 $v=0$에서

$30-10t=0$ $\quad$ $\therefore t=3$

3초 동안 열차가 움직인 거리는

$30\times3-5\times3^2=45$ (m)

따라서 목적지로부터 전방 45 m 지점에서 제동을 걸어야 한다.

유형 13 위로 던진 물체의 위치와 속도

0543

답 ⑤

공의 t초 후의 속도를 v m/s라 하면 $v=\dfrac{dh}{dt}=40-10t$

공이 최고 지점에 도달했을 때의 속도는 0이므로 $v=0$에서

$40-10t=0$ $\quad$ $\therefore t=4$

따라서 4초 후 공의 지면으로부터의 높이는

$40\times4-5\times4^2=80$ (m)

0544

답 50 m/s

물체가 지면에 떨어질 때의 높이는 0이므로 $h=0$에서

$45+40t-5t^2=0$, $t^2-8t-9=0$

$(t+1)(t-9)=0$ $\quad$ $\therefore t=9 \ (\because t\geq0)$

❶

물체의 t초 후의 속도를 v m/s라 하면 $v=\dfrac{dh}{dt}=40-10t$

$t=9$일 때 물체의 속도는 $40-90=-50$ (m/s)

❷

따라서 물체가 지면에 떨어지는 순간의 속력은 50 m/s이다.

❸

채점 기준	배점
❶ 물체가 지면에 떨어질 때까지 걸린 시간 구하기	40%
❷ 물체가 지면에 떨어지는 순간의 속도 구하기	40%
❸ 물체가 지면에 떨어지는 순간의 속력 구하기	20%

0545

답 60

물체의 t초 후의 속도를 v m/s라 하면 $v=\dfrac{dh}{dt}=a-10t$

물체가 최고 지점에 도달했을 때의 속도는 0이므로 $v=0$에서

$a-10t=0$ $\quad$ $\therefore t=\dfrac{a}{10}$

즉, $t=\dfrac{a}{10}$일 때 물체의 지면으로부터의 높이가 최대가 되므로

$a\times\dfrac{a}{10}-5\times\left(\dfrac{a}{10}\right)^2\geq180$, $\dfrac{a^2}{20}\geq180$

$a^2\geq3600$ $\quad$ $\therefore a\geq60 \ (\because a>0)$

따라서 양수 a의 최솟값은 60이다.

유형 14 속도, 가속도와 그래프

0546

답 ①

점 P의 시각 t에서의 가속도는 $v'(t)$이므로 속도 $v(t)$의 그래프의 접선의 기울기와 같다.

ㄱ. $v'(a)=0$이므로 $t=a$일 때 점 P의 가속도는 0이다. (참)

ㄴ. $v(b)=0$이고 $t=b$의 좌우에서 $v(t)$의 부호가 바뀌므로 $t=b$일 때 점 P는 운동 방향을 바꾼다. (참)

ㄷ. $v(a)>0$, $v(c)<0$이므로 $t=a$일 때와 $t=c$일 때 점 P의 운동 방향은 서로 반대이다. (거짓)

ㄹ. $b<t<c$일 때 점 P의 속도는 감소하지만 $c<t<d$일 때 점 P의 속도는 증가한다. (거짓)

따라서 옳은 것은 ㄱ, ㄴ이다.

0547

답 ④

점 P의 시각 t에서의 속도를 $v(t)$라 하면 $v(t)=f'(t)$이므로 속도는 $x=f(t)$의 그래프의 접선의 기울기와 같다.

ㄱ. $a<t<c$에서 $v(t)=f'(t)<0$이므로 $t=b$일 때 점 P는 운동 방향을 바꾸지 않는다. (거짓)

ㄴ. $v(c)=f'(c)=0$이므로 $t=c$일 때 점 P의 속도는 0이다. (참)

ㄷ. $0<t<d$에서 $t=c$일 때 $|f(t)|$의 값이 가장 크므로 점 P가 원점에서 가장 멀리 떨어져 있다. (참)

따라서 옳은 것은 ㄴ, ㄷ이다.

0548

답 ⑤

ㄱ. $v(2)=0$, $v(5)=0$이고 $t=2$, $t=5$의 좌우에서 각각 $v(t)$의 부호가 바뀌므로 점 P는 $t=2$, $t=5$일 때 운동 방향을 두 번 바꾼다. (참)

ㄴ. 점 P의 속력의 최댓값은 $|-2|=|2|=2$이다. (참)

ㄷ. 점 P의 시각 t에서의 가속도는 $v'(t)$, 즉 $v(t)$의 그래프의 접선의 기울기와 같으므로 $1<t<3$에서 점 P의 가속도는 일정하다. (참)

따라서 옳은 것은 ㄱ, ㄴ, ㄷ이다.

0549

답 ③

주어진 그래프에서 $f(0)=f(2)=f(3)=0$이고 $f(t)$는 최고차항의 계수가 양수인 삼차함수이므로
$$f(t)=kt(t-2)(t-3)=kt^3-5kt^2+6kt\ (k>0)$$
점 P의 시각 t에서의 속도를 v, 가속도를 a라 하면
$$v=\frac{dx}{dt}=3kt^2-10kt+6k$$
$$a=\frac{dv}{dt}=6kt-10k$$
따라서 점 P의 가속도가 0이 되는 시각 t를 구하면
$$6kt-10k=0 \quad \therefore t=\frac{5}{3}$$

유형 15 시각에 대한 변화율

0550

답 24

t초 후의 원의 반지름의 길이는 $2t$ m이므로 원의 넓이를 S m²라 하면
$$S=\pi(2t)^2=4\pi t^2$$
$$\therefore \frac{dS}{dt}=8\pi t$$
따라서 $t=3$일 때 원의 넓이의 변화율은
$$8\pi\times3=24\pi\ (\text{m}^2/\text{s})$$
$$\therefore a=24$$

0551

답 33

선분 AB의 길이를 l이라 하면
$$l=|x_B-x_A|=|t^3+t^2+1|=t^3+t^2+1\ (\because t\geq0)$$
$$\therefore \frac{dl}{dt}=3t^2+2t$$
따라서 $t=3$일 때 선분 AB의 길이의 변화율은
$$3\times3^2+2\times3=33$$

0552

답 ⑤

t초 후의 원기둥의 밑면의 반지름의 길이를 r cm, 높이를 h cm라 하면
$$r=2+t,\ h=7-t$$
t초 후의 원기둥의 부피를 V cm³라 하면
$$V=\pi r^2 h=\pi(2+t)^2(7-t)\ (0\leq t<7)$$
$$\therefore \frac{dV}{dt}=2\pi(2+t)(7-t)-\pi(2+t)^2=3\pi(2+t)(4-t)$$
원기둥의 부피의 변화율이 0이 되는 순간의 시각 t를 구하면
$$\frac{dV}{dt}=0에서 t=4\ (\because 0\leq t<7)$$
따라서 $t=4$일 때 원기둥의 부피는
$$\pi(2+4)^2\times(7-4)=108\pi\ (\text{cm}^3)$$

0553

답 ②

t초 후의 직사각형의 가로, 세로의 길이는 각각 $(6+3t)$ cm, $(14+t)$ cm이므로 직사각형의 넓이를 S cm²라 하면
$$S=(6+3t)(14+t)=3t^2+48t+84$$
$$\therefore \frac{dS}{dt}=6t+48$$
직사각형이 정사각형이 되는 순간의 시각 t를 구하면
$$6+3t=14+t \quad \therefore t=4$$
따라서 $t=4$일 때 직사각형의 넓이의 변화율은
$$6\times4+48=72\ (\text{cm}^2/\text{s})$$

0554

답 ②

사람이 1.5 m/s의 속도로 움직이므로 t초 동안 움직인 거리는 $1.5t$ m이다. 오른쪽 그림과 같이 그림자의 끝이 t초 동안 움직인 거리를 x m라 하면 두 삼각형 ABC, DEC가 서로 닮음이므로

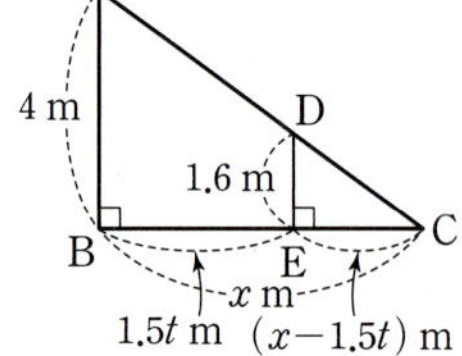

$$4:x=1.6:(x-1.5t)$$
$$1.6x=4x-6t$$
$$\therefore x=2.5t$$
그림자의 길이를 l m라 하면
$$l=2.5t-1.5t=t$$
따라서 그림자의 길이의 변화율은
$$\frac{dl}{dt}=1\ (\text{m/s})$$

0555

답 48π cm³/s

오른쪽 그림과 같이 물을 넣기 시작한 지 t초 후의 수면의 높이를 h cm, 수면의 반지름의 길이를 r cm라 하자.

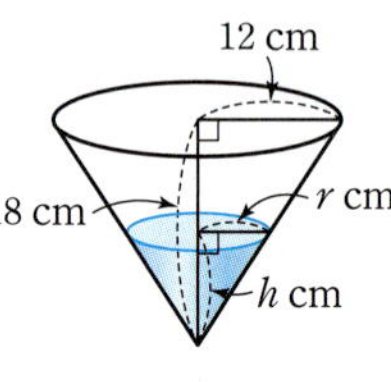

t초 동안 수면의 높이는 $3t$ cm만큼 상승하므로 $h=3t$
$$r:h=12:18$$
$$\therefore r=\frac{2}{3}h=2t$$

❶

t초 후 그릇에 채워진 물의 부피를 V cm³라 하면
$$V=\frac{1}{3}\pi r^2 h=\frac{1}{3}\pi(2t)^2\times3t=4\pi t^3$$
$$\therefore \frac{dV}{dt}=12\pi t^2$$

❷

따라서 $t=2$일 때 그릇에 채워진 물의 부피의 변화율은
$$12\pi\times2^2=48\pi\ (\text{cm}^3/\text{s})$$

❸

채점 기준	배점
❶ 수면의 반지름의 길이와 높이를 t에 대한 식으로 나타내기	30%
❷ t초 후 물의 부피의 변화율을 식으로 나타내기	40%
❸ $t=2$일 때 물의 부피의 변화율 구하기	30%

0556
답 15

$f(x)=4x^3-12x+7$이라 하면
$f'(x)=12x^2-12=12(x+1)(x-1)$
$f'(x)=0$에서 $x=-1$ 또는 $x=1$
함수 $f(x)$의 증가와 감소를 표로 나타내면 다음과 같다.

x	$\cdots$	-1	$\cdots$	1	$\cdots$
$f'(x)$	$+$	0	$-$	0	$+$
$f(x)$	$\nearrow$	15	$\searrow$	-1	$\nearrow$

함수 $y=f(x)$의 그래프는 오른쪽 그림과
같으므로 곡선 $y=f(x)$와 직선 $y=k$가
만나는 점의 개수가 2가 되려면
$k=-1$ 또는 $k=15$
따라서 양수 k의 값은 15이다.

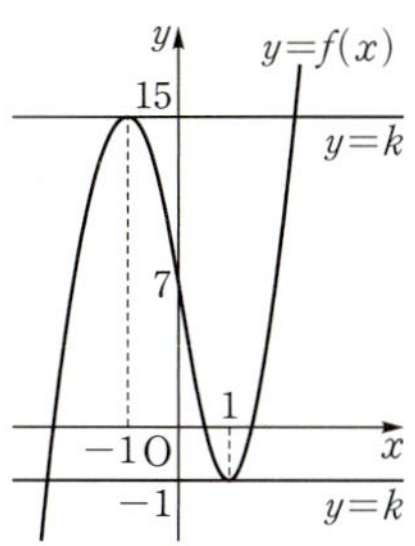

0557
답 -28

$f(x)=x^3-3x^2-9x-k$라 하면
$f'(x)=3x^2-6x-9=3(x+1)(x-3)$
$f'(x)=0$에서 $x=3$ ($\because x>0$)
$x>0$에서 함수 $f(x)$의 증가와 감소를 표로 나타내면 다음과 같다.

x	0	$\cdots$	3	$\cdots$
$f'(x)$		$-$	0	$+$
$f(x)$		$\searrow$	$-27-k$	$\nearrow$

함수 $f(x)$는 $x=3$에서 극소이면서 최소이므로 $x>0$일 때
$f(x)>0$이 성립하려면
$-27-k>0$ $\quad\therefore k<-27$
따라서 정수 k의 최댓값은 -28이다.

0558
답 ④

t초 후 사각기둥의 밑면의 한 변의 길이는 $(2+t)\,\mathrm{cm}$이고 높이는
$(10-t)\,\mathrm{cm}$이므로 사각기둥의 부피를 $V\,\mathrm{cm}^3$라 하면
$V=(2+t)^2(10-t)$
$\therefore \dfrac{dV}{dt}=2(2+t)(10-t)-(2+t)^2=3(2+t)(6-t)$
따라서 $t=5$일 때 사각기둥의 부피의 변화율은
$3(2+5)(6-5)=21\,(\mathrm{cm}^3/\mathrm{s})$

0559
답 ①

점 P의 시각 t에서의 속도를 v라 하면
$v=\dfrac{dx}{dt}=3t^2-10t+a=3\left(t-\dfrac{5}{3}\right)^2+a-\dfrac{25}{3}$

점 P가 움직이는 방향이 바뀌지 않으려면 음이 아닌 실수 t에 대하
여 항상 $v\geq0$이어야 한다.
즉, $a-\dfrac{25}{3}\geq0$이어야 하므로 $a\geq\dfrac{25}{3}$
따라서 자연수 a의 최솟값은 9이다.

0560
답 ①

열차가 제동을 건 지 t초 후의 속도를 $v\,\mathrm{m/s}$라 하면
$v=\dfrac{dx}{dt}=20-2at$
열차가 멈출 때의 속도는 0이므로 $v=0$에서
$20-2at=0$ $\quad\therefore t=\dfrac{10}{a}$
$\dfrac{10}{a}$초 동안 열차가 움직인 거리는
$20\times\dfrac{10}{a}-a\times\left(\dfrac{10}{a}\right)^2=\dfrac{200}{a}-\dfrac{100}{a}=\dfrac{100}{a}\,(\mathrm{m})$
이때 열차가 정지선을 넘지 않고 멈추려면 움직인 거리가 $100\,\mathrm{m}$
이하이어야 하므로
$\dfrac{100}{a}\leq100$ $\quad\therefore a\geq1$
따라서 양수 a의 최솟값은 1이다.

0561
답 ⑤

조건 ⑺에서 $f'(-1)=f'(3)=0$이므로 삼차함수 $f(x)$는
$x=-1$, $x=3$에서 극값을 갖는다.
이때 조건 ⑷에서 $f(-1)f(3)<0$이므로 극댓값과 극솟값의 부호
가 반대이다.
즉, 방정식 $f(x)=0$은 서로 다른 세 실근을 갖는다.
방정식 $f(x)=0$의 서로 다른 세 실근을 작은 수부터 차례대로
α, β, γ라 하면 $f(-1)f(3)<0$이므로 α, β, γ는 -1, 3이 아닌
값이다.
또한 조건 ⑺에 의하여 방정식 $f'(x)=0$의 실근은 -1, 3이다.
따라서 방정식 $f(x)f'(x)=0$의 실근은 $f(x)=0$ 또는 $f'(x)=0$의
실근이므로 구하는 서로 다른 실근은 α, β, γ, -1, 3의 5개이다.

0562
답 ⑤

점 P의 시각 t에서의 속도를 v, 가속도를 a라 하면
$v=\dfrac{dx}{dt}=t^2-5t+4=(t-1)(t-4)$
$a=\dfrac{dv}{dt}=2t-5$

ㄱ. $t=1$일 때 점 P의 속도는 $1-5+4=0$ (참)

ㄴ. $t=2$일 때 점 P의 가속도는 $2\times2-5=-1$ (참)

ㄷ. 점 P가 운동 방향을 바꾸는 순간의 속도는 0이므로 $v=0$에서
$\quad t=1$ 또는 $t=4$
$\quad$ 즉, 점 P는 운동 방향을 두 번 바꾼다. (참)

따라서 옳은 것은 ㄱ, ㄴ, ㄷ이다.

0563

답 ①

$f(x)=g(x)$에서 $3x^3-x^2-3x=x^3-4x^2+9x+a$

$\therefore 2x^3+3x^2-12x=a$

위의 방정식이 서로 다른 두 개의 양의 실근과 한 개의 음의 실근을 가지려면 곡선 $y=2x^3+3x^2-12x$와 직선 $y=a$의 교점의 x좌표가 두 개는 양수이고 한 개는 음수이어야 한다.

$h(x)=2x^3+3x^2-12x$라 하면

$h'(x)=6x^2+6x-12=6(x+2)(x-1)$

$h'(x)=0$에서 $x=-2$ 또는 $x=1$

함수 $h(x)$의 증가와 감소를 표로 나타내면 다음과 같다.

x	$\cdots$	-2	$\cdots$	1	$\cdots$
$h'(x)$	$+$	0	$-$	0	$+$
$h(x)$	$\nearrow$	20	$\searrow$	-7	$\nearrow$

함수 $y=h(x)$의 그래프는 오른쪽 그림과 같으므로 곡선 $y=h(x)$와 직선 $y=a$의 교점의 x좌표가 두 개는 양수이고 한 개는 음수이려면

$-7<a<0$

따라서 정수 a는 -6, -5, -4, $\cdots$, -2, -1의 6개이다.

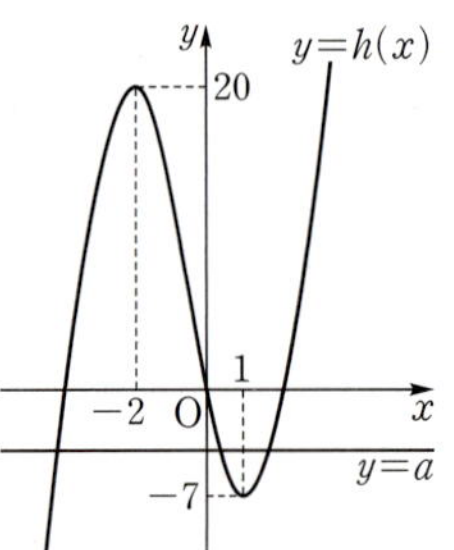

0564

답 3

시각 t에서의 두 점 P, Q 사이의 거리는

$|\mathrm{P}(t)-\mathrm{Q}(t)|=|2t^3-3t^2+2|$

이때 $f(t)=2t^3-3t^2+2$라 하면

$f'(t)=6t^2-6t=6t(t-1)$

$f'(t)=0$에서 $t=1$ $(\because t>0)$

$t\geq0$에서 함수 $f(t)$의 증가와 감소를 표로 나타내면 다음과 같다.

t	0	$\cdots$	1	$\cdots$
$f'(t)$		$-$	0	$+$
$f(t)$	2	$\searrow$	1	$\nearrow$

함수 $f(t)$는 $t=1$에서 극소이면서 최소이므로 $t\geq0$일 때 $f(t)\geq1$이다.

따라서 시각 t에서의 두 점 P, Q 사이의 거리는

$|\mathrm{P}(t)-\mathrm{Q}(t)|=|f(t)|=f(t)$

이므로 $t=1$일 때 두 점 P, Q 사이의 거리가 최소이다.

점 P의 시각 t에서의 속도는 $\mathrm{P}'(t)=3t^2-2t+2$이므로

$t=1$일 때 점 P의 속도는

$\mathrm{P}'(1)=3-2+2=3$

0565

답 ③

$2x^3+6x^2+a=0$에서 $2x^3+6x^2=-a$

위의 방정식이 $-2\leq x\leq2$에서 서로 다른 두 실근을 가지려면

$-2\leq x\leq2$에서 곡선 $y=2x^3+6x^2$과 직선 $y=-a$가 서로 다른 두 점에서 만나야 한다.

$f(x)=2x^3+6x^2$이라 하면

$f'(x)=6x^2+12x=6x(x+2)$

$f'(x)=0$에서 $x=-2$ 또는 $x=0$

$-2\leq x\leq2$에서 함수 $f(x)$의 증가와 감소를 표로 나타내면 다음과 같다.

x	-2	$\cdots$	0	$\cdots$	2
$f'(x)$	0	$-$	0	$+$	
$f(x)$	8	$\searrow$	0	$\nearrow$	40

$-2\leq x\leq2$에서 함수 $y=f(x)$의 그래프는 오른쪽 그림과 같으므로 곡선 $y=f(x)$와 직선 $y=-a$가 서로 다른 두 점에서 만나려면

$0<-a\leq8$ $\quad\therefore -8\leq a<0$

따라서 정수 a는 -8, -7, -6, $\cdots$, -2, -1의 8개이다.

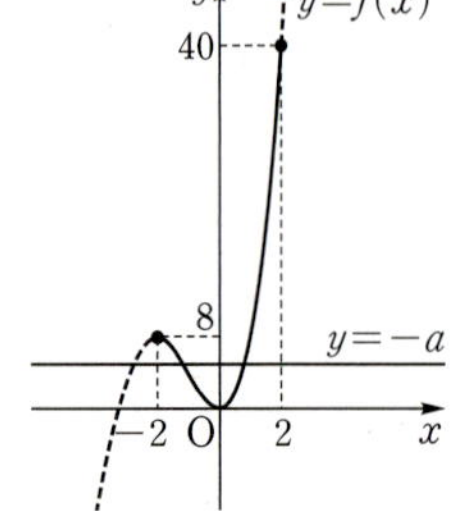

다른 풀이

$f(x)=2x^3+6x^2+a$라 하면

$f'(x)=6x^2+12x=6x(x+2)$

$f'(x)=0$에서 $x=-2$ 또는 $x=0$

함수 $f(x)$의 증가와 감소를 표로 나타내면 다음과 같다.

x	$\cdots$	-2	$\cdots$	0	$\cdots$
$f'(x)$	$+$	0	$-$	0	$+$
$f(x)$	$\nearrow$	$8+a$	$\searrow$	a	$\nearrow$

방정식 $f(x)=0$이 $-2\leq x\leq2$에서 서로 다른 두 실근을 가지려면 $-2\leq x\leq2$에서 함수 $y=f(x)$의 그래프와 x축이 서로 다른 두 점에서 만나야 하므로 함수 $y=f(x)$의 그래프가 오른쪽 그림과 같아야 한다.

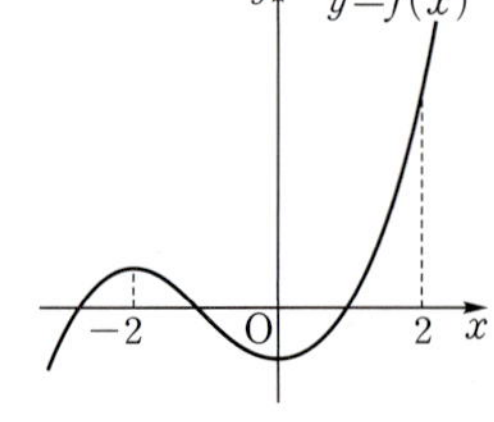

이때 $f(2)=40+a$이고

$f(2)>f(-2)$이므로 조건을 만족시키기 위해서는 $f(-2)\geq0$이고 $f(0)<0$이어야 한다.

$f(-2)\geq0$에서

$8+a\geq0$ $\quad\therefore a\geq-8$ $\qquad\cdots\cdots$ ㉠

$f(0)<0$에서

$a<0$ $\qquad\cdots\cdots$ ㉡

㉠, ㉡에서 $-8\leq a<0$

따라서 정수 a는 -8, -7, -6, $\cdots$, -2, -1의 8개이다.

0566

답 ⑤

$f(x)\geq g(x)$에서 $f(x)-g(x)\geq0$

$h(x)=f(x)-g(x)$라 하면

$h(x)=x^3-x+6-(x^2+a)$

$\quad\quad=x^3-x^2-x+6-a$

$h'(x)=3x^2-2x-1=(3x+1)(x-1)$

$h'(x)=0$에서 $x=1$ $(\because x\geq0)$

$x\geq0$에서 함수 $h(x)$의 증가와 감소를 표로 나타내면 다음과 같다.

x	0	$\cdots$	1	$\cdots$
$h'(x)$		$-$	0	$+$
$h(x)$	$6-a$	$\searrow$	$5-a$	$\nearrow$

함수 $h(x)$는 $x=1$에서 극소이면서 최소이므로 $x\geq0$일 때 $h(x)\geq0$이 성립하려면
$5-a\geq0$ $\quad\therefore a\leq5$
따라서 실수 a의 최댓값은 5이다.

0567

답 ⑤

ㄱ. $t_1<t<t_3$에서 $f'(t)<0$이므로 점 P의 속도는 음수이다.
(거짓)

ㄴ. $f(t_2)=g(t_2)$, $f(t_5)=g(t_5)$이므로 $0<t<t_6$에서 두 점 P, Q
는 $t=t_2$, $t=t_5$일 때 두 번 만난다. (참)

ㄷ. $f'(t_1)=0$, $f'(t_4)=0$이고 $t=t_1$, $t=t_4$의 좌우에서 각각 $f'(t)$
의 부호가 바뀌므로 점 P는 $t=t_1$, $t=t_4$일 때 운동 방향을 두
번 바꾼다. (참)

ㄹ. $t_4<t<t_5$에서 $f'(t)>0$, $g'(t)<0$이므로 두 점 P, Q의 운동
방향은 서로 반대이다. (참)

따라서 옳은 것은 ㄴ, ㄷ, ㄹ이다.

0568

답 23

$f(x)$는 최고차항의 계수가 1이고 극값을 갖는 삼차함수이다.
이때 조건 (나)에서 방정식 $f(x)=3$이 서로 다른 두 실근을 가지므
로 곡선 $y=f(x)$와 직선 $y=3$이 서로 다른 두 점에서 만나야 한다.
또한 조건 (가)에서 함수 $f(x)$는 $x=2$에서 극댓값 7을 가지므로 함
수 $y=f(x)$의 그래프의 개형은 다음 그림과 같다.

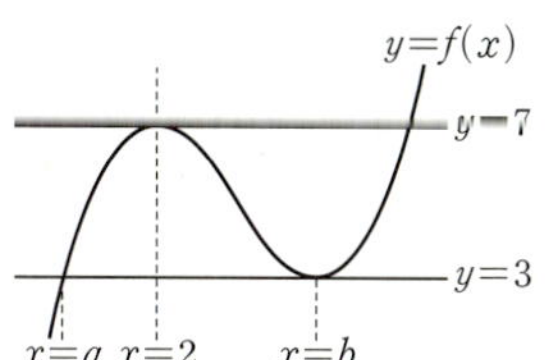

함수 $y=f(x)$의 그래프와 직선 $y=3$이 만나는 두 점의 x좌표를
a, $b\,(a<b)$라 하면
$f(x)-3=(x-a)(x-b)^2$
$\therefore f(x)=(x-a)(x-b)^2+3$
$\therefore f'(x)=(x-b)^2+2(x-a)(x-b)$
$\qquad\quad=(x-b)(3x-2a-b)$
$f'(x)=0$에서 $x=b$ 또는 $x=\dfrac{2a+b}{3}$
함수 $f(x)$의 증가와 감소를 표로 나타내면 다음과 같다.

x	$\cdots$	$\dfrac{2a+b}{3}$	$\cdots$	b	$\cdots$
$f'(x)$	$+$	0	$-$	0	$+$
$f(x)$	$\nearrow$	7	$\searrow$	3	$\nearrow$

조건 (가)에서 함수 $f(x)$는 $x=2$에서 극댓값 7을 가지므로
$\dfrac{2a+b}{3}=2$에서 $2a+b=6$ $\quad\cdots\cdots$ ㉠
$f\left(\dfrac{2a+b}{3}\right)=7$에서 $\left(\dfrac{b-a}{3}\right)\left(\dfrac{2a-2b}{3}\right)^2+3=7$

$\dfrac{4}{27}(b-a)^3=4$, $(b-a)^3=27$
$\therefore b-a=3$ $\qquad\cdots\cdots$ ㉡
㉠, ㉡을 연립하여 풀면 $a=1$, $b=4$
따라서 $f(x)=(x-1)(x-4)^2+3$이므로
$f(6)=5\times2^2+3=23$

0569

답 1

$y=x^3+ax-1$에서 $y'=3x^2+a$
점 $(1,\,0)$에서 곡선 $y=x^3+ax-1$에 그은 접선의 접점의 좌표를
$(t,\,t^3+at-1)$이라 하면 접선의 기울기는 $3t^2+a$이고 접선의 방정
식은
$y-(t^3+at-1)=(3t^2+a)(x-t)$
$\therefore y=(3t^2+a)x-2t^3-1$
이 직선이 점 $(1,\,0)$을 지나므로
$0=3t^2+a-2t^3-1$
$\therefore 2t^3-3t^2-a+1=0$ $\quad\cdots\cdots$ ㉠

❶

점 $(1,\,0)$에서 곡선 $y=x^3+ax-1$에 서로 다른 두 개의 접선을 그
을 수 있으려면 t에 대한 삼차방정식 ㉠이 서로 다른 두 실근을 가
져야 한다.

❷

$f(t)=2t^3-3t^2-a+1$이라 하면
$f'(t)=6t^2-6t=6t(t-1)$
$f'(t)=0$에서 $t=0$ 또는 $t=1$
삼차방정식 $f(t)=0$이 서로 다른 두 실근을 가지려면
$(극댓값)\times(극솟값)=0$이어야 하므로
$f(0)f(1)=0$에서 $-a(-a+1)=0$
$\therefore a=1\,(\because a\neq0)$

❸

채점 기준	배점
❶ 접점의 x좌표를 t로 놓고 t에 대한 방정식 세우기	40%
❷ 두 개의 접선을 그을 수 있도록 하는 조건 구하기	20%
❸ 조건을 만족시키는 a의 값 구하기	40%

0570

답 27

방정식 $|2x^3-3x^2-12x+3|=k$가 서로 다른 네 실근을 가지려면
함수 $y=|2x^3-3x^2-12x+3|$의 그래프와 직선 $y=k$가 서로 다른
네 점에서 만나야 한다.

❶

$f(x)=2x^3-3x^2-12x+3$이라 하면
$f'(x)=6x^2-6x-12=6(x+1)(x-2)$
$f'(x)=0$에서 $x=-1$ 또는 $x=2$
함수 $f(x)$의 증가와 감소를 표로 나타내면 다음과 같다.

x	$\cdots$	-1	$\cdots$	2	$\cdots$
$f'(x)$	$+$	0	$-$	0	$+$
$f(x)$	$\nearrow$	10	$\searrow$	-17	$\nearrow$

❷

함수 $y=|f(x)|$의 그래프는 오른쪽 그림과 같으므로 함수 $y=|f(x)|$의 그래프와 직선 $y=k$가 서로 다른 네 점에서 만나려면 $10<k<17$

따라서 정수 k의 최댓값은 16, 최솟값은 11이므로 구하는 합은

$16+11=27$

❸

채점 기준	배점
❶ 방정식이 서로 다른 네 실근을 가질 조건 해석하기	20%
❷ 함수 $f(x)=2x^3-3x^2-12x+3$의 증감표 만들기	40%
❸ 함수 $y=|f(x)|$의 그래프를 이용하여 조건을 만족시키는 정수 k의 최댓값과 최솟값의 합 구하기	40%

수능 녹인 변별력 문제

0571

답 15

최고차항의 계수가 음수인 사차함수 $f(x)$가 극솟값을 가지려면 방정식 $f'(x)=0$이 서로 다른 세 실근을 가져야 한다.

$f(x)=-\dfrac{1}{2}x^4+12x^2+4ax$에서

$f'(x)=-2x^3+24x+4a$

$g(x)=-2x^3+24x+4a$라 하면

$g'(x)=-6x^2+24=-6(x+2)(x-2)$

$g'(x)=0$에서 $x=-2$ 또는 $x=2$

삼차방정식 $g(x)=0$이 서로 다른 세 실근을 가지려면

$g(-2)g(2)<0$이어야 하므로 $(4a+32)(4a-32)<0$

$(a+8)(a-8)<0$ $\therefore -8<a<8$

따라서 정수 a는 $-7,\ -6,\ -5,\ \cdots,\ 6,\ 7$의 15개이다.

0572

답 ③

ㄱ. $h(b)=0$, $h(d)=0$이므로

$\quad f(b)-g(b)=0,\ f(d)-g(d)=0$

$\quad \therefore f(b)=g(b),\ f(d)=g(d)$

즉, 두 점 P, Q는 $t=b$, $t=d$에서 두 번 만난다. (참)

ㄴ. $h'(a)=0$, $h'(c)=0$이므로

$\quad f'(a)-g'(a)=0,\ f'(c)-g'(c)=0$

$\quad \therefore f'(a)=g'(a),\ f'(c)=g'(c)$

즉, 두 점 P, Q는 $t=a$, $t=c$에서 속도가 같다.

따라서 $0<t<e$에서 두 점 P, Q의 속도가 같은 순간이 두 번 있다. (참)

ㄷ. $b<t<d$에서 $h(t)<0$이므로

$\quad f(t)-g(t)<0$ $\therefore f(t)<g(t)$

즉, $b<t<d$에서 점 Q가 점 P보다 오른쪽에 위치해 있지만 원점에서 더 멀리 떨어져 있는지는 알 수 없다. (거짓)

따라서 옳은 것은 ㄱ, ㄴ이다.

0573

답 ②

$f(x)=3x^4-4x^3-12x^2$이라 하면

$f'(x)=12x^3-12x^2-24x=12x(x+1)(x-2)$

$f'(x)=0$에서 $x=-1$ 또는 $x=0$ 또는 $x=2$

함수 $f(x)$의 증가와 감소를 표로 나타내면 다음과 같다.

x	$\cdots$	-1	$\cdots$	0	$\cdots$	2	$\cdots$
$f'(x)$	$-$	0	$+$	0	$-$	0	$+$
$f(x)$	$\searrow$	-5	$\nearrow$	0	$\searrow$	-32	$\nearrow$

함수 $y=f(x)$의 그래프는 다음 그림과 같다.

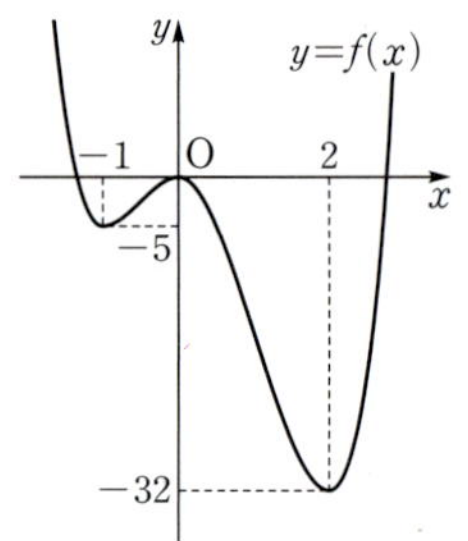

방정식 $f(x)=a$가 허근을 갖지 않는 경우는 다음과 같이 나누어 생각해 볼 수 있다.

(i) 방정식 $f(x)=a$가 서로 다른 네 실근을 갖는 경우

함수 $y=f(x)$의 그래프와 직선 $y=a$는 서로 다른 네 점에서 만나야 하므로

$\quad -5<a<0$

(ii) 방정식 $f(x)=a$가 중근 1개와 중근이 아닌 서로 다른 두 실근을 갖는 경우

함수 $y=f(x)$의 그래프와 직선 $y=a$는 한 점에서 접하고 접점이 아닌 서로 다른 두 점에서 만나야 하므로

$\quad a=-5$ 또는 $a=0$

(iii) 방정식 $f(x)=a$가 서로 다른 중근 2개를 갖는 경우

함수 $y=f(x)$의 그래프와 직선 $y=a$는 서로 다른 두 점에서 접해야 한다. 그런데 함수 $f(x)$가 $x=-1$, $x=2$에서의 극솟값이 다르므로 조건을 만족시키는 a의 값은 존재하지 않는다.

(i)~(iii)에서 a의 값의 범위는 $-5 \leq a \leq 0$

따라서 정수 a는 $-5,\ -4,\ -3,\ -2,\ -1,\ 0$의 6개이다.

0574

답 ②

1 이상의 임의의 두 실수 x_1, x_2에 대하여 $f(x_1) \geq g(x_2)$가 성립하려면 $x \geq 1$에서 함수 $f(x)$의 최솟값이 함수 $g(x)$의 최댓값보다 크거나 같아야 한다.

$f(x)=x^3-3x^2+8$에서

$f'(x)=3x^2-6x=3x(x-2)$

$f'(x)=0$에서 $x=2\ (\because x \geq 1)$

$x \geq 1$에서 함수 $f(x)$의 증가와 감소를 표로 나타내면 다음과 같다.

x	1	$\cdots$	2	$\cdots$
$f'(x)$		$-$	0	$+$
$f(x)$	6	$\searrow$	4	$\nearrow$

함수 $f(x)$는 $x=2$에서 극소이면서 최소이므로 최솟값 4를 갖는다.
한편, $g(x)=-2x^2+8x+k=-2(x-2)^2+8+k$
이므로 $x\geq1$일 때 함수 $g(x)$는 $x=2$에서 최댓값 $8+k$를 갖는다.
$x\geq1$에서 함수 $f(x)$의 최솟값이 함수 $g(x)$의 최댓값보다 크거나 같으려면
$$8+k\leq4 \qquad \therefore k\leq-4$$
따라서 실수 k의 최댓값은 -4이다.

0575

답 14

두 점 P, Q의 시각 t에서의 속도를 각각 v_P, v_Q라 하면
$$v_\mathrm{P}=\frac{dx_\mathrm{P}}{dt}=4t^3-24t^2+36t-2$$
$$v_\mathrm{Q}=\frac{dx_\mathrm{Q}}{dt}=k$$
두 점 P, Q의 속도가 같아지는 순간이 세 번 있으려면 $v_\mathrm{P}=v_\mathrm{Q}$를 만족시키는 양의 실수 t가 3개 존재하여야 하므로 t에 대한 방정식 $4t^3-24t^2+36t-2=k$가 서로 다른 세 개의 양의 실근을 가져야 한다.
즉, $t>0$에서 함수 $y=4t^3-24t^2+36t-2$의 그래프와 직선 $y=k$가 서로 다른 세 점에서 만나야 한다.
$f(t)=4t^3-24t^2+36t-2$라 하면
$f'(t)=12t^2-48t+36=12(t-1)(t-3)$
$f'(t)=0$에서 $t=1$ 또는 $t=3$
$t>0$에서 함수 $f(t)$의 증가와 감소를 표로 나타내면 다음과 같다.

t	0	$\cdots$	1	$\cdots$	3	$\cdots$
$f'(t)$		$+$	0	$-$	0	$+$
$f(t)$		$\nearrow$	14	$\searrow$	-2	$\nearrow$

$t>0$에서 함수 $y=f(t)$의 그래프는 오른쪽 그림과 같으므로 곡선 $y=f(t)$와 직선 $y=k$가 서로 다른 세 점에서 만나려면

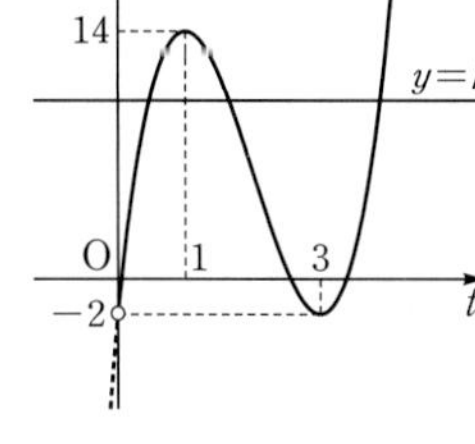

$-2<k<0$이고 $0<k<14\ (\because k\neq0)$
따라서 정수 k는 -1, 1, $\cdots$, 12, 13의 14개이다.

0576

답 28

$f(x)=2x^3-3x^2+k$라 하면
$f'(x)=6x^2-6x=6x(x-1)$
$f'(x)=0$에서 $x=0$ 또는 $x=1$
$-2\leq x\leq1$에서 함수 $f(x)$의 증가와 감소를 표로 나타내면 다음과 같다.

x	-2	$\cdots$	0	$\cdots$	1
$f'(x)$		$+$	0	$-$	0
$f(x)$	$k-28$	$\nearrow$	k	$\searrow$	$k-1$

함수 $f(x)$는 $x=0$에서 최댓값 k, $x=-2$에서 최솟값 $k-28$을 갖는다.

이때 $-2\leq x\leq1$에서 $|f(x)|<16$이 성립하려면
$|k|<16$, $|k-28|<16$
$-16<k<16$, $12<k<44$
$\therefore 12<k<16$
따라서 $M=15$, $m=13$이므로
$M+m=15+13=28$

0577

답 34

모든 실수 x에 대하여 부등식 $f(x)\leq12x+k\leq g(x)$를 만족시켜야 하므로 다음과 같이 경우를 나누어 각각 생각해 보자.
(i) $f(x)\leq12x+k$에서 $f(x)-12x-k\leq0$
$h(x)=f(x)-12x-k$라 하면
$h(x)=-x^4-2x^3-x^2-12x-k$
이므로
$h'(x)=-4x^3-6x^2-2x-12$
$\qquad=-2(2x^3+3x^2+x+6)$
$\qquad=-2(x+2)(2x^2-x+3)$
$h'(x)=0$에서 $x=-2\ (\because 2x^2-x+3>0)$
함수 $h(x)$의 증가와 감소를 표로 나타내면 다음과 같다.

x	$\cdots$	-2	$\cdots$
$h'(x)$	$+$	0	$-$
$h(x)$	$\nearrow$	$20-k$	$\searrow$

즉, 함수 $h(x)$는 $x=-2$에서 극대이면서 최대이므로 모든 실수 x에 대하여 $h(x)\leq0$이 성립하려면
$$20-k\leq0 \qquad \therefore k\geq20$$
(ii) $g(x)\geq12x+k$에서
$3x^2+a\geq12x+k \qquad \therefore 3x^2-12x+a-k\geq0$
이 부등식이 모든 실수 x에 대하여 성립해야 하므로 이차방정식 $3x^2-12x+a-k=0$이 판별식을 D라 하면
$$\frac{D}{4}=(-6)^2-3(a-k)\leq0$$
$$\therefore k\leq a-12$$
(i), (ii)에서 $20\leq k\leq a-12$
주어진 조건에 의하여 $20\leq k\leq a-12$를 만족시키는 자연수 k의 개수가 3이려면 자연수 k는 20, 21, 22의 3개이어야 하므로
$$22\leq a-12<23 \qquad \therefore 34\leq a<35$$
따라서 자연수 a의 값은 34이다.

두 함수 $y=f(x)$, $y=g(x)$의 그래프와 직선 $y=12x+k$의 위치 관계는 다음 그림과 같다.

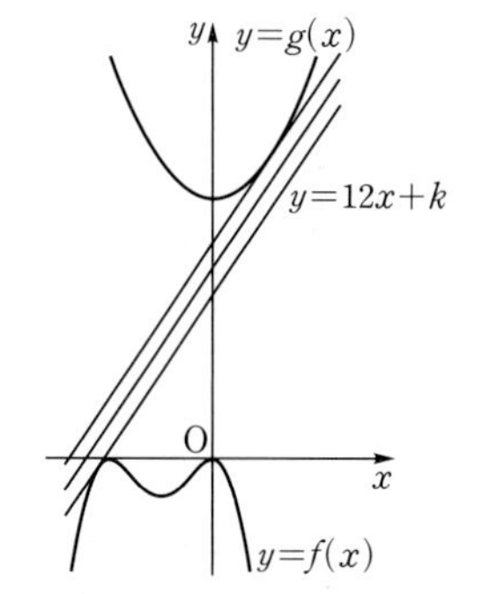

0578

답 ③

최고차항의 계수가 1인 삼차함수 $f(x)$가 극댓값을 가지므로 함수 $y=f(x)$의 그래프는 두 점에서 극값을 갖고 그 점의 x좌표를 각각 α, β $(\alpha<\beta)$라 하면 α, β의 값에 따라 다음과 같이 나누어 생각할 수 있다.

(i) $\alpha<\beta\le-2$인 경우

　$x\ge-2$에서 함수 $g(x)$는 증가하므로 $g(-2)<g(2)$

　$g(-2)=f(-2)+8$이므로 $f(-2)<g(-2)$

　즉, $f(-2)<g(2)$이므로 조건을 만족시키지 않는다.

(ii) $\alpha<-2<\beta$인 경우

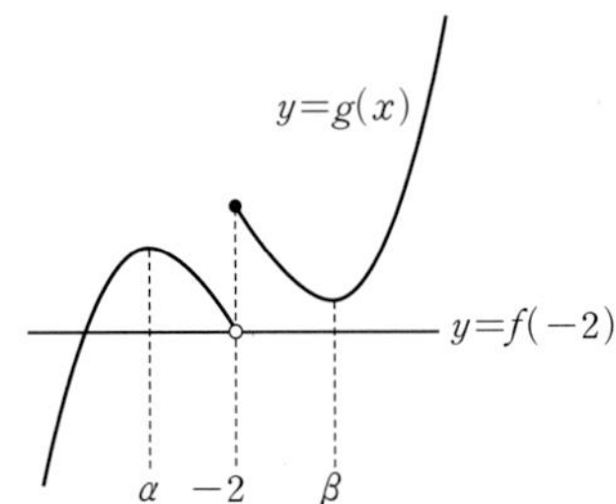

위의 그림과 같이 방정식 $g(x)=f(-2)$의 실근이 구간 $(-\infty,\ \alpha)$에서 존재하므로 조건을 만족시키지 않는다.

(iii) $-2\le\alpha<\beta$인 경우

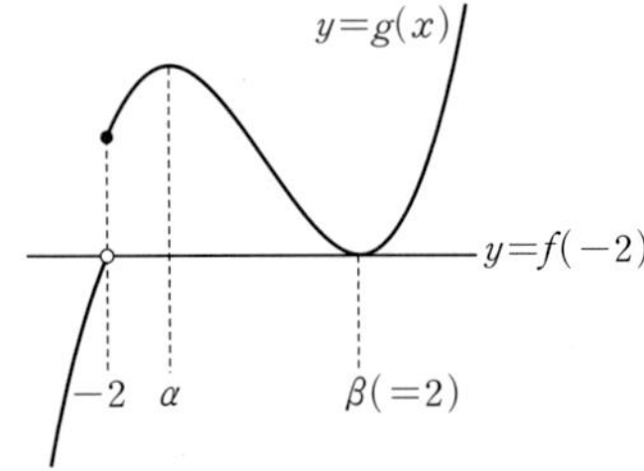

방정식 $g(x)=f(-2)$의 실근이 2뿐이려면 위의 그림과 같이 함수 $g(x)$는 $x=2$에서 극솟값 $f(-2)$를 가져야 한다. …… ㉠

이때 $f(x)$는 최고차항의 계수가 1이고 $f(0)=\dfrac{1}{2}$인 삼차함수이므로 $f(x)=x^3+ax^2+bx+\dfrac{1}{2}$ $(a,\ b$는 상수$)$이라 하자.

㉠에서 $g(2)=f(-2)$이고, $g(2)=f(2)+8$이므로

$f(-2)=f(2)+8$

$-8+4a-2b+\dfrac{1}{2}=8+4a+2b+\dfrac{17}{2}$

$4b=-24$

$\therefore b=-6$

$f(x)=x^3+ax^2-6x+\dfrac{1}{2}$에서

$f'(x)=3x^2+2ax-6$이므로

$f'(2)=12+4a-6=0$

$\therefore a=-\dfrac{3}{2}$

(i)～(iii)에서

$f(x)=x^3-\dfrac{3}{2}x^2-6x+\dfrac{1}{2}$

$f'(x)=3x^2-3x-6=3(x+1)(x-2)$

$f'(x)=0$에서 $x=-1$ 또는 $x=2$

$x=-1$의 좌우에서 $f'(x)$의 부호가 양에서 음으로 바뀌므로 함수 $f(x)$의 극댓값은

$f(-1)=-1-\dfrac{3}{2}+6+\dfrac{1}{2}=4$

0579

답 47

최고차항의 계수가 1인 사차함수 $f(x)$가 $f(0)=2$이고 조건 ㈎에서 모든 실수 x에 대하여 $f(-x)=f(x)$이므로

$f(x)=x^4-ax^2+2$ $(a$는 상수$)$라 하면

$f'(x)=4x^3-2ax=2x(2x^2-a)$

(i) $a\le0$일 때

　모든 실수 x에 대하여 $2x^2-a\ge0$이므로

　$f'(x)=0$에서 $x=0$

　함수 $f(x)$의 증가와 감소를 표로 나타내면 다음과 같다.

x	$\cdots$	0	$\cdots$
$f'(x)$	$-$	0	$+$
$f(x)$	$\searrow$	2	$\nearrow$

따라서 함수 $y=f(x)$의 그래프의 개형은 다음 그림과 같다.

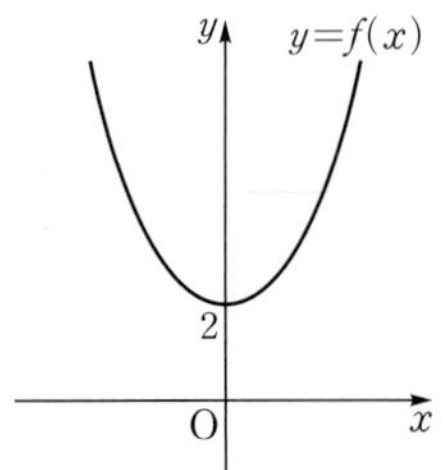

이 경우 방정식 $|f(x)|=2$의 서로 다른 실근은 1개이므로 조건 ㈏를 만족시킬 수 없다.

(ii) $a>0$일 때

$$f'(x)=4x^3-2ax=4x\left(x+\dfrac{\sqrt{2a}}{2}\right)\left(x-\dfrac{\sqrt{2a}}{2}\right)$$

$f'(x)=0$에서 $x=-\dfrac{\sqrt{2a}}{2}$ 또는 $x=0$ 또는 $x=\dfrac{\sqrt{2a}}{2}$

함수 $f(x)$의 증가와 감소를 표로 나타내면 다음과 같다.

x	$\cdots$	$-\dfrac{\sqrt{2a}}{2}$	$\cdots$	0	$\cdots$	$\dfrac{\sqrt{2a}}{2}$	$\cdots$
$f'(x)$	$-$	0	$+$	0	$-$	0	$+$
$f(x)$	$\searrow$	극소	$\nearrow$	극대	$\searrow$	극소	$\nearrow$

이때 방정식 $|f(x)|=2$의 서로 다른 실근이 5개이려면 함수 $y=|f(x)|$의 그래프가 다음 그림과 같아야 한다.

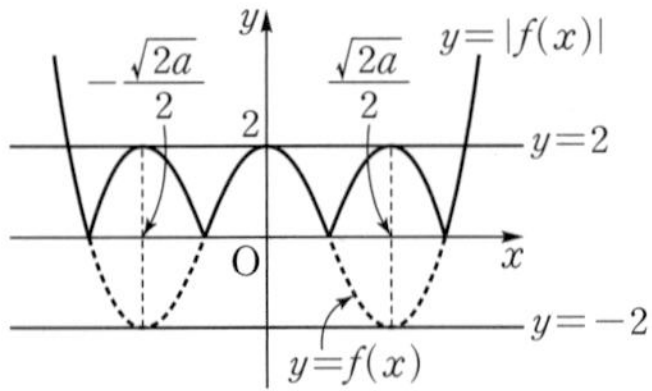

즉, $f\left(-\dfrac{\sqrt{2a}}{2}\right)=f\left(\dfrac{\sqrt{2a}}{2}\right)=-2$이므로

$-\dfrac{1}{4}a^2+2=-2,\ a^2-16=0$

$(a+4)(a-4)=0$

$\therefore a=4\ (\because a>0)$

(i), (ii)에서 $f(x)=x^4-4x^2+2$이므로

$f(3)=81-36+2=47$

0580

조건 ㈎에서 함수 $|f(x)|$는 $x=-1$에서만 미분가능하지 않으므로 방정식 $f(x)=0$은 $x=-1$에서 중근이 아닌 실근을 가져야 한다.

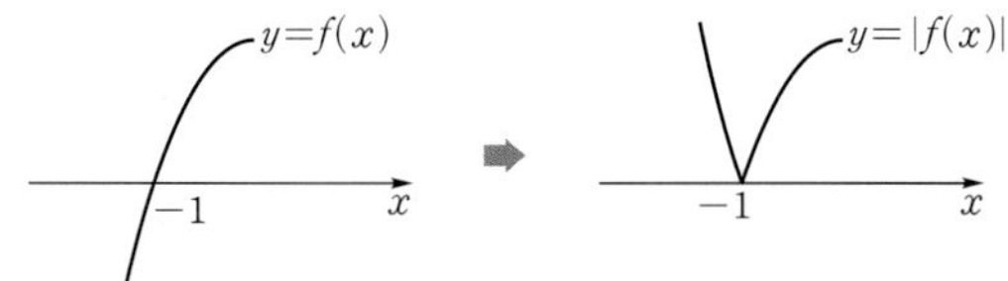

조건 ㈏에서 방정식 $f(x)=0$은 닫힌구간 $[3,\,5]$에서 적어도 하나의 실근을 가져야 하는데 조건 ㈎에 의하여 닫힌구간 $[3,\,5]$에서 함수 $|f(x)|$가 미분가능해야 하므로 방정식 $f(x)=0$은 닫힌구간 $[3,\,5]$에서 중근을 가져야 한다.

이 중근을 $\alpha\,(3\le\alpha\le5)$라 하면 두 조건 ㈎, ㈏를 모두 만족시키는 삼차함수 $y=f(x)$의 그래프의 개형은 다음 그림과 같다.

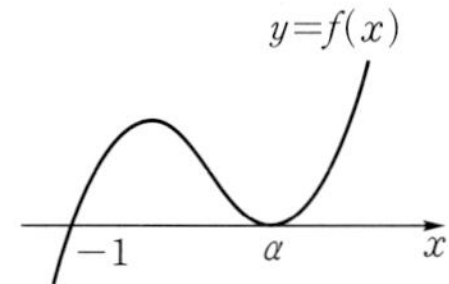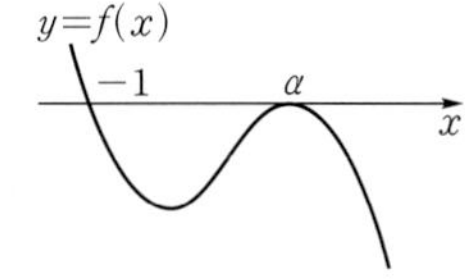

따라서 $f(x)=a(x+1)(x-\alpha)^2$ (a, α는 상수, $3\le\alpha\le5$, $a\ne0$)이라 하면

$f'(x)=a(x-\alpha)^2+2a(x+1)(x-\alpha)$

$\therefore \dfrac{f'(0)}{f(0)}=\dfrac{a\alpha^2-2a\alpha}{a\alpha^2}=1-\dfrac{2}{\alpha}$

이때 $3\le\alpha\le5$이므로 $\dfrac{f'(0)}{f(0)}$은

$\alpha=5$일 때 최댓값 $M=1-\dfrac{2}{5}=\dfrac{3}{5}$을 갖고,

$\alpha=3$일 때 최솟값 $m=1-\dfrac{2}{3}=\dfrac{1}{3}$을 갖는다.

$\therefore Mm=\dfrac{3}{5}\times\dfrac{1}{3}=\dfrac{1}{5}$

0581

$f(x)=t$로 놓으면 $f(f(x))=a$에서

$f(t)=a$, $t^3-3t-2+a=a$

$t^3-3t-2=0$, $(t+1)^2(t-2)=0$

$\therefore t=-1$ 또는 $t=2$

따라서 방정식 $f(f(x))=a$의 해는 $f(x)=-1$ 또는 $f(x)=2$의 해와 같으므로 방정식 $f(f(x))=a$의 서로 다른 실근의 개수가 3이려면 $f(x)=-1$ 또는 $f(x)=2$의 서로 다른 실근의 개수가 3이어야 한다.

$f(x)=x^3-3x-2+a$에서

$f'(x)=3x^2-3=3(x+1)(x-1)$

$f'(x)=0$에서 $x=-1$ 또는 $x=1$

함수 $f(x)$의 증가와 감소를 표로 나타내면 다음과 같다.

x	$\cdots$	-1	$\cdots$	1	$\cdots$
$f'(x)$	$+$	0	$-$	0	$+$
$f(x)$	$\nearrow$	a	$\searrow$	$a-4$	$\nearrow$

함수 $y=f(x)$의 그래프의 개형은 다음 그림과 같다.

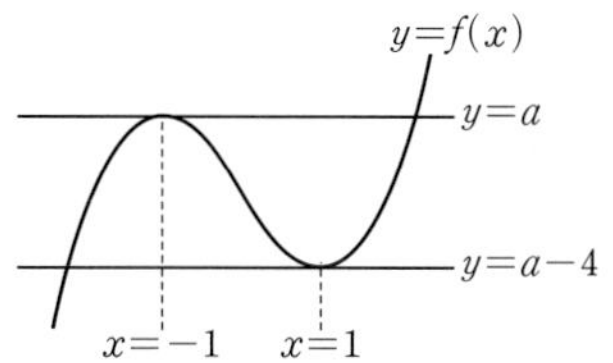

$f(x)=-1$ 또는 $f(x)=2$의 서로 다른 실근의 개수가 3이려면 함수 $y=f(x)$의 그래프가 두 직선 $y=-1$, $y=2$와 만나는 점의 개수가 3이어야 하므로

$a=-1$ 또는 $a-4=2$

$\therefore a=-1$ 또는 $a=6$

따라서 모든 실수 a의 값의 합은

$-1+6=5$

0582

도함수 $y=f'(x)$의 그래프로부터 함수 $f(x)$의 증가와 감소를 표로 나타내면 다음과 같다.

x	$\cdots$	0	$\cdots$	2	$\cdots$
$f'(x)$	$+$	0	$-$	0	$+$
$f(x)$	$\nearrow$	극대	$\searrow$	극소	$\nearrow$

ㄱ. 닫힌구간 $[0,\,2]$에서 함수 $f(x)$가 감소하므로 $f(0)<0$이면
$\quad f(2)<f(0)<0 \qquad \therefore |f(0)|<|f(2)|$ (참)

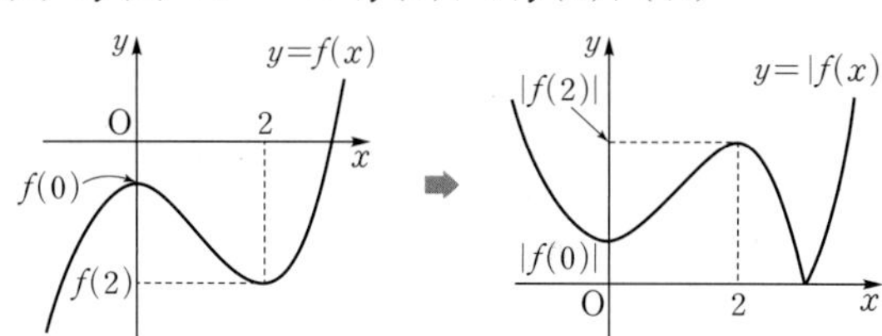

ㄴ. $f(0)f(2)\ge0$일 때, 다음과 같이 경우를 나누어 함수 $y=|f(x)|$의 그래프의 개형을 각각 그려 보자.

(i) $f(0)>f(2)>0$일 때
    두 함수 $y=f(x)$와 $y=|f(x)|$의 그래프의 개형은 다음 그림과 같다.

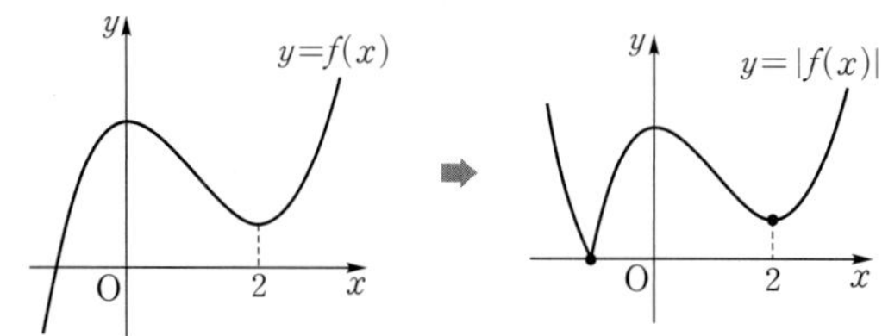

즉, 함수 $|f(x)|$는 두 점에서 극솟값을 갖는다.

(ii) $f(0)>f(2)=0$일 때
    두 함수 $y=f(x)$와 $y=|f(x)|$의 그래프의 개형은 다음 그림과 같다.

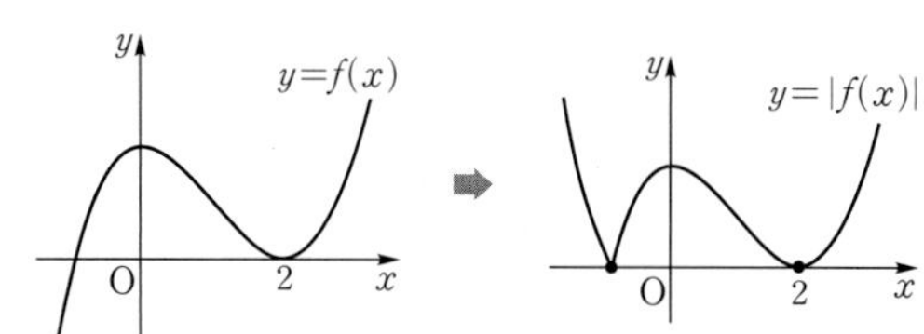

즉, 함수 $|f(x)|$는 두 점에서 극솟값을 갖는다.

(iii) $f(2)<f(0)=0$일 때

두 함수 $y=f(x)$와 $y=|f(x)|$의 그래프의 개형은 다음 그림과 같다.

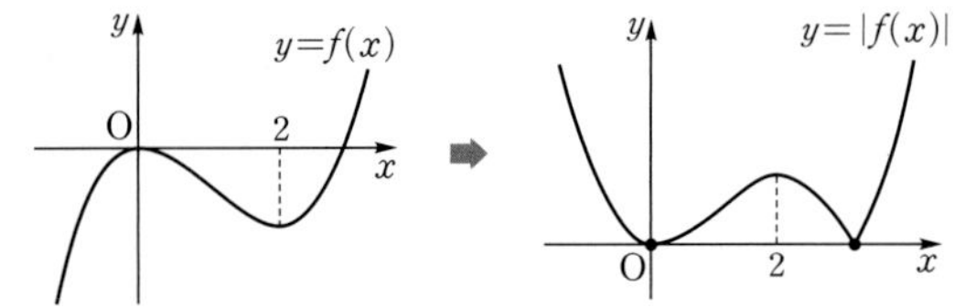

즉, 함수 $|f(x)|$는 두 점에서 극솟값을 갖는다.

(iv) $f(2)<f(0)<0$일 때

두 함수 $y=f(x)$와 $y=|f(x)|$의 그래프의 개형은 다음 그림과 같다.

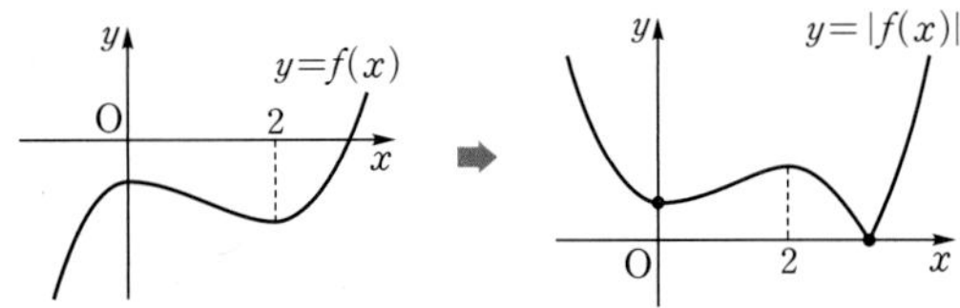

즉, 함수 $|f(x)|$는 두 점에서 극솟값을 갖는다.

(i)~(iv)에서 $f(0)f(2)\geq0$이면 함수 $|f(x)|$가 $x=a$에서 극소인 a의 값의 개수는 2이다. (참)

ㄷ. $f(0)+f(2)=0$에서 $f(2)=-f(0)$이므로 두 함수 $y=f(x)$와 $y=|f(x)|$의 그래프의 개형은 다음 그림과 같다.

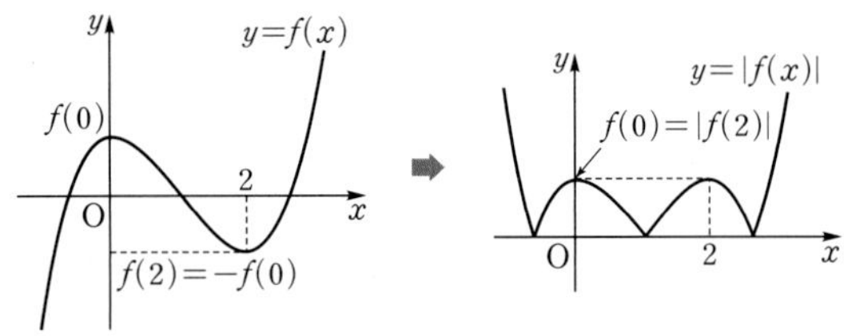

이때 방정식 $|f(x)|=f(0)$의 실근의 개수는 함수 $y=|f(x)|$의 그래프와 직선 $y=f(0)$이 만나는 점의 개수와 같다.

즉, 오른쪽 그림과 같이 함수 $y=|f(x)|$의 그래프와 직선 $y=f(0)$은 서로 다른 네 점에서 만나므로 방정식 $|f(x)|=f(0)$의 서로 다른 실근의 개수는 4이다. (참)

따라서 옳은 것은 ㄱ, ㄴ, ㄷ이다.

 적분

PART A | **07 부정적분**

유형 01 부정적분의 정의

확인 문제 (1) $2x+C$　　　(2) x^3+C

(1) $(2x)'=2$이므로 $\int 2\,dx=2x+C$ (C는 적분상수)

(2) $(x^3)'=3x^2$이므로 $\int 3x^2\,dx=x^3+C$ (C는 적분상수)

0583　　　　　　　　　답 2

$\int f(x)dx=x^3-3x^2+2x+C$에서

$f(x)=(x^3-3x^2+2x+C)'=3x^2-6x+2$

$\therefore f(2)=12-12+2=2$

0584　　　　　　　　　답 ①

$F(x)=6x^2+2x+1$이라 하면

$f(x)=F'(x)=(6x^2+2x+1)'=12x+2$

$\therefore f(-1)=-12+2=-10$

0585　　　　　　　　　답 24

$f(x)=F'(x)=(x^3+ax^2+4x)'=3x^2+2ax+4$

$f'(x)=6x+2a$

$f'(1)=10$에서 $6+2a=10$

$2a=4$　　$\therefore a=2$

따라서 $F(x)=x^3+2x^2+4x$이므로

$F(2)=8+8+8=24$

0586　　　　　　　　　답 7

$F(x)-G(x)=k$ (k는 상수)라 하면

$k=F(1)-G(1)=-2-1=-3$

이므로

$G(x)=F(x)-k=x^3-2x^2-4x+3-(-3)$

$=x^3-2x^2-4x+6$

$\therefore G(-1)=-1-2+4+6=7$

0587　　　　　　　　　답 8

$\int \{2x^2-f(x)\}dx=\dfrac{2}{3}x^3-4x^2+2x+C$에서

$2x^2-f(x)=\left(\dfrac{2}{3}x^3-4x^2+2x+C\right)'$

$=2x^2-8x+2$

$\therefore f(x)=8x-2$

❶

$f(x)=x^2$에서 $8x-2=x^2$

$\therefore x^2-8x+2=0$

따라서 이차방정식의 근과 계수의 관계에 의하여 모든 근의 합은 8
이다.

❷

채점 기준	배점
❶ 부정적분의 정의를 이용하여 $f(x)$ 구하기	50%
❷ 근과 계수의 관계를 이용하여 방정식의 모든 근의 합 구하기	50%

유형 02 부정적분과 미분의 관계

0588　　　　　　　　　답 ③

$F(x)=\dfrac{d}{dx}\int xf(x)dx=xf(x)=2x^3-5x^2$

$\therefore F(3)=54-45=9$

0589　　　　　　　　　답 ②

$F(x)=\int \left[\dfrac{d}{dx}(x^3+2x)\right]dx=x^3+2x+C$ (C는 적분상수)

$F(0)=3$에서 $C=3$

따라서 $F(x)=x^3+2x+3$이므로

$F(2)=8+4+3=15$

0590　　　　　　　　　답 11

$\dfrac{d}{dx}\int (ax^2+2x+6)dx=ax^2+2x+6$이므로

$ax^2+2x+6=3x^2+bx+c$

위의 등식이 모든 실수 x에 대하여 성립하므로

$a=3,\ b=2,\ c=6$

$\therefore a+b+c=3+2+6=11$

Bible Says　**항등식의 성질**

(1) $ax^2+bx+c=0$이 x에 대한 항등식이면
　　$a=0,\ b=0,\ c=0$

(2) $ax^2+bx+c=a'x^2+b'x+c'$이 x에 대한 항등식이면
　　$a=a',\ b=b',\ c=c'$

0591

답 1

$\dfrac{d}{dx}\displaystyle\int (x-1)f(x)dx=(x-1)f(x)$이므로

$(x-1)f(x)=x^3-2x^2+a$

위의 식의 양변에 $x=1$을 대입하면

$1-2+a=0$ $\therefore a=1$

따라서 $(x-1)f(x)=x^3-2x^2+1$이므로

$f(2)=8-8+1=1$

0592

답 -3

$\dfrac{d}{dx}\displaystyle\int f(x)dx=f(x)$이므로

$g(x)=x^2-3x$

$\displaystyle\int\left\{\dfrac{d}{dx}f(x)\right\}dx=f(x)+C$ (C는 적분상수)이므로

$h(x)=x^2-3x+C$

$h(-1)=5$에서 $1+3+C=5$

$\therefore C=1$

따라서 $h(x)=x^2-3x+1$이므로

$g(2)+h(1)=-2+(-1)=-3$

0593

답 7

$\displaystyle\int\left\{\dfrac{d}{dx}(4x-x^2)\right\}dx=4x-x^2+C$ (C는 적분상수)이므로

$f(x)=-x^2+4x+C=-(x-2)^2+C+4$

이때 함수 $f(x)$의 최댓값이 8이므로

$C+4=8$ $\therefore C=4$

따라서 $f(x)=-x^2+4x+4$이므로

$f(3)=-9+12+4=7$

0594

답 73

$f(x)=\displaystyle\int\left\{\dfrac{d}{dx}(x^3+ax)\right\}dx=x^3+ax+C$ (C는 적분상수)

$f'(x)=3x^2+a$

$f(2)=13$에서 $8+2a+C=13$

$\therefore 2a+C=5$ $\cdots\cdots$ ㉠

$f'(1)=5$에서 $3+a=5$

$\therefore a=2$

$a=2$를 ㉠에 대입하면 $C=1$

따라서 $f(x)=x^3+2x+1$이므로

$f(4)=64+8+1=73$

0595

답 11

조건 ㈎에서 $f(x)+g(x)=\dfrac{d}{dx}\displaystyle\int(x^3+x^2+4)dx$이므로

$f(x)+g(x)=x^3+x^2+4$ $\cdots\cdots$ ㉠

조건 ㈏에서 $\dfrac{d}{dx}\displaystyle\int\{f(x)-g(x)\}dx=x^3-x^2-4x$이므로

$f(x)-g(x)=x^3-x^2-4x$ $\cdots\cdots$ ㉡

㉠, ㉡을 연립하여 풀면

$f(x)=x^3-2x+2,\ g(x)=x^2+2x+2$

$\therefore f(1)+g(2)=1+10=11$

0596

답 14

$g(x)=\displaystyle\int\left[\dfrac{d}{dx}\displaystyle\int\left\{\dfrac{d}{dx}f(x)\right\}dx\right]dx$

$\quad=\displaystyle\int\left[\dfrac{d}{dx}\{f(x)+C_1\}\right]dx$ (C_1은 적분상수)

$\quad=f(x)+C_2$ (C_2는 적분상수)

$\quad=x^{10}+x^9+x^8+\cdots+x^2+x+C_2$

$g(0)=4$에서 $C_2=4$

따라서 $g(x)=x^{10}+x^9+x^8+\cdots+x^2+x+4$이므로

$g(1)=\underset{\text{10개}}{\underline{1+1+1+\cdots+1+1}}+4=14$

0597

답 25

$f(x)=\displaystyle\int(4x^3+3x^2+2x+1)dx$

$\quad=x^4+x^3+x^2+x+C$ (C는 적분상수)

$f(0)=-5$에서 $C=-5$

따라서 $f(x)=x^4+x^3+x^2+x-5$이므로

$f(2)=16+8+4+2-5=25$

0598

답 14

$f(x)=\displaystyle\int\dfrac{x^3}{x+2}dx+\displaystyle\int\dfrac{8}{x+2}dx$

$\quad=\displaystyle\int\dfrac{x^3+8}{x+2}dx$

$\quad=\displaystyle\int\dfrac{(x+2)(x^2-2x+4)}{x+2}dx$

$\quad=\displaystyle\int(x^2-2x+4)dx$

$\quad=\dfrac{1}{3}x^3-x^2+4x+C$ (C는 적분상수)

$f(0)=2$에서 $C=2$

따라서 $f(x)=\dfrac{1}{3}x^3-x^2+4x+2$이므로

$f(3)=9-9+12+2=14$

0599

답 2

$$f(x)=\int (4x-8)dx=2x^2-8x+C$$
$$=2(x-2)^2+C-8 \ (C \text{는 적분상수})$$

함수 $f(x)$가 $x=2$에서 최솟값 $C-8$을 가지므로 모든 실수 x에
대하여 $f(x)\geq 0$이려면
$$C-8\geq 0 \quad \therefore C\geq 8$$
$$f(1)=-6+C\geq 2$$
따라서 $f(1)$의 최솟값은 2이다.

> **참고**
>
> 함수 $f(x)=2x^2-8x+C \ (C\text{는 적분상수})$에 대하여
> 이차방정식 $2x^2-8x+C=0$의 판별식을 D라 하면
> $$\frac{D}{4}=(-4)^2-2\times C=16-2C$$
> 이때 모든 실수 x에 대하여 $f(x)\geq 0$이므로 $\frac{D}{4}\leq 0$이어야 한다.
> $$16-2C\leq 0 \quad \therefore C\geq 8$$

유형 04 도함수가 주어졌을 때 함수 구하기

0600

답 4

$$f(x)=\int f'(x)dx=\int (3x^2+2x)dx$$
$$=x^3+x^2+C \ (C\text{는 적분상수})$$
$f(0)=2$에서 $C=2$
따라서 $f(x)=x^3+x^2+2$이므로 $f(1)=4$

0601

답 −9

$f'(x)=12x^2-18x$이므로
$$f(x)=\int f'(x)dx=\int (12x^2-18x)dx$$
$$=4x^3-9x^2+C \ (C\text{는 적분상수})$$
$f(1)=-1$에서 $-5+C=-1$
$$\therefore C=4$$
따라서 $f(x)=4x^3-9x^2+4$이므로
$$f(-1)=-4-9+4=-9$$

0602

답 15

$$f(x)=\int f'(x)dx$$
$$=\int (6x^2-2x+1)dx$$
$$=2x^3-x^2+x+C \ (C\text{는 적분상수})$$
곡선 $y=f(x)$가 두 점 $(1,\,3)$, $(2,\,k)$를 지나므로
$f(1)=3$에서 $2+C=3$
$$\therefore C=1$$
$f(2)=k$에서 $14+C=k$
$$\therefore k=15$$

0603

답 −2

$$f(x)=\int f'(x)dx=\int (6x+a)dx$$
$$=3x^2+ax+C \ (C\text{는 적분상수})$$
$f(1)=6$에서 $3+a+C=6$
$$\therefore a+C=3 \quad \cdots\cdots \ \bigcirc$$
방정식 $f(x)=0$, 즉 $3x^2+ax+C=0$의 모든 근의 합이 -3이므
로 이차방정식의 근과 계수의 관계에 의하여
$$-\frac{a}{3}=-3 \quad \therefore a=9$$
$a=9$를 $\bigcirc$에 대입하면 $C=-6$
따라서 $f(x)=3x^2+9x-6$이므로 방정식 $f(x)=0$, 즉
$3x^2+9x-6=0$의 모든 근의 곱은
$$\frac{-6}{3}=-2$$

0604

답 10

$$f(x)=\int f'(x)dx=\int (3x^2-6x+a)dx$$
$$=x^3-3x^2+ax+C \ (C\text{는 적분상수})$$
이때 함수 $f(x)$가 x^2+x-2, 즉 $(x+2)(x-1)$로 나누어떨어지
므로 $f(-2)=0$, $f(1)=0$
$f(-2)=0$에서 $-8-12-2a+C=0$
$$\therefore 2a-C=-20 \quad \cdots\cdots \ \bigcirc$$
$f(1)=0$에서 $1-3+a+C=0$
$$\therefore a+C=2 \quad \cdots\cdots \ \bigcirc\bigcirc$$
$\bigcirc$, $\bigcirc\bigcirc$을 연립하여 풀면 $a=-6$, $C=8$
따라서 $f(x)=x^3-3x^2-6x+8$이므로
$$f(-1)=-1-3+6+8=10$$

> **Bible Says** 인수정리 − 이차식으로 나누는 경우
>
> 다항식 $f(x)$가 이차식 $(x-\alpha)(x-\beta)$로 나누어떨어진다.
> $\Rightarrow f(\alpha)=0, f(\beta)=0$

0605

답 4

$\dfrac{d}{dx}\{f(x)+g(x)\}=6$에서
$$\int \left[\frac{d}{dx}\{f(x)+g(x)\}\right]dx=\int 6\,dx$$
$$\therefore f(x)+g(x)=6x+C_1 \ (C_1\text{은 적분상수})$$
$\dfrac{d}{dx}\{f(x)g(x)\}=18x$에서
$$\int \left[\frac{d}{dx}\{f(x)g(x)\}\right]dx=\int 18x\,dx$$
$$\therefore f(x)g(x)=9x^2+C_2 \ (C_2\text{는 적분상수})$$

❶

이때 $f(0)=2$, $g(0)=-2$에서
$f(0)+g(0)=0$이므로 $C_1=0$
$f(0)g(0)=-4$이므로 $C_2=-4$
$$\therefore f(x)+g(x)=6x, \ f(x)g(x)=9x^2-4=(3x+2)(3x-2)$$

$$\therefore \begin{cases} f(x)=3x+2 \\ g(x)=3x-2 \end{cases} \text{또는} \begin{cases} f(x)=3x-2 \\ g(x)=3x+2 \end{cases}$$

그런데 $f(0)=2$, $g(0)=-2$이므로

$f(x)=3x+2$, $g(x)=3x-2$

$\therefore f(4)-g(4)=14-10=4$ ······❷

채점 기준	배점
❶ 주어진 관계식을 적분하여 나타내기	40%
❷ 조건을 만족시키는 $f(x)$, $g(x)$를 구하고 이를 이용하여 $f(4)-g(4)$의 값 구하기	60%

함수 $f(x)$의 최솟값이 -6이므로

$-18+C=-6$ $\quad\therefore C=12$

$\therefore f(x)=2x^2-12x+12=2(x-3)^2-6$

따라서 구간 $[-1,\ 4]$에서 함수 $f(x)$는 $x=-1$일 때 최댓값을 가지므로 구하는 최댓값은

$f(-1)=2\times 16-6=26$

유형 05 부정적분과 접선의 기울기

0606 답 29

$f'(x)=3x^2+8x+2$이므로

$f(x)=\displaystyle\int f'(x)dx=\int (3x^2+8x+2)dx$

$\qquad =x^3+4x^2+2x+C$ (C는 적분상수)

곡선 $y=f(x)$가 점 $(0,\ 1)$을 지나므로

$f(0)=1$에서 $C=1$

따라서 $f(x)=x^3+4x^2+2x+1$이므로

$f(2)=8+16+4+1=29$

0607 답 6

$f'(x)=-4x+a$이므로

$f(x)=\displaystyle\int f'(x)dx=\int (-4x+a)dx$

$\qquad =-2x^2+ax+C$ (C는 적분상수)

곡선 $y=f(x)$가 점 $(0,\ 3)$을 지나므로

$f(0)=3$에서 $C=3$

$\therefore f(x)=-2x^2+ax+3$ ······❶

따라서 방정식 $f(x)=0$, 즉 $-2x^2+ax+3=0$의 모든 근의 합이 3이므로 이차방정식의 근과 계수의 관계에 의하여

$-\dfrac{a}{-2}=3$ $\quad\therefore a=6$ ······❷

채점 기준	배점
❶ 접선의 기울기를 이용하여 $f(x)$의 식 구하기	60%
❷ 이차방정식의 근과 계수의 관계를 이용하여 a의 값 구하기	40%

0608 답 26

$f'(x)=4x-12$이므로

$f(x)=\displaystyle\int f'(x)dx=\int (4x-12)dx$

$\qquad =2x^2-12x+C=2(x-3)^2-18+C$ (C는 적분상수)

유형 06 함수와 그 부정적분 사이의 관계식이 주어졌을 때 함수 구하기

0609 답 ④

$F(x)=xf(x)-3x^4+2x^3-x^2$의 양변을 x에 대하여 미분하면

$f(x)=f(x)+xf'(x)-12x^3+6x^2-2x$

$xf'(x)=12x^3-6x^2+2x$

$\therefore f'(x)=12x^2-6x+2$

$\therefore f(x)=\displaystyle\int f'(x)dx=\int (12x^2-6x+2)dx$

$\qquad =4x^3-3x^2+2x+C$ (C는 적분상수)

$f(1)=5$에서 $4-3+2+C=5$

$\therefore C=2$

따라서 $f(x)=4x^3-3x^2+2x+2$이므로 $f(x)$를 $x+1$로 나누었을 때의 나머지는

$f(-1)=-4-3-2+2=-7$

0610 답 8

$\displaystyle\int g(x)dx=2x^2 f(x)+C$의 양변을 x에 대하여 미분하면

$g(x)=4xf(x)+2x^2 f'(x)$

$\therefore g(2)=8f(2)+8f'(2)=16-8=8$

0611 답 ③

$xf(x)=\displaystyle\int f(x)dx+4x^3-6x^2$의 양변을 x에 대하여 미분하면

$f(x)+xf'(x)=f(x)+12x^2-12x$

$xf'(x)=12x^2-12x$

$\therefore f'(x)=12x-12$

$\therefore f(x)=\displaystyle\int f'(x)dx=\int (12x-12)dx$

$\qquad =6x^2-12x+C$ (C는 적분상수)

$f(1)=-2$에서 $6-12+C=-2$

$\therefore C=4$

따라서 $f(x)=6x^2-12x+4$이므로 방정식 $f(x)=0$, 즉 $6x^2-12x+4=0$의 모든 근의 곱은 이차방정식의 근과 계수의 관계에 의하여

$$\frac{4}{6}=\frac{2}{3}$$

0612 　　답 8

$2\displaystyle\int f(x)dx=(x+1)f(x)-4x-1$의 양변을 x에 대하여 미분하면

$2f(x)=f(x)+(x+1)f'(x)-4$

$\therefore f(x)=(x+1)f'(x)-4$ ······ ㉠

$f(x)$가 일차함수이므로 $f(x)=ax+b$ (a, b는 상수, $a\neq0$)라 하면

$f'(x)=a$

$f(x)=ax+b$, $f'(x)=a$를 ㉠에 대입하면

$ax+b=a(x+1)-4$

$ax+b=ax+a-4$

$\therefore b=a-4$ ······ ㉡

또한 $f(2)=5$이므로

$2a+b=5$ ······ ㉢

㉡, ㉢을 연립하여 풀면 $a=3$, $b=-1$

따라서 $f(x)=3x-1$이므로 $f(3)=9-1=8$

0613 　　답 ③

$f(x)+\displaystyle\int xf(x)dx=\frac{1}{2}x^4-x^3+4x^2-3x$의 양변을 x에 대하여 미분하면

$f'(x)+xf(x)=2x^3-3x^2+8x-3$ ······ ㉠

$f(x)$를 n차식이라 하면 $xf(x)$는 $(n+1)$차식이므로 ㉠에서

$n+1=3$　　$\therefore n=2$

$f(x)=ax^2+bx+c$ (a, b, c는 상수, $a\neq0$)라 하면

$f'(x)=2ax+b$

$f(x)=ax^2+bx+c$, $f'(x)=2ax+b$를 ㉠에 대입하면

$2ax+b+x(ax^2+bx+c)=2x^3-3x^2+8x-3$

$\therefore ax^3+bx^2+(2a+c)x+b=2x^3-3x^2+8x-3$

위의 등식이 모든 실수 x에 대하여 성립하므로

$a=2$, $b=-3$, $2a+c=8$

$\therefore a=2$, $b=-3$, $c=4$

따라서 $f(x)=2x^2-3x+4$이므로

$f(1)=2-3+4=3$

0614 　　답 25

$f(x)+\displaystyle\int f(x)dx=\int (4x^2+5)dx$의 양변을 x에 대하여 미분하면

$f'(x)+f(x)=4x^2+5$ ······ ㉠

$f(x)$를 n차식이라 하면 $f'(x)$는 $(n-1)$차식이므로 ㉠의 좌변은 n차식이고 우변은 이차항의 계수가 4인 이차식이다.

즉, $f(x)$는 최고차항의 계수가 4인 이차함수이다.

❶

$f(x)=4x^2+ax+b$ (a, b는 상수)라 하면

$f'(x)=8x+a$이므로 ㉠에 대입하면

$8x+a+4x^2+ax+b=4x^2+5$

$4x^2+(a+8)x+(a+b)=4x^2+5$

위의 등식이 모든 실수 x에 대하여 성립하므로

$a+8=0$, $a+b=5$

$\therefore a=-8$, $b=13$

❷

따라서 $f(x)=4x^2-8x+13$이므로

$f(-1)=4+8+13=25$

❸

채점 기준	배점
❶ 주어진 관계식을 미분하여 함수 $f(x)$의 최고차항 구하기	40%
❷ 항등식을 이용하여 함수 $f(x)$의 식에 포함된 미지수 구하기	40%
❸ $f(-1)$의 값 구하기	20%

유형 07　부정적분과 함수의 연속성

0615 　　답 9

$f'(x)=\begin{cases}4x-2 & (x<0)\\3x^2+1 & (x>0)\end{cases}$에서

$f(x)=\begin{cases}2x^2-2x+C_1 & (x<0)\\x^3+x+C_2 & (x>0)\end{cases}$ (C_1, C_2는 적분상수)

$f(-1)=3$에서 $2+2+C_1=3$

$\therefore C_1=-1$

함수 $f(x)$는 실수 전체의 집합에서 연속이므로 $x=0$에서 연속이다.

즉, $\displaystyle\lim_{x\to0-}f(x)=\lim_{x\to0+}f(x)$이어야 하므로

$C_1=C_2=-1$

따라서 $f(x)=\begin{cases}2x^2-2x-1 & (x<0)\\x^3+x-1 & (x\geq0)\end{cases}$이므로

$f(2)=8+2-1=9$

Bible Says　함수의 연속

함수 $f(x)$가 실수 a에 대하여 다음 조건을 모두 만족시킬 때, 함수 $f(x)$는 $x=a$에서 연속이다.

(1) 함숫값 $f(a)$가 존재한다.

(2) 극한값 $\displaystyle\lim_{x\to a}f(x)$가 존재한다.

(3) $\displaystyle\lim_{x\to a}f(x)=f(a)$

0616 　　답 ④

$f'(x)=\begin{cases}x-1 & (x<-1)\\3x+1 & (x\geq-1)\end{cases}$이므로

$f(x)=\begin{cases}\dfrac{1}{2}x^2-x+C_1 & (x<-1)\\[2mm]\dfrac{3}{2}x^2+x+C_2 & (x\geq-1)\end{cases}$ (C_1, C_2는 적분상수)

$f(0)=2$에서 $C_2=2$

함수 $f(x)$는 실수 전체의 집합에서 연속이므로 $x=-1$에서 연속이다.

즉, $\lim\limits_{x \to -1-} f(x)=f(-1)$이어야 하므로

$$\lim_{x \to -1-}\left(\frac{1}{2}x^2-x+C_1\right)=\frac{3}{2}-1+2$$

$$\frac{1}{2}+1+C_1=\frac{5}{2} \quad \therefore C_1=1$$

따라서 $f(x)=\begin{cases} \dfrac{1}{2}x^2-x+1 & (x<-1) \\ \dfrac{3}{2}x^2+x+2 & (x \geq -1) \end{cases}$ 이므로

$$f(-2)+f(2)=5+10=15$$

0617

$f'(x)=\begin{cases} 2 & (x<1) \\ -2x+4 & (x \geq 1) \end{cases}$ 이므로

$f(x)=\begin{cases} 2x+C_1 & (x<1) \\ -x^2+4x+C_2 & (x \geq 1) \end{cases}$ (C_1, C_2는 적분상수)

함수 $y=f(x)$의 그래프가 원점을 지나므로

$f(0)=0$에서 $C_1=0$

함수 $f(x)$가 연속함수이므로 $x=1$에서 연속이다.

즉, $\lim\limits_{x \to 1-} f(x)=f(1)$이어야 하므로

$$\lim_{x \to 1-} 2x=-1+4+C_2$$

$$2=3+C_2 \quad \therefore C_2=-1$$

따라서 $f(x)=\begin{cases} 2x & (x<1) \\ -x^2+4x-1 & (x \geq 1) \end{cases}$ 이므로

$$f(-3)+f(3)=-6+2=-4$$

0618

$$\lim_{x \to 3}\frac{F(x)-F(3)}{2x-6}=\frac{1}{2}\lim_{x \to 3}\frac{F(x)-F(3)}{x-3}$$

$$=\frac{1}{2}F'(3)=\frac{1}{2}f(3)$$

$$=\frac{1}{2}\times(108-54+4)=29$$

0619

$$\lim_{h \to 0}\frac{f(x+h)-f(x-h)}{h}$$

$$=\lim_{h \to 0}\frac{\{f(x+h)-f(x)\}-\{f(x-h)-f(x)\}}{h}$$

$$=\lim_{h \to 0}\frac{f(x+h)-f(x)}{h}+\lim_{h \to 0}\frac{f(x-h)-f(x)}{-h}$$

$$=f'(x)+f'(x)=2f'(x)$$

즉, $2f'(x)=6x^2-8x+4$이므로

$$f'(x)=3x^2-4x+2$$

$$\therefore f(x)=\int f'(x)dx=\int(3x^2-4x+2)dx$$

$$=x^3-2x^2+2x+C \ (C는 적분상수)$$

$f(1)=5$에서 $1-2+2+C=5$

$$\therefore C=4$$

따라서 $f(x)=x^3-2x^2+2x+4$이므로

$$f(2)=8-8+4+4=8$$

0620

$f(x)=\int(x^2+ax+1)dx$이므로

$f'(x)=x^2+ax+1$

한편, $\lim\limits_{h \to 0}\dfrac{f(2+h)-f(2-2h)}{h}=3$이므로

$$\lim_{h \to 0}\frac{f(2+h)-f(2-2h)}{h}$$

$$=\lim_{h \to 0}\frac{\{f(2+h)-f(2)\}-\{f(2-2h)-f(2)\}}{h}$$

$$=\lim_{h \to 0}\frac{f(2+h)-f(2)}{h}+\lim_{h \to 0}\frac{f(2-2h)-f(2)}{-2h}\times 2$$

$$=f'(2)+2f'(2)=3f'(2)$$

$$=3\times(4+2a+1)=15+6a=3$$

$$\therefore a=-2$$

0621

$f(x+y)=f(x)+f(y)$의 양변에 $x=0$, $y=0$을 대입하면

$f(0)=f(0)+f(0) \quad \therefore f(0)=0$

한편, $f'(0)=4$이므로

$$f'(x)=\lim_{h \to 0}\frac{f(x+h)-f(x)}{h}=\lim_{h \to 0}\frac{f(x)+f(h)-f(x)}{h}$$

$$=\lim_{h \to 0}\frac{f(h)}{h}=4$$

$$\therefore f(x)=\int f'(x)dx=\int 4dx=4x+C \ (C는 적분상수)$$

$f(0)=0$에서 $C=0$

따라서 $f(x)=4x$이므로 $f(7)=28$

0622

$f(x+y)=f(x)+f(y)-2xy$의 양변에 $x=0$, $y=0$을 대입하면

$f(0)=f(0)+f(0)-0 \quad \therefore f(0)=0$

한편, $f'(1)=1$이므로

$$f'(1)=\lim_{h \to 0}\frac{f(1+h)-f(1)}{h}=\lim_{h \to 0}\frac{f(1)+f(h)-2h-f(1)}{h}$$

$$=\lim_{h \to 0}\frac{f(h)}{h}-2=1$$

즉, $\lim\limits_{h\to 0}\dfrac{f(h)}{h}=3$이므로

$$f'(x)=\lim\limits_{h\to 0}\dfrac{f(x+h)-f(x)}{h}$$
$$=\lim\limits_{h\to 0}\dfrac{f(x)+f(h)-2xh-f(x)}{h}$$
$$=\lim\limits_{h\to 0}\dfrac{f(h)}{h}-2x=-2x+3$$

$$\therefore f(x)=\int f'(x)dx=\int(-2x+3)dx$$
$$=-x^2+3x+C\ (C\text{는 적분상수})$$

$f(0)=0$에서 $C=0$

따라서 $f(x)=-x^2+3x$이므로

$f(4)=-16+12=-4$

$\lim\limits_{h\to 0}\dfrac{f(h)}{h}=f'(0)$을 이용하여 $f'(x)$를 구할 수도 있다.

$$f'(x)=\lim\limits_{h\to 0}\dfrac{f(x+h)-f(x)}{h}$$
$$=\lim\limits_{h\to 0}\dfrac{f(x)+f(h)-2xh-f(x)}{h}$$
$$=\lim\limits_{h\to 0}\dfrac{f(h)}{h}-2x$$

$\lim\limits_{h\to 0}\dfrac{f(h)}{h}=f'(0)$이므로

$f'(x)=-2x+f'(0)$

이때 $f'(1)=1$이므로 $1=-2+f'(0)$ $\therefore f'(0)=3$

$\therefore f'(x)=-2x+3$

0623

답 9

$f(x+y)=f(x)+f(y)-xy(x+y)$의 양변에 $x=0,\ y=0$을 대입하면

$f(0)=f(0)+f(0)-0$

$\therefore f(0)=0$

❶

한편, $f'(2)=2$이므로

$$f'(2)=\lim\limits_{h\to 0}\dfrac{f(2+h)-f(2)}{h}$$
$$=\lim\limits_{h\to 0}\dfrac{f(2)+f(h)-2h(2+h)-f(2)}{h}$$
$$=\lim\limits_{h\to 0}\dfrac{f(h)-2h(2+h)}{h}$$
$$=\lim\limits_{h\to 0}\dfrac{f(h)}{h}-4=2$$

즉, $\lim\limits_{h\to 0}\dfrac{f(h)}{h}=6$이므로

$$f'(x)=\lim\limits_{h\to 0}\dfrac{f(x+h)-f(x)}{h}$$
$$=\lim\limits_{h\to 0}\dfrac{f(x)+f(h)-xh(x+h)-f(x)}{h}$$
$$=\lim\limits_{h\to 0}\dfrac{f(h)-xh(x+h)}{h}$$
$$=\lim\limits_{h\to 0}\dfrac{f(h)}{h}-x^2$$
$$=-x^2+6$$

❷

$$\therefore f(x)=\int f'(x)dx=\int(-x^2+6)dx$$
$$=-\dfrac{1}{3}x^3+6x+C\ (C\text{는 적분상수})$$

$f(0)=0$에서 $C=0$

따라서 $f(x)=-\dfrac{1}{3}x^3+6x$이므로

$f(3)=-9+18=9$

❸

채점 기준	배점
❶ 관계식에 $x=0,\ y=0$을 대입하여 $f(0)$의 값 구하기	30%
❷ 미분계수와 도함수의 정의를 이용하여 함수 $f'(x)$ 구하기	40%
❸ 함수 $f(x)$를 구하고 $f(3)$의 값 구하기	30%

부정적분과 극대, 극소

0624

답 2

$$f(x)=\int f'(x)dx=\int(3x^2-6x)dx$$
$$=x^3-3x^2+C\ (C\text{는 적분상수})$$

$f'(x)=3x^2-6x=3x(x-2)$

$f'(x)=0$에서 $x=0$ 또는 $x=2$

함수 $f(x)$의 증가와 감소를 표로 나타내면 다음과 같다.

x	$\cdots$	0	$\cdots$	2	$\cdots$
$f'(x)$	+	0	−	0	+
$f(x)$	↗	극대	↘	극소	↗

함수 $f(x)$의 극솟값이 -2이므로

$f(2)=-2$에서 $8-12+C=-2$

$\therefore C=2$

따라서 $f(x)=x^3-3x^2+2$이므로 $f(x)$의 극댓값은

$f(0)=2$

0625

답 5

삼차함수 $f(x)$의 최고차항의 계수를 a라 하면 $f'(x)$는 최고차항의 계수가 $3a$인 이차함수이다.

주어진 그래프에 의하여 $f'(0)=f'(2)=0$이므로

$f'(x)=3ax(x-2)=3ax^2-6ax\ (a<0)$

$$f(x)=\int f'(x)dx=\int(3ax^2-6ax)dx$$
$$=ax^3-3ax^2+C\ (C\text{는 적분상수})$$

$f'(x)=0$에서 $x=0$ 또는 $x=2$

함수 $f(x)$의 증가와 감소를 표로 나타내면 다음과 같다.

x	$\cdots$	0	$\cdots$	2	$\cdots$
$f'(x)$	−	0	+	0	−
$f(x)$	↘	극소	↗	극대	↘

함수 $f(x)$의 극댓값이 5, 극솟값이 -3이므로

$f(0)=-3$에서 $C=-3$

$f(2)=5$에서 $8a-12a+C=5$

$-4a-3=5$ $\therefore a=-2$

따라서 $f(x)=-2x^3+6x^2-3$이므로

$f(-1)=2+6-3=5$

0626

답 -12

$f(x)=\int (x^2+ax-3)dx$의 양변을 x에 대하여 미분하면

$f'(x)=x^2+ax-3$

함수 $f(x)$가 $x=-1$에서 극대이므로 $f'(-1)=0$에서

$1-a-3=0$ $\therefore a=-2$

$\therefore f'(x)=x^2-2x-3=(x+1)(x-3)$

$f(x)=\int (x^2-2x-3)dx=\frac{1}{3}x^3-x^2-3x+C$ (C는 적분상수)

$f'(x)=0$에서 $x=-1$ 또는 $x=3$

함수 $f(x)$의 증가와 감소를 표로 나타내면 다음과 같다.

x	$\cdots$	-1	$\cdots$	3	$\cdots$
$f'(x)$	$+$	0	$-$	0	$+$
$f(x)$	$\nearrow$	극대	$\searrow$	극소	$\nearrow$

함수 $f(x)$는 $x=-1$에서 극댓값 $\frac{2}{3}$를 가지므로

$f(-1)=\frac{2}{3}$에서 $-\frac{1}{3}-1+3+C=\frac{2}{3}$

$\therefore C=-1$

따라서 $f(x)=\frac{1}{3}x^3-x^2-3x-1$이므로 $f(x)$의 극솟값은

$f(3)=9-9-9-1=-10$

$\therefore a+m=-2+(-10)=-12$

0627

답 -20

$f(x)$가 최고차항의 계수가 1인 삼차함수이므로 도함수 $f'(x)$는 최고차항의 계수가 3인 이차함수이다.

이때 $f'(-1)=f'(3)=0$이므로

$f'(x)=3(x+1)(x-3)=3x^2-6x-9$

$f(x)=\int f'(x)dx=\int (3x^2-6x-9)dx$

$=x^3-3x^2-9x+C$ (C는 적분상수)

$f'(x)=0$에서 $x=-1$ 또는 $x=3$

함수 $f(x)$의 증가와 감소를 표로 나타내면 다음과 같다.

x	$\cdots$	-1	$\cdots$	3	$\cdots$
$f'(x)$	$+$	0	$-$	0	$+$
$f(x)$	$\nearrow$	극대	$\searrow$	극소	$\nearrow$

0628

답 ③

$f(x)$가 최고차항의 계수가 1인 삼차함수이므로 도함수 $f'(x)$는 최고차항의 계수가 3인 이차함수이다.

또한 $f'(x)$가 $x=2$에서 최솟값 -3을 가지므로

$f'(x)=3(x-2)^2-3=3x^2-12x+9=3(x-1)(x-3)$

$f(x)=\int f'(x)dx=\int (3x^2-12x+9)dx$

$=x^3-6x^2+9x+C$ (C는 적분상수)

$f'(x)=0$에서 $x=1$ 또는 $x=3$

함수 $f(x)$의 증가와 감소를 표로 나타내면 다음과 같다.

x	$\cdots$	1	$\cdots$	3	$\cdots$
$f'(x)$	$+$	0	$-$	0	$+$
$f(x)$	$\nearrow$	극대	$\searrow$	극소	$\nearrow$

함수 $f(x)$의 극솟값이 6이므로

$f(3)=6$에서 $27-54+27+C=6$

$\therefore C=6$

따라서 $f(x)=x^3-6x^2+9x+6$이므로 $f(x)$의 극댓값은

$f(1)=1-6+9+6=10$

0629

답 28

사차함수 $f(x)$의 최고차항의 계수를 a라 하면 $f'(x)$는 최고차항의 계수가 $4a$인 삼차함수이다.

주어진 그래프에 의하여 $f'(-1)=f'(0)=f'(1)=0$이므로

$f'(x)=4ax(x+1)(x-1)=4ax^3-4ax$ ($a>0$)

$f(x)=\int f'(x)dx=\int (4ax^3-4ax)dx$

$=ax^4-2ax^2+C$ (C는 적분상수)

$f'(x)=0$에서 $x=-1$ 또는 $x=0$ 또는 $x=1$

함수 $f(x)$의 증가와 감소를 표로 나타내면 다음과 같다.

x	$\cdots$	-1	$\cdots$	0	$\cdots$	1	$\cdots$
$f'(x)$	$-$	0	$+$	0	$-$	0	$+$
$f(x)$	$\searrow$	극소	$\nearrow$	극대	$\searrow$	극소	$\nearrow$

함수 $f(x)$의 극댓값이 4, 극솟값이 1이므로

$f(0)=4$에서 $C=4$

$f(-1)=f(1)=1$에서 $a-2a+C=1$

$-a+4=1$ $\therefore a=3$

따라서 $f(x)=3x^4-6x^2+4$이므로

$f(2)=48-24+4=28$

PART B · 내신 잡는 종합 문제

0630 · 답 ⑤

$F'(x)=G'(x)$이므로
$F(x)=G(x)+C$ (C는 적분상수)
위의 등식의 양변에 $x=0$을 대입하면
$F(0)=G(0)+C$
이때 $F(0)=3$, $G(0)=-1$이므로
$3=-1+C$ ∴ $C=4$
따라서 $F(x)=G(x)+4$이므로
$F(3)=G(3)+4$
∴ $F(3)-G(3)=4$

0631 · 답 ①

$f(x)=\displaystyle\int f'(x)dx=\int (3x^2-kx+1)dx$
$\qquad =x^3-\dfrac{k}{2}x^2+x+C$ (C는 적분상수)
$f(0)=1$에서 $C=1$
$f(2)=1$에서 $8-2k+2+C=1$
$10-2k=0$ ∴ $k=5$

0632 · 답 -5

$\displaystyle\int (2x-1)f'(x)dx=\dfrac{4}{3}x^3+3x^2-4x+C$에서
$(2x-1)f'(x)=4x^2+6x-4=(2x+4)(2x-1)$
∴ $f'(x)=2x+4$
∴ $f(x)=\displaystyle\int f'(x)dx=\int (2x+4)dx$
$\qquad =x^2+4x+C_1$ (C_1은 적분상수)
$f(2)=10$에서 $4+8+C_1=10$
∴ $C_1=-2$
따라서 $f(x)=x^2+4x-2$이므로
$f(-3)=9-12-2=-5$

0633 · 답 -1

$f(x)=\displaystyle\int (2x^3-ax^2+3)dx$이므로
$f'(x)=2x^3-ax^2+3$
한편, $\displaystyle\lim_{x\to 2}\dfrac{f(x)-f(2)}{x^2-5x+6}=5$이므로
$\displaystyle\lim_{x\to 2}\dfrac{f(x)-f(2)}{x^2-5x+6}=\lim_{x\to 2}\left\{\dfrac{f(x)-f(2)}{x-2}\times\dfrac{1}{x-3}\right\}$
$\qquad =-f'(2)=-(16-4a+3)$
$\qquad =4a-19=5$
∴ $a=6$
따라서 $f'(x)=2x^3-6x^2+3$이므로
$f'(1)=2-6+3=-1$

0634 · 답 ④

$f(x)=\displaystyle\int \left(\dfrac{1}{2}x^3+2x+1\right)dx-\int \left(\dfrac{1}{2}x^3+x\right)dx$
$\qquad =\displaystyle\int \left\{\left(\dfrac{1}{2}x^3+2x+1\right)-\left(\dfrac{1}{2}x^3+x\right)\right\}dx$
$\qquad =\displaystyle\int (x+1)dx=\dfrac{1}{2}x^2+x+C$ (C는 적분상수)
$f(0)=1$에서 $C=1$
따라서 $f(x)=\dfrac{1}{2}x^2+x+1$이므로
$f(4)=8+4+1=13$

0635 · 답 8

$f'(x)=-2x+6$이므로
$f(x)=\displaystyle\int f'(x)dx=\int (-2x+6)dx$
$\qquad =-x^2+6x+C=-(x-3)^2+9+C$ (C는 적분상수)
함수 $f(x)$의 최댓값이 12이므로
$9+C=12$ ∴ $C=3$
∴ $f(x)=-x^2+6x+3=-(x-3)^2+12$
따라서 구간 $[1,\ 4]$에서 함수 $f(x)$는 $x=1$일 때 최솟값을 가지므로 구하는 최솟값은
$f(1)=-4+12=8$

0636 · 답 21

$\dfrac{d}{dx}\displaystyle\int f(x)dx=f(x)$이므로
$g(x)=3x^3-5x$
$\displaystyle\int \left\{\dfrac{d}{dx}f(x)\right\}dx=f(x)+C$ (C는 적분상수)이므로
$h(x)=3x^3-5x+C$
$h(1)=3$에서 $3-5+C=3$
∴ $C=5$
따라서 $h(x)=3x^3-5x+5$이므로
$g(-1)+h(2)=2+19=21$

0637 · 답 2

함수 $y=f(x)$의 그래프가 직선 $y=x-1$에 접하므로
직선 $y=x-1$은 곡선 $y=f(x)$의 접선이다.
접점의 x좌표를 t라 하면 접선의 기울기가 1이므로
$f'(t)=1$
$f'(x)=3x^2-6x+4$이므로
$f'(t)=3t^2-6t+4=1$
$3(t-1)^2=0$ ∴ $t=1$
접점이 직선 $y=x-1$ 위의 점이므로 접점의 좌표는 $(1,\ 0)$
한편, $f'(x)=3x^2-6x+4$에서

$$f(x)=\int f'(x)dx=\int (3x^2-6x+4)dx$$
$$=x^3-3x^2+4x+C\ (C\text{는 적분상수})$$

점 $(1,\,0)$이 곡선 $y=f(x)$ 위의 점이므로

$f(1)=0$에서 $1-3+4+C=0$

$\therefore\ C=-2$

따라서 $f(x)=x^3-3x^2+4x-2$이므로

$f(2)=8-12+8-2=2$

0638

답 ②

다항함수 $f(x)$가 실수 전체의 집합에서 증가하므로 모든 실수 x에 대하여 $f'(x)\geq 0$이다.

$f'(x)=\{3x-f(1)\}(x-1)=3(x-1)^2$에서 $f(1)=3$

$$f(x)=\int f'(x)dx=\int 3(x-1)^2 dx=\int (3x^2-6x+3)dx$$
$$=x^3-3x^2+3x+C\ (C\text{는 적분상수})$$

$f(1)=3$에서 $1-3+3+C=3$

$\therefore\ C=2$

따라서 $f(x)=x^3-3x^2+3x+2$이므로

$f(2)=8-12+6+2=4$

0639

답 ③

$f(x)+\displaystyle\int 2xf(x)dx=\frac{1}{2}x^4-2x^3-x^2-3x$의 양변을 x에 대하여 미분하면

$f'(x)+2xf(x)=2x^3-6x^2-2x-3$ $\quad\cdots\cdots$ ㉠

$f(x)$를 n차식이라 하면 $2xf(x)$는 $(n+1)$차식이므로 ㉠에서

$n+1=3$ $\quad\therefore\ n=2$

$f(x)=ax^2+bx+c\ (a,\,b,\,c\text{는 상수},\ a\neq 0)$라 하면

$f'(x)=2ax+b$

$f(x)=ax^2+bx+c$, $f'(x)=2ax+b$를 ㉠에 대입하면

$2ax+b+2x(ax^2+bx+c)=2x^3-6x^2-2x-3$

$\therefore\ 2ax^3+2bx^2+(2a+2c)x+b=2x^3-6x^2-2x-3$

위의 등식이 모든 실수 x에 대하여 성립하므로

$2a=2,\ 2b=-6,\ 2a+2c=-2,\ b=-3$

$\therefore\ a=1,\ b=-3,\ c=-2$

따라서 $f(x)=x^2-3x-2$이므로

$f(5)=25-15-2=8$

0640

답 35

조건 (가)에서

$$f(x)=\int (4x^3+4x^2-8x)dx$$
$$=x^4+\frac{4}{3}x^3-4x^2+C\ (C\text{는 적분상수})$$

$f'(x)=4x^3+4x^2-8x=4x(x+2)(x-1)$

$f'(x)=0$에서 $x=-2$ 또는 $x=0$ 또는 $x=1$

함수 $f(x)$의 증가와 감소를 표로 나타내면 다음과 같다.

x	$\cdots$	-2	$\cdots$	0	$\cdots$	1	$\cdots$
$f'(x)$	$-$	0	$+$	0	$-$	0	$+$
$f(x)$	$\searrow$	$C-\dfrac{32}{3}$	$\nearrow$	C	$\searrow$	$C-\dfrac{5}{3}$	$\nearrow$

함수 $f(x)$는 $x=-2$에서 극소이면서 최소이므로 모든 실수 x에 대하여 $f(x)\geq 0$이려면

$C-\dfrac{32}{3}\geq 0$ $\quad\therefore\ C\geq\dfrac{32}{3}$

따라서 $f(0)=C\geq\dfrac{32}{3}$에서 $f(0)$의 최솟값은 $\dfrac{32}{3}$이므로

$p=3,\ q=32$

$\therefore\ p+q=3+32=35$

0641

답 30

$f'(x)=\begin{cases}3x^2-2x+4 & (x<2)\\ 3x^2+2x-4 & (x\geq 2)\end{cases}$ 이므로

$f(x)=\begin{cases}x^3-x^2+4x+C_1 & (x<2)\\ x^3+x^2-4x+C_2 & (x\geq 2)\end{cases}$ $(C_1,\ C_2\text{는 적분상수})$

$f(1)=3$에서 $1-1+4+C_1=3$

$\therefore\ C_1=-1$

함수 $f(x)$는 실수 전체의 집합에서 연속이므로 $x=2$에서 연속이다.

즉, $\displaystyle\lim_{x\to 2-}f(x)=f(2)$이어야 하므로

$\displaystyle\lim_{x\to 2-}(x^3-x^2+4x-1)=8+4-8+C_2$

$11=4+C_2$ $\quad\therefore\ C_2=7$

따라서 $f(x)=\begin{cases}x^3-x^2+4x-1 & (x<2)\\ x^3+x^2-4x+7 & (x\geq 2)\end{cases}$ 이므로

$f(0)+f(3)=-1+31=30$

함수의 연속

함수 $f(x)$가 실수 a에 대하여 다음 조건을 모두 만족시킬 때, 함수 $f(x)$는 $x=a$에서 연속이다.

(1) 함숫값 $f(a)$가 존재한다.

(2) 극한값 $\displaystyle\lim_{x\to a}f(x)$가 존재한다.

(3) $\displaystyle\lim_{x\to a}f(x)=f(a)$

0642

답 ③

삼차함수 $f(x)$의 최고차항의 계수를 a라 하면 $f'(x)$는 최고차항의 계수가 $3a$인 이차함수이다.

또한 $f'(x)$가 $x=1$에서 최솟값 -12를 가지므로

$f'(x)=3a(x-1)^2-12=3ax^2-6ax+3a-12\ (a>0)$

$$f(x)=\int f'(x)dx=\int (3ax^2-6ax+3a-12)dx$$
$$=ax^3-3ax^2+(3a-12)x+C\ (C\text{는 적분상수})$$

함수 $f(x)$가 $x=-1$에서 극댓값 8을 가지므로

$f'(-1)=0$에서 $3a+6a+3a-12=0$

$\therefore\ a=1$

$f(-1)=8$에서 $-a-3a-3a+12+C=8$

$5+C=8$ $\quad\therefore\ C=3$

$f'(x)=3x^2-6x-9=3(x+1)(x-3)$

$f(x)=x^3-3x^2-9x+3$

$f'(x)=0$에서 $x=-1$ 또는 $x=3$

함수 $f(x)$의 증가와 감소를 표로 나타내면 다음과 같다.

x	$\cdots$	-1	$\cdots$	3	$\cdots$
$f'(x)$	$+$	0	$-$	0	$+$
$f(x)$	$\nearrow$	8	$\searrow$	-24	$\nearrow$

따라서 함수 $f(x)$는 $x=3$에서 극소이므로 구하는 극솟값은
$f(3)=-24$

0643

답 -4

$\displaystyle\lim_{x\to\infty}\frac{f'(x)}{x}=2$에서 함수 $f(x)$의 도함수 $f'(x)$는 일차항의 계수
가 2인 일차함수이다.

$f'(x)=2x+a$ (a는 상수)라 하면

$f(x)=\displaystyle\int f'(x)dx=\int(2x+a)dx$

$\qquad =x^2+ax+C$ (C는 적분상수)

❶

$\displaystyle\lim_{x\to1}\frac{f(x)-3}{x^2-1}=4$에서 극한값이 존재하고 $x\to1$일 때, (분모)$\to0$

이므로 (분자)$\to0$이어야 한다.

즉, $\displaystyle\lim_{x\to1}\{f(x)-3\}=0$이므로

$f(1)=3$에서 $1+a+C=3$

$\therefore a+C=2$ $\quad\cdots\cdots$ ㉠

한편, $\displaystyle\lim_{x\to1}\frac{f(x)-3}{x^2-1}=4$이므로

$\displaystyle\lim_{x\to1}\frac{f(x)-3}{x^2-1}=\lim_{x\to1}\left\{\frac{f(x)-f(1)}{x-1}\times\frac{1}{x+1}\right\}$

$\qquad\qquad\qquad\quad =\frac{1}{2}f'(1)=\frac{1}{2}(2+a)=4$

$2+a=8$ $\quad\therefore a=6$

$a=6$을 ㉠에 대입하면 $C=-4$

$\therefore f(x)=x^2+6x-4$

❷

따라서 방정식 $f(x)=0$, 즉 $x^2+6x-4=0$의 모든 근의 곱은 이차
방정식의 근과 계수의 관계에 의하여 -4이다.

❸

채점 기준	배점
❶ 함수 $f(x)$를 적분상수를 포함한 식으로 나타내기	30%
❷ 주어진 조건을 이용하여 함수 $f(x)$ 구하기	50%
❸ 근과 계수의 관계를 이용하여 방정식의 모든 근의 곱 구하기	20%

0644

답 4

$f(x+y)=f(x)+f(y)-2xy+1$의 양변에 $x=0$, $y=0$을 대입하면

$f(0)=f(0)+f(0)+1$

$\therefore f(0)=-1$

❶

한편, $f'(1)=2$이므로

$f'(1)=\displaystyle\lim_{h\to0}\frac{f(1+h)-f(1)}{h}$

$\qquad =\displaystyle\lim_{h\to0}\frac{f(1)+f(h)-2h+1-f(1)}{h}$

$\qquad =\displaystyle\lim_{h\to0}\frac{f(h)+1}{h}-2=2$

즉, $\displaystyle\lim_{h\to0}\frac{f(h)+1}{h}=4$이므로

$f'(x)=\displaystyle\lim_{h\to0}\frac{f(x+h)-f(x)}{h}$

$\qquad =\displaystyle\lim_{h\to0}\frac{f(x)+f(h)-2xh+1-f(x)}{h}$

$\qquad =\displaystyle\lim_{h\to0}\frac{f(h)+1}{h}-2x$

$\qquad =-2x+4$

❷

$\therefore f(x)=\displaystyle\int f'(x)dx=\int(-2x+4)dx$

$\qquad\qquad =-x^2+4x+C$ (C는 적분상수)

$f(0)=-1$에서 $C=-1$

따라서 $f(x)=-x^2+4x-1$이므로

$\displaystyle\lim_{x\to1}\frac{f(x)-f'(x)}{x-1}=\lim_{x\to1}\frac{-x^2+4x-1-(-2x+4)}{x-1}$

$\qquad\qquad\qquad\quad =\displaystyle\lim_{x\to1}\frac{-x^2+6x-5}{x-1}$

$\qquad\qquad\qquad\quad =\displaystyle\lim_{x\to1}\frac{-(x-1)(x-5)}{x-1}$

$\qquad\qquad\qquad\quad =\displaystyle\lim_{x\to1}(-x+5)=4$

❸

채점 기준	배점
❶ 관계식에 $x=0$, $y=0$을 대입하여 $f(0)$의 값 구하기	20%
❷ 미분계수와 도함수의 정의를 이용하여 함수 $f'(x)$ 구하기	40%
❸ 함수 $f(x)$를 구하고 극한값 구하기	40%

0645

답 9

$F(x)=(x+2)f(x)-x^3+12x$ $\quad\cdots\cdots$ ㉠

㉠의 양변에 $x=0$을 대입하면

$F(0)=2f(0)$

$F(0)=30$에서 $f(0)=15$

㉠의 양변을 x에 대하여 미분하면

$f(x)=f(x)+(x+2)f'(x)-3x^2+12$

$(x+2)f'(x)=3x^2-12=3(x+2)(x-2)$

$\therefore f'(x)=3(x-2)=3x-6$

$\therefore f(x)=\displaystyle\int f'(x)dx=\int(3x-6)dx$

$\qquad\qquad =\frac{3}{2}x^2-6x+C$ (C는 적분상수)

$f(0)=15$에서 $C=15$

따라서 $f(x)=\dfrac{3}{2}x^2-6x+15$이므로

$f(2)=6-12+15=9$

0646

답 100

$\dfrac{d}{dx}\{f(x)+g(x)\}=3$에서

$\displaystyle\int\left[\dfrac{d}{dx}\{f(x)+g(x)\}\right]dx=\int 3\,dx$

$\therefore f(x)+g(x)=3x+C_1$ (C_1은 적분상수)

$\dfrac{d}{dx}\{f(x)g(x)\}=4x+4$에서

$\displaystyle\int\left[\dfrac{d}{dx}\{f(x)g(x)\}\right]dx=\int(4x+4)\,dx$

$\therefore f(x)g(x)=2x^2+4x+C_2$ (C_2는 적분상수)

한편, $f(0)=1,\ g(0)=2$이므로

$f(0)+g(0)=C_1=3,\ f(0)g(0)=C_2=2$

$\therefore f(x)+g(x)=3x+3=3(x+1),$

$\quad f(x)g(x)=2x^2+4x+2=2(x+1)^2$

$\{f(x)\}^2+\{g(x)\}^2=\{f(x)+g(x)\}^2-2f(x)g(x)$

$\qquad\qquad\qquad\quad =9(x+1)^2-4(x+1)^2$

$\qquad\qquad\qquad\quad =5(x+1)^2$

$h(x)=\displaystyle\int\left[\{f(x)\}^2+\{g(x)\}^2\right]dx$

$\qquad =\displaystyle\int 5(x+1)^2dx=5\int(x^2+2x+1)dx$

$\qquad =\dfrac{5}{3}x^3+5x^2+5x+C$ (C는 적분상수)

$h(0)=-5$에서 $C=-5$

따라서 $h(x)=\dfrac{5}{3}x^3+5x^2+5x-5$이므로

$h(3)=45+45+15-5=100$

$\quad f(x)+g(x)=3x+3=3(x+1),$

$\quad f(x)g(x)=2x^2+4x+2=2(x+1)^2$

이고 두 함수 $f(x),\ g(x)$는 다항함수이므로

$\quad f(x)=x+1,\ g(x)=2x+2$ 또는 $f(x)=2x+2,\ g(x)=x+1$

한편, $f(0)=1,\ g(0)=2$이므로

$\quad f(x)=x+1,\ g(x)=2x+2$

$\quad \therefore \{f(x)\}^2+\{g(x)\}^2=(x+1)^2+(2x+2)^2$

$\qquad\qquad\qquad\qquad\qquad =5(x+1)^2$

0647

답 ②

함수 $f(x)$는 모든 실수 x에 대하여 미분가능하므로 $x=0$에서 미분가능하다.

즉, $x=0$에서 함수 $f(x)$의 미분계수가 존재해야 하므로

$\displaystyle\lim_{x\to 0-}f'(x)=\lim_{x\to 0+}f'(x)$에서 $a=-6$

따라서 $f'(x)=\begin{cases}3x^2-3x-6 & (x<0)\\ 2x-6 & (x\geq 0)\end{cases}$이므로

$f(x)=\begin{cases}x^3-\dfrac{3}{2}x^2-6x+C_1 & (x<0)\\ x^2-6x+C_2 & (x\geq 0)\end{cases}$ ($C_1,\ C_2$는 적분상수)

함수 $f(x)$는 $x=0$에서 미분가능하므로 $x=0$에서 연속이다.

즉, $\displaystyle\lim_{x\to 0-}f(x)=\lim_{x\to 0+}f(x)=f(0)$이어야 하므로

$C_1=C_2$

(i) $x<0$일 때

$\quad f'(x)=3x^2-3x-6=3(x+1)(x-2)$

$\quad f'(x)=0$에서 $x=-1$

(ii) $x\geq 0$일 때

$\quad f'(x)=2x-6$

$\quad f'(x)=0$에서 $x=3$

(i), (ii)에서 함수 $f(x)$의 증가와 감소를 표로 나타내면 다음과 같다.

x	$\cdots$	-1	$\cdots$	0	$\cdots$	3	$\cdots$
$f'(x)$	$+$	0	$-$		$-$	0	$+$
$f(x)$	↗	극대	↘		↘	극소	↗

따라서 함수 $f(x)$는 $x=-1$에서 극대, $x=3$에서 극소이므로 $f(x)$의 극댓값과 극솟값의 차는

$|f(-1)-f(3)|=\left|\left(-1-\dfrac{3}{2}+6+C_1\right)-(9-18+C_2)\right|$

$\qquad\qquad\qquad =\left|\left(\dfrac{7}{2}+C_1\right)-(-9+C_2)\right|$

$\qquad\qquad\qquad =\dfrac{25}{2}\ (\because C_1=C_2)$

0648

답 32

$f(x+y)=f(x)+f(y)-3xy(x+y)+1$의 양변에 $x=0,\ y=0$을 대입하면

$f(0)=f(0)+f(0)+1 \qquad \therefore f(0)=-1$

한편, $f'(2)=0$이므로

$f'(2)=\displaystyle\lim_{h\to 0}\dfrac{f(2+h)-f(2)}{h}$

$\qquad =\displaystyle\lim_{h\to 0}\dfrac{f(2)+f(h)-6h(2+h)+1-f(2)}{h}$

$\qquad =\displaystyle\lim_{h\to 0}\dfrac{f(h)+1-6h(2+h)}{h}$

$\qquad =\displaystyle\lim_{h\to 0}\left\{\dfrac{f(h)+1}{h}-6(2+h)\right\}$

$\qquad =\displaystyle\lim_{h\to 0}\dfrac{f(h)+1}{h}-12=0$

즉, $\displaystyle\lim_{h\to 0}\dfrac{f(h)+1}{h}=12$이므로

$f'(x)=\displaystyle\lim_{h\to 0}\dfrac{f(x+h)-f(x)}{h}$

$\qquad =\displaystyle\lim_{h\to 0}\dfrac{f(x)+f(h)-3xh(x+h)+1-f(x)}{h}$

$\qquad =\displaystyle\lim_{h\to 0}\dfrac{f(h)+1-3xh(x+h)}{h}$

$\qquad =\displaystyle\lim_{h\to 0}\left\{\dfrac{f(h)+1}{h}-3x(x+h)\right\}$

$\qquad =\displaystyle\lim_{h\to 0}\dfrac{f(h)+1}{h}-3x^2$

$\qquad =-3x^2+12=-3(x+2)(x-2)$

$$\therefore f(x)=\int f'(x)dx=\int(-3x^2+12)dx$$
$$=-x^3+12x+C\ (C\text{는 적분상수})$$

$f'(x)=0$에서 $x=-2$ 또는 $x=2$

함수 $f(x)$의 증가와 감소를 표로 나타내면 다음과 같다.

x	$\cdots$	-2	$\cdots$	2	$\cdots$
$f'(x)$	$-$	0	$+$	0	$-$
$f(x)$	$\searrow$	극소	$\nearrow$	극대	$\searrow$

$f(0)=-1$에서 $C=-1$

따라서 $f(x)=-x^3+12x-1$이므로 함수 $f(x)$의 극댓값은

$$M=f(2)=-8+24-1=15$$

또한 함수 $f(x)$의 극솟값은

$$m=f(-2)=-(-8)-24-1=-17$$
$$\therefore M-m=15-(-17)=32$$

0649

답 ②

$x^2f(x)+F(x)=\int(6x^2-4x-3)dx$의 양변을 x에 대하여 미분하면

$$2xf(x)+x^2f'(x)+f(x)=6x^2-4x-3$$
$$\therefore x^2f'(x)+(2x+1)f(x)=6x^2-4x-3 \quad\cdots\cdots\ \unicode{x363}$$

$f(x)=ax+b\ (a,\ b$는 상수, $a\neq0)$라 하면 $f'(x)=a$

$f(x)=ax+b$, $f'(x)=a$를 $\unicode{x363}$에 대입하면

$$ax^2+(2x+1)(ax+b)=6x^2-4x-3$$
$$3ax^2+(a+2b)x+b=6x^2-4x-3$$

위의 등식이 모든 실수 x에 대하여 성립하므로

$$3a=6,\ a+2b=-4,\ b=-3$$
$$\therefore a=2,\ b=-3$$
$$\therefore f(x)=2x-3$$
$$\therefore F(x)=\int f(x)dx=\int(2x-3)dx$$
$$=x^2-3x+C\ (C\text{는 적분상수})$$

$F(0)=-9$에서 $C=-9$

따라서 $F(x)=x^2-3x-9$이므로

$g(x)=xF(x)=x^3-3x^2-9x$라 하면

$$g'(x)=3x^2-6x-9=3(x+1)(x-3)$$

$g'(x)=0$에서 $x=-1\ (\because -2\leq x\leq1)$

구간 $[-2,\ 1]$에서 함수 $g(x)$의 증가와 감소를 표로 나타내면 다음과 같다.

x	-2	$\cdots$	-1	$\cdots$	1
$g'(x)$		$+$	0	$-$	
$g(x)$	-2	$\nearrow$	5	$\searrow$	-11

따라서 구간 $[-2,\ 1]$에서 함수 $g(x)$는 $x=-1$일 때 극대이면서 최대이므로 구하는 최댓값은

$$g(-1)=5$$

0650

답 45

$$f(x)=\int f'(x)dx=\int(6x^2-2x+a)dx$$
$$=2x^3-x^2+ax+C\ (C\text{는 적분상수})$$

$$g(x)=\begin{cases}-2x^3+x^2-ax-C & (x\leq0)\\ \dfrac{2x^3-x^2+ax+C}{x} & (x>0)\end{cases}$$

이때 함수 $g(x)$가 실수 전체의 집합에서 연속이므로 $x=0$에서 연속이다.

즉, $\displaystyle\lim_{x\to0-}g(x)=\lim_{x\to0+}g(x)=g(0)$이어야 하므로

$$\lim_{x\to0+}\frac{2x^3-x^2+ax+C}{x}=-C$$

위의 식의 극한값이 존재하고 $x\to0+$일 때, (분모) $\to0$이므로 (분자) $\to0$이어야 한다.

즉, $\displaystyle\lim_{x\to0+}(2x^3-x^2+ax+C)=0$이므로 $C=0$

$$\therefore \lim_{x\to0+}\frac{2x^3-x^2+ax}{x}=\lim_{x\to0+}(2x^2-x+a)=a=0$$

따라서 $f(x)=2x^3-x^2$이므로

$$f(3)=54-9=45$$

0651

답 ④

$$f'(x)=\begin{cases}4 & (x<-2)\\ -x^2 & (-2<x<2)\\ 4 & (x>2)\end{cases}$$이므로

$$f(x)=\begin{cases}4x+C_1 & (x<-2)\\ -\dfrac{1}{3}x^3+C_2 & (-2\leq x<2)\\ 4x+C_3 & (x\geq2)\end{cases}(C_1,\ C_2,\ C_3\text{은 적분상수})$$

함수 $f(x)$가 실수 전체의 집합에서 연속이므로 함수 $y=f(x)$의 그래프의 개형은 다음 그림과 같다.

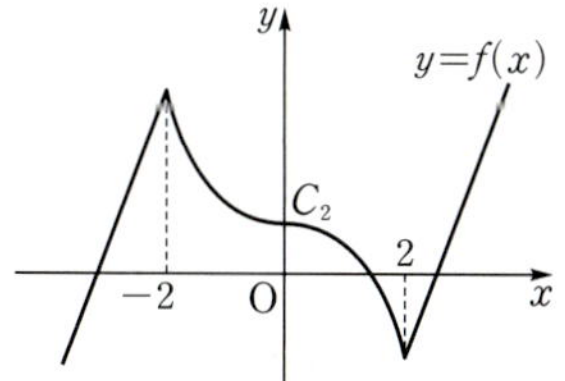

ㄱ. $x=-2$의 좌우에서 $f'(x)$의 부호가 양에서 음으로 바뀌므로 함수 $f(x)$는 $x=-2$에서 극댓값을 갖는다. (참)

ㄴ. 함수 $y=f(x)$의 그래프의 개형이 y축에 대하여 대칭이 아니므로 $f(x)\neq f(-x)$이다. (거짓)

ㄷ. $f(0)=0$이면 $C_2=0$이다.

함수 $f(x)$가 실수 전체의 집합에서 연속이므로 $x=2$에서도 연속이다. 즉, $\displaystyle\lim_{x\to2-}f(x)=f(2)$이어야 하므로

$$f(2)=\lim_{x\to2-}f(x)=\lim_{x\to2-}\left(-\frac{1}{3}x^3\right)=-\frac{8}{3}<0\ (참)$$

따라서 옳은 것은 ㄱ, ㄷ이다.

함수 $f(x)$가 모든 실수 x에 대하여
(1) $f(x)=f(-x)$이면 함수 $y=f(x)$의 그래프는 y축에 대하여 대칭이다.
(2) $f(x)=-f(-x)$이면 함수 $y=f(x)$의 그래프는 원점에 대하여 대칭이다.

0652

조건 ⒩에서 주어진 등식의 양변을 x에 대하여 미분하면

$f(x)+f(x)f'(x)=12x^5+10x^3+2ax$ ...... ㉠

$f(x)$의 차수를 n이라 하면 $f(x)f'(x)$의 차수가

$n+(n-1)=2n-1$이므로 ㉠에서

$2n-1=5$ $\quad\therefore n=3$

즉, $f(x)$는 삼차함수이고 조건 ⒢에서 $f(x)=-f(-x)$이므로

$f(x)=px^3+qx$ (p, q는 상수, $p>0$)라 하면

$f'(x)=3px^2+q$

$f(x)=px^3+qx$, $f'(x)=3px^2+q$를 ㉠에 대입하면

$px^3+qx+(px^3+qx)(3px^2+q)=12x^5+10x^3+2ax$

$px^3+qx+3p^2x^5+4pqx^3+q^2x=12x^5+10x^3+2ax$

$3p^2x^5+(4pq+p)x^3+(q^2+q)x=12x^5+10x^3+2ax$

위의 등식이 모든 실수 x에 대하여 성립하므로

$3p^2=12$, $4pq+p=10$, $q^2+q=2a$

$\therefore p=2$, $q=1$, $a=1$ ($\because p>0$)

따라서 $f(x)=2x^3+x$이므로

$f(3)=54+3=57$

다항함수 $f(x)$가 모든 실수 x에 대하여 $f(x)=-f(-x)$를 만족시키면 $f(x)$의 식은 차수가 홀수인 항으로만 이루어진다.

0653

조건 ⒢에서 $\dfrac{d}{dx}\{f(x)-g(x)\}=4$이므로

$f(x)-g(x)=\displaystyle\int 4dx=4x+C_1$ (C_1은 적분상수)

위의 식의 양변에 $x=1$을 대입하면

$f(1)-g(1)=4+C_1$

$-1-1=4+C_1$ $\quad\therefore C_1=-6$

$\therefore f(x)-g(x)=4x-6$

조건 ⒩에서 $\dfrac{d}{dx}[\{f(x)\}^2+\{g(x)\}^2]=20x-28$이므로

$\{f(x)\}^2+\{g(x)\}^2=\displaystyle\int(20x-28)dx$

$\qquad\qquad\qquad\qquad=10x^2-28x+C_2$ (C_2는 적분상수)

위의 식의 양변에 $x=1$을 대입하면

$\{f(1)\}^2+\{g(1)\}^2=10-28+C_2$

$(-1)^2+1^2=-18+C_2$ $\quad\therefore C_2=20$

$\therefore \{f(x)\}^2+\{g(x)\}^2=10x^2-28x+20$

이때 $\{f(x)\}^2+\{g(x)\}^2=\{f(x)-g(x)\}^2+2f(x)g(x)$이므로

$10x^2-28x+20=(4x-6)^2+2f(x)g(x)$

$10x^2-28x+20=16x^2-48x+36+2f(x)g(x)$

$\therefore f(x)g(x)=-3x^2+10x-8$

위의 식의 양변을 x에 대하여 미분하면

$f'(x)g(x)+f(x)g'(x)=-6x+10$

$\therefore f'(2)g(2)+f(2)g'(2)=-12+10=-2$

$f(x)-g(x)=4x-6$,

$f(x)g(x)=-3x^2+10x-8=-(3x-4)(x-2)$

이므로 $f(x)=3x-4$, $g(x)=-x+2$

이는 $f(1)=-1$, $g(1)=1$을 만족시킨다.

0654

최고차항의 계수가 1인 삼차함수 $f(x)$에 대하여 삼차방정식

$f(x)=0$의 근이 $x=0$ 또는 $x=\alpha$(중근)이므로

$f(x)=x(x-\alpha)^2$ ($\alpha>0$)

이때 조건 ⒢에서 $g'(x)=f(x)+xf'(x)=\{xf(x)\}'$이므로

$g(x)=\displaystyle\int g'(x)dx=\int\{f(x)+xf'(x)\}dx$

$\qquad=xf(x)+C=x^2(x-\alpha)^2+C$ (C는 적분상수)

$g'(x)=2x(x-\alpha)^2+2x^2(x-\alpha)$

$\qquad=2x(x-\alpha)(2x-\alpha)$

$g'(x)=0$에서 $x=0$ 또는 $x=\dfrac{\alpha}{2}$ 또는 $x=\alpha$

$\alpha>0$에서 $\dfrac{\alpha}{2}<\alpha$이므로 함수 $g(x)$의 증가와 감소를 표로 나타내면 다음과 같다.

x	$\cdots$	0	$\cdots$	$\dfrac{\alpha}{2}$	$\cdots$	α	$\cdots$
$g'(x)$	$-$	0	$+$	0	$-$	0	$+$
$g(x)$	$\searrow$	극소	$\nearrow$	극대	$\searrow$	극소	$\nearrow$

조건 ⒩에서 함수 $g(x)$의 극솟값이 0, 극댓값이 81이므로

$g(0)=g(\alpha)=0$에서 $C=0$

$g\left(\dfrac{\alpha}{2}\right)=81$에서 $\dfrac{\alpha^4}{16}=81$

$\therefore \alpha=6$ ($\because \alpha>0$)

따라서 $g(x)=x^2(x-6)^2$이므로

$g\left(\dfrac{\alpha}{3}\right)=g(2)=64$

0655

$f(x)$가 최고차항의 계수가 양수인 사차함수이므로 도함수 $f'(x)$는 최고차항의 계수가 양수인 삼차함수이다.

조건 ⒢에서 방정식 $f'(x)=0$의 근이 $x=0$ 또는 $x=3$이므로 다음과 같이 나누어 생각할 수 있다.

(i) 방정식 $f'(x)=0$이 $x=0$을 중근으로 갖는 경우

$\quad f'(x)=ax^2(x-3)$ ($a>0$)

$\quad$조건 ⒩에서 $f'(2)=-4$이므로

$\quad -4a=-4$ $\quad\therefore a=1$

$\quad\therefore f'(x)=x^2(x-3)$

(ii) 방정식 $f'(x)=0$이 $x=3$을 중근으로 갖는 경우

$\quad f'(x)=ax(x-3)^2$ ($a>0$)

$\quad$조건 ⒩에서 $f'(2)=-4$이므로

$\quad 2a=-4$ $\quad\therefore a=-2$

$\quad$즉, $a<0$이므로 조건을 만족시키지 않는다.

(i), (ii)에서 $f'(x)=x^2(x-3)=x^3-3x^2$

$$f(x)=\int f'(x)dx=\int (x^3-3x^2)dx$$
$$=\frac{1}{4}x^4-x^3+C\ (C는\ 적분상수)$$

$f'(x)=0$에서 $x=0$ 또는 $x=3$

함수 $f(x)$의 증가와 감소를 표로 나타내면 다음과 같다.

x	$\cdots$	0	$\cdots$	3	$\cdots$
$f'(x)$	$-$	0	$-$	0	$+$
$f(x)$	$\searrow$		$\searrow$	극소	$\nearrow$

함수 $f(x)$의 극솟값이 1이므로

$$f(3)=\frac{81}{4}-27+C=1$$

$$\therefore C=\frac{31}{4}$$

따라서 $f(x)=\frac{1}{4}x^4-x^3+\frac{31}{4}$이므로

$$f(1)=\frac{1}{4}-1+\frac{31}{4}=7$$

0656

최고차항의 계수가 1인 삼차함수 $f(x)$에 대하여 조건 ㈏에서 $f(x)$는 $x=2$에서 극댓값 35를 가지므로

$$f'(2)=0,\ f(2)=35\ \cdots\cdots\ ㉠$$

조건 ㈐에서 방정식 $f(x)=f(4)$는 서로 다른 두 실근을 가지므로 함수 $y=f(x)$의 그래프와 직선 $y=f(4)$는 서로 다른 두 점에서 만나야 한다.

즉, 함수 $y=f(x)$의 그래프와 직선 $y=f(4)$의 개형은 다음과 같은 경우로 나누어 생각할 수 있다.

(i) 함수 $y=f(x)$의 그래프가 직선 $y=f(4)$와 $x=2$에서 접하고 $x=4$에서 만나는 경우

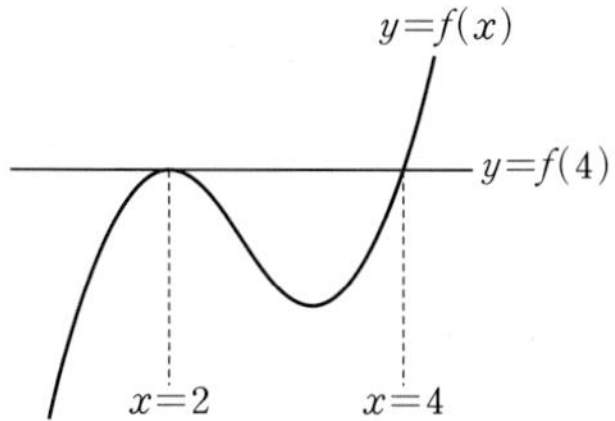

$$f(x)-f(4)=(x-2)^2(x-4)$$

위의 식의 양변을 x에 대하여 미분하면

$$f'(x)=2(x-2)(x-4)+(x-2)^2$$
$$=(x-2)(3x-10)$$

이때 $f'\left(\frac{11}{3}\right)=\frac{5}{3}\times 1=\frac{5}{3}>0$이므로 조건 ㈎를 만족시키지 않는다.

(ii) 함수 $y=f(x)$의 그래프가 직선 $y=f(4)$와 $x=4$에서 접하는 경우

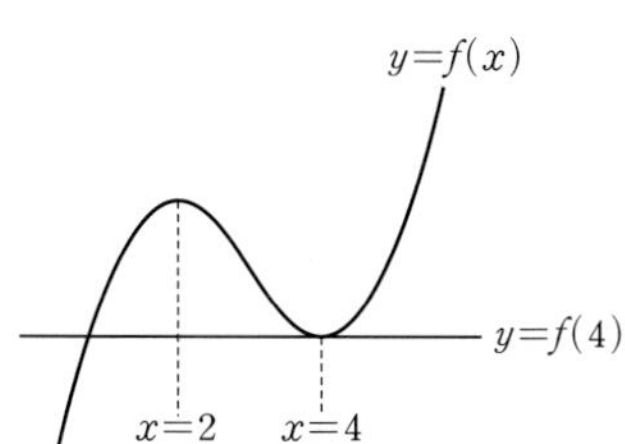

$f'(2)=f'(4)=0$이고 $f'(x)$는 최고차항의 계수가 3인 이차함수이므로

$$f'(x)=3(x-2)(x-4)$$

이때 $f'\left(\frac{11}{3}\right)=3\times\frac{5}{3}\times\left(-\frac{1}{3}\right)=-\frac{5}{3}<0$이므로 조건 ㈎를 만족시킨다.

(i), (ii)에서 $f'(x)=3(x-2)(x-4)=3x^2-18x+24$이므로

$$f(x)=\int f'(x)dx=\int (3x^2-18x+24)dx$$
$$=x^3-9x^2+24x+C\ (C는\ 적분상수)$$

이때 ㉠에서 $f(2)=35$이므로

$$f(2)=8-36+48+C=35$$

$$\therefore C=15$$

따라서 $f(x)=x^3-9x^2+24x+15$이므로

$$f(0)=15$$

PART A　08 정적분

유형 01　정적분의 정의

확인 문제　(1) 9　　(2) 0　　(3) 5

(1) $\displaystyle\int_0^3 x^2\,dx=\left[\dfrac{1}{3}x^3\right]_0^3$
$=9-0=9$

(2) 적분 구간의 위끝과 아래끝이 서로 같으므로
$$\int_4^4 (x+1)\,dx=0$$

(3) $-\displaystyle\int_2^1 (3x^2-2)\,dx=\int_1^2 (3x^2-2)\,dx$
$=\left[x^3-2x\right]_1^2$
$=4-(-1)=5$

0657　답 ①

$\displaystyle\int_3^3 (x^2+1)\,dx+\int_{-1}^2 (4x^3-6x)\,dx=0+\left[x^4-3x^2\right]_{-1}^2$
$=4-(-2)=6$

0658　답 ③

$\displaystyle\int_{-2}^1 (x+1)(x^2-x+1)\,dx=\int_{-2}^1 (x^3+1)\,dx$
$=\left[\dfrac{1}{4}x^4+x\right]_{-2}^1$
$=\dfrac{5}{4}-2=-\dfrac{3}{4}$

0659　답 5

$\displaystyle\int_1^a (2x-5)\,dx=\left[x^2-5x\right]_1^a$
$=a^2-5a-(-4)$
$=a^2-5a+4=-2$

따라서 $a^2-5a+6=0$이므로 이차방정식의 근과 계수의 관계에 의하여 구하는 모든 실수 a의 값의 합은
$-\dfrac{-5}{1}=5$

0660　답 ②

$\displaystyle\int_0^1 f(x)\,dx=\int_0^1 (6x^2-2a^2x+1)\,dx$
$=\left[2x^3-a^2x^2+x\right]_0^1$
$=-a^2+3=-a+1$

즉, $a^2-a-2=0$이므로
$(a+1)(a-2)=0$
$\therefore a=2\ (\because a>0)$
따라서 $f(x)=6x^2-8x+1$이므로
$f(1)=6-8+1=-1$

0661　답 13

$f'(x)=3x^2-6x+4$이므로
$f(x)=\displaystyle\int f'(x)\,dx$
$=\displaystyle\int (3x^2-6x+4)\,dx$
$=x^3-3x^2+4x+C\ (C\text{는 적분상수})$

이때
$\displaystyle\int_0^2 f(x)\,dx=\int_0^2 (x^3-3x^2+4x+C)\,dx$
$=\left[\dfrac{1}{4}x^4-x^3+2x^2+Cx\right]_0^2$
$=4+2C=6$

$2C=2\qquad\therefore C=1$
따라서 $f(x)=x^3-3x^2+4x+1$이므로
$f(3)=27-27+12+1=13$

> **Bible Says**　도함수가 주어졌을 때 함수 구하기
>
> 함수 $f(x)$의 도함수 $f'(x)$가 주어졌을 때
> $$f(x)=\int f'(x)\,dx$$
> 임을 이용하여 $f(x)$를 적분상수를 포함한 식으로 나타낼 수 있다.

0662　답 4

$\displaystyle\int_0^1 \{f(x)\}^2\,dx=\int_0^1 (3x-2)^2\,dx=\int_0^1 (9x^2-12x+4)\,dx$
$=\left[3x^3-6x^2+4x\right]_0^1=1,$

$\displaystyle\int_0^1 f(x)\,dx=\int_0^1 (3x-2)\,dx$
$=\left[\dfrac{3}{2}x^2-2x\right]_0^1=-\dfrac{1}{2}$

이므로 $\displaystyle\int_0^1 \{f(x)\}^2\,dx=k\left\{\int_0^1 f(x)\,dx\right\}^2$에서
$1=\dfrac{1}{4}k\qquad\therefore k=4$

0663　답 11

$\displaystyle\int_{-1}^k (4-2x)\,dx=\left[4x-x^2\right]_{-1}^k$
$=(4k-k^2)-(-5)$
$=-k^2+4k+5$
$=-(k-2)^2+9$

따라서 $\int_{-1}^{k}(4-2x)\,dx$는 $k=2$일 때 최댓값 9를 가지므로

$a=2,\ b=9$

$\therefore\ a+b=2+9=11$

모든 실수 x에서 정의된 이차함수 $y=a(x-p)^2+q$는

(1) $a>0$일 때, $x=p$에서 최솟값 q

(2) $a<0$일 때, $x=p$에서 최댓값 q

를 갖는다.

0664

답 99

주어진 식의 좌변을 간단히 하면

$$\int_0^1\left(x+\frac{x^2}{2}+\frac{x^3}{3}+\cdots+\frac{x^n}{n}\right)dx$$

$$=\left[\frac{1}{1\times2}x^2+\frac{1}{2\times3}x^3+\frac{1}{3\times4}x^4+\cdots+\frac{1}{n(n+1)}x^{n+1}\right]_0^1$$

$$=\frac{1}{1\times2}+\frac{1}{2\times3}+\frac{1}{3\times4}+\cdots+\frac{1}{n(n+1)}$$

$$=\left(\frac{1}{1}-\frac{1}{2}\right)+\left(\frac{1}{2}-\frac{1}{3}\right)+\left(\frac{1}{3}-\frac{1}{4}\right)+\cdots+\left(\frac{1}{n}-\frac{1}{n+1}\right)$$

$$=1-\frac{1}{n+1}$$

❶

따라서 $1-\dfrac{1}{n+1}=\dfrac{99}{100}$이므로 $\dfrac{1}{n+1}=\dfrac{1}{100}$

$n+1=100$ $\therefore n=99$

❷

채점 기준	배점
❶ 주어진 식의 좌변을 간단히 하기	80%
❷ n의 값 구하기	20%

Bible Says 부분분수로의 변형

분모가 두 개 이상의 인수의 곱이면 부분분수로 변형하여 계산한다.

$$\frac{1}{AB}=\frac{1}{B-A}\left(\frac{1}{A}-\frac{1}{B}\right)\ (단,\ A\neq B)$$

유형 02 정적분의 계산 - 적분 구간이 같은 경우

확인 문제 (1) 9 (2) -2

(1) $\displaystyle\int_0^3(x^2-x)\,dx+\int_3^0(-x^2+x)\,dx$

$$=\int_0^3(x^2-x)\,dx-\int_0^3(-x^2+x)\,dx$$

$$=\int_0^3\{(x^2-x)-(-x^2+x)\}\,dx$$

$$=\int_0^3(2x^2-2x)\,dx=\left[\frac{2}{3}x^3-x^2\right]_0^3=9$$

---

(2) $\displaystyle\int_2^4(x^2-2x)\,dx-\int_4^2(-y^2+2y-1)\,dy$

$$=\int_2^4(x^2-2x)\,dx+\int_2^4(-y^2+2y-1)\,dy$$

$$=\int_2^4(x^2-2x)\,dx+\int_2^4(-x^2+2x-1)\,dx$$

$$=\int_2^4(x^2-2x-x^2+2x-1)\,dx$$

$$=\int_2^4(-1)\,dx=\left[-x\right]_2^4=-4-(-2)=-2$$

변수 x 대신 다른 문자로 나타내어도 그 값은 같다.

$$\int_a^b f(x)\,dx=\int_a^b f(y)\,dy=\int_a^b f(t)\,dt$$

0665

답 ③

$$\int_1^2(x^3-2x^2+3)\,dx+2\int_1^2\left(-\frac{1}{2}t^3+t^2+t\right)dt$$

$$=\int_1^2(x^3-2x^2+3)\,dx+2\int_1^2\left(-\frac{1}{2}x^3+x^2+x\right)dx$$

$$=\int_1^2(x^3-2x^2+3)\,dx+\int_1^2(-x^3+2x^2+2x)\,dx$$

$$=\int_1^2(x^3-2x^2+3-x^3+2x^2+2x)\,dx$$

$$=\int_1^2(2x+3)\,dx=\left[x^2+3x\right]_1^2=10-4=6$$

0666

답 ④

$$\int_0^1\frac{x^3}{x+1}\,dx-\int_1^0\frac{1}{t+1}\,dt=\int_0^1\frac{x^3}{x+1}\,dx-\int_1^0\frac{1}{x+1}\,dx$$

$$=\int_0^1\frac{x^3}{x+1}\,dx+\int_0^1\frac{1}{x+1}\,dx$$

$$=\int_0^1\frac{x^3+1}{x+1}\,dx$$

$$=\int_0^1\frac{(x+1)(x^2-x+1)}{x+1}\,dx$$

$$=\int_0^1(x^2-x+1)\,dx$$

$$=\left[\frac{1}{3}x^3-\frac{1}{2}x^2+x\right]_0^1=\frac{5}{6}$$

0667

답 6

$\displaystyle\int_0^2\{f(x)\}^2\,dx=6,\ \int_0^2 xf(x)\,dx=4$이므로

$$\int_0^2\{f(x)-3x\}^2\,dx$$

$$=\int_0^2\left[\{f(x)\}^2-6xf(x)+9x^2\right]\,dx$$

$$=\int_0^2\{f(x)\}^2\,dx-6\int_0^2 xf(x)\,dx+\int_0^2 9x^2\,dx$$

$$=6-6\times4+\left[3x^3\right]_0^2=6-24+24=6$$

0668
답 28

조건 (개)에서 $\int_{-1}^{3}\{f(x)-g(x)\}\,dx=12$이므로

$\int_{-1}^{3}f(x)\,dx-\int_{-1}^{3}g(x)\,dx=12$ ······ ㉠

조건 (내)에서 $\int_{-1}^{3}\{f(x)+g(x)\}\,dx=4$이므로

$\int_{-1}^{3}f(x)\,dx+\int_{-1}^{3}g(x)\,dx=4$ ······ ㉡

㉠+㉡을 하면

$2\int_{-1}^{3}f(x)\,dx=16$ ∴ $\int_{-1}^{3}f(x)\,dx=8$

㉡−㉠을 하면

$2\int_{-1}^{3}g(x)\,dx=-8$ ∴ $\int_{-1}^{3}g(x)\,dx=-4$

∴ $\int_{-1}^{3}\{2f(x)-3g(x)\}\,dx=2\int_{-1}^{3}f(x)\,dx-3\int_{-1}^{3}g(x)\,dx$

$$=2\times8-3\times(-4)=28$$

확인 문제 -9

$\int_{-2}^{3}(4x^3-2x+1)\,dx+\int_{3}^{1}(4x^3-2x+1)\,dx$

$=\int_{-2}^{1}(4x^3-2x+1)\,dx=\left[x^4-x^2+x\right]_{-2}^{1}$

$=1-10=-9$

0669
답 ①

$\int_{-1}^{2}(3x^2-2x-3)\,dx-\int_{3}^{2}(3x^2-2x-3)\,dx$

$=\int_{-1}^{2}(3x^2-2x-3)\,dx+\int_{2}^{3}(3x^2-2x-3)\,dx$

$=\int_{-1}^{3}(3x^2-2x-3)\,dx=\left[x^3-x^2-3x\right]_{-1}^{3}$

$=9-1=8$

0670
답 ③

$\int_{1}^{2}f(x)\,dx-\int_{-1}^{-3}f(x)\,dx+\int_{-1}^{1}f(x)\,dx$

$=\int_{-3}^{-1}f(x)\,dx+\int_{-1}^{1}f(x)\,dx+\int_{1}^{2}f(x)\,dx$

$=\int_{-3}^{2}f(x)\,dx=\int_{-3}^{2}(-4x^3+6x+a)\,dx$

$=\left[-x^4+3x^2+ax\right]_{-3}^{2}=(2a-4)-(-3a-54)$

$=5a+50=10$

$5a=-40$ ∴ $a=-8$

0671
답 5

$\int_{1}^{a}f(x)\,dx-\int_{1}^{3}f(x)\,dx=\int_{1}^{a}f(x)\,dx+\int_{3}^{1}f(x)\,dx$

$$=\int_{3}^{a}f(x)\,dx$$

$$=\int_{3}^{a}(2x+a)\,dx$$

$$=\left[x^2+ax\right]_{3}^{a}$$

$$=2a^2-3a-9=a^2+a-4$$

따라서 $a^2-4a-5=0$이므로

$(a+1)(a-5)=0$

∴ $a=5$ ($\because a>0$)

0672
답 ①

$\int_{0}^{2}6f(x)\,dx=18$에서

$\int_{0}^{2}f(x)\,dx=3$

$\int_{-2}^{2}3f(x)\,dx=18$에서

$\int_{-2}^{2}f(x)\,dx=6$

∴ $\int_{-2}^{5}f(x)\,dx=\int_{-2}^{2}f(x)\,dx+\int_{2}^{5}f(x)\,dx$

$$=\int_{-2}^{2}f(x)\,dx+\left\{\int_{0}^{5}f(x)\,dx-\int_{0}^{2}f(x)\,dx\right\}$$

$$=6+(18-3)=21$$

0673
답 16

$f(x)=3x^2+ax+b$ (a, b는 상수)라 하자.

$\int_{0}^{x}f(t)\,dt=2x^3+\int_{0}^{-x}f(t)\,dt$에서

$2x^3=-\int_{0}^{-x}f(t)\,dt+\int_{0}^{x}f(t)\,dt$

$=\int_{-x}^{0}f(t)\,dt+\int_{0}^{x}f(t)\,dt$

$=\int_{-x}^{x}f(t)\,dt=\int_{-x}^{x}(3t^2+at+b)\,dt$

$=\left[t^3+\frac{a}{2}t^2+bt\right]_{-x}^{x}=2x^3+2bx$

모든 실수 x에 대하여 $2x^3=2x^3+2bx$이므로

$2b=0$ ∴ $b=0$

즉, $f(x)=3x^2+ax$이므로 $f(1)=5$에서

$3+a=5$ ∴ $a=2$

따라서 $f(x)=3x^2+2x$이므로

$f(2)=12+4=16$

0674

답 ②

$$\int_0^3 f(x)\,dx = \int_0^1 f(x)\,dx + \int_1^3 f(x)\,dx$$
$$= \int_0^1 (x^2+2x-1)\,dx + \int_1^3 (4x-2)\,dx$$
$$= \left[\frac{1}{3}x^3+x^2-x\right]_0^1 + \left[2x^2-2x\right]_1^3$$
$$= \frac{1}{3} + (12-0) = \frac{37}{3}$$

0675

답 ③

함수 $f(x)=\begin{cases} 3x-2 & (x\le -1) \\ 4x^2+3x-6 & (x>-1) \end{cases}$ 에서

$xf(x)=\begin{cases} 3x^2-2x & (x\le -1) \\ 4x^3+3x^2-6x & (x>-1) \end{cases}$

$$\therefore \int_{-2}^1 xf(x)\,dx = \int_{-2}^{-1} xf(x)\,dx + \int_{-1}^1 xf(x)\,dx$$
$$= \int_{-2}^{-1} (3x^2-2x)\,dx + \int_{-1}^1 (4x^3+3x^2-6x)\,dx$$
$$= \left[x^3-x^2\right]_{-2}^{-1} + \left[x^4+x^3-3x^2\right]_{-1}^1$$
$$= \{-2-(-12)\} + \{-1-(-3)\} = 12$$

0676

답 10

함수 $f(x)$가 실수 전체의 집합에서 연속이므로 $x=2$에서도 연속이다. 즉, $\lim\limits_{x\to 2-} f(x) = \lim\limits_{x\to 2+} f(x) = f(2)$이어야 하므로

$\lim\limits_{x\to 2-} f(x) = \lim\limits_{x\to 2-}(6x+k) = 12+k$

$\lim\limits_{x\to 2+} f(x) = \lim\limits_{x\to 2+}(3x^2-4x) = 4$

$f(2)=4$

따라서 $12+k=4$이므로 $k=-8$ ❶

$$\therefore f(x)=\begin{cases} 6x-8 & (x<2) \\ 3x^2-4x & (x\ge 2) \end{cases}$$
$$\therefore \int_1^3 f(x)\,dx = \int_1^2 (6x-8)\,dx + \int_2^3 (3x^2-4x)\,dx$$
$$= \left[3x^2-8x\right]_1^2 + \left[x^3-2x^2\right]_2^3$$
$$= \{-4-(-5)\} + (9-0) = 10$$ ❷

채점 기준	배점
❶ k의 값 구하기	40%
❷ $\int_1^3 f(x)\,dx$의 값 구하기	60%

Bible Says 함수의 연속

함수 $f(x)$가 실수 a에 대하여 다음 조건을 모두 만족시킬 때, 함수 $f(x)$는 $x=a$에서 연속이다.
(1) 함숫값 $f(a)$가 존재한다.
(2) 극한값 $\lim\limits_{x\to a} f(x)$가 존재한다.
(3) $\lim\limits_{x\to a} f(x) = f(a)$

0677

답 ③

주어진 함수 $y=f(x)$의 그래프에서
(i) $x<1$일 때
함수 $y=f(x)$의 그래프는 두 점 $(-1,0)$, $(0,1)$을 지나므로 직선의 방정식은
$$y=\frac{1-0}{0-(-1)}x+1 \qquad \therefore f(x)=x+1$$
(ii) $x\ge 1$일 때
함수 $y=f(x)$의 그래프는 두 점 $(1,2)$, $(2,0)$을 지나므로 직선의 방정식은
$$y=\frac{0-2}{2-1}(x-2) \qquad \therefore f(x)=-2x+4$$
(i), (ii)에서 $f(x)=\begin{cases} x+1 & (x<1) \\ -2x+4 & (x\ge 1) \end{cases}$ 이므로

$$\int_{-2}^2 f(x)\,dx = \int_{-2}^1 (x+1)\,dx + \int_1^2 (-2x+4)\,dx$$
$$= \left[\frac{1}{2}x^2+x\right]_{-2}^1 + \left[-x^2+4x\right]_1^2$$
$$= \left(\frac{3}{2}-0\right) + (4-3) = \frac{5}{2}$$

다른 풀이

$f(x)=\begin{cases} x+1 & (x<1) \\ -2x+4 & (x\ge 1) \end{cases}$ 이므로 $f(-2)=-1$

$-2\le x\le -1$일 때 $f(x)\le 0$이므로 $\int_{-2}^{-1} f(x)\,dx < 0$

$-1\le x\le 2$일 때 $f(x)\ge 0$이므로 $\int_{-1}^2 f(x)\,dx > 0$

오른쪽 그림과 같이 색칠한 두 삼각형의 넓이를 각각 S_1, S_2라 하면

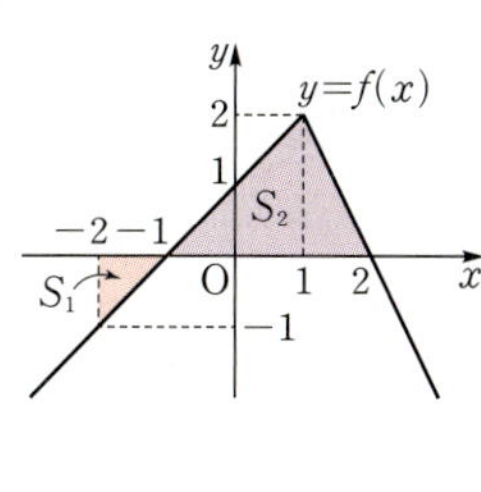

$$\int_{-2}^2 f(x)\,dx = -S_1+S_2$$
$$= -\left(\frac{1}{2}\times 1\times 1\right) + \frac{1}{2}\times 3\times 2$$
$$= \frac{5}{2}$$

참고

이 문제의 다른 풀이는 직선과 x축 사이의 넓이를 구하여 풀었다. 이는 09. 정적분의 활용에서 상세히 다룬다.

0678

답 ⑤

$f'(x)=\begin{cases} -6x+2 & (x<0) \\ 2x+2 & (x\ge 0) \end{cases}$ 에서

$f(x)=\begin{cases} -3x^2+2x+C_1 & (x<0) \\ x^2+2x+C_2 & (x\ge 0) \end{cases}$ (C_1, C_2는 적분상수)

$f(1)=3$에서 $3+C_2=3$

$\therefore C_2=0$

함수 $f(x)$가 실수 전체의 집합에서 미분가능하므로 실수 전체의 집합에서 연속이다.

즉, 함수 $f(x)$는 $x=0$에서 연속이므로

$\lim\limits_{x\to 0-} f(x) = \lim\limits_{x\to 0+} f(x) = f(0)$이어야 한다.

$\lim\limits_{x\to 0-} f(x) = \lim\limits_{x\to 0-}(-3x^2+2x+C_1) = C_1$

$\lim\limits_{x\to 0+} f(x) = \lim\limits_{x\to 0+}(x^2+2x+C_2) = C_2$

$$f(0)=C_2$$
$$\therefore C_1=C_2=0$$

따라서 $f(x)=\begin{cases} -3x^2+2x & (x<0) \\ x^2+2x & (x\geq0) \end{cases}$ 이므로

$$\int_{-1}^{1} f(x)\,dx = \int_{-1}^{0} f(x)\,dx + \int_{0}^{1} f(x)\,dx$$
$$= \int_{-1}^{0} (-3x^2+2x)\,dx + \int_{0}^{1} (x^2+2x)\,dx$$
$$= \Big[-x^3+x^2 \Big]_{-1}^{0} + \Big[\frac{1}{3}x^3+x^2 \Big]_{0}^{1}$$
$$= -2+\frac{4}{3} = -\frac{2}{3}$$

두 다항함수 $f(x)$, $g(x)$에 대하여 함수 $h(x)=\begin{cases} f(x) & (x<a) \\ g(x) & (x\geq a) \end{cases}$ 의 미분가능성과 연속성은 $x=a$에서만 조사하면 된다.

0679

답 0

$f(x)=\begin{cases} 2x+2 & (x<1) \\ 3x^2-2x+3 & (x\geq1) \end{cases}$ 에서

$f(x-1)=\begin{cases} 2x & (x<2) \\ 3x^2-8x+8 & (x\geq2) \end{cases}$

이때 $\int_{0}^{a} f(x-1)\,dx=4$에서

(i) $a<2$일 때

$$\int_{0}^{a} f(x-1)\,dx = \int_{0}^{a} 2x\,dx = \Big[x^2 \Big]_{0}^{a}$$
$$= a^2 = 4$$
$$\therefore a=-2 \;(\because a<2)$$

(ii) $a\geq2$일 때

$$\int_{0}^{a} f(x-1)\,dx = \int_{0}^{2} 2x\,dx + \int_{2}^{a} (3x^2-8x+8)\,dx$$
$$= \Big[x^2 \Big]_{0}^{2} + \Big[x^3-4x^2+8x \Big]_{2}^{a}$$
$$= 4+(a^3-4a^2+8a-8)$$
$$= a^3-4a^2+8a-4 = 4$$

따라서 $a^3-4a^2+8a-8=0$이므로
$$(a-2)(a^2-2a+4)=0 \qquad \therefore a=2 \;(\because a^2-2a+4>0)$$

(i), (ii)에서 $a=-2$ 또는 $a=2$이므로 구하는 합은
$$-2+2=0$$

상수 a, b, m에 대하여 함수 $y=f(x-m)$의 그래프는 함수 $y=f(x)$의 그래프를 x축의 방향으로 m만큼 평행이동한 것이므로
$$\int_{a+m}^{b+m} f(x-m)\,dx = \int_{a}^{b} f(x)\,dx$$
가 성립한다.

 정적분의 계산 – 절댓값 기호를 포함한 함수

0680

답 10

$|x-3|=\begin{cases} -x+3 & (x<3) \\ x-3 & (x\geq3) \end{cases}$ 이므로

$$\int_{1}^{4} (x+|x-3|)\,dx = \int_{1}^{3} (x-x+3)\,dx + \int_{3}^{4} (x+x-3)\,dx$$
$$= \int_{1}^{3} 3\,dx + \int_{3}^{4} (2x-3)\,dx$$
$$= \Big[3x \Big]_{1}^{3} + \Big[x^2-3x \Big]_{3}^{4}$$
$$= (9-3)+(4-0) = 10$$

절댓값 기호를 포함한 함수의 정적분은 절댓값 기호 안의 식의 값이 0이 되도록 하는 x의 값을 기준으로 구간을 나눈다.

0681

답 4

$4|x|^3-4|x|-1=\begin{cases} -4x^3+4x-1 & (x<0) \\ 4x^3-4x-1 & (x\geq0) \end{cases}$ 이므로

$$\int_{-1}^{2} (4|x|^3-4|x|-1)\,dx$$
$$= \int_{-1}^{0} (-4x^3+4x-1)\,dx + \int_{0}^{2} (4x^3-4x-1)\,dx$$
$$= \Big[-x^4+2x^2-x \Big]_{-1}^{0} + \Big[x^4-2x^2-x \Big]_{0}^{2}$$
$$= -2+6 = 4$$

0682

답 2

$3x^2+6x-9=3(x+3)(x-1)$이므로

$|3x^2+6x-9|=\begin{cases} -3x^2-6x+9 & (-3<x<1) \\ 3x^2+6x-9 & (x\leq-3 \text{ 또는 } x\geq1) \end{cases}$

이때 $a>1$이므로

$$\int_{0}^{a} |3x^2+6x-9|\,dx$$
$$= \int_{0}^{1} (-3x^2-6x+9)\,dx + \int_{1}^{a} (3x^2+6x-9)\,dx$$
$$= \Big[-x^3-3x^2+9x \Big]_{0}^{1} + \Big[x^3+3x^2-9x \Big]_{1}^{a}$$
$$= 5+(a^3+3a^2-9a+5)$$
$$= a^3+3a^2-9a+10 = 12$$

따라서 $a^3+3a^2-9a-2=0$이므로
$$(a-2)(a^2+5a+1)=0$$
$$\therefore a=2 \;(\because a>1)$$

$y=3x^2+6x-9=3(x+3)(x-1)$에서 함
수 $y=3x^2+6x-9$의 그래프는 오른쪽 그림
과 같으므로
$-3<x<1$일 때, $3x^2+6x-9<0$
$x\leq-3$ 또는 $x\geq1$일 때, $3x^2+6x-9\geq0$

0683

답 ④

$|x-a|=\begin{cases} -x+a & (x<a) \\ x-a & (x\geq a) \end{cases}$ 이므로

$\int_0^6 |x-a|\,dx = \int_0^a (-x+a)\,dx + \int_a^6 (x-a)\,dx$

$\qquad = \left[-\dfrac{1}{2}x^2+ax \right]_0^a + \left[\dfrac{1}{2}x^2-ax \right]_a^6$

$\qquad = \dfrac{1}{2}a^2 + \left(18-6a+\dfrac{1}{2}a^2 \right)$

$\qquad = a^2-6a+18$

$\qquad = (a-3)^2+9$

따라서 구하는 최솟값은 $a=3$일 때 9이다.

0684

답 ④

$g(x)=3x^2-6x=3x(x-2)$에서
$f(g(x))=|3x^2-6x|+3x^2-6x$

$\qquad =\begin{cases} 0 & (0<x<2) \\ 6x^2-12x & (x\leq0 \text{ 또는 } x\geq2) \end{cases}$

이므로

$\int_{-2}^3 f(g(x))\,dx$

$= \int_{-2}^0 (6x^2-12x)\,dx + \int_0^2 0\,dx + \int_2^3 (6x^2-12x)\,dx$

$= \left[2x^3-6x^2 \right]_{-2}^0 + 0 + \left[2x^3-6x^2 \right]_2^3$

$= 40+8=48$

0685

답 ③

함수 $f(x)$는 이차항의 계수가 양수인 이차함수이고
$f(-3)=f(1)=0$이므로
$f(x)=a(x+3)(x-1)=a(x^2+2x-3)\ (a>0)$
이라 하면

$|f(x)|=\begin{cases} -a(x^2+2x-3) & (-3<x<1) \\ a(x^2+2x-3) & (x\leq-3 \text{ 또는 } x\geq1) \end{cases}$

이때

$\int_0^2 |f(x)|\,dx$

$= \int_0^1 \{-a(x^2+2x-3)\}\,dx + \int_1^2 a(x^2+2x-3)\,dx$

$= -a\left[\dfrac{1}{3}x^3+x^2-3x \right]_0^1 + a\left[\dfrac{1}{3}x^3+x^2-3x \right]_1^2$

$= -a\times\left(-\dfrac{5}{3} \right) + a\times\left\{ \dfrac{2}{3}-\left(-\dfrac{5}{3} \right) \right\}$

$= 4a=12$

$\therefore a=3$

따라서 $f(x)=3(x+3)(x-1)$이므로
$f(2)=3\times5\times1=15$

 우함수, 기함수의 정적분

0686

답 ③

$\int_{-3}^1 (2x^3-x+1)\,dx + \int_1^3 (2x^3-x+1)\,dx$

$= \int_{-3}^3 (2x^3-x+1)\,dx$

$= \int_{-3}^3 (2x^3-x)\,dx + \int_{-3}^3 1\,dx$

$= 0 + 2\int_0^3 1\,dx$

$= 2\left[x \right]_0^3 = 2\times3=6$

0687

답 4

$\int_{-2}^4 f(x)\,dx - \int_0^4 f(x)\,dx + \int_0^2 f(x)\,dx$

$= \int_{-2}^4 f(x)\,dx + \int_4^0 f(x)\,dx + \int_0^2 f(x)\,dx$

$= \int_{-2}^2 f(x)\,dx$

$= \int_{-2}^2 (5x^4-x^3-3ax^2+x+a)\,dx$

$= \int_{-2}^2 (-x^3+x)\,dx + \int_{-2}^2 (5x^4-3ax^2+a)\,dx$

$= 0 + 2\int_0^2 (5x^4-3ax^2+a)\,dx$

$= 2\left[x^5-ax^3+ax \right]_0^2$

$= 2(32-6a)=16$

$32-6a=8,\ 6a=24$

$\therefore a=4$

0688

답 12

$f(-x)=f(x)$이므로 함수 $f(x)$는 우함수이다.
즉, 두 함수 $x^3 f(x)$, $xf(x)$는 기함수이다.

$$\therefore \int_{-1}^{1}(-x^3+5x+3)f(x)\,dx$$

$$=\int_{-1}^{1}\{-x^3 f(x)\}\,dx+\int_{-1}^{1}5xf(x)\,dx+\int_{-1}^{1}3f(x)\,dx$$

$$=0+0+2\int_{0}^{1}3f(x)\,dx$$

$$=6\int_{0}^{1}f(x)\,dx$$

$$=6\times 2=12$$

일반적으로 우함수와 기함수에 대하여 다음이 성립한다.
(1) (우함수)×(우함수)=(우함수)
(2) (우함수)×(기함수)=(기함수)
(3) (기함수)×(기함수)=(우함수)

0689

답 6

$f(x)=ax+b$ (a, b는 상수, $a\neq 0$)라 하면

$$\int_{-2}^{2}xf(x)\,dx=\int_{-2}^{2}(ax^2+bx)\,dx$$

$$=2a\int_{0}^{2}x^2\,dx$$

$$=2a\left[\frac{1}{3}x^3\right]_{0}^{2}$$

$$=2a\times\frac{8}{3}=\frac{16}{3}a=-8$$

$$\therefore a=-\frac{3}{2}$$

$$\int_{-2}^{2}x^2 f(x)\,dx=\int_{-2}^{2}(ax^3+bx^2)\,dx$$

$$=2b\int_{0}^{2}x^2\,dx$$

$$=2b\left[\frac{1}{3}x^3\right]_{0}^{2}$$

$$=2b\times\frac{8}{3}=\frac{16}{3}b=16$$

$$\therefore b=3$$

따라서 $f(x)=-\dfrac{3}{2}x+3$이므로

$$f(-2)=3+3=6$$

0690

답 ②

$$\int_{-2}^{2}|x|(x^2+4x-3)\,dx=\int_{-2}^{2}(x^2|x|+4x|x|-3|x|)\,dx$$

$$=2\int_{0}^{2}(x^2|x|-3|x|)\,dx$$

$$=2\int_{0}^{2}(x^3-3x)\,dx$$

$$=2\left[\frac{1}{4}x^4-\frac{3}{2}x^2\right]_{0}^{2}=-4$$

함수 $f(x)=|x|$는 모든 실수 x에 대하여 $f(-x)=f(x)$이므로 우함수이다.

0691

답 ④

$f(x)-f(-x)=0$에서 $f(-x)=f(x)$이므로 함수 $f(x)$는 우함수이다.

$g(x)+g(-x)=0$에서 $g(-x)=-g(x)$이므로 함수 $g(x)$는 기함수이다.

$$\therefore \int_{-2}^{2}\{4f(x)-3g(x)\}\,dx=\int_{-2}^{2}4f(x)\,dx+\int_{-2}^{2}\{-3g(x)\}\,dx$$

$$=2\int_{0}^{2}4f(x)\,dx+0$$

$$=8\int_{-2}^{0}f(x)\,dx$$

$$=8\times 3=24$$

0692

답 ③

조건 ㈎에서 모든 실수 x에 대하여 $f(-x)=f(x)$이므로 함수 $f(x)$는 우함수이다.

조건 ㈏에서 $\displaystyle\int_{-10}^{5}f(x)\,dx=8$, $\displaystyle\int_{5}^{10}f(x)\,dx=2$이므로

$$\int_{-10}^{5}f(x)\,dx+\int_{5}^{10}f(x)\,dx=10$$

$$\int_{-10}^{10}f(x)\,dx=10,\ 2\int_{0}^{10}f(x)\,dx=10$$

$$\therefore \int_{0}^{10}f(x)\,dx=5$$

$$\therefore \int_{0}^{5}f(x)\,dx=\int_{0}^{10}f(x)\,dx-\int_{5}^{10}f(x)\,dx=5-2=3$$

0693

답 ②

$f(x)=-f(-x)$에서 $f(-x)=-f(x)$이므로 함수 $f(x)$는 기함수이다.

$\displaystyle\int_{-4}^{7}f(x)\,dx=2\int_{0}^{7}f(x)\,dx-1$에서

$$\int_{-4}^{0}f(x)\,dx+\int_{0}^{7}f(x)\,dx=2\int_{0}^{7}f(x)\,dx-1$$

$$-\int_{0}^{4}f(x)\,dx=\int_{0}^{7}f(x)\,dx-1$$

$$-3=\int_{0}^{7}f(x)\,dx-1$$

$$\therefore \int_{0}^{7}f(x)\,dx=-2$$

0694

답 12

조건 ㈎에서 함수 $f(x)$는 기함수이고 최고차항의 계수가 1인 삼차함수이므로 $f(x)=x^3+ax$ (a는 상수)라 하자.

❶

$$\int_{-1}^{1} xf(x)\,dx = \int_{-1}^{1} (x^4 + ax^2)\,dx$$
$$= 2\int_{0}^{1} (x^4 + ax^2)\,dx$$
$$= 2\left[\frac{1}{5}x^5 + \frac{a}{3}x^3\right]_{0}^{1}$$
$$= 2\left(\frac{1}{5} + \frac{a}{3}\right)$$
$$= \frac{2}{3}a + \frac{2}{5} = \frac{26}{15}$$

$\dfrac{2}{3}a = \dfrac{4}{3}$ $\quad \therefore a = 2$

따라서 $f(x) = x^3 + 2x$이므로

·· ❷

$f(2) = 8 + 4 = 12$

·· ❸

채점 기준	배점
❶ 조건 ㈎를 이용하여 함수 $f(x)$의 식 세우기	20%
❷ 함수 $f(x)$ 구하기	70%
❸ $f(2)$의 값 구하기	10%

함수 $y = f(x)$의 그래프가 원점에 대하여 대칭이면 모든 실수 x에 대하여 $f(-x) = -f(x)$이고 함수 $f(x)$는 기함수이다.

유형 07 주기함수의 정적분

0695

답 ③

함수 $f(x)$가 모든 실수 x에 대하여 $f(x+3) = f(x)$이므로
$$\int_{-1}^{8} f(x)\,dx = \int_{-1}^{2} f(x)\,dx + \int_{2}^{5} f(x)\,dx + \int_{5}^{8} f(x)\,dx$$
$$= \int_{-1}^{2} f(x)\,dx + \int_{-1}^{2} f(x)\,dx + \int_{-1}^{2} f(x)\,dx$$
$$= 3\int_{-1}^{2} f(x)\,dx$$
$$= 3 \times 2 = 6$$

0696

답 2

함수 $f(x)$가 모든 실수 x에 대하여 $f(x) = f(x-2)$이므로
$$\int_{-2}^{7} f(x)\,dx = \int_{0}^{9} f(x)\,dx$$
$$= \int_{0}^{5} f(x)\,dx + \int_{5}^{9} f(x)\,dx$$
$$= \int_{0}^{5} f(x)\,dx + \int_{-1}^{3} f(x)\,dx$$
$$= 3 + (-1) = 2$$

0697

답 ②

조건 ㈎에서 함수 $f(x)$가 모든 실수 x에 대하여 $f(x) = f(x+2)$
이므로

$$\int_{1}^{10} f(x)\,dx = \int_{1}^{3} f(x)\,dx + \int_{3}^{5} f(x)\,dx + \int_{5}^{7} f(x)\,dx$$
$$+ \int_{7}^{9} f(x)\,dx + \int_{9}^{10} f(x)\,dx$$
$$= \int_{-1}^{1} f(x)\,dx + \int_{-1}^{1} f(x)\,dx + \int_{-1}^{1} f(x)\,dx$$
$$+ \int_{-1}^{1} f(x)\,dx + \int_{-1}^{0} f(x)\,dx$$
$$= 4\int_{-1}^{1} f(x)\,dx + \int_{-1}^{0} f(x)\,dx \quad \cdots\cdots \;\bigcirc$$

조건 ㈏에서 $-1 \leq x \leq 1$일 때, $f(x) = 3x^2 - 2$이므로
$$\int_{-1}^{1} f(x)\,dx = \int_{-1}^{1} (3x^2 - 2)\,dx$$
$$= 2\int_{0}^{1} (3x^2 - 2)\,dx$$
$$= 2\left[x^3 - 2x\right]_{0}^{1} = 2 \times (-1) = -2$$
$$\int_{-1}^{0} f(x)\,dx = \int_{-1}^{0} (3x^2 - 2)\,dx$$
$$= \left[x^3 - 2x\right]_{-1}^{0} = 0 - 1 = -1$$

따라서 $\bigcirc$에서
$$4\int_{-1}^{1} f(x)\,dx + \int_{-1}^{0} f(x)\,dx = 4 \times (-2) + (-1) = -9$$

유형 08 정적분을 포함한 등식 – 위끝, 아래끝이 상수인 경우

0698

답 ④

$\displaystyle\int_{0}^{1} f(t)\,dt = k$ (k는 상수)로 놓으면

$f(x) = 3x^2 - 4x + 2k$이므로
$$\int_{0}^{1} f(t)\,dt = \int_{0}^{1} (3t^2 - 4t + 2k)\,dt$$
$$= \left[t^3 - 2t^2 + 2kt\right]_{0}^{1}$$
$$= -1 + 2k = k$$

$\therefore k = 1$

따라서 $f(x) = 3x^2 - 4x + 2$이므로
$f(2) = 12 - 8 + 2 = 6$

0699

답 ⑤

$\displaystyle\int_{0}^{2} f(t)\,dt = k$ (k는 상수)로 놓으면

$f(x) = |x-1| - k$이므로
$$\int_{0}^{2} f(t)\,dt = \int_{0}^{2} (|t-1| - k)\,dt$$
$$= \int_{0}^{1} (-t+1-k)\,dt + \int_{1}^{2} (t-1-k)\,dt$$
$$= \left[-\frac{1}{2}t^2 + t - kt\right]_{0}^{1} + \left[\frac{1}{2}t^2 - t - kt\right]_{1}^{2}$$
$$= \left(\frac{1}{2} - k\right) + \left(\frac{1}{2} - k\right)$$
$$= 1 - 2k = k$$

$3k=1 \qquad \therefore k=\dfrac{1}{3}$

따라서 $f(x)=|x-1|-\dfrac{1}{3}$이므로

$f(-1)=2-\dfrac{1}{3}=\dfrac{5}{3}$

0700

답 4

$\displaystyle\int_0^1 t f'(t)\,dt=k$ (k는 상수)로 놓으면

$f(x)=-3x^2+6x+k$이므로

$f'(x)=-6x+6$

$\displaystyle\therefore \int_0^1 t f'(t)\,dt=\int_0^1 t(-6t+6)\,dt$

$\displaystyle\qquad\qquad\quad =\int_0^1 (-6t^2+6t)\,dt$

$\displaystyle\qquad\qquad\quad =\Big[-2t^3+3t^2\Big]_0^1$

$\qquad\qquad\quad =1=k$

────────────────────── ❶

따라서

$f(x)=-3x^2+6x+1$

$\qquad =-3(x-1)^2+4$

이므로 함수 $f(x)$의 최댓값은 $x=1$일 때 4이다.

────────────────────── ❷

채점 기준	배점
❶ $\displaystyle\int_0^1 t f'(t)\,dt$의 값 구하기	70%
❷ 함수 $f(x)$의 최댓값 구하기	30%

0701

답 2

$f(x)=3x^2+\displaystyle\int_0^1 (-2x+6)f(t)\,dt$

$\qquad =3x^2-(2x-6)\displaystyle\int_0^1 f(t)\,dt$

$\displaystyle\int_0^1 f(t)\,dt=k$ (k는 상수)로 놓으면

$f(x)=3x^2-(2x-6)k$이므로

$\displaystyle\int_0^1 f(t)\,dt=\int_0^1 (3t^2-2kt+6k)\,dt$

$\qquad\qquad\quad =\Big[t^3-kt^2+6kt\Big]_0^1$

$\qquad\qquad\quad =5k+1=k$

$4k=-1 \qquad \therefore k=-\dfrac{1}{4}$

따라서 $f(x)=3x^2+\dfrac{1}{2}x-\dfrac{3}{2}$이므로

$f(1)=3+\dfrac{1}{2}-\dfrac{3}{2}=2$

0702

답 ④

$f(x)=4x-\displaystyle\int_0^1 f(t)\,dt+\int_0^3 f(t)\,dt$

$\qquad =4x+\Big\{\displaystyle\int_1^0 f(t)\,dt+\int_0^3 f(t)\,dt\Big\}$

$\qquad =4x+\displaystyle\int_1^3 f(t)\,dt$

$\displaystyle\int_1^3 f(t)\,dt=k$ (k는 상수)로 놓으면

$f(x)=4x+k$이므로

$\displaystyle\int_1^3 f(t)\,dt=\int_1^3 (4t+k)\,dt$

$\qquad\qquad\quad =\Big[2t^2+kt\Big]_1^3$

$\qquad\qquad\quad =(18+3k)-(2+k)$

$\qquad\qquad\quad =16+2k=k$

$\therefore k=-16$

따라서 $f(x)=4x-16$이므로

$\displaystyle\int_0^2 f(x)\,dx=\int_0^2 (4x-16)\,dx=\Big[2x^2-16x\Big]_0^2$

$\qquad\qquad\quad =8-32=-24$

0703

답 ③

$\displaystyle\int_1^x t f(t)\,dt=2x^3-ax^2-4 \qquad \cdots\cdots ㉠$

㉠의 양변에 $x=1$을 대입하면

$0=2-a-4 \qquad \therefore a=-2$

㉠의 양변을 x에 대하여 미분하면

$xf(x)=6x^2+4x\;(\because a=-2) \qquad \therefore f(x)=6x+4$

$\therefore f(2)=12+4=16$

0704

답 304

$\displaystyle\int_0^x f(t)\,dt=x^3+4x$의 양변을 x에 대하여 미분하면

$f(x)=3x^2+4$

$\therefore f(10)=300+4=304$

0705

답 ①

$\displaystyle\int_2^x f(t)\,dt=2x^3-3x^2+\int_0^1 \dfrac{2}{3}xf(t)\,dt$에서

$\displaystyle\int_2^x f(t)\,dt=2x^3-3x^2+\dfrac{2}{3}x\int_0^1 f(t)\,dt \qquad \cdots\cdots ㉠$

이때 $\displaystyle\int_0^1 f(t)\,dt=k$ (k는 상수)로 놓고

㉠의 양변에 $x=2$를 대입하면

$0=16-12+\dfrac{4}{3}k \qquad \therefore k=-3$

㉠의 양변을 x에 대하여 미분하면

$$f(x)=6x^2-6x-2\left(\because \int_0^1 f(t)\,dt=-3\right)$$

$$\therefore f(1)=6-6-2=-2$$

0706

답 ④

$$\int_{-1}^{x} f(t)\,dt=x^3+ax^2-(a+2)x+5 \quad \cdots\cdots ㉠$$

㉠의 양변에 $x=-1$을 대입하면

$$0=-1+a+(a+2)+5,\ 2a+6=0$$

$$\therefore a=-3$$

㉠의 양변을 x에 대하여 미분하면

$$f(x)=3x^2-6x+1\ (\because a=-3)$$

따라서 $f'(x)=6x-6$이므로

$$\lim_{h\to 0}\frac{f(-1+h)-f(-1-h)}{h}$$

$$=\lim_{h\to 0}\frac{f(-1+h)-f(-1)-f(-1-h)+f(-1)}{h}$$

$$=\lim_{h\to 0}\left\{\frac{f(-1+h)-f(-1)}{h}+\frac{f(-1-h)-f(-1)}{-h}\right\}$$

$$=f'(-1)+f'(-1)=2f'(-1)$$

$$=2\times(-12)=-24$$

0707

답 2

$$xf(x)=\frac{2}{3}x^3-x^2+\int_1^x f(t)\,dt \quad \cdots\cdots ㉠$$

㉠의 양변에 $x=1$을 대입하면

$$f(1)=\frac{2}{3}-1=-\frac{1}{3} \quad \cdots\cdots ㉡$$

㉠의 양변을 x에 대하여 미분하면

$$f(x)+xf'(x)=2x^2-2x+f(x)$$

$$xf'(x)=2x^2-2x \quad \therefore f'(x)=2x-2$$

$$\therefore f(x)=\int f'(x)\,dx$$

$$=\int(2x-2)\,dx$$

$$=x^2-2x+C\ (C\text{는 적분상수})$$

이때 ㉡에서

$$1-2+C=-\frac{1}{3} \quad \therefore C=\frac{2}{3}$$

$$\therefore f(x)=x^2-2x+\frac{2}{3}$$

방정식 $f(k)=\dfrac{2}{3}$에서 $k^2-2k+\dfrac{2}{3}=\dfrac{2}{3}$

$$k^2-2k=0,\ k(k-2)=0$$

$$\therefore k=0 \text{ 또는 } k=2$$

따라서 구하는 모든 실수 k의 값의 합은

$$0+2=2$$

0708

답 4

$$\int_1^x \left\{\frac{d}{dt}f(t)\right\}dt=-3x^2+ax+1 \quad \cdots\cdots ㉠$$

㉠의 양변에 $x=1$을 대입하면

$$0=-3+a+1 \quad \therefore a=2$$

한편, $\dfrac{d}{dt}f(t)=f'(t)$이므로

$$\int_1^x \left\{\frac{d}{dt}f(t)\right\}dt=\int_1^x f'(t)\,dt$$

$$=\Big[f(t)\Big]_1^x$$

$$=f(x)-f(1) \quad \cdots\cdots ㉡$$

㉠$=$㉡에서

$$f(x)-f(1)=-3x^2+2x+1\ (\because a=2)$$

이므로

$$f(x)=-3x^2+2x+4\ (\because f(1)=3)$$

$$\therefore \int_0^1 f(x)\,dx=\int_0^1(-3x^2+2x+4)\,dx$$

$$=\Big[-x^3+x^2+4x\Big]_0^1=4$$

0709

답 ②

$$\int_1^x f(t)\,dt=2x^3-3x^2+xf(x) \quad \cdots\cdots ㉠$$

㉠의 양변에 $x=1$을 대입하면

$$0=2-3+f(1) \quad \therefore f(1)=1 \quad \cdots\cdots ㉡$$

㉠의 양변을 x에 대하여 미분하면

$$f(x)=6x^2-6x+f(x)+xf'(x)$$

$$xf'(x)=-6x^2+6x \quad \therefore f'(x)=-6x+6$$

$$\therefore f(x)=\int f'(x)\,dx$$

$$=\int(-6x+6)\,dx$$

$$=-3x^2+6x+C\ (C\text{는 적분상수})$$

이때 ㉡에서

$$-3+6+C=1 \quad \therefore C=-2$$

따라서 $f(x)=-3x^2+6x-2$이므로

$$f(-1)=-3-6-2=-11$$

정적분을 포함한 등식
- 위끝 또는 아래끝과 피적분함수에 변수가 있는 경우

0710

답 ⑤

$$\int_1^x (x-t)f(t)\,dt=2x^3-ax^2+1 \quad \cdots\cdots ㉠$$

㉠의 양변에 $x=1$을 대입하면

$$0=2-a+1 \quad \therefore a=3$$

㉠에서

$$x\int_1^x f(t)\,dt-\int_1^x tf(t)\,dt=2x^3-3x^2+1\ (\because a=3)$$

위의 식의 양변을 x에 대하여 미분하면

$$\int_1^x f(t)\,dt+xf(x)-xf(x)=6x^2-6x$$

$$\therefore \int_1^x f(t)\,dt=6x^2-6x$$

$$\therefore \int_1^a f(x)\,dx=\int_1^3 f(x)\,dx=6\times 9-6\times 3=36$$

0711 <답 10>

$\int_0^x (x-t)f'(t)\,dt = x^4 - 2x^3$에서

$x\int_0^x f'(t)\,dt - \int_0^x tf'(t)\,dt = x^4 - 2x^3$

위의 식의 양변을 x에 대하여 미분하면

$\int_0^x f'(t)\,dt + xf'(x) - xf'(x) = 4x^3 - 6x^2$

$\int_0^x f'(t)\,dt = 4x^3 - 6x^2$

$\left[f(t) \right]_0^x = 4x^3 - 6x^2$

$f(x) - f(0) = 4x^3 - 6x^2$

이때 $f(0)=2$이므로

$f(x) = 4x^3 - 6x^2 + 2$

$\therefore f(2) = 32 - 24 + 2 = 10$

0712 <답 0>

$\int_{-1}^x (t-x)f(t)\,dt = x^3 + ax^2 - 9x - 5$ $\qquad \cdots\cdots$ ㉠

㉠의 양변에 $x=-1$을 대입하면

$0 = -1 + a + 9 - 5$ $\qquad \therefore a = -3$

---❶

㉠에서

$\int_{-1}^x tf(t)\,dt - x\int_{-1}^x f(t)\,dt = x^3 - 3x^2 - 9x - 5 \ (\because a=-3)$

위의 식의 양변을 x에 대하여 미분하면

$xf(x) - \int_{-1}^x f(t)\,dt - xf(x) = 3x^2 - 6x - 9$

$\therefore \int_{-1}^x f(t)\,dt = -3x^2 + 6x + 9$

위의 식의 양변을 x에 대하여 미분하면

$f(x) = -6x + 6$

---❷

$\therefore f(1) = -6 + 6 = 0$

---❸

채점 기준	배점
❶ 상수 a의 값 구하기	30%
❷ 함수 $f(x)$ 구하기	60%
❸ $f(1)$의 값 구하기	10%

0713 <답 ③>

$\int_a^x (x-t)f(t)\,dt = x^3 - ax^2 + 2ax - 8$ $\qquad \cdots\cdots$ ㉠

㉠의 양변에 $x=a$를 대입하면

$0 = a^3 - a^3 + 2a^2 - 8,\ 2a^2 - 8 = 0$

$2(a+2)(a-2) = 0$ $\qquad \therefore a = -2$ 또는 $a = 2$ $\qquad \cdots\cdots$ ㉡

㉠에서

$x\int_a^x f(t)\,dt - \int_a^x tf(t)\,dt = x^3 - ax^2 + 2ax - 8$

위의 식의 양변을 x에 대하여 미분하면

$\int_a^x f(t)\,dt + xf(x) - xf(x) = 3x^2 - 2ax + 2a$

$\therefore \int_a^x f(t)\,dt = 3x^2 - 2ax + 2a$ $\qquad \cdots\cdots$ ㉢

㉢의 양변에 $x=a$를 대입하면

$0 = 3a^2 - 2a^2 + 2a,\ a^2 + 2a = 0$

$a(a+2) = 0$ $\qquad \therefore a = -2$ 또는 $a = 0$ $\qquad \cdots\cdots$ ㉣

㉡, ㉣을 동시에 만족시키는 a의 값은

$a = -2$

㉢의 양변을 x에 대하여 미분하면

$f(x) = 6x + 4 \ (\because a = -2)$

$\therefore f(a) = f(-2) = -12 + 4 = -8$

단서가 부족한 경우 주어진 식을 미분하여 정리한 후 정적분 값이 0이 되도록 하는 x의 값을 대입해 본다.

0714 <답 8>

$f(x) = x^2 - 2x + \int_0^x (x-t)f'(t)\,dt$ $\qquad \cdots\cdots$ ㉠

㉠의 양변에 $x=0$을 대입하면

$f(0) = 0$

㉠에서

$f(x) = x^2 - 2x + x\int_0^x f'(t)\,dt - \int_0^x tf'(t)\,dt$

위의 식의 양변을 x에 대하여 미분하면

$f'(x) = 2x - 2 + \int_0^x f'(t)\,dt + xf'(x) - xf'(x)$

$\qquad = 2x - 2 + \int_0^x f'(t)\,dt$

$\qquad = 2x - 2 + \left[f(t) \right]_0^x$

$\qquad = 2x - 2 + f(x) - f(0)$

$\qquad = 2x - 2 + f(x) \ (\because f(0)=0)$

따라서 $f'(x) - f(x) = 2x - 2$이므로

$f'(5) - f(5) = 10 - 2 = 8$

0715 <답 ③>

$\int_0^x (x-2t)f(t)\,dt = \dfrac{1}{5}x^5 - \dfrac{1}{2}x^4 + ax^3$에서

$x\int_0^x f(t)\,dt - 2\int_0^x tf(t)\,dt = \dfrac{1}{5}x^5 - \dfrac{1}{2}x^4 + ax^3$

위의 식의 양변을 x에 대하여 미분하면

$\int_0^x f(t)\,dt + xf(x) - 2xf(x) = x^4 - 2x^3 + 3ax^2$

$\therefore \int_0^x f(t)\,dt - xf(x) = x^4 - 2x^3 + 3ax^2$

위의 식의 양변을 x에 대하여 미분하면

$f(x) - f(x) - xf'(x) = 4x^3 - 6x^2 + 6ax$

$-xf'(x) = 4x^3 - 6x^2 + 6ax$

$\therefore f'(x) = -4x^2 + 6x - 6a$

$$\therefore f(x)=\int f'(x)\,dx$$
$$=\int(-4x^2+6x-6a)\,dx$$
$$=-\frac{4}{3}x^3+3x^2-6ax+C \ (C\text{는 적분상수})$$

이때 $f(0)=0$에서 $C=0$

$f(-1)=\dfrac{4}{3}$에서 $\dfrac{4}{3}+3+6a=\dfrac{4}{3}$ $\qquad \therefore a=-\dfrac{1}{2}$

따라서 $f(x)=-\dfrac{4}{3}x^3+3x^2+3x$이므로

$$f(3)=-36+27+9=0$$

정적분으로 정의된 함수의 극대, 극소

0716
답 ③

$f(x)=\displaystyle\int_0^x(t^2-t-2)\,dt$의 양변을 x에 대하여 미분하면

$f'(x)=x^2-x-2=(x+1)(x-2)$

$f'(x)=0$에서 $x=-1$ 또는 $x=2$

함수 $f(x)$의 증가와 감소를 표로 나타내면 다음과 같다.

x	$\cdots$	-1	$\cdots$	2	$\cdots$
$f'(x)$	$+$	0	$-$	0	$+$
$f(x)$	$\nearrow$	극대	$\searrow$	극소	$\nearrow$

따라서 함수 $f(x)$는 $x=-1$에서 극대, $x=2$에서 극소이므로

$a=f(-1)=\displaystyle\int_0^{-1}(t^2-t-2)\,dt=\left[\dfrac{1}{3}t^3-\dfrac{1}{2}t^2-2t\right]_0^{-1}=\dfrac{7}{6}$

$b=f(2)=\displaystyle\int_0^{2}(t^2-t-2)\,dt=\left[\dfrac{1}{3}t^3-\dfrac{1}{2}t^2-2t\right]_0^{2}=-\dfrac{10}{3}$

$\therefore a+b=\dfrac{7}{6}+\left(-\dfrac{10}{3}\right)=-\dfrac{13}{6}$

0717
답 -5

$f(x)=\displaystyle\int_0^x(-3t^2+at+b)\,dt$의 양변을 x에 대하여 미분하면

$f'(x)=-3x^2+ax+b$

함수 $f(x)$가 $x=3$에서 극댓값 27을 가지므로

$f'(3)=0$에서 $-27+3a+b=0$

$\therefore 3a+b=27$ $\qquad \cdots\cdots$ ㉠

$f(3)=27$에서

$\displaystyle\int_0^3(-3t^2+at+b)\,dt=\left[-t^3+\dfrac{1}{2}at^2+bt\right]_0^3$
$$=-27+\dfrac{9}{2}a+3b=27$$

$\therefore 3a+2b=36$ $\qquad \cdots\cdots$ ㉡

㉠, ㉡을 연립하여 풀면 $a=6$, $b=9$

$\therefore f'(x)=-3x^2+6x+9=-3(x+1)(x-3)$

$f'(x)=0$에서 $x=-1$ 또는 $x=3$

함수 $f(x)$의 증가와 감소를 표로 나타내면 다음과 같다.

x	$\cdots$	-1	$\cdots$	3	$\cdots$
$f'(x)$	$-$	0	$+$	0	$-$
$f(x)$	$\searrow$	극소	$\nearrow$	극대	$\searrow$

따라서 함수 $f(x)$는 $x=-1$에서 극소이므로 극솟값은

$f(-1)=\displaystyle\int_0^{-1}(-3t^2+6t+9)\,dt=\left[-t^3+3t^2+9t\right]_0^{-1}=-5$

0718
답 8

조건 ㈎의 $\displaystyle\int_0^x tf'(t)\,dt=\dfrac{2}{3}x^3+kx^2$의 양변을 x에 대하여 미분하면

$xf'(x)=2x^2+2kx$

$\therefore f'(x)=2x+2k$

조건 ㈏에서 함수 $f(x)$가 $x=-1$에서 극솟값 4를 가지므로

$f'(-1)=0$에서 $-2+2k=0$

$\therefore k=1$

또한

$f(x)=\displaystyle\int f'(x)\,dx=\int(2x+2)\,dx$
$$=x^2+2x+C \ (C\text{는 적분상수})$$

이므로 $f(-1)=4$에서

$1-2+C=4$ $\qquad \therefore C=5$

따라서 $f(x)=x^2+2x+5$이므로

$f(1)=1+2+5=8$

0719
답 5

$F(x)=\displaystyle\int_0^x f(t)\,dt$의 양변을 x에 대하여 미분하면

$F'(x)=f(x)$

이때 함수 $F(x)$는 최고차항의 계수가 양수인 삼차함수이므로 함수 $F(x)$가 극값을 갖지 않으려면 $F'(x)=f(x)\geq 0$이어야 한다.

방정식 $f(x)=0$, 즉 $x^2+2kx+4=0$의 판별식을 D라 하면

$\dfrac{D}{4}=k^2-4\leq 0,\ (k+2)(k-2)\leq 0$

$\therefore -2\leq k\leq 2$

따라서 구하는 정수 k는 -2, -1, 0, 1, 2의 5개이다.

삼차함수가 극값을 가질 조건

(1) 삼차함수 $f(x)$가 극값을 가질 조건
이차방정식 $f'(x)=0$이 서로 다른 두 실근을 갖는다.
➡ 이차방정식 $f'(x)=0$의 판별식 $D>0$

(2) 삼차함수 $f(x)$가 극값을 갖지 않을 조건
이차방정식 $f'(x)=0$이 중근 또는 허근을 갖는다.
➡ 이차방정식 $f'(x)=0$의 판별식 $D\leq 0$

0720
답 17

$F(x)=\displaystyle\int_0^x f(t)\,dt$의 양변을 x에 대하여 미분하면

$F'(x)=f(x)=\dfrac{1}{3}x^3-9x+k$

$f'(x)=x^2-9=(x+3)(x-3)$

$f'(x)=0$에서 $x=-3$ 또는 $x=3$

함수 $f(x)$의 증가와 감소를 표로 나타내면 다음과 같다.

x	$\cdots$	-3	$\cdots$	3	$\cdots$
$f'(x)$	$+$	0	$-$	0	$+$
$f(x)$	$\nearrow$	극대	$\searrow$	극소	$\nearrow$

이때 함수 $F(x)$는 최고차항의 계수가 양수인 사차함수이므로 함수 $F(x)$가 극댓값을 가지려면 방정식 $f(x)=0$이 서로 다른 세 실근을 가져야 한다.

즉, 함수 $f(x)$의 (극댓값)$\times$(극솟값)<0이어야 하므로

$f(-3)f(3)<0$, $(k+18)(k-18)<0$

$\therefore -18<k<18$

따라서 자연수 k의 최댓값은 17이다.

최고차항의 계수가 양수이고, 극댓값을 갖는 사차함수 $f(x)$에 대하여 그 도함수인 삼차함수 $y=f'(x)$의 그래프의 개형은 다음 그림과 같다.

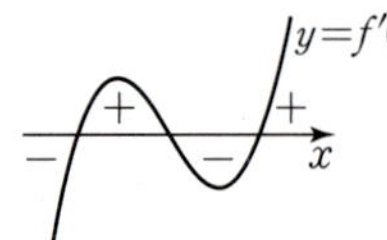

즉, 최고차항의 계수가 양수인 사차함수가 극댓값을 갖기 위한 필요충분조건은 삼차방정식 $f'(x)=0$이 서로 다른 세 실근을 갖는 것이므로 $f'(x)$의 (극댓값)$\times$(극솟값)<0이어야 한다.

유형 12 정적분으로 정의된 함수의 최대, 최소

0721

답 ②

$f(x)=\int_1^x (t^2-8t+12)\,dt$의 양변을 x에 대하여 미분하면

$f'(x)=x^2-8x+12=(x-2)(x-6)$

$f'(x)=0$에서 $x=2$ $(\because 0\le x\le5)$

닫힌구간 $[0,\ 5]$에서 함수 $f(x)$의 증가와 감소를 표로 나타내면 다음과 같다.

x	0	$\cdots$	2	$\cdots$	5
$f'(x)$		$+$	0	$-$	
$f(x)$	$f(0)$	$\nearrow$	$f(2)$	$\searrow$	$f(5)$

따라서 함수 $f(x)$는 $x=2$에서 극대이면서 최대이므로 최댓값은

$$f(2)=\int_1^2 (t^2-8t+12)\,dt=\left[\frac{1}{3}t^3-4t^2+12t\right]_1^2$$
$$=\frac{32}{3}-\frac{25}{3}=\frac{7}{3}$$

0722

답 -6

$\int_0^x (x-t)f(t)\,dt=\frac{1}{2}x^4+2x^3$에서

$x\int_0^x f(t)\,dt-\int_0^x tf(t)\,dt=\frac{1}{2}x^4+2x^3$

위의 식의 양변을 x에 대하여 미분하면

$\int_0^x f(t)\,dt+xf(x)-xf(x)=2x^3+6x^2$

$\therefore \int_0^x f(t)\,dt=2x^3+6x^2$

위의 식의 양변을 x에 대하여 미분하면

$f(x)=6x^2+12x=6(x+1)^2-6$

따라서 함수 $f(x)$는 $x=-1$에서 최솟값 -6을 갖는다.

0723

답 ②

$f(x)=\int_0^x (t^2-2t-3)\,dt$의 양변을 x에 대하여 미분하면

$f'(x)=x^2-2x-3=(x+1)(x-3)$

$f'(x)=0$에서 $x=-1$ 또는 $x=3$

$a>3$이므로 $0\le x\le a$에서 함수 $f(x)$의 증가와 감소를 표로 나타내면 다음과 같다.

x	0	$\cdots$	3	$\cdots$	a
$f'(x)$		$-$	0	$+$	
$f(x)$	$f(0)$	$\searrow$	$f(3)$	$\nearrow$	$f(a)$

따라서 함수 $f(x)$는 $x=3$에서 극소이면서 최소이고, 최댓값은 $f(0)$, $f(a)$ 중 큰 값이다.

이때

$f(0)=\int_0^0 (t^2-2t-3)\,dt=0,$

$f(3)=\int_0^3 (t^2-2t-3)\,dt=\left[\frac{1}{3}t^3-t^2-3t\right]_0^3=-9,$

$f(a)=\int_0^a (t^2-2t-3)\,dt=\left[\frac{1}{3}t^3-t^2-3t\right]_0^a=\frac{1}{3}a^3-a^2-3a$

이고, 최댓값과 최솟값의 차가 $\frac{32}{3}$이므로 $f(a)-f(3)=\frac{32}{3}$이어야 한다.

$\left(\frac{1}{3}a^3-a^2-3a\right)-(-9)=\frac{32}{3}$

$\frac{1}{3}a^3-a^2-3a-\frac{5}{3}=0$, $a^3-3a^2-9a-5=0$

$(a+1)^2(a-5)=0$ $\quad \therefore a=5\ (\because a>3)$

0724

답 ④

$g(x)=\int_0^x (x-t)f'(t)\,dt$에서

$g(x)=x\int_0^x f'(t)\,dt-\int_0^x tf'(t)\,dt$ $\quad\cdots\cdots$ ㉠

㉠의 양변에 $x=0$을 대입하면

$g(0)=0$

㉠의 양변을 x에 대하여 미분하면

$g'(x)=\int_0^x f'(t)\,dt+xf'(x)-xf'(x)$
$=\int_0^x f'(t)\,dt=\left[f(t)\right]_0^x$
$=f(x)-f(0)$
$=(-x^2+2x-2)-(-2)$
$=-x^2+2x=-x(x-2)$

$$g(x)=\int g'(x)\,dx=\int(-x^2+2x)\,dx$$

$$=-\frac{1}{3}x^3+x^2+C\ (C\text{는 적분상수})$$

$g(0)=0$에서 $C=0$이므로

$$g(x)=-\frac{1}{3}x^3+x^2$$

$g'(x)=0$에서 $x=0$ 또는 $x=2$

$x\geq0$에서 함수 $g(x)$의 증가와 감소를 표로 나타내면 다음과 같다.

x	0	$\cdots$	2	$\cdots$
$g'(x)$		$+$	0	$-$
$g(x)$	$g(0)$	$\nearrow$	$g(2)$	$\searrow$

따라서 함수 $g(x)$는 $x=2$에서 극대이면서 최대이므로 최댓값은

$$g(2)=-\frac{8}{3}+4=\frac{4}{3}$$

유형 13 정적분으로 정의된 함수의 그래프

0725
답 ②

주어진 그래프에서 이차함수 $F(x)$는 $F(1)=F(2)=0$이고 이차항의 계수가 양수이므로

$$F(x)=a(x-1)(x-2)=a(x^2-3x+2)\ (a>0)$$

라 하면 $\displaystyle\int_1^x f(t)\,dt=a(x^2-3x+2)$

위의 식의 양변을 x에 대하여 미분하면

$$f(x)=a(2x-3)$$

함수 $y=f(x)$의 그래프가 점 $(3,6)$을 지나므로

$f(3)=6$에서 $3a=6$

$\therefore a=2$

따라서 $f(x)=2(2x-3)$이므로

$$f(5)=2\times7=14$$

0726
답 2

주어진 그래프에서 이차함수 $f(x)$는 $f(1)=f(4)=0$이고 이차항의 계수가 음수이므로

$$f(x)=a(x-1)(x-4)\ (a<0)$$

라 하자.

$F(x)=\displaystyle\int_x^{x+1}f(t)\,dt$의 양변을 x에 대하여 미분하면

$$F'(x)=f(x+1)-f(x)$$

$$=ax(x-3)-a(x-1)(x-4)$$

$$=a\{x^2-3x-(x^2-5x+4)\}$$

$$=2a(x-2)$$

$F'(x)=0$에서 $x=2$

$a<0$이므로 함수 $F(x)$의 증가와 감소를 표로 나타내면 다음과 같다.

x	$\cdots$	2	$\cdots$
$F'(x)$	$+$	0	$-$
$F(x)$	$\nearrow$	극대	$\searrow$

따라서 함수 $F(x)$는 $x=2$에서 극대이면서 최대이므로

$$k=2$$

0727
답 4

주어진 그래프에서 이차함수 $f(x)$는 $f(1)=f(3)=0$이고 이차항의 계수가 양수이므로

$$f(x)=a(x-1)(x-3)\ (a>0)$$

이라 하면 $f(0)=3$에서 $3a=3$

$\therefore a=1$

$\therefore f(x)=(x-1)(x-3)=x^2-4x+3$

❶

$F(x)=\displaystyle\int_1^x f(t)\,dt$의 양변을 x에 대하여 미분하면

$$F'(x)=f(x)=(x-1)(x-3)$$

$F'(x)=0$에서 $x=1$ 또는 $x=3$

함수 $F(x)$의 증가와 감소를 표로 나타내면 다음과 같다.

x	$\cdots$	1	$\cdots$	3	$\cdots$
$F'(x)$	$+$	0	$-$	0	$+$
$F(x)$	$\nearrow$	극대	$\searrow$	극소	$\nearrow$

따라서 함수 $F(x)$는 $x=1$에서 극대, $x=3$에서 극소이므로

$$M=F(1)=\int_1^1(t^2-4t+3)\,dt=0$$

$$m=F(3)=\int_1^3(t^2-4t+3)\,dt$$

$$=\left[\frac{1}{3}t^3-2t^2+3t\right]_1^3=0-\frac{4}{3}=-\frac{4}{3}$$

$$\therefore M-3m=0-(-4)=4$$

❷

채점 기준	배점
❶ 함수 $f(x)$ 구하기	50%
❷ $M-3m$의 값 구하기	50%

0728
답 ①

$g(x)=\displaystyle\int_0^x f(t)\,dt$의 양변을 x에 대하여 미분하면

$$g'(x)=f(x)$$

$g'(x)=0$에서 $x=3$ 또는 $x=5$ $(\because 0\leq x\leq5)$

닫힌구간 $[0,\ 5]$에서 함수 $g(x)$의 증가와 감소를 표로 나타내면 다음과 같다.

x	0	$\cdots$	3	$\cdots$	5
$g'(x)$		$+$	0	$-$	
$g(x)$	$g(0)$	$\nearrow$	$g(3)$	$\searrow$	$g(5)$

이때

$$g(0)=\int_0^0 f(t)\,dt=0$$

$$g(3)=\int_0^3 f(t)\,dt=5$$

$$g(5)=\int_0^5 f(t)\,dt=\int_0^3 f(t)\,dt+\int_3^5 f(t)\,dt=5+(-9)=-4$$

따라서 함수 $g(x)$는 $x=3$에서 최댓값 5, $x=5$에서 최솟값 -4를 가지므로 최댓값과 최솟값의 합은

$$5+(-4)=1$$

0729

답 ④

$F(x)=\displaystyle\int_2^x f(t)\,dt$의 양변을 x에 대하여 미분하면

$F'(x)=f(x)$

ㄱ. 주어진 그래프에서 $x=2$인 점에서의 접선의 기울기는 양수이
므로 $F'(2)=f(2)>0$이다. (거짓)

ㄴ. 주어진 그래프에서 함수 $F(x)$는 $x=3$에서 극댓값 4를 가지므
로

$\quad F'(3)=f(3)=0,\ F(3)=4$

$\quad \therefore\ F(3)+f(3)=4+0=4$ (참)

ㄷ. 주어진 그래프에서 $F(4)=0$이므로

$\quad F(4)=\displaystyle\int_2^4 f(t)\,dt=\Big[\,G(t)\,\Big]_2^4=G(4)-G(2)=0$

$\quad\quad \therefore\ G(2)=G(4)$ (참)

따라서 옳은 것은 ㄴ, ㄷ이다.

유형 14 정적분으로 정의된 함수의 극한

0730

답 ②

$f(x)=\displaystyle\int_0^x (6t^2-4t+3)\,dt$의 양변을 x에 대하여 미분하면

$f'(x)=6x^2-4x+3$

$\therefore\ \displaystyle\lim_{x\to 0}\frac{1}{x}\int_0^x f'(t)\,dt=\lim_{x\to 0}\frac{f(x)-f(0)}{x}$

$\qquad\qquad\qquad\qquad\quad =f'(0)=3$

0731

답 ③

$f(x)=x^3-2x+2$라 하고, $f(x)$의 한 부정적분을 $F(x)$라 하면

$\displaystyle\lim_{h\to 0}\frac{1}{h}\int_2^{2+3h}(x^3-2x+2)\,dx=\lim_{h\to 0}\frac{1}{h}\int_2^{2+3h}f(x)\,dx$

$\qquad\qquad =\displaystyle\lim_{h\to 0}\frac{F(2+3h)-F(2)}{h}$

$\qquad\qquad =\displaystyle\lim_{h\to 0}\frac{F(2+3h)-F(2)}{3h}\times 3$

$\qquad\qquad =3F'(2)=3f(2)$

$\qquad\qquad =3\times(8-4+2)=18$

0732

답 ④

$f(x)=x^2-3x+5$에서 $f(x)$의 한 부정적분을 $F(x)$라 하면

$\displaystyle\lim_{x\to 1}\frac{1}{x^3-1}\int_1^x f(t)\,dt=\lim_{x\to 1}\frac{F(x)-F(1)}{x^3-1}$

$\qquad\qquad =\displaystyle\lim_{x\to 1}\left\{\frac{F(x)-F(1)}{x-1}\times\frac{1}{x^2+x+1}\right\}$

$\qquad\qquad =\dfrac{1}{3}F'(1)=\dfrac{1}{3}f(1)$

$\qquad\qquad =\dfrac{1}{3}\times(1-3+5)=1$

0733

답 ③

$f(x)$의 한 부정적분을 $F(x)$라 하면

$\displaystyle\lim_{x\to a}\frac{1}{x-a}\int_a^x f(t)\,dt=\lim_{x\to a}\frac{F(x)-F(a)}{x-a}$

$\qquad\qquad\qquad =F'(a)=f(a)$

따라서 $f(a)=a^3-2a+1$이므로

$f(1)=1-2+1=0$

0734

답 ④

$f(x)=x^3-2x^2+4x+1$에서 $f(x)$의 한 부정적분을 $F(x)$라 하면

$\displaystyle\lim_{x\to 1}\frac{1}{x-1}\int_1^x f(t)\,dt=\lim_{x\to 1}\frac{F(x^3)-F(1)}{x-1}$

$\qquad\qquad =\displaystyle\lim_{x\to 1}\left\{\frac{F(x^3)-F(1)}{x^3-1}\times(x^2+x+1)\right\}$

$\qquad\qquad =3F'(1)=3f(1)$

$\qquad\qquad =3\times(1-2+4+1)=12$

0735

답 2

$f(t)=|t-4a|$라 하고, $f(t)$의 한 부정적분을 $F(t)$라 하면

$\displaystyle\lim_{x\to 0}\frac{1}{x}\int_0^x |t-4a|\,dt=\lim_{x\to 0}\frac{1}{x}\int_0^x f(t)\,dt$

$\qquad\qquad =\displaystyle\lim_{x\to 0}\frac{F(x)-F(0)}{x}$

$\qquad\qquad =F'(0)=f(0)$

$\qquad\qquad =|-4a|$

$\qquad\qquad =4a\ (\because a>0)$ ❶

따라서 $4a=2a^2+a-2$이므로

$2a^2-3a-2=0,\ (2a+1)(a-2)=0$

$\therefore\ a=2\ (\because a>0)$ ❷

채점 기준	배점
❶ 주어진 식의 좌변을 간단히 하기	80%
❷ 양수 a의 값 구하기	20%

0736

답 36

$\displaystyle\lim_{x\to 1}\frac{1}{x-1}\int_{f(1)}^{f(x)} 3t^2\,dt$

$=\displaystyle\lim_{x\to 1}\frac{1}{x-1}\Big[\,t^3\,\Big]_{f(1)}^{f(x)}$

$=\displaystyle\lim_{x\to 1}\frac{\{f(x)\}^3-\{f(1)\}^3}{x-1}$

$=\displaystyle\lim_{x\to 1}\frac{f(x)-f(1)}{x-1}\times\lim_{x\to 1}\left[\,\{f(x)\}^2+f(x)f(1)+\{f(1)\}^2\,\right]$

$=f'(1)\times 3\{f(1)\}^2$

$=3\times 3\times 2^2=36$

> **참고**
>
> 함수 $f(x)$가 실수 전체의 집합에서 미분가능하므로 실수 전체의 집합에
> 서 연속이다. 따라서 함수 $f(x)$는 $x=1$에서 연속이므로
> $\displaystyle\lim_{x\to 1}f(x)=f(1)$이 성립한다.

0737

$$f(x)=\int f'(x)\,dx$$

$$=\int (3x^2+2x-2)\,dx$$

$$=x^3+x^2-2x+C \ (C\text{는 적분상수})$$

$f(0)=1$에서 $C=1$

$$\therefore f(x)=x^3+x^2-2x+1$$

이때 $g(t)=(t+1)f(t)$라 하고, $g(t)$의 한 부정적분을 $G(t)$라 하면

$$\lim_{x\to -2}\frac{1}{x+2}\int_{-2}^{x}(t+1)f(t)\,dt=\lim_{x\to -2}\frac{1}{x+2}\int_{-2}^{x}g(t)\,dt$$

$$=\lim_{x\to -2}\frac{G(x)-G(-2)}{x-(-2)}$$

$$=G'(-2)=g(-2)$$

$$=-f(-2)$$

$$=-(-8+4+4+1)=-1$$

0738

답 18

$f(x)$의 한 부정적분을 $F(x)$라 하면

$$g'(x)=\lim_{h\to 0}\frac{1}{h}\int_{x}^{x+h}f(t)\,dt$$

$$=\lim_{h\to 0}\frac{1}{h}\Big[F(t)\Big]_{x}^{x+h}$$

$$=\lim_{h\to 0}\frac{F(x+h)-F(x)}{h}$$

$$=F'(x)=f(x)$$

즉, $g'(x)=2x-6$이므로

$$g(x)=\int g'(x)\,dx=\int (2x-6)\,dx$$

$$=x^2-6x+C \ (C\text{는 적분상수})$$

$g(2)=-6$에서 $4-12+C=-6$

$$\therefore C=2$$

따라서 $g(x)=x^2-6x+2$이므로

$$g(-2)=4+12+2=18$$

내신 잡는 종합 문제

0739

답 ④

$$\int_0^1 f'(x)\,dx=\int_0^2 f'(x)\,dx=0\text{에서}$$

$$\int_0^1 f'(x)\,dx=\Big[f(x)\Big]_0^1=f(1)-f(0)=0,$$

$$\int_0^2 f'(x)\,dx=\Big[f(x)\Big]_0^2=f(2)-f(0)=0$$

이므로 $f(0)=f(1)=f(2)$이다.

$f(x)$는 최고차항의 계수가 1인 삼차함수이므로

$f(x)=x(x-1)(x-2)+k \ (k\text{는 상수})$라 하면

$f(x)=x^3-3x^2+2x+k$에서

$$f'(x)=3x^2-6x+2$$

$$\therefore f'(1)=3-6+2=-1$$

0740

답 9

함수 $y=f(x)$의 그래프는 함수 $y=4x^3-12x^2$의 그래프를 y축의 방향으로 k만큼 평행이동한 것이므로

$$f(x)=4x^3-12x^2+k$$

$$\int_0^3 f(x)\,dx=\int_0^3 (4x^3-12x^2+k)\,dx$$

$$=\Big[x^4-4x^3+kx\Big]_0^3$$

$$=81-108+3k=-27+3k=0$$

$$\therefore k=9$$

0741

답 ⑤

$\{x^2f(x)\}'=2xf(x)+x^2f'(x)$이므로

$$\int_0^2 x^2f'(x)\,dx+2\int_0^2 xf(x)\,dx=\int_0^2 x^2f'(x)\,dx+\int_0^2 2xf(x)\,dx$$

$$=\int_0^2 \{x^2f'(x)+2xf(x)\}\,dx$$

$$=\Big[x^2f(x)\Big]_0^2$$

$$=4f(2)=20$$

$$\therefore f(2)=5$$

> **참고**
>
> 미분가능한 함수 $f(x),\ g(x)$에 대하여
> $$\int_a^b \{f'(x)g(x)+f(x)g'(x)\}\,dx=\Big[f(x)g(x)\Big]_a^b$$

0742

답 ④

$$f'(x)=\begin{cases}3x^2-6x+4 & (x<1)\\ 6x-5 & (x\geq 1)\end{cases}\text{에서}$$

$$f(x)=\begin{cases}x^3-3x^2+4x+C_1 & (x<1)\\ 3x^2-5x+C_2 & (x\geq 1)\end{cases}(C_1,\ C_2\text{는 적분상수})$$

$f(0)=0$에서 $C_1=0$

또한 함수 $f(x)$가 실수 전체의 집합에서 연속이므로 $x=1$에서 연속이다.

즉, $\displaystyle\lim_{x\to 1-}f(x)=\lim_{x\to 1+}f(x)=f(1)$이어야 하므로

$$\lim_{x\to 1-}f(x)=\lim_{x\to 1-}(x^3-3x^2+4x+C_1)=2+0=2$$

$$\lim_{x\to 1+}f(x)=\lim_{x\to 1+}(3x^2-5x+C_2)=-2+C_2$$

$$f(1)=-2+C_2$$

따라서 $2=-2+C_2$이므로 $C_2=4$

$$\therefore f(x)=\begin{cases}x^3-3x^2+4x & (x<1)\\ 3x^2-5x+4 & (x\geq 1)\end{cases}$$

$$\therefore \int_0^2 f(x)\,dx = \int_0^1 (x^3-3x^2+4x)\,dx + \int_1^2 (3x^2-5x+4)\,dx$$
$$= \left[\frac{1}{4}x^4-x^3+2x^2\right]_0^1 + \left[x^3-\frac{5}{2}x^2+4x\right]_1^2$$
$$= \frac{5}{4} + \left(6-\frac{5}{2}\right) = \frac{19}{4}$$

0743
답 3

모든 실수 x에 대하여 $f'(x)>0$이므로 함수 $f(x)$는 증가함수이다.
이때 $f(3)=0$이므로 $x<3$일 때 $f(x)<0$, $x>3$일 때 $f(x)>0$이다.
따라서
$$\int_{-2}^{3} |f(x)|\,dx = -\int_{-2}^{3} f(x)\,dx = 2$$에서
$$\int_{-2}^{3} f(x)\,dx = -2,$$
$$\int_{3}^{5} |f(x)|\,dx = \int_{3}^{5} f(x)\,dx = 5$$
이므로
$$\int_{-2}^{5} f(x)\,dx = \int_{-2}^{3} f(x)\,dx + \int_{3}^{5} f(x)\,dx = -2+5 = 3$$

0744
답 ①

$$f(x) = \int f'(x)\,dx$$
$$= \int (3x^2-4x+1)\,dx$$
$$= x^3-2x^2+x+C \ (C는\ 적분상수)$$
한편, $f(x)$의 한 부정적분을 $F(x)$라 하면
$$\lim_{x\to 0}\frac{1}{x}\int_0^x f(t)\,dt = \lim_{x\to 0}\frac{F(x)-F(0)}{x}$$
$$= F'(0) = f(0)$$
$$= C = 1$$
따라서 $f(x) = x^3-2x^2+x+1$이므로
$$f(2) = 8-8+2+1 = 3$$

0745
답 ⑤

조건 ㈎에서 $f(x)+f(-x)=0$, 즉 $f(-x)=-f(x)$이므로 함수 $f(x)$는 기함수이다.
조건 ㈏에서
$$\int_{-3}^{2} f(x)\,dx = \int_{-3}^{3} f(x)\,dx - \int_{2}^{3} f(x)\,dx$$
$$= 0 - \int_{2}^{3} f(x)\,dx = 2$$
이므로 $\int_{2}^{3} f(x)\,dx = -2$
$$\int_{-2}^{5} f(x)\,dx = \int_{-2}^{2} f(x)\,dx + \int_{2}^{5} f(x)\,dx$$
$$= 0 + \int_{2}^{5} f(x)\,dx = 10$$
이므로 $\int_{2}^{5} f(x)\,dx = 10$
$$\therefore \int_{3}^{5} f(x)\,dx = \int_{2}^{5} f(x)\,dx - \int_{2}^{3} f(x)\,dx$$
$$= 10-(-2) = 12$$

0746
답 ⑤

주어진 등식의 좌변을 정리하면
$$\int_1^x \left\{\frac{d}{dt}f(t)\right\}dt = \int_1^x f'(t)\,dt = \Big[f(t)\Big]_1^x = f(x)-f(1)$$
이므로
$$f(x)-f(1) = x^3+ax^2-2 \qquad \cdots\cdots ㉠$$
㉠의 양변에 $x=1$을 대입하면
$$0 = a-1 \qquad \therefore a=1$$
$a=1$을 ㉠에 대입하면
$$f(x)-f(1) = x^3+x^2-2$$
위의 식의 양변을 x에 대하여 미분하면
$$f'(x) = 3x^2+2x$$
$$\therefore f'(a) = f'(1) = 3+2 = 5$$

0747
답 ⑤

$$\int_1^x \left[\frac{d}{dt}\{(t+1)f(t)\}\right]dt = x^3-2ax^2+5 \qquad \cdots\cdots ㉠$$
㉠의 양변에 $x=1$을 대입하면
$$0 = 1-2a+5 \qquad \therefore a=3$$
$$\int_1^x \left[\frac{d}{dt}\{(t+1)f(t)\}\right]dt = (x+1)f(x)-2f(1)$$이므로 ㉠에서
$$(x+1)f(x)-2f(1) = x^3-6x^2+5$$
위의 식의 양변에 $x=-1$을 대입하면
$$-2f(1) = -1-6+5 \qquad \therefore f(1)=1$$
$$\therefore (x+1)f(x) = x^3-6x^2+7$$
위의 식의 양변에 $x=0$을 대입하면
$$f(0) = 7$$
$$\therefore a+f(0) = 3+7 = 10$$

0748
답 24

조건 ㈎의 $\lim\limits_{x\to 0}\dfrac{f(x)}{x}=2$에서 극한값이 존재하고 $x\to 0$일 때,
(분모) $\to 0$이므로 (분자) $\to 0$이어야 한다.
즉, $\lim\limits_{x\to 0}f(x)=0$이므로 $f(0)=0$
$$\lim_{x\to 0}\frac{f(x)}{x} = \lim_{x\to 0}\frac{f(x)-f(0)}{x-0} = f'(0) = 2$$
$f(x)=ax^2+bx+c \ (a,\ b,\ c는\ 상수,\ a\neq 0)$라 하면
$$f'(x) = 2ax+b$$
$f(0)=0$에서 $c=0$
$f'(0)=2$에서 $b=2$
즉, $f(x)=ax^2+2x$이므로 조건 ㈏에서
$$\int_0^3 f(x)\,dx = \int_0^3 (ax^2+2x)\,dx = \left[\frac{a}{3}x^3+x^2\right]_0^3$$
$$= 9a+9 = 18$$
$9a=9 \qquad \therefore a=1$
따라서 $f(x)=x^2+2x$이므로
$$f(4) = 16+8 = 24$$

0749

$g(x)=\displaystyle\int_0^x f(t)\,dt$의 양변을 x에 대하여 미분하면

$g'(x)=f(x)=-x^2-4x+a$

$\qquad\quad =-(x+2)^2+a+4$

함수 $g(x)$가 닫힌구간 $[0,\,1]$에서 증가

하려면 닫힌구간 $[0,\,1]$에서 $g'(x)\geq 0$

이어야 한다.

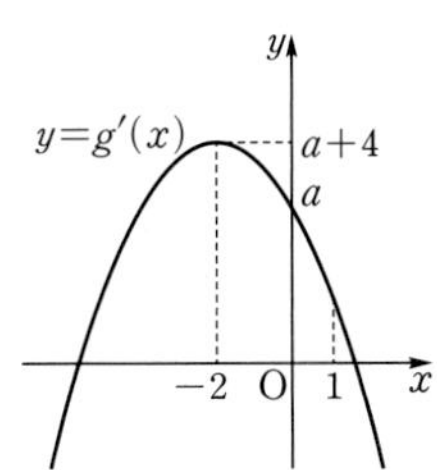

즉, $g'(1)=a-5\geq 0$이어야 한다.

$\therefore a\geq 5$

따라서 구하는 실수 a의 최솟값은 5이다.

0750

$\displaystyle\int_0^1\{2f(t)+g(t)\}\,dt=a,\ \int_0^1\{f(t)-2g(t)\}\,dt=b$ ($a,\,b$는 상수)

로 놓으면

$f(x)=3x^2+a,\ g(x)=2x+b$

이때

$\displaystyle\int_0^1\{2f(t)+g(t)\}\,dt=\int_0^1\{2(3t^2+a)+(2t+b)\}\,dt$

$\qquad\qquad\qquad\qquad\quad =\int_0^1(6t^2+2t+2a+b)\,dt$

$\qquad\qquad\qquad\qquad\quad =\Big[2t^3+t^2+(2a+b)t\Big]_0^1$

$\qquad\qquad\qquad\qquad\quad =2a+b+3=a$

$\therefore a+b=-3 \quad\cdots\cdots\ \bigcirc$

$\displaystyle\int_0^1\{f(t)-2g(t)\}\,dt=\int_0^1\{(3t^2+a)-2(2t+b)\}\,dt$

$\qquad\qquad\qquad\qquad\quad =\int_0^1(3t^2-4t+a-2b)\,dt$

$\qquad\qquad\qquad\qquad\quad =\Big[t^3-2t^2+(a-2b)t\Big]_0^1$

$\qquad\qquad\qquad\qquad\quad =a-2b-1=b$

$\therefore a-3b=1 \quad\cdots\cdots\ \bigcirc\!\!\bigcirc$

$\bigcirc$, $\bigcirc\!\!\bigcirc$을 연립하여 풀면 $a=-2,\ b=-1$

따라서 $f(x)=3x^2-2,\ g(x)=2x-1$이므로

$\displaystyle\int_0^1\{f(x)+g(x)\}\,dx=\int_0^1\{(3x^2-2)+(2x-1)\}\,dx$

$\qquad\qquad\qquad\qquad\quad =\int_0^1(3x^2+2x-3)\,dx$

$\qquad\qquad\qquad\qquad\quad =\Big[x^3+x^2-3x\Big]_0^1$

$\qquad\qquad\qquad\qquad\quad =-1$

0751

$F(x)-xf(x)=x^3-4x^2+5$의 양변을 x에 대하여 미분하면

$f(x)-\{f(x)+xf'(x)\}=3x^2-8x$

$-xf'(x)=3x^2-8x$

$\therefore f'(x)=-3x+8$

이때

$f(x)=\displaystyle\int f'(x)\,dx=\int(-3x+8)\,dx$

$\qquad\quad =-\dfrac{3}{2}x^2+8x+C$ (C는 적분상수)

$f(0)=1$에서 $C=1$

따라서 $f(x)=-\dfrac{3}{2}x^2+8x+1$이므로

$\displaystyle\lim_{x\to -2}\frac{1}{x+2}\int_4^{x^2}f(t)\,dt=\lim_{x\to -2}\frac{F(x^2)-F(4)}{x+2}$

$\qquad\qquad\qquad\qquad\quad =\lim_{x\to -2}\left\{\frac{F(x^2)-F(4)}{x^2-4}\times(x-2)\right\}$

$\qquad\qquad\qquad\qquad\quad =-4F'(4)=-4f(4)$

$\qquad\qquad\qquad\qquad\quad =-4\times(-24+32+1)=-36$

0752

조건 ㈎에서 $f(x+2)=f(x)$이므로 함수 $f(x)$는 주기가 2인 주기

함수이고, 조건 ㈏에서 $f(1+x)=f(1-x)$이므로 함수 $y=f(x)$

의 그래프는 직선 $x=1$에 대하여 대칭이다.

따라서 조건 ㈐에서

$\displaystyle\int_5^8 f(x)\,dx=\int_1^4 f(x)\,dx$

$\qquad\qquad\quad =\int_1^2 f(x)\,dx+\int_2^4 f(x)\,dx$

$\qquad\qquad\quad =\int_1^2 f(x)\,dx+\int_0^2 f(x)\,dx$

$\qquad\qquad\quad =\int_1^2 f(x)\,dx+\int_0^1 f(x)\,dx+\int_1^2 f(x)\,dx$

$\qquad\qquad\quad =2\int_1^2 f(x)\,dx+\int_0^1 f(x)\,dx$

$\qquad\qquad\quad =2\int_0^1 f(x)\,dx+\int_0^1 f(x)\,dx$

$\qquad\qquad\quad =3\int_0^1 f(x)\,dx-6$

$\therefore \displaystyle\int_0^1 f(x)\,dx=2$

$\therefore \displaystyle\int_0^{100} f(x)\,dx=\int_0^2 f(x)\,dx+\int_2^4 f(x)\,dx+\int_4^6 f(x)\,dx+\cdots$

$\qquad\qquad\qquad\qquad +\int_{96}^{98} f(x)\,dx+\int_{98}^{100} f(x)\,dx$

$\qquad\qquad\quad =50\int_0^2 f(x)\,dx$

$\qquad\qquad\quad =50\left\{\int_0^1 f(x)\,dx+\int_1^2 f(x)\,dx\right\}$

$\qquad\qquad\quad =50\left\{\int_0^1 f(x)\,dx+\int_0^1 f(x)\,dx\right\}$

$\qquad\qquad\quad =100\int_0^1 f(x)\,dx$

$\qquad\qquad\quad =100\times 2=200$

0753

조건 ㈎에서 $f(x+y)=f(x)+f(y)-4xy$의 양변에 $x=0,\ y=0$

을 대입하면

$f(0)=f(0)+f(0) \qquad \therefore f(0)=0$

$$f'(x)=\lim_{h\to 0}\frac{f(x+h)-f(x)}{h}$$
$$=\lim_{h\to 0}\frac{f(x)+f(h)-4xh-f(x)}{h}$$
$$=\lim_{h\to 0}\frac{f(h)-4xh}{h}$$
$$=\lim_{h\to 0}\frac{f(h)-f(0)}{h}-4x\ (\because f(0)=0)$$
$$=f'(0)-4x$$

이때 $f'(1)=f'(0)-4$이고

조건 ㈏에서 $f'(1)=0$이므로

$0=f'(0)-4$ $\therefore f'(0)=4$

$\therefore f'(x)=-4x+4$

한편, $F(x)=\int_0^x tf'(t)\,dt$의 양변을 x에 대하여 미분하면

$F'(x)=xf'(x)=x(-4x+4)=-4x(x-1)$

$F'(x)=0$에서 $x=0$ 또는 $x=1$

함수 $F(x)$의 증가와 감소를 표로 나타내면 다음과 같다.

x	$\cdots$	0	$\cdots$	1	$\cdots$
$F'(x)$	$-$	0	$+$	0	$-$
$F(x)$	$\searrow$	극소	$\nearrow$	극대	$\searrow$

따라서 함수 $F(x)$는 $x=1$에서 극대이므로 극댓값은

$$F(1)=\int_0^1 (-4t^2+4t)\,dt=\left[-\frac{4}{3}t^3+2t^2\right]_0^1=\frac{2}{3}$$

0754

답 ②

$F(x)=\int_a^x f(t)\,dt$의 양변을 x에 대하여 미분하면

$F'(x)=f(x)$

이때 함수 $F(x)$가 삼차함수이므로 함수 $f(x)$는 이차함수이고, 주어진 그래프에서 함수 $F(x)$가 $x=-3$에서 극대, $x=1$에서 극소이므로

$f(-3)=f(1)=0$

즉,
$$f(x)=k(x+3)(x-1)$$
$$=k(x^2+2x-3)$$
$$=k(x+1)^2-4k\ (k>0)$$

라 하면 함수 $f(x)$는 $x=-1$에서 극솟값 $-4k$를 갖는다.

$-4k=-4$에서 $k=1$

$\therefore f(x)=x^2+2x-3$

한편, $F(1)=0$이므로 $\int_a^1 f(t)\,dt=0$에서

$a=1\ (\because a>0)$

따라서 함수 $F(x)$의 극댓값은

$$F(-3)=\int_1^{-3} f(t)\,dt=\int_1^{-3}(t^2+2t-3)\,dt$$
$$=\left[\frac{1}{3}t^3+t^2-3t\right]_1^{-3}=9-\left(-\frac{5}{3}\right)=\frac{32}{3}$$

0755

답 4

$\int_0^2 f(x)\,dx=\int_0^1 f(x)\,dx+\int_1^2 f(x)\,dx$이므로

$$\int_0^2 f(x)\,dx=\int_0^2 f(x)\,dx+\int_0^2 f(x)\,dx$$

$$\therefore \int_0^2 f(x)\,dx=\int_0^1 f(x)\,dx=\int_1^2 f(x)\,dx=0$$

❶

이때 $f(x)=x^2+ax+b$ $(a,\ b$는 상수)라 하면

$\int_0^2 f(x)\,dx=0$에서

$$\int_0^2 (x^2+ax+b)\,dx=\left[\frac{1}{3}x^3+\frac{a}{2}x^2+bx\right]_0^2$$
$$=2a+2b+\frac{8}{3}=0$$

$$\therefore a+b=-\frac{4}{3}\qquad \cdots\cdots \text{㉠}$$

$\int_0^1 f(x)\,dx=0$에서

$$\int_0^1 (x^2+ax+b)\,dx=\left[\frac{1}{3}x^3+\frac{a}{2}x^2+bx\right]_0^1$$
$$=\frac{a}{2}+b+\frac{1}{3}=0$$

$$\therefore a+2b=-\frac{2}{3}\qquad \cdots\cdots \text{㉡}$$

㉠, ㉡을 연립하여 풀면 $a=-2,\ b=\frac{2}{3}$

따라서 $f(x)=x^2-2x+\frac{2}{3}$이므로

❷

$$\int_{-1}^3 f(x)\,dx=\int_{-1}^3 \left(x^2-2x+\frac{2}{3}\right)dx$$
$$=\left[\frac{1}{3}x^3-x^2+\frac{2}{3}x\right]_{-1}^3$$
$$=2-(-2)=4$$

❸

채점 기준	배점
❶ $\int_0^2 f(x)\,dx,\ \int_0^1 f(x)\,dx,\ \int_1^2 f(x)\,dx$의 값 구하기	40%
❷ 함수 $f(x)$ 구하기	40%
❸ $\int_{-1}^3 f(x)\,dx$의 값 구하기	20%

0756

답 14

$f(x)=ax(x-4)\ (a<0)$라 하면

$f(2)=4$에서 $-4a=4$ $\therefore a=-1$

$\therefore f(x)=-x(x-4)=-x^2+4x$

❶

$g(x)=\int_1^{x+2} f(t)\,dt$의 양변을 x에 대하여 미분하면

$g'(x)=f(x+2)=-(x+2)(x-2)$

$g'(x)=0$에서 $x=-2$ 또는 $x=2$

함수 $g(x)$의 증가와 감소를 표로 나타내면 다음과 같다.

x	$\cdots$	-2	$\cdots$	2	$\cdots$
$g'(x)$	$-$	0	$+$	0	$-$
$g(x)$	$\searrow$	극소	$\nearrow$	극대	$\searrow$

따라서 함수 $g(x)$는 $x=2$에서 극대, $x=-2$에서 극소이므로

❷

$$M=g(2)=\int_1^4 f(t)\,dt=\int_1^4(-t^2+4t)\,dt$$

$$=\left[-\frac{1}{3}t^3+2t^2\right]_1^4=\frac{32}{3}-\frac{5}{3}=9$$

$$m=g(-2)=\int_1^0 f(t)\,dt=\int_1^0(-t^2+4t)\,dt$$

$$=\left[-\frac{1}{3}t^3+2t^2\right]_1^0=-\frac{5}{3}$$

$$\therefore M-3m=9-3\times\left(-\frac{5}{3}\right)=14 \qquad ❸$$

채점 기준	배점
❶ 함수 $f(x)$ 구하기	20%
❷ 함수 $g(x)$가 극댓값, 극솟값을 갖는 x의 값 각각 구하기	50%
❸ M, m의 값을 각각 구한 후 $M-3m$의 값 구하기	30%

0757
답 9

조건 ⑷에서

$$\int_n^{n+5} f(x)\,dx=\int_n^{n+1} 2x\,dx=\left[x^2\right]_n^{n+1}$$
$$=(n+1)^2-n^2=2n+1$$

$$\therefore \int_0^{15} f(x)\,dx=\int_0^5 f(x)\,dx+\int_5^{10} f(x)\,dx+\int_{10}^{15} f(x)\,dx$$
$$=1+11+21=33$$

또한 조건 ⑺에서 $\int_0^3 f(x)\,dx=0$이므로

$$\int_0^{13} f(x)\,dx=\int_0^3 f(x)\,dx+\int_3^8 f(x)\,dx+\int_8^{13} f(x)\,dx$$
$$=0+7+17=24$$

$$\therefore \int_{13}^{15} f(x)\,dx=\int_0^{15} f(x)\,dx-\int_0^{13} f(x)\,dx$$
$$=33-24=9$$

0758
답 ④

$h(x)=\int_0^x f(t)g(t)\,dt$의 양변을 x에 대하여 미분하면

$$h'(x)=f(x)g(x)$$

$h'(x)=0$에서 $x=\alpha$ 또는 $x=\beta$ 또는 $x=\gamma$

주어진 그래프를 이용하여 함수 $h(x)$의 증가와 감소를 표로 나타내면 다음과 같다.

x	$\cdots$	α	$\cdots$	β	$\cdots$	γ	$\cdots$
$h'(x)$	$-$	0	$+$	0	$+$	0	$-$
$h(x)$	$\searrow$	극소	$\nearrow$		$\nearrow$	극대	$\searrow$

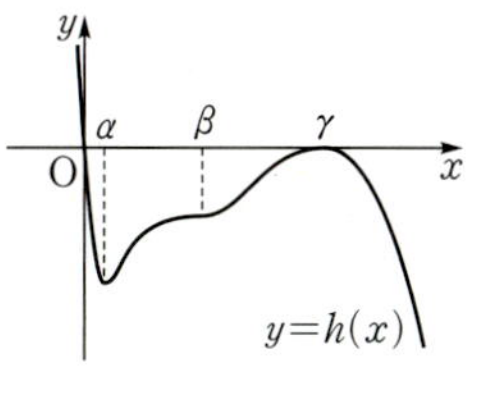

ㄱ. 함수 $h(x)$는 열린구간 $(\alpha,\ \beta)$에서 증가한다. (참)

ㄴ. 함수 $h(x)$는 $x=\beta$에서 극값을 갖지 않는다. (거짓)

ㄷ. $h(0)=\int_0^0 f(t)g(t)\,dt=0$이고 $h(\gamma)=0$이면 함수 $y=h(x)$의 그래프는 오른쪽 그림과 같다. 즉, 곡선 $y=h(x)$와 x축이 서로 다른 두 점에서 만나므로 방정식 $h(x)=0$은 서로 다른 두 실근을 갖는다. (참)

따라서 옳은 것은 ㄱ, ㄷ이다.

0759
답 ④

$g(x)=\int_0^x (t+1)(t-2)f(t)\,dt$의 양변을 x에 대하여 미분하면

$$g'(x)=(x+1)(x-2)f(x)$$

$g'(-1)=g'(2)=0$이므로 함수 $y=g'(x)$의 그래프는 x축과 두 점 $(-1,\ 0)$, $(2,\ 0)$에서 만난다.

이때 함수 $|g'(x)|$가 실수 전체의 집합에서 미분가능하려면 다음 그림과 같이 함수 $y=g'(x)$의 그래프가 x축과 두 점 $(-1,\ 0)$, $(2,\ 0)$에서 접하면서 만나야 한다.

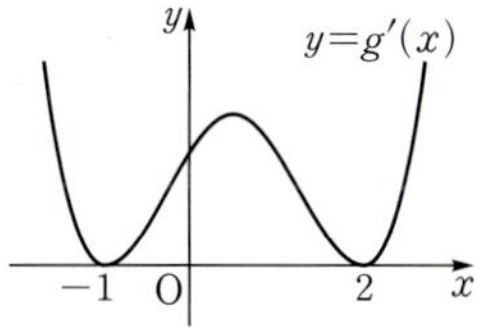

즉, $g'(x)=(x+1)(x-2)f(x)=(x+1)^2(x-2)^2$이므로

$$f(x)=(x+1)(x-2)=x^2-x-2$$

$$\therefore \int_{-1}^2 f(x)\,dx=\int_{-1}^2 (x^2-x-2)\,dx$$

$$=\left[\frac{1}{3}x^3-\frac{1}{2}x^2-2x\right]_{-1}^2$$

$$=-\frac{10}{3}-\frac{7}{6}=-\frac{9}{2}$$

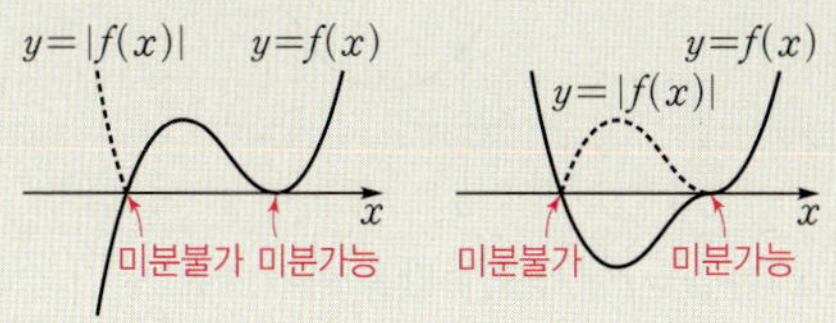

0760
답 15

$$g(x)=\int_{-1}^x f(t)\,dt \qquad \cdots\cdots ㉠$$

㉠의 양변에 $x=-1$을 대입하면

$$g(-1)=0$$

㉠의 양변을 x에 대하여 미분하면

$$g'(x)=f(x)$$

조건 ㈎에서 함수 $g(x)$는 $x=1$에서 극댓값 4를 가지므로
$g(1)=4$, $g'(1)=f(1)=0$
조건 ㈏에서 함수 $g(x)$의 최솟값이 0이고 $g(-1)=0$이므로 함수
$g(x)$는 $x=-1$에서 극소이면서 최소이다.
$\therefore g'(-1)=f(-1)=0$
이때 함수 $f(x)$는 최고차항의 계수가 1인 삼차함수이므로
$f(x)=(x+1)(x-1)(x-a)=x^3-ax^2-x+a$ (a는 상수)
라 하면

$$g(1)=\int_{-1}^{1}f(t)\,dt$$
$$=\int_{-1}^{1}(t^3-at^2-t+a)\,dt$$
$$=2\int_{0}^{1}(-at^2+a)\,dt$$
$$=2\left[-\frac{a}{3}t^3+at\right]_{0}^{1}$$
$$=\frac{4}{3}a=4$$

$\therefore a=3$
따라서 $f(x)=(x+1)(x-1)(x-3)$이므로
$f(4)=5\times3\times1=15$

0761

$f(x)=x^2-2tx+2=(x-t)^2-t^2+2$
(i) $t<0$일 때

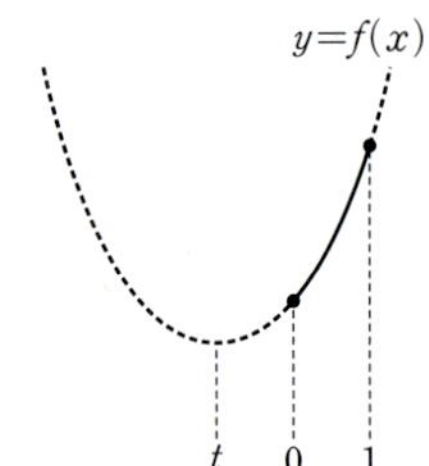

함수 $f(x)$는 $x=0$에서 최솟값을 가지므로
$g(t)=f(0)=2$
(ii) $0\leq t<1$일 때

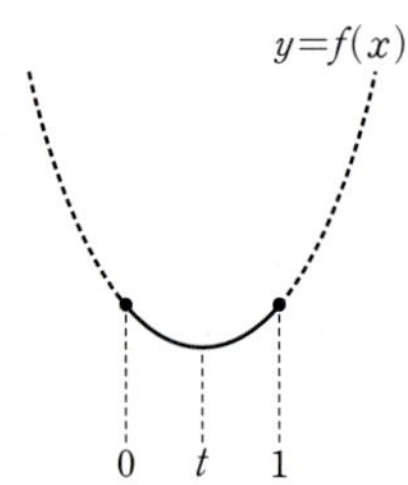

함수 $f(x)$는 $x=t$에서 최솟값을 가지므로
$g(t)=f(t)=-t^2+2$
(iii) $t\geq1$일 때

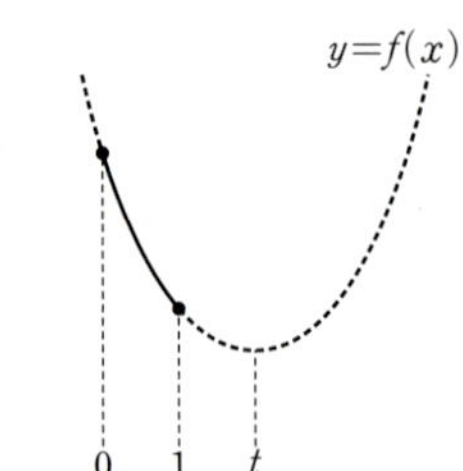

함수 $f(x)$는 $x=1$에서 최솟값을 가지므로
$g(t)=f(1)=-2t+3$

(i)~(iii)에서 $g(t)=\begin{cases}2 & (t<0) \\ -t^2+2 & (0\leq t<1) \\ -2t+3 & (t\geq1)\end{cases}$이므로

$$\int_{-2}^{2}g(t)\,dt=\int_{-2}^{0}2\,dt+\int_{0}^{1}(-t^2+2)\,dt+\int_{1}^{2}(-2t+3)\,dt$$
$$=\Big[2t\Big]_{-2}^{0}+\left[-\frac{1}{3}t^3+2t\right]_{0}^{1}+\Big[-t^2+3t\Big]_{1}^{2}$$
$$=4+\frac{5}{3}+(2-2)=\frac{17}{3}$$

Bible Says 제한된 범위에서 이차함수의 최대·최소

$m\leq x\leq n$에서 이차함수 $f(x)=a(x-p)^2+q$는
(1) $m\leq p\leq n$일 때
　$f(m)$, $f(n)$, q 중 가장 큰 값이 최댓값, 가장 작은 값이 최솟값이다.
(2) $p<m$ 또는 $p>n$일 때
　$f(m)$, $f(n)$ 중 큰 값이 최댓값, 작은 값이 최솟값이다.

0762

ㄱ. $F(a)=\int_{b}^{a}f(t)\,dt=-\int_{a}^{b}f(t)\,dt$에서 $\int_{a}^{b}f(t)\,dt>0$이므로
$F(a)<0$ (참)
ㄴ. $F(x)=\int_{b}^{x}f(t)\,dt$의 양변을 x에 대하여 미분하면
$F'(x)=f(x)$
$f(x)=0$에서 $x=a$ 또는 $x=b$ 또는 $x=c$
함수 $F(x)$의 증가와 감소를 표로 나타내면 다음과 같다.

x	$\cdots$	a	$\cdots$	b	$\cdots$	c	$\cdots$
$F'(x)$	$-$	0	$+$	0	$-$	0	$+$
$F(x)$	$\searrow$	극소	$\nearrow$	극대	$\searrow$	극소	$\nearrow$

즉, 함수 $F(x)$는 $x=b$에서 극댓값을 갖는다. (참)
ㄷ. $F(b)=\int_{b}^{b}f(t)\,dt=0$이고 ㄴ에서 함수 $F(x)$는 $x=b$에서 극
대, $x=a$, $x=c$에서 극소이므로 함수 $y=F(x)$의 그래프는
다음 그림과 같다.

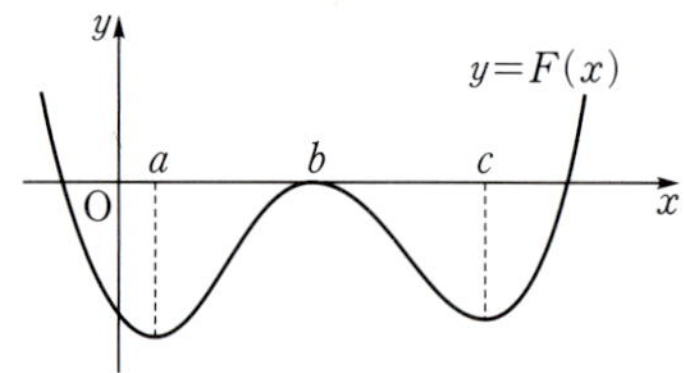

즉, 방정식 $F(x)=0$은 서로 다른 세 실근을 갖는다. (참)
따라서 옳은 것은 ㄱ, ㄴ, ㄷ이다.

0763

함수 $f(x)$의 한 부정적분을 $F(x)$라 하면 조건 ㈏에서
$$\lim_{x\to2}\frac{1}{x-2}\int_{0}^{x}f(t)\,dt=\lim_{x\to2}\frac{F(x)-F(0)}{x-2}=6 \quad\cdots\cdots \text{㉠}$$
㉠에서 극한값이 존재하고 $x\to2$일 때, (분모)$\to0$이므로
(분자)$\to0$이어야 한다.
즉, $\lim_{x\to2}\{F(x)-F(0)\}=0$이므로 $F(2)-F(0)=0$
$\therefore F(2)=F(0) \quad\cdots\cdots \text{㉡}$

©을 ①에 대입하면
$$\lim_{x \to 2}\frac{F(x)-F(0)}{x-2}=\lim_{x \to 2}\frac{F(x)-F(2)}{x-2}=f(2)=6$$
조건 ㈎에서 $f(0)=2$이므로
$f(x)=ax^2+bx+2$ $(a, b$는 상수, $a \neq 0)$라 하면
$f(2)=6$에서 $4a+2b+2=6$
$$\therefore 2a+b=2 \qquad \cdots\cdots ©$$
©에서 $\int_0^2 f(x)\,dx=0$이므로
$$\int_0^2 (ax^2+bx+2)\,dx=\left[\frac{a}{3}x^3+\frac{b}{2}x^2+2x\right]_0^2$$
$$=\frac{8}{3}a+2b+4=0$$
$$\therefore 4a+3b=-6 \qquad \cdots\cdots ㄹ$$
©, ㄹ을 연립하여 풀면 $a=6$, $b=-10$
따라서 $f(x)=6x^2-10x+2$이므로
$f(3)=54-30+2=26$

0764

답 ③

(i) $x<-1$일 때
$f'(x)=-(x+1)-(x-1)=-2x$이므로
$$f(x)=\int f'(x)\,dx=\int (-2x)\,dx$$
$$=-x^2+C_1 \ (C_1\text{은 적분상수})$$
(ii) $-1 \leq x<1$일 때
$f'(x)=(x+1)-(x-1)=2$이므로
$$f(x)=\int f'(x)\,dx=\int 2\,dx$$
$$=2x+C_2 \ (C_2\text{는 적분상수})$$
(iii) $x \geq 1$일 때
$f'(x)=(x+1)+(x-1)=2x$이므로
$$f(x)=\int f'(x)\,dx=\int 2x\,dx$$
$$=x^2+C_3 \ (C_3\text{은 적분상수})$$
(i)~(iii)에서 $f(x)=\begin{cases} -x^2+C_1 & (x<-1) \\ 2x+C_2 & (-1 \leq x<1) \\ x^2+C_3 & (x \geq 1) \end{cases}$

이때 $f(0)=0$이므로 $C_2=0$
한편, 함수 $f(x)$는 실수 전체의 집합에서 연속이므로
$x=-1$, $x=1$에서 연속이다.
즉, $\displaystyle\lim_{x \to -1^-}f(x)=\lim_{x \to -1^+}f(x)=f(-1)$,
$\displaystyle\lim_{x \to 1^-}f(x)=\lim_{x \to 1^+}f(x)=f(1)$이어야 하므로
$\displaystyle\lim_{x \to -1^-}f(x)=\lim_{x \to -1^-}(-x^2+C_1)=-1+C_1$
$\displaystyle\lim_{x \to -1^+}f(x)=\lim_{x \to -1^+}(2x+C_2)=-2+C_2=-2+0=-2$
$f(-1)=-2+C_2=-2$
따라서 $-1+C_1=-2$이므로 $C_1=-1$
$\displaystyle\lim_{x \to 1^-}f(x)=\lim_{x \to 1^-}(2x+C_2)=2+C_2=2+0=2$
$\displaystyle\lim_{x \to 1^+}f(x)=\lim_{x \to 1^+}(x^2+C_3)=1+C_3$
$f(1)=1+C_3$
따라서 $2=1+C_3$이므로 $C_3=1$

$$\therefore f(x)=\begin{cases} -x^2-1 & (x<-1) \\ 2x & (-1 \leq x<1) \\ x^2+1 & (x \geq 1) \end{cases}$$

한편, 함수 $y=f(x)$의 그래프는 원점에 대하여 대칭이므로 함수 $f(x)$는 기함수이다.
$$\therefore \int_{-2}^3 f(x)\,dx=\int_{-2}^2 f(x)\,dx+\int_2^3 f(x)\,dx$$
$$=0+\int_2^3 (x^2+1)\,dx$$
$$=\left[\frac{1}{3}x^3+x\right]_2^3=12-\frac{14}{3}=\frac{22}{3}$$

0765

답 ②

$$g(x)=\int_0^x f(t)\,dt+f(x) \qquad \cdots\cdots ①$$
조건 ㈎에서 함수 $g(x)$가 $x=0$에서 극댓값 0을 가지므로
$g(0)=0$, $g'(0)=0$
①의 양변에 $x=0$을 대입하면
$$g(0)=\int_0^0 f(t)\,dt+f(0)=0\text{에서 } f(0)=0$$
①의 양변을 x에 대하여 미분하면
$$g'(x)=f(x)+f'(x) \qquad \cdots\cdots ©$$
$g'(0)=f(0)+f'(0)=0$에서 $f'(0)=0 \ (\because f(0)=0)$
따라서 $f(0)=0$, $f'(0)=0$이고 $f(x)$는 최고차항의 계수가 1인 삼차함수이므로
$f(x)=x^2(x+k)=x^3+kx^2$ $(k$는 상수)
이라 하면
$f'(x)=3x^2+2kx$
$f(x)$, $f'(x)$를 ©에 대입하면
$$g'(x)=(x^3+kx^2)+(3x^2+2kx)$$
$$=x^3+(k+3)x^2+2kx$$
조건 ㈏에서 함수 $y=g'(x)$의 그래프가 원점에 대하여 대칭이므로 x^2의 계수가 0이어야 한다.
즉, $k+3=0$에서 $k=-3$
따라서 $f(x)=x^3-3x^2$이므로
$f(2)=8-12=-4$

0766

답 2

$g(x)=\int_0^x f(t)\,dt$의 양변을 x에 대하여 미분하면
$g'(x)=f(x)$
$g'(x)=f(x)=0$에서 $x=0$ 또는 $x=1$ 또는 $x=3$
주어진 그래프를 이용하여 닫힌구간 $[0, 3]$에서 함수 $g(x)$의 증가와 감소를 표로 나타내면 다음과 같다.

x	0	$\cdots$	1	$\cdots$	3
$g'(x)$		$+$	0	$-$	
$g(x)$	$g(0)$	$\nearrow$	$g(1)$	$\searrow$	$g(3)$

이때

$$g(0)=\int_0^0 f(t)\,dt=0$$

조건 ㈎에서 $\int_0^1 f(x)\,dx=3$이므로

$$g(1)=\int_0^1 f(t)\,dt=3$$

또한

$$\int_0^3 |f(x)|\,dx=\int_0^1 |f(x)|\,dx+\int_1^3 |f(x)|\,dx$$
$$=\int_0^1 f(x)\,dx+\int_1^3 \{-f(x)\}\,dx$$

이므로 조건 ㈏에서

$$7=3-\int_1^3 f(x)\,dx \qquad \therefore \int_1^3 f(x)\,dx=-4$$

$$\therefore g(3)=\int_0^3 f(t)\,dt$$
$$=\int_0^1 f(t)\,dt+\int_1^3 f(t)\,dt$$
$$=3+(-4)=-1$$

따라서 함수 $g(x)$는 $x=1$에서 최댓값 3, $x=3$에서 최솟값 -1을 가지므로 최댓값과 최솟값의 합은

$$3+(-1)=2$$

0767

답 20

$$\{f(x)\}^2-2\int_0^x f(t)\,dt=x^4-\frac{8}{3}x^3+2x^2 \quad \cdots\cdots \text{㉠}$$

㉠의 양변에 $x=0$을 대입하면
$\{f(0)\}^2=0$이므로 $f(0)=0$
㉠의 양변을 x에 대하여 미분하면
$$2f(x)f'(x)-2f(x)=4x^3-8x^2+4x$$
$$f(x)\{f'(x)-1\}=2x(x-1)^2 \quad \cdots\cdots \text{㉡}$$
함수 $f(x)$를 n차식이라 하면 $f'(x)-1$은 $(n-1)$차식이므로
㉡의 좌변은 $(2n-1)$차식이다.
또한 우변은 3차식이므로 $2n-1=3$에서 $n=2$
즉, $f(x)$는 $x(x-1)$ 또는 $(x-1)^2$을 인수로 가져야 한다.
이때 $f(0)=0$이므로
$f(x)=ax(x-1)$ $(a\neq 0)$이라 하면
$f'(x)=2ax-a$이므로 $f'(x)-1=2ax-a-1$
㉡에서 $f'(x)-1$이 $x-1$을 인수로 가져야 하므로
$f'(1)-1=0$에서 $2a-a-1=0$
$$\therefore a=1$$
따라서 $f(x)=x(x-1)$이므로
$$f(5)=5\times 4=20$$

0768

답 36

$$g(x)=\int_0^x (x-t)f(t)\,dt+\int_0^1 f(t)\,dt$$에서

$$g(x)=x\int_0^x f(t)\,dt-\int_0^x tf(t)\,dt+\int_0^1 f(t)\,dt$$

위의 식의 양변을 x에 대하여 미분하면

$$g'(x)=\int_0^x f(t)\,dt+xf(x)-xf(x)=\int_0^x f(t)\,dt$$

조건 ㈎에서 함수 $g(x)$가 $x=2$에서 극값을 가지므로

$$g'(2)=0$$에서 $\int_0^2 f(t)\,dt=0$

또한 조건 ㈏에서

$$\lim_{x\to 3}\frac{1}{x-3}\int_3^x g'(t)\,dt=\lim_{x\to 3}\frac{g(x)-g(3)}{x-3}$$
$$=g'(3)=6$$

이므로 $\int_0^3 f(t)\,dt=6$

$f(x)=ax+b$ $(a,\ b$는 상수, $a\neq 0)$라 하면

$$\int_0^2 f(t)\,dt=\int_0^2 (at+b)\,dt$$
$$=\left[\frac{1}{2}at^2+bt\right]_0^2$$
$$=2a+2b=0$$

$$\therefore a+b=0 \quad \cdots\cdots \text{㉠}$$

$$\int_0^3 f(t)\,dt=\int_0^3 (at+b)\,dt$$
$$=\left[\frac{1}{2}at^2+bt\right]_0^3$$
$$=\frac{9}{2}a+3b=6$$

$$\therefore 3a+2b=4 \quad \cdots\cdots \text{㉡}$$

㉠, ㉡을 연립하여 풀면 $a=4$, $b=-4$
따라서 $f(x)=4x-4$이므로
$$f(10)=40-4=36$$

0769

답 110

조건 ㈏에서 $f(x+1)-xf(x)=ax+b$의 양변에 $x=0$을 대입하면
$f(1)=b$
이때 조건 ㈎에 의하여 닫힌구간 $[0,\ 1]$에서 $f(x)=x$이므로
$f(1)=1$에서 $b=1$
즉, $f(x+1)-xf(x)=ax+1$이므로 $0\leq x\leq 1$에서
$$f(x+1)=xf(x)+ax+1$$
$$=x^2+ax+1 \ (\because f(x)=x)$$
$x+1=t$로 놓으면 $1\leq t\leq 2$에서
$$f(t)=(t-1)^2+a(t-1)+1$$
$$=t^2+(a-2)t+2-a \quad \cdots\cdots \text{㉠}$$
$f'(t)=2t+a-2$이므로 $\displaystyle\lim_{x\to 1+}f'(x)=a \quad \cdots\cdots \text{㉡}$

한편, 닫힌구간 $[0,\ 1]$에서 $f(x)=x$이므로
$$\lim_{x\to 1-}f'(x)=1 \quad \cdots\cdots \text{㉢}$$
함수 $f(x)$가 실수 전체의 집합에서 미분가능하므로 ㉡$=$㉢이어야 한다.

$$\therefore a=1$$

$a=1$을 ㉠에 대입하면 $1\leq t\leq 2$에서 $f(t)=t^2-t+1$이므로
$1\leq x\leq 2$일 때 $f(x)=x^2-x+1$

$$\therefore 60 \times \int_1^2 f(x)\,dx = 60 \int_1^2 (x^2 - x + 1)\,dx$$
$$= 60 \left[\frac{1}{3}x^3 - \frac{1}{2}x^2 + x \right]_1^2$$
$$= 60 \times \left(\frac{8}{3} - \frac{5}{6} \right)$$
$$= 60 \times \frac{11}{6} = 110$$

0770

$$g(x) = \int_1^x (t-1)f'(t)\,dt \quad \cdots\cdots \ \bigcirc$$

$\bigcirc$의 양변에 $x=1$을 대입하면

$g(1) = 0$

$\bigcirc$의 양변을 x에 대하여 미분하면

$g'(x) = (x-1)f'(x) \qquad \therefore g'(1) = 0$

이때 함수 $f(x)$는 최고차항의 계수가 양수인 삼차함수이므로

$f'(x)$는 최고차항의 계수가 양수인 이차함수이다.

즉, $g'(x)$는 최고차항의 계수가 양수인 삼차함수이다.

또한 조건 ㈏에서 함수 $g(x)$가 $x=0$에서 극솟값을 가지므로

$g'(0) = 0$이고 $x=0$의 좌우에서 $g'(x)$의 부호가 음에서 양으로 바뀌어야 한다.

(i) 방정식 $g'(x) = 0$이 서로 다른 세 실근을 갖는 경우

방정식 $g'(x) = 0$의 서로 다른 세 실근 중 0, 1이 아닌 값을 a라 하자.

ⓐ $a > 1$일 때

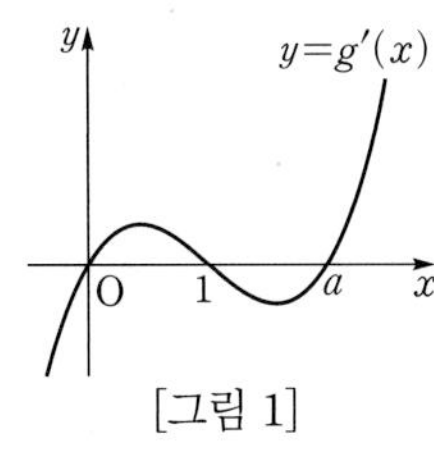 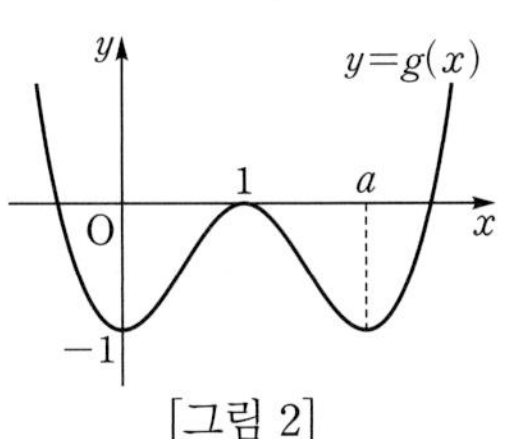

[그림 1]   [그림 2]

$g(1) = 0$이고 조건 ㈎에서 $g(0) = -1$이므로 함수 $y = g(x)$의 그래프는 [그림 2]와 같다.

즉, 방정식 $g(x) = 0$이 서로 다른 세 실근을 가지므로 조건 ㈐를 만족시키지 않는다.

ⓑ $0 < a < 1$일 때

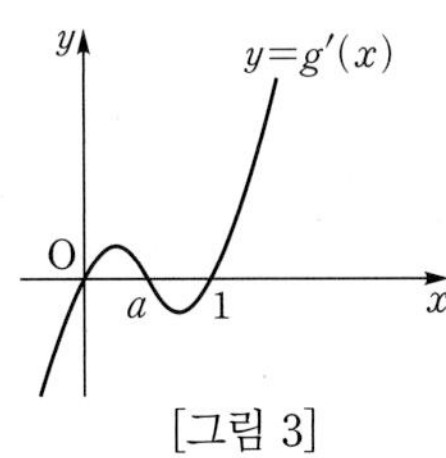 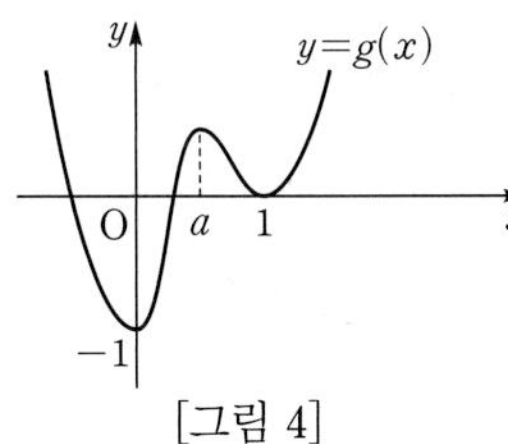

[그림 3]   [그림 4]

$g(1) = 0$이고 조건 ㈎에서 $g(0) = -1$이므로 함수 $y = g(x)$의 그래프는 [그림 4]와 같다.

즉, 방정식 $g(x) = 0$이 서로 다른 세 실근을 가지므로 조건 ㈐를 만족시키지 않는다.

(ii) 방정식 $g'(x) = 0$이 서로 다른 두 실근을 갖는 경우

$x=0$의 좌우에서 $g'(x)$의 부호가 음에서 양으로 바뀌어야 하므로 함수 $y = g'(x)$의 그래프의 개형은 오른쪽 그림과 같다.

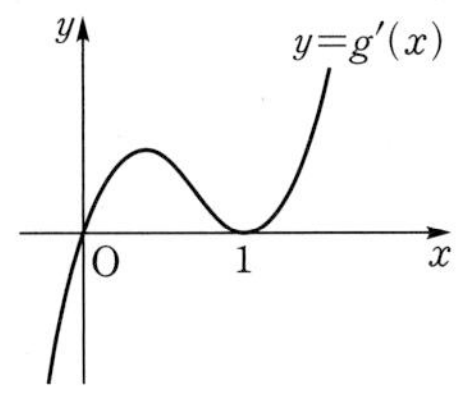

$g(1) = 0$이고 조건 ㈎에서 $g(0) = -1$이므로 함수 $y = g(x)$의 그래프는 오른쪽 그림과 같다.

방정식 $g(x) = 0$이 서로 다른 두 실근을 가지므로 조건 ㈐를 만족시킨다.

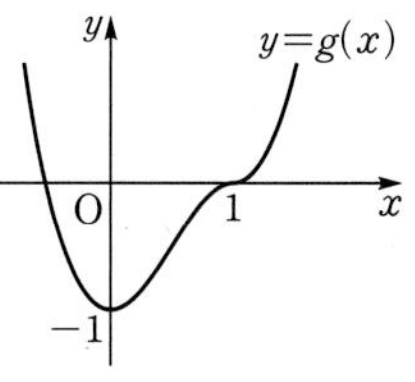

(i), (ii)에서 $g'(x) = kx(x-1)^2 = k(x^3 - 2x^2 + x)\ (k > 0)$라 하면

$$g(x) = \int g'(x)\,dx$$
$$= k\int (x^3 - 2x^2 + x)\,dx$$
$$= k\left(\frac{1}{4}x^4 - \frac{2}{3}x^3 + \frac{1}{2}x^2 \right) + C \ (C는\ 적분상수)$$

이때 $g(0) = -1$에서

$C = -1$

또한 $g(1) = 0$에서

$\dfrac{k}{12} - 1 = 0 \qquad \therefore k = 12$

따라서 $g(x) = 3x^4 - 8x^3 + 6x^2 - 1$이므로

$g(2) = 48 - 64 + 24 - 1 = 7$

함수 $y = g(x)$의 그래프의 개형을 이용하여 $g(x)$의 식을 구할 수도 있다.

(ii)에서 주어진 함수 $y = g(x)$의 그래프에서 방정식 $g(x) = 0$은 $x=1$을 삼중근으로 가지므로

$g(x) = k(x-1)^3(x-a)\ (a,\ k는\ 상수,\ k > 0)$라 하면

$$g'(x) = 3k(x-1)^2(x-a) + k(x-1)^3$$
$$= k(x-1)^2(3x - 3a + x - 1)$$
$$= k(x-1)^2(4x - 3a - 1)$$

$g(0) = -1$에서 $ak = -1 \quad \cdots\cdots \ \bigcirc$

$g'(0) = 0$에서 $k(-3a - 1) = 0$

$\therefore a = -\dfrac{1}{3} \ (\because k > 0)$

$a = -\dfrac{1}{3}$을 $\bigcirc$에 대입하면 $k = 3$

따라서 $g(x) = 3(x-1)^3\left(x + \dfrac{1}{3} \right)$이므로

$g(2) = 3 \times 1 \times \dfrac{7}{3} = 7$

0771

함수 $f(x)$는 최고차항의 계수가 2인 이차함수이므로 이 함수의 그래프는 아래로 볼록하고 축에 대하여 대칭이다.

$g(x) = \displaystyle\int_x^{x+1} |f(t)|\,dt$이므로 이차함수 $y = f(x)$의 그래프가 x축과 만나지 않거나 한 점에서 만나면 다음 그림과 같이 함수 $y = f(x)$의 그래프의 꼭짓점의 x좌표를 x_1이라 할 때 함수 $g(x)$는 $x = x_1 - \dfrac{1}{2}$에서만 극소이면서 최소이다. 즉, 극솟값은 1개뿐이므로 주어진 조건을 만족시키지 않는다.

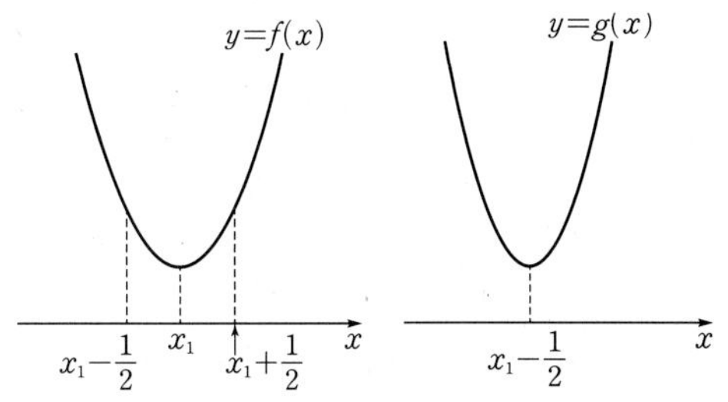

따라서 함수 $g(x)$가 $x=1$, $x=4$에서 극소이려면 다음 그림과 같이 이차함수 $y=f(x)$의 그래프와 x축이 구간 $(1, 2)$, $(4, 5)$에서 만나야 한다.

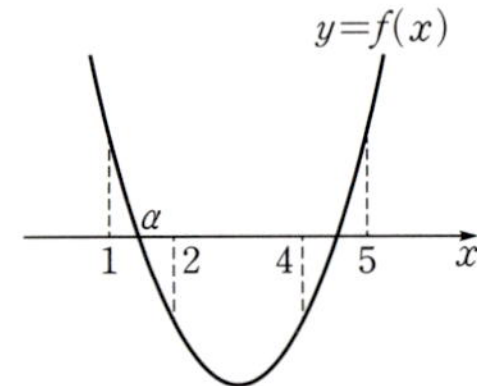

이차함수의 그래프의 대칭성에 의하여 함수 $y=f(x)$의 그래프의 축의 방정식은

$$x=\frac{1+5}{2}=3$$

이므로

$$f(x)=2(x-3)^2+k=2x^2-12x+k+18 \ (k<0) \qquad \cdots\cdots \ \text{㉠}$$

이라 할 수 있다.

이때 이차함수 $y=f(x)$의 그래프와 x축이 구간 $(1, 2)$에서 만나는 점의 x좌표를 α라 하고 $f(x)$의 한 부정적분을

$$F(x)=\frac{2}{3}x^3-6x^2+(k+18)x$$라 하면

$\alpha-1<x<\alpha$인 x에 대하여

$$g(x)=\int_x^{x+1}|f(t)|\,dt$$
$$=\int_x^{\alpha}f(t)dt-\int_{\alpha}^{x+1}f(t)\,dt$$
$$=\Big[F(t)\Big]_x^{\alpha}-\Big[F(t)\Big]_{\alpha}^{x+1}$$
$$=F(\alpha)-F(x)-\{F(x+1)-F(\alpha)\}$$
$$=2F(\alpha)-\frac{2}{3}x^3+6x^2-(k+18)x$$
$$\qquad\qquad -\frac{2}{3}(x+1)^3+6(x+1)^2-(k+18)(x+1)$$

이므로 $\alpha-1<x<\alpha$에서

$$g'(x)=-2x^2+12x-2(x+1)^2+12(x+1)-2(k+18)$$

주어진 조건에서 $g'(1)=0$이므로

$$g'(1)=-2+12-8+24-2k-36=0$$
$$-2k=10 \qquad \therefore k=-5$$

즉, ㉠에서 $f(x)=2x^2-12x+13$이므로

$$f(0)=13$$

다른 풀이

모든 실수 x에 대하여 $f(x)\geq0$이면

$$g(x)=\int_x^{x+1}|f(t)|\,dt=\int_x^{x+1}f(t)\,dt$$

이므로 $g(x)$는 이차함수이고 이때 $g(x)$가 극소인 x의 값은 1개뿐이다.

따라서 주어진 조건을 만족시키지 않는다.

한편, $f(x)$는 최고차항의 계수가 2인 이차함수이므로 $f(x)=2(x-\alpha)(x-\beta)\,(\alpha<\beta)$라 하면 함수 $y=|f(x)|$의 그래프는 다음 그림과 같고, $x=1$, $x=4$에서 함수 $g(x)$가 극소이므로 $g'(1)=0$, $g'(4)=0$이다.

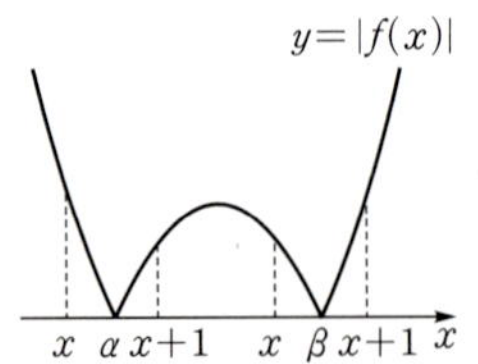

(i) $x<\alpha<x+1$일 때

$$g(x)=\int_x^{x+1}|f(t)|\,dt=\int_x^{\alpha}f(t)\,dt+\int_{\alpha}^{x+1}\{-f(t)\}\,dt$$
$$=-\int_{\alpha}^{x}f(t)\,dt-\int_{\alpha}^{x+1}f(t)\,dt$$
$$=-\int_{\alpha}^{x}2(t-\alpha)(t-\beta)\,dt-\int_{\alpha}^{x+1}2(t-\alpha)(t-\beta)\,dt$$
$$=-\int_{\alpha}^{x}2(t-\alpha)(t-\beta)\,dt-\int_{\alpha-1}^{x}2(t+1-\alpha)(t+1-\beta)\,dt$$

이므로

$$g'(x)=-2(x-\alpha)(x-\beta)-2(x+1-\alpha)(x+1-\beta)$$

$g'(1)=0$이므로

$$g'(1)=-2(1-\alpha)(1-\beta)-2(2-\alpha)(2-\beta)$$
$$=6\alpha+6\beta-4\alpha\beta-10=0$$
$$\therefore 3\alpha+3\beta-2\alpha\beta-5=0 \qquad \cdots\cdots \ \text{㉠}$$

(ii) $x<\beta<x+1$일 때

$$g(x)=\int_x^{x+1}|f(t)|\,dt=\int_x^{\beta}\{-f(t)\}\,dt+\int_{\beta}^{x+1}f(t)\,dt$$
$$=\int_{\beta}^{x}f(t)\,dt+\int_{\beta}^{x+1}f(t)\,dt$$
$$=\int_{\beta}^{x}2(t-\alpha)(t-\beta)\,dt+\int_{\beta}^{x+1}2(t-\alpha)(t-\beta)\,dt$$
$$=\int_{\beta}^{x}2(t-\alpha)(t-\beta)\,dt+\int_{\beta-1}^{x}2(t+1-\alpha)(t+1-\beta)\,dt$$

이므로

$$g'(x)=2(x-\alpha)(x-\beta)+2(x+1-\alpha)(x+1-\beta)$$

$g'(4)=0$이므로

$$g'(4)=2(4-\alpha)(4-\beta)+2(5-\alpha)(5-\beta)$$
$$=82-18\alpha-18\beta+4\alpha\beta=0$$
$$\therefore 9\alpha+9\beta-2\alpha\beta-41=0 \qquad \cdots\cdots \ \text{㉡}$$

㉠, ㉡에서 $4\alpha\beta=26$

$$\therefore \alpha\beta=\frac{13}{2}$$

$$\therefore f(0)=2\alpha\beta=2\times\frac{13}{2}=13$$

0772

답 ②

조건 ㈎에서 함수 $g(x)$는 실수 전체의 집합에서 미분가능하므로 $x=k$에서 연속이고 미분가능하다.

$$g(x)=\begin{cases} 2x-k & (x\leq k) \\ f(x) & (x>k) \end{cases}$$에서 $g'(x)=\begin{cases} 2 & (x<k) \\ f'(x) & (x>k) \end{cases}$이므로

$$f(k)=k, \ f'(k)=2$$

즉, 함수 $y=g(x)$의 그래프는 다음 그림과 같다.

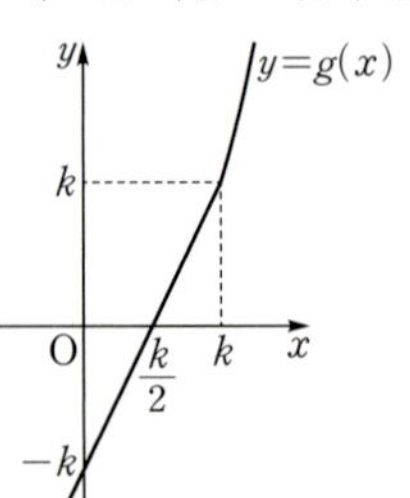

$h_1(x)=|x(x-1)|+x(x-1)$이라 하면

$h_1(x) = \begin{cases} 2x(x-1) & (x \leq 0 \ \text{또는} \ x \geq 1) \\ 0 & (0 < x < 1) \end{cases}$ 이므로 함수 $y = h_1(x)$

의 그래프는 다음 그림과 같다.

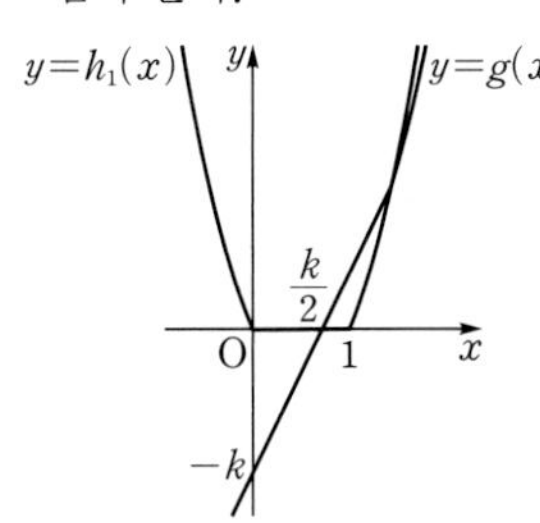

모든 실수 x에 대하여 $h_1(x) \geq 0$이고 조건 (내)에 의하여 모든 실수 x에 대하여

$$\int_0^x g(t)h_1(t)\,dt \geq 0 \qquad \cdots\cdots \ \boxdot$$

조건 (개)에서 함수 $g(x)$는 증가함수이므로 $\boxdot$을 만족시키려면

$x \geq 0$일 때 $g(x)h_1(x) \geq 0$,

$x \leq 0$일 때 $g(x)h_1(x) \leq 0$

이어야 한다.

따라서 $0 \leq \dfrac{k}{2} \leq 1$, 즉 $0 \leq k \leq 2$ $\qquad \cdots\cdots \ \boxdot$

또한 $h_2(x) = |(x-1)(x+2)| - (x-1)(x+2)$ 라 하면

$h_2(x) = \begin{cases} -2(x-1)(x+2) & (-2 \leq x \leq 1) \\ 0 & (x < -2 \ \text{또는} \ x > 1) \end{cases}$ 이므로

함수 $y = h_2(x)$의 그래프는 다음 그림과 같다.

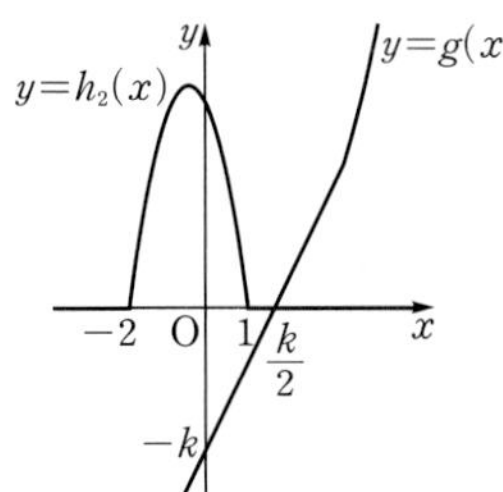

모든 실수 x에 대하여 $h_2(x) \geq 0$이고 조건 (내)에 의하여 모든 실수 x에 내하여

$$\int_3^x g(t)h_2(t)\,dt \geq 0 \qquad \cdots\cdots \ \boxdot$$

조건 (개)에서 함수 $g(x)$는 증가함수이므로 $\boxdot$을 만족시키려면

$x \geq 3$일 때 $g(x)h_2(x) \geq 0$,

$x \leq 3$일 때 $g(x)h_2(x) \leq 0$

이어야 한다.

이때 $x \geq 1$이면 $g(x)h_2(x) = 0$이므로 $x \leq 1$일 때 $g(x)h_2(x) \leq 0$

이면 된다.

따라서 $\dfrac{k}{2} \geq 1$, 즉 $k \geq 2$ $\qquad \cdots\cdots \ \boxdot$

$\boxdot$, $\boxdot$에서 $k = 2$

$\therefore g(x) = \begin{cases} 2x - 2 & (x \leq 2) \\ f(x) & (x > 2) \end{cases}$

이때 $f(x) = x^3 + ax^2 + bx + c$ (a, b, c는 상수)라 하면

$f'(x) = 3x^2 + 2ax + b$

$f(2) = 2$에서 $8 + 4a + 2b + c = 2$이므로

$c = -4a - 2b - 6 \qquad \cdots\cdots \ \boxdot$

$f'(2) = 2$에서 $12 + 4a + b = 2$이므로

$b = -4a - 10$

위 식을 $\boxdot$에 대입하여 정리하면

$c = 4a + 14$

$\therefore f(x) = x^3 + ax^2 - (4a+10)x + 4a + 14$

$f'(x) = 3x^2 + 2ax - (4a+10) = 3\left(x + \dfrac{a}{3}\right)^2 - \left(\dfrac{a^2}{3} + 4a + 10\right)$

함수 $f(x)$는 $x \geq 2$에서 증가함수이므로 $x \geq 2$에서 $f'(x) \geq 0$이어야 한다.

즉, 다음과 같이 두 가지 경우를 생각해 볼 수 있다.

(i) $-\dfrac{a}{3} \leq 2$, 즉 $a \geq -6$인 경우

$f'(2) = 2 \geq 0$이므로 항상 성립한다.

(ii) $-\dfrac{a}{3} > 2$, 즉 $a < -6$인 경우

$f'\left(-\dfrac{a}{3}\right) \geq 0$이므로 $-\left(\dfrac{a^2}{3} + 4a + 10\right) \geq 0$

$a^2 + 12a + 30 \leq 0$에서 $-6 - \sqrt{6} \leq a \leq -6 + \sqrt{6}$

$\therefore -6 - \sqrt{6} \leq a < -6$

(i), (ii)에서 $a \geq -6 - \sqrt{6}$이므로

$g(k+1) = g(3) = f(3)$

$\qquad\qquad = 27 + 9a - 3(4a + 10) + 4a + 14$

$\qquad\qquad = a + 11 \geq (-6 - \sqrt{6}) + 11 = 5 - \sqrt{6}$

따라서 $g(k+1)$의 최솟값은 $5 - \sqrt{6}$이다.

> **참고**
>
> 다항함수 $f(x)$에 대하여 $g(x) = \displaystyle\int_a^x f(t)\,dt$이면 $g'(x) = f(x)$
>
> (1) $t < a$일 때 $y = f(t) < 0$, $t > a$일 때 $y = f(t) > 0$인 경우
>
> (i) $x < a$에서
>
> $g(x) = \displaystyle\int_a^x f(t)\,dt = -\int_x^a f(t)\,dt > 0$
>
> (ii) $x > a$에서
>
> $g(x) = \displaystyle\int_a^x f(t)\,dt > 0$

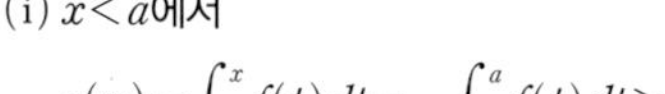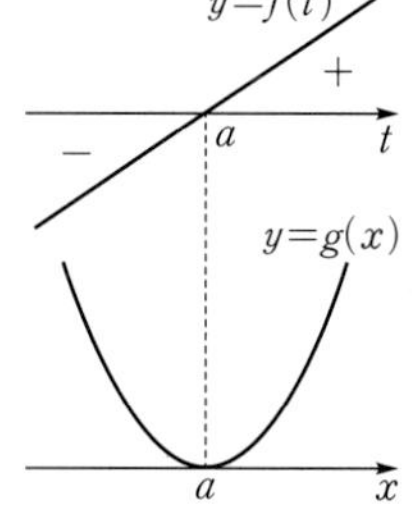

> (2) $t < a$일 때 $y = f(t) > 0$, $t > a$일 때 $y = f(t) < 0$인 경우
>
> (i) $x < a$에서
>
> $g(x) = \displaystyle\int_a^x f(t)\,dt = -\int_x^a f(t)\,dt < 0$
>
> (ii) $x > a$에서
>
> $g(x) = \displaystyle\int_a^x f(t)\,dt < 0$

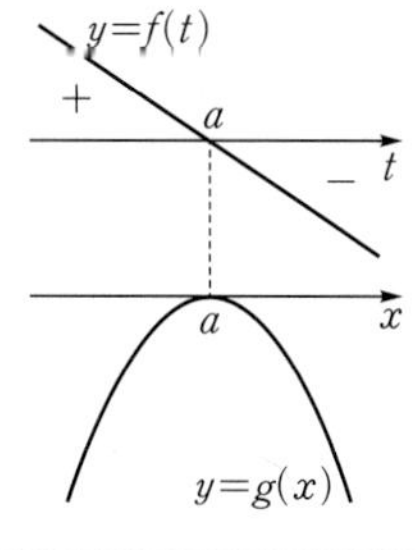

09 정적분의 활용

유형 01 곡선과 x축 사이의 넓이

0773

답 8

곡선 $y=6x^2-12x$와 x축의 교점의
x좌표는 $6x^2-12x=0$에서
$6x(x-2)=0$ ∴ $x=0$ 또는 $x=2$
따라서 곡선 $y=6x^2-12x$와 x축으로
둘러싸인 부분의 넓이는

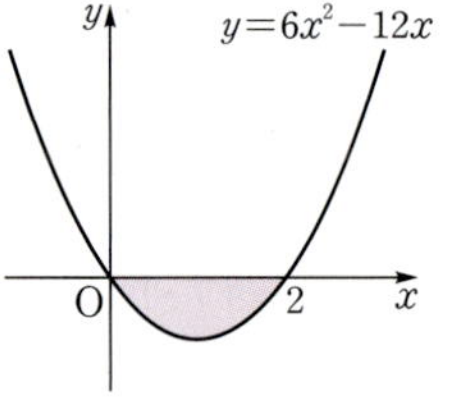

$$\int_0^2 |6x^2-12x|\,dx=\int_0^2 (-6x^2+12x)\,dx$$
$$=\Big[-2x^3+6x^2\Big]_0^2=8$$

다른 풀이

곡선 $y=6x^2-12x$와 x축의 교점의 x좌표는 $6x^2-12x=0$에서
$6x(x-2)=0$
∴ $x=0$ 또는 $x=2$
따라서 곡선 $y=6x^2-12x$와 x축으로 둘러싸인 도형의 넓이는
$$\frac{|6|(2-0)^3}{6}=8$$

참고

최고차항의 계수가 a인 이차함수 $y=f(x)$의 그래프와 x축이 $x=\alpha$, $x=\beta$ $(\alpha<\beta)$에서 만날 때, 곡선 $y=f(x)$와 x축으로 둘러싸인 도형의 넓이를 S라 하면 $S=\dfrac{|a|(\beta-\alpha)^3}{6}$임을 이용하여 정적분 값을 빠르게 계산할 수 있다.

0774

답 2

곡선 $y=4x^3-4x$와 x축의 교점의 x좌
표는 $4x^3-4x=0$에서
$4x(x+1)(x-1)=0$
∴ $x=-1$ 또는 $x=0$ 또는 $x=1$
따라서 곡선 $y=4x^3-4x$와 x축으로 둘
러싸인 도형의 넓이는

$$\int_{-1}^{1} |4x^3-4x|\,dx=\int_{-1}^{0} (4x^3-4x)\,dx+\int_{0}^{1} (-4x^3+4x)\,dx$$
$$=\Big[x^4-2x^2\Big]_{-1}^{0}+\Big[-x^4+2x^2\Big]_{0}^{1}$$
$$=1+1=2$$

0775

답 4

곡선 $y=-x^2+4$와 x축의 교점의 x좌
표는 $-x^2+4=0$에서
$-(x+2)(x-2)=0$
∴ $x=-2$ 또는 $x=2$
따라서 곡선 $y=-x^2+4$와 x축 및 두
직선 $x=1$, $x=3$으로 둘러싸인 도형의
넓이는

$$\int_1^3 |-x^2+4|\,dx=\int_1^2 (-x^2+4)\,dx+\int_2^3 (x^2-4)\,dx$$
$$=\Big[-\frac{1}{3}x^3+4x\Big]_1^2+\Big[\frac{1}{3}x^3-4x\Big]_2^3$$
$$=\frac{5}{3}+\frac{7}{3}=4$$

0776

답 3

곡선 $y=-x^2+ax$와 x축의 교점의
x좌표는 $-x^2+ax=0$에서
$-x(x-a)=0$
∴ $x=0$ 또는 $x=a$
이때 곡선 $y=-x^2+ax$와 x축으로 둘
러싸인 도형의 넓이가 $\dfrac{9}{2}$이므로

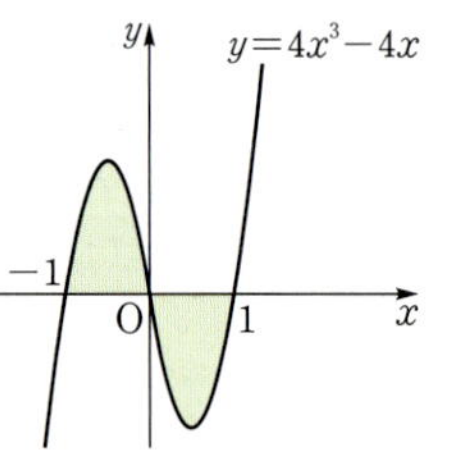

$$\int_0^a (-x^2+ax)\,dx=\frac{9}{2}$$
$$\Big[-\frac{1}{3}x^3+\frac{1}{2}ax^2\Big]_0^a=\frac{9}{2}$$
$$\frac{1}{6}a^3=\frac{9}{2}$$
$$a^3=27 \qquad ∴ a=3 \;(∵ a는 실수)$$

0777

답 1

$f'(x)=6x^2-12x+4$이므로
$$f(x)=\int f'(x)\,dx=\int (6x^2-12x+4)\,dx$$
$$=2x^3-6x^2+4x+C \;(C는 적분상수)$$
$f(1)=0$에서 $C=0$
∴ $f(x)=2x^3-6x^2+4x$
곡선 $y=f(x)$와 x축의 교점의 x좌표는
$2x^3-6x^2+4x=0$에서
$2x(x-1)(x-2)=0$
∴ $x=0$ 또는 $x=1$ 또는 $x=2$
따라서 곡선 $y=f(x)$와 x축으로 둘러싸
인 도형의 넓이는

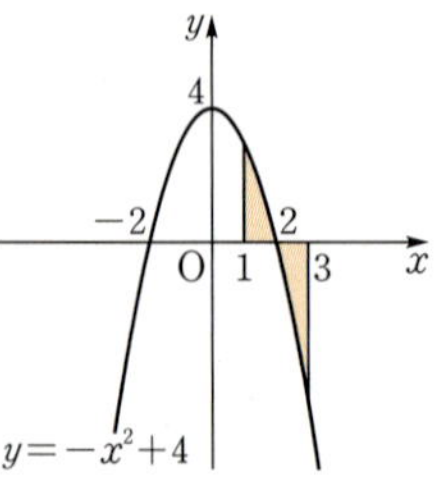

$$\int_0^2 |f(x)|\,dx$$
$$=\int_0^1 f(x)\,dx+\int_1^2 \{-f(x)\}\,dx$$
$$=\int_0^1 (2x^3-6x^2+4x)\,dx+\int_1^2 (-2x^3+6x^2-4x)\,dx$$
$$=\Big[\frac{1}{2}x^4-2x^3+2x^2\Big]_0^1+\Big[-\frac{1}{2}x^4+2x^3-2x^2\Big]_1^2$$
$$=\frac{1}{2}+\frac{1}{2}=1$$

참고

함수 $f(x)$의 도함수 $f'(x)$가 주어지면 $f(x)=\displaystyle\int f'(x)\,dx$임을 이용하여 $f(x)$를 적분상수를 포함한 식으로 나타낸 후 주어진 함숫값을 이용하여 적분상수를 구한다.

0778

답 60

삼차함수 $f(x)$는 최고차항의 계수가 양수이고 함수 $y=f(x)$의 그래프가 x축과 $x=-2$에서 만나고 $x=0$에서 접하므로
$$f(x)=ax^2(x+2)=ax^3+2ax^2\ (a>0)$$

❶

이때 곡선 $y=f(x)$와 x축으로 둘러싸인 도형의 넓이가 4이므로
$$\int_{-2}^{0}|f(x)|dx=4$$
$$\int_{-2}^{0}(ax^3+2ax^2)dx=4$$
$$\left[\frac{1}{4}ax^4+\frac{2}{3}ax^3\right]_{-2}^{0}=4$$
$$\frac{4}{3}a=4\qquad\therefore a=3$$

❷

따라서 $f(x)=3x^3+6x^2$이므로
$$f'(x)=9x^2+12x$$
$$\therefore f'(2)=36+24=60$$

❸

채점 기준	배점
❶ 주어진 그래프를 이용하여 $f(x)$의 식 나타내기	30%
❷ a의 값 구하기	40%
❸ $f(x)$의 식을 이용하여 $f'(2)$의 값 구하기	30%

0779

답 1

곡선 $y=-2x^3$과 x축 및 두 직선 $x=-2$, $x=a$로 둘러싸인 도형의 넓이가 $\dfrac{17}{2}$이므로
$$\int_{-2}^{a}|-2x^3|dx=\frac{17}{2}$$
$$\int_{-2}^{0}(-2x^3)dx+\int_{0}^{a}2x^3dx=\frac{17}{2}$$
$$\left[-\frac{1}{2}x^4\right]_{-2}^{0}+\left[\frac{1}{2}x^4\right]_{0}^{a}=\frac{17}{2}$$
$$8+\frac{1}{2}a^4=\frac{17}{2}$$
$$\frac{1}{2}a^4=\frac{1}{2},\ a^4=1$$
$$\therefore a=1\ (\because a>0)$$

0780

답 9

$xf(x)=\displaystyle\int_{0}^{x}tf'(t)dt+\frac{2}{3}x^3-5x^2+8x$의 양변을 x에 대하여 미분하면
$$f(x)+xf'(x)=xf'(x)+2x^2-10x+8$$
$$\therefore f(x)=2x^2-10x+8$$

곡선 $y=f(x)$와 x축의 교점의 x좌표는
$2x^2-10x+8=0$에서
$2(x-1)(x-4)=0$
$$\therefore x=1\ \text{또는}\ x=4$$

따라서 곡선 $y=f(x)$와 x축으로 둘러싸인 도형의 넓이는

$$\int_{1}^{4}|f(x)|dx=\int_{1}^{4}(-2x^2+10x-8)dx$$
$$=\left[-\frac{2}{3}x^3+5x^2-8x\right]_{1}^{4}$$
$$=\frac{16}{3}-\left(-\frac{11}{3}\right)=9$$

0781

답 ②

곡선 $y=f(x)$와 x축의 교점의 x좌표는
$(x-a)(x-b)=0$에서
$x=a$ 또는 $x=b$
따라서 곡선 $y=f(x)$와 x축으로 둘러싸인 부분의 넓이는

$$\int_{a}^{b}|f(x)|dx=-\int_{a}^{b}f(x)dx$$
$$=-\left\{\int_{a}^{0}f(x)dx+\int_{0}^{b}f(x)dx\right\}$$
$$=-\left\{-\int_{0}^{a}f(x)dx+\int_{0}^{b}f(x)dx\right\}$$
$$=-\left\{-\frac{11}{6}+\left(-\frac{8}{3}\right)\right\}=\frac{9}{2}$$

유형 02 곡선과 직선 사이의 넓이

0782

답 ④

곡선 $y=3x^2-4x$와 직선 $y=2x$의 교점의 x좌표는 $3x^2-4x=2x$에서
$3x^2-6x=0$, $3x(x-2)=0$
$\therefore x=0$ 또는 $x=2$
따라서 곡선 $y=3x^2-4x$와 직선 $y=2x$로 둘러싸인 도형의 넓이는

$$\int_{0}^{2}\{2x-(3x^2-4x)\}dx=\int_{0}^{2}(-3x^2+6x)dx$$
$$=\left[-x^3+3x^2\right]_{0}^{2}=4$$

다른 풀이

곡선 $y=3x^2-4x$와 직선 $y=2x$의 교점의 x좌표는
$3x^2-4x=2x$에서 $3x^2-6x=0$
$3x(x-2)=0\qquad\therefore x=0$ 또는 $x=2$
따라서 곡선 $y=3x^2-4x$와 직선 $y=2x$로 둘러싸인 도형의 넓이는
$$\frac{|3|(2-0)^3}{6}=4$$

참고

최고차항의 계수가 a인 이차함수 $y=f(x)$의 그래프와 직선 $y=mx+n$이 $x=\alpha$, $x=\beta\ (\alpha<\beta)$에서 만날 때, 곡선 $y=f(x)$와 직선 $y=mx+n$으로 둘러싸인 도형의 넓이를 S라 하면 $S=\dfrac{|a|(\beta-\alpha)^3}{6}$임을 이용하여 정적분 값을 빠르게 계산할 수 있다.

0783

곡선 $y=x^3-2x+1$과 직선 $y=2x+1$
의 교점의 x좌표는

$x^3-2x+1=2x+1$에서

$x^3-4x=0$, $x(x+2)(x-2)=0$

$\therefore x=-2$ 또는 $x=0$ 또는 $x=2$

따라서 곡선 $y=x^3-2x+1$과 직선

$y=2x+1$로 둘러싸인 도형의 넓이는

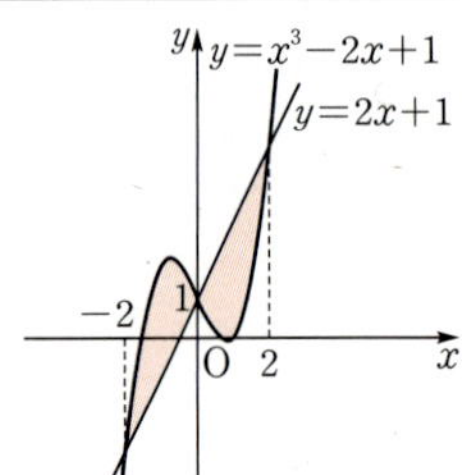

$$\int_{-2}^{0}\{x^3-2x+1-(2x+1)\}dx+\int_{0}^{2}\{2x+1-(x^3-2x+1)\}dx$$

$$=\int_{-2}^{0}(x^3-4x)dx+\int_{0}^{2}(-x^3+4x)dx$$

$$=\left[\frac{1}{4}x^4-2x^2\right]_{-2}^{0}+\left[-\frac{1}{4}x^4+2x^2\right]_{0}^{2}$$

$$=4+4=8$$

0784

곡선 $y=x^2-ax$와 직선 $y=4x$의 교점
의 x좌표는 $x^2-ax=4x$에서

$x^2-(a+4)x=0$, $x\{x-(a+4)\}=0$

$\therefore x=0$ 또는 $x=a+4$

따라서 곡선 $y=x^2-ax$와 직선 $y=4x$
로 둘러싸인 도형의 넓이는

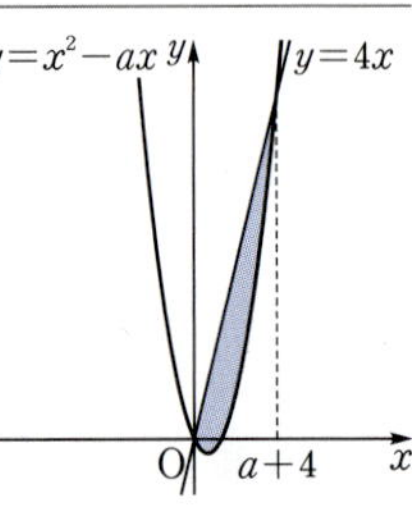

$$\int_{0}^{a+4}\{4x-(x^2-ax)\}dx$$

$$=\int_{0}^{a+4}\{-x^2+(a+4)x\}dx$$

$$=\left[-\frac{1}{3}x^3+\frac{a+4}{2}x^2\right]_{0}^{a+4}$$

$$=\frac{1}{6}(a+4)^3=36$$

$(a+4)^3=6^3$, $a+4=6$ ($\because a$는 실수)

$\therefore a=2$

0785

$y=|x^2-x|=\begin{cases} x^2-x & (x<0 \text{ 또는 } x>1) \\ -x^2+x & (0\le x\le 1) \end{cases}$

함수 $y=|x^2-x|$의 그래프와 직선
$y=x$의 교점의 x좌표는

$x<0$ 또는 $x>1$일 때, $x^2-x=x$에서

$x^2-2x=0$, $x(x-2)=0$

$\therefore x=2$

$0\le x\le 1$일 때, $-x^2+x=x$에서

$x^2=0$

$\therefore x=0$

따라서 함수 $y=|x^2-x|$의 그래프와 직선 $y=x$로 둘러싸인 도형
의 넓이는

$$\int_{0}^{1}\{x-(-x^2+x)\}dx+\int_{1}^{2}\{x-(x^2-x)\}dx$$

$$=\int_{0}^{1}x^2dx+\int_{1}^{2}(-x^2+2x)dx$$

$$=\left[\frac{1}{3}x^3\right]_{0}^{1}+\left[-\frac{1}{3}x^3+x^2\right]_{1}^{2}$$

$$=\frac{1}{3}+\frac{2}{3}=1$$

0786

두 곡선 $y=x^2-4x+3$,
$y=-x^2+6x-5$의 교점의 x좌표는

$x^2-4x+3=-x^2+6x-5$에서

$2x^2-10x+8=0$

$2(x-1)(x-4)=0$

$\therefore x=1$ 또는 $x=4$

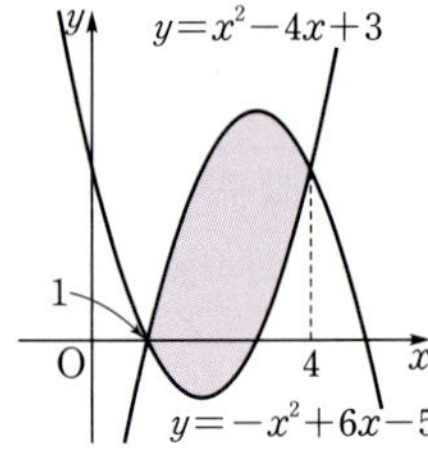

따라서 두 곡선 $y=x^2-4x+3$,

$y=-x^2+6x-5$로 둘러싸인 도형의 넓이는

$$\int_{1}^{4}\{(-x^2+6x-5)-(x^2-4x+3)\}dx$$

$$=\int_{1}^{4}(-2x^2+10x-8)dx$$

$$=\left[-\frac{2}{3}x^3+5x^2-8x\right]_{1}^{4}=9$$

0787

두 곡선 $y=x^3+2x^2-1$, $y=-x^2+3$의

교점의 x좌표는

$x^3+2x^2-1=-x^2+3$에서

$x^3+3x^2-4=0$

$(x+2)^2(x-1)=0$

$\therefore x=-2$ 또는 $x=1$

따라서 두 곡선 $y=x^3+2x^2-1$,

$y=-x^2+3$으로 둘러싸인 도형의 넓이는

$$\int_{-2}^{1}\{(-x^2+3)-(x^3+2x^2-1)\}dx$$

$$=\int_{-2}^{1}(-x^3-3x^2+4)dx$$

$$=\left[-\frac{1}{4}x^4-x^3+4x\right]_{-2}^{1}$$

$$=\frac{11}{4}-(-4)=\frac{27}{4}$$

0788

두 곡선 $y=f(x)$, $y=g(x)$의 교점의 x좌표가 $x=0$, $x=3$이므로
$$g(x)-f(x)=ax(x-3) \ (a<0)$$
이라 하면 두 곡선 $y=f(x)$, $y=g(x)$로 둘러싸인 도형의 넓이는
$$\begin{aligned}
\int_0^3 \{g(x)-f(x)\}dx &= \int_0^3 ax(x-3)dx \\
&= \int_0^3 (ax^2-3ax)dx \\
&= \left[\frac{1}{3}ax^3-\frac{3}{2}ax^2\right]_0^3 \\
&= -\frac{9}{2}a=9
\end{aligned}$$
$$\therefore a=-2$$
따라서 $g(x)-f(x)=-2x(x-3)$이므로
$$g(2)-f(2)=-2\times2\times(-1)=4$$

0789

$f(x)=x^3+4$에서 $f'(x)=3x^2$
두 곡선 $y=f(x)$, $y=f'(x)$의 교점의
x좌표는 $x^3+4=3x^2$에서
$$x^3-3x^2+4=0$$
$$(x+1)(x-2)^2=0$$
$$\therefore x=-1 \text{ 또는 } x=2$$

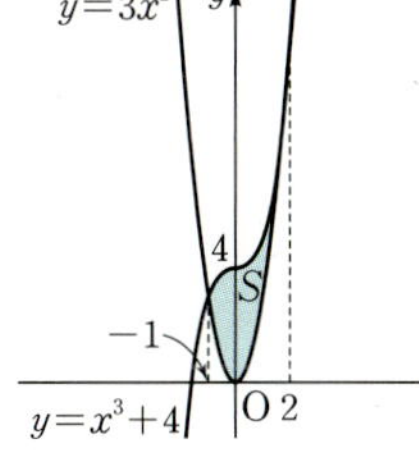

따라서 두 곡선 $y=f(x)$, $y=f'(x)$로
둘러싸인 도형의 넓이 S는
$$\begin{aligned}
S &= \int_{-1}^2 (x^3+4-3x^2)dx \\
&= \int_{-1}^2 (x^3-3x^2+4)dx \\
&= \left[\frac{1}{4}x^4-x^3+4x\right]_{-1}^2 \\
&= 4-\left(-\frac{11}{4}\right)=\frac{27}{4}
\end{aligned}$$
$$\therefore 4S=27$$

0790

$f(x)=x^2-2x$이므로
$$-f(x-1)-1=-\{(x-1)^2-2(x-1)\}-1=-x^2+4x-4$$
두 곡선 $y=f(x)$, $y=-f(x-1)-1$
의 교점의 x좌표는
$$f(x)=-f(x-1)-1\text{에서}$$
$$x^2-2x=-x^2+4x-4$$
$$2x^2-6x+4=0, \ 2(x-1)(x-2)=0$$
$$\therefore x=1 \text{ 또는 } x=2$$
따라서 두 곡선 $y=f(x)$,
$y=-f(x-1)-1$로 둘러싸인 부분의 넓이는
$$\begin{aligned}
&\int_1^2 \{(-x^2+4x-4)-(x^2-2x)\}dx \\
&= \int_1^2 (-2x^2+6x-4)dx \\
&= \left[-\frac{2}{3}x^3+3x^2-4x\right]_1^2=\left(-\frac{4}{3}\right)-\left(-\frac{5}{3}\right)=\frac{1}{3}
\end{aligned}$$

0791

$f(x)=x^2+1$이라 하면 $f'(x)=2x$
곡선 $y=f(x)$ 위의 점 $(1, 2)$에서의 접선의 기울기는 $f'(1)=2$이
므로 접선의 방정식은
$$y-2=2(x-1)$$
$$\therefore y=2x$$
따라서 구하는 도형의 넓이 S는

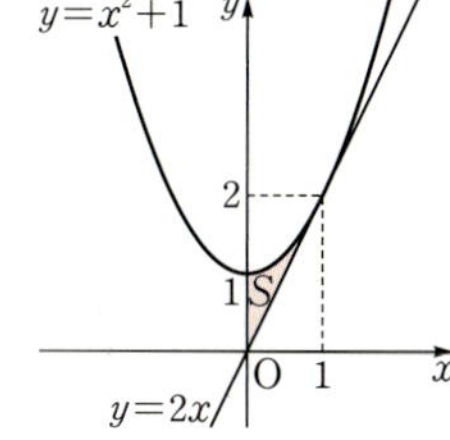

$$\begin{aligned}
S &= \int_0^1 \{(x^2+1)-2x\}dx \\
&= \int_0^1 (x^2-2x+1)dx \\
&= \left[\frac{1}{3}x^3-x^2+x\right]_0^1=\frac{1}{3}
\end{aligned}$$
$$\therefore 6S=6\times\frac{1}{3}=2$$

0792

$f(x)=x^3-3x^2+2x+2$라 하면 $f'(x)=3x^2-6x+2$
곡선 $y=f(x)$ 위의 점 $(0, 2)$에서의 접선의 기울기는 $f'(0)=2$이
므로 접선의 방정식은
$$y=2x+2$$
곡선 $y=f(x)$와 접선 $y=2x+2$의 교
점의 x좌표는
$$x^3-3x^2+2x+2=2x+2\text{에서}$$
$$x^3-3x^2=0, \ x^2(x-3)=0$$
$$\therefore x=0 \text{ 또는 } x=3$$
따라서 구하는 도형의 넓이는
$$\begin{aligned}
&\int_0^3 \{(2x+2)-(x^3-3x^2+2x+2)\}dx \\
&= \int_0^3 (-x^3+3x^2)dx \\
&= \left[-\frac{1}{4}x^4+x^3\right]_0^3=\frac{27}{4}
\end{aligned}$$

다른 풀이

$f(x)=x^3-3x^2+2x+2$라 하면 $f'(x)=3x^2-6x+2$
곡선 $y=f(x)$ 위의 점 $(0, 2)$에서의 접선의 기울기는 $f'(0)=2$이
므로 접선의 방정식은
$$y=2x+2$$
곡선 $y=f(x)$와 접선 $y=2x+2$의 교점의 x좌표는
$$x^3-3x^2+2x+2=2x+2\text{에서}$$
$$x^3-3x^2=0, \ x^2(x-3)=0$$
$$\therefore x=0 \text{ 또는 } x=3$$
따라서 곡선 $y=x^3-3x^2+2x+2$와 직선 $y=2x+2$로 둘러싸인 도
형의 넓이는
$$\frac{|1|(3-0)^4}{12}=\frac{27}{4}$$

0793   답 11

$f(x)=x^2-2x+3$이라 하면 $f'(x)=2x-2$
접점의 좌표를 $(t,\ t^2-2t+3)$이라 하면 접선의 기울기가 2이므로
$f'(t)=2$에서 $2t-2=2$
$\therefore t=2$
접점의 좌표가 $(2,\ 3)$이므로 접선의 방정식은
$y-3=2(x-2)$ $\therefore y=2x-1$

  ❶

이때 곡선 $y=x^2-2x+3$과 직선
$y=2x-1$ 및 y축으로 둘러싸인 도형의
넓이는

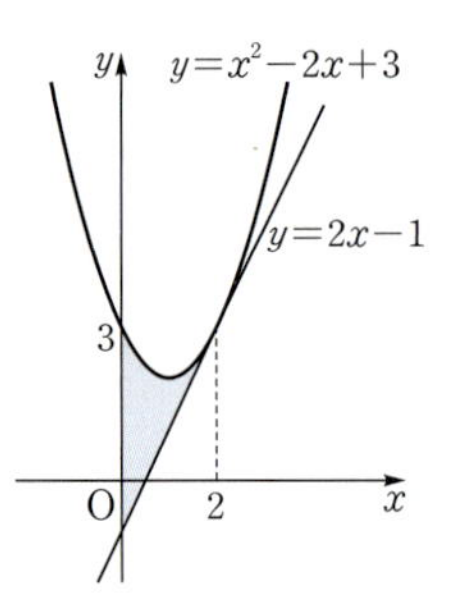

$\displaystyle\int_0^2\{(x^2-2x+3)-(2x-1)\}dx$
$=\displaystyle\int_0^2(x^2-4x+4)dx$
$=\left[\dfrac{1}{3}x^3-2x^2+4x\right]_0^2=\dfrac{8}{3}$
따라서 $p=3$, $q=8$이므로
$p+q=3+8=11$

  ❷

채점 기준	배점
❶ 곡선에 접하는 접선의 방정식 구하기	30%
❷ $p+q$의 값 구하기	70%

0794   답 ②

$f(x)=x^2$이라 하면 $f'(x)=2x$
접점의 좌표를 $(t,\ t^2)$이라 하면 곡선 위의 점 $(t,\ t^2)$에서의 접선의
기울기는 $f'(t)=2t$이므로 접선의 방정식은
$y-t^2=2t(x-t)$ $\therefore y=2tx-t^2$
이 직선이 점 $(0,\ -1)$을 지나므로
$-1=-t^2$, $(t+1)(t-1)=0$
$\therefore t=-1$ 또는 $t=1$

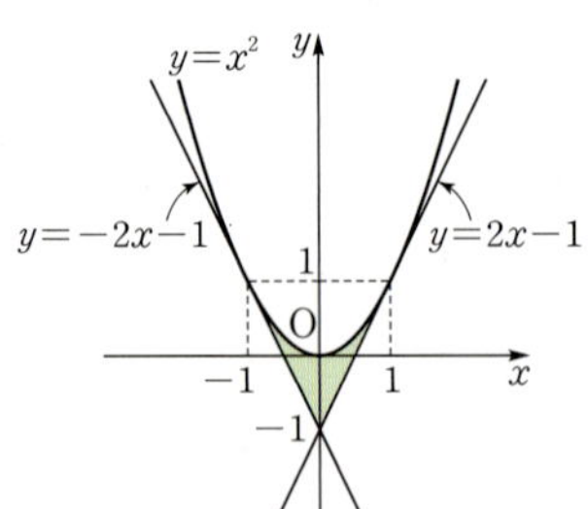

따라서 접선의 방정식은 $y=-2x-1$ 또는 $y=2x-1$이므로 구하는
도형의 넓이는

$\displaystyle\int_{-1}^0(x^2+2x+1)dx+\int_0^1(x^2-2x+1)dx$
$=\left[\dfrac{1}{3}x^3+x^2+x\right]_{-1}^0+\left[\dfrac{1}{3}x^3-x^2+x\right]_0^1$
$=\dfrac{1}{3}+\dfrac{1}{3}=\dfrac{2}{3}$

0795   답 ③

곡선 $y=f(x)$와 직선 $y=g(x)$의 교점의 x좌표는 $x=0$, $x=2$이
므로 곡선과 직선으로 둘러싸인 도형의 넓이는

$\displaystyle\int_0^2|f(x)-g(x)|dx=\int_0^2\{g(x)-f(x)\}dx$

이때 $g(x)-f(x)$는 최고차항의 계수가 3인 삼차함수이고 삼차방
정식 $g(x)-f(x)=0$은 한 실근 $x=0$과 중근 $x=2$를 가지므로
$g(x)-f(x)=3x(x-2)^2$
$\qquad\qquad\quad\ =3x^3-12x^2+12x$
따라서 구하는 도형의 넓이는

$\displaystyle\int_0^2\{g(x)-f(x)\}dx=\int_0^2(3x^3-12x^2+12x)dx$
$\qquad\qquad\qquad\ =\left[\dfrac{3}{4}x^4-4x^3+6x^2\right]_0^2$
$\qquad\qquad\qquad\ =12-32+24=4$

유형 **05** 두 도형의 넓이가 같을 조건

0796   답 2

주어진 그림에서 두 도형의 넓이가 서로 같으므로
$\displaystyle\int_0^k x(x-1)(x-k)dx=0$
$\displaystyle\int_0^k\{x^3-(k+1)x^2+kx\}dx=0$
$\left[\dfrac{1}{4}x^4-\dfrac{k+1}{3}x^3+\dfrac{k}{2}x^2\right]_0^k=0$
$-\dfrac{1}{12}k^4+\dfrac{1}{6}k^3=0$, $-\dfrac{1}{12}k^3(k-2)=0$
$\therefore k=2\ (\because k>1)$

0797   답 -6

주어진 그림에서 두 도형의 넓이가 서로 같으므로
$\displaystyle\int_0^3(-x^2+6x+k)dx=0$
$\left[-\dfrac{1}{3}x^3+3x^2+kx\right]_0^3=0$
$18+3k=0$
$\therefore k=-6$

0798 답 ⑤

곡선 $y=x^3-ax^2$과 x축의 교점의 x좌표
는 $x^3-ax^2=0$에서

$x^2(x-a)=0$ ∴ $x=0$ 또는 $x=a$

이때 오른쪽 그림에서 $A=B$이므로

$$\int_0^1 (x^3-ax^2)dx=0$$

$$\left[\frac{1}{4}x^4-\frac{1}{3}ax^3\right]_0^1=0$$

$$\frac{1}{4}-\frac{1}{3}a=0$$

∴ $a=\dfrac{3}{4}$

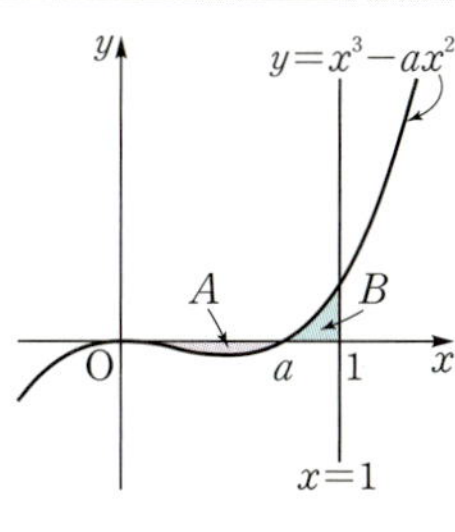

0799 답 1

주어진 그림에서 $A=B$이므로

$$\int_0^1 \{k(x-1)^2-(-2x^2+2x)\}dx=0$$

$$\int_0^1 \{(k+2)x^2-2(k+1)x+k\}dx=0$$

$$\left[\frac{k+2}{3}x^3-(k+1)x^2+kx\right]_0^1=0$$

$$\frac{k+2}{3}-(k+1)+k=0,\ \frac{k+2}{3}-1=0$$

∴ $k=1$

0800 답 8

$S_2=2S_1$이고 곡선 $y=3x^2-12x+k$, 즉
$y=3(x-2)^2+k-12$가 직선 $x=2$에 대
하여 대칭이므로 오른쪽 그림에서 곡선
$y=3x^2-12x+k$와 x축, y축 및 직선
$x=2$로 둘러싸인 두 도형의 넓이는 같
다. ❶

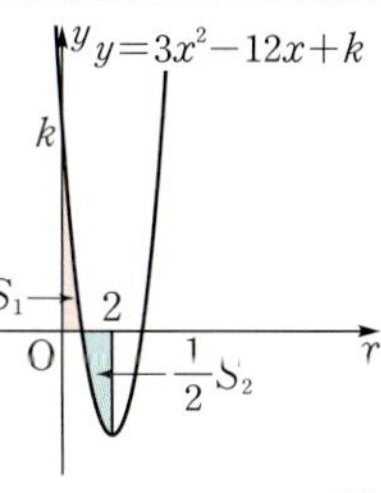

즉, $\displaystyle\int_0^2 (3x^2-12x+k)dx=0$이므로

$$\left[x^3-6x^2+kx\right]_0^2=0$$

$8-24+2k=0$

$2k=16$ ∴ $k=8$ ❷

채점 기준	배점
❶ 이차함수 그래프의 대칭성을 이용하여 넓이가 같은 두 도형 찾기	50%
❷ 두 도형의 넓이가 같음을 이용하여 식을 세우고 k의 값 구하기	50%

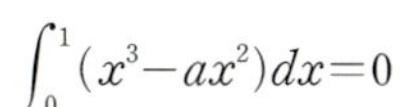 **유형 06 도형의 넓이의 활용 - 이등분**

0801 답 27

곡선 $y=x^2-3x$와 직선 $y=mx$의 교점의 x좌표는
$x^2-3x=mx$에서 $x^2-(m+3)x=0$

$x\{x-(m+3)\}=0$ ∴ $x=0$ 또는 $x=m+3$

따라서 오른쪽 그림에서

$$S_1+S_2=\int_0^3 (-x^2+3x)dx$$

$$=\left[-\frac{1}{3}x^3+\frac{3}{2}x^2\right]_0^3$$

$$=-9+\frac{27}{2}=\frac{9}{2}$$

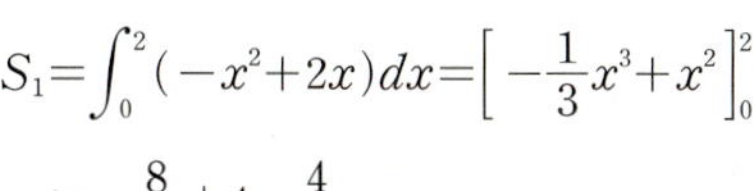

$$S_1=\int_0^{m+3} \{mx-(x^2-3x)\}dx$$

$$=\int_0^{m+3} \{-x^2+(m+3)x\}dx$$

$$=\left[-\frac{1}{3}x^3+\frac{m+3}{2}x^2\right]_0^{m+3}$$

$$=\frac{1}{6}(m+3)^3$$

이때 $S_1=S_2$에서 $S_1+S_2=2S_1$이므로

$$\frac{1}{3}(m+3)^3=\frac{9}{2}\qquad ∴\ 2(m+3)^3=27$$

곡선과 x축으로 둘러싸인 도형의 넓이를 이등분하려면 $m<0$이어야 하므
로 $m+3<3$이다.

0802 답 16

곡선 $y=-x^2+2x$와 직선 $y=mx$의 교점의 x좌표는
$-x^2+2x=mx$에서

$x^2+(m-2)x=0,\ x\{x-(2-m)\}=0$

∴ $x=0$ 또는 $x=2-m$

곡선 $y=-x^2+2x$와 x축의 교점의 x좌표는
$-x^2+2x=0$에서 $-x(x-2)=0$

∴ $x=0$ 또는 $x=2$

따라서 오른쪽 그림에서

$$S_1+S_2=\int_0^{2-m} \{(-x^2+2x)-mx\}dx$$

$$=\int_0^{2-m} \{-x^2+(2-m)x\}dx$$

$$=\left[-\frac{1}{3}x^3+\frac{2-m}{2}x^2\right]_0^{2-m}$$

$$=\frac{1}{6}(2-m)^3$$

$$S_1=\int_0^2 (-x^2+2x)dx=\left[-\frac{1}{3}x^3+x^2\right]_0^2$$

$$=-\frac{8}{3}+4=\frac{4}{3}$$

이때 $S_1=S_2$에서 $S_1+S_2=2S_1$이므로

$$\frac{1}{6}(2-m)^3=\frac{8}{3}\qquad ∴\ (2-m)^3=16$$

0803 답 ③

곡선 $y=x^2-2x$와 직선 $y=2x$의 교점의 x좌표는
$x^2-2x=2x$에서

$x^2-4x=0,\ x(x-4)=0$

∴ $x=0$ 또는 $x=4$

따라서 오른쪽 그림에서
$$S_1+S_2=\int_0^4 \{2x-(x^2-2x)\}dx$$
$$=\int_0^4 (-x^2+4x)dx$$
$$=\left[-\frac{1}{3}x^3+2x^2\right]_0^4$$
$$=-\frac{64}{3}+32=\frac{32}{3}$$

$$S_1=\int_0^a \{2x-(x^2-2x)\}dx$$
$$=\int_0^a (-x^2+4x)dx$$
$$=\left[-\frac{1}{3}x^3+2x^2\right]_0^a$$
$$=-\frac{1}{3}a^3+2a^2$$

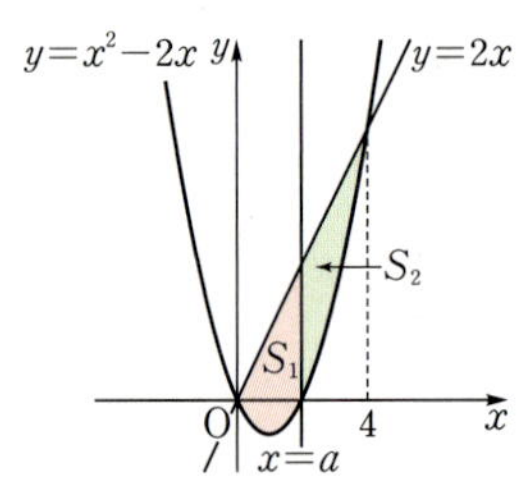

이때 $S_1=S_2$에서 $S_1+S_2=2S_1$이므로
$$-\frac{2}{3}a^3+4a^2=\frac{32}{3},\ a^3-6a^2+16=0$$
$$(a-2)(a^2-4a-8)=0$$
$$\therefore a=2\ (\because 0<a<4)$$

다른 풀이

곡선 $y=x^2-2x$와 직선 $y=2x$의 교점의 x좌표는
$x^2-2x=2x$에서 $x^2-4x=0$, $x(x-4)=0$
$$\therefore x=0\ \text{또는}\ x=4$$
따라서 곡선 $y=x^2-2x$와 직선 $y=2x$로 둘러싸인 도형의 넓이는
$$\int_0^4 \{2x-(x^2-2x)\}dx=\int_0^4 (-x^2+4x)dx$$

이 값은 오른쪽 그림의 색칠한 도형의 넓이와 같고 이 도형의 넓이를 이등분하는 직선 $x=a$는 이차함수 $y=-x^2+4x$, 즉 $y=-(x-2)^2+4$의 그래프의 축이어야 하므로
$$a=2$$

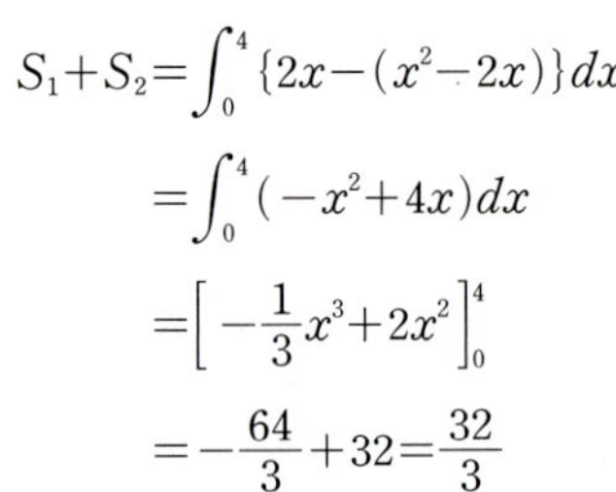

0804

답 1

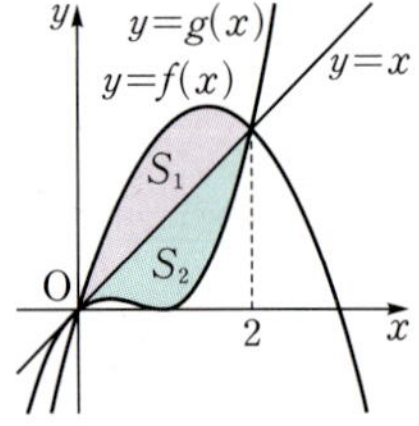

위의 그림에서
$$S_1=\int_0^2 \{f(x)-x\}dx$$
$$=\int_0^2 f(x)dx-\int_0^2 xdx$$
$$=3-\left[\frac{1}{2}x^2\right]_0^2$$
$$=3-2=1$$

$$S_2=\int_0^2 \{x-g(x)\}dx$$
$$=\int_0^2 xdx-\int_0^2 g(x)dx$$
$$=\left[\frac{1}{2}x^2\right]_0^2-\int_0^2 g(x)dx$$
$$=2-\int_0^2 g(x)dx$$

이때 $S_1=S_2$이므로
$$1=2-\int_0^2 g(x)dx$$
$$\therefore \int_0^2 g(x)dx=1$$

0805

답 ④

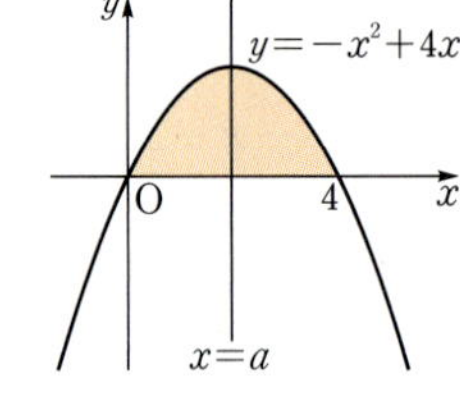

위의 그림에서
$$S_1+S_2=\int_0^1 \{(-x^4+x)-(x^4-x^3)\}dx$$
$$=\int_0^1 (-2x^4+x^3+x)dx$$
$$=\left[-\frac{2}{5}x^5+\frac{1}{4}x^4+\frac{1}{2}x^2\right]_0^1$$
$$=-\frac{2}{5}+\frac{1}{4}+\frac{1}{2}=\frac{7}{20}$$

$$S_2=\int_0^1 \{ax(1-x)-(x^4-x^3)\}dx$$
$$=\int_0^1 (-x^4+x^3-ax^2+ax)dx$$
$$=\left[-\frac{1}{5}x^5+\frac{1}{4}x^4-\frac{a}{3}x^3+\frac{a}{2}x^2\right]_0^1$$
$$=-\frac{1}{5}+\frac{1}{4}-\frac{a}{3}+\frac{a}{2}=\frac{1}{20}+\frac{a}{6}$$

이때 $S_1=S_2$에서 $S_1+S_2=2S_2$이므로
$$\frac{7}{20}=2\left(\frac{1}{20}+\frac{a}{6}\right),\ \frac{a}{3}=\frac{1}{4}$$
$$\therefore a=\frac{3}{4}$$

유형 07 **도형의 넓이의 활용 - 최댓값, 최솟값**

0806

답 2

$0<k<2$이므로 곡선 $y=x(x-k)$와 x축 및 직선 $x=2$로 둘러싸인 도형의 넓이를 $S(k)$라 하면
$$S(k)=\int_0^k (-x^2+kx)dx+\int_k^2 (x^2-kx)dx$$
$$=\left[-\frac{1}{3}x^3+\frac{1}{2}kx^2\right]_0^k+\left[\frac{1}{3}x^3-\frac{1}{2}kx^2\right]_k^2$$
$$=\frac{1}{6}k^3+\left\{\left(\frac{8}{3}-2k\right)-\left(-\frac{1}{6}k^3\right)\right\}=\frac{1}{3}k^3-2k+\frac{8}{3}$$

$$S'(k)=k^2-2=(k+\sqrt{2})(k-\sqrt{2})$$

$S'(k)=0$에서 $k=\sqrt{2}$ $(\because 0<k<2)$

$0<k<2$에서 함수 $S(k)$의 증가와 감소를 표로 나타내면 다음과 같다.

k	0	$\cdots$	$\sqrt{2}$	$\cdots$	2
$S'(k)$		$-$	0	$+$	
$S(k)$		$\searrow$	극소	$\nearrow$	

따라서 $S(k)$는 $k=\sqrt{2}$일 때 극소이면서 최소이므로
$$k^2=2$$

미분가능한 함수 $f(x)$에 대하여 $f'(a)=0$일 때 $x=a$의 좌우에서
(1) $f'(x)$의 부호가 양에서 음으로 바뀌면 $f(x)$는 $x=a$에서 극대이고, 극댓값은 $f(a)$이다.
(2) $f'(x)$의 부호가 음에서 양으로 바뀌면 $f(x)$는 $x=a$에서 극소이고, 극솟값은 $f(a)$이다.

$$S(k)$$
$$=\int_{-1}^{k}(x^2-1)(x-k)dx+\int_{k}^{1}\{-(x^2-1)(x-k)\}dx$$
$$=\int_{-1}^{k}(x^3-kx^2-x+k)dx-\int_{k}^{1}(x^3-kx^2-x+k)dx$$
$$=\left[\frac{1}{4}x^4-\frac{k}{3}x^3-\frac{1}{2}x^2+kx\right]_{-1}^{k}-\left[\frac{1}{4}x^4-\frac{k}{3}x^3-\frac{1}{2}x^2+kx\right]_{k}^{1}$$
$$=-\frac{1}{6}k^4+k^2+\frac{1}{2}$$

$$S'(k)=-\frac{2}{3}k^3+2k=-\frac{2}{3}k(k^2-3)$$

$S'(k)=0$에서 $k=0$ $(\because -1<k<1)$

$-1<k<1$에서 함수 $S(k)$의 증가와 감소를 표로 나타내면 다음과 같다.

k	-1	$\cdots$	0	$\cdots$	1
$S'(k)$		$-$	0	$+$	
$S(k)$		$\searrow$	극소	$\nearrow$	

따라서 $S(k)$는 $k=0$일 때 극소이면서 최소이다.

0807

답 ③

오른쪽 그림에서 두 곡선 $y=kx^3$, $y=-\dfrac{1}{k}x^3$과 직선 $x=1$로 둘러싸인 도형의 넓이는

$$\int_{0}^{1}\left\{kx^3-\left(-\frac{1}{k}x^3\right)\right\}dx$$
$$=\left(k+\frac{1}{k}\right)\int_{0}^{1}x^3dx$$
$$=\left(k+\frac{1}{k}\right)\left[\frac{1}{4}x^4\right]_{0}^{1}=\frac{k}{4}+\frac{1}{4k}$$

$\dfrac{k}{4}>0$, $\dfrac{1}{4k}>0$이므로 산술평균과 기하평균의 관계에 의하여

$$\frac{k}{4}+\frac{1}{4k}\geq2\sqrt{\frac{k}{4}\times\frac{1}{4k}}=\frac{1}{2}\ \left(\text{단, 등호는 }\frac{k}{4}=\frac{1}{4k}\text{일 때 성립}\right)$$

따라서 주어진 두 곡선과 직선으로 둘러싸인 도형의 넓이의 최솟값은 $\dfrac{1}{2}$이다.

$a>0$, $b>0$일 때
$$\frac{a+b}{2}\geq\sqrt{ab}\ (\text{단, 등호는 }a=b\text{일 때 성립})$$

0808

답 0

곡선 $y=(x^2-1)(x-k)$와 x축의 교점의 x좌표는
$(x^2-1)(x-k)=0$에서 $(x+1)(x-1)(x-k)=0$
$\therefore x=-1$ 또는 $x=k$ 또는 $x=1$
곡선 $y=(x^2-1)(x-k)$와 x축으로 둘러싸인 도형의 넓이를 $S(k)$라 하면 $-1<k<1$이므로 오른쪽 그림에서

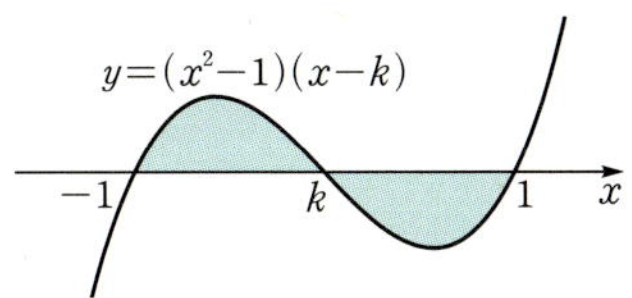

유형 08 함수와 그 역함수의 정적분

0809

답 ②

함수 $f(x)$의 역함수가 $g(x)$이므로 두 곡선 $y=f(x)$, $y=g(x)$는 직선 $y=x$에 대하여 대칭이다.
따라서 오른쪽 그림에서 $A=B$이므로 구하는 도형의 넓이는

$$\int_{0}^{3}g(x)dx=3\times9-B$$
$$=27-A$$
$$=27-\int_{3}^{9}f(x)dx$$
$$=27-10=17$$

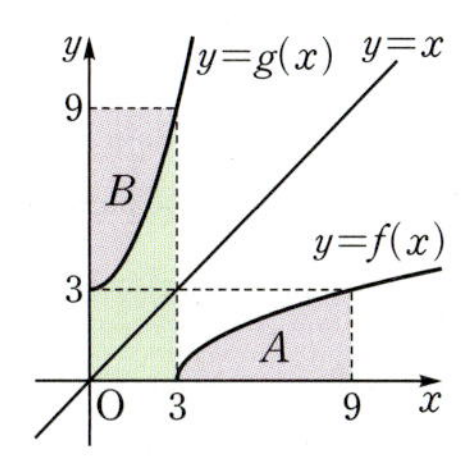

0810

답 12

함수 $f(x)=\sqrt{x-2}$의 역함수가 $g(x)$이므로 두 곡선 $y=f(x)$, $y=g(x)$는 직선 $y=x$에 대하여 대칭이다.
따라서 오른쪽 그림에서 $A=B$이므로

$$\int_{2}^{6}f(x)dx+\int_{0}^{2}g(x)dx$$
$$=A+C=B+C$$
$$=2\times6=12$$

0811

답 2

함수 $f(x)$의 역함수가 $g(x)$이므로 두 곡선 $y=f(x)$, $y=g(x)$는 직선 $y=x$에 대하여 대칭이다.

따라서 두 곡선 $y=f(x)$, $y=g(x)$로 둘러싸인 도형의 넓이는 곡선 $y=f(x)$와 직선 $y=x$로 둘러싸인 도형의 넓이의 2배와 같으므로 구하는 도형의 넓이는

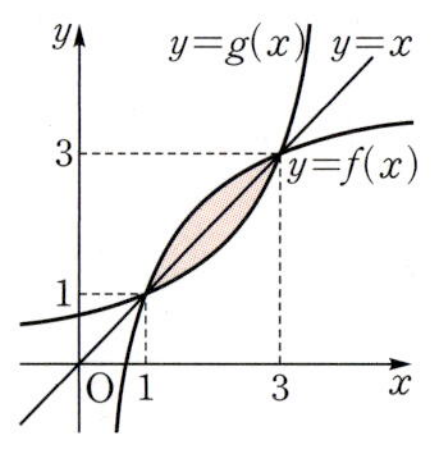

$$2\int_1^3 \{f(x)-x\}dx=2\int_1^3 f(x)dx-\int_1^3 2x\,dx$$

$$=2\times5-\Big[x^2\Big]_1^3$$

$$=10-8=2$$

0812

답 14

함수 $f(x)$의 역함수가 $g(x)$이므로 두 곡선 $y=f(x)$, $y=g(x)$는 직선 $y=x$에 대하여 대칭이다.

이때 $f(1)=1$, $f(5)=5$를 만족시키므로 오른쪽 그림에서 $A=B$

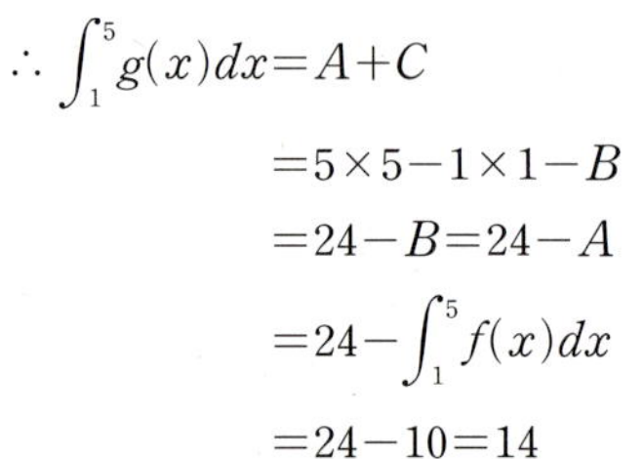

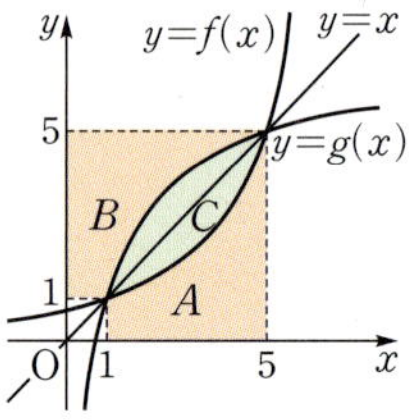

$\therefore \int_1^5 g(x)dx=A+C$

$$=5\times5-1\times1-B$$

$$=24-B=24-A$$

$$=24-\int_1^5 f(x)dx$$

$$=24-10=14$$

0813

답 5

함수 $f(x)=x^3\ (x\geq0)$의 역함수가 $g(x)$이므로 두 곡선 $y=f(x)$, $y=g(x)$는 직선 $y=x$에 대하여 대칭이다.

두 곡선 $y=f(x)$, $y=g(x)$의 교점의 x좌표는 곡선 $y=f(x)$와 직선 $y=x$의 교점의 x좌표와 같으므로

$x^3=x$에서 $x^3-x=0$, $x(x+1)(x-1)=0$

$\therefore x=0$ 또는 $x=1$ ($\because x\geq0$)

❶

두 곡선 $y=f(x)$, $y=g(x)$로 둘러싸인 도형의 넓이는 곡선 $y=f(x)$와 직선 $y=x$로 둘러싸인 도형의 넓이의 2배와 같으므로 구하는 도형의 넓이 S는

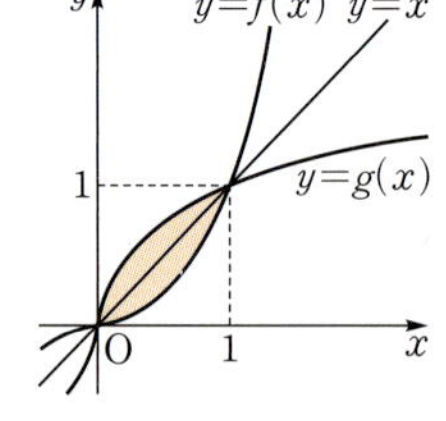

$$S=2\int_0^1(x-x^3)dx=2\Big[\frac{1}{2}x^2-\frac{1}{4}x^4\Big]_0^1$$

$$=2\times\frac{1}{4}=\frac{1}{2}$$

$$\therefore 10S=10\times\frac{1}{2}=5$$

❷

채점 기준	배점
❶ 두 곡선이 직선 $y=x$에 대하여 대칭임을 이용하여 교점의 x좌표 구하기	40%
❷ $10S$의 값 구하기	60%

0814

답 ②

함수 $f(x)=x^3+x$의 역함수가 $g(x)$이므로 두 곡선 $y=f(x)$, $y=g(x)$는 직선 $y=x$에 대하여 대칭이다.

이때 $\int_2^{10} g(x)dx$의 값은 오른쪽 그림에서 색칠된 도형의 넓이와 같으므로

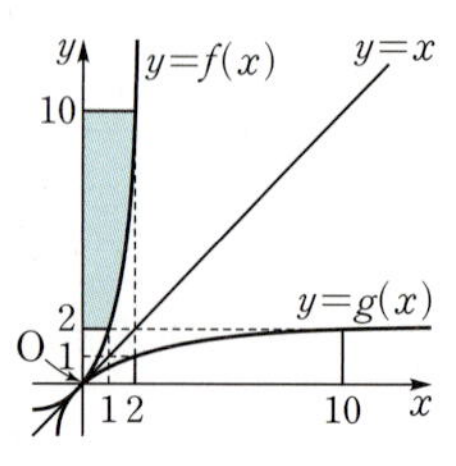

$$\int_2^{10} g(x)dx$$

$$=2\times10-\left\{1\times2+\int_1^2 f(x)dx\right\}$$

$$=2\times10-\left\{1\times2+\int_1^2 (x^3+x)dx\right\}$$

$$=20-2-\Big[\frac{1}{4}x^4+\frac{1}{2}x^2\Big]_1^2$$

$$=18-\left\{(4+2)-\left(\frac{1}{4}+\frac{1}{2}\right)\right\}$$

$$=\frac{51}{4}$$

0815

답 1

삼차함수 $f(x)=x^3+3x^2+3x$의 역함수가 $g(x)$이므로 두 곡선 $y=f(x)$, $y=g(x)$는 직선 $y=x$에 대하여 대칭이다.

두 곡선 $y=f(x)$, $y=g(x)$의 교점의 x좌표는 곡선 $y=f(x)$와 직선 $y=x$의 교점의 x좌표와 같으므로

$x^3+3x^2+3x=x$에서

$x^3+3x^2+2x=0$, $x(x+2)(x+1)=0$

$\therefore x=-2$ 또는 $x=-1$ 또는 $x=0$

따라서 구하는 넓이는 오른쪽 그림에서 색칠된 도형의 넓이이다.

두 곡선 $y=f(x)$, $y=g(x)$로 둘러싸인 도형의 넓이는 곡선 $y=f(x)$와 직선 $y=x$로 둘러싸인 도형의 넓이의 2배와 같으므로

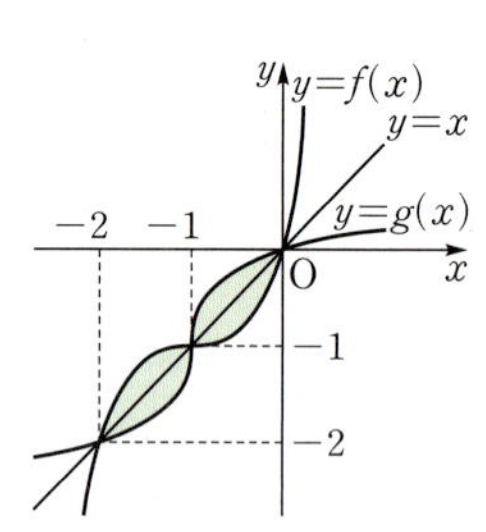

$$2\left[\int_{-2}^{-1}\{f(x)-x\}dx+\int_{-1}^{0}\{x-f(x)\}dx\right]$$

$$=2\left[\int_{-2}^{-1}\{(x^3+3x^2+3x)-x\}dx+\int_{-1}^{0}\{x-(x^3+3x^2+3x)\}dx\right]$$

$$=2\left\{\int_{-2}^{-1}(x^3+3x^2+2x)dx+\int_{-1}^{0}(-x^3-3x^2-2x)dx\right\}$$

$$=2\left(\Big[\frac{1}{4}x^4+x^3+x^2\Big]_{-2}^{-1}+\Big[-\frac{1}{4}x^4-x^3-x^2\Big]_{-1}^{0}\right)$$

$$=2\left(\frac{1}{4}+\frac{1}{4}\right)=1$$

유형 09 함수의 주기, 대칭성을 이용한 도형의 넓이

0816

답 ④

조건 (가)에서

$$f(x)=|x|-1=\begin{cases}-x-1 & (-1\leq x<0)\\ x-1 & (0\leq x\leq1)\end{cases}$$

또한 조건 (나)에서 함수 $f(x)$는 주기가 2인 주기함수이므로 함수 $y=f(x)$의 그래프는 다음 그림과 같다.

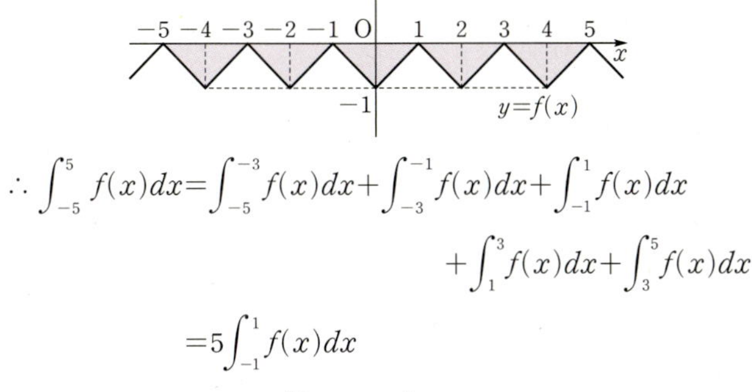

$$\therefore \int_{-5}^{5} f(x)dx = \int_{-5}^{-3} f(x)dx + \int_{-3}^{-1} f(x)dx + \int_{-1}^{1} f(x)dx$$
$$+ \int_{1}^{3} f(x)dx + \int_{3}^{5} f(x)dx$$
$$= 5\int_{-1}^{1} f(x)dx$$
$$= -5 \times \left(\frac{1}{2} \times 2 \times 1\right) = -5$$

0817

답 ②

모든 실수 x에 대하여 $f(-x)=-f(x)$이므로 함수 $y=f(x)$의 그래프는 원점에 대하여 대칭이다.

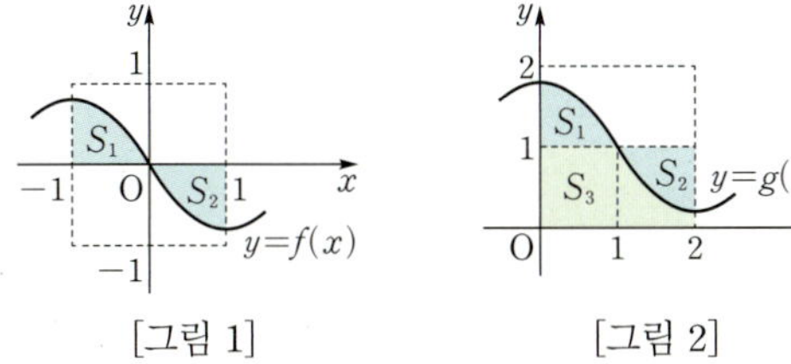

[그림 1]　　　　[그림 2]

따라서 [그림 1]과 같이 색칠한 도형의 넓이를 각각 S_1, S_2라 하면
$S_1=S_2$
이때 함수 $y=g(x)$의 그래프는 함수 $y=f(x)$의 그래프를 x축의 방향으로 1만큼, y축의 방향으로 1만큼 평행이동시킨 것이므로 [그림 2]에서
$$\int_{0}^{2} g(x)dx = S_1+S_2 = S_3+S_2 = 2 \times 1 = 2$$

0818

답 ②

조건 (가)에서 $-2 \le x \le 2$일 때 $f(x)=4-x^2$이고, 조건 (나)에서 함수 $f(x)$는 주기가 4인 주기함수이므로 함수 $y=f(x)$의 그래프는 다음 그림과 같다.

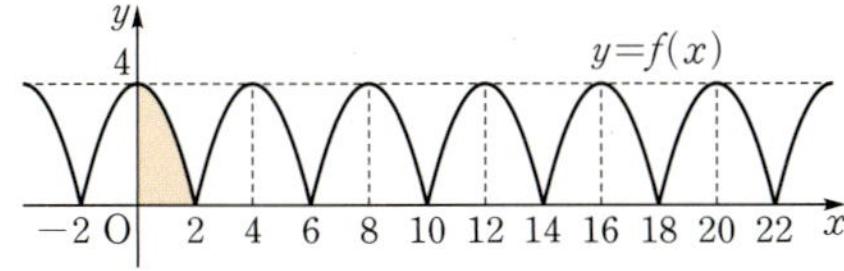

따라서 함수 $y=f(x)$의 그래프와 x축 및 두 직선 $x=0$, $x=20$으로 둘러싸인 도형의 넓이는
$$\int_{0}^{20} f(x)dx = 10\int_{0}^{2} f(x)dx$$
$$= 10\int_{0}^{2} (4-x^2)dx$$
$$= 10\left[4x - \frac{1}{3}x^3\right]_0^2$$
$$= 10 \times \frac{16}{3} = \frac{160}{3}$$

0819

답 14

함수 $f(x)$는 $f(0)=0$이고 모든 실수 x에 대하여 증가하므로 $x>0$일 때, $f(x)>0$이다.
조건 (가)에서 모든 실수 x에 대하여 $f(x)=f(x-3)+2$이므로 $f(0)=0$, $f(3)=2$, $f(6)=4$이고, $f(x)$는 연속함수이므로 함수 $y=f(x)$의 그래프의 개형은 다음 그림과 같다.

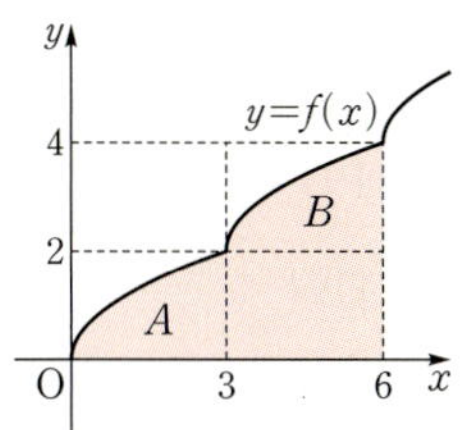

이때 조건 (나)에서 $\int_{0}^{3} f(x)dx=4$이므로 $A=B=4$
따라서 함수 $y=f(x)$의 그래프와 x축 및 직선 $x=6$으로 둘러싸인 도형의 넓이는
$$\int_{0}^{6} f(x)dx = A+B+3 \times 2$$
$$= A+A+6$$
$$= 2A+6$$
$$= 2 \times 4+6$$
$$= 14$$

0820

답 ①

주어진 그림에서 함수 $y=f(x)$의 그래프는 y축에 대하여 대칭이므로
$$\int_{-a}^{a} f(x)dx = 2\int_{0}^{a} f(x)dx = 13$$
$$\therefore \int_{0}^{a} f(x)dx = \frac{13}{2} \quad \cdots\cdots \ominus$$

한편, 오른쪽 그림에서

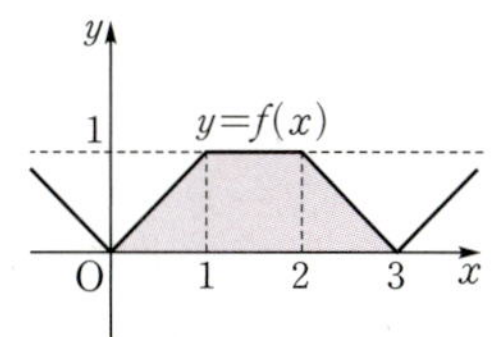

$$\int_{0}^{3} f(x)dx = \frac{1}{2} \times (1+3) \times 1 = 2$$
이고 모든 실수 x에 대하여 $f(x+3)=f(x)$이므로
$$\int_{0}^{3} f(x)dx = \int_{3}^{6} f(x)dx = \int_{6}^{9} f(x)dx = 2$$
$$\therefore \int_{0}^{9} f(x)dx = \int_{0}^{3} f(x)dx + \int_{3}^{6} f(x)dx + \int_{6}^{9} f(x)dx$$
$$= 2 \times 3 = 6$$
$\ominus$에서
$$\int_{0}^{a} f(x)dx = \int_{0}^{9} f(x)dx + \int_{9}^{a} f(x)dx = 6 + \int_{9}^{a} f(x)dx = \frac{13}{2}$$
$$\therefore \int_{9}^{a} f(x)dx = \frac{1}{2}$$
이때
$$\int_{0}^{1} f(x)dx = \int_{3}^{4} f(x)dx = \int_{6}^{7} f(x)dx = \int_{9}^{10} f(x)dx = \frac{1}{2}$$
이므로 $a=10$

확인 문제   (1) -3 (2) -1

(1) $t=3$에서 점 P의 위치는

$$0+\int_0^3 v(t)dt=\int_0^3 (2t-4)dt$$
$$=\left[t^2-4t \right]_0^3=-3$$

(2) $t=1$에서 $t=2$까지 점 P의 위치의 변화량은

$$\int_1^2 v(t)dt=\int_1^2 (2t-4)dt$$
$$=\left[t^2-4t \right]_1^2=-1$$

0821

답 20

$t=0$에서의 점 P의 좌표가 4이므로 $t=4$에서 점 P의 위치는

$$4+\int_0^4 v(t)dt=4+\int_0^4 (8-2t)dt$$
$$=4+\left[8t-t^2 \right]_0^4$$
$$=4+16=20$$

0822

답 9

점 P의 운동 방향이 바뀌는 시각은 $v(t)=0$에서
$$-2t^2+6t=0, \ -2t(t-3)=0$$
$$\therefore t=3 \ (\because t>0)$$
따라서 $t=3$에서 점 P의 위치는
$$\int_0^3 v(t)dt=\int_0^3 (-2t^2+6t)dt$$
$$=\left[-\frac{2}{3}t^3+3t^2 \right]_0^3=9$$

0823

답 2

시각 $t=a \ (a\geq 0)$에서의 점 P의 위치를 x라 하면
$$x=0+\int_0^a v(t)dt$$
$$=\int_0^a (3t^2-2t-2)dt$$
$$=\left[t^3-t^2-2t \right]_0^a=a^3-a^2-2a$$

점 P가 다시 원점을 통과할 때 $x=0$이므로
$$a^3-a^2-2a=0, \ a(a+1)(a-2)=0$$
$$\therefore a=2 \ (\because a>0)$$
따라서 $t=2$일 때 점 P가 다시 원점을 통과한다.

0824

답 16

시각 $t=3$에서의 점 P의 위치는
$$0+\int_0^3 v(t)dt=\int_0^3 (3t^2+6t-a)dt$$
$$=\left[t^3+3t^2-at \right]_0^3$$
$$=27+27-3a=54-3a$$

이때 시각 $t=3$에서의 점 P의 위치가 6이므로
$$54-3a=6, \ 3a=48$$
$$\therefore a=16$$

0825

답 300 m

열기구가 최고 높이에 도달했을 때의 속도는 0이므로
$$v(t)=0에서 \ 60-2t=0$$
$$\therefore t=30$$

❶

따라서 $t=30$일 때 열기구는 최고 높이에 도달하고, 이때의 지면으로부터의 높이는

$$0+\int_0^{30} v(t)dt=\int_0^{20} t\,dt+\int_{20}^{30} (60-2t)dt$$
$$=\left[\frac{1}{2}t^2 \right]_0^{20}+\left[60t-t^2 \right]_{20}^{30}$$
$$=200+100=300 \ (m)$$

❷

채점 기준	배점
❶ 열기구가 최고 높이에 도달했을 때의 시각 t 구하기	40%
❷ 열기구가 최고 높이에 도달했을 때의 지면으로부터의 높이 구하기	60%

0826

답 ②

두 점 P, Q가 만나려면 위치가 같아야 하므로 두 점이 다시 만나는 시각을 $t=a \ (a>0)$라 하면

$$\int_0^a v_1(t)dt=\int_0^a v_2(t)dt에서$$
$$\int_0^a (t^2-8t+3)dt=\int_0^a (-2t^2+4t-6)dt$$
$$\left[\frac{1}{3}t^3-4t^2+3t \right]_0^a=\left[-\frac{2}{3}t^3+2t^2-6t \right]_0^a$$
$$\frac{1}{3}a^3-4a^2+3a=-\frac{2}{3}a^3+2a^2-6a$$
$$a^3-6a^2+9a=0, \ a(a-3)^2=0$$
$$\therefore a=3 \ (\because a>0)$$

따라서 두 점 P, Q가 다시 만나는 시각은 3이다.

0827

답 ②

$t=0$에서 $t=3$까지 점 P가 움직인 거리는
$$\int_0^3 |v(t)|dt=\int_0^2 (-2t+4)dt+\int_2^3 (2t-4)dt$$
$$=\left[-t^2+4t \right]_0^2+\left[t^2-4t \right]_2^3$$
$$=4+1=5$$

0828

물체가 최고 높이에 도달했을 때의 속도는 0 m/s이므로

$v(t)=0$에서 $-10t+40=0$

$\therefore t=4$

따라서 $t=4$일 때 물체가 최고 높이에 도달하므로 구하는 거리는

$$\int_4^6 |v(t)|\,dt=\int_4^6 |-10t+40|\,dt$$

$$=\int_4^6 (10t-40)\,dt$$

$$=\Big[5t^2-40t\Big]_4^6$$

$$=-60-(-80)=20\ (\text{m})$$

0829

답 ②

시각 $t\ (t\geq 0)$에서의 점 P의 위치를 $x(t)$라 하면

$$x(t)=x(0)+\int_0^t v(t)\,dt=16+\int_0^t 3t(a-t)\,dt$$

$$=16+\int_0^t (-3t^2+3at)\,dt=16+\Big[-t^3+\frac{3}{2}at^2\Big]_0^t$$

$$=-t^3+\frac{3}{2}at^2+16$$

시각 $t=2a$에서 점 P의 위치가 0이므로 $x(2a)=0$에서

$16-2a^3=0$, $a^3=8$

$\therefore a=2\ (\because a$는 실수$)$

따라서 $v(t)=3t(2-t)=-3t^2+6t$이므로 시각 $t=0$에서 $t=5$까지 점 P가 움직인 거리는

$$\int_0^5 |v(t)|\,dt=\int_0^5 |-3t^2+6t|\,dt$$

$$=\int_0^2 (-3t^2+6t)\,dt+\int_2^5 (3t^2-6t)\,dt$$

$$=\Big[-t^3+3t^2\Big]_0^2+\Big[t^3-3t^2\Big]_2^5$$

$$=4+54=58$$

0830

답 ②

점 P의 운동 방향이 바뀌는 시각은 $v(t)=0$에서

$t^2-4t+3=0$

$(t-1)(t-3)=0$

이때 점 P가 시각 $t=1$, $t=a\ (a>1)$에서 운동 방향을 바꾸므로

$a=3$

따라서 시각 $t=0$에서 $t=3$까지 점 P가 움직인 거리는

$$\int_0^3 |v(t)|\,dt=\int_0^3 |t^2-4t+3|\,dt$$

$$=\int_0^1 (t^2-4t+3)\,dt+\int_1^3 (-t^2+4t-3)\,dt$$

$$=\Big[\frac{1}{3}t^3-2t^2+3t\Big]_0^1+\Big[-\frac{1}{3}t^3+2t^2-3t\Big]_1^3$$

$$=\frac{4}{3}+\frac{4}{3}=\frac{8}{3}$$

0831

답 ②

점 P가 출발할 때의 속도는 $v(0)=-4<0$이므로 출발할 때의 운동 방향과 반대 방향으로 움직인 구간은 $v(t)>0$에서

$-t^2+5t-4>0$, $t^2-5t+4<0$

$(t-1)(t-4)<0$ $\qquad \therefore 1<t<4$

따라서 구하는 거리는

$$\int_1^4 |v(t)|\,dt=\int_1^4 |-t^2+5t-4|\,dt$$

$$=\int_1^4 (-t^2+5t-4)\,dt$$

$$=\Big[-\frac{1}{3}t^3+\frac{5}{2}t^2-4t\Big]_1^4$$

$$=\frac{9}{2}$$

0832

답 22

고속 열차가 출발하여 2 km를 달리는 데 걸리는 시간을 x분이라 하면

$$2=\int_0^x (3t^2+2t)\,dt=\Big[t^3+t^2\Big]_0^x=x^3+x^2$$

$x^3+x^2-2=0$, $(x-1)(x^2+2x+2)=0$

$\therefore x=1\ (\because x^2+2x+2>0)$ .... ❶

즉, 고속 열차가 출발하여 2 km를 달리는 데 걸리는 시간은 1분이고 그 이후로의 속도는 $v(1)=5\ (\text{km/min})$으로 일정하다.

따라서 이 열차가 출발한 후 5분 동안 달린 거리는

$$2+\int_1^5 |v(t)|\,dt=2+\int_1^5 5\,dt$$

$$=2+\Big[5t\Big]_1^5$$

$$=2+20=22\ (\text{km})$$

$\therefore a=22$ .... ❷

채점 기준	배점
❶ 열차가 2 km를 달리는 동안 걸리는 시간 구하기	50%
❷ a의 값 구하기	50%

유형 12   그래프에서의 위치와 움직인 거리

0833

답 ⑤

ㄱ. $v(1)=0$, $v(5)=0$이고 $t=1$, $t=5$의 좌우에서 각각 $v(t)$의 부호가 바뀌므로 점 P는 $t=1$, $t=5$에서 운동 방향을 두 번 바꾼다. (참)

ㄴ. $t=2$일 때, 점 P의 위치는

$$0+\int_0^2 v(t)\,dt=-\frac{1}{2}\times 1\times 4+\frac{1}{2}\times 1\times 4=0$$

따라서 $t=2$일 때, 점 P는 원점을 지난다. (참)

ㄷ. 출발 후 8초 동안 점 P가 움직인 거리는

$$\int_0^8 |v(t)|\,dt=\frac{1}{2}\times 1\times 4+\frac{1}{2}\times(4+1)\times 4+\frac{1}{2}\times 3\times 4$$

$$=2+10+6=18\ (\text{참})$$

따라서 옳은 것은 ㄱ, ㄴ, ㄷ이다.

0834

$v(4)=0$, $v(8)=0$이고 $t=4$, $t=8$의 좌우에서 각각 $v(t)$의 부호가 바뀌므로 점 P가 운동 방향을 바꾸는 시각은
$t=4$, $t=8$

즉, 점 P가 출발한 지 8초 후에 두 번째로 운동 방향을 바꾸므로 이때까지 점 P가 움직인 거리는

$$\int_0^8 |v(t)|\,dt=\frac{1}{2}\times 4\times 4+\frac{1}{2}\times(2+4)\times 2$$
$$=8+6=14$$

0835

$t=5$에서 점 P가 원점을 지나므로 이때의 점 P의 위치가 0이다.

즉, $-4+\int_0^5 v(t)\,dt=0$에서 $\int_0^5 v(t)\,dt=4$이므로

$$\frac{1}{2}\times 2\times a-\frac{1}{2}\times 2\times a+\frac{1}{2}\times 1\times a=4$$

$$\therefore a=8$$

따라서 $t=0$에서 $t=7$까지 점 P가 움직인 거리는

$$\int_0^7 |v(t)|\,dt=\frac{1}{2}\times 2\times 8+\frac{1}{2}\times 2\times 8+\frac{1}{2}\times(3+1)\times 8$$
$$=8+8+16=32$$

0836

원점을 출발한 점 P가 $t=c$에서 다시 원점을 지나려면 $t=0$에서 $t=c$까지 위치의 변화량이 0이어야 하므로 오른쪽 그림에서

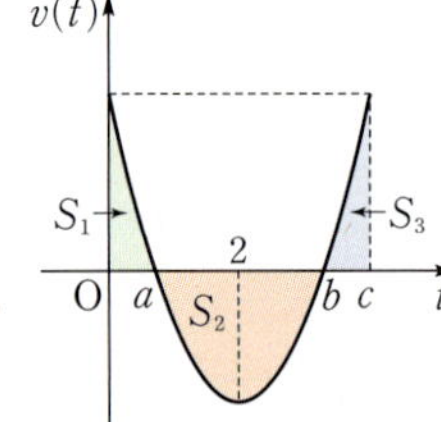

$S_1+S_3=S_2$

이때 $v(t)=t^2-4t+k=(t-2)^2+k-4$

의 그래프는 직선 $t=2$에 대하여 대칭이므로 $S_1=\frac{1}{2}S_2$

즉, $\int_0^2 v(t)\,dt=0$이므로

$$\int_0^2 (t^2-4t+k)\,dt=\left[\frac{1}{3}t^3-2t^2+kt\right]_0^2$$
$$=\frac{8}{3}-8+2k=0$$

$$\therefore k=\frac{8}{3}$$

0837

$t=5$에서의 점 P의 위치가 -2이므로

$$\int_0^5 v(t)\,dt=-2$$에서

$$\int_0^2 v(t)\,dt+\int_2^5 v(t)\,dt=2+\int_2^5 v(t)\,dt=-2$$

$$\therefore \int_2^5 v(t)\,dt=-4$$

이때 $\int_2^6 v(t)\,dt=0$이므로

$$\int_2^5 v(t)\,dt+\int_5^6 v(t)\,dt=0,\quad -4+\int_5^6 v(t)\,dt=0$$

$$\therefore \int_5^6 v(t)\,dt=4$$

따라서 $t=2$에서 $t=6$까지 점 P가 움직인 거리는

$$\int_2^6 |v(t)|\,dt=-\int_2^5 v(t)\,dt+\int_5^6 v(t)\,dt$$
$$=4+4=8$$

0838

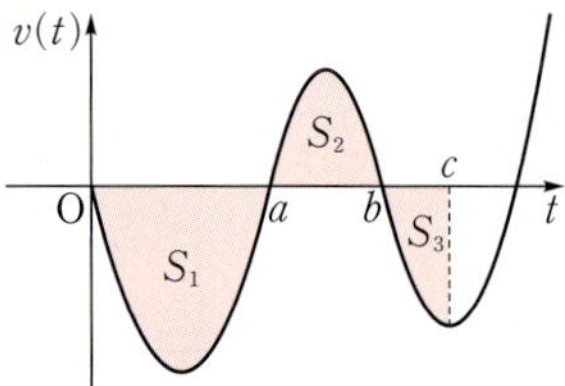

$\int_0^a |v(t)|\,dt=S_1$, $\int_a^b |v(t)|\,dt=S_2$, $\int_b^c |v(t)|\,dt=S_3$이라 하면

$$\int_0^a v(t)\,dt=-S_1,\quad \int_a^b v(t)\,dt=S_2,\quad \int_b^c v(t)\,dt=-S_3$$

점 P는 원점을 출발한 후 시각 $t=a$에서 처음으로 운동 방향을 바꾸고 이때의 위치가 -8이므로

$$\int_0^a v(t)\,dt=-S_1=-8 \qquad \therefore S_1=8$$

또한 시각 $t=c$에서의 위치가 -6이므로

$$\int_0^c v(t)\,dt=\int_0^a v(t)\,dt+\int_a^b v(t)\,dt+\int_b^c v(t)\,dt$$
$$=-8+S_2-S_3=-6$$

$$\therefore S_2-S_3=2 \quad\cdots\cdots\ \text{㉠}$$

주어진 조건에서 $\int_0^b v(t)\,dt=\int_b^c v(t)\,dt$이므로

$$-8+S_2=-S_3$$

$$\therefore S_2+S_3=8 \quad\cdots\cdots\ \text{㉡}$$

㉠, ㉡을 연립하여 풀면 $S_2=5$, $S_3=3$

따라서 점 P가 $t=a$부터 $t=b$까지 움직인 거리는

$$\int_a^b |v(t)|\,dt=S_2=5$$

0839

함수 $y=|x^2-2x|+1$의 그래프와 x축, y축 및 직선 $x=2$로 둘러싸인 부분의 넓이는

$$\int_0^2 (|x^2-2x|+1)\,dx=\int_0^2 (-x^2+2x+1)\,dx$$
$$=\left[-\frac{1}{3}x^3+x^2+x\right]_0^2$$
$$=-\frac{8}{3}+4+2=\frac{10}{3}$$

0840

답 27

점 P가 출발한 후 다시 원점을 지나는 시각을 $t=a\ (a>0)$라 하면

$\int_0^a (2t^3-6t^2)dt=0$에서

$\left[\dfrac{1}{2}t^4-2t^3\right]_0^a=0,\ \dfrac{1}{2}a^4-2a^3=0$

$\dfrac{1}{2}a^3(a-4)=0$

$\therefore a=4\ (\because a>0)$

따라서 $t=0$에서 $t=4$까지 점 P가 움직인 거리는

$$\int_0^4 |v(t)|dt=\int_0^4 |2t^3-6t^2|dt$$
$$=\int_0^3 (-2t^3+6t^2)dt+\int_3^4 (2t^3-6t^2)dt$$
$$=\left[-\dfrac{1}{2}t^4+2t^3\right]_0^3+\left[\dfrac{1}{2}t^4-2t^3\right]_3^4$$
$$=\dfrac{27}{2}+\dfrac{27}{2}=27$$

Bible Says 움직인 거리

수직선 위를 움직이는 점 P의 시각 t에서의 속도가 $v(t)$일 때, 시각 $t=a$ 에서 $t=b$까지 점 P가 움직인 거리는

$$\int_a^b |v(t)|dt$$

0841

답 2

$y=3x^2$에서 $y'=6x$

접점의 좌표를 $(t,\ 3t^2)$이라 하면 곡선 위의 점 $(t,\ 3t^2)$에서의 접선의 기울기는 $6t$이므로 접선의 방정식은

$y-3t^2=6t(x-t)$

$\therefore y=6tx-3t^2$

이 직선이 점 $(1,\ 0)$을 지나므로

$0=6t-3t^2,\ -3t(t-2)=0$

$\therefore t=0$ 또는 $t=2$

따라서 접선의 방정식은

$y=0$ 또는 $y=12x-12$

이므로 구하는 도형의 넓이는

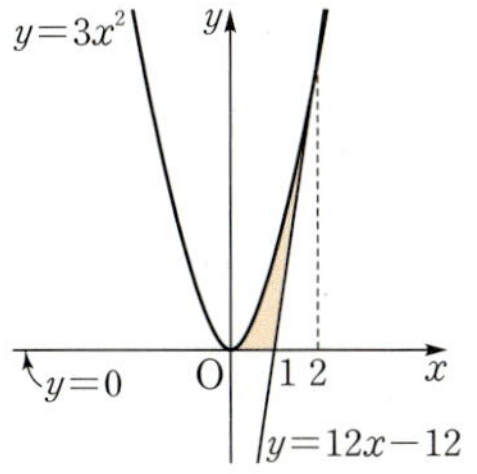

$$\int_0^1 3x^2dx+\int_1^2 \{3x^2-(12x-12)\}dx$$
$$=\left[x^3\right]_0^1+\int_1^2 (3x^2-12x+12)dx$$
$$=1+\left[x^3-6x^2+12x\right]_1^2=2$$

0842

답 24

조건 ㈎의 $\dfrac{d}{dx}\int f(x)dx=\int\left\{\dfrac{d}{dx}g(x)\right\}dx$에서

$f(x)=g(x)+C$ (C는 적분상수)

$\therefore f(x)-g(x)=C$

조건 ㈏에서 $f(1)=4$, $g(1)=12$이므로

$C=f(1)-g(1)$
$\quad=4-12=-8$

따라서 $f(x)-g(x)=-8$이므로 두 곡선 $y=f(x)$, $y=g(x)$와 두 직선 $x=2$, $x=5$로 둘러싸인 도형의 넓이는

$$\int_2^5 |f(x)-g(x)|dx=\int_2^5 8dx$$
$$=\left[8x\right]_2^5=24$$

0843

답 ②

두 점 P, Q가 시각 $t=2$에서 만나면 $t=2$에서의 위치가 같으므로

$\int_0^2 v_1(t)dt=\int_0^2 v_2(t)dt$에서

$\int_0^2 (t^2+at)dt=\int_0^2 2at\,dt$

$\left[\dfrac{1}{3}t^3+\dfrac{1}{2}at^2\right]_0^2=\left[at^2\right]_0^2$

$\dfrac{8}{3}+2a=4a\qquad \therefore a=\dfrac{4}{3}$

0844

답 -3

$v(3)=0$, $v(5)=0$이고 $t=3$, $t=5$의 좌우에서 각각 $v(t)$의 부호가 바뀌므로 점 P가 운동 방향을 바꾸는 시각은

$t=3$, $t=5$

즉, 점 P가 $t=5$일 때 두 번째로 운동 방향을 바꾸므로 이때까지 점 P가 움직인 거리는

$$\int_0^5 |v(t)|dt=\dfrac{1}{2}\times(3+1)\times2+\dfrac{1}{2}\times2\times(-a)$$
$$=4-a=7$$

$\therefore a=-3$

0845

답 ①

두 함수 $y=f(x)$, $y=g(x)$의 그래프의 교점의 x좌표는 $x=0$, $x=4$이므로 두 함수 $y=f(x)$, $y=g(x)$의 그래프로 둘러싸인 부분의 넓이는

$$\int_0^4 |f(x)-g(x)|dx$$
$$=\int_0^4 \{g(x)-f(x)\}dx$$
$$=\int_0^2 \{g(x)-f(x)\}dx+\int_2^4 \{g(x)-f(x)\}dx$$
$$=\int_0^2 \{-x^2+2x-(x^2-4x)\}dx$$
$$\qquad+\int_2^4 \{-x^2+6x-8-(x^2-4x)\}dx$$
$$=\int_0^2 (-2x^2+6x)dx+\int_2^4 (-2x^2+10x-8)dx$$
$$=\left[-\dfrac{2}{3}x^3+3x^2\right]_0^2+\left[-\dfrac{2}{3}x^3+5x^2-8x\right]_2^4$$
$$=\dfrac{20}{3}+\dfrac{16}{3}-\left(-\dfrac{4}{3}\right)=\dfrac{40}{3}$$

두 함수 $y=f(x)$, $y=g(x)$의 그래프는 모두 직선 $x=2$에 대하여 대칭이므로 직선 $x=2$는 두 함수 $y=f(x)$, $y=g(x)$의 그래프로 둘러싸인 부분의 넓이를 이등분한다.

따라서 구하는 넓이는

$$\int_0^4 |f(x)-g(x)|\,dx = \int_0^4 \{g(x)-f(x)\}\,dx$$
$$=2\int_0^2 \{g(x)-f(x)\}\,dx$$
$$=2\int_0^2 \{-x^2+2x-(x^2-4x)\}\,dx$$
$$=2\int_0^2 (-2x^2+6x)\,dx$$
$$=2\left[-\frac{2}{3}x^3+3x^2\right]_0^2$$
$$=2\times\frac{20}{3}=\frac{40}{3}$$

0846

곡선 $y=g(x)$는 곡선 $y=f(x)$를 x축에 대하여 대칭이동한 것이므로

$$g(x)=-f(x)=-x^2+ax$$

두 곡선 $y=f(x)$, $y=g(x)$의 교점의 x좌표는

$x^2-ax=-x^2+ax$에서 $2x^2-2ax=0$

$2x(x-a)=0$ $\quad\therefore x=0$ 또는 $x=a$

두 곡선 $y=f(x)$, $y=g(x)$로 둘러싸인 도형의 넓이가 9이므로

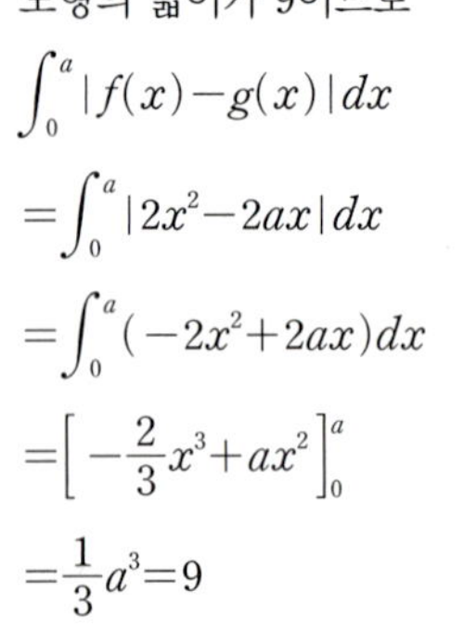

$$\int_0^a |f(x)-g(x)|\,dx$$
$$=\int_0^a |2x^2-2ax|\,dx$$
$$=\int_0^a (-2x^2+2ax)\,dx$$
$$=\left[-\frac{2}{3}x^3+ax^2\right]_0^a$$
$$=\frac{1}{3}a^3=9$$

$a^3=27$ $\quad\therefore a=3$ ($\because a$는 실수)

0847

곡선 $y=-x^2+3x$와 두 직선 $y=2x$, $y=x$가 제1사분면에서 만나는 점을 각각 A, B라 하면 점 A의 x좌표는

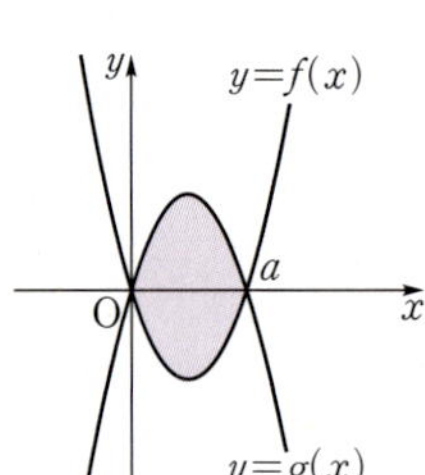

$-x^2+3x=2x$에서

$x^2-x=0$, $x(x-1)=0$

$\therefore x=1$ ($\because x>0$)

$\therefore$ A$(1, 2)$

점 B의 x좌표는 $-x^2+3x=x$에서

$x^2-2x=0$, $x(x-2)=0$ $\quad\therefore x=2$ ($\because x>0$)

$\therefore$ B$(2, 2)$

따라서 구하는 넓이는 삼각형 OAB의 넓이에 곡선 $y=-x^2+3x$와 직선 $y=2$로 둘러싸인 도형의 넓이를 합한 것과 같으므로

$$\frac{1}{2}\times1\times2+\int_1^2 (-x^2+3x-2)\,dx$$
$$=1+\left[-\frac{1}{3}x^3+\frac{3}{2}x^2-2x\right]_1^2$$
$$=1+\frac{1}{6}=\frac{7}{6}$$

0848

$f(x)=\dfrac{1}{4}x^3+\dfrac{1}{2}x$,

$g(x)=mx+2$라 하고 곡선 $y=f(x)$와 직선 $y=g(x)$의 교점의 x좌표를 a라 하면

$$A=\int_0^a \{g(x)-f(x)\}\,dx$$
$$B=\int_a^2 \{f(x)-g(x)\}\,dx$$

$\therefore B-A$

$$=\int_a^2 \{f(x)-g(x)\}\,dx-\int_0^a \{g(x)-f(x)\}\,dx$$
$$=\int_a^2 \{f(x)-g(x)\}\,dx+\int_0^a \{f(x)-g(x)\}\,dx$$
$$=\int_0^2 \{f(x)-g(x)\}\,dx$$
$$=\int_0^2 \left\{\frac{1}{4}x^3+\left(\frac{1}{2}-m\right)x-2\right\}\,dx$$
$$=\left[\frac{1}{16}x^4+\frac{1}{2}\left(\frac{1}{2}-m\right)x^2-2x\right]_0^2$$
$$=1+2\left(\frac{1}{2}-m\right)-4$$
$$=-2m-2$$

이때 $B-A=\dfrac{2}{3}$에서 $-2m-2=\dfrac{2}{3}$이므로

$$-2m=\frac{8}{3} \quad\therefore m=-\frac{4}{3}$$

0849

두 점 A, B의 좌표를 각각 $\left(a, \dfrac{a}{2}\right)$, $\left(b, \dfrac{b}{2}\right)$ $(0<a<b)$라 하면

$S_1=S_2$이므로

$$\int_0^b \left\{f(x)-\frac{1}{2}x\right\}\,dx=0$$

이때 $f(x)-\dfrac{1}{2}x=x^2(x-a)(x-b)=x^4-(a+b)x^3+abx^2$

이므로 위의 식에 대입하면

$$\int_0^b \{x^4-(a+b)x^3+abx^2\}\,dx=0$$
$$\left[\frac{1}{5}x^5-\frac{a+b}{4}x^4+\frac{ab}{3}x^3\right]_0^b=0$$
$$-\frac{b^5}{20}+\frac{ab^4}{12}=0$$

$\therefore 5a-3b=0$ ($\because b\neq0$) $\quad\cdots\cdots$ ㉠

한편, $\overline{AB}=\sqrt{(b-a)^2+\left(\dfrac{b}{2}-\dfrac{a}{2}\right)^2}=\dfrac{\sqrt{5}}{2}(b-a)=\sqrt{5}$이므로

$b-a=2$ $\cdots\cdots$ ㉡

㉠, ㉡을 연립하여 풀면 $a=3$, $b=5$

따라서 $f(x)=x^4-8x^3+15x^2+\dfrac{1}{2}x$이므로

$f(1)=1-8+15+\dfrac{1}{2}=\dfrac{17}{2}$

0850   답 ④

시각 $t=2$에서의 점 P의 위치는

$0+\displaystyle\int_0^2 v(t)dt=\int_0^2 (3t^2+at)dt$

$\qquad\qquad\quad =\left[t^3+\dfrac{a}{2}t^2\right]_0^2$

$\qquad\qquad\quad =8+2a$

이때 시각 $t=2$에서 점 P와 점 A(6) 사이의 거리가 10이므로

$|(8+2a)-6|=|2a+2|=10$

$\therefore a=4\ (\because a>0)$

0851   답 12

$k>3$이므로 함수 $y=f(x)$의 그래프의 개형은 다음 그림과 같다.

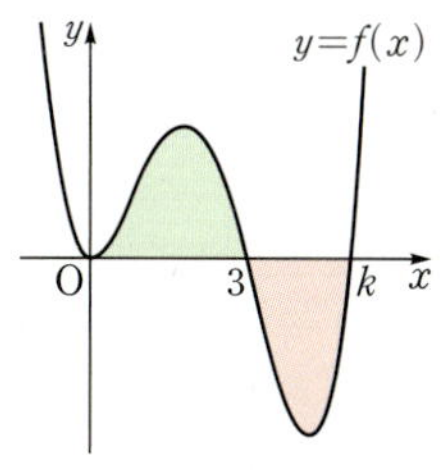

위의 그림에서 곡선 $y=f(x)$와 x축으로 둘러싸인 색칠된 두 도형의 넓이가 같으므로

$\displaystyle\int_0^k f(x)dx=0$에서

$\displaystyle\int_0^k x^2(x-3)(x-k)dx=0$

$\displaystyle\int_0^k \{x^4-(3+k)x^3+3kx^2\}dx=0$

$\left[\dfrac{1}{5}x^5-\dfrac{k+3}{4}x^4+kx^3\right]_0^k=0$

$\dfrac{1}{5}k^5-\dfrac{1}{4}k^5-\dfrac{3}{4}k^4+k^4=0$, $k^4(k-5)=0$

$\therefore k=5\ (\because k>3)$

따라서 $f(x)=x^2(x-3)(x-5)$이므로

$f(2)=4\times(-1)\times(-3)=12$

0852   답 ⑤

$f(x)=x^3-x^2+x$에서 $f'(x)=3x^2-2x+1$

이차방정식 $f'(x)=0$의 판별식을 D라 하면

$\dfrac{D}{4}=(-1)^2-3<0$이므로 모든 실수 x에 대하여

$f'(x)>0$

따라서 함수 $f(x)$는 모든 실수 x에 대하여 증가한다.

이때 함수 $f(x)=x^3-x^2+x$의 역함수가 $g(x)$이므로 두 곡선 $y=f(x)$와 $y=g(x)$는 직선 $y=x$에 대하여 대칭이다.

두 곡선 $y=f(x)$, $y=g(x)$의 교점의 x좌표는 곡선 $y=f(x)$와 직선 $y=x$의 교점의 x좌표와 같으므로

$x^3-x^2+x=x$에서 $x^3-x^2=0$

$x^2(x-1)=0$

$\therefore x=0$ 또는 $x=1$

따라서 다음 그림에서 $A=B$이므로

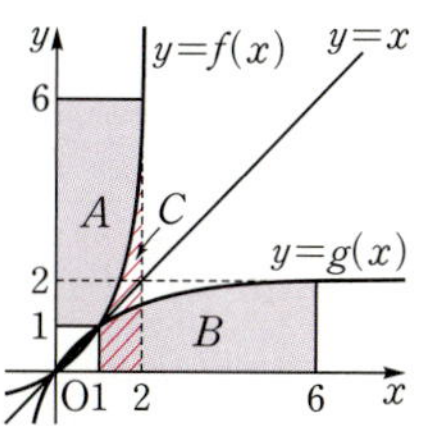

$\displaystyle\int_1^2 f(x)dx+\int_1^6 g(x)dx=C+B=C+A$

$\qquad\qquad\qquad\qquad =2\times6-1\times1=11$

증가하는 함수 $y=f(x)$와 그 역함수 $y=f^{-1}(x)$의 그래프의 두 교점의 x좌표가 a, b $(a<b)$일 때,

$\displaystyle\int_a^b f(x)dx+\int_{f(a)}^{f(b)} f^{-1}(x)dx=bf(b)-af(a)$

0853   답 ④

$x>0$일 때, 점 B에서 두 함수 $y=ax^2+2$, $y=2x$의 그래프가 접하므로 이차방정식 $ax^2+2=2x$, 즉 $ax^2-2x+2=0$의 판별식을 D라 하면

$\dfrac{D}{4}=(-1)^2-2a=0$ $\therefore a=\dfrac{1}{2}$

두 함수 $y=\dfrac{1}{2}x^2+2$, $y=2x$의 그래프의 접점 B의 x좌표는

$\dfrac{1}{2}x^2+2=2x$에서 $x^2-4x+4=0$

$(x-2)^2=0$ $\therefore x=2$

이때 주어진 두 함수의 그래프가 모두 y축에 대하여 대칭이고 두 점 A, B도 y축에 대하여 대칭이므로 구하는 넓이는 곡선 $y=\dfrac{1}{2}x^2+2$와 y축 및 직선 $y=2x$로 둘러싸인 도형의 넓이의 2배와 같다.

$\therefore 2\displaystyle\int_0^2 \left\{\left(\dfrac{1}{2}x^2+2\right)-2x\right\}dx=\int_0^2 (x^2-4x+4)dx$

$\qquad\qquad\qquad\qquad\quad =\left[\dfrac{1}{3}x^3-2x^2+4x\right]_0^2$

$\qquad\qquad\qquad\qquad\quad =\dfrac{8}{3}-8+8=\dfrac{8}{3}$

0854   답 ③

ㄱ. $a\le x\le b$에서 $f(x)\le0$이므로

$\quad S_1=\displaystyle\int_a^b \{-f(x)\}dx=\int_b^a f(x)dx$ (참)

ㄴ. $b\le x\le c$에서 $f(x)\ge0$이므로

$\quad \displaystyle\int_a^c f(x)dx=\int_a^b f(x)dx+\int_b^c f(x)dx$

$\qquad\qquad\quad =-S_1+S_2>0$

$\quad \therefore S_1<S_2$ (참)

ㄷ. $\int_a^c |f(x)|dx = \int_a^b |f(x)|dx + \int_b^c |f(x)|dx$
$$= S_1 + S_2 < 2S_1$$

에서 $S_1 > S_2$이므로 ㄴ에서

$$\int_a^c f(x)dx = -S_1 + S_2 < 0 \ (거짓)$$

따라서 옳은 것은 ㄱ, ㄴ이다.

0855

답 ②

$$g(a+4) - g(a) = \int_{-2}^{a+4} f(t)dt - \int_{-2}^{a} f(t)dt$$
$$= \int_{-2}^{a+4} f(t)dt + \int_{a}^{-2} f(t)dt$$
$$= \int_{a}^{-2} f(t)dt + \int_{-2}^{a+4} f(t)dt$$
$$= \int_{a}^{a+4} f(t)dt \quad \cdots\cdots \ \ominus$$

한편, 오른쪽 그림에서

$$\int_0^2 f(x)dx = \frac{1}{2} \times 2 \times 1 = 1$$

이고, 모든 실수 x에 대하여
$f(x+2) = f(x)$이므로

$$\int_0^2 f(x)dx = \int_2^4 f(x)dx$$
$$= \cdots = \int_a^{a+2} f(x)dx = \int_{a+2}^{a+4} f(x)dx = 1$$

따라서 ㉠에서

$$g(a+4) - g(a) = \int_a^{a+4} f(t)dt = \int_a^{a+2} f(t)dt + \int_{a+2}^{a+4} f(t)dt$$
$$= 1 + 1 = 2$$

0856

답 ②

오른쪽 그림과 같이 곡선
$y = x^2 - 2x - 1$과 직선 $y = mx$의 교점
의 x좌표를 α, $\beta \ (\alpha < \beta)$라 하고 곡선
과 직선으로 둘러싸인 도형의 넓이를
$S(m)$이라 하면

$$S(m) = \int_\alpha^\beta \{mx - (x^2 - 2x - 1)\}dx$$
$$= \frac{(\beta - \alpha)^3}{6} \quad \cdots\cdots \ \ominus$$

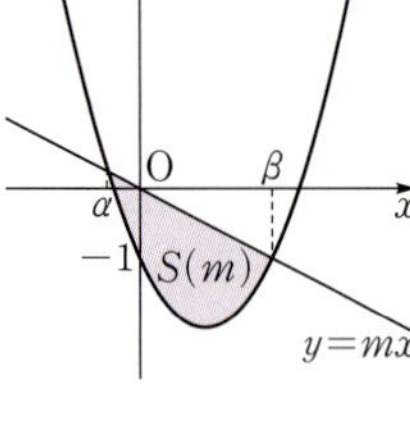

이때 α, β는 이차방정식 $x^2 - 2x - 1 = mx$, 즉
$x^2 - (m+2)x - 1 = 0$의 두 근이므로 근과 계수의 관계에 의하여
$\alpha + \beta = m+2$, $\alpha\beta = -1$

$$\therefore \beta - \alpha = \sqrt{(\beta - \alpha)^2} = \sqrt{(\alpha + \beta)^2 - 4\alpha\beta} = \sqrt{(m+2)^2 + 4}$$

이를 ㉠에 대입하면

$$S(m) = \frac{1}{6}\{(m+2)^2 + 4\}^{\frac{3}{2}}$$

따라서 도형의 넓이는 $m = -2$일 때 최소이고 구하는 최솟값은

$$S(-2) = \frac{1}{6} \times 4^{\frac{3}{2}} = \frac{4}{3}$$

0857

답 128

곡선 $y = 6 - x^2$과 x축 사이에 내접하는 직사각형의 넓이가 최대일
때 색칠한 도형의 넓이가 최소이다.

❶

오른쪽 그림과 같이 제1사분면 위의 직
사각형의 꼭짓점의 좌표를 $(a, 6 - a^2)$,
내접하는 직사각형의 넓이를 $S(a)$라
하면

$$S(a) = 2a(6 - a^2) = -2a^3 + 12a$$
$$S'(a) = -6a^2 + 12$$
$$= -6(a + \sqrt{2})(a - \sqrt{2})$$
$$S'(a) = 0에서 a = \sqrt{2} \ (\because 0 < a < \sqrt{6})$$

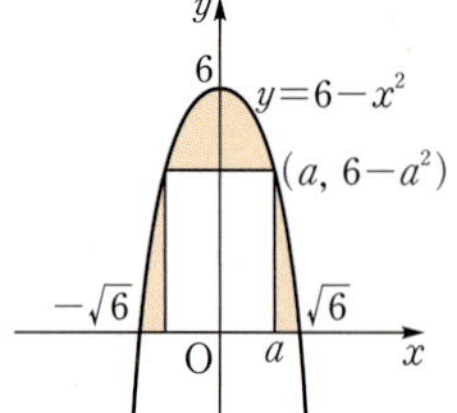

$0 < a < \sqrt{6}$에서 함수 $S(a)$의 증가와 감소를 표로 나타내면 다음과
같다.

a	0	$\cdots$	$\sqrt{2}$	$\cdots$	$\sqrt{6}$
$S'(a)$		$+$	0	$-$	
$S(a)$		↗	극대	↘	

따라서 $S(a)$는 $a = \sqrt{2}$일 때 극대이면서 최대이다.

❷

색칠한 도형의 넓이는 곡선 $y = 6 - x^2$과 x축으로 둘러싸인 도형의
넓이에서 직사각형의 넓이를 뺀 것과 같으므로 구하는 넓이는

$$\int_{-\sqrt{6}}^{\sqrt{6}} (-x^2 + 6)dx - S(\sqrt{2}) = 2\int_0^{\sqrt{6}} (-x^2 + 6)dx - 8\sqrt{2}$$
$$= 2\left[-\frac{1}{3}x^3 + 6x\right]_0^{\sqrt{6}} - 8\sqrt{2}$$
$$= 8\sqrt{6} - 8\sqrt{2}$$

따라서 $m = 8$, $n = -8$이므로
$m^2 + n^2 = 64 + 64 = 128$

❸

채점 기준	배점
❶ 색칠한 도형의 넓이가 최소일 조건 구하기	20%
❷ 직사각형의 넓이가 최대일 조건 구하기	50%
❸ 색칠한 도형의 넓이를 구하여 $m^2 + n^2$의 값 구하기	30%

0858

답 -4

주어진 그래프에서
$$f(x) = ax(x-1) = ax^2 - ax \ (a > 0)$$
$$g(x) = bx^2(x-1) = bx^3 - bx^2 \ (b < 0)$$

❶

$$S_1=\int_0^1 |f(x)|\,dx$$

$$=\int_0^1 (-ax^2+ax)\,dx$$

$$=\left[-\frac{a}{3}x^3+\frac{a}{2}x^2\right]_0^1$$

$$=\frac{a}{6}$$

$$S_2=\int_0^1 g(x)\,dx$$

$$=\int_0^1 (bx^3-bx^2)\,dx$$

$$=\left[\frac{b}{4}x^4-\frac{b}{3}x^3\right]_0^1$$

$$=-\frac{b}{12}$$

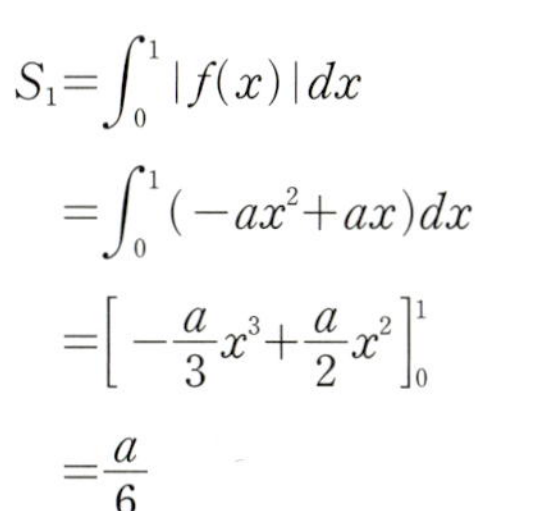

이때 $S_1=S_2$이므로

$$\frac{a}{6}=-\frac{b}{12} \qquad \therefore a=-\frac{b}{2}$$

$$\therefore \frac{g(2)}{f(2)}=\frac{4b}{2a}=\frac{4b}{-b}=-4$$

채점 기준	배점
❶ 주어진 그래프를 이용하여 함수 $f(x), g(x)$의 식 나타내기	30%
❷ 두 곡선 $y=f(x)$, $y=g(x)$와 x축으로 둘러싸인 두 도형의 넓이 구하기	40%
❸ 두 도형의 넓이가 같음을 이용하여 $\dfrac{g(2)}{f(2)}$의 값 구하기	30%

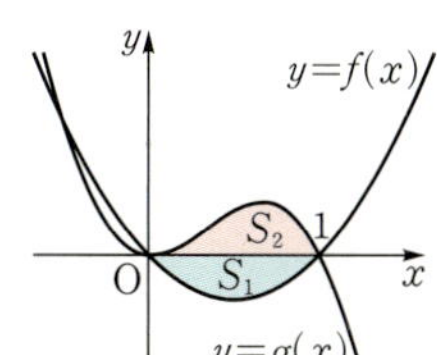

0859

답 ②

두 점 P, Q의 시각 $t=a\ (a>0)$에서의 위치를 각각 $x_{\mathrm{P}}(a)$, $x_{\mathrm{Q}}(a)$라 하면

$$x_{\mathrm{P}}(a)=\int_0^a (3t^2+4t-2)\,dt$$

$$=\left[t^3+2t^2-2t\right]_0^a=a^3+2a^2-2a$$

$$x_{\mathrm{Q}}(a)=\int_0^a (4t+k)\,dt$$

$$=\left[2t^2+kt\right]_0^a=2a^2+ka$$

두 점 P, Q가 만날 때 $x_{\mathrm{P}}(a)=x_{\mathrm{Q}}(a)$이므로

$a^3+2a^2-2a=2a^2+ka$, $a^3-(k+2)a=0$

$$\therefore a\{a^2-(k+2)\}=0$$

두 점 P, Q가 출발한 후 한 번만 만나려면 이 방정식이 $a>0$에서 오직 하나의 실근을 가져야 한다.

즉, 이차방정식 $a^2-(k+2)=0$이 오직 하나의 양의 실근을 가져야 하므로

$k+2>0 \qquad \therefore k>-2$

따라서 정수 k의 최솟값은 -1이다.

0860

답 14

$g(x)=\begin{cases} x-2 & (x\geq 1) \\ -x & (x<1) \end{cases}$ 이므로 두 함수 $y=f(x)$, $y=g(x)$의 그래프의 교점의 x좌표를 구하면

(i) $x\geq 1$일 때

$$\frac{1}{3}x(4-x)=x-2,\ x^2-x-6=0$$

$$(x+2)(x-3)=0 \qquad \therefore x=3\ (\because x\geq 1)$$

(ii) $x<1$일 때

$$\frac{1}{3}x(4-x)=-x,\ x^2-7x=0$$

$$x(x-7)=0 \qquad \therefore x=0\ (\because x<1)$$

(i), (ii)에서 두 함수 $y=f(x)$, $y=g(x)$의 그래프는 다음 그림과 같다.

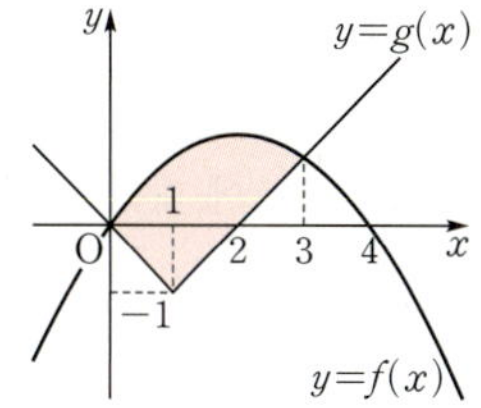

따라서 두 함수 $y=f(x)$, $y=g(x)$의 그래프로 둘러싸인 부분의 넓이는

$$S=\int_0^3 \{f(x)-g(x)\}\,dx$$

$$=\int_0^1 \left\{\frac{1}{3}x(4-x)-(-x)\right\}dx+\int_1^3 \left\{\frac{1}{3}x(4-x)-(x-2)\right\}dx$$

$$=\int_0^1 \left(-\frac{1}{3}x^2+\frac{7}{3}x\right)dx+\int_1^3 \left(-\frac{1}{3}x^2+\frac{1}{3}x+2\right)dx$$

$$=\left[-\frac{1}{9}x^3+\frac{7}{6}x^2\right]_0^1+\left[-\frac{1}{9}x^3+\frac{1}{6}x^2+2x\right]_1^3$$

$$=\left(-\frac{1}{9}+\frac{7}{6}\right)+\left\{\left(-3+\frac{3}{2}+6\right)-\left(-\frac{1}{9}+\frac{1}{6}+2\right)\right\}=\frac{7}{2}$$

$$\therefore 4S=4\times\frac{7}{2}=14$$

0861

답 48

함수 $f(x)$는 최고차항의 계수가 양수인 이차함수이고 조건 ㈎에서 $\int_0^t f(x)\,dx=\int_{2-t}^2 f(x)\,dx$이므로 함수 $y=f(x)$의 그래프는 직선 $x=\dfrac{0+2}{2}=1$에 대하여 대칭이다.

이때 조건 ㈏에서 $f(2)=0$이므로 $f(0)=0$

즉, $f(x)=kx(x-2)=kx^2-2kx\ (k>0)$라 할 수 있다.

곡선 $y=f(x)$와 x축의 교점의 x좌표는 $x=0$, $x=2$이므로 곡선 $y=f(x)$와 x축 및 직선 $x=3$으로 둘러싸인 두 도형의 넓이를 각각 S_1, S_2라 하면

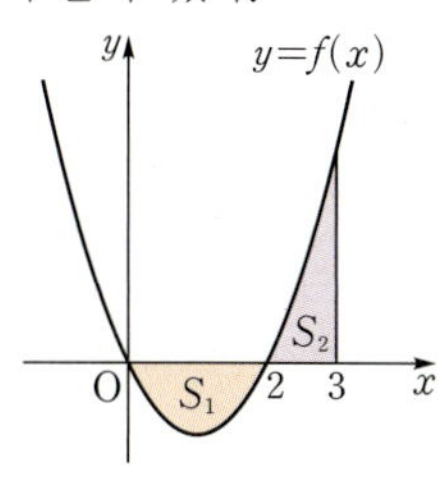

$$S_1=\int_0^2 \{-f(x)\}\,dx$$

$$=\int_0^2 (-kx^2+2kx)\,dx$$

$$=\left[-\frac{1}{3}kx^3+kx^2\right]_0^2=\frac{4}{3}k$$

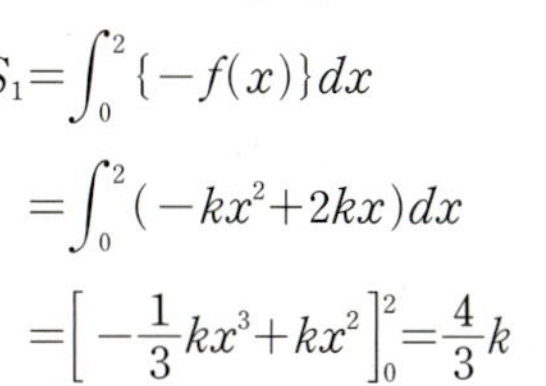

$$S_2=\int_2^3 f(x)dx=\int_2^3 (kx^2-2kx)dx$$

$$=\left[\frac{1}{3}kx^3-kx^2\right]_2^3=\frac{4}{3}k$$

이때 $S_1+S_2=16$이므로

$$\frac{4}{3}k+\frac{4}{3}k=16,\ \frac{8}{3}k=16$$

$$\therefore k=6$$

따라서 $f(x)=6x(x-2)$이므로

$$f(4)=6\times4\times2=48$$

0862

답 ②

$f(x)=x^2+x$에서 $f'(x)=2x+1$

$x\geq0$일 때, $f'(x)\geq1$이므로 함수 $f(x)$는 $x\geq0$에서 증가한다.

함수 $f(x)=x^2+x\ (x\geq0)$의 역함수가 $g(x)$이므로 두 곡선 $y=f(x)$와 $y=g(x)$는 직선 $y=x$에 대하여 대칭이다.

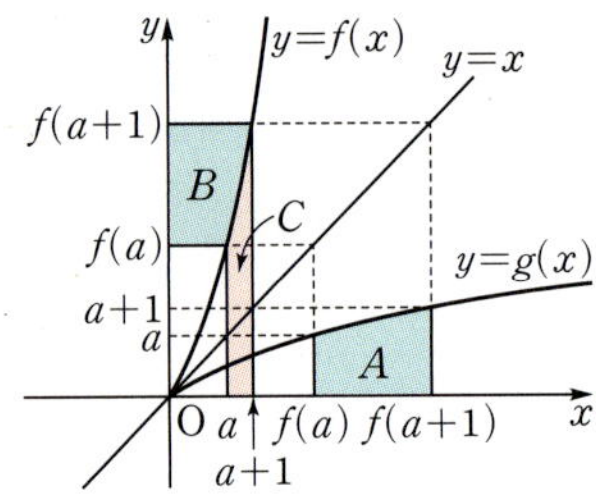

따라서 위의 그림에서 $A=B$이므로

$$\int_a^{a+1} f(x)dx+\int_{f(a)}^{f(a+1)} g(x)dx$$

$$=C+A=C+B$$

$$=(a+1)f(a+1)-af(a)$$

$$=(a+1)\{(a+1)^2+(a+1)\}-a(a^2+a)$$

$$=3a^2+5a+2=24$$

$$3a^2+5a-22=0,\ (a-2)(3a+11)=0$$

$$\therefore a=2\ (\because a>0)$$

0863

답 ③

$y=-(x-t)+f(t)$는 점 $(t, f(t))$를 지나고 기울기가 -1인 직선을 나타내는 방정식이다.

이때 곡선 $y=f(x)$ 위의 점 $(t, f(t))$에서의 접선이 직선 $y=-(x-t)+f(t)$일 때 함수 $y=g(x)$의 그래프와 x축으로 둘러싸인 영역의 넓이가 최대가 된다.

따라서 $f'(t)=-1$이어야 한다.

$$f(x)=\frac{1}{9}x(x-6)(x-9)=\frac{1}{9}(x^3-15x^2+54x)$$에서

$$f'(x)=\frac{1}{9}(3x^2-30x+54)=\frac{1}{3}(x^2-10x+18)$$

즉, $f'(t)=\frac{1}{3}(t^2-10t+18)=-1$이므로

$$t^2-10t+18=-3,\ t^2-10t+21=0$$

$$(t-3)(t-7)=0\qquad \therefore t=3\ (\because 0<t<6)$$

이때 $f(3)=\frac{1}{9}\times3\times(-3)\times(-6)=6$이므로

$$g(x)=\begin{cases} f(x) & (x<3) \\ -(x-3)+f(3) & (x\geq3) \end{cases}=\begin{cases} \dfrac{1}{9}x^3-\dfrac{5}{3}x^2+6x & (x<3) \\ -x+9 & (x\geq3) \end{cases}$$

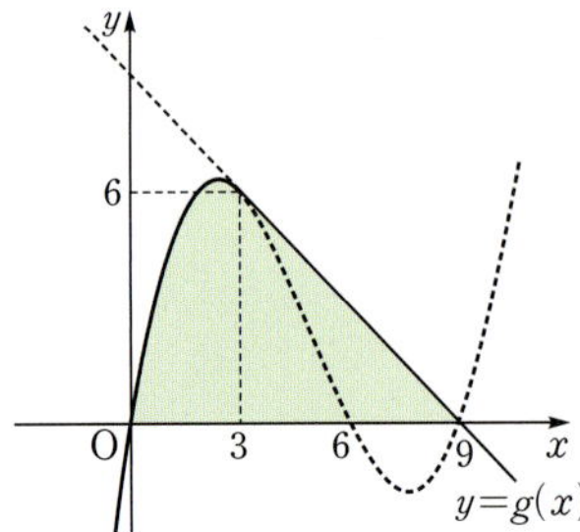

따라서 함수 $y=g(x)$의 그래프와 x축으로 둘러싸인 영역의 넓이의 최댓값은

$$\int_0^3 f(x)dx+\frac{1}{2}\times6\times6$$

$$=\int_0^3\left(\frac{1}{9}x^3-\frac{5}{3}x^2+6x\right)dx+18$$

$$=\left[\frac{1}{36}x^4-\frac{5}{9}x^3+3x^2\right]_0^3+18$$

$$=\frac{57}{4}+18=\frac{129}{4}$$

$f'(t)\neq-1$이면 다음 그림과 같이 풀이에서 구한 넓이보다 작은 것을 확인할 수 있다.

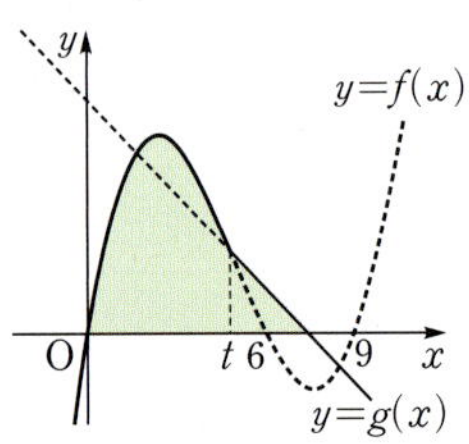

0864

답 59

$f(x)=x^3-6x^2+9x$에서

$$f'(x)=3x^2-12x+9=3(x-1)(x-3)$$

$f'(x)=0$에서 $x=1$ 또는 $x=3$

함수 $f(x)$의 증가와 감소를 표로 나타내면 다음과 같다.

x	$\cdots$	1	$\cdots$	3	$\cdots$
$f'(x)$	$+$	0	$-$	0	$+$
$f(x)$	$\nearrow$	4	$\searrow$	0	$\nearrow$

따라서 함수 $y=f(x)$의 그래프는 다음 그림과 같다.

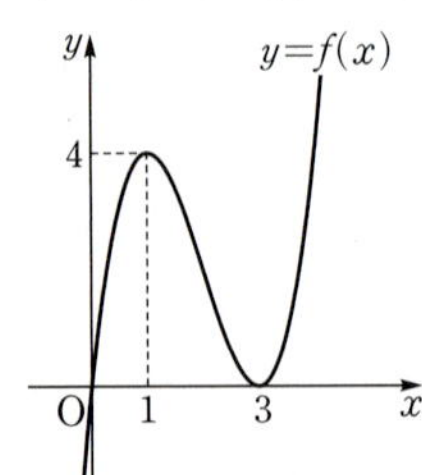

함수 $y=f(x)$의 그래프와 직선 $y=4$가 만나는 점의 x좌표는
$x^3-6x^2+9x=4$에서 $x^3-6x^2+9x-4=0$
$(x-1)^2(x-4)=0$ $\therefore$ $x=1$ 또는 $x=4$

즉, $g(t)=\begin{cases} f(t) & (t<1) \\ 4 & (1\le t<4) \\ f(t) & (t\ge4) \end{cases}$에서 $g(x)=\begin{cases} f(x) & (x<1) \\ 4 & (1\le x<4) \\ f(x) & (x\ge4) \end{cases}$

이므로 함수 $y=g(x)$의 그래프는 다음 그림과 같다.

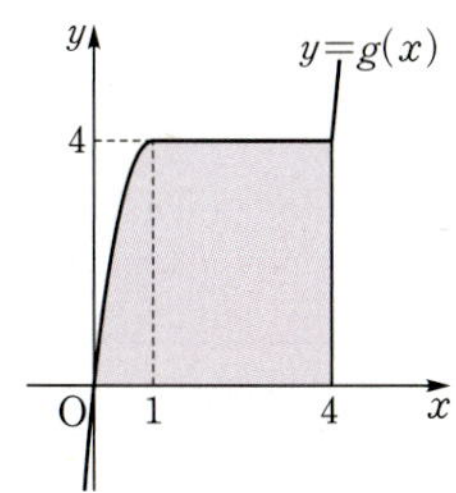

따라서 함수 $y=g(x)$의 그래프와 x축 및 직선 $x=4$로 둘러싸인 도형의 넓이는

$$S=\int_0^4 g(x)dx=\int_0^1 f(x)dx+\int_1^4 4dx$$

$$=\int_0^1 (x^3-6x^2+9x)dx+\int_1^4 4dx$$

$$=\left[\frac{1}{4}x^4-2x^3+\frac{9}{2}x^2\right]_0^1+\left[4x\right]_1^4$$

$$=\frac{11}{4}+12=\frac{59}{4}$$

$$\therefore 4S=4\times\frac{59}{4}=59$$

0865

두 점 P, Q의 시각 t에서의 위치를 각각 $x_1(t)$, $x_2(t)$라 하면

$$x_1(t)=\int_0^t v_1(t)dt=\int_0^t (6t^2+2t)dt$$

$$=\left[2t^3+t^2\right]_0^t=2t^3+t^2$$

$$x_2(t)=\int_0^t v_2(t)dt=\int_0^t (3t^2+8t)dt$$

$$=\left[t^3+4t^2\right]_0^t=t^3+4t^2$$

두 점 P, Q가 만나려면 $x_1(t)=x_2(t)$에서
$2t^3+t^2=t^3+4t^2$, $t^3-3t^2=0$
$t^2(t-3)=0$ $\therefore$ $t=3$ $(\because t>0)$
즉, 두 점 P, Q는 출발 후 $t=3$에서 처음으로 만난다.
한편, 시각 t에서의 두 점 P, Q 사이의 거리는
$f(t)=|x_1(t)-x_2(t)|=|t^3-3t^2|$
$g(t)=t^3-3t^2$이라 하면
$g'(t)=3t^2-6t=3t(t-2)$
$g'(t)=0$에서 $t=0$ 또는 $t=2$
구간 $[0, 3]$에서 함수 $g(t)$의 증가와 감소를 표로 나타내면 다음과 같다.

t	0	$\cdots$	2	$\cdots$	3
$g'(t)$		$-$	0	$+$	
$g(t)$		$\searrow$	-4	$\nearrow$	

함수 $y=g(t)$의 그래프를 이용하여 함수 $y=f(t)$의 그래프를 그리면 다음 그림과 같다.

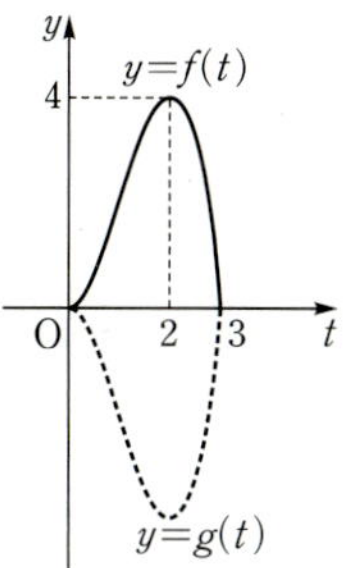

따라서 구간 $[0, 3]$에서 함수 $f(t)$는 $t=2$일 때, 최댓값 4를 갖는다.

0866

조건 ㈎에서 함수 $y=f(x)$의 그래프는 y축에 대하여 대칭이다.
또한 함수 $f(x)$는 극댓값을 갖고 조건 ㈏에서 $f(x)$는 극솟값 0을 가지므로 함수 $y=f(x)$의 그래프의 개형은 다음 그림과 같다.

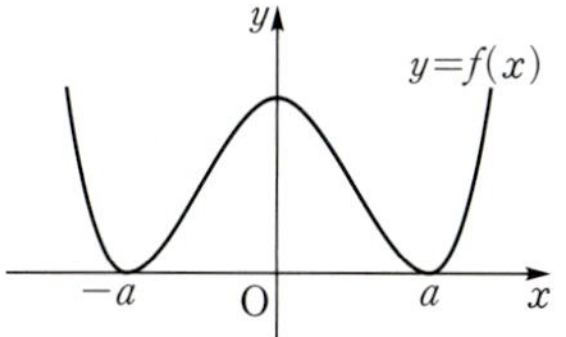

함수 $y=f(x)$의 그래프와 x축이 만나는 점의 x좌표를 $-a$, a $(a>0)$라 하면
$f(x)=(x+a)^2(x-a)^2$
$f'(x)=2(x+a)(x-a)^2+2(x+a)^2(x-a)$
$\quad\quad =4x(x+a)(x-a)$
따라서 함수 $y=f'(x)$의 그래프의 개형은 다음 그림과 같다.

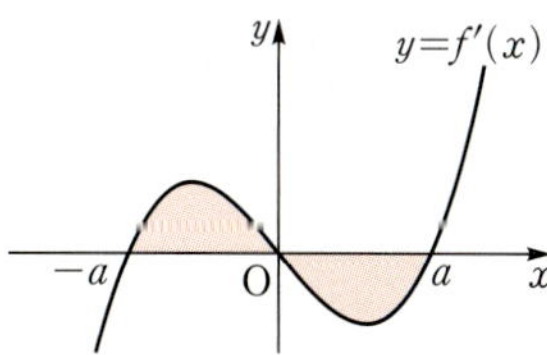

곡선 $y=f'(x)$는 원점에 대하여 대칭이고 곡선 $y=f'(x)$와 x축으로 둘러싸인 도형의 넓이가 8이므로

$$\int_{-a}^{a}|f'(x)|dx=\int_{-a}^{0}f'(x)dx+\int_0^a \{-f'(x)\}dx$$

$$=-2\int_0^a f'(x)dx$$

$$=-2\left[f(x)\right]_0^a$$

$$=-2\{f(a)-f(0)\}$$

$$=2a^4=8$$

$a^4=4$ $\therefore$ $a=\sqrt{2}$ $(\because a>0)$
따라서 $f(x)=(x+\sqrt{2})^2(x-\sqrt{2})^2$이므로
$f(0)=2\times2=4$

0867

조건 ㈏에서 주어진 식 $f(x+1)=f(x)+1$의 양변에 x 대신 $x-1$을 대입하면
$f(x)=f(x-1)+1$ $\cdots\cdots$ ㉠

즉, 어떤 정수 m에 대하여 구간 $[m,\ m+1]$에서의 함수 $y=f(x)$의 그래프는 구간 $[m-1,\ m]$에서의 함수 $y=f(x)$의 그래프를 x축의 방향으로 1만큼, y축의 방향으로 1만큼 평행이동시킨 것과 같다.

조건 ㈎에서 $f(0)=1$이므로 ㉠의 식의 양변에 $x=1$을 대입하면
$$f(1)=f(0)+1=2$$
또한 함수 $f(x)$는 실수 전체의 집합에서 증가하고 연속이므로 함수 $y=f(x)$의 그래프의 개형은 다음 그림과 같다.

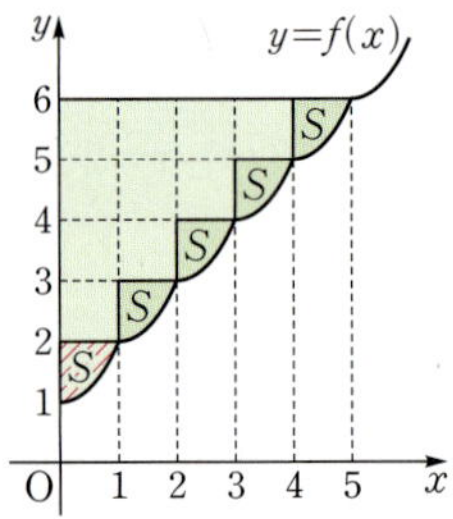

함수 $y=f(x)$의 그래프와 y축 및 직선 $y=2$로 둘러싸인 도형의 넓이를 S라 하면 함수 $y=f(x)$의 그래프와 y축 및 두 직선 $y=2$, $y=6$으로 둘러싸인 도형의 넓이가 13이므로
$$(1\times1)\times10+4S=13 \text{에서 } S=\frac{3}{4}$$
$$\therefore \int_0^1 f(x)dx=2-S=2-\frac{3}{4}=\frac{5}{4}$$

0868

주어진 조건에서
$$f(0)=0,\ f(1)=1,\ \int_0^1 f(x)dx=\frac{1}{6}$$
이므로 $0<x<1$일 때 함수 $y=f(x)$의 그래프의 개형은 오른쪽 그림과 같다.

또한 조건 ㈎에서 $-1<x<0$일 때의 함수 $y=g(x)$의 그래프는 $0<x<1$일 때의 함수 $y=f(x)$의 그래프를 x축에 대하여 대칭이동시킨 후 x축의 방향으로 -1만큼, y축의 방향으로 1만큼 평행이동시킨 것과 같다.

즉, $-1<x\leq1$일 때 함수 $y=g(x)$의 그래프의 개형은 오른쪽 그림과 같이 나타낼 수 있다.

이때 조건 ㈏에서 함수 $g(x)$는 주기가 2인 주기함수이므로 함수 $y=g(x)$의 그래프는 다음 그림과 같이 나타낼 수 있다.

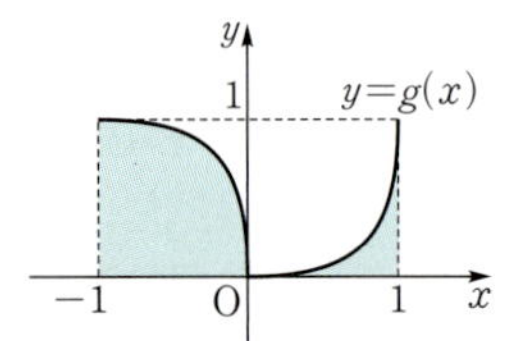

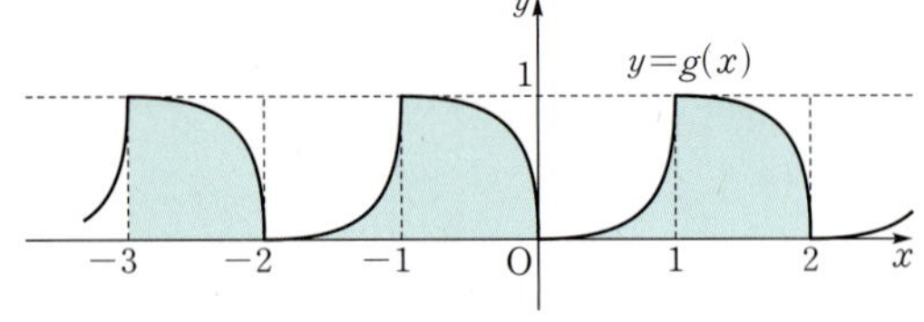

한편, $\displaystyle\int_0^1 g(x)dx=\int_0^1 f(x)dx=\frac{1}{6}$,
$$\int_{-1}^0 g(x)dx=1-\int_0^1 f(x)dx=1-\frac{1}{6}=\frac{5}{6}$$
이므로
$$\int_{-1}^1 g(x)dx=\int_{-1}^0 g(x)dx+\int_0^1 g(x)dx=\frac{5}{6}+\frac{1}{6}=1$$

이때 함수 $g(x)$의 주기는 2이므로
$$\int_{-3}^{-1} g(x)dx=\int_{-1}^1 g(x)dx=1$$
$$\int_1^2 g(x)dx=\int_{-1}^0 g(x)dx=\frac{5}{6}$$
$$\therefore \int_{-3}^2 g(x)dx=\int_{-3}^{-1} g(x)dx+\int_{-1}^1 g(x)dx+\int_1^2 g(x)dx$$
$$=1+1+\frac{5}{6}=\frac{17}{6}$$

0869

$\{f(x)\}^2-f(x)=x^2\{f(x)-1\}$에서
$$\{f(x)\}^2-(x^2+1)f(x)+x^2=0$$
$$\{f(x)-x^2\}\{f(x)-1\}=0$$
$$\therefore f(x)=x^2 \text{ 또는 } f(x)=1$$
즉, 함수 $f(x)$는 구간에 따라 곡선 $y=x^2$ 또는 직선 $y=1$ 중 하나의 모양을 나타낸다.

이때 함수 $f(x)$가 실수 전체의 집합에서 연속이므로 다음과 같이 나누어 생각해 볼 수 있다.

(i) $\displaystyle\int_{-2}^2 f(x)dx$의 값이 최대인 경우

$\displaystyle\int_{-2}^2 f(x)dx$의 값이 최대이려면 구간 $[-2,\ 2]$에 속하는 각각의 x에 대하여 함수 $f(x)$가 x^2, 1 중에서 큰 값을 가져야 하므로
$$f(x)=\begin{cases}x^2 & (x<-1 \text{ 또는 } x>1)\\ 1 & (-1\leq x\leq1)\end{cases}$$
이고 그 그래프는 다음 그림과 같다.

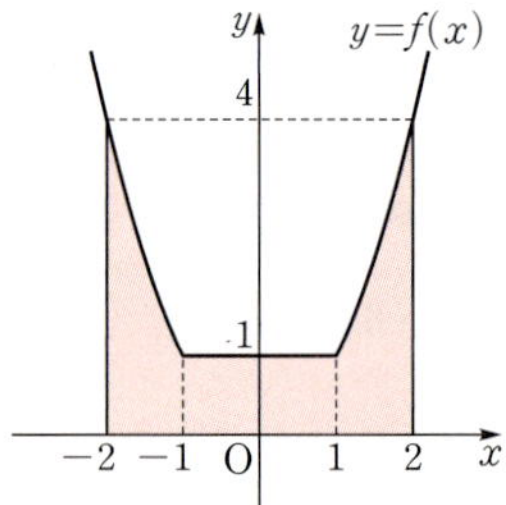

함수 $y=f(x)$의 그래프는 y축에 대하여 대칭이므로 $\displaystyle\int_{-2}^2 f(x)dx$의 최댓값 M은
$$M=2\int_0^2 f(x)dx=2\int_0^1 1dx+2\int_1^2 x^2 dx$$
$$=2\Big[x\Big]_0^1+2\Big[\frac{1}{3}x^3\Big]_1^2=2+\frac{14}{3}=\frac{20}{3}$$

(ii) $\displaystyle\int_{-2}^2 f(x)dx$의 값이 최소인 경우

$\displaystyle\int_{-2}^2 f(x)dx$의 값이 최소이려면 구간 $[-2,\ 2]$에 속하는 각각의 x에 대하여 함수 $f(x)$가 x^2, 1 중에서 작은 값을 가져야 하므로
$$f(x)=\begin{cases}x^2 & (-1\leq x\leq1)\\ 1 & (x<-1 \text{ 또는 } x>1)\end{cases}$$
이고 그 그래프는 다음 그림과 같다.

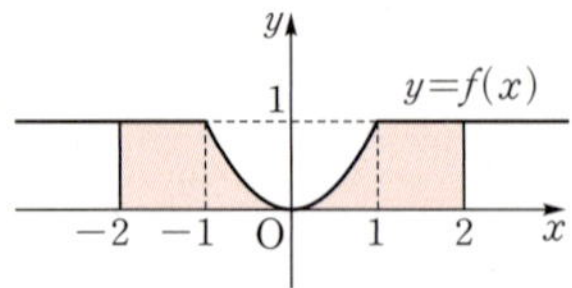

함수 $y=f(x)$의 그래프는 y축에 대하여 대칭이므로

$\displaystyle\int_{-2}^{2} f(x)dx$의 최솟값 m은

$$m=2\int_0^2 f(x)dx=2\int_0^1 x^2 dx+2\int_1^2 1\, dx$$

$$=2\left[\frac{1}{3}x^3\right]_0^1+2\left[x\right]_1^2=\frac{2}{3}+2=\frac{8}{3}$$

(i), (ii)에서 $M=\dfrac{20}{3}$, $m=\dfrac{8}{3}$이므로

$$\frac{M}{m}=\frac{20}{8}=\frac{5}{2}$$

0870   답 ④

ㄱ. 점 P의 시각 t에서의 속도를 $v(t)$라 하면

$$v'(t)=a(t)=3t^2-12t+9=3(t-1)(t-3)$$

$v'(t)=0$에서 $t=1$ 또는 $t=3$

$t\geq0$에서 $v(t)$의 증가와 감소를 표로 나타내면 다음과 같다.

t	0	$\cdots$	1	$\cdots$	3	$\cdots$
$v'(t)$		$+$	0	$-$	0	$+$
$v(t)$		$\nearrow$	극대	$\searrow$	극소	$\nearrow$

구간 $(3,\ \infty)$에서 $v'(t)>0$이므로 점 P의 속도는 증가한다.

(참)

ㄴ. $v(t)=\displaystyle\int a(t)dt=\int (3t^2-12t+9)dt$

$\qquad =t^3-6t^2+9t+C$ (C는 적분상수)

$t=0$에서의 속도가 k이므로

$v(0)=k$에서 $C=k$

이때 $k=-4$이면

$v(t)=t^3-6t^2+9t-4=(t-1)^2(t-4)$

즉, 오른쪽 그림과 같이 구간 $(0,\ 4)$
에서 $v(t)\leq0$, 구간 $(4,\ \infty)$에서
$v(t)>0$이므로 구간 $(0,\ \infty)$에서
점 P의 운동 방향은 $t=4$에서 한
번 바뀐다. (거짓)

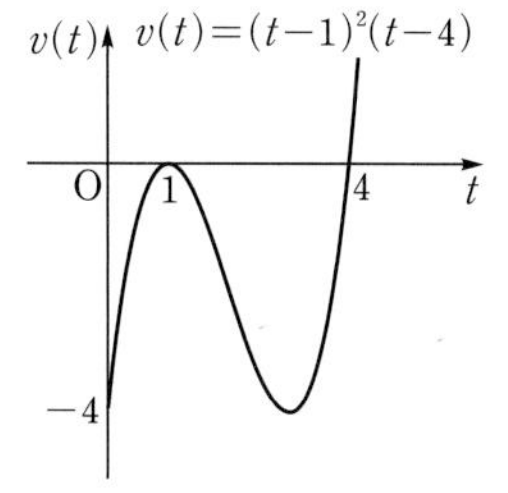

ㄷ. ㄱ, ㄴ에서 $v(0)=v(3)=k$이므로
$t\geq0$에서 함수 $v(t)$의 최솟값은 k이
고 함수 $y=v(t)$의 그래프는 오른쪽
그림과 같다.

시각 $t=0$에서 시각 $t=5$까지 점 P의

위치의 변화량은 $\displaystyle\int_0^5 v(t)dt$이고

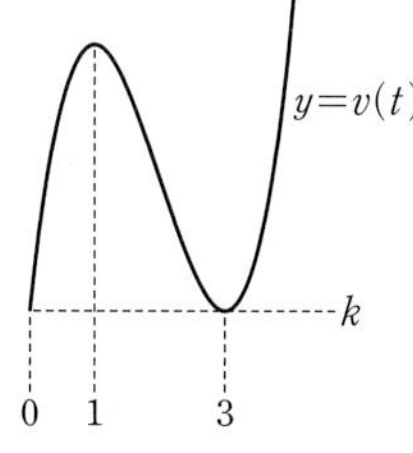

점 P가 움직인 거리는 $\displaystyle\int_0^5 |v(t)|dt$이므로

$\displaystyle\int_0^5 v(t)dt=\int_0^5 |v(t)|dt$를 만족시키려면 $0\leq t\leq5$에서

$v(t)\geq0$이어야 한다.

즉, $0\leq t\leq5$에서 함수 $v(t)$의 최솟값이 0 이상이어야 하므로

$v(3)\geq0$에서 $k\geq0$

즉, 구하는 k의 최솟값은 0이다. (참)

따라서 옳은 것은 ㄱ, ㄷ이다.

ㄴ에서 $v(t)=(t-1)^2(t-4)$일 때, $v(1)=0$이지만 $t=1$의 좌우에서
$v(t)$의 부호가 바뀌지 않으므로 점 P는 $t=1$에서 운동 방향을 바꾸지 않
는다.

수학의 바이블

유형 ON

2권

정답과 풀이

미적분 I

함수의 극한과 연속

PART A′

01 함수의 극한

유형 01 함수의 극한과 그래프

0001
답 1

$$\lim_{x \to -1+} f(x) + \lim_{x \to 2+} f(x) = 0 + 1 = 1$$

0002
답 2

$$\lim_{x \to -1-} f(x) + \lim_{x \to 0-} f(x) + \lim_{x \to 1+} f(x) = 0 + 1 + 1 = 2$$

0003
답 ③

주어진 그래프에서 k의 값에 따른 좌극한, 우극한을 표로 나타내면 다음과 같다.

k	$\lim\limits_{x \to k-} f(x)$	$\lim\limits_{x \to k+} f(x)$
-2	1	0
-1	1	2
0	1	2
1	0	-1

따라서 $\lim\limits_{x \to k-} f(x) < \lim\limits_{x \to k+} f(x)$를 만족시키는 $-3 < k < 2$인 실수 k의 값은 -1, 0이므로 구하는 합은

$$-1 + 0 = -1$$

참고

$k \neq -2$, $k \neq -1$, $k \neq 0$, $k \neq 1$인 모든 실수 k에 대하여 $\lim\limits_{x \to k-} f(x) = \lim\limits_{x \to k+} f(x)$이다.

0004
답 ④

주어진 그래프에서 k의 값에 따른 좌극한, 우극한을 표로 나타내면 다음과 같다.

k	$\lim\limits_{x \to k-} f(x)$	$\lim\limits_{x \to k+} f(x)$
-2	1	2
-1	1	1
0	2	0
1	1	2

ㄱ. $\lim\limits_{x \to -2-} f(x) + \lim\limits_{x \to 0+} f(x) = 1 + 0 = 1$ (참)

ㄴ. $\lim\limits_{x \to k-} f(x) > \lim\limits_{x \to k+} f(x)$를 만족시키는 $-3 < k < 3$인 모든 실수 k의 값은 0으로 1개이다. (거짓)

ㄷ. $\lim\limits_{x \to k-} f(x) \neq \lim\limits_{x \to k+} f(x)$를 만족시키는 $-3 < k < 3$인 모든 실수 k의 값은 -2, 0, 1이므로 구하는 합은 $-2 + 0 + 1 = -1$ (참)

따라서 옳은 것은 ㄱ, ㄷ이다.

유형 02 함수의 극한값과 존재 조건

0005
답 ③

$$\lim_{x \to 1-} f(x) = \lim_{x \to 1-} \frac{x^2 - 1}{|x-1|}$$
$$= \lim_{x \to 1-} \frac{(x+1)(x-1)}{-(x-1)}$$
$$= \lim_{x \to 1-} (-x-1) = -2$$

$$\lim_{x \to 2+} g(x) = \lim_{x \to 2+} \frac{|x^2 - 4|}{x-2}$$
$$= \lim_{x \to 2+} \frac{(x+2)(x-2)}{x-2}$$
$$= \lim_{x \to 2+} (x+2) = 4$$

$$\therefore \lim_{x \to 1-} f(x) + \lim_{x \to 2+} g(x) = -2 + 4 = 2$$

0006
답 ①

$$\lim_{x \to 3-} f(x) = \lim_{x \to 3-} \frac{|x^2 - 9|}{x-3} = \lim_{x \to 3-} \frac{-(x+3)(x-3)}{x-3}$$
$$= \lim_{x \to 3-} (-x-3) = -6$$

$$\lim_{x \to 3+} f(x) = a$$

$\lim\limits_{x \to 3} f(x)$의 값이 존재하려면 $\lim\limits_{x \to 3-} f(x) = \lim\limits_{x \to 3+} f(x)$이어야 하므로

$$a = -6$$

0007
답 2

$\lim\limits_{x \to 1} f(x)$, $\lim\limits_{x \to 2} f(x)$의 값이 모두 존재하려면 $x=1$, $x=2$에서 각각 함수 $f(x)$의 좌극한과 우극한이 같아야 한다.

$$f(x) = \begin{cases} x^2 - 2x - 1 & (x < 1) \\ -x^2 + a & (1 \leq x < 2) \\ bx - 3 & (x \geq 2) \end{cases} \text{에서}$$

$$\lim_{x \to 1-} f(x) = \lim_{x \to 1-} (x^2 - 2x - 1) = -2,$$

$$\lim_{x \to 1+} f(x) = \lim_{x \to 1+} (-x^2 + a) = -1 + a$$

이므로 $-2 = -1 + a$

$$\therefore a = -1 \quad \cdots\cdots \ \bigcirc$$

$$\lim_{x \to 2-} f(x) = \lim_{x \to 2-} (-x^2 + a)$$
$$= -4 + a = -5 \ (\because \ \bigcirc),$$

$$\lim_{x \to 2+} f(x) = \lim_{x \to 2+} (bx - 3) = 2b - 3$$

이므로 $-5 = 2b - 3$, $2b = -2$

$$\therefore b = -1$$

$$\therefore a^2 + b^2 = 1 + 1 = 2$$

0008
답 ③

$-x=t$로 놓으면 $x\to1+$일 때, $t\to-1-$이므로
$$\lim_{x\to1+}f(-x)=\lim_{t\to-1-}f(t)=1$$
$$\therefore \lim_{x\to1-}f(x)+\lim_{x\to1+}f(-x)=1+1=2$$

0009
답 ②

$-x=t$로 놓으면 $x\to2+$일 때, $t\to-2-$이므로
$$\lim_{x\to2+}f(-x)=\lim_{t\to-2-}f(t)=-3$$
함수 $y=|f(x)|$의 그래프는 다음 그림과 같다.

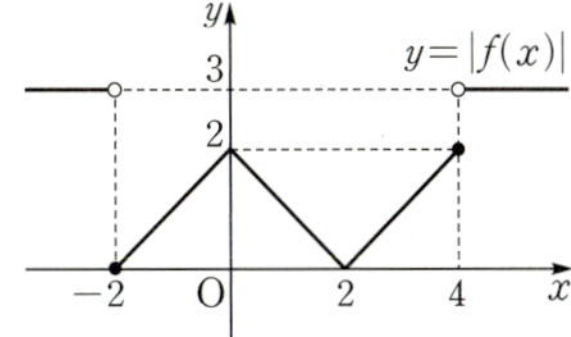

$\lim_{x\to0-}|f(x)|=2$, $\lim_{x\to0+}|f(x)|=2$이므로
$$\lim_{x\to0}|f(x)|=2$$
$$\therefore \lim_{x\to2-}f(x)+\lim_{x\to2+}f(-x)+\lim_{x\to0}|f(x)|=0+(-3)+2=-1$$

0010
답 ③

$1-x=t$로 놓으면 $x\to2+$일 때, $t\to-1-$이므로
$$\lim_{x\to2+}f(1-x)=\lim_{t\to-1-}f(t)=2$$
$x-1=s$로 놓으면 $x\to2-$일 때, $s\to1-$이므로
$$\lim_{x\to2-}f(x-1)=\lim_{s\to1-}f(s)=-1$$
$$\therefore \lim_{x\to2+}f(1-x)+\lim_{x\to2-}f(x-1)=2+(-1)=1$$

0011
답 ⑤

$\dfrac{2-x}{x-1}=\dfrac{-(x-1)+1}{x-1}=\dfrac{1}{x-1}-1=t$로 놓으면
$x\to\infty$일 때, $t\to-1+$이므로
$$\lim_{x\to\infty}f\!\left(\frac{2-x}{x-1}\right)=\lim_{t\to-1+}f(t)=1$$
$x-1=s$로 놓으면 $x\to2-$일 때, $s\to1-$이므로
$$\lim_{x\to2-}f(x-1)=\lim_{s\to1-}f(s)=2$$
$$\therefore \lim_{x\to\infty}f\!\left(\frac{2-x}{x-1}\right)+\lim_{x\to2-}f(x-1)+f(1)=1+2+2=5$$

참고

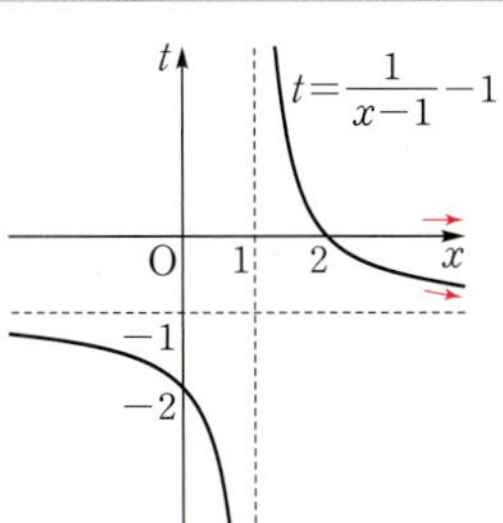

$f\!\left(\dfrac{2-x}{x-1}\right)$에서 $\dfrac{2-x}{x-1}=t$로 놓으면 x의 값이 한없이 커질 때, t의 값은 -1보다 큰 쪽에서 -1에 한없이 가까워진다.

0012
답 ③

$x-2=t$로 놓으면 $x\to1+$일 때, $t\to-1+$이므로
$$\lim_{x\to1+}f(x-2)=\lim_{t\to-1+}f(t)=1$$
$f(x)=s$로 놓으면 $x\to1-$일 때, $s\to0+$이므로
$$\lim_{x\to1-}f(f(x))=\lim_{s\to0+}f(s)=1$$
$$\therefore \lim_{x\to1+}f(x-2)+\lim_{x\to1-}f(f(x))=1+1=2$$

0013
답 ①

$f(x)=\begin{cases}-1 & (x<1)\\ -x+2 & (x\geq1)\end{cases}$에서 $f(x)=t$로 놓으면

$x\to1-$일 때, $t=-1$이므로
$$\lim_{x\to1-}f(f(x))=f(-1)=-1$$
$x\to1+$일 때, $t\to1-$이므로
$$\lim_{x\to1+}f(f(x))=\lim_{t\to1-}f(t)=-1$$
$$\therefore \lim_{x\to1-}f(f(x))+\lim_{x\to1+}f(f(x))=-1+(-1)=-2$$

0014
답 1

$g(x)=\begin{cases}\dfrac{|x-2|}{x-2} & (x\neq2)\\ 2 & (x=2)\end{cases}$에서 $g(x)=\begin{cases}-1 & (x<2)\\ 2 & (x=2)\\ 1 & (x>2)\end{cases}$

$f(x)=t$로 놓으면

$x\to0-$일 때, $t\to2-$이므로
$$\lim_{x\to0-}g(f(x))=\lim_{t\to2-}g(t)=-1$$
$x\to1+$일 때, $t=2$이므로
$$\lim_{x\to1+}g(f(x))=g(2)=2$$
$g(x)=s$로 놓으면 $x\to2+$일 때, $s=1$이므로
$$\lim_{x\to2+}f(g(x))=f(1)=0$$
$$\therefore \lim_{x\to0-}g(f(x))+\lim_{x\to1+}g(f(x))+\lim_{x\to2+}f(g(x))$$
$$=-1+2+0=1$$

0015
답 ④

ㄱ. $\lim_{x\to1-}f(x)=1$, $\lim_{x\to1+}f(x)=1$이므로 $\lim_{x\to1}f(x)=1$ (참)

ㄴ. $f(x)=t$로 놓으면

　$x\to2-$일 때, $t\to0+$이므로
$$\lim_{x\to2-}f(f(x))=\lim_{t\to0+}f(t)=0$$
　$x\to2+$일 때, $t\to1-$이므로
$$\lim_{x\to2+}f(f(x))=\lim_{t\to1-}f(t)=1$$
즉, $\lim_{x\to2-}f(f(x))\neq\lim_{x\to2+}f(f(x))$이므로 $\lim_{x\to2}f(f(x))$의 값은
존재하지 않는다. (거짓)

ㄷ. $g(x)=s$로 놓으면

$x \to 1-$일 때, $s \to 1+$이므로

$$\lim_{x \to 1-} f(g(x)) = \lim_{s \to 1+} f(s) = 1$$

$x \to 1+$일 때, $s=2$이므로

$$\lim_{x \to 1+} f(g(x)) = f(2) = 1$$

$$\therefore \lim_{x \to 1} f(g(x)) = 1 \ (참)$$

따라서 옳은 것은 ㄱ, ㄷ이다.

0016
답 5

$$\lim_{x \to 3+} \frac{[x]^2 + 3x}{[x]} + \lim_{x \to 3-} \frac{[x]^2 - 2x}{[x]} = \frac{3^2 + 9}{3} + \frac{2^2 - 6}{2}$$
$$= 6 + (-1) = 5$$

0017
답 ②

$f(x) = [x]^2 + a[x] + b$이므로 조건 ㈎에서

$$f\left(\frac{5}{3}\right) = 1^2 + a + b = 5$$

$\therefore a + b = 4 \quad \cdots\cdots \ \bigcirc$

조건 ㈏에서 $\lim\limits_{x \to 2} f(x)$의 값이 존재하므로 $\lim\limits_{x \to 2-} f(x) = \lim\limits_{x \to 2+} f(x)$

이어야 한다.

$$\lim_{x \to 2-} f(x) = \lim_{x \to 2-} ([x]^2 + a[x] + b) = 1^2 + a \times 1 + b = 1 + a + b,$$
$$\lim_{x \to 2+} f(x) = \lim_{x \to 2+} ([x]^2 + a[x] + b) = 2^2 + a \times 2 + b = 4 + 2a + b$$

에서 $1 + a + b = 4 + 2a + b$

$\therefore a = -3$

$a = -3$을 $\bigcirc$에 대입하면 $b = 7$

$\therefore a - b = -3 - 7 = -10$

0018
답 3

$x - 1 = t$로 놓으면 $x \to 0-$일 때, $t \to -1-$이므로

$$\lim_{x \to 0-} [f(x-1)] = \lim_{t \to -1-} [f(t)]$$

$f(t) = s$로 놓으면 $t \to -1-$일 때, $s \to 2-$이므로

$$\lim_{t \to -1-} [f(t)] = \lim_{s \to 2-} [s] = 1$$

한편, $x \to 1-$일 때 $0 < x < 1$이므로

$-1 < -x < 0, \ 0 < 1 - x < 1$

즉, $\lim\limits_{x \to 1-} [1-x] = 0$이므로

$$\lim_{x \to 1-} f([1-x]) = f(0) = 2$$

$$\therefore \lim_{x \to 0-} [f(x-1)] + \lim_{x \to 1-} f([1-x]) = 1 + 2 = 3$$

0019
답 5

$\lim\limits_{x \to \infty} f(x) = 4$, $\lim\limits_{x \to \infty} g(x) = 2$이므로

$$\lim_{x \to \infty} \frac{3f(x) - g(x)}{2f(x) - 3g(x)} = \frac{3\lim\limits_{x \to \infty} f(x) - \lim\limits_{x \to \infty} g(x)}{2\lim\limits_{x \to \infty} f(x) - 3\lim\limits_{x \to \infty} g(x)}$$
$$= \frac{3 \times 4 - 2}{2 \times 4 - 3 \times 2} = \frac{10}{2} = 5$$

0020
답 2

$f(x) - 4g(x) = h(x)$로 놓으면 $\lim\limits_{x \to 3} h(x) = 8$이고

$g(x) = \dfrac{f(x) - h(x)}{4}$이므로

$$\lim_{x \to 3} g(x) = \lim_{x \to 3} \frac{f(x) - h(x)}{4}$$
$$= \frac{1}{4} \lim_{x \to 3} f(x) - \frac{1}{4} \lim_{x \to 3} h(x)$$
$$= \frac{1}{4} \times 16 - \frac{1}{4} \times 8 = 2$$

0021
답 ④

$f(x) - 3g(x) = h(x)$로 놓으면 $\lim\limits_{x \to \infty} h(x) = 3$이고

$f(x) = h(x) + 3g(x)$이므로

$$\lim_{x \to \infty} \frac{3f(x) + g(x)}{2f(x) - g(x)} = \lim_{x \to \infty} \frac{3\{h(x) + 3g(x)\} + g(x)}{2\{h(x) + 3g(x)\} - g(x)}$$
$$= \lim_{x \to \infty} \frac{3h(x) + 10g(x)}{2h(x) + 5g(x)}$$

이때 $\lim\limits_{x \to \infty} g(x) = \infty$이고 $\lim\limits_{x \to \infty} h(x) = 3$에서 $\lim\limits_{x \to \infty} \dfrac{h(x)}{g(x)} = 0$이므로

$$\lim_{x \to \infty} \frac{3h(x) + 10g(x)}{2h(x) + 5g(x)} = \lim_{x \to \infty} \frac{3 \times \dfrac{h(x)}{g(x)} + 10}{2 \times \dfrac{h(x)}{g(x)} + 5}$$
$$= \frac{3 \times 0 + 10}{2 \times 0 + 5} = 2$$

0022
답 ④

$x - 1 = t$로 놓으면 $x \to 1$일 때, $t \to 0$이므로

$$\lim_{x \to 1} \frac{f(x-1)}{x^2 - 1} = \lim_{x \to 1} \frac{f(x-1)}{(x-1)(x+1)} = \lim_{t \to 0} \frac{f(t)}{t(t+2)}$$
$$= \lim_{t \to 0} \left\{ \frac{f(t)}{t} \times \frac{1}{t+2} \right\}$$
$$= \lim_{t \to 0} \frac{f(t)}{t} \times \frac{1}{2} = 2$$

$$\therefore \lim_{x \to 0} \frac{f(x)}{x} = 4$$

$$\therefore \lim_{x \to 0} \frac{f(x)-x^2+2x}{f(x)+x^2-x} = \lim_{x \to 0} \frac{\dfrac{f(x)}{x}-x+2}{\dfrac{f(x)}{x}+x-1}$$

$$= \frac{4-0+2}{4+0-1} = 2$$

$\dfrac{0}{0}$ 꼴 극한값의 계산

0023

답 ③

$$\lim_{x \to 3} \frac{2x^2-8x+6}{x^2-3x} = \lim_{x \to 3} \frac{2(x-1)(x-3)}{x(x-3)}$$

$$= \lim_{x \to 3} \frac{2(x-1)}{x} = \frac{4}{3}$$

$$\lim_{x \to 2} \frac{x^2-4}{x^2-x-2} = \lim_{x \to 2} \frac{(x+2)(x-2)}{(x+1)(x-2)}$$

$$= \lim_{x \to 2} \frac{x+2}{x+1} = \frac{4}{3}$$

따라서 구하는 극한값은

$$\frac{4}{3} + \frac{4}{3} = \frac{8}{3}$$

0024

답 ④

$$\lim_{x \to 3} \frac{x^3-3x^2+3x-9}{x^2-3x} = \lim_{x \to 3} \frac{(x-3)(x^2+3)}{x(x-3)}$$

$$= \lim_{x \to 3} \frac{x^2+3}{x} = \frac{9+3}{3} = 4$$

$$\lim_{x \to 1} \frac{x-1}{\sqrt{x+3}-2} = \lim_{x \to 1} \frac{(x-1)(\sqrt{x+3}+2)}{(\sqrt{x+3}-2)(\sqrt{x+3}+2)}$$

$$= \lim_{x \to 1} \frac{(x-1)(\sqrt{x+3}+2)}{x-1}$$

$$= \lim_{x \to 1} (\sqrt{x+3}+2) = 4$$

따라서 구하는 극한값은

$$4+4 = 8$$

0025

답 ⑤

$$\lim_{x \to 3} \frac{\sqrt{3+x}-\sqrt{9-x}}{\sqrt{x}-\sqrt{6-x}}$$

$$= \lim_{x \to 3} \frac{(\sqrt{3+x}-\sqrt{9-x})(\sqrt{3+x}+\sqrt{9-x})(\sqrt{x}+\sqrt{6-x})}{(\sqrt{x}-\sqrt{6-x})(\sqrt{x}+\sqrt{6-x})(\sqrt{3+x}+\sqrt{9-x})}$$

$$= \lim_{x \to 3} \frac{2(x-3)(\sqrt{x}+\sqrt{6-x})}{2(x-3)(\sqrt{3+x}+\sqrt{9-x})}$$

$$= \lim_{x \to 3} \frac{\sqrt{x}+\sqrt{6-x}}{\sqrt{3+x}+\sqrt{9-x}}$$

$$= \frac{\sqrt{3}+\sqrt{3}}{\sqrt{6}+\sqrt{6}} = \frac{\sqrt{2}}{2}$$

0026

답 12

$$\lim_{x \to 1} \frac{(x^2+x-2)f(x)}{\sqrt{x}-1} = \lim_{x \to 1} \frac{(x+2)(x-1)f(x)}{\sqrt{x}-1}$$

$$= \lim_{x \to 1} \frac{(x+2)(\sqrt{x}+1)(\sqrt{x}-1)f(x)}{\sqrt{x}-1}$$

$$= \lim_{x \to 1} (x+2)(\sqrt{x}+1)f(x)$$

$$= \lim_{x \to 1} (x+2)(\sqrt{x}+1) \times \lim_{x \to 1} f(x)$$

$$= 3 \times 2 \times 2 = 12$$

0027

답 ②

일차함수 $f(x)$가 $f(1)=5$이므로 $f(x)=a(x-1)+5 \ (a \neq 0)$라 하자.

$$\lim_{x \to 2} \frac{x^2-2x}{(x^2-4)f(x)} = \frac{1}{4}$$에서

$$\lim_{x \to 2} \frac{x(x-2)}{(x+2)(x-2)\{a(x-1)+5\}} = \frac{1}{4}$$

$$\lim_{x \to 2} \frac{x}{(x+2)\{a(x-1)+5\}} = \frac{1}{4}$$

$$\frac{2}{4 \times (a+5)} = \frac{1}{4}$$

$$a+5 = 2$$

$$\therefore a = -3$$

따라서 $f(x)=-3(x-1)+5$이므로

$$f(3) = -3 \times 2 + 5 = -1$$

다른 풀이

$$\lim_{x \to 2} \frac{x^2-2x}{(x^2-4)f(x)} = \lim_{x \to 2} \frac{x(x-2)}{(x+2)(x-2)f(x)}$$

$$= \lim_{x \to 2} \frac{x}{(x+2)f(x)}$$

$$= \frac{2}{4f(2)} = \frac{1}{2f(2)} = \frac{1}{4}$$

이므로

$$2f(2) = 4$$

$$\therefore f(2) = 2$$

$f(x)=ax+b \ (a, b$는 상수, $a \neq 0)$라 하면

$f(2)=2$에서

$$2a+b = 2 \quad \cdots\cdots \ \text{㉠}$$

$f(1)=5$에서

$$a+b = 5 \quad \cdots\cdots \ \text{㉡}$$

㉠, ㉡을 연립하여 풀면 $a=-3$, $b=8$

따라서 $f(x)=-3x+8$이므로

$$f(3) = -9+8 = -1$$

참고

이 문제의 다른 풀이는 $f(x)$가 연속함수이므로 $\lim\limits_{x \to 2} f(x) = f(2)$임을 이용하여 풀이하였다.
이는 02. 함수의 연속에서 상세히 다룬다.

0028

답 ②

$$\lim_{x\to\infty}\frac{3x^2-4x-1}{x^2-2x}=\lim_{x\to\infty}\frac{3-\dfrac{4}{x}-\dfrac{1}{x^2}}{1-\dfrac{2}{x}}$$

$$=\frac{3-0-0}{1-0}=3$$

$$\lim_{x\to\infty}\frac{\sqrt{x^2+4}-2}{x+1}=\lim_{x\to\infty}\frac{\sqrt{1+\dfrac{4}{x^2}}-\dfrac{2}{x}}{1+\dfrac{1}{x}}$$

$$=\frac{1-0}{1+0}=1$$

따라서 구하는 극한값은

$3+1=4$

0029

답 ⑤

$-x=t$로 놓으면 $x\to-\infty$일 때, $t\to\infty$이므로

$$\lim_{x\to-\infty}\frac{\sqrt{4x^2+1}+x}{\sqrt{x^2+2x+3}-x}=\lim_{t\to\infty}\frac{\sqrt{4t^2+1}-t}{\sqrt{t^2-2t+3}+t}$$

$$=\lim_{t\to\infty}\frac{\sqrt{4+\dfrac{1}{t^2}}-1}{\sqrt{1-\dfrac{2}{t}+\dfrac{3}{t^2}}+1}$$

$$=\frac{2-1}{1+1}=\frac{1}{2}$$

다른 풀이

$x<0$일 때, $x=-\sqrt{x^2}$이므로 주어진 식의 분모와 분자를 각각 x로
나누면

$$\lim_{x\to-\infty}\frac{\sqrt{4x^2+1}+x}{\sqrt{x^2+2x+3}-x}=\lim_{x\to-\infty}\frac{\dfrac{\sqrt{4x^2+1}}{x}+1}{\dfrac{\sqrt{x^2+2x+3}}{x}-1}$$

$$=\lim_{x\to-\infty}\frac{-\sqrt{4+\dfrac{1}{x^2}}+1}{-\sqrt{1+\dfrac{2}{x}+\dfrac{3}{x^2}}-1}$$

$$=\frac{-2+1}{-1-1}=\frac{1}{2}$$

0030

답 6

$$\lim_{x\to\infty}\frac{f(x+1)-f(-x)}{x-1}=\lim_{x\to\infty}\frac{(x+2)^2-(-x+1)^2}{x-1}$$

$$=\lim_{x\to\infty}\frac{x^2+4x+4-(x^2-2x+1)}{x-1}$$

$$=\lim_{x\to\infty}\frac{6x+3}{x-1}=\lim_{x\to\infty}\frac{6+\dfrac{3}{x}}{1-\dfrac{1}{x}}$$

$$=\frac{6+0}{1-0}=6$$

0031

답 ①

$$\lim_{x\to\infty}\frac{5x-f(x)}{f(x)-x}=\lim_{x\to\infty}\frac{3x-\{f(x)-2x\}}{\{f(x)-2x\}+x}$$

$$=\lim_{x\to\infty}\frac{\dfrac{3x}{x+1}-\dfrac{f(x)-2x}{x+1}}{\dfrac{f(x)-2x}{x+1}+\dfrac{x}{x+1}}$$

$$=\lim_{x\to\infty}\frac{3-\dfrac{3}{x+1}-\dfrac{f(x)-2x}{x+1}}{\dfrac{f(x)-2x}{x+1}+1-\dfrac{1}{x+1}}$$

$$=\frac{3-0-2}{2+1-0}=\frac{1}{3}$$

다른 풀이

$\dfrac{f(x)-2x}{x+1}=g(x)$로 놓으면 $\lim\limits_{x\to\infty}g(x)=2$이고

$\dfrac{f(x)}{x+1}=g(x)+\dfrac{2x}{x+1}$이므로

$$\lim_{x\to\infty}\frac{f(x)}{x+1}=\lim_{x\to\infty}\left\{g(x)+\frac{2x}{x+1}\right\}$$

$$=\lim_{x\to\infty}g(x)+\lim_{x\to\infty}\frac{2x}{x+1}$$

$$=2+2=4$$

$$\therefore \lim_{x\to\infty}\frac{5x-f(x)}{f(x)-x}=\lim_{x\to\infty}\frac{\dfrac{5x}{x+1}-\dfrac{f(x)}{x+1}}{\dfrac{f(x)}{x+1}-\dfrac{x}{x+1}}=\frac{5-4}{4-1}=\frac{1}{3}$$

0032

답 ③

$$\lim_{x\to\infty}\frac{2g(x)}{xf(x)}=\lim_{x\to\infty}\left\{\frac{2x+3}{f(x)}\times\frac{g(x)}{x^2+1}\times\frac{2(x^2+1)}{x(2x+3)}\right\}$$

$$=\lim_{x\to\infty}\left\{\frac{1}{\dfrac{f(x)}{2x+3}}\times\frac{g(x)}{x^2+1}\times\frac{2+\dfrac{2}{x^2}}{2+\dfrac{3}{x}}\right\}$$

$$=\frac{1}{4}\times2\times\frac{2}{2}=\frac{1}{2}$$

0033

답 ②

$$\lim_{x\to\infty}\frac{1}{x-\sqrt{x^2-6x+10}}$$

$$=\lim_{x\to\infty}\frac{x+\sqrt{x^2-6x+10}}{(x-\sqrt{x^2-6x+10})(x+\sqrt{x^2-6x+10})}$$

$$=\lim_{x\to\infty}\frac{x+\sqrt{x^2-6x+10}}{6x-10}=\lim_{x\to\infty}\frac{1+\sqrt{1-\dfrac{6}{x}+\dfrac{10}{x^2}}}{6-\dfrac{10}{x}}$$

$$=\frac{1+1}{6-0}=\frac{1}{3}$$

0034

$-x=t$로 놓으면 $x \to -\infty$일 때, $t \to \infty$이므로

$$\lim_{x \to -\infty}(\sqrt{x^2-6x}+x)=\lim_{t \to \infty}(\sqrt{t^2+6t}-t)$$
$$=\lim_{t \to \infty}\frac{(\sqrt{t^2+6t}-t)(\sqrt{t^2+6t}+t)}{\sqrt{t^2+6t}+t}$$
$$=\lim_{t \to \infty}\frac{6t}{\sqrt{t^2+6t}+t}$$
$$=\lim_{t \to \infty}\frac{6}{\sqrt{1+\dfrac{6}{t}}+1}=\frac{6}{1+1}=3$$

0035

답 4

$-x=t$로 놓으면 $x \to -\infty$일 때, $t \to \infty$이므로

$$\lim_{x \to -\infty}\frac{2}{\sqrt{4x^2-2x}+2x}=\lim_{t \to \infty}\frac{2}{\sqrt{4t^2+2t}-2t}$$
$$=\lim_{t \to \infty}\frac{2(\sqrt{4t^2+2t}+2t)}{(\sqrt{4t^2+2t}-2t)(\sqrt{4t^2+2t}+2t)}$$
$$=\lim_{t \to \infty}\frac{2(\sqrt{4t^2+2t}+2t)}{2t}$$
$$=\lim_{t \to \infty}\frac{\sqrt{4+\dfrac{2}{t}}+2}{1}$$
$$=\frac{2+2}{1}=4$$

0036

답 -4

$$\lim_{x \to a}\frac{x^2-a^2}{x-a}=\lim_{x \to a}\frac{(x-a)(x+a)}{x-a}$$
$$=\lim_{x \to a}(x+a)=2a=2$$

$\therefore a=1$

$$\lim_{x \to \infty}(\sqrt{x^2+ax}-\sqrt{x^2+bx})$$
$$=\lim_{x \to \infty}(\sqrt{x^2+x}-\sqrt{x^2+bx}) \ (\because a=1)$$
$$=\lim_{x \to \infty}\frac{(\sqrt{x^2+x}-\sqrt{x^2+bx})(\sqrt{x^2+x}+\sqrt{x^2+bx})}{\sqrt{x^2+x}+\sqrt{x^2+bx}}$$
$$=\lim_{x \to \infty}\frac{(1-b)x}{\sqrt{x^2+x}+\sqrt{x^2+bx}}$$
$$=\lim_{x \to \infty}\frac{1-b}{\sqrt{1+\dfrac{1}{x}}+\sqrt{1+\dfrac{b}{x}}}$$
$$=\frac{1-b}{2}=3$$

$1-b=6 \quad \therefore b=-5$

$\therefore a+b=1+(-5)=-4$

0037

답 ②

$$\lim_{x \to 2}\frac{1}{x-2}\left(\frac{x^2}{2x-6}+2\right)=\lim_{x \to 2}\left(\frac{1}{x-2}\times\frac{x^2+4x-12}{2x-6}\right)$$
$$=\lim_{x \to 2}\left\{\frac{1}{x-2}\times\frac{(x+6)(x-2)}{2(x-3)}\right\}$$
$$=\lim_{x \to 2}\frac{x+6}{2(x-3)}=-4$$

0038

답 1

$$\lim_{x \to 2}\frac{x-10}{x^2-2x}\left(\frac{4}{\sqrt{x+2}}-2\right)$$
$$=\lim_{x \to 2}\left\{\frac{x-10}{x(x-2)}\times\frac{4-2\sqrt{x+2}}{\sqrt{x+2}}\right\}$$
$$=\lim_{x \to 2}\left\{\frac{x-10}{x(x-2)}\times\frac{2(2-\sqrt{x+2})(2+\sqrt{x+2})}{\sqrt{x+2}(2+\sqrt{x+2})}\right\}$$
$$=\lim_{x \to 2}\left\{\frac{x-10}{x(x-2)}\times\frac{2(2-x)}{\sqrt{x+2}(2+\sqrt{x+2})}\right\}$$
$$=\lim_{x \to 2}\left\{\frac{x-10}{x}\times\frac{-2}{\sqrt{x+2}(2+\sqrt{x+2})}\right\}$$
$$=\frac{-8}{2}\times\frac{-2}{2\times(2+2)}=1$$

0039

답 ④

ㄱ. $\displaystyle\lim_{x \to 0}\frac{1}{x}\left\{\frac{1}{(x-1)^2}-1\right\}=\lim_{x \to 0}\left(\frac{1}{x}\times\frac{-x^2+2x}{x^2-2x+1}\right)$
$$=\lim_{x \to 0}\left\{\frac{1}{x}\times\frac{x(-x+2)}{x^2-2x+1}\right\}$$
$$=\lim_{x \to 0}\frac{-x+2}{x^2-2x+1}=2 \ (거짓)$$

ㄴ. $\displaystyle\lim_{x \to \infty}x\left(\frac{\sqrt{x}}{\sqrt{x+3}}-1\right)=\lim_{x \to \infty}\left(x\times\frac{\sqrt{x}-\sqrt{x+3}}{\sqrt{x+3}}\right)$
$$=\lim_{x \to \infty}\frac{x(\sqrt{x}-\sqrt{x+3})(\sqrt{x}+\sqrt{x+3})}{\sqrt{x+3}(\sqrt{x}+\sqrt{x+3})}$$
$$=\lim_{x \to \infty}\frac{-3x}{\sqrt{x+3}(\sqrt{x}+\sqrt{x+3})}$$
$$=\lim_{x \to \infty}\frac{-3}{\sqrt{1+\dfrac{3}{x}}\left(1+\sqrt{1+\dfrac{3}{x}}\right)}$$
$$=\frac{-3}{1\times(1+1)}=-\frac{3}{2} \ (참)$$

ㄷ. $\displaystyle\lim_{x \to 1}\frac{1}{x-1}\left\{\frac{1}{(x+1)^2}-\frac{1}{4}\right\}=\lim_{x \to 1}\left\{\frac{1}{x-1}\times\frac{-x^2-2x+3}{4(x+1)^2}\right\}$
$$=\lim_{x \to 1}\frac{-(x+3)(x-1)}{4(x-1)(x+1)^2}$$
$$=\lim_{x \to 1}\frac{-(x+3)}{4(x+1)^2}=-\frac{1}{4} \ (거짓)$$

ㄹ. $\displaystyle\lim_{x\to\infty} x^2\left(\dfrac{2x}{\sqrt{4x^2+1}}-1\right)$

$\quad=\displaystyle\lim_{x\to\infty}\left(x^2\times\dfrac{2x-\sqrt{4x^2+1}}{\sqrt{4x^2+1}}\right)$

$\quad=\displaystyle\lim_{x\to\infty}\dfrac{x^2(2x-\sqrt{4x^2+1})(2x+\sqrt{4x^2+1})}{\sqrt{4x^2+1}(2x+\sqrt{4x^2+1})}$

$\quad=\displaystyle\lim_{x\to\infty}\dfrac{-x^2}{\sqrt{4x^2+1}(2x+\sqrt{4x^2+1})}$

$\quad=\displaystyle\lim_{x\to\infty}\dfrac{-1}{\sqrt{4+\dfrac{1}{x^2}}\left(2+\sqrt{4+\dfrac{1}{x^2}}\right)}$

$\quad=\dfrac{-1}{2\times(2+2)}=-\dfrac{1}{8}$ (참)

따라서 옳은 것은 ㄴ, ㄹ이다.

0040
답 ①

$-x=t$로 놓으면 $x\to-\infty$일 때, $t\to\infty$이므로

$\displaystyle\lim_{x\to-\infty} x\left(\dfrac{2x}{\sqrt{x^2-2x}}+2\right)$

$\quad=\displaystyle\lim_{t\to\infty}\left\{-t\left(\dfrac{-2t}{\sqrt{t^2+2t}}+2\right)\right\}$

$\quad=\displaystyle\lim_{t\to\infty} t\left(\dfrac{2t}{\sqrt{t^2+2t}}-2\right)$

$\quad=\displaystyle\lim_{t\to\infty}\left(2t\times\dfrac{t-\sqrt{t^2+2t}}{\sqrt{t^2+2t}}\right)$

$\quad=\displaystyle\lim_{t\to\infty}\left\{2t\times\dfrac{(t-\sqrt{t^2+2t})(t+\sqrt{t^2+2t})}{\sqrt{t^2+2t}(t+\sqrt{t^2+2t})}\right\}$

$\quad=\displaystyle\lim_{t\to\infty}\dfrac{2t\times(-2t)}{\sqrt{t^2+2t}(t+\sqrt{t^2+2t})}$

$\quad=\displaystyle\lim_{t\to\infty}\dfrac{-4}{\sqrt{1+\dfrac{2}{t}}\left(1+\sqrt{1+\dfrac{2}{t}}\right)}$

$\quad=\dfrac{-4}{1\times(1+1)}=-2$

0041
답 ③

$\dfrac{1}{n+1}=x$로 놓으면 $n\to\infty$일 때, $x\to0+$이므로

$\displaystyle\lim_{n\to\infty}(n+1)^2\left\{f\left(\dfrac{2}{n+1}+1\right)-f(1)\right\}^2$

$\quad=\displaystyle\lim_{x\to0+}\dfrac{1}{x^2}\{f(2x+1)-f(1)\}^2$

$\quad=\displaystyle\lim_{x\to0+}\dfrac{\{(2x+1)^2+(2x+1)+1-3\}^2}{x^2}$

$\quad=\displaystyle\lim_{x\to0+}\dfrac{(4x^2+6x)^2}{x^2}=\lim_{x\to0+}\dfrac{x^2(4x+6)^2}{x^2}$

$\quad=\displaystyle\lim_{x\to0+}(4x+6)^2=36$

$f\left(\dfrac{2}{n+1}+1\right)-f(1)=\left(\dfrac{2}{n+1}+1\right)^2+\left(\dfrac{2}{n+1}+1\right)+1-3$

$\qquad\qquad\qquad\qquad=\dfrac{4}{(n+1)^2}+\dfrac{6}{n+1}$

$\qquad\qquad\qquad\qquad=\dfrac{4+6(n+1)}{(n+1)^2}=\dfrac{6n+10}{(n+1)^2}$

이므로

$\displaystyle\lim_{n\to\infty}(n+1)^2\left\{f\left(\dfrac{2}{n+1}+1\right)-f(1)\right\}^2$

$\quad=\displaystyle\lim_{n\to\infty}(n+1)^2\left\{\dfrac{6n+10}{(n+1)^2}\right\}^2$

$\quad=\displaystyle\lim_{n\to\infty}\dfrac{(6n+10)^2}{(n+1)^2}=\lim_{n\to\infty}\dfrac{\left(6+\dfrac{10}{n}\right)^2}{\left(1+\dfrac{1}{n}\right)^2}=36$

유형 11 미정계수의 결정

0042
답 7

$\displaystyle\lim_{x\to-2}\dfrac{x^2+5x+a}{x+2}=b$에서 극한값이 존재하고 $x\to-2$일 때,

(분모)$\to0$이므로 (분자)$\to0$이어야 한다.

즉, $\displaystyle\lim_{x\to-2}(x^2+5x+a)=0$이므로

$-6+a=0$ $\therefore a=6$

$a=6$을 주어진 식에 대입하면

$\displaystyle\lim_{x\to-2}\dfrac{x^2+5x+a}{x+2}=\lim_{x\to-2}\dfrac{x^2+5x+6}{x+2}$

$\qquad\qquad\qquad=\displaystyle\lim_{x\to-2}\dfrac{(x+3)(x+2)}{x+2}$

$\qquad\qquad\qquad=\displaystyle\lim_{x\to-2}(x+3)=1=b$

$\therefore a+b=6+1=7$

0043
답 3

$\displaystyle\lim_{x\to-1}\dfrac{a\sqrt{x+2}-a}{x-b}=2$에서 0이 아닌 극한값이 존재하고 $x\to-1$

일 때, (분자)$\to0$이므로 (분모)$\to0$이어야 한다.

즉, $\displaystyle\lim_{x\to-1}(x-b)=0$이므로

$-1-b=0$ $\therefore b=-1$

$b=-1$을 주어진 식에 대입하면

$\displaystyle\lim_{x\to-1}\dfrac{a\sqrt{x+2}-a}{x-b}=\lim_{x\to-1}\dfrac{a(\sqrt{x+2}-1)}{x+1}$

$\qquad\qquad\qquad=\displaystyle\lim_{x\to-1}\dfrac{a(\sqrt{x+2}-1)(\sqrt{x+2}+1)}{(x+1)(\sqrt{x+2}+1)}$

$\qquad\qquad\qquad=\displaystyle\lim_{x\to-1}\dfrac{a(x+1)}{(x+1)(\sqrt{x+2}+1)}$

$\qquad\qquad\qquad=\displaystyle\lim_{x\to-1}\dfrac{a}{\sqrt{x+2}+1}$

$\qquad\qquad\qquad=\dfrac{a}{2}=2$

$\therefore a=4$

$\therefore a+b=4+(-1)=3$

0044

답 ②

$\lim\limits_{x\to 1}\dfrac{x-1}{\sqrt{2x+a}-\sqrt{3a}}=b\ (b\neq 0)$에서 0이 아닌 극한값이 존재하고

$x\to 1$일 때, (분자)$\to 0$이므로 (분모)$\to 0$이어야 한다.

즉, $\lim\limits_{x\to 1}(\sqrt{2x+a}-\sqrt{3a})=0$이므로

$\sqrt{2+a}-\sqrt{3a}=0,\ \sqrt{2+a}=\sqrt{3a}$

$2+a=3a,\ 2a=2$

$\therefore a=1$

$a=1$을 주어진 식에 대입하면

$$\begin{aligned}
\lim\limits_{x\to 1}\dfrac{x-1}{\sqrt{2x+a}-\sqrt{3a}}&=\lim\limits_{x\to 1}\dfrac{x-1}{\sqrt{2x+1}-\sqrt{3}}\\
&=\lim\limits_{x\to 1}\dfrac{(x-1)(\sqrt{2x+1}+\sqrt{3})}{(\sqrt{2x+1}-\sqrt{3})(\sqrt{2x+1}+\sqrt{3})}\\
&=\lim\limits_{x\to 1}\dfrac{(x-1)(\sqrt{2x+1}+\sqrt{3})}{2(x-1)}\\
&=\lim\limits_{x\to 1}\dfrac{\sqrt{2x+1}+\sqrt{3}}{2}=\dfrac{\sqrt{3}+\sqrt{3}}{2}=\sqrt{3}=b
\end{aligned}$$

$\therefore ab=1\times\sqrt{3}=\sqrt{3}$

0045

답 3

$b\geq 0$이면 $\lim\limits_{x\to\infty}(\sqrt{x^2+ax+3}+bx)=\infty$이므로 $b<0$

$$\begin{aligned}
&\lim\limits_{x\to\infty}(\sqrt{x^2+ax+3}+bx)\\
&=\lim\limits_{x\to\infty}\dfrac{(\sqrt{x^2+ax+3}+bx)(\sqrt{x^2+ax+3}-bx)}{\sqrt{x^2+ax+3}-bx}\\
&=\lim\limits_{x\to\infty}\dfrac{(1-b^2)x^2+ax+3}{\sqrt{x^2+ax+3}-bx}=2\quad\cdots\cdots\ \text{㉠}
\end{aligned}$$

㉠에서 극한값이 존재하므로

$1-b^2=0,\ (1+b)(1-b)=0$

$\therefore b=-1\ (\because b<0)$

이를 ㉠에 대입하면

$$\begin{aligned}
\lim\limits_{x\to\infty}\dfrac{(1-b^2)x^2+ax+3}{\sqrt{x^2+ax+3}-bx}&=\lim\limits_{x\to\infty}\dfrac{ax+3}{\sqrt{x^2+ax+3}+x}\\
&=\lim\limits_{x\to\infty}\dfrac{a+\dfrac{3}{x}}{\sqrt{1+\dfrac{a}{x}+\dfrac{3}{x^2}}+1}\\
&=\dfrac{a+0}{1+1}=\dfrac{a}{2}=2
\end{aligned}$$

$\therefore a=4$

$\therefore a+b=4+(-1)=3$

0046

답 15

$\lim\limits_{x\to 2}\dfrac{1}{x-2}\left\{a-\dfrac{b}{(x+1)^2}\right\}=\lim\limits_{x\to 2}\dfrac{a(x+1)^2-b}{(x-2)(x+1)^2}=1$에서 극한값이

존재하고 $x\to 2$일 때, (분모)$\to 0$이므로 (분자)$\to 0$이어야 한다.

즉, $\lim\limits_{x\to 2}\{a(x+1)^2-b\}=0$이므로 $9a-b=0$

$\therefore b=9a\quad\cdots\cdots\ \text{㉠}$

㉠을 주어진 식에 대입하면

$$\begin{aligned}
\lim\limits_{x\to 2}\dfrac{1}{x-2}\left\{a-\dfrac{b}{(x+1)^2}\right\}&=\lim\limits_{x\to 2}\dfrac{a(x+1)^2-b}{(x-2)(x+1)^2}\\
&=\lim\limits_{x\to 2}\dfrac{a(x+1)^2-9a}{(x-2)(x+1)^2}\\
&=\lim\limits_{x\to 2}\dfrac{a(x+1+3)(x+1-3)}{(x-2)(x+1)^2}\\
&=\lim\limits_{x\to 2}\dfrac{a(x+4)}{(x+1)^2}\\
&=\dfrac{6a}{9}=\dfrac{2a}{3}=1
\end{aligned}$$

$\therefore a=\dfrac{3}{2}$

$a=\dfrac{3}{2}$을 ㉠에 대입하면 $b=\dfrac{27}{2}$

$\therefore a+b=\dfrac{3}{2}+\dfrac{27}{2}=\dfrac{30}{2}=15$

0047

답 20

$\lim\limits_{x\to 1}\dfrac{f(x)}{x-1}=9$에서 극한값이 존재하고 $x\to 1$일 때, (분모)$\to 0$이

므로 (분자)$\to 0$이어야 한다.

즉, $\lim\limits_{x\to 1}f(x)=0$이므로 $f(1)=0\quad\cdots\cdots\ \text{㉠}$

$\lim\limits_{x\to -2}\dfrac{f(x)}{x+2}=9$에서 극한값이 존재하고 $x\to -2$일 때, (분모)$\to 0$

이므로 (분자)$\to 0$이어야 한다.

즉, $\lim\limits_{x\to -2}f(x)=0$이므로 $f(-2)=0\quad\cdots\cdots\ \text{㉡}$

㉠, ㉡에서 $f(x)$는 $(x+2)(x-1)$을 인수로 가지므로

$f(x)=(x+2)(x-1)(ax+b)$ (a, b는 상수, $a\neq 0$)라 하면

$$\begin{aligned}
\lim\limits_{x\to 1}\dfrac{f(x)}{x-1}&=\lim\limits_{x\to 1}\dfrac{(x+2)(x-1)(ax+b)}{x-1}\\
&=\lim\limits_{x\to 1}(x+2)(ax+b)\\
&=3(a+b)=9
\end{aligned}$$

$\therefore a+b=3\quad\cdots\cdots\ \text{㉢}$

$$\begin{aligned}
\lim\limits_{x\to -2}\dfrac{f(x)}{x+2}&=\lim\limits_{x\to -2}\dfrac{(x+2)(x-1)(ax+b)}{x+2}\\
&=\lim\limits_{x\to -2}(x-1)(ax+b)\\
&=-3(-2a+b)=9
\end{aligned}$$

$\therefore -2a+b=-3\quad\cdots\cdots\ \text{㉣}$

㉢, ㉣을 연립하여 풀면 $a=2$, $b=1$

따라서 $f(x)=(x+2)(x-1)(2x+1)$이므로

$f(2)=4\times 1\times 5=20$

0048

답 24

$\lim\limits_{x\to\infty}\dfrac{f(x)-x^3}{3x^2}=1$에서 $f(x)-x^3$은 최고차항의 계수가 3인 이차

함수이다.

$f(x)-x^3=3x^2+ax+b$ $(a, b$는 상수)라 하면
$f(x)=x^3+3x^2+ax+b$
$\lim\limits_{x\to 0}\dfrac{f(x)}{x}=2$에서 극한값이 존재하고 $x\to 0$일 때, (분모)$\to 0$이
므로 (분자)$\to 0$이어야 한다.
즉, $\lim\limits_{x\to 0}f(x)=0$이므로 $f(0)=0$에서
$b=0$
$\lim\limits_{x\to 0}\dfrac{f(x)}{x}=\lim\limits_{x\to 0}\dfrac{x^3+3x^2+ax}{x}$
$\qquad\qquad =\lim\limits_{x\to 0}(x^2+3x+a)=a=2$
따라서 $f(x)=x^3+3x^2+2x$이므로
$f(2)=8+12+4=24$

0049

답 ②

조건 ㈏에서 $xf(x)+4x^3+3$은 삼차항의 계수가 2이고 상수항이 3
인 삼차함수이다.
$xf(x)+4x^3+3=2x^3+ax^2+bx+3$ $(a, b$는 상수)이라 하면
$xf(x)=-2x^3+ax^2+bx$
$\therefore f(x)=-2x^2+ax+b$
조건 ㈎에서 $f(0)=3$, $f(1)=6$이므로
$b=3$, $-2+a+3=6$
$\therefore a=5$
따라서 $f(x)=-2x^2+5x+3$이므로
$f(2)=-8+10+3=5$

0050
답 ②

$\lim\limits_{x\to\infty}\dfrac{f(x)-x^2}{2x}=1$에서 $f(x)-x^2$은 일차항의 계수가 2인 일차함수
이다.
$f(x)-x^2=2x+a$ $(a$는 상수)라 하면
$f(x)=x^2+2x+a$
$\lim\limits_{x\to 2}\dfrac{x^2-4}{(x-2)f(x)}=\lim\limits_{x\to 2}\dfrac{(x+2)(x-2)}{(x-2)f(x)}$
$\qquad\qquad =\lim\limits_{x\to 2}\dfrac{x+2}{f(x)}=\dfrac{4}{f(2)}=\dfrac{4}{8+a}=2$
$8+a=2$ $\quad\therefore a=-6$
따라서 $f(x)=x^2+2x-6$이므로
$f(3)=9+6-6=9$

0051
답 42

$\lim\limits_{x\to 2}\dfrac{f(x)}{x-2}=5$에서 극한값이 존재하고 $x\to 2$일 때, (분모)$\to 0$이
므로 (분자)$\to 0$이어야 한다.
즉, $\lim\limits_{x\to 2}f(x)=0$이므로 $f(2)=0$
$f(x)$는 최고차항의 계수가 1인 삼차함수이므로
$f(x)=(x-2)(x^2+ax+b)$ $(a, b$는 상수)라 하면

$\lim\limits_{x\to 2}\dfrac{f(x)}{x-2}=\lim\limits_{x\to 2}\dfrac{(x-2)(x^2+ax+b)}{x-2}$
$\qquad\qquad =\lim\limits_{x\to 2}(x^2+ax+b)=4+2a+b=5$
$b=1-2a$이므로
$f(x)=(x-2)(x^2+ax+1-2a)$
$f(3)=9+3a+1-2a=10+a\geq 12$에서
$a\geq 2$
$\therefore f(4)=2\times(16+4a+1-2a)$
$\qquad\quad =4a+34\geq 4\times 2+34=42$
따라서 $f(4)$의 최솟값은 42이다.

함수의 극한의 대소 관계

0052
답 3

$x>0$일 때, $3x^3-x^2\leq (x^3+1)f(x)\leq 3x^3+5x^2$에서
각 변을 x^3+1로 나누면
$\dfrac{3x^3-x^2}{x^3+1}\leq f(x)\leq \dfrac{3x^3+5x^2}{x^3+1}$
이때 $\lim\limits_{x\to\infty}\dfrac{3x^3-x^2}{x^3+1}=3$, $\lim\limits_{x\to\infty}\dfrac{3x^3+5x^2}{x^3+1}=3$이므로
함수의 극한의 대소 관계에 의하여
$\lim\limits_{x\to\infty}f(x)=3$

0053
답 ⑤

$x>0$일 때, $\dfrac{x^2-x}{2x+7}\leq f(x)\leq \dfrac{x^2+x}{2x+3}$에서
각 변을 x로 나누면
$\dfrac{x^2-x}{2x^2+7x}\leq \dfrac{f(x)}{x}\leq \dfrac{x^2+x}{2x^2+3x}$
x 대신 $3x$를 위의 부등식에 대입하면
$\dfrac{9x^2-3x}{18x^2+21x}\leq \dfrac{f(3x)}{3x}\leq \dfrac{9x^2+3x}{18x^2+9x}$
$\dfrac{9x^2-3x}{6x^2+7x}\leq \dfrac{f(3x)}{x}\leq \dfrac{9x^2+3x}{6x^2+3x}$
이때 $\lim\limits_{x\to\infty}\dfrac{9x^2-3x}{6x^2+7x}=\dfrac{3}{2}$, $\lim\limits_{x\to\infty}\dfrac{9x^2+3x}{6x^2+3x}=\dfrac{3}{2}$이므로
함수의 극한의 대소 관계에 의하여
$\lim\limits_{x\to\infty}\dfrac{f(3x)}{x}=\dfrac{3}{2}$

0054
답 2

모든 양의 실수 x에 대하여
$\sqrt{x^2+4x+5}<f(x)<\sqrt{x^2+4x+7}$이므로
$\sqrt{x^2+4x+5}-x<f(x)-x<\sqrt{x^2+4x+7}-x$
x 대신 $2x$를 위의 부등식에 대입하면
$\sqrt{4x^2+8x+5}-2x<f(2x)-2x<\sqrt{4x^2+8x+7}-2x$

이때
$$\lim_{x\to\infty}(\sqrt{4x^2+8x+5}-2x)$$
$$=\lim_{x\to\infty}\frac{(\sqrt{4x^2+8x+5}-2x)(\sqrt{4x^2+8x+5}+2x)}{\sqrt{4x^2+8x+5}+2x}$$
$$=\lim_{x\to\infty}\frac{8x+5}{\sqrt{4x^2+8x+5}+2x}$$
$$=\lim_{x\to\infty}\frac{8+\dfrac{5}{x}}{\sqrt{4+\dfrac{8}{x}+\dfrac{5}{x^2}}+2}=\frac{8}{2+2}=2,$$
$$\lim_{x\to\infty}(\sqrt{4x^2+8x+7}-2x)$$
$$=\lim_{x\to\infty}\frac{(\sqrt{4x^2+8x+7}-2x)(\sqrt{4x^2+8x+7}+2x)}{\sqrt{4x^2+8x+7}+2x}$$
$$=\lim_{x\to\infty}\frac{8x+7}{\sqrt{4x^2+8x+7}+2x}$$
$$=\lim_{x\to\infty}\frac{8+\dfrac{7}{x}}{\sqrt{4+\dfrac{8}{x}+\dfrac{7}{x^2}}+2}=\frac{8}{2+2}=2$$
이므로 함수의 극한의 대소 관계에 의하여
$$\lim_{x\to\infty}\{f(2x)-2x\}=2$$

0055
답 ④

$|f(x)-2x|<3$에서 $-3<f(x)-2x<3$
$\therefore 2x-3<f(x)<2x+3$ $\qquad$ …… ㉠

$2x-3>0$, 즉 $x>\dfrac{3}{2}$일 때 ㉠의 각 변을 제곱하면

$4x^2-12x+9<\{f(x)\}^2<4x^2+12x+9$ $\qquad$ …… ㉡

모든 실수 x에 대하여 $x^2-2x+50=(x-1)^2+49>0$이므로
부등식 ㉡의 각 변을 $x^2-2x+50$으로 나누면
$$\frac{4x^2-12x+9}{x^2-2x+50}<\frac{\{f(x)\}^2}{x^2-2x+50}<\frac{4x^2+12x+9}{x^2-2x+50}$$
이때 $\lim\limits_{x\to\infty}\dfrac{4x^2-12x+9}{x^2-2x+50}=4$, $\lim\limits_{x\to\infty}\dfrac{4x^2+12x+9}{x^2-2x+50}=4$이므로
함수의 극한의 대소 관계에 의하여
$$\lim_{x\to\infty}\frac{\{f(x)\}^2}{x^2-2x+50}=4$$

유형 **14** 함수의 극한에 대한 성질의 진위 판단

0056
답 ①

ㄱ. $\lim\limits_{x\to a}f(x)=\alpha$, $\lim\limits_{x\to a}\{3f(x)+g(x)\}=\beta$로 놓으면
$\lim\limits_{x\to a}g(x)=\lim\limits_{x\to a}\{3f(x)+g(x)\}-\lim\limits_{x\to a}3f(x)=\beta-3\alpha$ (참)

ㄴ. [반례] $f(x)=\begin{cases}1 & (x<0)\\-1 & (x\ge0)\end{cases}$, $g(x)=\begin{cases}-1 & (x<0)\\1 & (x\ge0)\end{cases}$이면
$\lim\limits_{x\to0}f(x)$, $\lim\limits_{x\to0}g(x)$의 값은 존재하지 않지만 $f(x)+g(x)=0$
이므로 $\lim\limits_{x\to0}\{f(x)+g(x)\}=0$이다. (거짓)

ㄷ. [반례] $f(x)=x+\dfrac{1}{x^2}$, $g(x)=x+\dfrac{2}{x^2}$, $h(x)=x+\dfrac{3}{x^2}$이면
$f(x)<g(x)<h(x)$이고 $\lim\limits_{x\to\infty}\{h(x)-f(x)\}=\lim\limits_{x\to\infty}\dfrac{2}{x^2}=0$
이지만 $\lim\limits_{x\to\infty}g(x)=\lim\limits_{x\to\infty}\left(x+\dfrac{2}{x^2}\right)=\infty$이므로 $\lim\limits_{x\to\infty}g(x)$의 값은
존재하지 않는다. (거짓)
따라서 옳은 것은 ㄱ이다.

0057
답 ①

ㄱ. $\lim\limits_{x\to0}\dfrac{f(x)}{x}$의 값이 존재하고 $x\to0$일 때, (분모)$\to0$이므로
(분자)$\to0$이어야 한다.
즉, $\lim\limits_{x\to0}f(x)=0$이고 마찬가지로 $\lim\limits_{x\to0}g(x)=0$이므로
$\lim\limits_{x\to0}\{f(x)+g(x)\}=0+0=0$ (참)

ㄴ. [반례] $f(x)=\dfrac{1}{x}$, $g(x)=\dfrac{1}{x}$이면 $\lim\limits_{x\to0}\dfrac{x}{g(x)}=\lim\limits_{x\to0}x^2=0$,
$\lim\limits_{x\to0}\dfrac{f(x)}{g(x)}=\lim\limits_{x\to0}1=1$로 존재하지만 $\lim\limits_{x\to0}f(x)$의 값은 존재하
지 않는다. (거짓)

ㄷ. [반례] $f(x)=x$, $g(x)=\dfrac{1}{x}$이면 $\lim\limits_{x\to0}\dfrac{f(x)}{x}=\lim\limits_{x\to0}1=1$,
$\lim\limits_{x\to0}f(x)g(x)=\lim\limits_{x\to0}1=1$로 존재하지만 $\lim\limits_{x\to0}g(x)$의 값은 존
재하지 않는다. (거짓)
따라서 옳은 것은 ㄱ이다.

유형 **15** 새롭게 정의된 함수의 극한

0058
답 ③

원 $x^2+y^2=9$와 직선 $y=t$의 위치 관계는 다음 그림과 같다.

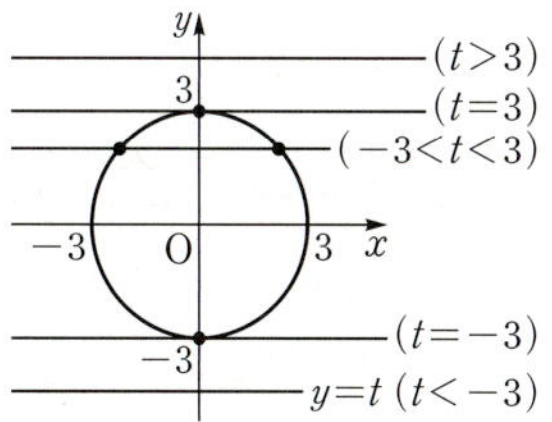

(i) $t<-3$ 또는 $t>3$일 때
원 $x^2+y^2=9$와 직선 $y=t$가 만나지 않으므로
$f(t)=0$

(ii) $t=-3$ 또는 $t=3$일 때
원 $x^2+y^2=9$와 직선 $y=t$가 한 점에서 만나므로
$f(t)=1$

(iii) $-3<t<3$일 때
원 $x^2+y^2=9$와 직선 $y=t$가 서로 다른 두 점에서 만나므로
$f(t)=2$

$(i)\sim(iii)$에서 $f(t)=\begin{cases} 0 & (t<-3\ \text{또는}\ t>3) \\ 1 & (t=-3\ \text{또는}\ t=3) \\ 2 & (-3<t<3) \end{cases}$

$\therefore \lim\limits_{t\to-3-}f(t)+\lim\limits_{t\to3-}f(t)+f(3)=0+2+1=3$

0059

이차방정식 $x^2-4tx+6t-2=0$의 판별식을 D라 하면

$\dfrac{D}{4}=(-2t)^2-(6t-2)=2(2t-1)(t-1)$

(i) $\dfrac{D}{4}>0$, 즉 $t<\dfrac{1}{2}$ 또는 $t>1$일 때

이차방정식이 서로 다른 두 실근을 가지므로
$$f(t)=2$$

(ii) $\dfrac{D}{4}=0$, 즉 $t=\dfrac{1}{2}$ 또는 $t=1$일 때

이차방정식이 중근을 가지므로
$$f(t)=1$$

(iii) $\dfrac{D}{4}<0$, 즉 $\dfrac{1}{2}<t<1$일 때

이차방정식이 실근을 갖지 않으므로
$$f(t)=0$$

$(i)\sim(iii)$에서 $f(t)=\begin{cases} 2 & \left(t<\dfrac{1}{2}\ \text{또는}\ t>1\right) \\ 1 & \left(t=\dfrac{1}{2}\ \text{또는}\ t=1\right) \\ 0 & \left(\dfrac{1}{2}<t<1\right) \end{cases}$

따라서 함수 $y=f(t)$의 그래프는 다음 그림과 같다.

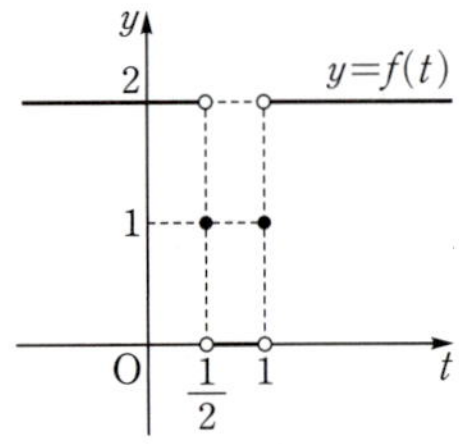

즉, $\lim\limits_{t\to a-}f(t)\neq\lim\limits_{t\to a+}f(t)$를 만족시키는 실수 a의 값은 $\dfrac{1}{2}$, 1이므로 구하는 합은 $\dfrac{1}{2}+1=\dfrac{3}{2}$

Bible Says 이차방정식의 근의 판별

이차방정식 $ax^2+bx+c=0$의 판별식 $D=b^2-4ac$에 대하여
(1) $D>0$이면 서로 다른 두 실근을 갖는다.
(2) $D=0$이면 중근(서로 같은 두 실근)을 갖는다.
(3) $D<0$이면 서로 다른 두 허근을 갖는다.

0060

$x^2-5x+4<0$에서 $(x-1)(x-4)<0$

$\therefore 1<x<4$

$x^2+(1-a)x-a\leq0$에서

$(x+1)(x-a)\leq0$

(i) $a\leq1$일 때

연립부등식의 해가 존재하지 않으므로
$$f(a)=0$$

(ii) $1<a<4$일 때

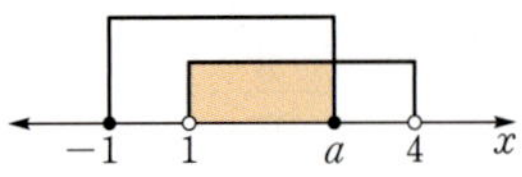

연립부등식의 해는 $1<x\leq a$이다.

$1<a<2$일 때, 정수 x는 존재하지 않으므로
$$f(a)=0$$

$2\leq a<3$일 때, 정수 x는 2이므로
$$f(a)=1$$

$3\leq a<4$일 때, 정수 x는 2, 3이므로
$$f(a)=2$$

(iii) $a\geq4$일 때

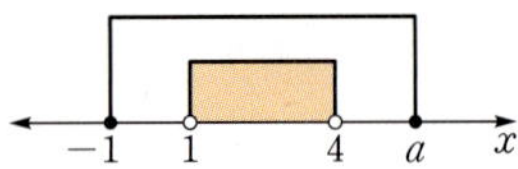

연립부등식의 해는 $1<x<4$이다.

정수 x는 2, 3이므로
$$f(a)=2$$

$(i)\sim(iii)$에서 $f(a)=\begin{cases} 0 & (a<2) \\ 1 & (2\leq a<3) \\ 2 & (a\geq3) \end{cases}$

따라서 $\lim\limits_{a\to k-}f(a)\neq\lim\limits_{a\to k+}f(a)$를 만족시키는 실수 k는 2, 3의 2개이다.

다른 풀이

$x^2-5x+4<0$에서 $(x-1)(x-4)<0$

$\therefore 1<x<4$

$x^2+(1-a)x-a\leq0$에서

$(x+1)(x-a)\leq0$

(i) $a<-1$일 때

연립부등식의 해가 존재하지 않는다.

$\therefore f(a)=0$

(ii) $a=-1$일 때

연립부등식의 해가 존재하지 않는다.

$\therefore f(a)=0$

(iii) $a>-1$일 때

ⓐ $-1<a\leq1$인 경우

연립부등식의 해가 존재하지 않는다.

ⓑ $1<a<4$인 경우

연립부등식의 해는 $1<x\leq a$이다.

ⓒ $a\geq4$인 경우

연립부등식의 해는 $1<x<4$이다.

$(i)\sim(iii)$에서 $f(a)=\begin{cases} 0 & (a<2) \\ 1 & (2\leq a<3) \\ 2 & (a\geq3) \end{cases}$

따라서 $\lim\limits_{a\to k-}f(a)\neq\lim\limits_{a\to k+}f(a)$를 만족시키는 실수 k는 2, 3의 2개이다.

0061

답 ①

선분 OP의 중점 M의 좌표는 $\left(\dfrac{t}{2},\ \dfrac{\sqrt{2t}}{2}\right)$

직선 OP의 기울기가 $\dfrac{\sqrt{2t}}{t}$이므로 점 M을 지나고 직선 OP에 수직

인 직선의 방정식은

$$y-\dfrac{\sqrt{2t}}{2}=-\dfrac{t}{\sqrt{2t}}\left(x-\dfrac{t}{2}\right)$$

위의 식에 $y=0$을 대입하면

$$-\dfrac{\sqrt{2t}}{2}=-\dfrac{t}{\sqrt{2t}}x+\dfrac{t^2}{2\sqrt{2t}},\ \dfrac{t}{\sqrt{2t}}x=\dfrac{\sqrt{2t}}{2}+\dfrac{t^2}{2\sqrt{2t}}$$

$$\therefore x=1+\dfrac{t}{2}$$

따라서 점 Q의 좌표가 $\left(1+\dfrac{t}{2},\ 0\right)$이므로

$$\overline{PQ}^2=\left(1+\dfrac{t}{2}-t\right)^2+(-\sqrt{2t})^2$$

$$=\dfrac{t^2}{4}-t+1+2t=\dfrac{1}{4}t^2+t+1$$

$$\therefore \lim_{t\to\infty}\dfrac{\overline{PQ}^2}{t^2}=\lim_{t\to\infty}\dfrac{\frac{1}{4}t^2+t+1}{t^2}$$

$$=\lim_{t\to\infty}\dfrac{\frac{1}{4}+\frac{1}{t}+\frac{1}{t^2}}{1}=\dfrac{1}{4}$$

0062

답 ④

원 $x^2+y^2=1$ 위의 점 $P(t,\ \sqrt{1-t^2})$에서의 접선의 방정식은

$$tx+\sqrt{1-t^2}\,y=1$$

위의 식에 $y=0$을 대입하면 $x=\dfrac{1}{t}$이므로

$$Q\left(\dfrac{1}{t},\ 0\right)$$

따라서 삼각형 AQP의 넓이는

$$S(t)=\dfrac{1}{2}\times\overline{AQ}\times(\text{점 P의 }y\text{좌표})$$

$$=\dfrac{1}{2}\times\left(1+\dfrac{1}{t}\right)\times\sqrt{1-t^2}$$

$$\therefore \lim_{t\to1-}\dfrac{S(t)}{\sqrt{1-t}}=\lim_{t\to1-}\dfrac{\frac{1}{2}\times\left(1+\frac{1}{t}\right)\times\sqrt{1-t^2}}{\sqrt{1-t}}$$

$$=\lim_{t\to1-}\dfrac{\frac{1}{2}\times\left(1+\frac{1}{t}\right)\times\sqrt{1+t}\times\sqrt{1-t}}{\sqrt{1-t}}$$

$$=\lim_{t\to1-}\dfrac{1}{2}\left(1+\dfrac{1}{t}\right)\sqrt{1+t}$$

$$=\dfrac{1}{2}\times2\times\sqrt{2}=\sqrt{2}$$

Bible Says **원 위의 한 점에서의 접선의 방정식**

원 $x^2+y^2=r^2$ 위의 점 $(a,\ b)$에서의 접선의 방정식은
$$ax+by=r^2$$

다른 풀이

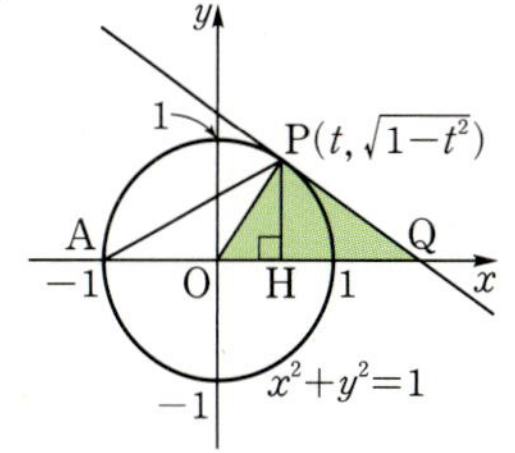

점 P에서 x축에 내린 수선의 발을 H라 하면

$$\angle OPQ=90°,\ \angle OHP=90°$$

삼각형의 닮음에 의하여   OP : OH＝OQ : OP

$$\overline{OP}^2=\overline{OH}\times\overline{OQ}$$

$$1=t\times\overline{OQ}\quad\therefore \overline{OQ}=\dfrac{1}{t}$$

따라서 삼각형 AQP의 넓이는

$$S(t)=\dfrac{1}{2}\times\overline{AQ}\times\overline{PH}=\dfrac{1}{2}(\overline{AO}+\overline{OQ})\times\overline{PH}$$

$$=\dfrac{1}{2}\times\left(1+\dfrac{1}{t}\right)\times\sqrt{1-t^2}$$

$$\therefore \lim_{t\to1-}\dfrac{S(t)}{\sqrt{1-t}}=\lim_{t\to1-}\dfrac{\frac{1}{2}\times\left(1+\frac{1}{t}\right)\times\sqrt{1-t^2}}{\sqrt{1-t}}$$

$$=\lim_{t\to1-}\dfrac{\frac{1}{2}\times\left(1+\frac{1}{t}\right)\times\sqrt{1+t}\times\sqrt{1-t}}{\sqrt{1-t}}$$

$$=\lim_{t\to1-}\dfrac{1}{2}\left(1+\dfrac{1}{t}\right)\sqrt{1+t}$$

$$=\dfrac{1}{2}\times2\times\sqrt{2}=\sqrt{2}$$

0063

답 ②

중심이 점 $(0,\ 1)$이고 x축에 접하는 원의 반지름의 길이는 1이므로 원의 방정식은

$$x^2+(y-1)^2=1 \qquad\cdots\cdots\ \text{㉠}$$

원의 중심 $(0,\ 1)$과 점 $P(t,\ 0)$을 지나는 직선의 방정식은

$$y=\dfrac{0-1}{t-0}x+1\qquad\therefore y=-\dfrac{1}{t}x+1\qquad\cdots\cdots\ \text{㉡}$$

㉡을 ㉠에 대입하면

$$x^2+\left(-\dfrac{1}{t}x+1-1\right)^2=1,\ \dfrac{t^2+1}{t^2}x^2=1$$

$$x^2=\dfrac{t^2}{t^2+1}$$

$$\therefore x=-\sqrt{\dfrac{t^2}{t^2+1}}\ \text{또는}\ x=\sqrt{\dfrac{t^2}{t^2+1}}$$

점 Q는 제2사분면 위의 점이므로

$$x=-\sqrt{\dfrac{t^2}{t^2+1}}$$

이를 ㉡에 대입하면

$$y=\dfrac{1}{t}\times\sqrt{\dfrac{t^2}{t^2+1}}+1=\dfrac{\sqrt{t^2+1}+1}{\sqrt{t^2+1}}$$

$$\therefore Q\left(-\sqrt{\dfrac{t^2}{t^2+1}},\ \dfrac{\sqrt{t^2+1}+1}{\sqrt{t^2+1}}\right)$$

따라서 삼각형 OPQ의 넓이는

$$S(t)=\frac{1}{2}\times\overline{\mathrm{OP}}\times(\text{점 Q의 }y\text{좌표})$$

$$=\frac{1}{2}\times t\times\frac{\sqrt{t^2+1}+1}{\sqrt{t^2+1}}$$

$$\therefore \lim_{t\to\infty}\frac{S(t)}{t}=\lim_{t\to\infty}\frac{\sqrt{t^2+1}+1}{2\sqrt{t^2+1}}$$

$$=\lim_{t\to\infty}\frac{\sqrt{1+\dfrac{1}{t^2}}+\dfrac{1}{t}}{2\sqrt{1+\dfrac{1}{t^2}}}=\frac{1}{2}$$

0064

답 2

선분 PQ의 중점 M의 좌표는 $\left(\dfrac{3}{2}t,\ t^2\right)$

직선 PQ의 기울기가 $\dfrac{0-2t^2}{2t-t}=-2t$이므로 점 M을 지나고 직선 PQ에 수직인 직선의 방정식은

$$y-t^2=\frac{1}{2t}\left(x-\frac{3}{2}t\right)\qquad \therefore y=\frac{1}{2t}x-\frac{3}{4}+t^2$$

점 H는 이 직선과 직선 $x=2t$의 교점이므로 점 H의 y좌표는

$$y=\frac{1}{2t}\times 2t-\frac{3}{4}+t^2=t^2+\frac{1}{4}$$

$$\therefore \overline{\mathrm{HQ}}=t^2+\frac{1}{4}$$

또한

$$\overline{\mathrm{MQ}}=\sqrt{\left(2t-\frac{3}{2}t\right)^2+(-t^2)^2}=\sqrt{t^4+\frac{1}{4}t^2}$$

이므로

$$\lim_{t\to\infty}\frac{\overline{\mathrm{HQ}}+\overline{\mathrm{MQ}}}{t^2}=\lim_{t\to\infty}\frac{t^2+\dfrac{1}{4}+\sqrt{t^4+\dfrac{1}{4}t^2}}{t^2}$$

$$=\lim_{t\to\infty}\frac{1+\dfrac{1}{4t^2}+\sqrt{1+\dfrac{1}{4t^2}}}{1}$$

$$=\frac{1+1}{1}=2$$

0065

답 ④

$$\lim_{x\to\infty}\{\sqrt{f(-x)}-\sqrt{f(x)}\}$$

$$=\lim_{x\to\infty}\{\sqrt{a(-x-1)^2+1}-\sqrt{a(x-1)^2+1}\}$$

$$=\lim_{x\to\infty}\frac{\{\sqrt{a(x+1)^2+1}-\sqrt{a(x-1)^2+1}\}\{\sqrt{a(x+1)^2+1}+\sqrt{a(x-1)^2+1}\}}{\sqrt{a(x+1)^2+1}+\sqrt{a(x-1)^2+1}}$$

$$=\lim_{x\to\infty}\frac{4ax}{\sqrt{a(x+1)^2+1}+\sqrt{a(x-1)^2+1}}$$

$$=\frac{4a}{2\sqrt{a}}=6$$

$$2\sqrt{a}=6\qquad \therefore a=9$$

0066

답 ③

$\displaystyle\lim_{x\to3}\dfrac{x-3}{f(x)-2}=4$에서 0이 아닌 극한값이 존재하고 $x\to3$일 때, (분자)$\to0$이므로 (분모)$\to0$이어야 한다.

즉, $\displaystyle\lim_{x\to3}\{f(x)-2\}=0$이므로 $\displaystyle\lim_{x\to3}f(x)=2$

$$\therefore \lim_{x\to3}\frac{\{f(x)\}^2-4}{x^2-9}=\lim_{x\to3}\frac{\{f(x)+2\}\{f(x)-2\}}{(x+3)(x-3)}$$

$$=\lim_{x\to3}\frac{f(x)-2}{x-3}\times\lim_{x\to3}\frac{f(x)+2}{x+3}$$

$$=\frac{1}{4}\times\frac{2+2}{6}=\frac{1}{6}$$

답 ①

함수 $f(x)$에 대하여 $\displaystyle\lim_{x\to\infty}\dfrac{f(x)}{x}=3$일 때, $\displaystyle\lim_{x\to\infty}\dfrac{2x^2-1}{\{f(x)\}^2+3x^2}$의 값은?

① $\dfrac{1}{6}$ ② $\dfrac{1}{3}$ ③ $\dfrac{1}{2}$ ④ $\dfrac{2}{3}$ ⑤ $\dfrac{5}{6}$

0067

답 3

주어진 그래프에서 k의 값에 따른 좌극한, 우극한을 표로 나타내면 다음과 같다.

k	$\displaystyle\lim_{x\to k-}f(x)$	$\displaystyle\lim_{x\to k+}f(x)$
-2	1	1
-1	1	2
0	1	2
1	0	-1
2	0	1

$-x=t$로 놓으면 $x\to k-$일 때, $t\to -k+$이므로

$$\lim_{x\to k-}f(-x)=\lim_{t\to -k+}f(t)$$

따라서 $\displaystyle\lim_{x\to k-}f(x)<\lim_{x\to k-}f(-x)$, 즉 $\displaystyle\lim_{x\to k-}f(x)<\lim_{t\to -k+}f(t)$를 만족시키는 $0\le k<3$인 정수 k의 값은 0, 1, 2의 3개이다.

k	$\displaystyle\lim_{x\to k-}f(x)$	$\displaystyle\lim_{t\to -k+}f(t)$
-2	1	1
-1	1	-1
0	1	2
1	0	2
2	0	1

따라서 $\displaystyle\lim_{x\to k-}f(x)<\lim_{t\to -k+}f(t)$를 만족시키는 $0\le k<3$인 정수 k의 값은 0, 1, 2의 3개이다.

$-3<x<3$에서 정의된 함수 $y=f(x)$의 그래프가 그림과 같다.

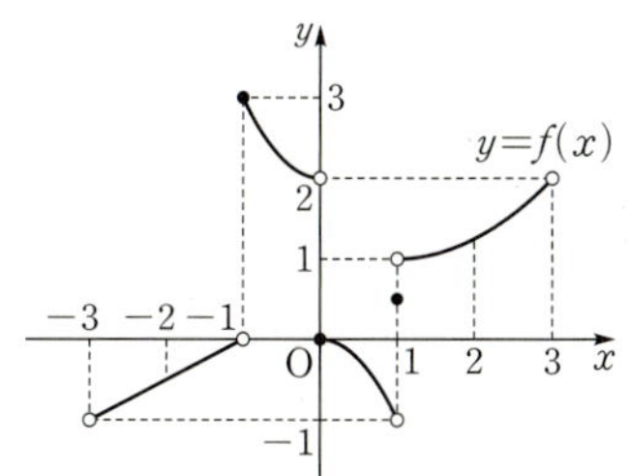

부등식 $\lim\limits_{x\to a-}f(x)>\lim\limits_{x\to a+}f(x)$를 만족시키는 상수 a의 값은?

(단, $-3<a<3$)

① -2　　② -1　　③ 0　　④ 1　　⑤ 2

0068 답 13

조건 ㈎의 $\lim\limits_{x\to\infty}\dfrac{f(x)-x^3}{3x}=2$에서 $f(x)-x^3$은 일차항의 계수가

6인 일차함수이다.

$f(x)-x^3=6x+a$ (a는 상수)라 하면

$f(x)=x^3+6x+a$

조건 ㈏에서 $\lim\limits_{x\to 0}f(x)=-7$이므로

$\lim\limits_{x\to 0}(x^3+6x+a)=a=-7$

따라서 $f(x)=x^3+6x-7$이므로

$f(2)=8+12-7=13$

0069 답 10

$\lim\limits_{x\to\infty}\dfrac{f(x)}{x^3}=0$이므로 함수 $f(x)$는 이차 이하의 다항함수이다

$\lim\limits_{x\to 0}\dfrac{f(x)}{x}=3$에서 극한값이 존재하고 $x\to 0$일 때, (분모)$\to 0$이

므로 (분자)$\to 0$이어야 한다.

즉, $\lim\limits_{x\to 0}f(x)=0$이므로 $f(0)=0$

$f(x)=x(ax+b)$ (a, b는 상수)라 하면

$\lim\limits_{x\to 0}\dfrac{f(x)}{x}=\lim\limits_{x\to 0}\dfrac{x(ax+b)}{x}=\lim\limits_{x\to 0}(ax+b)=b=3$

즉, $f(x)=x(ax+3)$이므로

$f(1)=a+3\geq 4$에서 $a\geq 1$

$\therefore f(2)=2(2a+3)=4a+6\geq 10$

따라서 $f(2)$의 최솟값은 10이다.

$\lim\limits_{x\to\infty}\dfrac{f(x)}{x^3}=0$이므로 함수 $f(x)$는 이차 이하의 다항함수이다.

$\lim\limits_{x\to 0}\dfrac{f(x)}{x}=3$에서 극한값이 존재하고 $x\to 0$일 때, (분모)$\to 0$이

므로 (분자)$\to 0$이어야 한다.

즉, $\lim\limits_{x\to 0}f(x)=0$이므로 $f(0)=0$

$\lim\limits_{x\to 0}\dfrac{f(x)}{x}=\lim\limits_{x\to 0}\dfrac{f(x)-f(0)}{x-0}=f'(0)=3$

$f(x)=ax^2+bx+c$ (a, b, c는 상수)라 하면

$f'(x)=2ax+b$

$f(0)=0$에서 $c=0$

$f'(0)=3$에서 $b=3$

$\therefore f(x)=ax^2+3x$

$f(1)=a+3\geq 4$에서 $a\geq 1$

$\therefore f(2)=4a+6\geq 10$

따라서 $f(2)$의 최솟값은 10이다.

상수함수도 다항함수에 포함되므로 본 풀이에서 함수 $f(x)$를
$f(x)=x(ax+b)$ (a, b는 상수)라 하고 접근하였다. 위의 문제에서 조
건을 만족시키는 경우는 $a\geq 1$, $b=3$이므로 함수 $f(x)$는 이차함수이다.

다항함수 $f(x)$가

$$\lim_{x\to\infty}\frac{f(x)}{x^3}=1,\ \lim_{x\to -1}\frac{f(x)}{x+1}=2$$

를 만족시킨다. $f(1)\leq 12$일 때, $f(2)$의 최댓값은?

① 27　　② 30　　③ 33　　④ 36　　⑤ 39

0070 답 6

조건 ㈎에서 $x>0$일 때, $3x^2-4x\leq f(x)\leq 3x^2+1$

위의 부등식의 각 변을 x^2으로 나누면

$$\frac{3x^2-4x}{x^2}\leq\frac{f(x)}{x^2}\leq\frac{3x^2+1}{x^2}$$

이때 $\lim\limits_{x\to\infty}\dfrac{3x^2-4x}{x^2}=3$, $\lim\limits_{x\to\infty}\dfrac{3x^2+1}{x^2}=3$이므로

함수의 극한의 대소 관계에 의하여

$\lim\limits_{x\to\infty}\dfrac{f(x)}{x^2}=3$

따라서 함수 $f(x)$는 최고차항의 계수가 3인 이차함수이다.

조건 ㈏의 $\lim\limits_{x\to 0}\dfrac{x^3-x}{f(x)}=\dfrac{1}{3}$에서 0이 아닌 극한값이 존재하고

$x\to 0$일 때, (분자)$\to 0$이므로 (분모)$\to 0$이어야 한다.

즉, $\lim\limits_{x\to 0}f(x)=0$이므로 $f(0)=0$

$f(x)=3x(x+a)$ (a는 상수)라 하면

$\lim\limits_{x\to 0}\dfrac{x^3-x}{f(x)}=\lim\limits_{x\to 0}\dfrac{x(x+1)(x-1)}{3x(x+a)}=\lim\limits_{x\to 0}\dfrac{(x+1)(x-1)}{3(x+a)}$

$\qquad=-\dfrac{1}{3a}=\dfrac{1}{3}$

$\therefore a=-1$

따라서 $f(x)=3x(x-1)$이므로

$f(2)=6\times 1=6$

다항함수 $f(x)$는 양의 실수 x에 대하여 다음 조건을 만족시
킨다.

> ㈎ $2x^2-5x\leq f(x)\leq 2x^2+2$
> ㈏ $\lim\limits_{x\to 1}\dfrac{f(x)}{x^2+2x-3}=\dfrac{1}{4}$

$f(3)$의 값을 구하시오.

0071

모든 실수 x에 대하여 $f(-x)=-f(x)$이므로
$f(x)=ax^3+bx$ (a, b는 상수, $a\neq0$)라 하자.

한편, $\lim\limits_{x\to2}\dfrac{f(x)}{x-2}=4$에서 극한값이 존재하고 $x\to2$일 때,

(분모)$\to0$이므로 (분자)$\to0$이어야 한다.

즉, $\lim\limits_{x\to2}f(x)=0$이므로 $f(2)=0$에서

$8a+2b=0$

$\therefore b=-4a$ $\qquad\cdots\cdots$ ㉠

$f(x)=ax^3-4ax$이므로

$$\begin{aligned}\lim_{x\to2}\frac{f(x)}{x-2}&=\lim_{x\to2}\frac{ax^3-4ax}{x-2}\\&=\lim_{x\to2}\frac{ax(x+2)(x-2)}{x-2}\\&=\lim_{x\to2}ax(x+2)=8a=4\end{aligned}$$

$\therefore a=\dfrac{1}{2}$

$a=\dfrac{1}{2}$을 ㉠에 대입하면

$b=-2$

따라서 $f(x)=\dfrac{1}{2}x^3-2x$이므로

$f(4)=32-8=24$

다른 풀이

모든 실수 x에 대하여 $f(-x)=-f(x)$이므로
$f(x)=ax^3+bx$ (a, b는 상수, $a\neq0$)라 하자.

한편, $\lim\limits_{x\to2}\dfrac{f(x)}{x-2}=4$에서 극한값이 존재하고 $x\to2$일 때,

(분모)$\to0$이므로 (분자)$\to0$이어야 한다.

즉, $\lim\limits_{x\to2}f(x)=0$이므로 $f(2)=0$

$$\begin{aligned}\therefore \lim_{x\to2}\frac{f(x)}{x-2}&=\lim_{x\to2}\frac{f(x)-f(2)}{x-2}\\&=f'(2)=4\end{aligned}$$

$f(x)=ax^3+bx$에서

$f'(x)=3ax^2+b$이므로

$f(2)=8a+2b=0$ $\qquad\cdots\cdots$ ㉠

$f'(2)=12a+b=4$ $\qquad\cdots\cdots$ ㉡

㉠, ㉡을 연립하여 풀면 $a=\dfrac{1}{2}$, $b=-2$

따라서 $f(x)=\dfrac{1}{2}x^3-2x$이므로

$f(4)=32-8=24$

참고

미분을 학습한 후에는 미분계수의 정의를 이용하여 풀 수도 있다.
문제의 조건에 따라 두 가지 방법 중 편한 방법을 적절히 이용한다.

짝기출

이차함수 $f(x)$가 모든 실수 x에 대하여
$$f(4+x)=f(4-x)$$
를 만족시킨다. $\lim\limits_{x\to2}\dfrac{f(x)}{x-2}=1$일 때, $f(0)$의 값은?

① -3 ② -2 ③ -1 ④ 0 ⑤ 1

0072

$f(x)$는 최고차항의 계수가 1인 삼차함수이므로
$f(x)=x^3+ax^2+bx+c$ (a, b, c는 상수)라 하자.

조건 ㈎의 $\lim\limits_{x\to0}\dfrac{|f(x)-1|}{x}$에서 극한값이 존재하고 $x\to0$일 때,

(분모)$\to0$이므로 (분자)$\to0$이어야 한다.

즉, $\lim\limits_{x\to0}|f(x)-1|=0$이므로 $f(0)=1$에서

$c=1$

$\therefore f(x)=x^3+ax^2+bx+1$

한편,

$$\begin{aligned}\lim_{x\to0-}\frac{|f(x)-1|}{x}&=\lim_{x\to0-}\frac{|x^3+ax^2+bx|}{x}\\&=\lim_{x\to0-}(-|x^2+ax+b|)=-|b|,\end{aligned}$$

$$\begin{aligned}\lim_{x\to0+}\frac{|f(x)-1|}{x}&=\lim_{x\to0+}\frac{|x^3+ax^2+bx|}{x}\\&=\lim_{x\to0+}|x^2+ax+b|=|b|\end{aligned}$$

이고 $\lim\limits_{x\to0}\dfrac{|f(x)-1|}{x}$의 값이 존재하므로

$$\lim_{x\to0-}\frac{|f(x)-1|}{x}=\lim_{x\to0+}\frac{|f(x)-1|}{x}$$이어야 한다.

따라서 $-|b|=|b|$이므로

$b=0$

$\therefore f(x)=x^3+ax^2+1$

조건 ㈏에서 모든 실수 x에 대하여 $xf(x)\geq-4x^2+x$이므로

$x(x^3+ax^2+1)\geq-4x^2+x$

$x^4+ax^3+4x^2\geq0$

$x^2(x^2+ax+4)\geq0$

이때 $x^2\geq0$이므로 위의 부등식이 모든 실수 x에 대하여 항상 성립하려면 이차방정식 $x^2+ax+4=0$의 판별식을 D라 할 때, $D\leq0$이어야 한다.

$D=a^2-16\leq0$에서 $(a+4)(a-4)\leq0$

$\therefore -4\leq a\leq4$

$f(5)=125+25a+1=25a+126$이므로

$26\leq25a+126\leq226$

따라서 $f(5)$의 최댓값은 226이다.

0073

$f(x)=\left|\dfrac{kx}{x-1}\right|=\left|\dfrac{k}{x-1}+k\right|$ ($k>0$)이므로 함수 $y=f(x)$의 그래프는 다음 그림과 같다.

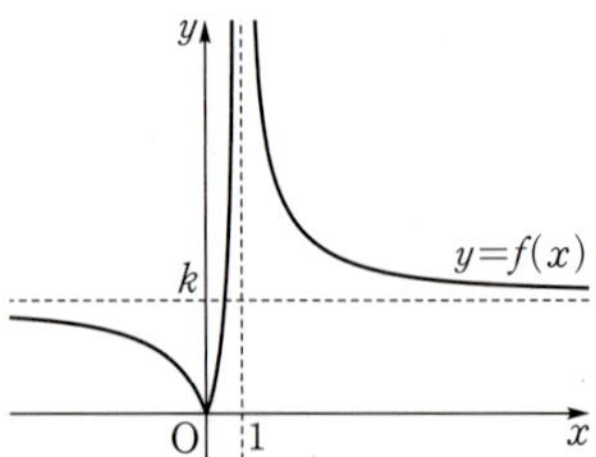

t의 값의 범위에 따라 $g(t)$의 값을 나누어 구하면 다음과 같다.

(i) $t<0$일 때

곡선 $y=f(x)$와 직선 $y=t$가 만나지 않으므로

$g(t)=0$

(ii) $t=0$ 또는 $t=k$일 때

곡선 $y=f(x)$와 직선 $y=t$가 한 점에서 만나므로

$g(t)=1$

(iii) $0<t<k$ 또는 $t>k$일 때

곡선 $y=f(x)$와 직선 $y=t$가 서로 다른 두 점에서 만나므로

$g(t)=2$

(i)~(iii)에서 $g(t)=\begin{cases} 0 & (t<0) \\ 1 & (t=0 \text{ 또는 } t=k) \\ 2 & (0<t<k \text{ 또는 } t>k) \end{cases}$

따라서 함수 $y=g(t)$의 그래프는 다음 그림과 같다.

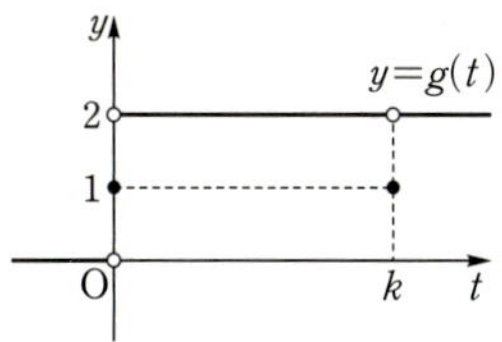

$\lim\limits_{t\to 0+} g(t)=2$이고 모든 양수 a에 대하여 $\lim\limits_{t\to a-} g(t)=2$이므로

$\lim\limits_{t\to 2-} g(t)=2$

즉, $\lim\limits_{t\to 0+} g(t)+\lim\limits_{t\to 2-} g(t)+g(4)=5$에서

$2+2+g(4)=5,\ g(4)=1$

$\therefore k=4\ (\because k>0)$

따라서 $f(x)=\left|\dfrac{4x}{x-1}\right|$이므로

$f(3)=\left|\dfrac{12}{2}\right|=6$

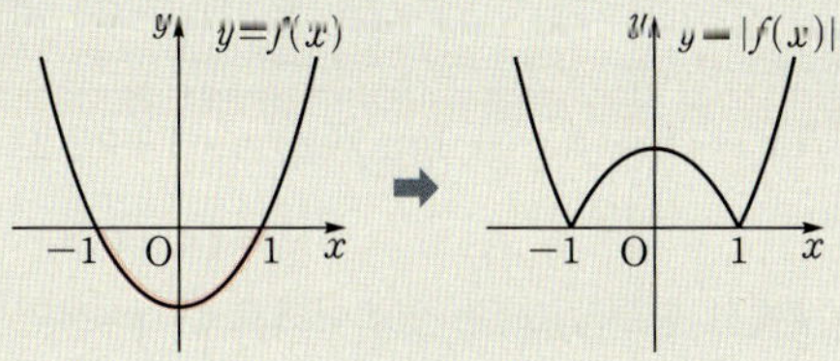

Bible Says **함수 $y=|f(x)|$의 그래프**

함수 $y=|f(x)|$의 그래프는 함수 $y=f(x)$의 그래프에서 $y<0$인 부분을 x축에 대하여 대칭이동하여 그린다.

0074 답 6

최고차항의 계수가 1인 이차함수 $f(x)$가 점 $\mathrm{A}(-2, 0)$을 지나므로

$f(x)=(x+2)(x+k)$ (k는 상수)라 하자.

함수 $y=f(x)$의 그래프가 점 $\mathrm{P}(t, t+2)$를 지나므로

$t+2=(t+2)(t+k),\ 1=t+k\ (\because t\neq -2)$

$\therefore k=-t+1$

따라서 $f(x)=(x+2)(x-t+1)$이므로 함수 $y=f(x)$의 그래프가 y축과 만나는 점 Q의 y좌표를 구하면

$y=2(-t+1)=2-2t$

즉, 점 Q의 좌표는 $(0, 2-2t)$이므로

$\overline{\mathrm{AP}}=\sqrt{(t+2)^2+(t+2)^2}$

$\qquad =\sqrt{2(t+2)^2}=\sqrt{2}\,|t+2|$

$\overline{\mathrm{AQ}}=\sqrt{2^2+(2-2t)^2}$

$\qquad =\sqrt{4t^2-8t+8}=2\sqrt{t^2-2t+2}$

$\therefore \lim\limits_{t\to\infty}(\sqrt{2}\times\overline{\mathrm{AP}}-\overline{\mathrm{AQ}})$

$\quad =\lim\limits_{t\to\infty}(2|t+2|-2\sqrt{t^2-2t+2})$

$\quad =2\lim\limits_{t\to\infty}\dfrac{(|t+2|-\sqrt{t^2-2t+2})(|t+2|+\sqrt{t^2-2t+2})}{|t+2|+\sqrt{t^2-2t+2}}$

$\quad =2\lim\limits_{t\to\infty}\dfrac{(t+2)^2-(t^2-2t+2)}{|t+2|+\sqrt{t^2-2t+2}}$

$\quad =2\lim\limits_{t\to\infty}\dfrac{6t+2}{|t+2|+\sqrt{t^2-2t+2}}$

$\quad =2\lim\limits_{t\to\infty}\dfrac{6+\dfrac{2}{t}}{\left|1+\dfrac{2}{t}\right|+\sqrt{1-\dfrac{2}{t}+\dfrac{2}{t^2}}}$

$\quad =2\times\dfrac{6}{1+1}=6$

02 함수의 연속

유형 01 함수의 연속

0075
답 ④

ㄱ. $\lim\limits_{x \to 2} f(x) = \lim\limits_{x \to 2} (\sqrt{x-2}+3) = 3$

$f(2) = 3$

즉, $\lim\limits_{x \to 2} f(x) = f(2)$이므로 함수 $f(x)$는 $x=2$에서 연속이다.

ㄴ. $\lim\limits_{x \to 2-} g(x) = \lim\limits_{x \to 2-} \dfrac{x^2-2x}{|x-2|}$

$\qquad = \lim\limits_{x \to 2-} \dfrac{x(x-2)}{-(x-2)}$

$\qquad = \lim\limits_{x \to 2-} (-x) = -2$

$\lim\limits_{x \to 2+} g(x) = \lim\limits_{x \to 2+} \dfrac{x^2-2x}{|x-2|}$

$\qquad = \lim\limits_{x \to 2+} \dfrac{x(x-2)}{x-2}$

$\qquad = \lim\limits_{x \to 2+} x = 2$

$\therefore \lim\limits_{x \to 2-} g(x) \neq \lim\limits_{x \to 2+} g(x)$

즉, $\lim\limits_{x \to 2} g(x)$의 값이 존재하지 않으므로 함수 $g(x)$는 $x=2$에서 불연속이다.

ㄷ. $\lim\limits_{x \to 2} h(x) = \lim\limits_{x \to 2} \dfrac{\sqrt{x-1}-1}{x-2}$

$\qquad = \lim\limits_{x \to 2} \dfrac{(\sqrt{x-1}-1)(\sqrt{x-1}+1)}{(x-2)(\sqrt{x-1}+1)}$

$\qquad = \lim\limits_{x \to 2} \dfrac{x-2}{(x-2)(\sqrt{x-1}+1)}$

$\qquad = \lim\limits_{x \to 2} \dfrac{1}{\sqrt{x-1}+1} = \dfrac{1}{2}$

$h(2) = \dfrac{1}{2}$

즉, $\lim\limits_{x \to 2} h(x) = h(2)$이므로 함수 $h(x)$는 $x=2$에서 연속이다.

따라서 $x=2$에서 연속인 함수는 ㄱ, ㄷ이다.

0076
답 ④

ㄱ. 함수 $f(x)$가 모든 실수 x에서 연속이려면 $x=-2$에서 연속이어야 한다.

$f(x) = \dfrac{3x^2-5x-2}{x+2}$에서 $f(-2)$의 값이 정의되지 않으므로 함수 $f(x)$는 $x=-2$에서 불연속이다.

따라서 함수 $f(x)$는 모든 실수 x에서 연속이 아니다.

ㄴ. $g(x) = \begin{cases} -\dfrac{x^2}{2} & (x<0) \\ \dfrac{x^2}{2} & (x \geq 0) \end{cases}$ 이므로 함수 $g(x)$가 모든 실수 x에서 연속이려면 $x=0$에서 연속이어야 한다.

$\lim\limits_{x \to 0-} g(x) = \lim\limits_{x \to 0-} \left(-\dfrac{x^2}{2}\right) = 0$

$\lim\limits_{x \to 0+} g(x) = \lim\limits_{x \to 0+} \dfrac{x^2}{2} = 0$

$g(0) = 0$

즉, $\lim\limits_{x \to 0-} g(x) = \lim\limits_{x \to 0+} g(x) = g(0)$이므로 함수 $g(x)$는 $x=0$에서 연속이다.

따라서 함수 $g(x)$는 모든 실수 x에서 연속이다.

ㄷ. 함수 $h(x)$가 모든 실수 x에서 연속이려면 $x=4$에서 연속이어야 한다.

$\lim\limits_{x \to 4} h(x) = \lim\limits_{x \to 4} \dfrac{2x^2-7x-4}{x-4} = \lim\limits_{x \to 4} \dfrac{(2x+1)(x-4)}{x-4}$

$\qquad = \lim\limits_{x \to 4} (2x+1) = 9$

$h(4) = 9$

즉, $\lim\limits_{x \to 4} h(x) = h(4)$이므로 함수 $h(x)$는 $x=4$에서 연속이다.

따라서 함수 $h(x)$는 모든 실수 x에서 연속이다.

따라서 모든 실수 x에서 연속인 함수는 ㄴ, ㄷ이다.

0077
답 ③

$f(x) = \dfrac{1}{x-\dfrac{9}{x}} = \dfrac{1}{\dfrac{x^2-9}{x}} = \dfrac{x}{x^2-9}$

따라서 $x=0$, $x^2-9=0$인 x의 값에서 함수 $f(x)$가 정의되지 않으므로 불연속이 되는 x의 값은 -3, 0, 3의 3개이다.

유형 02 함수의 그래프와 연속

0078
답 ③

ㄱ. $\lim\limits_{x \to -1+} f(x) + \lim\limits_{x \to 2+} f(x) + \lim\limits_{x \to 4-} f(x) = -1+0+2$

$\qquad\qquad\qquad\qquad\qquad\qquad = 1 < 2$ (참)

ㄴ. $1<x<4$에서 함수 $f(x)$는 연속이므로 $1<k<4$인 실수 k에 대하여 $\lim\limits_{x \to k} f(x) = f(k)$이다. (참)

ㄷ. (i) $\lim\limits_{x \to -1} f(x) = -1$, $f(-1) = 0$이므로 $\lim\limits_{x \to -1} f(x) \neq f(-1)$

즉, 함수 $f(x)$는 $x=-1$에서 불연속이다.

(ii) $\lim\limits_{x \to 0-} f(x) = 0$, $\lim\limits_{x \to 0+} f(x) = 1$이므로

$\lim\limits_{x \to 0-} f(x) \neq \lim\limits_{x \to 0+} f(x)$

즉, $\lim\limits_{x \to 0} f(x)$의 값이 존재하지 않으므로 함수 $f(x)$는 $x=0$에서 불연속이다.

(iii) $\lim\limits_{x \to 1-} f(x) = 2$, $\lim\limits_{x \to 1+} f(x) = 1$이므로

$\lim\limits_{x \to 1-} f(x) \neq \lim\limits_{x \to 1+} f(x)$

즉, $\lim\limits_{x \to 1} f(x)$의 값이 존재하지 않으므로 함수 $f(x)$는 $x=1$에서 불연속이다.

(i)~(iii)에서 함수 $f(x)$가 불연속이 되는 x의 값의 개수는 3이다. (거짓)

따라서 옳은 것은 ㄱ, ㄴ이다.

0079

답 ③

ㄱ. $\displaystyle\lim_{x\to 0-}\frac{f(x)}{g(x)}=\frac{-1}{-1}=1$, $\displaystyle\lim_{x\to 0+}\frac{f(x)}{g(x)}=\frac{1}{1}=1$이므로

$$\lim_{x\to 0}\frac{f(x)}{g(x)}=1 \text{ (참)}$$

ㄴ. $\displaystyle\lim_{x\to -1-}\{f(x)+g(x)\}=0+(-1)=-1$

$\displaystyle\lim_{x\to -1+}\{f(x)+g(x)\}=-1+0=-1$

$f(-1)+g(-1)=0+0=0$

즉,

$$\lim_{x\to -1-}\{f(x)+g(x)\}=\lim_{x\to -1+}\{f(x)+g(x)\}$$
$$\neq f(-1)+g(-1)$$

이므로 함수 $f(x)+g(x)$는 $x=-1$에서 불연속이다. (거짓)

ㄷ. $\displaystyle\lim_{x\to 1-}f(x)g(x)=1\times 0=0$

$\displaystyle\lim_{x\to 1+}f(x)g(x)=0\times 1=0$

$f(1)g(1)=0\times 0=0$

즉, $\displaystyle\lim_{x\to 1-}f(x)g(x)=\lim_{x\to 1+}f(x)g(x)=f(1)g(1)$이므로 함수

$f(x)g(x)$는 $x=1$에서 연속이다. (참)

따라서 옳은 것은 ㄱ, ㄷ이다.

0080

답 ②

ㄱ. $\displaystyle\lim_{x\to -1-}|f(x)|=|-1|=1$, $\displaystyle\lim_{x\to -1+}|f(x)|=|1|=1$이므로

$$\lim_{x\to -1}|f(x)|=1 \text{ (참)}$$

ㄴ. $\displaystyle\lim_{x\to 0-}\{f(x)\}^2=(-1)^2=1$

$\displaystyle\lim_{x\to 0+}\{f(x)\}^2=1^2=1$

$\{f(0)\}^2=(-1)^2=1$

즉, $\displaystyle\lim_{x\to 0-}\{f(x)\}^2=\lim_{x\to 0+}\{f(x)\}^2=\{f(0)\}^2$이므로 함수

$\{f(x)\}^2$은 $x=0$에서 연속이다. (참)

ㄷ. $x-1=t$로 놓으면

$x\to 1-$일 때, $t\to 0-$이므로

$\displaystyle\lim_{x\to 1-}f(x)f(x-1)=\lim_{x\to 1-}f(x)\times\lim_{t\to 0-}f(t)$
$$=-1\times(-1)=1$$

$x\to 1+$일 때, $t\to 0+$이므로

$\displaystyle\lim_{x\to 1+}f(x)f(x-1)=\lim_{x\to 1+}f(x)\times\lim_{t\to 0+}f(t)$
$$=-1\times 1=-1$$

$\therefore \displaystyle\lim_{x\to 1-}f(x)f(x-1)\neq\lim_{x\to 1+}f(x)f(x-1)$

즉, $\displaystyle\lim_{x\to 1}f(x)f(x-1)$의 값이 존재하지 않으므로 함수

$f(x)f(x-1)$은 $x=1$에서 불연속이다. (거짓)

따라서 옳은 것은 ㄱ, ㄴ이다.

0081

답 ③

함수 $f(x)$가 실수 전체의 집합에서 연속이므로 $x=3$에서 연속이다.

즉, $\displaystyle\lim_{x\to 3-}f(x)=\lim_{x\to 3+}f(x)=f(3)$이어야 한다.

$\displaystyle\lim_{x\to 3-}f(x)=\lim_{x\to 3-}(2x+a)=6+a$

$\displaystyle\lim_{x\to 3+}f(x)=\lim_{x\to 3+}(ax+4)=3a+4$

$f(3)=6+a$

따라서 $6+a=3a+4$이므로 $a=1$

$x>3$일 때, $f(x)=x+4$이므로

$f(4)=4+4=8$

0082

답 ①

함수 $f(x)$가 $x=a$에서 연속이려면

$\displaystyle\lim_{x\to a-}f(x)=\lim_{x\to a+}f(x)=f(a)$이어야 한다.

$\displaystyle\lim_{x\to a-}f(x)=\lim_{x\to a-}3x=3a$

$\displaystyle\lim_{x\to a+}f(x)=\lim_{x\to a+}(x^2+x+1)=a^2+a+1$

$f(a)=3a$

따라서 $a^2+a+1=3a$이므로

$a^2-2a+1=0$, $(a-1)^2=0$

$\therefore a=1$

0083

답 ②

함수 $f(x)$가 실수 전체의 집합에서 연속이려면 $x=3$에서 연속이어야 한다.

$\displaystyle\lim_{x\to 3}f(x)=f(3)$에서 $\displaystyle\lim_{x\to 3}\frac{x^2+ax-3}{x-3}=b$ $\quad\cdots\cdots$ ㉠

㉠에서 극한값이 존재하고 $x\to 3$일 때, (분모) $\to 0$이므로 (분자) $\to 0$이어야 한다.

즉, $\displaystyle\lim_{x\to 3}(x^2+ax-3)=0$이므로 $9+3a-3=0$

$\therefore a=-2$

$a=-2$를 ㉠에 대입하면

$\displaystyle\lim_{x\to 3}\frac{x^2+ax-3}{x-3}=\lim_{x\to 3}\frac{x^2-2x-3}{x-3}$
$$=\lim_{x\to 3}\frac{(x+1)(x-3)}{x-3}$$
$$=\lim_{x\to 3}(x+1)=4=b$$

$\therefore a+b=-2+4=2$

0084

답 ②

함수 $|f(x)|$가 실수 전체의 집합에서 연속이려면 $x=2$에서 연속이어야 한다.

즉, $\displaystyle\lim_{x\to 2-}|f(x)|=\lim_{x\to 2+}|f(x)|=|f(2)|$이어야 한다.

$\displaystyle\lim_{x\to 2-}|f(x)|=\lim_{x\to 2-}|x-1|=1$

$\displaystyle\lim_{x\to 2+}|f(x)|=\lim_{x\to 2+}|x+a|=|2+a|$

$|f(2)|=|2+a|$

따라서 $|2+a|=1$이므로

$2+a=-1$ 또는 $2+a=1$

$\therefore a=-3$ 또는 $a=-1$

즉, 구하는 모든 실수 a의 값의 합은

$-3+(-1)=-4$

0085

답 ④

함수 $f(x)$가 $x=1$에서 연속이므로 $\lim\limits_{x\to 1}f(x)=f(1)$이어야 한다.

$$\lim_{x\to 1}\frac{a\sqrt{x+3}+b}{x-1}=-1 \qquad \cdots\cdots ㉠$$

㉠에서 극한값이 존재하고 $x\to 1$일 때, (분모)$\to 0$이므로 (분자)$\to 0$이어야 한다.

즉, $\lim\limits_{x\to 1}(a\sqrt{x+3}+b)=0$이므로

$$2a+b=0 \qquad \therefore b=-2a \qquad \cdots\cdots ㉡$$

㉡을 ㉠에 대입하면

$$\begin{aligned}
\lim_{x\to 1}\frac{a\sqrt{x+3}+b}{x-1}&=\lim_{x\to 1}\frac{a\sqrt{x+3}-2a}{x-1}\\
&=\lim_{x\to 1}\frac{a(\sqrt{x+3}-2)(\sqrt{x+3}+2)}{(x-1)(\sqrt{x+3}+2)}\\
&=\lim_{x\to 1}\frac{a(x-1)}{(x-1)(\sqrt{x+3}+2)}\\
&=\lim_{x\to 1}\frac{a}{\sqrt{x+3}+2}=\frac{a}{4}=-1
\end{aligned}$$

$$\therefore a=-4$$

$a=-4$를 ㉡에 대입하면 $b=8$

$$\therefore a+b=-4+8=4$$

0086

답 ①

함수 $g(x)$가 실수 전체의 집합에서 연속이려면 $x=1$에서 연속이어야 한다.

즉, $\lim\limits_{x\to 1-}g(x)=\lim\limits_{x\to 1+}g(x)=g(1)$이어야 한다.

$$\begin{aligned}
\lim_{x\to 1-}g(x)&=\lim_{x\to 1-}|f(x)-a|=\lim_{x\to 1-}|x^2-3x-4-a|\\
&=|-6-a|
\end{aligned}$$

$$\begin{aligned}
\lim_{x\to 1+}g(x)&=\lim_{x\to 1+}|f(x)-a|=\lim_{x\to 1+}|x+1-a|\\
&=|2-a|
\end{aligned}$$

$$g(1)=|f(1)-a|=|2-a|$$

따라서 $|-6-a|=|2-a|$이므로

$$-6-a=2-a \ \text{또는} \ -6-a=-2+a$$

(ⅰ) $-6-a=2-a$일 때

$\quad$ $-6=2$가 되어 모순이다.

(ⅱ) $-6-a=-2+a$일 때

$\quad 2a=-4 \qquad \therefore a=-2$

(ⅰ), (ⅱ)에서 구하는 a의 값은 -2이다.

0087

답 ①

$x\neq -1$일 때, $f(x)=\dfrac{x^2-3x-4}{x+1}=\dfrac{(x+1)(x-4)}{x+1}=x-4$

함수 $f(x)$가 실수 전체의 집합에서 연속이므로 $x=-1$에서 연속이다.

따라서 $\lim\limits_{x\to -1}f(x)=f(-1)$이므로

$$f(-1)=\lim_{x\to -1}f(x)=\lim_{x\to -1}(x-4)=-5$$

0088

답 ②

$x\neq 2$일 때, $f(x)=\dfrac{\sqrt{x^2+a}-3}{x-2}$

함수 $f(x)$가 실수 전체의 집합에서 연속이므로 $x=2$에서 연속이다.

즉, $\lim\limits_{x\to 2}f(x)=f(2)$이므로

$$\lim_{x\to 2}\frac{\sqrt{x^2+a}-3}{x-2}=f(2) \qquad \cdots\cdots ㉠$$

㉠에서 극한값이 존재하고 $x\to 2$일 때, (분모)$\to 0$이므로 (분자)$\to 0$이어야 한다.

즉, $\lim\limits_{x\to 2}(\sqrt{x^2+a}-3)=0$이므로

$$\sqrt{4+a}-3=0 \qquad \therefore a=5$$

$a=5$를 ㉠에 대입하면

$$\begin{aligned}
\lim_{x\to 2}\frac{\sqrt{x^2+a}-3}{x-2}&=\lim_{x\to 2}\frac{\sqrt{x^2+5}-3}{x-2}\\
&=\lim_{x\to 2}\frac{(\sqrt{x^2+5}-3)(\sqrt{x^2+5}+3)}{(x-2)(\sqrt{x^2+5}+3)}\\
&=\lim_{x\to 2}\frac{(x+2)(x-2)}{(x-2)(\sqrt{x^2+5}+3)}\\
&=\lim_{x\to 2}\frac{x+2}{\sqrt{x^2+5}+3}\\
&=\frac{4}{3+3}=\frac{2}{3}=f(2)
\end{aligned}$$

$$\therefore 9f(2)=9\times\frac{2}{3}=6$$

0089

답 4

$x\neq -1$, $x\neq 1$일 때, $f(x)=\dfrac{x^4+ax+b}{x^2-1}$

함수 $f(x)$가 실수 전체의 집합에서 연속이므로 $x=-1$, $x=1$에서 연속이다.

즉, $\lim\limits_{x\to -1}f(x)=f(-1)$, $\lim\limits_{x\to 1}f(x)=f(1)$이므로

$$\lim_{x\to -1}\frac{x^4+ax+b}{x^2-1}=f(-1) \qquad \cdots\cdots ㉠$$

$$\lim_{x\to 1}\frac{x^4+ax+b}{x^2-1}=f(1) \qquad \cdots\cdots ㉡$$

㉠에서 극한값이 존재하고 $x\to -1$일 때, (분모)$\to 0$이므로 (분자)$\to 0$이어야 한다.

즉, $\lim\limits_{x\to -1}(x^4+ax+b)=0$이므로

$$1-a+b=0 \qquad \therefore b=a-1 \qquad \cdots\cdots ㉢$$

마찬가지로 ㉡에서 극한값이 존재하고 $x\to 1$일 때, (분모)$\to 0$이므로 (분자)$\to 0$이어야 한다.

즉, $\lim\limits_{x\to 1}(x^4+ax+b)=0$이므로

$$1+a+b=0 \qquad \therefore b=-a-1 \qquad \cdots\cdots ㉣$$

㉢, ㉣을 연립하여 풀면 $a=0$, $b=-1$

따라서 $x\neq -1$, $x\neq 1$일 때,

$$f(x)=\frac{x^4-1}{x^2-1}=\frac{(x^2+1)(x^2-1)}{x^2-1}=x^2+1$$이므로

$$f(-1)=\lim_{x\to -1}f(x)=\lim_{x\to -1}(x^2+1)=2$$

$$f(1)=\lim_{x\to 1}f(x)=\lim_{x\to 1}(x^2+1)=2$$

$$\therefore f(-1)+f(1)=2+2=4$$

0090

$x \neq a$일 때, $f(x) = \dfrac{x^3 - 3x^2 + 2x}{x - a}$

함수 $f(x)$가 실수 전체의 집합에서 연속이므로 $x = a$에서 연속이다.

즉, $\lim\limits_{x \to a} f(x) = f(a)$이므로

$$\lim_{x \to a} \frac{x^3 - 3x^2 + 2x}{x - a} = f(a) \quad \cdots\cdots \ \bigcirc$$

$\bigcirc$에서 극한값이 존재하고 $x \to a$일 때, (분모)$\to 0$이므로
(분자)$\to 0$이어야 한다.

즉, $\lim\limits_{x \to a}(x^3 - 3x^2 + 2x) = 0$이므로

$a^3 - 3a^2 + 2a = 0$, $a(a-1)(a-2) = 0$

$\therefore a = 0$ 또는 $a = 1$ 또는 $a = 2$

(i) $a = 0$일 때

$$f(a) = f(0) = \lim_{x \to 0} f(x) = \lim_{x \to 0} \frac{x^3 - 3x^2 + 2x}{x}$$
$$= \lim_{x \to 0}(x^2 - 3x + 2) = 2 > 0$$

이므로 조건을 만족시키지 않는다.

(ii) $a = 1$일 때

$$f(a) = f(1) = \lim_{x \to 1} f(x) = \lim_{x \to 1} \frac{x^3 - 3x^2 + 2x}{x - 1}$$
$$= \lim_{x \to 1} \frac{x(x-1)(x-2)}{x-1} = \lim_{x \to 1} x(x-2) = -1 < 0$$

이므로 조건을 만족시킨다.

(iii) $a = 2$일 때

$$f(a) = f(2) = \lim_{x \to 2} f(x) = \lim_{x \to 2} \frac{x^3 - 3x^2 + 2x}{x - 2}$$
$$= \lim_{x \to 2} \frac{x(x-1)(x-2)}{x-2} = \lim_{x \to 2} x(x-1) = 2 > 0$$

이므로 조건을 만족시키지 않는다.

(i)~(iii)에서 $a = 1$이므로

$x \neq 1$일 때, $f(x) = \dfrac{x^3 - 3x^2 + 2x}{x - 1} = x(x-2)$

$\therefore a + f(4) = 1 + 4 \times 2 = 9$

유형 05 합성함수의 연속

0091

ㄱ. $\lim\limits_{x \to -1-} f(x) = 1$ (참)

ㄴ. $2 - x = t$로 놓으면 $x \to 1+$일 때, $t \to 1-$이므로

$$\lim_{x \to 1+} \{f(2-x) + f(x)\} = \lim_{t \to 1-} f(t) + \lim_{x \to 1+} f(x)$$
$$= 1 + (-1) = 0 \ (참)$$

ㄷ. $f(x) = t$로 놓으면

$x \to -1-$일 때, $t \to 1-$이므로

$$\lim_{x \to -1-} f(f(x)) = \lim_{t \to 1-} f(t) = 1$$

$x \to -1+$일 때, $t \to 1-$이므로

$$\lim_{x \to -1+} f(f(x)) = \lim_{t \to 1-} f(t) = 1$$

$f(f(-1)) = f(0) = 0$

즉, $\lim\limits_{x \to -1-} f(f(x)) = \lim\limits_{x \to -1+} f(f(x)) \neq f(f(-1))$이므로 함수
$(f \circ f)(x)$는 $x = -1$에서 불연속이다. (거짓)

따라서 옳은 것은 ㄱ, ㄴ이다.

0092

ㄱ. $f(x) = t$로 놓으면

$x \to 1-$일 때, $t \to 0+$이므로

$$\lim_{x \to 1-} g(f(x)) = \lim_{t \to 0+} g(t) = -1$$

$x \to 1+$일 때, $t \to 0$이므로

$$\lim_{x \to 1+} g(f(x)) = g(0) = -1$$

$$\therefore \lim_{x \to 1} g(f(x)) = -1 \ (참)$$

ㄴ. $\lim\limits_{x \to -1-} \{f(x) - g(x)\} = 0 - 0 = 0$

$\lim\limits_{x \to -1+} \{f(x) - g(x)\} = 1 - 1 = 0$

$f(-1) - g(-1) = 1 - 1 = 0$

즉, $\lim\limits_{x \to -1-} \{f(x) - g(x)\} = \lim\limits_{x \to -1+} \{f(x) - g(x)\}$
$$= f(-1) - g(-1)$$

이므로 함수 $f(x) - g(x)$는 $x = -1$에서 연속이다. (참)

ㄷ. $g(x) = s$로 놓으면

$x \to 0-$일 때, $s \to 0+$이므로

$$\lim_{x \to 0-} f(g(x)) = \lim_{s \to 0+} f(s) = 1$$

$x \to 0+$일 때, $s \to -1+$이므로

$$\lim_{x \to 0+} f(g(x)) = \lim_{s \to -1+} f(s) = 1$$

$f(g(0)) = f(-1) = 1$

즉, $\lim\limits_{x \to 0-} f(g(x)) = \lim\limits_{x \to 0+} f(g(x)) = f(g(0))$이므로 함수
$f(g(x))$는 $x = 0$에서 연속이다. (참)

따라서 옳은 것은 ㄱ, ㄴ, ㄷ이다.

0093

$f(x) = \begin{cases} x^2 - 1 & (|x| \leq 1) \\ x + 1 & (|x| > 1) \end{cases}$, $g(x) = \begin{cases} |x| & (|x| \leq 1) \\ -1 & (|x| > 1) \end{cases}$이므로 두

함수 $y = f(x)$, $y = g(x)$의 그래프는 다음 그림과 같다.

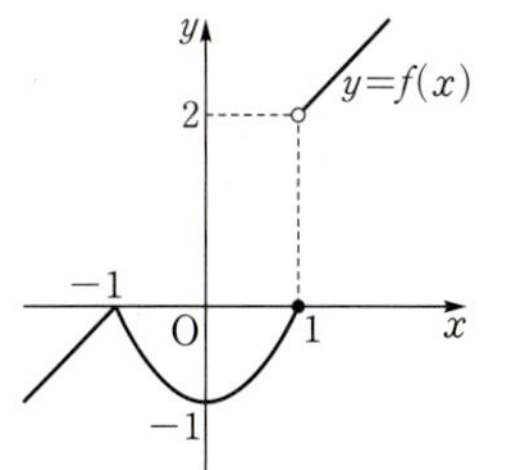
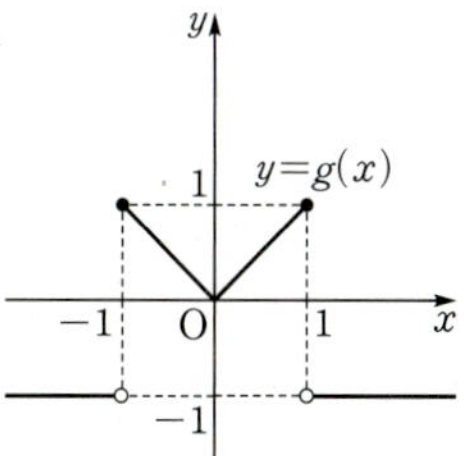

ㄱ. $f(x) = t$로 놓으면

$x \to 0-$일 때, $t \to -1+$이므로

$$\lim_{x \to 0-} g(f(x)) = \lim_{t \to -1+} g(t) = 1$$

$x \to 0+$일 때, $t \to -1+$이므로

$$\lim_{x \to 0+} g(f(x)) = \lim_{t \to -1+} g(t) = 1$$

$$\therefore \lim_{x \to 0} g(f(x)) = 1 \ (참)$$

ㄴ. $\lim\limits_{x \to 1-} f(x)g(x) = 0 \times 1 = 0$

$$\lim_{x \to 1+} f(x)g(x) = 2 \times (-1) = -2$$

$$\therefore \lim_{x\to 1-}f(x)g(x)\neq \lim_{x\to 1+}f(x)g(x)$$

즉, $\lim_{x\to 1}f(x)g(x)$의 값이 존재하지 않으므로 함수 $f(x)g(x)$

는 $x=1$에서 불연속이다. (거짓)

ㄷ. $g(x)=s$로 놓으면

$x\to 1-$일 때, $s\to 1-$이므로

$$\lim_{x\to 1-}f(g(x))=\lim_{s\to 1-}f(s)=0$$

$x\to 1+$일 때, $s=-1$이므로

$$\lim_{x\to 1+}f(g(x))=f(-1)=0$$

$$f(g(1))=f(1)=0$$

즉, $\lim_{x\to 1-}f(g(x))=\lim_{x\to 1+}f(g(x))=f(g(1))$이므로 함수

$f(g(x))$는 $x=1$에서 연속이다. (참)

따라서 옳은 것은 ㄱ, ㄷ이다.

[x] 꼴을 포함한 함수의 연속

0094
답 ②

함수 $f(x)$가 $x=2$에서 연속이므로

$\lim_{x\to 2-}f(x)=\lim_{x\to 2+}f(x)=f(2)$이어야 한다.

$$\lim_{x\to 2-}f(x)=\lim_{x\to 2-}\{[x]^2+(ax+2)[x]\}$$
$$=1+(2a+2)\times 1=2a+3$$
$$\lim_{x\to 2+}f(x)=\lim_{x\to 2+}\{[x]^2+(ax+2)[x]\}$$
$$=4+(2a+2)\times 2=4a+8$$
$$f(2)=4+(2a+2)\times 2=4a+8$$

따라서 $2a+3=4a+8$이므로

$$2a=-5 \qquad \therefore a=-\frac{5}{2}$$

0095
답 2

함수 $g(x)$가 $x=1$에서 연속이므로

$\lim_{x\to 1-}g(x)=\lim_{x\to 1+}g(x)=g(1)$이어야 한다.

$f(x)=x^2-2x+3=(x-1)^2+2=t$로 놓으면

$x\to 1-$일 때, $t\to 2+$이므로

$$\lim_{x\to 1-}g(x)=\lim_{x\to 1-}[f(x)]=\lim_{t\to 2+}[t]=2$$

$x\to 1+$일 때, $t\to 2+$이므로

$$\lim_{x\to 1+}g(x)=\lim_{x\to 1+}[f(x)]=\lim_{t\to 2+}[t]=2$$

$$g(1)=k$$
$$\therefore k=2$$

$t=x^2-2x+3=(x-1)^2+2$의 그래프에서

$x\to 1-$일 때, $t\to 2+$,

$x\to 1+$일 때, $t\to 2+$

임을 알 수 있다.

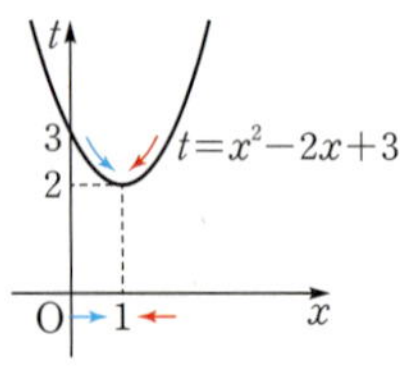

연속함수의 성질

0096
답 ③

ㄱ. 두 함수 $f(x)$, $g(x)$가 $x=2$에서 연속이므로

$$\lim_{x\to 2}f(x)=f(2),\ \lim_{x\to 2}g(x)=g(2)$$
$$\lim_{x\to 2}f(x)g(4-x)=\lim_{x\to 2}f(x)\times\lim_{x\to 2}g(4-x)=f(2)\times g(2)$$

즉, 함수 $f(x)g(4-x)$도 $x=2$에서 연속이다. (참)

ㄴ. $\lim_{x\to 3}f(x)=f(3),\ \lim_{x\to 3}g(x)=g(3)$이면

$$\lim_{x\to 3}f(x)\{f(x)+g(x)\}=\lim_{x\to 3}f(x)\times\lim_{x\to 3}\{f(x)+g(x)\}$$
$$=f(3)\times\{f(3)+g(3)\}$$

즉, 함수 $f(x)\{f(x)+g(x)\}$는 $x=3$에서 연속이다. (참)

ㄷ. [반례] $f(x)=x$, $g(x)=x-a$이면 $\lim_{x\to a}f(x)=f(a)$,

$\lim_{x\to a}g(x)=g(a)$이지만 $\dfrac{f(x)}{g(x)}=\dfrac{x}{x-a}$는 $x=a$에서 정의되지

않으므로 함수 $\dfrac{f(x)}{g(x)}$는 $x=a$에서 불연속이다. (거짓)

따라서 옳은 것은 ㄱ, ㄴ이다.

0097
답 ①

ㄱ. $f(x)+2g(x)=h(x)$라 하면 $g(x)=\dfrac{1}{2}h(x)-\dfrac{1}{2}f(x)$

함수 $2f(x)$가 $x=0$에서 연속이므로 함수 $\dfrac{1}{2}f(x)$도 $x=0$에서

연속이고, 함수 $h(x)$가 $x=0$에서 연속이므로 함수 $\dfrac{1}{2}h(x)$도

$x=0$에서 연속이다.

즉, 함수 $g(x)$는 $x=0$에서 연속이다. (참)

ㄴ. [반례] $f(x)=\begin{cases}1 & (x<0)\\ -1 & (x\geq 0)\end{cases}$, $g(x)=\begin{cases}-1 & (x<0)\\ 1 & (x\geq 0)\end{cases}$이면 두

함수 $f(x)$, $g(x)$는 모두 $x=0$에서 불연속이지만

$$\lim_{x\to 0-}f(x)g(x)=1\times(-1)=-1$$
$$\lim_{x\to 0+}f(x)g(x)=-1\times 1=-1$$
$$f(0)g(0)=-1\times 1=-1$$

즉, $\lim_{x\to 0-}f(x)g(x)=\lim_{x\to 0+}f(x)g(x)=f(0)g(0)$이므로

함수 $f(x)g(x)$는 $x=0$에서 연속이다. (거짓)

ㄷ. [반례] $f(x)=x$이면 함수 $f(x)$는 $x=0$에서 연속이지만

$\dfrac{1}{|f(x)|}=\dfrac{1}{|x|}$은 $x=0$에서 정의되지 않으므로 함수 $\dfrac{1}{|f(x)|}$

은 $x=0$에서 불연속이다. (거짓)

따라서 옳은 것은 ㄱ이다.

0098
답 1

두 함수 $f(x)=2x^2+x$, $g(x)=x^2+4x-5$는 다항함수이므로 모든 실수 x에서 연속이다.

ㄱ. $\dfrac{1}{\{f(x)\}^2}=\dfrac{1}{(2x^2+x)^2}=\dfrac{1}{x^2(2x+1)^2}$은 $x=0$, $x=-\dfrac{1}{2}$에서

정의되지 않으므로 $x=0$, $x=-\dfrac{1}{2}$에서 불연속이다.

ㄴ. $\dfrac{|f(x)|}{g(x)}=\dfrac{|2x^2+x|}{x^2+4x-5}=\dfrac{|2x^2+x|}{(x+5)(x-1)}$는 $x=-5$, $x=1$에

서 정의되지 않으므로 $x=-5$, $x=1$에서 불연속이다.

ㄷ. $\dfrac{g(x)}{f(x)-g(x)}=\dfrac{x^2+4x-5}{(2x^2+x)-(x^2+4x-5)}=\dfrac{x^2+4x-5}{x^2-3x+5}$

이때 이차방정식 $x^2-3x+5=0$의 판별식을 D라 하면

$D=(-3)^2-4\times1\times5=-11<0$

즉, 모든 실수 x에 대하여 $x^2-3x+5>0$이므로 함수

$\dfrac{g(x)}{f(x)-g(x)}$는 모든 실수 x에서 연속이다.

따라서 모든 실수 x에서 연속인 함수는 ㄷ의 1개이다.

 곱의 꼴로 나타낸 함수가 연속일 조건

0099

답 3

함수 $f(x)g(x)$가 $x=3$에서 연속이므로

$\displaystyle\lim_{x\to3-}f(x)g(x)=\lim_{x\to3+}f(x)g(x)=f(3)g(3)$이어야 한다.

$\displaystyle\lim_{x\to3-}f(x)g(x)=\lim_{x\to3-}(2x-3)(x-a)=3(3-a)=9-3a$

$\displaystyle\lim_{x\to3+}f(x)g(x)=\lim_{x\to3+}(-x+2)(x-a)=-(3-a)=-3+a$

$f(3)g(3)=3(3-a)=9-3a$

따라서 $9-3a=-3+a$이므로

$4a=12$ $\quad\therefore a=3$

0100

답 -5

함수 $f(x)\{f(x)+k\}$가 $x=1$에서 연속이려면

$\displaystyle\lim_{x\to1-}f(x)\{f(x)+k\}=\lim_{x\to1+}f(x)\{f(x)+k\}=f(1)\{f(1)+k\}$

이어야 한다.

$\displaystyle\lim_{x\to1-}f(x)\{f(x)+k\}=\lim_{x\to1-}(x^2-2x+3)(x^2-2x+3+k)$

$\qquad\qquad\qquad=2(2+k)=4+2k$

$\displaystyle\lim_{x\to1+}f(x)\{f(x)+k\}=\lim_{x\to1+}3x(3x+k)$

$\qquad\qquad\qquad=3(3+k)=9+3k$

$f(1)\{f(1)+k\}=3(3+k)=9+3k$

따라서 $4+2k=9+3k$이므로

$k=-5$

0101

답 ⑤

함수 $f(x)$는 $x=2$에서 불연속이고 함수 $g(x)$는 실수 전체의 집합

에서 연속이므로 함수 $\dfrac{g(x)}{f(x)}$가 실수 전체의 집합에서 연속이려면

$x=2$에서 연속이어야 한다.

즉, $\displaystyle\lim_{x\to2}\dfrac{g(x)}{f(x)}=\dfrac{g(2)}{f(2)}$이어야 한다.

$\displaystyle\lim_{x\to2}\dfrac{g(x)}{f(x)}=\lim_{x\to2}\dfrac{ax-2}{x^2+1}=\dfrac{2a-2}{5}$

$\dfrac{g(2)}{f(2)}=\dfrac{2a-2}{3}$

따라서 $\dfrac{2a-2}{5}=\dfrac{2a-2}{3}$이므로

$2a-2=0$ $\quad\therefore a=1$

함수 $\dfrac{g(x)}{f(x)}$는 $f(x)=0$인 x에서 불연속이다.

따라서 함수 $\dfrac{g(x)}{f(x)}$의 실수 전체의 집합에서의 연속성을 판정할 때는 먼저
$f(x)=0$을 만족시키는 x의 값이 존재하는지 확인한다.

0102

답 ⑤

함수 $f(x)$는 $x=-1$, $x=0$에서 불연속이고 함수 $g(x)$는 실수 전
체의 집합에서 연속이므로 함수 $f(x)g(x)$가 실수 전체의 집합에
서 연속이려면 $x=-1$, $x=0$에서 연속이어야 한다.

(i) 함수 $f(x)g(x)$가 $x=-1$에서 연속일 때

$\displaystyle\lim_{x\to-1-}f(x)g(x)=\lim_{x\to-1+}f(x)g(x)=f(-1)g(-1)$이어야

한다.

$\displaystyle\lim_{x\to-1-}f(x)g(x)=2g(-1)$

$\displaystyle\lim_{x\to-1+}f(x)g(x)=g(-1)$

$f(-1)g(-1)=g(-1)$

따라서 $2g(-1)=g(-1)$이므로

$g(-1)=0$

(ii) 함수 $f(x)g(x)$가 $x=0$에서 연속일 때

$\displaystyle\lim_{x\to0-}f(x)g(x)=\lim_{x\to0+}f(x)g(x)=f(0)g(0)$이어야 한다.

$\displaystyle\lim_{x\to0-}f(x)g(x)=g(0)$

$\displaystyle\lim_{x\to0+}f(x)g(x)=2g(0)$

$f(0)g(0)=2g(0)$

따라서 $g(0)=2g(0)$이므로

$g(0)=0$

(i), (ii)에서 최고차항의 계수가 1인 이차함수 $g(x)$는 x, $x+1$을
인수로 가지므로 $g(x)=x(x+1)$

$\therefore g(5)=5\times6=30$

함수 $f(x)$가 $x=-1$, $x=0$에서 불연속이므로

$g(-1)=0$, $g(0)=0$이면

$\displaystyle\lim_{x\to-1-}f(x)g(x)=\lim_{x\to-1+}f(x)g(x)=f(-1)g(-1)=0$,

$\displaystyle\lim_{x\to0-}f(x)g(x)=\lim_{x\to0+}f(x)g(x)=f(0)g(0)=0$

이 되어 함수 $f(x)g(x)$가 $x=-1$, $x=0$에서 연속, 즉 실수 전체의
집합에서 연속이 된다.

따라서 최고차항의 계수가 1인 이차함수 $g(x)$는 $g(-1)=0$,
$g(0)=0$에서 $x+1$과 x를 인수로 가지므로 $g(x)=x(x+1)$

$\therefore g(5)=5\times6=30$

함수 $f(x)$가 $x=a$에서만 불연속이고 함수 $g(x)$가 실수 전체의 집합에
서 연속일 때, 함수 $f(x)g(x)$가 실수 전체의 집합에서 연속이 되려면
$g(a)=0$이면 된다.

➡ 함수 $g(x)$는 실수 전체의 집합에서 연속이므로 $g(a)=0$이면

$\displaystyle\lim_{x\to a-}g(x)=\lim_{x\to a+}g(x)=g(a)=0$이다.

따라서 $\displaystyle\lim_{x\to a-}f(x)g(x)=\lim_{x\to a+}f(x)g(x)=f(a)g(a)$가 되어

함수 $f(x)g(x)$는 $x=a$에서 연속, 즉 실수 전체의 집합에서 연속이
된다.

0103

함수 $f(x)=\begin{cases}2x^2+x & (x<a) \\ x^2+5x-3 & (x\geq a)\end{cases}$ 은 $x\neq a$인 모든 실수 x에서

연속이고 함수 $g(x)$는 실수 전체의 집합에서 연속이므로 함수
$f(x)g(x)$가 실수 전체의 집합에서 연속이려면 $x=a$에서 연속이
어야 한다.

즉, $\lim\limits_{x\to a-}f(x)g(x)=\lim\limits_{x\to a+}f(x)g(x)=f(a)g(a)$이어야 한다.

$$\lim\limits_{x\to a-}f(x)g(x)=\lim\limits_{x\to a-}(2x^2+x)\{2x-(a+5)\}$$
$$=(2a^2+a)(a-5)$$
$$\lim\limits_{x\to a+}f(x)g(x)=\lim\limits_{x\to a+}(x^2+5x-3)\{2x-(a+5)\}$$
$$=(a^2+5a-3)(a-5)$$
$$f(a)g(a)=(a^2+5a-3)(a-5)$$

따라서 $(2a^2+a)(a-5)=(a^2+5a-3)(a-5)$이므로
$(a-5)\{(2a^2+a)-(a^2+5a-3)\}=0$
$(a-5)(a^2-4a+3)=0$, $(a-1)(a-3)(a-5)=0$
$\therefore a=1$ 또는 $a=3$ 또는 $a=5$
즉, 모든 실수 a의 값의 합은
$1+3+5=9$

다른 풀이

함수 $f(x)g(x)$가 실수 전체의 집합에서 연속이려면 함수 $f(x)$가
$x=a$에서 연속이거나 $g(a)=0$이어야 한다.

(i) 함수 $f(x)$가 $x=a$에서 연속일 때
$\lim\limits_{x\to a-}f(x)=\lim\limits_{x\to a+}f(x)=f(a)$이어야 한다.
$$\lim\limits_{x\to a-}f(x)=\lim\limits_{x\to a-}(2x^2+x)=2a^2+a$$
$$\lim\limits_{x\to a+}f(x)=\lim\limits_{x\to a+}(x^2+5x-3)=a^2+5a-3$$
$$f(a)=a^2+5a-3$$
따라서 $2a^2+a=a^2+5a-3$이므로
$a^2-4a+3=0$, $(a-1)(a-3)=0$
$\therefore a=1$ 또는 $a=3$

(ii) $g(a)=0$일 때
$2a-(a+5)=0$에서 $a=5$

(i), (ii)에서 모든 실수 a의 값의 합은
$1+3+5=9$

0104

$$f(x+1)=\begin{cases}2x+2+a & (x<-1) \\ x+1-a & (x\geq -1)\end{cases},$$
$$f(x-1)=\begin{cases}2x-2+a & (x<1) \\ x-1-a & (x\geq 1)\end{cases}$$

이므로 함수 $f(x+1)$은 $x\neq -1$인 모든 실수 x에서 연속이고 함수
$f(x-1)$은 $x\neq 1$인 모든 실수 x에서 연속이다.

따라서 함수 $g(x)$가 실수 전체의 집합에서 연속이려면 $x=-1$,
$x=1$에서 연속이어야 한다.

(i) 함수 $g(x)$가 $x=-1$에서 연속일 때
$\lim\limits_{x\to -1-}g(x)=\lim\limits_{x\to -1+}g(x)=g(-1)$이어야 한다.

$$\lim\limits_{x\to -1-}g(x)=\lim\limits_{x\to -1-}f(x+1)f(x-1)$$
$$=\lim\limits_{x\to -1-}(2x+2+a)(2x-2+a)$$
$$=a(a-4)$$
$$\lim\limits_{x\to -1+}g(x)=\lim\limits_{x\to -1+}f(x+1)f(x-1)$$
$$=\lim\limits_{x\to -1+}(x+1-a)(2x-2+a)$$
$$=-a(a-4)$$
$$g(-1)=f(0)f(-2)=-a(a-4)$$
즉, $a(a-4)=-a(a-4)$이므로
$2a(a-4)=0$
$\therefore a=0$ 또는 $a=4$

(ii) 함수 $g(x)$가 $x=1$에서 연속일 때
$\lim\limits_{x\to 1-}g(x)=\lim\limits_{x\to 1+}g(x)=g(1)$이어야 한다.
$$\lim\limits_{x\to 1-}g(x)=\lim\limits_{x\to 1-}f(x+1)f(x-1)$$
$$=\lim\limits_{x\to 1-}(x+1-a)(2x-2+a)$$
$$=a(2-a)$$
$$\lim\limits_{x\to 1+}g(x)=\lim\limits_{x\to 1+}f(x+1)f(x-1)$$
$$=\lim\limits_{x\to 1+}(x+1-a)(x-1-a)$$
$$=-a(2-a)$$
$$g(1)=f(2)f(0)=-a(2-a)$$
즉, $a(2-a)=-a(2-a)$이므로
$2a(2-a)=0$
$\therefore a=0$ 또는 $a=2$

(i), (ii)에서 구하는 상수 a의 값은 0이다.

0105

이차방정식 $x^2-6tx+9t+18=0$의 판별식을 D라 하면
$$\frac{D}{4}=(-3t)^2-(9t+18)=9(t+1)(t-2)$$

(i) $\dfrac{D}{4}>0$, 즉 $t<-1$ 또는 $t>2$일 때
이차방정식이 서로 다른 두 실근을 가지므로 $f(t)=2$

(ii) $\dfrac{D}{4}=0$, 즉 $t=-1$ 또는 $t=2$일 때
이차방정식이 중근을 가지므로 $f(t)=1$

(iii) $\dfrac{D}{4}<0$, 즉 $-1<t<2$일 때
이차방정식이 실근을 갖지 않으므로 $f(t)=0$

(i)~(iii)에서 $f(t)=\begin{cases}2 & (t<-1 \text{ 또는 } t>2) \\ 1 & (t=-1 \text{ 또는 } t=2) \\ 0 & (-1<t<2)\end{cases}$

따라서 함수 $f(t)$는 $t=-1$, $t=2$에서 불연속이므로 구하는 모든 실수 t의 값의 합은

$-1+2=1$

이차방정식 $ax^2+bx+c=0$의 판별식 $D=b^2-4ac$에 대하여
(1) $D>0$이면 서로 다른 두 실근을 갖는다.
(2) $D=0$이면 중근 (서로 같은 두 실근)을 갖는다.
(3) $D<0$이면 서로 다른 두 허근을 갖는다.

0106

답 12

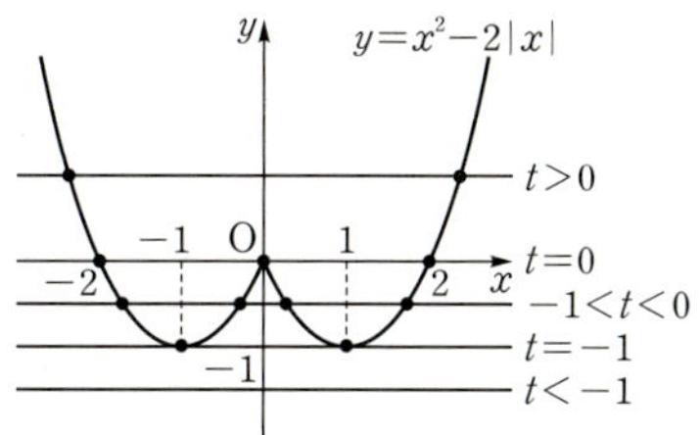

함수 $y=x^2-2|x|$의 그래프와 직선 $y=t$의 위치 관계는 위의 그림과 같으므로 t의 값의 범위에 따라 $f(t)$의 값을 나누어 구하면 다음과 같다.

$$f(t)=\begin{cases} 0 & (t<-1) \\ 2 & (t=-1) \\ 4 & (-1<t<0) \\ 3 & (t=0) \\ 2 & (t>0) \end{cases}$$

따라서 함수 $f(t)$는 $t=-1$, $t=0$에서 불연속이고 함수 $g(t)$는 실수 전체의 집합에서 연속이므로 함수 $f(t)g(t)$가 실수 전체의 집합에서 연속이려면 $t=-1$, $t=0$에서 연속이어야 한다.

(i) 함수 $f(t)g(t)$가 $t=-1$에서 연속일 때

$$\lim_{t\to-1-}f(t)g(t)=\lim_{t\to-1+}f(t)g(t)=f(-1)g(-1)$$이어야 한다.

$$\lim_{t\to-1-}f(t)g(t)=0$$

$$\lim_{t\to-1+}f(t)g(t)=4g(-1)$$

$$f(-1)g(-1)=2g(-1)$$

즉, $0=4g(-1)=2g(-1)$이므로

$$g(-1)=0$$

(ii) 함수 $f(t)g(t)$가 $t=0$에서 연속일 때

$$\lim_{t\to0-}f(t)g(t)=\lim_{t\to0+}f(t)g(t)=f(0)g(0)$$이어야 한다.

$$\lim_{t\to0-}f(t)g(t)=4g(0)$$

$$\lim_{t\to0+}f(t)g(t)=2g(0)$$

$$f(0)g(0)=3g(0)$$

즉, $4g(0)=2g(0)=3g(0)$이므로

$$g(0)=0$$

(i), (ii)에서 최고차항의 계수가 1인 이차함수 $g(t)$는 $t+1$, t를 인수로 가지므로

$$g(t)=t(t+1)$$

$$\therefore g(3)=3\times4=12$$

절댓값 기호를 포함한 식의 그래프는 다음과 같이 그린다.
(1) 함수 $y=|f(x)|$의 그래프 그리기
   함수 $y=f(x)$의 그래프에서 $y<0$인 부분을 x축에 대하여 대칭이동하여 그린다.
(2) 함수 $y=f(|x|)$의 그래프 그리기
   함수 $y=f(x)$의 그래프에서 $x<0$인 부분을 없애고, $x\geq0$인 부분을 y축에 대하여 대칭이동하여 그린다.
(3) 방정식 $|y|=f(x)$의 그래프 그리기
   함수 $y=f(x)$의 그래프에서 $y<0$인 부분을 없애고, $y\geq0$인 부분을 x축에 대하여 대칭이동하여 그린다.
(4) 방정식 $|y|=f(|x|)$의 그래프 그리기
   함수 $y=f(x)$의 그래프를 제1사분면에만 그리고, 이것을 x축, y축, 원점에 대하여 대칭이동하여 그린다.

0107

답 2

직선 $x-2y+t=0$이 원 $(x-1)^2+(y-1)^2=5$에 접할 때 직선과 원의 중심 $(1,\ 1)$ 사이의 거리가 $\sqrt{5}$이므로

$$\frac{|1-2+t|}{\sqrt{1+4}}=\sqrt{5},\ |-1+t|=5$$

$$-1+t=-5 \text{ 또는 } -1+t=5$$

$$\therefore t=-4 \text{ 또는 } t=6$$

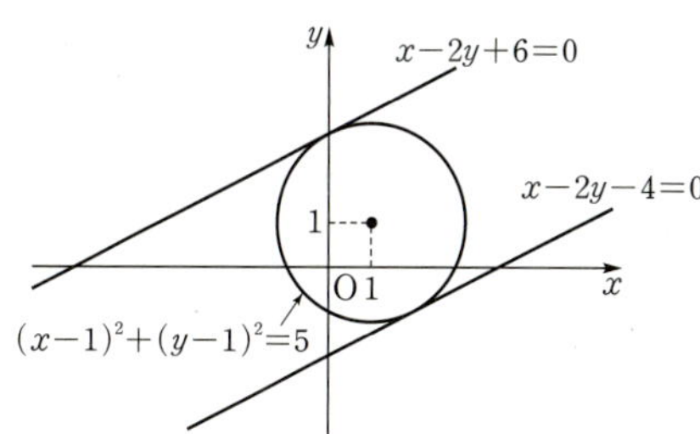

t의 값의 범위에 따라 $f(t)$의 값을 나누어 구하면 다음과 같다.
(i) $t<-4$ 또는 $t>6$일 때
   원과 직선이 만나지 않으므로 $f(t)=0$
(ii) $t=-4$ 또는 $t=6$일 때
   원과 직선이 한 점에서 만나므로 $f(t)=1$
(iii) $-4<t<6$일 때
   원과 직선이 서로 다른 두 점에서 만나므로 $f(t)=2$

(i)~(iii)에서 $f(t)=\begin{cases} 0 & (t<-4 \text{ 또는 } t>6) \\ 1 & (t=-4 \text{ 또는 } t=6) \\ 2 & (-4<t<6) \end{cases}$

함수 $f(t)$는 $t=-4$, $t=6$에서 불연속이고 함수 $t-a$는 실수 전체의 집합에서 연속이므로 함수 $(t-a)f(t)$가 한 점에서만 불연속이려면 다음과 같이 두 가지 경우를 생각해 볼 수 있다.

ⓐ 함수 $(t-a)f(t)$가 $t=-4$에서 연속일 때

$$\lim_{t\to-4-}(t-a)f(t)=\lim_{t\to-4+}(t-a)f(t)=(-4-a)f(-4)$$이어야 한다.

$$\lim_{t\to-4-}(t-a)f(t)=(-4-a)\times0=0$$

$$\lim_{t\to-4+}(t-a)f(t)=(-4-a)\times2=-8-2a$$

$$(-4-a)f(-4)=-4-a$$

따라서 $0=-8-2a=-4-a$이므로

$$a=-4$$

ⓑ 함수 $(t-a)f(t)$가 $t=6$에서 연속일 때
$$\lim_{t\to6-}(t-a)f(t)=\lim_{t\to6+}(t-a)f(t)=(6-a)f(6)\text{이어야}$$
한다.
$$\lim_{t\to6-}(t-a)f(t)=(6-a)\times2=12-2a$$
$$\lim_{t\to6+}(t-a)f(t)=(6-a)\times0=0$$
$$(6-a)f(6)=6-a$$
따라서 $12-2a=0=6-a$이므로
$$a=6$$
ⓐ, ⓑ에서 $a=-4$ 또는 $a=6$이므로 구하는 모든 실수 a의 값의 합은
$$-4+6=2$$

🔊 **Bible Says**　**원과 직선의 위치 관계**

(1) 판별식을 이용

원의 방정식과 직선의 방정식을 이용하여 만든 이차방정식의 판별식을 D라 할 때,

① $D>0$
➡ 서로 다른 두 점에서 만난다.

② $D=0$
➡ 접한다. (한 점에서 만난다.)

③ $D<0$
➡ 만나지 않는다.

(2) 원의 중심과 직선 사이의 거리를 이용

원의 중심과 직선 사이의 거리를 d, 반지름의 길이를 r라 할 때,

① $d<r$
➡ 서로 다른 두 점에서 만난다.

② $d=r$
➡ 접한다. (한 점에서 만난다.)

③ $d>r$
➡ 만나지 않는다.

0108

답 2

$x^2+x-2<0$에서 $(x+2)(x-1)<0$

$\therefore -2<x<1$

$x^2-(a+2)x+2a\leq0$에서

$(x-2)(x-a)\leq0$

(i) $a\leq-2$일 때

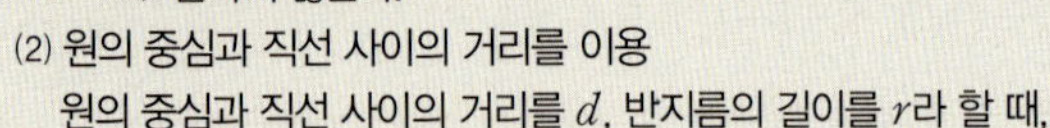

연립부등식의 해가 $-2<x<1$이므로 정수 x는 -1, 0이다.

$\therefore f(a)=2$

(ii) $-2<a<1$일 때

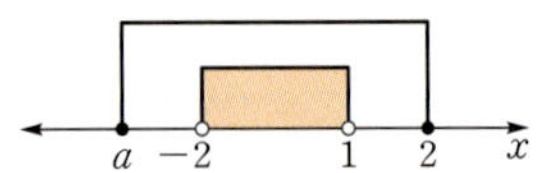

연립부등식의 해는

$a\leq x<1$

　$-2<a\leq-1$일 때, 정수 x는 -1, 0이므로 $f(a)=2$

　$-1<a\leq0$일 때, 정수 x는 0이므로 $f(a)=1$

　$0<a<1$일 때, 정수 x는 존재하지 않으므로 $f(a)=0$

(iii) $a\geq1$일 때

연립부등식의 해가 존재하지 않으므로 $f(a)=0$

(i)~(iii)에서 $f(a)=\begin{cases}2 & (a\leq-1)\\ 1 & (-1<a\leq0)\\ 0 & (a>0)\end{cases}$

따라서 함수 $f(a)$가 불연속이 되는 실수 a는 -1, 0의 2개이다.

유형 **10**　최대 · 최소 정리

0109

답 -2

함수 $y=f(x)$의 그래프가 오른쪽 그림과 같으므로 함수 $f(x)$는 닫힌구간 $[-1, 2]$에서 연속이다.

따라서 최대 · 최소 정리에 의하여 $[-1, 2]$에서 최댓값과 최솟값을 갖는다.

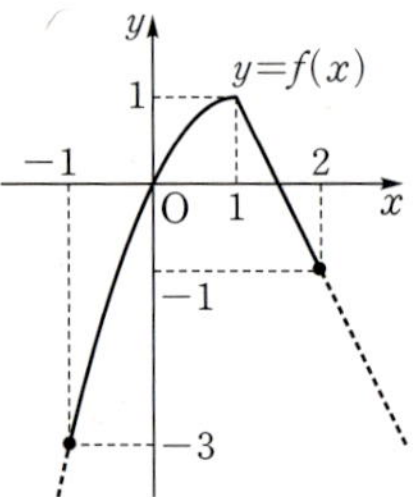

$M=f(1)=1$

$m=f(-1)=-3$

$\therefore M+m=1+(-3)=-2$

0110

답 ②

닫힌구간 $[0, 2]$에서 두 함수 $f(x)=-\sqrt{3-x}+1$,

$g(x)=\dfrac{x+4}{x+1}=\dfrac{3}{x+1}+1$의 그래프는 다음 그림과 같다.

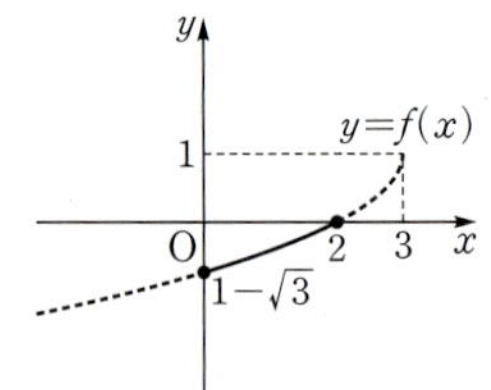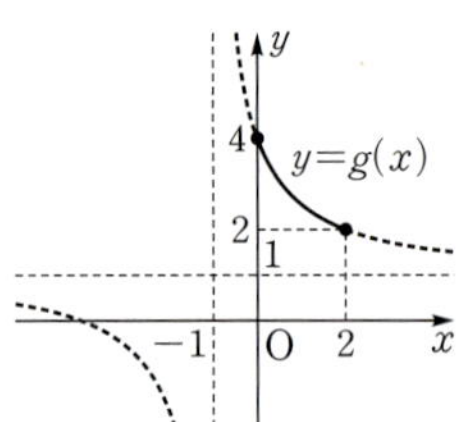

두 함수 $f(x)$, $g(x)$는 닫힌구간 $[0, 2]$에서 연속이므로 최대 · 최소 정리에 의하여 $[0, 2]$에서 최댓값과 최솟값을 갖는다.

함수 $f(x)$의 최댓값은

$M=f(2)=0$

함수 $g(x)$의 최솟값은

$m=g(2)=2$

$\therefore M+m=0+2=2$

0111

답 ⑤

$g(x)=x^2-4x+5=(x-2)^2+1$이라 하면 함수 $y=g(x)$의 그래프는 오른쪽 그림과 같다.

함수 $g(x)$는 닫힌구간 $[1, 4]$에서 연속이므로 최대 · 최소 정리에 의하여 $[1, 4]$에서 최댓값과 최솟값을 갖는다.

이때 구간에 속한 모든 x에 대하여 $g(x)>0$이므로 $g(x)$가 최소이면 $f(x)$는 최대이고, $g(x)$가 최대이면 $f(x)$는 최소이다.

$$M=f(2)=\sqrt{\dfrac{1}{1}}=1$$

$$m=f(4)=\sqrt{\dfrac{1}{5}}$$

$$\therefore \dfrac{M^2}{m^2}=\dfrac{1}{\dfrac{1}{5}}=5$$

0112 답 ②

$f(x)=x^3-x^2+4x+k$라 하면

$f(-1)=k-6,\ f(1)=k+4$

방정식 $f(x)=0$이 열린구간 $(-1,\ 1)$에서 오직 하나의 실근을 가지려면 $f(-1)f(1)<0$이어야 하므로

$(k-6)(k+4)<0$ $\qquad \therefore -4<k<6$

따라서 정수 k의 최댓값은 5, 최솟값은 -3이므로

$M=5,\ m=-3$

$\therefore M+m=5+(-3)=2$

0113 답 ④

함수 $f(x)$가 실수 전체의 집합에서 연속이고

$f(-3)f(-1)=-1<0,\ f(-1)f(1)=-2<0,$

$f(2)f(3)=-3<0,\ f(3)f(4)=-9<0$

이므로 사잇값 정리에 의하여 방정식 $f(x)=0$은 열린구간 $(-3,\ -1),\ (-1,\ 1),\ (2,\ 3),\ (3,\ 4)$에서 각각 적어도 하나의 실근을 갖는다.

따라서 방정식 $f(x)=0$은 적어도 4개의 실근을 가지므로 구하는 n의 최댓값은 4이다.

0114 답 ②

$x^3+4x=a$에서 $x^3+4x-a=0$

$f(x)=x^3+4x-a$라 하면

$f(-1)=-5-a$

$f(2)=16-a$

방정식 $f(x)=0$이 열린구간 $(-1,\ 2)$에서 오직 하나의 실근을 가지려면 $f(-1)f(2)<0$이어야 하므로

$(-5-a)(16-a)<0,\ (a+5)(a-16)<0$

$\therefore -5<a<16$

따라서 정수 a는 $-4,\ -3,\ -2,\ \cdots,\ 14,\ 15$의 20개이다.

0115 답 ④

$g(x)=x^2-2x-1$
$\qquad =(x-1)^2-2$

라 하면

$g(f(-2))=g(1)<0$

$g(f(-1))=g(-1)>0$

$g(f(0))=g(2)<0$

$g(f(1))=g(1)<0$

$g(f(2))=g(-2)>0$

따라서 $g(f(-2))g(f(-1))<0,\ g(f(-1))g(f(0))<0,$ $g(f(1))g(f(2))<0$이므로 사잇값 정리에 의하여 방정식 $g(f(x))=0$이 적어도 하나의 실근을 갖는 구간은 $(-2,\ -1),$ $(-1,\ 0),\ (1,\ 2)$의 ㄱ, ㄴ, ㄹ이다.

다른 풀이

$g(x)=\{f(x)\}^2-2f(x)-1$이라 하면

$g(-2)=\{f(-2)\}^2-2f(-2)-1=1-2-1=-2$

$g(-1)=\{f(-1)\}^2-2f(-1)-1=1-2\times(-1)-1=2$

$g(0)=\{f(0)\}^2-2f(0)-1=4-2\times2-1=-1$

$g(1)=\{f(1)\}^2-2f(1)-1=1-2-1=-2$

$g(2)=\{f(2)\}^2-2f(2)-1=4-2\times(-2)-1=7$

따라서 $g(-2)g(-1)=-4<0,\ g(-1)g(0)=-2<0,$ $g(1)g(2)=-14<0$이므로 사잇값 정리에 의하여 방정식 $g(x)=0$이 적어도 하나의 실근을 갖는 구간은 $(-2,\ -1),\ (-1,\ 0),\ (1,\ 2)$의 ㄱ, ㄴ, ㄹ이다.

0116 답 ④

ㄱ. $g(x)=f(x)+x^2-4$라 하면

$\quad g(-2)=f(-2)+4-4=-1<0,$

$\quad g(2)=f(2)+4-4=1>0$

에서 $g(-2)g(2)<0$이므로 사잇값 정리에 의하여 방정식 $g(x)=0$은 열린구간 $(-2,\ 2)$에서 적어도 하나의 실근을 갖는다.

ㄴ. $h(x)=xf(x)-f(-x)$라 하면

$\quad h(-2)=-2f(-2)-f(2)=2-1=1>0,$

$\quad h(2)=2f(2)-f(-2)=2-(-1)=3>0$

이므로 방정식 $h(x)=0$이 열린구간 $(-2,\ 2)$에서 실근을 갖는지 알 수 없다.

ㄷ. $i(x)=\{f(x)\}^2-x^2f(-x)-1$이라 하면

$\quad i(-2)=\{f(-2)\}^2-4f(2)-1=1-4-1=-4<0,$

$\quad i(2)=\{f(2)\}^2-4f(-2)-1=1+4-1=4>0$

에서 $i(-2)i(2)<0$이므로 사잇값 정리에 의하여 방정식 $i(x)=0$은 열린구간 $(-2,\ 2)$에서 적어도 하나의 실근을 갖는다.

따라서 열린구간 $(-2,\ 2)$에서 반드시 실근을 갖는 방정식은 ㄱ, ㄷ이다.

Bible Says 사잇값 정리의 활용

함수 $f(x)$가 닫힌구간 $[a,\ b]$에서 연속이고 $f(a)f(b)<0$이면 $f(c)=0$인 c가 열린구간 $(a,\ b)$에 적어도 하나 존재한다.

0117 답 ③

조건 ㈎의 $\displaystyle\lim_{x\to-1}\dfrac{f(x)}{x+1}=-6$에서 극한값이 존재하고 $x\to-1$일 때,

(분모)$\to 0$이므로 (분자)$\to 0$이어야 한다.

즉, $\displaystyle\lim_{x\to-1}f(x)=0$이므로 $f(-1)=0$

조건 ㈏의 $\displaystyle\lim_{x\to2}\dfrac{f(x)}{x-2}=-3$에서 극한값이 존재하고 $x\to2$일 때,

(분모)$\to 0$이므로 (분자)$\to 0$이어야 한다.

즉, $\lim\limits_{x \to 2} f(x)=0$이므로 $f(2)=0$

따라서 방정식 $f(x)=0$은 $x=-1$, $x=2$를 실근으로 가지므로

$f(x)=(x+1)(x-2)g(x)$ $(g(x)$는 다항함수)라 하면

$$\lim_{x \to -1} \frac{f(x)}{x+1} = \lim_{x \to -1} \frac{(x+1)(x-2)g(x)}{x+1}$$
$$= \lim_{x \to -1}(x-2)g(x) = -3g(-1) = -6$$

$\therefore g(-1)=2$ ...... ㉠

$$\lim_{x \to 2} \frac{f(x)}{x-2} = \lim_{x \to 2} \frac{(x+1)(x-2)g(x)}{x-2}$$
$$= \lim_{x \to 2}(x+1)g(x) = 3g(2) = -3$$

$\therefore g(2)=-1$ ...... ㉡

$g(x)$는 다항함수이므로 모든 실수 x에서 연속이고, ㉠, ㉡에서 $g(-1)g(2)=-2<0$이므로 사잇값 정리에 의하여 방정식 $g(x)=0$은 열린구간 $(-1, 2)$에서 적어도 하나의 실근을 갖는다.

따라서 방정식 $f(x)=0$이 열린구간 $(-2, 3)$에서 가질 수 있는 실근의 개수의 최솟값은 3이다.

0118
답 ④

$f(1)f(3)<0$, $f(3)f(5)<0$

이므로 사잇값 정리에 의하여 방정식 $f(x)=0$은 열린구간 $(1, 3)$, $(3, 5)$에서 각각 적어도 하나의 실근을 갖는다.

이때 방정식 $f(x)=0$의 해는 $x=0$ 또는 $x=m$ 또는 $x=n$이므로 $m \le n$이라 하면 → $m>n$이라 해도 결과는 같다.

$1<m<3$, $3<n<5$

그런데 m, n은 자연수이므로 $m=2$, $n=4$

따라서 $f(x)=x(x-2)(x-4)$이므로

$f(6)=6 \times 4 \times 2 = 48$

> **참고**
>
> 함수 $f(x)$가 닫힌구간 $[a, b]$에서 연속이고 $f(a)$와 $f(b)$의 부호가 서로 다르면 사잇값 정리에 의하여 $f(c)=0$인 c가 열린구간 (a, b)에 적어도 하나 존재한다.
>
> 즉, 방정식 $f(x)=0$은 열린구간 (a, b)에서 적어도 하나의 실근을 갖는다.

0119
답 ⑤

함수 $|f(x)|$가 실수 전체의 집합에서 연속이므로 $x=-1$, $x=3$에서 연속이다.

(i) 함수 $|f(x)|$가 $x=-1$에서 연속일 때

$\lim\limits_{x \to -1-} |f(x)| = \lim\limits_{x \to -1+} |f(x)| = |f(-1)|$이어야 한다.

$\lim\limits_{x \to -1-} |f(x)| = \lim\limits_{x \to -1-} |x+a| = |-1+a|$

$\lim\limits_{x \to -1+} |f(x)| = \lim\limits_{x \to -1+} |x| = |-1| = 1$

$|f(-1)| = |-1| = 1$

따라서 $|-1+a|=1$이므로

$a=2$ $(\because a>0)$

(ii) 함수 $|f(x)|$가 $x=3$에서 연속일 때

$\lim\limits_{x \to 3-} |f(x)| = \lim\limits_{x \to 3+} |f(x)| = |f(3)|$이어야 한다.

$\lim\limits_{x \to 3-} |f(x)| = \lim\limits_{x \to 3-} |x| = 3$

$\lim\limits_{x \to 3+} |f(x)| = \lim\limits_{x \to 3+} |bx-2| = |3b-2|$

$|f(3)| = |3b-2|$

따라서 $3=|3b-2|$이므로

$b=\dfrac{5}{3}$ $(\because b>0)$

(i), (ii)에서 $a+b=2+\dfrac{5}{3}=\dfrac{11}{3}$

0120
답 ①

함수 $f(x)$는 $x \ne 1$인 모든 실수에서 연속이고 함수 $g(x)$는 실수 전체의 집합에서 연속이므로 함수 $f(x)g(x)$가 실수 전체의 집합에서 연속이려면 $x=1$에서 연속이어야 한다.

즉, $\lim\limits_{x \to 1-} f(x)g(x) = \lim\limits_{x \to 1+} f(x)g(x) = f(1)g(1)$이어야 한다.

$\lim\limits_{x \to 1-} f(x)g(x) = \lim\limits_{x \to 1-} \dfrac{2x^3+ax+b}{x-1}$ ...... ㉠

㉠에서 극한값이 존재하고 $x \to 1-$일 때, (분모)$\to 0$이므로 (분자)$\to 0$이어야 한다.

즉, $\lim\limits_{x \to 1-}(2x^3+ax+b)=0$이므로

$2+a+b=0$ $\therefore b=-a-2$ ...... ㉡

㉡을 ㉠에 대입하면

$\lim\limits_{x \to 1-} f(x)g(x)$

$= \lim\limits_{x \to 1-} \dfrac{2x^3+ax-a-2}{x-1}$

$= \lim\limits_{x \to 1-} \dfrac{(x-1)(2x^2+2x+a+2)}{x-1}$ → $\dfrac{0}{0}$ 꼴이므로 $x-1$을 인수로 가져야 한다.

$= \lim\limits_{x \to 1-}(2x^2+2x+a+2)$

$=a+6$

1	2	0	a	$-a-2$
		2	2	$a+2$
	2	2	$a+2$	0

$\lim\limits_{x \to 1+} f(x)g(x)$

$= \lim\limits_{x \to 1+} \dfrac{2x^3+ax+b}{2x+1}$

$= \lim\limits_{x \to 1+} \dfrac{2x^3+ax-a-2}{2x+1}$ $(\because$ ㉡$)$

$=0$

$f(1)g(1) = \dfrac{1}{3}(2+a+b) = \dfrac{1}{3}(2+a-a-2) = 0$ $(\because$ ㉡$)$

따라서 $a+6=0$이므로 $a=-6$

$a=-6$을 ㉡에 대입하면 $b=4$

$\therefore b-a=4-(-6)=10$

> **참고**
>
> 함수 $f(x)$에 대하여 $x<1$에서 $f(x)=\dfrac{1}{x-1}$, $x \ge 1$에서 $f(x)=\dfrac{1}{2x+1}$이므로 주어진 구간에서 (분모)$=0$인 경우가 없다.
>
> 만약 있다면 그 값에서도 연속성을 조사해야 함에 주의하자.

0121

함수 $g(x)$가 실수 전체의 집합에서 연속이므로 $x=2$에서 연속이다.

즉, $\lim\limits_{x\to 2} g(x)=g(2)$이어야 하므로

$$\lim_{x\to 2}\frac{f(x)}{x-2}=2 \quad\cdots\cdots\ \text{㉠}$$

㉠에서 극한값이 존재하고 $x\to 2$일 때, (분모)$\to 0$이므로
(분자)$\to 0$이어야 한다.

즉, $\lim\limits_{x\to 2} f(x)=0$이므로 $f(2)=0$

$f(x)$는 최고차항의 계수가 1인 이차함수이므로

$f(x)=(x-2)(x+a)$ (a는 상수)라 하면 ㉠에서

$$\lim_{x\to 2}\frac{f(x)}{x-2}=\lim_{x\to 2}\frac{(x-2)(x+a)}{x-2}$$
$$=\lim_{x\to 2}(x+a)=2+a=2$$

$$\therefore a=0$$

$$\therefore f(x)=x(x-2)$$

따라서 $g(x)=\begin{cases} x & (x\neq 2) \\ 2 & (x=2)\end{cases}$ 이므로 $g(5)=5$

짝기출 답 ④

함수

$$f(x)=\begin{cases}\dfrac{x^2-5x+a}{x-3} & (x\neq 3) \\ b & (x=3)\end{cases}$$

이 실수 전체의 집합에서 연속일 때, $a+b$의 값은?

(단, a와 b는 상수이다.)

① 1　　② 3　　③ 5　　④ 7　　⑤ 9

0122

답 18

함수 $f(x)$는 $x=-1$, $x=2$에서 불연속이고 함수 $g(x)$는 실수 전체의 집합에서 연속이므로 함수 $f(x)g(x)$가 실수 전체의 집합에서 연속이려면 $x=-1$, $x=2$에서 연속이어야 한다.

(i) 함수 $f(x)g(x)$가 $x=-1$에서 연속일 때

$$\lim_{x\to -1-}f(x)g(x)=\lim_{x\to -1+}f(x)g(x)=f(-1)g(-1)$$

이어야 한다.

$$\lim_{x\to -1-}f(x)g(x)=\lim_{x\to -1-}(-x+2)g(x)=3g(-1)$$

$$\lim_{x\to -1+}f(x)g(x)=\lim_{x\to -1+}(2x+3)g(x)=g(-1)$$

$$f(-1)g(-1)=g(-1)$$

따라서 $3g(-1)=g(-1)$이므로

$$g(-1)=0$$

(ii) 함수 $f(x)g(x)$가 $x=2$에서 연속일 때

$$\lim_{x\to 2-}f(x)g(x)=\lim_{x\to 2+}f(x)g(x)=f(2)g(2)$$

이어야 한다.

$$\lim_{x\to 2-}f(x)g(x)=\lim_{x\to 2-}(2x+3)g(x)=7g(2)$$

$$\lim_{x\to 2+}f(x)g(x)=\lim_{x\to 2+}(3x-1)g(x)=5g(2)$$

$$f(2)g(2)=5g(2)$$

따라서 $7g(2)=5g(2)$이므로

$$g(2)=0$$

(i), (ii)에서 최고차항의 계수가 1인 이차함수 $g(x)$는 $x+1$, $x-2$를 인수로 가지므로

$$g(x)=(x+1)(x-2)$$

$$\therefore g(5)=6\times 3=18$$

짝기출 답 24

함수 $y=f(x)$의 그래프가 그림과 같다.

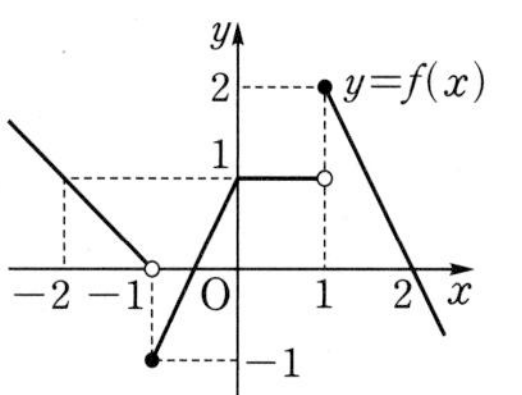

최고차항의 계수가 1인 이차함수 $g(x)$에 대하여 함수 $h(x)=f(x)g(x)$가 구간 $(-2,\ 2)$에서 연속일 때, $g(5)$의 값을 구하시오.

0123

답 44

$$\lim_{x\to\infty}\frac{g(x)}{x}=\lim_{x\to\infty}\frac{f(x)-2x^2}{x(x-2)}=1$$이므로

$f(x)-2x^2$은 최고차항의 계수가 1인 이차함수이다.　$\cdots\cdots$ ㉠

한편, 함수 $g(x)$가 실수 전체의 집합에서 연속이므로 $x=2$에서 연속이다.

즉, $\lim\limits_{x\to 2}g(x)=g(2)$이어야 하므로

$$\lim_{x\to 2}\frac{f(x)-2x^2}{x-2}=4 \quad\cdots\cdots\ \text{㉡}$$

㉡에서 극한값이 존재하고 $x\to 2$일 때, (분모)$\to 0$이므로
(분자)$\to 0$이어야 한다.

즉, $\lim\limits_{x\to 2}\{f(x)-2x^2\}=0$이므로

$f(2)-8=0$　$\cdots\cdots$ ㉢

㉠, ㉢에서 $f(x)-2x^2=(x-2)(x+a)$ (a는 상수)라 하면 ㉡에서

$$\lim_{x\to 2}\frac{f(x)-2x^2}{x-2}=\lim_{x\to 2}\frac{(x-2)(x+a)}{x-2}$$
$$=\lim_{x\to 2}(x+a)$$
$$=2+a=4$$

$$\therefore a=2$$

따라서 $f(x)=(x-2)(x+2)+2x^2$이므로

$$f(4)=2\times 6+2\times 4^2=44$$

짝기출 답 ①

다항함수 $f(x)$는 $\lim\limits_{x\to\infty}\dfrac{f(x)}{x^2-3x-5}=2$를 만족시키고, 함수 $g(x)$는

$$g(x)=\begin{cases}\dfrac{1}{x-3} & (x\neq 3) \\ 1 & (x=3)\end{cases}$$

이다. 두 함수 $f(x)$, $g(x)$에 대하여 함수 $f(x)g(x)$가 실수 전체의 집합에서 연속일 때, $f(1)$의 값은?

① 8　　② 9　　③ 10　　④ 11　　⑤ 12

0124

답 ④

함수 $f(x)$가 $x=1$에서 연속이므로
$$\lim_{x\to 1-} f(x)=\lim_{x\to 1+} f(x)=f(1)\text{이다.}$$

$$g(x)=\begin{cases}(x^2-2x+3)f(x) & (x<1)\\ (2x^2-x+2)f(x) & (x\geq 1)\end{cases}\text{이므로}$$

$$\lim_{x\to 1-} g(x)=\lim_{x\to 1-}(x^2-2x+3)f(x)=2f(1)$$

$$\lim_{x\to 1+} g(x)=\lim_{x\to 1+}(2x^2-x+2)f(x)=3f(1)$$

이때 $\lim\limits_{x\to 1-} g(x)+\lim\limits_{x\to 1+} g(x)=10$이므로

$2f(1)+3f(1)=10,\ 5f(1)=10$

$\therefore f(1)=2$

답 ⑤

실수 전체의 집합에서 정의된 두 함수 $f(x)$와 $g(x)$에 대하여
$$x<0\text{일 때, } f(x)+g(x)=x^2+4$$
$$x>0\text{일 때, } f(x)-g(x)=x^2+2x+8$$
이다. 함수 $f(x)$가 $x=0$에서 연속이고
$$\lim_{x\to 0-} g(x)-\lim_{x\to 0+} g(x)=6\text{일 때, } f(0)\text{의 값은?}$$

① -3　　② -1　　③ 0　　④ 1　　⑤ 3

0125

답 36

함수 $f(x)$가 실수 전체의 집합에서 연속이고 함수 $g(x)$는 $x\neq 1$인 모든 실수 x에서 연속이므로 함수 $\dfrac{f(x)}{g(x)}$가 실수 전체의 집합에서 연속이려면 $x=1$에서 연속이어야 한다.

즉, $\lim\limits_{x\to 1}\dfrac{f(x)}{g(x)}=\dfrac{f(1)}{g(1)}$이어야 하므로

$$\lim_{x\to 1}\frac{f(x)}{x-1}=f(1)\qquad\cdots\cdots\ \text{㉠}$$

㉠에서 극한값이 존재하고 $x\to 1$일 때, (분모)$\to 0$이므로 (분자)$\to 0$이어야 한다.

즉, $\lim\limits_{x\to 1} f(x)=0$이므로 $f(1)=0$

$f(x)=(x-1)h(x)$ ($h(x)$는 최고차항의 계수가 1인 이차함수) 라 하면 ㉠에서

$$\lim_{x\to 1}\frac{f(x)}{x-1}=\lim_{x\to 1}\frac{(x-1)h(x)}{x-1}$$
$$=\lim_{x\to 1}h(x)=h(1)=0\ (\because f(1)=0)$$

$h(x)=(x-1)(x+a)$ (a는 상수)라 하면
$f(x)=(x-1)^2(x+a)$이므로
$f(2)=2$에서 $2+a=2$
$\therefore a=0$
따라서 $f(x)=x(x-1)^2$이므로
$f(4)=4\times 9=36$

답 ④

두 함수
$$f(x)=\begin{cases}x^2-4x+6 & (x<2)\\ 1 & (x\geq 2)\end{cases},\ g(x)=ax+1$$

에 대하여 함수 $\dfrac{g(x)}{f(x)}$가 실수 전체의 집합에서 연속일 때, 상수 a의 값은?

① $-\dfrac{5}{4}$　② -1　③ $-\dfrac{3}{4}$　④ $-\dfrac{1}{2}$　⑤ $-\dfrac{1}{4}$

0126

답 ③

$x\leq 2$일 때, $f(x)=x^2-4x+3=(x-1)(x-3)$

$x>2$일 때, $f(x)=-x^2+ax=-x(x-a)$ (단, $a>2$)

함수 $f(x)$는 $x\neq 2$인 모든 실수 x에서 연속이고 함수 $g(x)$는 실수 전체의 집합에서 연속이다.

조건 ㉮에서 $x\neq 1$, $x\neq a$일 때 $h(x)=\dfrac{g(x)}{f(x)}$이므로 함수 $h(x)$가 실수 전체의 집합에서 연속이려면 $x=1$, $x=a$, $x=2$에서 연속이어야 한다.

$\lim\limits_{x\to 1} h(x)=\lim\limits_{x\to 1}\dfrac{g(x)}{f(x)}=h(1)$에서 극한값이 존재하고 $x\to 1$일 때, (분모)$\to 0$이므로 (분자)$\to 0$이어야 한다.

즉, $\lim\limits_{x\to 1} g(x)=0$이므로 $g(1)=0\qquad\cdots\cdots\ \text{㉠}$

$\lim\limits_{x\to a} h(x)=\lim\limits_{x\to a}\dfrac{g(x)}{f(x)}=h(a)$에서 극한값이 존재하고 $x\to a$일 때, (분모)$\to 0$이므로 (분자)$\to 0$이어야 한다.

즉, $\lim\limits_{x\to a} g(x)=0$이므로 $g(a)=0\qquad\cdots\cdots\ \text{㉡}$

또한 $\lim\limits_{x\to 2-} h(x)=\lim\limits_{x\to 2+} h(x)=h(2)$이어야 한다.

$$\lim_{x\to 2-} h(x)=\lim_{x\to 2-}\frac{g(x)}{f(x)}=\lim_{x\to 2-}\frac{g(x)}{(x-1)(x-3)}=-g(2)$$

$$\lim_{x\to 2+} h(x)=\lim_{x\to 2+}\frac{g(x)}{f(x)}=\lim_{x\to 2+}\frac{g(x)}{-x(x-a)}=\frac{g(2)}{-4+2a}$$

$$h(2)=\frac{g(2)}{f(2)}=-g(2)$$

따라서 $-g(2)=\dfrac{g(2)}{-4+2a}$이므로 $g(2)=0\qquad\cdots\cdots\ \text{㉢}$

$\therefore g(x)=(x-1)(x-2)(x-a)\ (\because \text{㉠, ㉡, ㉢})$

한편, 조건 ㉯에서 $h(1)=h(a)$이다.

$$h(1)=\lim_{x\to 1} h(x)=\lim_{x\to 1}\frac{(x-1)(x-2)(x-a)}{(x-1)(x-3)}$$
$$=\lim_{x\to 1}\frac{(x-2)(x-a)}{x-3}$$
$$=\frac{1-a}{2}\qquad\cdots\cdots\ \text{㉣}$$

$$h(a)=\lim_{x\to a} h(x)=\lim_{x\to a}\frac{(x-1)(x-2)(x-a)}{-x(x-a)}$$
$$=\lim_{x\to a}\frac{(x-1)(x-2)}{-x}$$
$$=-\frac{(a-1)(a-2)}{a}$$

즉, $\dfrac{1-a}{2}=-\dfrac{(a-1)(a-2)}{a}$이므로

$2a-4=a\ (\because a>2)$ $\therefore a=4$

$a=4$를 ㉣에 대입하면

$h(1)=\dfrac{1-4}{2}=-\dfrac{3}{2}$

$x>2$일 때,

$h(x)=\dfrac{g(x)}{f(x)}=\dfrac{(x-1)(x-2)(x-4)}{-x(x-4)}$

$\qquad =-\dfrac{(x-1)(x-2)}{x}$

이므로

$h(3)=-\dfrac{2}{3}$

$\therefore h(1)+h(3)=-\dfrac{3}{2}+\left(-\dfrac{2}{3}\right)=-\dfrac{13}{6}$

0127　답 ④

조건 ㈎에 의하여 $0\le x<4$에서 $f(x)=ax^2+bx-24$이므로

$f(0)=-24$

함수 $f(x)$가 실수 전체의 집합에서 연속이므로 $x=4$에서 연속이다.

$\therefore f(4)=\lim\limits_{x\to4-}f(x)=\lim\limits_{x\to4-}(ax^2+bx-24)=16a+4b-24$

조건 ㈏에서 모든 실수 x에 대하여 $f(x+4)=f(x)$이므로

$f(4)=f(0)$

즉, $16a+4b-24=-24$에서

$b=-4a$ ……… ㉠

$\therefore f(x)=ax^2-4ax-24$

$\qquad =a(x^2-4x+4)-(4a+24)$

$\qquad =a(x-2)^2-4(a+6)$

$0\le x<4$에서 함수 $y=f(x)$의 그래프는 축이 직선 $x=2$인 포물선이고 조건 ㈏에서 함수 $f(x)$는 주기가 4인 주기함수이므로 다음과 같이 나누어 생각할 수 있다.

(i) $1<x<2$에서 방정식 $f(x)=0$이 실근을 갖지 않는 경우

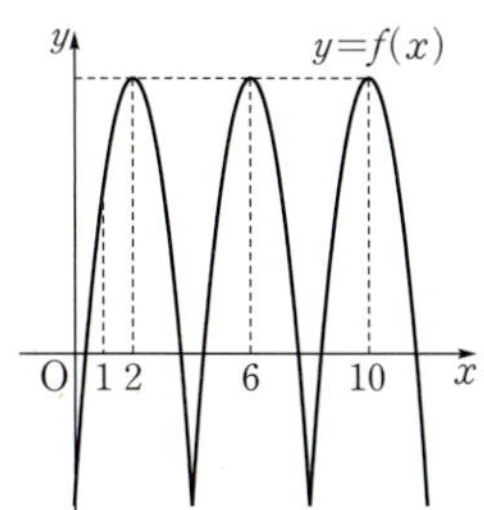

위의 그림과 같이 $1<x<10$에서 방정식 $f(x)=0$의 실근의 개수는 최대 4이므로 조건을 만족시키지 않는다.

(ii) $1<x<2$에서 방정식 $f(x)=0$이 실근을 갖는 경우

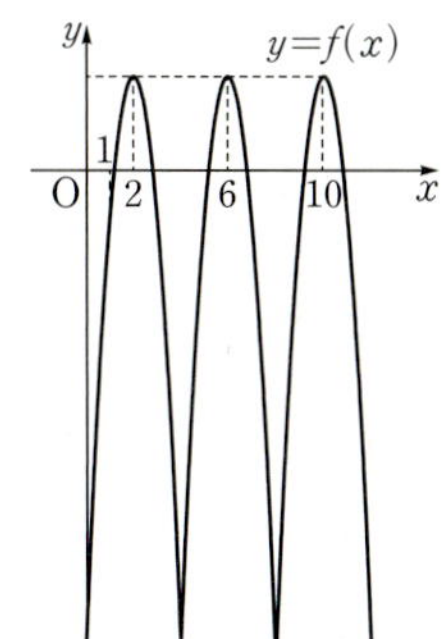

위의 그림과 같이 $1<x<10$에서 방정식 $f(x)=0$의 실근의 개수는 5이므로 조건을 만족시킨다.

(i), (ii)에서 $1<x<2$일 때, 방정식 $f(x)=0$이 실근을 갖고 함수 $f(x)$는 닫힌구간 $[1,\,2]$에서 연속이므로 사잇값 정리에 의하여

$f(1)f(2)=(-3a-24)(-4a-24)<0$

$(a+8)(a+6)<0$

$\therefore -8<a<-6$

이때 a는 정수이므로 $a=-7$

$a=-7$을 ㉠에 대입하면

$b=28$

$\therefore a+b=-7+28=21$

0128　답 5

${\{f(x)\}}^2-4f(x)=x^2f(x)-4x^2$에서

$f(x)\{f(x)-4\}-x^2\{f(x)-4\}=0$

$\{f(x)-4\}\{f(x)-x^2\}=0$

$\therefore f(x)=4$ 또는 $f(x)=x^2$

즉, 함수 $f(x)$는 구간에 따라 직선 $y=4$ 또는 곡선 $y=x^2$ 중 하나의 모양을 나타낸다.

이때 함수 $f(x)$는 실수 전체의 집합에서 연속이므로 그래프가 끊어진 부분이 없어야 하고, 최댓값과 최솟값이 각각 존재하고 그 값이 서로 다르므로 함수 $y=f(x)$의 그래프는 다음 그림과 같아야만 한다.

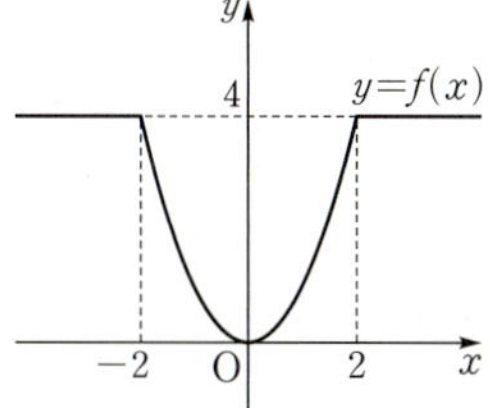

따라서 $f(x)=\begin{cases}4 & (x<-2)\\ x^2 & (-2\le x\le2)\\ 4 & (x>2)\end{cases}$이므로

$f(1)+f(3)=1+4=5$

실수 전체의 집합에서 연속인 함수 $f(x)$가 모든 실수 x에 대하여

$$\{f(x)\}^3-\{f(x)\}^2-x^2f(x)+x^2=0$$

을 만족시킨다. 함수 $f(x)$의 최댓값이 1이고 최솟값이 0일 때, $f\left(-\dfrac{4}{3}\right)+f(0)+f\left(\dfrac{1}{2}\right)$의 값은?

① $\dfrac{1}{2}$　　② 1　　③ $\dfrac{3}{2}$　　④ 2　　⑤ $\dfrac{5}{2}$

조건 ㈎에서 $x \geq 0$일 때, $f(x) = x^2 - 4x$이고 조건 ㈏에서 함수 $f(x)$는 y축에 대하여 대칭인 함수이므로 함수 $y = |f(x)|$의 그래프는 다음 그림과 같다.

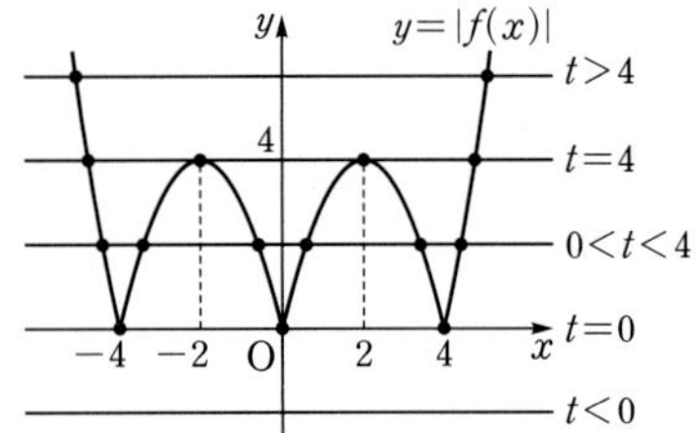

따라서 함수 $g(t)$는 다음과 같다.

$$g(t) = \begin{cases} 0 & (t < 0) \\ 3 & (t = 0) \\ 6 & (0 < t < 4) \\ 4 & (t = 4) \\ 2 & (t > 4) \end{cases}$$

함수 $g(t)$는 $t = 0$, $t = 4$에서 불연속이고 함수 $h(t)$는 실수 전체의 집합에서 연속이므로 함수 $h(t)g(t)$가 모든 실수 t에서 연속이려면 $t = 0$, $t = 4$에서 연속이어야 한다.

(i) 함수 $h(t)g(t)$가 $t = 0$에서 연속일 때

　$\lim\limits_{t \to 0-} h(t)g(t) = \lim\limits_{t \to 0+} h(t)g(t) = h(0)g(0)$이어야 한다.

　$\lim\limits_{t \to 0-} h(t)g(t) = h(0) \times 0 = 0$

　$\lim\limits_{t \to 0+} h(t)g(t) = h(0) \times 6 = 6h(0)$

　$h(0)g(0) = 3h(0)$

　즉, $0 = 6h(0) = 3h(0)$이므로

　$h(0) = 0$

(ii) 함수 $h(t)g(t)$가 $t = 4$에서 연속일 때

　$\lim\limits_{t \to 4-} h(t)g(t) = \lim\limits_{t \to 4+} h(t)g(t) = h(4)g(4)$이어야 한다.

　$\lim\limits_{t \to 4-} h(t)g(t) = h(4) \times 6 = 6h(4)$

　$\lim\limits_{t \to 4+} h(t)g(t) = h(4) \times 2 = 2h(4)$

　$h(4)g(4) = 4h(4)$

　즉, $6h(4) = 2h(4) = 4h(4)$이므로

　$h(4) = 0$

(i), (ii)에서 최고차항의 계수가 1인 이차함수 $h(t)$가 t, $t-4$를 인수로 가지므로

$h(t) = t(t-4)$

$\therefore h(6) = 6 \times 2 = 12$

짝기출　　답 8

실수 t에 대하여 직선 $y = t$가 곡선 $y = |x^2 - 2x|$와 만나는 점의 개수를 $f(t)$라 하자. 최고차항의 계수가 1인 이차함수 $g(t)$에 대하여 함수 $f(t)g(t)$가 모든 실수 t에서 연속일 때, $f(3) + g(3)$의 값을 구하시오.

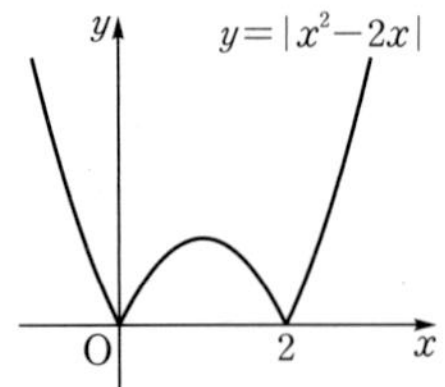

03 미분계수와 도함수

유형 01 평균변화율

0130
답 ③

함수 $f(x)=2x^3-3x^2+1$에 대하여 x의 값이 -1에서 a까지 변할 때의 평균변화율은

$$\frac{f(a)-f(-1)}{a-(-1)}=\frac{(2a^3-3a^2+1)-(-4)}{a+1}$$
$$=\frac{(a+1)(2a^2-5a+5)}{a+1}=2a^2-5a+5$$

따라서 $2a^2-5a+5=8$이므로 $2a^2-5a-3=0$
$(2a+1)(a-3)=0$ $\quad\therefore a=3\ (\because a>0)$

0131
답 ③

x의 값이 1에서 3까지 변할 때의 함수 $f(x)$의 평균변화율은 두 점 $(1,\ -3),\ (3,\ 5)$를 지나는 직선의 기울기와 같으므로

$$\frac{5-(-3)}{3-1}=\frac{8}{2}=4$$

0132
답 ①

함수 $f(x)=x^2+3x+1$에 대하여 x의 값이 a에서 $a+1$까지 변할 때의 평균변화율은

$$\frac{f(a+1)-f(a)}{(a+1)-a}=\{(a+1)^2+3(a+1)+1\}-(a^2+3a+1)$$
$$=2a+4$$

따라서 $2a+4=6$이므로
$2a=2$ $\quad\therefore a=1$

0133
답 2

함수 $f(x)=-x^2+4x$에 대하여 x의 값이 0에서 3까지 변할 때의 평균변화율은

$$\frac{f(3)-f(0)}{3-0}=\frac{3-0}{3}=1$$

x의 값이 1에서 a까지 변할 때의 평균변화율은

$$\frac{f(a)-f(1)}{a-1}=\frac{-a^2+4a-3}{a-1}$$
$$=\frac{-(a-1)(a-3)}{a-1}=-a+3$$

따라서 $-a+3=1$이므로 $a=2$

0134
답 2

x의 값이 a에서 b까지 변할 때의 함수 $f(x)$의 평균변화율이 $\frac{1}{2}$이므로

$$\frac{f(b)-f(a)}{b-a}=\frac{1}{2} \qquad \cdots\cdots\ \text{㉠}$$

이때 함수 $f(x)$의 역함수가 $g(x)$이고 $f(a)=1$, $f(b)=5$이므로
$g(1)=a.\ g(5)=b$
이를 ㉠에 대입하면

$$\frac{f(b)-f(a)}{b-a}=\frac{5-1}{g(5)-g(1)}=\frac{1}{2}$$

따라서 x의 값이 1에서 5까지 변할 때의 함수 $g(x)$의 평균변화율은

$$\frac{g(5)-g(1)}{5-1}=2$$

0135
답 ⑤

오른쪽 그림과 같이 함수 $y=f(x)$의 그래프에서 네 점 A, B, C, D를 정하면 $\alpha,\ \beta,\ \gamma$의 값은 각각 직선 AB, BC, CD의 기울기와 같다.

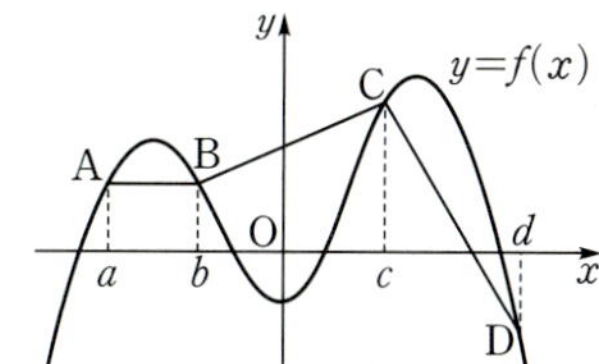

$\alpha=$ (직선 AB의 기울기)$=0$
$\beta=$ (직선 BC의 기울기)>0
$\gamma=$ (직선 CD의 기울기)<0
$\therefore \gamma<\alpha<\beta$

유형 02 미분계수

0136
답 ③

함수 $f(x)=x^3+ax$에 대하여 x의 값이 -1에서 2까지 변할 때의 평균변화율은

$$\frac{f(2)-f(-1)}{2-(-1)}=\frac{(8+2a)-(-1-a)}{3}=a+3 \qquad \cdots\cdots\ \text{㉠}$$

$f'(x)=3x^2+a$이므로
$$f'(-a)=3a^2+a \qquad \cdots\cdots\ \text{㉡}$$

㉠, ㉡의 값이 같아야 하므로
$a+3=3a^2+a,\ 3a^2=3$
$\therefore a=-1$ 또는 $a=1$

$3a^2=3$에서 $3a^2-3=0$
이차방정식의 근과 계수의 관계에 의하여
모든 실수 a의 값의 곱은 $\dfrac{-3}{3}=-1$

따라서 모든 실수 a의 값의 곱은
$-1\times1=-1$

> **참고**
>
> 미분법을 학습한 이후에는 다항함수의 미분계수를 구할 때 정의를 이용하기 보다는 본 풀이의 방식처럼 도함수를 직접 구하여 풀이 시간을 단축하도록 하자.

0137

함수 $f(x)=x^2+4x+5$에 대하여 x의 값이 a에서 b까지 변할 때
의 평균변화율은
$$\frac{f(b)-f(a)}{b-a}=\frac{(b^2+4b+5)-(a^2+4a+5)}{b-a}$$
$$=\frac{(b^2-a^2)+4(b-a)}{b-a}$$
$$=\frac{(b-a)(b+a+4)}{b-a}$$
$$=b+a+4$$
$f'(x)=2x+4$이므로 함수 $f(x)$의 $x=1$에서의 순간변화율은
$f'(1)=2+4=6$
따라서 $b+a+4=6$이므로
$a+b=2$

0138

답 ③

함수 $f(x)$에 대하여 x의 값이 2에서 $2+2h$까지 변할 때의 평균변
화율은
$$\frac{f(2+2h)-f(2)}{2h}=\frac{\sqrt{2+h}-\sqrt{2-h}}{h}$$
함수 $f(x)$의 $x=2$에서의 미분계수는
$$\lim_{h\to 0}\frac{f(2+2h)-f(2)}{2h}=\lim_{h\to 0}\frac{\sqrt{2+h}-\sqrt{2-h}}{h}$$
$$=\lim_{h\to 0}\frac{(\sqrt{2+h}-\sqrt{2-h})(\sqrt{2+h}+\sqrt{2-h})}{h(\sqrt{2+h}+\sqrt{2-h})}$$
$$=\lim_{h\to 0}\frac{2+h-(2-h)}{h(\sqrt{2+h}+\sqrt{2-h})}$$
$$=\lim_{h\to 0}\frac{2h}{h(\sqrt{2+h}+\sqrt{2-h})}$$
$$=\lim_{h\to 0}\frac{2}{\sqrt{2+h}+\sqrt{2-h}}$$
$$=\frac{2}{2\sqrt{2}}=\frac{\sqrt{2}}{2}$$

유형 03 미분계수의 기하적 의미

0139

답 ②

곡선 $y=f(x)$ 위의 점 $(2, 5)$에서의 접선의 기울기는 $f'(2)$이고
이 접선이 두 점 $(0, 1)$, $(2, 5)$를 지나므로
$$f'(2)=\frac{5-1}{2-0}=2$$
$$\therefore \lim_{h\to 0}\frac{f(2+h)-f(2)}{h}=f'(2)=2$$

0140

답 ④

ㄱ. 곡선 $y=f(x)$ 위의 점 $(a, f(a))$에서의 접선의 기울기는
곡선 $y=f(x)$ 위의 점 $(b, f(b))$에서의 기울기보다 크
므로
$$f'(a)>f'(b) \text{ (거짓)}$$

ㄴ. 두 점 $(0, 0)$, $(a, f(a))$를 지나는 직선의 기울기가 두 점
$(0, 0)$, $(b, f(b))$를 지나는 직선의 기울기보다 크므로
$$\frac{f(a)}{a}>\frac{f(b)}{b}$$
$ab>0$이므로 위의 식의 양변에 ab를 곱하면
$$bf(a)>af(b) \text{ (참)}$$

ㄷ. 두 점 $(a, f(a))$, $(b, f(b))$를 지나는 직선의 기울기가 곡선
$y=f(x)$ 위의 점 $(a, f(a))$에서의 접선의 기울기보다 작으므로
$$\frac{f(b)-f(a)}{b-a}<f'(a)$$
$b-a>0$이므로 위의 식의 양변에 $b-a$를 곱하면
$$f(b)-f(a)<(b-a)f'(a) \text{ (참)}$$
따라서 옳은 것은 ㄴ, ㄷ이다.

0141

답 ⑤

ㄱ. 곡선 $y=f(x)$ 위의 점 $(a, f(a))$에서의 접선의 기울기는 곡선
$y=g(x)$ 위의 점 $(a, g(a))$에서의 접선의 기울기보다 작으므
로 $f'(a)<g'(a)$ (참)

ㄴ. 두 점 $(0, 0)$, $(a, g(a))$를 지나는 직선의 기울기는 두 점
$(0, 0)$, $(b, g(b))$를 지나는 직선의 기울기보다 작으므로
$$\frac{g(a)}{a}<\frac{g(b)}{b} \text{ (참)}$$

ㄷ. 곡선 $y=g(x)$ 위의 두 점 $(a, g(a))$, $(b, g(b))$를 지나는 직
선의 기울기는 곡선 $y=g(x)$ 위의 점 $(a, g(a))$에서의 접선의
기울기보다 크므로
$$\frac{g(b)-g(a)}{b-a}>g'(a)>f'(a) \ (\because \text{ㄱ})$$
$b-a>0$이므로 위의 식의 각 변에 $b-a$를 곱하면
$$g(b)-g(a)>(b-a)g'(a)>(b-a)f'(a) \text{ (참)}$$
따라서 옳은 것은 ㄱ, ㄴ, ㄷ이다.

0142

답 ①

ㄱ. 곡선 $y=g(x)$ 위의 세 점 $(a, g(a))$, $(c, g(c))$, $(f, g(f))$에
서의 접선의 기울기를 비교해 보면
$g'(a)<0$, $g'(c)=0$, $g'(f)>0$이므로
$g'(a)<g'(c)<g'(f)$ (참)

ㄴ. 곡선 $y=g(x)$ 위의 두 점 $(b, g(b))$, $(c, g(c))$를 지나는 직
선의 기울기는 $\dfrac{g(c)-g(b)}{c-b}>0$이고, 두 점 $(c, g(c))$,
$(d, g(d))$를 지나는 직선의 기울기는 $\dfrac{g(d)-g(c)}{d-c}<0$이므로
$$\frac{g(c)-g(b)}{c-b}>\frac{g(d)-g(c)}{d-c} \text{ (참)}$$

ㄷ. 곡선 $y=g(x)$ 위의 두 점 $(a, g(a))$, $(c, g(c))$를 지나는 직
선의 기울기는 $x=e$인 점에서의 접선의 기울기 $g'(e)=0$보다
크므로
$$\frac{g(c)-g(a)}{c-a}>g'(e) \text{ (거짓)}$$

ㄹ. 곡선 $y=g(x)$ 위의 $x=\dfrac{e+f}{2}$인 점에서의 접선의 기울기

$g'\left(\dfrac{e+f}{2}\right)$는 $x=f$인 점에서의 접선의 기울기 $g'(f)$보다 작으

므로

$g'\left(\dfrac{e+f}{2}\right)<g'(f)$ (거짓)

따라서 옳은 것은 ㄱ, ㄴ이다.

유형 04 미분계수를 이용한 극한값의 계산(1)

0143 　답 ③

$\displaystyle\lim_{h\to0}\dfrac{f(3+h)-f(3-2h)}{h}$

$=\displaystyle\lim_{h\to0}\dfrac{\{f(3+h)-f(3)\}-\{f(3-2h)-f(3)\}}{h}$

$=\displaystyle\lim_{h\to0}\dfrac{f(3+h)-f(3)}{h}-\lim_{h\to0}\dfrac{f(3-2h)-f(3)}{-2h}\times(-2)$

$=f'(3)+2f'(3)=3f'(3)$

$=3\times2=6$

0144 　답 ③

$\dfrac{1}{x}=h$로 놓으면 $x\to\infty$일 때, $h\to0+$이므로

$\displaystyle\lim_{x\to\infty}\dfrac{x}{2}\left\{f\left(2+\dfrac{3}{x}\right)-f(2)\right\}=\lim_{x\to\infty}\dfrac{f\left(2+\dfrac{3}{x}\right)-f(2)}{\dfrac{2}{x}}$

$=\displaystyle\lim_{h\to0+}\dfrac{f(2+3h)-f(2)}{2h}$

$=\displaystyle\lim_{h\to0+}\dfrac{f(2+3h)-f(2)}{3h}\times\dfrac{3}{2}$

$=\dfrac{3}{2}f'(2)=\dfrac{3}{2}\times6=9$

0145 　답 ⑤

$\dfrac{1}{x}=h$로 놓으면 $x\to\infty$일 때, $h\to0+$이므로

$\displaystyle\lim_{x\to\infty}x\left\{f\left(a+\dfrac{1}{x}\right)-f\left(a-\dfrac{1}{x}\right)\right\}$

$=\displaystyle\lim_{h\to0+}\dfrac{f(a+h)-f(a-h)}{h}$

$=\displaystyle\lim_{h\to0+}\dfrac{\{f(a+h)-f(a)\}-\{f(a-h)-f(a)\}}{h}$

$=\displaystyle\lim_{h\to0+}\dfrac{f(a+h)-f(a)}{h}-\lim_{h\to0+}\dfrac{f(a-h)-f(a)}{-h}\times(-1)$

$=f'(a)+f'(a)=2f'(a)$

0146 　답 ③

$\displaystyle\lim_{h\to0}\dfrac{(1+h)^3f(1)-f(1+h)}{h}$

$=\displaystyle\lim_{h\to0}\dfrac{\{2(1+h)^3-2\}-\{f(1+h)-2\}}{h}$

$=\displaystyle\lim_{h\to0}\dfrac{2h(h^2+3h+3)-\{f(1+h)-f(1)\}}{h}$

$=\displaystyle\lim_{h\to0}(2h^2+6h+6)-\lim_{h\to0}\dfrac{f(1+h)-f(1)}{h}$

$=6-f'(1)=6-3=3$

0147 　답 10

$\displaystyle\lim_{h\to0}\dfrac{f(2+h)-f(2-2h)}{h}$

$=\displaystyle\lim_{h\to0}\dfrac{\{f(2+h)-f(2)\}-\{f(2-2h)-f(2)\}}{h}$

$=\displaystyle\lim_{h\to0}\dfrac{f(2+h)-f(2)}{h}-\lim_{h\to0}\dfrac{f(2-2h)-f(2)}{-2h}\times(-2)$

$=f'(2)+2f'(2)=3f'(2)=6$

$\therefore f'(2)=2$

한편, $\dfrac{1}{x}=h$로 놓으면 $x\to\infty$일 때, $h\to0+$이므로

$\displaystyle\lim_{x\to\infty}x\left\{f\left(2+\dfrac{2}{x}\right)-f\left(2-\dfrac{3}{x}\right)\right\}$

$=\displaystyle\lim_{x\to\infty}\dfrac{f\left(2+\dfrac{2}{x}\right)-f\left(2-\dfrac{3}{x}\right)}{\dfrac{1}{x}}$

$=\displaystyle\lim_{h\to0+}\dfrac{f(2+2h)-f(2-3h)}{h}$

$=\displaystyle\lim_{h\to0+}\dfrac{\{f(2+2h)-f(2)\}-\{f(2-3h)-f(2)\}}{h}$

$=\displaystyle\lim_{h\to0+}\dfrac{f(2+2h)-f(2)}{2h}\times2-\lim_{h\to0+}\dfrac{f(2-3h)-f(2)}{-3h}\times(-3)$

$=2f'(2)+3f'(2)=5f'(2)=5\times2=10$

0148 　답 4

조건 ㈏에서 $\dfrac{1}{x}=h$로 놓으면 $x\to\infty$일 때, $h\to0+$이므로

$\displaystyle\lim_{x\to\infty}x\left\{f\left(1-\dfrac{1}{x}\right)-f\left(1+\dfrac{2}{x}\right)\right\}$

$=\displaystyle\lim_{x\to\infty}\dfrac{f\left(1-\dfrac{1}{x}\right)-f\left(1+\dfrac{2}{x}\right)}{\dfrac{1}{x}}$

$=\displaystyle\lim_{h\to0+}\dfrac{f(1-h)-f(1+2h)}{h}$

$=\displaystyle\lim_{h\to0+}\dfrac{\{f(1-h)-f(1)\}-\{f(1+2h)-f(1)\}}{h}$

$=\displaystyle\lim_{h\to0+}\dfrac{f(1-h)-f(1)}{-h}\times(-1)-\lim_{h\to0+}\dfrac{f(1+2h)-f(1)}{2h}\times2$

$=-f'(1)-2f'(1)=-3f'(1)=9$

$\therefore f'(1)=-3$

$$\therefore \lim_{h\to 0}\frac{(1+2h)f(1-h)-f(1-3h)}{h}$$
$$=\lim_{h\to 0}\frac{\{f(1-h)-f(1)\}-\{f(1-3h)-f(1)\}+2hf(1-h)}{h}$$
$$=\lim_{h\to 0}\frac{f(1-h)-f(1)}{-h}\times(-1)$$
$$\qquad -\lim_{h\to 0}\frac{f(1-3h)-f(1)}{-3h}\times(-3)+2\lim_{h\to 0}f(1-h)$$
$$=-f'(1)+3f'(1)+2f(1)$$
$$=2f'(1)+2f(1)=2\times(-3)+2\times5\ (\because \text{조건 (개)})$$
$$=4$$

 미분계수를 이용한 극한값의 계산(2)

0149

답 ③

$f(2)=3$이고 $x+1=t$로 놓으면 $x\to 1$일 때, $t\to 2$이므로
$$\lim_{x\to 1}\frac{f(x+1)-3}{x^2-1}=\lim_{t\to 2}\frac{f(t)-f(2)}{(t-1)^2-1}$$
$$=\lim_{t\to 2}\frac{f(t)-f(2)}{t(t-2)}$$
$$=\lim_{t\to 2}\left\{\frac{f(t)-f(2)}{t-2}\times\frac{1}{t}\right\}$$
$$=\frac{1}{2}f'(2)=\frac{1}{2}\times8=4$$

0150

답 20

곡선 $y=f(x)$ 위의 점 $(4,\ f(4))$에서의 접선의 기울기가 5이므로
$$f'(4)=5$$
$$\therefore \lim_{x\to 2}\frac{f(x^2)-f(4)}{x-2}=\lim_{x\to 2}\left\{\frac{f(x^2)-f(4)}{x^2-4}\times(x+2)\right\}$$
$$=4f'(4)=4\times5=20$$

0151

답 ②

$$\lim_{x\to 9}\frac{x-9}{f(\sqrt{x})-f(3)}=\lim_{x\to 9}\left\{\frac{\sqrt{x}-3}{f(\sqrt{x})-f(3)}\times(\sqrt{x}+3)\right\}$$
$$=\lim_{x\to 9}\left\{\frac{1}{\dfrac{f(\sqrt{x})-f(3)}{\sqrt{x}-3}}\times(\sqrt{x}+3)\right\}$$
$$=\lim_{x\to 9}\frac{1}{\dfrac{f(\sqrt{x})-f(3)}{\sqrt{x}-3}}\times\lim_{x\to 9}(\sqrt{x}+3)$$
$$=\frac{6}{f'(3)}=3$$
$$\therefore f'(3)=2$$

0152

답 ③

$\lim\limits_{x\to 3}\dfrac{f(x)-3}{x^2-9}=5f(3)$에서 극한값이 존재하고 $x\to 3$일 때,
(분모)$\to 0$이므로 (분자)$\to 0$이어야 한다.
즉, $\lim\limits_{x\to 3}\{f(x)-3\}=0$이므로 $f(3)=3$
$$\lim_{x\to 3}\frac{f(x)-3}{x^2-9}=\lim_{x\to 3}\left\{\frac{f(x)-f(3)}{x-3}\times\frac{1}{x+3}\right\}$$
$$=\frac{1}{6}f'(3)=5f(3)$$
$$\therefore \frac{f'(3)}{f(3)}=30$$

다항함수 $f(x)$가 실수 전체의 집합에서 연속이므로
$\lim\limits_{x\to 3}\{f(x)-3\}=0$에서 $\lim\limits_{x\to 3}f(x)-\lim\limits_{x\to 3}3=0$
$f(3)-3=0$　　$\therefore f(3)=3$

0153

답 ④

$\dfrac{1}{x}=h$로 놓으면 $x\to \infty$일 때, $h\to 0+$이므로
$$\lim_{x\to \infty}\frac{x}{3}\left\{f\left(1-\frac{1}{x}\right)-f\left(1-\frac{3}{x}\right)\right\}$$
$$=\lim_{h\to 0+}\frac{f(1-h)-f(1-3h)}{3h}$$
$$=\lim_{h\to 0+}\frac{\{f(1-h)-f(1)\}-\{f(1-3h)-f(1)\}}{3h}$$
$$=\lim_{h\to 0+}\frac{f(1-h)-f(1)}{-h}\times\left(-\frac{1}{3}\right)$$
$$\qquad -\lim_{h\to 0+}\frac{f(1-3h)-f(1)}{-3h}\times(-1)$$
$$=-\frac{1}{3}f'(1)+f'(1)=\frac{2}{3}f'(1)=2$$
$$\therefore f'(1)=3$$
$$\therefore \lim_{x\to 1}\frac{f(x^3)-f(1)}{x-1}=\lim_{x\to 1}\left\{\frac{f(x^3)-f(1)}{x^3-1}\times(x^2+x+1)\right\}$$
$$=3f'(1)=3\times3=9$$

0154

답 ①

$$\lim_{h\to 0}\frac{f(1+h)-f(1-2h)}{h}$$
$$=\lim_{h\to 0}\frac{\{f(1+h)-f(1)\}-\{f(1-2h)-f(1)\}}{h}$$
$$=\lim_{h\to 0}\frac{f(1+h)-f(1)}{h}-\lim_{h\to 0}\frac{f(1-2h)-f(1)}{-2h}\times(-2)$$
$$=f'(1)+2f'(1)=3f'(1)=6$$
$$\therefore f'(1)=2$$
$$\therefore \lim_{x\to 1}\frac{(x^2-3x)f(x)+2f(1)}{x^2-x}$$
$$=\lim_{x\to 1}\frac{(x^2-3x)f(x)+2f(x)-2f(x)+2f(1)}{x^2-x}$$
$$=\lim_{x\to 1}\frac{(x^2-3x+2)f(x)}{x^2-x}-2\times\lim_{x\to 1}\frac{f(x)-f(1)}{x^2-x}$$
$$=\lim_{x\to 1}\frac{(x-2)f(x)}{x}-2\times\lim_{x\to 1}\left\{\frac{f(x)-f(1)}{x-1}\times\frac{1}{x}\right\}$$
$$=-f(1)-2f'(1)=-1-2\times2=-5$$

0155

답 2

$f(x+y)=f(x)+f(y)-3xy$에 $x=0$, $y=0$을 대입하면

$f(0)=f(0)+f(0)$

$\therefore f(0)=0$

$\therefore f'(1)=\lim\limits_{h\to 0}\dfrac{f(1+h)-f(1)}{h}$

$\qquad =\lim\limits_{h\to 0}\dfrac{f(1)+f(h)-3h-f(1)}{h}$

$\qquad =\lim\limits_{h\to 0}\dfrac{f(h)-3h}{h}$

$\qquad =\lim\limits_{h\to 0}\dfrac{f(h)-f(0)}{h}-3$

$\qquad =f'(0)-3=5-3=2$

0156

답 ⑤

$f(x+y)=f(x)+f(y)+2xy-1$에 $x=0$, $y=0$을 대입하면

$f(0)=f(0)+f(0)-1$

$\therefore f(0)=1$

$f'(2)=\lim\limits_{h\to 0}\dfrac{f(2+h)-f(2)}{h}$

$\qquad =\lim\limits_{h\to 0}\dfrac{f(2)+f(h)+4h-1-f(2)}{h}$

$\qquad =\lim\limits_{h\to 0}\dfrac{f(h)+4h-1}{h}$

$\qquad =\lim\limits_{h\to 0}\dfrac{f(h)-f(0)}{h}+4$

$\qquad =f'(0)+4=6$

이므로 $f'(0)=2$

$\therefore f'(5)=\lim\limits_{h\to 0}\dfrac{f(5+h)-f(5)}{h}$

$\qquad =\lim\limits_{h\to 0}\dfrac{f(5)+f(h)+10h-1-f(5)}{h}$

$\qquad =\lim\limits_{h\to 0}\dfrac{f(h)+10h-1}{h}$

$\qquad =\lim\limits_{h\to 0}\dfrac{f(h)-f(0)}{h}+10$

$\qquad =f'(0)+10$

$\qquad =2+10=12$

0157

답 ④

$f(x+y)=f(x)f(y)$에 $x=0$, $y=0$을 대입하면

$f(0)=f(0)f(0)$, $f(0)\{f(0)-1\}=0$

$\therefore f(0)=0$ 또는 $f(0)=1$

이때 $f(0)=0$이면 $f(x)=f(x)f(0)=0$이므로 $f'(x)=0$이 되어

$f'(0)=4$에 모순이다.

즉, $f(0)=1$이므로

$f'(1)=\lim\limits_{h\to 0}\dfrac{f(1+h)-f(1)}{h}$

$\qquad =\lim\limits_{h\to 0}\dfrac{f(1)f(h)-f(1)}{h}$

$\qquad =\lim\limits_{h\to 0}\dfrac{f(1)\{f(h)-1\}}{h}$

$\qquad =\lim\limits_{h\to 0}\left\{f(1)\times\dfrac{f(h)-f(0)}{h}\right\}$

$\qquad =f(1)f'(0)=4f(1)$

$\therefore \dfrac{f'(1)}{f(1)}=4$

0158

답 ④

ㄱ. $\lim\limits_{x\to 2-}f(x)=\lim\limits_{x\to 2-}\{(x-2)+|x-2|\}=0$

$\quad \lim\limits_{x\to 2+}f(x)=\lim\limits_{x\to 2+}\{(x-2)+|x-2|\}=0$

$\quad f(2)=(2-2)+|2-2|=0$

즉, $\lim\limits_{x\to 2-}f(x)=\lim\limits_{x\to 2+}f(x)=f(2)$이므로 함수 $f(x)$는

$x=2$에서 연속이다.

$\lim\limits_{h\to 0-}\dfrac{f(2+h)-f(2)}{h}=\lim\limits_{h\to 0-}\dfrac{(2+h-2)+|2+h-2|}{h}$

$\qquad\qquad =\lim\limits_{h\to 0-}\dfrac{h+|h|}{h}=\lim\limits_{h\to 0-}\dfrac{h+(-h)}{h}=0,$

$\lim\limits_{h\to 0+}\dfrac{f(2+h)-f(2)}{h}=\lim\limits_{h\to 0+}\dfrac{(2+h-2)+|2+h-2|}{h}$

$\qquad\qquad =\lim\limits_{h\to 0+}\dfrac{h+|h|}{h}=\lim\limits_{h\to 0+}\dfrac{2h}{h}=2$

이므로 함수 $f(x)$는 $x=2$에서 미분가능하지 않다.

ㄴ. $\lim\limits_{x\to 2-}f(x)=\lim\limits_{x\to 2-}(-x^2+4)=0$

$\quad \lim\limits_{x\to 2+}f(x)=\lim\limits_{x\to 2+}(x^2-4)=0$

$\quad f(2)=|4-4|=0$

즉, $\lim\limits_{x\to 2-}f(x)=\lim\limits_{x\to 2+}f(x)=f(2)$이므로 함수 $f(x)$는

$x=2$에서 연속이다.

$\lim\limits_{h\to 0-}\dfrac{f(2+h)-f(2)}{h}=\lim\limits_{h\to 0-}\dfrac{|(2+h)^2-4|}{h}$

$\qquad\qquad =\lim\limits_{h\to 0-}\dfrac{|h^2+4h|}{h}$

$\qquad\qquad =\lim\limits_{h\to 0-}(-h-4)=-4,$

$\lim\limits_{h\to 0+}\dfrac{f(2+h)-f(2)}{h}=\lim\limits_{h\to 0+}\dfrac{|(2+h)^2-4|}{h}$

$\qquad\qquad =\lim\limits_{h\to 0+}\dfrac{|h^2+4h|}{h}$

$\qquad\qquad =\lim\limits_{h\to 0+}(h+4)=4$

이므로 함수 $f(x)$는 $x=2$에서 미분가능하지 않다.

ㄷ. $\lim\limits_{x\to 2-}f(x)=\lim\limits_{x\to 2-}(-x+2)(x-2)=0$

$\quad \lim\limits_{x\to 2+}f(x)=\lim\limits_{x\to 2+}(x-2)^2=0$

$\quad f(2)=|2-2|(2-2)=0$

즉, $\lim\limits_{x\to 2-}f(x)=\lim\limits_{x\to 2+}f(x)=f(2)$이므로 함수 $f(x)$는

$x=2$에서 연속이다.

$$\lim_{h\to 0-}\frac{f(2+h)-f(2)}{h}=\lim_{h\to 0-}\frac{|2+h-2|(2+h-2)}{h}$$
$$=\lim_{h\to 0-}\frac{|h|h}{h}=\lim_{h\to 0-}(-h)=0,$$
$$\lim_{h\to 0+}\frac{f(2+h)-f(2)}{h}=\lim_{h\to 0+}\frac{|2+h-2|(2+h-2)}{h}$$
$$=\lim_{h\to 0+}\frac{|h|h}{h}=\lim_{h\to 0+}h=0$$

이므로 함수 $f(x)$는 $x=2$에서 미분가능하다.

ㄹ. $\displaystyle\lim_{x\to 2-}f(x)=\lim_{x\to 2-}(x^2-x)=2$

$\displaystyle\lim_{x\to 2+}f(x)=\lim_{x\to 2+}(2x-2)=2$

$f(2)=2\times 2-2=2$

즉, $\displaystyle\lim_{x\to 2-}f(x)=\lim_{x\to 2+}f(x)=f(2)$이므로 함수 $f(x)$는

$x=2$에서 연속이다.

$$\lim_{h\to 0-}\frac{f(2+h)-f(2)}{h}=\lim_{h\to 0-}\frac{(2+h)^2-(2+h)-2}{h}$$
$$=\lim_{h\to 0-}\frac{h^2+3h}{h}=\lim_{h\to 0-}(h+3)=3,$$
$$\lim_{h\to 0+}\frac{f(2+h)-f(2)}{h}=\lim_{h\to 0+}\frac{2(2+h)-2-2}{h}$$
$$=\lim_{h\to 0+}\frac{2h}{h}=2$$

이므로 함수 $f(x)$는 $x=2$에서 미분가능하지 않다.

따라서 $x=2$에서 연속이지만 미분가능하지 않은 함수는 ㄱ, ㄴ, ㄹ이다.

0159

답 ④

함수 $f(x)$는 $x=1$에서 불연속이므로 $m=1$

또한 함수 $f(x)$는 $x=-2$, $x=1$, $x=3$에서 미분가능하지 않으므로 $n=3$

$\therefore m+n=1+3=4$

0160

답 ①

ㄱ. $\displaystyle\lim_{h\to 0}\frac{f(2h)-f(0)}{2h}=0$에서 $f'(0)=0$

즉, 함수 $f(x)$는 $x=0$에서 미분가능하므로 $x=0$에서 연속이다.

$\therefore \displaystyle\lim_{x\to 0}f(x)=f(0)$ (참)

ㄴ. $\displaystyle\lim_{h\to 0}\frac{f(3+h)-f(3-h)}{h}=\lim_{h\to 0}\frac{|3+h-3|-|3-h-3|}{h}$
$$=\lim_{h\to 0}\frac{|h|-|-h|}{h}=0 \text{ (참)}$$

ㄷ. $\displaystyle\lim_{h\to 0-}\frac{f(-1+h)-f(-1)}{h}=\lim_{h\to 0-}\frac{|(-1+h)^2-1|}{h}$
$$=\lim_{h\to 0-}\frac{|h^2-2h|}{h}$$
$$=\lim_{h\to 0-}(h-2)=-2$$
$$\lim_{h\to 0+}\frac{f(-1+h)-f(-1)}{h}=\lim_{h\to 0+}\frac{|(-1+h)^2-1|}{h}$$
$$=\lim_{h\to 0+}\frac{|h^2-2h|}{h}$$
$$=\lim_{h\to 0+}(2-h)=2$$

즉, 함수 $f(x)$는 $x=-1$에서 미분가능하지 않다. (거짓)

ㄹ. [반례] $f(x)=|x|$이면 함수 $f(x)$는 연속함수이고

$$\lim_{h\to 0}\frac{f(h)-f(-h)}{5h}=\lim_{h\to 0}\frac{|h|-|-h|}{5h}=0\text{이지만}$$
$$\lim_{h\to 0-}\frac{f(h)-f(0)}{h}=\lim_{h\to 0-}\frac{|h|}{h}=\lim_{h\to 0-}\frac{-h}{h}=-1,$$
$$\lim_{h\to 0+}\frac{f(h)-f(0)}{h}=\lim_{h\to 0+}\frac{|h|}{h}=\lim_{h\to 0+}\frac{h}{h}=1$$

이므로 $f'(0)$의 값은 존재하지 않는다. (거짓)

따라서 옳은 것은 ㄱ, ㄴ이다.

0161

답 ③

ㄱ. $\displaystyle\lim_{x\to 1-}g(x)=\lim_{x\to 1-}(x-1)f(x)=0$

$\displaystyle\lim_{x\to 1+}g(x)=\lim_{x\to 1+}(x-1)f(x)=0$

$g(1)=(1-1)f(1)=0$

즉, 함수 $g(x)$는 $x=1$에서 연속이다. (참)

ㄴ. $\displaystyle\lim_{h\to 0-}\frac{i(1+h)-i(1)}{h}=\lim_{h\to 0-}\frac{\{(1+h)^2-(1+h)\}(-1-h)}{h}$
$$=\lim_{h\to 0-}\frac{(h^2+h)(-1-h)}{h}$$
$$=\lim_{h\to 0-}\{-(h+1)^2\}$$
$$=-1$$
$$\lim_{h\to 0+}\frac{i(1+h)-i(1)}{h}=\lim_{h\to 0+}\frac{\{(1+h)^2-(1+h)\}(1+h)}{h}$$
$$=\lim_{h\to 0+}\frac{(h^2+h)(1+h)}{h}$$
$$=\lim_{h\to 0+}(h+1)^2=1$$

즉, 함수 $i(x)$는 $x=1$에서 미분가능하지 않다. (거짓)

ㄷ. $\displaystyle\lim_{h\to 0-}\frac{j(1+h)-j(1)}{h}=\lim_{h\to 0-}\frac{h^k(-1-h)}{h}$
$$=\lim_{h\to 0-}h^{k-1}(-1-h) \quad\cdots\cdots\ \text{㉠}$$
$$\lim_{h\to 0+}\frac{j(1+h)-j(1)}{h}=\lim_{h\to 0+}\frac{h^k(1+h)}{h}$$
$$=\lim_{h\to 0+}h^{k-1}(1+h) \quad\cdots\cdots\ \text{㉡}$$

함수 $j(x)$가 $x=1$에서 미분가능하려면 ㉠, ㉡의 값이 같아야 하므로

$$\lim_{h\to 0-}h^{k-1}(-1-h)=\lim_{h\to 0+}h^{k-1}(1+h)$$

(i) $k=1$일 때

$\displaystyle\lim_{h\to 0-}h^{k-1}(-1-h)=\lim_{h\to 0-}(-1-h)=-1,$

$\displaystyle\lim_{h\to 0+}h^{k-1}(1+h)=\lim_{h\to 0+}(1+h)=1$

이므로 함수 $j(x)$는 $x=1$에서 미분가능하지 않다.

(ii) $k\geq 2$일 때

$\displaystyle\lim_{h\to 0-}h^{k-1}(-1-h)=0,$

$\displaystyle\lim_{h\to 0+}h^{k-1}(1+h)=0$

이므로 함수 $j(x)$는 $x=1$에서 미분가능하다.

(i), (ii)에서 함수 $j(x)$가 $x=1$에서 미분가능하도록 하는 자연수 k의 최솟값은 2이다. (참)

따라서 옳은 것은 ㄱ, ㄷ이다.

0162
답 ④

$f(x)=x^2+ax+b$에서 $f'(x)=2x+a$
이때 $f(2)=4+2a+b=5$이므로
$2a+b=1$ ······ ㉠
또한 $f'(1)=2+a=3$이므로
$a=1$
$a=1$을 ㉠에 대입하면 $b=-1$
따라서 $f(x)=x^2+x-1$이므로
$f(3)=9+3-1=11$

0163
답 10

함수 $f(x)$는 최고차항의 계수가 1인 삼차함수이고 $f(0)=3$이므로
$f(x)=x^3+ax^2+bx+3$ (a, b는 상수)이라 하면
$f'(x)=3x^2+2ax+b$
$f'(1)=3+2a+b=2$이므로
$2a+b=-1$ ······ ㉠
$f'(2)=12+4a+b=7$이므로
$4a+b=-5$ ······ ㉡
㉠, ㉡을 연립하여 풀면 $a=-2$, $b=3$
따라서 $f'(x)=3x^2-4x+3$이므로
$f'(-1)=3+4+3=10$

0164
답 ④

$f(x)=x^n+2nx+a$에서 $f'(x)=nx^{n-1}+2n$
$f(0)=3$이므로 $a=3$
(i) n이 홀수일 때
 $f'(-1)=n\times(-1)^{n-1}+2n=n+2n=3n=6$
 $\therefore n=2$
 그런데 n은 홀수이므로 모순이다.
(ii) n이 짝수일 때
 $f'(-1)=n\times(-1)^{n-1}+2n=-n+2n=n=6$
(i), (ii)에서 $n=6$이므로
$f(x)=x^6+12x+3$
$\therefore f(1)=1+12+3=16$

0165
답 ②

$f(x)=(2x^2+1)(x^2+x+a)$에서
$f'(x)=4x(x^2+x+a)+(2x^2+1)(2x+1)$이므로
$f'(-1)=-4a-3=1$
$-4a=4$ $\therefore a=-1$

0166
답 ②

$g(x)=(x^2+x+2)f(x)$에서
$g'(x)=(2x+1)f(x)+(x^2+x+2)f'(x)$
$g(1)=4f(1)=12$이므로 $f(1)=3$
$g'(1)=3f(1)+4f'(1)=9+4f'(1)=5$이므로
$f'(1)=-1$
$\therefore f(1)+f'(1)=3+(-1)=2$

0167
답 ②

이차함수 $f(x)$는 최고차항의 계수가 1이고 함수 $y=f(x)$의 그래프가 x축에 접하므로 $f(x)=(x-a)^2$ (a는 상수)이라 하면
$g(x)=(x-2)f(x)=(x-2)(x-a)^2$
$g'(x)=(x-a)^2+2(x-2)(x-a)$
곡선 $y=g(x)$ 위의 점 $(3, 1)$에서의 접선의 기울기가 3이므로
$g(3)=1$에서 $(3-a)^2=1$
$3-a=-1$ 또는 $3-a=1$
$\therefore a=2$ 또는 $a=4$ ······ ㉠
$g'(3)=3$에서 $(3-a)^2+2(3-a)=3$
$a^2-8a+12=0$, $(a-2)(a-6)=0$
$\therefore a=2$ 또는 $a=6$ ······ ㉡
㉠, ㉡에서 $a=2$이므로
$g(x)=(x-2)^3$
$\therefore g(4)=(4-2)^3=8$

0168
답 3

$f(x)=3x^3-2x^2+4x$에서 $f'(x)=9x^2-4x+4$이므로
$$\lim_{x\to1}\frac{f(x)-f(1)}{x^3-1}=\lim_{x\to1}\left\{\frac{f(x)-f(1)}{x-1}\times\frac{1}{x^2+x+1}\right\}$$
$$=f'(1)\times\frac{1}{3}=9\times\frac{1}{3}=3$$

0169
답 ④

$\lim_{h\to0}\dfrac{f(1+2h)-3}{h}=4$에서 극한값이 존재하고 $h\to0$일 때,
(분모) $\to0$이므로 (분자) $\to0$이어야 한다.
즉, $\lim_{h\to0}\{f(1+2h)-3\}=0$이므로 $f(1)=3$
$$\lim_{h\to0}\frac{f(1+2h)-3}{h}=\lim_{h\to0}\frac{f(1+2h)-f(1)}{2h}\times2$$
$$=2f'(1)=4$$
$\therefore f'(1)=2$
$f(x)=x^3+ax+b$에서 $f'(x)=3x^2+a$이므로
$f(1)=3$에서 $1+a+b=3$
$\therefore a+b=2$ ······ ㉠

$f'(1)=2$에서 $3+a=2$

$\therefore a=-1$

$a=-1$을 ㉠에 대입하면 $b=3$

따라서 $f(x)=x^3-x+3$이므로

$f(2)=8-2+3=9$

0170

$$\lim_{h\to 0}\frac{f(a+2h)-f(a-2h)}{h}$$

$$=\lim_{h\to 0}\frac{\{f(a+2h)-f(a)\}-\{f(a-2h)-f(a)\}}{h}$$

$$=\lim_{h\to 0}\frac{f(a+2h)-f(a)}{2h}\times 2-\lim_{h\to 0}\frac{f(a-2h)-f(a)}{-2h}\times(-2)$$

$$=2f'(a)+2f'(a)=4f'(a)=8$$

$$\therefore f'(a)=2$$

$f(x)=2x^2+8x-7$에서 $f'(x)=4x+8$이므로

$f'(a)=2$에서 $4a+8=2$

$4a=-6$ $\therefore a=-\dfrac{3}{2}$

0171

$\lim_{x\to 2}\dfrac{f(x)-3}{x^2-2x}=1$에서 극한값이 존재하고 $x\to 2$일 때,

(분모)$\to 0$이므로 (분자)$\to 0$이어야 한다.

즉, $\lim_{x\to 2}\{f(x)-3\}=0$이므로 $f(2)=3$

$$\lim_{x\to 2}\frac{f(x)-3}{x^2-2x}=\lim_{x\to 2}\left\{\frac{f(x)-f(2)}{x-2}\times\frac{1}{x}\right\}$$

$$=f'(2)\times\frac{1}{2}=1$$

$$\therefore f'(2)=2$$

$g(x)=(x^2+1)f(x)$에서

$g'(x)=2xf(x)+(x^2+1)f'(x)$이므로

$g'(2)=4f(2)+5f'(2)=4\times 3+5\times 2=22$

0172

$\lim_{x\to 3}\dfrac{f(x)-2}{x-3}=2$에서 극한값이 존재하고 $x\to 3$일 때,

(분모)$\to 0$이므로 (분자)$\to 0$이어야 한다.

즉, $\lim_{x\to 3}\{f(x)-2\}=0$이므로 $f(3)=2$

$$\therefore \lim_{x\to 3}\frac{f(x)-2}{x-3}=\lim_{x\to 3}\frac{f(x)-f(3)}{x-3}=f'(3)=2$$

또한 $\lim_{x\to 3}\dfrac{g(x)-1}{x-3}=4$에서 극한값이 존재하고 $x\to 3$일 때,

(분모)$\to 0$이므로 (분자)$\to 0$이어야 한다.

즉, $\lim_{x\to 3}\{g(x)-1\}=0$이므로 $g(3)=1$

$$\therefore \lim_{x\to 3}\frac{g(x)-1}{x-3}=\lim_{x\to 3}\frac{g(x)-g(3)}{x-3}=g'(3)=4$$

$h(x)=f(x)g(x)$에서

$h'(x)=f'(x)g(x)+f(x)g'(x)$이므로

$$h'(3)=f'(3)g(3)+f(3)g'(3)$$
$$=2\times 1+2\times 4=10$$

0173

$\lim_{x\to 2}\dfrac{f(x^2)-2}{x-2}=8$에서 극한값이 존재하고 $x\to 2$일 때,

(분모)$\to 0$이므로 (분자)$\to 0$이어야 한다.

즉, $\lim_{x\to 2}\{f(x^2)-2\}=0$이므로 $f(4)=2$

$$\lim_{x\to 2}\frac{f(x^2)-2}{x-2}=\lim_{x\to 2}\left\{\frac{f(x^2)-f(4)}{x^2-4}\times(x+2)\right\}$$

$$=4f'(4)=8$$

$$\therefore f'(4)=2$$

또한 $\lim_{x\to 1}\dfrac{g(x+3)-1}{x^2-x}=2$에서 극한값이 존재하고 $x\to 1$일 때,

(분모)$\to 0$이므로 (분자)$\to 0$이어야 한다.

즉, $\lim_{x\to 1}\{g(x+3)-1\}=0$이므로 $g(4)=1$

$x+3=t$로 놓으면 $x\to 1$일 때, $t\to 4$이므로

$$\lim_{x\to 1}\frac{g(x+3)-1}{x^2-x}=\lim_{t\to 4}\frac{g(t)-g(4)}{(t-3)^2-(t-3)}$$

$$=\lim_{t\to 4}\left\{\frac{g(t)-g(4)}{t-4}\times\frac{1}{t-3}\right\}$$

$$=g'(4)=2$$

$h(x)=f(x)g(x)$에서

$h'(x)=f'(x)g(x)+f(x)g'(x)$이므로

$$h'(4)=f'(4)g(4)+f(4)g'(4)$$
$$=2\times 1+2\times 2=6$$

0174

$\lim_{x\to 1}\dfrac{f(x)-2g(x)}{2x-2}=2$에서 극한값이 존재하고 $x\to 1$일 때,

(분모)$\to 0$이므로 (분자)$\to 0$이어야 한다.

즉, $\lim_{x\to 1}\{f(x)-2g(x)\}=0$이므로

$f(1)=2g(1)$ $\cdots\cdots$ ㉠

$$\lim_{x\to 1}\frac{f(x)-2g(x)}{2x-2}$$

$$=\lim_{x\to 1}\frac{f(x)-f(1)-2g(x)+2g(1)}{2x-2}$$

$$=\lim_{x\to 1}\frac{f(x)-f(1)}{x-1}\times\frac{1}{2}-\lim_{x\to 1}\frac{g(x)-g(1)}{x-1}$$

$$=\frac{1}{2}f'(1)-g'(1)=2$$

$\therefore f'(1)=2g'(1)+4$ $\cdots\cdots$ ㉡

$\lim_{x\to 1}\dfrac{(x-1)f(x)}{g(x)-3}=4$에서 0이 아닌 극한값이 존재하고 $x\to 1$일 때,

(분자)$\to 0$이므로 (분모)$\to 0$이어야 한다.

즉, $\lim_{x\to 1}\{g(x)-3\}=0$이므로

$g(1)=3$ $\cdots\cdots$ ㉢

㉢을 ㉠에 대입하면

$f(1)=2g(1)=2\times 3=6$ $\cdots\cdots$ ㉣

$$\lim_{x\to 1}\frac{(x-1)f(x)}{g(x)-3}=\lim_{x\to 1}\left\{f(x)\times\frac{x-1}{g(x)-3}\right\}$$

$$=\lim_{x\to 1}\left\{f(x)\times\frac{1}{\dfrac{g(x)-g(1)}{x-1}}\right\}\quad(\because ㉢)$$

$$=\frac{f(1)}{g'(1)}=4$$

$$\therefore g'(1)=\frac{1}{4}f(1)=\frac{1}{4}\times 6 \ (\because \text{②})$$
$$=\frac{3}{2}$$

이를 ⓒ에 대입하면

$$f'(1)=2\times\frac{3}{2}+4=7$$

따라서 $h'(x)=f'(x)g(x)+f(x)g'(x)$이므로

$$h'(1)=f'(1)g(1)+f(1)g'(1)=7\times 3+6\times\frac{3}{2}=30$$

0175
답 ⑤

$f(x)=x^{14}+x^5+x$라 하면 $f(1)=3$이므로

$$\lim_{x\to 1}\frac{x^{14}+x^5+x-3}{x-1}=\lim_{x\to 1}\frac{f(x)-f(1)}{x-1}=f'(1)$$

$f'(x)=14x^{13}+5x^4+1$이므로 $f'(1)=14+5+1=20$

0176
답 15

$\lim\limits_{x\to -1}\dfrac{x^n+2x^2-3x-4}{x+1}=8$에서 극한값이 존재하고 $x\to -1$일 때,

(분모)$\to 0$이므로 (분자)$\to 0$이어야 한다.

즉, $\lim\limits_{x\to -1}(x^n+2x^2-3x-4)=0$이므로

$(-1)^n+2+3-4=0,\ (-1)^n=-1$

따라서 n은 홀수이다.

$f(x)=x^n+2x^2-3x$라 하면 $f(-1)=4$이므로

$$\lim_{x\to -1}\frac{x^n+2x^2-3x-4}{x+1}=\lim_{x\to -1}\frac{f(x)-f(-1)}{x-(-1)}=f'(-1)$$

$f'(x)=nx^{n-1}+4x-3$이므로

$f'(-1)=n\times(-1)^{n-1}-4-3=n-7$

따라서 $n-7=8$이므로 $n=15$

0177
답 ①

$\lim\limits_{x\to -2}\dfrac{x^n+2x^4-2x^3+4x-8}{x+2}=a$에서 극한값이 존재하고 $x\to -2$

일 때, (분모)$\to 0$이므로 (분자)$\to 0$이어야 한다.

즉, $\lim\limits_{x\to -2}(x^n+2x^4-2x^3+4x-8)=0$이므로

$(-2)^n+32+16-8-8=0$에서

$(-2)^n=-32 \qquad \therefore n=5$

$f(x)=x^5+2x^4-2x^3+4x$라 하면 $f(-2)=8$이므로

$$\lim_{x\to -2}\frac{x^5+2x^4-2x^3+4x-8}{x+2}=\lim_{x\to -2}\frac{f(x)-f(-2)}{x-(-2)}=f'(-2)$$

$f'(x)=5x^4+8x^3-6x^2+4$이므로

$a=f'(-2)=5\times 16+8\times(-8)-6\times 4+4=-4$

$\therefore n+a=5+(-4)=1$

0178
답 ①

$f(x)=ax^3+bx+c$에서 $f'(x)=3ax^2+b$이므로

$\{f'(x)\}^2=x\{f(x)-2\}$에 대입하면

$(3ax^2+b)^2=x(ax^3+bx+c-2)$

$9a^2x^4+6abx^2+b^2=ax^4+bx^2+(c-2)x$

위의 등식이 모든 실수 x에 대하여 성립하므로

$9a^2=a,\ 6ab=b,\ b^2=0,\ c-2=0$

이때 $a\neq 0$이므로 $a=\dfrac{1}{9},\ b=0,\ c=2$

$$\therefore ac+b=\frac{1}{9}\times 2+0=\frac{2}{9}$$

> **Bible Says** 항등식의 성질
>
> (1) $ax^2+bx+c=0$이 x에 대한 항등식이면
>
> $\qquad a=0,\ b=0,\ c=0$
>
> (2) $ax^2+bx+c=a'x^2+b'x+c'$이 x에 대한 항등식이면
>
> $\qquad a=a',\ b=b',\ c=c'$

0179
답 3

$f(x)=x^2+ax+b\ (a,\ b$는 상수)라 하면

$f'(x)=2x+a$이므로

$3f(x)-\{f'(x)\}^2=-x^2+3x$에 대입하면

$3(x^2+ax+b)-(2x+a)^2=-x^2+3x$

$-x^2-ax+3b-a^2=-x^2+3x$

위의 등식이 모든 실수 x에 대하여 성립하므로

$-a=3,\ 3b-a^2=0$

$\therefore a=-3,\ b=3$

따라서 $f(x)=x^2-3x+3$이므로

$f(3)=9-9+3=3$

0180
답 15

함수 $f(x)$를 n차 다항함수라 하면 $f'(x)$는 $(n-1)$차 다항함수이
다.

조건 ㈎에서 $n=1$이면 좌변은 상수이고, 우변은 일차식이 되어 모
순이다. 즉, $n\geq 2$이다.

조건 ㈎에서 좌변의 차수는 $2(n-1)$, 우변의 차수는 n이므로

$2n-2=n \qquad \therefore n=2$

$f(x)=ax^2+bx+c\ (a,\ b,\ c$는 상수, $a\neq 0)$라 하면

$f'(x)=2ax+b$이므로

$\{f'(x)\}^2=8f(x)+1$에 대입하면

$(2ax+b)^2=8(ax^2+bx+c)+1$

$4a^2x^2+4abx+b^2=8ax^2+8bx+8c+1$

위의 등식이 모든 실수 x에 대하여 성립하므로

$4a^2=8a,\ 4ab=8b,\ b^2=8c+1 \qquad \cdots\cdots\ \text{㉠}$

$\therefore a=2\ (\because a\neq 0)$

조건 ㈏에서 $f'(0)=3$이므로 $b=3$

이를 ㉠에 대입하면 $9=8c+1$

$8c=8$ $\quad \therefore c=1$

따라서 $f(x)=2x^2+3x+1$이므로

$f(2)=8+6+1=15$

위와 같이 다항함수 꼴로 주어진 경우 본 풀이의 방식을 이용하는 것이 조금 더 편리하다. 하지만 다항함수가 아닌 꼴, 혹은 미분하기 복잡한 형태인 경우도 출제되므로 두 가지 방법을 모두 익혀두고 주어진 함수에 따라 적절히 선택하여 이용하도록 하자.

Bible Says 구간으로 나누어 정의된 함수의 미분가능성

미분가능한 두 함수 $f(x), g(x)$에 대하여

함수 $h(x)=\begin{cases} f(x) & (x<a) \\ g(x) & (x\geq a) \end{cases}$가 $x=a$에서 미분가능하면

(1) 함수 $h(x)$는 $x=a$에서 연속이다.

$\Rightarrow \lim\limits_{x \to a-} f(x)=\lim\limits_{x \to a+} g(x)=g(a)$

(2) 함수 $h(x)$는 $x=a$에서 미분계수가 존재한다.

$\Rightarrow (x=a$에서 좌미분계수$)=(x=a$에서 우미분계수$)$

[방법 1] 도함수를 이용

$h'(x)=\begin{cases} f'(x) & (x<a) \\ g'(x) & (x>a) \end{cases}$에서

$\lim\limits_{x \to a-} f'(x)=\lim\limits_{x \to a+} g'(x)$, 즉 $f'(a)=g'(a)$임을 보인다.

[방법 2] 미분계수의 정의를 이용

$\lim\limits_{x \to a-} \dfrac{f(x)-f(a)}{x-a}=\lim\limits_{x \to a+} \dfrac{g(x)-g(a)}{x-a}$

임을 보인다.

유형 13 구간으로 나누어 정의된 함수의 미분가능성

0181
답 ①

함수 $f(x)$가 $x=2$에서 미분가능하므로 $x=2$에서 연속이다.

즉, $\lim\limits_{x \to 2-} f(x)=\lim\limits_{x \to 2+} f(x)=f(2)$이어야 하므로

$\lim\limits_{x \to 2-} f(x)=\lim\limits_{x \to 2-} (x^2+ax)=2a+4$

$\lim\limits_{x \to 2+} f(x)=\lim\limits_{x \to 2+} (2x+2a)=2a+4$

$f(2)=2a+4$

따라서 함수 $f(x)$는 a의 값에 관계없이 $x=2$에서 연속이다.

또한 함수 $f(x)$가 $x=2$에서 미분가능하므로 $x=2$에서의 좌미분계수와 우미분계수가 같아야 한다.

즉, $\lim\limits_{x \to 2-} f'(x)=\lim\limits_{x \to 2+} f'(x)$이어야 하므로

$f'(x)=\begin{cases} 2x+a & (x<2) \\ 2 & (x>2) \end{cases}$에서

$\lim\limits_{x \to 2-} f'(x)=\lim\limits_{x \to 2-} (2x+a)=a+4$

$\lim\limits_{x \to 2+} f'(x)=\lim\limits_{x \to 2+} 2=2$

따라서 $a+4=2$이므로

$a=-2$

$\therefore f(x)=\begin{cases} x^2-2x & (x<2) \\ 2x-4 & (x\geq 2) \end{cases}$

$\therefore f(-1)+f(4)=3+4=7$

다른 풀이

미분계수의 정의를 이용하여 구할 수도 있다.

함수 $f(x)$가 $x=2$에서 미분가능하므로 $x=2$에서의 좌미분계수와 우미분계수가 같아야 한다.

즉, $\lim\limits_{x \to 2-} \dfrac{f(x)-f(2)}{x-2}=\lim\limits_{x \to 2+} \dfrac{f(x)-f(2)}{x-2}$이어야 하므로

$\lim\limits_{x \to 2-} \dfrac{f(x)-f(2)}{x-2}=\lim\limits_{x \to 2-} \dfrac{x^2+ax-(2a+4)}{x-2}$

$=\lim\limits_{x \to 2-} \dfrac{(x-2)(x+a+2)}{x-2}$

$=\lim\limits_{x \to 2-} (x+a+2)=a+4$

$\lim\limits_{x \to 2+} \dfrac{f(x)-f(2)}{x-2}=\lim\limits_{x \to 2+} \dfrac{(2x+2a)-(2a+4)}{x-2}$

$=\lim\limits_{x \to 2+} \dfrac{2(x-2)}{x-2}=2$

따라서 $a+4=2$이므로

$a=-2$

$\therefore f(x)=\begin{cases} x^2-2x & (x<2) \\ 2x-4 & (x\geq 2) \end{cases}$

$\therefore f(-1)+f(4)=3+4=7$

0182
답 -1

함수 $f(x)$가 $x=1$에서 미분가능하므로 $x=1$에서 연속이다.

즉, $\lim\limits_{x \to 1-} f(x)=\lim\limits_{x \to 1+} f(x)=f(1)$이어야 하므로

$\lim\limits_{x \to 1-} f(x)=\lim\limits_{x \to 1-} (2x^2+ax+3)=a+5$

$\lim\limits_{x \to 1+} f(x)=\lim\limits_{x \to 1+} (2x+b)=b+2$

$f(1)=b+2$

따라서 $a+5=b+2$이므로

$a-b=-3$ ……… ㉠

또한 함수 $f(x)$가 $x=1$에서 미분가능하므로 $x=1$에서의 좌미분계수와 우미분계수가 같아야 한다.

즉, $\lim\limits_{x \to 1-} f'(x)=\lim\limits_{x \to 1+} f'(x)$이어야 하므로

$f'(x)=\begin{cases} 4x+a & (x<1) \\ 2 & (x>1) \end{cases}$에서

$\lim\limits_{x \to 1-} f'(x)=\lim\limits_{x \to 1-} (4x+a)=a+4$

$\lim\limits_{x \to 1+} f'(x)=\lim\limits_{x \to 1+} 2=2$

따라서 $a+4=2$이므로

$a=-2$

$a=-2$를 ㉠에 대입하면 $b=1$

$\therefore a+b=-2+1=-1$

0183
답 1

함수 $g(x)$가 실수 전체의 집합에서 미분가능하면 $x=1$에서 미분가능하므로 $x=1$에서 연속이다.

즉, $\lim\limits_{x \to 1-} g(x)=\lim\limits_{x \to 1+} g(x)=g(1)$이어야 하므로

$\lim\limits_{x \to 1-} g(x)=\lim\limits_{x \to 1-} (x-1)f(x)=0$

$$\lim_{x\to 1+} g(x)=\lim_{x\to 1+}(x^2+ax)=1+a$$

$g(1)=1+a$

따라서 $1+a=0$이므로

$a=-1$ $\quad$ …… ㉠

또한 함수 $g(x)$가 $x=1$에서 미분가능하므로 $x=1$에서의 좌미분계수와 우미분계수가 같아야 한다.

즉, $\lim_{x\to 1-}\dfrac{g(x)-g(1)}{x-1}=\lim_{x\to 1+}\dfrac{g(x)-g(1)}{x-1}$이어야 하므로

$$\lim_{x\to 1-}\frac{g(x)-g(1)}{x-1}=\lim_{x\to 1-}\frac{(x-1)f(x)}{x-1}$$
$$=\lim_{x\to 1-}f(x)=f(1)$$
$$\lim_{x\to 1+}\frac{g(x)-g(1)}{x-1}=\lim_{x\to 1+}\frac{x^2-x}{x-1}\ (\because ㉠)$$
$$=\lim_{x\to 1+}\frac{x(x-1)}{x-1}=\lim_{x\to 1+}x=1$$

$\therefore f(1)=1$

곱의 미분법을 이용하여 구할 수도 있다.

함수 $g(x)$가 $x=1$에서 미분가능하므로 $x=1$에서의 좌미분계수와 우미분계수가 같아야 한다.

즉, $\lim_{x\to 1-}g'(x)=\lim_{x\to 1+}g'(x)$이어야 하므로

$g'(x)=\begin{cases} f(x)+(x-1)f'(x) & (x<1) \\ 2x-1 & (x>1) \end{cases}$에서

$$\lim_{x\to 1-}g'(x)=\lim_{x\to 1-}\{f(x)+(x-1)f'(x)\}=f(1)$$
$$\lim_{x\to 1+}g'(x)=\lim_{x\to 1+}(2x-1)=1$$

$\therefore f(1)=1$

0184

함수 $f(x)$가 실수 전체의 집합에서 미분가능하면 $x=2$에서 미분가능하므로 $x=2$에서 연속이다.

즉, $\lim_{x\to 2-}f(x)=\lim_{x\to 2+}f(x)=f(2)$이어야 하므로

$$\lim_{x\to 2-}f(x)=\lim_{x\to 2-}(x^2+ax+b)=4+2a+b$$
$$\lim_{x\to 2+}f(x)=\lim_{x\to 2+}(bx+2)=2b+2$$

$f(2)=2b+2$

따라서 $4+2a+b=2b+2$이므로

$2a-b=-2$ $\quad$ …… ㉠

또한 함수 $f(x)$가 $x=2$에서 미분가능하므로 $x=2$에서의 좌미분계수와 우미분계수가 같아야 한다.

즉, $\lim_{x\to 2-}f'(x)=\lim_{x\to 2+}f'(x)$이어야 하므로

$f'(x)=\begin{cases} 2x+a & (x<2) \\ b & (x>2) \end{cases}$에서

$$\lim_{x\to 2-}f'(x)=\lim_{x\to 2-}(2x+a)=4+a$$
$$\lim_{x\to 2+}f'(x)=\lim_{x\to 2+}b=b$$

$\therefore b=4+a$ $\quad$ …… ㉡

㉠, ㉡을 연립하여 풀면 $a=2$, $b=6$

따라서 $f(x)=\begin{cases} x^2+2x+6 & (x<2) \\ 6x+2 & (x\geq 2) \end{cases}$이므로

$f(1)+f(3)=9+20=29$

0185

$f(x)=\begin{cases} -(x-2) & (x<2) \\ x-2 & (x\geq 2) \end{cases}$이므로

$h(x)=f(x)g(x)=\begin{cases} -(2x+a)(x-2) & (x<2) \\ -x(x-2) & (x\geq 2) \end{cases}$

함수 $h(x)$가 실수 전체의 집합에서 미분가능하면 $x=2$에서 미분가능하므로 $x=2$에서 연속이다.

즉, $\lim_{x\to 2-}h(x)=\lim_{x\to 2+}h(x)=h(2)$이어야 하므로

$$\lim_{x\to 2-}h(x)=\lim_{x\to 2-}\{-(2x+a)(x-2)\}=0$$
$$\lim_{x\to 2+}h(x)=\lim_{x\to 2+}\{-x(x-2)\}=0$$

$h(2)=f(2)g(2)=0$

따라서 함수 $h(x)$는 a의 값에 관계없이 $x=2$에서 연속이다.

또한 함수 $h(x)$가 $x=2$에서 미분가능하므로 $x=2$에서의 좌미분계수와 우미분계수가 같아야 한다.

즉, $\lim_{x\to 2-}h'(x)=\lim_{x\to 2+}h'(x)$이어야 한다.

$h(x)=\begin{cases} -2x^2+(4-a)x+2a & (x<2) \\ -x^2+2x & (x\geq 2) \end{cases}$이므로

$h'(x)=\begin{cases} -4x+4-a & (x<2) \\ -2x+2 & (x>2) \end{cases}$에서

$$\lim_{x\to 2-}h'(x)=\lim_{x\to 2-}(-4x+4-a)=-4-a$$
$$\lim_{x\to 2+}h'(x)=\lim_{x\to 2+}(-2x+2)=-2$$

따라서 $-4-a=-2$이므로

$a=-2$

$\therefore h'(x)=\begin{cases} -4x+6 & (x<2) \\ -2x+2 & (x\geq 2) \end{cases}$

$\therefore h'(1)=-4+6=2$

0186

함수 $g(x)$가 실수 전체의 집합에서 미분가능하면 $x=1$, $x=3$에서 미분가능하므로 $x=1$, $x=3$에서 연속이다.

즉, $\lim_{x\to 1-}g(x)=\lim_{x\to 1+}g(x)=g(1)$,

$\lim_{x\to 3-}g(x)=\lim_{x\to 3+}g(x)=g(3)$이어야 하므로

$$\lim_{x\to 1-}g(x)=\lim_{x\to 1-}(2x-2)=0$$
$$\lim_{x\to 1+}g(x)=\lim_{x\to 1+}f(x)=f(1)$$

$g(1)=f(1)$

$\therefore f(1)=0$

$$\lim_{x\to 3-}g(x)=\lim_{x\to 3-}f(x)=f(3)$$
$$\lim_{x\to 3+}g(x)=\lim_{x\to 3+}(-x^2+8x-15)=0$$

$g(3)=-9+24-15=0$

$\therefore f(3)=0$

또한 함수 $g(x)$가 $x=1$, $x=3$에서 미분가능하므로 $x=1$, $x=3$에서 각각 좌미분계수와 우미분계수가 같아야 한다.

즉, $\lim\limits_{x\to1-}g'(x)=\lim\limits_{x\to1+}g'(x)$, $\lim\limits_{x\to3-}g'(x)=\lim\limits_{x\to3+}g'(x)$이어야 하므로

$$g'(x)=\begin{cases} 2 & (x<1) \\ f'(x) & (1<x<3) \\ -2x+8 & (x>3) \end{cases}$$에서

$\lim\limits_{x\to1-}g'(x)=\lim\limits_{x\to1-}2=2$

$\lim\limits_{x\to1+}g'(x)=\lim\limits_{x\to1+}f'(x)=f'(1)$

$\therefore f'(1)=2$

$\lim\limits_{x\to3-}g'(x)=\lim\limits_{x\to3-}f'(x)=f'(3)$

$\lim\limits_{x\to3+}g'(x)=\lim\limits_{x\to3+}(-2x+8)=2$

$\therefore f'(3)=2$

따라서 $f(1)=0$, $f(3)=0$이므로

$f(x)=(x-1)(x-3)(ax+b)$ (a, b는 상수, $a\neq0$)라 하면

$f'(x)=(x-3)(ax+b)+(x-1)(ax+b)+a(x-1)(x-3)$

이때 $f'(1)=2$이므로

$-2(a+b)=2$ $\quad \therefore a+b=-1$ $\quad\cdots\cdots$ ㉠

$f'(3)=2$이므로

$2(3a+b)=2$ $\quad \therefore 3a+b=1$ $\quad\cdots\cdots$ ㉡

㉠, ㉡을 연립하여 풀면 $a=1$, $b=-2$

$\therefore f(x)=(x-1)(x-3)(x-2)$

$\therefore f(5)=4\times2\times3=24$

0187

답 8

$f(x)=2x^3+3x^2-12x+a$라 하면 $f(x)$가 $(x-b)^2$으로 나누어떨어지므로

$f(b)=0$, $f'(b)=0$

$f(b)=0$에서 $2b^3+3b^2-12b+a=0$ $\quad\cdots\cdots$ ㉠

$f'(x)=6x^2+6x-12$이므로 $f'(b)=0$에서

$6b^2+6b-12=0$, $6(b+2)(b-1)=0$

$\therefore b=1$ $(\because b>0)$

$b=1$을 ㉠에 대입하면

$-7+a=0$ $\quad \therefore a=7$

$\therefore a+b=7+1=8$

0188

답 11

다항식 $f(x)$를 $(x-2)^2$으로 나누었을 때의 몫을 $Q(x)$라 하면

$f(x)=(x-2)^2Q(x)+3x+2$ $\quad\cdots\cdots$ ㉠

㉠의 양변에 $x=2$를 대입하면

$f(2)=6+2=8$

㉠의 양변을 x에 대하여 미분하면

$f'(x)=2(x-2)Q(x)+(x-2)^2Q'(x)+3$ $\quad\cdots\cdots$ ㉡

㉡의 양변에 $x=2$를 대입하면

$f'(2)=3$

$\therefore f(2)+f'(2)=8+3=11$

0189

답 12

$\lim\limits_{h\to0}\dfrac{f(2+h)-2}{h}=5$에서 극한값이 존재하고 $h\to0$일 때,

(분모)$\to0$이므로 (분자)$\to0$이어야 한다.

즉, $\lim\limits_{h\to0}\{f(2+h)-2\}=0$이므로 $f(2)=2$

$\lim\limits_{h\to0}\dfrac{f(2+h)-2}{h}=\lim\limits_{h\to0}\dfrac{f(2+h)-f(2)}{h}=f'(2)=5$

$f(x)$를 $(x-2)^2$으로 나누었을 때의 몫을 $Q(x)$,

$R(x)=ax+b$ (a, b는 상수)라 하면

$f(x)=(x-2)^2Q(x)+ax+b$ $\quad\cdots\cdots$ ㉠

㉠의 양변에 $x=2$를 대입하면

$f(2)=2a+b=2$ $\quad\cdots\cdots$ ㉡

㉠의 양변을 x에 대하여 미분하면

$f'(x)=2(x-2)Q(x)+(x-2)^2Q'(x)+a$ $\quad\cdots\cdots$ ㉢

㉢의 양변에 $x=2$를 대입하면

$f'(2)=a=5$

$a=5$를 ㉡에 대입하면 $b=-8$

따라서 $R(x)=5x-8$이므로

$R(4)=5\times4-8=12$

0190

답 ④

조건 ㈎에서 $f(x)$가 $(x-1)^2$으로 나누어떨어지므로

$f(x)=(x-1)^2(ax+b)$ (a, b는 상수, $a\neq0$)라 하자.

조건 ㈏에서 $f(2)-3=0$, 즉 $f(2)=3$이므로

$2a+b=3$ $\quad\cdots\cdots$ ㉠

$f'(x)=2(x-1)(ax+b)+a(x-1)^2$이므로

$f'(2)=3$에서 $2(2a+b)+a=3$

$5a+2b=3$ $\quad\cdots\cdots$ ㉡

㉠, ㉡을 연립하여 풀면 $a=-3$, $b=9$

따라서 $f'(x)=2(x-1)(-3x+9)-3(x-1)^2$이므로

$f'(3)=2\times2\times0-3\times4=-12$

0191

답 3

$f(x)$를 $(x-a)^2$으로 나누었을 때의 몫을 $Q(x)$라 하면

$f(x)=(x-a)^2Q(x)+x-3$ $\quad\cdots\cdots$ ㉠

㉠의 양변에 $x=a$를 대입하면

$f(a)=a-3$

㉠의 양변을 x에 대하여 미분하면

$f'(x)=2(x-a)Q(x)+(x-a)^2Q'(x)+1$ $\quad\cdots\cdots$ ㉡

㉡의 양변에 $x=a$를 대입하면

$f'(a)=1$

$g(x)=x^2f(x)$라 하면 $g'(x)=2xf(x)+x^2f'(x)$

곡선 $y=g(x)$ 위의 점 $(a, g(a))$에서의 접선의 기울기가 9이므로
$g'(a)=9$에서
$2af(a)+a^2f'(a)=9$, $2a(a-3)+a^2=9$
$3a^2-6a-9=0$, $3(a+1)(a-3)=0$
$\therefore a=3$ ($\because a>0$)

답 ④

$f(3)=2$, $f'(3)=1$인 다항함수 $f(x)$와 최고차항의 계수가 1인 이차함수 $g(x)$가

$$\lim_{x\to 3}\frac{f(x)-g(x)}{x-3}=1$$

을 만족시킬 때, $g(1)$의 값은?

① 3　　② 4　　③ 5　　④ 6　　⑤ 7

0192

답 11

함수 $f(x)=x^3-6x^2+5x$에 대하여 x의 값이 0에서 4까지 변할 때의 평균변화율은

$$\frac{f(4)-f(0)}{4-0}=\frac{-12}{4}=-3$$

이때 $f'(x)=3x^2-12x+5$이므로

$f'(a)=-3$에서 $3a^2-12a+5=-3$

$\therefore 3a^2-12a+8=0$　……　㉠

이때 $g(a)=3a^2-12a+8=3(a-2)^2-4$라 하면 함수 $y=g(a)$의 그래프는 오른쪽 그림과 같으므로 ㉠을 만족시키는 모든 실수 a는 $0<a<4$를 만족시킨다.

따라서 구하는 모든 실수 a의 값의 곱은 이차방정식의 근과 계수의 관계에 의하여 $\frac{8}{3}$이므로

$p=3$, $q=8$
$\therefore p+q=3+8=11$

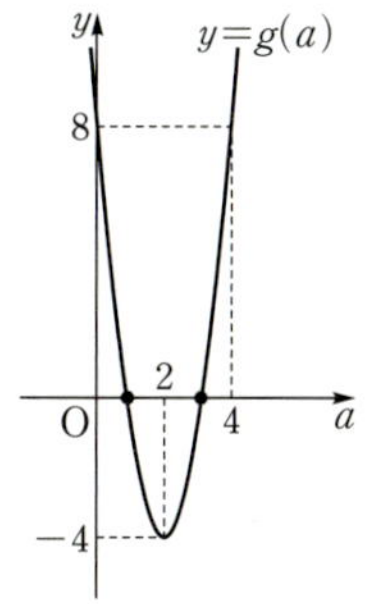

0193

답 ④

$$\lim_{h\to 0}\frac{f(1+h)-4}{h}=4$$에서 극한값이 존재하고 $h\to 0$일 때,

(분모)$\to 0$이므로 (분자)$\to 0$이어야 한다.

즉, $\lim_{h\to 0}\{f(1+h)-4\}=0$이므로

$f(1)=4$

$$\lim_{h\to 0}\frac{f(1+h)-4}{h}=\lim_{h\to 0}\frac{f(1+h)-f(1)}{h}$$
$$=f'(1)=4$$

$f(x)=x^2+ax+b$ (a, b는 상수)라 하면

$f(1)=4$에서 $1+a+b=4$

$\therefore a+b=3$　……　㉠

$f'(x)=2x+a$이므로

$f'(1)=4$에서 $2+a=4$

$\therefore a=2$

$a=2$를 ㉠에 대입하면 $b=1$

따라서 $f(x)=x^2+2x+1$, $f'(x)=2x+2$이므로

$f(3)+f'(3)=16+8=24$

0194

답 28

$$\lim_{x\to 1}\frac{xf(x)-2x^3}{x-1}=3$$에서 극한값이 존재하고 $x\to 1$일 때,

(분모)$\to 0$이므로 (분자)$\to 0$이어야 한다.

즉, $\lim_{x\to 1}\{xf(x)-2x^3\}=0$이므로 $f(1)=2$

$h(x)=xf(x)-2x^3$이라 하면 $h(1)=f(1)-2=0$이므로

$$\lim_{x\to 1}\frac{xf(x)-2x^3}{x-1}=\lim_{x\to 1}\frac{h(x)-h(1)}{x-1}=h'(1)=3$$

$h'(x)=f(x)+xf'(x)-6x^2$이므로

$h'(1)=f(1)+f'(1)-6=3$에서

$2+f'(1)-6=3$　　$\therefore f'(1)=7$

$g(x)=\{f(x)\}^2$에서 $g'(x)=2f(x)f'(x)$이므로

$g'(1)=2f(1)f'(1)=2\times 2\times 7=28$

답 21

다항함수 $f(x)$에 대하여 $f(1)=0$, $f'(1)=7$일 때,

$$\lim_{x\to 1}\frac{(x^2+2)f(x)}{x-1}$$의 값을 구하시오.

0195

답 ⑤

$x>0$이므로 $4x<f(2+x)-f(2-x)<2x^3+4x$에서

$$4<\frac{f(2+x)-f(2-x)}{x}<2x^2+4$$

이때 $\lim_{x\to 0+}4=4$, $\lim_{x\to 0+}(2x^2+4)=4$이므로 함수의 극한의 대소 관계에 의하여

$$\lim_{x\to 0+}\frac{f(2+x)-f(2-x)}{x}=4$$

$f(x)$는 미분가능한 함수이므로

$$\lim_{x\to 0+}\frac{f(2+x)-f(2-x)}{x}$$
$$=\lim_{x\to 0+}\frac{\{f(2+x)-f(2)\}-\{f(2-x)-f(2)\}}{x}$$
$$=\lim_{x\to 0+}\frac{f(2+x)-f(2)}{x}-\lim_{x\to 0+}\frac{f(2-x)-f(2)}{-x}\times(-1)$$
$$=f'(2)+f'(2)=2f'(2)=4$$
$$\therefore f'(2)=2$$

답 ④

$x>0$에서 함수 $f(x)$가 미분가능하고 $2x\leq f(x)\leq 3x$이다. $f(1)=2$이고 $f(2)=6$일 때, $f'(1)+f'(2)$의 값은?

① 8　　② 7　　③ 6　　④ 5　　⑤ 4

0196

답 ⑤

곡선 $y=f(x)$ 위의 점 $(1,\ f(1))$에서의 접선의 기울기는 $f'(1)$이고, 이 접선과 직선 $y=-\dfrac{1}{2}x+1$이 서로 수직이므로

$$f'(1)\times\left(-\dfrac{1}{2}\right)=-1 \qquad \therefore f'(1)=2$$

$\dfrac{1}{x}=h$로 놓으면 $x\to\infty$일 때, $h\to0+$이므로

$$\lim_{x\to\infty}2x\left\{f\left(1+\dfrac{2}{x}\right)-f\left(1-\dfrac{1}{2x}\right)\right\}$$

$$=\lim_{h\to0+}\dfrac{2}{h}\left\{f(1+2h)-f\left(1-\dfrac{h}{2}\right)\right\}$$

$$=\lim_{h\to0+}\dfrac{\{f(1+2h)-f(1)\}-\left\{f\left(1-\dfrac{h}{2}\right)-f(1)\right\}}{h}\times2$$

$$=\lim_{h\to0+}\dfrac{f(1+2h)-f(1)}{2h}\times4-\lim_{h\to0+}\dfrac{f\left(1-\dfrac{h}{2}\right)-f(1)}{-\dfrac{h}{2}}\times(-1)$$

$$=4f'(1)+f'(1)=5f'(1)$$

$$=5\times2=10$$

답 ⑤

삼차함수 $f(x)$에 대하여 곡선 $y=f(x)$ 위의 점 $(1,\ f(1))$에서의 접선과 직선 $y=-\dfrac{1}{3}x+2$가 서로 수직일 때,

$\displaystyle\lim_{n\to\infty}n\left\{f\left(1+\dfrac{1}{2n}\right)-f\left(1-\dfrac{1}{3n}\right)\right\}$의 값은?

① $\dfrac{5}{6}$ ② 1 ③ $\dfrac{5}{4}$ ④ $\dfrac{5}{3}$ ⑤ $\dfrac{5}{2}$

0197

답 ③

$\displaystyle\lim_{x\to1}\dfrac{f(x)g(x)-4}{x-1}=4$에서 극한값이 존재하고 $x\to1$일 때, (분모)$\to0$이므로 (분자)$\to0$이어야 한다.

즉, $\displaystyle\lim_{x\to1}\{f(x)g(x)-4\}=0$이므로

$$f(1)g(1)=4 \qquad\qquad \cdots\cdots ㉠$$

$h(x)=f(x)g(x)$라 하면 $h(1)=f(1)g(1)=4$이므로

$$\lim_{x\to1}\dfrac{f(x)g(x)-4}{x-1}=\lim_{x\to1}\dfrac{h(x)-h(1)}{x-1}=h'(1)=4$$

$h'(x)=f'(x)g(x)+f(x)g'(x)$이므로

$$h'(1)=f'(1)g(1)+f(1)g'(1)=4 \quad \cdots\cdots ㉡$$

한편, $\displaystyle\lim_{x\to1}\dfrac{f(x)-g(x)}{x^2-x}=8$에서 극한값이 존재하고 $x\to1$일 때, (분모)$\to0$이므로 (분자)$\to0$이어야 한다.

즉, $\displaystyle\lim_{x\to1}\{f(x)-g(x)\}=0$이므로

$$f(1)=g(1) \qquad\qquad \cdots\cdots ㉢$$

$$\lim_{x\to1}\dfrac{f(x)-g(x)}{x^2-x}$$

$$=\lim_{x\to1}\dfrac{\{f(x)-f(1)\}-\{g(x)-g(1)\}}{x(x-1)} \ (\because ㉢)$$

$$=\lim_{x\to1}\left\{\dfrac{f(x)-f(1)}{x-1}\times\dfrac{1}{x}\right\}-\lim_{x\to1}\left\{\dfrac{g(x)-g(1)}{x-1}\times\dfrac{1}{x}\right\}$$

$$=f'(1)-g'(1)=8 \qquad \cdots\cdots ㉣$$

㉢을 ㉠에 대입하면 $\{f(1)\}^2=4$

$$\therefore f(1)=2,\ g(1)=2 \ (\because f(1)>0)$$

따라서 ㉡에서 $2f'(1)+2g'(1)=4$이므로

$$f'(1)+g'(1)=2 \qquad\qquad \cdots\cdots ㉤$$

㉣, ㉤을 연립하여 풀면

$$f'(1)=5,\ g'(1)=-3$$

답 24

두 다항함수 $f(x),\ g(x)$가

$$\lim_{x\to2}\dfrac{f(x)-4}{x^2-4}=2,\ \lim_{x\to2}\dfrac{g(x)+1}{x-2}=8$$

을 만족시킨다. 함수 $h(x)=f(x)g(x)$에 대하여 $h'(2)$의 값을 구하시오.

0198

답 ⑤

$\displaystyle\lim_{x\to a}\dfrac{f(x)-1}{x-a}=3$에서 극한값이 존재하고 $x\to a$일 때, (분모)$\to0$이므로 (분자)$\to0$이어야 한다.

즉, $\displaystyle\lim_{x\to a}\{f(x)-1\}=0$이므로 $f(a)=1$

$$\lim_{x\to a}\dfrac{f(x)-1}{x-a}=\lim_{x\to a}\dfrac{f(x)-f(a)}{x-a}=f'(a)=3$$

곡선 $y=f(x)$ 위의 점 $(a,\ f(a))$에서의 접선의 방정식은

$y-f(a)=f'(a)(x-a)$, 즉 $y=3(x-a)+1=3x-3a+1$이므로 y절편은

$$-3a+1=4,\ 3a=-3$$

$$\therefore a=-1$$

$$\therefore f(-1)=1,\ f'(-1)=3$$

한편, 함수 $f(x)$는 최고차항의 계수가 1이고 $f(0)=0$인 삼차함수이므로

$f(x)=x^3+mx^2+nx\ (m,\ n$은 상수$)$라 하면

$f(-1)=1$에서 $-1+m-n=1$

$$\therefore m-n=2 \qquad\qquad \cdots\cdots ㉠$$

$f'(x)=3x^2+2mx+n$이므로

$f'(-1)=3$에서 $3-2m+n=3$

$$\therefore 2m-n=0 \qquad\qquad \cdots\cdots ㉡$$

㉠, ㉡을 연립하여 풀면 $m=-2,\ n=-4$

따라서 $f(x)=x^3-2x^2-4x$이므로

$$f(1)=1-2-4=-5$$

0199

답 ④

$\displaystyle\lim_{x\to\infty}\dfrac{f(x)}{x^3}=1$에서 $f(x)$는 최고차항의 계수가 1인 삼차함수이다.

$\displaystyle\lim_{x\to1}\dfrac{f(x)}{(x-1)^2}=2$에서 극한값이 존재하고 $x\to1$일 때, (분모)$\to0$이므로 (분자)$\to0$이어야 한다.

즉, $\displaystyle\lim_{x\to1}f(x)=0$이므로 $f(1)=0$

$f(x)=(x-1)h(x)\ (h(x)$는 최고차항의 계수가 1인 이차함수$)$라 하면

$$\lim_{x\to1}\dfrac{(x-1)h(x)}{(x-1)^2}=\lim_{x\to1}\dfrac{h(x)}{x-1}=2$$에서 극한값이 존재하고

$x\to1$일 때, (분모)$\to0$이므로 (분자)$\to0$이어야 한다.

즉, $\lim\limits_{x\to1}h(x)=0$이므로 $h(1)=0$

$h(x)=(x-1)(x+a)$ (a는 상수)라 하면

$f(x)=(x-1)^2(x+a)$이므로

$\lim\limits_{x\to1}\dfrac{f(x)}{(x-1)^2}=\lim\limits_{x\to1}\dfrac{(x-1)^2(x+a)}{(x-1)^2}=\lim\limits_{x\to1}(x+a)=1+a=2$

$\therefore a=1$

$\therefore f(x)=(x-1)^2(x+1)$

한편, $\lim\limits_{x\to2}\dfrac{f(x)g(x)-3}{x-2}=1$에서 극한값이 존재하고 $x\to2$일 때,

(분모)$\to0$이므로 (분자)$\to0$이어야 한다.

즉, $\lim\limits_{x\to2}\{f(x)g(x)-3\}=0$이므로

$f(2)g(2)=3$ ...... ㉠

$i(x)=f(x)g(x)$라 하면 $i(2)=f(2)g(2)=3$이므로

$\lim\limits_{x\to2}\dfrac{f(x)g(x)-3}{x-2}=\lim\limits_{x\to2}\dfrac{i(x)-i(2)}{x-2}=i'(2)=1$

$i'(x)=f'(x)g(x)+f(x)g'(x)$이므로

$i'(2)=f'(2)g(2)+f(2)g'(2)=1$ ...... ㉡

$f(2)=3$이므로 ㉠에서 $g(2)=1$

$f'(x)=2(x-1)(x+1)+(x-1)^2$이므로

$f'(2)=2\times1\times3+1=7$

㉡에서 $7\times1+3\times g'(2)=1$이므로 $3g'(2)=-6$

$\therefore g'(2)=-2$

답 ①

두 다항함수 $f(x)$, $g(x)$가

$$\lim_{x\to0}\dfrac{f(x)+g(x)}{x}=3,\quad \lim_{x\to0}\dfrac{f(x)+3}{xg(x)}=2$$

를 만족시킨다. 함수 $h(x)=f(x)g(x)$에 대하여 $h'(0)$의 값은?

① 27　　② 30　　③ 33　　④ 36　　⑤ 39

0200

답 ⑤

두 함수 $y=x$, $y=\dfrac{1}{2}x^2$의 그래프의 위치 관계에 따른 함수

$y=g(x)$의 식과 그 그래프를 나타내면 다음 그림과 같다.

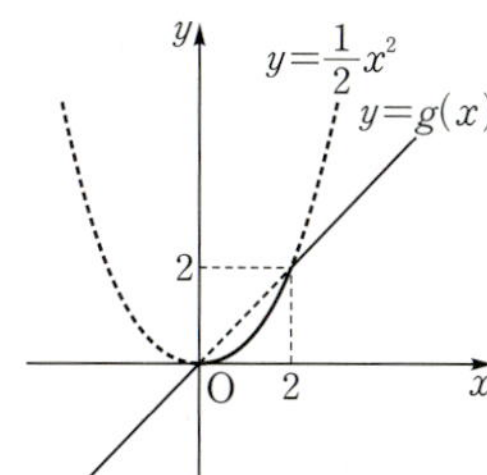

$g(x)=\begin{cases} x & (x<0 \text{ 또는 } x>2) \\ \dfrac{1}{2}x^2 & (0\le x\le2) \end{cases}$

ㄱ. $g(1)=\dfrac{1}{2}$ (참)

ㄴ. 위의 그림에서 모든 실수 x에 대하여 $g(x)\le x$이다. (참)

ㄷ. 실수 전체의 집합에서 함수 $g(x)$는 $x=0$, $x=2$에서 미분가능

　　하지 않으므로 미분가능하지 않은 점의 개수는 2이다. (참)

따라서 옳은 것은 ㄱ, ㄴ, ㄷ이다.

0201

답 ②

모든 실수 x에 대하여 $f(-x)=-f(x)$, $g(-x)=-g(x)$이므로

두 다항함수 $f(x)$, $g(x)$의 모든 항의 차수는 홀수이고 상수항은 0

이다.

두 함수 $f(x)$, $g(x)$의 최고차항의 계수가 1이므로 두 홀수 m, n

에 대하여 $f(x)$, $g(x)$의 최고차항을 각각 x^m, x^n이라 하면 두 도

함수 $f'(x)$, $g'(x)$의 최고차항은 각각 mx^{m-1}, nx^{n-1}이다.

$\lim\limits_{x\to\infty}\dfrac{f'(x)}{x^2g'(x)}=3$에서

$m-1=2+(n-1)$, $\dfrac{m}{n}=3$

위의 두 식을 연립하여 풀면 $m=3$, $n=1$

$f(x)=x^3+ax$ (a는 상수), $g(x)=x$라 하면

$\lim\limits_{x\to0}\dfrac{f(x)g(x)}{x^2}=\lim\limits_{x\to0}\dfrac{(x^3+ax)x}{x^2}=\lim\limits_{x\to0}(x^2+a)=a=-1$

따라서 $f(x)=x^3-x$, $g(x)=x$이므로

$f(2)+g(3)=6+3=9$

0202

답 32

$h'(4)=\lim\limits_{x\to4}\dfrac{f(x)g(x)-f(4)g(4)}{x-4}$

$=\lim\limits_{x\to4}\dfrac{f(x)\times\dfrac{1}{x-4}-2f(4)}{x-4}$

$=\lim\limits_{x\to4}\dfrac{f(x)-2(x-4)f(4)}{(x-4)^2}=6$ ...... ㉠

㉠에서 극한값이 존재하고 $x\to4$일 때, (분모)$\to0$이므로

(분자)$\to0$이어야 한다.

즉, $\lim\limits_{x\to4}\{f(x)-2(x-4)f(4)\}=0$이므로

$f(4)=0$

$f(x)=(x-4)(x^2+ax+b)$ (a, b는 상수)라 하면 ㉠에서

$\lim\limits_{x\to4}\dfrac{f(x)-2(x-4)f(4)}{(x-4)^2}=\lim\limits_{x\to4}\dfrac{f(x)}{(x-4)^2}$

$=\lim\limits_{x\to4}\dfrac{(x-4)(x^2+ax+b)}{(x-4)^2}$

$=\lim\limits_{x\to4}\dfrac{x^2+ax+b}{x-4}=6$ ...... ㉡

㉡에서 극한값이 존재하고 $x\to4$일 때, (분모)$\to0$이므로

(분자)$\to0$이어야 한다.

즉, $\lim\limits_{x\to4}(x^2+ax+b)=0$이므로

$16+4a+b=0$ $\therefore b=-4a-16$ ...... ㉢

㉢을 ㉡에 대입하면

$\lim\limits_{x\to4}\dfrac{x^2+ax+b}{x-4}=\lim\limits_{x\to4}\dfrac{x^2+ax-4a-16}{x-4}$

$=\lim\limits_{x\to4}\dfrac{(x-4)(x+a+4)}{x-4}$

$=\lim\limits_{x\to4}(x+a+4)$

$=a+8=6$

$\therefore a=-2$

$a=-2$를 ㉢에 대입하면

$b=-4\times(-2)-16=-8$

따라서 $f(x)=(x-4)(x^2-2x-8)$이므로

$f(0)=-4\times(-8)=32$

함수 $g(x)$는 실수 전체의 집합에서 미분가능하다.

(ⅰ) $a \leq 10$일 때

$$f(x) = \begin{cases} x+5 & (x<5) \\ 2x-a & (x \geq 5) \end{cases}$$

함수 $f(x)g(x)$가 실수 전체의 집합에서 미분가능하려면 $x=5$에서 미분가능하면 된다.

즉,

$$\lim_{x \to 5-} \frac{f(x)g(x)-f(5)g(5)}{x-5} = \lim_{x \to 5+} \frac{f(x)g(x)-f(5)g(5)}{x-5}$$

이어야 하므로

$$\lim_{x \to 5-} \frac{f(x)g(x)-f(5)g(5)}{x-5} = \lim_{x \to 5-} \frac{(x+5)(x-5)(x-b)}{x-5}$$
$$= \lim_{x \to 5-} (x+5)(x-b)$$
$$= 10(5-b)$$

$$\lim_{x \to 5+} \frac{f(x)g(x)-f(5)g(5)}{x-5} = \lim_{x \to 5+} \frac{(2x-a)(x-5)(x-b)}{x-5}$$
$$= \lim_{x \to 5+} (2x-a)(x-b)$$
$$= (10-a)(5-b)$$

따라서 $10(5-b)=(10-a)(5-b)$이므로

$$a(5-b)=0$$

이때 a는 자연수이므로 $b=5$

즉, 순서쌍 (a, b)는 $(1, 5), (2, 5), (3, 5), \cdots, (10, 5)$이다.

(ⅱ) $a \geq 11$일 때

$$f(x) = \begin{cases} x+5 & (x<5) \\ -2x+a & \left(5 \leq x < \dfrac{a}{2}\right) \\ 2x-a & \left(x \geq \dfrac{a}{2}\right) \end{cases}$$

함수 $f(x)g(x)$가 실수 전체의 집합에서 미분가능하려면 $x=5$, $x=\dfrac{a}{2}$에서 미분가능하면 된다.

즉,

$$\lim_{x \to 5-} \frac{f(x)g(x)-f(5)g(5)}{x-5} = \lim_{x \to 5+} \frac{f(x)g(x)-f(5)g(5)}{x-5},$$

$$\lim_{x \to \frac{a}{2}-} \frac{f(x)g(x)-f\left(\frac{a}{2}\right)g\left(\frac{a}{2}\right)}{x-\frac{a}{2}}$$

$$= \lim_{x \to \frac{a}{2}+} \frac{f(x)g(x)-f\left(\frac{a}{2}\right)g\left(\frac{a}{2}\right)}{x-\frac{a}{2}}$$ 이어야 하므로

$$\lim_{x \to 5-} \frac{f(x)g(x)-f(5)g(5)}{x-5} = \lim_{x \to 5-} \frac{(x+5)(x-5)(x-b)}{x-5}$$
$$= \lim_{x \to 5-} (x+5)(x-b)$$
$$= 10(5-b)$$

$$\lim_{x \to 5+} \frac{f(x)g(x)-f(5)g(5)}{x-5}$$
$$= \lim_{x \to 5+} \frac{(-2x+a)(x-5)(x-b)}{x-5}$$
$$= \lim_{x \to 5+} (-2x+a)(x-b)$$
$$= (-10+a)(5-b)$$

따라서 $10(5-b)=(-10+a)(5-b)$이므로

$$(a-20)(5-b)=0$$
$$\therefore a=20 \text{ 또는 } b=5 \qquad \cdots\cdots \ \text{㉠}$$

또한

$$\lim_{x \to \frac{a}{2}-} \frac{f(x)g(x)-f\left(\frac{a}{2}\right)g\left(\frac{a}{2}\right)}{x-\frac{a}{2}}$$

$$= \lim_{x \to \frac{a}{2}-} \frac{(-2x+a)(x-5)(x-b)}{x-\frac{a}{2}}$$

$$= \lim_{x \to \frac{a}{2}-} \{-2(x-5)(x-b)\} = (-a+10)\left(\frac{a}{2}-b\right)$$

$$\lim_{x \to \frac{a}{2}+} \frac{f(x)g(x)-f\left(\frac{a}{2}\right)g\left(\frac{a}{2}\right)}{x-\frac{a}{2}}$$

$$= \lim_{x \to \frac{a}{2}+} \frac{(2x-a)(x-5)(x-b)}{x-\frac{a}{2}}$$

$$= \lim_{x \to \frac{a}{2}+} 2(x-5)(x-b) = (a-10)\left(\frac{a}{2}-b\right)$$

따라서 $(-a+10)\left(\dfrac{a}{2}-b\right)=(a-10)\left(\dfrac{a}{2}-b\right)$이므로

$$(a-10)(a-2b)=0$$

이때 $a \geq 11$이므로 $a=2b$ $\qquad \cdots\cdots \ \text{㉡}$

㉠, ㉡에서 순서쌍 (a, b)는 $(20, 10)$이다.

(ⅰ), (ⅱ)에서 구하는 모든 순서쌍 (a, b)의 개수는 11이다.

PART A′ 04 도함수의 활용(1)

유형 01 접선의 기울기

0204 · 답 ⑤

$f(x)=x^3+ax+b$에서 $f'(x)=3x^2+a$
점 $(-2, 5)$가 곡선 $y=f(x)$ 위의 점이므로
$f(-2)=5$에서 $-8-2a+b=5$
$\therefore -2a+b=13$ ······ ㉠
점 $(-2, 5)$에서의 접선의 기울기가 6이므로
$f'(-2)=6$에서 $12+a=6$
$\therefore a=-6$
$a=-6$을 ㉠에 대입하면 $b=1$
따라서 $f(x)=x^3-6x+1$이므로
$f(1)=1-6+1=-4$

0205 · 답 ③

곡선 $y=f(x)$가 점 $(2, 4)$를 지나고 이 점에서의 접선의 기울기가 3이므로
$f(2)=4$, $f'(2)=3$
$$\therefore \lim_{h \to 0}\frac{2f(2-h)-8}{h}=\lim_{h \to 0}\frac{f(2-h)-f(2)}{-h}\times(-2)$$
$$=-2f'(2)=-2\times3=-6$$

0206 · 답 ③

$f(x)=x^3+ax^2+b$라 하면 $f'(x)=3x^2+2ax$
점 $(1, 3)$이 곡선 $y=f(x)$ 위의 점이므로
$f(1)=3$에서 $1+a+b=3$
$\therefore a+b=2$ ······ ㉠
점 $(1, 3)$에서의 접선과 수직인 직선의 기울기가 $-\dfrac{1}{5}$이므로
$f'(1)=5$에서 $3+2a=5$
$2a=2$ $\therefore a=1$
$a=1$을 ㉠에 대입하면 $b=1$
$\therefore a-b=1-1=0$

유형 02 곡선 위의 점에서의 접선의 방정식

0207 · 답 ④

$f(x)=x^3-2x^2+a$라 하면 $f'(x)=3x^2-4x$이므로
점 $(2, a)$에서의 접선의 기울기는 $f'(2)=12-8=4$

따라서 접선의 방정식은
$y-a=4(x-2)$ $\therefore y=4x-8+a$
이 접선이 점 $(0, 3)$을 지나므로
$3=-8+a$ $\therefore a=11$

다른 풀이

$f(x)=x^3-2x^2+a$라 하면 $f'(x)=3x^2-4x$이므로
점 $(2, a)$에서의 접선의 기울기는 $f'(2)=12-8=4$이고
이 접선이 두 점 $(2, a)$, $(0, 3)$을 지나므로
$$\frac{3-a}{0-2}=4, 3-a=-8$$
$$\therefore a=11$$

0208 · 답 ③

$f(x)=x^3-x^2+3x+2$에서 $f'(x)=3x^2-2x+3$
$f(1)=5$, $f'(1)=4$이므로 곡선 $y=f(x)$ 위의 점 $(1, 5)$에서의 접선의 방정식은
$y-5=4(x-1)$ $\therefore y=4x+1$
따라서 $a=4$, $b=1$이므로
$a-b=4-1=3$

0209 · 답 5

$f(x)=x^3-2x^2+x+1$이라 하면 $f'(x)=3x^2-4x+1$
점 $(0, 1)$에서의 접선의 기울기는 $f'(0)=1$이므로 접선의 방정식은
$y-1=x$
$\therefore y=x+1$ ······ ㉠
점 $(2, 3)$에서의 접선의 기울기는 $f'(2)=5$이므로 접선의 방정식은
$y-3=5(x-2)$
$\therefore y=5x-7$ ······ ㉡
㉠, ㉡을 연립하여 풀면 $x=2$, $y=3$
따라서 두 접선의 교점의 좌표가 $(2, 3)$이므로
$a+b=2+3=5$

0210 · 답 ③

$\lim\limits_{x \to 1}\dfrac{f(x)-3}{x-1}=5$에서 극한값이 존재하고 $x \to 1$일 때,
(분모) $\to 0$이므로 (분자) $\to 0$이어야 한다.
즉, $\lim\limits_{x \to 1}\{f(x)-3\}=0$이므로 $f(1)=3$
$$\lim_{x \to 1}\frac{f(x)-3}{x-1}=\lim_{x \to 1}\frac{f(x)-f(1)}{x-1}=f'(1)=5$$
따라서 곡선 $y=f(x)$ 위의 점 $(1, 3)$에서의 접선의 방정식은
$y-3=5(x-1)$ $\therefore y=5x-2$
이 직선이 점 $(4, a)$를 지나므로
$a=5\times4-2=18$

0211
답 ④

$f(x)=x^3-3x^2+2$라 하면 $f'(x)=3x^2-6x$
곡선 $y=f(x)$ 위의 점 $(1,\,0)$에서의 접선의 기울기는
$f'(1)=-3$이므로 이 접선과 수직인 직선의 기울기는 $\dfrac{1}{3}$이다.

기울기가 $\dfrac{1}{3}$이고 점 $(3,\,2)$를 지나는 직선의 방정식은

$$y-2=\frac{1}{3}(x-3) \qquad \therefore y=\frac{1}{3}x+1$$

따라서 구하는 y절편은 1이다.

0212
답 ⑤

$f(x)=x^3-2x^2-x+3$이라 하면 $f'(x)=3x^2-4x-1$
곡선 $y=f(x)$ 위의 점 $\mathrm{A}(1,\,1)$에서의 접선의 기울기는
$f'(1)=-2$이므로 이 접선과 수직인 직선의 기울기는 $\dfrac{1}{2}$이다.

따라서 기울기가 $\dfrac{1}{2}$이고 점 $\mathrm{A}(1,\,1)$을 지나는 직선의 방정식은

$$y-1=\frac{1}{2}(x-1) \qquad \therefore y=\frac{1}{2}x+\frac{1}{2}$$

이 직선이 점 $(3,\,a)$를 지나므로

$$a=\frac{3}{2}+\frac{1}{2}=2$$

0213
답 ②

$f(x)=-x^3-2x^2+2x$라 하면 $f'(x)=-3x^2-4x+2$
곡선 $y=f(x)$ 위의 점 $(-2,\,-4)$에서의 접선의 기울기는
$f'(-2)=-2$이므로 이 접선과 수직인 직선의 기울기는 $\dfrac{1}{2}$이다.

기울기가 $\dfrac{1}{2}$이고 점 $(-2,\,-4)$를 지나는 직선의 방정식은

$$y+4=\frac{1}{2}(x+2) \qquad \therefore y=\frac{1}{2}x-3$$

따라서 직선 $y=\dfrac{1}{2}x-3$이 x축과 만나는 점 A의 좌표는 $(6,\,0)$,
y축과 만나는 점 B의 좌표는 $(0,\,-3)$이므로 선분 AB의 길이는
$$\overline{\mathrm{AB}}=\sqrt{(0-6)^2+(-3-0)^2}=3\sqrt{5}$$

0214
답 ③

곡선 $y=f(x)$ 위의 점 $(2,\,f(2))$에서의 접선의 방정식은
$$y-f(2)=f'(2)(x-2)$$
$$\therefore y=f'(2)x-2f'(2)+f(2)$$

이 직선이 직선 $y=3x+4$와 일치하므로
$f'(2)=3,\ -2f'(2)+f(2)=4$
$-2f'(2)+f(2)=4$에서 $-6+f(2)=4$
$$\therefore f(2)=10$$
$g(x)=xf(x)$로 놓으면 $g'(x)=f(x)+xf'(x)$이므로
곡선 $y=g(x)$ 위의 점 $(2,\,g(2))$에서의 접선의 기울기는
$$g'(2)=f(2)+2f'(2)=10+2\times3=16$$

0215
답 ⑤

$f(x)=x^3-3x^2+4$라 하면 $f'(x)=3x^2-6x$
접점의 좌표를 $(t,\,t^3-3t^2+4)$라 하면 직선 $3x+y+1=0$, 즉
$y=-3x-1$에 평행한 직선의 기울기는 -3이므로
$$f'(t)=3t^2-6t=-3$$
$3t^2-6t+3=0,\ 3(t-1)^2=0$
$$\therefore t=1$$
즉, 접점의 좌표는 $(1,\,2)$이므로 접선의 방정식은
$$y-2=-3(x-1) \qquad \therefore y=-3x+5$$
따라서 구하는 y절편은 5이다.

0216
답 ③

$f(x)=x^3+3x^2-4x+6$이라 하면 $f'(x)=3x^2+6x-4$
접점의 좌표를 $(t,\,t^3+3t^2-4t+6)$이라 하면 접선의 기울기는 5이므로
$$f'(t)=3t^2+6t-4=5$$
$3t^2+6t-9=0,\ 3(t+3)(t-1)=0$
$$\therefore t=-3\ \text{또는}\ t=1$$
즉, 접점의 좌표는 $(-3,\,18)$, $(1,\,6)$이므로 접선의 방정식은
$y-18=5(x+3),\ y-6=5(x-1)$
$$\therefore y=5x+33,\ y=5x+1$$
따라서 모든 실수 k의 값의 합은
$$33+1=34$$

0217
답 ②

$f(x)=x^3-5x+2$라 하면 $f'(x)=3x^2-5$
접점의 좌표를 $(t,\,t^3-5t+2)$라 하면 접선의 기울기가 -2이므로
$f'(t)=3t^2-5=-2,\ 3t^2-3=0$
$3(t+1)(t-1)=0 \qquad \therefore t=-1\ \text{또는}\ t=1$
즉, 접점의 좌표는 $(-1,\,6)$, $(1,\,-2)$이므로 접선의 방정식은
$y-6=-2(x+1),\ y+2=-2(x-1)$
$$\therefore 2x+y-4=0,\ 2x+y=0$$

이때 두 직선 $2x+y-4=0$, $2x+y=0$ 사이의 거리는 직선 $2x+y=0$ 위의 점 $(0, 0)$과 직선 $2x+y-4=0$ 사이의 거리와 같으므로 구하는 거리는

$$\frac{|0+0-4|}{\sqrt{2^2+1^2}}=\frac{4\sqrt{5}}{5}$$

0218 　답 ①

$f(x)=-x^3+6x^2-6x$라 하면 $f'(x)=-3x^2+12x-6$
접점의 좌표를 $(t, -t^3+6t^2-6t)$라 하면 접선의 기울기는 6이므로
$f'(t)=-3t^2+12t-6=6$
$3t^2-12t+12=0, 3(t-2)^2=0$
$\therefore t=2$
즉, 접점의 좌표는 $(2, 4)$이므로 접선의 방정식은
$y-4=6(x-2)$ 　 $\therefore y=6x-8$ 　…… ㉠
이때 $y=6x-8=6(x-1)-2$에서 직선 $y=6x-2$를 x축의 방향으로 1만큼 평행이동하면 접선 ㉠과 일치하므로 구하는 k의 값은 1이다.

0219 　답 ①

$f(x)=-x^3+3x^2+2x+4$라 하면 $f'(x)=-3x^2+6x+2$
점 A의 x좌표가 2이므로 점 A에서의 접선의 기울기는
$f'(2)=-12+12+2=2$
두 점 A, B에서의 접선이 서로 평행하므로 두 접선의 기울기가 같다.
즉, 점 B의 x좌표를 a라 하면 $f'(a)=f'(2)$이므로
$-3a^2+6a+2=2, -3a(a-2)=0$
$\therefore a=0 \ (\because a\neq2)$
따라서 점 B의 x좌표는 0이고 $f(0)=4$이므로
$B(0, 4)$
즉, 점 B에서의 접선의 기울기는 $f'(0)=2$이므로 접선의 방정식은
$y=2x+4$
따라서 점 B에서의 접선의 x절편은 -2이다.

0220 　답 ③

$f(x)=x^3+2x-1$이라 하면 $f'(x)=3x^2+2$
접점의 좌표를 (t, t^3+2t-1)이라 하면 이 점에서의 접선의 기울기는 $f'(t)=3t^2+2$이므로 접선의 방정식은
$y-(t^3+2t-1)=(3t^2+2)(x-t)$
$\therefore y=(3t^2+2)x-2t^3-1$ 　…… ㉠
이 직선이 점 $(0, 1)$을 지나므로
$1=-2t^3-1, t^3+1=0, (t+1)(t^2-t+1)=0$
$\therefore t=-1 \ (\because t^2-t+1>0)$
$t=-1$을 ㉠에 대입하면 $y=5x+1$
이 식에 $y=0$을 대입하면
$5x+1=0$ 　 $\therefore x=-\dfrac{1}{5}$

따라서 구하는 x절편은 $-\dfrac{1}{5}$이다.

0221 　답 ②

$f(x)=x^3-6x+3$이라 하면 $f'(x)=3x^2-6$
접점의 좌표를 (t, t^3-6t+3)이라 하면 이 점에서의 접선의 기울기는 $f'(t)=3t^2-6$이므로 접선의 방정식은
$y-(t^3-6t+3)=(3t^2-6)(x-t)$
$\therefore y=(3t^2-6)x-2t^3+3$ 　…… ㉠
이 직선이 점 $(0, 5)$를 지나므로
$5=-2t^3+3, t^3+1=0, (t+1)(t^2-t+1)=0$
$\therefore t=-1 \ (\because t^2-t+1>0)$
$t=-1$을 ㉠에 대입하면 $y=-3x+5$
이 직선이 점 $(a, 8)$을 지나므로
$8=-3a+5, 3a=-3$
$\therefore a=-1$

0222 　답 ②

$f(x)=x^4+1$이라 하면 $f'(x)=4x^3$
접점의 좌표를 (t, t^4+1)이라 하면 이 점에서의 접선의 기울기는 $f'(t)=4t^3$이므로 접선의 방정식은
$y-(t^4+1)=4t^3(x-t)$
$\therefore y=4t^3x-3t^4+1$
이 직선이 점 $(0, -2)$를 지나므로
$-2=-3t^4+1, t^4-1=0$
$(t+1)(t-1)(t^2+1)=0$
$\therefore t=-1$ 또는 $t=1 \ (\because t^2+1>0)$
따라서 두 접선의 기울기는 $f'(-1)=-4$, $f'(1)=4$이므로 구하는 곱은
$-4\times4=-16$

0223

답 ②

$f(x)=x^3-3x^2+1$이라 하면 $f'(x)=3x^2-6x$

접점의 좌표를 $(t,\ t^3-3t^2+1)$이라 하면 이 점에서의 접선의 기울기는 $f'(t)=3t^2-6t$이므로 접선의 방정식은

$y-(t^3-3t^2+1)=(3t^2-6t)(x-t)$

$\therefore y=(3t^2-6t)x-2t^3+3t^2+1$

이 직선이 점 $(0,\ 2)$를 지나므로

$2=-2t^3+3t^2+1,\ 2t^3-3t^2+1=0$

$(t-1)(2t^2-t-1)=0,\ (t-1)^2(2t+1)=0$

$\therefore t=-\dfrac{1}{2}$ 또는 $t=1$

$f'\left(-\dfrac{1}{2}\right)=\dfrac{15}{4},\ f'(1)=-3$이므로 기울기가 음수인 접선의 기울기는 -3이고 접선의 방정식은

$y-2=-3x \qquad \therefore y=-3x+2$

이 식에 $y=0$을 대입하면

$-3x+2=0 \qquad \therefore x=\dfrac{2}{3}$

따라서 구하는 x절편은 $\dfrac{2}{3}$이다.

0224

답 ③

$f(x)=x^2+x+a$라 하면 $f'(x)=2x+1$

접점의 좌표를 $(t,\ t^2+t+a)$라 하면 이 점에서의 접선의 기울기는 $f'(t)=2t+1$이므로 접선의 방정식은

$y-(t^2+t+a)=(2t+1)(x-t)$

$\therefore y=(2t+1)x-t^2+a$

이 직선이 점 $(2,\ 1)$을 지나므로

$1=4t+2-t^2+a \qquad \therefore t^2-4t-a-1=0$

위의 이차방정식의 두 근을 $\alpha,\ \beta$라 하면 이차방정식의 근과 계수의 관계에 의하여 $\alpha+\beta=4,\ \alpha\beta=-a-1 \qquad \cdots\cdots\ \bigcirc$

또한 $x=\alpha,\ x=\beta$인 점에서의 접선의 기울기는 각각

$f'(\alpha)=2\alpha+1,\ f'(\beta)=2\beta+1$이고 두 접선이 서로 수직이므로

$(2\alpha+1)(2\beta+1)=-1$

$4\alpha\beta+2(\alpha+\beta)+2=0$

$4(-a-1)+2\times4+2=0\ (\because\ \bigcirc)$

$-4a+6=0,\ 4a=6 \qquad \therefore a=\dfrac{3}{2}$

다른 풀이

점 $(2,\ 1)$을 지나는 직선의 기울기를 m이라 하면 직선의 방정식은

$y-1=m(x-2) \qquad \therefore y=mx-2m+1$

이 직선이 곡선 $y=x^2+x+a$에 접하려면 이차방정식

$x^2+x+a=mx-2m+1$, 즉 $x^2+(1-m)x+a+2m-1=0$이 단 하나의 실근을 가져야 하므로 이 이차방정식의 판별식을 D라 하면

$D=(1-m)^2-4(a+2m-1)=0$에서

$m^2-2m+1-4a-8m+4=0$

$\therefore m^2-10m+5-4a=0$

위의 m에 대한 이차방정식의 두 실근을 $m_1,\ m_2$라 하면 $m_1,\ m_2$는 곡선에 접하는 접선의 기울기이고 두 접선이 서로 수직이므로 이차방정식의 근과 계수의 관계에 의하여

$m_1 m_2=5-4a=-1,\ 4a=6 \qquad \therefore a=\dfrac{3}{2}$

0225

답 2

$f(x)=x^3-5x^2+3x+2$라 하면 $f'(x)=3x^2-10x+3$

접점의 좌표를 $(t,\ t^3-5t^2+3t+2)$라 하면 직선 $y=2x+4$에 평행한 직선의 기울기는 2이므로

$f'(t)=3t^2-10t+3=2$

$\therefore 3t^2-10t+1=0 \qquad \cdots\cdots\ \bigcirc$

구하는 접선의 개수는 이차방정식 $\bigcirc$의 서로 다른 실근의 개수와 같으므로 이 이차방정식의 판별식을 D라 하면

$\dfrac{D}{4}=(-5)^2-3\times1=22>0$

따라서 이차방정식이 서로 다른 두 실근을 가지므로 구하는 접선의 개수는 2이다.

0226

답 -2

$f(x)=x^2-4x+2$라 하면 $f'(x)=2x-4$

접점의 좌표를 $(t,\ t^2-4t+2)$라 하면 이 점에서의 접선의 기울기는 $f'(t)=2t-4$이므로 접선의 방정식은

$y-(t^2-4t+2)=(2t-4)(x-t)$

$\therefore y=(2t-4)x-t^2+2$

이 직선이 점 $(1,\ a)$를 지나므로

$a=2t-4-t^2+2$

$\therefore t^2-2t+a+2=0 \qquad \cdots\cdots\ \bigcirc$

점 $(1,\ a)$에서 곡선 $y=f(x)$에 그은 접선이 2개가 되려면 이차방정식 $\bigcirc$이 서로 다른 두 실근을 가져야 하므로 이 이차방정식의 판별식을 D라 하면

$\dfrac{D}{4}=(-1)^2-(a+2)>0,\ -1-a>0$

$\therefore a<-1$

따라서 구하는 정수 a의 최댓값은 -2이다.

다른 풀이

점 $(1,\ a)$를 지나는 직선의 기울기를 m이라 하면 직선의 방정식은

$y-a=m(x-1) \qquad \therefore y=mx-m+a$

이 직선이 곡선 $y=x^2-4x+2$에 접하려면 이차방정식

$x^2-4x+2=mx-m+a$, 즉 $x^2-(4+m)x+2-a+m=0$이 단 하나의 실근을 가져야 하므로 이 이차방정식의 판별식을 D_1이라 하면

$D_1=\{-(4+m)\}^2-4(2-a+m)=0$에서

$m^2+8m+16-8+4a-4m=0$

$\therefore m^2+4m+8+4a=0 \qquad \cdots\cdots\ \bigcirc$

이때 곡선에 그은 접선이 2개가 되려면 m에 대한 이차방정식 $\bigcirc$이 서로 다른 두 실근을 가져야 하므로 이 이차방정식의 판별식을 D_2라 하면

$\dfrac{D_2}{4}=2^2-(8+4a)>0,\ -4-4a>0$

$-4a>4 \qquad \therefore a<-1$

따라서 구하는 정수 a의 최댓값은 -2이다.

0227

$f(x)=\dfrac{2}{3}x^3-2x^2+5$라 하면 $f'(x)=2x^2-4x$

접점의 좌표를 $\left(t,\ \dfrac{2}{3}t^3-2t^2+5\right)$라 하면 이 점에서의 접선의 기울기는 $f'(t)=2t^2-4t$

곡선 $y=f(x)$에 접하고 기울기가 m인 접선이 2개가 되려면 $f'(t)=m$을 만족시키는 실수 t가 2개이어야 한다.

즉, 이차방정식 $2t^2-4t=m$, 즉 $2t^2-4t-m=0$이 서로 다른 두 실근을 가져야 하므로 이 이차방정식의 판별식을 D라 하면

$\dfrac{D}{4}=(-2)^2-2\times(-m)>0,\ 4+2m>0$

$2m>-4$ $\quad\therefore m>-2$

따라서 구하는 정수 m의 최솟값은 -1이다.

유형 07 접선이 곡선과 만나는 점

0228

$f(x)=-2x^3+4x+3$이라 하면 $f'(x)=-6x^2+4$

곡선 $y=f(x)$ 위의 점 $(-1,\ 1)$에서의 접선의 기울기는 $f'(-1)=-2$이므로 접선의 방정식은

$y-1=-2(x+1)$ $\quad\therefore y=-2x-1$

곡선 $y=f(x)$와 직선 $y=-2x-1$이 만나는 점의 x좌표는

$-2x^3+4x+3=-2x-1$에서

$x^3-3x-2=0,\ (x+1)^2(x-2)=0$

$\therefore x=-1$ 또는 $x=2$

즉, 점 $(-1,\ 1)$이 아닌 교점의 x좌표가 2이므로

$a=2$

또한 점 $(2,\ b)$가 직선 $y=-2x-1$ 위의 점이므로

$b=-2\times2-1=-5$

$\therefore a+b=2+(-5)=-3$

0229

$f(x)=x^3-3x^2+2x+7$이라 하면 $f'(x)=3x^2-6x+2$

곡선 $y=f(x)$ 위의 점 $P(2,\ 7)$에서의 접선의 기울기는 $f'(2)=2$이므로 접선의 방정식은

$y-7=2(x-2)$ $\quad\therefore y=2x+3$

이 직선이 y축과 만나는 점은 $Q(0,\ 3)$

곡선 $y=f(x)$와 직선 $y=2x+3$이 만나는 점의 x좌표는

$x^3-3x^2+2x+7=2x+3$에서

$x^3-3x^2+4=0,\ (x+1)(x-2)^2=0$

$\therefore x=-1$ 또는 $x=2$

즉, 점 $P(2,\ 7)$이 아닌 교점 R은 x좌표가 -1이고 직선 $y=2x+3$ 위의 점이므로 $R(-1,\ 1)$

$\overline{PQ}=\sqrt{(0-2)^2+(3-7)^2}=\sqrt{20}=2\sqrt{5}$

$\overline{QR}=\sqrt{(-1-0)^2+(1-3)^2}=\sqrt{5}$

$\therefore \overline{PQ}:\overline{QR}=2\sqrt{5}:\sqrt{5}=2:1$

0230

$f(x)=x^3+2x^2-2x-4$라 하면 $f'(x)=3x^2+4x-2$

접점의 좌표를 $(t,\ t^3+2t^2-2t-4)$라 하면 이 점에서의 접선의 기울기는 $f'(t)=3t^2+4t-2$이므로 접선의 방정식은

$y-(t^3+2t^2-2t-4)=(3t^2+4t-2)(x-t)$

$\therefore y=(3t^2+4t-2)x-2t^3-2t^2-4$ $\quad\cdots\cdots$ ㉠

이 직선이 점 $(0,\ 4)$를 지나므로

$4=-2t^3-2t^2-4,\ t^3+t^2+4=0$

$(t+2)(t^2-t+2)=0$

$\therefore t=-2\ (\because t^2-t+2>0)$

$f(-2)=-8+8+4-4=0$이므로 $A(-2,\ 0)$이고

$t=-2$를 ㉠에 대입하면

$y=2x+4$

이 직선이 곡선 $y=f(x)$와 만나는 점의 x좌표는

$x^3+2x^2-2x-4=2x+4$에서

$x^3+2x^2-4x-8=0,\ (x+2)^2(x-2)=0$

$\therefore x=-2$ 또는 $x=2$

따라서 점 $A(-2,\ 0)$이 아닌 교점 B는 x좌표가 2이고 직선 $y=2x+4$ 위의 점이므로 $B(2,\ 8)$

$\therefore \overline{AB}=\sqrt{(2+2)^2+(8-0)^2}=\sqrt{80}=4\sqrt{5}$

유형 08 접선의 기울기의 최대, 최소

0231

$f(x)=-x^3-3x^2+ax+9$라 하면

$f'(x)=-3x^2-6x+a=-3(x+1)^2+3+a$

$f'(x)$가 $x=-1$에서 최댓값 $3+a$를 가지므로 직선 l의 기울기는 $3+a$이다.

따라서 $3+a=10$이므로

$a=7$

0232

$f(x)=\dfrac{1}{3}x^3-2x^2+3x+\dfrac{1}{3}$이라 하면

$f'(x)=x^2-4x+3=(x-2)^2-1$

$f'(x)$가 $x=2$에서 최솟값 -1을 가지므로 구하는 접선의 기울기는 -1이고 이 접선이 점 $(2,\ 1)$을 지나므로 접선의 방정식은

$y-1=-(x-2)$ $\quad\therefore y=-x+3$

이 직선이 점 $(-2,\ a)$를 지나므로

$a=2+3=5$

0233

$f(x)=-x^3+3x^2-5x$라 하면

$f'(x)=-3x^2+6x-5=-3(x-1)^2-2$

$f'(x)$가 $x=1$에서 최댓값 -2를 가지므로 직선 l의 기울기는 -2이고 직선 l에 수직인 직선의 기울기는 $\dfrac{1}{2}$이다.

또한 $f(1)=-3$이므로 P$(1,\ -3)$

따라서 점 P를 지나고 직선 l에 수직인 직선의 방정식은

$$y+3=\dfrac{1}{2}(x-1) \qquad \therefore y=\dfrac{1}{2}x-\dfrac{7}{2}$$

이 식에 $y=0$을 대입하면

$$\dfrac{1}{2}x-\dfrac{7}{2}=0 \qquad \therefore x=7$$

따라서 구하는 x절편은 7이다.

0234

답 ⑤

$f(x)=x^3+\dfrac{1}{2}ax^2+(2a-8)x+2a-5$라 하면

$$f(x)=\dfrac{1}{2}a(x^2+4x+4)+x^3-8x-5$$
$$=\dfrac{1}{2}a(x+2)^2+x^3-8x-5$$

이므로 곡선 $y=f(x)$는 a의 값에 관계없이 점 P$(-2,\ 3)$을 지난다.

$f'(x)=3x^2+ax+2a-8$이므로

$f'(-2)=12-2a+2a-8=4$

따라서 곡선 $y=f(x)$ 위의 점 P$(-2,\ 3)$을 지나고 이 점에서의 접선에 수직인 직선의 기울기는 $-\dfrac{1}{4}$이므로 직선의 방정식은

$$y-3=-\dfrac{1}{4}(x+2) \qquad \therefore y=-\dfrac{1}{4}x+\dfrac{5}{2}$$

이 직선이 점 $(2,\ k)$를 지나므로

$$k=-\dfrac{1}{2}+\dfrac{5}{2}=2$$

0235

답 ②

$f(x)=x^3+(a+1)x^2-a$라 하면
$$f(x)=a(x^2-1)+x^3+x^2$$
$$=a(x+1)(x-1)+x^3+x^2$$

이므로 곡선 $y=f(x)$는 a의 값에 관계없이 두 점 $(-1,\ 0)$, $(1,\ 2)$를 지난다.

$f'(x)=3x^2+2(a+1)x$이므로

$f'(-1)=3-2a-2=1-2a$

$f'(1)=3+2a+2=5+2a$

두 점 P, Q에서의 접선이 서로 수직이므로

$(1-2a)(5+2a)=-1,\ 4a^2+8a-6=0$

$\therefore 2a^2+4a-3=0$

따라서 구하는 모든 실수 a의 값의 합은 이차방정식의 근과 계수의 관계에 의하여

$$-\dfrac{4}{2}=-2$$

0236

답 ④

$f(x)=x^3+2ax^2+(4a-2)x+2a-6$이라 하면
$$f(x)=2a(x^2+2x+1)+x^3-2x-6$$
$$=2a(x+1)^2+x^3-2x-6$$

이므로 곡선 $y=f(x)$는 a의 값에 관계없이 점 P$(-1,\ -5)$를 지난다.

$f'(x)=3x^2+4ax+4a-2$이므로

$f'(-1)=3-4a+4a-2=1$

따라서 곡선 $y=f(x)$ 위의 점 P$(-1,\ -5)$를 지나고 이 점에서의 접선에 수직인 직선의 기울기는 -1이므로 직선의 방정식은

$$y+5=-(x+1) \qquad \therefore y=-x-6$$

이 직선이 x축과 점 $(-6,\ 0)$, y축과 점 $(0,\ -6)$에서 만나므로

Q$(-6,\ 0)$, R$(0,\ -6)$

$$\therefore \overline{QR}=\sqrt{(0+6)^2+(-6-0)^2}=6\sqrt{2}$$

0237

답 ⑤

$f(x)=x^3-2x^2+1,\ g(x)=2x^2-4x+1$이라 하면

$f'(x)=3x^2-4x,\ g'(x)=4x-4$

두 곡선 $y=f(x)$, $y=g(x)$가 $x=t$인 점에서 접한다고 하면

$f(t)=g(t)$에서

$t^3-2t^2+1=2t^2-4t+1,\ t^3-4t^2+4t=0$

$t(t-2)^2=0 \qquad \therefore t=0$ 또는 $t=2$

$f'(t)=g'(t)$에서

$3t^2-4t=4t-4,\ 3t^2-8t+4=0$

$(3t-2)(t-2)=0 \qquad \therefore t=\dfrac{2}{3}$ 또는 $t=2$

따라서 $t=2$일 때, 즉 점 $(2,\ 1)$에서 두 곡선 $y=f(x)$, $y=g(x)$가 접하고 이 점에서의 접선의 기울기는 $f'(2)=g'(2)=4$이므로 접선의 방정식은

$$y-1=4(x-2) \qquad \therefore y=4x-7$$

이 직선이 점 $(3,\ a)$를 지나므로

$a=12-7=5$

0238

답 ③

$f(x)=x^3+2x^2+ax,\ g(x)=x^2+x+1$이라 하면

$f'(x)=3x^2+4x+a,\ g'(x)=2x+1$

두 곡선 $y=f(x)$, $y=g(x)$가 $x=t$인 점에서 접한다고 하면

$f(t)=g(t)$에서 $t^3+2t^2+at=t^2+t+1$

$\therefore t^3+t^2+(a-1)t-1=0 \qquad \cdots\cdots\ \text{㉠}$

$f'(t)=g'(t)$에서 $3t^2+4t+a=2t+1$

$\therefore a=-3t^2-2t+1 \qquad \cdots\cdots\ \text{㉡}$

㉡을 ㉠에 대입하여 정리하면

$t^3+t^2-3t^3-2t^2-1=0,\ 2t^3+t^2+1=0$

$(t+1)(2t^2-t+1)=0$

$\therefore t=-1\ (\because 2t^2-t+1>0)$

$t=-1$을 ㉡에 대입하면 $a=-3+2+1=0$

0239

$f(x)=3x^2+2x$라 하면 $f'(x)=6x+2$

따라서 점 $(-1, 1)$에서의 접선의 기울기는 $f'(-1)=-4$이므로

접선의 방정식은 $y-1=-4(x+1)$

$\therefore y=-4x-3$ ...... ㉠

$g(x)=x^3-ax-1$이라 하면 $g'(x)=3x^2-a$

접점의 좌표를 (t, t^3-at-1)이라 하면 이 점에서의 접선의 기울기는 $g'(t)=3t^2-a$이므로 접선의 방정식은

$y-(t^3-at-1)=(3t^2-a)(x-t)$

$\therefore y=(3t^2-a)x-2t^3-1$

이 접선이 ㉠과 일치해야 하므로

$3t^2-a=-4,\ -2t^3-1=-3$

$-2t^3-1=-3$에서

$t^3-1=0,\ (t-1)(t^2+t+1)=0$

$\therefore t=1\ (\because t^2+t+1>0)$

$t=1$을 $3t^2-a=-4$에 대입하면

$3-a=-4 \qquad \therefore a=7$

유형 11 곡선과 원의 접선

0240

$f(x)=-\dfrac{1}{2}x^2+2$라 하면 $f'(x)=-x$

곡선 $y=f(x)$ 위의 점 $(2, 0)$에서의 접선의 기울기가 $f'(2)=-2$이므로 이 접선에 수직인 직선의 기울기는 $\dfrac{1}{2}$이다.

따라서 기울기가 $\dfrac{1}{2}$이고 점 $(2, 0)$을 지나는 직선의 방정식은

$y=\dfrac{1}{2}(x-2) \qquad \therefore y=\dfrac{1}{2}x-1$

원의 중심의 좌표를 $(0, a)$라 하면 이 직선이 점 $(0, a)$를 지나야 하므로

$a=-1$

이때 원의 반지름의 길이는 원의 중심 $(0, -1)$과 점 $(2, 0)$ 사이의 거리와 같으므로

$\sqrt{(2-0)^2+(0+1)^2}=\sqrt{5}$

0241

$f(x)=-x^2+2$라 하면 $f'(x)=-2x$

곡선 $y=f(x)$ 위의 점 $(1, 1)$에서의 접선의 기울기가 $f'(1)=-2$이므로 이 접선에 수직인 직선의 기울기는 $\dfrac{1}{2}$이다.

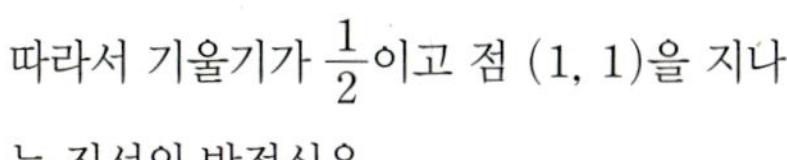

따라서 기울기가 $\dfrac{1}{2}$이고 점 $(1, 1)$을 지나는 직선의 방정식은

$y-1=\dfrac{1}{2}(x-1) \qquad \therefore y=\dfrac{1}{2}x+\dfrac{1}{2}$

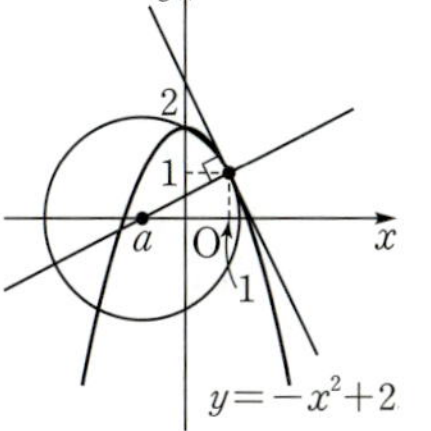

원의 중심의 좌표를 $(a, 0)$이라 하면 이 직선이 점 $(a, 0)$을 지나야 하므로

$\dfrac{1}{2}a+\dfrac{1}{2}=0 \qquad \therefore a=-1$

이때 원의 반지름의 길이는 원의 중심 $(-1, 0)$과 점 $(1, 1)$ 사이의 거리와 같으므로

$\sqrt{(1+1)^2+(1-0)^2}=\sqrt{5}$

따라서 구하는 원의 둘레의 길이는 $2\sqrt{5}\pi$이다.

0242

$f(x)=x^3-x^2+2$라 하면

$f'(x)=3x^2-2x$

곡선 $y=f(x)$ 위의 점 $(1, 2)$에서의 접선의 기울기가 $f'(1)=1$이므로 이 접선에 수직인 직선의 기울기는 -1이다.

따라서 기울기가 -1이고 점 $(1, 2)$를 지나는 직선의 방정식은

$y-2=-(x-1) \qquad \therefore y=-x+3$

원의 중심의 좌표를 $(a, 0)$이라 하면 이 직선이 점 $(a, 0)$을 지나야 하므로

$-a+3=0 \qquad \therefore a=3$

이때 원의 반지름의 길이는 원의 중심 $(3, 0)$과 점 $(1, 2)$ 사이의 거리와 같으므로

$\sqrt{(1-3)^2+(2-0)^2}=\sqrt{8}=2\sqrt{2}$

따라서 구하는 원의 넓이는

$(2\sqrt{2})^2\pi=8\pi$

유형 12 접선과 좌표축으로 둘러싸인 도형의 넓이

0243

$f(x)=2x^3+6x^2+2x-4$라 하면

$f'(x)=6x^2+12x+2=6(x+1)^2-4$

$f'(x)$가 $x=-1$에서 최솟값 -4를 가지므로 구하는 접선의 기울기는 -4이고 이 접선이 점 $(-1, -2)$를 지나므로 접선의 방정식은

$y+2=-4(x+1) \qquad \therefore y=-4x-6$

이 접선의 x절편은 $-\dfrac{3}{2}$, y절편은 -6이므로 구하는 도형의 넓이는

$\dfrac{1}{2}\times\dfrac{3}{2}\times6=\dfrac{9}{2}$

0244

$f(x)=ax^3$이라 하면 $f'(x)=3ax^2$

곡선 $y=f(x)$ 위의 점 $(1, a)$에서의 접선의 기울기는

$f'(1)=3a$이므로 접선의 방정식은

$y-a=3a(x-1)$ $\therefore y=3ax-2a$

이 접선의 x절편은 $\dfrac{2}{3}$, y절편은 $-2a$이다.

이때 이 접선과 x축 및 y축으로 둘러싸인
도형의 넓이가 2이므로

$\dfrac{1}{2}\times\dfrac{2}{3}\times|-2a|=2$, $\dfrac{2}{3}a=2\ (\because a>0)$

$\therefore a=3$

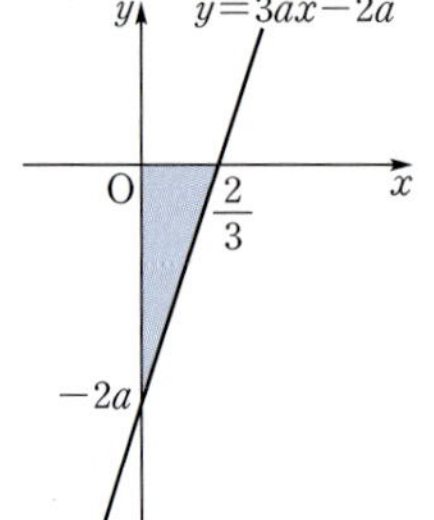

0245   답 ②

$f(x)=x^3-4x+6$이라 하면 $f'(x)=3x^2-4$

곡선 $y=f(x)$ 위의 점 $A(1,\ 3)$에서의 접선의 기울기는

$f'(1)=-1$이므로 접선 l의 방정식은

$y-3=-(x-1)$ $\therefore y=-x+4$

직선 l에 수직인 직선의 기울기는 1이므로 점 $A(1,\ 3)$을 지나고
기울기가 1인 직선 m의 방정식은

$y-3=x-1$ $\therefore y=x+2$

따라서 두 직선 l, m 및 x축으로 둘러싸
인 도형의 넓이는

$\dfrac{1}{2}\times6\times3=9$

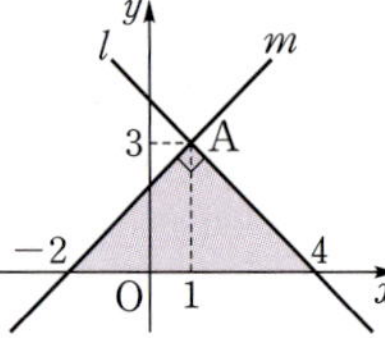

0246   답 10

$f(x)=x^4+3x^2+4$라 하면 $f'(x)=4x^3+6x$

접점의 좌표를 $(t,\ t^4+3t^2+4)$라 하면 이 점에서의 접선의 기울기
는 $f'(t)=4t^3+6t$이므로 접선의 방정식은

$y-(t^4+3t^2+4)=(4t^3+6t)(x-t)$

$\therefore y=(4t^3+6t)x-3t^4-3t^2+4$

이 직선이 점 $P(0,\ -2)$를 지나므로

$-2=-3t^4-3t^2+4$, $t^4+t^2-2=0$

$(t^2+2)(t^2-1)=0$, $(t^2+2)(t+1)(t-1)=0$

$\therefore t=-1$ 또는 $t=1\ (\because t^2+2>0)$

$f(-1)=8$, $f(1)=8$이므로 두 점 A, B의 좌
표는 $(-1,\ 8)$, $(1,\ 8)$

따라서 삼각형 PAB의 넓이는

$\dfrac{1}{2}\times2\times10=10$

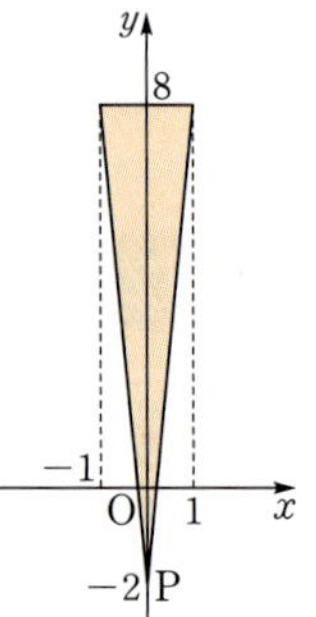

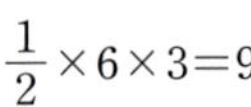 **유형 13** 곡선 위의 점과 직선 사이의 거리

0247   답 ②

곡선 $y=x^2-2x+3$ 위의 점과 직선
$y=-2x+1$ 사이의 거리가 최소이려면
오른쪽 그림과 같이 곡선 위의 점에서의
접선이 직선 $y=-2x+1$과 평행해야 한
다.

$f(x)=x^2-2x+3$이라 하면

$f'(x)=2x-2$

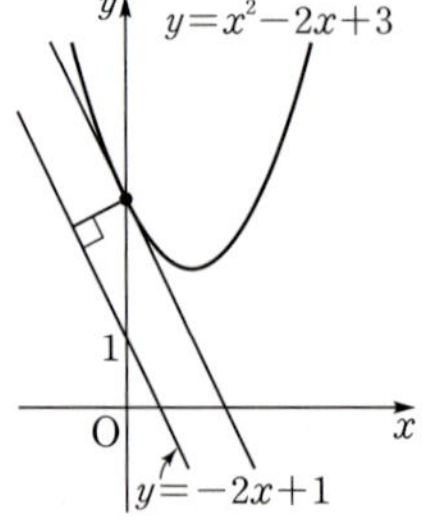

접점의 좌표를 $(t,\ t^2-2t+3)$이라 하면 이 점에서의 접선의 기울
기가 -2이므로

$f'(t)=2t-2=-2$ $\therefore t=0$

따라서 접점의 좌표는 $(0,\ 3)$이므로 이 점과 직선 $y=-2x+1$, 즉
$2x+y-1=0$ 사이의 거리는

$\dfrac{|0+3-1|}{\sqrt{2^2+1^2}}=\dfrac{2\sqrt{5}}{5}$

좌표평면에서 점 $(x_1,\ y_1)$과 직선 $ax+by+c=0\ (a\neq0,\ b\neq0)$ 사이의
거리는
$$\dfrac{|ax_1+by_1+c|}{\sqrt{a^2+b^2}}$$

0248   답 ③

두 점 $A(1,\ -1)$, $B(3,\ 1)$을 지나는
직선 AB의 방정식은

$y+1=\dfrac{1-(-1)}{3-1}(x-1)$

$\therefore y=x-2$

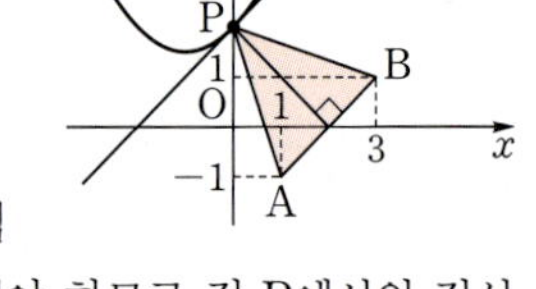

삼각형 PAB의 넓이가 최소이려면 점
P와 직선 AB 사이의 거리가 최소이어야 하므로 점 P에서의 접선
이 직선 AB와 평행해야 한다.

즉, 점 P에서의 접선의 기울기가 직선 AB의 기울기 1과 같아야 한다.

$f(x)=\dfrac{1}{2}x^2+x+2$라 하면 $f'(x)=x+1$

점 P의 좌표를 $\left(t,\ \dfrac{1}{2}t^2+t+2\right)$라 하면 이 점에서의 접선의 기울기
가 1이므로

$f'(t)=t+1=1$ $\therefore t=0$

따라서 점 P의 좌표는 $(0,\ 2)$이고 점 P와 직선 $y=x-2$, 즉
$x-y-2=0$ 사이의 거리는

$\dfrac{|0-2-2|}{\sqrt{1^2+(-1)^2}}=2\sqrt{2}$

이때 $\overline{AB}=\sqrt{(3-1)^2+(1+1)^2}=\sqrt{8}=2\sqrt{2}$이므로 구하는 삼각형
PAB의 넓이의 최솟값은

$\dfrac{1}{2}\times2\sqrt{2}\times2\sqrt{2}=4$

0249   답 1

두 점 $A(1,\ 1)$, $B(3,\ 5)$를 지나는 직선
AB의 방정식은

$y-1=\dfrac{5-1}{3-1}(x-1)$

$\therefore y=2x-1$

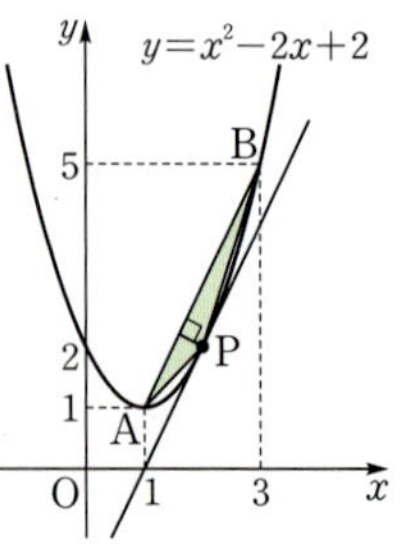

삼각형 PAB의 넓이가 최대이려면 점 P
와 직선 AB 사이의 거리가 최대이어야 하
므로 점 P에서의 접선이 직선 AB와 평행
해야 한다.

즉, 점 P에서의 접선의 기울기가 직선 AB의 기울기 2와 같아야 한다.

$f(x)=x^2-2x+2$라 하면 $f'(x)=2x-2$

점 P의 좌표를 $(t,\ t^2-2t+2)$라 하면 이 점에서의 접선의 기울기
가 2이므로

$f'(t)=2t-2=2,\ 2t=4$ $\therefore\ t=2$

따라서 점 P의 좌표는 $(2,\ 2)$이고 점 P와 직선 $y=2x-1$, 즉
$2x-y-1=0$ 사이의 거리는

$$\frac{|4-2-1|}{\sqrt{2^2+(-1)^2}}=\frac{\sqrt{5}}{5}$$

이때 $\overline{AB}=\sqrt{(3-1)^2+(5-1)^2}=\sqrt{20}=2\sqrt{5}$이므로 구하는 삼각형
PAB의 넓이의 최댓값은

$$\frac{1}{2}\times2\sqrt{5}\times\frac{\sqrt{5}}{5}=1$$

$a=6$을 ㉠에 대입하면

$2b^3-6b+5=16-12+5$

$b^3-3b-2=0,\ (b+1)^2(b-2)=0$

$\therefore\ b=-1\ (\because\ b\neq2)$

$\therefore\ a+b=6+(-1)=5$

유형 14 롤의 정리

0250
답 ③

함수 $f(x)=(x-a)(x-b)$는 닫힌구간 $[a,\ b]$에서 연속이고 열
린구간 $(a,\ b)$에서 미분가능하며 $f(a)=f(b)=0$이므로 롤의 정
리에 의하여 $f'(c)=0$인 c가 열린구간 $(a,\ b)$에 적어도 하나 존재
한다.

$f'(x)=2x-(a+b)$이므로 $f'(c)=0$에서

$2c-(a+b)=0$ $\therefore\ c=\dfrac{a+b}{2}$

0251
답 0

함수 $f(x)=x^3-3x+5$는 닫힌구간 $[-\sqrt{3},\ \sqrt{3}]$에서 연속이고 열
린구간 $(-\sqrt{3},\ \sqrt{3})$에서 미분가능하며 $f(-\sqrt{3})=f(\sqrt{3})=5$이므
로 롤의 정리에 의하여 $f'(c)=0$인 c가 열린구간 $(-\sqrt{3},\ \sqrt{3})$에 적
어도 하나 존재한다.

이때 $f'(x)=3x^2-3$이므로 $f'(c)=0$에서

$3c^2-3=0,\ 3(c+1)(c-1)=0$

$\therefore\ c=-1$ 또는 $c=1$

따라서 모든 상수 c의 값의 합은 0이다.

0252
답 ⑤

함수 $f(x)=2x^3-ax+5$에 대하여 닫힌구간 $[b,\ 2]$에서 롤의 정
리를 만족시키므로

$f(b)=f(2)$, 즉 $2b^3-ab+5=16-2a+5$ ……㉠

롤의 정리를 만족시키는 상수 c가 1이므로

$f'(1)=0$

이때 $f'(x)=6x^2-a$이므로

$f'(1)=6-a=0$

$\therefore\ a=6$

유형 15 평균값 정리

0253
답 ④

함수 $f(x)=-x^3-5x^2+2$는 닫힌구간 $[-1,\ 2]$에서 연속이고 열
린구간 $(-1,\ 2)$에서 미분가능하므로 평균값 정리에 의하여
$\dfrac{f(2)-f(-1)}{2-(-1)}=f'(c)$인 c가 열린구간 $(-1,\ 2)$에 적어도 하나
존재한다.

이때 $f'(x)=-3x^2-10x$이므로

$\dfrac{-26-(-2)}{3}=-3c^2-10c,\ 3c^2+10c-8=0$

$(3c-2)(c+4)=0$ $\therefore\ c=\dfrac{2}{3}\ (\because\ -1<c<2)$

0254
답 ③

함수 $f(x)=x^2-4x+5$에 대하여 닫힌구간 $[a,\ b]$에서 평균값 정
리를 만족시키는 상수 c가 3이므로

$\dfrac{f(b)-f(a)}{b-a}=f'(3)$

이때 $f'(x)=2x-4$이므로

$\dfrac{b^2-4b+5-(a^2-4a+5)}{b-a}=2,\ \dfrac{b^2-a^2-4(b-a)}{b-a}=2$

$b+a-4=2$ $\therefore\ a+b=6$

0255
답 ③

ㄱ. 함수 $f(x)=|x-1|$의 그래프가 오른쪽
그림과 같으므로

$$\dfrac{f(2)-f(-1)}{2-(-1)}=\dfrac{f(2)-f(-1)}{3}$$
$$=f'(c)$$

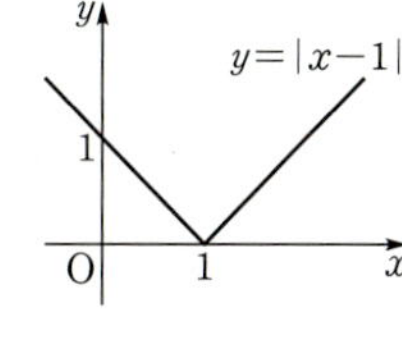

즉, $f'(c)=-\dfrac{1}{3}$을 만족시키는 c가 열린구간 $(-1,\ 2)$에 존재
하지 않는다.

ㄴ. 함수 $f(x)=x+|x|$의 그래프가 오른
쪽 그림과 같으므로

$$\dfrac{f(2)-f(-1)}{2-(-1)}=\dfrac{f(2)-f(-1)}{3}$$
$$=f'(c)$$

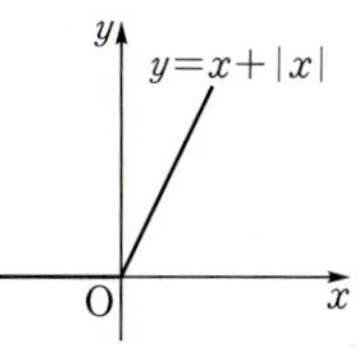

즉, $f'(c)=\dfrac{4}{3}$를 만족시키는 c가 열린구간 $(-1,\ 2)$에 존재하
지 않는다.

ㄷ. 함수 $f(x)$는 닫힌구간 $[-1, 2]$에서 연속이고 열린구간
$(-1, 2)$에서 미분가능하므로 평균값 정리에 의하여
$$\frac{f(2)-f(-1)}{2-(-1)}=\frac{f(2)-f(-1)}{3}=f'(c)$$를 만족시키는 c가
열린구간 $(-1, 2)$에 적어도 하나 존재한다.

따라서 주어진 조건을 만족시키는 함수는 ㄷ이다.

함수 $y=|f(x)|$의 그래프는 함수 $y=f(x)$의 그래프에서 $y<0$인 부분
을 x축에 대하여 대칭이동하여 그린다.

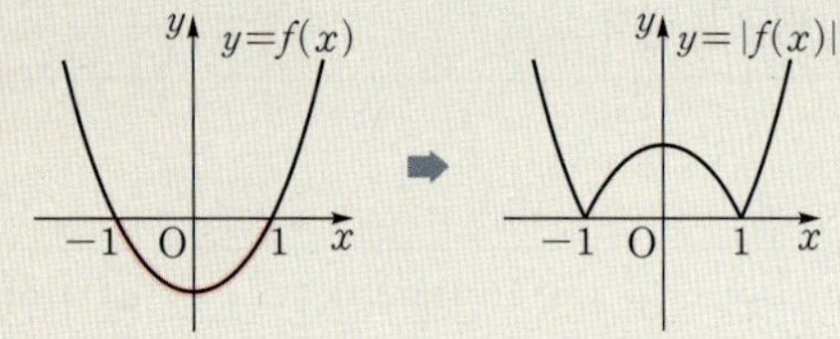

0256

답 ⑤

ㄱ. $f(-x)=-f(x)$에 $x=0$을 대입하면
$$f(0)=-f(0) \qquad \therefore f(0)=0 \ (참)$$

ㄴ. $f(1)=f(2)=2$이므로 $f(-1)=f(-2)=-2$
함수 $f(x)$가 닫힌구간 $[-2, -1]$에서 연속이고 열린구간
$(-2, -1)$에서 미분가능하며 $f(-2)=f(-1)$이므로 롤의
정리에 의하여 방정식 $f'(x)=0$은 열린구간 $(-2, -1)$에서
적어도 하나의 실근을 갖는다.
또한 함수 $f(x)$가 닫힌구간 $[1, 2]$에서 연속이고 열린구간
$(1, 2)$에서 미분가능하며 $f(1)=f(2)$이므로 롤의 정리에 의
하여 방정식 $f'(x)=0$은 열린구간 $(1, 2)$에서 적어도 하나의
실근을 갖는다.
즉, 방정식 $f'(x)=0$은 열린구간 $(-2, 2)$에서 적어도 2개의
실근을 갖는다. (참)

ㄷ. 함수 $f(x)$가 닫힌구간 $[-1, 0]$에서 연속이고 열린구간
$(-1, 0)$에서 미분가능하므로 평균값 정리에 의하여
$$\frac{f(0)-f(-1)}{0-(-1)}=2=f'(c)$$인 c가 열린구간 $(-1, 0)$에 적어
도 하나 존재한다.
또한 함수 $f(x)$가 닫힌구간 $[0, 1]$에서 연속이고 열린구간
$(0, 1)$에서 미분가능하므로 평균값 정리에 의하여
$$\frac{f(1)-f(0)}{1-0}=2=f'(c)$$인 c가 열린구간 $(0, 1)$에 적어도 하
나 존재한다.
즉, 방정식 $f'(x)=2$는 열린구간 $(-1, 1)$에서 적어도 2개의
실근을 갖는다. (참)

따라서 옳은 것은 ㄱ, ㄴ, ㄷ이다.

0257

답 ③

$f(x)=x^4-x^2+3$이라 하면 $f'(x)=4x^3-2x$
접점의 좌표를 (t, t^4-t^2+3)이라 하면 이 점에서의 접선의 기울기
는 $f'(t)=4t^3-2t$이므로 접선의 방정식은
$$y-(t^4-t^2+3)=(4t^3-2t)(x-t)$$
$$\therefore y=(4t^3-2t)x-3t^4+t^2+3$$
이 직선이 점 $(0, 1)$을 지나므로
$$1=-3t^4+t^2+3, \ 3t^4-t^2-2=0$$
$$(3t^2+2)(t+1)(t-1)=0$$
$$\therefore t=-1 \ 또는 \ t=1 \ (\because 3t^2+2>0)$$
따라서 구하는 모든 접선의 기울기의 곱은
$$f'(-1)f'(1)=-2\times2=-4$$

답 ②

원점을 지나고 곡선 $y=-x^3-x^2+x$에 접하는 모든 직선의
기울기의 합은?

① 2 　② $\dfrac{9}{4}$ 　③ $\dfrac{5}{2}$ 　④ $\dfrac{11}{4}$ 　⑤ 3

0258

답 52

$f(x)=x^3+ax+b$라 하면 $f'(x)=3x^2+a$
점 $(1, 3)$이 곡선 $y=f(x)$ 위의 점이므로
$f(1)=3$에서 $1+a+b=3$
$$\therefore a+b=2 \qquad \cdots\cdots ㉠$$
점 $(1, 3)$에서의 접선의 기울기는 $f'(1)=3+a$이므로 이 접선과
수직인 직선의 기울기는 $-\dfrac{1}{3+a}$이다.

따라서 점 $(1, 3)$을 지나고 기울기가 $-\dfrac{1}{3+a}$인 직선의 방정식은
$$y-3=-\frac{1}{3+a}(x-1)$$
$$\therefore y=-\frac{1}{3+a}x+\frac{10+3a}{3+a}$$
이 직선이 점 $(-2, 0)$을 지나므로
$$0=\frac{2}{3+a}+\frac{10+3a}{3+a}, \ 12+3a=0$$
$$\therefore a=-4$$
$a=-4$를 ㉠에 대입하면 $b=6$
$$\therefore a^2+b^2=16+36=52$$

답 2

곡선 $y=x^3-ax+b$ 위의 점 $(1, 1)$에서의 접선과 수직인 직
선의 기울기가 $-\dfrac{1}{2}$이다. 두 상수 a, b에 대하여 $a+b$의 값을
구하시오.

0259 답 ③

함수 $f(x)$는 실수 전체의 집합에서 미분가능하므로 닫힌구간 $[1, 5]$에서 연속이고 열린구간 $(1, 5)$에서 미분가능하다.

이때 평균값 정리에 의하여 $\dfrac{f(5)-f(1)}{5-1}=f'(c)$를 만족시키는 $c\,(1<c<5)$가 적어도 하나 존재한다.

조건 ㈎, ㈏에서

$\dfrac{f(5)-f(1)}{5-1}=\dfrac{f(5)-3}{4}\geq 5$이므로

$f(5)\geq 23$

따라서 구하는 $f(5)$의 최솟값은 23이다.

함수 $y=f(x)$의 그래프가 점 $(1, 3)$을 지나고 $1<x<5$일 때, 접선의 기울기가 5보다 크거나 같아야 하므로 오른쪽 그림과 같이 함수 $y=f(x)$의 그래프가 기울기가 5인 직선일 때 $f(5)$는 최솟값 23을 갖는다.

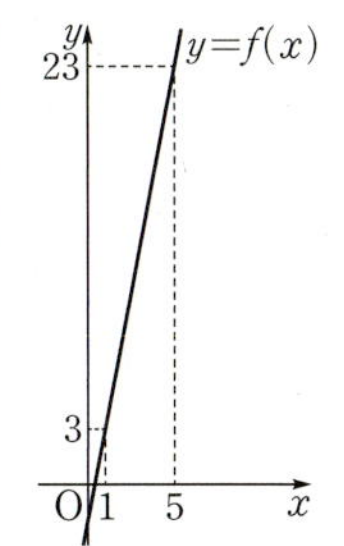

0260 답 ⑤

점 $(0, 0)$이 곡선 $y=f(x)$ 위의 점이므로 $f(0)=0$

곡선 $y=f(x)$ 위의 점 $(0, 0)$에서의 접선의 방정식은

$y=f'(0)x$ ······ ㉠

점 $(1, 2)$는 곡선 $y=xf(x)$ 위의 점이므로 $f(1)=2$

$y=xf(x)$에서 $y'=f(x)+xf'(x)$이므로

곡선 $y=xf(x)$ 위의 점 $(1, 2)$에서의 접선의 방정식은

$y-2=\{f(1)+f'(1)\}(x-1)$

$\therefore y=\{f'(1)+2\}x-f'(1)$ ······ ㉡

이때 두 직선 ㉠, ㉡이 일치하므로

$f'(1)+2=f'(0)$, $f'(1)=0$

$\therefore f'(0)=2$

$f(x)$가 삼차함수이고 $f(0)=0$이므로

$f(x)=ax^3+bx^2+cx\,(a, b, c$는 상수, $a\neq 0)$라 하면

$f'(x)=3ax^2+2bx+c$

$f'(0)=2$에서 $c=2$

$f'(1)=0$에서 $3a+2b+c=0$

$\therefore 3a+2b=-2$ ······ ㉢

$f(1)=2$에서 $a+b+c=2$

$\therefore a+b=0$ ······ ㉣

㉢, ㉣을 연립하여 풀면 $a=-2, b=2$

따라서 $f'(x)=-6x^2+4x+2$이므로

$f'(2)=-24+8+2=-14$

0261 답 ②

$f(x)=x^3-2x+1$이라 하면 $f'(x)=3x^2-2$

접점의 좌표를 (t, t^3-2t+1)이라 하면 이 점에서의 접선의 기울기는 $f'(t)=3t^2-2$이므로 접선의 방정식은

$y-(t^3-2t+1)=(3t^2-2)(x-t)$

$\therefore y=(3t^2-2)x-2t^3+1$ ······ ㉠

이 직선이 점 $(0, 3)$을 지나므로

$3=-2t^3+1$, $t^3+1=0$, $(t+1)(t^2-t+1)=0$

$\therefore t=-1\,(\because t^2-t+1>0)$

점 A의 좌표는 $(-1, 2)$이고 $t=-1$을 ㉠에 대입하면

$y=x+3$

이 직선과 곡선 $y=f(x)$가 만나는 점의 x좌표는

$x^3-2x+1=x+3$에서

$x^3-3x-2=0$, $(x+1)(x^2-x-2)=0$

$(x+1)^2(x-2)=0$ $\therefore x=-1$ 또는 $x=2$

즉, 점 $A(-1, 2)$가 아닌 교점 B는 x좌표가 2이고 직선 $y=x+3$ 위의 점이므로 $B(2, 5)$

따라서 선분 AB의 길이는

$\overline{AB}=\sqrt{(2+1)^2+(5-2)^2}=\sqrt{18}=3\sqrt{2}$

  답 ④

점 $(0, 4)$에서 곡선 $y=x^3-x+2$에 그은 접선의 x절편은?

① $-\dfrac{1}{2}$ ② -1 ③ $-\dfrac{3}{2}$ ④ -2 ⑤ $-\dfrac{5}{2}$

0262 답 80

$f(x)=x^3-\dfrac{5}{2}x^2+ax+2$에서 $f'(x)=3x^2-5x+a$

점 $A(0, 2)$가 곡선 $y=f(x)$ 위의 점이므로 $f(0)=2$

곡선 $y=f(x)$ 위의 점 $A(0, 2)$에서의 접선 l의 방정식은

$y=f'(0)x+f(0)$

$\therefore y=ax+2$ ······ ㉠

점 $B(2, f(2))$가 곡선 $y=f(x)$ 위의 점이므로 $f(2)=2a$

곡선 $y=f(x)$ 위의 점 $B(2, f(2))$에서의 접선 m의 방정식은

$y=f'(2)(x-2)+f(2)$

$\therefore y=(a+2)x-4$ ······ ㉡

㉠, ㉡을 연립하여 풀면

$x=3, y=3a+2$

즉, 두 직선 l, m이 만나는 점의 좌표는 $(3, 3a+2)$이고, 이 점이 x축 위에 있으므로

$3a+2=0$ $\therefore a=-\dfrac{2}{3}$

$\therefore f(x)=x^3-\dfrac{5}{2}x^2-\dfrac{2}{3}x+2$

따라서 $f(2)=8-10-\dfrac{4}{3}+2=-\dfrac{4}{3}$이므로

$60\times|f(2)|=60\times\left|-\dfrac{4}{3}\right|=80$

0263

$f(x)=x^3+ax^2+bx+c$ (a, b, c는 상수)라 하면

$f'(x)=3x^2+2ax+b$

곡선 $y=f(x)$가 두 점 A$(0,\ 4)$, B$(2,\ 4)$를 지나므로

$f(0)=4$에서 $c=4$

$f(2)=4$에서 $8+4a+2b+4=4$

$\therefore 2a+b=-4$ ...... ㉠

두 점 A, B에서의 접선이 서로 평행하므로

$f'(0)=f'(2)$에서

$b=12+4a+b$, $12+4a=0$ $\therefore a=-3$

$a=-3$을 ㉠에 대입하면 $b=2$

따라서 곡선 $y=f(x)$ 위의 점 A$(0,\ 4)$에서의 접선의 기울기는

$f'(0)=2$이므로 접선의 방정식은

$y-4=2x$ $\therefore y=2x+4$

이 접선의 x절편은 -2, y절편은 4이므로 구하는 도형의 넓이는

$\dfrac{1}{2}\times 2\times 4=4$

짝기출 답 ②

곡선 $y=x^3-3x^2+x+1$ 위의 서로 다른 두 점 A, B에서의 접선이 서로 평행하다. 점 A의 x좌표가 3일 때, 점 B에서의 접선의 y절편의 값은?

① 5　　　② 6　　　③ 7　　　④ 8　　　⑤ 9

0264

함수 $y=f(x)$의 그래프 위의 서로 다른 두 점 A, B에서의 접선 l, m의 기울기가 모두 $3k^2$이므로 두 점 A, B의 x좌표를 각각 α, β $(\alpha<\beta)$라 하면 α와 β는 방정식 $f'(x)=3k^2$의 두 근이다.

$f(x)=\dfrac{1}{3}x^3-kx^2+1$에서

$f'(x)=x^2-2kx$

$x^2-2kx=3k^2$에서

$x^2-2kx-3k^2=0$, $(x+k)(x-3k)=0$

$\therefore x=-k$ 또는 $x=3k$

$\therefore \alpha=-k$, $\beta=3k$ $(\because k>0)$

또한 $f'(x)=0$에서 $x^2-2kx=0$

$x(x-2k)=0$

$\therefore x=0$ 또는 $x=2k$

따라서 곡선 $y=f(x)$에 접하고 x축에 평행한 두 직선은 x좌표가 각각 0, $2k$인 점에서 곡선 $y=f(x)$에 접한다.

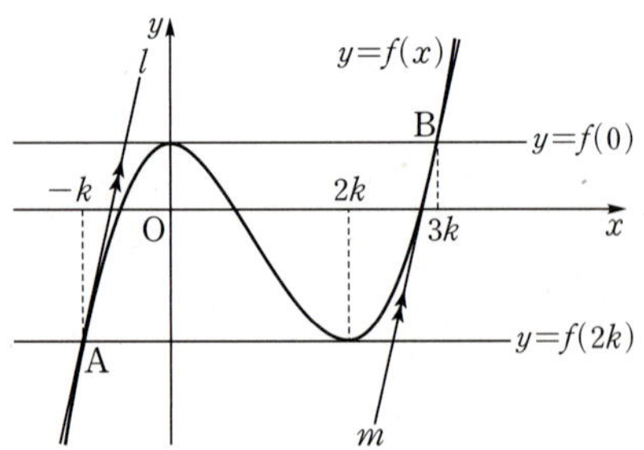

즉, 네 직선으로 둘러싸인 도형은 평행사변형이다.

$f(0)=1$,

$f(2k)=\dfrac{1}{3}\times(2k)^3-k\times(2k)^2+1=-\dfrac{4}{3}k^3+1$

이므로 평행사변형의 높이는

$f(0)-f(2k)=1-\left(-\dfrac{4}{3}k^3+1\right)=\dfrac{4}{3}k^3$ ...... ㉠

한편, 점 A에서의 접선 l의 방정식은

$y-f(-k)=f'(-k)\{x-(-k)\}$

$y-\left(-\dfrac{1}{3}k^3-k^3+1\right)=3k^2(x+k)$

$\therefore y=3k^2x+\dfrac{5}{3}k^3+1$

이때 직선 l의 x절편은

$0=3k^2x+\dfrac{5}{3}k^3+1$ $\therefore x=-\dfrac{5}{9}k-\dfrac{1}{3k^2}$

점 B에서의 접선 m의 방정식은

$y-f(3k)=f'(3k)(x-3k)$

$y-(9k^3-9k^3+1)=3k^2(x-3k)$

$\therefore y=3k^2x-9k^3+1$

이때 직선 m의 x절편은

$0=3k^2x-9k^3+1$ $\therefore x=3k-\dfrac{1}{3k^2}$

즉, 평행사변형의 밑변의 길이는 두 직선 l, m의 x절편의 차와 같으므로

$\left(3k-\dfrac{1}{3k^2}\right)-\left(-\dfrac{5}{9}k-\dfrac{1}{3k^2}\right)=\dfrac{32}{9}k$ $(\because k>0)$ ...... ㉡

㉠, ㉡에서 구하는 평행사변형의 넓이는

$\dfrac{4}{3}k^3\times\dfrac{32}{9}k=\dfrac{128}{27}k^4$

이때 네 직선으로 둘러싸인 도형의 넓이가 24이므로

$\dfrac{128}{27}k^4=24$

$k^4=24\times\dfrac{27}{128}=\dfrac{81}{16}=\left(\dfrac{3}{2}\right)^4$

$\therefore k=\dfrac{3}{2}$ $(\because k>0)$

PART A' 05 도함수의 활용(2)

유형 01 함수의 증가, 감소

0265
답 ②

$f(x)=-x^4+2x^2+3$에서

$f'(x)=-4x^3+4x=-4x(x+1)(x-1)$

$f'(x)=0$에서 $x=-1$ 또는 $x=0$ 또는 $x=1$

함수 $f(x)$의 증가와 감소를 표로 나타내면 다음과 같다.

x	$\cdots$	-1	$\cdots$	0	$\cdots$	1	$\cdots$
$f'(x)$	$+$	0	$-$	0	$+$	0	$-$
$f(x)$	↗		↘		↗		↘

따라서 주어진 구간 중 함수 $f(x)$가 증가하는 구간은 $[0, 1]$이다.

0266
답 17

$f(x)=-x^3+3ax^2+bx+5$에서 $f'(x)=-3x^2+6ax+b$

함수 $f(x)$가 $x\le-1$, $x\ge5$에서 감소하고, $-1\le x\le5$에서 증가하므로 이차방정식 $f'(x)=0$의 서로 다른 두 실근은 -1, 5이다.

따라서 이차방정식의 근과 계수의 관계에 의하여

$-1+5=-\dfrac{6a}{-3}$, $-1\times5=\dfrac{b}{-3}$

즉, $a=2$, $b=15$이므로

$a+b=2+15=17$

0267
답 ①

$f(x)=2x^3+6x^2+(3-a)x+1$에서 $f'(x)=6x^2+12x+3-a$

함수 $f(x)$가 감소하는 x의 값의 범위가 $b\le x\le1$이므로 이차방정식 $f'(x)=0$의 서로 다른 두 실근은 b, 1이다.

따라서 이차방정식의 근과 계수의 관계에 의하여

$b+1=-\dfrac{12}{6}$, $b\times1=\dfrac{3-a}{6}$

즉, $a=21$, $b=-3$이므로

$a+b=21+(-3)=18$

유형 02 삼차함수가 실수 전체의 집합에서 증가 또는 감소할 조건

0268
답 10

$f(x)=x^3+ax^2+(a+6)x-1$에서 $f'(x)=3x^2+2ax+a+6$

함수 $f(x)$가 실수 전체의 집합에서 증가하려면 모든 실수 x에 대하여 $f'(x)\ge0$이어야 한다.

이차방정식 $f'(x)=0$의 판별식을 D라 하면

$\dfrac{D}{4}=a^2-3(a+6)\le0$

$a^2-3a-18\le0$, $(a+3)(a-6)\le0$

$\therefore -3\le a\le6$

따라서 정수 a는 -3, -2, -1, $\cdots$, 5, 6의 10개이다.

> **참고**
>
> 범위 안에 속하는 정수의 개수를 세는 방법은 다음과 같다.
> 즉, 정수 m, n에 대하여
> $m<x<n$에 속하는 정수 x의 개수는 $n-m-1$
> $m\le x<n$에 속하는 정수 x의 개수는 $n-m$
> $m<x\le n$에 속하는 정수 x의 개수는 $n-m$
> $m\le x\le n$에 속하는 정수 x의 개수는 $n-m+1$

0269
답 3

$f(x)=-x^3+2ax^2-(a^2+4)x+5$에서

$f'(x)=-3x^2+4ax-a^2-4$

함수 $f(x)$가 실수 전체의 집합에서 감소하려면 모든 실수 x에 대하여 $f'(x)\le0$이어야 한다.

이차방정식 $f'(x)=0$의 판별식을 D라 하면

$\dfrac{D}{4}=(2a)^2-3(a^2+4)\le0$, $a^2-12\le0$

$(a+2\sqrt{3})(a-2\sqrt{3})\le0$ $\therefore -2\sqrt{3}\le a\le2\sqrt{3}$

따라서 정수 a의 최댓값은 3이다.

0270
답 -3

$x_1<x_2$인 임의의 두 실수 x_1, x_2에 대하여 $f(x_1)>f(x_2)$가 성립하려면 함수 $f(x)$가 실수 전체의 집합에서 감소해야 한다.

$f(x)=-x^3+2ax^2+3ax$에서 $f'(x)=-3x^2+4ax+3a$

함수 $f(x)$가 실수 전체의 집합에서 감소하려면 모든 실수 x에 대하여 $f'(x)\le0$이어야 한다.

이차방정식 $f'(x)=0$의 판별식을 D라 하면

$\dfrac{D}{4}=(2a)^2-(-9a)\le0$, $a(4a+9)\le0$

$\therefore -\dfrac{9}{4}\le a\le0$

따라서 정수 a는 -2, -1, 0이므로 구하는 합은

$-2+(-1)+0=-3$

0271
답 6

함수 $f(x)$의 역함수가 존재하려면 $f(x)$가 일대일대응이어야 하므로 실수 전체의 집합에서 $f(x)$는 증가하거나 감소해야 한다.

그런데 함수 $f(x)$의 최고차항의 계수가 양수이므로 $f(x)$는 실수 전체의 집합에서 증가해야 한다.

$f(x)=\dfrac{1}{3}x^3-ax^2+6ax+2$에서 $f'(x)=x^2-2ax+6a$

함수 $f(x)$가 실수 전체의 집합에서 증가하려면 모든 실수 x에 대하여 $f'(x)\ge0$이어야 한다.

이차방정식 $f'(x)=0$의 판별식을 D라 하면

$\dfrac{D}{4}=(-a)^2-6a\le0$, $a(a-6)\le0$

$\therefore 0\le a\le6$

따라서 실수 a의 최댓값은 6, 최솟값은 0이므로 구하는 합은

$6+0=6$

0272
답 ②

$f(x)=\dfrac{2}{3}x^3+x^2+(a+1)x+2$에서

$f'(x)=2x^2+2x+a+1=2\left(x+\dfrac{1}{2}\right)^2+a+\dfrac{1}{2}$

함수 $f(x)$가 $0<x<1$에서 감소하려면
$0<x<1$에서 $f'(x)\le 0$이어야 하므로 오른
쪽 그림과 같이

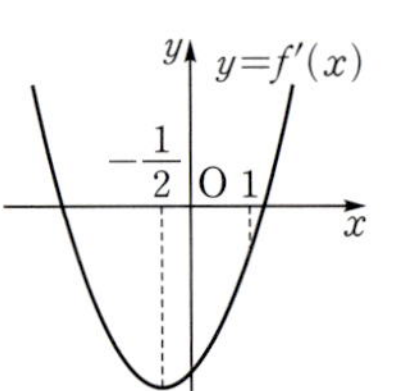

$f'(1)=a+5\le 0$ $\qquad \therefore a\le -5$
따라서 실수 a의 최댓값은 -5이다.

0273
답 ⑤

$f(x)=-\dfrac{1}{3}x^3+\dfrac{1}{2}ax^2+6x$에서 $f'(x)=-x^2+ax+6$

함수 $f(x)$가 구간 $(-1, 2)$에서 증가하려면 $-1<x<2$에서
$f'(x)\ge 0$이어야 한다.

$f'(-1)=-1-a+6\ge 0$에서 $a\le 5$ $\qquad \cdots\cdots$ ㉠

$f'(2)=-4+2a+6\ge 0$에서 $a\ge -1$ $\qquad \cdots\cdots$ ㉡

㉠, ㉡을 동시에 만족시키는 a의 값의 범위는
$-1\le a\le 5$

따라서 정수 a는 $-1, 0, 1, 2, 3, 4, 5$의 7개이다.

참고

$f'(x)$는 최고차항의 계수가 음수인 이차함수이므로 다음 그림과 같이
$f'(-1)\ge 0$, $f'(2)\ge 0$이면 $-1<x<2$에서 $f'(x)\ge 0$임을 알 수 있다.

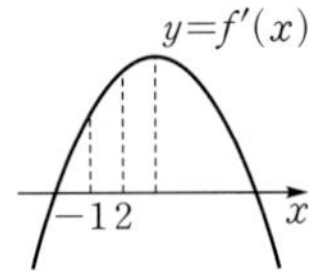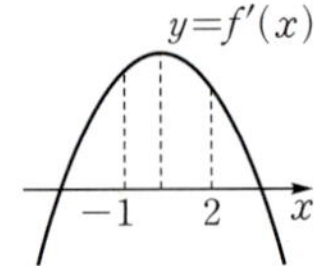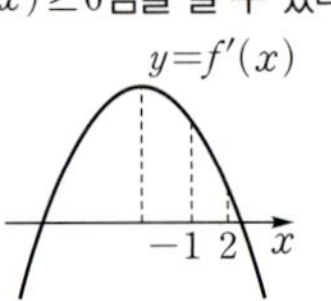

0274
답 9

$f(x)=-\dfrac{1}{3}x^3+2x^2+(a-6)x+3$에서

$f'(x)=-x^2+4x+a-6=-(x-2)^2+a-2$

함수 $f(x)$가 구간 $(1, 2)$에서 증가하고, 구간 $(4, \infty)$에서 감소하
려면 $1<x<2$에서 $f'(x)\ge 0$, $x>4$에서 $f'(x)\le 0$이어야 한다.

$f'(1)=-1+4+a-6\ge 0$에서

$a\ge 3$ $\qquad \cdots\cdots$ ㉠

$f'(4)=-16+16+a-6\le 0$에서

$a\le 6$ $\qquad \cdots\cdots$ ㉡

㉠, ㉡을 동시에 만족시키는 a의 값의 범위는
$3\le a\le 6$

따라서 실수 a의 최댓값 $M=6$, 최솟값 $m=3$이므로
$M+m=6+3=9$

0275
답 ④

함수 $y=f'(x)$의 그래프에서 $f'(x)\ge 0$인 구간은 $[-1, 2]$이므로
함수 $f(x)$는 구간 $[-1, 1]$에서 증가한다.

0276
답 ④

① 구간 $(-\infty, -2)$에서 $f'(x)>0$이므로 함수 $f(x)$는 증가한다.

② 구간 $(-2, 0)$에서 $f'(x)<0$이므로 함수 $f(x)$는 감소한다.

③ 구간 $(1, 3)$에서 $f'(x)>0$이므로 함수 $f(x)$는 증가한다.

④ 구간 $(5, 6)$에서 $f'(x)>0$이므로 함수 $f(x)$는 증가한다.

⑤ 구간 $(6, \infty)$에서 $f'(x)>0$이므로 함수 $f(x)$는 증가한다.

따라서 옳지 않은 것은 ④이다.

0277
답 2

$y=\{f(x)\}^2$에서 $y'=2f(x)f'(x)$

주어진 그래프에서 $f(x)$, $f'(x)$의 부호를 이용하여 함수 $\{f(x)\}^2$
의 증가와 감소를 표로 나타내면 다음과 같다.

x	$\cdots$	-1	$\cdots$	0	$\cdots$	1	$\cdots$
$f(x)$	$-$	0	$+$	$+$	$+$	0	$+$
$f'(x)$	$+$	$+$	$+$	0	$-$	0	$+$
$f(x)f'(x)$	$-$	0	$+$	0	$-$	0	$+$
$\{f(x)\}^2$	$\searrow$		$\nearrow$		$\searrow$		$\nearrow$

따라서 함수 $\{f(x)\}^2$은 구간 $(-\infty, -1]$, $[0, 1]$에서 감소하므로
$a=-1$, $b=0$, $c=1$

$\therefore a+2b+3c=-1+0+3=2$

0278
답 ③

$f(x)=x^3-6x^2+9x+5$에서

$f'(x)=3x^2-12x+9=3(x-1)(x-3)$

$f'(x)=0$에서 $x=1$ 또는 $x=3$

함수 $f(x)$의 증가와 감소를 표로 나타내면 다음과 같다.

x	$\cdots$	1	$\cdots$	3	$\cdots$
$f'(x)$	$+$	0	$-$	0	$+$
$f(x)$	$\nearrow$	9	$\searrow$	5	$\nearrow$

따라서 함수 $f(x)$는 $x=1$에서 극댓값 9를 가지므로
$a=1$, $b=9$

$\therefore a+b=1+9=10$

0279

답 ⑤

$f(x)=3x^4-8x^3+a$에서

$f'(x)=12x^3-24x^2=12x^2(x-2)$

$f'(x)=0$에서 $x=0$ 또는 $x=2$

함수 $f(x)$의 증가와 감소를 표로 나타내면 다음과 같다.

x	$\cdots$	0	$\cdots$	2	$\cdots$
$f'(x)$	$-$	0	$-$	0	$+$
$f(x)$	$\searrow$	a	$\searrow$	$a-16$	$\nearrow$

따라서 함수 $f(x)$는 $x=2$에서 극솟값 $a-16$을 가지므로

$a-16=-4$　　$\therefore a=12$

0280

답 ⑤

$f(x)=x^3+3x^2-9x+a$에서

$f'(x)=3x^2+6x-9=3(x+3)(x-1)$

$f'(x)=0$에서 $x=-3$ 또는 $x=1$

함수 $f(x)$의 증가와 감소를 표로 나타내면 다음과 같다.

x	$\cdots$	-3	$\cdots$	1	$\cdots$
$f'(x)$	$+$	0	$-$	0	$+$
$f(x)$	$\nearrow$	$a+27$	$\searrow$	$a-5$	$\nearrow$

따라서 함수 $f(x)$는 $x=-3$에서 극댓값 $a+27$, $x=1$에서 극솟값 $a-5$를 가지므로 $M=a+27$, $m=a-5$

$M+m=0$에서 $a+27+a-5=0$

$2a=-22$　　$\therefore a=-11$

0281

답 3

$f(x)=-x^3+3x+a$에서

$f'(x)=-3x^2+3=-3(x+1)(x-1)$

$f'(x)=0$에서 $x=-1$ 또는 $x=1$

함수 $f(x)$의 증가와 감소를 표로 나타내면 다음과 같다.

x	$\cdots$	-1	$\cdots$	1	$\cdots$
$f'(x)$	$-$	0	$+$	0	$-$
$f(x)$	$\searrow$	$a-2$	$\nearrow$	$a+2$	$\searrow$

따라서 함수 $f(x)$는 $x=-1$에서 극솟값 $a-2$, $x=1$에서 극댓값 $a+2$를 가지므로 모든 극값의 곱이 5이려면 $(a-2)(a+2)=5$

$a^2=9$　　$\therefore a=3\ (\because a>0)$

0282

답 ④

$f(x)=2x^3-3(a+2)x^2+12ax+3$에서

$f'(x)=6x^2-6(a+2)x+12a$

함수 $f(x)$가 $x=-1$에서 극댓값을 가지므로

$f'(-1)=0$에서 $6+6(a+2)+12a=0$

$18a+18=0$　　$\therefore a=-1$

즉, $f(x)=2x^3-3x^2-12x+3$,

$f'(x)=6x^2-6x-12=6(x+1)(x-2)$

$f'(x)=0$에서 $x=-1$ 또는 $x=2$

함수 $f(x)$의 증가와 감소를 표로 나타내면 다음과 같다.

x	$\cdots$	-1	$\cdots$	2	$\cdots$
$f'(x)$	$+$	0	$-$	0	$+$
$f(x)$	$\nearrow$	10	$\searrow$	-17	$\nearrow$

따라서 함수 $f(x)$는 $x=2$에서 극솟값 -17을 갖는다.

0283

답 4

$f(x)=x^3+ax^2+bx+c\ (a,\ b,\ c는 상수)$라 하면

$f'(x)=3x^2+2ax+b$

함수 $f(x)$가 $x=1$에서 극대, $x=3$에서 극소이므로

$f'(1)=0$에서 $3+2a+b=0$　　$\therefore 2a+b=-3$　$\cdots\cdots$ ㉠

$f'(3)=0$에서 $27+6a+b=0$　　$\therefore 6a+b=-27$　$\cdots\cdots$ ㉡

㉠, ㉡을 연립하여 풀면 $a=-6$, $b=9$

따라서 $f(x)=x^3-6x^2+9x+c$이므로

극댓값 $M=f(1)=1-6+9+c=c+4$

극솟값 $m=f(3)=27-54+27+c=c$

$\therefore M-m=c+4-c=4$

0284

답 ②

$f(x)=x^4-2a^2x^2+4$에서

$f'(x)=4x^3-4a^2x=4x(x+a)(x-a)$

$f'(x)=0$에서 $x=-a$ 또는 $x=0$ 또는 $x=a$

$a>0$이므로 함수 $f(x)$의 증가와 감소를 표로 나타내면 다음과 같다.

x	$\cdots$	$-a$	$\cdots$	0	$\cdots$	a	$\cdots$
$f'(x)$	$-$	0	$+$	0	$-$	0	$+$
$f(x)$	$\searrow$	극소	$\nearrow$	극대	$\searrow$	극소	$\nearrow$

따라서 함수 $f(x)$는 $x=-a$, $x=a$에서 극소이다.

한편, $b>0$에서 $3b-(b-4)=2b+4>0$이므로 $3b>b-4$

$\therefore a=3b$, $-a=b-4$

위의 두 식을 연립하여 풀면 $a=3$, $b=1$

$\therefore a-b=3-1=2$

0285

답 1

조건 ㈎의 $\displaystyle\lim_{x\to3}\frac{f(x)-5}{x-3}=12$에서 극한값이 존재하고 $x\to3$일 때, (분모)$\to0$이므로 (분자)$\to0$이어야 한다.

즉, $\displaystyle\lim_{x\to3}\{f(x)-5\}=0$이므로 $f(3)=5$

$\therefore \displaystyle\lim_{x\to3}\frac{f(x)-5}{x-3}=\lim_{x\to3}\frac{f(x)-f(3)}{x-3}=f'(3)=12$

$f(x)=2x^3+ax^2+bx+c\ (a,\ b,\ c는 상수)$라 하면

$f'(x)=6x^2+2ax+b$

$f(3)=5$에서 $54+9a+3b+c=5$

$\therefore 9a+3b+c=-49$ ······ ㉠

$f'(3)=12$에서 $54+6a+b=12$

$\therefore 6a+b=-42$ ······ ㉡

조건 (내)에서 함수 $f(x)$는 $x=2$에서 극값을 가지므로

$f'(2)=0$에서 $24+4a+b=0$

$\therefore 4a+b=-24$ ······ ㉢

㉡, ㉢을 연립하여 풀면 $a=-9$, $b=12$

이를 ㉠에 대입하면 $c=-4$

즉, $f(x)=2x^3-9x^2+12x-4$,

$f'(x)=6x^2-18x+12=6(x-1)(x-2)$

$f'(x)=0$에서 $x=1$ 또는 $x=2$

함수 $f(x)$의 증가와 감소를 표로 나타내면 다음과 같다.

x	$\cdots$	1	$\cdots$	2	$\cdots$
$f'(x)$	$+$	0	$-$	0	$+$
$f(x)$	$\nearrow$	1	$\searrow$	0	$\nearrow$

따라서 함수 $f(x)$는 $x=1$에서 극댓값 1을 갖는다.

함수의 극대, 극소의 활용

0286
답 ⑤

곡선 $y=f(x)$ 위의 점 $(1, f(1))$에서의 접선의 기울기가 4이므로

$f'(1)=4$

$g(x)=(x^2+2)f(x)$에서

$g'(x)=2xf(x)+(x^2+2)f'(x)$

함수 $g(x)$가 $x=1$에서 극값을 가지므로

$g'(1)=0$에서 $2f(1)+3f'(1)=0$

$2f(1)+12=0$ $\therefore f(1)=-6$

0287
답 ②

$f(x)=\dfrac{2}{3}x^3+2(2a+3)x^2-4x$에서 $f'(x)=2x^2+4(2a+3)x-4$

함수 $f(x)$가 $x=\alpha$에서 극대, $x=\beta$에서 극소라 하면 α, β는 이차방정식 $2x^2+4(2a+3)x-4=0$의 서로 다른 두 실근이다.

이때 극대가 되는 점과 극소가 되는 점이 원점에 대하여 대칭이므로 $\alpha+\beta=0$

따라서 이차방정식의 근과 계수의 관계에 의하여

$\alpha+\beta=-\dfrac{4(2a+3)}{2}=0$ $\therefore a=-\dfrac{3}{2}$

극값을 갖는 삼차함수 $y=f(x)$의 그래프가 원점에 대하여 대칭이면 함수 $y=f(x)$의 그래프에서 극대가 되는 점과 극소가 되는 점도 원점에 대하여 대칭이다.

0288
답 ②

$f(x)=-x^3+3x^2+9x+1$에서

$f'(x)=-3x^2+6x+9=-3(x+1)(x-3)$

$f'(x)=0$에서 $x=-1$ 또는 $x=3$

함수 $f(x)$의 증가와 감소를 표로 나타내면 다음과 같다.

x	$\cdots$	-1	$\cdots$	3	$\cdots$
$f'(x)$	$-$	0	$+$	0	$-$
$f(x)$	$\searrow$	-4	$\nearrow$	28	$\searrow$

함수 $f(x)$는 $x=3$에서 극댓값 28, $x=-1$에서 극솟값 -4를 가지므로 $A(3, 28)$, $B(-1, -4)$

두 점 A, B를 지나는 직선의 방정식은

$y+4=\dfrac{-4-28}{-1-3}(x+1)$ $\therefore y=8x+4$

따라서 구하는 직선의 y절편은 4이다.

0289
답 2

$f(x)=-x^3-ax^2+5$에서 $f'(x)=-3x^2-2ax$

곡선 $y=f(x)$ 위의 점 $(t, f(t))$에서의 접선의 기울기가 $-3t^2-2at$ 이므로 접선의 방정식은

$y-(-t^3-at^2+5)=(-3t^2-2at)(x-t)$

$\therefore y=(-3t^2-2at)x+2t^3+at^2+5$

이 접선의 y절편은

$g(t)=2t^3+at^2+5$이므로

$g'(t)=6t^2+2at$

함수 $g(t)$가 $t=1$에서 극소이므로 $g'(1)=0$에서

$6+2a=0$ $\therefore a=-3$

즉, $g(t)=2t^3-3t^2+5$,

$g'(t)=6t^2-6t=6t(t-1)$

$g'(t)=0$에서 $t=0$ 또는 $t=1$

함수 $g(t)$의 증가와 감소를 표로 나타내면 다음과 같다.

t	$\cdots$	0	$\cdots$	1	$\cdots$
$g'(t)$	$+$	0	$-$	0	$+$
$g(t)$	$\nearrow$	5	$\searrow$	4	$\nearrow$

따라서 함수 $g(t)$는 $t=0$에서 극댓값 5를 갖는다.

$\therefore M=5$ $\therefore a+M=-3+5=2$

도함수의 그래프와 극대, 극소

0290
답 1

다음 그림과 같이 함수 $y=f'(x)$의 그래프와 x축의 교점의 x좌표 중 0이 아닌 값을 작은 수부터 차례대로 x_1, x_2, x_3, x_4라 하자.

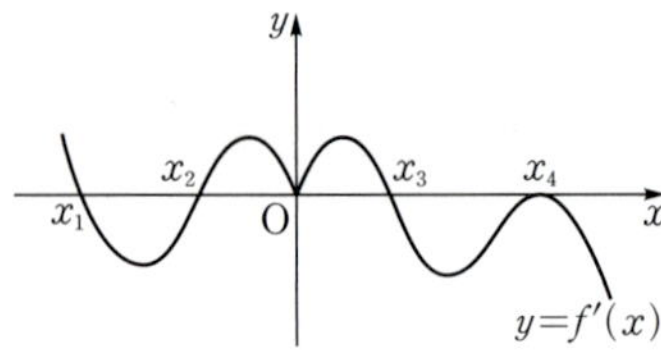

주어진 그래프에서 $f'(x)$의 부호를 조사하여 함수 $f(x)$의 증가와 감소를 표로 나타내면 다음과 같다.

x	$\cdots$	x_1	$\cdots$	x_2	$\cdots$	0	$\cdots$	x_3	$\cdots$	x_4	$\cdots$
$f'(x)$	$+$	0	$-$	0	$+$	0	$+$	0	$-$	0	$-$
$f(x)$	$\nearrow$	극대	$\searrow$	극소	$\nearrow$		$\nearrow$	극대	$\searrow$		$\searrow$

따라서 함수 $f(x)$는 $x=x_1$, $x=x_3$에서 극대, $x=x_2$에서 극소이므로
$m=2$, $n=1$
$\therefore m-n=2-1=1$

0291
답 4

주어진 함수 $y=f'(x)$의 그래프를 이용하여 함수 $f(x)$의 증가와 감소를 표로 나타내면 다음과 같다.

x	$\cdots$	-2	$\cdots$	0	$\cdots$
$f'(x)$	$-$	0	$+$	0	$-$
$f(x)$	$\searrow$	극소	$\nearrow$	극대	$\searrow$

$f(x)=-x^3+ax^2+bx+c$ (a, b, c는 상수)라 하면
$f'(x)=-3x^2+2ax+b$
$f'(-2)=0$에서 $-12-4a+b=0$
$\therefore 4a-b=-12$ $\cdots\cdots$ ㉠
$f'(0)=0$에서 $b=0$
$b=0$을 ㉠에 대입하면 $a=-3$
$f(x)=-x^3-3x^2+c$이고 함수 $f(x)$의 극댓값이 8이므로
$f(0)=8$에서 $c=8$
따라서 $f(x)=-x^3-3x^2+8$이므로 구하는 극솟값은
$f(-2)=8-12+8=4$

0292
답 ③

주어진 함수 $y=f'(x)$의 그래프를 이용하여 함수 $f(x)$의 증가와 감소를 표로 나타내면 다음과 같다.

x	$\cdots$	0	$\cdots$	a	$\cdots$	b	$\cdots$	d	$\cdots$
$f'(x)$	$+$	0	$-$	0	$-$	0	$+$	0	$-$
$f(x)$	$\nearrow$	극대	$\searrow$		$\searrow$	극소	$\nearrow$	극대	$\searrow$

ㄱ. $a<x<b$에서 $f'(x)<0$이므로 함수 $f(x)$는 구간 (a, b)에서
　감소한다.
　$\therefore f(b)<f(a)$ (참)
ㄴ. $x=c$의 좌우에서 $f'(x)$의 부호가 바뀌지 않으므로 함수 $f(x)$
　는 $x=c$에서 극값을 갖지 않는다. (거짓)
ㄷ. $x=0$, $x=b$, $x=d$의 좌우에서 각각 $f'(x)$의 부호가 바뀌므로
　함수 $f(x)$는 $x=0$, $x=b$, $x=d$에서 극값을 갖는다.
　즉, 함수 $f(x)$가 극값을 갖는 x의 개수는 3이다. (참)
따라서 옳은 것은 ㄱ, ㄷ이다.

0293
답 ④

주어진 함수 $y=f'(x)$의 그래프를 이용하여 함수 $f(x)$의 증가와 감소를 표로 나타내면 다음과 같다.

x	$\cdots$	-1	$\cdots$	1	$\cdots$
$f'(x)$	$+$	0	$+$	0	$-$
$f(x)$	$\nearrow$		$\nearrow$	극대	$\searrow$

함수 $f(x)$는 $x=1$에서 극대이고, $x=-1$의 좌우에서 $f'(x)$의 부호가 바뀌지 않으므로 함수 $f(x)$는 $x=-1$에서 극값을 갖지 않는다.
따라서 함수 $y=f(x)$의 그래프의 개형이 될 수 있는 것은 ④이다.

0294
답 1

주어진 함수 $y=f'(x)$의 그래프를 이용하여 함수 $f(x)$의 증가와 감소를 표로 나타내면 다음과 같다.

x	$\cdots$	-1	$\cdots$	3	$\cdots$
$f'(x)$	$+$	0	$-$	0	$+$
$f(x)$	$\nearrow$	극대	$\searrow$	극소	$\nearrow$

이때 $f(-1)=-1$이므로 함수 $y=f(x)$의 그래프의 개형은 오른쪽 그림과 같다.
따라서 x축과 만나는 점의 개수는 1이다.

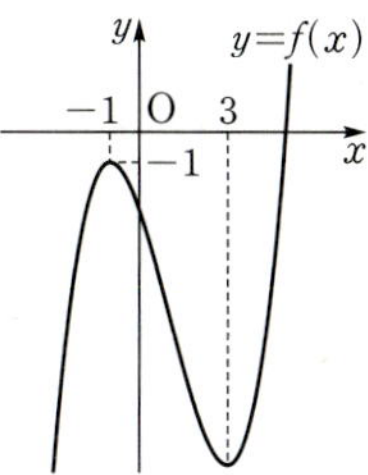

0295
답 ②

$f(x)=-x^3+6x^2-9x+3$에서
$f'(x)=-3x^2+12x-9=-3(x-1)(x-3)$
$f'(x)=0$에서 $x=1$ 또는 $x=3$
함수 $f(x)$의 증가와 감소를 표로 나타내면 다음과 같다.

x	$\cdots$	1	$\cdots$	3	$\cdots$
$f'(x)$	$-$	0	$+$	0	$-$
$f(x)$	$\searrow$	-1	$\nearrow$	3	$\searrow$

함수 $y=f(x)$의 그래프는 오른쪽 그림과 같다.
ㄱ. 함수 $f(x)$는 $x=3$에서 극댓값 3을
　갖는다. (참)
ㄴ. $x<1$ 또는 $x>3$일 때 $f'(x)<0$이므
　로 함수 $f(x)$는 구간 $(-\infty, 1)$,
　$(3, \infty)$에서 감소한다. (참)
ㄷ. 함수 $y=f(x)$의 그래프와 x축의 교점은 3개이다. (거짓)
따라서 옳은 것은 ㄱ, ㄴ이다.

0296
답 ⑤

$f(x)=3x^4+8x^3+6x^2-1$에서
$f'(x)=12x^3+24x^2+12x=12x(x+1)^2$
$f'(x)=0$에서 $x=-1$ 또는 $x=0$
함수 $f(x)$의 증가와 감소를 표로 나타내면 다음과 같다.

x	$\cdots$	-1	$\cdots$	0	$\cdots$
$f'(x)$	$-$	0	$-$	0	$+$
$f(x)$	$\searrow$	0	$\searrow$	-1	$\nearrow$

함수 $y=f(x)$의 그래프는 오른쪽 그림과
같다.

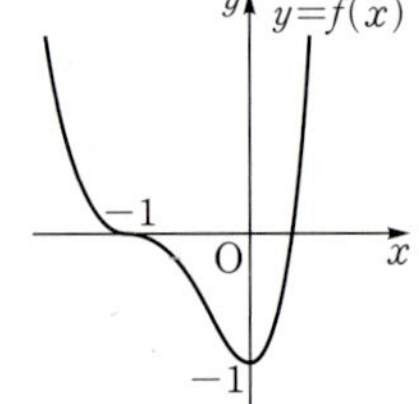

ㄱ. $-1<x<0$일 때 $f'(x)<0$이므로 함수
　$f(x)$는 구간 $(-1,\ 0)$에서 감소한다.
　　　　　　　　　　　　　　　　(참)
ㄴ. 함수 $f(x)$는 $x=0$에서 극소이다. (참)
ㄷ. 함수 $y=f(x)$의 그래프에서 모든 실수 x에 대하여 $f(x)\geq-1$
　이다. (참)
따라서 옳은 것은 ㄱ, ㄴ, ㄷ이다.

0297

답 ⑤

주어진 함수 $y=f'(x)$의 그래프를 이용하여 함수 $f(x)$의 증가와
감소를 표로 나타내면 다음과 같다.

x	$\cdots$	-2	$\cdots$	0	$\cdots$	1	$\cdots$
$f'(x)$	$-$	0	$+$	0	$-$	0	$+$
$f(x)$	$\searrow$	극소	$\nearrow$	극대	$\searrow$	극소	$\nearrow$

이때 $f(-2)<0<f(1)$이므로 함수 $y=f(x)$의 그래프의 개형은
다음 그림과 같다.

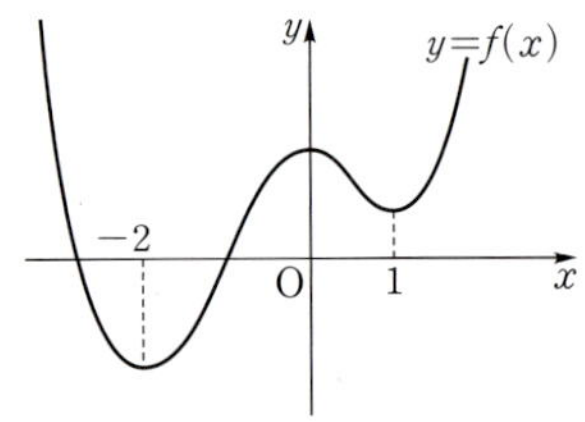

ㄱ. $f(0)>0$ (참)
ㄴ. 함수 $f(x)$는 $x=0$에서 극대, $x=-2$, $x=1$에서 극소이므로
　함수 $f(x)$의 극대 또는 극소인 점은 3개이다. (참)
ㄷ. 함수 $y=f(x)$의 그래프와 x축의 교점은 2개이다. (참)
따라서 옳은 것은 ㄱ, ㄴ, ㄷ이다.

유형 10 그래프를 이용한 삼차함수의 계수의 부호 결정

0298

답 ④

함수 $f(x)=ax^3+bx^2+cx+d$에서
$x\to\infty$일 때, $f(x)\to-\infty$이므로 $a<0$
$f(0)<0$이므로 $d<0$
$f(x)=ax^3+bx^2+cx+d$에서
$f'(x)=3ax^2+2bx+c$
이차방정식 $f'(x)=0$의 서로 다른 두 실근이 α, β이고 $0<\alpha<\beta$
이므로 이차방정식의 근과 계수의 관계에 의하여
$$\alpha+\beta=-\frac{2b}{3a}>0\qquad\therefore\ b>0\ (\because\ a<0)$$
$$\alpha\beta=\frac{c}{3a}>0\qquad\therefore\ c<0\ (\because\ a<0)$$
따라서 $a<0$, $b>0$, $c<0$, $d<0$이므로 옳은 것은 ④이다.

0299

답 ②

최고차항의 계수가 1인 삼차함수 $f(x)$가
$x=\alpha$, $x=\beta$에서 극값을 갖고, $\alpha>\beta$이므
로 $x=\alpha$에서 극소, $x=\beta$에서 극대이다.
따라서 함수 $y=f(x)$의 그래프의 개형은
오른쪽 그림과 같다.

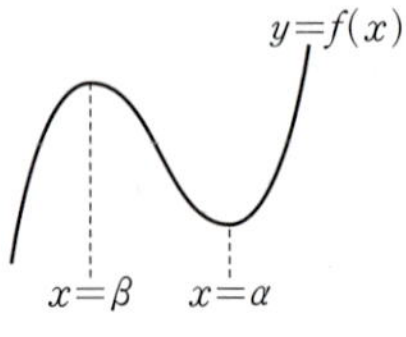

ㄱ. $f(\alpha)<f(\beta)$ (참)
ㄴ. $\alpha+\beta=0$이고 $f(\beta)=0$이면 함수
　$y=f(x)$의 그래프의 개형은 오른쪽
　그림과 같다.
　즉, $f(0)<0$이므로 $c<0$이다. (참)

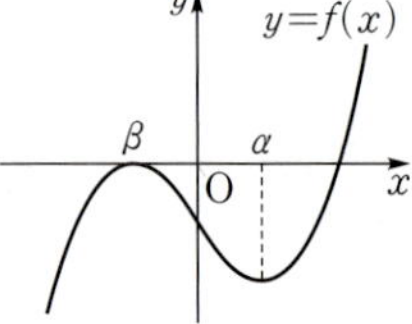

ㄷ. $f(x)=x^3+ax^2+bx+c$에서
　$f'(x)=3x^2+2ax+b$
　이차방정식 $f'(x)=0$의 서로 다른 두 실근이 α, β이고
　$\alpha>0>\beta$, $|\alpha|<|\beta|$이므로 이차방정식의 근과 계수의 관계에
　의하여
$$\alpha+\beta=-\frac{2a}{3}<0\qquad\therefore\ a>0$$
$$\alpha\beta=\frac{b}{3}<0\qquad\therefore\ b<0$$
　즉, $ab<0$이다. (거짓)
따라서 옳은 것은 ㄱ, ㄴ이다.

0300

답 ②

함수 $f(x)=ax^3+bx^2+cx+2$에서
$x\to\infty$일 때, $f(x)\to-\infty$이므로 $a<0$
$f(x)=ax^3+bx^2+cx+2$에서
$f'(x)=3ax^2+2bx+c$

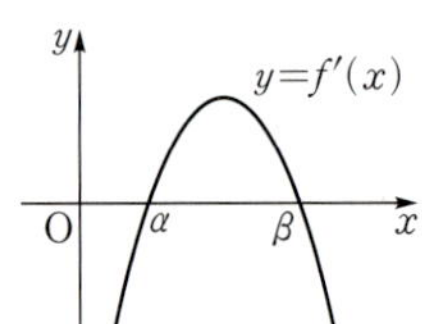

함수 $f(x)$가 $x=\alpha$에서 극소, $x=\beta$에서 극대라 하면
$f'(\alpha)=0$, $f'(\beta)=0$
즉, 이차방정식 $f'(x)=0$의 서로 다른 두 실근이 α, β이고
$0<\alpha<\beta$이므로 이차방정식의 근과 계수의 관계에 의하여
$$\alpha+\beta=-\frac{2b}{3a}>0\qquad\therefore\ b>0\ (\because\ a<0)$$
또한 $f'(0)<0$이므로 $c<0$
따라서 $a<0$, $b>0$, $c<0$이므로
$$\frac{|a|}{a}+\frac{|2b|}{b}+\frac{|3c|}{c}=-1+2-3=-2$$

유형 11 삼차함수가 극값을 가질 조건

0301

답 3

$f(x)=x^3+(a+2)x^2+(a^2-4)x+1$에서
$f'(x)=3x^2+2(a+2)x+a^2-4$

삼차함수 $f(x)$가 극값을 가지려면 이차방정식 $f'(x)=0$이 서로 다른 두 실근을 가져야 하므로 이차방정식 $3x^2+2(a+2)x+a^2-4=0$의 판별식을 D라 하면

$$\frac{D}{4}=(a+2)^2-3(a^2-4)>0$$에서

$$-2a^2+4a+16>0,\ a^2-2a-8<0$$

$$(a+2)(a-4)<0 \qquad \therefore\ -2<a<4$$

따라서 함수 $f(x)$가 극값을 갖도록 하는 정수 a의 최댓값은 3이다.

0302 답 ④

$f(x)=x^3+ax^2+3ax+2$에서 $f'(x)=3x^2+2ax+3a$

삼차함수 $f(x)$가 극값을 갖지 않으려면 이차방정식 $f'(x)=0$이 중근 또는 허근을 가져야 하므로 이차방정식 $3x^2+2ax+3a=0$의 판별식을 D라 하면

$$\frac{D}{4}=a^2-9a\le0$$에서 $a(a-9)\le0$

$$\therefore\ 0\le a\le9$$

따라서 함수 $f(x)$가 극값을 갖지 않도록 하는 정수 a는 0, 1, 2, $\cdots$, 8, 9의 10개이다.

0303 답 ③

$f(x)=-\dfrac{1}{3}x^3+(a+1)x^2-(2a^2+3a-5)x+3$에서

$f'(x)=-x^2+2(a+1)x-2a^2-3a+5$

삼차함수 $f(x)$가 극값을 가지려면 이차방정식 $f'(x)=0$이 서로 다른 두 실근을 가져야 하므로 이차방정식 $x^2-2(a+1)x+2a^2+3a-5=0$의 판별식을 D라 하면

$$\frac{D}{4}=\{-(a+1)\}^2-(2a^2+3a-5)>0$$에서

$$-a^2-a+6>0,\ a^2+a-6<0$$

$$(a+3)(a-2)<0 \qquad \therefore\ -3<a<2$$

따라서 함수 $f(x)$가 극값을 갖도록 하는 정수 a는 $-2,\ -1,\ 0,\ 1$이므로 구하는 합은

$$-2+(-1)+0+1=-2$$

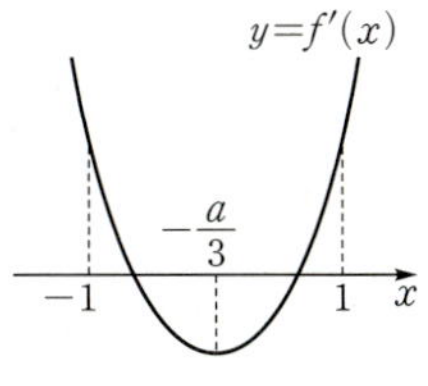

삼차함수가 주어진 구간에서 극값을 가질 조건

0304 답 ③

$f(x)=x^3+ax^2+(a-2)x+3$에서

$f'(x)=3x^2+2ax+a-2=3\left(x+\dfrac{a}{3}\right)^2-\dfrac{a^2}{3}+a-2$

삼차함수 $f(x)$가 $-1<x<1$에서 극댓값과 극솟값을 모두 가지려면 이차방정식 $f'(x)=0$이 $-1<x<1$에서 서로 다른 두 실근을 가져야 하므로 함수 $y=f'(x)$의 그래프는 오른쪽 그림과 같아야 한다.

(i) 이차방정식 $3x^2+2ax+a-2=0$의 판별식을 D라 하면

$$\frac{D}{4}=a^2-3(a-2)>0$$에서 $a^2-3a+6=\left(a-\dfrac{3}{2}\right)^2+\dfrac{15}{4}>0$

즉, 모든 실수 a에 대하여 $\dfrac{D}{4}>0$이다.

(ii) $f'(-1)=3-2a+a-2>0$에서 $a<1$

(iii) $f'(1)=3+2a+a-2>0$에서 $a>-\dfrac{1}{3}$

(iv) 함수 $y=f'(x)$의 그래프의 축의 방정식은 $x=-\dfrac{a}{3}$이므로

$$-1<-\frac{a}{3}<1 \qquad \therefore\ -3<a<3$$

(i)~(iv)에서 실수 a의 값의 범위는 $-\dfrac{1}{3}<a<1$이므로

$$\alpha=-\frac{1}{3},\ \beta=1$$

$$\therefore\ 3\alpha+\beta=-1+1=0$$

0305 답 ④

$f(x)=x^3-ax^2+2ax+1$에서

$f'(x)=3x^2-2ax+2a=3\left(x-\dfrac{a}{3}\right)^2-\dfrac{a^2}{3}+2a$

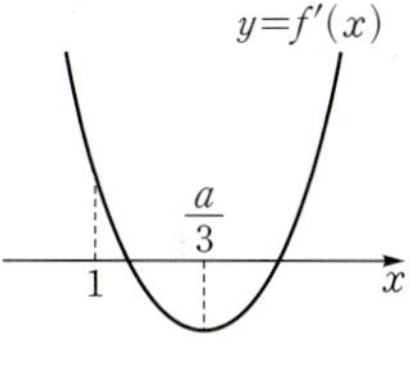

삼차함수 $f(x)$가 $x>1$에서 극댓값과 극솟값을 모두 가지려면 이차방정식 $f'(x)=0$이 $x>1$에서 서로 다른 두 실근을 가져야 하므로 함수 $y=f'(x)$의 그래프는 오른쪽 그림과 같아야 한다.

(i) 이차방정식 $3x^2-2ax+2a=0$의 판별식을 D라 하면

$$\frac{D}{4}=(-a)^2-6a>0$$에서

$$a(a-6)>0 \qquad \therefore\ a<0 \text{ 또는 } a>6$$

(ii) $f'(1)=3-2a+2a=3>0$

(iii) 함수 $y=f'(x)$의 그래프의 축의 방정식은 $x=\dfrac{a}{3}$이므로

$$\frac{a}{3}>1 \qquad \therefore\ a>3$$

(i)~(iii)에서 구하는 실수 a의 값의 범위는 $a>6$

0306 답 ②

$f(x)=-\dfrac{1}{3}x^3+ax^2-(a^2-1)x+2$에서

$f'(x)=-x^2+2ax-a^2+1$

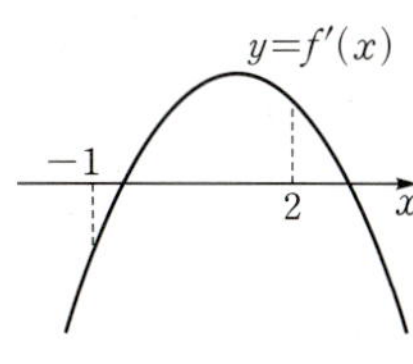

삼차함수 $f(x)$가 $-1<x<2$에서 극솟값을 갖고 $x>2$에서 극댓값을 가지려면 이차방정식 $f'(x)=0$이 $-1<x<2$에서 실근 1개, $x>2$에서 실근 1개를 가져야 하므로 함수 $y=f'(x)$의 그래프는 오른쪽 그림과 같아야 한다.

(i) $f'(-1)=-1-2a-a^2+1<0$에서

$$a(a+2)>0 \qquad \therefore\ a<-2 \text{ 또는 } a>0$$

(ii) $f'(2)=-4+4a-a^2+1>0$에서

$$a^2-4a+3<0,\ (a-1)(a-3)<0$$

$$\therefore\ 1<a<3$$

(i), (ii)에서 실수 a의 값의 범위는 $1<a<3$이므로 구하는 정수 a의 값은 2이다.

0307

답 ⑤

$f(x)=\dfrac{1}{2}x^4-2x^3+ax^2+4$에서

$f'(x)=2x^3-6x^2+2ax=2x(x^2-3x+a)$

최고차항의 계수가 양수인 사차함수 $f(x)$가 극댓값을 가지려면 삼차방정식 $f'(x)=0$이 서로 다른 세 실근을 가져야 한다.

이때 방정식 $f'(x)=0$의 한 실근이 $x=0$이므로 이차방정식 $x^2-3x+a=0$이 0이 아닌 서로 다른 두 실근을 가져야 한다.

이 이차방정식의 판별식을 D라 하면

$D=(-3)^2-4a>0$ $\therefore a<\dfrac{9}{4}$ …… ㉠

또한 $x=0$이 이차방정식 $x^2-3x+a=0$의 근이 아니어야 하므로
$a\neq0$ …… ㉡

㉠, ㉡을 동시에 만족시키는 a의 값의 범위는

$a<0$ 또는 $0<a<\dfrac{9}{4}$

따라서 a의 값이 될 수 없는 것은 ⑤이다.

0308

답 ④

$f(x)=-\dfrac{1}{4}x^4+\dfrac{2}{3}ax^3-(2a-1)x$에서

$f'(x)=-x^3+2ax^2-2a+1$
$\qquad=-(x-1)\{x^2+(-2a+1)x-2a+1\}$

최고차항의 계수가 음수인 사차함수 $f(x)$가 극솟값을 갖지 않으려면 삼차방정식 $f'(x)=0$이 한 실근과 두 허근을 갖거나 한 실근과 중근 또는 삼중근을 가져야 한다.

이때 방정식 $f'(x)=0$의 한 실근이 $x=1$이므로 다음과 같은 경우로 나누어 생각해 볼 수 있다.

(i) $f'(x)=0$이 한 실근과 두 허근을 갖는 경우

이차방정식 $x^2+(-2a+1)x-2a+1=0$이 허근을 가져야 하므로 판별식을 D라 하면

$D=(-2a+1)^2-4(-2a+1)<0$

$(2a+3)(2a-1)<0$ $\therefore -\dfrac{3}{2}<a<\dfrac{1}{2}$

(ii) $f'(x)=0$이 한 실근과 중근 또는 삼중근을 갖는 경우

이차방정식 $x^2+(-2a+1)x-2a+1=0$이 $x=1$을 근으로 갖거나 1이 아닌 실수를 중근으로 가져야 한다.

ⓐ 이차방정식 $x^2+(-2a+1)x-2a+1=0$이 $x=1$을 근으로 가질 때

$1+(-2a+1)-2a+1=0$ $\therefore a=\dfrac{3}{4}$

ⓑ 이차방정식 $x^2+(-2a+1)x-2a+1=0$이 1이 아닌 실수를 중근으로 가질 때, 판별식을 D라 하면

$D=(-2a+1)^2-4(-2a+1)=0$

$(2a+3)(2a-1)=0$ $\therefore a=-\dfrac{3}{2}$ 또는 $a=\dfrac{1}{2}$

(i), (ii)에서 실수 a의 값의 범위는 $-\dfrac{3}{2}\leq a\leq\dfrac{1}{2}$ 또는 $a=\dfrac{3}{4}$

따라서 $M=\dfrac{3}{4}$, $m=-\dfrac{3}{2}$이므로 $\dfrac{m}{M}=-2$

0309

답 ④

$f(x)=\dfrac{2}{3}x^3+2x^2-ax$에서 $f'(x)=2x^2+4x-a$

삼차함수 $f(x)$가 극값을 가지려면 이차방정식 $f'(x)=0$이 서로 다른 두 실근을 가져야 한다.

이차방정식 $2x^2+4x-a=0$의 판별식을 D_1이라 하면

$\dfrac{D_1}{4}=2^2+2a>0$

$\therefore a>-2$ …… ㉠

$g(x)=-x^4+8x^3-ax^2$에서

$g'(x)=-4x^3+24x^2-2ax=-2x(2x^2-12x+a)$

최고차항의 계수가 음수인 사차함수 $g(x)$가 극솟값을 가지려면 삼차방정식 $g'(x)=0$이 서로 다른 세 실근을 가져야 한다.

이때 방정식 $g'(x)=0$의 한 실근이 $x=0$이므로 이차방정식 $2x^2-12x+a=0$이 0이 아닌 서로 다른 두 실근을 가져야 한다.

이 이차방정식의 판별식을 D_2라 하면

$\dfrac{D_2}{4}=(-6)^2-2a>0$

$\therefore a<18$ …… ㉡

또한 $x=0$이 이차방정식 $2x^2-12x+a=0$의 근이 아니어야 하므로
$a\neq0$ …… ㉢

㉠, ㉡, ㉢을 동시에 만족시키는 a의 값의 범위는
$-2<a<0$ 또는 $0<a<18$

따라서 구하는 정수 a는 -1, 1, 2, 3, …, 16, 17의 18개이다.

참고

최고차항의 계수가 양수인 사차함수 $f(x)$에 대하여 그 도함수인 삼차함수 $y=f'(x)$의 그래프와 x축의 위치 관계에 따라 사차함수 $f(x)$의 극대, 극소인 점의 개수는 다음과 같다.

삼차함수 $y=f'(x)$의 그래프	$f(x)$의 극대, 극소인 점의 개수
	극대인 점 1개 극소인 점 2개
	극소인 점 1개

따라서 최고차항의 계수가 양수인 사차함수가 극댓값을 갖기 위한 필요충분조건은 삼차방정식 $f'(x)=0$이 서로 다른 세 실근을 갖는 것이다.

최고차항의 계수가 음수인 사차함수가 극솟값을 갖기 위한 필요충분조건도 위와 마찬가지 방법에 의하여 삼차방정식 $f'(x)=0$이 서로 다른 세 실근을 갖는 것임을 알 수 있다.

참고로 최고차항의 계수가 양수인 사차함수는 항상 극솟값을 갖고, 최고차항의 계수가 음수인 사차함수는 항상 극댓값을 갖는다.

0310
답 ③

함수 $y=f(x)$의 그래프와 x축의 교점의 x좌표를 구하면
$f(x)=0$에서 $(x-1)(x-2)(x-3)=0$
$\therefore x=1$ 또는 $x=2$ 또는 $x=3$
함수 $y=f(x)$의 그래프를 이용하여 함수 $y=|f(x)|$의 그래프를
그리면 다음 그림과 같다.

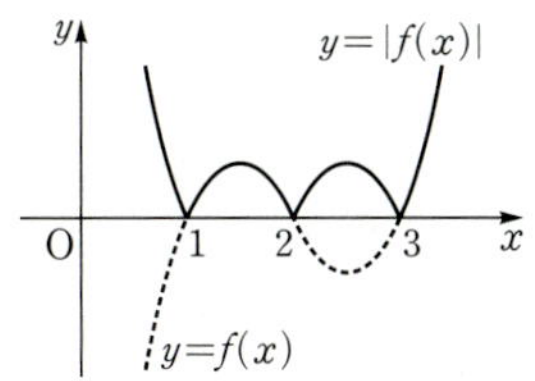

따라서 함수 $|f(x)|$가 미분가능하지 않은 x는 1, 2, 3의 3개이고
극값을 갖는 x는 5개이므로 $m=3$, $n=5$
$\therefore m+n=3+5=8$

0311
답 -2

$h(x)=f(x)-2$로 놓으면 $h'(x)=f'(x)$
조건 ㈎에서 $f(-2)=f(1)=2$이므로
$h(-2)=h(1)=0$
조건 ㈏에서 함수 $f(x)$가 $x=-2$에서 극값을 가지므로
$f'(-2)=0$
$\therefore h'(-2)=f'(-2)=0$
즉, $h(x)=(x+2)^2(x-1)$이므로
$f(x)=(x+2)^2(x-1)+2$
$f'(x)=2(x+2)(x-1)+(x+2)^2=3x(x+2)$
$f'(x)=0$에서 $x=-2$ 또는 $x=0$
함수 $f(x)$의 증가와 감소를 표로 나타내면 다음과 같다.

x	$\cdots$	-2	$\cdots$	0	$\cdots$
$f'(x)$	$+$	0	$-$	0	$+$
$f(x)$	$\nearrow$	2	$\searrow$	-2	$\nearrow$

따라서 함수 $f(x)$는 $x=0$에서 극솟값 -2를 갖는다.

0312
답 18

모든 실수 x에 대하여 $f'(x)\geq0$이므로
함수 $f(x)$는 증가함수이고 $f'(2)=0$,
$f(2)=2$이므로 함수 $y=f(x)$의 그래프
의 개형은 오른쪽 그림과 같다.
즉, $g(x)=f(x)-2$로 놓으면 방정식
$g(x)=0$이 $x=2$를 삼중근으로 가지므로
$g(x)=k(x-2)^3\,(k>0)$이라 하면
$f(x)=k(x-2)^3+2$

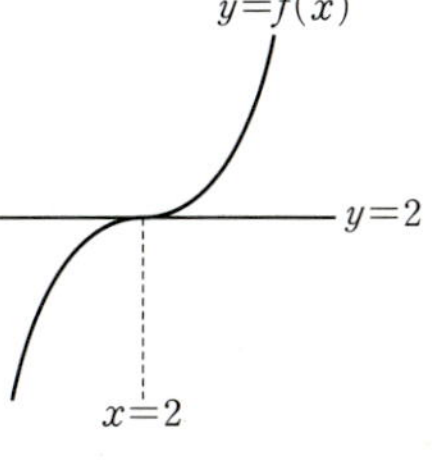

$f(3)=4$에서 $k+2=4$
$\therefore k=2$
따라서 $f(x)=2(x-2)^3+2$이므로
$f(4)=2\times8+2=18$

0313
답 ①

$f(1)=f'(1)=0$, $f(5)=f'(5)=0$이므로
$f(x)=(x-1)^2(x-5)^2$
$f'(x)=2(x-1)(x-5)^2+2(x-1)^2(x-5)$
$\qquad=4(x-1)(x-3)(x-5)$
$f'(x)=0$에서 $x=1$ 또는 $x=3$ 또는 $x=5$
함수 $f(x)$의 증가와 감소를 표로 나타내면 다음과 같다.

x	$\cdots$	1	$\cdots$	3	$\cdots$	5	$\cdots$
$f'(x)$	$-$	0	$+$	0	$-$	0	$+$
$f(x)$	$\searrow$	0	$\nearrow$	16	$\searrow$	0	$\nearrow$

따라서 함수 $f(x)$는 $x=3$에서 극댓값 16을 갖는다.

0314
답 ②

$g(x)=2x^3+3x^2-12x+a$라 하면
$g'(x)=6x^2+6x-12=6(x+2)(x-1)$
$g'(x)=0$에서 $x=-2$ 또는 $x=1$
함수 $g(x)$의 증가와 감소를 표로 나타내면 다음과 같다.

x	$\cdots$	-2	$\cdots$	1	$\cdots$
$g'(x)$	$+$	0	$-$	0	$+$
$g(x)$	$\nearrow$	$a+20$	$\searrow$	$a-7$	$\nearrow$

함수 $g(x)$가 $x=1$에서 극솟값 $a-7$
을 가지므로 함수 $f(x)$가 $x=1$에서
극댓값 5를 가지려면 두 함수
$y=f(x)$, $y=g(x)$의 그래프는 오
른쪽 그림과 같아야 한다.

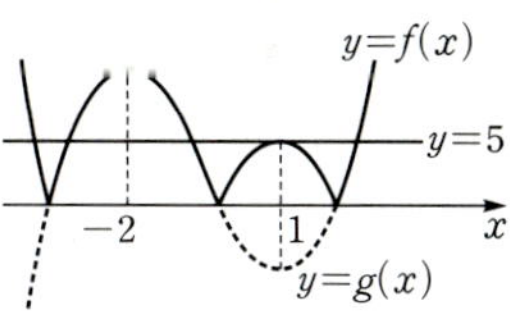

즉, $-a+7=5$에서 $a=2$
따라서 함수 $f(x)$는 $x=-2$에서 극댓값 $a+20=22$를 가지므로
$b=-2$, $c=22$
$\therefore a+b+c=2+(-2)+22=22$

0315
답 ⑤

$f(a)=f'(a)=0$, $f(b)=0$이고 함수 $f(x)$는 최고차항의 계수가
양수인 삼차함수이므로 함수 $y=f(x)$의 그래프의 개형은 다음 그
림과 같다.

(i) $a<b$일 때   (ii) $a>b$일 때

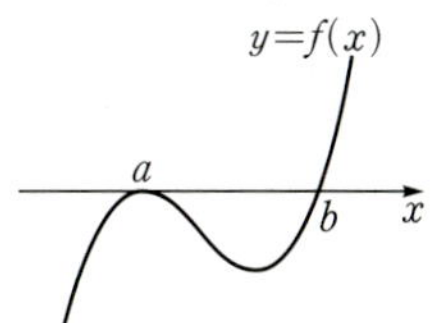 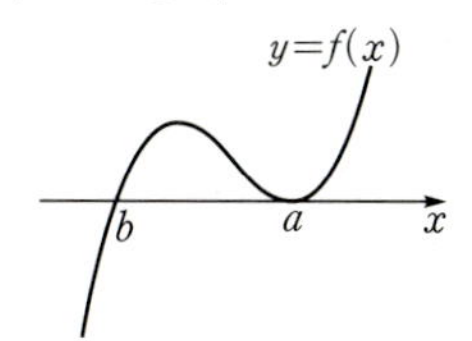

ㄱ. $a<b$이면 함수 $f(x)$는 $x=a$에서 극댓값 0을 갖는다. (참)

ㄴ. $a>b$이면 함수 $f(x)$는 $x=a$에서 극솟값 0을 갖는다. (참)

ㄷ. 함수 $|f(x)|$는 a, b의 값에 관계없이 $x=b$에서만 미분가능하지 않다.

    즉, 함수 $|f(x)|$가 미분가능하지 않은 x는 1개이다. (참)

따라서 옳은 것은 ㄱ, ㄴ, ㄷ이다.

0316

답 31

$g(x)=x^3-6x^2+a$라 하면

$g'(x)=3x^2-12x=3x(x-4)$

$g'(x)=0$에서 $x=0$ 또는 $x=4$

함수 $g(x)$의 증가와 감소를 표로 나타내면 다음과 같다.

x	$\cdots$	0	$\cdots$	4	$\cdots$
$g'(x)$	$+$	0	$-$	0	$+$
$g(x)$	↗	a	↘	$a-32$	↗

함수 $g(x)$는 $x=0$에서 극댓값 a, $x=4$에서 극솟값 $a-32$를 갖는다.

이때 함수 $|g(x)|$, 즉 $f(x)$가 미분가능하지 않은 x가 3개가 되려면 다음 그림과 같이 함수 $y=f(x)$의 그래프가 x축과 세 점에서 만나고 이 점들에서 그래프가 꺾인 모양이어야 한다.

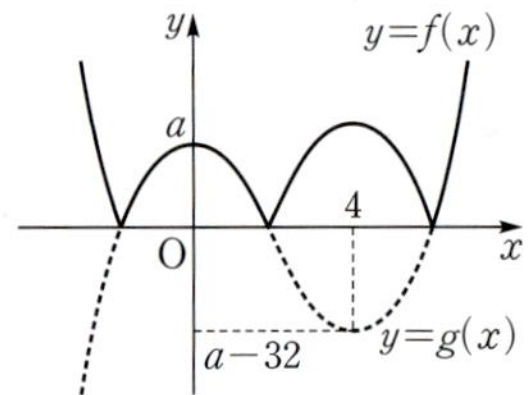

즉, 함수 $g(x)$의 극댓값 $a>0$, 극솟값 $a-32<0$이어야 한다.

이를 만족시키는 a의 값의 범위는 $0<a<32$

따라서 구하는 정수 a는 1, 2, 3, $\cdots$, 31의 31개이다.

0317

답 64

$f(1)=0$이고 조건 ㈎에서 함수 $f(x)$는 증가함수이므로 함수 $y=|f(x)|$의 그래프는 다음과 같이 두 가지 경우로 나누어 생각해 볼 수 있다.

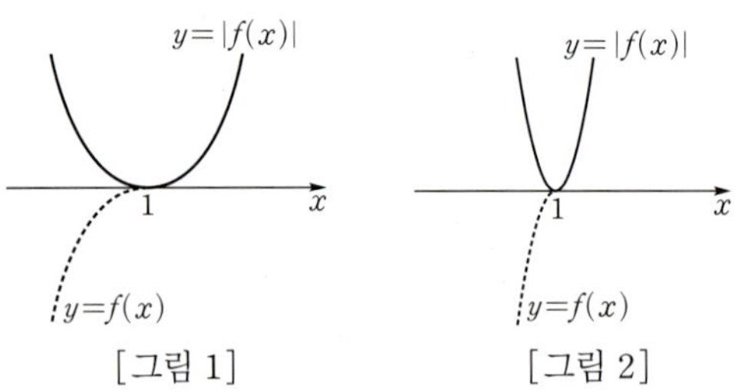

이때 조건 ㈏에서 함수 $|f(x)|$가 $x=1$에서 미분가능하므로 함수 $y=|f(x)|$의 그래프는 [그림 1]과 같아야 한다.

즉, 함수 $y=f(x)$의 그래프가 $x=1$에서 x축과 접하고 $x=1$의 좌우에서 $f(x)$의 부호가 바뀌므로 함수 $f(x)$는 $(x-1)^3$을 인수로 갖는다.

따라서 $f(x)=(x-1)^3$이므로 $f(5)=4^3=64$

실수 전체의 집합에서 증가 또는 감소하는 삼차함수 $y=f(x)$의 그래프의 개형은 다음과 같다.

(1) $f'(x)=0$이 중근 α를 갖는 경우

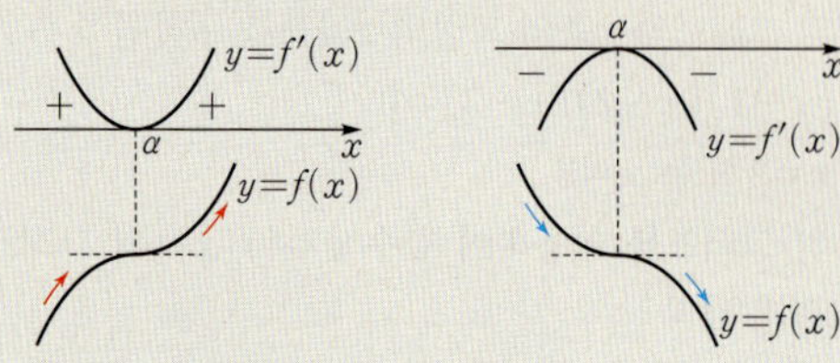

이때 $f(\alpha)=0$이면

① 함수 $y=f(x)$의 그래프는 x축과 $x=\alpha$에서 접하면서 만난다.

② 방정식 $f(x)=0$은 $x=\alpha$를 삼중근으로 갖는다.

③ $f(x)=k(x-\alpha)^3\ (k\neq 0)$과 같이 나타낼 수 있다.

(2) $f'(x)=0$이 실근을 갖지 않는 경우

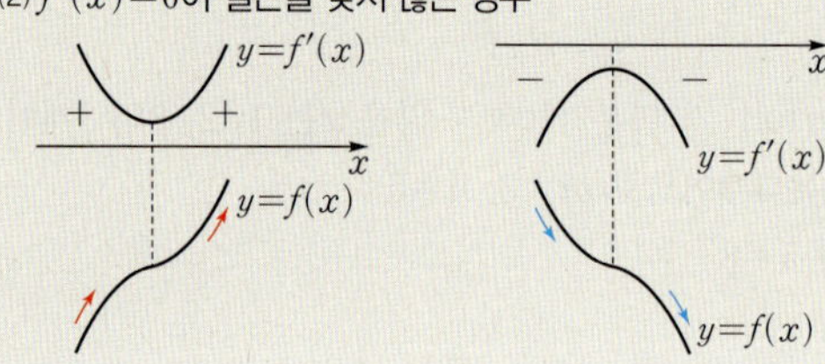

유형 15　함수의 최대, 최소

0318

답 ②

$f(x)=x^3-6x^2+9x+8$에서

$f'(x)=3x^2-12x+9=3(x-1)(x-3)$

$f'(x)=0$에서 $x=1$ 또는 $x=3$

구간 $[0,\ 3]$에서 함수 $f(x)$의 증가와 감소를 표로 나타내면 다음과 같다.

x	0	$\cdots$	1	$\cdots$	3
$f'(x)$		$+$	0	$-$	
$f(x)$	8	↗	12	↘	8

따라서 함수 $f(x)$는 $x=1$에서 최댓값 12, $x=0$, $x=3$에서 최솟값 8을 가지므로 $M=12$, $m=8$

$\therefore M-m=12-8=4$

0319

답 ③

$f(x)=x^4-8x^2+6$에서

$f'(x)=4x^3-16x=4x(x+2)(x-2)$

$f'(x)=0$에서 $x=-2$ 또는 $x=0$ 또는 $x=2$

구간 $[-2,\ 3]$에서 함수 $f(x)$의 증가와 감소를 표로 나타내면 다음과 같다.

x	-2	$\cdots$	0	$\cdots$	2	$\cdots$	3
$f'(x)$		$+$	0	$-$	0	$+$	
$f(x)$	-10	↗	6	↘	-10	↗	15

따라서 함수 $f(x)$는 $x=3$에서 최댓값 15, $x=-2$, $x=2$에서 최솟값 -10을 가지므로 $M=15$, $m=-10$

$\therefore M+m=15+(-10)=5$

0320

답 ④

$f(x)=x^4-4x^3-2x^2+12x+k$에서

$f'(x)=4x^3-12x^2-4x+12=4(x+1)(x-1)(x-3)$

$f'(x)=0$에서 $x=-1$ 또는 $x=1$ 또는 $x=3$

$x\geq-1$에서 함수 $f(x)$의 증가와 감소를 표로 나타내면 다음과 같다.

x	-1	$\cdots$	1	$\cdots$	3	$\cdots$
$f'(x)$		$+$	0	$-$	0	$+$
$f(x)$	$k-9$	$\nearrow$	$k+7$	$\searrow$	$k-9$	$\nearrow$

따라서 함수 $f(x)$는 $x=-1$, $x=3$에서 최솟값 $k-9$를 가지므로

$k-9=7$ $\therefore k=16$

0321

답 ③

$f(x)=2x^3-6x+a$에서

$f'(x)=6x^2-6=6(x+1)(x-1)$

$f'(x)=0$에서 $x=-1$ 또는 $x=1$

구간 $[-2, 2]$에서 함수 $f(x)$의 증가와 감소를 표로 나타내면 다음과 같다.

x	-2	$\cdots$	-1	$\cdots$	1	$\cdots$	2
$f'(x)$		$+$	0	$-$	0	$+$	
$f(x)$	$a-4$	$\nearrow$	$a+4$	$\searrow$	$a-4$	$\nearrow$	$a+4$

따라서 함수 $f(x)$는 $x=-1$, $x=2$에서 최댓값 $a+4$, $x=-2$, $x=1$에서 최솟값 $a-4$를 갖는다.

이때 함수 $f(x)$의 최댓값과 최솟값의 곱이 9이므로

$(a+4)(a-4)=9$, $a^2-16=9$

$a^2=25$ $\therefore a=5\ (\because a>0)$

0322

답 ③

$f(x)=2x^3+ax^2-12x+b$에서 $f'(x)=6x^2+2ax-12$

$f'(-1)=0$에서 $6-2a-12=0$

$\therefore a=-3$

$f'(x)=6x^2-6x-12=6(x+1)(x-2)$

$f'(x)=0$에서 $x=2\ (\because 0\leq x\leq3)$

구간 $[0, 3]$에서 함수 $f(x)$의 증가와 감소를 표로 나타내면 다음과 같다.

x	0	$\cdots$	2	$\cdots$	3
$f'(x)$		$-$	0	$+$	
$f(x)$	b	$\searrow$	$b-20$	$\nearrow$	$b-9$

따라서 함수 $f(x)$는 $x=2$에서 최솟값 $b-20$을 가지므로

$b-20=-10$ $\therefore b=10$

$\therefore a+b=-3+10=7$

0323

답 ②

$f(x)=-x^2+2x+2=-(x-1)^2+3$이므로

$f(x)=t$로 놓으면 $t\leq3$이고

$g(f(x))=g(t)=-t^3+3t-1$

$g'(t)=-3t^2+3=-3(t+1)(t-1)$

$g'(t)=0$에서 $t=-1$ 또는 $t=1$

$t\leq3$에서 함수 $g(t)$의 증가와 감소를 표로 나타내면 다음과 같다.

t	$\cdots$	-1	$\cdots$	1	$\cdots$	3
$g'(t)$	$-$	0	$+$	0	$-$	
$g(t)$	$\searrow$	-3	$\nearrow$	1	$\searrow$	-19

따라서 함수 $g(t)$는 $t=3$에서 최솟값 -19를 갖는다.

0324

답 ①

$x+y=4$에서 $y=4-x$

$y\geq0$이므로 $4-x\geq0$에서 $x\leq4$

$\therefore 0\leq x\leq4$

$f(x)=x^2y^2=x^2(4-x)^2=x^4-8x^3+16x^2$이라 하면

$f'(x)=4x^3-24x^2+32x=4x(x-2)(x-4)$

$f'(x)=0$에서 $x=0$ 또는 $x=2$ 또는 $x=4$

$0\leq x\leq4$에서 함수 $f(x)$의 증가와 감소를 표로 나타내면 다음과 같다.

x	0	$\cdots$	2	$\cdots$	4
$f'(x)$		$+$	0	$-$	
$f(x)$	0	$\nearrow$	16	$\searrow$	0

따라서 함수 $f(x)$는 $x=2$에서 최댓값 16을 갖는다.

0325

답 ②

점 $Q(a, b)$는 곡선 $y=x^2$ 위의 점이므로 $b=a^2$

$\overline{PQ}=\sqrt{(a-6)^2+(a^2-3)^2}=\sqrt{a^4-5a^2-12a+45}$

$f(a)=a^4-5a^2-12a+45$라 하면

$f'(a)=4a^3-10a-12=2(a-2)(2a^2+4a+3)$

$f'(a)=0$에서 $a=2\ (\because 2a^2+4a+3>0)$

함수 $f(a)$의 증가와 감소를 표로 나타내면 다음과 같다.

a	$\cdots$	2	$\cdots$
$f'(a)$	$-$	0	$+$
$f(a)$	$\searrow$	극소	$\nearrow$

따라서 함수 $f(a)$는 $a=2$에서 극소이면서 최소이고

$b=a^2=4$이므로

$2a+b=4+4=8$

0326

답 32

곡선 $y=-x^2+9$와 x축의 교점의 x좌표는

$-x^2+9=0$에서 $-(x+3)(x-3)=0$

$\therefore x=-3$ 또는 $x=3$

$\therefore A(-3, 0)$, $B(3, 0)$

점 C의 좌표를 $(t, -t^2+9)\ (0<t<3)$라 하면

점 D의 좌표는 $(-t, -t^2+9)$이므로

$\overline{AB}=6$, $\overline{CD}=2t$

사다리꼴 ABCD의 넓이를 $S(t)$라 하면

$S(t)=\dfrac{1}{2}(2t+6)(-t^2+9)=-t^3-3t^2+9t+27$

$S'(t)=-3t^2-6t+9=-3(t+3)(t-1)$

$S'(t)=0$에서 $t=1\ (\because 0<t<3)$

$0<t<3$에서 함수 $S(t)$의 증가와 감소를 표로 나타내면 다음과 같다.

t	0	$\cdots$	1	$\cdots$	3
$S'(t)$		$+$	0	$-$	
$S(t)$		$\nearrow$	32	$\searrow$	

따라서 함수 $S(t)$는 $t=1$에서 극대이면서 최대이므로 사다리꼴 ABCD의 넓이의 최댓값은 32이다.

0327

답 8

오른쪽 그림과 같이 구에 내접하는 원뿔의 밑면의 반지름의 길이를 r, 구의 중심에서 밑면까지의 거리를 $h\ (0<h<6)$라 하면

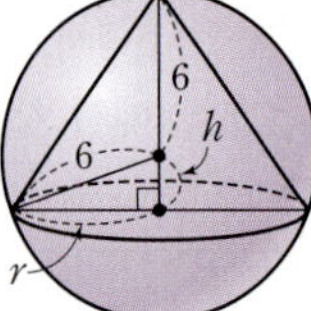

$r^2=36-h^2$

원뿔의 부피를 $V(h)$라 하면

$V(h)=\dfrac{1}{3}\pi r^2(6+h)=\dfrac{1}{3}\pi(36-h^2)(6+h)$

$\qquad=\dfrac{1}{3}\pi(-h^3-6h^2+36h+216)$

$V'(h)=\dfrac{1}{3}\pi(-3h^2-12h+36)$

$\qquad=-\pi(h+6)(h-2)$

$V'(h)=0$에서 $h=2\ (\because 0<h<6)$

$0<h<6$에서 함수 $V(h)$의 증가와 감소를 표로 나타내면 다음과 같다.

h	0	$\cdots$	2	$\cdots$	6
$V'(h)$		$+$	0	$-$	
$V(h)$		$\nearrow$	극대	$\searrow$	

따라서 함수 $V(h)$는 $h=2$에서 극대이면서 최대이므로 부피가 최대인 원뿔의 높이는 $6+2=8$이다.

PART B　기출 &기출변형 문제

0328

답 ③

$f(x)=x^4-4x^3+a$에서

$f'(x)=4x^3-12x^2=4x^2(x-3)$

$f'(x)=0$에서 $x=0$ 또는 $x=3$

구간 $[0, 4]$에서 함수 $f(x)$의 증가와 감소를 표로 나타내면 다음과 같다.

x	0	$\cdots$	3	$\cdots$	4
$f'(x)$		$-$	0	$+$	
$f(x)$	a	$\searrow$	$a-27$	$\nearrow$	a

따라서 함수 $f(x)$는 $x=0$, $x=4$에서 최댓값 a, $x=3$에서 최솟값 $a-27$을 가지므로 $M=a$, $m=a-27$

$M+m=3$에서 $a+a-27=3$

$2a=30$ $\qquad\therefore a=15$

짝기출 **답 ④**

> 닫힌구간 $[1, 4]$에서 함수 $f(x)=x^3-3x^2+a$의 최댓값을 M, 최솟값을 m이라 하자. $M+m=20$일 때, 상수 a의 값은?
>
> ① 1　　② 2　　③ 3　　④ 4　　⑤ 5

0329

답 ②

조건 ㈎에서 $\lim\limits_{x\to\infty}\dfrac{f(x)}{x^3}=2$이므로 함수 $f(x)$는 최고차항의 계수가 2인 삼차함수이다.

즉, $f'(x)$는 최고차항의 계수가 6인 이차함수이다.

조건 ㈏에서 함수 $f(x)$가 $x=1$, $x=3$에서 극값을 가지므로

$f'(1)=0$, $f'(3)=0$

따라서 $f'(x)$는 $x-1$, $x-3$을 인수로 가지므로

$f'(x)=6(x-1)(x-3)$

$\therefore \lim\limits_{x\to 2}\dfrac{f(x)-f(2)}{x^2-4}=\lim\limits_{x\to 2}\left\{\dfrac{f(x)-f(2)}{x-2}\times\dfrac{1}{x+2}\right\}$

$\qquad\qquad=f'(2)\times\dfrac{1}{4}=-6\times\dfrac{1}{4}=-\dfrac{3}{2}$

짝기출 **답 ⑤**

> 다항함수 $f(x)$는 다음 조건을 만족시킨다.
>
> ㈎ $\lim\limits_{x\to\infty}\dfrac{f(x)}{x^3}=1$
>
> ㈏ $x=-1$과 $x=2$에서 극값을 갖는다.
>
> $\lim\limits_{h\to 0}\dfrac{f(3+h)-f(3-h)}{h}$의 값은?
>
> ① 8　　② 12　　③ 16　　④ 20　　⑤ 24

0330

답 ③

방정식 $f'(x)=0$의 두 실근이 α, β이므로

$f'(\alpha)=0$, $f'(\beta)=0$

즉, 함수 $f(x)$는 $x=\alpha$, $x=\beta$에서 극값을 갖는다.

조건 ㈏에서 $\sqrt{(\beta-\alpha)^2+\{f(\beta)-f(\alpha)\}^2}=26$이므로

$(\beta-\alpha)^2+\{f(\beta)-f(\alpha)\}^2=26^2$

$10^2+\{f(\beta)-f(\alpha)\}^2=26^2\ (\because$ 조건 ㈎$)$

$\{f(\beta)-f(\alpha)\}^2=576=24^2$

$\therefore |f(\beta)-f(\alpha)|=24$

따라서 함수 $f(x)$의 극댓값과 극솟값의 차는 24이다.

0331

답 ⑤

$h(x)=f(x)-g(x)$에서 $h'(x)=f'(x)-g'(x)$

주어진 그래프에서 $f'(-2)=g'(-2)$, $f'(1)=g'(1)$이므로

$h'(x)=0$에서 $x=-2$ 또는 $x=1$

함수 $h(x)$의 증가와 감소를 표로 나타내면 다음과 같다.

x	$\cdots$	-2	$\cdots$	1	$\cdots$
$h'(x)$	$-$	0	$+$	0	$-$
$h(x)$	↘	극소	↗	극대	↘

따라서 함수 $h(x)$는 $x=1$에서 극대이므로 $a=1$

 답 ①

그림과 같이 일차함수 $y=f(x)$의 그래프와 최고차항의 계수가 1인 사차함수 $y=g(x)$의 그래프는 x좌표가 -2, 1인 두 점에서 접한다. 함수 $h(x)=g(x)-f(x)$라 할 때, 함수 $h(x)$의 극댓값은?

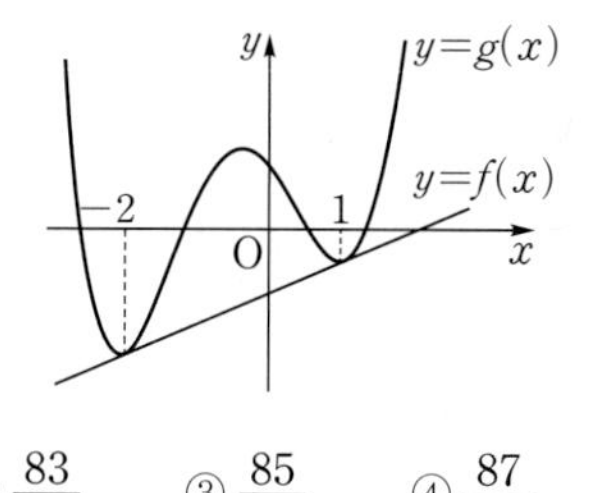

① $\dfrac{81}{16}$ ② $\dfrac{83}{16}$ ③ $\dfrac{85}{16}$ ④ $\dfrac{87}{16}$ ⑤ $\dfrac{89}{16}$

0332

답 ②

$g(x)=x^3-3x^2+p$라 하면

$g'(x)=3x^2-6x=3x(x-2)$

$g'(x)=0$에서 $x=0$ 또는 $x=2$

함수 $g(x)$의 증가와 감소를 표로 나타내면 다음과 같다.

x	$\cdots$	0	$\cdots$	2	$\cdots$
$g'(x)$	$+$	0	$-$	0	$+$
$g(x)$	↗	p	↘	$p-4$	↗

따라서 함수 $g(x)$는 $x=0$에서 극대이고 $x=2$에서 극소이다.

이때 함수 $f(x)=|g(x)|$가 극대가 되는 x가 2개이려면 $x=0$과 $x=2$에서 극대가 되어야 하므로

$g(0)=p>0$, $g(2)=p-4<0$에서

$0<p<4$

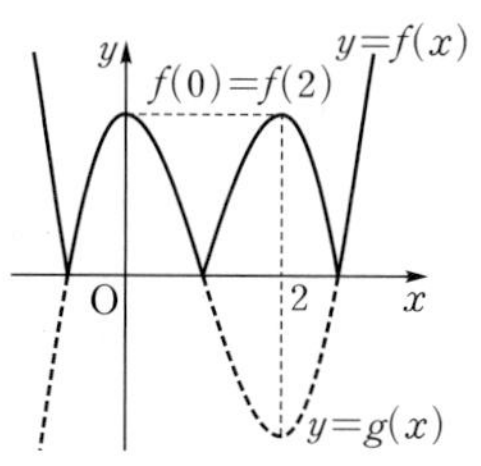

또한 $f(0)=f(2)$이므로

$|p|=|p-4|$, $p=4-p$

$\therefore p=2$

0333

답 ④

$f(x)=x^3+3x^2-9|x-a|+2$에서

$f(x)=\begin{cases} x^3+3x^2+9x-9a+2 & (x<a) \\ x^3+3x^2-9x+9a+2 & (x\geq a) \end{cases}$이므로

$f'(x)=\begin{cases} 3x^2+6x+9 & (x<a) \\ 3x^2+6x-9 & (x>a) \end{cases}$

함수 $f(x)$가 실수 전체의 집합에서 증가하려면 $x\neq a$인 모든 실수 x에 대하여 $f'(x)\geq 0$이어야 한다.

(i) $x<a$일 때

$f'(x)=3x^2+6x+9=3(x+1)^2+6>0$이므로

$x<a$일 때 함수 $f(x)$는 증가한다.

(ii) $x>a$일 때

$f'(x)=3x^2+6x-9=3(x+3)(x-1)$

$f'(x)\geq 0$이려면 $3(x+3)(x-1)\geq 0$에서

$x\leq -3$ 또는 $x\geq 1$

따라서 $x>a$에서 항상 $f'(x)\geq 0$이려면 $a\geq 1$이어야 한다.

(i), (ii)에서 $a\geq 1$이므로 실수 a의 최솟값은 1이다.

 답 6

함수 $f(x)=x^3+ax^2-(a^2-8a)x+3$이 실수 전체의 집합에서 증가하도록 하는 실수 a의 최댓값을 구하시오.

0334

답 ③

$f(x)=-x^3+3ax^2+4$에서

$f'(x)=-3x^2+6ax=-3x(x-2a)$

$f'(x)=0$에서 $x=0$ 또는 $x=2a$

구간 $[0, 2]$에서 함수 $f(x)$의 증가와 감소를 표로 나타내면 다음과 같다.

(i) $2a\geq 2$, 즉 $a\geq 1$일 때

x	0	$\cdots$	2
$f'(x)$		$+$	
$f(x)$	4	↗	$12a-4$

함수 $f(x)$는 $x=0$에서 최솟값 4를 가지므로 조건을 만족시키지 않는다.

(ii) $0<2a<2$, 즉 $0<a<1$일 때

x	0	$\cdots$	$2a$	$\cdots$	2
$f'(x)$		$+$	0	$-$	
$f(x)$	4	↗	$4a^3+4$	↘	$12a-4$

$f(0)=4$이므로 조건을 만족시키려면 함수 $f(x)$는 $x=2$에서 최솟값 2를 가져야 한다.

따라서 $12a-4=2$이므로 $a=\dfrac{1}{2}$

(i), (ii)에서 $f(x)=-x^3+\dfrac{3}{2}x^2+4$이므로 구간 $[0, 2]$에서 함수 $f(x)$의 최댓값은

$f(2a)=f(1)=-1+\dfrac{3}{2}+4=\dfrac{9}{2}$

 답 ④

닫힌구간 $[0, 3]$에서 함수 $f(x)=x^3-6x^2+9x+a$의 최댓값이 12일 때, 상수 a의 값은?

① 2 ② 4 ③ 6 ④ 8 ⑤ 10

0335

$f(x)=x^3+ax^2+bx+c$ (a, b, c는 상수)라 하면

$f'(x)=3x^2+2ax+b$

조건 (나)에서 함수 $f(x)$는 $x=3$에서 극솟값을 가지므로

$f'(3)=0$에서 $27+6a+b=0$

$\therefore 6a+b=-27$ …… ㉠

조건 (가)에서 모든 실수 x에 대하여 $f'(2-x)=f'(x)$이므로

이 식의 양변에 $x=-1$을 대입하면 $f'(-1)=f'(3)=0$

즉, 함수 $f(x)$는 $x=-1$에서 극댓값을 가지므로

$f'(-1)=0$에서 $3-2a+b=0$

$\therefore 2a-b=3$ …… ㉡

㉠, ㉡을 연립하여 풀면 $a=-3$, $b=-9$

따라서 $f(x)=x^3-3x^2-9x+c$이므로 함수 $f(x)$의 극댓값과 극솟값의 차는

$f(-1)-f(3)=(5+c)-(-27+c)=32$

짝기출 답 4

최고차항의 계수가 1인 삼차함수 $f(x)$가 다음 조건을 만족시킬 때, $f(x)$의 극댓값을 구하시오.

> (가) 모든 실수 x에 대하여 $f'(x)=f'(-x)$이다.
> (나) 함수 $f(x)$는 $x=1$에서 극솟값 0을 갖는다.

0336

답 6

함수 $g(x)$가 실수 전체의 집합에서 미분가능하므로 $x=3$에서 미분가능하다.

함수 $g(x)$는 $x=3$에서 연속이므로 $\lim\limits_{x\to3-}g(x)=\lim\limits_{x\to3+}g(x)=g(3)$이어야 한다.

$\lim\limits_{x\to3-}g(x)=b-f(3)$, $\lim\limits_{x\to3+}g(x)=f(3)$, $g(3)=f(3)$이므로

$b-f(3)=f(3)$

$\therefore b=2f(3)=2\times(3a-17)=6a-34$ …… ㉠

또한 함수 $g(x)$가 $x=3$에서 미분가능하므로

$\lim\limits_{x\to3-}g'(x)=\lim\limits_{x\to3+}g'(x)$이어야 한다.

이때 $b-f(x)$와 $f(x)$는 모두 다항함수이므로

$g'(x)=\begin{cases}-f'(x) & (x<3)\\ f'(x) & (x>3)\end{cases}$

$\lim\limits_{x\to3-}g'(x)=-f'(3)$, $\lim\limits_{x\to3+}g'(x)=f'(3)$이므로

$-f'(3)=f'(3)$ $\therefore f'(3)=0$

$f(x)=x^3-6x^2+ax+10$에서 $f'(x)=3x^2-12x+a$이므로

$f'(3)=27-36+a=0$ $\therefore a=9$

$a=9$를 ㉠에 대입하면 $b=20$

$\therefore g(x)=\begin{cases}-x^3+6x^2-9x+10 & (x<3)\\ x^3-6x^2+9x+10 & (x\geq3)\end{cases}$

$g'(x)=\begin{cases}-3x^2+12x-9 & (x<3)\\ 3x^2-12x+9 & (x\geq3)\end{cases}$

이므로 구간에 따라 나누어 각각 증가, 감소를 조사해 보자.

(i) $x<3$일 때

$g'(x)=-3x^2+12x-9=-3(x-1)(x-3)$

$g'(x)=0$에서 $x=1$ ($\because x<3$)

(ii) $x\geq3$일 때

$g'(x)=3x^2-12x+9=3(x-1)(x-3)$

$g'(x)=0$에서 $x=3$ ($\because x\geq3$)

(i), (ii)에서 함수 $g(x)$의 증가와 감소를 표로 나타내면 다음과 같다.

x	$\cdots$	1	$\cdots$	3	$\cdots$
$g'(x)$	$-$	0	$+$	0	$+$
$g(x)$	$\searrow$	6	$\nearrow$	10	$\nearrow$

따라서 함수 $g(x)$는 $x=1$에서 극솟값 6을 갖는다.

Bible Says 구간으로 나누어 정의된 함수의 미분가능성

미분가능한 함수 $f(x)$, $g(x)$에 대하여

함수 $h(x)=\begin{cases}f(x) & (x<a)\\ g(x) & (x\geq a)\end{cases}$가 $x=a$에서 미분가능하면

(1) 함수 $h(x)$는 $x=a$에서 연속이다.

➡ $\lim\limits_{x\to a-}f(x)=\lim\limits_{x\to a+}g(x)=g(a)$

(2) 함수 $h(x)$는 $x=a$에서 미분계수가 존재한다.

➡ ($x=a$에서 좌미분계수)$=$($x=a$에서 우미분계수)

[방법 1] 도함수를 이용

$h'(x)=\begin{cases}f'(x) & (x<a)\\ g'(x) & (x>a)\end{cases}$에서 $f'(a)=g'(a)$

임을 보인다.

[방법 2] 미분계수의 정의를 이용

$\lim\limits_{x\to a-}\dfrac{f(x)-f(a)}{x-a}=\lim\limits_{x\to a+}\dfrac{g(x)-g(a)}{x-a}$

임을 보인다.

0337

답 ①

ㄱ. 함수 $g(x)$의 역함수가 존재하므로 $g(x)$는 일대일대응이어야 하고, 최고차항의 계수가 양수이므로 $g(x)$는 증가함수이어야 한다.

$g(x)=x^3+ax^2+bx+c$에서 $g'(x)=3x^2+2ax+b$

함수 $g(x)$가 실수 전체의 집합에서 증가하려면 모든 실수 x에 대하여 $g'(x)\geq0$이어야 하므로 이차방정식 $g'(x)=0$의 판별식을 D라 하면

$\dfrac{D}{4}=a^2-3b\leq0$

$\therefore a^2\leq3b$ (참)

ㄴ. $2f(x)=g(x)-g(-x)$에서

$f(x)=\dfrac{g(x)-g(-x)}{2}$

$=\dfrac{(x^3+ax^2+bx+c)-(-x^3+ax^2-bx+c)}{2}$

$=x^3+bx$

$f'(x)=3x^2+b$

이차방정식 $f'(x)=0$의 판별식을 D'이라 하면

$D'=-12b$

이때 ㄱ에 의하여 $b \geq \dfrac{a^2}{3} \geq 0$이므로

$$D' = -12b \leq 0$$

즉, 이차방정식 $f'(x)=0$은 서로 다른 두 실근을 갖지 않는다.

(거짓)

ㄷ. 방정식 $f'(x)=0$, 즉 $3x^2+b=0$이 실근을 가지면 $b \leq 0$이고, ㄱ에 의하여 $b \geq 0$이므로 $b=0$

$b=0$을 $a^2 \leq 3b$에 대입하면

$$a^2 \leq 0 \qquad \therefore a=0$$

즉, $g'(x)=3x^2$이므로 $g'(1)=3$ (거짓)

따라서 옳은 것은 ㄱ이다.

> $f(x)=\dfrac{g(x)-g(-x)}{2}$에 x 대신 $-x$를 대입하면
>
> $f(-x)=\dfrac{g(-x)-g(x)}{2}$
>
> 즉, $f(x)=-f(-x)$이고 $g(x)$가 최고차항의 계수가 1인 삼차함수이므로 $f(x)$는 차수가 홀수인 항으로만 이루어진 삼차함수이다.

0338

답 ①

$f(x)=ax^4+bx^3+cx^2+dx+e$ (a, b, c, d, e는 상수, $a \neq 0$)라 하면

$$f'(x)=4ax^3+3bx^2+2cx+d \qquad \cdots\cdots ㉠$$

따라서 $f'(x)$는 최고차항의 계수가 $4a$인 삼차함수이고 $f'(-\sqrt{2})=f'(0)=f'(\sqrt{2})=0$에서 $x+\sqrt{2}$, x, $x-\sqrt{2}$를 모두 인수로 갖는다.

$$\therefore f'(x)=4ax(x+\sqrt{2})(x-\sqrt{2})=4ax^3-8ax \qquad \cdots\cdots ㉡$$

㉠과 ㉡의 식의 계수와 상수항을 비교하면

$$3b=0,\ 2c=-8a,\ d=0$$

즉, $b=0$, $c=-4a$, $d=0$이므로

$$f(x)=ax^4-4ax^2+e$$

$f(0)=1$에서 $e=1$

$f(\sqrt{2})=-3$에서 $-4a+1=-3$ $\qquad \therefore a=1$

$$\therefore f(x)=x^4-4x^2+1$$

주어진 함수 $y=f'(x)$의 그래프를 이용하여 함수 $f(x)$의 증가와 감소를 표로 나타내면 다음과 같다.

x	$\cdots$	$-\sqrt{2}$	$\cdots$	0	$\cdots$	$\sqrt{2}$	$\cdots$
$f'(x)$	$-$	0	$+$	0	$-$	0	$+$
$f(x)$	$\searrow$	-3	$\nearrow$	1	$\searrow$	-3	$\nearrow$

함수 $y=f(x)$의 그래프는 오른쪽 그림과 같다.

이때 정수 m에 대하여 $f(m)$의 부호를 각각 구해 보면

$f(0)=1>0$,

$f(1)=f(-1)=1-4+1=-2<0$,

$f(2)=f(-2)=16-16+1=1>0$,

$f(3)=f(-3)=81-36+1=46>0$,

$f(n)=f(-n)>0$ (n은 $n \geq 4$인 자연수)

이므로

$f(-2)f(-1)=1 \times (-2)=-2<0$

$f(-1)f(0)=-2 \times 1=-2<0$

$f(0)f(1)=1 \times (-2)=-2<0$

$f(1)f(2)=-2 \times 1=-2<0$

따라서 $f(m)f(m+1)<0$을 만족시키는 정수 m의 값은 -2, -1, 0, 1이므로 그 합은

$$-2+(-1)+0+1=-2$$

> 부정적분을 이용하여 함수 $f(x)$를 구할 수도 있다.
>
> 함수 $f'(x)$는 삼차함수이고 $f'(-\sqrt{2})=f'(0)=f'(\sqrt{2})=0$이므로
>
> $f'(x)=kx(x+\sqrt{2})(x-\sqrt{2})=kx(x^2-2)=kx^3-2kx$ (단, k는 상수)
>
> $f(x)=\displaystyle\int (kx^3-2kx)dx=\dfrac{k}{4}x^4-kx^2+C$ (단, C는 적분상수)
>
> 이때 $f(0)=1$에서 $C=1$
>
> 또한 $f(\sqrt{2})=-3$에서 $k-2k+1=-3$
>
> $\therefore k=4 \qquad \therefore f(x)=x^4-4x^2+1$
>
> 이는 07. 부정적분에서 상세히 다룬다.

0339

답 ①

$a<3$이고, 함수 $g(x)$는 $x \neq 3$인 모든 실수 x에서 미분가능하므로 함수 $g(x)$는 $x=a$에서 미분가능하다.

즉, $\displaystyle\lim_{x \to a-}\dfrac{g(x)-g(a)}{x-a}=\lim_{x \to a+}\dfrac{g(x)-g(a)}{x-a}$이어야 한다.

$$\begin{aligned}
\lim_{x \to a-}\dfrac{g(x)-g(a)}{x-a} &= \lim_{x \to a-}\dfrac{g(x)}{x-a} \\
&= \lim_{x \to a-}\dfrac{|(x-a)f(x)|}{x-a} \\
&= \lim_{x \to a-}\dfrac{-(x-a)|f(x)|}{x-a} \\
&= \lim_{x \to a-}\{-|f(x)|\}=-|f(a)|,
\end{aligned}$$

$$\begin{aligned}
\lim_{x \to a+}\dfrac{g(x)-g(a)}{x-a} &= \lim_{x \to a+}\dfrac{g(x)}{x-a} \\
&= \lim_{x \to a+}\dfrac{|(x-a)f(x)|}{x-a} \\
&= \lim_{x \to a+}\dfrac{(x-a)|f(x)|}{x-a} \\
&= \lim_{x \to a+}|f(x)|=|f(a)|
\end{aligned}$$

이므로 $-|f(a)|=|f(a)|$, $|f(a)|=0$

$$\therefore f(a)=0$$

따라서 함수 $f(x)$는 $x-a$를 인수로 갖고, 최고차항의 계수가 1인 이차함수이므로 $f(x)=(x-a)(x-k)$ (k는 상수)라 하면

$$g(x)=|(x-a)f(x)|=|(x-a)^2(x-k)|$$

함수 $y=g(x)$의 그래프의 개형은 다음과 같이 세 가지가 가능하다.

(i) $a<k$일 때   (ii) $a=k$일 때

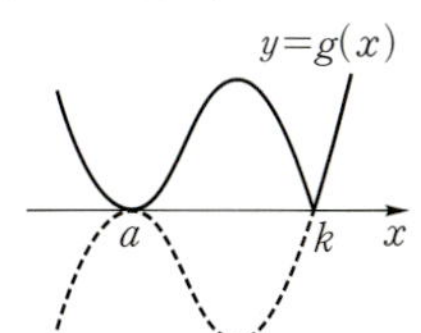

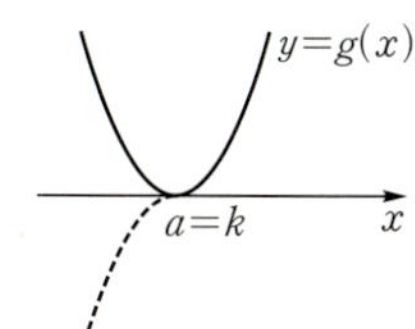

(iii) $a>k$일 때

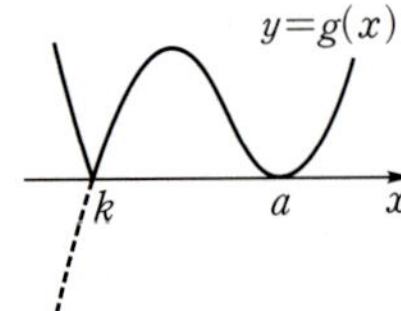

그런데 주어진 조건에서 함수 $g(x)$는 $x=3$에서만 미분가능하지
않고 $a<3$이므로 함수 $y=g(x)$의 그래프의 개형은 (i)과 같고
$k=3$이다.

$\therefore g(x)=|(x-a)^2(x-3)|$

$h(x)=(x-a)^2(x-3)$이라 하면 주어진 조건에서 함수 $g(x)$의
극댓값이 32이므로 함수 $h(x)$의 극솟값은 -32이다.

$$h'(x)=2(x-a)(x-3)+(x-a)^2$$
$$=(x-a)\{2(x-3)+(x-a)\}$$
$$=(x-a)(3x-6-a)$$

이므로 $h'(x)=0$에서 $x=a$ 또는 $x=\dfrac{6+a}{3}$

즉, 함수 $h(x)$는 $x=\dfrac{6+a}{3}$에서 극솟값 -32를 갖는다.

$$h\left(\dfrac{6+a}{3}\right)=\left(\dfrac{6+a}{3}-a\right)^2\left(\dfrac{6+a}{3}-3\right)$$
$$=\left(2-\dfrac{2}{3}a\right)^2\left(\dfrac{a}{3}-1\right)$$
$$=-4\left(1-\dfrac{a}{3}\right)^3=-32$$

$\left(1-\dfrac{a}{3}\right)^3=8,\ 1-\dfrac{a}{3}=2$

$\dfrac{a}{3}=-1 \qquad \therefore a=-3$

따라서 $f(x)=(x+3)(x-3)$이므로
$f(4)=7$

Bible Says **함수 $y=|f(x)|$의 그래프**

함수 $y=|f(x)|$의 그래프는 함수 $y=f(x)$의 그래프에서 $y<0$인 부분
을 x축에 대하여 대칭이동하여 그린다.

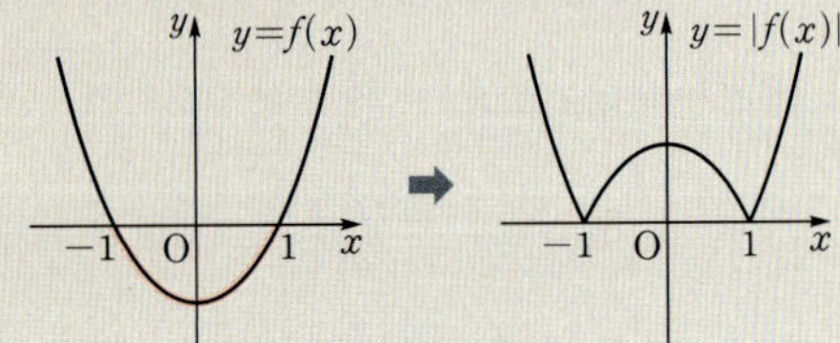

06 도함수의 활용(3)

유형 01 방정식 $f(x)=k$의 실근의 개수

0340

답 ②

$2x^3-3x^2-12x-k=0$에서 $2x^3-3x^2-12x=k$

위의 방정식이 서로 다른 두 실근을 가지려면 곡선

$y=2x^3-3x^2-12x$와 직선 $y=k$가 서로 다른 두 점에서 만나야 한다.

$f(x)=2x^3-3x^2-12x$라 하면

$f'(x)=6x^2-6x-12=6(x+1)(x-2)$

$f'(x)=0$에서 $x=-1$ 또는 $x=2$

함수 $f(x)$의 증가와 감소를 표로 나타내면 다음과 같다.

x	$\cdots$	-1	$\cdots$	2	$\cdots$
$f'(x)$	$+$	0	$-$	0	$+$
$f(x)$	$\nearrow$	7	$\searrow$	-20	$\nearrow$

함수 $y=f(x)$의 그래프는 오른쪽 그림과 같으므로 곡선 $y=f(x)$와 직선 $y=k$가

서로 다른 두 점에서 만나려면

$k=-20$ 또는 $k=7$

따라서 모든 실수 k의 값의 합은

$-20+7=-13$

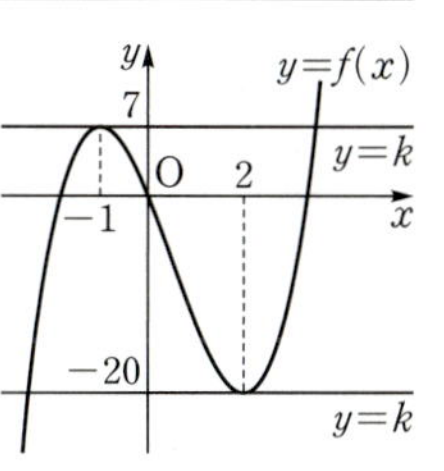

0341

답 ②

$x^4-4x^3+4x^2+a=0$에서 $x^4-4x^3+4x^2=-a$

위의 방정식이 서로 다른 세 실근을 가지려면 곡선

$y=x^4-4x^3+4x^2$과 직선 $y=-a$가 서로 다른 세 점에서 만나야 한다.

$f(x)=x^4-4x^3+4x^2$이라 하면

$f'(x)=4x^3-12x^2+8x=4x(x-1)(x-2)$

$f'(x)=0$에서 $x=0$ 또는 $x=1$ 또는 $x=2$

함수 $f(x)$의 증가와 감소를 표로 나타내면 다음과 같다.

x	$\cdots$	0	$\cdots$	1	$\cdots$	2	$\cdots$
$f'(x)$	$-$	0	$+$	0	$-$	0	$+$
$f(x)$	$\searrow$	0	$\nearrow$	1	$\searrow$	0	$\nearrow$

따라서 함수 $y=f(x)$의 그래프는 오른쪽 그림과 같으므로 곡선 $y=f(x)$와 직선 $y=-a$가 서로 다른 세 점에서 만나려면

$-a=1$ $\quad\therefore a=-1$

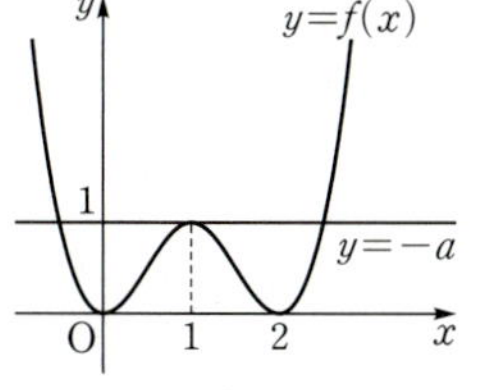

0342

답 4

방정식 $|f(x)|=f(4)$의 서로 다른 실근의 개수는 함수

$y=|f(x)|$의 그래프와 직선 $y=f(4)$의 교점의 개수와 같다.

$f(0)+f(4)=0$에서 $f(0)=-f(4)$

$f'(x)=0$에서 $x=0$ 또는 $x=4$

주어진 함수 $y=f'(x)$의 그래프를 이용하여 함수 $f(x)$의 증가와 감소를 표로 나타내면 다음과 같다.

x	$\cdots$	0	$\cdots$	4	$\cdots$
$f'(x)$	$-$	0	$+$	0	$-$
$f(x)$	$\searrow$	$-f(4)$	$\nearrow$	$f(4)$	$\searrow$

따라서 함수 $y=|f(x)|$의 그래프는 오른쪽 그림과 같이 직선 $y=f(4)$와 서로 다른 네 점에서 만나므로 주어진 방정식의 서로 다른 실근의 개수는 4 이다.

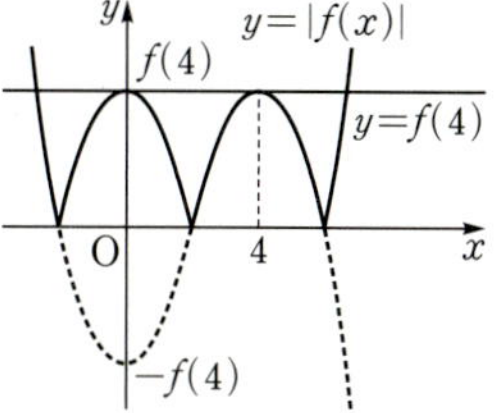

Bible Says 함수 $y=|f(x)|$의 그래프

함수 $y=|f(x)|$의 그래프는 함수 $y=f(x)$의 그래프에서 $y<0$인 부분을 x축에 대하여 대칭이동하여 그린다.

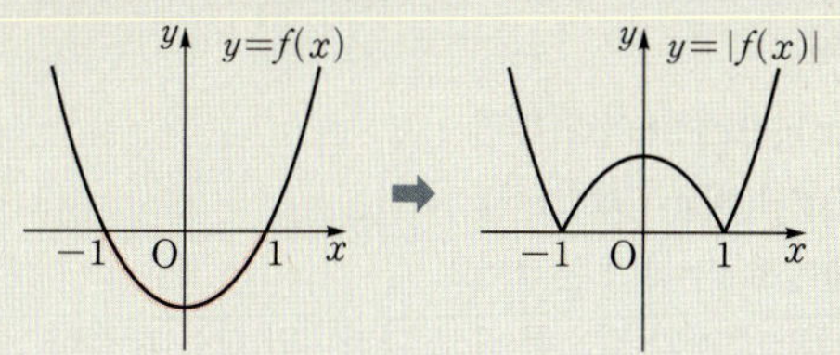

0343

답 ⑤

방정식 $|x^3+3x^2-9x|=5$의 서로 다른 실근의 개수는 함수

$y=|x^3+3x^2-9x|$의 그래프와 직선 $y=5$의 교점의 개수와 같다.

$f(x)=x^3+3x^2-9x$라 하면

$f'(x)=3x^2+6x-9=3(x+3)(x-1)$

$f'(x)=0$에서 $x=-3$ 또는 $x=1$

함수 $f(x)$의 증가와 감소를 표로 나타내면 다음과 같다.

x	$\cdots$	-3	$\cdots$	1	$\cdots$
$f'(x)$	$+$	0	$-$	0	$+$
$f(x)$	$\nearrow$	27	$\searrow$	-5	$\nearrow$

따라서 함수 $y=|f(x)|$의 그래프는 오른쪽 그림과 같이 직선 $y=5$와 서로 다른 5개의 점에서 만나므로 주어진 방정식의 서로 다른 실근의 개수는 5이다.

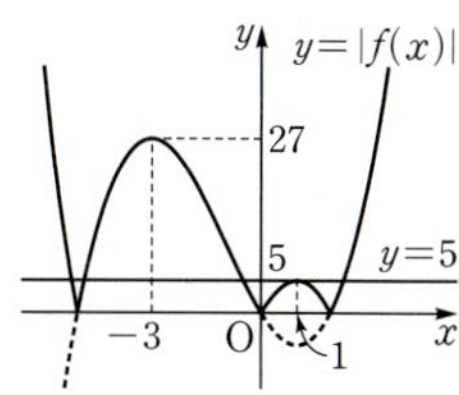

0344

답 ③

방정식 $|x^4-4x^3+5|=12$의 서로 다른 실근의 개수는 함수

$y=|x^4-4x^3+5|$의 그래프와 직선 $y=12$의 교점의 개수와 같다.

$f(x)=x^4-4x^3+5$라 하면

$f'(x)=4x^3-12x^2=4x^2(x-3)$

$f'(x)=0$에서 $x=0$ 또는 $x=3$

함수 $f(x)$의 증가와 감소를 표로 나타내면 다음과 같다.

x	$\cdots$	0	$\cdots$	3	$\cdots$
$f'(x)$	$-$	0	$-$	0	$+$
$f(x)$	$\searrow$	5	$\searrow$	-22	$\nearrow$

따라서 함수 $y=|f(x)|$의 그래프는 오른쪽 그림과 같이 직선 $y=12$와 서로 다른 네 점에서 만나므로 주어진 방정식의 서로 다른 실근의 개수는 4이다.

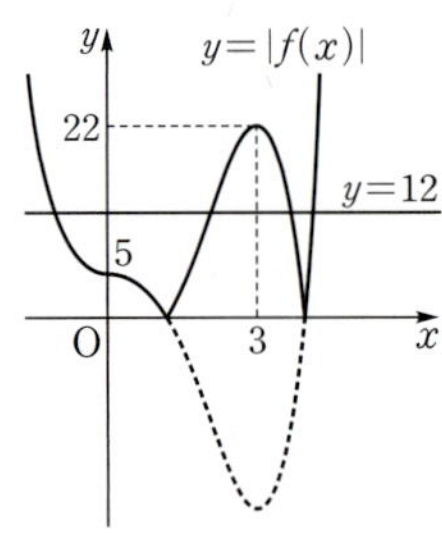

0345

답 ③

방정식 $|3x^3-9x^2+8|=k$가 서로 다른 네 실근을 가지려면 함수 $y=|3x^3-9x^2+8|$의 그래프와 직선 $y=k$가 서로 다른 네 점에서 만나야 한다.

$f(x)=3x^3-9x^2+8$이라 하면

$f'(x)=9x^2-18x=9x(x-2)$

$f'(x)=0$에서 $x=0$ 또는 $x=2$

함수 $f(x)$의 증가와 감소를 표로 나타내면 다음과 같다.

x	$\cdots$	0	$\cdots$	2	$\cdots$
$f'(x)$	$+$	0	$-$	0	$+$
$f(x)$	$\nearrow$	8	$\searrow$	-4	$\nearrow$

함수 $y=|f(x)|$의 그래프는 오른쪽 그림과 같으므로 함수 $y=|f(x)|$의 그래프와 직선 $y=k$가 서로 다른 네 점에서 만나려면

$4<k<8$

따라서 정수 k는 5, 6, 7이므로 구하는 합은

$5+6+7=18$

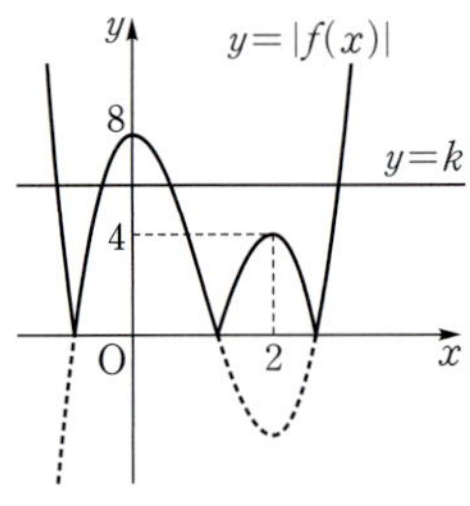

0346

답 ⑤

$2x^3+3x^2-12x+a=0$에서 $2x^3+3x^2-12x=-a$

위의 방정식이 서로 다른 두 개의 양의 실근과 한 개의 음의 실근을 가지려면 곡선 $y=2x^3+3x^2-12x$와 직선 $y=-a$의 교점의 x좌표가 두 개는 양수이고 한 개는 음수이어야 한다.

$f(x)=2x^3+3x^2-12x$라 하면

$f'(x)=6x^2+6x-12=6(x+2)(x-1)$

$f'(x)=0$에서 $x=-2$ 또는 $x=1$

함수 $f(x)$의 증가와 감소를 표로 나타내면 다음과 같다.

x	$\cdots$	-2	$\cdots$	1	$\cdots$
$f'(x)$	$+$	0	$-$	0	$+$
$f(x)$	$\nearrow$	20	$\searrow$	-7	$\nearrow$

따라서 함수 $y=f(x)$의 그래프는 오른쪽 그림과 같으므로 곡선 $y=f(x)$와 직선 $y=-a$의 교점의 x좌표가 두 개는 양수이고 한 개는 음수이려면

$-7<-a<0$ $\therefore 0<a<7$

따라서 정수 a는 1, 2, 3, $\cdots$, 5, 6의 6개이다.

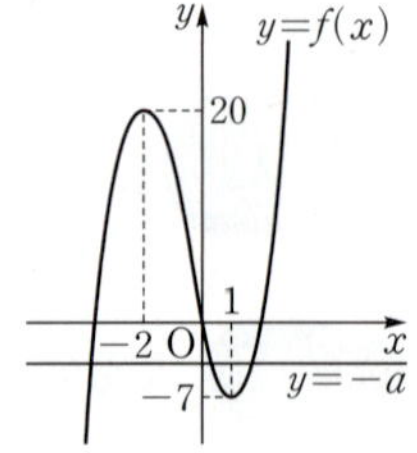

0347

답 ②

$x^3-3x^2-9x-k=0$에서 $x^3-3x^2-9x=k$

위의 방정식이 서로 다른 두 개의 양의 실근과 한 개의 음의 실근을 가지려면 곡선 $y=x^3-3x^2-9x$와 직선 $y=k$의 교점의 x좌표가 두 개는 양수이고 한 개는 음수이어야 한다.

$f(x)=x^3-3x^2-9x$라 하면

$f'(x)=3x^2-6x-9=3(x+1)(x-3)$

$f'(x)=0$에서 $x=-1$ 또는 $x=3$

함수 $f(x)$의 증가와 감소를 표로 나타내면 다음과 같다.

x	$\cdots$	-1	$\cdots$	3	$\cdots$
$f'(x)$	$+$	0	$-$	0	$+$
$f(x)$	$\nearrow$	5	$\searrow$	-27	$\nearrow$

따라서 함수 $y=f(x)$의 그래프는 오른쪽 그림과 같으므로 곡선 $y=f(x)$와 직선 $y=k$의 교점의 x좌표가 두 개는 양수이고 한 개는 음수이려면

$-27<k<0$

따라서 정수 k는 -26, -25, -24, $\cdots$, -2, -1의 26개이다.

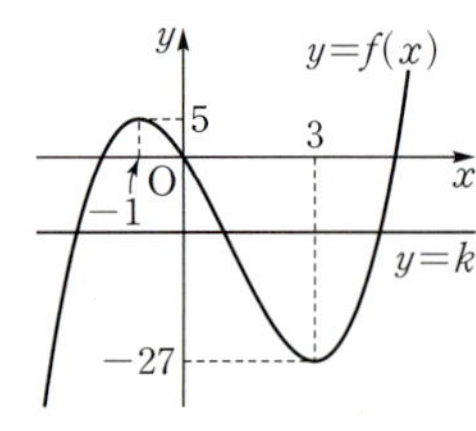

0348

답 -5

$3x^4+4x^3-12x^2-k=0$에서 $3x^4+4x^3-12x^2=k$

위의 방정식이 한 개의 양의 실근과 서로 다른 두 개의 음의 실근을 가지려면 곡선 $y=3x^4+4x^3-12x^2$과 직선 $y=k$의 교점의 x좌표가 한 개는 양수이고 두 개는 음수이어야 한다.

$f(x)=3x^4+4x^3-12x^2$이라 하면

$f'(x)=12x^3+12x^2-24x=12x(x+2)(x-1)$

$f'(x)=0$에서 $x=-2$ 또는 $x=0$ 또는 $x=1$

함수 $f(x)$의 증가와 감소를 표로 나타내면 다음과 같다.

x	$\cdots$	-2	$\cdots$	0	$\cdots$	1	$\cdots$
$f'(x)$	$-$	0	$+$	0	$-$	0	$+$
$f(x)$	$\searrow$	-32	$\nearrow$	0	$\searrow$	-5	$\nearrow$

따라서 함수 $y=f(x)$의 그래프는 오른쪽 그림과 같으므로 곡선 $y=f(x)$와 직선 $y=k$의 교점의 x좌표가 한 개는 양수이고 두 개는 음수이려면

$k=-5$

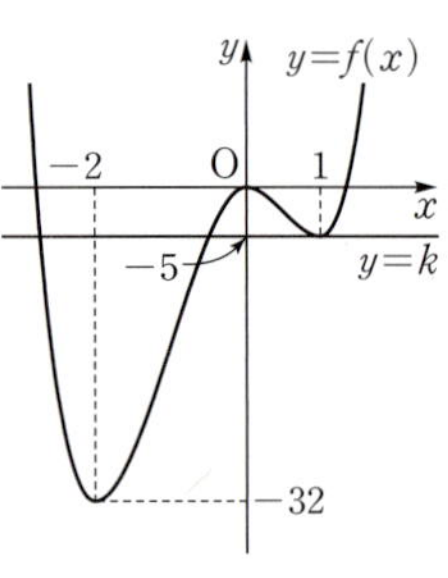

0349

답 ②

$f(x)=\dfrac{2}{3}x^3+x^2-12x+k$라 하면

$f'(x)=2x^2+2x-12=2(x+3)(x-2)$

$f'(x)=0$에서 $x=-3$ 또는 $x=2$

삼차방정식 $f(x)=0$이 서로 다른 세 실근을 가지려면

(극댓값)$\times$(극솟값)<0이어야 하므로

$f(-3)f(2)<0$에서 $(k+27)\left(k-\dfrac{44}{3}\right)<0$

$\therefore\ -27<k<\dfrac{44}{3}$ → $14.666\cdots$

따라서 정수 k는 $-26,\ -25,\ -24,\ \cdots,\ 13,\ 14$의 41개이다.

[다른 풀이]

$\dfrac{2}{3}x^3+x^2-12x+k=0$에서 $\dfrac{2}{3}x^3+x^2-12x=-k$

위의 방정식이 서로 다른 세 실근을 가지려면 곡선

$y=\dfrac{2}{3}x^3+x^2-12x$와 직선 $y=-k$가 서로 다른 세 점에서 만나야

한다.

$f(x)=\dfrac{2}{3}x^3+x^2-12x$라 하면

$f'(x)=2x^2+2x-12=2(x+3)(x-2)$

$f'(x)=0$에서 $x=-3$ 또는 $x=2$

함수 $f(x)$의 증가와 감소를 표로 나타내면 다음과 같다.

x	$\cdots$	-3	$\cdots$	2	$\cdots$
$f'(x)$	$+$	0	$-$	0	$+$
$f(x)$	↗	27	↘	$-\dfrac{44}{3}$	↗

함수 $y=f(x)$의 그래프는 오른쪽 그림과 같으므로 곡선 $y=f(x)$와 직선 $y=-k$가 서로 다른 세 점에서 만나려면

$-\dfrac{44}{3}<-k<27$ $\therefore\ -27<k<\dfrac{44}{3}$

따라서 정수 k는 $-26,\ -25,\ -24,\ \cdots,\ 13,$ 14의 41개이다.

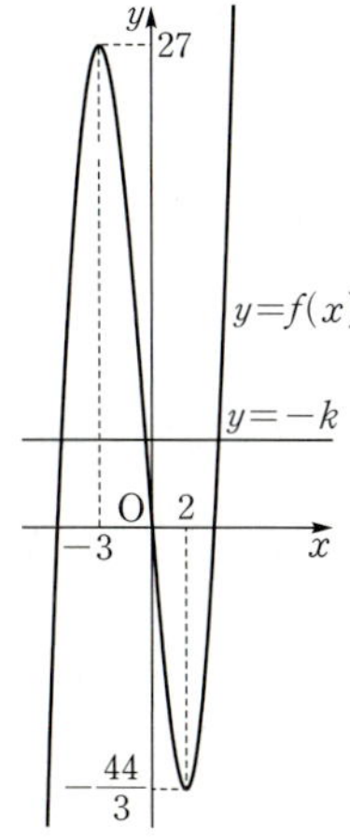

참고

범위 안에 속하는 정수의 개수를 세는 방법은 다음과 같다.
즉, 정수 m, n에 대하여
$m<x<n$에 속하는 정수 x의 개수는 $n-m-1$
$m\leq x<n$에 속하는 정수 x의 개수는 $n-m$
$m<x\leq n$에 속하는 정수 x의 개수는 $n-m$
$m\leq x\leq n$에 속하는 정수 x의 개수는 $n-m+1$

0350

답 ②

$f(x)=x^3-3ax^2+32$라 하면

$f'(x)=3x^2-6ax=3x(x-2a)$

$f'(x)=0$에서 $x=0$ 또는 $x=2a$

삼차방정식 $f(x)=0$이 서로 다른 두 실근을 가지려면

(극댓값)$\times$(극솟값)$=0$이어야 하므로

$f(0)f(2a)=0$에서 $32(-4a^3+32)=0$

$a^3-8=0,\ (a-2)(a^2+2a+4)=0$

$\therefore\ a=2\ (\because\ a^2+2a+4>0)$

0351

답 ⑤

$f(x)=3x^3-6x^2-5x-k$라 하면

$f'(x)=9x^2-12x-5=(3x+1)(3x-5)$

$f'(x)=0$에서 $x=-\dfrac{1}{3}$ 또는 $x=\dfrac{5}{3}$

삼차방정식 $f(x)=0$이 한 실근과 두 허근을 가지려면

(극댓값)$\times$(극솟값)>0이어야 하므로

$f\left(-\dfrac{1}{3}\right)f\left(\dfrac{5}{3}\right)>0$에서 $\left(\dfrac{8}{9}-k\right)\left(-\dfrac{100}{9}-k\right)>0$

$\left(k+\dfrac{100}{9}\right)\left(k-\dfrac{8}{9}\right)>0$

$\therefore\ k<-\dfrac{100}{9}$ 또는 $k>\dfrac{8}{9}$

따라서 실수 k의 값이 될 수 있는 것은 ⑤ 1이다.

0352

답 ⑤

함수 $y=2x^3-6x^2-18x+a$의 그래프를 y축의 방향으로 7만큼 평행이동하면 함수 $y=f(x)$의 그래프와 일치하므로

$f(x)=2x^3-6x^2-18x+7+a$

$f'(x)=6x^2-12x-18=6(x+1)(x-3)$

$f'(x)=0$에서 $x=-1$ 또는 $x=3$

삼차방정식 $f(x)=0$이 서로 다른 세 실근을 가지려면

(극댓값)$\times$(극솟값)<0이어야 하므로

$f(-1)f(3)<0$에서 $(a+17)(a-47)<0$

$\therefore\ -17<a<47$

따라서 정수 a는 $-16,\ -15,\ -14,\ \cdots,\ 45,\ 46$의 63개이다.

0353

답 ⑤

$f(x)=-\dfrac{1}{3}x^3+2ax+4a$에서 $f'(x)=-x^2+2a$

함수 $f(x)$가 극값을 가지려면 이차방정식 $f'(x)=0$이 서로 다른 두 실근을 가져야 하므로

$a>0$ ⋯⋯ ㉠

따라서 $f'(x)=0$에서 $x=-\sqrt{2a}$ 또는 $x=\sqrt{2a}$

삼차방정식 $f(x)=0$이 오직 한 개의 실근을 가지려면

(극댓값)$\times$(극솟값)>0이어야 하므로

$f(-\sqrt{2a})f(\sqrt{2a})>0$에서

$\left(-\dfrac{4}{3}a\sqrt{2a}+4a\right)\left(\dfrac{4}{3}a\sqrt{2a}+4a\right)>0$

$\left(-\dfrac{4}{3}\sqrt{2a}+4\right)\left(\dfrac{4}{3}\sqrt{2a}+4\right)>0\ (\because\ a>0)$

$-\dfrac{32}{9}a+16>0$ $\therefore a<\dfrac{9}{2}$ $\cdots\cdots$ ㉡

㉠, ㉡을 동시에 만족시키는 a의 값의 범위는

$0<a<\dfrac{9}{2}$

따라서 정수 a는 1, 2, 3, 4이므로 구하는 합은

$1+2+3+4=10$

유형 04 두 곡선의 교점의 개수

0354

주어진 두 곡선이 서로 다른 세 점에서 만나려면 방정식
$2x^3+4x^2-12x=x^2+k$, 즉 $2x^3+3x^2-12x-k=0$이 서로 다른
세 실근을 가져야 한다.

$f(x)=2x^3+3x^2-12x-k$라 하면

$f'(x)=6x^2+6x-12=6(x+2)(x-1)$

$f'(x)=0$에서 $x=-2$ 또는 $x=1$

삼차방정식 $f(x)=0$이 서로 다른 세 실근을 가지려면

(극댓값)$\times$(극솟값)<0이어야 하므로

$f(-2)f(1)<0$에서 $(20-k)(-7-k)<0$

$(k+7)(k-20)<0$

$\therefore -7<k<20$

따라서 정수 k는 -6, -5, -4, $\cdots$, 18, 19의 26개이다.

> **다른 풀이**

주어진 두 곡선이 서로 다른 세 점에서 만나려면 방정식
$2x^3+4x^2-12x=x^2+k$, 즉 $2x^3+3x^2-12x=k$가 서로 다른 세
실근을 가져야 한다.

$f(x)=2x^3+3x^2-12x$라 하면

$f'(x)=6x^2+6x-12=6(x+2)(x-1)$

$f'(x)=0$에서 $x=-2$ 또는 $x=1$

함수 $f(x)$의 증가와 감소를 표로 나타내면 다음과 같다.

x	$\cdots$	-2	$\cdots$	1	$\cdots$
$f'(x)$	$+$	0	$-$	0	$+$
$f(x)$	↗	20	↘	-7	↗

함수 $y=f(x)$의 그래프가 오른쪽 그림과
같으므로 곡선 $y=f(x)$와 직선 $y=k$가
서로 다른 세 점에서 만나려면

$-7<k<20$

따라서 정수 k는 -6, -5, -4, $\cdots$, 18,
19의 26개이다.

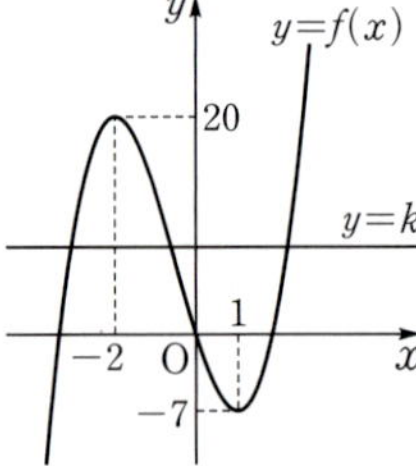

0355

주어진 두 곡선이 오직 한 점에서 만나려면 방정식
$2x^3-7x^2+3x=2x^2+3x-k$, 즉 $2x^3-9x^2+k=0$이 단 하나의 실
근을 가져야 한다.

$f(x)=2x^3-9x^2+k$라 하면

$f'(x)=6x^2-18x=6x(x-3)$

$f'(x)=0$에서 $x=0$ 또는 $x=3$

삼차방정식 $f(x)=0$이 단 하나의 실근을 가지려면
(극댓값)$\times$(극솟값)>0이어야 하므로
$f(0)f(3)>0$에서 $k(-27+k)>0$

$\therefore k<0$ 또는 $k>27$

따라서 자연수 k의 최솟값은 28이다.

0356

두 곡선 $y=f(x)$, $y=g(x)$가 서로 다른 세 점에서 만나려면 방정
식 $f(x)=g(x)$, 즉 $h(x)=0$이 서로 다른 세 실근을 가져야 한다.

$h(x)=f(x)-g(x)$에서 $h'(x)=f'(x)-g'(x)$

$h'(x)=0$, 즉 $f'(x)=g'(x)$에서 $x=\alpha$ 또는 $x=\beta$

주어진 그래프에서 $h'(x)$의 부호를 조사하여 함수 $h(x)$의 증가와
감소를 표로 나타내면 다음과 같다.

x	$\cdots$	α	$\cdots$	β	$\cdots$
$h'(x)$	$+$	0	$-$	0	$+$
$h(x)$	↗	극대	↘	극소	↗

따라서 삼차방정식 $h(x)=0$이 서로 다른 세 실근을 가지려면

$h(\alpha)>0$, $h(\beta)<0$

유형 05 곡선 밖의 점에서 그은 접선의 개수

0357

$y=x^3+3x^2+2$에서 $y'=3x^2+6x$

점 $(0,\ a)$에서 곡선 $y=x^3+3x^2+2$에 그은 접선의 접점의 좌표를
$(t,\ t^3+3t^2+2)$라 하면 접선의 기울기는 $3t^2+6t$이고 접선의 방정
식은

$y-(t^3+3t^2+2)=(3t^2+6t)(x-t)$

$\therefore y=(3t^2+6t)x-2t^3-3t^2+2$

이 직선이 점 $(0,\ a)$를 지나므로 $a=-2t^3-3t^2+2$

$\therefore 2t^3+3t^2-2+a=0$ $\cdots\cdots$ ㉠

점 $(0,\ a)$에서 곡선 $y=x^3+3x^2+2$에 서로 다른 세 개의 접선을
그을 수 있으려면 t에 대한 삼차방정식 ㉠이 서로 다른 세 실근을
가져야 한다.

$f(t)=2t^3+3t^2-2+a$라 하면

$f'(t)=6t^2+6t=6t(t+1)$

$f'(t)=0$에서 $t=-1$ 또는 $t=0$

삼차방정식 $f(t)=0$이 서로 다른 세 실근을 가지려면
(극댓값)$\times$(극솟값)<0이어야 하므로
$f(-1)f(0)<0$에서 $(a-1)(a-2)<0$

$\therefore 1<a<2$

> **다른 풀이**

위 풀이의 ㉠에서 $2t^3+3t^2-2=-a$

점 $(0,\ a)$에서 곡선 $y=x^3+3x^2+2$에 서로 다른 세 개의 접선을
그을 수 있으려면 위의 t에 대한 삼차방정식이 서로 다른 세 실근을
가져야 한다. 즉, 곡선 $y=2t^3+3t^2-2$와 직선 $y=-a$가 서로 다른
세 점에서 만나야 한다.

$f(t)=2t^3+3t^2-2$라 하면

$f'(t)=6t^2+6t=6t(t+1)$

$f'(t)=0$에서 $t=-1$ 또는 $t=0$

함수 $f(t)$의 증가와 감소를 표로 나타내면 다음과 같다.

t	$\cdots$	-1	$\cdots$	0	$\cdots$
$f'(t)$	$+$	0	$-$	0	$+$
$f(t)$	$\nearrow$	-1	$\searrow$	-2	$\nearrow$

따라서 함수 $y=f(t)$의 그래프가 오른쪽 그림과 같으므로 곡선 $y=f(t)$와 직선 $y=-a$가 서로 다른 세 점에서 만나려면

$-2<-a<-1$

$\therefore 1<a<2$

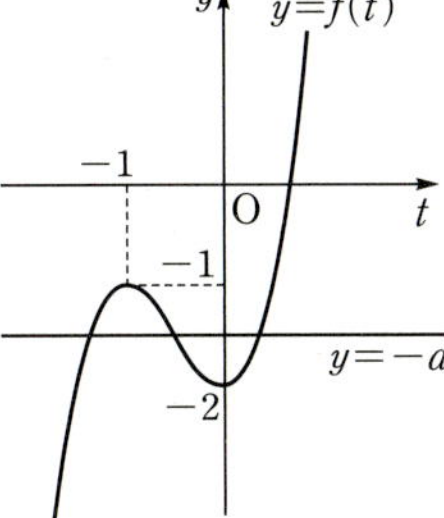

0358

답 ③

$y=x^3+3x$에서 $y'=3x^2+3$

점 $(2,\,a)$에서 곡선 $y=x^3+3x$에 그은 접선의 접점의 좌표를 $(t,\,t^3+3t)$라 하면 접선의 기울기는 $3t^2+3$이고 접선의 방정식은

$y-(t^3+3t)=(3t^2+3)(x-t)$

$\therefore y=(3t^2+3)x-2t^3$

이 직선이 점 $(2,\,a)$를 지나므로 $a=6t^2+6-2t^3$

$\therefore 2t^3-6t^2-6+a=0$ $\cdots\cdots$ ㉠

점 $(2,\,a)$에서 곡선 $y=x^3+3x$에 서로 다른 세 개의 접선을 그을 수 있으려면 t에 대한 삼차방정식 ㉠이 서로 다른 세 실근을 가져야 한다.

$f(t)=2t^3-6t^2-6+a$라 하면

$f'(t)=6t^2-12t=6t(t-2)$

$f'(t)=0$에서 $t=0$ 또는 $t=2$

삼차방정식 $f(t)=0$이 서로 다른 세 실근을 가지려면

(극댓값)$\times$(극솟값)<0이어야 하므로

$f(0)f(2)<0$에서 $(-6+a)(-14+a)<0$

$(a-6)(a-14)<0$

$\therefore 6<a<14$

따라서 정수 a의 최댓값은 13이다.

0359

답 ②

$y=2x^3-3ax^2$에서 $y'=6x^2-6ax$

점 $(0,\,2)$에서 곡선 $y=2x^3-3ax^2$에 그은 접선의 접점의 좌표를 $(t,\,2t^3-3at^2)$이라 하면 접선의 기울기는 $6t^2-6at$이고 접선의 방정식은

$y-(2t^3-3at^2)=(6t^2-6at)(x-t)$

$\therefore y=(6t^2-6at)x-4t^3+3at^2$

이 직선이 점 $(0,\,2)$를 지나므로 $2=-4t^3+3at^2$

$\therefore 4t^3-3at^2+2=0$ $\cdots\cdots$ ㉠

점 $(0,\,2)$에서 곡선 $y=2x^3-3ax^2$에 서로 다른 두 개의 접선을 그을 수 있으려면 t에 대한 삼차방정식 ㉠이 서로 다른 두 실근을 가져야 한다.

$f(t)=4t^3-3at^2+2$라 하면

$f'(t)=12t^2-6at=6t(2t-a)$

$f'(t)=0$에서 $t=0$ 또는 $t=\dfrac{a}{2}$

삼차방정식 $f(t)=0$이 서로 다른 두 실근을 가지려면

(극댓값)$\times$(극솟값)$=0$이어야 하므로

$f(0)f\left(\dfrac{a}{2}\right)=0$에서 $2\left(-\dfrac{a^3}{4}+2\right)=0$

$a^3-8=0,\ (a-2)(a^2+2a+4)=0$

$\therefore a=2\ (\because a^2+2a+4>0)$

0360

답 ②

$f(x)=x^4-4x^3+k$라 하면

$f'(x)=4x^3-12x^2=4x^2(x-3)$

$f'(x)=0$에서 $x=0$ 또는 $x=3$

함수 $f(x)$의 증가와 감소를 표로 나타내면 다음과 같다.

x	$\cdots$	0	$\cdots$	3	$\cdots$
$f'(x)$	$-$	0	$-$	0	$+$
$f(x)$	$\searrow$	k	$\searrow$	$k-27$	$\nearrow$

함수 $f(x)$는 $x=3$에서 극소이면서 최소이므로 모든 실수 x에 대하여 $f(x)\geq0$이 성립하려면

$k-27\geq0$ $\therefore k\geq27$

따라서 정수 k의 최솟값은 27이다.

0361

답 ③

$f(x)=3x^4-8x^3+k^2$이라 하면

$f'(x)=12x^3-24x^2=12x^2(x-2)$

$f'(x)=0$에서 $x=0$ 또는 $x=2$

함수 $f(x)$의 증가와 감소를 표로 나타내면 다음과 같다.

x	$\cdots$	0	$\cdots$	2	$\cdots$
$f'(x)$	$-$	0	$-$	0	$+$
$f(x)$	$\searrow$	k^2	$\searrow$	k^2-16	$\nearrow$

함수 $f(x)$는 $x=2$에서 극소이면서 최소이므로 모든 실수 x에 대하여 $f(x)\geq0$이 성립하려면

$k^2-16\geq0,\ (k+4)(k-4)\geq0$

$\therefore k\leq-4$ 또는 $k\geq4$

따라서 $\alpha=-4,\ \beta=4$이므로

$\alpha\beta=-4\times4=-16$

0362

답 33

$f(x)=3x^4-4x^3-12x^2+k$라 하면

$f'(x)=12x^3-12x^2-24x=12x(x+1)(x-2)$

$f'(x)=0$에서 $x=-1$ 또는 $x=0$ 또는 $x=2$

함수 $f(x)$의 증가와 감소를 표로 나타내면 다음과 같다.

x	$\cdots$	-1	$\cdots$	0	$\cdots$	2	$\cdots$
$f'(x)$	$-$	0	$+$	0	$-$	0	$+$
$f(x)$	$\searrow$	$k-5$	$\nearrow$	k	$\searrow$	$k-32$	$\nearrow$

함수 $f(x)$는 $x=2$에서 극소이면서 최소이므로 모든 실수 x에 대하여 $f(x)>0$이 성립하려면

$k-32>0$ $\therefore k>32$

따라서 정수 k의 최솟값은 33이다.

주어진 구간에서 성립하는 부등식 – 최대, 최소를 이용

0363

답 ②

$f(x)=2x^3-3x^2-12x+a$라 하면

$f'(x)=6x^2-6x-12=6(x+1)(x-2)$

$f'(x)=0$에서 $x=2$ $(\because x\geq0)$

$x\geq0$에서 함수 $f(x)$의 증가와 감소를 표로 나타내면 다음과 같다.

x	0	$\cdots$	2	$\cdots$
$f'(x)$		$-$	0	$+$
$f(x)$	a	$\searrow$	$a-20$	$\nearrow$

함수 $f(x)$는 $x=2$에서 극소이면서 최소이므로 $x\geq0$일 때 $f(x)\geq0$이 성립하려면

$a-20\geq0$ $\therefore a\geq20$

따라서 실수 a의 최솟값은 20이다.

0364

답 2

$f(x)=2x^3-3ax^2+8$이라 하면

$f'(x)=6x^2-6ax=6x(x-a)$

$f'(x)=0$에서 $x=0$ 또는 $x=a$

$x\geq0$에서 함수 $f(x)$의 증가와 감소를 표로 나타내면 다음과 같다.

x	0	$\cdots$	a	$\cdots$
$f'(x)$	0	$-$	0	$+$
$f(x)$	8	$\searrow$	$-a^3+8$	$\nearrow$

함수 $f(x)$는 $x=a$에서 극소이면서 최소이므로 $x\geq0$일 때 $f(x)\geq0$이 성립하려면

$-a^3+8\geq0$, $(a-2)(a^2+2a+4)\leq0$

$\therefore a\leq2$ $(\because a^2+2a+4>0)$

따라서 양수 a의 최댓값은 2이다.

0365

답 ⑤

$f(x)=x^3-6x^2+9x-a^2+4$라 하면

$f'(x)=3x^2-12x+9=3(x-1)(x-3)$

$f'(x)=0$에서 $x=1$ 또는 $x=3$

$1\leq x\leq5$에서 함수 $f(x)$의 증가와 감소를 표로 나타내면 다음과 같다.

x	1	$\cdots$	3	$\cdots$	5
$f'(x)$	0	$-$	0	$+$	
$f(x)$	$8-a^2$	$\searrow$	$4-a^2$	$\nearrow$	$24-a^2$

함수 $f(x)$는 $x=3$에서 극소이면서 최소이므로 $1\leq x\leq5$일 때 $f(x)\geq0$이 성립하려면

$4-a^2\geq0$, $(a+2)(a-2)\leq0$

$\therefore -2\leq a\leq2$

따라서 정수 a는 -2, -1, 0, 1, 2의 5개이다.

주어진 구간에서 성립하는 부등식 – 증가, 감소를 이용

0366

답 ①

$f(x)=2x^3-9x^2+12x+a$라 하면

$f'(x)=6x^2-18x+12=6(x-1)(x-2)$

$x<1$일 때 $f'(x)>0$이므로 구간 $(-\infty,\ 1)$에서 함수 $f(x)$는 증가한다.

따라서 $x<1$에서 $f(x)<0$이 성립하려면 $f(1)\leq0$이어야 하므로

$a+5\leq0$ $\therefore a\leq-5$

0367

답 ①

$f(x)=x^4-4x+a$라 하면

$f'(x)=4x^3-4=4(x-1)(x^2+x+1)$

$x>1$일 때 $f'(x)>0$이므로 구간 $(1,\ \infty)$에서 함수 $f(x)$는 증가한다.

즉, $x>1$에서 $f(x)>0$이 성립하려면 $f(1)\geq0$이어야 하므로

$-3+a\geq0$ $\therefore a\geq3$

따라서 실수 a의 최솟값은 3이다.

0368

답 8

$3x^3-2x^2-2x>-x^3+x^2+4x+a$에서

$4x^3-3x^2-6x-a>0$

$f(x)=4x^3-3x^2-6x-a$라 하면

$f'(x)=12x^2-6x-6=6(2x+1)(x-1)$

$x>2$일 때 $f'(x)>0$이므로 구간 $(2,\ \infty)$에서 함수 $f(x)$는 증가한다.

즉, $x>2$에서 $f(x)>0$이 성립하려면 $f(2)\geq0$이어야 하므로

$8-a\geq0$ $\therefore a\leq8$

따라서 실수 a의 최댓값은 8이다.

0369
답 29

$x>0$에서 곡선 $y=f(x)$가 곡선 $y=g(x)$보다 위쪽에 있으려면
$x>0$일 때 $f(x)>g(x)$, 즉 $f(x)-g(x)>0$이 성립해야 한다.
$h(x)=f(x)-g(x)$라 하면
$h(x)=x^3+3x^2-24x+a$
$h'(x)=3x^2+6x-24=3(x+4)(x-2)$
$h'(x)=0$에서 $x=2$ ($\because x>0$)
$x>0$에서 함수 $h(x)$의 증가와 감소를 표로 나타내면 다음과 같다.

x	0	$\cdots$	2	$\cdots$
$h'(x)$		$-$	0	$+$
$h(x)$		$\searrow$	$a-28$	$\nearrow$

함수 $h(x)$는 $x=2$에서 극소이면서 최소이므로 $x>0$일 때
$h(x)>0$이 성립하려면
$a-28>0$ $\therefore a>28$
따라서 자연수 a의 최솟값은 29이다.

0370
답 -17

곡선 $y=f(x)$가 곡선 $y=g(x)$보다 아래쪽에 있으려면 모든 실수
x에 대하여 $f(x)<g(x)$, 즉 $f(x)-g(x)<0$이 성립해야 한다.
$h(x)=f(x)-g(x)$라 하면
$h(x)=-3x^4-8x^3+a$
$h'(x)=-12x^3-24x^2=-12x^2(x+2)$
$h'(x)=0$에서 $x=-2$ 또는 $x=0$
함수 $h(x)$의 증가와 감소를 표로 나타내면 다음과 같다.

x	$\cdots$	-2	$\cdots$	0	$\cdots$
$h'(x)$	$+$	0	$-$	0	$-$
$h(x)$	$\nearrow$	$a+16$	$\searrow$	a	$\searrow$

함수 $h(x)$는 $x=-2$에서 극대이면서 최대이므로 모든 실수 x에
대하여 $h(x)<0$이 성립하려면
$a+16<0$ $\therefore a<-16$
따라서 정수 a의 최댓값은 -17이다.

0371
답 ②

$f(x)\leq g(x)$에서 $f(x)-g(x)\leq0$
$h(x)=f(x)-g(x)$라 하면
$h(x)=-x^4+x^3-x^2+3x-a$
$h'(x)=-4x^3+3x^2-2x+3=-(x-1)(4x^2+x+3)$
$h'(x)=0$에서 $x=1$ ($\because 4x^2+x+3>0$)
함수 $h(x)$의 증가와 감소를 표로 나타내면 다음과 같다.

x	$\cdots$	1	$\cdots$
$h'(x)$	$+$	0	$-$
$h(x)$	$\nearrow$	$2-a$	$\searrow$

함수 $h(x)$는 $x=1$에서 극대이면서 최대이므로 모든 실수 x에 대
하여 $h(x)\leq0$이 성립하려면
$2-a\leq0$ $\therefore a\geq2$
따라서 실수 a의 최솟값은 2이다.

0372
답 ①

점 P의 시각 t에서의 속도를 v라 하면
$$v=\frac{dx}{dt}=3t^2-4t+a$$
$t=3$일 때 점 P의 속도가 10이므로
$27-12+a=10$ $\therefore a=-5$

0373
답 ⑤

점 P의 시각 t에서의 속도를 v, 가속도를 a라 하면
$$v=\frac{dx}{dt}=3t^2-6t$$
$$a=\frac{dv}{dt}=6t-6$$
점 P의 가속도가 0일 때의 시각 t를 구하면
$6t-6=0$ $\therefore t=1$
따라서 $t=1$일 때 점 P의 가속도가 0이고 이때의 속도는
$3-6=-3$

0374
답 4

점 P가 원점을 지날 때는 $x=0$일 때이므로
$t^3-4t^2+4t=0$에서 $t(t-2)^2=0$
$\therefore t=0$ 또는 $t=2$
따라서 점 P가 출발 후 다시 원점을 지날 때는 $t=2$일 때이다.
점 P의 시각 t에서의 속도를 v, 가속도를 a라 하면
$$v=\frac{dx}{dt}=3t^2-8t+4$$
$$a=\frac{dv}{dt}=6t-8$$
따라서 $t=2$일 때 점 P의 가속도는 $6\times2-8=4$

0375
답 ④

점 P의 시각 t에서의 속도를 v, 가속도를 a라 하면
$$v=\frac{dx}{dt}=4t^3-12t^2+18t$$
$$a=\frac{dv}{dt}=12t^2-24t+18=12(t-1)^2+6$$
따라서 $t=1$일 때 점 P의 가속도가 최소이므로 이때의 속도는
$4-12+18=10$

0376
답 ①

$h(t)=f(t)-g(t)=2t^3-at^2+18t+10$이라 하면
$h'(t)=f'(t)-g'(t)=6t^2-2at+18$
$t=1$에서 두 점 P, Q의 속도가 같으므로
$h'(1)=0$에서 $6-2a+18=0$
$\therefore a=12$
이때 $h(t)=2t^3-12t^2+18t+10$이고

$h'(t)=6t^2-24t+18=6(t-1)(t-3)$

$h'(t)=0$에서 $t=1$ 또는 $t=3$

따라서 두 점 P, Q의 속도가 다시 같아지는 시각은 $t=3$이고

$|h(3)|=|54-108+54+10|=10$

이므로 두 점 P, Q 사이의 거리는 10이다.

속도, 가속도와 운동 방향

0377
답 6

점 P의 시각 t에서의 속도를 v, 가속도를 a라 하면

$$v=\frac{dx}{dt}=2t^2+2t-4=2(t+2)(t-1)$$

$$a=\frac{dv}{dt}=4t+2$$

점 P가 운동 방향을 바꾸는 순간의 속도는 0이므로 $v=0$에서

$t=1\ (\because t>0)$

따라서 $t=1$일 때 점 P의 가속도는

$4+2=6$

참고

일반적으로 운동 방향이 바뀌는 시각을 구할 때는 속도가 0인 시각의 좌우
에서 속도의 부호가 바뀌는지 확인해야 하지만 위의 문항의 경우 속도가
인수분해가 가능한 다항함수 형태로 속도가 0인 시각의 좌우에서 속도의
부호가 바뀌는 것을 쉽게 파악할 수 있다.

0378
답 ③

두 점 P, Q의 시각 t에서의 속도를 각각 v_P, v_Q라 하면

$v_P=2t-4$, $v_Q=2t-8$

두 점 P, Q가 서로 반대 방향으로 움직이면 $v_P v_Q<0$이므로

$(2t-4)(2t-8)<0$, $(t-2)(t-4)<0$

$\therefore 2<t<4$

0379
답 ③

점 P의 시각 t에서의 속도를 v라 하면

$$v=\frac{dx}{dt}=2t^2+2(1-a)t+4a-12$$
$$=2(t-a+3)(t-2)$$

점 P가 운동 방향을 바꾸는 순간의 속도는 0이므로 $v=0$에서

$t=a-3$ 또는 $t=2$

이때 점 P는 $t=2$에서만 운동 방향이 바뀌어야 하므로

$a-3\leq0$ $\therefore a\leq3$

따라서 실수 a의 최댓값은 3이다.

0380
답 ⑤

점 M의 시각 t에서의 위치를 M(t)라 하면

$$\mathrm{M}(t)=\frac{\mathrm{P}(t)+\mathrm{Q}(t)}{2}=t^3-\frac{3}{2}t^2-6t+a$$

점 M의 시각 t에서의 속도를 v라 하면

$v=\mathrm{M}'(t)=3t^2-3t-6=3(t+1)(t-2)$

점 M이 운동 방향을 바꾸는 순간의 속도는 0이므로 $v=0$에서

$t=2\ (\because t>0)$

따라서 점 M은 $t=2$에서 운동 방향을 바꾸고 이때 점 M이 원점에
있어야 하므로

$8-6-12+a=0$ $\therefore a=10$

0381
답 -32

점 P의 시각 t에서의 속도를 v, 가속도를 a라 하면

$$v=\frac{dx}{dt}=3t^2+2kt$$

$$a=\frac{dv}{dt}=6t+2k$$

$t=2$에서 점 P의 가속도가 0이므로

$12+2k=0$ $\therefore k=-6$

이때 $v=3t^2-12t=3t(t-4)$

점 P가 운동 방향을 바꾸는 순간의 속도는 0이므로 $v=0$에서

$t=4\ (\because t>0)$

따라서 점 P는 $t=4$에서 운동 방향을 바꾸고 이때의 점 P의 위치는

$4^3-6\times4^2=-32$

정지하는 물체의 속도와 움직인 거리

0382
답 ③

열차가 제동을 건 지 t초 후의 속도를 v m/s라 하면

$$v=\frac{dx}{dt}=32-0.4t$$

열차가 멈출 때의 속도는 0이므로 $v=0$에서

$32-0.4t=0$ $\therefore t=80$

따라서 80초 동안 열차가 움직인 거리는

$32\times80-0.2\times80^2=1280\,(\mathrm{m})$

0383
답 ④

자동차가 브레이크를 밟은 지 t초 후의 속도를 v m/s라 하면

$$v=\frac{dx}{dt}=36-6t$$

자동차가 정지할 때의 속도는 0이므로 $v=0$에서

$36-6t=0$ $\therefore t=6$

따라서 자동차가 브레이크를 밟은 후 정지할 때까지 걸린 시간은

6초이다.

0384
답 ③

열차가 제동을 건 지 t초 후의 속도를 v m/s라 하면

$$v=\frac{dx}{dt}=30-at$$

열차가 멈출 때의 속도는 0이므로 $v=0$에서

$$30-at=0 \qquad \therefore t=\frac{30}{a}$$

$\dfrac{30}{a}$초 동안 열차가 움직인 거리는

$$30\times\frac{30}{a}-\frac{1}{2}a\times\left(\frac{30}{a}\right)^2=\frac{900}{a}-\frac{450}{a}=\frac{450}{a}\,(\text{m})$$

이때 열차가 정지선을 넘지 않고 멈추려면 움직인 거리가 $150\,\text{m}$ 이하이어야 하므로

$$\frac{450}{a}\leq150 \qquad \therefore a\geq3$$

따라서 양수 a의 최솟값은 3이다.

유형 13 위로 던진 물체의 위치와 속도

0385 <답 ①>

공의 t초 후의 속도를 $v\,\text{m/s}$라 하면 $v=\dfrac{dh}{dt}=20-10t$

공이 최고 지점에 도달했을 때의 속도는 0이므로 $v=0$에서
$20-10t=0 \qquad \therefore t=2$

따라서 2초 후 공의 지면으로부터의 높이는
$$20\times2-5\times2^2=20\,(\text{m})$$

0386 <답 ④>

물체가 지면에 떨어질 때의 높이는 0이므로 $h=0$에서
$35+30t-5t^2=0,\ t^2-6t-7=0$
$(t+1)(t-7)=0 \qquad \therefore t=7\ (\because t\geq0)$

물체의 t초 후의 속도를 $v\,\text{m/s}$라 하면

$$v=\frac{dh}{dt}=30-10t$$

$t=7$일 때 물체의 속도는
$30-70=-40\,(\text{m/s})$

따라서 물체가 지면에 떨어지는 순간의 속력은 $40\,\text{m/s}$이다.

0387 <답 ③>

물체의 t초 후의 속도를 $v\,\text{m/s}$라 하면 $v=\dfrac{dh}{dt}=2a-10t$

물체가 최고 지점에 도달했을 때의 속도는 0이므로 $v=0$에서

$$2a-10t=0 \qquad \therefore t=\frac{a}{5}$$

즉, $t=\dfrac{a}{5}$일 때 물체의 지면으로부터의 높이가 최대가 되므로

$$2a\times\frac{a}{5}-5\times\left(\frac{a}{5}\right)^2\geq80,\ \frac{a^2}{5}\geq80$$

$a^2\geq400 \qquad \therefore a\geq20\ (\because a>0)$

따라서 양수 a의 최솟값은 20이다.

유형 14 속도, 가속도와 그래프

0388 <답 ⑤>

① 점 P의 시각 t에서의 가속도는 $v'(t)$이므로 속도 $v(t)$의 그래프의 접선의 기울기와 같다.
$v'(a)=0$이므로 $t=a$일 때 점 P의 가속도는 0이다. (참)

② $v(b)=0$이고 $t=b$의 좌우에서 $v(t)$의 부호가 바뀌므로 $t=b$일 때 점 P는 운동 방향을 바꾼다. (참)

③ $c<t<d$일 때 점 P의 속도는 감소한다. (참)

④ $v(d)=0$이고 $t=d$의 좌우에서 $v(t)$의 부호가 바뀌므로 $t=d$일 때 점 P는 운동 방향을 바꾼다.
즉, 점 P는 $t=b$, $t=d$일 때 운동 방향을 두 번 바꾼다. (참)

⑤ $v(c)>0$이므로 $t=c$일 때 점 P는 양의 방향으로 움직인다.
(거짓)

따라서 옳지 않은 것은 ⑤이다.

0389 <답 ③>

점 P의 시각 t에서의 속도를 $v(t)$라 하면 $v(t)=f'(t)$이므로 속도는 $x=f(t)$의 그래프의 접선의 기울기와 같다.

ㄱ. $v(t_1)=f'(t_1)=0$, $v(t_3)=f'(t_3)=0$이므로 $t=t_1$, $t=t_3$일 때 점 P의 속도는 같다. (참)

ㄴ. $t=t_2$, $t=t_4$, $t=t_6$일 때 $f(t)=0$이므로 점 P는 원점을 지난다. 즉, 점 P는 출발 후 원점을 세 번 지난다. (참)

ㄷ. $0<t<t_6$에서 $v(t_1)=v(t_3)=v(t_5)=0$이고 $t=t_1$, $t=t_3$, $t=t_5$의 좌우에서 각각 $v(t)$의 부호가 바뀌므로 $0<t<t_6$에서 점 P는 $t=t_1$, $t=t_3$, $t=t_5$일 때 운동 방향을 세 번 바꾼다. (거짓)

따라서 옳은 것은 ㄱ, ㄴ이다.

유형 15 시각에 대한 변화율

0390 <답 ④>

t초 후의 두 점 P, Q의 좌표는 각각 $(t,\,0)$, $(0,\,2t)$이므로
$$\text{M}\left(\frac{1}{2}t,\,t\right)$$

선분 OM의 길이를 l이라 하면
$$l=\sqrt{\left(\frac{1}{2}t\right)^2+t^2}=\sqrt{\frac{5}{4}t^2}=\frac{\sqrt{5}}{2}t$$

$$\therefore \frac{dl}{dt}=\frac{\sqrt{5}}{2}$$

따라서 선분 OM의 길이의 변화율은 $\dfrac{\sqrt{5}}{2}$이다.

0391 <답 ④>

오른쪽 그림과 같이 물을 넣기 시작하여 t초 후의 수면의 높이를 $h\,\text{cm}$, 수면의 반지름의 길이를 $r\,\text{cm}$라 하자.

수면의 높이가 매초 $2\,\mathrm{cm}$씩 올라가므로 $h=2t$
$r^2=12^2-(12-h)^2=12^2-(12-2t)^2=48t-4t^2$
물을 넣기 시작하여 t초 후의 수면의 넓이를 $S\,\mathrm{cm}^2$라 하면
$S=\pi r^2=\pi(48t-4t^2)$
$\therefore \dfrac{dS}{dt}=\pi(48-8t)$
따라서 수면의 높이가 $8\,\mathrm{cm}$가 되는 순간, 즉 $t=4$일 때 수면의 넓이의 변화율은
$\pi(48-32)=16\pi\,(\mathrm{cm}^2/\mathrm{s})$

0392

오른쪽 그림과 같이 t초 후의 원기둥의 밑면의 반지름의 길이를 $r\,\mathrm{cm}$, 높이를 $h\,\mathrm{cm}$라 하자.
원기둥의 높이가 매초 $1\,\mathrm{cm}$씩 줄어들고 있으므로
$h=8-t$ $\qquad$ ……㉠

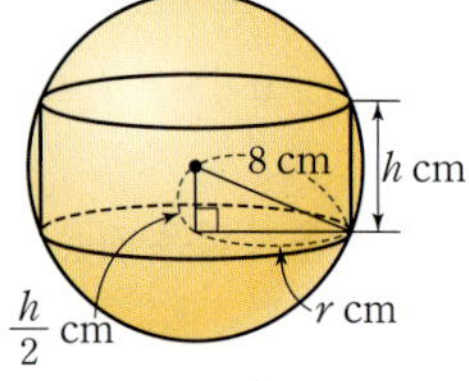

원기둥이 반지름의 길이가 $8\,\mathrm{cm}$인 구에 내접하므로
$\left(\dfrac{h}{2}\right)^2+r^2=8^2$ $\qquad$ ……㉡

㉠을 ㉡에 대입하면
$\left(\dfrac{8-t}{2}\right)^2+r^2=8^2$

$r^2=64-\dfrac{1}{4}(8-t)^2=-\dfrac{1}{4}t^2+4t+48$

t초 후의 원기둥의 부피를 $V\,\mathrm{cm}^3$라 하면
$V=\pi r^2 h=\pi\left(-\dfrac{1}{4}t^2+4t+48\right)(8-t)$

$\therefore \dfrac{dV}{dt}=\pi\left\{\left(-\dfrac{1}{2}t+4\right)(8-t)-\left(-\dfrac{1}{4}t^2+4t+48\right)\right\}$
$\qquad\quad =\pi\left(\dfrac{3}{4}t^2-12t-16\right)$

따라서 원기둥의 높이가 $6\,\mathrm{cm}$가 되는 순간, 즉 $t=2$일 때 원기둥의 부피의 변화율은
$\pi(3-24-16)=-37\pi\,(\mathrm{cm}^3/\mathrm{s})$

0393

주어진 두 곡선이 만나는 점의 개수가 2이려면
방정식 $2x^2-1=x^3-x^2+k$, 즉
$-x^3+3x^2-1=k$가 서로 다른 두 실근을 가져야 한다.
$f(x)=-x^3+3x^2-1$이라 하면
$f'(x)=-3x^2+6x=-3x(x-2)$
$f'(x)=0$에서 $x=0$ 또는 $x=2$

함수 $f(x)$의 증가와 감소를 표로 나타내면 다음과 같다.

x	$\cdots$	0	$\cdots$	2	$\cdots$
$f'(x)$	$-$	0	$+$	0	$-$
$f(x)$	↘	-1	↗	3	↘

함수 $y=f(x)$의 그래프는 오른쪽 그림과 같으므로 곡선 $y=f(x)$와 직선 $y=k$가 만나는 점의 개수가 2이려면
$k=-1$ 또는 $k=3$
따라서 양수 k의 값은 3이다.

0394

두 점 P, Q의 시각 t에서의 속도를 각각 v_P, v_Q라 하면
$v_\mathrm{P}=\mathrm{P}'(t)=3t^2-2t$, $v_\mathrm{Q}=\mathrm{Q}'(t)=2t+4$
이므로 두 점의 속도가 같아지는 순간의 시각 t를 구하면
$3t^2-2t=2t+4$
$3t^2-4t-4=0$, $(3t+2)(t-2)=0$
$\therefore t=2\,(\because t>0)$
이때 $\mathrm{P}(2)=4$, $\mathrm{Q}(2)=a+12$이고 두 점 사이의 거리가 12이므로
$|(a+12)-4|=12$에서
$a+8=-12$ 또는 $a+8=12$
$\therefore a=-20$ 또는 $a=4$
따라서 모든 실수 a의 값의 합은
$-20+4=-16$

수직선 위를 움직이는 두 점 P, Q의 시각 $t\,(t\geq0)$에서의 위치 x_1, x_2가
$$x_1=t^3-2t^2+3t,\quad x_2=t^2+12t$$
이다. 두 점 P, Q의 속도가 같아지는 순간 두 점 P, Q 사이의 거리를 구하시오.

0395

선분 PQ의 중점 M의 시각 t에서의 위치를 $\mathrm{M}(t)$라 하면
$\mathrm{M}(t)=\dfrac{\mathrm{P}(t)+\mathrm{Q}(t)}{2}=t^3-3t^2-9t+\dfrac{a}{2}$
점 M의 시각 t에서의 속도를 v라 하면
$v=\mathrm{M}'(t)=3t^2-6t-9=3(t+1)(t-3)$
점 M이 운동 방향을 바꾸는 순간의 속도는 0이므로 $v=0$에서
$t=3\,(\because t>0)$
따라서 점 M의 운동 방향은 $t=3$일 때 바뀌고 이때 점 M이 원점에 있어야 하므로
$\mathrm{M}(3)=27-27-27+\dfrac{a}{2}=0$
$\therefore a=54$

답 ④

수직선 위를 움직이는 점 P의 시각 t $(t>0)$에서의 위치 x가
$$x=t^3-12t+k \ (k\text{는 상수})$$
이다. 점 P의 운동 방향이 원점에서 바뀔 때, k의 값은?

① 10　② 12　③ 14　④ 16　⑤ 18

0396
답 5

$f(x)\geq g(x)$에서 $2x^3-x^2+7\geq x^2+2x+a$
$2x^3-2x^2-2x+7-a\geq 0$
$h(x)=2x^3-2x^2-2x+7-a$라 하면
$h'(x)=6x^2-4x-2=2(3x+1)(x-1)$
$h'(x)=0$에서 $x=1$ $(\because x>0)$
$x>0$에서 함수 $h(x)$의 증가와 감소를 표로 나타내면 다음과 같다.

x	0	$\cdots$	1	$\cdots$
$h'(x)$		$-$	0	$+$
$h(x)$		$\searrow$	$5-a$	$\nearrow$

함수 $h(x)$는 $x=1$에서 극소이면서 최소이므로 $x>0$일 때
$h(x)\geq 0$이 성립하려면
$5-a\geq 0$　$\therefore a\leq 5$
따라서 실수 a의 최댓값은 5이다.

답 3

두 함수
$$f(x)=x^3+3x^2-k, \ g(x)=2x^2+3x-10$$
에 대하여 부등식
$$f(x)\geq 3g(x)$$
가 닫힌구간 $[-1, 4]$에서 항상 성립하도록 하는 실수 k의 최 댓값을 구하시오.

0397
답 6

(i) $-x^2\leq 2x+k$에서 $x^2+2x+k\geq 0$
$(x+1)^2+k-1\geq 0$
위의 부등식이 모든 실수 x에 대하여 성립하려면
$k-1\geq 0$　$\therefore k\geq 1$
(ii) $2x+k\leq x^4-x^2+5$에서 $x^4-x^2-2x+5-k\geq 0$
$f(x)=x^4-x^2-2x+5-k$라 하면
$f'(x)=4x^3-2x-2=2(x-1)(2x^2+2x+1)$
$f'(x)=0$에서 $x=1$ $(\because 2x^2+2x+1>0)$
함수 $f(x)$의 증가와 감소를 표로 나타내면 다음과 같다.

x	$\cdots$	1	$\cdots$
$f'(x)$	$-$	0	$+$
$f(x)$	$\searrow$	$3-k$	$\nearrow$

즉, 함수 $f(x)$는 $x=1$에서 극소이면서 최소이므로 모든 실수 x에 대하여 부등식 $f(x)\geq 0$이 성립하려면
$3-k\geq 0$　$\therefore k\leq 3$

(i), (ii)에서 k의 값의 범위는 $1\leq k\leq 3$
따라서 정수 k는 1, 2, 3이므로 구하는 합은
$1+2+3=6$

답 34

자연수 a에 대하여 두 함수
$$f(x)=-x^4-2x^3-x^2, \ g(x)=3x^2+a$$
가 있다. 다음을 만족시키는 a의 값을 구하시오.

> 모든 실수 x에 대하여 부등식
> $$f(x)\leq 12x+k\leq g(x)$$
> 를 만족시키는 자연수 k의 개수는 3이다.

0398
답 ⑤

$g(x)=x^3-12x+k$라 하면 $f(x)=|g(x)|$
$g'(x)=3x^2-12=3(x+2)(x-2)$
$g'(x)=0$에서 $x=-2$ 또는 $x=2$
함수 $g(x)$의 증가와 감소를 표로 나타내면 다음과 같다.

x	$\cdots$	-2	$\cdots$	2	$\cdots$
$g'(x)$	$+$	0	$-$	0	$+$
$g(x)$	$\nearrow$	극대	$\searrow$	극소	$\nearrow$

따라서 함수 $g(x)$는 $x=-2$에서 극대이고, $x=2$에서 극소이므로
극댓값은 $g(-2)=-8+24+k=k+16$
극솟값은 $g(2)=8-24+k=k-16$
(i) $0<k<16$일 때
$g(-2)>0>g(2)$이므로
$f(-2)=|g(-2)|=k+16$
$f(2)=|g(2)|=16-k$
이때 $f(-2)>f(2)$이므로 함수 $y=f(x)$의 그래프와 직선 $y=a$ $(a\geq 0)$가 만나는 서로 다른 점의 개수가 홀수가 되도록 하는 실수 a의 값은 0, $f(2)$, $f(-2)$이다.

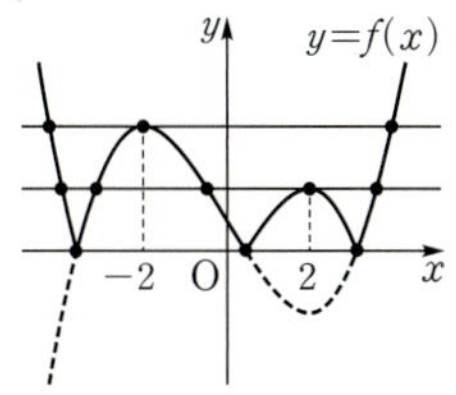

(ii) $k=16$일 때
$g(-2)>0=g(2)$이므로 함수 $y=f(x)$의 그래프와 직선 $y=a$ $(a\geq 0)$가 만나는 서로 다른 점의 개수가 홀수가 되도록 하는 실수 a의 값은 $f(-2)$뿐이다.

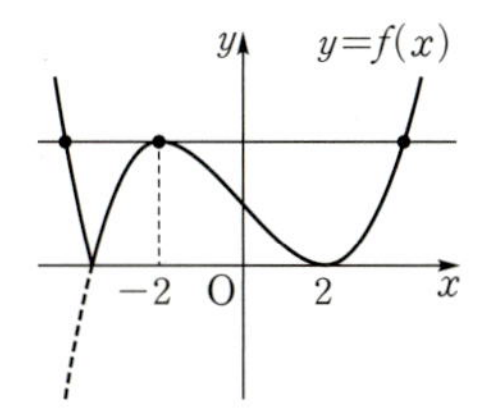

(iii) $k>16$일 때

$g(-2)>g(2)>0$이므로 함수 $y=f(x)$의 그래프와 직선
$y=a\,(a\geq0)$가 만나는 서로 다른 점의 개수가 홀수가 되도록 하
는 실수 a의 값은 0, $f(2)$, $f(-2)$이다.

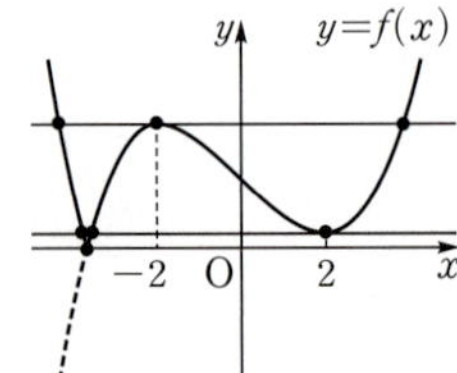

(i)~(iii)에서 함수 $y=f(x)$의 그래프와 직선 $y=a\,(a\geq0)$가 만나
는 서로 다른 점의 개수가 홀수가 되도록 하는 실수 a의 값이 오직
하나일 때의 양수 k의 값은 16이다.

0399

답 ⑤

$h(x)=f(x)-g(x)$에서 $h'(x)=f'(x)-g'(x)$
$h'(x)=0$, 즉 $f'(x)=g'(x)$에서
$x=a$ 또는 $x=b$
주어진 그래프에서 $h'(x)$의 부호를 조사하여 함수 $h(x)$의 증가와
감소를 표로 나타내면 다음과 같다.

x	$\cdots$	a	$\cdots$	b	$\cdots$
$h'(x)$	$+$	0	$-$	0	$+$
$h(x)$	↗	극대	↘	극소	↗

ㄱ. $x=a$의 좌우에서 $h'(x)$의 부호가 양에서 음으로 바뀌므로 함
  수 $h(x)$는 $x=a$에서 극댓값을 갖는다. (참)

ㄴ. $h(b)=0$일 때, 함수 $y=h(x)$의 그
  래프의 개형은 오른쪽 그림과 같다.
  즉, 방정식 $h(x)=0$의 서로 다른 실
  근의 개수는 2이다. (참)

ㄷ. 함수 $h(x)$는 닫힌구간 $[\alpha,\ \beta]$에서
  연속이고 열린구간 $(\alpha,\ \beta)$에서 미분
  가능하므로 평균값 정리에 의하여 $\dfrac{h(\beta)-h(\alpha)}{\beta-\alpha}=h'(c)$를 만
  족시키는 c가 열린구간 $(\alpha,\ \beta)$에 적어도 하나 존재한다.
  이때 $h'(0)=f'(0)-g'(0)=7-2=5$
  이므로 함수 $y=h'(x)$의 그래프는 오
  른쪽 그림과 같다.
  즉, 열린구간 $(0,\ b)$에 있는 모든 실수
  x에 대하여 $h'(x)<5$이므로
  $\dfrac{h(\beta)-h(\alpha)}{\beta-\alpha}=h'(c)<5$
  $\therefore h(\beta)-h(\alpha)<5(\beta-\alpha)\ (\because \beta-\alpha>0)$ (참)
따라서 옳은 것은 ㄱ, ㄴ, ㄷ이다.

0400

답 ①

$g(x)=f(x)+|f'(x)|$에 $x=0$을 대입하면
$g(0)=f(0)+|f'(0)|$

조건 ㈎에서 $f(0)=0$, $g(0)=0$이므로
$|f'(0)|=0$　　$\therefore f'(0)=0$
$f(x)$는 최고차항의 계수가 1인 삼차함수이고, $f(0)=0$이므로
$f(x)=x(x^2+ax+b)$ (a, b는 상수)라 하자.
$f'(x)=(x^2+ax+b)+x(2x+a)$에서 $f'(0)=0$이므로 $b=0$
따라서 $f(x)=x^2(x+a)$이고, 조건 ㈏에서 방정식 $f(x)=0$은
양의 실근을 가지므로 $-a>0$, 즉 $a<0$이다.
또한 $f'(x)=x(3x+2a)$이므로
$f'(x)=0$에서 $x=0$ 또는 $x=-\dfrac{2}{3}a$

$a<0$, 즉 $-\dfrac{2}{3}a>0$이므로 함수 $f(x)$의 증가와 감소를 표로 나타
내면 다음과 같다.

x	$\cdots$	0	$\cdots$	$-\dfrac{2}{3}a$	$\cdots$
$f'(x)$	$+$	0	$-$	0	$+$
$f(x)$	↗	0	↘	$\dfrac{4}{27}a^3$	↗

함수 $y=f(x)$의 그래프는 [그림 1]과 같고, 함수 $y=|f(x)|$의 그
래프는 [그림 2]와 같다.

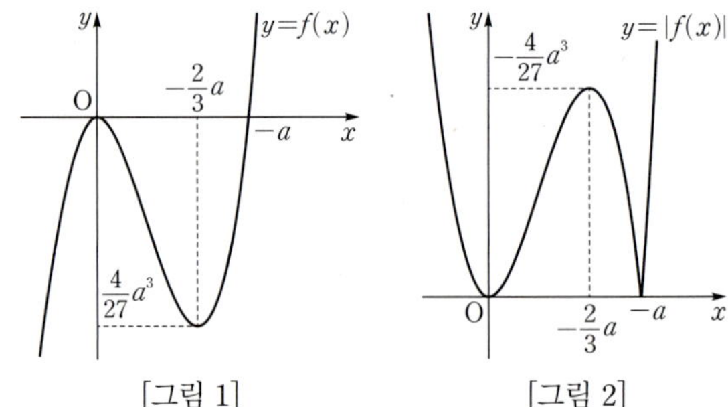

[그림 1]　　　　　[그림 2]

조건 ㈐에서 방정식 $|f(x)|=4$의 서로 다른 실근의 개수가 3이려
면 [그림 2]에서 곡선 $y=|f(x)|$와 직선 $y=4$가 서로 다른 세 점
에서 만나야 하므로
$\left|f\left(-\dfrac{2}{3}a\right)\right|=\left|\dfrac{4}{27}a^3\right|=-\dfrac{4}{27}a^3\ (\because a<0)$
　　　　$=4$
$a^3=-27$　　$\therefore a=-3$
따라서 $f(x)=x^2(x-3)$, $f'(x)=x(3x-6)=3x(x-2)$이므로
$g(x)=f(x)+|f'(x)|=x^2(x-3)+|3x(x-2)|$
$\therefore g(3)=|3\times3\times1|=9$

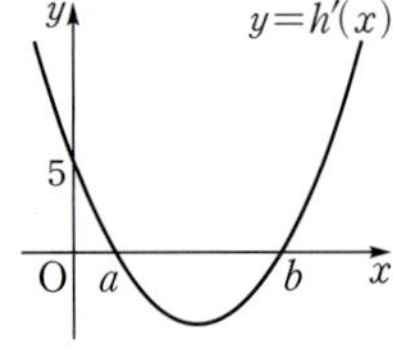

Ⅲ 적분

PART A′

07 부정적분

유형 01 부정적분의 정의

0401
답 −16

$$\int f(x)dx=x^4-2x^3+ax^2+C에서$$

$f(x)=(x^4-2x^3+ax^2+C)'=4x^3-6x^2+2ax$

$f(-1)=4에서 \ -4-6-2a=4$

$\therefore \ a=-7$

따라서 $f(x)=4x^3-6x^2-14x$이므로

$f(1)=4-6-14=-16$

0402
답 17

$f(x)=F'(x)=(2x^3+ax^2+bx)'=6x^2+2ax+b$

$f'(x)=12x+2a$

$f(1)=4에서 \ 6+2a+b=4$

$\therefore \ 2a+b=-2 \quad \cdots\cdots \ \bigcirc$

$f'(0)=2에서 \ 2a=2$

$\therefore \ a=1$

$a=1$을 $\bigcirc$에 대입하면 $b=-4$

$\therefore \ a^2+b^2=1+16=17$

0403
답 ②

$$\int F(x)dx=f(x)g(x)에서$$

$F(x)=\{f(x)g(x)\}'$

$\quad\ =f'(x)g(x)+f(x)g'(x)$

$\quad\ =4x(x^3-2x+2)+(2x^2+1)(3x^2-2)$

$\quad\ =10x^4-9x^2+8x-2$

$\therefore \ F(1)=10-9+8-2=7$

> **Bible Says** 곱의 미분법
>
> 미분가능한 함수 $f(x), g(x)$에 대하여
> $$\{f(x)g(x)\}'=f'(x)g(x)+f(x)g'(x)$$

유형 02 부정적분과 미분의 관계

0404
답 12

$$F(x)=\int\left[\frac{d}{dx}\{(x+1)f(x)\}\right]dx$$

$\quad\quad =(x+1)f(x)+C$

$\quad\quad =(x+1)(x^3-3x)+C \ (C는 \ 적분상수)$

$F(1)=2에서 \ -4+C=2$

$\therefore \ C=6$

따라서 $F(x)=(x+1)(x^3-3x)+6$이므로

$F(2)=3\times2+6=12$

0405
답 ③

$$\frac{d}{dx}\int(x-2)f(x)dx=(x-2)f(x)이므로$$

$(x-2)f(x)=x^3-x^2+a \quad \cdots\cdots \ \bigcirc$

$\bigcirc$의 양변에 $x=2$를 대입하면

$0=8-4+a \quad \therefore \ a=-4$

$a=-4$를 $\bigcirc$에 대입하면

$(x-2)f(x)=x^3-x^2-4$

위의 식의 양변에 $x=3$을 대입하면

$f(3)=27-9-4=14$

0406
답 34

$$\frac{d}{dx}\int xf(x)dx=xf(x)이므로$$

$g(x)=x(x^2+x)=x^3+x^2$

$$\int\left[\frac{d}{dx}\{(x-1)f(x)\}\right]dx=(x-1)f(x)+C \ (C는 \ 적분상수)$$

이므로

$h(x)=(x-1)(x^2+x)+C$

$h(2)=4에서 \ 6+C=4$

$\therefore \ C=-2$

따라서 $h(x)=(x-1)(x^2+x)-2$이므로

$g(2)+h(3)=12+22=34$

0407
답 7

$$\int\left\{\frac{d}{dx}(2x^2-4x)\right\}dx=2x^2-4x+C \ (C는 \ 적분상수)이므로$$

$f(x)=2x^2-4x+C=2(x-1)^2+C-2$

이때 함수 $f(x)$의 최솟값이 5이므로

$C-2=5 \quad \therefore \ C=7$

따라서 $f(x)=2x^2-4x+7$이므로

$f(2)=8-8+7=7$

0408

답 23

조건 ㈎에서 $f(x)+g(x)=\dfrac{d}{dx}\displaystyle\int(2x^3+3x+2)dx$이므로

$f(x)+g(x)=2x^3+3x+2$ $\quad\cdots\cdots$ ㉠

조건 ㈏에서 $\dfrac{d}{dx}\displaystyle\int\{f(x)-2g(x)\}dx=2x^3-4$이므로

$f(x)-2g(x)=2x^3-4$ $\quad\cdots\cdots$ ㉡

㉠, ㉡을 연립하여 풀면

$f(x)=2x^3+2x,\ g(x)=x+2$

$\therefore f(2)+g(1)=20+3=23$

0409

답 ③

ㄱ. $\displaystyle\int f(x)dx=\int g(x)dx$의 양변을 x에 대하여 미분하면

$\dfrac{d}{dx}\displaystyle\int f(x)dx=\dfrac{d}{dx}\int g(x)dx$에서 $f(x)=g(x)$ (참)

ㄴ. $\displaystyle\int\left\{\dfrac{d}{dx}f(x)\right\}dx=f(x)+C$ (C는 적분상수),

$\dfrac{d}{dx}\displaystyle\int f(x)dx=f(x)$이므로

$\displaystyle\int\left\{\dfrac{d}{dx}f(x)\right\}dx\neq\dfrac{d}{dx}\int f(x)dx$ (거짓)

ㄷ. $\dfrac{d}{dx}\displaystyle\int f(x)dx=f(x)$,

$\displaystyle\int\left\{\dfrac{d}{dx}g(x)\right\}dx=g(x)+C$ (C는 적분상수)이므로

$f(x)=g(x)+C$

위의 식의 양변을 x에 대하여 미분하면

$f'(x)=g'(x)$ (참)

따라서 옳은 것은 ㄱ, ㄷ이다.

참고

$$\dfrac{d}{dx}\int f(x)\,dx\neq\int\left\{\dfrac{d}{dx}f(x)\right\}dx$$

유형 03 **부정적분의 계산**

0410

답 101

$f(x)=\displaystyle\int(100x^{99}-99x^{98}+98x^{97}-\cdots+2x-1)\,dx$

$\quad=100\displaystyle\int x^{99}dx-99\int x^{98}dx+98\int x^{97}dx-\cdots$

$\qquad\qquad\qquad\qquad\qquad +2\displaystyle\int x\,dx-\int 1\,dx$

$\quad=x^{100}-x^{99}+x^{98}-\cdots+x^2-x+C$ (C는 적분상수)

$f(0)=1$에서 $C=1$

따라서 $f(x)=x^{100}-x^{99}+x^{98}-\cdots+x^2-x+1$이므로

$f(-1)=(-1)^{100}-(-1)^{99}+(-1)^{98}-\cdots+(-1)^2-(-1)+1$

$\qquad\ \ =2\times50+1=101$

0411

답 18

$f(x)=\displaystyle\int\left(\sqrt{x}+\dfrac{2}{\sqrt{x}}\right)^2dx-\int\left(\sqrt{x}-\dfrac{2}{\sqrt{x}}\right)^2dx$

$\quad=\displaystyle\int\left\{\left(\sqrt{x}+\dfrac{2}{\sqrt{x}}\right)^2-\left(\sqrt{x}-\dfrac{2}{\sqrt{x}}\right)^2\right\}dx$

$\quad=\displaystyle\int 8\,dx=8x+C$ (C는 적분상수)

$f(1)=10$에서 $8+C=10$

$\therefore C=2$

따라서 $f(x)=8x+2$이므로

$f(2)=16+2=18$

0412

답 -12

$f(x)=\displaystyle\int(-6x+6)\,dx$

$\quad=-3x^2+6x+C$

$\quad=-3(x-1)^2+C+3$ (C는 적분상수)

함수 $f(x)$가 $x=1$에서 최댓값 $C+3$을 가지므로 모든 실수 x에 대하여 $f(x)\leq0$이려면

$C+3\leq0 \quad\therefore C\leq-3$

$f(-1)=-9+C\leq-12$

따라서 $f(-1)$의 최댓값은 -12이다.

참고

함수 $f(x)=-3x^2+6x+C$ (C는 적분상수)에 대하여

이차방정식 $-3x^2+6x+C=0$의 판별식을 D라 하면

$\dfrac{D}{4}=3^2-(-3)\times C=9+3C$

이때 모든 실수 x에 대하여 $f(x)\leq0$이므로 $\dfrac{D}{4}\leq0$이어야 한다.

$9+3C\leq0 \quad\therefore C\leq-3$

유형 04 **도함수가 주어졌을 때 함수 구하기**

0413

답 ④

$f(x)=\displaystyle\int f'(x)dx=\int(-3x^2-kx+5)\,dx$

$\quad=-x^3-\dfrac{k}{2}x^2+5x+C$ (C는 적분상수)

$f(0)=5$에서 $C=5$ $\quad\cdots\cdots$ ㉠

$f(2)=5$에서 $-8-2k+10+C=5$ $\quad\cdots\cdots$ ㉡

㉠을 ㉡에 대입하면 $k=1$

0414

답 ②

$f(x)=\displaystyle\int f'(x)dx=\int\dfrac{x^4-a^2}{x^2+a}dx$

$\quad=\displaystyle\int\dfrac{(x^2+a)(x^2-a)}{x^2+a}dx=\int(x^2-a)dx$

$\quad=\dfrac{1}{3}x^3-ax+C$ (C는 적분상수)

$f(1)=-\dfrac{2}{3}$에서 $\dfrac{1}{3}-a+C=-\dfrac{2}{3}$

$\therefore a-C=1$　……㉠

$f(3)=4$에서 $9-3a+C=4$

$\therefore 3a-C=5$　……㉡

㉠, ㉡을 연립하여 풀면 $a=2$, $C=1$

따라서 $f(x)=\dfrac{1}{3}x^3-2x+1$이므로

$f(2)=\dfrac{8}{3}-4+1=-\dfrac{1}{3}$

0415　답 11

$f'(x)=6x(x-2)=6x^2-12x$이므로

$f(x)=\displaystyle\int f'(x)dx=\int (6x^2-12x)dx$

$\qquad =2x^3-6x^2+C_1$ (C_1은 적분상수) .

$f(0)=2$에서 $C_1=2$

$\therefore f(x)=2x^3-6x^2+2$

$\therefore F(x)=\displaystyle\int f(x)dx=\int (2x^3-6x^2+2)dx$

$\qquad =\dfrac{1}{2}x^4-2x^3+2x+C_2$ (C_2는 적분상수)

$F(2)=-1$에서 $8-16+4+C_2=-1$

$\therefore C_2=3$

$\therefore F(x)=\dfrac{1}{2}x^4-2x^3+2x+3$

따라서 $F(x)$를 $x-4$로 나누었을 때의 나머지는

$F(4)=128-128+8+3=11$

◀)) Bible Says　나머지정리

다항식 $f(x)$를 일차식 $x-a$로 나누었을 때의 나머지는 $f(a)$이다.

0416　답 10

$\dfrac{d}{dx}\{f(x)-g(x)\}=-3$에서

$\displaystyle\int\left[\dfrac{d}{dx}\{f(x)-g(x)\}\right]dx=\int (-3)dx$

$\therefore f(x)-g(x)=-3x+C_1$ (C_1은 적분상수)

$\dfrac{d}{dx}\{f(x)g(x)\}=8x-7$에서

$\displaystyle\int\left[\dfrac{d}{dx}\{f(x)g(x)\}\right]dx=\int (8x-7)dx$

$\therefore f(x)g(x)=4x^2-7x+C_2$ (C_2는 적분상수)

이때 $f(1)=-1$, $g(1)=5$에서

$f(1)-g(1)=-6$이므로 $-3+C_1=-6$

$\therefore C_1=-3$

$f(1)g(1)=-5$이므로 $-3+C_2=-5$

$\therefore C_2=-2$

$\therefore f(x)-g(x)=-3x-3,$

$\quad\ f(x)g(x)=4x^2-7x-2=(x-2)(4x+1)$

$\therefore \begin{cases} f(x)=x-2 \\ g(x)=4x+1 \end{cases}$ 또는 $\begin{cases} f(x)=4x+1 \\ g(x)=x-2 \end{cases}$

그런데 $f(1)=-1$, $g(1)=5$이므로

$f(x)=x-2$, $g(x)=4x+1$

$\therefore f(3)+g(2)=1+9=10$

두 함수 $f(x)$, $g(x)$가 일차함수가 아닌 다항함수로 주어진 경우에도 조건을 만족시키는 두 함수 $f(x)$, $g(x)$는 각각 $f(x)=x-2$, $g(x)=4x+1$이고 $f(1)=-1$, $g(1)=5$가 성립한다.

유형 05　부정적분과 접선의 기울기

0417　답 ③

$f'(x)=3x^2-2ax-1$이므로

$f(x)=\displaystyle\int f'(x)dx=\int (3x^2-2ax-1)dx$

$\qquad =x^3-ax^2-x+C$ (C는 적분상수)

곡선 $y=f(x)$가 두 점 $(1, 3)$, $(2, 3)$을 지나므로

$f(1)=3$에서 $1-a-1+C=3$

$\therefore a-C=-3$　……㉠

$f(2)=3$에서 $8-4a-2+C=3$

$\therefore 4a-C=3$　……㉡

㉠, ㉡을 연립하여 풀면 $a=2$, $C=5$

따라서 $f(x)=x^3-2x^2-x+5$이므로

$f(-1)=-1-2+1+5=3$

0418　답 17

$f'(x)=2x-6$이므로

$f(x)=\displaystyle\int f'(x)dx=\int (2x-6)dx$

$\qquad =x^2-6x+C$ (C는 적분상수)

$f(2)=5$에서 $4-12+C=5$

$\therefore C=13$

$\therefore f(x)=x^2-6x+13=(x-3)^2+4$

따라서 구간 $[0, 5]$에서 함수 $f(x)$는 $x=0$일 때 최댓값, $x=3$일 때 최솟값을 가지므로 구하는 최댓값과 최솟값의 합은

$f(0)+f(3)=13+4=17$

◀)) Bible Says　제한된 범위에서 이차함수의 최대·최소

$m\leq x\leq n$에서 이차함수 $f(x)=a(x-p)^2+q$는

(1) $m\leq p\leq n$일 때

　$f(m)$, $f(n)$, q 중 가장 큰 값이 최댓값, 가장 작은 값이 최솟값이다.

(2) $p<m$ 또는 $p>n$일 때

　$f(m)$, $f(n)$ 중 큰 값이 최댓값, 작은 값이 최솟값이다.

0419

답 5

$f'(x)=6x+a$이므로

$$f(x)=\int f'(x)dx=\int (6x+a)dx$$
$$=3x^2+ax+C\ (C는\ 적분상수)$$

곡선 $y=f(x)$가 점 $(0,\,2)$를 지나므로

$f(0)=2$에서 $C=2$

$\therefore f(x)=3x^2+ax+2$

방정식 $f(x)=0$이 서로 다른 두 실근을 가지려면 이차방정식 $3x^2+ax+2=0$의 판별식을 D라 할 때 $D>0$이어야 하므로

$D=a^2-4\times3\times2=a^2-24>0$

$(a+2\sqrt{6})(a-2\sqrt{6})>0$

$\therefore a<-2\sqrt{6}$ 또는 $a>2\sqrt{6}$

따라서 구하는 자연수 a의 최솟값은 5이다.

> **Bible Says**　**이차방정식의 근의 판별**
>
> 이차방정식 $ax^2+bx+c=0$의 판별식 $D=b^2-4ac$에 대하여
> (1) $D>0$이면 서로 다른 두 실근을 갖는다.
> (2) $D=0$이면 중근(서로 같은 두 실근)을 갖는다.
> (3) $D<0$이면 서로 다른 두 허근을 갖는다.

유형 06　함수와 그 부정적분 사이의 관계식이 주어졌을 때 함수 구하기

0420

답 27

$F(x)=xf(x)-3x^4+2x^3$의 양변을 x에 대하여 미분하면

$f(x)=f(x)+xf'(x)-12x^3+6x^2$

$xf'(x)=12x^3-6x^2$

$\therefore f'(x)=12x^2-6x$

$$\therefore f(x)=\int f'(x)dx=\int (12x^2-6x)dx$$
$$=4x^3-3x^2+C\ (C는\ 적분상수)$$

$f(-1)=0$에서 $-4-3+C=0$

$\therefore C=7$

따라서 $f(x)=4x^3-3x^2+7$이므로

$f(2)=32-12+7=27$

> **Bible Says**　**곱의 미분법**
>
> 미분가능한 함수 $f(x),\,g(x)$에 대하여
> $$\{f(x)g(x)\}'=f'(x)g(x)+f(x)g'(x)$$

0421

답 18

$(x-1)f(x)=\int f(x)dx-2x^3-3x^2+12x$의 양변을 x에 대하여 미분하면

$f(x)+(x-1)f'(x)=f(x)-6x^2-6x+12$

$(x-1)f'(x)=-6x^2-6x+12=-6(x+2)(x-1)$

$\therefore f'(x)=-6x-12$

$$\therefore f(x)=\int f'(x)dx=\int (-6x-12)dx$$
$$=-3x^2-12x+C\ (C는\ 적분상수)$$

방정식 $f(x)=0$, 즉 $-3x^2-12x+C=0$의 모든 근의 곱이 -2이므로 이차방정식의 근과 계수의 관계에 의하여

$$-\frac{C}{3}=-2\quad\therefore C=6$$

따라서 $f(x)=-3x^2-12x+6$이므로

$f(-2)=-12+24+6=18$

0422

답 45

$2\int f(x)dx=(x+2)f(x)-7x-4$의 양변을 x에 대하여 미분하면

$2f(x)=f(x)+(x+2)f'(x)-7$

$\therefore f(x)=(x+2)f'(x)-7$　　$\cdots\cdots$ ㉠

$f(x)$가 일차함수이므로 $f(x)=ax+b$ ($a,\,b$는 상수, $a\neq0$)라 하면 $f'(x)=a$

$f(x)=ax+b$, $f'(x)=a$를 ㉠에 대입하면

$ax+b=a(x+2)-7$

$ax+b=ax+2a-7$

$\therefore b=2a-7$　　$\cdots\cdots$ ㉡

또한 $f(-1)=6$이므로

$-a+b=6$　　$\cdots\cdots$ ㉢

㉡, ㉢을 연립하여 풀면 $a=13$, $b=19$

따라서 $f(x)=13x+19$이므로

$f(2)=26+19=45$

0423

답 ②

$f(x)+\int xf(x)dx=\frac{1}{4}x^4-2x^3+2x^2-6x$의 양변을 x에 대하여 미분하면

$f'(x)+xf(x)=x^3-6x^2+4x-6$　　$\cdots\cdots$ ㉠

$f(x)$를 n차식이라 하면 $xf(x)$는 $(n+1)$차식이므로 ㉠에서

$n+1=3\quad\therefore n=2$

$f(x)=ax^2+bx+c$ ($a,\,b,\,c$는 상수, $a\neq0$)라 하면

$f'(x)=2ax+b$

$f(x)=ax^2+bx+c$, $f'(x)=2ax+b$를 ㉠에 대입하면

$2ax+b+x(ax^2+bx+c)=x^3-6x^2+4x-6$

$\therefore ax^3+bx^2+(2a+c)x+b=x^3-6x^2+4x-6$

위의 등식이 모든 실수 x에 대하여 성립하므로

$a=1,\,b=-6,\,2a+c=4$

$\therefore a=1,\,b=-6,\,c=2$

따라서 $f(x)=x^2-6x+2$이므로

$f(3)=9-18+2=-7$

> **Bible Says**　**항등식의 성질**
>
> (1) $ax^2+bx+c=0$이 x에 대한 항등식이면
> $$a=0,\,b=0,\,c=0$$
> (2) $ax^2+bx+c=a'x^2+b'x+c'$이 x에 대한 항등식이면
> $$a=a',\,b=b',\,c=c'$$

0424

답 12

$f'(x)=\begin{cases} 2x-4 & (x<1) \\ 6x^2+3 & (x>1) \end{cases}$ 에서

$f(x)=\begin{cases} x^2-4x+C_1 & (x<1) \\ 2x^3+3x+C_2 & (x>1) \end{cases}$ (C_1, C_2는 적분상수)

$f(-2)=10$에서 $4+8+C_1=10$

$\therefore C_1=-2$

함수 $f(x)$는 실수 전체의 집합에서 연속이므로 $x=1$에서 연속이다.

즉, $\lim\limits_{x\to 1-}f(x)=\lim\limits_{x\to 1+}f(x)$이어야 하므로

$-3+C_1=5+C_2$, $-5=5+C_2$

$\therefore C_2=-10$

따라서 $f(x)=\begin{cases} x^2-4x-2 & (x<1) \\ 2x^3+3x-10 & (x\geq 1) \end{cases}$ 이므로

$f(2)=16+6-10=12$

Bible Says 함수의 연속

함수 $f(x)$가 실수 a에 대하여 다음 조건을 모두 만족시킬 때, 함수 $f(x)$는 $x=a$에서 연속이다.
(1) 함숫값 $f(a)$가 존재한다.
(2) 극한값 $\lim\limits_{x\to a}f(x)$가 존재한다.
(3) $\lim\limits_{x\to a}f(x)=f(a)$

0425

답 9

$f'(x)=\begin{cases} 2x-2 & (x<-2) \\ 4x+2 & (x\geq -2) \end{cases}$ 이므로

$f(x)=\begin{cases} x^2-2x+C_1 & (x<-2) \\ 2x^2+2x+C_2 & (x\geq -2) \end{cases}$ (C_1, C_2는 적분상수)

$f(1)=3$에서 $4+C_2=3$

$\therefore C_2=-1$

함수 $f(x)$는 실수 전체의 집합에서 연속이므로 $x=-2$에서 연속이다.

즉, $\lim\limits_{x\to -2-}f(x)=f(-2)$이어야 하므로

$\lim\limits_{x\to -2-}(x^2-2x+C_1)=8-4+C_2$

$8+C_1=3$ $\therefore C_1=-5$

따라서 $f(x)=\begin{cases} x^2-2x-5 & (x<-2) \\ 2x^2+2x-1 & (x\geq -2) \end{cases}$ 이므로

$f(-3)+f(-1)=10+(-1)=9$

0426

답 ①

$f'(x)=\begin{cases} -2 & (x<-1) \\ -2x & (-1<x<1) \\ 2 & (x>1) \end{cases}$ 이므로

$f(x)=\begin{cases} -2x+C_1 & (x<-1) \\ -x^2+C_2 & (-1<x<1) \\ 2x+C_3 & (x>1) \end{cases}$ (C_1, C_2, C_3은 적분상수)

함수 $y=f(x)$의 그래프가 원점을 지나므로

$f(0)=0$에서 $C_2=0$

함수 $f(x)$가 연속함수이므로 $x=-1$, $x=1$에서 연속이다.

즉, $\lim\limits_{x\to -1-}f(x)=\lim\limits_{x\to -1+}f(x)$, $\lim\limits_{x\to 1-}f(x)=\lim\limits_{x\to 1+}f(x)$이어야 하므로

$\lim\limits_{x\to -1-}(-2x+C_1)=\lim\limits_{x\to -1+}(-x^2+C_2)$에서

$2+C_1=-1+C_2$, $2+C_1=-1$

$\therefore C_1=-3$

$\lim\limits_{x\to 1-}(-x^2+C_2)=\lim\limits_{x\to 1+}(2x+C_3)$에서

$-1+C_2=2+C_3$, $-1=2+C_3$

$\therefore C_3=-3$

따라서 $f(x)=\begin{cases} -2x-3 & (x<-1) \\ -x^2 & (-1\leq x<1) \\ 2x-3 & (x\geq 1) \end{cases}$ 이므로 함수 $y=f(x)$의

그래프로 알맞은 것은 ①이다.

0427

답 ④

$\lim\limits_{x\to 2}\dfrac{F(x)-F(2)}{x^2-4}=\lim\limits_{x\to 2}\left\{\dfrac{F(x)-F(2)}{x-2}\times\dfrac{1}{x+2}\right\}$

$\qquad =\dfrac{1}{4}F'(2)=\dfrac{1}{4}f(2)$

$\qquad =\dfrac{1}{4}\times(16-4-4)=2$

0428

답 -1

$f(x)=\dfrac{d}{dx}\displaystyle\int(2x^2+ax+3)dx=2x^2+ax+3$이므로

$f'(x)=4x+a$

한편, $\lim\limits_{h\to 0}\dfrac{f(1+2h)-f(1)}{h}=6$이므로

$\lim\limits_{h\to 0}\dfrac{f(1+2h)-f(1)}{h}=\lim\limits_{h\to 0}\dfrac{f(1+2h)-f(1)}{2h}\times 2$

$\qquad =2f'(1)=2(4+a)=6$

$4+a=3$ $\therefore a=-1$

0429

답 8

$\lim\limits_{h\to 0}\dfrac{f(x+h)-f(x-2h)}{h}$

$=\lim\limits_{h\to 0}\dfrac{\{f(x+h)-f(x)\}-\{f(x-2h)-f(x)\}}{h}$

$=\lim\limits_{h\to 0}\dfrac{f(x+h)-f(x)}{h}+\lim\limits_{h\to 0}\dfrac{f(x-2h)-f(x)}{-2h}\times 2$

$=f'(x)+2f'(x)=3f'(x)$

즉, $3f'(x)=9x^2-18x+12$이므로

$f'(x)=3x^2-6x+4$

$f(x)=\displaystyle\int f'(x)dx=\int(3x^2-6x+4)dx$

$\qquad =x^3-3x^2+4x+C$ (C는 적분상수)

$f(-1)=-2$에서 $-1-3-4+C=-2$
$$\therefore C=6$$
따라서 $f(x)=x^3-3x^2+4x+6$이므로
$$f(1)=1-3+4+6=8$$

0430
답 17

$f(x+y)=f(x)+f(y)-2$의 양변에 $x=0$, $y=0$을 대입하면
$$f(0)=f(0)+f(0)-2$$
$$\therefore f(0)=2$$
한편, $f'(0)=3$이므로
$$\begin{aligned}
f'(x)&=\lim_{h\to 0}\frac{f(x+h)-f(x)}{h}\\
&=\lim_{h\to 0}\frac{f(x)+f(h)-2-f(x)}{h}\\
&=\lim_{h\to 0}\frac{f(h)-2}{h}\\
&=\lim_{h\to 0}\frac{f(h)-f(0)}{h}\\
&=f'(0)=3
\end{aligned}$$
$$\therefore f(x)=\int f'(x)dx=\int 3dx=3x+C \ (C\text{는 적분상수})$$
$f(0)=2$에서 $C=2$
따라서 $f(x)=3x+2$이므로 $f(5)=15+2=17$

0431
답 10

$f(x+y)=f(x)+f(y)+4xy$의 양변에 $x=0$, $y=0$을 대입하면
$$f(0)=f(0)+f(0)+0$$
$$\therefore f(0)=0$$
한편, $f'(2)=9$이므로
$$\begin{aligned}
f'(2)&=\lim_{h\to 0}\frac{f(2+h)-f(2)}{h}\\
&=\lim_{h\to 0}\frac{f(2)+f(h)+8h-f(2)}{h}\\
&=\lim_{h\to 0}\frac{f(h)}{h}+8=9
\end{aligned}$$
즉, $\lim_{h\to 0}\dfrac{f(h)}{h}=1$이므로
$$\begin{aligned}
f'(x)&=\lim_{h\to 0}\frac{f(x+h)-f(x)}{h}\\
&=\lim_{h\to 0}\frac{f(x)+f(h)+4xh-f(x)}{h}\\
&=\lim_{h\to 0}\frac{f(h)}{h}+4x\\
&=4x+1
\end{aligned}$$
$$\therefore f(x)=\int f'(x)dx=\int (4x+1)dx=2x^2+x+C$$
$$(C\text{는 적분상수})$$
$f(0)=0$에서 $C=0$
따라서 $f(x)=2x^2+x$이므로
$$f(2)=8+2=10$$

0432
답 21

$f(x+y)=f(x)+f(y)+2xy(x+y)$의 양변에 $x=0$, $y=0$을 대입하면
$$f(0)=f(0)+f(0)+0$$
$$\therefore f(0)=0$$
한편, $f'(1)=3$이므로
$$\begin{aligned}
f'(1)&=\lim_{h\to 0}\frac{f(1+h)-f(1)}{h}\\
&=\lim_{h\to 0}\frac{f(1)+f(h)+2h(1+h)-f(1)}{h}\\
&=\lim_{h\to 0}\frac{f(h)+2h(1+h)}{h}\\
&=\lim_{h\to 0}\frac{f(h)}{h}+2=3
\end{aligned}$$
즉, $\lim_{h\to 0}\dfrac{f(h)}{h}=1$이므로
$$\begin{aligned}
f'(x)&=\lim_{h\to 0}\frac{f(x+h)-f(x)}{h}\\
&=\lim_{h\to 0}\frac{f(x)+f(h)+2xh(x+h)-f(x)}{h}\\
&=\lim_{h\to 0}\frac{f(h)+2xh(x+h)}{h}\\
&=\lim_{h\to 0}\frac{f(h)}{h}+2x^2\\
&=2x^2+1
\end{aligned}$$
$$\begin{aligned}
\therefore f(x)&=\int f'(x)dx=\int (2x^2+1)dx\\
&=\frac{2}{3}x^3+x+C \ (C\text{는 적분상수})
\end{aligned}$$
$f(0)=0$에서 $C=0$
따라서 $f(x)=\dfrac{2}{3}x^3+x$이므로
$$f(3)=18+3=21$$

0433
답 ②

곡선 $y=f(x)$ 위의 점 (x, y)에서의 접선의 기울기가
$6x^2+6x-12$이므로
$$f'(x)=6x^2+6x-12=6(x+2)(x-1)$$
$$\begin{aligned}
f(x)&=\int f'(x)dx\\
&=\int (6x^2+6x-12)dx\\
&=2x^3+3x^2-12x+C \ (C\text{는 적분상수})
\end{aligned}$$
$f'(x)=0$에서 $x=-2$ 또는 $x=1$
함수 $f(x)$의 증가와 감소를 표로 나타내면 다음과 같다.

x	$\cdots$	-2	$\cdots$	1	$\cdots$
$f'(x)$	$+$	0	$-$	0	$+$
$f(x)$	↗	극대	↘	극소	↗

함수 $f(x)$의 극댓값이 10이므로
$f(-2)=10$에서 $-16+12+24+C=10$
$$\therefore C=-10$$

따라서 $f(x)=2x^3+3x^2-12x-10$이므로 $f(x)$의 극솟값은
$f(1)=2+3-12-10=-17$

0434

$\int \{f(x)-6x\}dx=-\dfrac{1}{4}x^4+3x^2+C$의 양변을 x에 대하여 미분
하면
$f(x)-6x=-x^3+6x$
$\therefore f(x)=-x^3+12x$
$f'(x)=-3x^2+12=-3(x+2)(x-2)$
$f'(x)=0$에서 $x=-2$ 또는 $x=2$
함수 $f(x)$의 증가와 감소를 표로 나타내면 다음과 같다.

x	$\cdots$	-2	$\cdots$	2	$\cdots$
$f'(x)$	$-$	0	$+$	0	$-$
$f(x)$	$\searrow$	극소	$\nearrow$	극대	$\searrow$

따라서 함수 $f(x)$는 $x=2$에서 극대, $x=-2$에서 극소이므로 구하는 극댓값과 극솟값의 차는
$f(2)-f(-2)=16-(-16)=32$

0435

$f(x)$가 최고차항의 계수가 1인 삼차함수이므로 도함수 $f'(x)$는
최고차항의 계수가 3인 이차함수이다.
이때 $f'(-4)=f'(2)=0$이므로
$f'(x)=3(x+4)(x-2)=3x^2+6x-24$
$$f(x)=\int f'(x)dx$$
$$=\int (3x^2+6x-24)dx$$
$$=x^3+3x^2-24x+C \ (C는 \ 적분상수)$$
$f'(x)=0$에서 $x=-4$ 또는 $x=2$
함수 $f(x)$의 증가와 감소를 표로 나타내면 다음과 같다.

x	$\cdots$	-4	$\cdots$	2	$\cdots$
$f'(x)$	$+$	0	$-$	0	$+$
$f(x)$	$\nearrow$	극대	$\searrow$	극소	$\nearrow$

함수 $f(x)$의 극솟값이 -20이므로
$f(2)=-20$에서 $8+12-48+C=-20$
$\therefore C=8$
따라서 $f(x)=x^3+3x^2-24x+8$이므로 $f(x)$의 극댓값은
$f(-4)=-64+48+96+8=88$

0436

사차함수 $f(x)$의 최고차항의 계수를 a라 하면 도함수 $f'(x)$는 최고차항의 계수가 $4a$인 삼차함수이다.
주어진 그래프에 의하여 $f'(-\sqrt{2})=f'(0)=f'(\sqrt{2})=0$이므로
$f'(x)=4ax(x+\sqrt{2})(x-\sqrt{2})=4ax^3-8ax \ (a<0)$

$$f(x)=\int f'(x)dx$$
$$=\int (4ax^3-8ax)dx$$
$$=ax^4-4ax^2+C \ (C는 \ 적분상수)$$
$f'(x)=0$에서 $x=-\sqrt{2}$ 또는 $x=0$ 또는 $x=\sqrt{2}$
함수 $f(x)$의 증가와 감소를 표로 나타내면 다음과 같다.

x	$\cdots$	$-\sqrt{2}$	$\cdots$	0	$\cdots$	$\sqrt{2}$	$\cdots$
$f'(x)$	$+$	0	$-$	0	$+$	0	$-$
$f(x)$	$\nearrow$	극대	$\searrow$	극소	$\nearrow$	극대	$\searrow$

함수 $f(x)$의 극댓값이 3, 극솟값이 2이므로
$f(0)=2$에서 $C=2$
$f(-\sqrt{2})=f(\sqrt{2})=3$에서 $4a-8a+C=3$
$-4a+2=3$ $\therefore a=-\dfrac{1}{4}$

따라서 $f(x)=-\dfrac{1}{4}x^4+x^2+2$이므로
$f(2)=-4+4+2=2$

0437

$$f(x)=\int f'(x)dx=\int (3x^2+a)dx$$
$$=x^3+ax+C \ (C는 \ 적분상수)$$
곡선 $y=f(x)$ 위의 점 $(1,\ 3)$에서의 접선의 기울기가 4이므로
$f(1)=3$에서 $1+a+C=3$
$\therefore a+C=2$ $\cdots\cdots$ ㉠
$f'(1)=4$에서 $3+a=4$
$\therefore a=1$
$a=1$을 ㉠에 대입하면 $C=1$
따라서 $f(x)=x^3+x+1$이므로
$f(2)=8+2+1=11$

다항함수 $f(x)$의 도함수 $f'(x)$가 $f'(x)=6x^2+4$이다. 함수
$y=f(x)$의 그래프가 점 $(0,\ 6)$을 지날 때, $f(1)$의 값을 구하
시오.

0438

$\dfrac{d}{dx}\int \{f(x)-x^2+4\}dx=\int \dfrac{d}{dx}\{2f(x)-3x+1\}dx$에서
$f(x)-x^2+4=2f(x)-3x+1+C \ (C는 \ 적분상수)$
$\therefore f(x)=-x^2+3x+3-C$
$f(1)=3$에서 $-1+3+3-C=3$
$\therefore C=2$
따라서 $f(x)=-x^2+3x+1$이므로
$f(0)=1$

0439

답 ③

$$f(x)=\int (2x^3-x^2+2)dx-\int (2x^3+x^2)dx$$
$$=\int \{(2x^3-x^2+2)-(2x^3+x^2)\}dx$$
$$=\int (-2x^2+2)dx=-\frac{2}{3}x^3+2x+C\ (C\text{는 적분상수})$$
$$f'(x)=-2x^2+2=-2(x+1)(x-1)$$
$f'(x)=0$에서 $x=-1$ 또는 $x=1$

함수 $f(x)$의 증가와 감소를 표로 나타내면 다음과 같다.

x	$\cdots$	-1	$\cdots$	1	$\cdots$
$f'(x)$	$-$	0	$+$	0	$-$
$f(x)$	$\searrow$	극소	$\nearrow$	극대	$\searrow$

함수 $f(x)$의 모든 극값의 합이 0이므로
$$f(-1)+f(1)=0\text{에서} \left(\frac{2}{3}-2+C\right)+\left(-\frac{2}{3}+2+C\right)=0$$
$$\therefore C=0$$
따라서 $f(x)=-\frac{2}{3}x^3+2x$이므로
$$f(-3)=18-6=12$$

🔊 **Bible Says** **함수의 극대, 극소의 판정**

미분가능한 함수 $f(x)$에 대하여 $f'(a)=0$일 때 $x=a$의 좌우에서
(1) $f'(x)$의 부호가 양에서 음으로 바뀌면 함수 $f(x)$는 $x=a$에서 극대이고, 극댓값은 $f(a)$이다.
(2) $f'(x)$의 부호가 음에서 양으로 바뀌면 함수 $f(x)$는 $x=a$에서 극소이고, 극솟값은 $f(a)$이다.

짝기출

답 ④

함수 $f(x)$가
$$f(x)=\int \left(\frac{1}{2}x^3+2x+1\right)dx-\int \left(\frac{1}{2}x^3+x\right)dx$$
이고 $f(0)=1$일 때, $f(4)$의 값은?

① $\frac{23}{2}$　② 12　③ $\frac{25}{2}$　④ 13　⑤ $\frac{27}{2}$

0440

답 ⑤

삼차함수 $f(x)$의 최고차항의 계수를 a라 하면 $f'(x)$는 최고차항의 계수가 $3a$인 이차함수이다.

주어진 그래프에 의하여 $f'(-2)=f'(2)=0$이므로
$$f'(x)=3a(x+2)(x-2)=3ax^2-12a\ (a<0)$$
$$f(x)=\int f'(x)dx$$
$$=\int (3ax^2-12a)dx$$
$$=ax^3-12ax+C\ (C\text{는 적분상수})$$
$f'(x)=0$에서 $x=-2$ 또는 $x=2$

함수 $f(x)$의 증가와 감소를 표로 나타내면 다음과 같다.

x	$\cdots$	-2	$\cdots$	2	$\cdots$
$f'(x)$	$-$	0	$+$	0	$-$
$f(x)$	$\searrow$	극소	$\nearrow$	극대	$\searrow$

함수 $f(x)$의 극댓값이 32, 극솟값이 0이므로
$f(-2)=0$에서 $-8a+24a+C=0$
$$\therefore 16a+C=0 \quad \cdots\cdots ㉠$$
$f(2)=32$에서 $8a-24a+C=32$
$$\therefore -16a+C=32 \quad \cdots\cdots ㉡$$
㉠, ㉡을 연립하여 풀면 $a=-1$, $C=16$
따라서 $f(x)=-x^3+12x+16$이므로
$$f(4)=-64+48+16=0$$

짝기출

답 ①

사차함수 $f(x)$의 도함수 $y=f'(x)$의 그래프가 그림과 같고, $f'(-\sqrt{2})=f'(0)=f'(\sqrt{2})=0$이다.

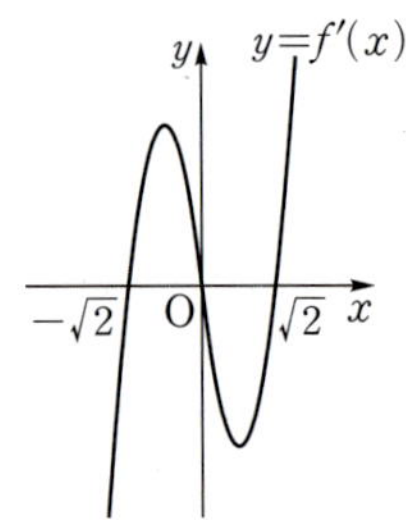

$f(0)=1$, $f(\sqrt{2})=-3$일 때, $f(m)f(m+1)<0$을 만족시키는 모든 정수 m의 값의 합은?

① -2　② -1　③ 0　④ 1　⑤ 2

0441

답 ⑤

$f(x)=\int xg(x)dx$이므로
$$f'(x)=xg(x) \quad \cdots\cdots ㉠$$
$$\frac{d}{dx}\{f(x)-g(x)\}=4x^3+2x\text{에서}$$
$$f'(x)-g'(x)=4x^3+2x \quad \cdots\cdots ㉡$$
㉠을 ㉡에 대입하면
$$xg(x)-g'(x)=4x^3+2x \quad \cdots\cdots ㉢$$
따라서 $xg(x)$는 최고차항의 계수가 4인 삼차함수이므로 $g(x)$는 최고차항의 계수가 4인 이차함수이다.

$g(x)=4x^2+ax+b\ (a, b\text{는 상수})$라 하면
$$g'(x)=8x+a$$
$g(x)=4x^2+ax+b$, $g'(x)=8x+a$를 ㉢에 대입하면
$$x(4x^2+ax+b)-(8x+a)=4x^3+2x$$
$$\therefore 4x^3+ax^2+(b-8)x-a=4x^3+2x$$
위의 등식이 모든 실수 x에 대하여 성립하므로
$$a=0,\ b-8=2 \quad \therefore b=10$$
따라서 $g(x)=4x^2+10$이므로 $g(1)=4+10=14$

🔊 **Bible Says** **항등식의 성질**

(1) $ax^2+bx+c=0$이 x에 대한 항등식이면
$$a=0, b=0, c=0$$
(2) $ax^2+bx+c=a'x^2+b'x+c'$이 x에 대한 항등식이면
$$a=a', b=b', c=c'$$

0442

$f(x)g(x)=2x^3+4x^2+4x+8$ ······ ㉠

$g(x)=\int xf'(x)dx$에서 $f(x)$를 n차식이라 하면 $f'(x)$는

$(n-1)$차식이므로 $xf'(x)$는 n차식이다.

즉, $g(x)$는 $(n+1)$차식이므로 ㉠에서

$n+(n+1)=3$ $\therefore n=1$

$f(x)=ax+b$ $(a, b$는 상수, $a\neq0)$라 하면 $f'(x)=a$

$f'(2)=2$에서 $a=2$

$\therefore g(x)=\int xf'(x)dx=\int 2xdx=x^2+C$ $(C$는 적분상수)

$f(x)=2x+b$, $g(x)=x^2+C$를 ㉠에 대입하면

$(2x+b)(x^2+C)=2x^3+4x^2+4x+8$

$2x^3+bx^2+2Cx+bC=2x^3+4x^2+4x+8$

위의 등식이 모든 실수 x에 대하여 성립하므로

$b=4$, $2C=4$ $\therefore C=2$

따라서 $f(x)=2x+4$이므로 $f(10)=20+4=24$

 답 ②

이차함수 $f(x)$에 대하여 함수 $g(x)$가

$$g(x)=\int \{x^2+f(x)\}dx, \ f(x)g(x)=-2x^4+8x^3$$

을 만족시킬 때, $g(1)$의 값은?

① 1 　　② 2 　　③ 3 　　④ 4 　　⑤ 5

0443

답 9

$F(x)$는 함수 $f(x)$의 한 부정적분이므로

$x<0$일 때

$F(x)=\int f(x)dx=\int (-2x)dx$

$\quad\quad =-x^2+C_1$ $(C_1$은 적분상수)

$x\geq0$일 때

$F(x)=\int f(x)dx=\int k(2x-x^2)dx=\int (-kx^2+2kx)dx$

$\quad\quad =-\dfrac{k}{3}x^3+kx^2+C_2$ $(C_2$는 적분상수)

$\therefore F(x)=\begin{cases} -x^2+C_1 & (x<0) \\ -\dfrac{k}{3}x^3+kx^2+C_2 & (x\geq0) \end{cases}$

이때 함수 $F(x)$가 실수 전체의 집합에서 미분가능하므로 실수 전체의 집합에서 연속이다.

즉, 함수 $F(x)$가 $x=0$에서 연속이므로

$\lim_{x\to0-} F(x)=\lim_{x\to0+} F(x)=F(0)$이어야 한다.

$\therefore C_1=C_2$

따라서 $F(x)=\begin{cases} -x^2+C_1 & (x<0) \\ -\dfrac{k}{3}x^3+kx^2+C_1 & (x\geq0) \end{cases}$이므로

$F(2)-F(-3)=21$에서

$\left(-\dfrac{8}{3}k+4k+C_1\right)-(-9+C_1)=21$

$\dfrac{4}{3}k=12$ $\therefore k=9$

0444

답 -7

주어진 그래프에서 $f'(-2)=f'(2)=0$이므로

$f'(x)=a(x+2)(x-2)=a(x^2-4)$ $(a>0)$

$f'(0)=-4$에서 $-4a=-4$ $\therefore a=1$

$\therefore f'(x)=x^2-4$

$f(x)=\int f'(x)dx=\int (x^2-4)dx$

$\quad\quad =\dfrac{1}{3}x^3-4x+C_1$ $(C_1$은 적분상수)

$f(0)=0$에서 $C_1=0$

$\therefore f(x)=\dfrac{1}{3}x^3-4x$

$g(x)=\int \left[\dfrac{d}{dx}\{xf(x)\}\right]dx=xf(x)+C_2$

$\quad\quad =\dfrac{1}{3}x^4-4x^2+C_2$ $(C_2$는 적분상수)

$g'(x)=\dfrac{4}{3}x^3-8x=\dfrac{4}{3}x(x+\sqrt{6})(x-\sqrt{6})$

$g'(x)=0$에서 $x=-\sqrt{6}$ 또는 $x=0$ 또는 $x=\sqrt{6}$

함수 $g(x)$의 증가와 감소를 표로 나타내면 다음과 같다.

x	$\cdots$	$-\sqrt{6}$	$\cdots$	0	$\cdots$	$\sqrt{6}$	$\cdots$
$g'(x)$	$-$	0	$+$	0	$-$	0	$+$
$g(x)$	$\searrow$	극소	$\nearrow$	극대	$\searrow$	극소	$\nearrow$

함수 $g(x)$의 극댓값이 5이므로

$g(0)=5$에서 $C_2=5$

따라서 $g(x)=\dfrac{1}{3}x^4-4x^2+5$이므로 함수 $g(x)$의 극솟값은

$g(-\sqrt{6})=g(\sqrt{6})=\dfrac{1}{3}\times6^2-4\times6+5=-7$

 답 ⑤

최고차항의 계수가 1인 삼차함수 $f(x)$가 $f(0)=0$, $f(a)=0$, $f'(a)=0$이고 함수 $g(x)$가 다음 두 조건을 만족시킬 때, $g\left(\dfrac{a}{3}\right)$의 값은? (단, a는 양수이다.)

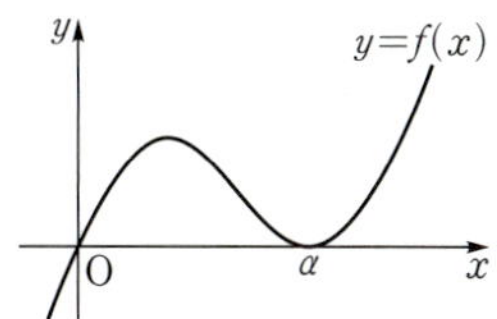

(가) $g'(x)=f(x)+xf'(x)$

(나) $g(x)$의 극댓값이 81이고 극솟값이 0이다.

① 56 　　② 58 　　③ 60 　　④ 62 　　⑤ 64

PART A′ 08 정적분

유형 01 정적분의 정의

0445

답 ④

$$\int_1^2 \left(\frac{2x^2-3}{x+1} - \frac{x^2-2}{x+1} \right) dx = \int_1^2 \frac{x^2-1}{x+1} \, dx$$
$$= \int_1^2 \frac{(x+1)(x-1)}{x+1} \, dx$$
$$= \int_1^2 (x-1) \, dx$$
$$= \left[\frac{1}{2}x^2 - x \right]_1^2$$
$$= 0 - \left(-\frac{1}{2} \right) = \frac{1}{2}$$

0446

답 2

$$\int_0^1 (4x^3 - 3ax^2 + 2x + a^2) \, dx = \left[x^4 - ax^3 + x^2 + a^2x \right]_0^1$$
$$= a^2 - a + 2 = 4$$

따라서 $a^2 - a - 2 = 0$이므로
$(a+1)(a-2) = 0$　　$\therefore a = 2 \ (\because a > 0)$

0447

답 ③

$$\int_{-1}^3 (3x^2 + 2kx - 3) \, dx = \left[x^3 + kx^2 - 3x \right]_{-1}^3$$
$$= (18 + 9k) - (k+2)$$
$$= 8k + 16 > 8$$

$8k > -8$　　$\therefore k > -1$
따라서 구하는 정수 k의 최솟값은 0이다.

0448

답 ①

최고차항의 계수가 1인 삼차함수 $f(x)$에 대하여
$f(-1) = f(0) = f(4) = 3$에서 함수 $f(x) - 3$은 $x+1$, x, $x-4$를
인수로 가지므로
$f(x) - 3 = x(x+1)(x-4)$
$\therefore f(x) = x(x+1)(x-4) + 3$
　　　　$= x^3 - 3x^2 - 4x + 3$
$$\therefore \int_{-2}^0 f(x) \, dx = \int_{-2}^0 (x^3 - 3x^2 - 4x + 3) \, dx$$
$$= \left[\frac{1}{4}x^4 - x^3 - 2x^2 + 3x \right]_{-2}^0$$
$$= 0 - (-2) = 2$$

참고
> 다항함수 $f(x)$에 대하여 $f(\alpha) = f(\beta) = f(\gamma) = k$이면 함수
> $f(x) - k$는 $x - \alpha$, $x - \beta$, $x - \gamma$를 인수로 갖는다.

0449

답 ③

$$\int_{-2}^5 \{ 4f'(x) - 2x \} \, dx = \left[4f(x) - x^2 \right]_{-2}^5$$
$$= 4f(5) - 25 - \{ 4f(-2) - 4 \}$$
$$= -4f(-2) + 3 \ (\because f(5) = 6)$$
$$= 15$$
$-4f(-2) = 12$　　$\therefore f(-2) = -3$

0450

답 10

$f'(x) = 8x - 3$이므로
$$f(x) = \int (8x - 3) \, dx$$
$$= 4x^2 - 3x + C \ (C\text{는 적분상수})$$
이때
$$\int_0^1 xf(x) \, dx = \int_0^1 (4x^3 - 3x^2 + Cx) \, dx$$
$$= \left[x^4 - x^3 + \frac{C}{2}x^2 \right]_0^1$$
$$= \frac{C}{2} = \frac{3}{2}$$
$\therefore C = 3$
따라서 $f(x) = 4x^2 - 3x + 3$이므로
$f(-1) = 4 + 3 + 3 = 10$

Bible Says　**도함수가 주어졌을 때 함수 구하기**
> 함수 $f(x)$의 도함수 $f'(x)$가 주어졌을 때
> $$f(x) = \int f'(x) \, dx$$
> 임을 이용하여 $f(x)$를 적분상수를 포함한 식으로 나타낼 수 있다.

0451

답 12

조건 ㈎의 $\lim\limits_{x \to 0} \dfrac{f(x)}{x} = 2$에서 극한값이 존재하고 $x \to 0$일 때,
(분모) → 0이므로 (분자) → 0이어야 한다.
즉, $\lim\limits_{x \to 0} f(x) = 0$이므로 $f(0) = 0$
$$\lim_{x \to 0} \frac{f(x)}{x} = \lim_{x \to 0} \frac{f(x) - f(0)}{x - 0} = f'(0) = 2$$
$f(x) = ax^2 + bx + c \ (a, b, c\text{는 상수}, a \neq 0)$라 하면
$f'(x) = 2ax + b$
$f(0) = 0$에서 $c = 0$
$f'(0) = 2$에서 $b = 2$
따라서 $f(x) = ax^2 + 2x$이므로 조건 ㈏에서
$$\int_{-1}^2 f(x) \, dx = \int_{-1}^2 (ax^2 + 2x) \, dx$$
$$= \left[\frac{1}{3}ax^3 + x^2 \right]_{-1}^2$$
$$= 3a + 3 = 9$$
$3a = 6$　　$\therefore a = 2$

즉, $f(x)=2x^2+2x$이므로
$f(2)=8+4=12$

다항함수 $f(x)$에 대하여 $\displaystyle\lim_{x\to a}\frac{f(x)-b}{x-a}=c$ (a, b, c는 상수)이면
$f(a)=b, f'(a)=c$이다.

$$\therefore \int_{-1}^{1} f'(x)g(x)\,dx + \int_{-1}^{1} f(x)g'(x)\,dx$$
$$= \int_{-1}^{1} \{f'(x)g(x)+f(x)g'(x)\}\,dx$$
$$= \int_{-1}^{1} \{f(x)g(x)\}'\,dx = \Big[\,f(x)g(x)\,\Big]_{-1}^{1}$$
$$= f(1)g(1)-f(-1)g(-1)$$
$$= 4\times 2 -(-4)\times 2 = 16$$

유형 02 정적분의 계산 – 적분 구간이 같은 경우

0452 답 ⑤

$$\int_0^2 \frac{x^3}{x+2}\,dx - \int_2^0 \frac{8}{t+2}\,dt = \int_0^2 \frac{x^3}{x+2}\,dx - \int_2^0 \frac{8}{x+2}\,dx$$
$$= \int_0^2 \frac{x^3}{x+2}\,dx + \int_0^2 \frac{8}{x+2}\,dx$$
$$= \int_0^2 \frac{x^3+8}{x+2}\,dx$$
$$= \int_0^2 \frac{(x+2)(x^2-2x+4)}{x+2}\,dx$$
$$= \int_0^2 (x^2-2x+4)\,dx$$
$$= \Big[\frac{1}{3}x^3 - x^2 + 4x\Big]_0^2 = \frac{20}{3}$$

0453 답 5

$\displaystyle\int_{-1}^{3} \{f(x)\}^2\,dx = 1$, $\displaystyle\int_{-1}^{3} \{g(x)\}^2\,dx = 25$이므로

$$\int_{-1}^{3} \{f(x)+g(x)\}^2\,dx$$
$$= \int_{-1}^{3} [\{f(x)\}^2 + 2f(x)g(x) + \{g(x)\}^2]\,dx$$
$$= \int_{-1}^{3} \{f(x)\}^2\,dx + 2\int_{-1}^{3} f(x)g(x)\,dx + \int_{-1}^{3} \{g(x)\}^2\,dx$$
$$= 1 + 2\int_{-1}^{3} f(x)g(x)\,dx + 25 = 36$$
$$2\int_{-1}^{3} f(x)g(x)\,dx = 10$$
$$\therefore \int_{-1}^{3} f(x)g(x)\,dx = 5$$

0454 답 16

조건 ㈎에서 곡선 $y=f(x)$가 두 점 $(-1, -4)$, $(1, 4)$를 지나므로
$f(-1)=-4$, $f(1)=4$
조건 ㈏에서 곡선 $y=g(x)$가 두 점 $(-1, 2)$, $(1, 2)$를 지나므로
$g(-1)=2$, $g(1)=2$

유형 03 정적분의 계산 – 피적분함수가 같은 경우

0455 답 3

$$\int_{-2}^{1} f(x)\,dx + 2\int_{1}^{4} f(x)\,dx$$
$$= \int_{-2}^{1} f(x)\,dx + \int_{1}^{4} f(x)\,dx + \int_{1}^{4} f(x)\,dx$$
$$= \int_{-2}^{4} f(x)\,dx + \int_{1}^{4} f(x)\,dx$$
$$= 5 + \int_{1}^{4} f(x)\,dx = 8$$
$$\therefore \int_{1}^{4} f(x)\,dx = 3$$

0456 답 ④

$$\int_1^2 (x+1)^3\,dx - \int_{-2}^2 (x-1)^3\,dx + \int_{-2}^1 (x-1)^3\,dx$$
$$= \int_1^2 (x+1)^3\,dx - \Big\{\int_{-2}^2 (x-1)^3\,dx + \int_1^{-2} (x-1)^3\,dx\Big\}$$
$$= \int_1^2 (x+1)^3\,dx - \int_1^2 (x-1)^3\,dx = \int_1^2 \{(x+1)^3-(x-1)^3\}\,dx$$
$$= \int_1^2 \{(x^3+3x^2+3x+1)-(x^3-3x^2+3x-1)\}\,dx$$
$$= \int_1^2 (6x^2+2)\,dx = \Big[2x^3+2x\Big]_1^2 = 20-4 = 16$$

$$\int_1^2 (x+1)^3\,dx - \int_{-2}^2 (x-1)^3\,dx + \int_{-2}^1 (x-1)^3\,dx$$
$$= \int_1^2 (x+1)^3\,dx - \Big\{\int_1^2 (x-1)^3\,dx + \int_{-2}^1 (x-1)^3\,dx\Big\}$$
$$\qquad\qquad + \int_{-2}^1 (x-1)^3\,dx$$
$$= \int_1^2 (x+1)^3\,dx - \int_1^2 (x-1)^3\,dx - \int_{-2}^1 (x-1)^3\,dx$$
$$\qquad\qquad + \int_{-2}^1 (x-1)^3\,dx$$
$$= \int_1^2 \{(x+1)^3-(x-1)^3\}\,dx$$
$$= \int_1^2 \{(x^3+3x^2+3x+1)-(x^3-3x^2+3x-1)\}\,dx$$
$$= \int_1^2 (6x^2+2)\,dx = \Big[2x^3+2x\Big]_1^2 = 20-4 = 16$$

0457

$$\int_2^3 f(x)\,dx - \int_{-1}^{-2} f(x)\,dx + \int_{-1}^2 f(x)\,dx$$
$$= \int_{-2}^{-1} f(x)\,dx + \int_{-1}^2 f(x)\,dx + \int_2^3 f(x)\,dx$$
$$= \int_{-2}^3 f(x)\,dx = \int_{-2}^3 (4x^3 - 3ax^2 + 2)\,dx$$
$$= \Big[x^4 - ax^3 + 2x \Big]_{-2}^3$$
$$= (87 - 27a) - (8a + 12) = -35a + 75 = 5$$
$$35a = 70 \qquad \therefore a = 2$$

0458

$f(x) = x^2 + ax + b$ (a, b는 상수)라 하면
$$\int_{-2}^1 f(x)\,dx = \int_{-2}^1 (x^2 + ax + b)\,dx$$
$$= \Big[\frac{1}{3}x^3 + \frac{a}{2}x^2 + bx \Big]_{-2}^1$$
$$= \Big(\frac{1}{3} + \frac{a}{2} + b \Big) - \Big(-\frac{8}{3} + 2a - 2b \Big)$$
$$= -\frac{3}{2}a + 3b + 3 = 0$$
$$\therefore a - 2b = 2 \qquad \cdots\cdots \ \text{㉠}$$
$$\int_{-1}^2 f(x)\,dx = \int_{-1}^2 (x^2 + ax + b)\,dx$$
$$= \Big[\frac{1}{3}x^3 + \frac{a}{2}x^2 + bx \Big]_{-1}^2$$
$$= \Big(\frac{8}{3} + 2a + 2b \Big) - \Big(-\frac{1}{3} + \frac{a}{2} - b \Big)$$
$$= \frac{3}{2}a + 3b + 3 = 0$$
$$\therefore a + 2b = -2 \qquad \cdots\cdots \ \text{㉡}$$
㉠, ㉡을 연립하여 풀면 $a = 0$, $b = -1$
따라서 $f(x) = x^2 - 1$이므로
$$f(3) = 9 - 1 = 8$$

0459

$\displaystyle\int_{-1}^4 2f(x)\,dx = 18$에서 $\displaystyle\int_{-1}^4 f(x)\,dx = 9$이므로
$$\int_{-1}^2 f(x)\,dx + \int_2^3 f(x)\,dx + \int_3^4 f(x)\,dx = 9 \text{에서}$$
$$\int_{-1}^2 f(x)\,dx + \int_3^4 f(x)\,dx = 10 \ \Big(\because \int_2^3 f(x)\,dx = -1 \Big) \ \cdots\cdots \ \text{㉠}$$
$$\int_{-1}^2 2f(x)\,dx + \int_3^4 f(x)\,dx = 5 \text{에서}$$
$$2\int_{-1}^2 f(x)\,dx + \int_3^4 f(x)\,dx = 5 \qquad \cdots\cdots \ \text{㉡}$$
㉡ − ㉠을 하면
$$\int_{-1}^2 f(x)\,dx = -5$$
$\displaystyle\int_{-1}^2 f(x)\,dx = -5$를 ㉠에 대입하여 정리하면
$$\int_3^4 f(x)\,dx = 15$$
$$\therefore \int_{-1}^2 f(x)\,dx + \int_3^4 2f(x)\,dx = -5 + 2 \times 15 = 25$$

0460

$$\int_0^2 f(x)\,dx = \int_0^1 f(x)\,dx + \int_1^2 f(x)\,dx$$
$$= \int_0^1 (3x^2 - 2x - 3)\,dx + \int_1^2 (-6x + 4)\,dx$$
$$= \Big[x^3 - x^2 - 3x \Big]_0^1 + \Big[-3x^2 + 4x \Big]_1^2$$
$$= -3 + (-4 - 1) = -8$$

0461

주어진 함수 $y = f(x)$의 그래프에서
(ⅰ) $x < 1$일 때
$$f(x) = -1$$
(ⅱ) $x \geq 1$일 때
함수 $y = f(x)$의 그래프는 두 점 $(1,\ -1)$, $(2,\ 0)$을 지나므로 직선의 방정식은
$$y = \frac{0 - (-1)}{2 - 1}(x - 2) \qquad \therefore f(x) = x - 2$$
(ⅰ), (ⅱ)에서 $f(x) = \begin{cases} -1 & (x < 1) \\ x - 2 & (x \geq 1) \end{cases}$ 이므로
$$\int_{-2}^3 (x - 1)f(x)\,dx$$
$$= \int_{-2}^1 \{(x - 1) \times (-1)\}\,dx + \int_1^3 (x - 1)(x - 2)\,dx$$
$$= \int_{-2}^1 (-x + 1)\,dx + \int_1^3 (x^2 - 3x + 2)\,dx$$
$$= \Big[-\frac{1}{2}x^2 + x \Big]_{-2}^1 + \Big[\frac{1}{3}x^3 - \frac{3}{2}x^2 + 2x \Big]_1^3$$
$$= \Big\{ \frac{1}{2} - (-4) \Big\} + \Big(\frac{3}{2} - \frac{5}{6} \Big) = \frac{31}{6}$$

0462

함수 $f(x)$가 실수 전체의 집합에서 연속이므로 $x = a$에서도 연속이다.
즉, $\displaystyle\lim_{x \to a-} f(x) = \lim_{x \to a+} f(x) = f(a)$이어야 하므로
$$\lim_{x \to a-} f(x) = \lim_{x \to a-} (2x + k) = 2a + k$$
$$\lim_{x \to a+} f(x) = \lim_{x \to a+} 6x = 6a$$
$$f(a) = 6a$$
따라서 $2a + k = 6a$이므로 $k = 4a$
$$\therefore f(x) = \begin{cases} 2x + 4a & (x < a) \\ 6x & (x \geq a) \end{cases}$$
이때 $1 < a < 3$이므로
$$\int_1^3 f(x)\,dx = \int_1^a f(x)\,dx + \int_a^3 f(x)\,dx$$
$$= \int_1^a (2x + 4a)\,dx + \int_a^3 6x\,dx$$
$$= \Big[x^2 + 4ax \Big]_1^a + \Big[3x^2 \Big]_a^3$$
$$= \{5a^2 - (1 + 4a)\} + (27 - 3a^2)$$
$$= 2a^2 - 4a + 26 = 26$$

따라서 $2a^2-4a=0$이므로
$2a(a-2)=0$
$\therefore a=2\ (\because 1<a<3)$

함수 $f(x)$가 실수 a에 대하여 다음 조건을 모두 만족시킬 때, 함수 $f(x)$는 $x=a$에서 연속이다.
(1) 함숫값 $f(a)$가 존재한다.
(2) 극한값 $\lim\limits_{x\to a}f(x)$가 존재한다.
(3) $\lim\limits_{x\to a}f(x)=f(a)$

0463

답 ②

$f'(x)=\begin{cases} -2x+4 & (x<1) \\ 4x-2 & (x\ge 1) \end{cases}$에서

$f(x)=\begin{cases} -x^2+4x+C_1 & (x<1) \\ 2x^2-2x+C_2 & (x\ge 1) \end{cases}$ (C_1, C_2는 적분상수)

$f(2)=3$에서 $8-4+C_2=3$
$\therefore C_2=-1$

한편, 함수 $f(x)$가 실수 전체의 집합에서 미분가능하므로 함수 $f(x)$는 실수 전체의 집합에서 연속이다.
즉, 함수 $f(x)$는 $x=1$에서 연속이므로
$\lim\limits_{x\to 1-}f(x)=\lim\limits_{x\to 1+}f(x)=f(1)$이어야 한다.
$\lim\limits_{x\to 1-}f(x)=\lim\limits_{x\to 1-}(-x^2+4x+C_1)=3+C_1$
$\lim\limits_{x\to 1+}f(x)=\lim\limits_{x\to 1+}(2x^2-2x+C_2)=C_2=-1$
$f(1)=C_2=-1$
따라서 $3+C_1=-1$이므로 $C_1=-4$
$\therefore f(x)=\begin{cases} -x^2+4x-4 & (x<1) \\ 2x^2-2x-1 & (x\ge 1) \end{cases}$

$\therefore \displaystyle\int_0^2 f(x)\,dx=\int_0^1 f(x)\,dx+\int_1^2 f(x)\,dx$
$\qquad =\displaystyle\int_0^1 (-x^2+4x-4)\,dx+\int_1^2 (2x^2-2x-1)\,dx$
$\qquad =\left[-\dfrac{1}{3}x^3+2x^2-4x\right]_0^1+\left[\dfrac{2}{3}x^3-x^2-x\right]_1^2$
$\qquad =\left(-\dfrac{7}{3}\right)+\left\{-\dfrac{2}{3}-\left(-\dfrac{4}{3}\right)\right\}=-\dfrac{5}{3}$

0464

답 ②

$\displaystyle\int_0^2 \dfrac{|x^2+x-2|}{x+2}\,dx=\int_0^2 \left|\dfrac{(x+2)(x-1)}{x+2}\right|\,dx=\int_0^2 |x-1|\,dx$
$\qquad =\displaystyle\int_0^1 (1-x)\,dx+\int_1^2 (x-1)\,dx$
$\qquad =\left[x-\dfrac{1}{2}x^2\right]_0^1+\left[\dfrac{1}{2}x^2-x\right]_1^2$
$\qquad =\dfrac{1}{2}+\left\{0-\left(-\dfrac{1}{2}\right)\right\}=1$

$|x^2+x-2|=|(x+2)(x-1)|$
$\qquad =\begin{cases} -(x+2)(x-1) & (-2<x<1) \\ (x+2)(x-1) & (x\le -2\ \text{또는}\ x\ge 1) \end{cases}$

이므로
$\displaystyle\int_0^2 \dfrac{|x^2+x-2|}{x+2}\,dx$
$=\displaystyle\int_0^1 \dfrac{-(x+2)(x-1)}{x+2}\,dx+\int_1^2 \dfrac{(x+2)(x-1)}{x+2}\,dx$
$=\displaystyle\int_0^1 (-x+1)\,dx+\int_1^2 (x-1)\,dx$
$=\left[-\dfrac{1}{2}x^2+x\right]_0^1+\left[\dfrac{1}{2}x^2-x\right]_1^2$
$=\dfrac{1}{2}+\left\{0-\left(-\dfrac{1}{2}\right)\right\}=1$

절댓값 기호를 포함한 함수의 정적분은 절댓값 기호 안의 식의 값이 0이 되도록 하는 x의 값을 기준으로 구간을 나눈다.

0465

답 3

$|-3x^2+4x+4|=|3x^2-4x-4|=|(3x+2)(x-2)|$이므로

$|-3x^2+4x+4|=\begin{cases} -3x^2+4x+4 & \left(-\dfrac{2}{3}<x<2\right) \\ 3x^2-4x-4 & \left(x\le -\dfrac{2}{3}\ \text{또는}\ x\ge 2\right) \end{cases}$

이때 $a>2$이므로
$\displaystyle\int_0^a |f(x)|\,dx$
$=\displaystyle\int_0^2 |f(x)|\,dx+\int_2^a |f(x)|\,dx$
$=\displaystyle\int_0^2 (-3x^2+4x+4)\,dx+\int_2^a (3x^2-4x-4)\,dx$
$=\left[-x^3+2x^2+4x\right]_0^2+\left[x^3-2x^2-4x\right]_2^a$
$=8+\{a^3-2a^2-4a-(-8)\}$
$=a^3-2a^2-4a+16=13$
따라서 $a^3-2a^2-4a+3=0$이므로
$(a-3)(a^2+a-1)=0$
$\therefore a=3\ (\because a>2)$

0466

답 ⑤

$f(x)=|x+1|+|x-2|=\begin{cases} -2x+1 & (x<-1) \\ 3 & (-1\le x<2) \\ 2x-1 & (x\ge 2) \end{cases}$이므로

함수 $f(x)$의 최솟값은 3이다.
$\therefore \displaystyle\int_0^k f(x)\,dx=\int_0^3 f(x)\,dx$
$\qquad =\displaystyle\int_0^2 3\,dx+\int_2^3 (2x-1)\,dx$
$\qquad =\left[3x\right]_0^2+\left[x^2-x\right]_2^3$
$\qquad =6+(6-2)=10$

$$f(x)=|x+1|+|x-2|=\begin{cases}-2x+1 & (x<-1)\\ 3 & (-1\le x<2)\\ 2x-1 & (x\ge 2)\end{cases}$$ 이므로

함수 $f(x)$의 최솟값은 3이다.

함수 $y=f(x)$의 그래프는 오른쪽 그림과 같고 $f(3)=5$이므로 색칠한 두 사각형의 넓이를 각각 S_1, S_2라 하면

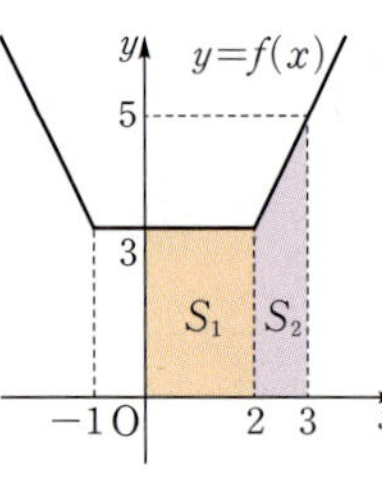

$$\int_0^k f(x)\,dx=\int_0^3 f(x)\,dx=S_1+S_2$$
$$=2\times3+\frac{1}{2}\times(3+5)\times1$$
$$=6+4=10$$

이 문제의 다른 풀이는 직선과 x축 사이의 넓이를 구하여 풀었다. 이는 09. 정적분의 활용에서 상세히 다룬다.

0467

답 24

최고차항의 계수가 1인 삼차함수 $y=f(x)$의 그래프가 x축과 $x=0$에서 접하고 $x=3$에서 만나므로
$$f(x)=x^2(x-3)=x^3-3x^2$$
$$\therefore f'(x)=3x^2-6x=3x(x-2)$$
따라서 $|f'(x)|=\begin{cases}-3x^2+6x & (0<x<2)\\ 3x^2-6x & (x\le0\ \text{또는}\ x\ge2)\end{cases}$ 이므로

$$\int_0^4 |f'(x)|\,dx=\int_0^2(-3x^2+6x)\,dx+\int_2^4(3x^2-6x)\,dx$$
$$=\Big[-x^3+3x^2\Big]_0^2+\Big[x^3-3x^2\Big]_2^4$$
$$=4+\{16-(-4)\}=24$$

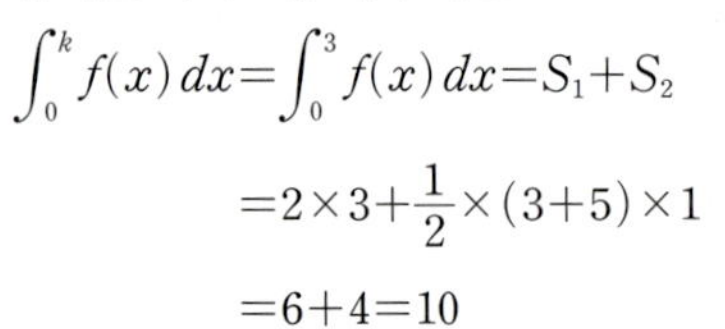

0468

답 ⑤

$$\int_{-1}^1(1+2x+3x^2+\cdots+50x^{49})\,dx$$
$$=\int_{-1}^1(1+3x^2+5x^4+\cdots+49x^{48})\,dx$$
$$\qquad\qquad+\int_{-1}^1(2x+4x^3+6x^5+\cdots+50x^{49})\,dx$$
$$=2\int_0^1(1+3x^2+5x^4+\cdots+49x^{48})\,dx+0$$
$$=2\Big[x+x^3+x^5+\cdots+x^{49}\Big]_0^1$$
$$=2\times25=50$$

0469

답 ③

$$\int_{-a}^a\{x^3+3ax^2+(a+1)x-a\}\,dx$$
$$=\int_{-a}^a\{x^3+(a+1)x\}\,dx+\int_{-a}^a(3ax^2-a)\,dx$$
$$=0+2\int_0^a(3ax^2-a)\,dx$$
$$=2\Big[ax^3-ax\Big]_0^a$$
$$=2a^4-2a^2=2-2a^2$$
즉, $2a^4-2=0$이므로
$$2(a+1)(a-1)(a^2+1)=0$$
$$\therefore a=-1\ \text{또는}\ a=1\ (\because a^2+1>0)$$
따라서 구하는 모든 실수 a의 값의 합은
$$-1+1=0$$

0470

답 24

$f(-x)+f(x)=0$에서 $f(-x)=-f(x)$이므로 함수 $f(x)$는 기함수이다.

즉, 함수 $x^2f(x)$는 기함수, 함수 $xf(x)$는 우함수이므로
$$\int_{-3}^3(2x^2+6x-3)f(x)\,dx$$
$$=\int_{-3}^3 2x^2f(x)\,dx+\int_{-3}^3 6xf(x)\,dx+\int_{-3}^3\{-3f(x)\}\,dx$$
$$=0+6\int_{-3}^3 xf(x)\,dx+0$$
$$=12\int_0^3 xf(x)\,dx=12\times2=24$$

일반적으로 우함수와 기함수에 대하여 다음이 성립한다.
(1) (우함수) $\times$ (우함수) $=$ (우함수)
(2) (우함수) $\times$ (기함수) $=$ (기함수)
(3) (기함수) $\times$ (기함수) $=$ (우함수)

0471

답 ①

$f(x)=ax+b$ (a, b는 상수, $a\ne0$)라 하면
$$\int_{-1}^1 x^2f(x)\,dx=\int_{-1}^1(ax^3+bx^2)\,dx$$
$$=2b\int_0^1 x^2\,dx$$
$$=2b\Big[\frac{1}{3}x^3\Big]_0^1$$
$$=\frac{2}{3}b=-2$$
$$\therefore b=-3$$
또한
$$\int_{-1}^1 xf(x)\,dx=\int_{-1}^1(ax^2+bx)\,dx$$
$$=2a\int_0^1 x^2\,dx$$
$$=2a\Big[\frac{1}{3}x^3\Big]_0^1$$
$$=\frac{2}{3}a=4$$

$$\therefore a=6$$

따라서 $f(x)=6x-3$이므로

$$\int_{-1}^{1} f(x)\,dx=\int_{-1}^{1}(6x-3)\,dx=-2\int_{0}^{1}3\,dx$$
$$=-2\Big[3x\Big]_{0}^{1}=-2\times3=-6$$

0472

답 ①

$$\int_{-1}^{1}|x|(3x^3+4x^2-8)\,dx=\int_{-1}^{1}(3x^3|x|+4x^2|x|-8|x|)\,dx$$
$$=2\int_{0}^{1}(4x^2|x|-8|x|)\,dx$$
$$=2\int_{0}^{1}(4x^3-8x)\,dx$$
$$=2\Big[x^4-4x^2\Big]_{0}^{1}$$
$$=2\times(-3)=-6$$

참고

함수 $f(x)=|x|$는 모든 실수 x에 대하여 $f(-x)=f(x)$이므로 우함수이다.

0473

답 3

$f(-x)=f(x)$이므로 함수 $f(x)$는 우함수이다.

$\displaystyle\int_{-2}^{2}f(x)\,dx=4$에서 $\displaystyle 2\int_{0}^{2}f(x)\,dx=4$ $\therefore \displaystyle\int_{0}^{2}f(x)\,dx=2$

$\displaystyle\int_{-6}^{6}f(x)\,dx=10$에서 $\displaystyle 2\int_{0}^{6}f(x)\,dx=10$ $\therefore \displaystyle\int_{0}^{6}f(x)\,dx=5$

$$\therefore \int_{2}^{6}f(x)\,dx=\int_{0}^{6}f(x)\,dx-\int_{0}^{2}f(x)\,dx$$
$$=5-2=3$$

0474

답 7

조건 ㈎에서 함수 $f(x)$는 기함수이다.

$\displaystyle\int_{-2}^{5}f(x)\,dx=\int_{-2}^{3}f(x)\,dx+\int_{3}^{5}f(x)\,dx$이므로 조건 ㈏에서

$12=5+\displaystyle\int_{3}^{5}f(x)\,dx$ $\therefore \displaystyle\int_{3}^{5}f(x)\,dx=7$

$$\therefore \int_{-3}^{5}f(x)\,dx=\int_{-3}^{3}f(x)\,dx+\int_{3}^{5}f(x)\,dx$$
$$=0+7=7$$

유형 07 주기함수의 정적분

0475

답 ⑤

함수 $f(x)$가 모든 실수 x에 대하여 $f(x+4)=f(x)$이므로

$$\int_{-11}^{9}f(x)\,dx=\int_{-11}^{-7}f(x)\,dx+\int_{-7}^{-3}f(x)\,dx+\int_{-3}^{1}f(x)\,dx$$
$$+\int_{1}^{5}f(x)\,dx+\int_{5}^{9}f(x)\,dx$$
$$=5\int_{-3}^{1}f(x)\,dx$$
$$=5\times3=15$$

0476

답 57

함수 $f(x)$가 실수 전체의 집합에서 연속이므로 $x=1$에서도 연속이다.

즉, $\displaystyle\lim_{x\to1-}f(x)=\lim_{x\to1+}f(x)=f(1)$이어야 하므로

$$\lim_{x\to1-}f(x)=\lim_{x\to1-}(2x+2)=4$$
$$\lim_{x\to1+}f(x)=\lim_{x\to1+}(-x+2a)=-1+2a$$
$$f(1)=-1+2a$$

따라서 $4=-1+2a$이므로 $2a=5$ $\therefore a=\dfrac{5}{2}$

$$\therefore f(x)=\begin{cases}2x+2 & (0\le x<1)\\ -x+5 & (1\le x<3)\end{cases}$$

즉, $\displaystyle\int_{0}^{1}f(x)\,dx=\int_{0}^{1}(2x+2)\,dx=\Big[x^2+2x\Big]_{0}^{1}=3,$

$$\int_{1}^{3}f(x)\,dx=\int_{1}^{3}(-x+5)\,dx=\Big[-\frac{1}{2}x^2+5x\Big]_{1}^{3}$$
$$=\frac{21}{2}-\frac{9}{2}=6$$

이므로

$$\int_{0}^{3}f(x)\,dx=\int_{0}^{1}f(x)\,dx+\int_{1}^{3}f(x)\,dx=3+6=9$$

이때 함수 $f(x)$가 모든 실수 x에 대하여 $f(x+3)=f(x)$이므로

$$\int_{0}^{19}f(x)\,dx=\int_{0}^{3}f(x)\,dx+\int_{3}^{6}f(x)\,dx+\int_{6}^{9}f(x)\,dx+\cdots$$
$$+\int_{15}^{18}f(x)\,dx+\int_{18}^{19}f(x)\,dx$$
$$=6\int_{0}^{3}f(x)\,dx+\int_{0}^{1}f(x)\,dx$$
$$=6\times9+3=57$$

0477

답 6

조건 ㈎에서 모든 실수 x에 대하여 $f(-x)=f(x)$이므로 함수 $f(x)$는 우함수이고, 두 함수 $x^3f(x)$, $xf(x)$는 기함수이다.

따라서 조건 ㈐에서

$$\int_{-1}^{1}(x^3-x+5)f(x)\,dx$$
$$=\int_{-1}^{1}x^3f(x)\,dx+\int_{-1}^{1}\{-xf(x)\}\,dx+\int_{-1}^{1}5f(x)\,dx$$
$$=0+0+\int_{-1}^{1}5f(x)\,dx=10$$

$$\therefore \int_{-1}^{1}f(x)\,dx=2$$

또한 조건 ㈏에서 모든 실수 x에 대하여 $f(x-2)=f(x)$이므로

$$\int_{-1}^{1}f(x)\,dx=\int_{-1}^{0}f(x)\,dx+\int_{0}^{1}f(x)\,dx$$
$$=\int_{1}^{2}f(x)\,dx+\int_{0}^{1}f(x)\,dx$$
$$=\int_{0}^{2}f(x)\,dx=2$$

$$\therefore \int_{-2}^{4}f(x)\,dx=\int_{-2}^{0}f(x)\,dx+\int_{0}^{2}f(x)\,dx+\int_{2}^{4}f(x)\,dx$$
$$=\int_{0}^{2}f(x)\,dx+\int_{0}^{2}f(x)\,dx+\int_{0}^{2}f(x)\,dx$$
$$=3\int_{0}^{2}f(x)\,dx=3\times2=6$$

0478

답 ②

$\displaystyle\int_0^2 tf(t)\,dt=k$ (k는 상수)로 놓으면

$f(x)=x^2-6x+k$이므로

$$\int_0^2 tf(t)\,dt=\int_0^2 (t^3-6t^2+kt)\,dt$$
$$=\left[\frac{1}{4}t^4-2t^3+\frac{k}{2}t^2\right]_0^2$$
$$=2k-12=k$$

$\therefore k=12$

따라서 $f(x)=x^2-6x+12$이므로

$f(3)=9-18+12=3$

0479

답 ③

$\displaystyle\int_0^1 f(t)\,dt=k$ (k는 상수)로 놓으면

$f(x)=3x^2-x+\dfrac{k^2}{2}$이므로

$$\int_0^1 f(t)\,dt=\int_0^1 \left(3t^2-t+\frac{k^2}{2}\right)dt$$
$$=\left[t^3-\frac{1}{2}t^2+\frac{k^2}{2}t\right]_0^1$$
$$=\frac{k^2}{2}+\frac{1}{2}=k$$

즉, $k^2-2k+1=0$이므로

$(k-1)^2=0 \qquad \therefore k=1$

따라서 $f(x)=3x^2-x+\dfrac{1}{2}$이므로

$$\int_{-1}^1 f(x)\,dx=\int_{-1}^1 \left(3x^2-x+\frac{1}{2}\right)dx$$
$$=2\int_0^1 \left(3x^2+\frac{1}{2}\right)dx$$
$$=2\left[x^3+\frac{1}{2}x\right]_0^1$$
$$=2\times\frac{3}{2}=3$$

0480

답 ②

$$f(x)=3x^2-\int_1^{-1} f(t)\,dt+\int_1^2 f(t)\,dt$$
$$=3x^2+\left\{\int_{-1}^1 f(t)\,dt+\int_1^2 f(t)\,dt\right\}$$
$$=3x^2+\int_{-1}^2 f(t)\,dt$$

$\displaystyle\int_{-1}^2 f(t)\,dt=k$ (k는 상수)로 놓으면

$f(x)=3x^2+k$이므로

$$\int_{-1}^2 f(t)\,dt=\int_{-1}^2 (3t^2+k)\,dt$$
$$=\left[t^3+kt\right]_{-1}^2$$
$$=(8+2k)-(-1-k)$$
$$=9+3k=k$$

$2k=-9 \qquad \therefore k=-\dfrac{9}{2}$

따라서 $f(x)=3x^2-\dfrac{9}{2}$이므로 함수 $f(x)$는 $x=0$에서 최솟값 $-\dfrac{9}{2}$를 갖는다.

0481

답 2

$f(x)=x^2-2+\displaystyle\int_0^1 xf(t)\,dt=x^2-2+x\int_0^1 f(t)\,dt$

$\displaystyle\int_0^1 f(t)\,dt=k$ (k는 상수)로 놓으면

$f(x)=x^2+kx-2$이므로

$$\int_0^1 f(t)\,dt=\int_0^1 (t^2+kt-2)\,dt$$
$$=\left[\frac{1}{3}t^3+\frac{k}{2}t^2-2t\right]_0^1$$
$$=\frac{k}{2}-\frac{5}{3}=k$$

$\dfrac{k}{2}=-\dfrac{5}{3} \qquad \therefore k=-\dfrac{10}{3}$

$\therefore f(x)=x^2-\dfrac{10}{3}x-2$

한편,

$$g(x)-f(x)=2x^2+\frac{2}{3}x+t-\left(x^2-\frac{10}{3}x-2\right)=x^2+4x+t+2$$

이므로 방정식 $g(x)-f(x)=0$의 실근이 존재하려면 이차방정식 $x^2+4x+t+2=0$의 판별식을 D라 할 때

$$\frac{D}{4}=2^2-(t+2)\geq 0 \qquad \therefore t\leq 2$$

따라서 구하는 실수 t의 최댓값은 2이다.

0482

답 ④

$\displaystyle\int_a^x f(t)\,dt=x^3+ax-2 \quad\cdots\cdots\ \bigcirc$

㉠의 양변에 $x=a$를 대입하면

$0=a^3+a^2-2,\ (a-1)(a^2+2a+2)=0$

$\therefore a=1\ (\because a^2+2a+2>0)$

㉠의 양변을 x에 대하여 미분하면

$f(x)=3x^2+1$

$\therefore f(1)=3+1=4$

0483

답 ③

$\displaystyle\int_a^x f(t)\,dt=x^2-2bx+b^2 \quad\cdots\cdots\ \bigcirc$

㉠의 양변에 $x=a$를 대입하면

$0=a^2-2ab+b^2,\ (a-b)^2=0$

$\therefore a=b$

㉠의 양변을 x에 대하여 미분하면

$f(x)=2x-2b$

$\therefore f(a)=2a-2b=0\ (\because a=b)$

0484

$$f(x)=\int_x^{x+1}(t^2-2t+1)\,dt=\int_x^{x+1}(t-1)^2\,dt$$

위의 식의 양변을 x에 대하여 미분하면

$$f'(x)=\{(x+1)-1\}^2-(x-1)^2$$
$$=x^2-(x^2-2x+1)$$
$$=2x-1$$

이므로

$$\int_1^2 f'(x)\,dx=\int_1^2(2x-1)\,dx=\Big[x^2-x\Big]_1^2=2-0=2$$

다른 풀이

$$f(x)=\int_x^{x+1}(t^2-2t+1)\,dt \qquad \cdots\cdots\ \text{㉠}$$

㉠의 양변에 $x=1$을 대입하면

$$f(1)=\int_1^2(t^2-2t+1)\,dt=\Big[\frac{1}{3}t^3-t^2+t\Big]_1^2=\frac{2}{3}-\frac{1}{3}=\frac{1}{3}$$

㉠의 양변에 $x=2$를 대입하면

$$f(2)=\int_2^3(t^2-2t+1)\,dt=\Big[\frac{1}{3}t^3-t^2+t\Big]_2^3=3-\frac{2}{3}=\frac{7}{3}$$

$$\therefore \int_1^2 f'(x)\,dx=\Big[f(x)\Big]_1^2=f(2)-f(1)=\frac{7}{3}-\frac{1}{3}=2$$

Bible Says 　정적분으로 정의된 함수의 미분

(1) $\dfrac{d}{dx}\displaystyle\int_a^x f(t)\,dt=f(x)$

(2) $\dfrac{d}{dx}\displaystyle\int_x^{x+a} f(t)\,dt=f(x+a)-f(x)$ (단, a는 실수)

0485

$$\frac{d}{dx}\int_2^x f(t)\,dt=f(x),$$

$$\int_2^x\Big\{\frac{d}{dt}f(t)\Big\}dt=\int_2^x f'(t)\,dt=\Big[f(t)\Big]_2^x$$
$$=f(x)-f(2)$$

이므로 $\dfrac{d}{dx}\displaystyle\int_2^x f(t)\,dt=\int_2^x\Big\{\frac{d}{dt}f(t)\Big\}dt$에서

$$f(x)=f(x)-f(2) \qquad \therefore f(2)=0$$
$$f(x)=x^3-ax^2+4에서$$
$$8-4a+4=0,\ 12-4a=0$$
$$\therefore a=3$$

따라서 $f(x)=x^3-3x^2+4$이므로

$$\int_0^1 f(x)\,dx=\int_0^1(x^3-3x^2+4)\,dx$$
$$=\Big[\frac{1}{4}x^4-x^3+4x\Big]_0^1=\frac{13}{4}$$

0486

$$2f(x)=2x^3-4x+\int_1^x f'(t)\,dt \qquad \cdots\cdots\ \text{㉠}$$

㉠의 양변에 $x=1$을 대입하면

$$2f(1)=2-4=-2 \qquad \therefore f(1)=-1 \qquad \cdots\cdots\ \text{㉡}$$

㉠의 양변을 x에 대하여 미분하면

$$2f'(x)=6x^2-4+f'(x) \qquad \therefore f'(x)=6x^2-4$$
$$\therefore f(x)=\int f'(x)\,dx$$
$$=\int(6x^2-4)\,dx$$
$$=2x^3-4x+C\ (C는\ 적분상수)$$

㉡에서

$$2-4+C=-1 \qquad \therefore C=1$$

따라서 $f(x)=2x^3-4x+1$이므로

$$\int_0^1 f(x)\,dx=\int_0^1(2x^3-4x+1)\,dx$$
$$=\Big[\frac{1}{2}x^4-2x^2+x\Big]_0^1=-\frac{1}{2}$$

0487

$$\int_0^1 f'(t)\,dt=k\ (k는\ 상수)로\ 놓으면$$

$$\int_1^x f(t)\,dt=2x^3+x^2\int_0^1 f'(t)\,dt+xf(x)에서$$

$$\int_1^x f(t)\,dt=2x^3+kx^2+xf(x) \qquad \cdots\cdots\ \text{㉠}$$

㉠의 양변에 $x=1$을 대입하면

$$0=2+k+f(1) \qquad \therefore f(1)=-2-k \qquad \cdots\cdots\ \text{㉡}$$

㉠의 양변을 x에 대하여 미분하면

$$f(x)=6x^2+2kx+f(x)+xf'(x)$$
$$xf'(x)=-6x^2-2kx \qquad \therefore f'(x)=-6x-2k$$

$$\int_0^1 f'(t)\,dt=\int_0^1(-6t-2k)\,dt$$
$$=\Big[-3t^2-2kt\Big]_0^1$$
$$=-3-2k=k$$

$$\therefore k=-1$$

즉, $f'(x)=-6x+2$이므로

$$f(x)=\int f'(x)\,dx$$
$$=\int(-6x+2)\,dx$$
$$=-3x^2+2x+C\ (C는\ 적분상수)$$

㉡에서 $f(1)=-1$이므로

$$-3+2+C=-1 \qquad \therefore C=0$$

따라서 $f(x)=-3x^2+2x$이므로

$$f(2)=-12+4=-8$$

0488

$$\int_0^x(x^2-t^2)f(t)\,dt=\frac{1}{2}x^4-2x^3에서$$

$$x^2\int_0^x f(t)\,dt-\int_0^x t^2 f(t)\,dt=\frac{1}{2}x^4-2x^3$$

위의 식의 양변을 x에 대하여 미분하면

$$2x\int_0^x f(t)\,dt+x^2 f(x)-x^2 f(x)=2x^3-6x^2$$

$$2x\int_0^x f(t)\,dt=2x^3-6x^2$$

$$\therefore \int_0^x f(t)\,dt=x^2-3x$$

위의 식의 양변을 x에 대하여 미분하면

$$f(x)=2x-3$$

$$\therefore f(3)=6-3=3$$

0489 답 ②

$$\int_a^x (t-x)f(t)\,dt=-x^3+x^2+ax-1 \qquad \cdots\cdots \ \text{㉠}$$

㉠의 양변에 $x=a$를 대입하면

$$0=-a^3+a^2+a^2-1,\ a^3-2a^2+1=0$$

$$(a-1)(a^2-a-1)=0 \qquad \therefore a=1\ (\because a\text{는 자연수})$$

㉠에서

$$\int_1^x tf(t)\,dt-x\int_1^x f(t)\,dt=-x^3+x^2+x-1\ (\because a=1)$$

위의 식의 양변을 x에 대하여 미분하면

$$xf(x)-\int_1^x f(t)\,dt-xf(x)=-3x^2+2x+1$$

$$\therefore \int_1^x f(t)\,dt=3x^2-2x-1$$

위의 식의 양변에 $x=3$을 대입하면

$$\int_1^3 f(t)\,dt=\int_1^3 f(x)\,dx=27-6-1=20$$

0490 답 -3

$$\int_0^x (t-x)f'(t)\,dt=-\frac{1}{2}x^4+5x^2\text{에서}$$

$$\int_0^x tf'(t)\,dt-x\int_0^x f'(t)\,dt=-\frac{1}{2}x^4+5x^2$$

위의 식의 양변을 x에 대하여 미분하면

$$xf'(x)-\int_0^x f'(t)\,dt-xf'(x)=-2x^3+10x$$

$$\int_0^x f'(t)\,dt=2x^3-10x$$

$$\Big[f(t)\Big]_0^x=2x^3-10x$$

$$f(x)-f(0)=2x^3-10x$$

이때 $f(0)=5$이므로

$$f(x)=2x^3-10x+5$$

$$\therefore f(1)=2-10+5=-3$$

0491 답 ④

$$\int_1^x (x-t)f(t)\,dt=-x^2+ax+b \qquad \cdots\cdots \ \text{㉠}$$

㉠의 양변에 $x=1$을 대입하면

$$0=-1+a+b \qquad \therefore a+b=1 \qquad \cdots\cdots \ \text{㉡}$$

㉠에서

$$x\int_1^x f(t)\,dt-\int_1^x tf(t)\,dt=-x^2+ax+b$$

위의 식의 양변을 x에 대하여 미분하면

$$\int_1^x f(t)\,dt+xf(x)-xf(x)=-2x+a$$

$$\therefore \int_1^x f(t)\,dt=-2x+a \qquad \cdots\cdots \ \text{㉢}$$

㉢의 양변에 $x=1$을 대입하면

$$0=-2+a \qquad \therefore a=2$$

$a=2$를 ㉡에 대입하면 $b=-1$

㉢의 양변을 x에 대하여 미분하면

$$f(x)=-2$$

$$\therefore a-b+f(0)=2-(-1)+(-2)=1$$

0492 답 6

$$\int_{-1}^x (x-t)f'(t)\,dt=x^3+ax^2+3x+1 \qquad \cdots\cdots \ \text{㉠}$$

㉠의 양변에 $x=-1$을 대입하면

$$0=-1+a-3+1 \qquad \therefore a=3$$

㉠에서

$$x\int_{-1}^x f'(t)\,dt-\int_{-1}^x tf'(t)\,dt=x^3+3x^2+3x+1\ (\because a=3)$$

위의 식의 양변을 x에 대하여 미분하면

$$\int_{-1}^x f'(t)\,dt+xf'(x)-xf'(x)=3x^2+6x+3$$

$$\int_{-1}^x f'(t)\,dt=3x^2+6x+3$$

$$\Big[f(t)\Big]_{-1}^x=3x^2+6x+3$$

$$f(x)-f(-1)=3x^2+6x+3$$

이때 $f(-1)=3$이므로

$$f(x)=3x^2+6x+6$$

$$\therefore f(-2)=12-12+6=6$$

 정적분으로 정의된 함수의 극대, 극소

0493 답 ⑤

$f(x)=\displaystyle\int_1^x (-t^2+2t+3)\,dt$의 양변을 x에 대하여 미분하면

$$f'(x)=-x^2+2x+3=-(x+1)(x-3)$$

$f'(x)=0$에서 $x=-1$ 또는 $x=3$

함수 $f(x)$의 증가와 감소를 표로 나타내면 다음과 같다.

x	$\cdots$	-1	$\cdots$	3	$\cdots$
$f'(x)$	$-$	0	$+$	0	$-$
$f(x)$	$\searrow$	극소	$\nearrow$	극대	$\searrow$

함수 $f(x)$는 $x=3$에서 극대이므로 극댓값은

$$f(3)=\int_1^3 (-t^2+2t+3)\,dt=\Big[-\frac{1}{3}t^3+t^2+3t\Big]_1^3$$

$$=9-\frac{11}{3}=\frac{16}{3}$$

따라서 $a=3,\ b=\dfrac{16}{3}$이므로

$$a+b=3+\frac{16}{3}=\frac{25}{3}$$

0494

답 ③

$f(x)=\displaystyle\int_0^x (t+2)(t-a)\,dt$의 양변을 x에 대하여 미분하면

$f'(x)=(x+2)(x-a)$

$f'(x)=0$에서 $x=-2$ 또는 $x=a$

이때 함수 $f(x)$는 최고차항의 계수가 양수인 삼차함수이고
$x=-2$에서 극대이므로 $x=a$에서 극소이다.

함수 $f(x)$의 극댓값이 $\dfrac{10}{3}$이므로

$$f(-2)=\int_0^{-2}(t+2)(t-a)\,dt$$

$$=\int_0^{-2}\{t^2+(2-a)t-2a\}\,dt$$

$$=\left[\dfrac{1}{3}t^3+\dfrac{2-a}{2}t^2-2at\right]_0^{-2}$$

$$=2a+\dfrac{4}{3}=\dfrac{10}{3}$$

$2a=2$ $\therefore a=1$

따라서 함수 $f(x)$는 $x=1$에서 극소이므로 극솟값은

$$f(1)=\int_0^1(t+2)(t-1)\,dt$$

$$=\int_0^1(t^2+t-2)\,dt$$

$$=\left[\dfrac{1}{3}t^3+\dfrac{1}{2}t^2-2t\right]_0^1=-\dfrac{7}{6}$$

0495

답 2

$f(x)=\displaystyle\int_x^{x+1}(4t^3-4t)\,dt$의 양변을 x에 대하여 미분하면

$f'(x)=\{4(x+1)^3-4(x+1)\}-(4x^3-4x)$
$\qquad=12x^2+12x=12x(x+1)$

$f'(x)=0$에서 $x=-1$ 또는 $x=0$

함수 $f(x)$의 증가와 감소를 표로 나타내면 다음과 같다.

x	$\cdots$	-1	$\cdots$	0	$\cdots$
$f'(x)$	$+$	0	$-$	0	$+$
$f(x)$	↗	극대	↘	극소	↗

함수 $f(x)$는 $x=-1$에서 극대이므로 극댓값은

$$f(-1)=\int_{-1}^0(4t^3-4t)\,dt=\left[t^4-2t^2\right]_{-1}^0=1$$

함수 $f(x)$는 $x=0$에서 극소이므로 극솟값은

$$f(0)=\int_0^1(4t^3-4t)\,dt=\left[t^4-2t^2\right]_0^1=-1$$

따라서 구하는 극댓값과 극솟값의 차는

$|1-(-1)|=2$

(1) $\dfrac{d}{dx}\displaystyle\int_a^x f(t)\,dt=f(x)$

(2) $\dfrac{d}{dx}\displaystyle\int_x^{x+a} f(t)\,dt=f(x+a)-f(x)$ (단, a는 실수)

0496

답 31

$F(x)=\displaystyle\int_0^x f(t)\,dt$의 양변을 x에 대하여 미분하면

$F'(x)=f(x)=x^3-12x+a$
$f'(x)=3x^2-12=3(x+2)(x-2)$
$f'(x)=0$에서 $x=-2$ 또는 $x=2$

함수 $f(x)$의 증가와 감소를 표로 나타내면 다음과 같다.

x	$\cdots$	-2	$\cdots$	2	$\cdots$
$f'(x)$	$+$	0	$-$	0	$+$
$f(x)$	↗	극대	↘	극소	↗

이때 함수 $F(x)$는 사차함수이므로 함수 $F(x)$가 극댓값과 극솟값
을 모두 가지려면 방정식 $f(x)=0$이 서로 다른 세 실근을 가져야
한다. 즉, 함수 $f(x)$의 (극댓값)$\times$(극솟값)<0이어야 하므로

$f(-2)\times f(2)<0$, $(a+16)(a-16)<0$

$\therefore -16<a<16$

따라서 구하는 정수 a는 -15, -14, -13, $\cdots$, 15의 31개이다.

최고차항의 계수가 양수이고, 극댓값을 갖는 사차함수 $f(x)$에 대하여 그
도함수인 삼차함수 $y=f'(x)$의 그래프의 개형은 다음 그림과 같다.

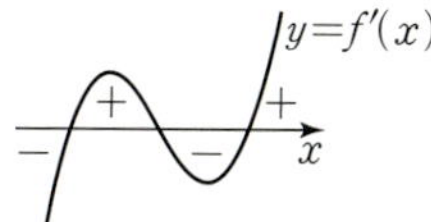

즉, 최고차항의 계수가 양수인 사차함수가 극댓값을 갖기 위한 필요충분조
건은 삼차방정식 $f'(x)=0$이 서로 다른 세 실근을 갖는 것이므로 $f'(x)$의
(극댓값)$\times$(극솟값)<0이어야 한다.

0497

답 ③

$\displaystyle\int_0^x (x-t)f(t)\,dt=-\dfrac{1}{4}x^4+2x^3-4x^2$에서

$x\displaystyle\int_0^x f(t)\,dt-\int_0^x tf(t)\,dt=-\dfrac{1}{4}x^4+2x^3-4x^2$

위의 식의 양변을 x에 대하여 미분하면

$\displaystyle\int_0^x f(t)\,dt+xf(x)-xf(x)=-x^3+6x^2-8x$

$\therefore \displaystyle\int_0^x f(t)\,dt=-x^3+6x^2-8x$

위의 식의 양변을 x에 대하여 미분하면

$f(x)=-3x^2+12x-8=-3(x-2)^2+4$

따라서 함수 $f(x)$는 $x=2$에서 최댓값 4를 갖는다.

0498

답 ②

함수 $f(x)$가 $x=3$에서 극댓값 0을 가지므로

$f(3)=0$에서

$$\int_0^3\{-t^2+(a+1)t-a\}\,dt=\left[-\dfrac{1}{3}t^3+\dfrac{a+1}{2}t^2-at\right]_0^3$$

$$=\dfrac{3a-9}{2}=0$$

$3a=9$ $\therefore a=3$

$f(x)=\int_0^x(-t^2+4t-3)\,dt$의 양변을 x에 대하여 미분하면

$f'(x)=-x^2+4x-3=-(x-1)(x-3)$

$f'(x)=0$에서 $x=1$ ($\because\ 0\leq x\leq2$)

$0\leq x\leq2$에서 함수 $f(x)$의 증가와 감소를 표로 나타내면 다음과 같다.

x	0	$\cdots$	1	$\cdots$	2
$f'(x)$		$-$	0	$+$	
$f(x)$	$f(0)$	$\searrow$	$f(1)$	$\nearrow$	$f(2)$

따라서 함수 $f(x)$는 $x=1$에서 극소이면서 최소이므로 최솟값은

$f(1)=\int_0^1(-t^2+4t-3)\,dt$

$\quad=\left[-\dfrac{1}{3}t^3+2t^2-3t\right]_0^1=-\dfrac{4}{3}$

0499
답 ④

$f(x)=\int_{-2}^x(2-|t|-t^2)\,dt$의 양변을 x에 대하여 미분하면

$f'(x)=2-|x|-x^2=(2+|x|)(1-|x|)$ ($\because\ x^2=|x|^2$)

$f'(x)=0$에서 $|x|=1$ ($\because\ 2+|x|>0$)

$\therefore\ x=-1$ 또는 $x=1$

$-2\leq x\leq2$에서 함수 $f(x)$의 증가와 감소를 표로 나타내면 다음과 같다.

x	-2	$\cdots$	-1	$\cdots$	1	$\cdots$	2
$f'(x)$		$-$	0	$+$	0	$-$	
$f(x)$	$f(-2)$	$\searrow$	$f(-1)$	$\nearrow$	$f(1)$	$\searrow$	$f(2)$

$f(-2)=\int_{-2}^{-2}(2-|t|-t^2)\,dt=0$

$f(1)=\int_{-2}^1(2-|t|-t^2)\,dt$

$\quad=\int_{-2}^0(2+t-t^2)\,dt+\int_0^1(2-t-t^2)\,dt$

$\quad=\left[2t+\dfrac{1}{2}t^2-\dfrac{1}{3}t^3\right]_{-2}^0+\left[2t-\dfrac{1}{2}t^2-\dfrac{1}{3}t^3\right]_0^1$

$\quad=-\dfrac{2}{3}+\dfrac{7}{6}=\dfrac{1}{2}$

따라서 함수 $f(x)$의 최댓값은 $\dfrac{1}{2}$이다.

> **참고**
>
> 함수 $f(x)$가 닫힌구간 $[a,\,b]$에서 연속이면 극댓값, 극솟값, $f(a)$, $f(b)$ 중에서 가장 큰 값이 최댓값, 가장 작은 값이 최솟값이다.

유형 13 정적분으로 정의된 함수의 그래프

0500
답 ③

주어진 그래프에서 이차함수 $F(x)$는 $F(0)=F(2)=0$이고 이차항의 계수가 양수이므로

$F(x)=ax(x-2)=ax^2-2ax$ $(a>0)$

$F(x)=\int_0^x f(t)\,dt$에서

$\int_0^x f(t)\,dt=ax^2-2ax$

위의 식의 양변을 x에 대하여 미분하면

$f(x)=2ax-2a$

이때 함수 $f(x)$의 최고차항의 계수가 1이므로

$2a=1$ $\quad\therefore\ a=\dfrac{1}{2}$

따라서 $f(x)=x-1$이므로

$f(10)=10-1=9$

0501
답 ②

주어진 그래프에서 이차함수 $f(x)$는 $f(0)=f(2)=0$이고 이차항의 계수가 음수이므로

$f(x)=ax(x-2)$ $(a<0)$

이때 $f(1)=1$에서 $-a=1$

$\therefore\ a=-1$

$\therefore\ f(x)=-x(x-2)$

$g(x)=\int_0^x f(t+1)\,dt=-\int_0^x(t+1)(t-1)\,dt$

위의 식의 양변을 x에 대하여 미분하면

$g'(x)=-(x+1)(x-1)$

$g'(x)=0$에서 $x=1$ ($\because\ x\geq0$)

$x\geq0$에서 함수 $g(x)$의 증가와 감소를 표로 나타내면 다음과 같다.

x	0	$\cdots$	1	$\cdots$
$g'(x)$		$+$	0	$-$
$g(x)$	0	$\nearrow$	극대	$\searrow$

따라서 함수 $g(x)$는 $x=1$에서 극대이면서 최대이므로 최댓값은

$g(1)=-\int_0^1(t+1)(t-1)\,dt=-\int_0^1(t^2-1)\,dt$

$\quad=-\left[\dfrac{1}{3}t^3-t\right]_0^1=\dfrac{2}{3}$

0502
답 ③

주어진 그래프에서 이차함수 $f(x)$는 $f(-2)=f(4)=0$이고 이차항의 계수가 양수이므로

$f(x)=a(x+2)(x-4)$ $(a>0)$

$g(x)=\int_x^{x+2} f(t)\,dt$의 양변을 x에 대하여 미분하면

$g'(x)=f(x+2)-f(x)$

$\quad=a(x+4)(x-2)-a(x+2)(x-4)$

$\quad=a\{(x^2+2x-8)-(x^2-2x-8)\}$

$\quad=4ax$

$g'(x)=0$에서 $x=0$

함수 $g(x)$의 증가와 감소를 표로 나타내면 다음과 같다.

x	$\cdots$	0	
$g'(x)$	$-$	0	$+$
$g(x)$	$\searrow$	극소	$\nearrow$

따라서 함수 $g(x)$는 $x=0$에서 극소이면서 최소이므로
$k=0$

다른 풀이

정적분의 정의를 이용하여 상수 k의 값을 구해 보자.

함수 $g(x)=\displaystyle\int_x^{x+2} f(t)\,dt$는 $x=k$에서 최솟값을 가지므로 다음 그림과 같이 $k=0$일 때 함수 $g(x)$는 최솟값 $\displaystyle\int_0^2 f(t)\,dt$를 갖는다.

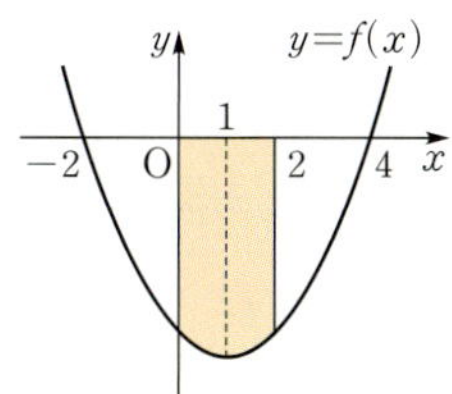

따라서 구하는 상수 k의 값은 0이다.

0503

답 ⑤

$F(x)=\displaystyle\int_a^x f(t)\,dt$의 양변을 x에 대하여 미분하면
$F'(x)=f(x)$

ㄱ. 주어진 그래프에서 $x=a$인 점에서의 접선의 기울기는 음수이므로 $F'(a)=f(a)<0$이다. (참)

ㄴ. 주어진 그래프에서 $F(b)<0$이고, $x=c$인 점에서의 접선의 기울기는 양수이므로 $F'(c)=f(c)>0$이다.
$\therefore F(b)\times f(c)<0$ (참)

ㄷ. 주어진 그래프에서 $x=a$, $x=c$인 점에서의 접선의 기울기는 각각 음수, 양수이므로 $f(a)f(c)<0$이다.
이때 함수 $f(x)$는 연속함수이므로 사잇값 정리에 의하여 방정식 $f(x)=0$은 닫힌구간 $[a,\ c]$에서 적어도 1개의 실근을 갖는다. (참)

따라서 옳은 것은 ㄱ, ㄴ, ㄷ이다.

함수 $f(x)$가 닫힌구간 $[a,\ b]$에서 연속이고 $f(a)f(b)<0$이면 $f(c)=0$인 c가 열린구간 $(a,\ b)$에 적어도 하나 존재한다.

0504

답 ②

$f(x)=\displaystyle\int_0^x (2t^3-3t+7)\,dt$의 양변을 x에 대하여 미분하면
$f'(x)=2x^3-3x+7$
$\therefore \displaystyle\lim_{x\to 0}\frac{1}{x}\int_0^x f'(t)\,dt=\lim_{x\to 0}\frac{f(x)-f(0)}{x}$
$$=f'(0)=7$$

0505

답 ③

$f(x)$의 한 부정적분을 $F(x)$라 하면
$\displaystyle\lim_{x\to 2}\frac{1}{x-2}\int_4^{x^2} f(t)\,dt=\lim_{x\to 2}\frac{F(x^2)-F(4)}{x-2}$
$$=\lim_{x\to 2}\left\{\frac{F(x^2)-F(4)}{x^2-4}\times(x+2)\right\}$$
$$=4F'(4)=4f(4)$$
$$=4\times 4=16$$

0506

답 ①

$f(x)$의 한 부정적분을 $F(x)$라 하면
$\displaystyle\lim_{h\to 0}\frac{1}{h}\int_{-2}^{-2+h} f(x)\,dx=\lim_{h\to 0}\frac{F(-2+h)-F(-2)}{h}$
$$=F'(-2)=f(-2)$$
따라서 $f(-2)=11$에서 $4-2a+b=11$
$\therefore 2a-b=-7$ ······ ㉠
$f(3)=6$에서 $9+3a+b=6$
$\therefore 3a+b=-3$ ······ ㉡
㉠, ㉡을 연립하여 풀면 $a=-2$, $b=3$
$\therefore a+b=-2+3=1$

0507

답 11

$f(t)=t(k-t)$라 하고, $f(t)$의 한 부정적분을 $F(t)$라 하면
$\displaystyle\lim_{x\to 1}\frac{1}{x-1}\int_1^x t(k-t)\,dt=\lim_{x\to 1}\frac{1}{x-1}\int_1^x f(t)\,dt$
$$=\lim_{x\to 1}\frac{F(x)-F(1)}{x-1}$$
$$=F'(1)=f(1)$$
$$=k-1=10$$
$\therefore k=11$

0508

답 24

$f(x)=\displaystyle\int f'(x)\,dx$
$$=\int (4x^3+3x^2-5)\,dx$$
$$=x^4+x^3-5x+C \ (C\text{는 적분상수})$$
$f(0)=-6$에서 $C=-6$
$\therefore f(x)=x^4+x^3-5x-6$
이때 $g(t)=(2t-1)f(t)$라 하고, $g(t)$의 한 부정적분을 $G(t)$라 하면
$\displaystyle\lim_{x\to 2}\frac{1}{x-2}\int_2^x (2t-1)f(t)\,dt=\lim_{x\to 2}\frac{1}{x-2}\int_2^x g(t)\,dt$
$$=\lim_{x\to 2}\frac{G(x)-G(2)}{x-2}$$
$$=G'(2)=g(2)$$
$$=3f(2)=3\times 8=24$$

0509

답 ①

$f(x)=x^3+ax^2-5$라 하고, $f(x)$의 한 부정적분을 $F(x)$라 하면

$$\lim_{h\to 0}\frac{1}{h}\int_{1-3h}^{1+h}(x^3+ax^2-5)\,dx$$

$$=\lim_{h\to 0}\frac{1}{h}\int_{1-3h}^{1+h}f(x)\,dx$$

$$=\lim_{h\to 0}\frac{F(1+h)-F(1-3h)}{h}$$

$$=\lim_{h\to 0}\frac{F(1+h)-F(1)-F(1-3h)+F(1)}{h}$$

$$=\lim_{h\to 0}\frac{F(1+h)-F(1)}{h}+\lim_{h\to 0}\frac{F(1-3h)-F(1)}{-3h}\times 3$$

$$=F'(1)+3F'(1)$$

$$=4F'(1)=4f(1)$$

$$=4(a-4)=a^2-12$$

$a^2-4a+4=0,\ (a-2)^2=0$

$\therefore a=2$

0510

답 ⑤

$F(x)=\int_1^x f(t)\,dt$에서

$F(1)=0$ ······ ㉠

$$\lim_{x\to 1}\frac{\int_1^x F(t)\,dt-F(x)}{x^3-1}=\lim_{x\to 1}\frac{\int_1^x F(t)\,dt-\int_1^x f(t)\,dt}{x^3-1}$$

$$=\lim_{x\to 1}\frac{\int_1^x \{F(t)-f(t)\}\,dt}{x^3-1}=2$$

이때 $F(t)-f(t)=g(t)$라 하고, $g(t)$의 한 부정적분을 $G(t)$라 하면

$$\lim_{x\to 1}\frac{\int_1^x \{F(t)-f(t)\}\,dt}{x^3-1}=\lim_{x\to 1}\frac{\int_1^x g(t)\,dt}{x^3-1}$$

$$=\lim_{x\to 1}\left\{\frac{G(x)-G(1)}{x-1}\times\frac{1}{x^2+x+1}\right\}$$

$$=\frac{1}{3}G'(1)=\frac{1}{3}g(1)$$

$$=\frac{1}{3}\{F(1)-f(1)\}$$

$$=-\frac{f(1)}{3}=2\ (\because ㉠)$$

$\therefore f(1)=-6$

Bible Says — 정적분으로 정의된 함수의 극한

함수 $f(x)$의 한 부정적분이 $F(x)$일 때

(1) $\displaystyle\lim_{x\to 0}\frac{1}{x}\int_a^{x+a}f(t)\,dt=\lim_{x\to 0}\frac{F(x+a)-F(a)}{x}$
$$=F'(a)=f(a)$$

(2) $\displaystyle\lim_{x\to a}\frac{1}{x-a}\int_a^x f(t)\,dt=\lim_{x\to a}\frac{F(x)-F(a)}{x-a}$
$$=F'(a)=f(a)$$

0511

답 ②

$xf(x)-f(x)=3x^4-3x$에서

$(x-1)f(x)=3x(x^3-1)=3x(x-1)(x^2+x+1)$

함수 $f(x)$는 삼차함수이므로

$f(x)=3x(x^2+x+1)$

$$\therefore \int_{-2}^2 f(x)\,dx=\int_{-2}^2(3x^3+3x^2+3x)\,dx$$

$$=\int_{-2}^2 3x^2\,dx+\int_{-2}^2(3x^3+3x)\,dx$$

$$=2\int_0^2 3x^2\,dx+0$$

$$=2\left[x^3\right]_0^2=2\times 8=16$$

0512

답 ①

$$\int_{-1}^6 f(x)\,dx$$

$$=\int_{-1}^1 f(x)\,dx+\int_1^3 f(x)\,dx+\int_3^5 f(x)\,dx+\int_5^6 f(x)\,dx$$

$$=\int_{-1}^1 f(x)\,dx+\int_{-1}^1 f(x)\,dx+\int_{-1}^1 f(x)\,dx+\int_{-1}^0 f(x)\,dx$$

$$(\because 조건\ (대))$$

$$=3\int_{-1}^1 f(x)\,dx+\int_{-1}^0 f(x)\,dx$$

$$=3\left\{2\int_0^1 f(x)\,dx\right\}+\int_0^1 f(x)\,dx\ (\because 조건\ (내))$$

$$=7\int_0^1 f(x)\,dx=7\times 3=21\ (\because 조건\ (개))$$

짝기출 답 102

연속함수 $f(x)$가 모든 실수 x에 대하여 다음 조건을 만족시킨다.

> (개) $f(-x)=f(x)$
> (내) $f(x+2)=f(x)$
> (대) $\displaystyle\int_{-1}^1(x+2)^2 f(x)\,dx=50,\ \int_{-1}^1 x^2 f(x)\,dx=2$

$\displaystyle\int_{-3}^3 x^2 f(x)\,dx$의 값을 구하시오.

0513

답 ④

$f(x)=ax^3-3ax^2$에서

$f'(x)=3ax^2-6ax=3ax(x-2)$

이때 $a>0$이므로 함수 $y=f'(x)$의 그래프는 다음 그림과 같다.

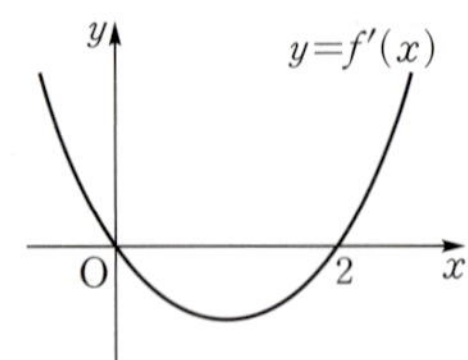

따라서 $0<x<2$일 때 $f'(x)<0$이고, $x\leq0$ 또는 $x\geq2$일 때 $f'(x)\geq0$이므로

$$\int_{-1}^{2}|f'(x)|\,dx=\int_{-1}^{0}|f'(x)|\,dx+\int_{0}^{2}|f'(x)|\,dx$$
$$=\int_{-1}^{0}f'(x)\,dx+\int_{0}^{2}\{-f'(x)\}\,dx$$
$$=\Big[f(x)\Big]_{-1}^{0}+\Big[-f(x)\Big]_{0}^{2}$$
$$=\{f(0)-f(-1)\}+\{-f(2)+f(0)\}$$
$$=-f(-1)-f(2)\ (\because f(0)=0)$$
$$=-(-4a)-(-4a)$$
$$=8a=8$$

$$\therefore a=1$$

답 10

$\displaystyle\int_{1}^{4}(x+|x-3|)\,dx$의 값을 구하시오.

0514
답 ①

조건 ㈎에서

$$f(1+x)+f(1-x)=0 \qquad \cdots\cdots ㉠$$

㉠에 $x=0$을 대입하면

$$f(1)+f(1)=0 \qquad \therefore f(1)=0$$

따라서 $f(x)=(x-1)(x^2+ax+b)$ (a,b는 상수)라 하자.

조건 ㈏에서

$$\int_{-1}^{3}f'(x)\,dx=f(3)-f(-1)=12 \qquad \cdots\cdots ㉡$$

㉠에 $x=2$를 대입하면

$$f(3)+f(-1)=0 \qquad \cdots\cdots ㉢$$

㉡, ㉢을 연립하여 풀면 $f(3)=6$, $f(-1)=-6$

$f(3)=6$에서 $2(9+3a+b)=6$

$$\therefore 3a+b=-6 \qquad \cdots\cdots ㉣$$

$f(-1)=-6$에서 $-2(1-a+b)=-6$

$$\therefore a-b=-2 \qquad \cdots\cdots ㉤$$

㉣, ㉤을 연립하여 풀면 $a=-2$, $b=0$

$$\therefore f(x)=(x-1)(x^2-2x)$$

$$\therefore f(4)=3\times8=24$$

함수 $f(x)$가 모든 실수 x에 대하여
$$f(a+x)+f(a-x)=2b\ (a,b는 상수)$$
를 만족시키면 함수 $y=f(x)$의 그래프는 점 (a,b)에 대하여 대칭이다.
따라서 조건 ㈎에 의하여 함수 $y=f(x)$의 그래프는 다음 그림과 같이 점 $(1,0)$에 대하여 대칭이다.

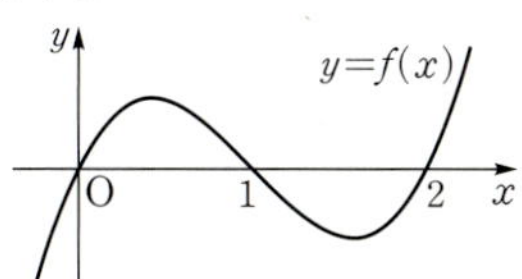

0515
답 ④

$f(x)$는 최고차항의 계수가 1인 삼차함수이고

$f(0)=f(1)=f(2)=0$이므로

$$f(x)=x(x-1)(x-2)=x^3-3x^2+2x$$

$S(x)=\displaystyle\int_{0}^{x}f(t)\,dt$의 양변을 x에 대하여 미분하면

$$S'(x)=f(x)$$

$S'(x)=f(x)=0$에서 $x=0$ 또는 $x=1$ 또는 $x=2$

닫힌구간 $[0,3]$에서 함수 $S(x)$의 증가와 감소를 표로 나타내면 다음과 같다.

x	0	$\cdots$	1	$\cdots$	2	$\cdots$	3
$S'(x)$		+	0	$-$	0	+	
$S(x)$	$S(0)$	↗	$S(1)$	↘	$S(2)$	↗	$S(3)$

$$S(1)=\int_{0}^{1}f(t)\,dt$$
$$=\int_{0}^{1}(t^3-3t^2+2t)\,dt$$
$$=\Big[\frac{1}{4}t^4-t^3+t^2\Big]_{0}^{1}=\frac{1}{4}$$

$$S(3)=\int_{0}^{3}f(t)\,dt$$
$$=\int_{0}^{3}(t^3-3t^2+2t)\,dt$$
$$=\Big[\frac{1}{4}t^4-t^3+t^2\Big]_{0}^{3}=\frac{9}{4}$$

따라서 닫힌구간 $[0,3]$에서 함수 $S(x)$의 최댓값은 $\dfrac{9}{4}$이다.

함수 $f(x)$가 닫힌구간 $[a,b]$에서 연속이면 극댓값, 극솟값, $f(a)$, $f(b)$ 중에서 가장 큰 값이 최댓값, 가장 작은 값이 최솟값이다.

답 ⑤

함수 $f(x)=x(x+2)(x+4)$에 대하여 다음 물음에 답하시오.

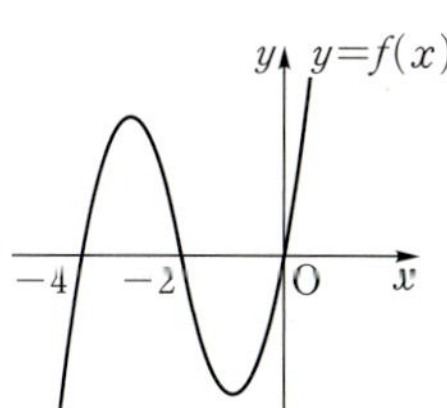

함수 $g(x)=\displaystyle\int_{2}^{x}f(t)\,dt$는 $x=a$에서 극댓값을 갖는다. $g(a)$의 값은?

① -28 ② -29 ③ -30 ④ -31 ⑤ -32

0516
답 ⑤

$G(x)=\displaystyle\int_{1}^{x}(x-t)f(t)\,dt$라 하면

$$G(x)=x\int_{1}^{x}f(t)\,dt-\int_{1}^{x}tf(t)\,dt \qquad \cdots\cdots ㉠$$

㉠의 양변을 x에 대하여 미분하면

$$G'(x)=\int_{1}^{x}f(t)\,dt+xf(x)-xf(x)$$
$$=\int_{1}^{x}f(t)\,dt$$

한편, $\lim\limits_{x\to2}\dfrac{G(x)}{x-2}=3$에서 극한값이 존재하고 $x\to2$일 때,

(분모) $\to0$이므로 (분자) $\to0$이어야 한다.

즉, $\lim\limits_{x\to2}G(x)=0$이므로 $G(2)=0$

$$\lim_{x\to2}\frac{G(x)}{x-2}=\lim_{x\to2}\frac{G(x)-G(2)}{x-2}$$
$$=G'(2)=\int_1^2 f(t)\,dt=3$$

이때 ㉠에서

$$G(2)=2\int_1^2 f(t)\,dt-\int_1^2 tf(t)\,dt$$
$$=2\times3-\int_1^2 tf(t)\,dt=0$$

$$\therefore \int_1^2 tf(t)\,dt=6$$

$$\therefore \int_1^2 (4x+1)f(x)\,dx=4\int_1^2 xf(x)\,dx+\int_1^2 f(x)\,dx$$
$$=4\times6+3=27$$

0517

$f(x)=x^3-4x\displaystyle\int_0^1|f(t)|\,dt$에서

$\displaystyle\int_0^1|f(t)|\,dt=k$ (k는 상수)로 놓으면 $k>0$이고

$f(x)=x^3-4kx$

이때 $f(1)>0$이므로

$f(1)=1-4k>0$에서 $k<\dfrac{1}{4}$

$\therefore 0<k<\dfrac{1}{4}$ ...... ㉠

한편, $f(x)=x^3-4kx=x(x+2\sqrt{k})(x-2\sqrt{k})$이므로 함수 $y=f(x)$의 그래프의 개형은 다음 그림과 같다.

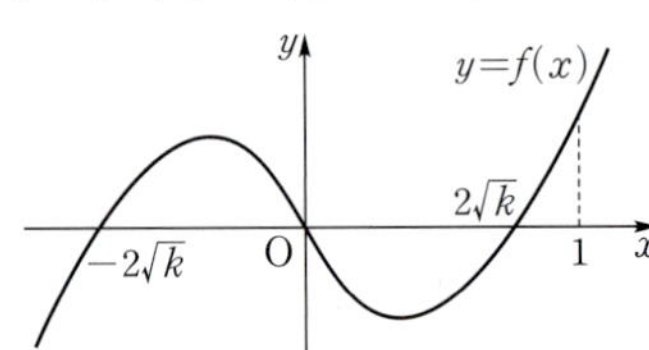

즉, $0<x<2\sqrt{k}$일 때 $f(x)<0$이고, $x\geq2\sqrt{k}$일 때 $f(x)\geq0$이므로

$$\int_0^1|f(t)|\,dt=\int_0^{2\sqrt{k}}\{-f(t)\}\,dt+\int_{2\sqrt{k}}^1 f(t)\,dt$$
$$=\int_0^{2\sqrt{k}}(-t^3+4kt)\,dt+\int_{2\sqrt{k}}^1(t^3-4kt)\,dt$$
$$=\left[-\frac{1}{4}t^4+2kt^2\right]_0^{2\sqrt{k}}+\left[\frac{1}{4}t^4-2kt^2\right]_{2\sqrt{k}}^1$$
$$=(-4k^2+8k^2)+\left(\frac{1}{4}-2k\right)-(4k^2-8k^2)$$
$$=8k^2-2k+\frac{1}{4}=k$$

즉, $8k^2-3k+\dfrac{1}{4}=0$이므로 $32k^2-12k+1=0$

$(4k-1)(8k-1)=0$ $\therefore k=\dfrac{1}{8}$ ($\because$ ㉠)

따라서 $f(x)=x^3-\dfrac{1}{2}x$이므로

$f(2)=8-1=7$

0518

$\displaystyle\int_0^1 g(t)\,dt=a$ (a는 상수)로 놓으면

조건 ㈎에서 $3x\displaystyle\int_0^1 g(t)\,dt+f(x)=-4$이므로

$3ax+f(x)=-4$ $\therefore f(x)=-3ax-4$

다항함수 $f(x)$의 한 부정적분이 $g(x)$이므로

$$g(x)=\int f(x)\,dx$$
$$=\int(-3ax-4)\,dx$$
$$=-\frac{3}{2}ax^2-4x+C \ (C는 적분상수)$$

$$\int_0^1 g(t)\,dt=\int_0^1\left(-\frac{3}{2}at^2-4t+C\right)dt$$
$$=\left[-\frac{a}{2}t^3-2t^2+Ct\right]_0^1$$
$$=-\frac{a}{2}-2+C=a$$

$$\therefore \frac{3}{2}a-C=-2 \quad \cdots\cdots ㉠$$

한편, 조건 ㈏에서 $\displaystyle\int_0^1 g(t)\,dt-g(0)=-1$

이때 $g(0)=C$이므로

$a-C=-1$ ...... ㉡

㉠, ㉡을 연립하여 풀면 $a=-2$, $C=-1$

$\therefore f(x)=6x-4$, $g(x)=3x^2-4x-1$

방정식 $f(x)=g(x)$에서

$6x-4=3x^2-4x-1$, $3x^2-10x+3=0$

$(3x-1)(x-3)=0$ $\therefore x=\dfrac{1}{3}$ 또는 $x=3$

따라서 구하는 방정식의 모든 실근의 합은

$\dfrac{1}{3}+3=\dfrac{10}{3}$

다항함수 $f(x)$의 한 부정적분 $g(x)$가 다음 조건을 만족시킨다.

> ㈎ $f(x)=2x+2\displaystyle\int_0^1 g(t)\,dt$
>
> ㈏ $g(0)-\displaystyle\int_0^1 g(t)\,dt=\dfrac{2}{3}$

$g(1)$의 값은?

① -2 ② $-\dfrac{5}{3}$ ③ $-\dfrac{4}{3}$ ④ -1 ⑤ $-\dfrac{2}{3}$

0519

$xf(x)=2x^3+ax^2+3a+\displaystyle\int_1^x f(t)\,dt$ ...... ㉠

㉠의 양변에 $x=1$을 대입하면

$f(1)=2+a+3a+0=2+4a$ ...... ㉡

㉠의 양변에 $x=0$을 대입하면

$0=3a+\int_1^0 f(t)\,dt$

$-\int_1^0 f(t)\,dt=3a$

$\therefore \int_0^1 f(t)\,dt=3a$

$f(1)=\int_0^1 f(t)\,dt$에서

$2+4a=3a$ $\therefore a=-2$

이를 ㉡에 대입하면 $f(1)=-6$

$xf(x)=2x^3-2x^2-6+\int_1^x f(t)\,dt$이므로 양변을 x에 대하여 미분하면

$f(x)+xf'(x)=6x^2-4x+f(x)$

$xf'(x)=6x^2-4x$ $\therefore f'(x)=6x-4$

$\therefore f(x)=\int f'(x)\,dx$

$\qquad =\int (6x-4)\,dx$

$\qquad =3x^2-4x+C$ (C는 적분상수)

이때 $f(1)=-6$이므로

$3-4+C=-6$ $\therefore C=-5$

따라서 $f(x)=3x^2-4x-5$이므로

$a+f(3)=-2+10=8$

> **Bible Says** **부정적분**
>
> 함수 $f(x)$의 한 부정적분을 $F(x)$라 하면 $f(x)$의 모든 부정적분을
> $\qquad F(x)+C$ (C는 상수)
> 꼴로 나타낼 수 있고, 이것을 기호로 $\int f(x)\,dx$와 같이 나타낸다. 즉,
> $F'(x)=f(x)$일 때,
> $\qquad \int f(x)\,dx=F(x)+C$ (C는 상수)
> 이때 C를 적분상수라 한다.

0520

답 ④

$\int_0^x f(t)\,dt=xf(x)-\dfrac{1}{4}x^4+\dfrac{1}{2}x^2+\int_a^\beta f(t)\,dt$ …… ㉠

㉠의 양변을 x에 대하여 미분하면

$f(x)=f(x)+xf'(x)-x^3+x$

$xf'(x)=x^3-x$

$f'(x)=x^2-1=(x+1)(x-1)$

$f'(x)=0$에서 $x=-1$ 또는 $x=1$

함수 $f(x)$의 증가와 감소를 표로 나타내면 다음과 같다.

x	$\cdots$	-1	$\cdots$	1	$\cdots$
$f'(x)$	$+$	0	$-$	0	$+$
$f(x)$	↗	극대	↘	극소	↗

함수 $f(x)$는 $x=-1$에서 극대, $x=1$에서 극소이므로

$a=-1$, $\beta=1$

이때

$f(x)=\int f'(x)\,dx=\int (x^2-1)\,dx$

$\qquad =\dfrac{1}{3}x^3-x+C$ (C는 적분상수)

이고, ㉠의 양변에 $x=0$을 대입하면 $\int_a^\beta f(t)\,dt=0$이므로

$\int_a^\beta f(t)\,dt=\int_{-1}^1 f(t)\,dt=\int_{-1}^1 \left(\dfrac{1}{3}t^3-t+C\right)dt$

$\qquad\qquad =2\int_0^1 C\,dt=2\Big[\,Ct\,\Big]_0^1$

$\qquad\qquad =2C=0$

$\therefore C=0$

따라서 $f(x)=\dfrac{1}{3}x^3-x$이므로

$f(\alpha)-f(\beta)=f(-1)-f(1)=\left(-\dfrac{1}{3}+1\right)-\left(\dfrac{1}{3}-1\right)=\dfrac{4}{3}$

> **짝기출** 답 40
>
> 다항함수 $f(x)$에 대하여
> $\qquad \int_0^x f(t)\,dt=x^3-2x^2-2x\int_0^1 f(t)\,dt$
> 일 때, $f(0)=a$라 하자. $60a$의 값을 구하시오.

0521

답 37

$f(x)=\begin{cases}(x+1)(x-2)^2 & (0\le x<2)\\ -2(x-2)(x-4) & (2\le x\le 4)\end{cases}$ 이므로 함수 $y=f(x)$의 그래프는 다음 그림과 같다.

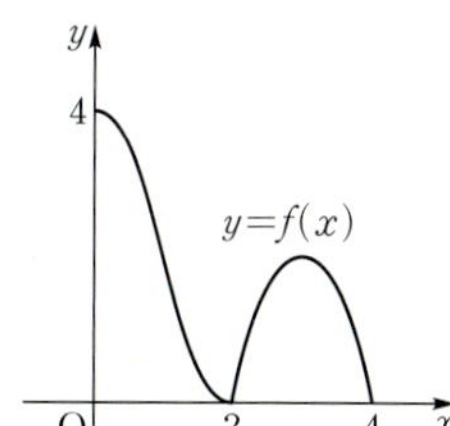

이때 $0\le a\le 2$이므로

$\int_a^{a+2} f(x)\,dx$

$=\int_a^2 f(x)\,dx+\int_2^{a+2} f(x)\,dx$

$=\int_a^2 (x+1)(x-2)^2\,dx+\int_2^{a+2}\{-2(x-2)(x-4)\}\,dx$

$=\int_a^2 (x^3-3x^2+4)\,dx-2\int_2^{a+2}(x^2-6x+8)\,dx$

$=\Big[\dfrac{1}{4}x^4-x^3+4x\Big]_a^2-2\Big[\dfrac{1}{3}x^3-3x^2+8x\Big]_2^{a+2}$

$=\left(-\dfrac{1}{4}a^4+a^3-4a+4\right)-2\left(\dfrac{1}{3}a^3-a^2\right)$

$=-\dfrac{1}{4}a^4+\dfrac{1}{3}a^3+2a^2-4a+4$

$g(a)=-\dfrac{1}{4}a^4+\dfrac{1}{3}a^3+2a^2-4a+4$라 하면

$g'(a)=-a^3+a^2+4a-4$

$\qquad =-(a+2)(a-1)(a-2)$

$g'(a)=0$에서 $a=1$ ($\because 0\le a\le 2$)

$0\le a\le 2$에서 함수 $g(a)$의 증가와 감소를 표로 나타내면 다음과 같다.

a	0	$\cdots$	1	$\cdots$	2
$g'(a)$		$-$	0	$+$	
$g(a)$	$g(0)$	↘	$g(1)$	↗	$g(2)$

함수 $g(a)$는 $a=1$에서 극소이면서 최소이므로 최솟값은

$$g(1)=-\frac{1}{4}+\frac{1}{3}+2-4+4=\frac{25}{12}$$

따라서 $p=12$, $q=25$이므로

$$p+q=12+25=37$$

답 ②

함수 $f(x)$를

$$f(x)=\begin{cases} 2x+2 & (x<0) \\ -x^2+2x+2 & (x\geq0) \end{cases}$$

라 하자. 양의 실수 a에 대하여 $\displaystyle\int_{-a}^{a} f(x)dx$의 최댓값은?

① 5　　② $\dfrac{16}{3}$　　③ $\dfrac{17}{3}$　　④ 6　　⑤ $\dfrac{19}{3}$

0522

답 ②

$n-1\leq x<n$일 때, $|f(x)|=|6(x-n+1)(x-n)|$이므로

$f(x)=6(x-n+1)(x-n)$ 또는 $f(x)=-6(x-n+1)(x-n)$

$$g(x)=\int_0^x f(t)\,dt-\int_x^4 f(t)\,dt$$

위의 식의 양변을 x에 대하여 미분하면

$$g'(x)=f(x)-\{-f(x)\}=2f(x)$$

함수 $g(x)$가 열린구간 $(0, 4)$에서 미분가능하고 $x=2$에서 최솟값 0을 가지므로 함수 $g(x)$는 $x=2$에서 극솟값 0을 갖는다.

따라서 $g(2)=0$이므로

$$\int_0^2 f(t)\,dt-\int_2^4 f(t)\,dt=0$$

$$\therefore \int_0^2 f(t)\,dt=\int_2^4 f(t)\,dt$$

또한 $g'(2)=0$에서 $f(2)=0$이고 $x=2$의 좌우에서 $g'(x)=2f(x)$의 부호가 음에서 양으로 바뀌어야 한다.

즉, $0\leq x\leq4$에서 함수 $y=f(x)$의 그래프는 다음 그림과 같다.

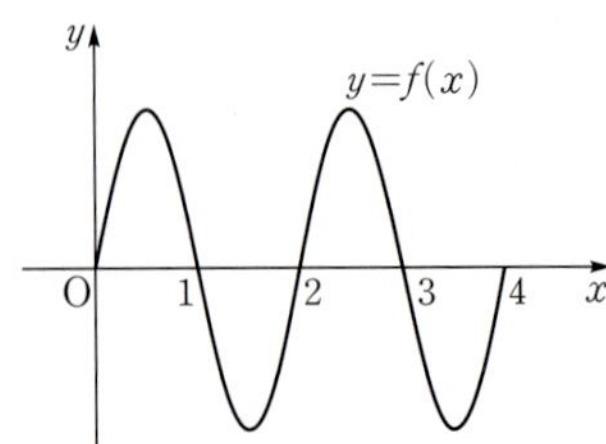

$0\leq x\leq4$에서 함수 $y=f(x)$의 그래프가 점 $(2, 0)$에 대하여 대칭이고, $0\leq x\leq1$일 때

$$f(x)=-6x(x-1)=-6x^2+6x=-6\left(x-\frac{1}{2}\right)^2+\frac{3}{2}$$

이므로 $0\leq x\leq1$에서 함수 $y=f(x)$의 그래프가 직선 $x=\dfrac{1}{2}$에 대하여 대칭이다.

$$\begin{aligned}
\therefore \int_{\frac{1}{2}}^4 f(x)dx &=\int_0^4 f(x)dx-\int_0^{\frac{1}{2}} f(x)dx \\
&=0-\frac{1}{2}\int_0^1 f(x)dx \\
&=-\frac{1}{2}\int_0^1 (-6x^2+6x)dx \\
&=-\frac{1}{2}\Big[-2x^3+3x^2\Big]_0^1=-\frac{1}{2}
\end{aligned}$$

PART **A'** **09 정적분의 활용**

유형 01 곡선과 x축 사이의 넓이

0523

답 ②

곡선 $y=x^3-3x^2+2x$와 x축의 교점의 x좌표는 $x^3-3x^2+2x=0$에서 $x(x-1)(x-2)=0$

$\therefore x=0$ 또는 $x=1$ 또는 $x=2$

따라서 곡선 $y=x^3-3x^2+2x$와 x축으로 둘러싸인 도형의 넓이는

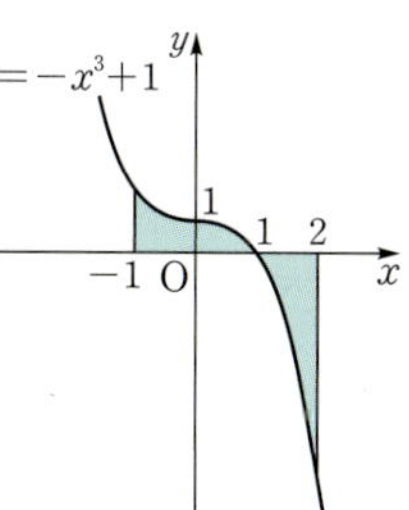

$$\int_0^2 |x^3-3x^2+2x|\,dx$$

$$=\int_0^1 (x^3-3x^2+2x)\,dx+\int_1^2 (-x^3+3x^2-2x)\,dx$$

$$=\left[\frac{1}{4}x^4-x^3+x^2\right]_0^1+\left[-\frac{1}{4}x^4+x^3-x^2\right]_1^2$$

$$=\frac{1}{4}+\frac{1}{4}=\frac{1}{2}$$

0524

답 ④

곡선 $y=-x^3+1$과 x축의 교점의 x좌표는 $-x^3+1=0$에서 $-(x-1)(x^2+x+1)=0$

$\therefore x=1 \ (\because x^2+x+1>0)$

따라서 곡선 $y=-x^3+1$과 x축 및 두 직선 $x=-1$, $x=2$로 둘러싸인 도형의 넓이는

$$\int_{-1}^2 |-x^3+1|\,dx=\int_{-1}^1 (-x^3+1)\,dx+\int_1^2 (x^3-1)\,dx$$

$$=2\int_0^1 1\,dx+\left[\frac{1}{4}x^4-x\right]_1^2$$

$$=2\left[x\right]_0^1+\left\{2-\left(-\frac{3}{4}\right)\right\}$$

$$=2+\frac{11}{4}=\frac{19}{4}$$

0525

답 2

$a>0$이므로 곡선 $y=ax^3$과 x축 및 두 직선 $x=-3$, $x=3$으로 둘러싸인 도형의 넓이는

$$\int_{-3}^3 |ax^3|\,dx=\int_{-3}^0 (-ax^3)\,dx+\int_0^3 ax^3\,dx$$

$$=2\int_0^3 ax^3\,dx=2\left[\frac{1}{4}ax^4\right]_0^3$$

$$=\frac{81}{2}a=27$$

$\therefore 3a=2$

0526

답 3

$\int_0^5 f(x)\,dx=-\frac{8}{3}$에서 $\int_0^5 f(x)\,dx=\int_0^2 f(x)\,dx+\int_2^5 f(x)\,dx$ 이므로 주어진 그림에서

$$S_1-S_2=-\frac{8}{3} \quad \cdots\cdots \ \bigcirc$$

$\int_0^5 |f(x)|\,dx=\frac{16}{3}$에서 $\int_0^5 |f(x)|\,dx=\int_0^2 f(x)\,dx-\int_2^5 f(x)\,dx$ 이므로 주어진 그림에서

$$S_1+S_2=\frac{16}{3} \quad \cdots\cdots \ \bigcirc$$

$\bigcirc$, $\bigcirc$을 연립하여 풀면 $S_1=\frac{4}{3}$, $S_2=4$

$$\therefore \frac{S_2}{S_1}=\frac{4}{\frac{4}{3}}=3$$

0527

답 9

$\int_{-1}^x f(t)\,dt=\frac{2}{3}x^3-3x^2+\frac{11}{3}$의 양변을 x에 대하여 미분하면

$f(x)=2x^2-6x$

곡선 $y=f(x)$와 x축의 교점의 x좌표는 $2x^2-6x=0$에서 $2x(x-3)=0$

$\therefore x=0$ 또는 $x=3$

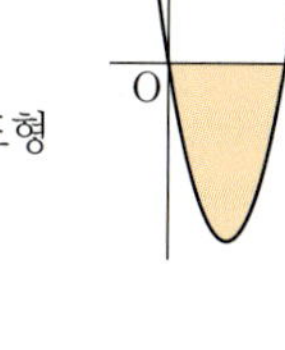

따라서 곡선 $y=f(x)$와 x축으로 둘러싸인 도형의 넓이는

$$\int_0^3 |f(x)|\,dx=\int_0^3 (-2x^2+6x)\,dx$$

$$=\left[-\frac{2}{3}x^3+3x^2\right]_0^3=9$$

다른 풀이

$\int_{-1}^x f(t)\,dt=\frac{2}{3}x^3-3x^2+\frac{11}{3}$의 양변을 x에 대하여 미분하면

$f(x)=2x^2-6x$

곡선 $y=f(x)$와 x축의 교점의 x좌표는

$2x^2-6x=0$에서 $2x(x-3)=0 \quad \therefore x=0$ 또는 $x=3$

따라서 곡선 $y=2x^2-6x$와 x축으로 둘러싸인 도형의 넓이는

$$\frac{|2|(3-0)^3}{6}=9$$

참고

최고차항의 계수가 a인 이차함수 $y=f(x)$의 그래프와 x축이 $x=\alpha$, $x=\beta \ (\alpha<\beta)$에서 만날 때, 곡선 $y=f(x)$와 x축으로 둘러싸인 도형의 넓이를 S라 하면 $S=\frac{|a|(\beta-\alpha)^3}{6}$임을 이용하여 정적분 값을 빠르게 계산할 수 있다.

0528

답 18

$$y=x^2-2|x|-3=\begin{cases} x^2+2x-3 & (x<0) \\ x^2-2x-3 & (x\geq0) \end{cases}$$

함수 $y=x^2-2|x|-3$의 그래프와
x축의 교점의 x좌표는
$x<0$일 때, $x^2+2x-3=0$에서
$(x-1)(x+3)=0$
$\therefore x=-3\ (\because x<0)$
$x\geq 0$일 때, $x^2-2x-3=0$에서
$(x+1)(x-3)=0$
$\therefore x=3\ (\because x\geq 0)$

따라서 함수 $y=x^2-2|x|-3$의 그래프와 x축으로 둘러싸인 도형
의 넓이는
$$\int_{-3}^{0}\{-(x^2+2x-3)\}dx+\int_{0}^{3}\{-(x^2-2x-3)\}dx$$
$$=\left[-\frac{1}{3}x^3-x^2+3x\right]_{-3}^{0}+\left[-\frac{1}{3}x^3+x^2+3x\right]_{0}^{3}$$
$$=9+9=18$$

0529

답 96

조건 ㈎에서 $f(0)=0$, $f(2)=f'(2)=0$이므로 최고차항의 계수가
양수인 삼차함수 $f(x)$는 x, $(x-2)^2$을 인수로 갖는다.
$$f(x)=ax(x-2)^2$$
$$=ax^3-4ax^2+4ax\ (a>0)$$
라 하면 곡선 $y=f(x)$와 x축의 교점의 x
좌표는 $ax(x-2)^2=0$에서
$x=0$ 또는 $x=2$
조건 ㈏에서 곡선 $y=f(x)$와 x축으로 둘
러싸인 도형의 넓이가 8이므로
$$\int_{0}^{2}|f(x)|dx=8$$
$$\int_{0}^{2}(ax^3-4ax^2+4ax)dx=8$$
$$\left[\frac{1}{4}ax^4-\frac{4}{3}ax^3+2ax^2\right]_{0}^{2}=8$$
$$\frac{4}{3}a=8$$
$$\therefore a=6$$
따라서 $f(x)=6x(x-2)^2$이므로
$$f(4)=6\times 4\times 4=96$$

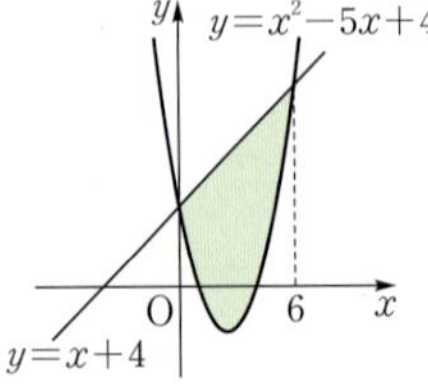

유형 02 **곡선과 직선 사이의 넓이**

0530

답 ④

곡선 $y=x^2-5x+4$와 직선 $y=x+4$의
교점의 x좌표는
$x^2-5x+4=x+4$에서 $x^2-6x=0$
$\therefore x=0$ 또는 $x=6$
따라서 곡선 $y=x^2-5x+4$와 직선
$y=x+4$로 둘러싸인 도형의 넓이는

$$\int_{0}^{6}\{x+4-(x^2-5x+4)\}dx$$
$$=\int_{0}^{6}(-x^2+6x)dx$$
$$=\left[-\frac{1}{3}x^3+3x^2\right]_{0}^{6}=36$$

다른 풀이

곡선 $y=x^2-5x+4$와 직선 $y=x+4$의 교점의 x좌표는
$x^2-5x+4=x+4$에서 $x^2-6x=0$
$\therefore x=0$ 또는 $x=6$
따라서 곡선 $y=x^2-5x+4$와 직선 $y=x+4$로 둘러싸인 도형의
넓이는
$$\frac{|1|(6-0)^3}{6}=36$$

참고

최고차항의 계수가 a인 이차함수 $y=f(x)$의 그래프와 직선 $y=mx+n$
이 $x=\alpha$, $x=\beta\ (\alpha<\beta)$에서 만날 때, 곡선 $y=f(x)$와 직선 $y=mx+n$
으로 둘러싸인 도형의 넓이를 S라 하면 $S=\dfrac{|a|(\beta-\alpha)^3}{6}$임을 이용하여
정적분 값을 빠르게 계산할 수 있다.

0531

답 ⑤

곡선 $y=x^3-ax^2+2$와 직선 $y=2$의 교
점의 x좌표는
$x^3-ax^2+2=2$에서
$x^3-ax^2=0$, $x^2(x-a)=0$
$\therefore x=0$ 또는 $x=a$
이때 곡선 $y=x^3-ax^2+2$와 직선
$y=2$로 둘러싸인 도형의 넓이가 3이므로

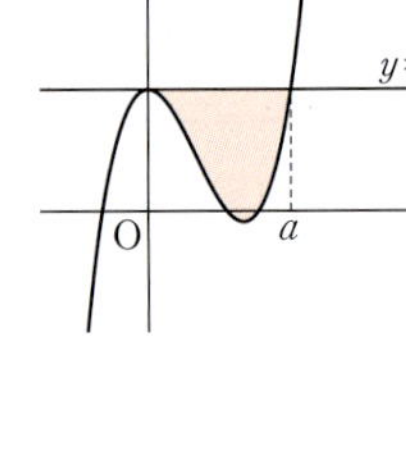

$$\int_{0}^{a}\{2-(x^3-ax^2+2)\}dx=3$$
$$\int_{0}^{a}(-x^3+ax^2)dx=3$$
$$\left[-\frac{1}{4}x^4+\frac{1}{3}ax^3\right]_{0}^{a}=3$$
$$\frac{1}{12}a^4=3$$
$$a^4=36\qquad \therefore a=\sqrt{6}\ (\because a>0)$$

0532

답 4

$\int_{-1}^{2}f(x)dx=4$이므로 주어진 그림에서
$$\int_{-1}^{2}f(x)dx=\int_{-1}^{0}f(x)dx+\int_{0}^{2}f(x)dx$$
$$=\int_{-1}^{0}(x+2)dx+S_1+\int_{0}^{2}(x+2)dx-S_2$$
$$=\int_{-1}^{2}(x+2)dx+\frac{1}{2}-S_2\left(\because S_1=\frac{1}{2}\right)$$
$$=\left[\frac{1}{2}x^2+2x\right]_{-1}^{2}+\frac{1}{2}-S_2$$
$$=8-S_2=4$$
$$\therefore S_2=4$$

0533

답 ④

두 곡선 $y=x^3+x^2+x$,
$y=x^2+4x+2$의 교점의 x좌표는
$x^3+x^2+x=x^2+4x+2$에서
$x^3-3x-2=0$
$(x+1)^2(x-2)=0$
$\therefore\ x=-1$ 또는 $x=2$

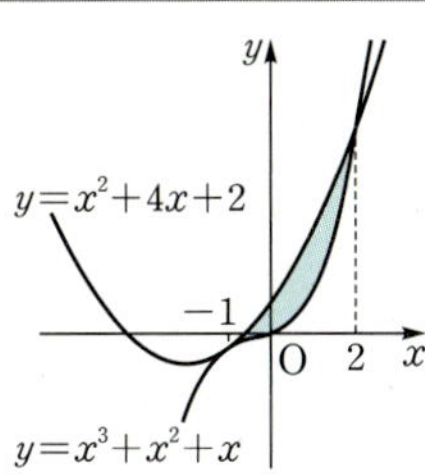

따라서 두 곡선 $y=x^3+x^2+x$,
$y=x^2+4x+2$로 둘러싸인 도형의 넓이는

$\int_{-1}^{2}\{(x^2+4x+2)-(x^3+x^2+x)\}dx$

$=\int_{-1}^{2}(-x^3+3x+2)dx$

$=\left[-\dfrac{1}{4}x^4+\dfrac{3}{2}x^2+2x\right]_{-1}^{2}=6-\left(-\dfrac{3}{4}\right)=\dfrac{27}{4}$

0534

답 7

주어진 그림에서 세 도형 A, B, C의 넓이가 각각 8, 4, 3이므로

$\int_{-3}^{5}\{g(x)-f(x)\}dx$

$=\int_{-3}^{0}\{g(x)-f(x)\}dx+\int_{0}^{3}\{g(x)-f(x)\}dx$

$\qquad\qquad\qquad\quad+\int_{3}^{5}\{g(x)-f(x)\}dx$

$=\int_{-3}^{0}\{g(x)-f(x)\}dx-\int_{0}^{3}\{f(x)-g(x)\}dx$

$\qquad\qquad\qquad\quad+\int_{3}^{5}\{g(x)-f(x)\}dx$

$=8-4+3=7$

0535

답 64

곡선 $y=-x^2$을 x축에 대하여 대칭이동하면 $y=x^2$이고 이 곡선을
x축의 방향으로 2만큼, y축의 방향으로 -10만큼 평행이동하면
$g(x)=(x-2)^2-10=x^2-4x-6$

두 곡선 $y=f(x)$, $y=g(x)$의 교점의 x
좌표는 $-x^2=x^2-4x-6$에서
$2x^2-4x-6=0$, $2(x+1)(x-3)=0$
$\therefore\ x=-1$ 또는 $x=3$

따라서 두 곡선 $y=f(x)$, $y=g(x)$로 둘
러싸인 도형의 넓이 S는

$S=\int_{-1}^{3}\{-x^2-(x^2-4x-6)\}dx=\int_{-1}^{3}(-2x^2+4x+6)dx$

$=\left[-\dfrac{2}{3}x^3+2x^2+6x\right]_{-1}^{3}$

$=18-\left(-\dfrac{10}{3}\right)=\dfrac{64}{3}$

$\therefore\ 3S=64$

0536

답 ②

$f(x)=x^3-x^2$이라 하면 $f'(x)=3x^2-2x$
따라서 곡선 $y=f(x)$ 위의 점 $(1,\ 0)$에서의 접선의 기울기는
$f'(1)=1$이고 접선의 방정식은 $y=x-1$

곡선 $y=f(x)$와 접선 $y=x-1$의 교점
의 x좌표는 $x^3-x^2=x-1$에서
$x^3-x^2-x+1=0$
$(x+1)(x-1)^2=0$
$\therefore\ x=-1$ 또는 $x=1$

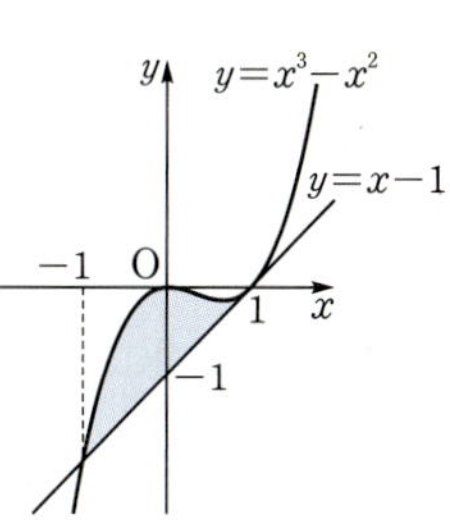

따라서 곡선 $y=f(x)$와 접선 $y=x-1$
로 둘러싸인 도형의 넓이는

$\int_{-1}^{1}\{(x^3-x^2)-(x-1)\}dx=\int_{-1}^{1}(x^3-x^2-x+1)dx$

$=2\int_{0}^{1}(-x^2+1)dx$

$=2\left[-\dfrac{1}{3}x^3+x\right]_{0}^{1}$

$=2\times\dfrac{2}{3}=\dfrac{4}{3}$

> **Bible Says** 우함수 기함수의 정적분
>
> 함수 $f(x)$가 닫힌구간 $[-a,a]$에서 연속일 때
>
> (1) $f(x)$가 우함수이면 $\int_{-a}^{a}f(x)dx=2\int_{0}^{a}f(x)dx$
>
> (2) $f(x)$가 기함수이면 $\int_{-a}^{a}f(x)dx=0$

다른 풀이

$f(x)=x^3-x^2$이라 하면 $f'(x)=3x^2-2x$
따라서 곡선 $y=f(x)$ 위의 점 $(1,\ 0)$에서의 접선의 기울기는
$f'(1)=1$이고 접선의 방정식은 $y=x-1$
곡선 $y=f(x)$와 접선 $y=x-1$의 교점의 x좌표는
$x^3-x^2=x-1$에서 $x^3-x^2-x+1=0$
$(x+1)(x-1)^2=0$ $\quad\therefore\ x=-1$ 또는 $x=1$
따라서 곡선 $y=x^3-x^2$과 직선 $y=x-1$로 둘러싸인 도형의 넓이는
$\dfrac{|1|\{1-(-1)\}^4}{12}=\dfrac{4}{3}$

참고

최고차항의 계수가 a인 삼차함수 $y=f(x)$의 그래프와 직선 $y=mx+n$
이 $x=\alpha$, $x=\beta$ $(\alpha<\beta)$에서 만날 때, 곡선 $y=f(x)$와 직선 $y=mx+n$
으로 둘러싸인 도형의 넓이를 S라 하면 $S=\dfrac{|a|(\beta-\alpha)^4}{12}$임을 이용하여
정적분 값을 빠르게 계산할 수 있다.

0537

$y=-x^2$에서 $y'=-2x$

접점의 좌표를 $(t,\ -t^2)$이라 하면 곡선 위의 점 $(t,\ -t^2)$에서의 접선의 기울기는 $-2t$이므로 접선의 방정식은

$y+t^2=-2t(x-t)$

$\therefore y=-2tx+t^2$

이 직선이 점 $\left(-\dfrac{1}{2},\ 2\right)$를 지나므로

$2=t+t^2,\ t^2+t-2=0$

$(t+2)(t-1)=0$

$\therefore t=-2$ 또는 $t=1$

따라서 접선의 방정식은 $y=4x+4$ 또는 $y=-2x+1$이므로 구하는 도형의 넓이 S는

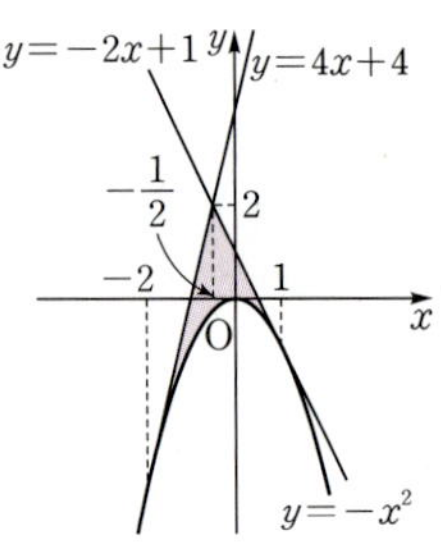

$$S=\int_{-2}^{-\frac{1}{2}}\{(4x+4)-(-x^2)\}dx+\int_{-\frac{1}{2}}^{1}\{(-2x+1)-(-x^2)\}dx$$

$$=\int_{-2}^{-\frac{1}{2}}(x^2+4x+4)dx+\int_{-\frac{1}{2}}^{1}(x^2-2x+1)dx$$

$$=\left[\frac{1}{3}x^3+2x^2+4x\right]_{-2}^{-\frac{1}{2}}+\left[\frac{1}{3}x^3-x^2+x\right]_{-\frac{1}{2}}^{1}$$

$$=\frac{9}{8}+\frac{9}{8}=\frac{9}{4}$$

$$\therefore 4S=4\times\frac{9}{4}=9$$

0538

곡선 $y=f(x)$와 직선 $y=g(x)$의 교점의 x좌표는 $x=-1$, $x=1$이므로 곡선과 직선으로 둘러싸인 도형의 넓이는

$$\int_{-1}^{1}|f(x)-g(x)|dx=\int_{-1}^{1}\{f(x)-g(x)\}dx$$

이때 $f(x)-g(x)$는 최고차항의 계수가 음수인 삼차함수이고 삼차방정식 $f(x)-g(x)=0$은 중근 $x=-1$과 한 실근 $x=1$을 가지므로

$f(x)-g(x)=a(x+1)^2(x-1)$

$\qquad\qquad\ =ax^3+ax^2-ax-a\ (a<0)$

이때 곡선 $y=f(x)$와 직선 $y=g(x)$로 둘러싸인 도형의 넓이가 8이므로

$$\int_{-1}^{1}\{f(x)-g(x)\}dx=8$$

$$\int_{-1}^{1}(ax^3+ax^2-ax-a)dx=8$$

$$2\int_{0}^{1}(ax^2-a)dx=8$$

$$2\left[\frac{a}{3}x^3-ax\right]_{0}^{1}=8$$

$$-\frac{4}{3}a=8$$

$\therefore a=-6$

따라서 $f(x)-g(x)=-6(x+1)^2(x-1)$이므로

$g(2)-f(2)=6\times9\times1=54$

0539

곡선 $y=x^3+(1-a)x^2-ax$와 x축의 교점의 x좌표는

$x^3+(1-a)x^2-ax=0$에서 $x(x+1)(x-a)=0$

$\therefore x=-1$ 또는 $x=0$ 또는 $x=a$

이때 $a<-1$이므로 곡선

$y=x^3+(1-a)x^2-ax$는 오른쪽 그림과 같고 $A=B$이므로

$$\int_{a}^{0}\{x^3+(1-a)x^2-ax\}dx=0$$

$$\left[\frac{1}{4}x^4+\frac{1-a}{3}x^3-\frac{a}{2}x^2\right]_{a}^{0}=0$$

$$\frac{1}{12}a^4+\frac{1}{6}a^3=0$$

$$\frac{1}{12}a^3(a+2)=0\qquad\therefore a=-2\ (\because a<-1)$$

0540

주어진 그림에서 함수 $y=f(x)$의 그래프가 x축과 만나는 점의 x좌표 중 1보다 큰 값을 a라 하면

$f(x)=(x-1)(x-a)\ (a>1)$

이때 함수 $y=f(x)$의 그래프와 x축 및 y축으로 둘러싸인 두 도형의 넓이가 서로 같으므로

$$\int_{0}^{a}f(x)dx=0$$

$$\int_{0}^{a}\{x^2-(a+1)x+a\}dx=0$$

$$\left[\frac{1}{3}x^3-\frac{a+1}{2}x^2+ax\right]_{0}^{a}=0$$

$$-\frac{1}{6}a^3+\frac{1}{2}a^2=0$$

$$-\frac{1}{6}a^2(a-3)=0\qquad\therefore a=3\ (\because a>1)$$

따라서 $f(x)=(x-1)(x-3)$이므로

$f(5)=4\times2=8$

0541

두 곡선 $y=-x^2(x-3)$, $y=kx(x-3)$의 교점의 x좌표는

$-x^2(x-3)=kx(x-3)$에서 $x(x-3)(x+k)=0$

$\therefore x=0$ 또는 $x=3$ 또는 $x=-k$

이때 $A=B$이므로

$$\int_{0}^{3}\{-x^2(x-3)-kx(x-3)\}dx=0$$

$$\int_{0}^{3}\{-x^3+(3-k)x^2+3kx\}dx=0$$

$$\left[-\frac{1}{4}x^4+\frac{3-k}{3}x^3+\frac{3k}{2}x^2\right]_{0}^{3}=0$$

$$-\frac{81}{4}+9(3-k)+\frac{27}{2}k=0$$

$$18k=-27\qquad\therefore k=-\frac{3}{2}$$

0542

답 108

곡선 $y=-x^2+6x$와 직선 $y=mx$의 교점의 x좌표는
$-x^2+6x=mx$에서
$x^2+(m-6)x=0$, $x(x+m-6)=0$
$\therefore x=0$ 또는 $x=6-m$
따라서 오른쪽 그림에서

$$S_1+S_2=\int_0^6(-x^2+6x)dx$$
$$=\left[-\frac{1}{3}x^3+3x^2\right]_0^6=36$$
$$S_1=\int_0^{6-m}\{(-x^2+6x)-mx\}dx$$
$$=\int_0^{6-m}\{-x^2+(6-m)x\}dx$$
$$=\left[-\frac{1}{3}x^3+\frac{6-m}{2}x^2\right]_0^{6-m}$$
$$=\frac{1}{6}(6-m)^3$$

이때 $S_1=S_2$에서 $S_1+S_2=2S_1$이므로
$$\frac{1}{3}(6-m)^3=36$$
$$\therefore (6-m)^3=108$$

0543

답 2

곡선 $y=x^2-x$와 직선 $y=mx$의 교점의 x좌표는
$x^2-x=mx$에서
$x^2-(m+1)x=0$, $x\{x-(m+1)\}=0$
$\therefore x=0$ 또는 $x=m+1$
곡선 $y=x^2-x$와 x축의 교점의 x좌표는
$x^2-x=0$에서 $x(x-1)=0$
$\therefore x=0$ 또는 $x=1$
따라서 오른쪽 그림에서

$$S_1+S_2=\int_0^{m+1}\{mx-(x^2-x)\}dx$$
$$=\int_0^{m+1}\{-x^2+(m+1)x\}dx$$
$$=\left[-\frac{1}{3}x^3+\frac{m+1}{2}x^2\right]_0^{m+1}$$
$$=\frac{1}{6}(m+1)^3$$
$$S_1=\int_0^1(-x^2+x)dx$$
$$=\left[-\frac{1}{3}x^3+\frac{1}{2}x^2\right]_0^1$$
$$=\frac{1}{6}$$

이때 $S_1=S_2$에서 $S_1+S_2=2S_1$이므로
$$\frac{1}{6}(m+1)^3=\frac{1}{3}$$
$$\therefore (m+1)^3=2$$

0544

답 4

오른쪽 그림에서
$$S_1=\int_{-1}^1\{f(x)-3x^2\}dx$$
$$=\int_{-1}^1 f(x)dx-2\int_0^1 3x^2dx$$
$$=\int_{-1}^1 f(x)dx-2\left[x^3\right]_0^1$$
$$=\int_{-1}^1 f(x)dx-2$$
$$S_2=\int_{-1}^1\{3x^2-g(x)\}dx$$
$$=2\int_0^1 3x^2dx-\int_{-1}^1 g(x)dx$$
$$=2\left[x^3\right]_0^1=2$$

이때 $S_1=S_2$이므로
$$\int_{-1}^1 f(x)dx-2=2$$
$$\therefore \int_{-1}^1 f(x)dx=4$$

0545

답 1

$0<a<2$이므로 곡선 $y=x^2-a^2$과 x축, y축 및 직선 $x=2$로 둘러싸인 도형의 넓이를 $S(a)$라 하면
$$S(a)=\int_0^a(-x^2+a^2)dx+\int_a^2(x^2-a^2)dx$$
$$=\left[-\frac{1}{3}x^3+a^2x\right]_0^a+\left[\frac{1}{3}x^3-a^2x\right]_a^2$$
$$=\frac{4}{3}a^3-2a^2+\frac{8}{3}$$
$$S'(a)=4a^2-4a=4a(a-1)$$
$S'(a)=0$에서 $a=1$ $(\because 0<a<2)$
$0<a<2$에서 함수 $S(a)$의 증가와 감소를 표로 나타내면 다음과 같다.

a	0	$\cdots$	1	$\cdots$	2
$S'(a)$		$-$	0	$+$	
$S(a)$		$\searrow$	극소	$\nearrow$	

따라서 $S(a)$는 $a=1$일 때 극소이면서 최소이다.

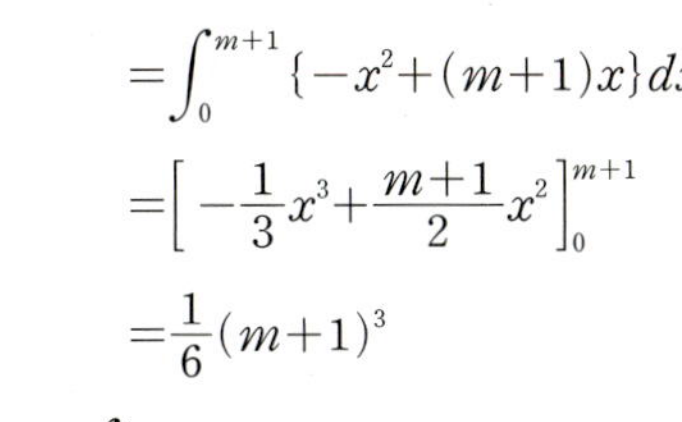

Bible Says　함수의 극대, 극소의 판정

미분가능한 함수 $f(x)$에 대하여 $f'(a)=0$일 때 $x=a$의 좌우에서
(1) $f'(x)$의 부호가 양에서 음으로 바뀌면 $f(x)$는 $x=a$에서 극대이고, 극댓값은 $f(a)$이다.
(2) $f'(x)$의 부호가 음에서 양으로 바뀌면 $f(x)$는 $x=a$에서 극소이고, 극솟값은 $f(a)$이다.

0546

$f(x)=x^2+4$라 하면

$f'(x)=2x$

곡선 $y=f(x)$ 위의 점 $(t,\ t^2+4)$에서의 접선의 기울기가

$f'(t)=2t$이므로 접선의 방정식은

$y-(t^2+4)=2t(x-t)$

$\therefore y=2tx-t^2+4$

이때 $0<t<3$이므로 곡선 $y=f(x)$
와 직선 $y=2tx-t^2+4$는 오른쪽 그
림과 같다.

즉, 곡선 $y=f(x)$와 이 곡선 위의 점
$(t,\ t^2+4)$에서의 접선 및 y축, 직선
$x=3$으로 둘러싸인 도형의 넓이를
$S(t)$라 하면

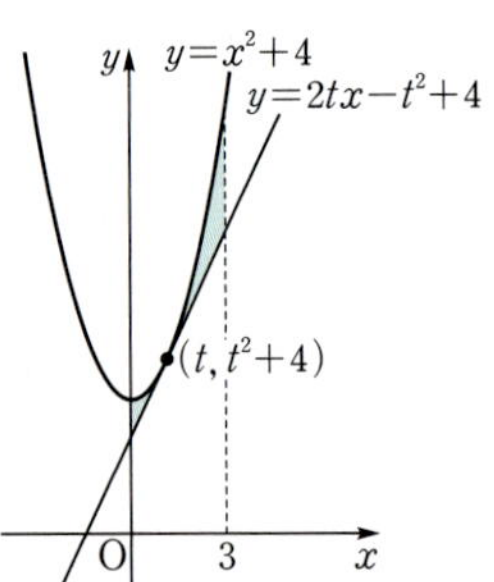

$$S(t)=\int_0^3 \{(x^2+4)-(2tx-t^2+4)\}dx$$

$$=\int_0^3 (x^2-2tx+t^2)dx$$

$$=\left[\frac{1}{3}x^3-tx^2+t^2x\right]_0^3$$

$$=9-9t+3t^2$$

$$=3\left(t-\frac{3}{2}\right)^2+\frac{9}{4}$$

따라서 $S(t)$는 $t=\dfrac{3}{2}$일 때 최솟값 $\dfrac{9}{4}$를 갖는다.

> **참고**
>
> 이차함수 $y=a(x-p)^2+q$는
> (1) $a>0$일 때, $x=p$에서 최솟값 q
> (2) $a<0$일 때, $x=p$에서 최댓값 q
> 를 갖는다.

0547

오른쪽 그림과 같이 제1사분면 위의 직
사각형의 꼭짓점의 좌표를 $(a,\ 3-a^2)$,
내접하는 직사각형의 넓이를 $S(a)$라
하면

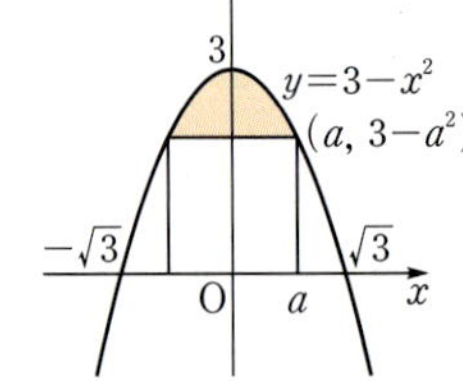

$S(a)=2a(3-a^2)=-2a^3+6a$

$S'(a)=-6a^2+6=-6(a+1)(a-1)$

$S'(a)=0$에서 $a=1$ $(\because 0<a<\sqrt{3})$

$0<a<\sqrt{3}$에서 함수 $S(a)$의 증가와 감소를 표로 나타내면 다음과
같다.

a	0	$\cdots$	1	$\cdots$	$\sqrt{3}$
$S'(a)$		$+$	0	$-$	
$S(a)$		↗	극대	↘	

따라서 $S(a)$는 $a=1$일 때 극대이면서 최대이다.

이때의 색칠한 부분의 넓이는 곡선 $y=3-x^2$과 직선 $y=2$로 둘러
싸인 도형의 넓이와 같으므로

$$\int_{-1}^1 (3-x^2-2)dx=2\int_0^1 (-x^2+1)dx$$

$$=2\left[-\frac{1}{3}x^3+x\right]_0^1=\frac{4}{3}$$

함수 $f(x)$가 닫힌구간 $[-a,\ a]$에서 연속일 때

(1) $f(x)$가 우함수이면 $\displaystyle\int_{-a}^{a} f(x)dx=2\int_0^a f(x)dx$

(2) $f(x)$가 기함수이면 $\displaystyle\int_{-a}^{a} f(x)dx=0$

유형 08 함수와 그 역함수의 정적분

0548

함수 $f(x)=x^2+2$ $(x\geq0)$의 역함수가 $g(x)$이므로 두 곡선
$y=f(x)$, $y=g(x)$는 직선 $y=x$에 대하여 대칭이다.

따라서 오른쪽 그림에서 $A=B$이므로

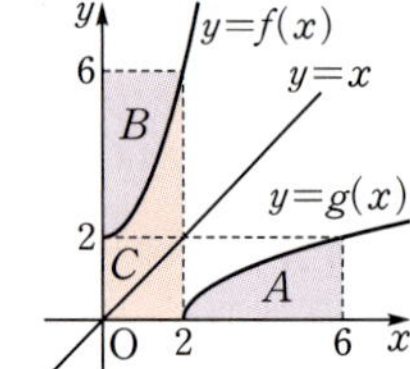

$$\int_0^2 f(x)dx+\int_2^6 g(x)dx=C+A$$

$$=C+B$$

$$=2\times6=12$$

0549

함수 $f(x)=\sqrt{x-1}$의 역함수가 $g(x)$이므로 두 곡선 $y=f(x)$,
$y=g(x)$는 직선 $y=x$에 대하여 대칭이다.

따라서 오른쪽 그림에서 $A=B$이므로

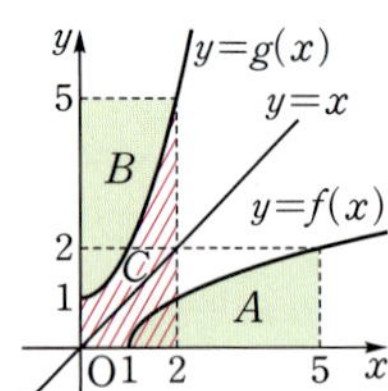

$$\int_1^5 f(x)dx+\int_0^2 g(x)dx=A+C$$

$$=B+C$$

$$=2\times5=10$$

0550

함수 $f(x)$의 역함수가 $g(x)$이므로 두 곡선
$y=f(x)$, $y=g(x)$는 직선 $y=x$에 대하여
대칭이다.

따라서 두 곡선 $y=f(x)$, $y=g(x)$로 둘러
싸인 도형의 넓이는 곡선 $y=f(x)$와 직선
$y=x$로 둘러싸인 도형의 넓이의 2배와 같으
므로 구하는 도형의 넓이는

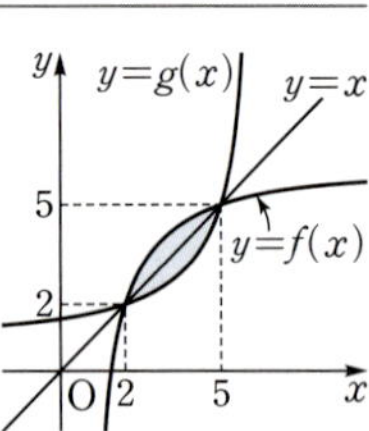

$$2\int_2^5 \{f(x)-x\}dx=2\int_2^5 f(x)dx-\int_2^5 2xdx$$

$$=2\times12-\left[x^2\right]_2^5$$

$$=24-21=3$$

0551

함수 $f(x)=2\sqrt{x}$의 역함수가 $g(x)$이므로 두 곡선 $y=f(x)$,
$y=g(x)$는 직선 $y=x$에 대하여 대칭이다.

두 곡선 $y=f(x)$, $y=g(x)$의 교점의 x좌표는 곡선 $y=f(x)$와 직선 $y=x$의 교점의 x좌표와 같으므로
$2\sqrt{x}=x$에서 $x^2-4x=0$, $x(x-4)=0$
$\therefore x=0$ 또는 $x=4$
따라서 오른쪽 그림에서 $A=B$이므로

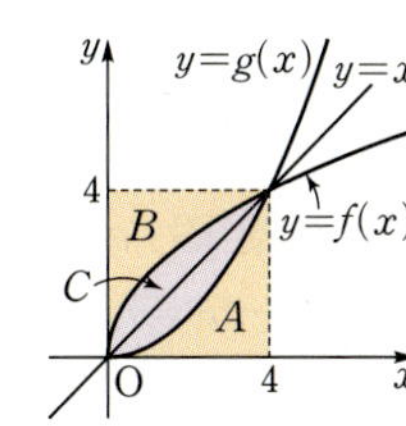

$$\int_0^4 f(x)dx+\int_0^4 g(x)dx$$
$$=(A+C)+A=A+C+B$$
$$=4\times4=16$$

0552

답 7

함수 $f(x)$의 역함수가 $g(x)$이므로 두 곡선 $y=f(x)$, $y=g(x)$는 직선 $y=x$에 대하여 대칭이다.
이때 $f(2)=2$, $f(4)=4$를 만족시키므로 오른쪽 그림에서 $A=B$

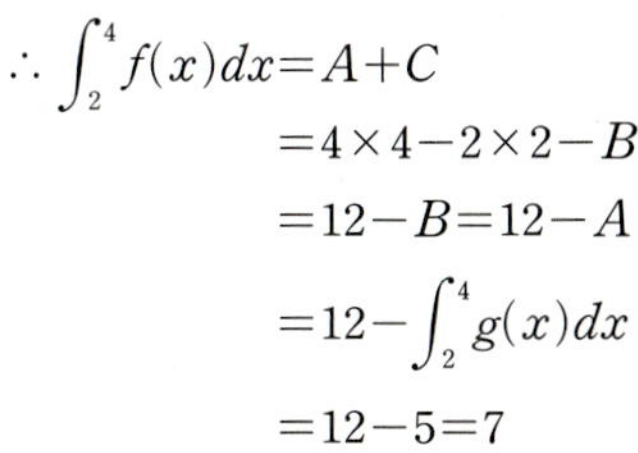

$$\therefore \int_2^4 f(x)dx=A+C$$
$$=4\times4-2\times2-B$$
$$=12-B=12-A$$
$$=12-\int_2^4 g(x)dx$$
$$=12-5=7$$

0553

답 ③

함수 $f(x)=(x-2)^2$ $(x\geq2)$의 역함수가 $g(x)$이므로 두 곡선 $y=f(x)$, $y=g(x)$는 직선 $y=x$에 대하여 대칭이다.
두 곡선 $y=f(x)$, $y=g(x)$의 교점의 x좌표는 곡선 $y=f(x)$와 직선 $y=x$의 교점의 x좌표와 같으므로
$(x-2)^2=x$에서
$x^2-5x+4=0$, $(x-1)(x-4)=0$
$\therefore x=4$ $(\because x\geq2)$
두 곡선 $y=f(x)$, $y=g(x)$와 x축 및 y축으로 둘러싸인 도형의 넓이는 곡선 $y=f(x)$와 x축 및 직선 $y=x$로 둘러싸인 도형의 넓이의 2배와 같으므로 구하는 넓이는

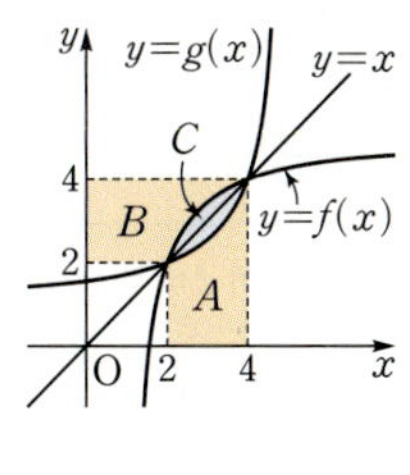

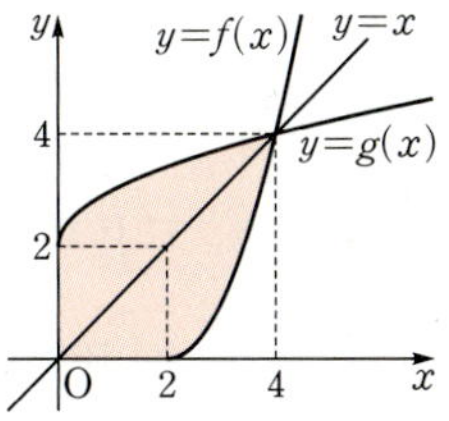

$$2\left[\frac{1}{2}\times2\times2+\int_2^4\{x-(x-2)^2\}dx\right]$$
$$=2\left\{2+\int_2^4(-x^2+5x-4)dx\right\}$$
$$=4+2\left[-\frac{1}{3}x^3+\frac{5}{2}x^2-4x\right]_2^4=4+2\times\frac{10}{3}=\frac{32}{3}$$

유형 09   함수의 주기, 대칭성을 이용한 도형의 넓이

0554

답 ②

조건 ㈎에서 $-1\leq x\leq1$일 때, $f(x)=x^2$이고 조건 ㈐에서 함수 $f(x)$는 주기가 2인 주기함수이므로 함수 $y=f(x)$의 그래프는 다

음 그림과 같다.

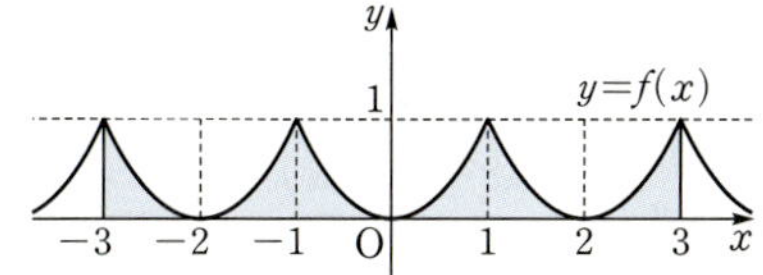

따라서 함수 $y=f(x)$의 그래프와 x축 및 두 직선 $x=-3$, $x=3$으로 둘러싸인 도형의 넓이는

$$\int_{-3}^3 f(x)dx=6\int_0^1 f(x)dx=6\int_0^1 x^2dx$$
$$=6\left[\frac{1}{3}x^3\right]_0^1=6\times\frac{1}{3}=2$$

0555

답 ④

모든 실수 x에 대하여 $f(-x)=-f(x)$이므로 함수 $y=f(x)$의 그래프는 원점에 대하여 대칭이다.

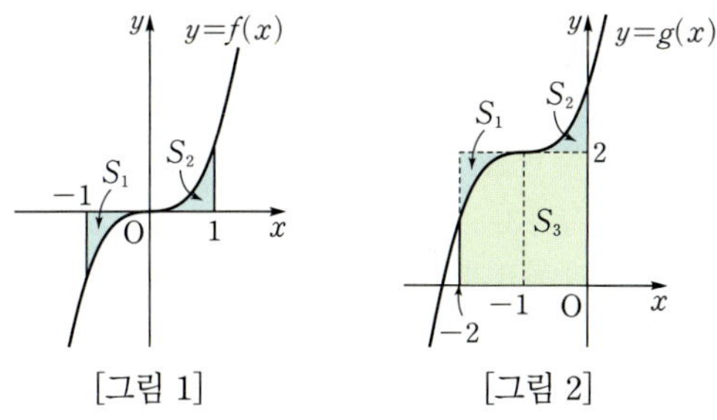

[그림 1]   [그림 2]

따라서 [그림 1]과 같이 색칠한 도형의 넓이를 각각 S_1, S_2라 하면
$S_1=S_2$
이때 함수 $y=g(x)$의 그래프는 함수 $y=f(x)$의 그래프를 x축의 방향으로 -1만큼, y축의 방향으로 2만큼 평행이동시킨 것이므로 [그림 2]에서 곡선 $y=g(x)$와 x축, y축 및 직선 $x=-2$로 둘러싸인 도형의 넓이는

$$\int_{-2}^0 g(x)dx=S_2+S_3=S_1+S_3=2\times2=4$$

참고

함수 $f(x)$가 모든 실수 x에 대하여 $f(-x)=-f(x)$를 만족시킬 때, 임의의 실수 a에 대하여 $\int_{-a}^a f(x)dx=0$이다.

0556

답 27

함수 $f(x)$는 $f(0)=1$이고 모든 실수 x에 대하여 증가하므로 $x>0$일 때, $f(x)>1$이다.
조건 ㈎에서 모든 실수 x에 대하여 $f(x)=f(x-2)+3$이므로
$f(2)=4$, $f(4)=7$, $f(6)=10$이고, $f(x)$는 연속함수이므로 함수 $y=f(x)$의 그래프의 개형은 다음 그림과 같다.

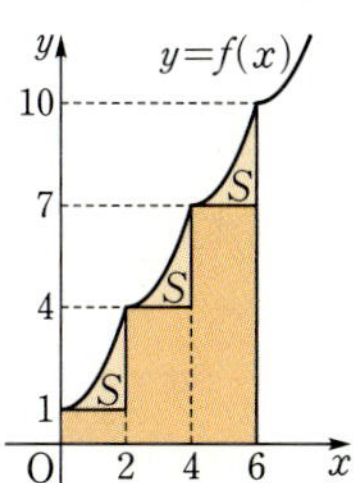

이때 조건 ㈐에서 함수 $y=f(x)$의 그래프와 x축, y축 및 직선 $x=2$로 둘러싸인 도형의 넓이는 3이므로 위의 그림에서

$$\int_0^2 f(x)dx=S+2\times 1=3$$
$$\therefore S=1$$
$$\therefore \int_0^6 f(x)dx=\int_0^2 f(x)dx+\int_2^4 f(x)dx+\int_4^6 f(x)dx$$
$$=3+(S+2\times 4)+(S+2\times 7)$$
$$=2S+25=27$$

위의 그림에서 $S=1<3$이므로 구간 $[0,\,2]$에서 함수 $y=f(x)$의 그래프의 개형은 아래로 볼록한 모양이 되어야 한다.

유형 10 위치와 위치의 변화량

0557 답 ④

점 P의 운동 방향이 바뀌는 시각은 $v(t)=0$에서
$$12-4t=0 \qquad \therefore t=3$$
$t=0$에서의 점 P의 좌표가 6이므로 $t=3$에서 점 P의 위치는
$$6+\int_0^3 v(t)dt=6+\int_0^3(12-4t)dt$$
$$=6+\Big[12t-2t^2\Big]_0^3$$
$$=6+18=24$$

0558 답 ③

시각 $t=a\,(a\geq 0)$에서의 점 P의 위치를 x라 하면
$$x=0+\int_0^a v(t)dt=\int_0^a(6t^2-4t-12)dt$$
$$=\Big[2t^3-2t^2-12t\Big]_0^a=2a^3-2a^2-12a$$
점 P가 다시 원점을 통과할 때 $x=0$이므로
$$2a^3-2a^2-12a=0,\ 2a(a+2)(a-3)=0$$
$$\therefore a=3\ (\because a>0)$$
따라서 $t=3$일 때 점 P가 다시 원점을 통과한다.

0559 답 ①

두 점 P, Q가 만나려면 위치가 같아야 하므로 두 점이 다시 만나는 시각을 $t=a\,(a>0)$라 하면
$$\int_0^a v_1(t)dt=\int_0^a v_2(t)dt$$에서
$$\int_0^a(-t^2+12t+1)dt=\int_0^a(2t^2+4t+5)dt$$
$$\Big[-\frac{1}{3}t^3+6t^2+t\Big]_0^a=\Big[\frac{2}{3}t^3+2t^2+5t\Big]_0^a$$
$$-\frac{1}{3}a^3+6a^2+a=\frac{2}{3}a^3+2a^2+5a$$
$$a^3-4a^2+4a=0,\ a(a-2)^2=0$$
$$\therefore a=2\ (\because a>0)$$
따라서 두 점 P, Q가 다시 만나는 시각은 2이다.

0560 답 -5

시각 $t=a\,(a\geq 0)$에서의 점 P의 위치는
$$-80+\int_0^a(30-6t)dt=-80+\Big[30t-3t^2\Big]_0^a$$
$$=-3a^2+30a-80$$
$$=-3(a-5)^2-5$$
따라서 점 P는 $a=5$일 때 원점에 가장 가까이 있고 이때의 점 P의 위치는 -5이다.

유형 11 움직인 거리

0561 답 ③

$t=0$에서 $t=4$까지 점 P가 움직인 거리는
$$\int_0^4 |v(t)|dt=\int_0^2(-3t+6)dt+\int_2^4(3t-6)dt$$
$$=\Big[-\frac{3}{2}t^2+6t\Big]_0^2+\Big[\frac{3}{2}t^2-6t\Big]_2^4$$
$$=6+6=12$$

0562 답 50

점 P가 원점을 출발한 후 다시 원점을 지나는 시각을 $t=a\,(a>0)$라 하면
$$\int_0^a(10-2t)dt=0$$에서
$$\Big[10t-t^2\Big]_0^a=0,\ 10a-a^2=0$$
$$a(a-10)=0 \qquad \therefore a=10\ (\because a>0)$$
따라서 $t=0$에서 $t=10$까지 점 P가 움직인 거리는
$$\int_0^{10}|v(t)|dt=\int_0^{10}|10-2t|dt$$
$$=\int_0^5(10-2t)dt+\int_5^{10}(-10+2t)dt$$
$$=\Big[10t-t^2\Big]_0^5+\Big[-10t+t^2\Big]_5^{10}$$
$$=25+25=50$$

0563 답 45 m

물체가 최고 높이에 도달했을 때의 속도는 $0\ \text{m/s}$이므로
$v(t)=0$에서 $-10t+30=0$
$$\therefore t=3$$
따라서 물체가 최고 높이에 도달할 때까지 움직인 거리는
$$\int_0^3 |v(t)|dt=\int_0^3 |-10t+30|dt$$
$$=\int_0^3(-10t+30)dt$$
$$=\Big[-5t^2+30t\Big]_0^3=45\ (\text{m})$$

0564

답 ②

점 P가 출발할 때의 속도는 $v(0)=5>0$이므로 출발할 때의 운동 방향과 반대 방향으로 움직인 구간은 $v(t)<0$에서

$t^2-6t+5<0$, $(t-1)(t-5)<0$

$\therefore 1<t<5$

따라서 구하는 거리는

$$\int_1^5 |v(t)|\,dt=\int_1^5 |t^2-6t+5|\,dt=\int_1^5 (-t^2+6t-5)\,dt$$
$$=\left[-\frac{1}{3}t^3+3t^2-5t\right]_1^5=\frac{32}{3}$$

0565

답 4

자동차가 완전히 정지했을 때의 속도는 0 m/s이므로

$$v(t)=-kt+40=0 \qquad \therefore t=\frac{40}{k}$$

자동차가 제동을 건 후 $\dfrac{40}{k}$초 동안 200 m를 미끄러지고 완전히 정지하였으므로

$$\int_0^{\frac{40}{k}} (-kt+40)\,dt=200$$

$$\left[-\frac{1}{2}kt^2+40t\right]_0^{\frac{40}{k}}=200$$

$$\frac{800}{k}=200 \qquad \therefore k=4$$

유형 12 그래프에서의 위치와 움직인 거리

0566

답 ⑤

ㄱ. $v(2)=0$, $v(4)=0$이고 $t=2$, $t=4$의 좌우에서 각각 $v(t)$의 부호가 바뀌므로 점 P는 $t=2$, $t=4$에서 운동 방향을 두 번 바꾼다. (참)

ㄴ. $t=4$일 때, 점 P의 위치는

$$0+\int_0^4 v(t)\,dt=\frac{1}{2}\times2\times2-\frac{1}{2}\times2\times2=0$$

따라서 $t=4$일 때, 점 P는 원점을 지난다. (참)

ㄷ. 출발 후 8초 동안 점 P가 움직인 거리는

$$\int_0^8 |v(t)|\,dt=\frac{1}{2}\times2\times2+\frac{1}{2}\times2\times2+\frac{1}{2}\times(4+1)\times2$$
$$=2+2+5=9 \text{ (참)}$$

따라서 옳은 것은 ㄱ, ㄴ, ㄷ이다.

0567

답 2

$t=0$에서 $t=6$까지 점 P가 움직인 거리가 16이므로

$$\int_0^6 |v(t)|\,dt=16에서 \frac{1}{2}\times2\times a+\frac{1}{2}\times(4+2)\times a=16$$

$4a=16 \qquad \therefore a=4$

따라서 $t=4$에서의 점 P의 위치는

$$4+\int_0^4 v(t)\,dt=4+\frac{1}{2}\times2\times4-\frac{1}{2}\times(1+2)\times4$$
$$=4+4-6=2$$

0568

답 8

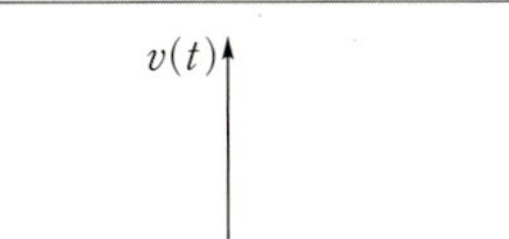

$\displaystyle\int_0^a |v(t)|\,dt=S_1$, $\displaystyle\int_a^b |v(t)|\,dt=S_2$, $\displaystyle\int_b^c |v(t)|\,dt=S_3$이라 하면

$$\int_0^a v(t)\,dt=S_1, \quad \int_a^b v(t)\,dt=-S_2, \quad \int_b^c v(t)\,dt=S_3$$

점 P가 $t=a$에서 $t=b$까지 움직인 거리가 4이므로

$S_2=4$

점 P는 $t=c$에서 원점을 지나므로

$$\int_0^c v(t)\,dt=S_1-S_2+S_3=S_1+S_3-4=0$$

$\therefore S_1+S_3=4$

따라서 점 P가 $t=0$에서 $t=c$까지 움직인 거리는

$$\int_0^c |v(t)|\,dt=\int_0^a |v(t)|\,dt+\int_a^b |v(t)|\,dt+\int_b^c |v(t)|\,dt$$
$$=S_1+S_2+S_3=4+4=8$$

0569

답 ③

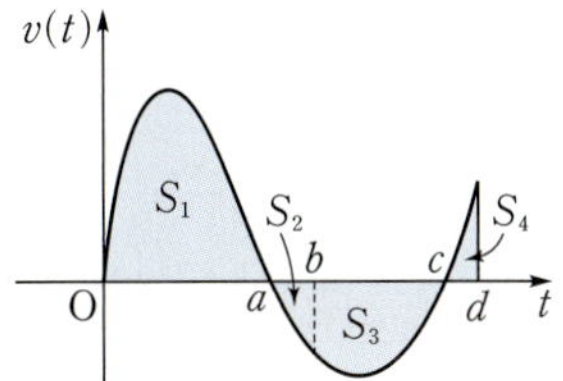

$\displaystyle\int_0^a |v(t)|\,dt=S_1$, $\displaystyle\int_a^b |v(t)|\,dt=S_2$, $\displaystyle\int_b^c |v(t)|\,dt=S_3$,

$\displaystyle\int_c^d |v(t)|\,dt=S_4$라 하면 $\displaystyle\int_0^b v(t)\,dt=\int_b^d |v(t)|\,dt$에서

$S_1-S_2=S_3+S_4$

ㄱ. $\displaystyle\int_0^c v(t)\,dt=\int_0^a v(t)\,dt+\int_a^b v(t)\,dt+\int_b^c v(t)\,dt$
$$=S_1-S_2-S_3=(S_3+S_4)-S_3=S_4$$

$$\int_c^d v(t)\,dt=S_4$$

$\therefore \displaystyle\int_0^c v(t)\,dt=\int_c^d v(t)\,dt \text{ (참)}$

ㄴ. $\displaystyle\int_0^a v(t)\,dt=S_1$

$$\int_a^d |v(t)|\,dt=S_2+S_3+S_4=S_2+(S_1-S_2)=S_1$$

$\therefore \displaystyle\int_0^a v(t)\,dt=\int_a^d |v(t)|\,dt \text{ (참)}$

ㄷ. 점 P의 $t=d$에서의 위치는

$$\int_0^d v(t)\,dt=S_1-S_2-S_3+S_4=(S_3+S_4)-S_3+S_4$$
$$=2S_4>0$$

즉, 점 P의 $t=d$에서의 위치가 0이 아니므로 원점을 지나지 않는다. (거짓)

따라서 옳은 것은 ㄱ, ㄴ이다.

0570

답 ①

곡선 $y=x^2-5x$와 직선 $y=x$의 교점의 x좌표는 $x^2-5x=x$에서
$x^2-6x=0$, $x(x-6)=0$
$\therefore x=0$ 또는 $x=6$
따라서 오른쪽 그림에서

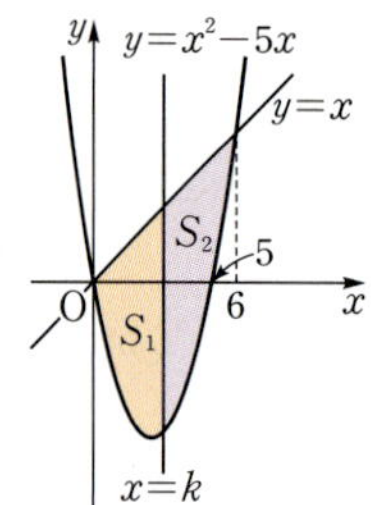

$$S_1+S_2=\int_0^6 \{x-(x^2-5x)\}dx$$
$$=\int_0^6 (-x^2+6x)dx$$
$$=\left[-\frac{1}{3}x^3+3x^2\right]_0^6$$
$$=-72+108=36$$
$$S_1=\int_0^k \{x-(x^2-5x)\}dx$$
$$=\int_0^k (-x^2+6x)dx$$
$$=\left[-\frac{1}{3}x^3+3x^2\right]_0^k=-\frac{1}{3}k^3+3k^2$$

이때 $S_1=S_2$에서 $S_1+S_2=2S_1$이므로
$$36=-\frac{2}{3}k^3+6k^2, \ k^3-9k^2+54=0$$
$$(k-3)(k^2-6k-18)=0 \qquad \therefore k=3 \ (\because 0<k<6)$$

0571

답 27

시각 $t=a \ (a\geq 0)$에서의 두 점 P, Q의 위치를 각각 $x_1(a)$, $x_2(a)$
라 하면
$$x_1(a)=0+\int_0^a v_1(t)dt=\int_0^a (3t^2-2t-4)dt$$
$$=\left[t^3-t^2-4t\right]_0^a=a^3-a^2-4a$$
$$x_2(a)=0+\int_0^a v_2(t)dt=\int_0^a (4t+5)dt$$
$$=\left[2t^2+5t\right]_0^a=2a^2+5a$$

한편, 두 점 P, Q의 속도가 같아지는 순간은 $v_1(a)=v_2(a)$에서
$3a^2-2a-4=4a+5$, $3a^2-6a-9=0$
$3(a+1)(a-3)=0 \qquad \therefore a=3 \ (\because a\geq 0)$
따라서 $t=3$일 때 구하는 두 점 P, Q 사이의 거리는
$|x_1(3)-x_2(3)|=|6-33|=27$

답 12

시각 $t=0$일 때 동시에 원점을 출발하여 수직선 위를 움직이
는 두 점 P, Q의 시각 $t \ (t\geq 0)$에서의 속도가 각각
$$v_1(t)=3t^2+t, \ v_2(t)=2t^2+3t$$
이다. 출발한 후 두 점 P, Q의 속도가 같아지는 순간 두 점 P,
Q 사이의 거리를 a라 할 때, $9a$의 값을 구하시오.

0572

답 ②

곡선 $y=f(x)$와 x축이 만나는 점의 x좌표는
$kx(x-2)(x-3)=0$에서 $x=0$ 또는 $x=2$ 또는 $x=3$
따라서 두 점 P, Q의 x좌표는 각각 2, 3이므로
$$(A의 넓이)=\int_0^2 |f(x)|dx=\int_0^2 f(x)dx$$
$$(B의 넓이)=\int_2^3 |f(x)|dx=-\int_2^3 f(x)dx$$
$$\therefore (A의 넓이)-(B의 넓이)$$
$$=\int_0^2 f(x)dx-\left\{-\int_2^3 f(x)dx\right\}$$
$$=\int_0^3 f(x)dx$$
$$=\int_0^3 kx(x-2)(x-3)dx$$
$$=k\int_0^3 (x^3-5x^2+6x)dx$$
$$=k\left[\frac{1}{4}x^4-\frac{5}{3}x^3+3x^2\right]_0^3$$
$$=k\left(\frac{81}{4}-45+27\right)=\frac{9}{4}k=3$$
$$\therefore k=\frac{4}{3}$$

0573

답 16

점 P의 시각 $t \ (t\geq 0)$에서의 속도 $v(t)$의 그래프는 다음 그림과 같다.

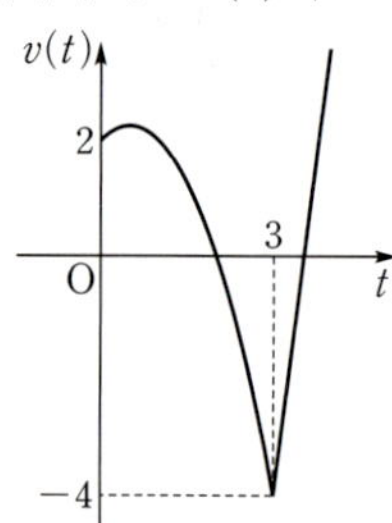

$0\leq t\leq 3$에서 점 P의 운동 방향이 첫 번째로 바뀌는 시각은
$v(t)=0$에서
$-t^2+t+2=0$, $t^2-t-2=0$
$(t+1)(t-2)=0 \qquad \therefore t=2$
$t>3$에서 점 P의 운동 방향이 두 번째로 바뀌는 시각은
$v(t)=0$에서
$k(t-3)-4=0$, $kt=3k+4$
$$\therefore t=3+\frac{4}{k}$$
이때 점 P의 시각 $t=3+\frac{4}{k}$에서의 위치가 1이므로
$$\int_0^{3+\frac{4}{k}} v(t)dt=\int_0^3 v(t)dt+\int_3^{3+\frac{4}{k}} v(t)dt$$
$$=\int_0^3 (-t^2+t+2)dt-\frac{1}{2}\times\frac{4}{k}\times 4$$
$$=\left[-\frac{1}{3}t^3+\frac{1}{2}t^2+2t\right]_0^3-\frac{8}{k}$$
$$=\frac{3}{2}-\frac{8}{k}=1$$
$$\frac{8}{k}=\frac{1}{2} \qquad \therefore k=16$$

0574

답 ③

$f(x)=\dfrac{1}{2}x^2$이라 하면 $f'(x)=x$

곡선 $y=f(x)$ 위의 점 P의 좌표를 $\left(a, \dfrac{1}{2}a^2\right)$이라 하면

점 $\mathrm{P}\left(a, \dfrac{1}{2}a^2\right)$을 지나고 이 점에서의 접선에 수직인 직선 l의 방정

식은

$$y=-\dfrac{1}{f'(a)}(x-a)+\dfrac{1}{2}a^2$$

$$\therefore y=-\dfrac{1}{a}x+\dfrac{1}{2}a^2+1 \quad \cdots\cdots \text{㉠}$$

이 직선이 점 $(0, 3)$을 지나므로

$3=\dfrac{1}{2}a^2+1$, $a^2=4 \quad \therefore a=2\ (\because a>0)$

즉, $\mathrm{P}(2, 2)$이고 $a=2$를 ㉠에 대입하면 직선 l의 방정식은

$$y=-\dfrac{1}{2}x+3$$

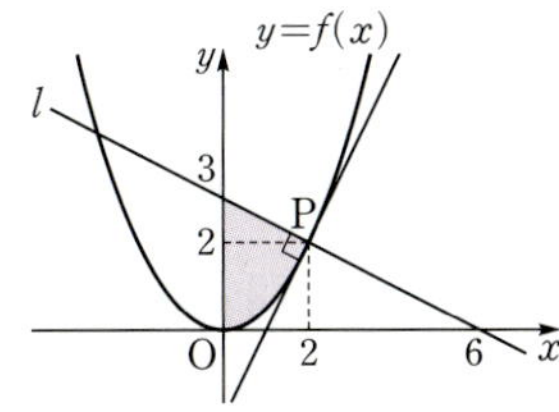

따라서 직선 l과 곡선 $y=f(x)$ 및 y축으로 둘러싸인 도형 중 색칠
한 도형의 넓이는

$$\int_0^2\left\{\left(-\dfrac{1}{2}x+3\right)-\dfrac{1}{2}x^2\right\}dx=\int_0^2\left(-\dfrac{1}{2}x^2-\dfrac{1}{2}x+3\right)dx$$

$$=\left[-\dfrac{1}{6}x^3-\dfrac{1}{4}x^2+3x\right]_0^2$$

$$=\dfrac{11}{3}$$

답 ③

자연수 n에 대하여 좌표가 $(0, 2n+1)$인 점을 P라 하고, 함
수 $f(x)=nx^2$의 그래프 위의 점 중 y좌표가 1이고 제1사분면
에 있는 점을 Q라 하자.

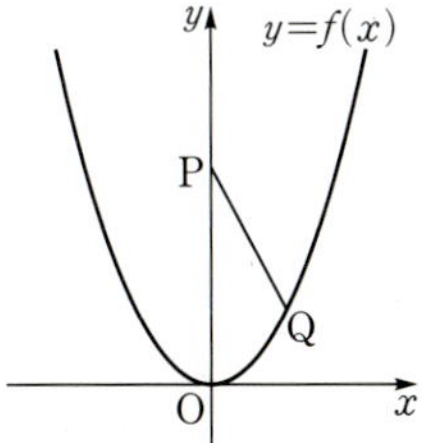

$n=1$일 때, 선분 PQ와 곡선 $y=f(x)$ 및 y축으로 둘러싸인
부분의 넓이는?

① $\dfrac{3}{2}$ ② $\dfrac{19}{12}$ ③ $\dfrac{5}{3}$ ④ $\dfrac{7}{4}$ ⑤ $\dfrac{11}{6}$

0575

답 16

$f(x)$는 최고차항의 계수가 1인 이차함수이므로

$f(x)=x^2+ax+b\ (a, b$는 상수$)$라 하면

조건 ㈎에서 $f(2)=3$이므로

$4+2a+b=3 \quad \therefore 2a+b=-1 \quad \cdots\cdots \text{㉠}$

조건 ㈏에서 모든 실수 t에 대하여 $\displaystyle\int_{-2}^t f(x)dx=\int_1^t f(x)dx$이므로

$$\int_{-2}^t f(x)dx-\int_1^t f(x)dx=0$$

$$\int_{-2}^t f(x)dx+\int_t^1 f(x)dx=0$$

즉, $\displaystyle\int_{-2}^1 f(x)dx=0$이므로

$$\int_{-2}^1 f(x)dx=\int_{-2}^1 (x^2+ax+b)dx$$

$$=\left[\dfrac{1}{3}x^3+\dfrac{1}{2}ax^2+bx\right]_{-2}^1$$

$$=3-\dfrac{3}{2}a+3b=0$$

$$\therefore a-2b=2 \quad \cdots\cdots \text{㉡}$$

㉠, ㉡을 연립하여 풀면 $a=0$, $b=-1$

$\therefore f(x)=x^2-1=(x+1)(x-1)$

곡선 $y=f(x)$와 x축의 교점의 x좌표는
$x=-1$, $x=1$이므로 구하는 도형의 넓이
S는

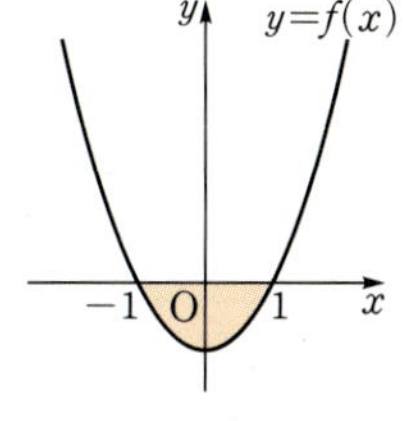

$$S=\int_{-1}^1 |f(x)|dx=\int_{-1}^1 (-x^2+1)dx$$

$$=2\int_0^1 (-x^2+1)dx=2\left[-\dfrac{1}{3}x^3+x\right]_0^1$$

$$=\dfrac{4}{3}$$

$$\therefore 12S=12\times\dfrac{4}{3}=16$$

답 40

최고차항의 계수가 1인 이차함수 $f(x)$가 $f(3)=0$이고,

$$\int_0^{2013} f(x)dx=\int_3^{2013} f(x)dx$$

를 만족시킨다. 곡선 $y=f(x)$와 x축으로 둘러싸인 부분의 넓
이가 S일 때, $30S$의 값을 구하시오.

0576

답 8

함수 $f(x)$의 역함수가 $g(x)$이므로 두 곡선 $y=f(x)$, $y=g(x)$는
직선 $y=x$에 대하여 대칭이다.

$g(1)=0$에서 $f(0)=1$, $g(5)=2$에서 $f(2)=5$이므로 두 함수
$y=f(x)$, $y=g(x)$의 그래프의 개형은 다음 그림과 같다.

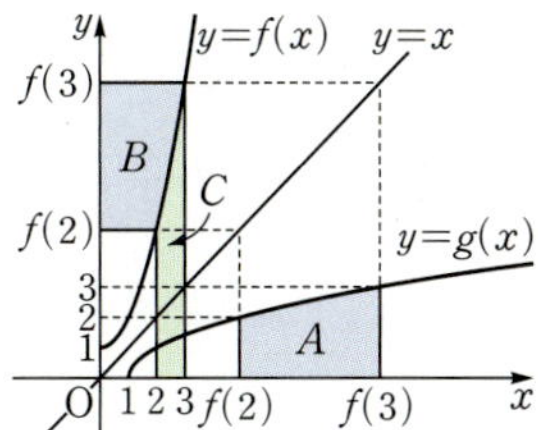

따라서 $A=B$이므로

$$\int_2^3 f(x)dx+\int_{f(2)}^{f(3)} g(x)dx=C+A=C+B$$

$$=3f(3)-2f(2)$$

$$=3f(3)-10=14$$

$3f(3)=24 \quad \therefore f(3)=8$

답 ③

함수 $f(x)=x^3+x-1$의 역함수를 $g(x)$라 할 때, $\displaystyle\int_1^9 g(x)dx$ 의 값은?

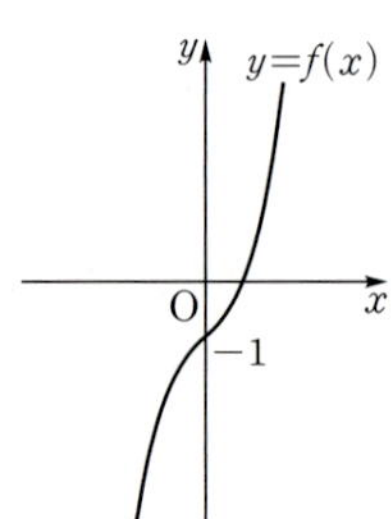

① $\dfrac{47}{4}$ ② $\dfrac{49}{4}$ ③ $\dfrac{51}{4}$ ④ $\dfrac{53}{4}$ ⑤ $\dfrac{55}{4}$

0577

답 ②

$f(x)=x^3-6x^2+8x+1$에서

$f'(x)=3x^2-12x+8$

곡선 $y=f(x)$ 위의 점 $\mathrm{B}(k,\,f(k))$에서의 접선의 방정식은

$y-(k^3-6k^2+8k+1)=(3k^2-12k+8)(x-k)$ $\cdots\cdots$ ㉠

이 직선이 점 $\mathrm{A}(0,\,1)$을 지나므로

$1-(k^3-6k^2+8k+1)=(3k^2-12k+8)(-k)$

$-k^3+6k^2-8k=-3k^3+12k^2-8k$

$2k^3-6k^2=0$

$2k^2(k-3)=0$ $\therefore k=3\ (\because k>0)$

$k=3$을 ㉠에 대입하면

$y-(27-54+24+1)=(27-36+8)(x-3)$

따라서 직선 AB의 방정식은

$y=-x+1$

$S_1=\displaystyle\int_0^3 |\,f(x)-(-x+1)\,|dx$

$\quad=\displaystyle\int_0^3 \{\,f(x)+x-1\,\}dx$

$S_2=\displaystyle\int_0^3 |\,g(x)-(-x+1)\,|dx$

$\quad=\displaystyle\int_0^3 \{\,-g(x)-x+1\,\}dx$

$S_1=S_2$에서

$\displaystyle\int_0^3 \{\,f(x)+x-1\,\}dx=\int_0^3 \{\,-g(x)-x+1\,\}dx$이므로

$\displaystyle\int_0^3 \{\,f(x)+x-1\,\}dx=-\int_0^3 g(x)dx+\int_0^3 (-x+1)dx$

$\therefore \displaystyle\int_0^3 g(x)dx=\int_0^3 \{\,-f(x)-2x+2\,\}dx$

$\quad\quad\quad\quad\quad=\displaystyle\int_0^3 (-x^3+6x^2-10x+1)dx$

$\quad\quad\quad\quad\quad=\left[\,-\dfrac{1}{4}x^4+2x^3-5x^2+x\,\right]_0^3$

$\quad\quad\quad\quad\quad=-\dfrac{81}{4}+54-45+3$

$\quad\quad\quad\quad\quad=-\dfrac{33}{4}$

0578

답 2

$f(1-x)=-f(1+x)$에 $x=0$을 대입하면

$f(1)=-f(1)$ $\therefore f(1)=0$

$x=1$을 대입하면

$f(0)=-f(2)$ $\therefore f(2)=0\ (\because f(0)=0)$

따라서 삼차함수 $f(x)$는 최고차항의 계수가 1이고,

$f(0)=f(1)=f(2)=0$이므로

$f(x)=x(x-1)(x-2)=x^3-3x^2+2x$

두 곡선 $y=f(x)$, $y=-6x^2$의 교점의 x좌표는

$x^3-3x^2+2x=-6x^2$에서

$x^3+3x^2+2x=0$, $x(x+1)(x+2)=0$

$\therefore x=-2$ 또는 $x=-1$ 또는 $x=0$

따라서 두 곡선 $y=f(x)$, $y=-6x^2$은 오른쪽 그림과 같으므로 구하는 넓이 S는

$S=\displaystyle\int_{-2}^0 |\,f(x)-(-6x^2)\,|dx$

$\quad=\displaystyle\int_{-2}^0 |\,x^3-3x^2+2x-(-6x^2)\,|dx$

$\quad=\displaystyle\int_{-2}^{-1} \{\,x^3-3x^2+2x-(-6x^2)\,\}dx$

$\quad\quad+\displaystyle\int_{-1}^0 \{\,-6x^2-(x^3-3x^2+2x)\,\}dx$

$\quad=\displaystyle\int_{-2}^{-1} (x^3+3x^2+2x)dx+\int_{-1}^0 (-x^3-3x^2-2x)dx$

$\quad=\left[\,\dfrac{1}{4}x^4+x^3+x^2\,\right]_{-2}^{-1}+\left[\,-\dfrac{1}{4}x^4-x^3-x^2\,\right]_{-1}^0$

$\quad=\dfrac{1}{4}-\left(-\dfrac{1}{4}\right)=\dfrac{1}{2}$

$\therefore 4S=4\times\dfrac{1}{2}=2$

0579

답 ⑤

ㄱ. 점 P가 움직이는 방향이 바뀌는 시각은 $v(t)=0$에서

$\quad v(t)=3t^2-6t=0$, $3t(t-2)=0$

$\quad\therefore t=0$ 또는 $t=2$

$\quad$즉, 시각 $t=2$에서 점 P의 움직이는 방향이 바뀐다. (참)

ㄴ. ㄱ에서 시각 $t=2$일 때 점 P의 움직이는 방향이 바뀌므로 시각 $t=2$에서의 점 P의 위치는

$\quad 0+\displaystyle\int_0^2 v(t)dt=\int_0^2 (3t^2-6t)dt$

$\quad\quad\quad\quad\quad\quad\quad=\left[\,t^3-3t^2\,\right]_0^2$

$\quad\quad\quad\quad\quad\quad\quad=8-12=-4$

$\quad$즉, 점 P가 출발한 후 움직이는 방향이 바뀔 때 점 P의 위치는 -4이다. (참)

ㄷ. 시각 t에서의 점 P의 가속도를 $a(t)$라 하면

$\quad a(t)=\dfrac{d}{dt}v(t)=6t-6$

$\quad$가속도가 12가 될 때의 시각을 구하면

$\quad 6t-6=12$ $\therefore t=3$

$\quad$시각 $t=0$에서 $t=3$까지 점 P가 움직인 거리는

$$\int_0^3 |v(t)|\,dt = \int_0^3 |3t^2-6t|\,dt$$

$$= \int_0^2 (-3t^2+6t)\,dt + \int_2^3 (3t^2-6t)\,dt$$

$$= \Big[-t^3+3t^2\Big]_0^2 + \Big[t^3-3t^2\Big]_2^3$$

$$= 4+4 = 8$$

즉, 점 P가 시각 $t=0$일 때부터 가속도가 12가 될 때까지 움직인 거리는 8이다. (참)

따라서 옳은 것은 ㄱ, ㄴ, ㄷ이다.

수직선 위를 움직이는 점 P의 시각 t에서의 위치 x가 $x=f(t)$일 때, 시각 t에서의 점 P의 속도 v와 가속도 a는

(1) $v=\dfrac{dx}{dt}=f'(t)$ \qquad (2) $a=\dfrac{dv}{dt}=v'(t)$

0580

답 13

함수 $f(x)$가 실수 전체의 집합에서 증가하고

조건 ㈏에서 $\int_0^2 f(x)\,dx=2$, $\int_0^2 |f(x)|\,dx=5$이므로

$f(x)=0$을 만족시키는 x가 구간 $[0, 2]$에 적어도 하나 존재한다.

따라서 $f(2)>0$이고 함수 $f(x)$는 실수 전체의 집합에서 증가하므로

$$\int_2^4 |f(x)|\,dx = \int_2^4 f(x)\,dx$$

조건 ㈎에서 모든 실수 x에 대하여 $f(x)=f(x-2)+3$이므로

$$\int_2^4 f(x)\,dx = \int_2^4 \{f(x-2)+3\}\,dx$$

$$= \int_2^4 f(x-2)\,dx + \int_2^4 3\,dx$$

$$= \int_0^2 f(x)\,dx + \Big[3x\Big]_2^4$$

$$= 2+6 = 8$$

$$\therefore \int_2^4 |f(x)|\,dx = \int_2^4 f(x)\,dx = 8$$

따라서 함수 $y=f(x)$의 그래프와 x축, y축 및 직선 $x=4$로 둘러싸인 도형의 넓이는

$$\int_0^4 |f(x)|\,dx = \int_0^2 |f(x)|\,dx + \int_2^4 |f(x)|\,dx$$

$$= 5+8 = 13$$

  답 ④

실수 전체의 집합에서 증가하는 연속함수 $f(x)$가 다음 조건을 만족시킨다.

> ㈎ 모든 실수 x에 대하여 $f(x)=f(x-3)+4$이다.
>
> ㈏ $\int_0^6 f(x)\,dx=0$

함수 $y=f(x)$의 그래프와 x축 및 두 직선 $x=6$, $x=9$로 둘러싸인 부분의 넓이는?

① 9 \qquad ② 12 \qquad ③ 15 \qquad ④ 18 \qquad ⑤ 21

0581

답 ①

ㄱ. 점 P의 시각 t에서의 속도를 $v(t)$라 하면

$$v'(t)=a(t)=3t^2-8t+4=(3t-2)(t-2)$$

$v'(t)=0$에서 $t=\dfrac{2}{3}$ 또는 $t=2$

$t\geq 0$에서 $v(t)$의 증가와 감소를 표로 나타내면 다음과 같다.

t	0	$\cdots$	$\dfrac{2}{3}$	$\cdots$	2	$\cdots$
$v'(t)$		$+$	0	$-$	0	$+$
$v(t)$		↗	극대	↘	극소	↗

구간 $(1, 2)$에서 $v'(t)<0$이므로 점 P의 속도는 감소한다. (참)

ㄴ. $v(t)=\int a(t)\,dt = \int (3t^2-8t+4)\,dt$

$$= t^3-4t^2+4t+C\ (C는\ 적분상수)$$

$v(0)=k$에서 $C=k$ \qquad $\therefore v(t)=t^3-4t^2+4t+k$

이때 $k>0$이고 $v(2)=k$이므로 함수 $y=v(t)$의 그래프는 다음 그림과 같다.

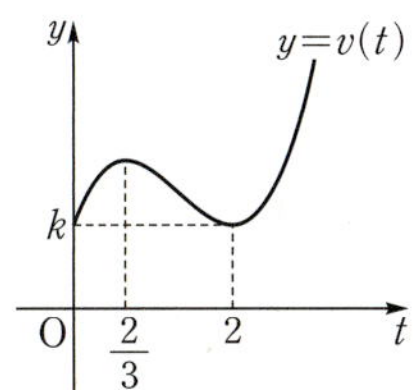

즉, $t\geq 0$일 때 $v(t)$의 부호가 바뀌지 않으므로 점 P는 운동 방향을 바꾸지 않는다. (거짓)

ㄷ. 시각 $t=0$에서 시각 $t=3$까지 점 P의 위치의 변화량은

$\int_0^3 v(t)\,dt$이고 점 P가 움직인 거리는 $\int_0^3 |v(t)|\,dt$이므로

$\int_0^3 v(t)\,dt < \int_0^3 |v(t)|\,dt$를 만족시키려면 $0\leq t\leq 3$에서

$v(t)<0$인 t의 값이 존재해야 한다.

즉, $0\leq t\leq 3$에서 함수 $v(t)$의 최솟값이 0보다 작아야 하므로

$v(2)<0$에서 $k<0$

즉, 구하는 정수 k의 최솟값은 -1이다. (거짓)

따라서 옳은 것은 ㄱ이다.

  답 ④

수직선 위를 움직이는 점 P의 시각 t에서의 가속도가

$$a(t)=3t^2-12t+9\ (t\geq 0)$$

이고, 시각 $t=0$에서의 속도가 k일 때, 보기에서 옳은 것만을 있는 대로 고른 것은?

> **보기**
>
> ㄱ. 구간 $(3, \infty)$에서 점 P의 속도는 증가한다.
>
> ㄴ. $k=-4$이면 구간 $(0, \infty)$에서 점 P의 운동 방향이 두 번 바뀐다.
>
> ㄷ. 시각 $t=0$에서 시각 $t=5$까지 점 P의 위치의 변화량과 점 P가 움직인 거리가 같도록 하는 k의 최솟값은 0이다.

① ㄱ \qquad ② ㄴ \qquad ③ ㄱ, ㄴ

④ ㄱ, ㄷ \qquad ⑤ ㄱ, ㄴ, ㄷ

MEMO

MEMO

MEMO

MEMO